영상처리 및 분석

입문자와 전문가를 위한
최신 영상처리 이론 및 알고리즘 소개

Image Processing and Analysis

CENGAGE

***Image Processing and Analysis*, 1st Edition**

Stan Birchfield

ISBN-13: 979-11-5600-713-5

Cengage Learning Korea Ltd.
14F YTN Newsquare 76 Sangamsan-ro
Mapo-gu Seoul 03926 Korea
Tel: (82) 2 330 7000
Fax: (82) 2 330 7001

Cengage Learning is a leading provider of customized learning solutions with office locations around the globe, including Singapore, the United Kingdom, Australia, Mexico, Brazil, and Japan. Locate your local office at: **www.cengage.com**

Cengage Learning products are represented in Canada by Nelson Education, Ltd.

To learn more about Cengage Learning Solutions, visit **www.cengageasia.com**

Printed in Korea
Print Number: 01 Print Year: 2020

Image Processing and Analysis

영상처리 및 분석

입문자와 전문가를 위한
최신 영상처리 이론 및 알고리즘 소개

Stan Birchfield 지음
정성환 · 조보호 옮김

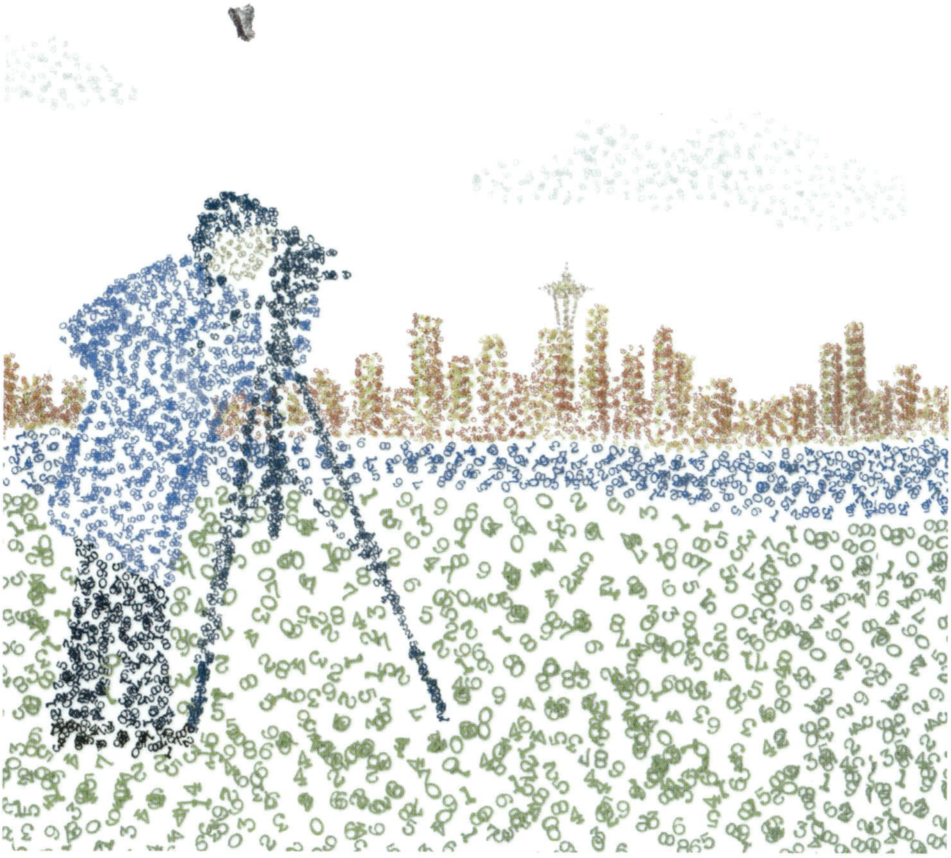

CENGAGE 홍릉과학출판사

Andover • Melbourne • Mexico City • Stamford, CT • Toronto • Hong Kong • New Delhi • Seoul • Singapore • Tokyo

정성환

- 경북대학교 대학원 영상처리 전공(공학박사)
- 미국 캘리포니아 주립대학(UCSB) Post-Doc
- 미국 콜로라도 CSM 주립대학 교환교수
- 미국 워싱턴 주립대학(UW) 연구교수
- 독일 콘스탄츠대학(UK) 연구교수
- 정보처리 기술사/전자계산기 기술사/정보시스템감리사
- 한국전자통신연구소(현 ETRI), 응용 S/W 개발실 연구원
- 한국정보과학회 영남지부 지부장
- 한국컴퓨터범죄연구학회 부회장
- 한국멀티미디어학회 부회장
- 한국정보시스템감리사협회 부회장
- 국립 창원대학교 컴퓨터공학과 교수

[저서]

- 실용멀티미디어
- C를 이용한 영상처리의 이해와 활용
- Java를 이용한 디지털 영상처리
- MATLAB을 활용한 실용 디지털 영상처리
- 오픈소스 CxImage를 이용한 Visual C++ 디지털 영상처리
- 오픈소스 OpenCV를 이용한 컴퓨터 비전 실무 프로그래밍
- 오픈소스 GS를 이용한 디지털 영상처리 기본 프로그래밍
- OpenCV로 배우는 컴퓨터비전 및 응용
- OpenCV로 배우는 영상 처리 및 응용
- Python 예제로 배우는 OpenCV
- Python 예제로 배우는 OpenCV3.X
- 파이썬으로 배우는 영상처리

조보호

- 창원대학교 컴퓨터공학과 공학박사
- 창원대학교 산업기술연구원 전임연구원
- 영상처리, 컴퓨터비전, 모바일 로봇

[저서]

- Python 예제로 배우는 OpenCV
- Python 예제로 배우는 OpenCV3.X
- 파이썬으로 배우는 영상처리

영상처리 및 분석

입문자와 전문가를 위한 최신 영상처리 이론 및 알고리즘 소개

인 쇄 : 2020년 1월 5일 초판 1쇄
발 행 : 2020년 1월 10일 초판 1쇄

지은이 : Stan Birchfield
옮긴이 : 정성환, 조보호

발행인 : 송 준
발행처 : 홍릉과학출판사

주 소 : 서울시 강북구 인수봉로 50길 10
전 화 : 02-999-2274~5 팩스 : 02-905-6729
e-mail : hongpub@hongpub.co.kr
홈페이지 : www.hongpub.co.kr

ISBN : 979-11-5600-713-5 (93000)
정 가 : 39,000원

저자 머리말

이 책의 출발은 내가 20 년 전에 대학원생으로서, 디지털 영상처리 과정 및 컴퓨터비전 분야의 개별 과정을 들었을 때 이미 시작된 것이다. 영상처리 과정은 전기공학부에서 개설되었지만, 컴퓨터비전 과정은 컴퓨터 과학부에서 개설되었다. 전자의 경우, 1D 신호처리, 2D 영상처리, 푸리에 변환, 필터링 및 압축으로 전개해 나가는 전통적인 접근 방식을 따랐다. 후자의 경우, 영상 형성 및 에지 감지로 시작하여, 영역분할, 분류, 스테레오 및 모션을 다루었다. 서로 다른 학부에서 개설된 이 두 과정은 서로 다른 주제를 다루고, 또한 서로 다른 수학적 토대를 가지고 있었다. 그래서 이들은 겹치지 않는 목표를 가진 것처럼 보였다. 즉, 한 과정은 영상을 조작하는 데 더 많은 관심을 가지지만, 다른 과정은 영상이 어떻게 형성되었고, 그들이 세계와 어떻게 관계가 있었는지에 대해 더 관심을 주었다. 전반적으로, 내가 경험한 두 분야가 거의 공통점이 없다는 뚜렷한 인상을 남겼다.

진실에서 더 멀어 질 수는 없다. 디지털 영상처리 및 컴퓨터비전은 전통적으로 관계에 거의 주의를 기울이지 않고 별도의 과정으로, 가끔은 별개의 학부에서 가르쳐 왔다. 두 가지는 실제로는 분리할 수 없다. 전기와 자기 또는 정적과 동적, 알고리즘과 데이터 구조 등이 함께 가르쳐 지듯이, 영상처리와 컴퓨터비전도 함께 가르쳐야 한다. 지난 10여 년 간, 이 두 분야 사이의 고유한 역사에 관계없이 오버랩을 더 이상 무시할 수 없다는 사실이 점점 더 명백해졌다.

이 책의 제목은 이들 사이의 완벽한 겹침을 강조하기 위해 의도적으로 선택되었다. 두 분야가 거의 공통점이 없다는 그릇된 인상 때문에 두 개 분야의 이름 '영상처리 및 컴퓨터비전' 대신에, 현재 책 제목은 두 가지 주제가 서로 얽혀 있고 상호 연관된다는 것을 암시한다. 즉, 동일한 동전의 양면인 것이다. 용어 '영상처리'는 자명하며 이해가 잘되는 의미를 지니는 반면, 용어 '영상분석'은 모든 컴퓨터비전을 포괄하는 데 사용되며, 종종 암시적으로 입력 방식상의 제한(광학 카메라로 촬영한 영상)을 완화한다. 그들은 결국, 함께 '영상처리 및 분석' 이란 이중 분야를 형성한다.

목적

이 책은 가능한 접근과 방식으로 흥미진진한 두 분야를 포괄적으로 소개한다. 이 책은 컴퓨터 공학, 전기 공학 또는 관련 분야의 학부생 고학년 또는 대학원생 초년생을 대상으로 제작되었다. 실세계 문제, 실용적인 알고리즘 및 구현 문제에 중점을 두었기에 연구자와 실무자에게 유용한 참고 자료로도 활용될 수 있다. 이 책은 연구에서 매일 사용되는 수백 가지의 알고리즘과 기술들을 다룬다. 또한 이 책은 관련된 실제 단계에 대한 자세한 설명 (의사 코드, pseudocode) 뿐만 아니라, 기술들의 바탕이 되는 기본 수학 개념과 원리를 제시한다.

이 책의 서술은 모든 수준의 독자들이 이용할 수 있도록 만들려 하였다. 가능한 한 간단하게 설명하고, 핵심 개념에 초점을 맞추었다. 이 책은 확률, 선형 대수학, 신호처리, 프로그래밍과 알고리즘 및 데이터 구조에 대한 지식을 전제로 한다. 그러나 이러한 영역이 부족한 독자들조차도 많은 추가적인 노력을 들이지 않고 자료의 필수 요소를 소화할 수 있다.

컴퓨터비전과 같이 급속히 변화하는 분야에서는 한 책이 출판되어 나오기 전에 쓸모없게 될 수도 있다. 따라서 책의 관련성을 극대화하기 위해, 다음 기준에 따라 주제가 선정되었다. 첫째, 연구 논문에서 설명한 주제가 적어도 1,000건의 인용이 될 때, 포함될 만큼 충분히 중요하다고 여겨졌다. 두 번째로, 발표 상태에 관계없이 업계에서 널리 사용되는 알고리즘 또는 방법은 그것의 실제적인 관련성 때문에 포함될 가치가 있는 것으로 간주했다. 마지막으로, 기초 자료는 다른 개념을 이해하는 것이 필요할 때 (또는 적어도 도움이 되었을 때) 선택되었다. 이러한 원칙을 완벽하게 적용할 수는 없었다. 즉, 지면의 제한은 모든 주제가 그들이 받아야 할 관심을 받을 수 있도록 허용하지 않았다. 어떤 주제나 논문은 우연히 간과되었다. 그럼에도 불구하고, 이 원칙적인 접근의 결과로 인해 한 교재가 나왔고, 앞으로 몇 년 동안 관련이 있기를 희망한다(또는 적어도 잉크가 페이지에서 마를 때까지).

포괄성과 접근성이라는 두 가지 목표는 서로 긴장 관계에 있다. 포괄성은 주제의 폭과 범위의 깊이를 모두 포함한다. 일부 독자들은 내가 할 수 있는 한의 세부 사항으로, 내가 할 수 있는 만큼의 많은 주제를 다루려는 나의 시도에 의심의 여지없이 잘못을 찾았을 것이다. 내가 잘못했음을 고백한다. 사실, 나는 의도적으로 한 책을 위해 엄청난 배경을 다루는 넓은 붓과 가능한 한 수학적 및 지적 엄격성을 주장하는 미세한 붓으로 이 책을 그렸다. 그러나 독자들이 방대한 지식을 이해할 수 있도록 나는 최선을 다했다. 단순한 것에서 복잡한 것까지 주제를 점진적으로 소개하고, 실제 사례를 활용하여 동기를 부여하고, 종종 독자를 모든 세부 사항에서 길을 잃지 않도록 "큰 그림"으로 자주 되돌려 보냈다. 그럼에도 불구하고, 나의 작업 가정은 의심스러울 때 적은 정보보다는 많은 정보가 더 낫다는 것이다. 왜냐하면, 독자는 자료를 항상 건너뛸 수는 있지만, 새로운 자료를 쉽게 삽입할 수는 없기 때문이다. 나는 독자들이 이것에 동의할 것을 희망한다.

이 교재의 독특한 특징 중 하나는 수학적 유도 및 증명에 대한 접근 방식이다. 일반적인 관행은 그 결과를 위해 긴 유도를 따르는 것이다. 때가 되면 결과에 도달한다. 그러나 독자는 수시로 세부 사항으로 인해, 절망적으로 길을 잃게 되고 문제의 중요성을 잊게 된다. 그리고 독자들은 결과를 얻기 위해, 요구되는 성가신 과정에서 종종 흥미마저 잃어버리고 결과 자체만을 원한다. 이 문제를 해결하기 위해, 나는 대부분의 경우 결과가 먼저 나오고 나중에 유도과정이 뒤 따른다. 이러한 순서는 유도에 관심이 없는 독자들은 누구나 그것을 간단히 건너 뛸 수 있다. 그리고 반면에 호기심 있는 독자들은 세부 사항에 관해서 독서 시간에 또는 나중에 참조할 때 그것에 접근할 수 있다.

구성

영상처리 및 컴퓨터비전 교육을 위한 두 가지 접근 방식이 일반적이다. 하나는 컨볼루션(회선)과 필터링으로 시작하고, 다른 하나는 특정 투영 기하학에서 영상 형성으로 시작한다. 그러나 이러한 접근법은 학생들에게 가장 쉬운 방법은 아니다. 회선 및 필터링은 영상 편집 프로그램을 사용할 때 고려하는 첫 번째 작업이 아니다. 투영 기하학은 처음 시작하는 사람을 겁주는 추상 수학 개념을 포함하고 있다. 더욱이 이 주제들은 이후의 주제들을 위해 근본적인 기초를 제공하지 않는다. 초기에 수학을 배우려는 노력이 이후 주제에 직면할 때, 큰 도움이 되지 않는다는 사실을 깨닫고 학생들이 실망감을 종종 가지는 경우가 있다. 이 책에서는 다른 접근 방식이 사용된다. 처음 두 장을 소개한 후, 학생들이 2D 영상 데이터를 조작하는 과정을 이해하도록 아주 간단한 알고리즘이 제시된다. 즉, 학생들에게 영상 변형의 결과를 보는 기쁨과 경이로움을 경험하기 전에 복잡한 수학을 요구하지 않는다. 그리고 하나의 근본적인 수학적 이론이 나머지 책을 통해 학생들을 안내하도록 되어있지 않다. 오히려 수학은 필요에 따라 각 장을 통해 연관되어 있다.

예를 들어, RGB 영상을 그레이 스케일로 변환하는 것은 모든 사람들이 첫 주에 배우며, 간단한 근사 알고리즘은 거의 모든 실제 응용 프로그램에 충분하다. 반대로 올바른 전환 공식에는 수학 및 몇 가지 고급 개념을 사용하여 과정을 적절하게 설명한다. 모든 세부 사항을 독자에게 짐을 지울지, 아니면 책의 중간까지 중요한 주제 소개를 연기할지 판단에 따라서 결정해야 한다. 이 책에서 딜레마는 앞에 간단한 알고리즘을 제시하고, 적절한 전제 조건이 적용될 때까지 보다 진보된 알고리즘을 연기함으로 해결된다. 결과적으로 단편화가 존재한다. 그러한 단편화의 영향을 최소화하기 위해, 각주가 본문에 자유롭게 제공되어 독자들에게 도움이 되도록 주제들을 연결한다.

소재를 구성하기가 너무 어려운 또 다른 이유는 이 분야들이 주제들을 선형적으로 나열하는 것이라기보다 비선형 지식을 서로 연결하는 것이기 때문이다. 영상처리나 컴퓨터비전은 선형 진행으로 쉽게 넘어 가지 않으며, 어느 분야도 단일의 기초적인 수학 기반을 필요로 하지 않는다. 예를 들어, 그래프 컷과 같은 기술은 다양한 문제를 해결하는 데 사용할 수 있다. 그러므로 어떤 문제를 어떤 것과 연관 지을 것인지, 아니면 별도의 절로 할당할 것인지 판단해야 한다. 평균–이동 필터링(mean–shift filtering)은 양방향 필터링과 밀접한 관련이 있지만, 평균–이동 세분화(mean–shift segmentation)는 양방향 필터링과 관계가 없는 다른 세분화 알고리즘에 속한다. 명암도 모폴로지는 이진 모폴로지와 밀접한 관련이 있지만, 그레이 스케일과 유사성이 없는 이진 영상을 위한 다른 많은 알고리즘이 있다. 여기서 취하는 접근법은 해결될 문제에 대해 수학을 부수적인 것으로 만드는 것이다. 해결하기 위해 사용된 도구에 의해서가 아니라, 해결해야 할 문제에 의해 장들과 절들을 구성했다(몇 가지 예외가 있음). 각주는 다른 절의 자료들을 연결하는 데 도움을 준다.

대략 말하자면, 이 책은 영상처리로 시작하여 컴퓨터비전으로 끝난다. 나는 단순히 분야 각각의 역사 또는 전공 집단의 차이 때문에, 의도적으로 절들 사이에 인공 장벽을 도입하는 것을 피하려고 노력했다. 이 책은 세 가지 주요 영역으로 나눌 수 있다.

- **기본개념 (1–2장)**. 응용 프로그램 동기 부여와 영상 데이터를 저장하고 액세스하는 몇 가지 기본 개념을 포함한 분야의 개요 (1장). 자연 영상 시스템, 영상 형성 및 획득, 그리고 자세한 이미징 양식과 전자기 복사에 대한 자세한 설명 (2장).
- **영상처리 (3–9장)**. 영상 변환을 위한 수학적 배경이 거의 필요 없는 실용적이고 이해하기 쉬운 다양한 알고리즘 (3장), 이진 영상 처리 (4장). 공간 및 주파수 영역 필터링 (5–6장), 에지 및 특징 검출 방법 (7장). 마지막으로, 압

축 (8장) 및 컬러 표현 (9장).

- **영상분석 (10–13장)**. 컴퓨터비전/영상분석의 세 가지 핵심 문제. 첫째, 조밀한 픽셀을 세분화하고 희소 데이터에 모델을 적합하기 위한 기술 (10–11장). 그런 다음 픽셀과 영상을 분류하는 방법 (12장). 마지막으로, 투영 기하학의 수학과 함께 입체시, 광학 흐름, 카메라 교정, 3D 재구성과 같은 여러 영상을 포함하는 문제들 (13장).

이 책에는 영상처리, 컴퓨터비전에 관한 두 과정을 위한 충분한 자료가 있다. 각 장들은 보다 단순한 주제에서 좀 더 진보된 것까지 논리적으로 진행된다. 필연적으로 주제들 사이에 약간의 의존은 있다. 그럼에도 불구하고, 이 책은 다양한 과정 유형 및 학업 일정을 지원하도록 설계되었다. 각 장은 상대적으로 독립되어 있어서, 중요한 전제 조건이 무시되었는지 여부는 걱정하지 않고 관심 있는 각 장을 쉽게 선택할 수 있다. 각 장내에 간단한 개념들이 먼저 제시되고 다음에 더 진보된 개념들이 제시되며, 코스의 목표에 따라 선택에 대한 융통성을 제공한다. 사실, 많은 경우에 강사의 관심이나 전문가의 필요에 의해 각 장을 순서대로 다루지 않을 수도 있다.

강의 자료

다양한 리소스가 Cengage Learning의 안전한 패스워드 보안의 강사 리소스 센터를 통해 강사에게 제공된다. 이러한 리소스에는 강사 솔루션 매뉴얼, 텍스트뿐만 아니라 강의를 통해 모든 문제에 대한 완벽한 솔루션을 제공하는 PowerPoint 슬라이드, 알고리즘 의사 코드 및 PowerPoint 슬라이드에 처리된 영상이 있다. 이러한 리소스에 액세스하려면 https://login. cengage.com을 방문하라.

감사의 말

나는 스탠포드 지도교수 Carlo Tomasi에게 깊은 빚을 지고 있다. 그는 그가 할 수 있는 한에서 컴퓨터비전을 내게 소개해 주었다. 그리고 그 당시가 몇 가지 영상에 손으로 만들어진 알고리즘을 실행하는 시기에서 수백만 개의 영상에 기계학습 알고리즘을 실행하는 새 시대로 전환하는 시기였다. 그는 내게 세부 사항에 주의를 기울이고 항상 우수성을 위해 노력해야 한다는 중요성을 가르쳤다. 그의 현명한 권고와 지도가 없다면, 내가 이 분야에 우선적으로 관여했을지 의심스럽다. Robert Gray에게 감사한다. 그는 스탠포드에서 나를 영상처리의 세계로 안내해 주었다.

많은 사람들이 원고의 초기 버전을 읽고 매우 귀중한 피드백을 제공했다. 특히 Zekeriya Aliyazicioglu (California Polytechnic State University at Pomona), Saeid Belkasim (Georgia State University), Eliza Y. Du (Indiana University-Purdue University Indianapolis), Roger S. Gaborski (Rochester Institute of Technology), Arthur A. Goshtasby (Wright State University), Artyom Grigoryan (University of Texas at San Antonio), K. R. Rao (University of Texas at Arlington), Michael C. Roggemann (Michigan Technological University), Ezzatollah Salari (University of Toledo), Min C. Shin (University of North Carolina at Charlotte), and Jane Zhang (California Polytechnic State University at San Luis Obispo), Serge Belongie (Cornell Tech and Cornell University), Raffay Hamid, Ashley Feniello, Greg Shirakyan 및 몇몇 익명의 평론가들에게 나는 감사의 말을 하고 싶다.

알고리즘의 일부 세부 사항은 Yujie Dong, Satyajeet Bhide 및 Michael Gillam과의 토론에서 영향을 받았다. Zhengyou Zhang이 카메라 교정에 대한 유용한 토론을 제공했다. 그리고 오래 전에 Chris Bregler와의 토론이 Lucas-Kanade에 대한 나의 발표를 형성했다. 그림의 인물 중 한 사람인 Ross Girshick에게 감사드린다. 각 장의 마지막 부분에 있는 문제 중 일부는 Xueting Yu와 Edwin Weill에 의해 쓰였고, 이들의 도움에 감사한다. 모든 이전 학생들, 특히 Neeraj Kanhere, Guang Zeng, Shrinivas Pundlik, Zhichao Chen, Vidya Murali, Bryan Willimon,Xiaoxia Huang, Ninad Pradhan, Brian Peasley, J. P. Kwon, Douglas Dawson 및 Kalaivani Sundararajan 그들로부터 내가 많은 것을 배웠다. 포기할 준비가 되었을 때, Joshua Tarbutton가 저술을 계속해 완성하도록 격려하지 않았으면 이 책은 없었을 것이다. 격려가 필요할 때 항상 준비가 되어 있었던 Olaf Hall-Holt에게도 감사드린다.

Cengage Learning에서 사람들과 함께 일하는 것이 기쁨이었다. Cengage Learning에서 Global Engineering 팀의 이 새로운 책에 대한 헌신과 모든 노력에 감사를 표한다: Timothy Anderson, 제품 담당 이사: Mona Zeftel, 수석 콘텐츠 개발자: D. Jean Buttrom, 콘텐츠 프로젝트 관리자: Kristin Stine, 마케팅 매니저: Elizabeth Brown 및 Brittany Burden, 학습 솔루션 전문가: Ashley Kaupert, 미디어 콘텐츠 개발자: Teresa Versaggi와 Alexander Sham, 제품 보조원: Kristiina Paul, 텍스트 및 영상 사용 권한 연구원, 그리고 RPK 편집 서비스 사의 Rose Kernan. 그들은 이 교재의 개발과 생산의 모든 면을 성공적으로 완료하도록 능숙하게 인도했다. 또한 Clemson과 Microsoft는 매우 도움을 주는 환경을 제공했다. 마지막으로, 이 책은 나의 인내심 많은 아내 MeMe의 사랑이 뒷받침되지 않았으면 가능하지 않았을 것이다. 그녀는 우리 아이들과 함께 이 프로젝트를 하도록 많은 시간을 허락해 주었다. 나는 언젠가 그들에게 보상할 수 있기를 희망한다.

Stan Birchfield
워싱턴 레드몬드

역자 머리말

영상처리 외국도서로서 유명한 Gonzales와 Woods의 'Digital Image Processing'이 있습니다. 이 책은 1992년 초판으로 시작하여 2018년 4판이 나오기까지, 그야말로 국제적으로 영상처리 분야의 기본 텍스트로서 '영상처리의 바이블' 이라는 별명이 붙을 정도였습니다. 한편 본인을 포함하여 몇몇 저자들이 영상처리 관련 국내 책들을 출판하였습니다. 그러나 Gonzales와 Woods의 'Digital Image Processing'과 같은 전반적인 영상처리를 다루는 기본 텍스트들은 거리 흔하지 않습니다.

영상처리의 세부 분야에 대한 책들을 번역하던 중에, 홍릉과학출판사에서 영상처리의 기본 텍스트로서 새로 나온 Birchfield 교수의 'Image Processing and Analysis'의 번역을 제안하였습니다. 영상처리 분야를 오랫동안 관계해 온 본인으로서는 한 번 정도 영상처리 전 분야에 대한 기본 텍스트를 번역해 보고 싶은 마음이 생겼습니다. 그래서 출판사의 번역 제안을 선뜻 허락하였습니다. 그러나 이 번역 과정은 생각보다 쉽지 않았습니다. 이론적인 수식들이 책의 본문들 중간 마다 등장하고, 이들을 번역 과정에서 처리하는데 생각보다 시간이 오래 걸렸습니다.

이 책의 번역 과정에서, 본인의 견해로는 Birchfield 교수의 'Image Processing and Analysis'는 이전의 기본 텍스트들보다 전반적인 내용을 다루면서 더 깊은 내용을 다루고 있음을 알 수 있었습니다. 즉, 저수준의 순수 영상처리뿐만 아니라, 고수준의 컴퓨터비전까지 포함하는 전반적인 내용을 다루고 있습니다. 비록 때로는 어떤 주제에 대해 복잡하고 세세한 부분들까지 포함하고 있지만, 이 책은 영상처리 전 분야의 내용을 자세하게 소개하고 있습니다. 따라서 영상처리 핸드북처럼 영상처리의 전 분야에 대한 내용을 깊이 파악할 수 있는 좋은 교재라고 생각합니다.

영상처리에 대한 광범위한 분야를 다루다 보니, 번역 과정에서 외래어 전문용어들에 대한 한글 번역을 어떻게 처리해야 할지 고민이 되는 부분이 여러 곳에 있었습니다. 역시 '번역은 제2의 창작'이란 말을 다시 한 번 실감하는 기회였습니다. 그리고 이번 번역에서는 원문에 우선적으로 충실하다 보니, 한글 표현에서 어색한 표현들이 있으리라 생각됩니다. 독자 여러분들의 깊은 양해를 부탁드립니다.

본 책이 출판되기까지 관심을 가지시고 지원해 주신 홍릉과학출판사 우명찬 사장님과 송성환 부장님 그리고 관계자 여러분들께 감사를 드립니다.

감사합니다.

봉림골 가을 풍경을 보며(SDG), 대표 역자 정성환 드림

* 이 저서는 2019년~2020년도 창원대학교 자율연구과제 연구비 지원으로 수행된 연구결과임.

차례

CHAPTER 1

개요

가장 영향력을 미치는 인간의 감각은 시각이다. 우리는 복잡한 환경을 지나 다니며, 눈으로 친구들의 얼굴을 알아보고 인식한다. 그리고 가게 진열장에 있는 물건들을 구분한다. 우리는 물체를 보고, 잡으려고 손을 내밀 수 있다. 이때 이 복잡한 감각적인 일을 이해 함없이 우리가 찾는 물체를 결정할 뿐만 아니라 그것의 위치도 결정한다. 우리 주위의 세상을 인식하기 위해 시신경의 시각적인 자극으로부터 신호의 결과를 처리할 수 있는 것은 기적이나 다름 없다. 시각에 의존하는 이점은 우리들의 일상적인 단어에 스며들어 있는 다음과 같은 말들을 만들어 냈다.

> "보는 것이 믿는 것이다." "한 그림이 천 개의 낱말의 가치가 있다." "우리 회사는 비전 선언문을 가지고 있다." "이것이 뜻하는 바를 보지 못하니?" "그들은 시각장애인을 인도하는 시각장애인이다."

자연 시각 시스템의 놀라움에 고무되어, 그렇지 않으면 불가능한 일들을 성취하기 위해 과학과 공학에 영상의 힘을 덧붙이는 것이 과학과 공학의 목표가 된지가 오래이다. 이 목표를 달성하기 위해 영상에서 의미있는 정보를 추출하거나 컴퓨터를 사용하여 데이터가 더 유익한 정보를 가지도록 영상을 다룰 필요가 있다. 이 책의 목적은 당신이 목표를 이루기 위해 알고리즘을 이해하고 사용할 수 있도록 기본적인 개념과 알고리즘을 소개하는 것이다.

이 분야를 공부하는 것은 흥미진진한 일이다. 얼마 전만 하더라도 이러한 일은 연구자들이나 전문가들에게만 가능하였다. 하지만 이제는 누구나 디지털 영상을 얻고 다룰 수 있다. 즉, 쉽게 스냅 사진을 찍거나 문서를 스캔하고, 가능한 처리의 수준도 올릴 수 있다. 당신이 이 책을 읽고 있다는 사실은 바로 이 새로운 기회를 활용하기 위해 아마도 당신이 근본적인 원리들을 더 깊이 이해하기 원한다는 뜻이다. 마음을 사로잡는 이 영상 세계로의 발걸음을 환영한다!

1.1 영상처리와 분석

이 책은 디지털 영상처리와 디지털 영상분석을 다룬다. 여기서 "디지털" 이란 말은 오늘날 모든 영상들이 디지털 형태로 가능하기 때문에 생략 가능하다. 이번 장에서는 이 두 단어가 무엇을 의미하는지, 어떻게 서로 연관이 되어 있는지 그리고 이들의 원리와 알고리즘들이 실세계에서 어떻게 사용되어지는지를 다룬다. 우리는 영상의 표현과 영상의 종류들에 대한 것들도 다룰 것이다.

영상처리와 영상분석 분야는 그들의 개념, 방법, 목적에 있어서 상당히 겹치는 분야이다. 이들을 정확하게 구분하기가 쉽지않다. 그럼에도 불구하고, 도움이 되는 관점은 결과의 형태를 바탕으로 알고리즘들을 구분하는 것이다. 이 관점에 따르면, **영상처리**는 출력 영상을 얻기 위해 입력 영상을 다루는 알고리즘들을 연구하는 것이다. 반면에, **영상분석**은 고수준의 정보를 추출하기 위해 영상을 다루는 알고리즘들을 연구하는 것이다. 다시 말해 영상처리 알고리즘은 다른 영상을 출력한다. 반면에 영상분석 알고리즘은 비 영상형태를 출력한다. 모든 알고리즘들이 쉽게 구분이 되지는 않지만, 이러한 구분의 또 다른 형태는 영상처리 알고리즘은 저수준의 성격을 가지지만, 영상분석 알고리즘은 보다 고수준이다.

영상처리에서 중요한 3가지 주요 문제들을 그림 1.1에 보인다. **향상**(enhancement)이라 불리는 첫 문제는 시각적인 개선을 위해 영상을 다른 영상으로 변환하는 것을 포함한다. 향상의 한 예로서, 원래 어두운 영상을 밝게 하는 것이나, 자세함을 높이기 위해 영상의 **대비**(contrast)를 증가시키는 것이다. 또

그림 1.1 3가지 영상처리 문제의 예시. 상단: 어두운 영상, 잡음으로 오염된 영상, 깨끗한 영상. 하단: 대조개선, 영상복원, 압축의 결과. 마지막 그림은 처리의 효과를 잘 보이기 위해 의도적으로 낮은 품질을 보였다.

다른 예는 물체의 경계를 밝게 표시하거나 관찰자에게 다른 데이터 값이 구별되게 보이도록 그레이 스케일 영상을 채색하기 위해 영상의 에지를 탐지하는 것이다. 둘째 문제는 **복원**(restoration)인데, 이것은 잡음으로 훼손된 영상을 회복하는 목적을 가지고 있다. 훼손은 센스에 의한 잡음, 신호의 전송 중에 생긴 잡음, 혹은 외부처리에 의하여 발생되는 잡음이 원인이 될 수 있다. 세 번째 문제는 **압축**(compression)인데, 가능한 압축에서 영상의 질이 떨어지지 않으면서, 원 신호가 필요한 비트보다 훨씬 적은 비트로 영상을 저장하는 것을 말한다. 압축 알고리즘은 정지 영상이나 비디오에도 적용될 수 있다. 3가지 문제를 해결하기 위해, 영상처리는 영상변환, 선형과 비선행 필터링, 주파수 영역처리와 같은 개념을 이용한다.

영상분석에서 3가지 주요한 문제를 그림 1.2에 보인다. **영역분할**(segmentaton)은 영상에서 같은 객체에 속한 화소들을 구분하는 과정이다. 영역분할은 저수준에서 화소들을 그룹화하는 상향식(bottom–up–process) 처리로 볼 수 있다. 대조적으로, **분류**(classification)는 영상에서 어느 화소들이 이전에 만들어진 모델에 속하는 지를 결정하는 것이다. 분류는 화소가 비교될 모델을 만든 전문가나 시스템에 의존하는 하향식(top–down process)이다. 만일 여러분이 디지털 카메라에서 모든 사람들의 얼굴의 윤곽을 보여주는 것을 본적이 있다면, 그것은 바로 분류의 결과이다. 세 번째 문제인 **3차원 모양복원**(shape from X)은 스트레오, 비디오, 세이딩 혹은 텍스춰와 같은 다양한 기술(여기서 "X")을 사용하여 장면에서 3차원 구조를 복원하는 것을 목표로 한다. 이 3가지 문제를 해결하기 위해 영상분석은 선형대수, 통계분석, 투상기하, 함수 최적화와 같은 개념을 사용한다.

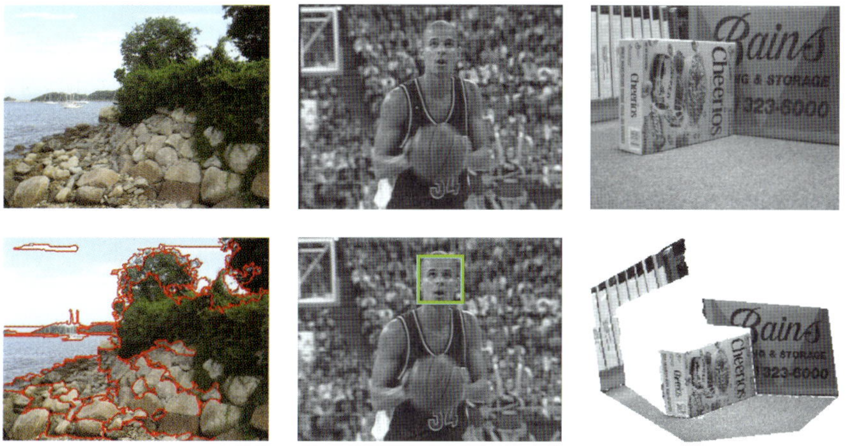

Segmentation　　Classification　　Shape from X

그림 1.2 3가지 영상분석의 문제의 예시. 상단: 입력 영상들. 하단: 왼쪽에서 오른쪽, 컬러 기반의 영역 분할, 얼굴 탐지(분류의 한 형태), 3D 재구성.

표 1.1 영상처리와 영상분석, 머신비전과 컴퓨터비전의 비교.

	environment	sensor	algorithm	output
image processing	any	any	low-level (2D)	another image
image analysis	any	any	low- to high-level	nonimage
machine vision	industrial	camera	low-level (2D)	nonimage
computer vision	everyday	camera	mid- to high-level	nonimage

영상분석의 목적은 컴퓨터로 하여금 "볼 수 있게" 하는 것이다. 이것은 영상에서 유익한 정보를 추출하기 위해 알고리즘들이 영상을 분석하기 때문이다. 이러한 의미에서 영상분석은 머신비전이나 컴퓨터비전과 거의 동의어라고 할 수 있다. **머신비전**(machine vison)은 전형적으로 카메라의 위치와 조명이 조정될 수 있는 산업적으로 설치된 시스템을 언급한다. 카메라가 보는 장면은 벨트 컨베이어 위의 부품들과 같은 2차원이다. 한편 **컴퓨터비전**(computer vision)은 비구조적인 설정에서 취해진 영상에 대한 처리를 위한 시스템을 말한다. 여기서 비구조적인 설정의 영상이란 일상에서 사람들이 개인 디지털 카메라로 찍은 사진이나 미지의 세계에 움직이는 이동로봇에 의해 획득된 영상을 말한다. 우리는 이 세가지 용어들을 서로 혼용하여 사용한다. 왜냐하면 이들 간의 구분이 대부분의 상황에서 너무 미묘하여 중요하지 않기 때문이다. 그럼에도 불구하고, 표 1.1에 요약했듯이, 영상분석의 용어 사용을 센서 혹은 다른 어떤 것으로부터 얻은 영상에 적용 가능한 기술을 포함하는 것으로 제안한다. 반면에 머신비전과 컴퓨터비전은 전통적인 카메라로부터 획득된 영상에 적용되는 기술을 말한다.

앞의 영상처리와 영상분석의 6가지 핵심 문제들이 완전한 것은 아니지만, 실제로 일어나는 많은 문제들이 이들 중에 하나라는 것은 주목할 만하다. 예로서, 영상에 임계치(thresholding)를 구하는 것은 영역분할의 문제이다. 왜냐하면 그 목표가 함께 속한 화소들의 영역을 결정하는 것이기 때문이다. 에지 탐색은 분류 문제 중에 하나에 해당한다. 왜냐하면 각 화소가 에지 화소인지 아닌지를 결정하기 때문이다. 추적(tracking)은 현재 영상에서 집단 화소들을 이전 영상에서 캡처된 목표의 모델에 매칭하는 것이다. 추적은 본래 분류 문제이다. 영상 임페인팅(image inpainting)은 영상복원의 한 형태이다. 왜냐하면 이것은 영상에서 없어진 데이터를 복원하는 것을 목표로 하기 때문이다. 그리고 CT(computed tomography)는 목표가 보여질 객체의 3차원구조를 결정하는 것이기에 3차원 모양복원의 한 형태이다.

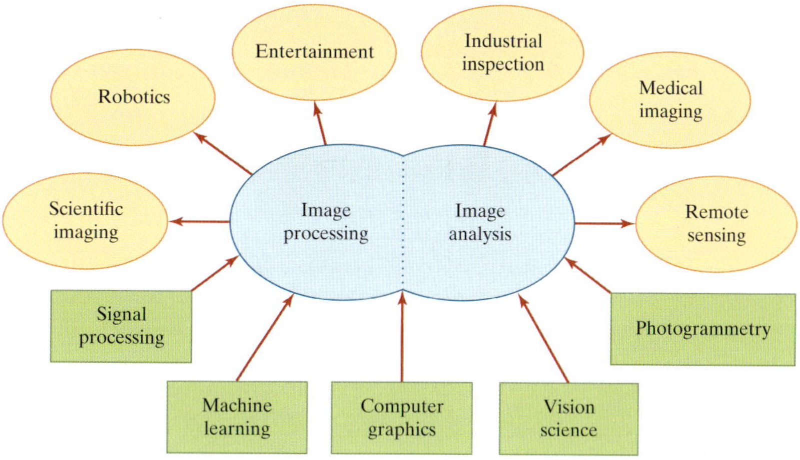

그림 1.3 영상처리와 분석, 관련된 분야(하단 사각형)와 응용분야의 예(상단 타원).

1.2 역사와 관련 분야

역사를 간단히 살펴봄으로써 관점을 얻을 수 있다. 영상처리는 1960년대 두 개의 현상의 결합으로 태어났다: 첫째, 우주 프로그램은 훼손되어진 귀중한 달 사진을 지구로 보내기 시작하였다. 둘째로, 디지털 컴퓨터가 그러한 훼손을 복원할 정도의 일을 수행하기에 충분한 능력을 가지게 되었다. 십년의 세월이 지나기 전에, 영상처리의 다른 응용들, 즉 의용영상, 원격탐사, 문서 영상분석과 같은 다른 응용의 물결이 있었다. 1970년대 상업적으로 제조 부품의 결함을 조사하는 실행가능한 머신비전 시스템이 소개되었다. 이것은 오늘날도 번창하고 있다. 1980년대 머신비전은 다양한 날씨와 조명 조건하에서 고속도로에서 자동차들을 자동적으로 탐지하게 됨에 따라 교통산업쪽으로 확대되었다. 이 시기에 컴퓨터비전 연구자들은 70년대와 80년대 현장의 문제들에 대한 해결을 위한 기초를 다지고 있었다. 비록 90년대에 근본적인 돌파가 이루어졌지만, 2000년대 중반이 되어서야 고속처리, 센서의 저가격, 가용한 대용량의 훈련 데이터로 인해, 컴퓨터비전이 상품에 영향을 미치게 되었다. 오늘날 컴퓨터비전 마켓은 개발자가 모자랄 정도로 응용분야가 증가하는 형태로 호황을 누리고 있다.

영상처리, 영상분석과 관련된 여러 분야들 간의 상호작용이 역사적으로 그림 1.3과 같이 관련이 있다.

비전 사이언스(vision science): 정신 물리학자들은 물리적 자극과 그 결과인 인지 간의 관계를 연구한다. 19세기 중반 이후로 이들은 인간시각 시스템이 다양한 환경조건과 장면에 어떻게 반응하는지를 연구함으로써 인간시각 시스템의 동작을 이해하려고 많은 노력을 기울여 왔다. 이것은 구조주의, 형태심리학

(gestalt psychology), 생태학적 광학, 그리고 구성주의 사상들 간에 많은 논쟁을 불러왔다. 잘 알려진 인물 가운데, H. von Helmholz는 최초로 정신 물리적 실험을 수행하였다. M. Wertheimer는 시각 인지의 주된 요소로서 그룹핑을 강조하는 형태 심리학의 주된 지지자들 중에 하나이다. 그리고 J. J. Gibson은 지상의 시각적 신호를 통해 자신들의 방향을 학습하는 20세기 파일럿의 훈련에 기여한 시각적 인식 연구자들 중에 가장 영향력 있는 연구자이다. 최근에 인간시각 시스템의 동작을 보다 자세하기 알기위해 정신 물리학자들이 계산모델들을 적용하는 학제간의 연구가 급속히 진행되어 왔다. 그 사이에 컴퓨터 과학자들은 새로운 계산 알고리즘을 제안하기 위해 정신 물리학자들의 기술을 사용한다. 이 두 진영의 교차되는 영역이 비전 사이언스(vision science)이다. 이 분야는 압축과 같은 응용을 위해 지각의 품질에 관한 원리들을 설정하는 데 중요하게 되었다. 많은 진전이 있었음에도 불구하고, 인간시각 시스템의 실제 동작은 여전히 신비로 남아있다.

사진측량법(photogrammetry): 이름이 말하듯이, 이것은 사진에서 대상을 측정한다. 19세기 중반에 시작하여 연, 기구, 그리고 항공기에 탑재된 카메라를 통해 얻은 영상을 사용하여 정확하고 자세한 3차원 지형도를 만들기 위해 복잡한 기술들이 개발되었다. 컴퓨터가 나오기 전에는 손으로 고해상도 사진 위에 영상의 좌표점들을 측정하고, 3차원 좌표를 추정하기 위해 투영기하를 사용하여 꼼꼼하게 계산하였다. 이러한 기술들 중에 삼각측량, 조정법과 같은 많은 부분들이 여전히 3차원 자동 재구성 시스템에 사용되고 있다.

신호처리(signal processing): 20세기로 접어들 무렵에 라디오, 전화, 레이더, TV와 같은 통신의 전자적인 양식의 소개와 함께, 1차원 전자신호의 처리가 중요하게 되었다. 신호처리 분야 및 이후의 디지털 신호처리는 잡음의 영향을 줄이고, 현재 정보의 향상 또는 사용 가능한 대역폭의 보다 나은 사용을 위해 신호 필터링에 관심이 있다. 영상처리의 기원은 1 차원 디지털 신호처리 기술의 2 차원 영상으로 확장에 있다.

컴퓨터 그래픽스(computer graphics): 컴퓨터비전의 목적은 센스 데이터로부터 실세계의 모델을 추론하는 것인 반면에, 컴퓨터 그래픽스의 목적은 정반대이다. 즉, 실세계의 모델로부터 영상을 만드는 것이다. 두 분야는 특히 투영 기하학에서 수학을 공통적으로 사용한다. 최근에는 두 분야가 교차되는 응용에 대한 관심이 급증했다. 즉, 증강현실, 도시 및 고고학 사이트 모델링, 의료 시각화, 얼굴 애니메이션, 원격몰입, 원격협업과 같은 응용이 있다. 광류(optical flow)의 자동 계산뿐만 아니라 액터의 모션 캡처는 인공 모션 블러, 영상 기반 애니메이션 및 비 사실적 렌더링과 같은 영화에 대한 다양한 특수 효과를 생성하는 데 사용된다.

머신러닝(machine learning): 머신러닝은 더 많은 경험적 데이터를 제공함에 따라 출력을 개선하는 시스템을 개발하는 것과 관련된 인공지능의 한 분야이다. 즉, 학습 알고리즘은 경험으로부터 일반화가 가능하다. 머신러닝과 영상분석 사이에는 강한 관계가 있다. 왜냐하면 머신러닝의 두 중요 분야가 영상분석의 두 중요 문제와 직접 연관이 되기 때문이다. 영역분할은 비지도학습의 예이다. 이것은 데이터에서 군집을 찾는 것을 목표로 한다. 반면에 분류는 지도학습의 예이다. 이것은 레이블된 훈련 데이터로 결정을 한다. 1990년대 중반 처음으로 성공적인 얼굴 인식 알고리즘의 소개 이후, 컴퓨터비전의 분야는 머신러닝의 패러다임에 크게 영향을 받아왔다. 많은 오래된 미해결의 문제들이 이제 신호의 원하는 기본 특성을 추출하는 복잡한 머신러닝의 알고리즘에 충분한 훈련 데이터를 제공함으로써 해결되기 시작하였다.

1.3 응용의 예들

지난 60~70년 동안 영상처리 및 분석의 사용 증가로 인해, 이들 기술들을 매일 사용하는 수 많은 실세계의 응용을 찾는 것은 어려운 일이 아니다.

예로서, 스마트폰으로 사진이나 비디오를 촬영하는 것은 흔한 일이다. 여기에 영상처리의 압축기술이 사용된다. 이와 같이, 머신비전은 제품의 질을 개선하기 위해 사용되는 번창하는 수억달러짜리 산업이다. 비록 컴퓨터비전이 상대적으로 최근에 이익이 되는 영역을 찾기 시작했지만, 이러한 응용 분야들은, 기술이 어려운 문제들을 다룰 수 있도록 성숙됨에 따라, 앞으로 수십년에 걸쳐 증가할 것이다. 이러한 분야의 더 중요한 응용의 몇을 그림 1.4에 보였다.

산업 검사(industrial inspection): 머신비전 시스템은 제품의 결함을 찾기 위해 사용된다. 특히 반도체 산업에서 반도체 웨이퍼의 결함을 찾기 위해 모델 템플릿과 비교된다. 유사한 시스템이 기판 위에 부품이 없는 것이나 손상된 것, 약봉지에 알약이 빠진 것, 섬유 가닥에서 빠진 것, 포장 라벨에서 오류, 제품에 끝이 빠진 것을 알아내기 위해 사용된다. 다른 시스템들은 정렬이나 허용 규격을 만족하는지를 알기 위해 자동차 엔진과 같은 기계부품들을 조사하고 측정한다. 또한 다른 시스템들은 빵 덩어리에 이물질이 떨어져 있는지, 병든 콩이 있는지, 혹은 튀긴 감자에 흠은 없는지를 알아내기 위해 음식을 조사한다.

문서 영상분석(document image analysis): 또 다른 발전된 응용분야는 문서

그림 1.4 응용의 예. 왼쪽에서 오른쪽, 위에서 아래로: 산업 검사, 광학 문자인식, 고속도로 차량 탐지, 수영장 바닥에 익사자 탐지, 사진 측량, 땅속 영상에서 나무뿌리 탐지, 의용 영상, 로봇 조립, 영화 제작.

servickuz / Shutterstock.com, astudio / Shutterstock.com, Neeraj Kanhere, Poseidon Technologies Inc., plane: SAYAM TRIRATTANAPAIBOON / Shutterstock.com, Christina E. Wells, beerkoff / Shutterstock.com, wellphoto / Shutterstock.com, Don Pablo / Shutterstock.com

자동 분석이다. 우체국 서비스는 편지를 분류하기 위해 봉투에 쓰인 문자와 숫자를 읽기 위해 문자 인식기술을 사용한다. 유사한 방법들이 자동번호판 인식시스템이 외부에서 작동되는 고해상도 카메라로부터 자동차 번호판을 읽기 위해 사용되어 왔다. 벤딩머신이 삽입된 지폐가 진짜인지를 구분할 수 있는 것은 캡처된 영상과 템플릿과 비교함으로 가능하다. 유사한 기술을 사용하여, QR코드는 제품의 생산 날짜와 다른 정보를 알기 위해 스마트폰으로 읽을 수 있는 2차원 바코드이다.

운송(transportation): 배경 영상에서 화소의 변화를 측정하여 교통량과 도로의 점유정도를 자동적으로 측정하기 위해 도로 옆에 높이 설치된 카메라가 사용된다. 교차로에 설치된 카메라는 교통신호 제어를 위해 개별차선의 자동차 유무를 판단하기 위해 혹은 적색신호를 위반하는 운전자의 사진을 찍기 위해 사용된다. 다른 시스템들은 교차로를 통과하는 자동차의 수를 세기도하고, 철로의 부식을 조사하거나 공항에서 활주로에 낙하물을 탐지한다. 열 적외선 카메라는 그림자, 비, 눈부심 또는 기타 환경 조건으로 인한 둔감한 부분의 감지를 보완하기 위해 사용된다. 차량 자체에 다가오는 차량의 전조등, 차량 앞의 보행자, 부주의 한 차선이탈을 자동적으로 감지하기 위한 컴퓨터비전 알고리즘을 가진 카메라들도 배치한다. 이들은 또한 병렬 주차를 자동화하는 데도 사용된다.

보안 감시(security and survaeillance): 생체인식 장치는 지문판독, 홍채인식, 비 접촉식 접근제어를 가능하게 하는 얼굴인식을 위해 사용된다. X-ray 보안 스캐너는 공항에서는 수하물에 있는 금지된 물건을 감지할 수 있으며, 전신 스캐너는 후방 산란 X 선 또는 밀리미터 파를 사용한다. 공공 안전구역 또는 사업장 주변의 높은 보안구역에 설치된 카메라는 침입자의 탐지를 자동화하는 노력을 했지만, 사건이 일어 났을 때나 이후에 수동으로 보기 위해 주로 사용된다. 이러한 카메라는 구매 습관 및 제품 관심을 결정하기 위해 쇼핑 지역에 사람들을 추적하는데도 사용된다. 수중 비디오 카메라는 바닥 수영장에서 움직임이 없는 사람들을 지속적으로 감시하여, 익사로부터 그들을 구하기 위해 구조 요원에게 경고한다.

원격 감지(remote sensing): 지구에 관한 정보는 지구 주위를 돌고있는 인공위성이나 특정 위치에 비행하는 항공기의 센서들로 얻은 여러 스펙트럼 대역의 데이터로부터 데이터의 획득 및 처리를 통해 수집된다. 원격 감지의 목표 중 일부는 육상 특징, 식물 양의 측정, 광산의 위치, 육지와 수질의 온도 측정, 그리고 해수면의 변화를 추정하는 것이다. 지난 수십 년 동안 궤도를 선회하는 위성에서 지속적으로 수집된 다수의 영상들은 자연적 또는 인간적 원인에 의한 자연경관의 변화에 대해 장기간의 기록을 제공한다.

과학적 이미징(scientific imaging): 다양한 분야의 과학자들이 이미징을 사용하여 관심있는 현상을 연구하고 측정한다. 생물학자들은 시간-경과 현미경 영상, 생체영상으로 살아있는 세포를 추적한다. 정보과학자들은 빛 또는 전자 현미경을 사용하여 세포를 분석하고, 원예사들은 지하 튜브에 있는 카메라를 사용하여 뿌리의 성장을 측정하여 나무의 건강을 추정한다. 우주과학자들은 멀리 떨어져있는 카메라의 삼각 측량을 사용하여 바람의 방향을 추정한다. 천문학자들은 희미한 별 및 다른 먼 현상을 보기 위한 지상 기반 망원경의 해상도를 높이기 위해 스펙클(speckle) 이미징 기술을 사용한다. 화학자들은 분자 내의 원자를 연결하는 화학 결합과 같은 자세한 것을 보기 위해 원자력 현미경(AFM)을 사용한다. 액체 또는 기체의 흐름을 연구하기 위해, 입자 이미징 속도계(PIV)는 과학자들에게 흐름 필드의 순간 속도 프로파일을 제공한다. 대부분의 과학 이미징은 측정 수행시, 사람 관찰자를 돕는 저해상도 영상처리 및 분석 루틴으로 여전히 수동으로 이루어진다.

의료 이미징(medical imaging): 활발한 연구의 가장 큰 영역 중 하나는 의료 이미징이다. 종양을 감지하고, 질병을 진단하고, 뼈가 부러졌는지 확인하고, 특정 유형의 처리를 담당하는 영역 구분을 위해 뇌의 신경 활동을 보기 위하여 다양한 영상 기법을 사용해 인체의 영상들을 캡처한다. 이러한 다양한 유형의 영상이 등록되고 시각화를 돕기 위한 3D 모델을 생성하기 위해 서로 중첩될 수 있다. 의료 이미징은 수술을 안내하는데도 사용되며, 카테터(도뇨관) 끝에 있는 작은 영상에서 캡처한 영상 등으로 동맥의 막힘 및 감지하기 어려운 다른 현상을 의사가 볼 수 있게 한다. 의학적 영상분석을 자동화하기 위해 많은 노력을 기울였지만, 영상은 과학 이미징에서와 같이 훈련된 전문가가 주로 해석한다.

로보틱스(robotics): 상용 산업용 로봇 시스템은 부품 공급, 제조 조립, 아크 용접 및 자동 와이어 본딩과 같은 작업 중에 발생하는 품질 검사를 위해 머신비전을 사용한다. 컴퓨터비전은 또한 환경을 탐색하거나, 특정 사람을 따르거나, 건물의 지도를 구축하는 모바일 로봇 시스템에서 중요한 역할을 한다. 컴퓨터비전 시스템은 이제 막 소형 시스템이든 자율 차량이든 관계없이 비 체계적인 환경에서 작동하는 실제 무인 시스템에 배치할 수 있는 견고성 수준에 도달하기 시작했다.

엔터테인먼트(entertainment): 스마트 폰에 카메라가 확산되면서 새로 나타난 분야는 계산사진기술(computational photography)이다. 이것은 특수한 광학 및 영상처리를 사용하여 높은 동적 범위 영상, 모든 초점 영상 또는 고해상도 모자이크 및 파노라마를 생성한다.

또 다른 응용 분야는 인간-컴퓨터 상호작용(HCI: human-computer interaction)이다. 자연스러운 사용자 인터페이스를 통해 사용자는 카메라에서 사용자의 제스처를 전송하여 컴퓨터를 제어할 수 있다. 저렴한 깊이 센서의 가용성이 증가함에 따라 이러한 응용들이 주류를 이루고 있다. 스포츠 세계에서 카메라는 미식축구에서 위치, 야구의 피치 속도, 농구 샷 각도, 하키 퍽의 위치, 세일링 레이스의 보트를 구분하는 데 사용된다. 그리고 시청자를 위한 시각적 경험을 향상시키는 기타 메타 데이터를 표시하는 데도 사용된다. 영화 제작 기술에서 컴퓨터비전 기술은 이제 카메라 모션을 결정하기 위해 비디오의 기능을 추적해 컴퓨터 생성 영상(CGI)과 실사 장면을 결합하는 표준 방법이다.

1.4 영상의 기본

책의 나머지 내용을 준비하면서 영상 저장 및 표현의 기본 개념은 물론 우리가 사용하려는 일부 규칙을 생각해 보자. 카메라(또는 다음 장에서 볼 수 있는 것과 같은 대체 이미징 장치)가 장면의 영상을 형성하면, 장면의 모습을 어떤 방식으로 캡처한다. 사실, 영상이라는 단어는 "닮음(likeness)"을 의미하는 라틴어 단어(imago)에서 유래했다. 따라서 거울을 볼 때 거울의 내부가 사람처럼 보이기 때문에 우리 자신의 영상을 보게된다. 카메라로 캡처한 영상은 일반적으로 2차원 센서 입력의 디지털화된 것이기 때문에 **디지털 영상**이라 부른다.

1.4.1 영상 데이터 접근

가장 기본적인 수준에서, 디지털 영상은 단순히 매트릭스와 같이 값의 이산된 2차원 배열이다. 너비는 영상의 열 수를 나타낸다. 높이는 행 수를 나타내며, 영상의 크기는 너비 × 높이로 표시된다. 가로 세로 비율(aspect ration)은 너비/높이이다. 배열의 각 요소는 "picture element"의 약자인 **화소**(pixel)로 알려져 있다. 화소 값은 한 쌍의 좌표(x, y)로 접근된다. 여기서 x와 y는 음수가 아닌 정수다. 그레이 스케일 영상 I의 경우, 좌표(x, y)에 있는 화소의 값 v는 식(1.1)에 의해 주어진다.

$$v = I(x, y) \tag{1.1}$$

벡터를 사용하여 화소 좌표를 표현하는 것이 더 편리할 때가 있다. 표준 규칙에 따르면, 각 벡터는 수직 방향으로 배치되며, 반면에 이것의 전치(transpose)는 수평 방향이다.

$$\mathbf{x} = \begin{bmatrix} x \\ y \end{bmatrix} = [x \ y]^{\mathsf{T}} = (x, y) \tag{1.2}$$

여기서 굵은 체는 벡터를 나타내며, 위 첨자 ^{T}는 전치 연산자를 나타낸다. 벡터와 좌표 표기법을 번갈아가며 사용할 것이다. 컬러 영상의 경우, 각 화소는 여러 값을 포함하며, 이 값은 다른 색 채널(예: $\mathbf{V} = V_{red}, V_{green}, V_{blue}$)의 값을 포함하는 다른 벡터인 $\mathbf{V} = I(\mathbf{x})$로 나타낸다.

화소에 접근하기 위해, 양의 x축은 오른쪽을 가리키고, 양의 y축은 아래를 향하게 하여 x가 열을 지정하고, y가 행을 지정한다는 규칙을 채택한다(그림 1.5 참조). 또한 왼쪽 위 화소가 (0, 0)에 있도록 0 기반 인덱싱을 가정한다. 다른 규칙도 가능하지만 이 좌표계는 장점이 있다. 영상이 일반적으로 메모리에 저장되는 방식과 밀접하게 관련되어 있으며, 2D에서 이것은 왼손 좌표계이지만, 3D에서는 오른손 룰을 사용하면 z축이 카메라의 광축을 따라 장면을 향한다. 이는 3D 재구성을 수행할 때 편리하다.

실제로 영상은 2D 배열이지만 1D 배열로 메모리에 저장된다. 때로는 영상이 **열 주요 순서**(column major order)로 저장된다. 즉, 첫 번째 열이 저장되고, 두 번째 열, 세 번째 열 등으로 하여 마지막 열까지 저장된다. 그러나 일반적으로 래스터 스캔 순서라고도 하는 **행 주요 순서**(row major order)로 저장된다.

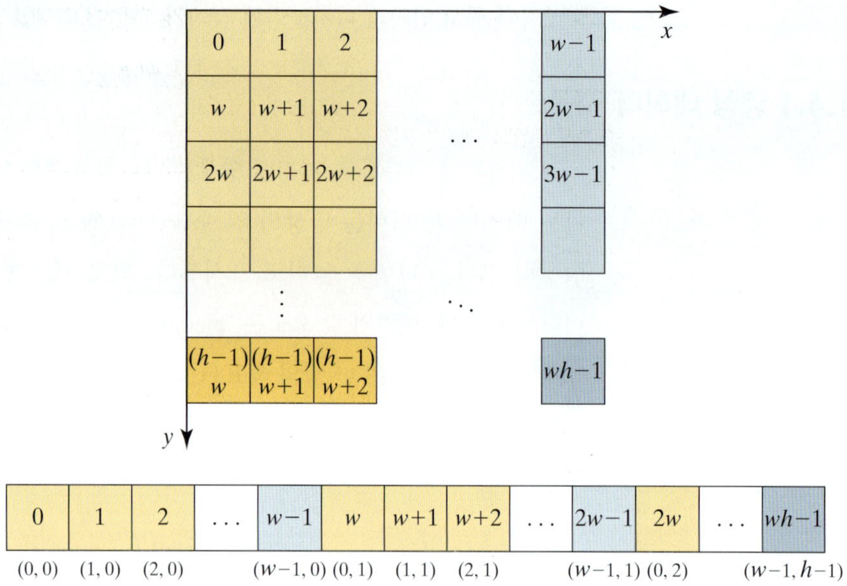

그림 1.5 상단: 2D 배열로서의 영상, 각 화소의 1D 인덱스. 하단: 행순서를 사용한 1D 배열로서의 영상의 내부 표현.

한 번에 하나의 행을 주사하는 전자 총에 의해 영상이 음극선관(CRT) 상에 표시될 때, **주사선**(scanline)은 영상의 한 행이다. 따라서 **래스터 스캔 순서**(raster scan order)는 마지막 행까지 첫 번째 행, 두 번째 행, 세 번째 행 등을 저장하는 것을 의미한다. CRT 디스플레이는 항상 영상의 왼쪽 상단에서 스캔을 시작하고, 아래쪽으로 진행하기 때문에 이 설정은 좌상단(top−left)이 화소의 원점이다.

이 1D 배열의 요소는 인덱스 0, 1, 2, ..., $n-1$을 가지며, 여기서 $n=$ 너비 · 높이는 영상의 화소 수이며, 점(·)은 일반적인 곱셈을 나타낸다. 이 1D 배열의 인덱스를 참조하면, $(x,\ y)=(0,\ 0)$에 첫 번째 화소는 1D 인덱스 $i=0$이다. 행 주요 순서를 가정하면 (1, 0)에 두 번째 화소는 인덱스 $i=1$을 가진다. (2, 0)에 세 번째 화소는 인덱스 $i=2$를 가지며, 이렇게 계속된다. 만일 화소가 연속적으로 저장되어 진다면, 첫 번째 행의 마지막 화소의 인덱스 $i=\text{width}-1$을 가진다. (0, 1)에 제2 행의 첫 화소는 인덱스 $i=\text{width}$을 갖는다. 이걸 보면 쉽게 1D 인덱스는 다음과 같이 2D 좌표에서 얻을 수 있다.

$$i = y \cdot width + x \tag{1.3}$$

다른 표현으로 나타내면,

$$x = \text{mod}(i, width) = i - y \cdot width \tag{1.4}$$

$$y = \lfloor i \,/\, width \rfloor \tag{1.5}$$

여기서 여기서 mod(a, b)는 나눗셈의 나머지를 b로 반환하는 모듈로 연산자(modulo operator)이고, 플로우 연산자(floor operator) $\lfloor c \rfloor$는 c보다 작거나 같은 가장 큰 정수를 반환한다.

1.4.2 영상 형태

몇 가지 유형의 영상이 있다. **그레이 스케일 영상**에서 각 화소의 값은 캡처된 빛의 양을 나타내는 스칼라이다. 이 값은 **그레이 레벨**이라는 유한 수준의 개별 레벨로 양자화된다. b가 각 화소 값(**비트 심도**라고 함)을 저장하는 데 사용되는 비트 수이면, 2^b는 그레이 레벨 수이며, 이를 ngray라고 한다. 일반적으로 화소 당 8비트(1바이트)가 있으므로, ngray $= 2^b = 2^8 = 256$이 된다. 따라서 8비트 그레이 레벨 영상에서 값이 0인 화소는 검은색을 나타내고, 값이 255인 화소는 흰색을 나타낸다. 검정 화소의 모든 비트는 0이지만 흰색 화소의 모든 비트는 1이므로 16진수 표기법을 사용하면 이 값은 각기 00과 FF이다. 의학적 이미징과 같은 일부 특수화된 응용은 캡쳐될 수 있는 동적 범위를 증가시키기 위해 더 많은 양자화 레벨(예를 들어, 화소 당 12 또는 16비트)을 요구한다. 그러나 일반적으로 프리젠테이션을 단순화하기 위해 화소 당 8비트라고 가정한다. 더 큰 비트 심도로 확장하는 것은 간단하다.

RGB 컬러 영상에서 화소 값은 빨강, 녹색 및 파랑의 세 가지 색상 채널에서 캡처된 빛의 양을 포함하는 트리플 형태이다. 따라서 컬러 영상은 일반적으로 화소 당 24비트를 필요로하거나, 3개의 컬러 채널 각각에 대해 1바이트를 필요로 한다. RGB 컬러 영상에서 검은 화소는 16진수 값 000000을 가지며, 흰색 화소 값은 FFFFFF이다. 비록 바이트들은 파란색을 가장 낮은 순서로 즉 빨강-녹색-파랑의 순서(RGB)로 저장될 수 있지만, 대부분의 프레임 버퍼 및 프레임 그래버의 채택 순서가 역순인 파랑-녹색-빨강(BGR)과 같이 저장된다. 그래서 빨강이 0000FF이다. 서로 다른 색상 채널 값은 일반적으로 **인터리브된**(interleaved) 형태로 저장된다. 즉, 하나의 화소에 대한 3개의 값은 다음에 오는 3개의 값 이전에 저장된다. 다음과 같이 된다. $B_0 G_0 R_0 B_1 G_1 R_1 B_2 G_2 R_2 \cdots B_{n-1} G_{n-1} R_{n-1}$, 여기서 아래 첨자는 화소 색인이다. 다른 방법은 **평면**(planar) 채널 방식으로 색상 채널을 저장하는 것이다. 빨강, 녹색 및 파랑 채널은 다음과 같이 별도의 화소 당 1바이트 영상으로 저장된다. $B_0 B_1 B_2 \cdots B_{n-1} G_0 G_1 G_2 \cdots G_{n-1} R_0 R_1 R_2 \cdots R_{n-1}$. 어느 쪽이든, 때로는 **알파 값** 또는 **불투명도**(opacity)라고하는 네 번째 값이 각 화소와 관련되어 있다. 이는 $B_0 G_0 R_0 A_0 B_1 G_1 R_1 A_1 B_2 G_2 R_2 A_2 \cdots B_{n-1} G_{n-1} R_{n-1} A_{n-1}$에서와 같이 여러 영상

precision	number of bits: sign	exponent	significand	total	range: integers	reals	accuracy
half	1	5	10	16	$[-2^{11}, 2^{11}]$	$[-10^4, 10^4]$	10^{-3}
single	1	8	23	32	$[-2^{24}, 2^{24}]$	$[-10^{38}, 10^{38}]$	10^{-7}
double	1	11	52	64	$[-2^{53}, 2^{53}]$	$[-10^{308}, 10^{308}]$	10^{-16}

표 1.2 절반-, 단일-, 이중-정밀도 부동소수점 표현.

을 블렌딩하는 경우에 사용된다. 이 경우, 32비트가 각 화소와 관련된다. 00의 알파 값은 완전투명을 나타내는 반면, 알파 값이 FF이면 색이 완전히 불투명 함을 나타낸다.

그레이 스케일 및 RGB 컬러 영상이 캡처와 표시에 주로 사용되지만, 영상처리에는 몇 가지 추가 유형이 있다. 첫째, **이진 영상**(binary image)이 있다. 각 화소에 다음 명제 테스트를 적용할 때 발생한다. 가장 일반적인 테스트는 문턱치(thresholding)를 적용하는 경우이다. 입력 화소가 주어진 문턱치보다 높거나 낮은가에 따라 출력 영상의 각 화소는 **on** 또는 **off**(또는 동등한 true 또는 false)가 된다. 이러한 논리 값은 화소 당 1비트(꺼짐의 경우 0, 켜기의 경우 1), 또는 화소 당 1바이트를 사용하여 저장할 수 있다. 여기서 값은 보통 0(16진수 00) 또는 255(16진 FF)이다. 이 후자의 관행은 다소 낭비 적이기는 하지만 디스플레이 및 처리에 편리하다. **off**가 검은색으로 표시되는 반면, **on**은 흰색으로 표시되는 규칙을 채택한다. 이진 영상이 영상으로 표시될 때는 이 관행을 반대로 한다. 즉, 그래픽으로 묘사된 알고리즘에서, 꺼짐이 흰색으로 표시되며, 파란색 또는 오렌지색이 켜짐으로 한다. 검은색은 빈 화면의 색, 흰색은 빈 종이 색이지만, 이 사소한 불일치는 자연스럽게 발생한다.

또 다른 유형의 영상은 **실수 영상**(real-valued image) 또는 **부동 소수점 영상**(floating-point image)이다. 각 화소는 적어도 개념적으로 실수를 포함한다. 실제로 이 수는 IEEE 단정밀도 또는 배정밀도 부동 소수점 수로 컴퓨터에 저장된다. 이 경우에는 수는 저장을 위해 각각 32 또는 64비트가 필요하다. 단정밀도 숫자는 범위 $[-2^{24}, 2^{24}]$의 모든 정수를 정확하게 나타낼 수 있고, 이것은 실수로 대략적인 범위는 $[-10^{38}, 10^{38}]$이며, 정확도는 약 10^{-7}이다. 배정밀도 숫자는 $[-2^{53}, 2^{53}]$ 범위의 모든 정수를 정확하게 나타낼 수 있으며,약 10^{-16}의 정확도를 가진 대략적인 범위 $[-10^{308}, 10^{308}]$의 수이다. 신호처리는 종종 배정밀도를 요구하는 섬세한 연산을 포함할 수도 있지만, 영상처리를 위해 단정밀도가 충분치 않은 경우는 거의 없다. 사실 점차 일반적인 형식은 반정밀도를 사용하

	grayscale	RGB color	binary	integer-valued	real-valued	complex-valued
channels	1	3	1	1	1	2
bit depth	8	24	1	32/64	32/64	64/128
value range	{0, . . . , 255}	$\{0, \ldots, 255\}^3$	{0, 1}	$\mathbb{Z}$	$\mathbb{R}$	$\mathbb{R}^2$

표 1.3 일반 영상 형태, 채널의 수, 가장 흔히 만나는 비트의 깊이(화소 당 비트의 수) 그리고 가능한 값의 집합. 마지막 3개의 열에 집합은 정수 Z, 실수 R은 무한 집합이므로 단지 개념적임.

여 영상을 저장한다. 이것은 화소 당 단지 16비트가 필요하다. 이 경우 반정밀도 숫자는 범위 $[-2^{11}, 2^{11}]$를 정확하게 나타낼 수 있고, [−65535, 65535] 범위의 임의의 실수를 나타낼 수 있다. 정확도는 약 0.001이다. 표 1.2에 요약된 이 숫자들은 일반적인 규칙으로부터, e 및 s가 각각 지수 및 유효 비트의 수인 경우, 정확한 정수의 범위는 $[-2^{s+1}, 2^{s+1}]$이고, 전체 범위는 $[-2^{2^{e-1}}, 2^{2^{e-1}}]$, 정확도는 $\log_{10}2$이다. 부동 소수점 영상들은 산술 연산의 결과뿐만 아니라 높은 다이나믹 레인지 영상 및 래디언스 맵(radiance maps)을 저장하는 데 유용하다.

일부 영상처리 알고리즘은 **정수 값 영상**(integer−valued image)을 출력한다. 각 화소는 정수이다. 정수 값 영상은 음수 또는 다소 임의의 큰 수를 저장할 필요가 있을 때 사용한다. 예를 들어, 그것이 속한 지역과 함께 각 화소에 라벨을 지정하려면, 분명히 256개 이상의 영역이 있는 경우, 그레이 스케일로 결과를 저장할 수 없다. 마찬가지로, 두 영상의 빼기에서 일반적으로 음수를 포함하므로 그레이 스케일 영상에 저장할 수 없다. 실제로 정수 값 영상은 화소 당 제한된 수의 비트(일반적으로 32 또는 64)를 사용하지만, 이 값은 버퍼 오버플로 가능성이 우려가 되지 않을 만큼 충분히 크다. 예를 들어, 32 비트 정수는 대략 정수 $-10^9 \sim 10^9$에 있는 정수를 나타낼 수 있으며, 64비트 정수는 $-10^{19} \sim 10^{19}$을 타나낼 수 있다. 이 두 가지 모두 매우 큰 범위이다.

마지막으로, 영상은 다중 **채널**(channel)을 가질 수 있다. 예를 들어, RGB 컬러 영상은 세 개의 채널이 있는 8비트 영상이다. 유사하게, RGB 색상 공간을 다른 색상 공간으로 이동하면, 결과를 실수 또는 8비트의 다중 채널 영상으로 저장할 수 있다. 또 다른 일반적인 다중 채널 영상의 유형은 **복소수 값 영상**(complexed−valued image)이다. 이것은 푸리에 변환을 계산할 때 발생한다. 복소수 값 영상에는 각 화소에 대한 두 개의 부동 소수점 값이 포함되어 있다. 하나는 실수 구성 요소이고, 다른 하나는 허수 구성 요소이다. 마찬가지로, 다중 채널 정수 값 영상은 각 화소와 연관된 또 다른 화소의 (x, y) 좌표를 저장하거나, 화소가 속한 지역정보를 저장할 수 있다.

이러한 영상 유형은 표 1.3에 요약되어 있다. 이 책에서 우리는 서로 다른 유

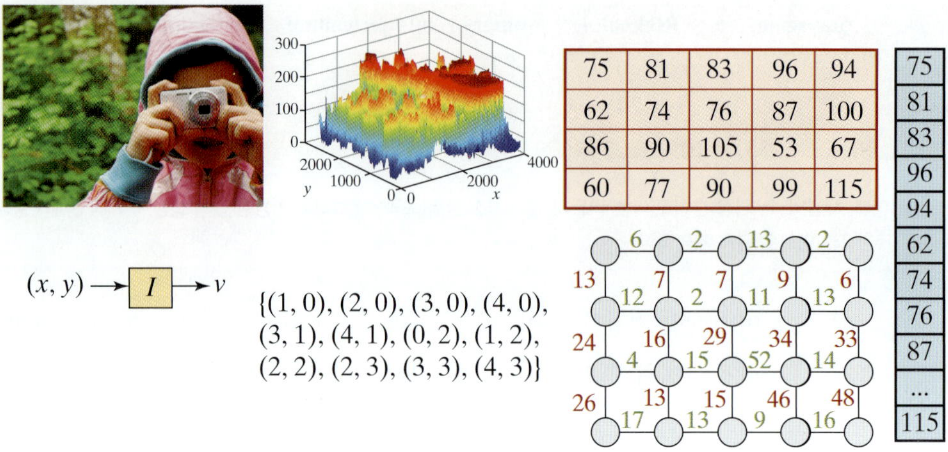

그림 1.6 영상 시각화의 다양한 방법: 그림, 높이 지도, 값의 배열, 함수, 집합, 그래프, 그리고 벡터. 5x4 배열은 영상의 작은 부분; 집합은 배열에서 80보다 큰 값을 갖는 모든 화소의 좌표를 포함한다. 그래프에서 에지의 가중치는 값들 사이의 절대치이다.

형 간에 구분을 유지할 것이다. 이유는 속도 및 메모리 고려사항이 세부 추가 수준을 보증하는 응용을 지원하기 위함이다. 실시간 응용은 가능한 한 적은 비트로 결과를 얻으려 하므로, 그레이 스케일과 RGB 컬러 영상이 일반적으로 사용된다. 이것은 캡처 및 디스플레이뿐만 아니라 개념적으로 정수 또는 실수로 간주될 수 있는 결과 보유용으로도 사용된다. 그 이유는 메모리 자체가 싸기는 하지만, 처리 시간은 캐시 미스 및 페이지 스왑의 상대적으로 높은 비용 때문에 사용된 메모리의 양에 크게 영향을 받는다. 비록 영상 유형은 문맥에서 명확해야 하거나 명시적으로 언급되어야 하지만, 의심 스러울 때 가장 일반적인 모델(계산이 문제가 아닌 경우), 즉 다중 채널 부동 소수점 영상을 가정하는 것이 항상 안전할 것이다. 이 모델은 충분히 유연하여 언급된 모든 영상의 유형(그레이 스케일, RGB 색상, 이진수, 정수, 실수, 복소수 및 다른 색상 공간)뿐만 아니라, 당신이 만날 다른 것들을 포함할 수 있다.

1.4.3 영상 개념화

우리는 일반적으로 영상을 그림으로 생각한다. 즉, 만일 영상을 표시한다면 화면 또는 페이지 상의 각 작은 영역의 밝기는 화소의 값에 비례하며, 그 표현은 그것을 보면서 쉽게 해석된다. 다른 여러 가지 방법으로 영상을 개념화할 수 있다. 그러나 그림 1.6과 같이 영상을 개념화하면 각각 영상의 알고리즘 처리에 대한 통찰력을 제공한다.

가장 기본적인 수준에서 디지털 영상은 컴퓨터의 개별 배열로 저장된다. 이 배열은 원시 화소 값 자체를 고려하여 시각화할 수 있다. 또한 2D 격자 또는 높이 맵 또는 3D 표면 플롯으로 시각화 된다. 여기서 각 점의 높이는 화소의 값이다. 또한 영상은 화소의 좌표가 주어진 값을 반환하는 함수로 생각될 수 있다. 이 경우, $I(x, y)$는 위치 (x, y)에서 함수를 평가하는 것을 의미한다. x와 y가 영상 영역에 음이 아닌 것으로 제한된다. 그리고 함수는 2D 배열의 접근과 동일시 된다. 그러나 함수의 각 축의 도메인을 전체 실수 집합으로 확장하면, 경계 밖의 영상 값을 캡처할 수 있다. 예를 들어, $I(-1, -1)$는 2D 배열로 볼 때 의미가 없다. $(-1, -1)$는 메모리 액세스 위반을 일으킬 수 있기 때문이다. 그러나 함수로 볼 때, $I(-1,-1)$는 인접 화소들로부터 계산된 값을 제공한다. 마찬가지로 $I(2.5, 3.5)$에 대한 매개 변수는 영상을 배열로 접근하려면 반올림해야 한다. 그러나 함수로서 화소 사이의 값을 계산하기 위해 적절한 보간을 정의할 수 있다.

영상을 개념화 하는 또 다른 방법은 화소 집합이다. 가장 일반적인 형태로, 이 집합에는 좌표와 화소 값을 모두 포착하는 세 쌍의 값이 들어 있다. 예를 들어, 그레이 스케일 영상,

$$I = \begin{bmatrix} 3 & 8 & 0 \\ 2 & 9 & 4 \end{bmatrix} \tag{1.6}$$

그레이 스케일 영상은 $\{(0,0,3), (1,0,8), (2,0,0), (0,1,2), (1,1,9), (2,1,4)\}$로 표현된다. 그러나 이 표현은 이진 영상에 가장 일반적으로 사용된다. 여기서 집합은 값이 온(on)인 화소의 좌표만을 포함하도록 단순화되어 있다.

예를 들어서, 이진 영상 I는 다음과 같이 표현될 수 있다.

$$I = \begin{bmatrix} 1 & 0 & 1 \\ 1 & 1 & 1 \\ 1 & 0 & 1 \end{bmatrix} \tag{1.7}$$

이것은 다음의 집합으로 표현될 수 있다.

$$\{(0, 0), (2, 0), (0, 1), (1, 1), (2, 1), (0, 2), (2, 2)\} \tag{1.8}$$

영상은 또한 그래프로 볼 수 있다. 여기서 영상의 각 화소은 그래프에 정점으로 표시되며, 그래프의 각 에지는 영상에서 인접한 두 화소을 연결한다. 각 에지와 연관된 가중치는 일반적으로 두 화소 사이 값의 유사성 또는 비유사성에 대한 일부 척도이다. 예를 들어, 수식 (1.6)의 영상은 6개의 꼭지점과 7개의 에지를 갖는 그래프로서, 에지의 가중치는 인접한 화소 간의 절대적인 차이로 주어진다.

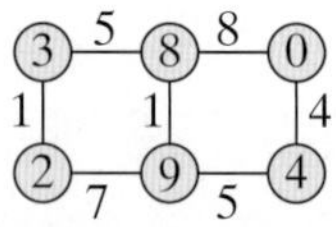

때로는 영상을 행열(matrix)로 보는 것이 유용하다. 행렬은 2D 배열이므로, 이 값은 쉽게 상상할 수 있다. 유일한 어려움은, 역사적 이유로 행렬과 영상의 관습이 다르다. 행렬 항목에는 1부터 시작하는 인덱싱을 사용하여 액세스한다. 그러므로 맨 위 왼쪽 항목이 (0, 0)이 아니라 (1, 1) 위치에 있다. 또한,행렬은 먼저 행에 의해 인덱싱되고, 그 다음에 열에 의해 인덱싱된다. 왼쪽 맨 위 항목의 오른쪽 항목은 위치 (1, 2)에 있고, $m \times n$ 행렬은 m행과 n열을가진다(w열과 h행을 가진 $w \times h$ 영상과 반대). 혼란을 피하기 위해 행렬을 나타내기 위해 굵은 체를 사용하고, 첨자를 사용하여 행렬 항목에 액세스한다. 그러므로, **A**가 $m \times n$행렬이면 (i, j)번 째 항목은 a_{ij}에 의해 주어진다. 식(1.9)와 같이 쓴다.

$$\mathbf{A}_{\{m \times n\}} = \begin{bmatrix} a_{11} & a_{12} & \cdots & a_{1n} \\ a_{21} & a_{22} & \cdots & a_{2n} \\ \vdots & \vdots & \ddots & \vdots \\ a_{m1} & a_{m2} & \cdots & a_{mn} \end{bmatrix} \tag{1.9}$$

여기서 행렬의 첨자에 있는 중괄호는 차원을 나타낸다.

마지막으로, 영상을 벡터로 보는 것이 유용할 때도 있다. 영상의 열을 연결하거나 행을 연결하고 결과를 도치하여 이것을 얻을 수 있다. 후자의 접근법을 채택하면, 만일 $v_i = I(x, y)$가 식 (1.3)의 1D 색인에 따라 (x, y)에 있는 화소의 값이라고 하면, 결과 벡터는 다음과 같다.

$$\mathbf{v} = [v_0 \quad v_1 \quad v_2 \quad \cdots \quad v_{n-1}]^\mathsf{T} \tag{1.10}$$

여기서 n은 영상의 화소수이다. 이 벡터는 n차원의 점이다. 공간이므로, 단순화를 위해 각 화소가 실수 값을 취하게 하면, $\mathbf{v} \in \mathbb{R}^n$. 벡터표기법을 사용하면 영상의 선형 변환을 상상할 수 있다. 새로운 벡터 $\mathbf{v}' = \mathbf{T}\mathbf{v}$를 생성하기 위해 왼쪽에 $m \times n$ 행렬 **T**로 벡터와 곱한다.

$$\mathbf{v}'_{\{m \times 1\}} = \mathbf{T}_{\{m \times n\}}\mathbf{v}_{\{n \times 1\}} \tag{1.11}$$

만일 **T**가 $n \times n$ 항등 행렬 $I_{\{n \times n\}}$이면, 입력은 변하지 않는다: $\mathbf{v}' = \mathbf{v}$. 더 흥미롭게도, **T**는 이 영상을 평행 이동하거나 회전시키고, 선형보간, 다운 샘플링, 업 샘플링, 자르기 또는 필요에 따라 테두리를 넘어 확장할 수 있게 적절히 정의될 수 있다. 컨볼루션(convolution) 및 푸리에 변환(Fourier transform)과 같은 선형 동작은 또한 이 책의 뒷부분에서 보게 될 것이다.

1.4.4 수학적 전제 조건 및 표기법

이 책에서 자료를 성공적으로 마스터하기 위해서는 적어도 수학의 세 영역을 조금 알아야 한다. 첫째, 선형 대수학의 기본 개념편을 알 필요가 있다. 예를 들어, 행렬, 벡터, 행렬 곱셈, 선형 시스템 해. 둘째, 확률 통계에 대해 어느 정도 익숙하면 도움이 된다. 통계를 사용하여 공동 확률, 조건부 확률 또는 확률 분포 함수(PDF)가 의미하는 바를 알면 도움이 된다. 마지막으로, 이미 신호처리를 안다면, 이산신호, 컨볼루션 및 푸리에 변환은 완전히 새로운 개념이 아닐 것이다. 이 책은 초급 수준에서 개념을 잘 설명함으로써 가능한 한 어려운 단계로 나갈 수 있도록 하고 있다. 따라서, 이 분야의 일부 부족이 다른 자료들을 이해하는 데 방해가 되어서는 안되겠다.

g, ψ	Lowercase Latin or Greek characters indicate scalars
g, ψ	Lowercase Latin or Greek characters also indicate functions of one variable
G, Ψ	Uppercase Latin or Greek characters indicate functions of more than one variable
$\mathcal{A}$	Uppercase calligraphic Latin characters indicate sets
$g(x)$	Either the 1D function g evaluated at x, or the function g itself
$G(x, y)$	Either the 2D function G evaluated at (x, y) or the function G itself
$g(\cdot)$	The function evaluated at some value, where the variable name is unimportant or obvious
$G(\cdot,\cdot)$	The function evaluated at some pair of values, where the variable names are unimportant or obvious
$g[x]$	Brackets indicate a discrete array indexed by nonnegative integers
$\dot{g}, \ddot{g}$	First and second derivatives of function
$a = b$	The variable a is equal to b
$a \equiv b$	The variable a is defined to be equal to b
$\mathbf{g}, \boldsymbol{\psi}$	Boldface lowercase Latin or Greek characters indicate vectors
$\mathbf{G}, \boldsymbol{\Psi}$	Boldface uppercase Latin or Greek characters indicate matrices
$\mathbf{G} = [g_{ij}]$	The ij^{th} element of matrix $\mathbf{G}$ is given by g_{ij}
$\mathbf{g}^{\mathsf{T}}$	Transpose of vector $\mathbf{g}$
$\mathbf{FG}$	Matrix multiplication
$\cdot$	Central dot indicates ordinary multiplication (also used for divergence)
:	Colon means either a range, as in 1:10, or "such that," as in $\{x{:}x < 0\}$
$\circledast$	Asterisk with a circle indicates convolution
$\mathbb{R}, \mathbb{R}^{n}, \mathbb{R}^{m\times n}$	Set of real numbers, set of vectors of n real numbers, set of $m \times n$ real matrices
$\mathbb{Z}, \mathbb{Z}_{a:b}$	Set of integers, set of integers from a to b, inclusive
$O(\cdot)$	Big O notation for asymptotic running time of algorithms
*	Asterisk indicates ordinary multiplication (only used in pseudocode)
$==$	Long equal sign indicates test for equality (pseudocode)

$\leftarrow$	Assignment (pseudocode)
$\leftarrow_+$	Assignment with addition; same as += in C/C++/Java (pseudocode)
$\leftarrow_-$	Assignment with subtraction; same as −= in C/C++/Java (pseudocode)

영상처리 및 영상분석은 여러 가지 다른 수학의 표기가 겹치는 부분이 있기 때문에 명확하고 일관된 표기법을 개발하는 것이 중요하다. 책의 목표는 내부적으로 일관된 표기법을 사용하는 것과 한편으로는 가능하다면 기존 협약과의 일관성을 유지하고자 한다. 결과는 앞과 같은 표기 규칙 세트이다. 책 전체의 거의 모든 곳에서 사용되었다. 이 목록은 처음에는 흥미롭지 않을 수도 있다. 계속 진행할 때 수시로 참조하는 것이 도움이 될 수 있다. 몇 가지 경우에 이러한 규칙은 기존 규칙을 준수하기 위해 어긋날 수도 있다. 그러나 이러한 일이 발생하는 어디서에서나 문맥에 따라 의미를 분명히 하면 된다.

1.4.5 프로그래밍

그 사람이 글로 쓸 수 있을 때까지는 아무 것도 모른다는 말이 있다. 비슷한 방식으로, 사람이 알고리즘을 구현하기 전까지 알고리즘을 실제로 이해하지 못한다. 따라서 영상처리 및 분석을 배우는 가장 좋은 방법은 실제 영상에 실제 알고리즘을 프로그래밍하는 것이다. 이 노력에 독자를 돕기 위해 이 책은 제시된 많은 알고리즘에 대한 상세한 의사 코드를 제공한다. 의사 코드는 처음 읽는 즉시 별로 흥미롭지 않을 수도 있다. 특정 기술에 대한 더 깊은 이해를 얻기 원할 때 피해 갈 수 없는 일이다. 의사 코드는 한편으로는 정밀도 다른 한편으로는 가독성 사이에서 균형을 이루도록 작성되었다. 만일 프로그래밍 언어에 익숙하다면, 의사 코드를 실제 작업 코드로 변환하기 어렵지 않다.

지금까지 영상처리 및 분석 학습에 사용된 가장 일반적인 언어는 MATLAB 또는 오픈 소스 대안인 Octave이다. MATLAB은 매우 간단하다. 사용하기 쉽고, 컴파일되기보다는 해석되며 내장된 시각화 기능, 편집기 및 디버거가 포함되어 있다. 그러나 산업계에서는 효율적인 계산이 필요해 C 또는 C++과 같은 하위언어를 사용한다. 이에 대해 가장 널리 사용되는 라이브러리는 OpenCV이다. OpenCV는 영상 로드 및 표시, 카메라 연결 및 기본 작업 수행 뿐만 아니라, 얼굴 검출 및 카메라 보정과 같은 고급 알고리즘을 제공한다. 또한 OpenCV는 보다 신속한 프로토 타이핑을 위해 Python 및 Java와 같은 다른 언어에 대한 바인딩을 가지고 있다. 다른 라이브러리에는 CImg, vxl, ImageJ, 기타 수십 가지가 있다. 이러한 도구 및 라이브러리에 대한 자세한 내용은 온라인 검색으로 쉽게 찾을 수 있다.

1.5 전망

이러한 기본 사항을 바탕으로 이제 영상처리 및 분석 주제를 시작할 준비가 되었다. 우리가 그렇게 할 때, 한 마디 주의가 필요하다. 다른 분야의 연구에서, 우리는 수렴성 있는 문제를 다루는 것에 익숙하다. **수렴 문제**(convergent problem)는 하나의 고유한 솔루션이 있다. 그 문제에 대해 더 많은 문제를 연구하면 할수록 더 많이 그것에 대해 배운다. 대조적으로, 잘 알려진 경제학자 [Schumacher, 1973]에 의해 지적 된바와 같이 **발산 문제**(divergent problem)에는 정확한 해결책이 없다. 더 많은 것을 연구하면 할수록 대답은 서로 모순되는 것처럼 보인다. 영상 분석 및 다소 확장된 영상처리 과정에서 하나의 고유한 해결 방법이 존재하지 않는 발산 문제들로 가득 차 있지만, 오히려 각기 다른 장점과 단점을 가진 다양한 솔루션을 제공한다. 따라서, 특정 문제에 직면했을 때, 당신이 선도적인 알고리즘을 시도했는데 비참하게 실패하고, 당신이 일하는 특정 상황에서 완전히 다른(종종 보다 단순한) 접근 방법이 성능이 좋다고 놀라지 말라.

영상분석은 젊은 분야이며 해결책은 찾기 어렵다. 유용한 정보 제공을 위해 영상처리 실제 시스템을 제작할 수 있도록, 진전은 의심의 여지없이 앞으로 수십 년 동안 계속될 것이다. 이것은 기존 기술에 대한 지속적인 질문과 새로운 것들의 탐구로 가능하다. 그러므로 당신이 학생이든, 연구원이든, 창의력 모자를을 착용하고 상자 밖에서 생각하고, 새로운 접근법을 시도할 준비를 하라. 결국, 영상분석은 발생하는 문제점을 해결하기 위해, 대부분의 트릭이며, 가방 속에서 찾은 트릭뿐만 아니라 자신 만의 새로운 트릭을 선택할 수도 있다.

1.6 추가 읽기

이 장에서는 영상처리 및 분석 개요를 제공하며, 머신 및 컴퓨터비전에 관련도 언급한다. 이 분야들에 대한 하나 이상의 개요를 다양한 교과서에서 찾을 수 있다. Burger와 Burge [2008]는 영상처리 분야에 대한 쉬운 개요를 제공한다. Gonzalez와 woods [2008]는 이 주제에 대해 보다 상세한 주제를 다룬다. 컴퓨터비전의 경우, Shapiro 및 Stockman [2001]은 개요를 다루고, 반면에 Forsyth와 Ponce [2012]는 고급 수준의 주제를 다룬다. Szeliski [2010]는 최신 연구의 유용한 요약과 함께 읽을 수 있는 자료를 제공한다. 머신비전은 Davies [2005]에 의해 철저히 다루어진다. 이 분야들의 결합된 자료는 Umbaugh [2010]의 입문 텍스트에서 찾을 수 있다. 또는 보다 포괄적인 것은 Sonka et al. [2008]에서 가능하다. 더 많은 역사적인 텍스트로, 영상처리의 고전적인 책들은 Rosenfeld

와 Kak [1982], Jain [1989], Pratt [1991], Jain et al. [1995] 또는 Castleman [1995]의 영상처리가 있다. 컴퓨터비전의 고전 작품으로는 Marr [1982], Ballard와 Brown [1982], Horn [1986] 또는 Nalwa [1993]가 있다. 3D 컴퓨터비전에 대해서는, Trucco 및 Verri [1998]가 읽기 쉬운 것을 제공하는 반면, Hartley와 Zisserman[2003]는 결정적인 자료를 제공한다. 무수히 많은 단행본 혹은 보다 전문화된 주제에 대한 편집본들은 목록에 올릴 수 없을 만큼 많다.

최신 연구는 다양한 저널과 컨퍼런스에서 찾아 볼 수 있다. 영상처리 분야의 주요 컨퍼런스는 International Conference on Image Processing (ICIP)과 International Conference on Pattern Recognition (ICPR)이다. 주요 저널은 IEEE Transactions on Image Processing이다. 컴퓨터비전 분야의 선도적인 컨퍼런스는 Computer Vision and Pattern Recognition (CVPR), International Conference on Computer Vision (ICCV), 그리고 European Conference on Computer Vision (ECCV)이다. 주요 저널은 IEEE Transactions on Pattern Analysis and Machine Intelligence (PAMI)와 International Journal of Computer Vision (IJCV)이다. 의학 영상 연구의 주요 저널은 IEEE Transactions on Medical Imaging and Medical Image Analysis이다.

연습문제

1.1 영상처리 및 영상분석을 정의하시오.

1.2 머신비전과 컴퓨터비전은 거의 동의어이지만, 그들 사이의 미묘한 구별이 있다. 이러한 차이점 중 적어도 두 가지를 열거하시오.

1.3 이 책에서 정의된 대로 영상분석은 컴퓨터비전과 매우 밀접하게 관련되어 있다. 주요 차이점은 무엇인가?

1.4 이 책에서 정의된 대로 영상처리는 입력으로부터 출력 영상을 생성한다. 그런 출력 영상의 두 가지 주요 목적은 무엇인가?

1.5 이 책의 정보를 범주화하는 또 다른 방법은 저급, 중급 및 고급 수준이다. 영상처리, 영상분석, 머신비전 및 컴퓨터비전을 이러한 범주에 매핑시키는 방법을 설명하시오.

1.6 세 가지 기본 영상처리 문제와 세 가지 영상분석 문제를 나열하시오.

1.7 앞의 문제의 여섯 가지 기본 문제 각각에 대해 적어도 하나의 주제를 식별하기 위해 목차를 훑어보고, 각각에 대한 장, 절 번호를 나열하시오. 하나 이상의 기본 문제와 겹치는 주제를 확인할 수 있는가? 기본 범주에 맞지 않는 주제를 찾을 수 있는가?

1.8 "컴퓨터비전은 컴퓨터 그래픽의 역(inverse)이다."에 대해서 설명하시오.

1.9 기계학습의 세 가지 주요 문제는 감독되지 않은 학습, 감독 학습 및 강화 학습이다. 이들 중 두 가지를 영상분석의 주요 문제와 관련시키시오.

1.10 하나 이상의 차량에 영구적으로 장착된 카메라로 영상을 처리하는 자동차 제조업체와 모델을 제공하시오. 그 처리 목적을 설명하시오. 필요한 경우 웹을 검색하시오.

1.11 지난 달 개인적으로 사용한 영상처리 및 / 또는 분석이 필요한 응용 프로그램의 예를 제시하시오.

1.12 인간시각 시스템을 이해하는 데 영향을 미친 세 명의 심리학자를 열거하시오.

1.13 다음 분야의 각각을 사용한 실제 기술 사례를 제시하시오. (a) 사진 측량법, (b) 신호처리, (c) 컴퓨터그래픽, (d) 기계학습.

1.14 웹에서 컴퓨터비전의 채용 정보를 검색하시오. 신청할 자격과 함께 발견한 세 가지 일자리를 나열하시오.

1.15 다음 영상이 있다고 가정 해보시오.

$$I = \begin{bmatrix} 4 & 5 & 2 \\ 1 & 3 & 8 \end{bmatrix}$$

이 책의 규칙을 사용하여 $I(0, 1)$, $I(1, 1)$ 및 $I(2, 1)$의 값은 무엇인가?

1.16 영상에 640 열과 480 행이 있고, 행 우선 순서로 저장되어 있다고 가정하라. 좌표 $(x, y) = (38, 52)$, $(592, 241)$ 및 $(33, 0)$을 1D 인덱스로 변환하시오. 거꾸로, 다음 1D 인덱스를 (x, y) 좌표로 변환하시오: $i = 8092$, 24061 및 38190.

1.17 수식 (1.3)–(1.5)는 행 우선 순서로 저장된 영상에 적용된다. 열 우선 순위로 저장된 영상의 2D 좌표와 1D 인덱스 간에 변환하는 표현식을 구하시오.

1.18 메모리에 있는 다음 1D 바이트 배열이 2×2 컬러 영상을 저장한다고 가정하자(파랑–녹색 순서). 52, 68, 31, 133, 192, 88, 255, 208, 32, 233, 161, 25.

(a) 영상이 인터리브 형식으로 저장되었다고 가정하면, 평면 형식으로 변환하시오. 위치 (1, 1)에 있는 화소의 RGB 값은 무엇인가?

(b) 영상이 평면 형식으로 저장되었다고 가정하면, 인터리브 형식으로 변환하시오. 위치 (0, 1)에 있는 화소의 RGB 값은 무엇인가?

1.19 다음 1D 바이트의 메모리에 있는 8 개의 연속된 화소가 이진 영상이라고 가정하자. 0, 0, 0, 255, 255, 0, 255, 0. 이 화소를 단일 구성된(single packed) 바이트로 어떻게 표현하는가?

1.20 충실도를 높이기 위해 의료 영상은 종종 8비트 이상을 사용하여 저장된다. 당신은 12비트/화소 그레이 스케일 영상을 저장해야 한다고 가정하자. 낭비되는 비트를 피하기 위해 3화소를 2바이트로 구성하려고 하는가? 그 이유는 무엇인가?

1.21 다음 그레이 레벨 영상을 집합 표기법으로 변환하시오.

$$B = \begin{bmatrix} 112 & 195 & 48 \\ 97 & 203 & 125 \end{bmatrix}$$

1.22 3×2 이진 영상 {(1, 0), (0, 1), (2, 1)}을 배열 표기법으로 변환하시오.

1.23 3열과 2행이 있는 다음 2D 배열을 생각해 보시오.

$$\begin{bmatrix} 167 & 30 & 245 \\ 41 & 127 & 87 \end{bmatrix}$$

(a) 배열이 영상 I라면, $I(1, 1)$의 값은 얼마인가?

(b) 그것이 행렬 A라면, a_{11}의 값은 얼마인가?

(c) 어떤 경우에 치수를 2×3 혹은 3×2로 쓰겠는가?

1.24 이 책의 내용을 공부하기 위한 3가지 수학적 전제 조건을 열거하시오.

1.25 수렴 문제와 발산 문제의 차이점을 설명하시오.

1.26 컴퓨터비전이 왜 그렇게 어려운지 간략하게 설명하시오.

1.27 소프트웨어 라이브러리(예: OpenCV)를 다운로드하고, 영상을 파일에서 로드하는 프로그램을 작성하고, 그것을 창에 표시하시오.

CHAPTER 2
이미징의 기초

영상처리 및 분석을 위한 구체적인 기술을 살펴보기 전에 이 장에서 이미징의 기본 개념을 생각해 보자. 만날 영상의 대부분은 이미 디지털화되어 있기 때문에 나머지 장을 진행하기 전에 이 장에 제시된 모든 세부 사항을 이해할 필요는 없다. 그럼에도 불구하고 이 장의 내용에 적어도 어느 정도 익숙해지면 더 잘 준비할 수 있다. 나중에 만날 수 있는 미묘한 차이점을 이해하고 나중에 필요에 따라 이 장을 다시 참조하기 쉽도록 했다. 이 장에서는 인간 시각 시스템에 특히 주의를 기울이면서 자연 영상 시스템에 대해 간략히 설명한다 . 그 후에 핀홀 카메라(pinhole camera), 모델, 렌즈, 샘플링 및 양자화와 같은 영상 형성 및 획득에 관한 주제로 나아간다. 그 다음에 대체 이미징 양식에 대한 자료 조사가 나온다. 마지막으로, 전자기 스펙트럼에 대한 자세한 설명이 제시된다.

2.1 자연 시각

우리는 하나의 광수용체(photoreceptor)로 시작하여 자연 시각 시스템을 둘러보고 시작한다. 다음은 인간의 시각 시스템에 대해, 그리고 마지막으로 다양한 동물의 시각 시스템에 대해 살펴본다. 영상처리는 향상된 시각적 품질을 가진 새로운 영상을 생성하는 것과 관련이 있다. 인간의 시각적 인식에 대한 지식이 필요하고, 동물이 작은 계산량으로 놀랍도록 안정된 행동을 어떻게 달성할 수 있는지를 이해하는 것은 우리 자신의 디지털 영상분석 알고리즘을 개발할 때 영감을 줄 수 있다.

2.1.1 단일 광수용체

비전의 기적은 단일 **광수용체**의 놀라운 시스템으로 시작된다. 광수용체는 자연 영상 시스템의 가장 기본적인 구성 요소이다. 단일 광자가 하나의 광수용체를 때리면, 그것은 시각의 놀라운 능력을 일으키는 매우 복잡한 일련의 사건을 일으킨다. 요컨대 사건은 다음과 같다. 광자의 흡수는 레티날(retinal)이라 불리는 작은 유기 분자의 모양을 변화시킨다. 이 변화는, 차례 차례로, 레티날 분자를 잡고 있는 더 큰 단백질(rhodopsin이라 불리는)의 모양을 바꾸고 또 다른 단백질(transducin)에 결합한다. 이것은 또 다른 분자(GTP)가 결합되게 만든다. 이 새로운 조합은 다른 유형의 분자(cGMP)의 발생을 줄여, 농도가 감소한다. 이 농도가 감소하면 이온 채널이 닫히고, 양전하를 띠는 나트륨 이온이 세포 안으로 들어가는 흐름을 감소시킨다. 그 결과 전하의 불균형이 원인이 되어 다른 채널을 닫게 하고, 이것은 칼슘 이온의 농도를 감소시킨다. 칼슘은 신경 전달 물질에 의해 요구되기에, 칼슘의 감소는 신경 전달 물질 속도를 늦춘다. 이것은 다음 셀에 광자가 흡수되었음을 나타낸다. 일련의 효소들은 rhodopsin을 원래 모양으로 복원하고, cGMP를 재합성하고, 나트륨 이온의 농도를 복원하는 등의 과정을 한다. 그 결과 과정은 다시 시작될 수 있다. 보시다시피 시각의 가장 기본적인 단계, 즉 하나의 광자를 감지하는 단계에 관련된 복잡성이 아주 인상적이다. 일부 과학자들은 이러한 시스템을 "단순화 불가능의 복잡성(irreducibly complex)"이라고 한다. 왜냐하면 많은 구성 요소들 중 하나의 기능이 제대로 작동 안하면, 전체 시스템이 실패하고 비전 프로세스가 시작될 수 없기 때문이다.

2.1.2 인간 시각 시스템

개별 광수용체는 차례로 더 큰 시스템으로 묶여지는 경우에 더 유용하다. 이 절에서는 인간 시각 시스템을 다루려고 한다.

눈의 구조

그림 2.1에서 볼 수 있듯이, 인간의 안구는 대략 구형이며, 전방에 투명층(**각막**, cornea)과 다른 모든 곳은 불투명한 층(**공막**, sclera)으로 덮혀있다. 광선은 각막을 통해 안구에 들어가고, 눈 **방수액**(aqueous humor)을 통과하기 전에 각막에서 굴절되고, 다시 방수액에서 굴절된다. 이 광선은 **동공**(pupil)으로 알

그림 2.1 인간 눈의 단면.

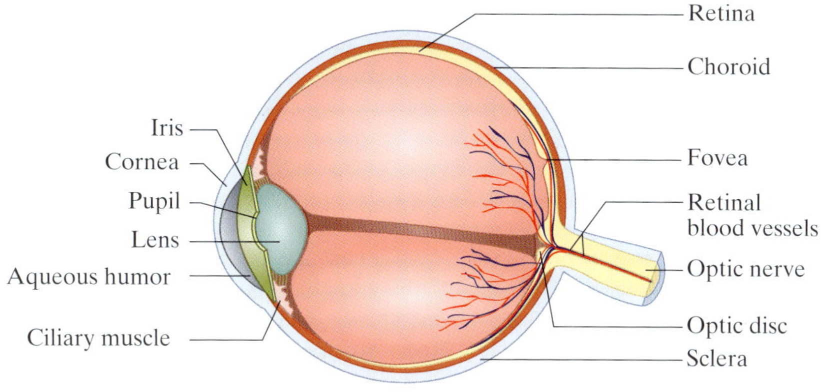

려진 작은 구멍을 통과한다. 구멍의 크기는 **홍채**(iris)에 붙어있는 근육으로 조절된다. 홍채는 동공을 둘러싼 색상의 원형 영역이다. 공막과 원형 경계는 **윤부**(limbus)로 알려져 있다. 동공에서 광선은 렌즈의 의해 굴절되고, 렌즈의 두께는 조절 과정의 **섬모 근육**(ciliary muscle)에 의해 제어된다. 렌즈는 안구의 굴절력의 약 1/3만을 제공한다. 나머지는 각막과 방수액에 의해 제공된다. 그럼에도 불구하고 안구의 뒤 **망막**(retina)에 영상을 형성하려면 빛을 집중시키기 위해 렌즈의 조절이 필요하다. 광자를 흡수한 후, 망막의 광 수용체는 **맥락막**(choroid)이라고 불리는 공막과 망막 사이의 층으로부터 영양을 공급받는다.

망막은 두 종류의 광수용체로 구성된다. 약 1억 개 정도의 **라드**(rods)는 낮은 수준의 빛에 민감하고 단일 광자로부터 탐지 가능한 광전류를 만들 수 있다. 약 6백만 개 정도의 **콘**(cones)은 정상, 일상적인 가벼운 수준에 반응한다. 이 수준에서 라드는 포화 상태이다. 3가지 유형의 콘, 즉 장, 중, 단파장에 주로 각기 반응하는 L−, M− 및 S− 콘 때문에 색상 시각이 가능하다. 흔히 이들을 빨강, 녹색 및 파랑 콘으로 말하고 있지만, 실제로 세 가지 유형의 최대 민감도는 그림

그림 2.2 파장에 대한 인간 시각 시스템의 S−, M−, L−콘의 상대적 민감도. 이 함수들은 콘 기본함수로 알려져 있다. http://cvrl.prg의 데이터를 근거로 함.

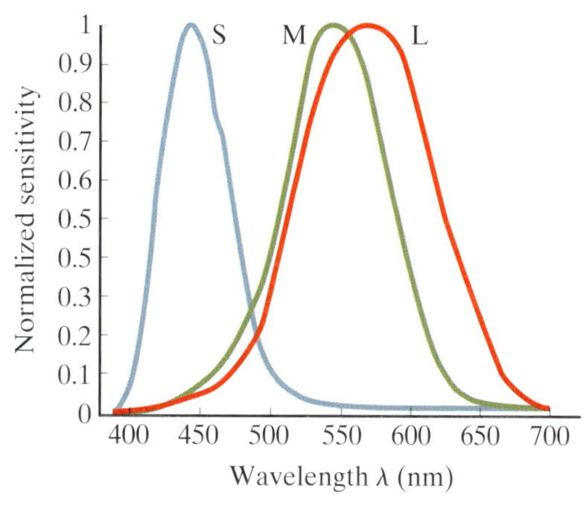

그림 2.3 망막에서 콘과 라드의 분포. B. A. Wandell. Foundation of Vision. Sunderland, Mass., Sinauer Associates, Inc., 1995에 근거함.

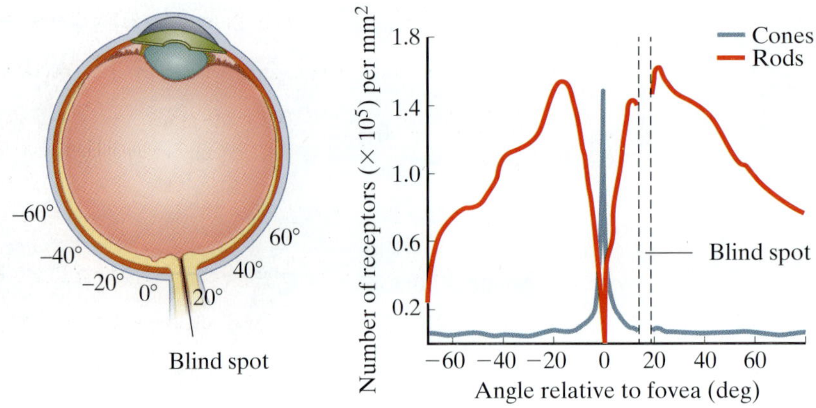

2.2에 나와 있듯이 노란색, 녹색 및 보라색에 가깝다. 라드에는 rhodopsin이라 불리는 단백질이 들어 있고, 콘에는 photopsins라는 3가지 다른 단백질이 들어 있다. **단변량**(univariance) 속성에 따르면, 광색소(photopigment)가 빛의 광자를 흡수할 때, 그것은 광자의 파장과 상관없이 동일한 응답을 낸다. 즉, 광수용체가 일부에 더 민감하여 다른 파장보다 때에 따라 어떤 파장을 더 많이 흡수할 가능성이 높지만, 일단 광자가 흡수되면 파장에 관한 모든 정보가 손실된다. 이러한 이유로 컬러 비전을 위해 다양한 유형의 콘이 필요하다.

라드와 콘은 망막 전체에 똑같이 분포해 있지 않다. 그림 2.3에서와 같이, 맹점으로 알려진 **시신경 유두**(optic disc)에는 광수용체가 없다. 콘은 망막 전체에 존재하지만, 최상의 시력에 책임이 있는 중앙 구덩이, 즉 **중심와**(fovea)에 더 많이 집중되어 있다. 중심와는 **황반**(macula lutea) 내부에 있다. 해로운 것을 흡수하는 망막의 중심 근처에 있는 매우 착색된 노란색 점인 황반은 자외선을 흡수해 망막을 보호한다. 중심와에서 콘은 빽빽이 모여 인접한 셀의 중심이 대략 2.5 μm 이격된 규칙적 배열이다. 이는 일반적인 카메라 센서의 화소 간 간격과 거의 같다. 중심와는 단지 약 5°의 시야를 감지하는데, 팔길이에서 두 엄지 관절의 너비보다 약간 더 크다. 중심와는 상세한 패턴인식에 책임이 있다. 페이지를 가리고 있는 두 개의 손가락에 눈을 고정하는 동안, 당신이 책을 읽으려 시도할 때 이것이 설명될 수 있다. 당신은 페이지에 단어가 있다는 사실을 일반적인 의미로 알 수 있지만, 인식하는 것은 거의 불가능하다. 중심와의 중심부로 알려진 **소와**(foveola)는, 중심와의 1/5 크기 또는 시야각에서 1° 인데, 팔길이에서 검지의 손톱 너비를 대략 덮는 시야이다. 소와에는 라드가 없으므로 밤에 희미한 별을 보는 이유이다. 소와로부터 약간 떨어져 보면 별의 빛은 콘보다 라드에 떨어지기 때문에 더 좋게 볼 수 있다. 맹점(blind spot) 및 소와를 제외하고 라드가 망막 전체에 나타나며, 센터에서 약 20 도에 최고 밀도에 도달한다.

중심와에서 S-콘은 콘의 약 6%를 차지한다(그림 2.4 참조). 라드처럼 그들은 소와에서 완전히 빠져있다. S-콘 (M- 및 L-콘과 비교) 사이의 증가된 간격은 렌즈의 색수차로 인해 짧은 파장(더 긴 파장의 흐림에 비해)에 대해 증가된 블러링에 관계가 있다. 개인들에서 M 대 L 콘 수의 비율은 다양하며, 이러한 두 가지 유형의 콘의 역할을 구별하기는 어렵다. S-콘은 망막에서 적지만, L- 및 M-콘보다 빛에 더 민감하다. 결과적으로, 짧은 파장은 덜 중요하다고 결론 짓는 것은 잘못이다. 사실 인간은 서로 다른 색깔의 다른 음영을 구분할 뿐만 아니라, 파란색의 다른 음영을 구분할 수 있다.

빛은 라드 또는 콘에 직접 도착하지 않고 먼저 세포층들을 통과한다. 이 세부 사항은 아래에서 설명된다. 이러한 배열을 **거꾸로 망막**(inverted retina)이라 부른다. 언뜻 보기에는 이 접근법이 직관이 어긋나는 것처럼 보이지만, 실제로는 이 디자인이 좋은 점이 있다. 거꾸로된 망막이 있어서, 맥락막(choroid)에 부착되어 있는 **망막 색소 상피**(RPE, retinal pigment epithelium)가 손상된 광수용체를 보충할 수 있다. RPE가 불투명하기 때문에 망막이 거꾸로 되지 않으면, RPE가 광수용체의 앞쪽에 있게 되어, 빛을 차단하고 우리가 보는 것이 불가능하다. 또한, 중심와에서는 콘이 길게 늘어져 있어 빛이 직접적으로 망막 중심부의 다른 세포를 통과하지 않고 도달한다. 따라서 거꾸로된 망막은 어쨌거나 섬세한 중심적 시각에 많은 영향을 미치지 않는다. 심지어 빛이 추가 세포들을 통과하는 주변에서도 이 세포들은 대부분 투명하다.

두 개의 안구 각각은 직경이 약 24 mm이고, 그것들 **간의 간격**(interupillary distance 또는 IPD라고 함)은 약 60~70 mm이다. 사람이 장면의 한 지점을 볼 때, 눈이 그 지점에 고정되어 있다고 말하며, 눈의 축간의 수평각을 **양안전도**(兩眼轉導-vergence)**각**이라고 한다. 고정 지점(fixated point)은 양쪽 위치에서 동일한 위치(즉, 중심부의 중심에 직접적으로)에서 망막으로 투사된다. 장면의 다른 모든 점에 대해서는 장면의 위치에 따라 광선이 다른 곳에 투사된다.

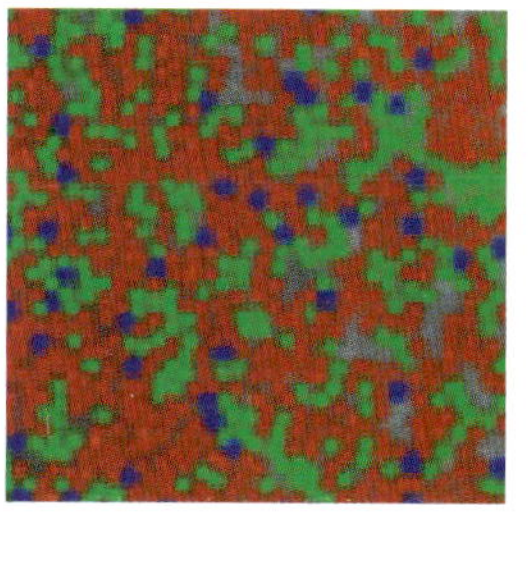

그림 2.4 실제 광수용체 모자익, 중앙에서 1.25°, 콘의 다른 형태를 보이기 위해 의사컬러 됨: L(빨강), M(녹색), S(파랑). Hofer et al.[2005]로부터.

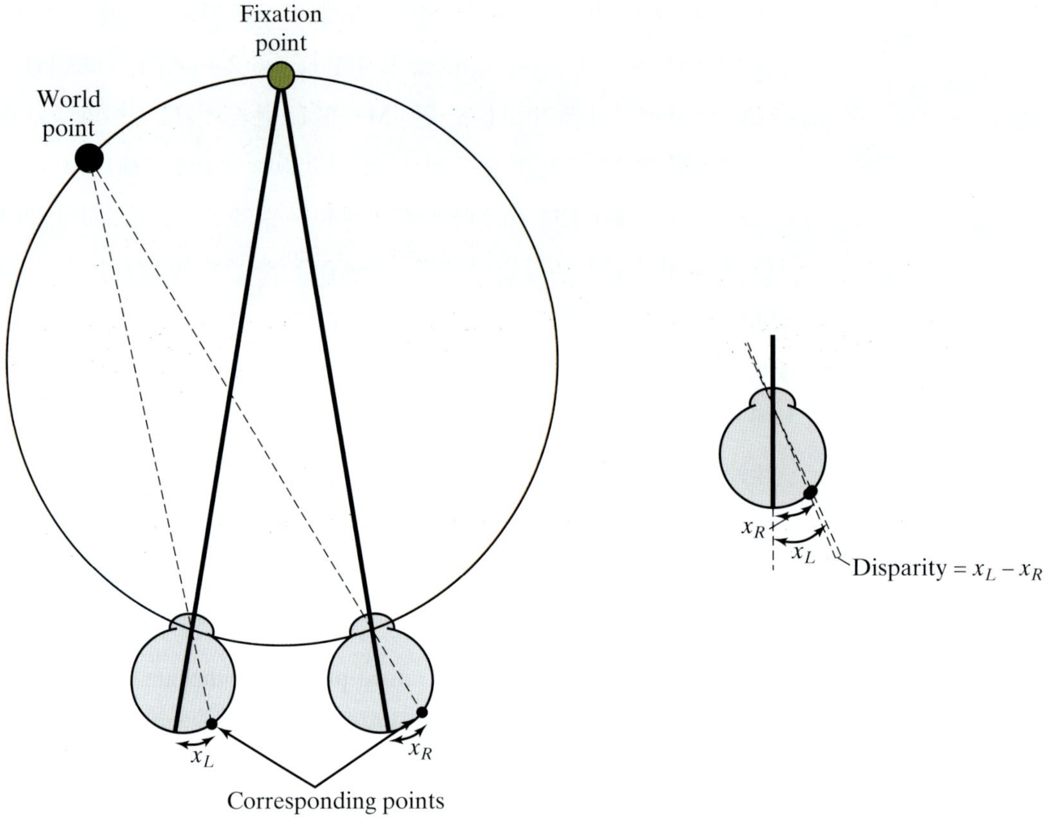

그림 2.5 망막 불일치는 두 망막에서 해당 점들 간의 거리로 정의된다. 망막을 다른 망막 위에 겹치고 회전시켜라. 그러면 그들의 광학축이 일치된다. B. A. Wandell, Foundation of Vision, Sunderland, Mass., Sinauer Associates, Inc., 1995에 근거함.

위치들 사이의 측면 쉬프트는 **점의 불일치**(disparity)로 알려져 있다. 장면에서 제로 불일치를 야기하는 점의 궤적은 **단시 궤적**(單視軌跡–horopter)으로 알려져 있다. 이론적인 단시 궤적은 2개의 렌즈 중심 및 고정 점을 통과하는 **Vieth–Muller 원**이다(그림 2.5). 불일치는 거리(또는 깊이)와 관련이 있기 때문에 한 점까지의 거리를 결정하기 위한 핵심 단계는 불일치 계산이다. 따라서 3D 지각과 관련된다.

스테레오 비전은 두 영상에서 그레이 스케일 패턴의 일치를 사용하여 장면의 각 지점까지의 깊이를 결정한다. 결과적으로 융합된 영상은 **Cyclopean 영상**으로 알려져 있다(유명한 One–eyed 신화적인 그리스 괴물 이름을 따서). 융합된 영상은 머리 중심에 있는 센서로 거의 결과를 얻기 때문이다. 융합 영역 주변 **Panum's**라고 알려진 작은 지역 내의 점들만 **Cyclopean 영상**에 융합된다. 이 영역 외부에서는 두뇌가 두 가지 영상을 모두 보유하며, 복시(double vision)로 알려진 상황(diplopia)을 말한다. 이러한 현상을 경험하려면 손가락에 초점을

그림 2.6 스캔 패스는 사진을 볼 때 사람의 눈이 가로지르는 패스를 기록한다. 사진의 스캔 패스가 보인다. 관찰자는 완전한 정신적 모델을 만들기 위해 얼굴 특징, 관심 객체에 주로 초점을 둔다.

Courtesy of J. Kevin O'Regan

맞추면서 손가락을 얼굴 앞에 대라. 그러면 두 영상에서 융합된 하나의 3D 손가락(cyclopean 영상)이 보인다. 그 다음 손가락을 움직이지 말고 멀리있는 장면에 촛점을 두라, 그러면 두 손가락(복시)을 보게될 것이다.

중심와(fovea)때문에, 당신의 눈은 한 장소를 응시하여 오랫동안 한 장면을 보지 않는다. 대신, 한 지점에서 다른 지점으로 불규칙하게 이동하여 3D 정신적인 그림(mental picture)을 만들기 위해 장면의 여러 부분에 대한 고해상도 이미징을 허용한다. 예를 들어, 이 페이지를 읽으면서 눈이 한 지점에 고정되어 있지 않고, 그들은 연속 동작으로 움직인다. 오히려 그들은 한 단어에서 다른 단어로 뛰어, 당신의 두뇌에게 단어(및 주변 텍스트)를 읽고 계속 나아갈 수 있는 충분한 시간을 준다. 이러한 빠른 움직임은 **스카다**(saccade)라고 불리며, 인간 신체에 의해 만들어진 가장 빠른 움직임이다. 예를 들어, 사람이 사진을 볼 때, 스카다는 사람의 눈이 한 위치에서 다른 위치로 점프하도록 한다. 이러한 움직임의 경로를 **스캔 경로**(scan path)이라고 한다. 경로의 예가 그림 2.6에 나와 있다.

시각 경로

광수용체(라드 및 콘)에 의해 빛이 포착되면, 정보는 처리되고 신경 세포를 통해 전달된다. **뉴런**(neuron)에는 많은 **수상 돌기**(dendrite)와 출력인 하나의 **축삭**(axon) 돌기가 있다. 많은 뉴런의 출력은 **신경 네트워크**를 형성하기 위해 **시냅스**(synapse)로 알려진 연결을 통해 다른 뉴런의 입력에 연결된다.

그림 2.7에서 보는 바와 같이, 광수용체는 라드 또는 콘 **양극 세포**(bipolar cells)의 입력에 직접 연결된다. 그 결과 출력은 **신경절 세포**(ganglion cells)의 입력에 연결된다. 모든 시각적 신호는 신경절 세포의 출력이 실제로 **시 신경**(optic nerve)을 형성하기 때문에 이러한 세포를 통과해야 한다. 시 신경은 망막에 존재한다. 간접적인 경로는 또한 수용체에 연결된 **수평 세포**(horizontal cells)뿐만 아니라, 양극성 및 신경절 세포에 연결된 **무 축삭 세포**(amacrine cells)로 인해 존재한다.

인간의 시각은 모션 및 연속성을 감지하는 비전의 **주변**(ambient) 구성 요소에 기여하는 라드 및 주변 콘들로 황반을 이루고 있다. 중심와의 콘은 텍스트 또는 얼굴과 같은 세부적인 패턴 인식에 사용된 시각의 **초점**(foveal) 요소에 기여한다. **신경절 세포**(ganglion cells)에 대한 라드의 비율은 대략 100 : 1로 라드의 정보가 크게 압축되어 있음을 의미한다. 이러한 이유로, 라드는 좋은 공간적 시력을 제공하지 않고, 높은 신호 대 잡음비에 대한 예민함을 준다. 반면에, 콘 대 신경절 세포의 비율은 적어도 중심와에서 1 : 3이며, 이것은 한 세포의 정보가 신경절 세포에 다중으로 매핑된다는 것을 의미한다. 이러한 이유로 중심와의 콘은 높은 공간적 시력을 제공한다.

시신경(신경절 세포의 축색으로 구성됨)은 코 쪽의 중앙으로부터 시신경 원반(optic disc)에 15 ~ 20 도의 5 도 폭의 사각 지대(blind spot)를 만든다. **시신경 교차**(optic chiasm)에서 시신경이 나뉘어진다. 번들의 절반은 왼쪽으로 가고, 나머지 절반은 오른쪽으로 가고, 둘 다 **측면 편성 핵**(LGN: lateral geniculate nucleus)에서 끝난다. 일반적 통념은 뇌의 왼쪽 절반이 오른쪽 눈의

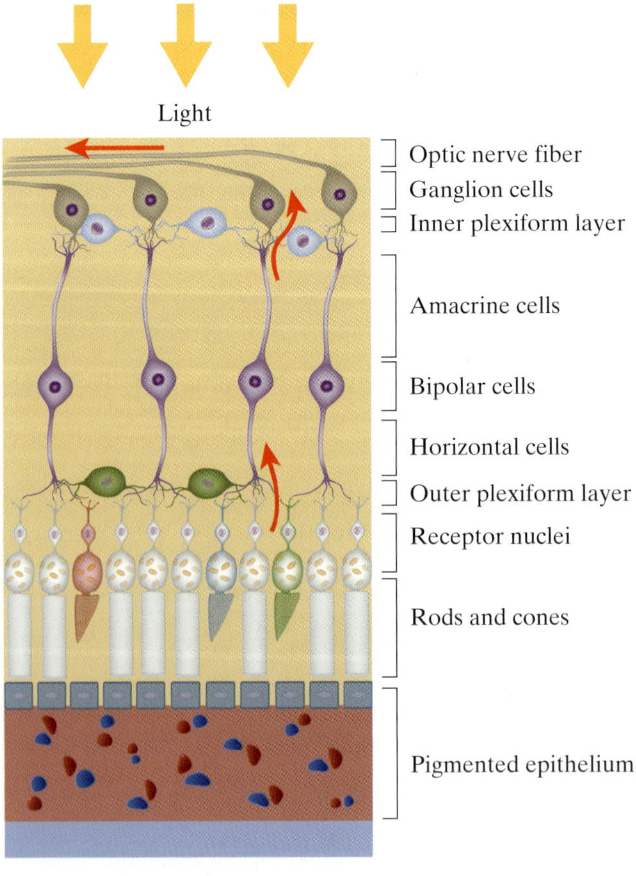

그림 2.7 광수용체가 광자를 흡수한 후, 정보는 광 신경을 통하여 존재하기 전에 셀들의 여러 층을 통과하게 된다. 놀랍게도 빛은 광수용체에 도달하기 전에 셀들의 같은 층들을 통과한다.

데이터를 처리하는 반면, 오른쪽 절반은 왼쪽 눈의 데이터를 처리한다. 실제로, 뇌의 왼쪽 절반은 시야의 오른쪽 절반에 있는 데이터(두 망막의 왼쪽 절반의 정보를 포함)를 처리한다. 반면에 뇌의 오른쪽 절반은 당신의 왼쪽 절반에서 데이터(두 망막의 오른쪽 절반의 정보를 포함)를 처리한다. 양안의 스테레오 처리를 위해 이것은 필요하다. 그 결과 그 두뇌가 불일치(disparity) 계산을 위한 대응(correspondence)을 설정하기 위해, 두 눈의 정보에 접근할 수 있도록 한다. 그럼에도 불구하고, LGN에서 처리는 주로 단안 처리이며, 다음 단계를 위해 쌍안 처리는 보존된다.

정보는 LGN에서 뇌의 뒷부분에 있는 **시각 피질**(visual cortex)로 전달된다. 시각 피질은 V1~V5라고 하는 여러 단계로 구성된다. 영역 V1은 **일차 시각 피질**(primary visual cortex) 또는 **선조 피질**(線條–striate cortex)이라고도 한다. 반면에 V5는 MT (middle temporal)로 알려져 있다. V1의 초기 셀은 공간 주파수, 방향, 시간 주파수 및 모션 방향과 같은 시공간 특징을 추출하는 본질상 국부적으로 튜닝된 Gabor 필터이다. 이 외에도 시각 피질의 실제 내부 동작은 신비롭다. 현재 받아 들여지는 이론은 두 가지 처리 흐름 즉, 객체의 움직임, 위치 및 추적을 목적으로하는 **등 흐름**(dorsal stream)과 물체 인식 및 표현을 담당하는 **복부 흐름**(ventral stream)이 있다. 이러한 흐름들은 "어디 경로(where pathway)"와 "무슨 경로(what pathway)"로 각각 알려져 있다.

인간의 시각 지각

인간의 시각 시스템은 14 단계의 놀라운 수준의 빛에 반응할 수 있다. 그러나 눈은 이 전체 동적 범위를 동시에 처리할 수 없다. 하지만, 대신에 다른 유형의 광수용체를 사용하고 동공의 크기를 조정하여 적응한다. 그림 2.8에서 볼 수 있듯이, 어둔 빛에서는 라드가 우세하고, 이러한 조건에서 결과로 나오는 단색 시각은 "암흑"이라는 헬라어 단어에서 나온 **암순응** 시각(scotopic vision)으로 알려져 있다. 밝은 빛 수준의 정상에서 라드는 포화 상태가 되어 그 응답이 의미있는 것이 아니며, 콘이 역할을 이어 받는다. 그 결과로 얻은 색채 시각은 "빛"이라는 헬라어 단어에서 **광순응** 시각(photopic vision)으로 알려져 있다. 중간 지대에는 라드와 콘이 반응하는 **박명**(薄明) 시각(mesopic vision)이라는 작은 범위가 있다. 이 세 가지 유형의 시각을 각각 별빛, 햇빛 및 달빛에 적용 가능하다고 생각하는 것이 도움이 될 수 있다. 하지만, 광순응 시각은 또한 실내 조명과 같은 가장 일반적인 보기 조건을 포함한다는 사실에 유의해야 한다.

발광 효율 함수(LEF: luminous efficiency function)는 다른 파장에 따른 시각

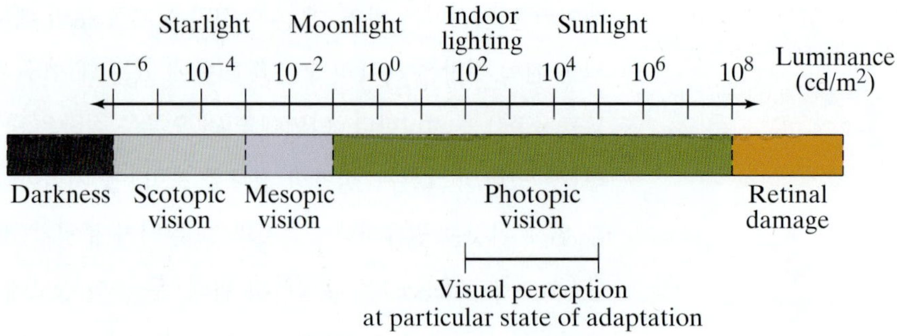

그림 2.8 다른 광 레벨에서의 scotopic(암순응), mesopic(박명시), photopic(광순응) 시각. 인간 시각 시스템은 10^{14}(10^{-6}에서 $10^{8}cd/m^2$) 범위에서 빛을 감지할 수 있다. 빛은 적응된 특정 상태에서 10^3 범위에서 감지될 수 있다.

시스템의 상대적 민감도를 나타낸다. 그림 2.9에서 볼 수 있듯이, **광순응** LEF는 라드의 포화로 인해 콘이 지배하는 정상적인 광 레벨에 해당한다. **암순응** LEF는 콘의 민감도 부족으로 라드가 지배하는 낮은 광 레벨에 해당한다. 피크 파장의 차이를 **푸르킨제 효과**(Purkinje effect)라고 하며, 빛이 흐려지면서 물체가 더 푸른 빛을 띠는 것처럼 보이는 것을 말한다. 놀랄 것 없이 암순응 LEF는 라드의 분광 감도 함수(SSF)와 거의 일치한다. 광순응 LEF는 그림 2.2에서의 콘 기본 함수의 가중치 조합으로 잘 근사화될 수 있다.

특정 적응 상태에서, 인간의 시각은 조건에 따라 약 1000 : 1 범위를 가로지르는 휘도를 식별할 수 있다. 좋은 모니터는 약 500 : 1의 범위의 휘도를 재현할 수 있다. 반면에 종이의 반사로부터는 단지 100 : 1의 범위가 가능하다. 만일 두개의 다른 음영이 인접하여 배치되면, 사람은 그들의 휘도가 적어도 대략 1% 차이가 나는 경우, 그들 사이의 차이점을 식별할 수 있다. 이것을 **JND(just-noticeable difference)** 즉, 그냥 눈에 띄는 차이라고 한다. 그렇지 않으며, 밝기가 같은 것으로 인식된다. 이 숫자는 유용한 기준이지만, 실제 행동에 대한 대략적인 근사치에 불과하다는 것을 명심하자. 이것은 공간 주파수, 시간 주파수 및 전반적인 광 세기에 복잡하게 의존한다.

뉴런의 **시각적 수용 영역**(receptive field)은 빛이 뉴런의 반응에 영향을 미치는 망막 영역이다. 시각 피질의 뉴런의 수용 영역은 효율적인 정보 추출을 위해 스파스 코딩 제약 조건(sparse coding constraint)을 사용하여 최적화되어 있다. 여기서 학습된 수용 영역은 자연 영상들에 노출로부터 발생된다. 이러한 뉴런들은 Gabor 필터와 마찬가지로, 적절한 방향 및 극성의 휘도 정보에 반응하는 에지 및 라인 탐지를 형성하기 위해 로컬 공간 주파수 분석을 수행한다. 빛의 강도의 절대 수준에 응답하는 광수용체와는 달리, 이 뉴런들은 **측면 억제**(lateral inhibition)로서 알려진 프로세스에서 명암 대비(또는 빛의 변화)에 반응하기 때문에 전체적인 레벨에 독립적 출력을 낸다. 마찬가지로, 망막 신경절 세포는

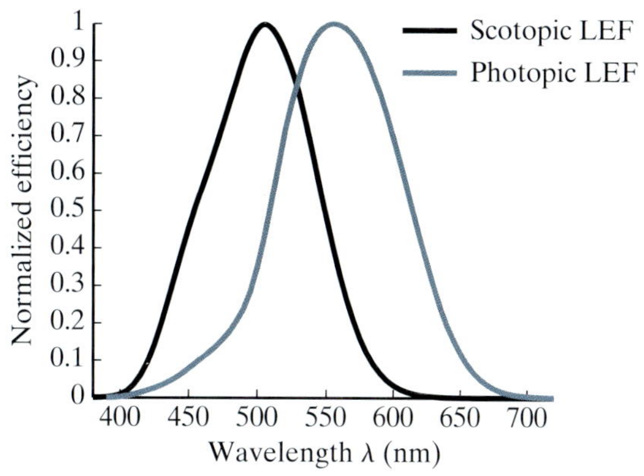

그림 2.9 포토픽과 스코토픽 발광효율 함수(LEFs). http://www.cvrl.org에 근거함.

라플라시안 가우시안(Laplacian of Gaussian) 형태로 중심주변 수용성 필드(center–surround receptive fields)를 나타낸다.

2.1.3 동물 시각

인간 시각 시스템 외에도 자연은 우리에게 놀라운 다양한 비전 시스템들을 제공한다. 최신의 강력한 컴퓨터조차 같은 것을 하기에 어려운데, 간단한 저급 동물이 아주 적은 처리력으로 영상에서 정보를 쉽게 추출하는 것은 알고나면, 그러한 시스템을 연구하는 우리는 신선한 겸손함을 느낀다. 만일 기존 동물이 그 특별한 능력을 나타낸다면, 우리가 다루고 있는 특정 문제도 실제로 해결될 수 있다는 확신을 가지게 한다. 결과적으로, 그러한 시스템은 인공 기계 설계에 영감을 준다. 자연계의 **모방**(biomimicry 또는 biomimetics)은 소프트웨어 및 하드웨어 모두에서 놀라운 해결책을 발견하는 중요한 접근법이다.

그림 2.10에 나와 있듯이, 하나의 예는 일반적인 집 파리인데, 다른 곤충들과 마찬가지로 복안(compound eye)을 가진다. 복안에서, 광수용체는 낱눈(ommatidia)이라 불리는 작은 그룹에 정렬된다. 각 낱눈은 세계를 다른 방향에서 바라보고, 장면의 상당히 낮은 해상도 표현을 제공하는 영상의 모자이크를 만들어 낸다. 그럼에도 불구하고, 파리는 동물의 왕국에서 가장 빠른 시각적 반응을 나타낸다. 이는 빛에 반응하여 작은 양을 물리적으로 수축시키는 광 수용체에 의해 달성된다. 그러한 기계적 반응은 우리 시각 시스템의 화학 반응에 비해 매우 빠르며, 파리가 가장 기동성 있는 비행 시스템을 가지고 있는 이유이다. 파리들은 눈에 투사되는 주변 환경의 상대적인 움직임인 광류를 감지하여 기동한다. 따라서 단지 몇 그램의 무게와 작은 비전 칩에 내장된 광류 알고리즘 사용하여 장애물을 피할 수 있는 비행 로봇 시스템에 대한 영감을 준다. 파리가 겉보기에 질감이 없는 표면에 쉽게 착륙할 수 있는 능력은 질감이 항상 세상에 존재

그림 2.10 일반 집파리는 동물 중에서 가장 빠른 시각적 반응을 가지고 있어서 날 때 최고의 조정이 가능하다. 작은 비행 로봇(Centeye 제공)은 광류(optic flow) 기반의 집파리의 네비게이션을 모방하는 데 착안했다.

mrfiza / Shutterstock.com, Courtesy of Centeye

한다는 것을 증명한다.

집 파리(housefly)가 가장 빠른 시각적 반응을 보인 상을 수상한다면, 매(및 다른 맹금류)는 최고의 시력에 대한 상을 얻는다. 그림 2.11에서, 볼 수 있는 매(hawk)는 1마일 떨어져 있는 토끼를 볼 수 있다. 이것은 인간 시각보다는 8배 더 나은 것이다. 오늘날의 항공 사진, 위성 영상 및 메가 화소 비디오 카메라로 이와 유사한 해상도가 가능하다. 호랑이와 다른 고양이도 시력이 우수하다. 그림 2.12와 같이, 대부분의 육식 동물과 마찬가지로 그들의 눈은 그들의 머리 앞에 있다. 이 두 눈의 시야에서의 겹침은 포식자가 스테레오 비전을 사용하여 대상까지의 거리를 추정할 수 있게 한다. 반면에 무방비 상태의 토끼는 두 눈이 머리 옆에 있고, 그들의 시야가 거의 중첩이 안된다. 이것은 토끼가 스테레오 비전을 사용해 깊이 인식할 수 없게 만드는 반면, 토끼에게 전반적으로 더 넓은 시야를 제공하므로 결과적으로 포식자에 의한 위협을 감지한다.

때때로 빛으로부터 유용한 정보를 추출하는 가장 좋은 방법은 특별한 파장을 필터링하는 것이다. 예를 들어, 그림 2.13과 같이 살무사(pit vipers)는 각 눈과 콧 구멍 사이에 열 감지기를 가지고 있어서 적외선을 감지한다. 현대의 전방 적외선(FLIR, forward-looking infrared) 카메라 또한 열을 감지하여 모든 날씨에서 사람이나 기계를 훨씬 쉽게 찾을 수 있다. 그림 2.14에서와 같이, 벌은 스

그림 2.11 매와 같은 맹금류(raptor)는 가장 높은 시각적 예민함을 가진다. 유사한 능력을 가진 매가화소 카메라가 요즘 상업적으로 나와 있다.

Ronnie Howard / Shutterstock.com, ymgerman / Shutterstock.com

그림 2.12 호랑이와 같은 육식동물(predator)들은 앞쪽을 향해 두 개 눈이 있다. 그래서 먹잇감과의 거리를 스테레오 비전을 통해 추정할 수 있다. 토끼와 같은 먹잇감은 머리 양쪽에 눈을 가지고 있어서, 위험을 탐지하기 위한 넓은 시각을 가진다.

Dariush M / Shutterstock.com, Eric Isselee / Shutterstock.com

펙트럼의 다른 끝에서 자외선 필터를 사용하여 꽃을 수분할 때의 표적을 찾을 수 있다. 많은 꽃들은 중앙 근처에서 낮은 자외선의 반사율을 가진다. 이 때문에 벌들이 이 필터를 사용하면 꽃 의 중앙을 쉽게 찾고, 편리한 자연스런 착륙을 한다. 비슷하게, 대부분의 새들은 천문학에서 의학에 이르는 응용 분야에 사용되는 현대 멀티 스펙트럼 이미징 장비와 비슷한 4개의 다른 컬러 밴드를 볼 수 있다. 그림 2.15에서 볼 수 있는 갯가재(mantis shrimp)는 동물의 왕국에서 아마도 가장 세련된 눈을 가지고 있다. 12가지 색상 차원을 볼 수 있다(가시광선 밴드의 절반 정도와 자외선 반). 그것은 안료를 조정하는 4개의 필터를 가지고 있다. 편광된 여러 면을 식별할 수 있고, 좌우 원형 편광을 구별할 수 있다.

갯가재는 직선 편광을 원형 편광으로 변환할 수 있다. 이 가재의 가장 놀라운 점은 빛이 희미하고 필터된 청색인 40미터 깊이의 바다에 살고 있다는 것이다. 이 환상적인 비전 시스템의 목적은 주변을 감지하는 것이 아니라 의사 소통을 위한 것이다. 가재는 그들의 반점들로 형광을 내어 통신한다. 유사하게, 오징어, 낙지, 갑오징어와 같은 두족류는 광수용체 세포에서 서로 수직으로 배향된 극 미세한 세포막(microvilli)을 가지고 있어서, 동물들이 편광된 빛의 차이를

그림 2.13 독사의 눈과 코 사이의 구멍(loreal pit)은 적외선을 통해 열을 감지하는 기관으로 되어있다. 전향 적외선(Forward-looking infrared, FLIR) 카메라는 열 영상에서 보인 바와 같이 스펙트럼의 적외선 부분을 조사하여 따뜻한 물체를 탐지한다.

Susan Schmitz / Shutterstock.com, Neeraj Kanhere

그림 2.14 벌들은 수정에 도움이 되는 꽃의 중심을 탐지할 수 있는 자외선 필터를 가지고 있다. 중앙의 꽃은 벌들에게 보이는 꽃(왼쪽)의 모습이다. 적외선 카메라는 태양과 같은 천체를 탐지하지 위해 또한 사용된다(오른쪽).

검출할 수 있다. 그리고 의사 소통 수단으로서 편광된 빛의 패턴을 생성할 수 있다.

가장 독특한 눈들 중 하나는 그림 2.16에 나와 있는 랍스터의 눈이다. 랍스터의 눈(다른 긴 몸을 가진 바닷가재뿐만 아니라)은 굴절이 아니라 반사에 의해 초점을 맞춘다. 렌즈를 사용하는 대신에, 빛은 벌집 모양의 거울과 같은 배열 튜브를 사용하여 집속된다. 이 작은 면들(facets)은 완벽하게 정사각형이며 멀리서 보면 작은 그래프 용지처럼 보인다. 이 정사각형 튜브들은 구형 표면에 있으며, 튜브의 측면에는 평평한 반짝이는 거울이 있다. 이 정밀한 기하학적 배열은 눈이 어떤 방향에서나 평행 광선을 집중시킬 수 있게 한다. 이 원리는 천문 망원경에 대한 새로운 영감을 주었다. 실용적인 렌즈가 그러한 고주파를 집속할 수 없으므로, 반사를 사용하여 X 선을 집속한다.

멸종된 삼엽충의 눈에는 그들의 방해석 렌즈(calcite lens)가 그림 2.17과 같이 렌즈 수차를 최소화하도록 거의 정확하게 형상화되어 있는 놀라운 성질이 있다. 17세기에 렌즈 수차를 최소화하기 위해 광학 원리에 따라 데카르트[1]와

그림 2.15 갯가재(mantis shrimp)은 가장 복잡한 눈을 가진다. 이것은 11개의 다른 색의 밴드와 편광을 다루는 복잡한 구조를 가지고 있다.

1 René Descartes (DAY–cart) (1596–1650), 수학분야에 영향력 있는 인물일 뿐 아니라, 현대철학의 아버지로서, "나는 생각한다. 그러므로 존재한다(I think therefore I am)."로 유명하다.

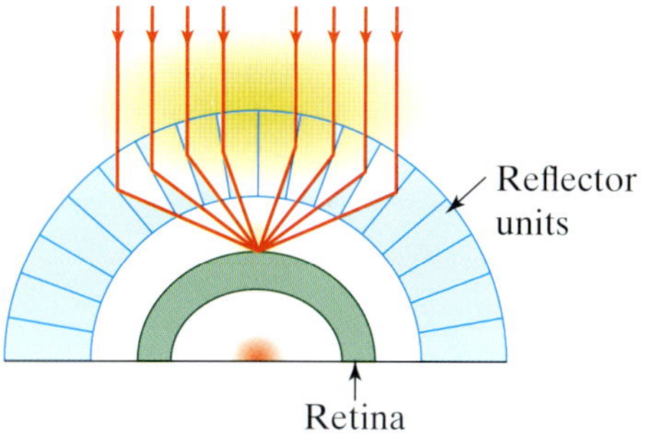

그림 2.16 랍스터는 굴절이 아니라 반사에 의해 초점을 맞춘다. 신세대 망원경을 위한 영감을 제공한다. Denton, M.J., Nature's Destiny: How the Laws of Biology Reveal Purpose in the Universe, ch 15, The Free Press, New York/London, 1998에 근거함.

Huygens[2]가 두 가지 다른 렌즈를 디자인했다. 밝혀진 바와 같이, 삼엽충의 렌즈는 이 디자인 중 하나를 따르는 내부 이중선 구조를 형성한다. 이러한 디자인은 삼엽충의 종류에 따라 다르다. 비정상적인 눈을 가진 다른 생물체가 그림 2.18에 나와 있다. 거미 불가사리(brittle star)가 마이크로 렌즈를 형성하는 방해석 결정체를 숨기고 있다. 그래서 몸 전체는 작은 눈으로 이루어져 있다. 비슷하게, 가리비(scallop)는 개구부 주위에 눈의 배열을 가지고 있다. 앵무조개(nautilus) 눈은 독특하다. 렌즈가 전혀 없어서 빛을 집중시킬 수 없다. 점프 거미는 총 8개 눈이 있다. 정면과 중앙에 있는 두 개의 가장 큰 눈에는 층으로 된 4개의 망막이 있으며, Defocus로부터 깊이를 아는 기술로 거미가 거리를 판단할 수 있게 한다. 더 작은 눈은 홑눈(ocelli)라고 불리며 뚜렷한 시각 경로를 제공한다. 도마뱀과 개구리 같은 다른 생물체는 작은 렌즈와 망막이 들어 있는 정수리 눈(parietal eye)이라고 불리는 여분의 세 번째 눈을 그들의 기본적인 두 눈 사이에 가지고 있다.

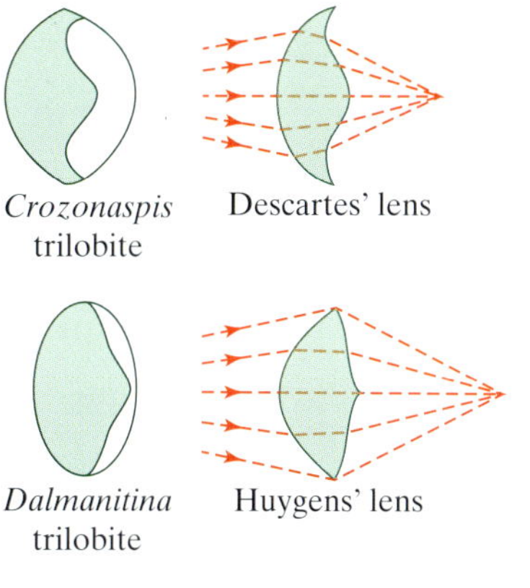

그림 2.17 삼엽충 렌즈의 쌍구조는 렌즈 수차(aberration) 최소화를 위해 필요한 모양을 따른다. 삼엽충의 모양에 따라 광의 기하학적 원리를 사용한 Descart와 Huygens가 유추한 것과 동일하다. E.N.K. Clakson과 R. Levi-Setti, 삼엽충의 눈과 Descart와 Huygens의 Optics, Nature 254: 663-667, 1975에 근거함.

2 Christiaan Huygens (HIGH-guns) (1629–1695), 영향력 있는 네덜란드 수학자이며 과학자로서, 토성의 고리와 토성의 첫 위성을 발견했다.

그림 2.18 상단: brittle 불가사리 몸체(왼쪽)은 작은 눈(중앙)으로 덮혀있다. 가리비(오른쪽)는 입구 주위에 눈들을 가지고 있다. 앵무조개(nautilus)의 눈(왼쪽)은 렌즈가 없어 초점이 있는 영상을 만들 수 없다. 점프 거미(중앙)은 ocelli라는 여분의 눈들을 가지고 있다. 이 개구리(오른쪽)같은 생물체는 두 눈 사이에 제3의 광 감지점(작은 청색 점)을 가지고 있다.

Ethan Daniels / Shutterstock.com, Lucent Technologies' Bell Labs / Science Source, Stephen Frink / Photodisc / Getty Images, bluehand / Shutterstock.com, Tomatito / Shutterstock.com, Kenneth M. Highfill / Science Source

2.2 영상의 형성

우리는 이제 영상이 센서의 표면에 형성되는 과정을 고려하고, 주로 가시 광선을 포착하는 표준 광학 카메라의 경우에 주의를 기울인다. 대체 이미징 시스템에 대해서는 다음 절에서 설명하도록 한다.

2.2.1 빛과 전자기 스펙트럼

기본적인 물리학에서 빛이 공간을 통해 이동하는 전자파임을 상기할 수 있다. 그러한 **파동의 파장** λ(미터로 측정)는 정현파의 연속 봉우리의 거리인 반면, **주파수** ν(헤르쯔로 측정)는 파장과 반비례 관계가 있다. 즉, $\lambda \cdot \nu$는 매체에서의 빛의 속도[3]이다. 가시 광선은 파랑이 약 380 nm 내지 약 720 nm, 또는 등가적으로 0.38 μm 내지 0.72 μm의 파장 범위이다. 나노 미터는 10 억분의 1 미터, 즉 $10^9 = 0.000000001$ 미터이므로 가시광선의 파장은 그림 2.19와 같이 인간의 머리카락의 직경보다 약 100배 작다. 이러한 짧은 파장은 비전 시스템이 왜 정확한 측정을 할 수 있는지를 설명한다.

그림 2.20에서와 같이, **가시 스펙트럼**은 전체 전자기 스펙트럼의 아주 작은

3 기술적으로 위상속도(*phase velocity*)

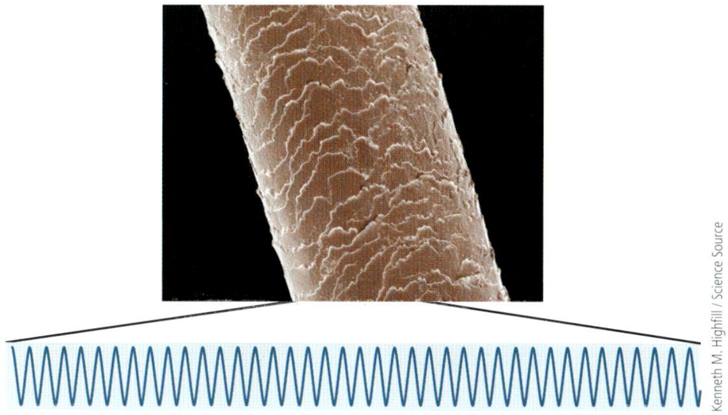

그림 2.19 가시광선의 파장은 머리카락 직경의 약 1/100이다.

부분이다. 보라색은 가시 광선 중에서 가장 높은 주파수(가장 짧은 파장)를 가지므로 보라색보다 약간 높은 주파수를 "보라색 이상" 또는 **자외선**(ultraviolet, UV)이라고 한다. 자외선을 넘어서는 X레이와 감마선이 있다. 중간 또는 고주파수에서 전자기파는 입자라 말하는 **광자**(photon)의 흐름으로 볼 수 있다. 여기서 광자는 주파수에 비례하는 에너지의 양을 포함하는 빛의 단일 양자이다. 이것은 **파동-입자 이중성**(wave-particle duality)의 이론으로 알려져 있다. 광자의 에너지 양은 $h \cdot \nu$에 의해 주어지며, 여기서 비례 계수 $h \approx 6.626 \times 10^{-34}$ 와트 초 제곱($W \cdot s^2$)는 플랑크 상수이다. 에너지가 주파수와 함께 증가한다는 사실은 고주파 광자가 가시 광선 광자보다 훨씬 많은 에너지를 포함한다는 것을 의미한다. 이는 X선과 감마선이 왜 그렇게 위험한지를 설명한다.

가시 광선 스펙트럼의 다른 끝에서, 빨간색보다 약간 낮은(파장이 약간 더 긴) 빛은 "적색 이하" 또는 **적외선**(infrared, IR)으로 알려져 있다. 적외선의 3가지 유형을 구별할 수 있다. **근적외선**(near infrared, NIR) 빛은 가시 광선보다 약간 긴 파장으로 구성된다. 이러한 빛은 실내 광원뿐만 아니라 햇빛에서도 공급되어 카메라 제조사가 이러한 파장의 영향을 줄이기 위해 카메라 내부에 필터를 삽입한다.

동시에, 야간 투시는 보이지 않는 근적외선을 장면에 비추고 카메라에서 적외선 필터를 제거하여 육안으로 보이지 않는 경우에도 이 파장 범위에 대한 감도를 높여줌으로써 가능하다. **열 적외선**(thermal infrared)으로도 알려진 **중적외선**(Mid infrared, MIR) 빛은 가시 광선보다 훨씬 더 긴 파장을 가지고 있다. 열 적외선 카메라는 인공 조명을 필요로하지 않지만 대신 현장의 물체가 방출하는 전자기 복사를 감지한다. 그러한 카메라는 장치 자체의 열 방출 혼란을 피하기 위해 전자 장치를 냉각시킬 필요가 있기 때문에 전형적으로 비싸다. **원적외**

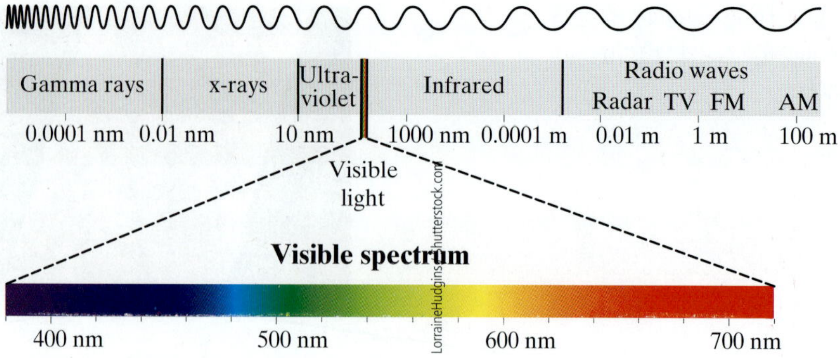

그림 2.20 전자파 스펙트럼은 한쪽 끝은 감마선과 액스레이 그리고 다른 쪽 끝은 라디오파와 마이크로파로 구성된다. 가시 스펙트럼은 약 380–720 nm이다.

선(Far infrared, FIR) 빛은 주로 천문 응용 분야에서 사용된다. 적외선 너머에는 전자기 스펙트럼에 마이크로파(레이더에 사용)와 전파가 있다.

2.2.2 Plenoptic 함수

장면에 광선이 존재할 때마다, 광선은 장면의 표면에 반복적으로 반사하므로 복잡한 방식으로 주변을 돌아 다닌다. 이 광선은 공간의 어떤 지점에 장면의 영상을 형성하는 데 필요한 모든 정보를 전달한다. 예를 들어, 여러 가지 물건으로 가득 찬 밝은 방에 서서 비어있는 벽면을 보아라. 벽면의 각 지점에 광선은 장면 전체의 표면 지점과 상호 작용하여 벽에 영향을 준다. 그 결과 선명하고 잘 초점이 맞추어진 공간 영상을 생성하기에 충분한 광선 정보가 제공된다. 사실, 방의 서로 다른 관점에서 각각 선명하고 잘 초점을 맞춘 영상을 생성하기에 충분한 정보가 있다. 그러나 벽에 영상이 표시되지 않는 이유는 보고있는 영상이 모든 영상의 합이기 때문이다. 또는 다른 말로하면, 벽에 영상이 표시되지만 촛점이 너무 흐려서 인식할 수 없다.

방안에 있는 많은 광선들의 뭉치는 plenoptic 함수에 의해 모델링된다. **plenoptic 함수**(plen은 "complete"를 의미하는 헬라어 단어의 접두사)는 공간의 모든 광선, 즉 모든 방향(θ, ϕ)에서 모든 위치(x, y, z)를 지나는 모든 광선을 따라 광선의 휘도[4]를 나타낸다. 여기서 θ와 ϕ는 3D 공간에서 광선의 방향을 고유하게 지정하는 두 개의 각도이다. 다시 말해, Plenoptic 함수는 카메라가 가능한 모든 보기 위치 및 모든 시야 각에 놓여질 수 있는 장면의 모든 영상을 모델링한다. plenoptic 함수는 일반적으로 5차원(5D)으로 간주되지만 원하는 경우에 시간, 파장, 편광 또는 순간 위상과 같은 다른 매개 변수를 포함하여 확장될 수 있다.

4 이 용어는 기본적으로 광선의 에너지의 양을 언급한다.

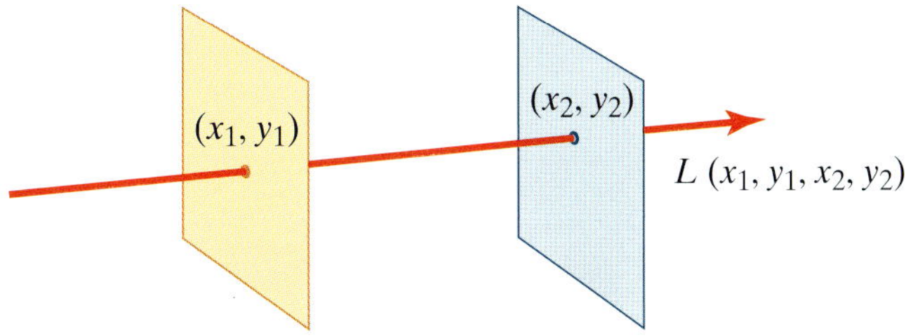

그림 2.21 광 필드는 위치과 방향의 광휘(radiance)의 4차원 함수이다. 광 필트의 광판 표현이 표시되었다. 각 광선은 두 개의 평행한 판을 통과한다.

자유 공간 영역에서 5D plenoptic 함수의 값은 서로 독립적이지 않다. 빛의 밝기(radiance)는 광선을 따라 에너지를 측정하는 것으로 정의된다. 그러므로 그 값은 자유 공간을 통해 이동하는 광선을 따라 변하지 않는다. 결과적으로, plenoptic 함수는 만일 임의의 두 위치-방향(x_1, y_1, z_1, θ, ϕ) 및 (x_2, y_2, z_2, θ, ϕ)에서 평가가 동일하다면, (θ, ϕ) 방향의 광선이(x_1, y_1, z_1) 및 (x_2, y_2, z_2,)의 두 지점을 방해없이 통과한다. 이 관찰은 자유 공간에서의 plenoptic 함수의 4D 버전인 **광 필드**(light field)의 정의를 유도한다. 광 슬라브 표현(light slab representation)이라고 하는 광 필드의 가장 일반적인 파라미터화는 그림 2.21과 같이, 서로 다른 평행 평면상의 두 점 (x_1, y_1)및 (x_2, y_2)를 사용하며, 다른 평면의 한 점으로부터 한 평면상의 투시 영상들의 모음으로 생각할 수 있다.

2.2.3 핀홀 사진기

인식할 수 있는 영상을 형성하려면 광선을 어떻게든 제한해야 한다. 한 가지 방법은 빛이 상자에 들어 가지 않도록 빈 불투명한 상자를 만드는 것이다. 그런 다음, 상자의 한 쪽면에 핀 크기의 작은 구멍을 뚫어서 빛이 들어오게 한다. 구멍을 통해서만 빛이 상자에 들어간다. 이 구멍을 **핀홀**(pinhole)이라고 하며, 이 카메라는 **핀홀 카메라**(pinhole camera)라고 한다. 핀홀 카메라로 인해 희미한 영상이 그림 2.22와 같이 핀홀 반대쪽 상자의 내벽에 투사된다. 그러나 영상은 상자 안에 갇혀 있다.

영상을 보려면 상자의 측면을 반투명 재질로 교체하고 어두운 천을 뷰어 위로 덮어야 한다(문자 그대로 "어두운 방"을 의미하는 카메라 암상자(obscura)라고 하는 초기 기본 유형의 카메라). 또는 나중에 보기 위해 영상을 캡처하도록 내벽이 감광성 재료로 붙여져 있어야 한다. 어느 쪽이든, 핀홀 카메라는 핀홀의 3D 위치에서 plenoptic 함수를 샘플링하는 한 방법으로 생각할 수 있다. 모든 각도(θ, ϕ)의 광선이 형성되는 영상을 고유하게 결정하며, 카메라의 시야서만 영향을 받는다.

그림 2.22 바늘구멍 사진기에서 작은 구멍을 통해 광성이 통과하여 반대쪽 벽에 거꾸로된 영상을 형성한다. 카메라 obscura는 바늘구멍 사진기의 초기 형태였다. 여기서 빛은 작은 구멍을 통과하고, 거울에 반사되고, 폐쇄된 박스 뒤쪽 가까이 꼭대기 수평면에 영상을 형성한다.

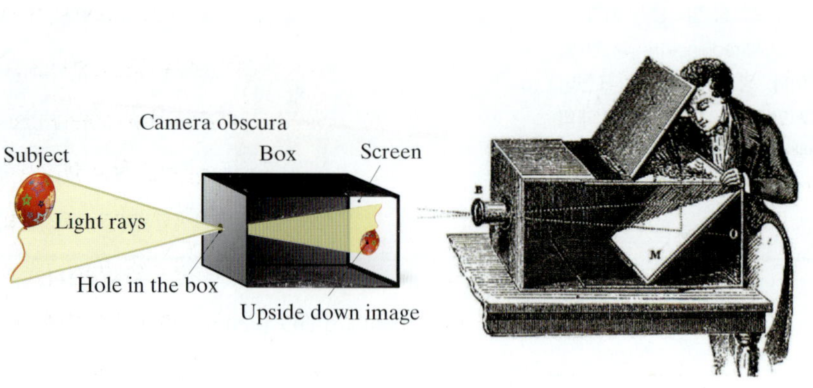

기하학적으로 이상적인 핀홀 카메라는 점과 평면으로 구성된다. **초점**(focal point)으로 알려진 포인트는 모든 광선이 통과하는 핀홀이다. **영상 평면**(image plane)으로 알려진 평면은 영상이 형상되는 센서 표면이다. 영상 평면에 수직인 초점을 통과하는 선을 **광축**(optical axis)이라 한다. 이 라인을 따라 초점으로부터 영상 평면까지의 거리가 **초점 거리**(focal length)이다.

핀홀 카메라는 원근 투영을 통해 영상을 형성한다. 광원에서 나오는 광선은 장면에서 물체의 표면을 반사하여 초점(**투영 중심**이라고도 함)을 통과한 다음, 영상 평면에 착륙한다. 오른쪽 좌표계를 고려하면, 그림 2.23에서 볼 수 있듯이, 원점이 초점이고, 양의 z축이 광축을 따라 세계를 향하고, y축이 영상의 열과 평행을 이룬다. 만일$(x_w,\ y_w,\ z_w)$를 월드 포인트의 3D 좌표라고 하면, $(x,\ y)$는 영상에 대한 투영의 2D 좌표이므로, $y-z$ 평면의 두 삼각형은 각도가 동일하기 때문에 유사하다는 것을 그림에서 쉽게 볼 수 있다. 그러므로 등변의 비는 같다는 유사 삼각형에 대한 지식에서 다음과 같은 결론 내릴 수 있다. $y/f = y_w/z_w$, 여기서 f는 초점 길이이고, z_w는 점의 깊이 (즉 초점에서 점까지의 거리)이다. 대칭에 의해, $x-z$ 평면에서 $x/f = x_w/z_w$가 성립한다. 수식 영상을 만드는 광선이 영상 평면에 닿는 점의 좌표를 산출한다.

$$x = f\frac{x_w}{z_w} \tag{2.1}$$

$$y = f\frac{y_w}{z_w} \tag{2.2}$$

실제로 영상이 거꾸로 뒤집혔을지라도, 이 방정식은 초점 뒤의 거리가 아닌 초점 앞의 f 거리에서 가상 영상 평면에 생성될 바로선 영상을 정확하게 묘사한다. 이 수학 트릭은 빼기 기호가 필요 없도록 방정식을 단순화 할뿐만 아니라, 영상

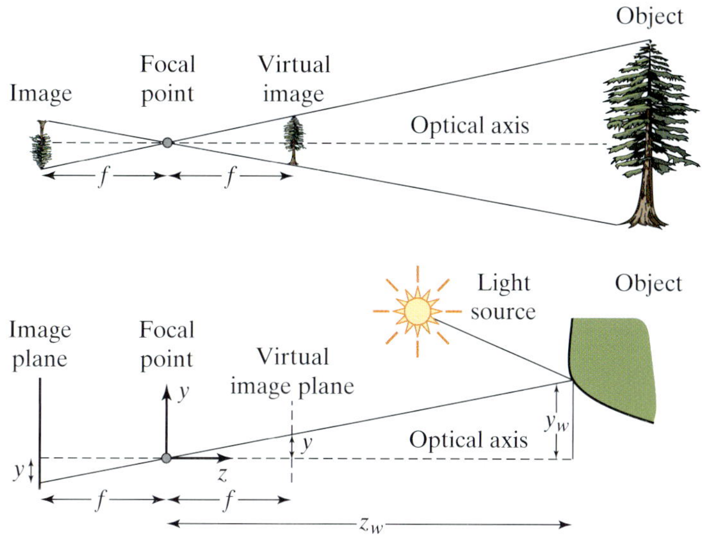

그림 2.23 바늘구멍 사진기로 인한 원근 투영(perspective projection), 초점, 영상 플레인, 초점길이, 광축을 보인다. 광원에 의해 만들어진 광선은 표면에 반사하여 구멍을 통과하고 영상 플레인에 거꾸로된 영상을 형성한다. 이것은 초점 앞에 가상 영상 플레인에 바로 된 영상을 형성하는 것과 수학적으로 동일하다.

을 거꾸로 상상할 필요가 없어지므로 영상화 과정을 보다 쉽게 시각화할 수 있다. 원근 투영은 3D에서 2D로 진행되는 차원의 상실을 포함한다. 광선을 따라 공간상의 어떤 점도 영상 평면상의 동일한 점으로 투사되므로, 추가 정보 없이는 3차원(카메라로부터의 거리)을 복구할 수 없다.

직교 투영(orthographic projection)은 모든 광선이 영상 평면에 평행할 때 발생한다. 이 경우 위의 비선형 방정식은 선형이 된다. $x = x_w$, $y = y_w$. 직교 투영은 장면이 카메라에서 멀리 떨어져 있고 광축에 가까우며, 카메라의 센서 크기보다 크지 않은 거의 없는 시나리오의 경우에 원근 투영의 근사치이다. 보다 현실적인 근사는 **스케일된 직교 투영법**(scaled orthographic projection)으로, 단일 균일 스케일링 계수를 사용한 직교 투영법이다. 장면에서 물체가 카메라로부터의 거리에 비해 깊이가 거의 다르지 않다면, 장면의 모든 점에 대한 거리 z_w는 상수 z_0로 다음과 같이 근사될 수 있으며,

$$x = f\frac{x_w}{z_w} \approx \alpha x_w \quad (2.3)$$

$$y = f\frac{y_w}{z_w} \approx \alpha y_w, \quad (2.4)$$

여기서 $\alpha \equiv f/z_0$은 스케일링 계수이다. 직교 투영과 마찬가지로, 스케일 직교 투영은 선형이다. 장면의 스케일된 직교 투영법은 수학적으로 장면의 정사영을 영상 평면에 평행한 평면에 투영한 다음, 해당 평면의 모든 점을 투시 투영을 한다. 여기서 이 마지막 단계는 그림 2.24와 같이 균일한 크기 조정이다. **약한 투시 투영**이라고도 하는 스케일 직교 투영은 깊이가 장면 전체에서 거의 변화하지

않거나 장면이 광축에 가깝게 위치하는 경우 합리적인 근사치이다. 이 두 가지 충분 조건은 상호 관련되어 있다. 단순화된 이미징 모델로 인해 근사에서 동일한 양의 오차를 얻기 위해 광학 축 근처의 물체는 깊이에서 더 변화할 수 있다. 반면에 광축으로부터 먼 물체는 깊이가 덜 변해야 한다.

긴 초점 길이는 시야를 제한해 영상이 서로 거의 평행한 광선에 의해 형성되도록하여 가시적인 모든 물체가 광축에 가까워 지도록한다. 이러한 이유로 스케일 직교 투영법은 줌 렌즈로 먼 물체를 볼 때, 카메라가 시간에 따라 장면으로부터 대략 일정한 거리를 유지하는 한 좋은 근사이다.

아핀 투영(affine projection)은 광선이 서로 평행을 유지하지만 광축과 평행할 필요는 없는 스케일 직교 투영의 일반화이다. 아핀 투영의 특별한 경우는 **변형 원근 투영**(paraperspective projection)이다. 여기서는 초점으로부터 피사체의 중심까지의 방향을 따라 광선이 영상 평면에 평행인 평면에 평행하게 투영된다. 이 평면상의 점들은 투시 투영을 겪고, 이것은 평면들이 평행하기 때문에 수학적으로 균일한 스케일링과 동일하다.

2.2.4 렌즈가 있는 카메라

이상적인 핀홀 모델은 렌즈가 있는 실제 카메라도 렌즈에 의한 왜곡이 고려되면, 핀홀 카메라로 수학적으로 잘 모델링 될 수 있기에 중요하다. 그러나 작은 구멍이 많은 빛을 내보내지 않기 때문에 핀홀 카메라 자체는 그다지 실용적이지 않다. 작동하는 실제 핀홀 카메라를 제작하는 것이 가능하다. 하지만, 그러한 카메라는 완벽한 정적 장면 앞에 몇 분 동안 움직이지 않아야만 영상 형성을 위한 충분한 광자를 수집할 수 있다.

보다 실용적인 이미징 장치를 만들기 위해 핀홀을 렌즈로 교체한다. 단순화된 렌즈는 구의 중심이 표면의 중심과 동일 선상에 있도록 결합된 두 개의 구면으로 구성된다. 이러한 구면 렌즈는 세 가지 기본 매개 변수를 갖는다. 두 표면의 반경 r_1과 r_2, 그리고 굴절률 n. 우리는 모든 광선이 **근축**(paraxial)인 가우시안 광학으로 알려진 일반적인 가정을 한다. 즉, 광선은 광축에 대해 작은 각을 이룬다. 이러한 광선에 대해, 렌즈의 두께가 무시할 만하다고 가정하면, 렌즈 매개 변수와 초점 거리 f 사이의 관계는 **얇은 렌즈 공식**(thin lens formula)으로도 알려진 **렌즈 제조사의 공식**(lens makers formula)에 의해 주어진다.

$$\frac{1}{f} = (n - 1)\left(\frac{1}{r_1} - \frac{1}{r_2}\right) \tag{2.5}$$

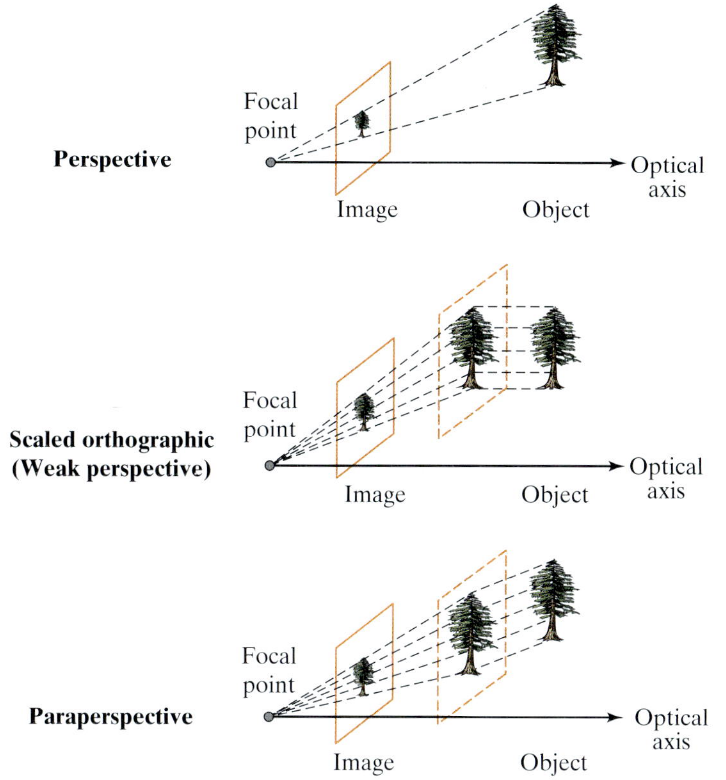

그림 2.24 원근 투영, 스케일 직각투영(scaled orthographic), 의사 원근투영(para perspective) 모델. V.S. Nalwa, A Guided Tour of Computer Vison에 근거함. 읽기 자료: Addison-Wesley, 1993; S.E. Palmer, Vision Science: Photon to Phenomenology, Cambridge, Mass., The MIT press, 1999.

데카르트 부호 협약(cartesian sign convention)을 따라, 빛이 왼쪽에서 오른쪽으로 이동한다. 그리고 표면이 광선을 더 수렴하게 만들면 r_1 또는 r_2의 부호는 양수이다. 광선이 더 많이 발산하면 음수가 된다. 볼록한 표면은 볼록(convex)이라고 부르며, 안쪽으로 휘어진 표면은 오목(concave)이다. r_1은 왼쪽 표면이 볼록한 경우면 양수이고, r_2는 그림 2.25와 같이 오른쪽 면이 오목한 경우면 양수이다. **가우시안 렌즈 수식**은 렌즈에서 S_o의 거리에 있는 물체에 대한 영상 S_i에 대한 렌즈에서의 거리를 지정한다.

$$\frac{1}{f} = \frac{1}{s_o} + \frac{1}{s_i} \tag{2.6}$$

렌즈의 두께 t가 무시할 수 없는 경우, 두꺼운 렌즈가 있으며, 여기서 렌즈 파라미터와 초점 거리 사이의 관계는 **두꺼운 렌즈 공식**(thick lens formula)에 의해 다음과 같이 주어진다.

$$\frac{1}{f} = (n-1)\left(\frac{1}{r_1} - \frac{1}{r_2} + \frac{n-1}{n}\cdot\frac{\tau}{r_1 r_2}\right) \tag{2.7}$$

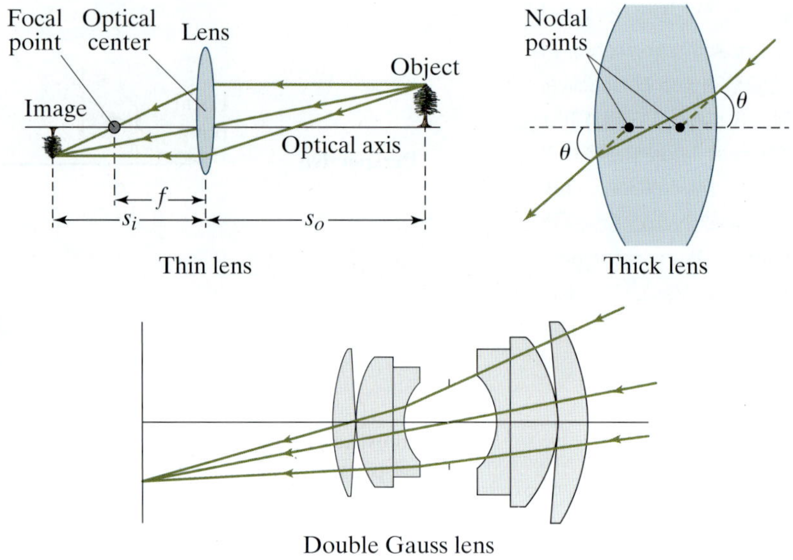

그림 2.25 얇은 랜즈, 두꺼운 랜즈, 이중 가우스 랜즈.

두꺼운 렌즈의 가우시안(근축) 광학 동작은 광학 축을 따라 3쌍의 **기본 점**(cardinal points)들로 지정된다. 이 중 전방 및 후방 초점은 얇은 렌즈의 양쪽에 있는 **초점**과 동일하다. 전방 및 **후방 절점**(nodal points)은 그 중 하나를 향한 광선이 입사 광선으로서 동일한 각도로 다른 쪽으로부터 나온다. 유사하게, 광축으로부터 소정의 거리에 있는 전방 주 평면을 가로지르는 광선은 동일 거리에서 후방 주 평면으로부터 나타나는 것처럼 보인다. 이 주 평면은 **주점**(principal points)을 통과하고 광축에 수직인 것으로 정의된다. 양면의 주변 매체가 동일하면, 각 절점은 가장 가까운 주점과 일치한다. 또한 렌즈가 얇으면 전방 및 후방 절점/주점이 렌즈 중앙에서 일치한다. 따라서 얇은 렌즈의 주점은 렌즈의 중심이다. 보다 일반적으로, 주점(principal point)라는 용어는 렌즈 중심과 영상 평면을 통과하는 선의 교점을 말한다.

실제 렌즈는 두껍지도 얇지도 않는 복합체이다. 몇 가지 간단한 렌즈 요소들이 결합되어 성능이 향상된다. 가장 성공적이고 일반적인 복합 렌즈 중 하나는 거의가 대칭 관계로 배열된 6개의 간단한 렌즈로 구성된 **이중 가우스 렌즈**(double Gauss lens)이다. 렌즈의 **광 출력**(optical power)은 **디옵터**(diopters–역 미터)로 측정한 초점 거리의 역수이다. 좋은 근사로, 복합 렌즈 시스템의 전체 광학 파워는 단순히 개별 렌즈 요소의 합이다.

카메라의 **조리개**(aperture)는 광선이 센서로 향하는 도중에 렌즈로 들어가는 개구부이다. 조리개 직경 d에 대한 초점 거리 f의 비율 f/d는 **f 넘버**(f–number)라고 하는 무차원 양이다. 원형 조리개의 면적은 직경의 제곱에 비례하기 때문에, 직경을 $\sqrt{2}$로 줄이면 빛의 양은 2배만큼 감소한다. 조리개 설정은 **f-stops**으로 측정된다. 여기서 한 stop은 2의 승수이다. 즉, 조리개를 한 stop 감소시키는 것은 빛의 양을 2로 감소시키는 것을 의미한다. 반면, 조리개를 한 stop 증가시키면 빛의 양이 2배 증가함을 의미한다. 센서 크기와 초점 거리가 **시야각**(FOV: field of view)를 결정한다. FOV는 2θ로 주어지며, 여기서 $\tan\theta = d/2f$ 이다. 조리개는 허용되는 선명한 영상을 형성하는 장면에서의 거리 범위인 **피사계 심도**(DOF: depth of field)를 결정한다. 즉, 초점이 맞춰진 거리 이외의 거리에서 한 점은 영상 위에 점으로 나타나지 않고 흐릿한 점으로 투영된다. 렌즈의 흐릿한 정도는 다음으로 정의된다.

$$c = \frac{d|s_1 - s_2|}{s_2} \tag{2.8}$$

여기서 s_1은 초점이 맞춰진 평면까지의 거리이고, s_2는 점까지의 거리이며, c는 **착란원**(circle of confusion)의 직경이다. 이 수식은 점이 원으로 영상화된다는 가정을 쉽게 만들어 주지만, 더 일반적으로 임펄스 응답 또는 **점 분산 함수**(PSF: point spread funcion)는 점이 영상 평면에서 취할 모양을 정한다. PSF의 푸리에 변환은 **광학 전달 함수**(OTF: optical transter function)이며, 그 크기는 **변조 전달 함수**(MTF: modulatiion transfer function)이다. 사진가들은 흐림의 미적 품질을 **보케**(bokeh)라고 한다.

렌즈는 다양한 종류의 **수차**(aberration)를 나타내며, 렌즈의 성능과 이상적인 차이를 포함한다. 예를 들어 왜곡은 렌즈를 통과할 때 광선이 반드시 직선을 따르지 않는다는 사실에서 발생한다. 가장 일반적인 두 가지 유형의 왜곡은 배럴 왜곡과 핀쿠션 왜곡이다(그림 2.26 참조). 왜곡은 넓은 초점 영역을 포착하도록 설계된 초점 거리가 작은 렌즈(**어안 렌즈**라고 함)의 경우 더 두드러진다. 카메라 보정은 일반적으로 그러한 왜곡을 설명하기 위해 비선형 항을 포함한다.

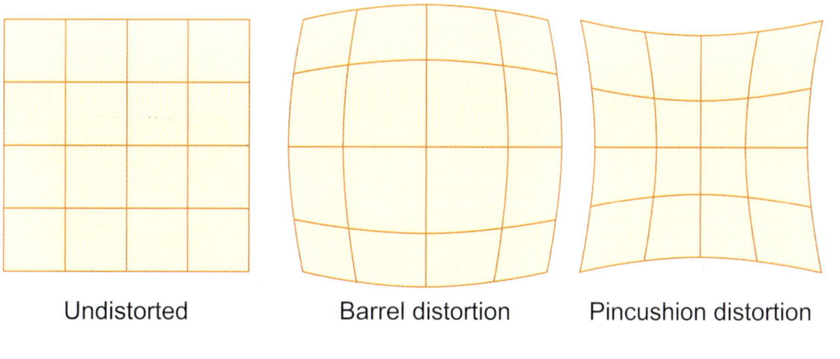

그림 2.26 무왜곡 영상, 배렐(barrel) 왜곡, 핀쿠션(pincushion) 왜곡.

이 빛의 굴곡은 물질 분산으로 인해 파장마다 다르기 때문에 **색수차**(chomatic aberration)가 발생한다. 색수차는 일반적으로 무색 이중선의 여러 렌즈들을 인접하거나 카메라 내부의 영상을 후처리하여 줄인다. 비 근축 광선이 측면에서 렌즈로 들어 오면 렌즈 내부에서 반사되고 산란된다. **렌즈 플레어**(lens flare)를 생성하며 이는 필드 외부의 광원(태양과 같은)으로 인해 영상에 밝은 점으로 나타난다.

또 다른 수차는 **비네팅**(vignetting)으로 알려져 있다. 이 비네팅은 중심에서 멀어지는 영상을 어둡게 한다. 그림 2.27에서와 같이 몇 가지 유형의 비네팅이 있다. 광학 비네팅(optical vignetting)은 축 외의 광선(off-axis ray)이 복잡한 렌즈의 모든 렌즈 요소를 통과하지 못하기 때문에 발생한다. 기계적 비네팅(mechanical vignetting)은 외부 카메라 요소(예: 렌즈 후드)가 광선을 방해하여 발생한다. 화소 비네팅(pixel vignetting)은 디지털 센서의 각도 감도로 인해 발생한다. 자연적인 비네팅(natural vignetting)은 들어오는 광선이 광축과 이루는 각 θ에 대해 광도의 의존성에 의해 유발된다. 임의의 주어진 화소에 대해, 단순 렌즈를 통과한 후 센서로 떨어지는 복사 E는 밝기 L에 비례한다.

$$E = L\frac{\pi}{4}\left(\frac{d}{f}\right)^2 \cos^4\theta \tag{2.9}$$

여기서 비례 상수는 f-수, f/d뿐만 아니라 각도 θ에도 관련된다. 만일 $E_0 = L\pi/4(d/f)^2$가 축상의 주어진 장면 밝기 L에 대한 센서의 축상($\theta = 0$)의 복사 조도라고 하고, E를 센서의 다른 지점에서의 복사 조도라고 하면, 그 관계는 다음과 같다.

$$\frac{E}{E_0} = \cos^4\theta \tag{2.10}$$

광도는 각도의 코사인 4승에 따라 감소하기 때문에 이것을 **코사인 네 번째 법칙**(cosin fourth law)이라고 한다. 실제로 이 법칙은 중요하지 않다. 왜냐하면 대

그림 2.27 광학 비네팅(Vignetting).

RoyStudio.eu / Shutterstock.com

부분의 최신 카메라는 법칙의 효과와 균형을 이루기 위해 렌즈 중심의 빛의 양을 줄이는 누진 중간 밀도 필터를 사용하여 이러한 효과를 보완하도록 설계되었기 때문이다. 대부분의 종류의 비네팅 효과는 f 값이 8인 $f/8$보다 작은 조리개 값을 사용할 때 무시할 수 있다.

2.2.5 영상화 모델

전자기파, 복사선 측정법 및 렌즈의 복잡한 세부 사항에도 불구하고, 많은 작업에 대해 합리적인 근사를 제공하는 간단한 영상화 모델(imaging model)은 조명 함수 Λ 및 반사율 함수 R의 곱으로서, 영상 센서상에서의 복사도 E를 명시한다.

$$E(x, y, \lambda) = \Lambda(x, y, \lambda)R(x, y, \lambda) \tag{2.11}$$

여기서, $E(x, y, \lambda)$는 파장 λ에서 센서 상의 점 (x, y)에서의 복사량이다. 이 모델에서 조명 함수 Λ은 광원 및 모든 상호 반사 및 그림자를 3D 공간에서의 위치가 아니라, 센서의 각 지점에서 수집된 광선에 따라 모델링한다. 유사하게, 반사율 함수 R은 점 (x, y)에 의해 보여지는 표면에 입사하는 파장 λ에서 얼마나 많은 빛이 센서에 반사되는가를 모델링한다. 반사율 값은 0(완전 흡수체)에서 1(완벽한 반사체)까지 다양하다. 즉, 장면의 모든 물체가 완벽하게 확산되었다면, 센서의 각 점과 모든 파장에 대해 $E(x, y, \lambda) = \Lambda(x, y, \lambda)$이다. 이 영상화 모델은 **고유한 영상**(intrinsic images) 개념과 밀접한 관련이 있다. 여기서, 그림 2.28에서 설명하듯이, 다른 영상화 조건에서 정적 장면의 여러 영상을 사용하여 장면에서의 반사 또는 기타 속성을 추정할 수 있다.

2.3 영상 획득

복사 함수(irradiance function)로서 일단 영상이 센서의 표면 상에 형성되면, 정보는 센서에 의해 디지털 영상으로 변환되어 전송되거나 저장되어야 한다. 이 과정과 관련된 단계가 이 절의 주요핵심이다.

2.3.1 샘플링과 양자화

여기서, $s(\lambda)$는 특정 파장 λ에 대한 센서의 감도이다$(0 \leq s(\lambda) \leq 1)$. 그 다음, 영상 화소 값 $I(x, y)$는 감도 함수로 곱한 후에 화소의 영역과 모든 파장에 대해 복사 함수의 적분으로서 모델링될 수 있다.

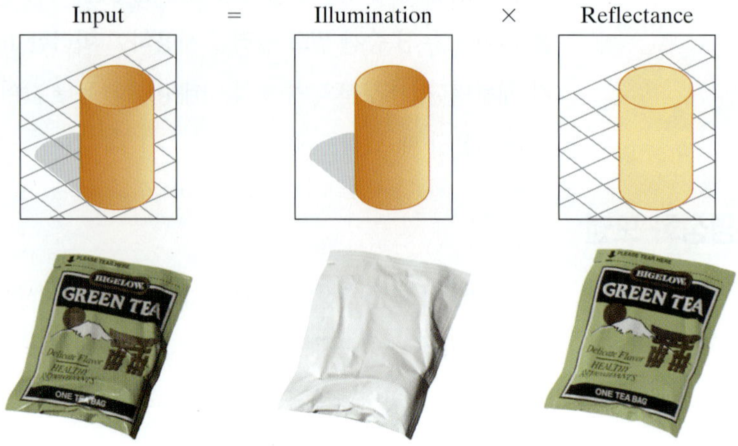

그림 2.28 내재적인(intrinsic image) 영상은 영상을 구성 성분으로 분해함으로 결정되는 중상수준의 서술이다. 구성 성분은 조명 영상과 반사 영상이다. Y. Weiss, "Deriving intrinsic images from image sequences," Proceedings of the International Conference on Computer Vision, pages 68–75, July 2001.

$$I(x, y) = \varphi\left(\iiint E(x', y', \lambda')s(\lambda')\,dx'\,dy'\,d\lambda'\right) \tag{2.12}$$

여기서 I'는 더미 변수를 나타낸다. 파장 및 센서 위치에 걸친 적분은(도시되지 않은) 시간에 따른 적분뿐만 아니라, 연속 복사 함수를 정수(x, y) 좌표의 직사각형 격자에만 정의된 이산 함수로 변환하기 위한 **샘플링**(sampling) 작업을 수행한다. 그런 다음, **양자화**(quantization)는 모든 화소에 개별적인 그레이 레벨을 할당하여 디지털 형식으로 그 값을 나타낸다. 그러나 허위 윤곽으로 알려진 인공결함(artifact)을 피하기 위해 충분한 수의 그레이 레벨이 있고 의미 있는 간격을 유지하는 것이 중요하다. 이것은 양자화 이전에 **감마 압축**(gamma compression)으로 알려진 비선형 맵핑을 적용함으로써 달성된다. 함수 φ는 블루밍이나 잡음과 같은 센서 인공 결함과 함께 감마 압축과 양자화를 모두 포함한다.

2.3.2 감마 압축

압축의 기본 개념은 그림 2.29에 나와 있다. 센서에 의해 얻어진 빛의 원시 측정은 전송, 저장 또는 조작 전에 비선형 맵핑에 의해 변환된다. 이 단계는 선형 물

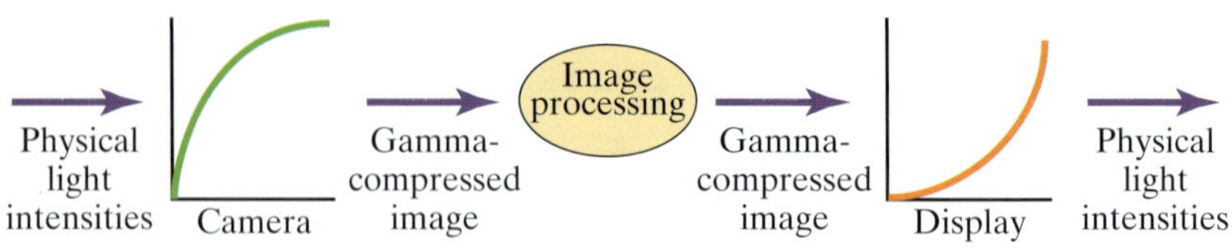

그림 2.29 선형 빛의 밝기는 카메라에 의해 지각적 균일한 양으로 감마 압축된다. 이것은 디스플레이에 의해 감마 확장된다.

리적 광 강도를 지각적 균일양으로 변환한다. 그래서 디지털 영상의 화소 값이 (대부분의 경우) 센서에서 수집된 빛의 양에 정비례하지 않는다.

감마 압축을 이해하려면 현재 사용되지 않는 기술의 중요한 사실을 살펴볼 필요가 있다. 3/4세기 동안 지배적인 디스플레이 기술이었던 CRT (cathode ray tube)는 화면에 표시되는 빛의 강도가 적용된 전압과 비선형적으로 관련되어 있어서 흥미로운 특성을 가지고 있다. 보다 구체적으로, CRT 디스플레이의 전달 함수는 지수 법칙(power law)을 따르며, 여기서 표시되는 휘도 L(복사 또는 밝기를 나타냄)은 전압 V의 어떤 승수에 비례한다.

$$L = cV^{\gamma} + b \tag{2.13}$$

여기서 γ는 멱 함수의 지수이고, 상수 b 및 c는 각각 CRT 디스플레이의 블랙 레벨 및 대비(contrast)이다. 만일 모니터가 블랙 레벨이 제로가 되도록(즉, 블랙 화소가 겨우 빛을 방출하도록) 적절하게 조정되면, $b = 0$로 다음과 같이 간단한 수식으로 된다.

$$L = cV^{\gamma} \tag{2.14}$$

지수에 대해 그리스 문자 gamma(γ)가 널리 사용되기 때문에 이 함수를 **감마 함수**(gamma function)라고 한다. 그림 2.30은 단순함을 위해 $c = 1$을 가정한 감마의 다른 값에 대한 이 함수의 몇 가지 플롯을 보여준다. $\gamma > 1$의 경우, 함수는 볼록(위쪽으로 커브)하고 감마 확장(gamma expansion)이라고 한다. $\gamma < 1$이면, 함수는 오목(아래로 곡선)이며 감마 압축(gamma compression)이라고 알려져 있다. $\gamma = 1$이면 함수는 선형이다.

CRT 디스플레이의 일반적인 값은 $\gamma_d \approx 2.2$이며, 아래 첨자는 디스플레이의 감마를 나타낸다. 이러한 효과에 대처하고 전자장치를 단순화하기 위해, 비디오 엔지니어들은 오래 전에 디스플레이 내부의 전압이 표시되는 빛의 강도에 비례가 아니라 γ_c의 지수로 증가되는 강도에 비례하는 것으로 결정했다. 여기서 $\gamma_c \approx 1/\gamma_d$. 따라서 카메라는 $V = L_i^{\gamma_c}$에 따라 영상을 인코딩하도록 설계되었다. 여기서 L_i는 들어오는 빛의 강도이고, 디스플레이는 $L = V^{\gamma_d} = L_i^{\gamma_c \gamma_d}$에 따라 빛을 생성한다. 이러한 방식으로 인코딩된 영상은 감마 압축된 것으로 말한다. 감마가 서로 역이 되면 서로 상쇄되므로($L = L_i$), 표시된 강도가 캡처된 강도와 동일하다.

실제로, 카메라와 디스플레이에 사용되는 지수는 거의 서로 역이 된다. 하지만 반드시 정확하게 역이 되지는 않는다. 사실 영상이 캡처된 조명조건과 다른

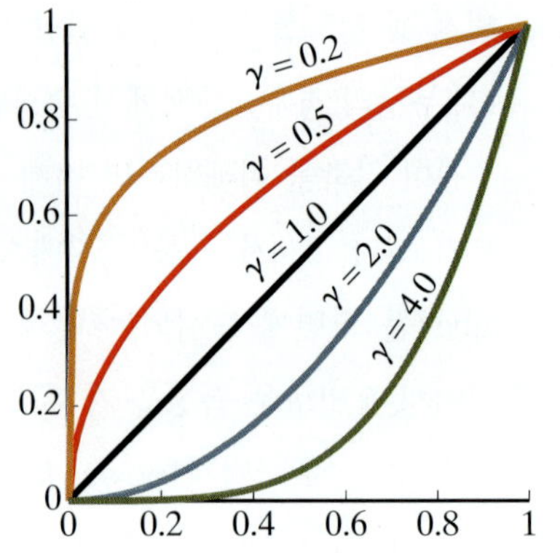

그림 2.30 감마의 다른 값에 따른 감마 함수.

조명조건에서 영상을 볼 것으로 예상되는 경우, 압축 지수 γ_c는 곱 $\gamma_c\gamma_d$가 1이 아니도록 의도적으로 설계된다. 이 선택의 이유는 같은 **동시 대비**(simultaneous contrast)로 알려진 인식 현상때문이다. 이것은 그림 2.31에 묘사되어 있듯이 인간의 시각 시스템이 어두운 환경에서 대비감소를 식별할 수 있다.

결과적으로, 밝은 야외 설정에서 장면을 캡처하지만, 결과영상을 어두운 방이나 어두운 극장에서 영상(또는 동영상)으로 본다면 동일한 밝기 수준으로 표시되면 대비가 부족할 것이다. 이러한 이유로, 다양한 텔레비전 및 영화 산업 표준은 시청 감마(viewing gamma, 카메라 및 디스플레이 감마의 곱)가 1.0과 1.2 사이임을 명시한다. 수학적으로 정확하지는 않지만 주관적으로 시청 경험이 정확하다. 오늘날 비디오 카드에는 일반적으로 추가 조정을 제공하는 조회 테이블(LUT)이 있으며, 시청 감마도 이 점을 고려하여 정의된다.

CRT 디스플레이의 흥미로운 특성 외에도, TV 엔지니어들이 수십 년 전에 감마 압축을 도입하기로 선택한 또 다른 근본적인 이유가 있다. 놀라운 우연의 일치로 인해 $\gamma_c \approx 1/\gamma_d$에 따른 광도의 압축은 인간 시각 시스템이 빛을 인지하는 방식을 면밀히 모델링한다. 다른 말로, 빛의 양을 두 배로하면 원래의 두 배와 같은 물리적인 강도가 발생하지만, 인식된 강도는 선형적으로 증가하지 않고 $L_i^{\gamma_c}$와 매우 유사한 함수에 따라 비선형적으로 증가한다. 따라서 감마 압축은 선형 광강도를 지각적으로 균일한 비선형 양으로 변환한다.

결과적으로, 감마 압축 아날로그 비디오 신호의 전송에 도입된 부가 잡음은 시각적 인식에 최소한의 영향을 미친다. 왜냐하면 일정한 양의 부가 잡음이 전반적인 신호 값에 관계없이 일정한 양만큼 감지된 강도에 영향을 미치기 때문이다. 그러나 감마 압축을 사용하지 않으면 어두운 영역의 부가 잡음이 밝은 영역에 추가된 잡음보다 시청 경험에 효과가 훨씬 더 두드러질 수 있다. 디지털 시대에도 이러한 현상이 여전히 적용된다. 특히 손실 압축의 경우에는 영상에 부가

그림 2.31 동시적 대조. 중앙 사각형 내의 화소들은 같은 밝기를 가진다. 그러나 오른쪽 화소들이 주변으로 인해 더 밝게 보인다. 따라서 만일 캡처한 환경보다 침침한 환경에서 올바른 밝기로 영상이 디스플레이 된다면, 대조가 부족한 것으로 나타난다.

적인 잡음이 발생한다.

예를 들어, JPEG 및 MPEG 압축은 허용되지 않는 결함을 최소화하기 위해 원본 선형 신호보다는 비선형, 지각적으로 균일한 감마 압축 신호에 대해 항상 수행되어야 한다. 동일한 이유로, 양자화 이전의 감마 압축은 사용가능한 디지털 코드의 유효 숫자를 보다 효과적으로 사용하게 한다. 따라서 감마 압축을 현재의 구식 CRT 디스플레이와의 역호환성을 유지하는 데 필요한 불행한 유물이 아니라, 인간 시각적 인식에 대한 시대를 초월한 특성에 기반한 영상 디지털화 및 전송 과정의 필수 부분으로 보는 것이 중요하다.

감마 압축과 사람의 시각적 인식 간의 연결을 보려면, 두 개의 휘도(luminance)들의 차이가 적어도 1 %(대략)이면 분별할 수 있다는 인간 시각 시스템에 대한 논의를 생각해 보라. 즉, 인간 시각 시스템의 **대비 임계값**(contrast threshold)은 대략 $\Delta L/L = 1\% = 0.01$이다. 또한 영상 재생을 위해 휘도의 범위는 약 100 대 1이다. 만일 0.01의 간격으로 1에서 100까지를 등 간격으로 이들 휘도를 디지털화해 나타낸다면, 9901 디지털 코드는 1.00, 1.01, 1.02, ..., 99.98, 99.99, 100.00이다.

이 접근법의 단점은, 스케일 하단의 연속 코드, 예를 들어 1과 1.01이 식별 가능한 반면, 99.99와 100.00와 같은 스케일의 가장 높은 끝에서의 연속 코드는 전혀 식별할 수 없다. 그 이유는 $(100.00 - 99.99)/100.00 = 0.01/100 = 0.0001 = 0.01\ \%$이고, 이는 1 %보다 훨씬 적다. 그 결과, 스케일의 가장 높은 쪽에 있는 많은 코드가 낭비될 것이다. 반면에, 우리가 등 간격 즉, 1.00 단위로 증가하도록 휘도를 디지털화 한다면 1, 2, 3, ..., 98, 99, 100의 디지털 코드는 높은 쪽에서는 간신히 눈에 띄는 차이가 있지만 낮은 쪽에서는 받아들일 수 없을 정도로 큰 차이가 있어 부적당한 거짓 윤곽(false confouring)을 만든다. 이는 $(2-1)/1 = 1.0 = 100\%$가 1 %보다 훨씬 크기 때문이다.

연속 코드가 약 1 %의 상대 휘도 차이에 해당할 때, 디지털 코드의 보다 효과적인 사용이 발생한다. 만일 v를 그레이 레벨로, L을 휘도라 하면 다음과 같이 표현된다.

$$0.01\Delta v = \frac{\Delta L}{L} \tag{2.15}$$

혹은

$$\frac{\Delta v}{\Delta L} = \frac{1}{0.01L} \tag{2.16}$$

$\Delta v = 1$은 2개의 연속적인 그레이 레벨 간의 차이로 이해되며, ΔL은 대응하는 휘도 간의 차이이다. 휘도를 그레이 레벨, 즉, $v = \phi(L)$에 매핑하는 함수를 ϕ라고 하면, 이 함수의 도함수는 $d\phi/dL \approx \Delta v/\Delta L$이다. 따라서 함수 f는 위의 식의 적분이다.

$$\varphi(L) = \int \frac{1}{0.01L} = 100 \log L \tag{2.17}$$

log는 자연 대수이다. 이 표현은 선형 강도를 지각적으로 균일한 값으로 매핑하는 비선형 함수가 대수임을 나타낸다. 표 2.1은 이 비선형 코딩과 방금 설명한 두 가지 선형 코딩 시도를 비교한다. 선형 코딩은 0.01의 증분으로 100 : 1 범위를 커버하기 위해 약 100/0.01 = 10000 그레이 레벨, 즉 14 비트를 요구하며, 반면에 1.0 증가에는 100/1 = 100 그레이 레벨 또는 7 비트가 필요하다. 대조적으로, 코드가 1.01의 비율에 따라 비선형적으로 배치된 경우, 단지 (log 100)/(log 1.01) = 463 그레이 레벨 또는 9 비트가 필요하다. 일반적인 8 비트 형식은 디지털 컴퓨터에서 8 비트를 한 바이트로 그룹화하는 널리퍼진 인기 있는 방식이다. 이것은 약 50 : 1 비율로 충분하다. 이는 일반적으로 기존 방송 품질 수준의 TV와 동일하다.

수식 (2.15)에서 일정한 1 % 임계값의 가정은 **Weber의 법칙**으로 알려져 있다. Weber의 법칙은 일부 피질 세포의 전달 함수의 좋은 모델이지만, 모든 휘도에 대한 인간 시각 인식에 대한 정확한 모델은 아니다. 밝혀진 바와 같이, 실제 광도와 인식된 광도 간의 보다 정확한 매핑이 얻어진다. 이것은 **스티븐스의 멱함수 법칙**(Stevens'power law)으로 알려진 멱함수이다.

$$\varphi(L) = cL^{\gamma_h} \tag{2.18}$$

여기서 $\gamma_h = 0.5$. 여기서 인간 시각 시스템 감마 γ_h는 CRT 디스플레이 감마 γ_d의 역함수와 거의 동일하다. 즉 $1/2.2 = 0.45$이기 때문이다. 따라서 카메라의 감마 압축은 인간의 시각 시스템과 거의 동일한 매핑을 생성한다. 이는 감마 압축된 신호가 지각적으로 인코딩된다는 것을 정당화한다. $\gamma < 1$인 지수 함수는 대수 함수와 비슷한 연산을 수행한다. 둘 다 유사한 오목한 모양을 가지고 있기 때문이다. 이전에 보았 듯이 선형 양 L을 휘도(luminance)라고 하는데, 일정한 크기로 인간의 인식을 포착하는 비선형 량을 **밝기**(lightness)라고 한다.

감마 압축 함수 $\phi(L) = cL^{\gamma}$의 단점은 $L = 0$에서 그 기울기가 무한하다는 것이다. 이것은 영상의 어두운 영역에서 높은 잡음 증폭을 초래한다. 이 문제를 극복하기 위해, 임계값 τ 미만의 값에 대한 선형 섹션을 지정하여 함수를 수정하는 것이 일반적이다.

$$\varphi(L) = \begin{cases} mL & \text{if } L \leq \tau \\ (1+\epsilon)L^{\gamma} - \epsilon & \text{otherwise} \end{cases} \tag{2.19}$$

여기서 기울기 m과 오프셋 ε는 함수의 두 섹션의 값과 1차 미분 값이 점 $L = \tau$에서 일치하도록 설정된다.

$$m = \frac{\gamma \tau^{\gamma - 1}}{\tau^{\gamma}(\gamma - 1) + 1} \tag{2.20}$$

$$\epsilon = \frac{1}{\tau^{\gamma}(\gamma - 1) + 1} - 1 \tag{2.21}$$

감마 압축을 수정하여 얻은 비선형 전달 함수는 매개 변수 γ 및 τ에 의해 고유하게 지정된다. 이 두 매개 변수에 대해 서로 다른 값을 선택하여 감마 압축의 약

linear 14-bit codes			linear 7-bit codes			logarithmic 9-bit codes		
gray level	***L***	**ΔL/L**	**gray level**	***L***	**ΔL/L**	**gray level**	***L***	**ΔL/L**
00000000000000	1.00	1.00%	00000	1.00	100.00%	000000000	1.00	1.00%
00000000000001	1.01	1.00%	00001	2.00	50.00%	000000001	1.01	1.00%
00000000000010	1.02	1.00%	00010	3.00	33.33%	000000010	1.02	1.00%
⋮	⋮	⋮	⋮	⋮	⋮	⋮	⋮	⋮
10011010101010	99.98	0.00%	1100001	98.00	1.02%	111001100	98.01	1.00%
10011010101011	99.99	0.00%	1100010	99.00	1.01%	111001101	99.00	1.00%
10011010101100	100.00	0.00%	1100011	100.00	1.00%	111001110	100.00	1.00%

표 2.1 대수 코딩은 선형 코딩보다 유효한 비트의 효율적인 사용이다. 왜냐하면, 밝기 전체 범위의 1%의 대조 임계값(contrast threshold)으로 차이를 내는 연속적인 코드를 사용하기 때문이다. 대조적으로 선형 14-비트 코딩은 연속 그레이 레벨이 동일하게 보이는 밝은 영역에서 비트를 낭비한다. 선형 7-비트 코딩은 어두운 영역에서 거슬리는 결함을 만든다.

간 다른 변형을 제공하는 두 가지 널리 사용되는 표준이 있다. **Rec 709**, 1990년에 처음으로 승인된 HDTV 표준은 $\gamma = 0.45 = 1/2.222$와 $\tau = 0.018$을 사용하여, $m = 4.5$와 $\varepsilon = 0.099$로 된다.

$$\varphi_{709}(L) \equiv \begin{cases} 4.5L & \text{if } 0 \le L < 0.018 \\ 1.099L^{0.45} - 0.099 & \text{if } 0.018 \le L < 1 \end{cases} \tag{2.22}$$

여기서 강도 L은 0에서 1의 범위로 정규화된다. Rec 709 승인후 6년 후에, **sRGB**는 컴퓨터 모니터 및 프린터에 표시할 정적 영상에 사용되는 RGB 색상 공간을 표준화하기 위해 개발되었다. 그림 2.32에서와 같이, sRGB는 $\gamma = 1/2.4 = 0.417$ 및 $\tau = 0.0031308$을 사용하여, $m = 12.92$ 및 $\varepsilon = 0.055$가 된다.

$$\varphi_{sRGB}(L) \equiv \begin{cases} 12.92L & \text{if } 0 \le L \le 0.0031308 \\ 1.055L^{(1/2.4)} - 0.055 & \text{if } 0.0031308 < L \le 1 \end{cases} \tag{2.23}$$

어느 쪽이든, 결과 비선형 양은 **그레이 스케일 값**(grayscale value) (또는 간단히 그레이 레벨)으로 알려져 있다. 그리고, 비선형 전달 함수는 스티븐의 법칙의 멱함수와 밀접하게 일치하기 때문에 일반적으로 밝기와 값은 동의어로 간주될 수 있다. 컬러 영상의 경우, 식 (2.23)은 컬러 채널에 개별적으로 적용되며, 0부터 1까지의 범위로 정규화된 후, L이 R, G 및 B로 대체된다.

선형 섹션을 삽입하여 감마 함수를 수정하면, 함수의 **유효 감마**(effective gamma)를 변경한다는 사실에 유의해야 한다. 유효 감마는 곡선에 가장 잘 맞는 감마 함수의 지수(직선 섹션없이)로 정의된다. 그 결과, Rec. 709 전달 함수는 0.45이며, 유효 감마값은 0.511에 가깝다. 유사하게, sRGB의 지수는 약 0.417이지만, 그 유효 감마는 0.455에 가깝다. 사실,이 두 표준은 먼저 원하는 유효 감마를 지정하고, 그 함수에 가장 근접한 지수를 결정함으로 설계되었다.

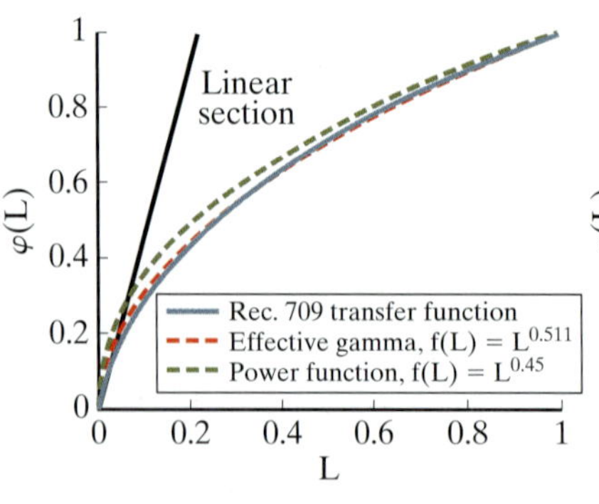

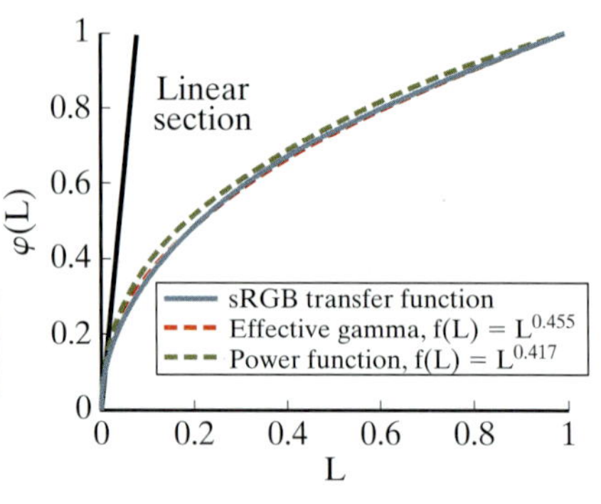

그림 2.32 Rec. 709 감마 함수(왼쪽)와 SRGB 감마함수(오른쪽). 두 가지 경우에 효과적인 감마함수는 수정된 감마 함수를 따른다. 멱함수(선형 세그먼트 없이 수정 감마 함수로서 같은 지수를 사용)는 눈에 띄게 다르다. 검은 점선은 선형 부분을 나타낸다. 이것은 $L \le \tau$에 대해 유효하다.

왜냐하면 Rec. 709는 희미한 환경에서 볼 때를 의도한 것으로, 1.125 시청 감마를 위해 설계되었다. 이것은 2.2/1.955555 = 1.125이므로 2.2의 CRT 감마를 가정할 때, 유효 카메라 감마 1/1.955555 = 0.511을 사용한다. 경험적으로 0.511의 이 감마값은 1/2.222222 = 0.45의 지수를 사용하여 매우 잘 계산된다. 반면에 sRGB는 전형적인 사무 환경을 위해 의도된 1.0의 시청 감마를 위해 설계되었다. CRT 감마 2.2일 때, 이것은 1/2.2 = 0.454545 유효 카메라 감마를 산출하며, 이는 경험적으로 1/2.4 = 0.416666의 지수가 된다.

감마 압축의 개념을 자세히 설명했으므로, 모든 카메라가 감마 압축을 수행하지는 않는다는 점을 독자에게 주지하는 것이 적절하다. 즉, 일부 고급 카메라는 허위 윤곽선을 방지하기 위해 화소 당 많은 비트를 사용하여 원시 비 감마 압축 영상을 저장할 수 있는 가능성을 제공한다. 원시 영상은 일부 컴퓨터 그래픽 작업에는 물론 장면의 실제 광도를 측정하는 데 유용하다. 그럼에도 불구하고 달리 믿을만한 이유가 없으면 영상을 감마 압축했다고 가정해야 한다. 특히 채널당-화소당 8 비트 영상에서는 그러하다.

2.3.3 CCD와 CMOS 센서

영상 면에 떨어지는 빛은 센서에 의해 샘플링되어 값을 생성한다. 요즈음 거의 모든 카메라가 디지털이다. 두 가지 가장 일반적인 디지털 센서는 CCD (charge coupled device) 또는 CMOS (complementary metal-oxide semiconductor)이다. 각각은 빛의 광자를 전자로 변환시키는 고밀도의 포토 다이오드(일반적으로 1 ~ 5μm 떨어진 간격)로 구성된다. CCD 센서에서, 전자들은 수집되어 노출 시간 동안 로컬 잠재적 웰에 저장된다. 그리고 수평 시프트 레지스터로 알려진 판독 레지스터에 도달할 때까지 잠재적 웰 라인(line of potential wells)을 따라 전자를 전송하여 판독한다. 그런 다음 수평 쉬프트 레지스터의 전자는 수집된 전자를 전압으로 변환하는 증폭기로 한 번에 하나씩 전송된다. CMOS 센서에서, 각 포토 다이오드 다음의 트랜지스터는 전자를 전압으로 변환한다.

CMOS 센서가 1990년대 후반에 인기를 얻기 시작하기 전에 CCD 센서는 디지털 카메라 산업을 20년 동안 지배했다. 결과적으로 CCD 센서는 보다 성숙한 기술이며, 전반적으로 우수한 영상 품질을 제공한다. 특히 저조도 환경에서 CMOS 센서는 포토 다이오드 옆에 있는 트랜지스터들에 들어오는 광자가 낭비되기 때문에 거친 영상을 생성한다. 따라서 이 트랜지스터들은 그림 2.33과 같이 빛을 모으는 화소의 백분율인 CMOS 센서의 **필 팩터**(fill factor)를 줄인다.

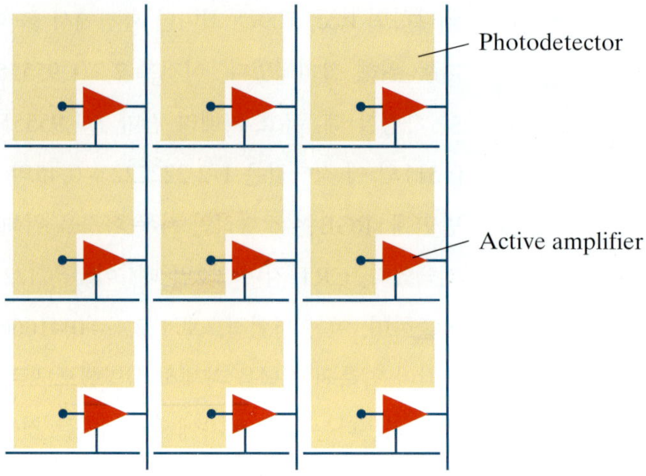

그림 2.33 필 팩터(fill factor)는 빛을 감지하는 물리적인 센스 상의 화소의 퍼센트이다. 전 프레임 CCD는 100% 필 팩터, 반면에 인트라인 전송 CCD는 상당히 낮은 필 팩터를 가진다. http://www.siliconimageing.com/cmosfundamentals.htm, image from photobit에 근거함.

그러나 CMOS 센서는 발전되어, 현재 밝은 조명 설정에서 CMOS와 CCD 센서로 캡처한 영상들은 거의 품질 측면에서 구별할 수 없다. CMOS 센서의 주요 장점은 생산 비용이 적고, 전력 소모가 적으며, 작고 가벼운 점이다. 또한 CMOS 센서는 더 많은 유연성을 제공한다. CMOS 화소 값을 개별적으로 읽을 수 있기 때문에 전체 영상을 읽지 않고, CMOS 센서에서 관심 영역(ROI)이라고 하는 화소의 하위 집합을 읽을 수 있다. 이 때문에, 전체 라인을 판독할 필요가 있는 CCD 센서와는 대조적이다. CMOS 센서는 또한 개별 화소 웰이 용량에 가까워지면 리셋하여 넓은 동적 범위를 얻을 수 있다. CMOS 제조 공정은 프로세서 및 메모리를 생성하는 공정과 동일하기 때문에 CMOS 센서는 안정화 또는 압축과 같은 영상처리 작업을 수행하기 위해 동일한 칩상에 직접 회로를 포함할 수 있다.

두 가지 주요 유형의 CCD가 있다. **풀 프레임**(full–frame) **CCD**는 전체 센서 표면적이 빛을 모으기 때문에 100 % 필 팩터를 갖지만, 이 CCD 타입은 전하 판독시 빛이 포토 다이오드에 닿지 않도록 기계적 셔터가 필요하다. 반면에, **인터라인 전송**(interline transfer) **CCD**는 포토 다이오드들 사이의 마스킹된 열(column)로 구성된다. 노출이 끝나면 전하가 각 포토 다이오드에서 인접한 마스킹된 열로 이동한 다음, 전하를 전송하는 데 사용된다. 인터라인 전송 CCD는 빛이 계속 포토 다이오드를 때리는 동안에도 영상을 읽을 수 있기 때문에 기계식 셔터로 가능한 것보다 훨씬 빠른 셔터 속도를 이끌어 내는 전자 셔터가 있다.

비디오 카메라는 프로그레시브 스캔(prograceive scan) 또는 인터레이스(interlaced) 방식이다. **인터레이스 카메라**는 비디오 시퀀스의 각 영상 프레임을 두 개의 교대 필드, 즉 홀수 필드와 짝수 필드로 나눈다. 홀수 필드는 영상의 홀수 행으로 구성되는 반면, 짝수 필드는 영상의 짝수 행으로 구성된다. 연속적으로 2개의 필드를 디스플레이함으로써, 시각적으로 정보를 흐리게하는 인간의 시각 시스템의 경향을 이용하면서, 디스플레이의 유효 프레임 속도는 2배가 된다. 카메라가 서로 다른 시간에 두 필드를 캡처하면 동일한 영상 프레임 내에서도 움직이는 물체가 두 필드 사이에서 이동한다. 인터레이스 카메라는 60Hz(또는 50Hz, 국가에 따라 다름)의 전원 회로가 60Hz(또는 50Hz) 필드 새로 고침 빈도를 유도하여, 효과적으로 방송 텔레비전 용 30Hz(또는 25Hz) 프레임 속도로 이끄는 아날로그 비디오 카메라의 보급형 기술이었다. 한편, **프로그레시브 스캔 카메라**는 필드로 나누지 않고 전체 영상 프레임을 동시에 캡처한다. 디지털 형식 및 표준으로의 전환에 따라 프로그레시브 스캔 카메라가 더 많이 사용되며, 인터레이스 카메라는 모두 쓸모가 없게 되었다.

색상을 캡처하려면 두 가지 방법이 일반적이다. 비용보다 품질이 중요한 전문가 용 및 기타 고급형 카메라는 3색 프리즘으로 알려진 광학 장치를 사용하여 들어오는 광선을 서로 다른 파장의 3개의 개별 광선으로 분리한다. 이것은 각 색상 채널에 하나씩 있는 3개의 분리된 CCD 센서에 의해 감지된다. 이 장치는 **3-CCD**(3CCD) **카메라**로 알려져 있다. 덜 비싼 방법은 개별 화소에 대해 입사광의 파장을 다르게 필터링하는 **컬러 필터 어레이**(**CFA**: color filter array) (또는 컬러 필터 모자이크)를 가진 센서로 수행하는 방법이다.

일반적인 CFA는 **바이어 필터**(Bayer filter)로 바둑판 무늬로 센서 전체에서 화소를 번갈아 가며 녹색 빛을 차단한다. 나머지 화소 중 그림 2.34와 같이 빨간색과 파란색 광 필터가 교대 행 위에 놓인다. 베이어 필터를 사용하면 각 화소가 세 가지 색상 중 하나만 감지한다. 나머지 색은 이웃 화소에 의해 감지된 색을 기반으로 누락된 색을 보간하는 **디 모자이크 알고리즘**(demosaicking algorithm)을 사용하여 추정된다. 그러한 필터가 없는 흑백 카메라는 더 넓은 범위의 주파수에 반응한다. 그림 2.35는 일반적인 CCD 컬러 및 흑백 비디오 카메라의 SSF(spectral sensitivity function)를 보여준다.

카메라에는 여러 가지 컨트롤이 있다. 조리개와 함께 셔터 속도는 센서를 켤 수 있는 빛의 양을 제어한다. **AGC** (automatic gain control) 기능을 사용하면 카메라가 노출 시간을 자동으로 조정하여 출력 레벨이 상대적으로 일정하게 유지된다. 이것은 광원이 장면에 들어오거나 나갈 때, 연속적인 영상 프레임의 경우에도 매우 다른 값을 생성할 수 있다. **화이트 밸런스**(white balance)는 색상을 올바르게 캡처하는 데 필요한 기본 색상의 상대적인 강도를 적절히 조정한다.

그림 2.34 영상 센서 위에 놓여진 Bayer 컬러 필터는 단일 센스를 사용하여 컬러를 감지하는 값 싸게 하는 방법이다. 녹색 빛은 체크보드 패턴에서 화소들의 절반으로 감지된다. 남은 화소들은 교차 행에서 청색 혹은 적색을 감지한다.

영상 센서에는 세 가지 주요 잡음 소스가 있다. **샷 잡음**(shot noise)은 주어진 시간 길이에 도착하는 개별 광자 수가 통계적으로 매우 낮기 때문에 발생한다. 또 다른 소스는 **센서 잡음**(sensor noise)이다. 개별 화소 특성의 차이뿐 아니라 전송 잡음, 양자화 잡음 및 광자가 들어오지 않아도 감광 장치를 통과하는 암전류로 인해 발생하는 고정 패턴 잡음을 포함한다. 이것은 빛의 레벨에 상관없이 0이 아닌 값이 된다. 세 번째 소스는 **판독(또는 증폭기) 잡음**(readout noise)이며, 전자를 전압으로 변환하는 데 사용되는 증폭기로 인해 영상에 균일하게 추가된다.

영상의 다른 열화(degradation)가 가능하다. 들어오는 광자 수가 전하를 유지하기 위한 포토 다이오드의 용량을 초과할 때, 과도한 전하가 포화된 포토 다이오드에서 인접한 포토 다이오드로 누출되어, 밝아진 수직 줄무늬를 만든다. 즉, **블루밍**(blooming)이라고 부르는 결함이 발생한다. 블루밍은 전통적으로 CCD 센서의 문제 였지만, 거의 모든 최신 CCD 센서는 과포화를 방지하기 위해, 안티 블루밍 보호 기능이 있으며, CMOS 센서는 영향을 받지 않는다.

섬광(glare)은 영상하의 세부적인 부분을 식별하는 기능을 방해하는 밝은 광원이다. 또 다른 열화는 **모션 블러**(motion blur)이다. 이 모션 블러는 객체가 노출 시간에 비해 빠르게 움직일 때 발생하며, 센서 유형에 관계없이 객체 모션 방향으로 영상에서 줄무늬가 발생한다. 이와 관련된 문제는 **롤링 셔터 효과**(rolling shutter effect)이다. 이것은 CMOS 센서에서 발생하는 데 화소를 동시보다는 순차적으로 판독하므로 여러 화소가 서로 다른 시간에 렌즈로 들어오는 빛을 캡처하기 때문이다.

아날로그 비디오 신호의 경우, **라인 지터**(line jitter)는 위상 동기 루프(PLL) 회로가 활성 라인 기간의 시작을 완벽하게 감지할 수 없기 때문에 영상 행의 임의 수평 쉬프트를 나타낸다. 마찬가지로, 신호가 인터레이스 된 경우, 영상 프레

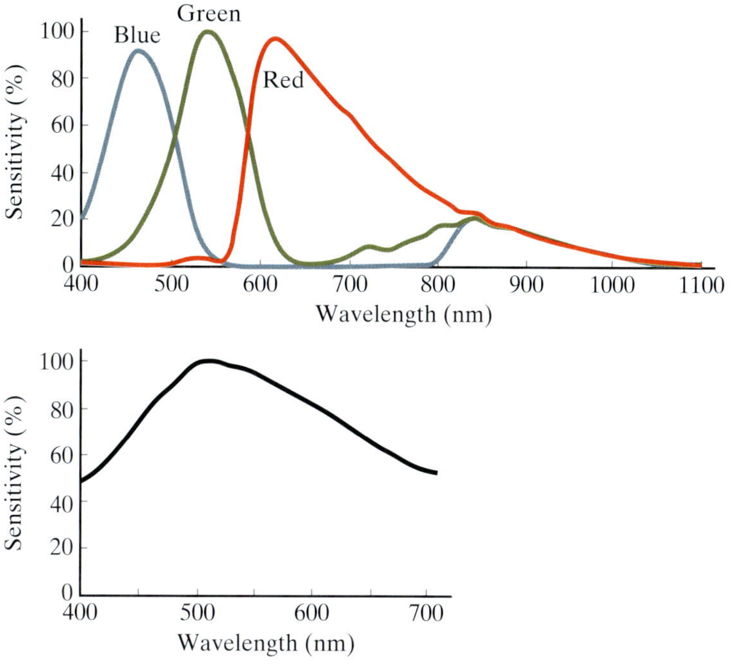

그림 2.35 전형적인 CCD의 스펙트럴 민감도(상)와 단색(하) 비디오 카메라의 민감도. 인간의 눈과 대조적으로 CCD는 적외선 가까이에서 민감하며, 약 1000 nm에 이른다. 카메라는 적외선 필터를 가지고 있어서 700 nm 이상은 차단한다. http://www.theimagingsource.com/downloads/fwcamspecwp.en에 근거함.

임의 교대 라인은 그림 2.36과 같이 서로 다른 기간에 캡처된 움직이는 물체를 표시할 수 있다.

2.3.4 전송과 저장

센서에 의해 캡쳐된 디지털 영상은 컴퓨터로 전송되어 실시간으로 처리되거나 나중에 처리하기 위해 저장된다. 전통적인 비디오 카메라는 아날로그 파형을 사용하여 비디오 신호를 전송하는데, 이 세 가지 표준은 **NTSC**(북미 및 일본에서 사용됨), **SECAM**(프랑스와 구 소련에서 사용), **PAL**(다른 지역 대부분에서 사용)이다. 60Hz의 AC 전압 주파수를 기반으로 NTSC는 60Hz에 짝수 및 홀수 영상 필드를 전송하여 30 프레임/초의 유효 프레임 속도를 제공한다. 원래 흑백 텔레비전은 1941년에, 그리고 1953년에는 컬러가 포함되도록 NTSC가 지정되

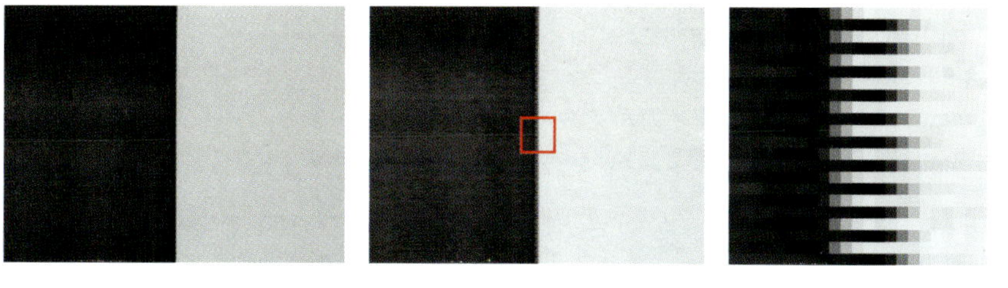

그림 2.36 인터레이싱(interlacing). 반은 흑색, 반은 백색인 종이가 이동된다. 왼쪽: 이동 없음, 에지가 날카롭다. 중앙: 움직임, 에지가 흐려짐. 오른쪽: 줌인. 각 수평 막대는 1/60초에 이동된 거리이다.

었다. NTSC 형식은 디지털 비디오 전송을 위한 공간을 만들기 위해 2009년 방송 신호로서 중단되었다. 또한 인터레이스된 PAL은 50Hz에 25fps의 유효 프레임 속도로 영상 필드를 전송한다. NTSC, PAL 및 SECAM은 종횡비가 4:3이므로 영상 해상도가 각각 약 640 × 380 및 768 × 576이 된다. 전자는 VGA 해상도로 알려져 있으며, 후자는(이전 디스플레이의 비 정사각형 비율을 고려한 후) 4CIF 이다. 세 가지 아날로그 표준은 휘도 및 색차 정보가 단일 신호로 결합되어 있기 때문에 **컴포지트 비디오**(composite video)로 알려져 있다. 반면에 **컴포넌트 비디오**(component video)는 비디오가 개별 색 채널을 개별 신호로 분리하므로 충실도가 높다. 구성 요소 비디오는 일반적으로 프로덕션 스튜디오 및 기타 고급 응용 프로그램에서 사용된다.

아날로그 비디오의 원래 디지털 대체품은 Rec. 601였다. 그러나 이것은 앞서 언급 한 HDTV (High-Definition Television) 표준인 Rec. 709로 대체되었다. HDTV라는 용어는 다양한 해상도를 포함하지만 일반적으로 16:9의 종횡비를 사용한다. 일반적인 HDTV 형식은 1080i 또는 1080p이며, 인터레이스 또는 프로그레시브인 1920 × 1080 크기의 영상 프레임을 포함한다. 720p는 1280 × 720 프로그레시브 스캔 영상을 포함한다. 보다 최근에는 Rec. 2020에서 정의한 **울트라 고화질 TV**(UHDTV, ultra-high-definition television)는 3840 × 2160 및 7680 × 4320 비디오(각각 4K 및 8K로 알려짐)를 포함한다. 인간 시각 시스템의 색상 변화에 대한 둔감을 이용하기 위해 디지털 비디오의 색상 정보가 종종 다운 샘플링된다. 색차(chrominance)의 비선형 버전은 chroma(휘도의 비선형 버전이 luma인 것처럼)로 알려져 있기 때문에 명명법은 다소 비 직관적이지만, 이를 **크로마 서브 샘플링**(chroma subsampling)이라고 한다. 표 2.2에서 요약된 대로, $J:a:b$는 색차가 수평 방향 및 수직 방향 각각에 대하여 $h = j/a$와 $v = 2a/(a+b)$에 의해 다운 샘플링 됨을 의미한다. 따라서 총 다운 샘플링된 양은 $hv = 2J/(a+b)$이다. 여기서 J는 4에 가깝

	4:4:4	4:2:2	4:2:0	4:1:1	4:1:0	4:4:0	4:4:1	4:2:1
horizontal chroma downsampling	1	2	**2**	4	4	1	1	2
vertical chroma downsampling	1	1	**2**	1	2	2	4	4
total chroma downsampling	1	2	**4**	4	8	2	4	8
number of luma bytes in 2 × 2 window	4	4	**4**	4	4	4	4	4
number of chroma bytes in 2 × 2 window	8	4	**2**	2	1	4	2	1

표 2.2 색도 샘플링(chroma sampling) 명칭이 $J:a:b$, J는 항상 4와 같다. 위에서 아래로, 행들은 $h = 4/a$, $v = 2a/(a+b)$, $hv = 8/(a+b)$, 4 그리고 $8h/v$; 마지막 3개의 열은 $v = 4$일 때 특별한 경우를 나타낸다. 진한 글자로 나타낸 것은 4:2:0가 가장 일반적인 경우를 가리킨다.

다. 예로서 4 : 2 : 0 서브 샘플링(가장 일반적인 형식)에서 2 × 2 윈도우는 4 바이트의 루마 데이터(8비트 영상으로 가정)와 2 바이트의 크로마 데이터를(양 방향으로) 포함한다. 필터 오버 슛 및 언더 슛을 허용하기 위해 일반적으로 비디오 표준화소가 사용 가능한 모든 값을 사용하는 대신 일정한 양의 **윗틈**(head room)과 **아랫틈**(foot room)을 가진다. 그 결과, 검정색의 값은 16이고 흰색의 값은 235이다.(루마 범위는 16에서 235 사이, 크로마 범위는 16에서 240 사이이다.)

디지털 영상은 메모리에 값의 배열로 저장되거나 파일의 바이트 시퀀스로 저장된다. 많은 수의 파일 형식이 존재한다. 가장 일반적인 것 중 일부는 PGM (회색 음영의 경우)과 PPM(컬러의 경우)이 포함된 연구자들이 사용하는 비 압축 영상의 골자(barebones)형식인 PNM을 포함한다. BMP는 그것의 Windows 운영 체제에 연결을 위해 널리 사용되는 간단한 형식이고, GIF는 애니메이션용으로 여러 영상을 지원하지만 제한된 색상 팔레트만 지원하는 특별한 형식으로 단순한 모양과 로고에 적합하다. PNG는 무손실 압축을 지원하는 GIF의 오픈 소스 후계자이다. 매우 다양한 옵션이 있는 유연한 형식인 TIFF는 사진의 하이 엔드 조작에 중요하다. 그러나 웹 브라우저와 같은 다른 응용 프로그램에서의 지원이 제한된다.

JPEG는 손실 압축을 사용하여 파일 크기를 줄이는 데 널리 사용되는 형식이다. 그리고 널리 받아 들여지지 않은 JPEG의 후계판인 JPEG 2000이 있다. 원래의 형식 JFIF 형식보다 EXIF 파일 형식이 JPEG 파일 저장과 함께 영상을 캡처한 시기와 위치, 카메라 설정, 색상 공간, 등등을 영상과 함께 메타 데이터로 저장할 수 있도록 점점 더 많이 사용되고 있다. 또 다른 형식은 16 비트 또는 32 비트 부동 소수점 숫자를 사용하는 높은 동적 범위 영상을 위해 영화 산업에서 사용되는 OpenEXR이 있다. 동영상의 경우, 하나의 옵션은 동영상을 M-JPEG으로 알려진 JPEG 프레임들을 일련의 순서로 저장하는 것이다. 보다 일반적인 파일 형식으로는 역사적인 MPEG-1 형식 또는 최신 MPEG-2, MPEG-4, AVI 및 QuickTime 형식이 있으며, 코덱(압축기-압축 해제기)에 대한 선택의 폭이 다양하다. 기본 비디오 압축 표준은 H.261이다. 이것은 MPEG-1에서 사용되며 이후의 모든 표준을 위한 기반을 형성한다. 최근의 표준으로는 H.262(MPEG-2 및 DVD 디스크에서 사용)와 유비쿼터스 H.264 (MPEG-4, Blu-ray 디스크, 인터넷 비디오 스트리밍 및 HDTV 방송)가 있다.

2.4 다른 영상 양식

이제까지 표준 광학 카메라의 영상화 과정을 설명하는 데 많은 노력을 기울였다. 이 절에서는 영상 수집에 대한 다양한 기술뿐만 아니라 각 영상의 고유한 특성을 이해하는 데 도움이 되는 몇 가지 영상 양식(modality)를 고려하고자 한다.

2.4.1 일반 영상: 카타디옵트릭, RGBD 및 라이트 필드

우리는 앞서 랍스터와 같은 일부 동물은 렌즈를 사용하는 것이 아니라, 거울을 사용하여 빛을 집중한다고 언급했다. 마찬가지로 거울을 사용하여 빛을 집중시키거나 구부릴 수 있는 카메라를 만들 수 있다. 렌즈를 사용하는 표준 광학 이미징 시스템을 **굴절**(dioptrio)이라고 하며, 거울을 사용하는 카메라를 **반사**(catoptric)라고 한다. 이 두 가지를 합치면 렌즈와 거울을 모두 사용하는 시스템을 **카타디옵트릭**(catadioptric)이라고 한다. 가장 널리 사용되는 카타디옵트릭 이미징 시스템 중 하나는 무 지향성 센서로, 카메라가 쌍곡선(또는 포물선) 미러를 위로 향하게 하여 카메라가 360도 주변을 볼 수 있게 한다. 이 장면은 그림 2.37과 같다. 이러한 카메라 시스템은 쌍곡면(또는 포물선 모양의) 거울의 초점에 유효 초점을 가지므로 **중앙 파노라마 카메라**(central paroramic camera)라고 한다. 결과 영상은 도넛 형이며, 화소의 약 절반이 낭비된다.

또 다른 유용한 센서는 각 화소의 RGB 값뿐만 아니라, 카메라 평면에서 장면 점의 깊이까지도 캡처하는 **RGBD 카메라**이다. 이러한 센서는 문제를 단순화하기 위해 장면에 보이지 않는 적외선 텍스처를 투영한 후, 비행 시간형, 스테

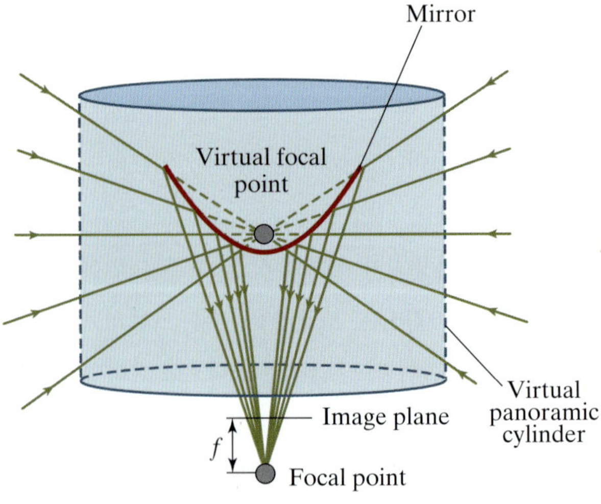

그림 2.37 상향 카메라에 포물선 혹은 쌍곡선 거울을 붙여 전방향 카메라를 만들 수 있다. Valdir Grassi Junior와 Jun Okamoto Junior의 Development of an omnidirectional vision system, J.Braz. Soc. Mech. Sci. & Eng. vol. 28 no. 1 Rio de Janeiro/ Mar. 2006, http://www.scielo.br/scielo.php?script 에 근거함.

레오 처리로 혹은 쉐이딩 모양으로 작동한다. 현재 가장 널리 사용되는 센서는 Microsoft Kinect, Asus Xtion 및 Intel RealSense이다. 이 센서들은 보다 풍부한 캡처 방식으로 인해 로봇 및 사용자 인터페이스에 혁명을 일으키고 있다. 전적으로 다른 접근법은 마이크로 렌즈 배열을 사용하여 라이트 필드를 샘플링하는 **라이트 필드 카메라**(Plenoptic 카메라라고도 함)에 의해 이루어진다. 적절한 계산을 사용하여 광선을 추적하면, 영상을 캡처한 후, 다시 초점을 맞출 수도 있고, 또는 시야각이 변하는 3D 입체 영상으로 볼 수도 있다.

2.4.2 의학 영상: CAT, PET, MRI 및 Sonar

의료 응용은 다양한 이미징 기술을 사용한다. 가장 잘 알려진 것 중 하나는 반사보다는 투과로 영상을 생성하는 **X선 촬영**(X-ray radiography)이다. 발생기는 관심 대상(예: 인체의 일부)을 향해 X-레이를 방출하고, 감지기는 대상에 흡수되는 것이 아니라 반대편으로 나오는 광자를 측정한다.

예를 들어, 뼈 안에 많은 양의 고밀도 칼슘이 X선을 흡수하여 뼈 구조가 X선에서 그렇게 두드러지게 드러나는 이유를 설명한다. X선 기술을 사용하여 3D 구조를 슬라이스 배열로 캡처할 수도 있다. 단어 tomography는 조각에 의한 이미징을 나타내므로, 이 접근법은 **컴퓨터 단층 촬영**(CT: computer tomography)로 알려져 있다. 축(axial)이라는 용어는 똑바로 서있을 때 인체를 통과하는 수평면을 말한다. 슬라이스들이 이 평면에 평행하기 때문에 이 접근법은 **CAT**(computed axial tomography)라고도 알려져 있다. 따라서 CT 스캔과 CAT 스캔은 본질적으로 동의어이다. 환자는 섬광 검출기 링으로 둘러싸여 있으며, X선 방출 튜브가 환자 주위를 회전하여 각 슬라이스의 영상을 수집한다. 그런 다음 필터링된 역 투영 또는 반복적인 재구성과 같은 알고리즘을 사용하여 환자의 신체를 재구성한다.

또 다른 일반적인 기술은 **자기 공명 영상**(MRI: magnetic resonance imaging)이다. 이 기술은 이온화 복사선을 사용하지 않기 때문에 X-레이보다 안전하다. 인체의 연조직은 물을 포함하고 있으며, MRI는 강력한 자력을 사용하여 이 물 분자에서 수소 핵(즉 양성자)을 정렬한다. 공진 주파수에서의 무선 주파수(RF) 신호 펄스는 양성자의 스핀을 반전시킴으로써 체계적으로 핵의 정렬을 바꾼다. 핵이 원래의 상태로 되돌아 가면, 그 움직임은 수신기 코일에 의해 검출되는 RF 신호를 생성한다. MRI는 의료 진단에 널리 사용되고 있으며, **기능성 MRI** (fMRI)라는 기능 확장은 MRI 기술을 사용하여 산소가 풍부한 혈액과 산소가 부족한 혈액 사이의 자화 변화를 감지하여 뇌 활동을 측정한다.

양전자 방출 단층 촬영(PET: positron emission tomography)은 핵 이미징의 또 다른 기술이다. 환자에게 복사성 동위 원소가 주입된다. 양전자 방출 붕괴를 겪으면 양전자를 방출한다. 양전자는 짧은 거리를 여행하고, 감속하고, 전자와 상호 작용한다. 전자와 양전자는 모두 소멸되어 감마 광전자 쌍을 방출한다. 감마 광전자 쌍의 방향은 과정에서 반대이며, 신틸레이터(scintillator)에 의해 검출된다. CT나 MRI와는 달리 PET는 분자 생물학적 수준에서 세부 사항을 탐지할 수 있다.

형광 투시법(fluoroscopy)은 X선 영상 확대기를 사용하여 환자의 실시간 영상을 얻는 방법으로 복사선 의사가 볼 수 있도록 센서의 X선을 가시 광선으로 변환한다. 널리 사용되는 형광 투시법은 조영제가 구조에 주입된 **디지털 감산 혈관 조영술**(digital subtraction angiography)이다. 사전 콘트라스트 영상을 빼냄으로써, 의사가 카테터 및 혈관 이미징을 위한 혈관을 보다 쉽게 볼 수 있는 강화된 영상이 얻어진다. 또 다른 기술은 **FISH** (fluorescence in situ hybridization)이다. 이것은 염색체의 특정 부분에 결합하는 형광 프로브를 사용하여 염색체상의 DNA 서열을 검출하는 데 사용된다.

마지막으로, **초음파**(ultra sound)는 전자파를 전혀 사용하지 않고, 오히려 길이 방향이며 전송을 위해 매체가 필요한 음파를 사용한다. 이 광대역 음파는 조직에 반사되어, 전리 복사선이 없는 이동 구조의 실시간 영상을 가능하게 한다. 초음파 이미징은 자궁 내 아기를 관찰하고, 연조직의 탄력성을 측정하는 탄성 검사법으로 널리 사용된다.

2.4.3 원격 감지: SAR와 다중 스펙트럼

카메라는 종종 기상, 농업, 감시 및 지질학 분야의 응용을 위해 지구를 원격으로 감지하기 위해 항공기 또는 위성에 부착된다. 모든 기상 조건에서 지형을 정밀하게 감지하기 위해 이 카메라는 일반적으로 여러 주파수를 동시에 감지한다. **멀티 스펙트럼 센서**(multispectral sensor)는 작은 수의 주파수, 일반적으로 5~7개를 감지한다. **하이퍼 스펙트럴 센서**(hyperspectral sener)는 훨씬 더 넓은 범위의 주파수대를 감지한다. 더 많은 수의 주파수 때문에 영상을 직접 생성하는 2D 배열을 구축할 수 없는 경우가 있다. 대신, 회전 미러가 한 번에 한 화소를 스캔하는 **양복솔형**(whiskbroom) 센서나, 또는 진행 방향에 수직인 1D 선형 어레이인 **빗자루형**(pushbroom) 센서가 사용된다. 두 가지 대안을 비교하면 빗자루형 센서는 기계적 부품이 없으므로 작고 가볍고 전력 소비가 적으며 높은 신뢰성을 제공한다.

Landsat 프로그램은 1970년대에 시작하여 현재까지 지속되는 지구 표면의 위성 영상을 수집하는 데 가장 오랜 프로그램이다. Landsat의 최신 버전은 8 개의 스펙트럼 밴드와 광 기계 센서를 갖춘 양복솔 멀티 스펙트럼 스캐너를 사용하여 우주공간에서 지구에 대한 정보를 수집한다. 교정을 통해 원시 감지 값을 절대 단위의 광도로 변환하는 데 사용된다. 또 다른 위성 이미징 프로그램은 5개의 스펙트럼 밴드를 수집하기 위해, CCD의 선형 배열로 구성된 양복솔형 카메라를 사용하는 **SPOT** (Système Pour l' Observation de la Terre)이다. SPOT 센서는 Landsat 보다 많은 광자를 수집할 수 있으므로 더 높은 신호 대 잡음비를 갖는다.

400~2500 nm의 224개의 연속적인 스펙트럼 밴드에서 복사(radiance)를 수집할 수 있는 하이퍼 스펙트럴 센서를 사용하는 **AVIRIS** (airborne visible infrared imaging spectrometer) 장비는 지구 표면의 대기를 측정하기 위해 항공기에 장착된 최신 센서이다. 원격감지 분야에서, 일반적으로 교정되지 않은 센서 **디지털 번호**(DNs)를 사용하여 원 디지털 값을 요청하는 것은 복사능이나 반사율과 같은 물리적으로 의미있는 양과 구분하기 위해 흔한 일이다.

합성 개구 레이더(SAR: synthetic aperture radar)는 파장이 1미터에서 밀리미터 사이인 전파로 장면을 비춘다. 수신된 에코 파형은 영상을 형성하도록 검출되고 처리된다. SAR은 일반적으로 항공기 또는 우주선에 부착된 단일 빔 형성 안테나가 있는 이동 플랫폼에 장착된다. SAR은 본질적으로 가상 위상 어레이인 **측방관측공중레이더**(SALAR: side-looking airborne radar)의 고급 형식이다. SAR과 관련하여 **초 광대역 레이더**(ultra-wideband radar)가 있다. 이것의 신호는 500MHz 또는 20 %의 복사 주파수를 초과하는 대역폭을 갖는 것으로 정의된다. 때로는 벽면 이미징(through-the-wall imaging)에 사용되기도 한다.

2.4.4 과학 영상: 현미경

현미경 사진은 카메라를 현미경 또는 유사한 장치에 연결하여 확대된 영상을 얻는 것이다. **빛 현미경**으로도 알려진 광학 현미경(optical microscope)은 가시광선과 렌즈 시스템을 사용하여 영상에 초점을 맞춘다. 어떤 형태의 빛 현미경은 **명시야 현미경**(bright field microscopy)이며, 빛이 표본 아래에 비치고 밝은 배경에 어두운 표본을 만든다. **위상차 현미경**(phase contrast microscopy) 빛이 매개체를 통과할 때 발생하는 위상 변화를 이용하여, 표본을 얼룩지게 하지 않고 생체 내 이미징을 허용한다. 그리고 **형광 현미경**(fluorescent microscopy)은 형광 얼룩이나 단백질을 자극시키기 위해, 거의 단색의 빛으로 표본을 비춘다. 대부분의 형광 현미경은 표본에서 반사된 빛이 방출된 빛과 결합하여 높은 신호 대 잡음 비율을 산출하는 **후광**(epifluorescence)을 사용한다.

초점이 흐려진 빛을 줄이고 대비를 향상시키기 위해, 최근의 **가벼운 현미경**(light sheet microscopy)이 인기를 얻고 있다. 또 다른 진보된 접근법은 **콘포컬 현미경**(confocal microscope)으로, 점 조명과 빔 스플리터를 사용하여 대비와 해상도가 향상된 물체를 2D 또는 3D 이미징할 수 있다. 표면을 주사하는 **전자 현미경**(scanning electron microscope, SEM) 또는 양자 터널링(quantum tunneling)을 사용하는 **주사 터널 현미경**(scanning tunneling microscope, STM)을 사용하여 해상도에서 추가 개선이 이루어진다.

2.5 전자기 복사에 대한 관찰

열 에너지를 전달하는 세 가지 방법이 있다. 스토브에서 냄비를 집어 올리면 **전도**(conduction)로 인해 뜨겁게 느껴질 것이다. 회전하는 팬 앞에 앉아 있으면 **대류**(convection)라고 불리는 공기의 움직임으로 팬이 당신의 피부를 식힌다. 이 두 가지 방법 모두 열전달을 담당하는 원천이 근처에 있어야 한다. 대조적으로, 화창한 날에 밖에 서 있으면 해가 수백만 킬로미터 떨어져 있더라도 태양으로부터 온기를 느낄 것이다. **전자기 복사**(electromagnetic radiation)로 알려진 이 에너지 전달 형태는 주변 공기와는 아무런 관련이 없다. 이것은 당신이 캠프파이어 앞에 서 있을 때, 뒷쪽은 가열되지 않지만 몸의 앞쪽이 가열되는 이유를 설명한다.

우리가 이미 이미징 과정을 상당히 세부적으로 다룬 것으로 보이지만, 더 깊은 차원에서 빛을 이해하기 위해서는 이 세 번째 형태의 에너지 전달이 무엇을 의미하는지 정확하게 고려해야 한다. 전자기 복사의 에너지는 전자기파에 의해서만 전달되며, **전자기파**는 진공을 통해 완벽하게 이동할 수 있다. 다음 논의에서 우리는 이 파들에 관한 더 자세한 설명, 그들에 의해 운반되는 에너지, 그리고 우리 주변의 세계와 상호 작용하는 방식을 다룬다.

2.5.1 횡단 전자기파

시간에 따라 변하는 전기장이 시간에 따라 변하는 자기장을 유발하거나 유도하는 것은 물리학의 기본 원리이다. 수학적으로, 이 커플 링은 **맥스웰의 방정식**으로 알려진 방정식 세트로 설명된다.[5] E와 B는 각각 3D 벡터 전기장과 자기장이라고 하자. 전하가 없는 진공 상태에서(태양 광선이 통과하는 공간을 상상해 보라), 맥스웰의 미분 방정식은 다음과 같다.

$$\nabla \cdot E = 0 \qquad \nabla \times E = -\frac{\partial B}{\partial t} \tag{2.24}$$

$$\nabla \cdot B = 0 \qquad \nabla \times B = \epsilon_0 \mu_0 \frac{\partial E}{\partial t} \tag{2.25}$$

여기서 $\partial/\partial t$는 시간에 대한 부분 미분이고, ∇은 "dell"연산자이며, ϵ_0와 μ_0는 자연의 기본 상수, 즉 자유 공간의 **유전율**과 **투자율**이다. 연산자 $\nabla \cdot$ ("dell dot")은 벡터 필드의 **발산**(divergence)이고, $\nabla \times$ ("dell cross")은 **컬**(curl)이다.

가장 일반적인 형태로, 맥스웰의 방정식은 우리가 전기 및 자기에 대해 알고 있는 거의 모든 것을 간결하게 포함한다. 이 방정식은 전기 회로, 전송선, 무선 전송, 안테나 설계, 통신, 광섬유, 전자 레인지, 도파관 및 감지에 근본적으로 중요하다. 이 방정식의 세부 사항은 우리의 관심 범위를 넘어서는 것이지만, 중요한 것은 전기장과 자기장이 시간에 따라 달라질 때 밀접하게 결합된다는 것이다. 사실상 이 결합은 **전자기**(electromagnetism)라는 용어의 기초이다. E가 변하면 $\partial E/\partial t$의 0이 아닌 값이 자기장을 수정한다. B의 변화 값은 차례로 전기장을 수정한다. 위의 1차 방정식으로부터, **균질 전자기파 방정식**(homogeneous electromagnetic equation)이라고 하는 2차 방정식을 도출하는 것은 쉽다.

$$\nabla^2 E = \epsilon\mu \frac{\partial^2 E}{\partial t^2} \tag{2.26}$$

$$\nabla^2 B = \epsilon\mu \frac{\partial^2 B}{\partial t^2} \tag{2.27}$$

여기서 **라플라시안** 연산자 $\nabla^2 = \nabla \cdot \nabla$은 **그레디언트**의 발산이다. 이 방정식에서 우리는 ϵ_0와 μ_0를 매체에 적합한 상수 ϵ와 μ으로 대체한다. 이것은 방정식이 전기가 없는 단순한(선형, 등방성 및 균질) 비 전도성 매체에 적용할 수 있음을 강조하기 위해 그것을 대체했다. 매체는 빈 공간, 공기, 물, 유리 또는 다양한 플라스틱과 같이 빛이 통과하는 모든 매체를 포함한다. 비 금속 재료의 경우 $\mu \simeq \mu_0$이고 10억분의 1 단위의 정확도이므로, $\mu = \mu_0$을 안전하게 가정할 수

5 James Clerk Maxwell (1831 – 1879), 역대의 위대한 물리학자들 중에 한 사람

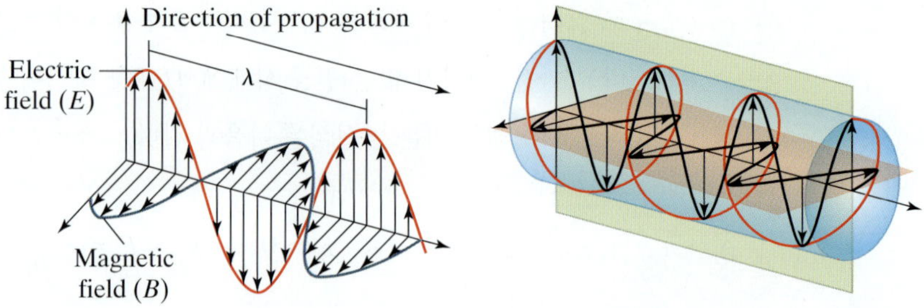

그림 2.38 왼쪽: 선형 극성을 가진 횡단 전자기파(TEM). 오른쪽: 회전 극성을 가진 TEM 파. D. K. Cheng. Field and Wave Electromagnetics. Addision Wesley, second edition, 1989에 근거함.

있다. 이 절의 뒷부분에서 우리가 굴절을 고려할 때, ϵ의 효과에 대해 논의할 것이다.

균질 전자기파 방정식에 대한 해는 전자기파이다. 전자기파는 $1/\sqrt{\varepsilon\mu}$의 속도(위상 속도)로 전파하는 진동 결합 전기장과 자기장으로 구성된다. 전기장과 자기장은 전파의 방향을 따라 동 위상 정현파(정현파가 최대치에 함께 도달 함을 의미)이다. 그것들은 서로에게 뿐만 아니라 전파 방향에 대해서도 수직이다. 그래서 그림 2.38에서 보듯이 E, B 및 전파 방향은 오른손 직교 세트를 형성한다. 이런 이유로 그러한 파는 **횡단**(transverse)이라고 불리며, 따라서 이름은 **횐단 전자기파**(TEM)이다. 파의 **편광**(polarization)은 필드의 방향에 의해 설명된다. 파동이 진행함에 따라 필드가 방향을 유지하면 파는 선형으로 편광된다. 또는 파동이 진행됨에 따라 방향이 바뀌면(회전한다), 파는 타원형으로 편광된다(특수한 경우 원형 편광이 있음). 후자의 경우, 파동의 주방향은 방위 변경의 방향, 즉 방위가 시계 방향 또는 반 시계 방향으로 회전하는지 여부이다.

2.5.2 복사 및 광도측정

복사선에 의해 전달되는 에너지의 양을 정확하게 기술하기 위해서는 몇 가지 별개의 양을 신중하게 정의해야 한다. 우리는 구식의 60 와트 백열 전구가 에너지를 방출하는 간단한 예를 들어서 시작하자. 에너지의 기본 단위는 줄(J)이며, 기본 전력 단위는 와트(W)이다. 이 단위는 초당 1 줄로 정의된다. 따라서 이 전구는 초당 60 줄의 에너지 혹은 60 와트의 힘을 소비한다. 이 모든 전력이 빛에 사용되었다면, 우리는 전구에 대한 **복사 유량**(radiant flux)이 60 와트라고 말한다. 특정 시간 양에 걸친 복사 플럭스의 적분은 그 시간 동안 빛에 의해 복사되는 총 에너지이고, **복사 에너지**(radiant energy)라고 하며 줄(joules) 단위로 측정한다.

종종 우리는 특정 방향의 복사유량에 관심이 있다. 이 양은 **복사 강도**(radiant

intensity)로 알려져 있으며, 와트/스테라디안($W \cdot sr^{-1}$)로 측정된다. 라디안이 2D 각 측정 단위이기 때문에 스테라디안(sr)은 입체각이라고도 하는 3D 각 측정 단위이다. 반원이 π 라디안에 걸쳐 있고 완전한 원이 2π 라디안(단위 원의 원주)에 걸쳐 있는 반면에, 반구가 2π 스테라디안에 걸쳐 있고, 전체 구체는 4π 스테라디안(단위 구의 표면적)에 걸쳐 있다. 가능한 모든 각도에서 복사 강도를 적분하면 복사 유량이 산출된다.

이제 전구를 중심으로 한 구체를 상상해 보자. 구체의 반경이 커지면 구면의 한 점이 전구에서 멀어지므로 복사 강도가 작아진다. 왜냐하면 일정한 입체각으로 인해 반경이 커질수록 구체의 면적이 커지기 때문에 복사 강도가 작아진다. 이 감소는 복사 강도를 단면적으로 나눈 새로운 양, **복사휘도**(radiance)을 정의하는 동기가 되며, 평방 미터 당 스테라디안 당 와트(W)로 측정된다($W \cdot sr^{-1} \cdot m^{-2}$). 마찬가지로, 복사 휘도는 단위 입체각으로 방출되는 단위 축소 면적 당 출력이다. 근원으로부터 나오는 빛의 광선에 따라, 근원으로부터의 모든 거리에서 복사 휘도는 일정하게 유지된다. 그러므로, 라디안스는 공간의 어떤 지점에서 어느 방향으로나 진행하는 광선을 따르는 빛의 양으로 생각할 수 있다.

이제 빛이 영상 센서와 같이 장면의 표면에 떨어지는 것으로 가정한다. 표면의 일부에 떨어지는 복사 에너지의 양을 m^2 당 와트 단위($W \cdot m^2$)로 측정한 **복사조도**(irradiance)라고 한다. 복사 휘도는 방향성 양이지만 복사 조도는 아니다. 대신, 그것은 미소한 표면 패치 상에 모든 입사 광선의 라디안스의 적분이다. 먼저 **단축법**(foreshortening)에 의한 강도 감소를 고려하면, 이것은 표면 수직과 입사광 사이 각도에 기초한 패치상의 입사광의 양을 감소시킨다. 예를 들어, 광선이 표면에 평행하다면(즉, 표면 법선에 수직인 경우), 복사 조도는 0이 된다. 왜냐하면 아무런 빛도 표면에 부딪치지 않기 때문이다.

이것들은 표 2.3에 요약된 전자기 복사의 측정치인 **복사 측정**(radiometry)의 기본 양들이다. 복사 측정은 값을 연속 값으로 처리할 수 있을 정도로 광량이 충분히 높을 때 그리고 기하학적인 광학에 따라 직선으로 빛이 이동한다고 가정할

radiometry	photometry	meaning
radiant energy ($W \cdot s$)	luminous energy ($lm \cdot s$)	energy
radiant flux (W)	luminous flux (lm)	power
radiant intensity ($W \cdot sr^{-1}$)	luminous intensity ($lm \cdot sr^{-1}$)	power in a direction
radiance ($W \cdot sr^{-1} \cdot m^{-2}$)	luminance ($lm \cdot sr^{-1} \cdot m^{-2}$)	power along ray
irradiance ($W \cdot m^{-2}$)	illuminance ($lm \cdot m^{-2}$)	power incident on surface

표 2.3 복사 측정과 광도 측정의 량. $W \cdot s = J$, $W \cdot s = J$, $lm \cdot m^{-2} = lux$.

때 빛 에너지가 방출되거나 흡수되는 속도를 캡처한다.

복사측정은 가시 광선뿐 아니라 적외선, 자외선 및 마이크로 웨이브 및 전파와 같은 더 짧은 파장에도 적용된다. 그러나 X선이나 감마선과 같은 고주파에서는 개별 입자에 대해 이야기하는 것이 더 적합하다. 왜냐하면 빛의 입자 모양의 특성으로 인해 복사측정의 연속적인 양은 덜 적용되기 때문이다.

앞에서 정의된 각각의 양은 또한 스펙트럼 버전, 즉 **분광 복사 플럭스**(spectral radiant flux), **분광 복사 강도**(spectral radiant intensity), **분광 복사 강도**(spectral radiance), **분광 복사 강도**(spectral irradiance) 등을 포함한다.

분광 버전은 파장별로 정규화되어 파장 당 해당 수량을 캡처한다. 분광 버전이 모든 파장에 걸쳐 적분되면 비 분광 버전이 산출된다. 모든 복사량에 대한 파장 당 기여도는 **분광 분포**(spectral power distribution, SPD)로 알려져 있다.

복사선 측정과 관련이 있는 것은 **광도 측정**(photometry)이다. 이것은 그 파장에 대한 인간의 눈의 감도에 의해 각 파장에 가중치를 부여한 후의 전자기 복사의 측정이다. 예를 들어, 사람의 눈은 전파에 민감하지 않으므로 전파는 큰 복사 값이지만 광도 값은 0일 수 있다.

광도측정의 기본 단위는 칸델라(candela, cd)이다. 칸델라는 특정 방향으로 한 양초가 내뿜는 힘이다. 다른 단위는 루멘(lumen, lm)이 있는, 이는 칸델라와 스테라디안(steradian)의 곱이다. 룩스(lux)는 평방 미터당 루멘이다. 인간의 눈의 감도를 고려하여 각 복사량에는 대응되는 광량이 있고, 라디안트(radiant)는 루미노스(luminous)로, 와트는 루멘으로 대체된다.[6] 따라서 측광(광도측정)에서 우리는 **복사 에너지**(radiant energy) 대신 발광 에너지(luminous energy), 복사 플럭스 대신 **광속**(luminous flux), 복사 강도 대신 **광도**(luminous intensity), 복사 휘도(radiance) 대신 **휘도**(luminance), 복사 조도(irradiance) 대신 **조도**(illuminance) 등을 갖는다. 여기에 정확히 정의된 복사성(radiometric) 또는 측광(photometric) 용어들 중 하나를 빛의 지각 감각을 나타내는 주관적인 용어 **밝기**(brightness)와 혼동하지 않도록 주의하자.

2.5.3 흑체 복사체

전자기 복사는 온도와 밀접하게 연결된다. 일상 생활에서 백열 전구, 불, 태양과 같은 광원은 일반적으로 뜨겁다. 이러한 광원은 **흑체 복사체**(blackbody radiator)라고하는 이상적인 객체로 근사할 수 있다.[7] 밝게 빛나는 물체를 가리

6 555 nm 단색광에 대해 1와트는 683루멘이다.

7 Ludwig Boltzmann (1844 – 1906), 오스트리아 물리학자.

키기 위해 흑체라는 용어를 사용하는 것이 이상하게 보일 수 있다. 하지만 그 이름은 완전히 검은 물체가 모든 입사광을 흡수하는 것처럼 모든 EM 복사를 흡수한다는 사실에서 유래한다. 흑체 복사체는 주위와 열 평형 상태에 있어서, 특정 파장에서 동일한 양의 EM 복사를 방출하고 흡수한다(그렇지 않으면 온도가 증가하거나 감소한다). **플랑크의 법칙**은 파장의 함수로서 흑체 복사체의 분광 복사 휘도를 표현한다.

$$L_\lambda(T) = \frac{2hc^2}{\lambda^5(e^{\frac{hc}{\lambda kT}} - 1)}$$

여기에서 h는 앞에서 언급한 동일한 플랑크(Planck) 상수이다. $k = 1.38 \cdot 10^{-23}$줄/켈빈($J \cdot K^{-1}$)인 볼츠만 상수이고, T는 절대 온도이다. 흑체 복사체는 그림 2.39에서 파장의 함수로 그려져 있다. 주목해야 할 이 방정식의 중요한 측면은 모든 파장에서 방출되는 EM 복사의 양이 전적으로 흑체의 일정한 온도에 근거한다는 것이다. 표면적 당 이 힘은 **Stefan의 법칙**(플랑크의 법칙에서 파생 됨)에 의해 평방 미터 당 와트(WT, $W \cdot m^{-2}$)로 표시된다. 여기서 $\sigma = 2\pi^5 k^4/15c^2h^3$은 스테판의 상수이다.

또한 플랑크의 법칙에서 파생된 것은 **빈의 변위 법칙**(Wien's displacement law)이다.[8] 대부분의 에너지가 방사되는 파장은 온도에 반비례한다. $\lambda_{peak} = b/T$, 여기서 $b = 2.9 \times 10^6$ nm · K는 빈의 변위 상수이다. 실내 온도(27℃ < 81℉)에서 피크 파장은 9.7μm이며, 이는 원적외선 대역에서 매우 뚜렷하다(가시 스펙트럼은 약 0.7μm로 끝난다). 에너지는 피크 부근에서 집중적으로 발생

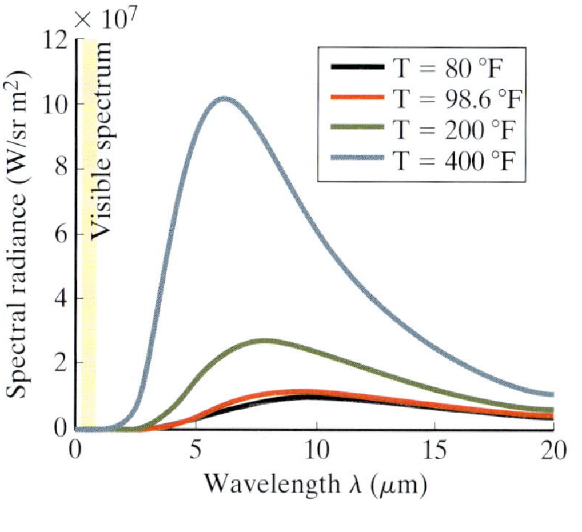

그림 2.39 플랭크 법칙을 사용한 다른 온도의 파장의 함수로서 흑체 복사.

8 Wilhelm Wien (1864 – 1928), 독일 물리학자.

하기 때문에(방출되는 에너지의 약 70 %가 피크 파장의 절반에서 2배 사이에 있기 때문에), 가시 밴드의 에너지 양은 실질적으로 제로이다. 흑체의 온도가 증가함에 따라 그 강도와 주파수 또한 증가하며, 피크 파장이 적외선에서 적색, 주황색, 황색, 백색, 파란색에서 자외선으로 이동한다. 낮은 온도(빨간색에서 노란색까지)는 따뜻한 색으로 알려져 있고, 높은 온도(푸른 색, 흰색)는 시원한 색으로 알려져 있다. 2개의 광원 간의 색온도 차이는 $10^6/T$로 정의된 micro reciprocal 온도 **차이**(mired)를 얻음으로써 측정될 수 있다.

2.5.4 표면과의 상호작용

전자기파가 표면에 닿으면 그림 2.40과 같이 에너지가 흡수, 반사 또는 전달되는 세 가지 방법 중 하나로 표면과 상호 작용한다. 흡수는 전자기 에너지를 열과 같은 다른 형태의 에너지로 바꾼다. 빛이 여행을 계속할 수 있도록 해주는 반사와 전달은 우리의 목적과 더 관련이 있다.

반사

불투명한 표면은 빛을 투과하지 않고, 흡수하고 반사하는 표면이다. 극단에는 그림 2.41과 같이 두 가지 종류의 불투명 표면이 있다. **경면**(specular)은 한 방향에서 들어오는 빛이 한 방향으로만 반사하는 것이다. 경면은 완전히 매끄러운 평면 경계를 위한 좋은 모델이다. 이것이 반사 재료(알루미늄이나 은과 같은 금속)를 사용하여 부드럽게 만들면 거울을 얻을 수 있는 이유이다.

거울을 볼 때, 당신이 보는 빛은 당신이 보고 있는 방향에 달려 있다. 거울의 반사는 반사된 복사 휘도가 들어오는 복사 휘도와 동일하기 때문에 모델링하기 쉽고, 반사율은 반사각과 동일하다. 세련된 자동차의 몸체와 같은 광택 표면은 순수한 거울은 아니지만 그럼에도 불구하고 입사각을 중심으로 주변 방향으로

그림 2.40 EM 파는 3가지 방법 중에 하나로 표면과 상호 작용한다: 투과, 흡수, 혹은 반사.

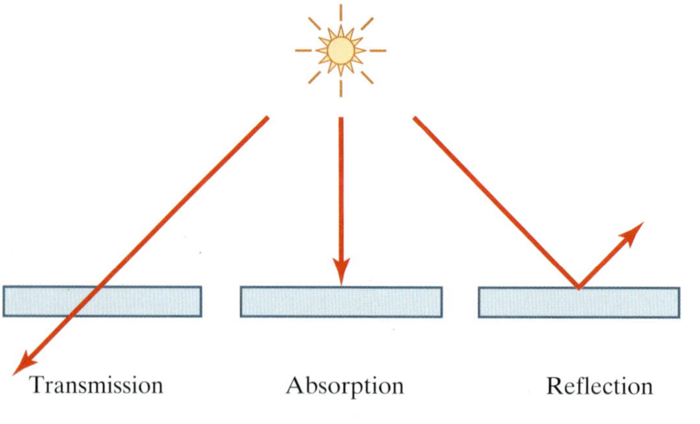

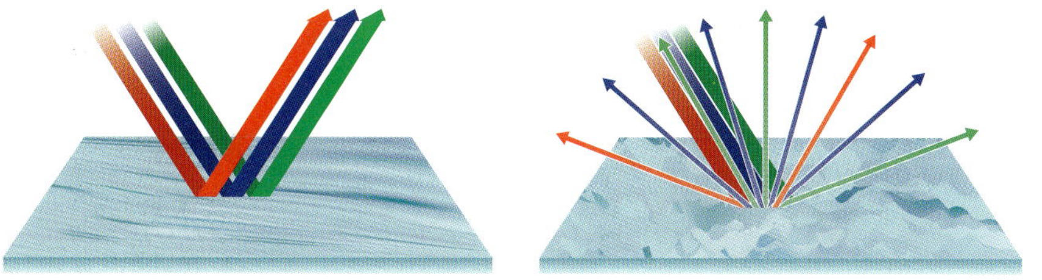

그림 2.41 거울 반사(specular reflection)에서 입사광은 단일 방향으로 반사된다(거울에서와 같이). 확산 반사(diffuse reflection)에서 입사광은 모든 방향으로 동일하게 반사된다.

들어오는 빛을 반사한다.

다른 극단에서는 거친 표면 모양 또는 표면 아래의 분자에 의한 빛의 내부 산란 때문에 많은 방향으로 빛을 반사하는 **확산**(diffuse) 또는 무광택 표면이 있다. 모든 방향에서 동일한 휘도를 반사하는 이상적인 확산 표면을 **램버트티안**(Lambertian)이라고 한다.[9] 이러한 표면에서 반사된 빛의 강도는 램버트의 코사인 법칙(Lambet's cosine law)으로 알려진 표면 법선과 입사 광선의 방향 사이의 각의 코사인에 비례한다. 하지만, 이 효과는 관찰자의 겉보기 영역의 단축에 의해 상쇄된다. 결과적으로, 이 경우, 임의의 방향에서 보았을 때 **램버트 표면**은 똑같이 밝게 나타난다.

확산 표면의 경우, **반사 계수** ρ은 입사 복사선에 대한 반사된 복사선의 비율이다. 이것은 0에서 1까지의 단위가 없는 숫자이며, 0은 복사선을 반사하지 않으며, 1은 모든 것을 반사한다는 것을 의미한다. 평균 반사 계수는 0에서 1까지의 범위를 갖는 표면의 라틴어 알부스(white)를 의미하는 **알베도**(albedo)로서 알려져 있다. 1의 알베도가 있는 표면은 흰색으로 보이지만 0의 알베도는 검은색으로 보인다. 알베도는 종종 다른 지형에서 지구 표면을 묘사하는 데 사용된다. 예를 들어, 토양은 0.05의 낮은 알베도를 가지고 있고, 신선한 눈은 0.95의 높은 알베도를 가지고 있다.

대부분의 실제 표면은 완벽하게 반사되거나 확산되지 않는다. 일상적인 표면에서 보이는 빛의 강도는 대개 두 극단 현상의 가중치 조합으로 모델링할 수 있다. **Phong 반사 모델**(Phong reflection model)은 주변 광(ambient light)과 함께 반사 및 확산 반사 조건을 결합하여 장면의 다른 표면의 **상호 반사**(interreflections)로 인한 에너지를 모델링하는 널리 사용되는 실험 모델이다. 상호 반사는 빛이 한 면에서 튀어서, 다른 면에서 반사되고, 다른 면에서 또 반사되고, 다른 면에서 다시 반사되어 영역을 비출 때 일어난다. 보다 일반적으

9 Johann Heinrich Lambert (1728 – 1777), 스위스의 다재다능한 과학자, 수학자.

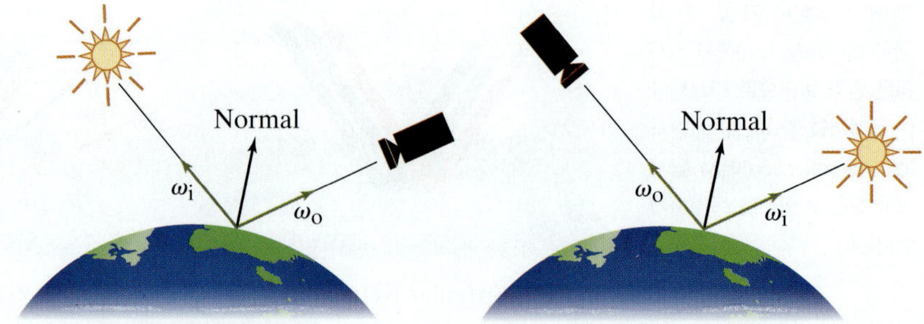

그림 2.42 양방향 반사 분산 함수(BRDF)는 입사와 반사 방향의 함수로서 표면 반사의 모델이다. Helmholz 교환원리에 따르면, BRDF의 출력은 광선의 방향이 거꾸로 되어도 바뀌지 않는다.

로, 표면은 **양방향 반사 분포 함수**(BRDF: bidirectional reflectance distribution function)로 모델링 할 수 있다. 이것은 sr^{-1}로 측정한 표면의 복사 조도에 대한 복사 휘도의 비율로 정의된다.

$$BRDF(\omega_i, \omega_r) = \frac{L_r(\omega_r)}{E_i(\omega_i)} \tag{2.28}$$

여기서 E_i는 들어오는 복사조도이고, L_r은 나가는(반사된) 복사휘도이며, ω_i와 ω_r은 각각 들어오고 나가는 방향이다.[10] 이상적인 확산 표면의 경우, BRDF는 $\pi : \rho = \pi\rho_b$의 확산 반사율과 관련이 있는 단일 숫자 ρ_b이다. BRDF는 들어오고 나가는 방향이 대칭이므로 그림 2.42에 나와 있는 **헬름홀츠 상반 원칙**(Helmholtz reciprocity principle)으로 알려진 $\mathrm{BRDF}(\omega_i, \omega_r) = \mathrm{BRDF}(\omega_r, \omega_i)$이다.

투과

표면에 흡수되거나 반사되지 않는 빛은 빛을 투과한다. 빛이 산란되지 않고 물질을 통해 전달되면 물질은 **투명**(transparent)하다. 한편, **반투명**(translucent) 물질은 또한 빛을 통과시키지만, 물질의 내부 구조는 광선의 산란을 일으킨다. 어느 쪽이든, 빛이 표면의 경계에 부딪칠 때, 그 속도는 $1/\sqrt{\mu_0\varepsilon_1}$에서 $1/\sqrt{\mu_0\varepsilon_2}$로 바뀐다. 여기서 ε_1과 ε_2는(이전과 같이) $\mu_1 = \mu_2 = \mu_0$로 가정한 두 매질의 유전율이다. 결과적으로, 표면에 대한 광의 각도는 **스넬의 굴절 법칙**(Snell's law of refraction)에 따라 변한다. 그림 2.43은 두 유전체 매질 사이의 계면에서 각의 사인 비율이 이 속도 비율과 동일하다는 것을 나타낸다.

$$\frac{\sin\theta_t}{\sin\theta_i} = \sqrt{\frac{\epsilon_1}{\epsilon_2}} = \frac{n_1}{n_2} \tag{2.29}$$

10 방향들은 구좌표에서 각을 가리키는 두 수로 명시된다. $\omega_i = (\theta_i, \phi_i)$ and $\omega_r = (\theta_r, \phi_r)$.

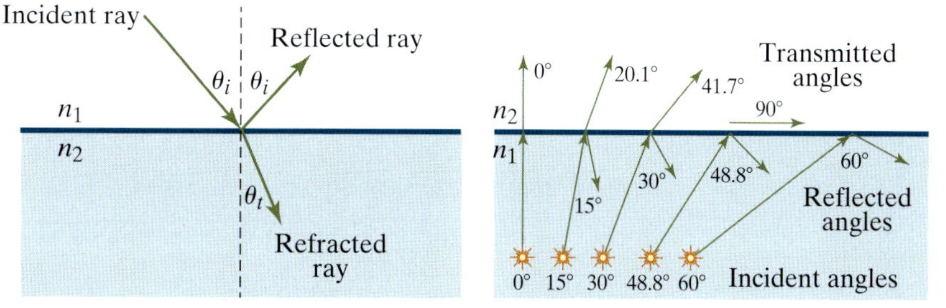

그림 2.43 굴절의 Snell의 법칙(왼쪽)과 전체 내부 굴절(오른쪽). 48.8도는 물에 대한 전체 내부 굴절각(굴절계수 = 1.33). http://www.timbercon.com/Total-Internal-Reflection.html에 근거함.

여기서 θ_i는 입사 광선과 표면 법선 사이의 각도이고, θ_t는 투과 광선과 표면 법선 사이의 각이며, $n_1 = \sqrt{\epsilon_1/\epsilon_0}$ 및 $n_2 = \sqrt{\epsilon_2/\epsilon_0}$는 굴절률이다. 스넬의 법칙에 따라 빛이 굴절하는 것은 렌즈에 있는 기본 원리이다.

빛이 더 높은 유전율에서 더 낮은 유전체로 통과할 때, 즉, $n_1 > n_2$일 때, 놀라운 가능성이 생긴다. 다시 항들을 정리하면

$$\sin\theta_t = \frac{n_1}{n_2}\sin\theta_i \tag{2.30}$$

방정식의 오른쪽이 1보다 클 수 있다. 이 경우 θ_t는 전혀 존재하지 않는다! 이를 **총 내부 반사**(total internal reflection)라고 하며, θ_i가 비율 n_1/n_2에 의존하는 특정 임계 각보다 클 때 발생한다. 총 내부 반사는 투명 코어가 굴절률이 낮은 재료로 둘러싸여 있어서 광이 거의 손실없이 연속 반사에 의해 광섬유를 통과할 수 있도록 해주는 광섬유의 메커니즘이다. 이 현상의 자연적인 예는 미네랄 울렉사이트(ulexite)로서, 광섬유 케이블로 작용하여 섬유 표면의 빛을 다른 표면으로 전달한다. 암석 양면을 닦고 신문지 위에 올리면, 그림 2.44와 같이 단어가 돌 표면에 보인다. 이 돌을 "텔레비전 스톤"이라고 부른다.

기타 현상

이 절에서 우리가 간단히 살펴보았지만, 전자기파의 풍부하고 복잡한 가능성을

그림 2.44 Ulexite(TV돌)는 광섬유처럼 작동하여 내부의 내용을 자연적으로 보인다.

이제 탐색하기 시작한 것이다. 예를 들어, 물체의 크기가 빛의 파장에 비해 작으면 빛의 파동 특성이 중요해져, 물체의 가장자리 또는 작은 슬릿을 통해 빛이 굴절되어 서로 다른 파동 사이의 회절과 간섭을 일으킬 수 있다. 회절을 모델링하는 데 일반적으로 사용되는 두 가지 유형의 수학적 모델이 있다. 프레즈 넬 회절(Fresnel diffraction)은 광파가 물체 근처에 있을 때 어떤 일이 발생 하는지를 설명한다. 반면에, 프라운호퍼 회절(Fraunhofer diffraction)은 먼 거리에서 평면파에 적용된다. 또 다른 현상은 **무지개빛**(iridescence)이며, 비누 거품, 공작 깃털 또는 나비 날개처럼 표면이 시야각으로 인해 색이 변할 때 발생한다. 재료가 이방성(anisotropic)이어서, 광선이 두 개의 광선으로 분리되는 경우, 우리는 **복굴절**(birefringence)을 가지며, 다양한 응용에서 이용되는 현상이다.

원형 복굴절(Circular birefringence)은 패러데이 효과(pararaday effect)로 알려진 좌측 및 우측 원 편파 사이의 상대 속도를 변화시키는 자기장을 적용함으로써 생긴다. **발광**(luminescence)은 발광 다이오드(LED)와 같은 열 이외의 방법으로 빛을 방출하는 것이다. 이는 전계 발광(electroluminescence)에 의존한다. 다른 형태의 발광은 빛의 파장이 반사에 변하는 **형광**(fluorescence)과 흡수 및 방출 사이에 시간 지연이 있을 때, 생기는 **인광**(phosphororescence)이 있다. **섬광**(scintillation)은 양전자 방출 단층 촬영(PET, positron emission tomography)의 감지 메커니즘에 사용되는 이온화 현상에 의해 생성된 플래시를 포함하여 광원의 반짝임 또는 깜박임이다. 이 예제들에서 알 수 있듯이, 전자기파는 다양한 현상을 보여 주며, 이것들은 광선을 연구할 때 우리가 일반적으로 고려하는 단순 가정 이상으로, 실용적인 응용 분야에서 유용하다.

2.6 추가 읽기

인간 시각 시스템에 대한 훌륭한 개요는 Wandell [1995]과 Palmer [1999]의 연구에서 찾아 볼 수 있다. 시력의 내면 동작에 대한 또 다른 훌륭한 참고문헌은 Hubel [1988]의 것이다. Krüger 등 [2013]은 인간 시각 시스템에 대한 최근 조사를 제공한다. 이 분야의 개척 작업은 너무 많아 인용할 수는 없지만, Hubel과 Wiesel [1962] 그리고 Olshausen과 Field [1996]의 수용장 분야에 관한 연구는 특히 잘 알려져 있다. 광 수용체의 환원 불가능한 복잡성은 Behe [1996], 반전된 망막의 필요성에 대한 설명은 Gurney [1999]에서 찾아 볼 수 있다. 그림 2.2의 콘 기본은 Stockman과 동료들이 온라인으로 제공한 데이터에서 온 것이다.[11]

Plenoptic 함수는 Adelson과 Bergen [1991]에

11 http://www.cvrl.org.

의한 것이고, 라이트 필드는 Levoy와 Hanrahan [1996] 그리고 Gortler et al. [1996]("루미 그래프"라고 불리는 곳)에 의해 제안되었다. 이 모든 것은 Gibson의 주변 광 배열 [Gibson, 1966]에서 추적할 수 있으며, 20세기 초엽 Lippmann의 통합 카메라까지 더 이전을 추적할 수 있다. 그리고 사실 "라이트 필터"라는 용어는 Gershun [1939]에 의해 만들어졌다. 라이트 필드의 샘플링에 관한 세부 사항은 Ng [2006]에서 찾을 수 있다.

표준 영상 형성 및 수집은 Forsyth와 Ponce [2012] 또는 Szeliski [2010]와 같은 컴퓨터비전 서적에서 다룬다. 감마 압축에 대한 자세한 내용은 Poynton [2003, 1998]에서 온라인 감마 FAQ를 유지 관리하고 있다.[12] 감마 압축의 보완적인 처리 방법은 Stokes 등의 연구 [1996]에서 발견된다. 해상도, 색상 채널 등을 포함하여 화소가 프레임 버퍼에 저장되는 방법에 대한 설명은 Glassner [1990]에서 찾을 수 있다. Pawley [2006]는 현미경과 관련하여 영상처리에 대한 자세한 개요를 제공한다.

비네팅(Vignetting)은 Goldman [2010]에 의해 기술되고, 내재적 영상(intrinsic image)은 Barrow과 Tenenbaum [1978]에 의한 것이며, Weiss [2001], Tappen et al. [2005], Grosse et al. [2009]에 의해 연구되었다. 내재적 영상에 대한 최근 연구는 Imber et al. [2014]를 보라. CCD 센싱 및 하이 다이나믹 레인지 이미징에 관한 더 자세한 정보는 Debevec과 Malik [1997]에서 찾아볼 수 있다. 우리가 고려할 공간이 없었지만 또 다른 중요한 고려 사항은 대기 효과를 포함한다. 예를 들어, He et al. [2009] 이전의 다크(dark) 채널을 보라.

전자기파는 Cheng [1989]과 같은 전자기학에 관한 표준 텍스트의 주제이다. 빛과 전자기 스펙트럼은 Gettys et al. [1989]와 같은 표준 물리 교과서에서 다루어 진다. 복사 측정과 광 측정법은 이해하기 어려운 대상이며, 용어 사이의 미묘한 차이는 초보자에게는 알기가 극히 어렵다. 과목에 대한 더 자세한 정보를 원하시면, 독자는 Lighting Research Center의 Illumination Fundamentals 소책자를 참고할 수 있다.

연습문제

2.1 대부분의 감각 수용체과 비교하여 척추동물 광수용체에 대해 특이한 점은 무엇인가?

2.2 인간의 안구 내 거꾸로된 망막의 목적을 설명하라. 거꾸로된 망막이 영상에서 심각한 왜곡을 일으키지 않는 두 가지 추가적인 이유를 제시하라.

2.3 빛을 굴절시키는 인간 안구의 세 부분을 열거하시오.

2.4 구어체적으로 빨강, 초록 및 파랑으로 불리는 세 종류의 콘(cone)의 실제 이름은 무엇인가?

2.5 단시궤적(horopter)을 정의하시오.

12 http://www.poynton.com/PDFs/GammaFAQ.pdf.

2.6 foveated vision이 의미하는 바를 설명하시오.

2.7 라드(rod)로 포착된 원래의 신호가 안구를 벗어나기 전에 연속적인 세포에 의해 압축된다는 것을 어떻게 알 수 있는가?

2.8 참 또는 거짓: 오른쪽 눈은 당신의 두뇌의 왼쪽 절반에 매핑되고, 왼쪽 눈은 당신의 두뇌의 오른쪽 절반에 매핑된다.

2.9 왼쪽의 각 용어를 오른쪽의 조명 조건과 일치시키시오.

순응시각(scotopic vision)	햇빛
광순응시각(photopic vision)	월광
박명시각(mesopic vision)	별빛

2.10 콘은 충분히 민감하지 않기 때문에 어둠 속에서 동작하지 않는다. 그 반대는? 일상적인 조명 상태에서 라드가 의미 있는 신호를 만들어 낼 수 있는가? 그 이유는 무엇인가?

2.11 텍스트에 굵은 글씨로 표시된 적어도 10개의 부분을 포함하여, 인간 시각 시스템의 라벨이 있는 다이어그램을 그려라.

2.12 짧은(청색) 파장이 사람의 시각 시스템에 덜 중요하다고 결론짓는 것이 왜 의심스러운가? 이 결론은 왜 거짓인가?

2.13 다음 숫자 쌍이 종이 조각의 왼쪽과 오른쪽 절반(100/101, 200/201, 300/301, 150/160, 250/260, 350/360)의 휘도를 나타낸다. 어느 것이 분별 될 수 있는가?

2.14 수용 영역(receptive field)이란 무엇인가?

2.15 시각 경로의 어떤 세포가 가우시안의 라플라시안(LoG)과 비슷한 신호를 변환하는가?

2.16 시신경을 구성하는 세포들의 축삭은 무엇인가?

2.17 랍스터 눈에 독특한 것은 무엇인가?

2.18 참 또는 거짓: 빛이 통과하는 매질에 관계없이 빛의 속도는 일정하다.

2.19 더 긴 파장을 갖는 것은: 적색광 또는 청색광?

2.20 렌즈가 굴절률이 1.74인 고굴절률 플라스틱으로 만들어진다고 가정하자. 진공 상태에서 빛의 속도가 약 $3 \cdot 10^8$ m/s 라면, 렌즈를 통과할 때 빛의 속도(위상 속도)는 얼마인가?

2.21 plenoptic 함수는 무엇인가?

2.22 핀홀 카메라의 필수 요소를 기술하시오.

2.23 가시 광선의 파장은 얼마인가?

2.24 더 긴 파장을 갖는 것은 전파 또는 X-레이 어느 것인가? 더 위험한 이유는 무엇인가?

2.25 구식 라디오의 102.1 FM을 들어면서 적색 신호등에 앉아 있고, 신호는 약해지고 있다. 신호를 개선하기 위해 차를 움직이려는 경우, 하나의 파장을 이동하려면 얼마나 멀리 이동해야하는가? 녹색 등의 파장에 대한 이 파장의 비율은 얼마인가?

2.26 줌 렌즈 또는 어안 렌즈에 대해 스케일 정사영이 더 잘 맞는가? 당신의 대답을 설명하시오.

2.27 구형(sphere)의 두 섹션으로 구성된 대칭의 얇은 렌즈를 가지고 있다고 가정하면, 양쪽면의 반지름은 같다. 식 (2.5)의 $(1/r_1 - 1/r_2)$는 0이 아닌 이유를 설명하시오.

2.28 식 (2.22) 및 (2.23)에서 Rec. 709 및 sRGB의 비 선형 전달 함수를 L = 0.2, 0.4, 0.6 및 0.8 값에 대해 적용하시오. Rec. 709에 대한 답의 백분율로 나타낸 값 각각에 대한 차이를 계산하시오.

2.29 CRT 디스플레이가 더 이상 사용되지 않아 감마 압축이 쓸모없게 되는가? 왜 그런지 혹은 왜 그렇지 않은지?

2.30 지수 $\gamma = 0.5$와 임계값 $\tau = 0.1$로 수정된 감마 함수의 두 섹션을 지정하시오.

2.31 효과적인 감마에 대한 아이디어를 설명하시오.

2.32 가장 인기 있는 컬러 필터 어레이(CFA)의 이름은 무엇인가?

2.33 필드와 비디오 프레임의 차이점을 설명하시오.

2.34 CCD와 CMOS 센서 사이의 유사점과 차이점을 열거하시오.

2.35 CMOS 센서가 블루밍되면 얼마만큼 영향을 주는가?

2.36 검정색이 디지털 영상에서 0이 아닌 16이 되는 이유는 무엇인가?

2.37 램버트의 표면이 의미하는 바를 설명하시오. 알베도란 무엇인가? 램버시안(Lambertian) 일 가능성이 더 큰 것: 천 조각이나 빛나는 금속 조각?

2.38 빛의 광선에 적합한 복사량은 어느 것인가? 해당되는 측광 량은 무엇인가?

2.39 열 적외선 카메라가 사람과 동물에서 방출되는 열을 측정할 수 있는 이유를 설명하시오.

2.40 나는 해변에 서서 물 속 물체를 보고 있다. 물의 굴절률이 1.33이라면 어떤 각도에서 전체 내부 반사를 경험할 수 있는가? 수중 상태라면 답은 어떻게 바뀌는가? 두 경우 모두 세로축에 대한 각도를 나타내시오.

2.41 4D인 라이트 필드는 작은 2D 영상의 2D 배열로 표현될 수 있다. 실제로 이것은 라이트 필드 카메라에서 사용되는 표현이다. 영상 센서 앞에 놓인 마이크로 렌즈의 2D 배열이 어떻게 이것을 수행할 수 있는지 설명하시오.

2.42 원근법 투영에 매우 근사하게 스케일된 직교 투영을 위한 두 가지 조건을 수학적으로 보이시오.

2.43 사람이 핀홀 카메라 앞에 서 있어 얼굴이 영상에서 일정한 폭을 차지한다고 가정 해보자. 만일 사람이 옆으로 움직여서 카메라와 수직 거리가 유지되면, 영상의 얼굴 너비가 바뀌는가? 그 이유는 혹은 아닌 이유는 무엇인가?

2.44 두 개의 얇은 렌즈(대칭형 및 동일한 재질로 만들어진 렌즈)를 고려하자. 한 렌즈의 초점 거리가 다른 렌즈의 초점 거리보다 두 배 큰 경우, 그 반지름 사이의 관계는 무엇인가?

2.45 얇은 렌즈의 경우에 초점과 마디점을 구별이 중요하기 위해 어떤 조건이 필요한가?

2.46 카메라의 f 값이 8이라고 가정하자. f의 함수로 표현되는 조리개란 무엇인가? 집광 능력이 두 배나 높고 f의 함수로 표현되는 카메라의 조리개는 무엇인가?

2.47 네 가지 종류의 비네팅을 나열하시오. 어떤 조건 하에서 그들이 중요한가?

2.48 에너지를 전송하는 세 가지 방법을 열거하자. 이중에 어느 것이 진공을 통해 이동할 수 있는가?

2.49 전자기학을 사용하는 모든 응용의 기본이 되는 방정식 세트의 이름은 무엇인가?

2.50 방정식 (2.24)–(2.25)의 맥스웰 방정식으로부터 방정식 (2.26)–(2.27)의 균질 벡터 파동 방정식을 유도하시오. (힌트: 발산과 컬 연산자가 실제로 무엇을 하는지 이해할 필요는 없다. 단순히 (2.24)의 컬링을 취하고 컬 연산자가 선형이라는 사실을 적용하라. 벡터 항등식이 필요할 것이다 ($\nabla \times \nabla \times E = \nabla(\nabla \cdot E) - \nabla^2 E$), B도 유사하게).

CHAPTER 3

화소와 기하학적 변환

이 장에서는 영상을 다른 영상으로 변환하는 간단한 방법들에 대해 설명한다. 이러한 변환은 두 가지 유형 중 하나에 속한다. 먼저 화소 변환에서는 화소 값은 영상 내의 위치를 변경하지 않고 원래 값을 변경한다. 우리는 그레이 레벨과 같은 몇 가지 유형의 화소 변환을 고려한다. 화소 값이 스칼라인 변환, 다중 채널이 있는 영상에서 일어나는 다중 스펙트럼 변환 및 둘 이상의 영상에서 일어나는 다중 영상 변환이 포함된다. 다음, 기하학적 변환에서는 화소의 위치는 입력 영상에서 출력 영상으로 바뀌지만 화소의 값은 변경되지 않는다. 기하학적 변환에 대한 논의에는 입력에서 출력 화소까지 일대일 매핑은 물론, 보간이 필요한 보다 복잡한 변환과 단순 변환이 포함된다.

3.1 단순 기하학적 변환

먼저, 출력 화소가 단일 입력 화소에만 의존하는 간단한 기하학적 변환을 고려한다. 보다 일반적인 기하학적 변환은 이 장의 뒷부분에서 다룬다.

3.1.1 영상 뒤집기

아마도 가장 단순한 기하학적 변환은 그림 3.1과 같이 영상의 중심을 지나는 수

그림 3.1 영상, 플립핑, 플로핑과 플립-프로핑의 결과.

평 또는 수직 축에 대해 영상을 반사하는 것이다. 축이 수평인 경우, 변환은 영상을 거꾸로 뒤집는 것이다. 반대로 수직인 경우, 변형은 오른쪽에서 왼쪽 거울 영상을 생성하기 위해 영상을 뒤집는다. **플립**이 뒤 따르는 **플롭**(또는 플롭이 뒤 따르는 플립, 여기서는 순서가 중요하지 않으므로)은 **플립-플롭**(flip-flop)이라고 한다.

예를 들어 다음과 같은 3 × 3 그레이 스케일 영상과 수평 및 수직 축에 대한 그 반사를 고려해 보자.

$$\begin{bmatrix} 128 & 78 & 174 \\ 181 & 48 & 77 \\ 109 & 49 & 138 \end{bmatrix} \overset{\textsc{Flop}}{\rightarrow} \begin{bmatrix} 174 & 78 & 128 \\ 77 & 48 & 181 \\ 138 & 49 & 109 \end{bmatrix}$$

$$\downarrow \textsc{Flip}$$

$$\begin{bmatrix} 109 & 49 & 138 \\ 181 & 48 & 77 \\ 128 & 78 & 174 \end{bmatrix}$$

이 예제에서 플립핑(flipping)은 첫 번째와 마지막 행을 바꿔 쓰는 반면, 플롭

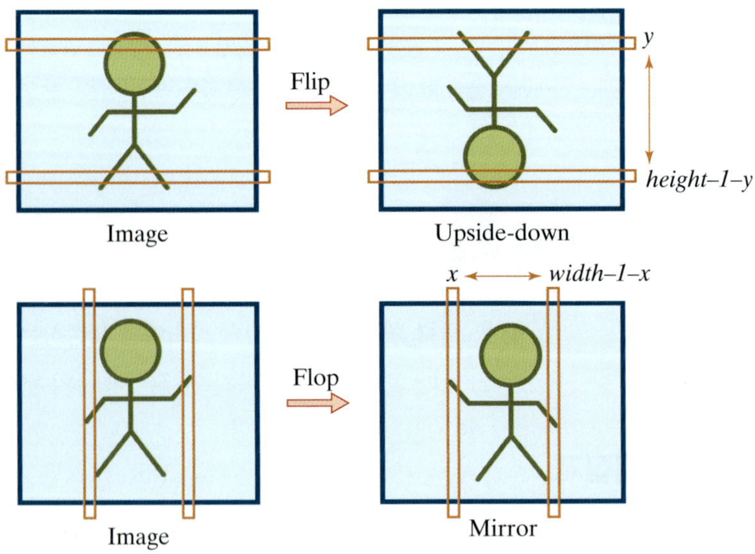

그림 3.2 영상을 플립하기(위 아래 뒤집기), 각 행 y를 높이$-1-y$와 교환한다. 영상을 플롭하기(거울 버전), 열 x를 폭$-1-x$와 교환한다.

핑(flopping)은 첫 번째와 마지막 열을 바꾼다. 더 일반적으로, 임의의 크기의 너비 × 높이 영상의 경우, 열은 $x = 0, 1, \ldots, width - 1$이고, 행은 $y = 0, 1, \ldots, height - 1$이다. 따라서 첫 번째 행의 모든 화소는 좌표 $(x, 0)$를 가지며, 마지막 행의 모든 화소는 $(x, height - 1)$ 좌표를 갖는다. 두 번째 행의 모든 화소는 좌표 $(x, 1)$를 가지며, 마지막에서 두 번째 행의 모든 화소는 좌표 $(x, height - 2)$를 갖는다. 등등. 따라서 플립핑은 행 y를 행 $height - 1 - y$로 바꾸는 것과 관련이 있다. 반면에 플롭핑은 그림 3.2에서 설명한 것처럼, 열 x를 열 $width - 1 - x$로 바꿔야 한다. 만일 입력 화소의 좌표를 (x, y)로 하고 해당 출력 화소의 좌표를 (x', y')라고 하면, 이러한 좌표들 간의 관계는 수학적으로 다음과 같이 표현할 수 있다.

$$x' = x \qquad y' = height - 1 - y \qquad \text{(flip)} \tag{3.1}$$

$$x' = width - 1 - x \qquad y' = y \qquad \text{(flop)} \tag{3.2}$$

이 방정식을 사용하여 변환은 각 입력 화소 $I(x, y)$와 해당 출력 화소 $I'(x', y')$ 사이의 매핑을 정의하는 함수로 표현된다.

$$I'(x, height - 1 - y) = I(x, y) \qquad \text{(flip, forward mapping)} \tag{3.3}$$

$$I'(width - 1 - x, y) = I(x, y) \qquad \text{(flop, forward mapping)} \tag{3.4}$$

여기서, 각각의 경우 I는 입력 영상이고 I'은 출력 영상이다. **정방향 매핑**(forward mappings)이라고 하는 이 방정식은 소스 좌표에서 대상 좌표를 계산하는 방법을 말한다. 방정식을 다시 배열하면 소스 좌표가 대상 좌표로부터 계산되는 **역 매핑**(inverse mappings)이 생성된다.

$$I'(x', y') = I(x', height - 1 - y') \qquad \text{(flip, inverse mapping)} \tag{3.5}$$

$$I'(x', y') = I(x', height - 1 - y') \qquad \text{(flip, inverse mapping)} \tag{3.6}$$

플립핑과 플롭핑의 단순한 경우, 순방향 매핑과 역 매핑은 모두 동일하지만 나중에 더 자세히 살펴보겠지만 더 복잡한 변환에서는 이들 간의 구별이 중요하다.

이 책에서 우리는 영상처리를 위한 다양한 알고리즘을 제시할 것이다. 이러한 알고리즘을 정확하게 포착하기 위해 **의사 코드**(pseudo code)를 사용하여 알고리즘을 제시한다. 의사 코드(사실상 "거짓 코드(false code)"를 의미 함)는 인간 언어로 알고리즘을 설명하는 것과(모호함을 초래하는) 실제 작업 코드(중요하지 않은 세부 사항으로 인해 중요한 단계가 불분명 함)를 제공하는 것 두 가지 극단적인 대안 사이의 절충안이다. 의사 코드는 특정 프로그래밍 언어와

알고리즘 3.1 수평축에 대해 반사하여 영상을 플립하기

```
FLIPIMAGE (I)

Input:  image I of size width × height
Output: upside-down image I'

1  I' ← ALLOCATEIMAGE(width, height)        ➤ Allocate memory for output image.
2  for (x, y) ∈ I do                         ➤ For each pixel in input image,
3      I'(x, height − 1 − y) ← I(x, y)       set corresponding pixel in output image.
4  return I'                                 ➤ Return output image.
```

알고리즘 3.2 수직축에 대해 반사하여 영상을 플롭하기

```
FLOPIMAGE (I)

Input:  image I of size width × height
Output: mirror-reversed image I'

1  I' ← ALLOCATEIMAGE(width, height)        ➤ Allocate memory for output image.
2  for (x, y) ∈ I do                         ➤ For each pixel in input image,
3      I'(width − 1 − x, y) ← I(x, y)        set corresponding pixel in output image.
4  return I'                                 ➤ Return output image.
```

독립적으로 구현을 돕기에 충분히 자세하게 알고리즘 단계를 정확하게 표현할 수 있다.

순방향 매핑을 사용하여 영상을 플립하고 플롭하기 위한 알고리즘의 의사 코드는 각각 알고리즘 3.1 및 3.2에서 FlipImage 및 FlopImage 절차로 표시된다. 이러한 각 절차는 하나의 입력 매개 변수, 즉 영상 I를 취한다. (그레이 스케일, RGB, 부동 소수점 등) 어떤 유형이든 간에 각 절차는 정확히 하나의 출력, 즉 거꾸로된 영상 또는 미러 반전 영상 I'을 생성한다. 오른쪽 대칭 삼각형(➤)으로 구분된 주석은 의사 코드의 각 행이 무엇을 하는지 설명하는 데 도움이 된다. 이 특정 절차는 너무 간단하므로 이 시점에서 실제로는 주석을 쓸 필요는 없다.

1행은 출력 영상을 저장하기 위해 메모리를 할당한다. 우리는 이 단계를 생략하고 메모리가 이미 할당되었다고 가정한다. 2행은 영상의 모든 화소에 대해 "for 루프"를 나타낸다. 이 라인에서 영상은 집합으로 취급되며, $(x, y) \in I$는 영상의 화소를 의미한다. 따라서 2행은 많은 프로그래밍 언어에서 두 개의 서로 다른 루프 (하나는 x, 다른 하나는 y)로 표현되는 "입력 영상의 각 화소에 대해"라는 간결한 표현이다.

```
for y ← 0 to height − 1 do
    for x ← 0 to width − 1 do
```

그림 3.3 0도, +90도, −90도 그리고 180도 회전한 영상.

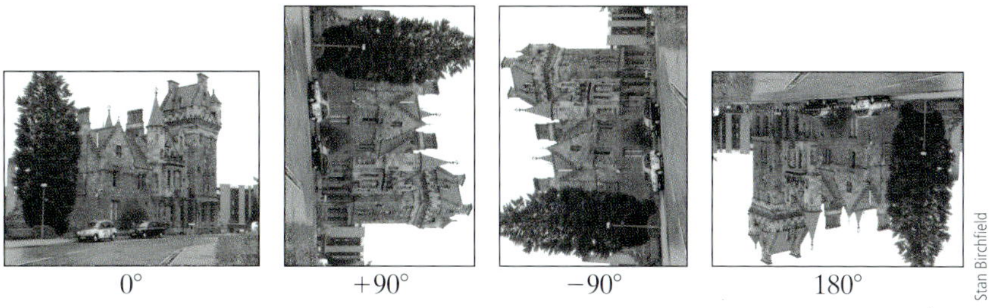

또는 등가적으로 식 (3.1)을 사용하여 1D 인덱스에 대해 단일 for 루프를 사용한다.

$$\textbf{for } i \leftarrow 0 \textbf{ to } width \cdot height - 1 \textbf{ do}$$

그러나, 우리는 표현을 단순화하고, 이 경우 화소가 처리되는 순서가 중요하지 않다는 것을 강조하기 위해 집합 표기법 $(x, y) \in I$를 사용한다. 3행에서 영상은 2D 배열로 처리되므로 $I(x, y)$는 화소 (x, y)의 값을 나타낸다. 이 값은 출력 영상 I'의 다른 위치로 복사된다. 왼쪽 화살표($\leftarrow$)는 대부분의 프로그래밍 언어에서 등호(=)와 같은 역할을 수행하는 변수 설정을 나타낸다. 이 표기법은 혼란을 피하는 데 도움이 된다. 예를 들어, 변수 증가가 올바른 수학적 설명이 아닌 $x = x + 1$ 대신 $x \leftarrow x + 1$(또는 $x \leftarrow_{+} 1$)으로 의사 코드에 작성되기 때문이다. 모든 화소가 변형되면 결과 영상이 4 행에서 반환된다.

3.1.2 90도 배수 회전

또 다른 중요한 기하학적 변형은 영상을 회전시키는 것이다. 이 장의 뒷부분에서 임의의 회전 각도를 고려할 것이지만, 지금은 영상의 중심에 대해 90도 배수의 회전으로 제한한다. 이는 변환이 입력 영상의 화소에서 출력 영상의 화소로 일대일로 매핑되도록함으로써 문제를 상당히 단순화한다. 그림 3.3은 90도의 배수로 영상을 회전한 결과를 보여준다. 영상을 180도 회전시키는 것은 플립 플롭과 같다.

예를 들어, 그림 3.4에 도시된 바와 같이 $width \times height$ 영상의 시계 방향 90도 회전을 생각해보자. 입력 영상의 각 화소 (x, y)는 출력 영상의 화소 (x', y')에 매핑된다. 그림에서 $new\text{-}width \times new\text{-}height$ 출력 영상의 치수가 입력 영상의 크기와 바뀌었는지 알기는 어렵지 않다. $new\text{-}width = height$이고 $new\text{-}height = width$ 그리고 $I(x, y)$는 $I'(height - 1 - y, x)$, 그래서 $x' = height - 1 - y$ 그리고 $y' = x$ 또는 다음 수식과 같다.

그림 3.4 영상을 시계방향 90도 회전하기. 입력 영상의 화소(x, y)는 출력 영상의 (x', y')로 매핑된다. 그림으로부터 $x' = \text{new-width} - 1 - y = \text{height} - 1 - y$, 그리고 $y' = x$.

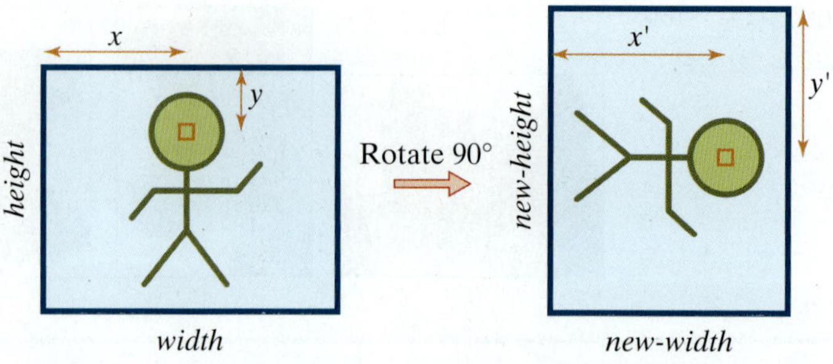

$$I'(height - 1 - y, x) = I(x, y) \tag{3.7}$$

이것은 순방향 매핑이다. 또는 대응 관계를 $x = y'$ 및 $y = height - 1 - x'$로 다시 쓰면 역 매핑이 가능하다.

$$I'(x', y') = I(y', height - 1 - x') \tag{3.8}$$

플립핑 및 플로핑의 경우와 마찬가지로, 90도 배수 회전은 일대일 매핑이므로 이 두 가지 방법이 동일하다.

예제 3.1

순방향 매핑 방식과 역 매핑 방식을 모두 사용하여 다음 3 × 2 그레이 스케일 영상을 시계 방향으로 90도 회전하시오.

$$I = \begin{bmatrix} 105 & 90 & 35 \\ 228 & 207 & 52 \end{bmatrix}$$

풀이

순방향 매핑으로 간주되는 수식 (3.7)은 I(0, 0)에서의 화소가 $I'(2 - 1 - 0, 0) = I'(1, 0)$로 매핑됨을 나타낸다. $I(1, 0)$에 있는 화소는 다음과 같이 매핑된다. $I'(2 - 1 - 0, 1) = I'(1, 1)$. $I(2, 1)$에서의 화소는 다음과 같이 매핑된다. $I'(2 - 1 - 1, 2) = I'(0, 2)$. 기타 등등. 역 매핑으로 간주되는 수식 3.8은 $I'(0, 0)$에서의 화소가 $I'(0, 2 - 1 - 0) = I(0, 1)$. $I'(1, 0)$에서의 화소는 $I(0, 2 - 1 - 1) = I(0, 0)$로부터 매핑된다. $I'(1, 2)$에서의 화소는 $I(2, 2 - 1 - 1) = I(2, 0)$로부터 매핑된다. 기타 등등. 어쨌든 결과는 다음과 같다.

$$\begin{bmatrix} 105 & 90 & 35 \\ 228 & 207 & 52 \end{bmatrix} \xrightarrow{\text{시계방향 회전}} \begin{bmatrix} 228 & 105 \\ 207 & 90 \\ 52 & 35 \end{bmatrix}$$

알고리즘 3.3 90도의 배수로 영상 회전하기

```
ROTATEIMAGEBYMULTIPLEOF90DEGREES(I, m)

Input:  image I of size width × height, signed integer m indicating the number of 90-degree turns
Output: image I′ of size new-width × new-height, which is I rotated by 90m degrees clockwise

case mod(m,2) of
    0: new-width ← width, new-height ← height          ➤ Image dimensions remain the same.
    1: new-width ← height, new-height ← width          ➤ Image dimensions are swapped.
I′ ← ALLOCATEIMAGE(new-width, new-height)
for (x′, y′) ∈ I′ do
    case mod(m,4) of
        0:   I′(x′, y′) ← I(x′, y′)                                  ➤ no rotation
        1:   I′(x′, y′) ← I(y′, height − 1 − x′)                     ➤ 90 degrees clockwise
        2:   I′(x′, y′) ← I(width − 1 − x′, height − 1 − y′)         ➤ 180 degrees
        3:   I′(x′, y′) ← I(width − 1 − y′, x′)                      ➤ 90 degrees counterclockwise
return I′
```

유사한 추론은 90도의 다른 배수에도 적용될 수 있다. 90m을 시계 방향의 회전 각도라고 하면(여기서 m은 정수) 4가지 경우만 가능하다. m을 4로 나눈 나머지가 1이면 시계 방향으로 90도 회전한다(앞에서 자세히 다뤘다). 나머지가 3이면 90도의 반 시계 회전이 발생하고, 나머지가 2이면 180도 회전하고, 나머지가 0이면 회전이 발생하지 않는다.

회전이 시계 방향 90도 또는 시계 반대 방향 90도인 경우, 영상 크기가 바뀌는 반면, 회전이 0도 또는 180도 일 때, 영상 크기는 변경되지 않는다. 역 매핑을 사용하는 이러한 경우의 의사 코드는 알고리즘 3.3에 나와 있다. 여기서 모듈로(modulo) 연산을 사용했다. 즉, mod(m, 4)는 m을 4로 나누는 나머지 값이다.

3.1.3 영상 자르기

그림 3.5는 큰 영상에서 더 작은 영역을 자른 결과를 보여준다. 자를 영역은 직사각형에 의해 지정된다. 직사각형의 왼쪽 위 화소의 좌표는 (왼쪽, 위)로 지정되며, 직사각형 외부의 오른쪽 아래 화소의 좌표는 (오른쪽, 아래)으로 된다. 즉, 왼쪽, 위, 오른쪽, 아래의 4 개의 매개 변수로 지정된 사각형이 $x \in \{left, \ldots, right-1\}$ 및 $y \in \{top, \ldots, bottom-1\}$ 집합의 화소를 포함한다는 공통된 규칙을 채택한다. 화소 (왼쪽, 위)는 포함되지만 화소 (오른쪽, 아래)는 제외된다.

이 규칙의 한 가지 장점은 직사각형의 화소 수가 $(right - left) \cdot (bottom -$

그림 3.5 영상과 영상에서 사각형으로 표시한 부분에서 잘라내기 한 자동차.

top)로 간단히 주어진다. 고려된 이전의 변환과 달리 이 절차의 의사 코드는 알고리즘 3.4에 나와 있다.

3.1.4 다운샘플링과 업샘플링

또 다른 일반적인 작업은 영상을 **다운샘플링**(downsampling)하여 원본보다 작은 영상을 생성하는 것이다. 이 장의 뒷부분에서 설명하는 대로 앨리어싱을 피하기 위해, 일반적으로 다운 샘플링 전에 영상을 부드럽게 하는 것이 좋다. 그러나 지금은 화소의 일부만 삭제하면 된다. 예를 들어, 계수 2로 다운 샘플링하려면 하나 걸러 모든 열과 행이 삭제된다.

$$I'(x, y) = I(2x, 2y) \qquad \text{(2로 다운샘플)} \tag{3.9}$$

마찬가지로 영상을 **업샘플링**(upsampling)하여 원본보다 더 큰 영상을 생성할 수 있다. 최상의 결과를 얻으려면 나중에 설명할 화소화 결함(pixlization artifact)을 피하기 위해, 화소 값 사이에서 보간을 수행해야 한다. 그러나 지금은 단순히 각 화소를 특정 횟수만큼 복제하자. 예를 들어, 계수 2로 업샘플링하

알고리즘 3.4 영상 잘라내기(crop)

CropImage(I, *left, top, right, bottom*)

Input: image I, rectangle with corners (*left, top*) and $(right-1, bottom-1)$
Output: cropped image I' of size *new-width* × *new-height*

new-width ← *right* − *left*
new-height ← *bottom* − *top*
I' ← AllocateImage(*new-width, new-height*)
for $(x', y') \in I'$ **do**
  $I'(x', y') \leftarrow I(x' + left, y' + top)$
return I'

그림 3.6 왼쪽: 영상과 2, 4로 다운 샘플링한 결과 영상. 오른쪽: 잘라내기 영역과 2, 4로 업샘플링한 결과 영상.

려면 각 행과 열이 두 번 복사된다.

$$I'(x, y) = I\left(\left\lfloor \frac{x}{2} \right\rfloor, \left\lfloor \frac{y}{2} \right\rfloor\right) \qquad \text{(2로 업샘플)} \tag{3.10}$$

floor 연산자는 입력 영상이 정수 좌표가 되도록 한다. 반복적인 다운 샘플링과 업 샘플링의 결과가 그림 3.6에 나와 있다.

3.2 그레이 레벨 변환

기하학적 변환은 방금 보았듯이 값을 변경하지 않고, 화소의 위치를 변경한다. 대비되는 아이디어는 화소의 위치를 변경하지 않고, 화소의 값을 변경하는 **화소 변환**(point transformation)의 아이디어이다. 화소 변환이 되기 위해서는 매핑이 화소 좌표와 다른 모든 화소의 좌표 및 값과 독립적이어야 한다. 이 점에서 화소 변환은 공간 도메인 필터링의 특별한 경우로 간주될 수 있다. 공간 도메인 필터링은 후자의 제한을 제거하여, 출력 값이 다른 화소의 값에 종속되도록 한다.

가장 간단한 화소 변환 유형은 **그레이 레벨 변환**이며, 그레이 스케일 입력 영상을 그레이 스케일 출력 영상으로 변환한다.

$$I'(x, y) = f(I(x, y)) \tag{3.11}$$

여기서 f는 입력 영상 I의 화소의 그레이 레벨을 출력 영상 I' 내의 화소의 그레이 레벨으로 매핑하는 함수이다. 그레이 레벨 변환은 콘트라스트 향상, 비선형성 보정 및 이진화와 같은 다양한 목적으로 사용된다. $\mathbb{Z}_{0:255} = \{0, 1, 2, \ldots, 255\}$을 0과 255 사이의 정수로 설정하면, 8 비트 그레이 스케일 영상의 경우, f는 집합 $\mathbb{Z}_{0:255}$의 요소에서 같은 집합의 다른 요소에 매핑된다. 수학적으로 다음과 같이 표현된다.

$$f : \mathbb{Z}_{0:255} \rightarrow \mathbb{Z}_{0:255} \tag{3.12}$$

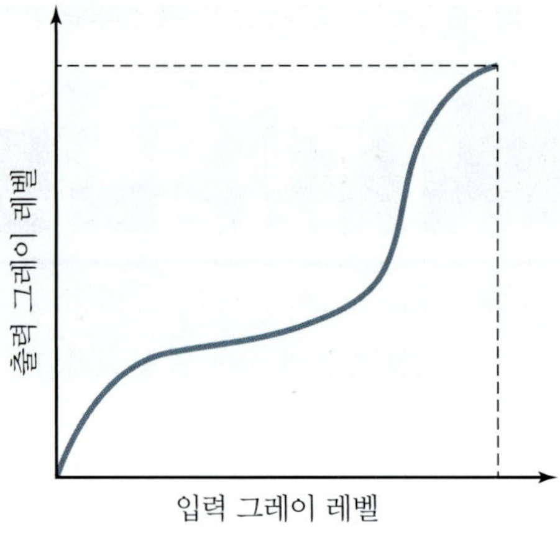

그림 3.7 그레이 레벨 변환은 입력 그레이 레벨을 출력 그레이 레벨로 매핑한다. http://www.unit.eu/cours/videocommunication/Point_Transformation_histogram.pdf에 근거함.

그림 3.7에 그래픽으로 그려져 있다. f는 좌표 x 또는 y 자체에 의존하지 않고, 영상 화소의 값에만 의존한다는 점에 유의하자. 그레이 레벨 변환을 수행하는 의사 코드는 알고리즘 3.5의 일반 절차인 TransformGrayLevels로 표시된다. 이 절차는 영상 I와 함수 f의 두 가지 입력 매개 변수를 취한다. 영상의 각 화소에 대해 함수 f가 화소의 그레이 레벨로 호출되고, 함수의 반환 값은 출력 영상의 동일한 위치에 저장된다. 모든 화소가 변형 된 후, 결과 영상이 반환된다. 화소의 위치가 변하지 않으므로 $x' = x$와 $y' = y$이므로 기하 변환과 같은 순방향 매핑과 역 매핑을 구별할 필요가 없다. 같은 기본 아이디어의 다른 변형들은 현재의 특정 요구에 맞게 절차를 수정하여 얻을 수가 있다.

예를 들어, 출력 영상을 값으로 반환하는 대신 여기에 표시된 것처럼 이전에 할당한 배열을 절차에 전달하여 출력을 저장하는 것이 좋다. 또는 결과를 저장하기 위해 별도의 출력 영상을 사용하는 대신 결과를 제자리에 저장하는 것, 즉 $I(x, y) \leftarrow f(I(x, y))$를 사용하여 화소 값을 덮어 쓸 수도 있다. 이 책에서 제시된 모든 의사 코드에 공통적인 이러한 변형은 독자를 위한 연습 문제로 남긴다.

알고리즘 3.5 영상의 그레이 레벨 변환

TransformGrayLevels(I, f)

Input: grayscale image I, graylevel mapping f
Output: transformed image I'

for $(x, y) \in I$ **do**
    $I'(x, y) \leftarrow f(I(x, y))$
return I'

그림 3.8 산술 그레이 레벨 변환. 왼쪽에서 오른쪽: 항등(반전) 더하기(바이어스), 곱하기(게인), 게인-바이어스 변환. 여기서 포화 산술은 출력이 유효 범위를 벗어나는 것을 방지한다. 기울기는 더하기에서 1을 유지한다. 매핑은 곱하기에서 원점을 통과한다.

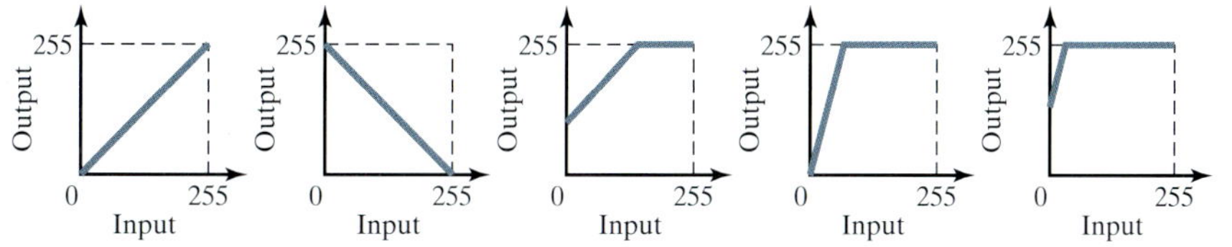

그레이 레벨 변환은 밝기 변환(intensity transformations)이라고도 알려져 있다. 앞의 용어는 맵핑이 이산 값 세트 사이에 있음을 강조하는 데 약간의 이점이 있으며, 영상이 이미 감마 압축된 경우에 더 정확한 묘사이다. 이 경우에 값이 (엄격히 말하면) 이미 밝기를 나타내지는 않는다. 그럼에도 불구하고, 이 절에서 제시한 변환은 이산화를 단순히 제거해 정수 또는 부동 소수점 영상으로 확장하거나, 각 색상 채널에 개별적으로 변환을 적용하여 RGB 영상에 쉽게 적용할 수 있다.

3.2.1 산술 연산

그레이 레벨 변환의 유용한 클래스는 그림 3.8의 그래픽 형식으로 표시된 산술 연산 집합이다. 항등 변환은 각 그레이 레벨을 그 자체로 매핑하여 영상을 변경하지 않는다. 변환 반전은 그레이 레벨을 반전시켜 사진 네가티브를 만든다. 더하기 및 곱하기는 이름에서 알 수 있듯이 각 그레이 레벨에 상수를 단순히 더하거나 곱하기만하고, 게인 바이어스(gain−bias) 변환은 이 두 가지 작업을 결합한다. 역변환을 제외하고 이러한 모든 변환은 **단조 비감소**(monotonically nondecreasing)이다. 이것은 매핑의 결과로 그레이 레벨의 순서가 변경되지 않는다는 의미이다. 즉, 만일 $z_1 > z_2$이면 $f(z_1) > f(z_2)$이다.

변환이 단조적으로 감소하지 않는 경우, 화소의 상대 값은 동일하게 유지된다. 즉, 하나의 화소가 입력 영상에서 다른 화소보다 밝으면, 출력 영상에서 더 밝게 유지된다. 이러한 작업을 보다 자세히 살펴 보자. 항등 함수와는 달리, 가장 간단한 산술 연산은 8비트 영상의 경우, 최대 그레이 레벨에서 감산하여 각 화소의 값을 다음과 같이 반전시키는 것이다.

$$I'(x, y) = 255 - I(x, y) \tag{3.13}$$

결과적으로 입력 영상의 사진 네거티브처럼 보이는 영상이 생성된다. 그레이 레벨 반전의 예가 그림 3.9에 나와 있으며, 여기서 5 × 5 창의 입력 및 출력 그레

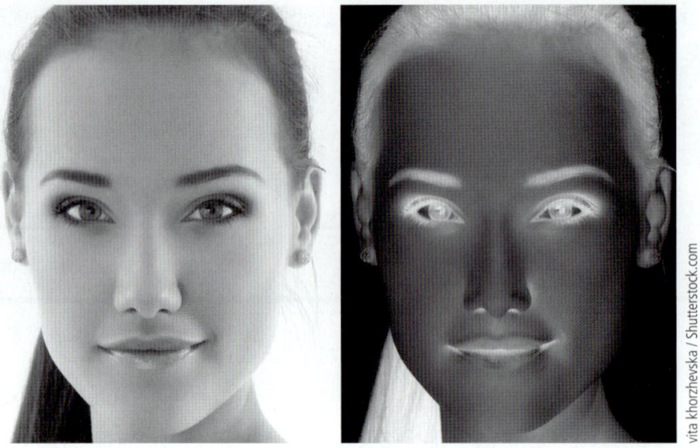

그림 3.9 8비트 그레이 스케일 영상(왼쪽), 255에서 각 화소를 빼서 얻은 반전된 영상(오른쪽).

이 레벨이 다음과 같다.

$$\begin{bmatrix} 7 & 21 & 25 & 38 & 76 \\ 27 & 45 & 58 & 88 & 155 \\ 28 & 46 & 96 & 163 & 216 \\ 40 & 55 & 123 & 216 & 226 \\ 42 & 55 & 94 & 173 & 201 \end{bmatrix} \xrightarrow{\text{그레이 레벨 반전}} \begin{bmatrix} 248 & 234 & 230 & 217 & 179 \\ 228 & 210 & 197 & 167 & 100 \\ 227 & 209 & 159 & 92 & 39 \\ 215 & 200 & 132 & 39 & 29 \\ 213 & 200 & 161 & 82 & 54 \end{bmatrix}$$

각 화소에 대해 입력 및 출력 값의 합은 255이다. 또 다른 산술 연산은 각 화소 값에 상수, 예를 들어 b를 더하는 것이다.

$$I'(x, y) = I(x, y) + b \tag{3.14}$$

어두운 영상을 밝게 하는 한 가지 방법이다. 만일 I'이 부동 소수점 또는 정수 값 영상이면 우리는 더 이상 말할 것도 없다. 그러나 각 화소에 대해 한정된 비트 수의 그레이 레벨 영상의 경우, **오버플로** 가능성에 주의해야 한다. 이것은 결과가 너무 커서 해당 비트에 맞지 않을 때 발생한다. 예를 들어 값이 200인 8비트 화소에 75를 더하면 화소의 저장 용량을 초과하는 값인 275가 된다. 이 문제에 대한 해결책은 결과를 가장 가까운 유효 값으로 **클램프**하여 $200 + 75 = 255$로 하는 **포화 산술**(sataration arithmetic)을 사용하는 것이다. 이것은 + 기호가 포화 덧셈으로 해석되는 경우에만 유효하다. 결과적으로 255보다 큰 값이 저장되지 않도록 다음과 같이 여분의 테스트를 추가한 것이다.

$$I'(x, y) = \min(I(x, y) + b, 255) \tag{3.15}$$

또한 b가 음수가 되도록 허용된 경우(영상이 어두워지는 경우), 음수적 결과가 0으로 고정되도록 여분의 테스트가 필요하다. b의 부호가 미리 알려지지 않은 일반적인 경우를 처리하려면 양쪽 끝에서 클램핑이 일어나야 한다.

$$I'(x, y) = \min(\max(I(x, y) + b, 0), 255) \tag{3.16}$$

포화 산술(saturation arithmetic)을 사용하면, 덧셈과 뺄셈이 반드시 서로 반전되는 것은 아니다.

예제 3.2 포화 산술을 사용하여 다음 3×3 그레이 스케일 영상에 100 또는 -100을 더한 결과를 계산하시오.

$$I = \begin{bmatrix} 216 & 171 & 174 \\ 134 & 214 & 97 \\ 52 & 5 & 212 \end{bmatrix}$$

풀이 $b = 100$의 경우, 각 화소에 100을 더하고 결과를 255로 고정한다. $b = -100$의 경우, 각 화소에서 100을 빼고 결과를 0으로 고정한다.

$$I + 100 = \begin{bmatrix} 255 & 255 & 255 \\ 255 & 255 & 197 \\ 152 & 105 & 255 \end{bmatrix}$$

$$I - 100 = \begin{bmatrix} 116 & 71 & 74 \\ 34 & 114 & 0 \\ 0 & 0 & 112 \end{bmatrix}$$

영상을 밝게 하거나 어둡게 하는 또 다른 방법은 각 화소에 양수 값을 곱하는 것이다.

$$I'(x, y) = cI(x, y) \tag{3.17}$$

여기서 $c > 0$은 상수이다. 이전과 마찬가지로, 저장을 위해 허용된 비트 수를 초과하는 결과를 방지하기 위해 최소값, 즉 $I'(x, y) = \min(cI(x, y), 255)$를 적용해야 한다. 또한 c가 부동 소수점 값이고, I'이 그레이 레벨 영상인 경우, 저장하기 전에 결과를 가장 가까운 정수로 반올림해야 한다.

곱셈과 덧셈을 결합하면 다음 변형이 만들어진다.

$$I'(x, y) = cI(x, y) + b \tag{3.18}$$

여기서 상수 c는 **게인**(gain)이라고 부르며, b는 **바이어스**(bias)이라고 부른다. 이전 장에서 표준 TV 또는 컴퓨터 모니터에는 **대비**(contrast) 및 **블랙레벨**(또

그림 3.10 게인 혹은 바이어스를 적용하여 영상 품질 개선. 왼쪽에서 오른쪽: 원 영상, 상수(b = 60)를 더하여 밝게 된 영상, 상수를 곱하여(c = 2.5) 높은 대조의 영상. 소오스: Movie Hoop Dreams

는 밝기)이라고 하는 두 개의 컨트롤이 있음을 상기하라.[1] 수학적으로 게인–바이어스 변환은 대비 및 블랙레벨(blacklevel) 컨트롤의 것과 동일하며, 식 (3.18)과 식 (2.13)을 비교하면 알 수 있다. b는 블랙레벨을 지배하는 반면, c는 대비의 역할을 한다. 이 두 매개 변수는 함께 어두운 영상의 전체적인 그레이 레벨과 대비를 증가시키는 데 유용하다.

그림 3.10은 알고리즘 3.6에 제시된 의사 코드를 사용하여 영상에 게인 및 바이어스를 적용한 결과를 보여준다. 수식에 함축된 곱셈은 실제 코드의 모양을 더 잘 반영하기 위해 의사 코드에서 별표 (*) 기호를 사용하여 명시적으로 나타낸다. 또한, 덧셈과 곱셈은 각각 $c = 1$과 $b = 0$일 때, 이 절차의 특별한 경우이다. 그레이 스케일 반전은 또한 $b = 255$ 및 $c = -1$일 때 특수한 경우 이지만, 이 경우 반올림 및 포화 산술이 필요하지 않으므로 절차가 단순화될 수 있다.

예제 3.3

포화 산술을 사용하여 $b = 50$ 및 $c = 2$ 인 경우, 다음 3 × 3 그레이 스케일 영상에 알고리즘 3.6의 출력을 계산하시오.

$$I = \begin{bmatrix} 216 & 171 & 174 \\ 134 & 214 & 97 \\ 52 & 5 & 212 \end{bmatrix}$$

풀이

각 화소에 대해 간단히 값에 c를 곱하고, b를 더한 다음 결과를 클램프한다.

$$\text{LYGAINANDBIAS}(I, 50, 2) = \begin{bmatrix} 255 & 255 & 255 \\ 255 & 255 & 244 \\ 154 & 60 & 255 \end{bmatrix}$$

1 2.3.2절 (p. 52)

알고리즘 3.6 포화 산술을 사용하여 그레이 스케일 영상에 게인과 바이어스를 적용하기

```
ApplyGainAndBias(I, b, c)

Input:  grayscale image I, constants b, c
Output: grayscale image I′ with increased brightness and contrast
for (x, y) ∈ I do
    I′(x, y) ← Min(Max(Round(I(x, y)*c + b), 0), 255)
return I′
```

3.2.2 선형 대비 늘이기

밀접하게 관련된 변환은 선형 함수에 따라 입력 영상의 $g_{\min}$과 $g_{\max}$ 사이의 그레이 레벨을 출력 영상의 그레이 레벨 $g'_{\min}$ 및 $g'_{\max}$에 매핑하는 선분을 명시한다. **선형 대비 늘이기**(linear contrast stretch)라고 하는 이 변환은 다음과 같다.

$$I'(x, y) = \frac{g'_{\max} - g'_{\min}}{g_{\max} - g_{\min}}(I(x, y) - g_{\min}) + g'_{\min} \qquad (3.19)$$

최소 입력 값이 최소 출력 값에 매핑된다는 것을 쉽게 확인할 수 있다. 즉, $I(x, y) = g_{\min}$은 $I'(x, y) = g'_{\min}$에 매핑된다. 마찬가지로, 최대 입력 값은 최대 출력 값에 매핑된다. 즉, $I(x, y) = g_{\max}$는 $I'(x, y) = g'_{\max}$를 산출한다. 결과적으로, 입력 영상의 일부 값이 $g_{\min}$보다 작거나 $g_{\max}$보다 크면 $\min(\max(\cdot, g'_{\min}), g'_{\max})$를 사용하여 식 (3.19)의 출력을 클램핑해야 한다.

선형 대비 늘이기의 널리 사용되는 응용 중 하나는 정수 값 또는 부동 소수점 영상을 표시하는 것이다. 대부분의 디스플레이는 모든 색상 채널에 대해 화소 값이 0에서 255 사이여야 한다. 따라서 출력 대비를 극대화하기 위해 일반적으로 $g'_{\min} = 0$ 및 $g'_{\max} = 255$를 설정하여 전체 출력 범위를 활용한다. 이 경우 수식 (3.19)은 다음과 같이 단순화된다.

$$I'(x, y) = \text{Round}\left(255 \cdot \frac{I(x, y) - g_{\min}}{g_{\max} - g_{\min}}\right) \qquad (3.20)$$

여기서 $g_{\min}$과 $g_{\max}$는 영상의 최소값과 최대값이며, 반올림은 명확하게 하기 위해 포함되었다. (종종 부동 소수점 값은 0.0과 1.0 사이이다.) 이 방정식은 $c = 255/(g_{\max} - g_{\min})$ 및 $b = -255 * g_{\min}/(g_{\max} - g_{\min})$ 이면, 식 (3.18)의 게인-바이어스 변환과 동일하다는 것을 쉽게 알 수 있다.

이러한 선분을 여러 개 결합하여 만든 **구분 선형 대비 늘이기**(piecewise linear

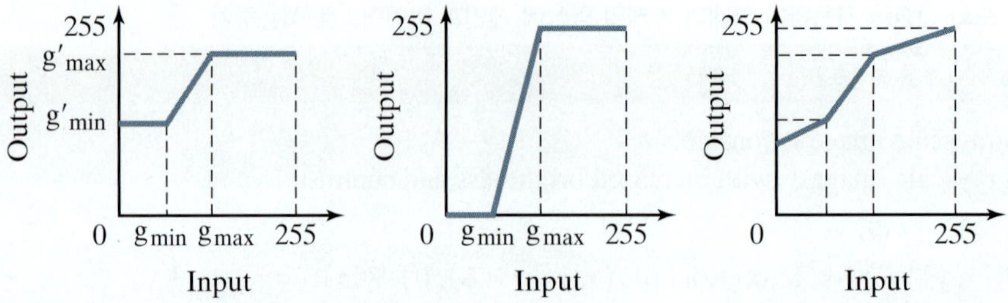

그림 3.11 왼쪽: 선형 대조 스트레칭은 $g_{\min}$과 $g_{\max}$ 모든 그레이 레벨을 $g'_{\min}$과 $g'_{\max}$범위로 매핑한다. 중간: 만일 $g'_{\min}=0$이고 $g'_{\max}=255$이면, 모든 출력의 범위가 사용되었다. 구분 선형 대조 스트레칭(piecewise liner streching)은 어떤 그레이 레벨 변환도 임의의 정밀도로 모델할 수 있다.

contrast stretch)는 충분한 선분이 주어지면 임의의 정밀도로 임의의 그레이 레벨 변환을 모델링할 수 있다. 그림 3.11은 선형 대비 늘이기와 구분 선형 대비 늘이기를 보여준다.

예제 3.4

그림 3.12의 구분 선형 대비 늘이기를 다음 3 × 3 그레이 레벨 영상에 적용한다.

$$\begin{bmatrix} 73 & 56 & 3 \\ 15 & 188 & 239 \\ 82 & 45 & 64 \end{bmatrix}$$

풀이

그림에서 우리는 매핑이 3개의 선형 세그먼트를 포함하고 있음을 알 수 있다. 첫 번째 세그먼트에서 50 미만의 값은 100으로 매핑한다. 두 번째 세그먼트에서 50과 100 사이의 값은 100에서 200 범위에 선형으로 매핑한다. 세 번째 세그먼트에서 100과 255 사이의 값은 200에서 255 범위로 선형 매핑한다. 이 값을 식 (3.19)에 대입하면 다음과 같이 나타낼 수 있다.

$$I'(x,y) = \begin{cases} 100 & \text{if } I(x,y) \le 50 \\ 2(I(x,y) - 50) + 100 & \text{if } 50 < I(x,y) \le 100 \\ \frac{55}{155}(I(x,y) - 100) + 200 & \text{if } 100 < I(x,y) \end{cases} \tag{3.21}$$

예를 들어 값 64는 두 번째 범주에 속하므로 $2(64-50)+100=128$에 매핑된다. 값 188은 세 번째 범주에 속하며 $(55/155)\cdot 88+200=231$에 매핑된다. (반올림한 후). 동일한 절차를 다른 값들에 적용하면 다음 출력 영상이 생성된다.

$$\begin{bmatrix} 146 & 112 & 100 \\ 100 & 231 & 249 \\ 164 & 100 & 128 \end{bmatrix}$$

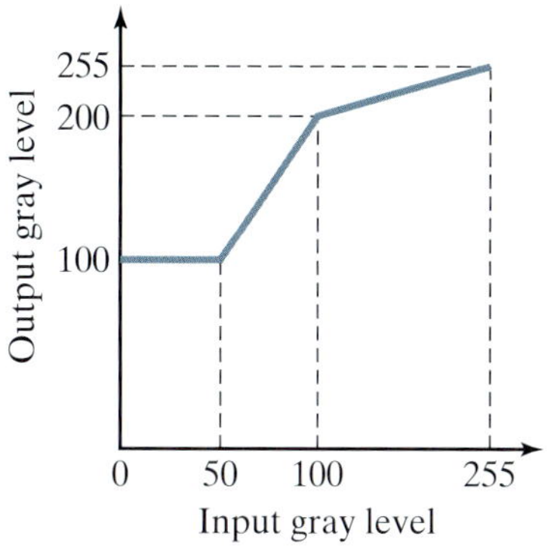

그림 3.12 구분 선형 그레이 레벨 매핑의 예.

3.2.3 분석적 변환

산술 연산 외에도 그레이 레벨 변환은 그림 3.13과 같이 로그 함수, 지수 함수 또는 멱함수와 같은 **분석 함수**(analytic function)를 사용하여 명시할 수 있다.

$$I'(x, y) = \log(I(x, y)) \tag{3.22}$$

$$I'(x, y) = \exp(I(x, y)) \tag{3.23}$$

$$I'(x, y) = (I(x, y))^{\gamma} \tag{3.24}$$

여기서 γ는 음이 아닌 실수이고, 필요한 반올림 및 클램핑은 간략을 위해 생략되었다. 로그는 푸리에 변환의 크기와 같은 높은 동적 범위의 영상을 작은 비트 깊이(일반적으로 화소 당 8 비트)의 그레이 레벨 영상으로 압축하는 데 유용하다. 지수는 로그의 역이다. 이전 장에서 보았듯이 멱함수는 감마 함수라고도 하며, 감마 확장($\gamma > 1$) 또는 감마 압축($\gamma < 1$)에 유용하다. 대부분의 그레이 스케일 영상은 이미 감마 압축되어 있다. 이 경우 감마 압축 효과를 반전하여 영상을 다시 휘도 맵(radiance map)으로 변환할 수 있다. 반면 영상이 원시 형식인 경우, 감마 압축을 사용하여 휘도 맵을 지각적으로 균일한 그레이 스케일 영상으로 압축할 수 있다.

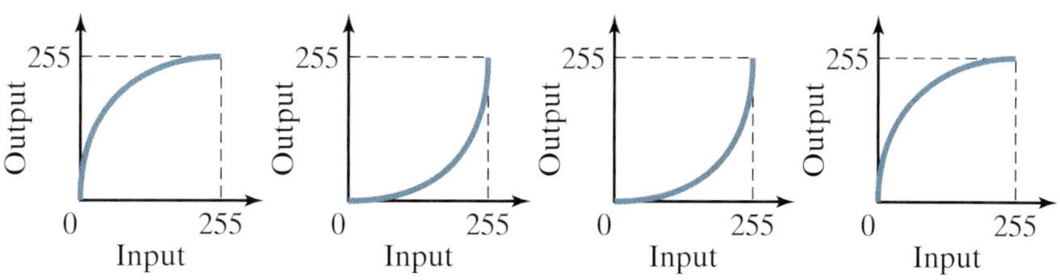

그림 3.13 해석적 그레이 레벨 매핑. 왼쪽에서 오른쪽: 로그, 지수, 감마 확장($\gamma = 2$)과 감마 압축($\gamma = 0.5$). 모든 변환들은 단조적으로 감소하지 않는다.

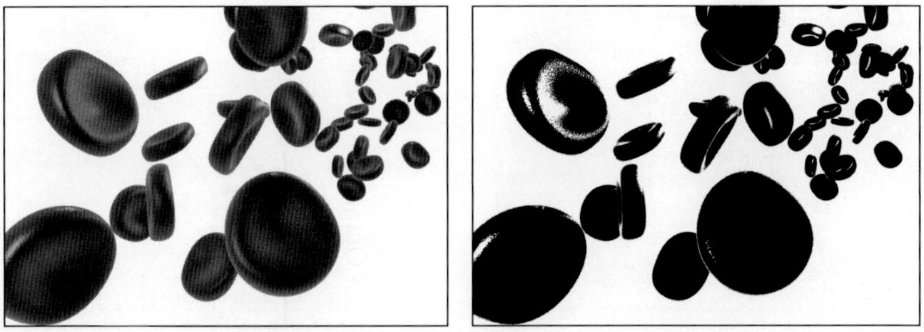

그림 3.14 8비트 그레이 스케일 영상(왼쪽), 임계치 $\tau = 150$으로 해서 얻은 이진 영상(오른쪽).

3.2.4 임계치 적용

또 다른 중요한 그레이 레벨 변환은 **임계치 적용**(thresholding)이다. 임계치 적용은 그레이 스케일 영상을 사용하여, 입력 그레이 레벨이 특정 임계치보다 높으면 1로 설정하고, 그렇지 않으면 0으로 설정한다.

$$I'(x, y) = \begin{cases} 1 & \text{if } I(x, y) > \tau \\ 0 & \text{otherwise} \end{cases} \tag{3.25}$$

여기서 τ는 임계치이다. 결과는 그림 3.14와 같이 일부 영상의 배경에서 전경 객체를 분리하는 이진 영상이다. 관례에 따라, 전경 화소는 ON 또는 1로 표시되며, 배경 화소는 OFF 되어 있거나 0으로 표시된다. 임계치 적용은 이진 영상을 출력으로 생성하므로 **이진화**(binarization)라고도 한다. 이진 영상을 저장하기 위해서는 화소 당 오직 한 비트만 있으면 되지만, 화소 당 1 바이트를 사용하고, 0이 아닌 출력 값을 1 대신 255로 설정하여 출력을 그레이 스케일 영상으로 저장하는 것이 더 편리하다. 이 방법은 스케일링없이 출력을 표시할 수 있고, 또한 각 화소의 모든 비트가 서로 일치해 마스킹에 사용할 수 있는 비트 마스크를 생성한다는 이점이 있다.

3.2.5 다른 변환

언급할 만한 몇 가지 다른 변환이 있다. **밀도 슬라이스**(density slicing) (또는 그레이 레벨 슬라이스 또는 밝기 슬라이스)는 특정 범위 내의 모든 그레이 레벨을 특정 값으로 지정한다. 예를 들어, 128과 164 사이의 모든 그레이 레벨은 255로 매핑 될 수 있다. 그림 3.15는 두 가지 버전의 밀도 슬라이싱을 보여준다. 하나는 이 범위 밖의 모든 그레이 레벨이 검은색(제로)으로 매핑되고, 다른 하나는 이 범위 바깥의 모든 그레이 레벨이 변경되지 않는 것이다.

어느 쪽이든, 밀도 슬라이스는 영상에서 비교적 좁은 범위의 값을 생성하는

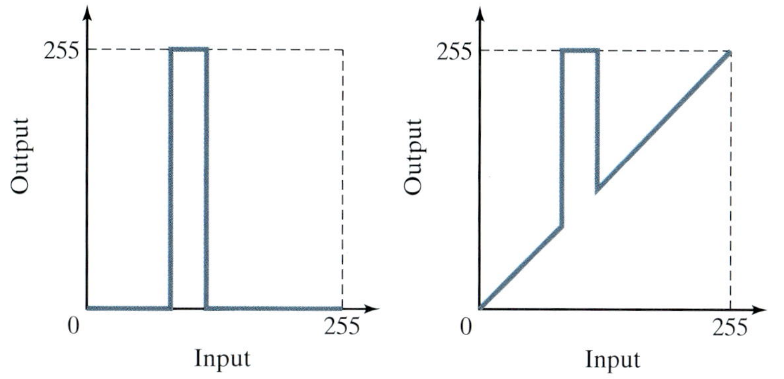

그림 3.15 밀도 슬라이싱은 입력 그레이 레벨의 범위를 특정한 출력 그레이 레벨로 매핑한다. 모든 다른 입력 0으로 매핑(왼쪽)되거나 변화가 없다(오른쪽).

일부 관심 특징을 강조하는 유용한 방법이다. 만일 여러 특징이 겹치지 않는 범위를 여러 개 생성하는 경우, 여러 슬라이스를 결합할 수 있으므로 한 범위 내의 모든 그레이 레벨은 하나의 값으로 매핑되지만, 다른 범위의 모든 그레이 레벨은 다른 값으로 매핑된다. 다음 절에서 밀도 슬라이스 예제를 보게될 것이다.

양자화(quantization)는 하나 이상의 하위 비트를 삭제하는 그림 3.16에 표시된 계단 함수이며, 계단 수가 2^b와 같다. 여기서 b는 보유된 화소 당 비트 수이다. 상위 비트는 일반적으로 하위 비트보다 유용한 정보를 포함하기 때문에 양자화는 인식할 수 있는 범위에서 영상의 저장 공간 요구 사항을 줄이는 쉬운 방법이다. 예를 들어, 화소 당 8비트 영상에서 값이 163(즉, 2 진수로 10100011)인 화소는 화소 당 6비트 영상에서 160(즉, 2 진수로는 10100000)으로 저장할 수 있다.

일부 정보가 손실되었지만 160은 일부 목적에 대해 인식 가능성이 크게 영향을 받지 않을 정도로 유사하다. 그러나 너무 많은 양자화는 영상의 품질을 심각하게 저하시킬 수 있으며, 어쨌든 높은 압축률을 달성하는 더 좋은 방법이 있으므로 양자화을 신중하게 사용해야 한다. 다양한 수준의 양자화를 갖는 영상의 예가 그림 3.17에 나와 있다.

그림 3.16 양자화는 계단 함수를 이용하여 낮은 차수의 비트를 버린다. 계단의 수는 유지할 비트수에 의해 결정된다. 오른쪽에서 왼쪽: 단지 1비트만 유지된다. 어두운 부분(128보다 작은)은 0으로 매핑된다. 밝은 부분(127보다 큰)은 128(이진:10000000)로 매핑된다. 2비트가 유지되려면 0, 64, 128 혹은 192로 매핑된다, 3비트를 유지하려면 모든 그레이 레벨은 0, 32, 64, 96, 128, 160, 192 혹은 224로 매핑된다. 모든 8비트가 유지되려면 양자화가 없다(항등함수).

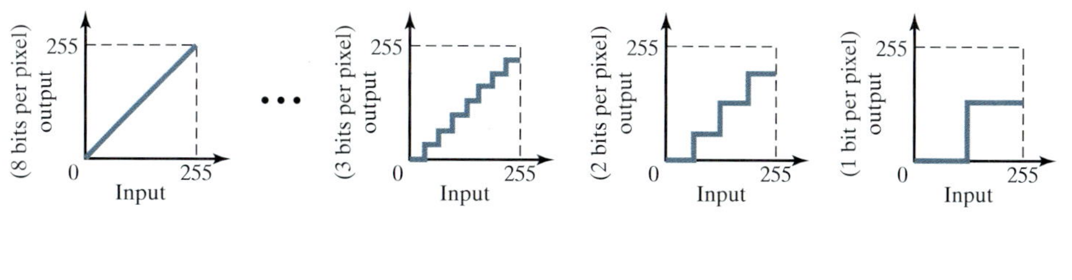

그림 3.17 왼쪽에서 오른쪽 위에서 아래: 소화전 8비트 원 영상과 7, 6, 5, 4, 3, 2, 그리고 1 비트로 양자화 된 버전. 화소 당 3비트로도 영상은 볼만하다.

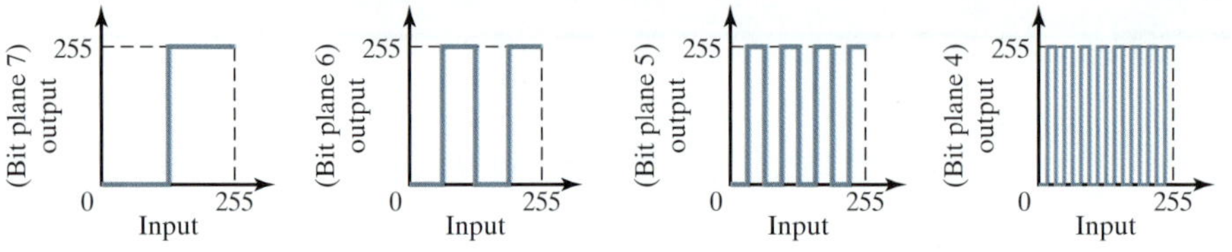

그림 3.18 4개의 높은 차 비트 플레인을 위한 비트–플레인 슬라이싱 변환. 비트 플레인 7에 대한 변환은 스케일링과 무관하게, 127로 임계치화 한 것과 같다.

비트 평면 슬라이싱(bit-plane slicing)은 때로는 그레이 레벨 변환에서 언급되는 또 다른 변환이다. 비트 평면은 각 화소에서 값이 원본 영상의 해당 화소의 해당 비트와 동일한 이진 영상이다. 결과적으로, 비트 평면의 수는 화소 당 비트 수와 동일하다. 관행에 따라, 이러한 비트 평면은 $0 \sim b-1$이라고 하며, 여기서 b는 화소 당 비트 수이다. 비트 평면 0은 최하위 비트와 연관되고, 비트 평면 1은 두 번째로 낮은 순서 비트와 연관되는 식으로 계속된다. 최상위 비트는 비트 평면 $(b-1)$에 해당된다. 화소 당 8 비트($b=8$) 영상의 경우, 모든 화소의 최상위 비트가 비트 평면 7에 저장된다.

그림 3.18은 비트 평면 $4 \sim 7$(즉, 4개의 최상위 비트)에 대한 변환을 보여주며, 그림 3.19는 영상의 비트 평면 슬라이스들을 보여준다. 비트 평면 7은

그림 3.19 왼쪽에서 오른쪽 위에서 아래: 소화전에 대한 비트 플레인 7, 6, 5, 4, 3, 2, 1, 그리고 0. 높은 차의 비트 플레인은 원 영상과 닮았다. 하지만 낮은 차의 비트 플레인은 잡음과 같다. 비트 플레인 7은 화소당 1비트로 양자화한 것과 동일하다. 가장 높은 4개의 비트 플레인으로 재 구성한 영상이 그림 3.17의 좌측 아래에 보인다.

$\tau = 127$로 영상을 임계화하고 255로 곱한 결과와 동일하며, 하위 비트 평면은 잡음과 유사하다. 비트 평면은 자체로서는 그다지 유용하지 않지만 영상을 표현할 수 있는 경우가 많다. 고차원 비트 평면을 유지하면서 하위 양자화된 비트 평면을 폐기함으로써 충실하게 영상을 재현할 수 있다. 이는 효과적인 양자화이다.

3.2.6 룩업 테이블

동일한 변환을 여러 번 수행해야 하는 경우, 변환을 미리 계산하여 **룩업 테이블**(LUT)로 저장하는 것이 계산상 효율적이다. 룩업 테이블은 입력 그레이 레벨에 대한 출력 그레이 레벨을 지정하는 배열이다. 영상을 변환하려면, 룩업 테이블에서 적절한 출력 값을 검색하기만 하면 된다.

$$I'(x, y) = lut[I(x, y)] \tag{3.26}$$

여기서 lut은 256 바이트의 1차원 배열이고(8비트 영상을 입력으로 가정 함), 대괄호 연산자는 배열의 요소를 선택하는 데 사용된다. 모든 이산 그레이 레벨 변환은 LUT를 사용하여 구현할 수 있다.

3.3 그레이 레벨 히스토그램

히스토그램은 모든 유형의 데이터 통계를 캡처하는 간단하면서도 강력한 기술이다. 데이터가 있는 공간은 빈(bins)로 나뉘며, 히스토그램은 각 빈의 발생 횟수를 기록한다. 이 책 전체에서 우리는 다양한 종류의 히스토그램을 접하게 될 것이지만, 이 절에서는 영상의 **그레이 레벨 히스토그램**(graylevel histogram)에 초점을 맞춘다. 그레이 레벨들이 존재하는 공간은 이산 값 집합 $\{0, 1, \ldots, 255\}$이고, 이 공간은 각 그레이 레벨에 대해 하나씩 256개의 빈으로 분할된다. 그레이 레벨 히스토그램은 각 그레이 레벨에 대해 그 값을 갖는 화소의 수를 저장하는 1차원 배열이다. n_ℓ이 그레이 레벨 ℓ을 가진 영상의 화소 수이면, 히스토그램 h는 다음에 의해 지정된 256개의 값을 갖는 배열이다.

$$h[\ell] = n_\ell, \quad \ell = 0, \ldots, 255$$

그레이 레벨 히스토그램은 어떤 그레이 레벨이 발생한 위치 정보가 아닌 그레이 레벨만 캡처하는 영상 데이터의 요약으로 볼 수 있다. 즉, 모든 공간 정보가 삭제된다. 알고리즘 3.7에서 볼 수 있듯이, 영상의 그레이 레벨 히스토그램 계산은 간단하다. 배열의 각 요소를 0으로 초기화한 후, 영상의 모든 화소를 방문하

알고리즘 3.7 영상의 그레이 레벨 히스토그램을 계산

```
ComputeHistogram(I)

Input:  grayscale image I
Output: graylevel histogram h

for ℓ ← 0 to 255 do
    h[ℓ] ← 0
for (x, y) ∈ I do
    h[I(x, y)] ←+ 1                    ➤ h[I(x,y)] ← h[I(x,y)] + 1
return h
```

알고리즘 3.8 영상의 정규화된 그레이 레벨 히스토그램을 계산

```
ComputeNormalizedHistogram(I)

Input:  grayscale image I
Output: normalized graylevel histogram h̄

h ← ComputeHistogram(I)
n ← width * height
for ℓ ← 0 to 255 do
    h̄[ℓ] ← h[ℓ]/n
return h̄
```

고 특정 그레이 레벨이 발생할 때마다 배열의 해당 요소가 증가한다. 절차가 완료되면 배열의 각 요소는 해당 특정 그레이 레벨에 대한 화소 수를 저장한다.

정규화된 히스토그램(normalized histogram) $\bar{h}[\ell]$는 히스토그램으로부터 간단히 각 값은 영상의 총 화소 수로 나눔으로 나타낸다. 즉, 만일 $n = width \cdot height$이라면 $\bar{h}[\ell] = h[\ell]/n$, $\ell = 0, \ldots, 255$이다. 정규화된 막대 그래프는 **확률 밀도 함수**(PDF)로 영상에서 무작위로 선택한 화소가 특정 그레이 레벨을 가질 확률이다. 그래서 $\sum_{\ell=0}^{255} \bar{h}[\ell] = 1$이다. $h[\ell]$은 정수이지만 $\bar{h}[\ell]$는 부동 소수점 값이다. 알고리즘 3.8에서 볼 수 있듯이, 정규화된 히스토그램의 계산에는 영상을 통과하는 단일 패스가 필요하다.

예제 3.5

다음 4 × 3의 3비트 그레이 레벨 영상의 히스토그램 및 정규화된 히스토그램을 계산하시오.

$$I = \begin{bmatrix} 7 & 4 & 2 & 0 \\ 4 & 2 & 4 & 5 \\ 3 & 3 & 5 & 6 \end{bmatrix}$$

풀이 3 비트 영상이기 때문에 $2^3 = 8$개의 가능한 그레이 레벨만 있다. 히스토그램을 계산하기 위해 영상의 각 그레이 레벨이 나타나는 횟수를 계산한다. 값 0은 한 번 나타나고, 1은 전혀 나타나지 않고, 2는 두 번 나타나고, 3은 두 번 나타나고, 4는 세 번 나타난다. 정규화된 히스토그램을 계산하려면 히스토그램의 각 값을 영상의 총 화소 수 (이 경우 $4 \times 3 = 12$)로 나눈다.

$$\text{결과 히스토그램: } h = [1\ 0\ 2\ 2\ 3\ 2\ 1\ 1]$$

$$\text{정규화된 히스토그램: } \bar{h} = [0.083\ 0.00\ 0.167\ 0.167\ 0.250\ 0.167\ 0.083\ 0.083]$$

3.3.1 히스토그램 해석

그레이 레벨 히스토그램은 영상의 통계적 속성을 시각화하는 쉬운 방법을 제공한다. 예를 들어 너무 어둡게된 영상의 히스토그램은 색인이 작은 빈의 값이 크고 색인이 큰 빈의 값이 작다. 반대로 너무 밝으면 영상의 히스토그램이 반대가 된다. 영상의 노출이 과다하면 많은 수의 화소가 255로 포화되어 $h[255]$의 히스토그램에서 큰 스파이크로 표시된다. 영상의 콘트라스트가 낮으면 히스토그램의 모든 값이 비교적 좁은 범위에 집중되는 반면, 콘트라스트가 강한 영상은 전체 범위에 걸쳐 값이 분산된다. 영상 및 히스토그램의 몇 가지 예가 그림 3.20에 나와 있다.

3.3.2 히스토그램 균일화

저 대비 영상의 대비를 높이려면, 허용되는 값 범위에서 영상의 화소 값을 보다 균등하게 분배해야 한다. 이전 절에서 이 효과를 얻기 위해 두 가지 방법, 즉 게인-바이어스 수정 및 선형 대비 스트레칭을 보았다. 이 방법들의 단점은 누군가 변환의 매개 변수를 수동으로 지정해야 한다. 이 절에서는 **히스토그램 균일화**

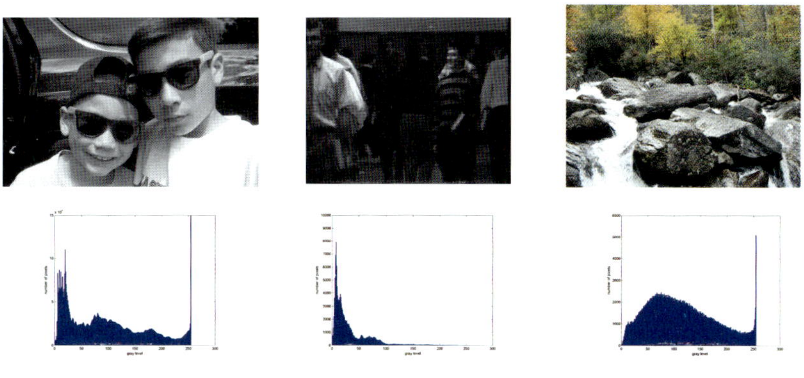

Stan Birchfield, Source: Movie Hoop Dreams, Jessica Birchfield

그림 3.20 영상과 그 히스토그램. 왼쪽에서 오른쪽: 높은 대조와 많은 어둡고 밝은 화소로 구성된 영상, 낮은 대조를 가진 어두운 영상, 좋은 노출을 가진 높은 대조의 다른 영상. 처음과 마지막 영상에서 255에 스파이크는 화소의 포화를 나타낸다.

알고리즘 3.9 영상에 히스토그램 균일화 수행

```
HistogramEqualize(I)

Input:  grayscale image I
Output: histogram-equalized grayscale image I′ with increased contrast
h̄ ← ComputeNormalizedHistogram(I)
c̄ ← RunningSum(h̄)
for (x, y) ∈ I do
      I′(x, y) ← Round(255 * c̄[I(x, y)])
return I′
```

```
RunningSum(a)

Input:  1D array a of length values
Output: 1D running sum s of array
s[0] ← a[0]
for k ← 1 to length − 1 do
      s[k] ← s[k − 1] + a[k]
return s
```

라고 하는 대체 방법을 고려한다. 이 방법은 완전 자동이며 구현이 매우 간단하고 매개 변수가 필요하지 않다.

히스토그램 균일화는 먼저 PDF(정규화된 막대 그래프로 캡처됨) 히스토그램의 **누적 합계**를 계산하여 **누적 분포 함수**(CDF)로 변환한다.

$$\bar{c}[\ell] = \sum_{k=0}^{\ell} \bar{h}[k], \quad \ell = 0, \ldots, 255 \tag{3.27}$$

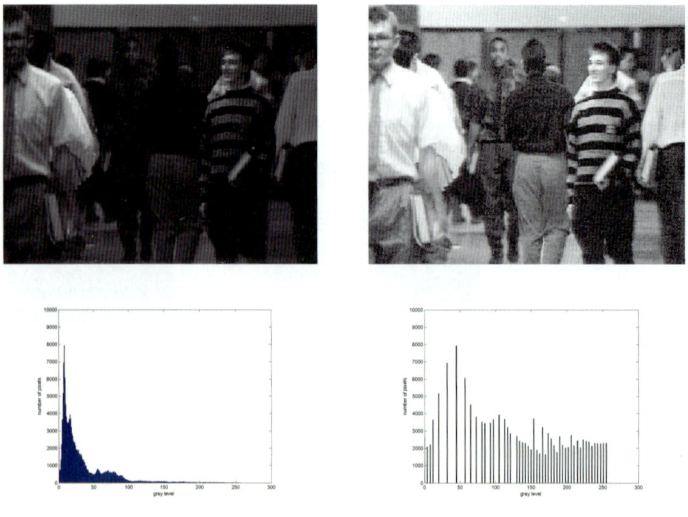

그림 3.21 영상에 적용된 히스토그램 균일화. 대조의 증가를 감지할 수 있다. 결과의 정규화 히스토그램은 원 히스토그램보다 평탄하다. 이산화 현상으로 완전히 평탄한 것은 아니다. 출처: Move Hoop Dreams.

합계는 $\bar{c}[0]=\bar{h}[0]$에 따라 배열의 첫 번째 요소를 초기화한 다음, 각 그레이 레벨 ℓ에 대해 $\bar{c}[\ell]=\bar{c}[\ell-1]+\bar{h}[\ell]$을 업데이트하여 효율적으로 계산할 수 있다. 일단 CDF가 계산되면, 그레이 레벨을 갖는 화소는 $\ell'=\text{ROUND}(255 \cdot \bar{c}[\ell])$이 된다. 이 알고리즘은 알고리즘 3.9에 나와 있는 것처럼 간단하며 그림 3.21에 그 예가 나와 있다. PDF의 적분은 항상 1이기 때문에 CDF는 항상 가장 큰 값이 1로 평가되므로 $\bar{c}[255]=1$이 된다. 결과적으로 출력 ℓ'은 원하는 대로 0에서 255 사이의 범위에 있다.

예제 3.6 예제 3.5의 영상에 히스토그램 균일화를 수행하시오.

풀이 영상의 정규화된 히스토그램은 이전 예제에 의해 주어졌다.

$$\bar{h}=[0.083 \quad 0.00 \quad 0.167 \quad 0.167 \quad 0.250 \quad 0.167 \quad 0.083 \quad 0.083]$$

누적 히스토그램은 정규화된 히스토그램의 누적 합계를 계산하여 얻는다.

$$\bar{c}=[0.083 \quad 0.083 \quad 0.250 \quad 0.417 \quad 0.667 \quad 0.834 \quad 0.917 \quad 1.00]$$

이것은 3 비트 영상이기 때문에 최대 그레이 레벨은 $ngray=2^3 . 1=7$이므로 입력에서 출력 그레이 레벨까지의 매핑은 $\text{ROUND}(7 \cdot \bar{c}[\ell])$에 의해 결정된다. 예를 들어, 그레이 레벨 2는 $\text{ROUND}(7 \cdot 0.250)=\text{ROUND}(1.75)=2$에 매핑되고, 그레이 레벨 4는 $\text{ROUND}(7 \cdot 0.667)=\text{ROUND}(4.67)=5$에 매핑된다. 결과적으로 다음 매핑이 생성된다. $0 \to 1$, $1 \to 1$, $2 \to 2$, $3 \to 3$, $4 \to 5$, $5 \to 6$, $6 \to 6$, $7 \to 7$. 그리고 다음 결과가 된다.

$$\begin{bmatrix} 7 & 4 & 2 \\ 4 & 2 & 4 \\ 3 & 3 & 5 \end{bmatrix} \xrightarrow{\text{히스토그램 균일화}} \begin{bmatrix} 7 & 5 & 2 \\ 5 & 2 & 5 \\ 3 & 3 & 6 \end{bmatrix}$$

왜 이런 간단한 알고리즘이 효과가 있는가? 다른 말로하면, HistogramEqualize에서 4행(알고리즘의 핵심)은 무엇을 하나? 직관을 얻으려면, 그림 3.22에 표시된 예에서 그레이 레벨은 단순화를 위해 연속적이라고 가정한다. 화소의 연속성을 강조하기 위해, ℓ 대신에 z를 사용한다. 출력 영상의 그레이 레벨의 정규화된 히스토그램인 원하는 PDF $p'(z)$는 평탄해야 한다.

즉, 상수 δ가 주어지면, $\int_{a'}^{a'+\delta} p'(z)\,dz$값은 임의의 그레이 레벨 a'에 대해 동일해야 한다. 알고리즘은 원래 히스토그램의 CDF $q(z)$를 사용하여 그레이 레

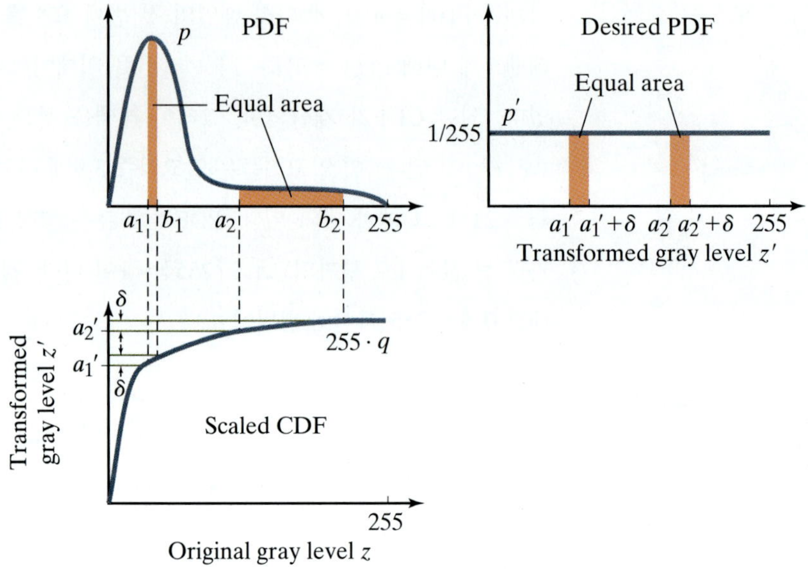

그림 3.22 왜 히스토그램 균일화가 작동하는가. 이 예에서, 원 영상의 히스토그램은 낮은 화소에 몰려있다. 만일 CDF가 이전 그레이 레벨로부터 새 그레이 레벨로 매핑이라면, 새 PDF는 평평하다. 따라서 모든 그레이 레벨의 가중치가 동등하다. 이것은 새 히스토그램에서 폭 간격은 원 영상에서 같은 화소의 수($\delta/255$)를 캡처하기 때문이다. 이 예에서 오랜지 영역은 동일하다. 이산화 효과가 이 설명에서는 무시되었다.

벨을 변환하기 때문에 이 변환은 그림의 왼쪽 아래 플롯에서 시각화되며, 수평 축을 따라 그레이 레벨 z는 수직 축의 새로운 그레이 레벨 $z' = 255 \cdot q(z)$로 변환된다. q는 p의 적분이므로 δ의 출력 간격에 해당하는 모든 간격에 대한 PDF 아래 영역은 $\int_{q^{-1}(a')}^{q^{-1}(a'+\delta)} p(z)\,dz = q(q^{-1}(a'+\delta)) - q(q^{-1}(a')) = a' + \delta - a' = \delta$이다. 즉, 새 PDF 축을 따라 동일한 간격으로 놓인 폭 δ의 간격은 원본 PDF에서 동일한 수의 화소를 캡처한다. 따라서 CDF는 같은 수의 화소가 출력에서 동일한 공간의 간격에 기여하도록 하는 간단한 방법을 제공한다. 물론 이 분석은 그레이 레벨이 연속적이라고 가정한다. 실제로 알고리즘은 이산화 효과로 인해 거의 평평한 출력을 생성한다.

대안적이며 약간 더 수학적 설명은 다음과 같다. 목표는 정규화된 히스토그램이 h 인 영상 I를 정규화된 히스토그램이 h'인 영상 I'로 변환하는 매핑 $z' = f(z)$를 적용하는 것이다. 대비를 극대화하기 위해, 가능한 모든 그레이 레벨 z에 대해 정규화된 막대 그래프가 평평하게, 즉 $\bar{h}'(z) = 1$이 되도록 한다. 기본 확률 이론에서 우리는 $p(x)$가 x에 대한 PDF이고, $y = f(x)$가 확률 변수 x의 변환이면, 결과의 PDF $q(y)$는 다음과 같이 주어진다.

$$q(y) = p(x) \cdot \left| \frac{dx}{dy} \right| \tag{3.28}$$

f의 변환을 입력 히스토그램의 CDF라 하자.

$$z' = f(z) = \bar{c}(z) = \int_0^z \bar{h}(\zeta)d\zeta \tag{3.29}$$

여기서 간단히 하기 위해 $0 < z < 1$ 및 $0 < z' < 1$이라고 가정한다. 라이프니츠의 적분 규칙 사용하여, 미분은 다음과 같이 계산된다.

$$\frac{dz'}{dz} = \frac{df(z)}{dz} = \frac{d}{dz}\left[\int_0^z \bar{h}(\zeta)d\zeta\right] = \bar{h}(z) \tag{3.30}$$

방정식 (3.28)에 x에 대해 z, y에 대해 z', p에 대해 $\bar{h}$, 그리고 q에 대해 $\bar{h}'$로 하면 다음 식을 얻는다.

$$\bar{h}'(z') = \bar{h}(z) \cdot \left|\frac{dz}{dz'}\right| = \bar{h}(z) \cdot \frac{1}{\bar{h}(z)} = 1 \tag{3.31}$$

이것은 원하는 균일 분산이다.

3.3.3 히스토그램 매칭

히스토그램을 최대한 평평하게 하려는 대신, 종종 이것의 목표는 히스토그램을 특정 방식으로 변환하는 것이다. 이보다 일반적인 경우에는 영상의 히스토그램이 지정된 참조 히스토그램의 영상과 거의 일치하도록 영상을 수정하려고 한다. 예를 들어, 서로 다른 조명 조건에서 촬영한 두 개의 영상이 있을 수 있으며, 유사한 조건에서 촬영된 것처럼 보이도록 영상을 수정하려고 한다. **히스토그램 매칭**(히스토그램 사양(specification)이라고도 함)이라고 하는 이 절차는 히스토그램 균일화와 동일한 원칙을 기반으로 한다.

우리가 정규화된 그레이 레벨 히스토그램 $\bar{h}$와 정규화된 참조 그레이 레벨 히스토그램 $\bar{h}_{ref}$와 함께 영상 I을 받았다고 가정하자. 우리의 목표는 정규화된 그레이 레벨 히스토그램이 $\bar{h}_{ref}$인 영상 I'을 얻기 위해 I에 변환을 적용하는 것이다. 방정식 (3.29)에서 $\bar{h}$와 $\bar{h}_{ref}$를 평탄하게 하기 위해 다음 변환을 적용할 수 있다.

$$z'_1 = \bar{c}(z) = \int_0^z \bar{h}(\zeta)d\zeta \tag{3.32}$$

$$z'_2 = \bar{c}_{ref}(z') = \int_0^{z'} \bar{h}_{ref}(\zeta)d\zeta \tag{3.33}$$

제1식은 입력 영상의 그레이 레벨 z를 히스토그램-균일화된 영상의 그레이 레

그림 3.23 히스토그램 매칭. 원 영상의 CDF $\bar{c}$와 원하는 CDF $\bar{c}_{ref}$가 주어지면 히스토그램 매칭 변환은 $\bar{c}(z) = \bar{c}_{ref}(z')$ 찾음으로써 원 영상 그레이 레벨 z를 새로운 그레이 레벨 z'으로 변환한다. 이전처럼 이산화 효과는 이 설명에서 무시하였다.

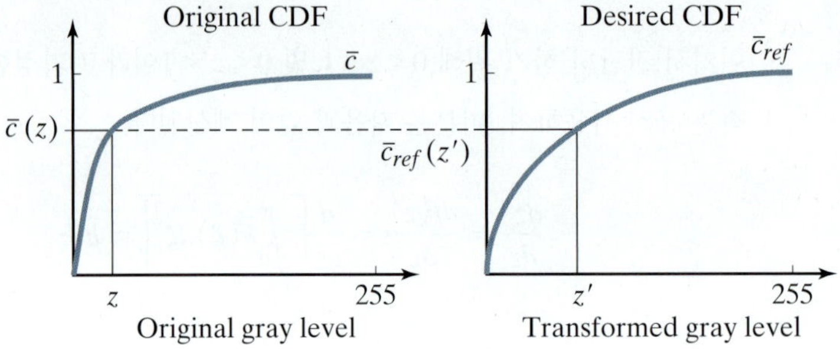

벨 z'_1로 변환한다. 제2식은 출력 영상의 그레이 레벨 z'을 히스토그램–균일화된 영상의 그레이 레벨 z'_2로 변환한다. z가 z'에 매핑되도록 하려면, 원하는 변환으로 이끄는 $z'_1 = z'_2$으로 간단히 설정한다.

$$z' = f(z) = \bar{c}_{ref}^{-1}(\bar{c}(z)) \tag{3.34}$$

즉, $\bar{h}_{ref}$의 CDF의 역수는 출력 그레이 레벨을 산출하기 위해 $\bar{h}$의 CDF에 적용된다. 변환은 그림 3.23에 나와 있다. 히스토그램 매칭을 위한 의사 코드는 알고리즘 3.10에 나와 있다. 비록 아이디어는 개념적으로 히스토그램 균일화만큼 간단하다. 절차는 참조 CDF를 뒤집을 필요가 있기 때문에 상당히 복잡하다.

라인 1~3에서 초기화하는 동안 두 개의 누적 히스토그램 $\bar{c}$와 $\bar{c}_{ref}$가 계산된다. 그런 다음, 각 그레이 레벨 ℓ에 대해 라인 5~9에서 $\bar{c}_{ref}[\ell'] = \bar{c}[\ell]$인 색인 ℓ'을 찾는다. 이들은 이산 히스토그램이기 때문에 정확한 일치는 불가능하다. 대신, 우리는 가능한 ℓ'을 최대 그레이 레벨로 설정한 다음, $\bar{c}_{ref}[\ell'] < \bar{c}[\ell]$까지 감소시킨다. 이것은 $\bar{c}_{ref}[\ell'] < \bar{c}[\ell]$인 가장 큰 값 i를 산출한다. (또는 ℓ'을 $c_{ref}[\ell'] > \bar{c}[\ell]$인 가장 작은 값으로 설정할 수 있다.)

결과는 히스토그램 매칭 함수인 1D 배열 f에 저장된다. 가능한 모든 그레이 레벨이 처리된 후, f가 룩업 테이블로서 적용된다. 의사 코드에서 $\bar{c}$와 $\bar{c}_{ref}$는 c와 $\bar{c}_{ref}$로 대체될 수 있다. 왜냐하면 정규화는 히스토그램을 비교할 때 상쇄되기 때문이다.

알고리즘 3.10 영상에 히스토그램 매칭 수행

HISTOGRAMMATCH(I, h_{ref})

Input: grayscale image I, reference normalized graylevel histogram $\bar{h}_{ref}$
Output: grayscale image I' whose normalized graylevel histogram closely matches $\bar{h}_{ref}$

$\bar{h} \leftarrow$ COMPUTENORMALIZEDHISTOGRAM(I) ➤ Compute the normalized histogram of the image,
$\bar{c} \leftarrow$ RUNNINGSUM$(\bar{h})$ then compute the CDF of the image,
$\bar{c}_{ref} \leftarrow$ RUNNINGSUM$(\bar{h}_{ref})$ as well as the desired CDF.
for $\ell \leftarrow 0$ **to** 255 **do** ➤ For each possible gray level ℓ, set $f[\ell] \approx \bar{c}_{ref}^{-1}[\bar{c}(\ell)]$.
  $\ell' \leftarrow 255$ This is done by finding ℓ' such that $\bar{c}_{ref}[\ell'] \approx \bar{c}[\ell]$,
  repeat and setting $f[\ell] = \ell'$. To handle discretization effects,
    $f[\ell] \leftarrow \ell'$ ℓ' is set to the maximum possible gray level,
    $\ell' \leftarrow_- 1$ then repeatedly decremented
  while $\ell' \geq 0$ AND $\bar{c}_{ref}[\ell'] > \bar{c}[\ell]$ until $\bar{c}_{ref}[\ell'] \leq \bar{c}[\ell]$.
for $(x, y) \in I$ **do** ➤ Once the mapping f has been determined,
  $I'(x, y) \leftarrow f[I(x, y)]$ it is applied to all pixels in the image.
return I'

3.4 다중 스펙트럼 변환

그레이 스케일 영상은 많은 응용 분야에 유용하지만, 전자 스펙트럼의 다른 대역에서 빛의 양을 캡처하여 각 화소에 대해 여러 값들을 저장하는 **다중 스펙트럼 영상**(multispectral images)이 훨씬 더 매력적이다. 이들 대역은 전형적으로 가시 스펙트럼 또는 적외선 영역 또는 자외선 영역의 일부를 포함하지만, 다른 영역들도 포함할 수 있다. 주어진 밴드의 모든 화소 값은 채널로 알려져 있어, 채널 모음이 영상을 구성한다. 가장 일반적인 멀티 스펙트럼 영상은 스펙트럼의 빨강, 녹색 및 파랑 영역에 해당하는 3개의 채널을 포함하는 RGB 영상이다. 멀티 스펙트럼 영상의 다른 소스는 이전 장에서 설명한 것처럼 위성이나 항공기의 원격감지 장치들이다.

입력 또는 출력(또는 둘 모두)이 다중 스펙트럼 영상인 매핑을 **다중 스펙트럼 변환**(multispectral transformation)이라고 한다. 가장 일반적인 형식에서 이 유형의 변환은 값의 벡터에서 다른 값의 벡터로 매핑하는 것으로 나타낼 수 있다. 만일 $I_i(x, y)$를 영상 I의 i 번째 밴드의 값으로 하고, $I'_j(x, y)$를 영상 I'의 j 번째 밴드의 값이라고 하면 화소 (x, y)의 변환은 다음과 같다.

$$[I'_1(x, y) \quad \ldots \quad I'_n(x, y)] = f([I_1(x, y) \quad \ldots \quad I_m(x, y)]) \qquad (3.35)$$

입력 영상 I가 m개의 대역을 가지며, 출력 영상 I'은 n개의 대역을 가진다. 그리고 f는 m 요소 벡터에서 n 요소 벡터로의 매핑이다.

3.4.1 RGB 변환

이러한 멀티 스펙트럼 변환 중 하나는 RGB 영상을 그레이 스케일 영상으로 변환하는 것으로, 3채널 영상($m=3$)에서 단일 채널 영상($n=1$)으로의 매핑이 포함된다. 가장 간단한 방법은 세 가지 값을 평균하는 것이다.

$$I'(x,y) = \frac{1}{3}(I_R(x,y) + I_G(x,y) + I_B(x,y)) \tag{3.36}$$

여기서 I_R, I_G 및 I_B는 입력 영상의 빨강, 녹색 및 파랑 채널이다. 그러나 인간의 시각 시스템이 모든 주파수에 똑같이 민감하지 않기 때문에 결과 영상이 올바르게 보이지 않을 수도 있다. 인간 시각 시스템이 다른 대역보다 녹색에 더 민감하기 때문에 녹색 채널의 가중치를 늘리면 상당한 개선이 이루어 진다.

$$I'(x,y) = \frac{1}{4}(I_R(x,y) + 2I_G(x,y) + I_B(x,y)) \tag{3.37}$$

이는 4에 의한 나누기가 2만큼 우측으로의 비트 쉬프트로서 용이하고 효율적으로 구현될 수 있다는 이점을 갖는다. 알고리즘 3.11에서 의사 코드로 표시된 이 간단한 방정식은 많은 응용 분야에서 실제로 사용하기에 알맞은 방법이지만, 나중에 계산 시간이 문제가 되지 않는다면 더 좋은 방법을 논의할 것이다.[2]

반대로, 화소 당 1바이트의 그레이 스케일 영상을 RGB 컬러 채널을 사용하는 3 바이트 화소 영상으로 변환하는 것은 간단하며 값을 복제하는 것만 큼 간단하다.

$$I'_R(x,y) = I(x,y) \quad I'_G(x,y) = I(x,y) \quad I'_B(x,y) = I(x,y) \tag{3.38}$$

알고리즘 3.11 간단한 근사적 RGB에서 그레이 레벨 변환 알고리즘

RgbToGraySimple(I_R, I_G, I_B)

Input: RGB image with channels I_R, I_G, and I_B
Output: grayscale image I'

for $(x,y) \in I_R$ **do**
  $I'(x,y) \leftarrow (I_R(x,y) + 2 * I_G(x,y) + I_B(x,y))/4$
return I'

---

2 9.5.6절 (p. 536)

알고리즘 3.12 그레이 스케일에서 RGB 변환

```
GrayToRgb(I)

Input:  grayscale image I
Output: RGB image with channels I'_R, I'_G, and I'_B
for (x, y) ∈ I do
      I'_R(x, y) ← I(x, y)
      I'_G(x, y) ← I(x, y)
      I'_B(x, y) ← I(x, y)
return I'_R, I'_G, I'_B
```

알고리즘 3.12에 나와 있는 것처럼, 결과 RGB 영상은 여전히 색상 정보가 손실되었기 때문에 그레이 레벨 영상이 표시된다. 그럼에도 불구하고, RGB로 변환하는 것은 영상에 결과를 중첩하는 데 유용하며(그림 1.2 참조), 나중에 설명할 의사 컬러(pseudocoloring) 지정에 유용하다.

언뜻보기에, 역 변환이 왜 순방향 변환과 같은 계수를 사용하지 않는지 분명하지 않을 수 있다. 즉, 역 변형이 왜 $I'_R \leftarrow I$, $I'_G \leftarrow 2I$ 그리고 $I'_B \leftarrow I$, 또는 이와 비슷한 것이 아닌가? 다음 예는 그러한 접근이 근본적으로 잘못된 이유를 설명한다.

예제 3.7

화소가 RGB 값 $R = 126$, $G = 222$, $B = 94$를 갖는다고 가정하자. 식 (3.37)에 따라 화소를 그레이 스케일로 변환하라. 식 (3.38)과 비 복제 변환(non-replicating transformation)을 모두 사용하여 RGB로 다시 변환하라. 이 새로운 RGB 값은 두 경우 모두 그레이 스케일 값과 일치하는가?

풀이

식(3.37)을 적용하면 다음 결과를 얻는다.

$$\text{grayscale} = \frac{1}{4}(126 + 2(222) + 94) = 166$$

식(3.38)에 따라, 이 그레이 스케일 값은 다음과 같이 RGB로 바뀌다.

$$R = 166 \quad G = 166 \quad B = 166$$

색상 정보가 손실되었기 때문에 이 결과는 원래 화소의 RGB 값과 같지 않다. 그럼에도 불구하고, 값은 내부적으로 일정하다. 왜냐하면 식 (3.37)을 다시 적용하면 같은 그레이 스케일 값에 도달하기 때문이다.

$$\text{grayscale} = \frac{1}{4}(166 + 2(166) + 166) = 166$$

이것이 우리가 원하는 것이다. 그러나, 비 복제 변환을 적용하면, 다음 값을 얻는다.

$$R = 166 \quad G = 2(166) = 332 \quad B = 166$$

G가 8비트에 맞지 않기 때문에 우리는 즉시 문제를 발견한다. 또한 그레이 스케일로 변환하면 다음과 같다.

$$\text{grayscale} = \frac{1}{4}(166 + 2(332) + 166) = 249$$

이것은 원 필셀보다 훨씬 밝다.

RGB 영상의 다양한 일반적인 화소 변환이 그림 3.24에 표시된다. 첫 번째 행에서는 세 개의 개별 색상 채널이 차례로 다른 색상 채널을 0으로 설정하여 표시된다. 예를 들어, 빨간색 채널은 다음과 같이 설정된다.

$$I'_R(x, y) = I_R(x, y) \quad I'_G(x, y) = 0 \quad I'_B(x, y) = 0 \tag{3.39}$$

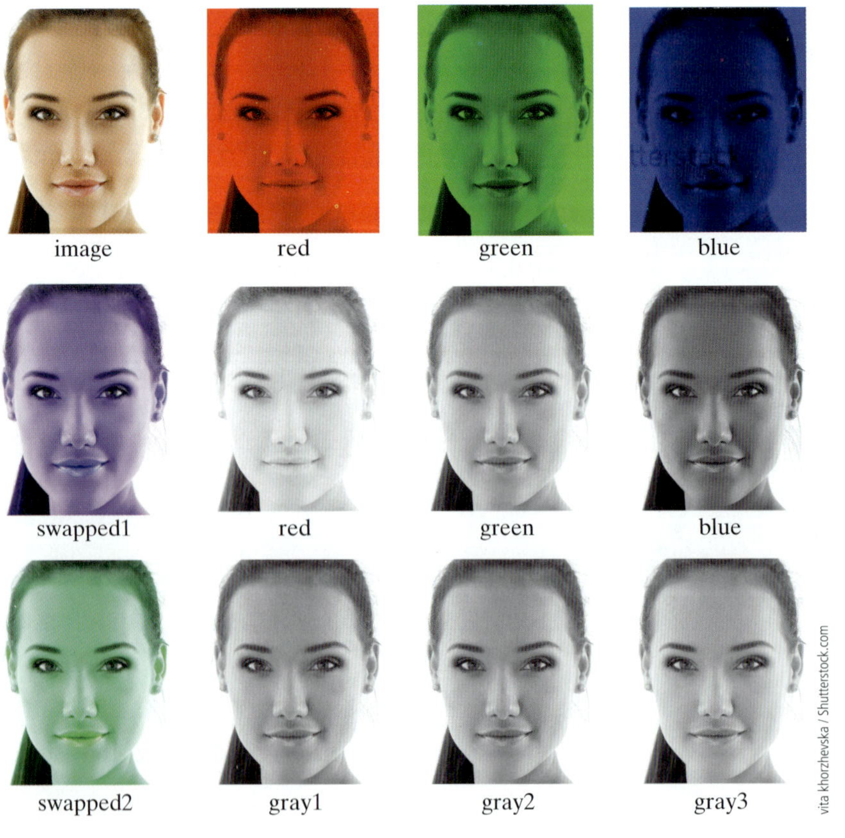

그림 3.24 상단: 원 RGB 영상과 3개 분리된 컬러 채널. 중간: 컬러 채널 교환으로 얻어진 RGB 영상. 그레이 영상으로 나타낸 3개의 원 영상의 컬러 채널. 하단: 역순으로 교환해서 얻은 RGB 영상과 원 영상의 3개의 다른 그레이 레벨 변환. 자세한 것은 교과서 참고.

녹색 및 파란색에 대해서도 마찬가지이다. 두 번째 행은 시각화의 다른 방법을 보여준다. 그레이 스케일 영상는 단순히 적절한 색상 채널의 값을 복사하여 형성한다.

$$I'_R(x, y) = I_R(x, y) \quad I'_G(x, y) = I_R(x, y) \quad I'_B(x, y) = I_R(x, y) \tag{3.40}$$

녹색 및 파란색에 대해서도 마찬가지이다.

피부에 녹색보다 훨씬 더 많은 빨간색이 포함되어 있고, 파란색보다 녹색이 훨씬 더 많이 포함되어있다. 이것은 왜 빨간색 영상이 다른 두 영상보다 훨씬 밝게 빛나는지 알 수 있다. 첫 번째 열의 원본 영상 바로 아래, 보라색면(swapped1)은 세 가지 색상 채널을 교체하여 얻은 것이다.

$$I'_R(x, y) = I_G(x, y) \quad I'_G(x, y) = I_B(x, y) \quad I'_B(x, y) = I_R(x, y) \tag{3.41}$$

빨간색이 원본 영상에서 지배적인 색이기 때문에 파란색이 결과에서 지배적인 색으로 나타나 자줏빛 모양을 갖는다. 비슷하게 색상 채널을 역순으로 교환하면 연두색면(swapped2)으로 표시된 녹색 모양이 된다. 마지막으로, 하단 행에는 RGB의 세 가지 버전이 원본 영상의 그레이 스케일로 변환된다. 식 (3.36)의 세 채널 평균은 너무 어둡고(gray 1), 권장되는 단순 변환(3.37) (gray 2)와 이후에 설명할 올바른 버전(gray 3) 사이에는 큰 차이가 없다.

3.4.2 의사컬러(pseudocolor)

알고리즘 3.12의 변환은 그레이 스케일 영상에서 RGB 영상를 생성하는 유일한 방법이 아니다. 무색의 영상을 생성하는 대신, 그레이 레벨을 단순히 3번 복제하는 것 이외의 다른 기준에 따라 각 그레이 레벨에 RGB 값을 할당하는 방법도 있다. 이 과정은 실세계에서 실제 모습이 아닌 색을 지정하므로, 결과 영상은 거짓 컬러 영상 또는 **의사컬러**(pseudocolor) 영상으로 알려져 있다. 의사 색 적용의 가장 일반적인 방법 중 하나는 각 범위의 값을 다른 RGB 색상으로 할당하는 것이다.-이전 절에서 다룬 다른 유형의 밀도 슬라이스. 정지 궤도 위성(GOES: geostationary operational environmental satellite) 적외선 영상과 같은 기상 위성 디스플레이에서 밀도 슬라이싱 결과를 보았을 것이다.

정지 궤도 위성은 지구의 위치가 일정하게 유지되도록 지구의 회전과 동일하므로 동일한 위치를 지속적으로 모니터링할 수 있다. 정지 궤도 위성 영상은 허리케인 및 토네이도와 같은 심각한 기상 조건을 모니터링하고, 폭우 홍수 경고에 대한 강우량을 추정하는 데 사용된다. 정지 궤도 데이터에는 적외선 영상과 수증기 영상이 모두 포함된다. 정지 궤도 적외선 영상에서 8비트 그레이 레벨에서 섭씨 온도의 온도 τ로의 매핑은 다음과 같다.[3]

$$\tau(x, y) = \begin{cases} 57 - \frac{1}{2}I(x, y) & \text{if } I(x, y) \le 176 \\ 145 - I(x, y) & \text{otherwise} \end{cases} \tag{3.42}$$

여기서 더 높은 그레이 레벨은 더 낮은 온도를 의미한다. 이 온도 매핑은 다음과 같은 밀도 슬라이싱과 같이 다양한 서로 다른 의사컬러 적용을 생성하는 데 사용할 수 있다.

$$I'(x, y) = \begin{cases} I(x, y) & \text{if } I(x, y) \le 130 \\ \text{green} & \text{if } 130 < I(x, y) \le 170 \\ \text{yellow} & \text{if } 170 < I(x, y) \le 210 \\ \text{red} & \text{if } 210 < I(x, y) < 225 \end{cases} \tag{3.43}$$

붉은 영역은 가장 차가워져서 고도가 높은 구름을 나타낸다. 마찬가지로 수증기 영상에서 더 밝은 값은 더 많은 수분을 나타내므로 노란색과 빨간색 영역은 비를 나타낸다. 그림 3.25는 GOES 적외선 및 수증기 영상과 동일한 매핑을 사용하는 의사컬러 결과를 보여준다.

또 다른 인기있는 원격 감지 프로그램은 이전 장에서 언급한 Landsat이다. 프로그램이 시작된 이래로 Landsat 하드웨어는 몇 가지 수정을 거쳤다. Landsat 5는 1984년에 처음 출시되었으며 2013년에 임무해제 되었다. Thematic Mapper(TM) 센서를 사용하여 7개의 스펙트럼 대역(3개의 가시 채널, 3개의 중/적외선 채널 및 1개의 열 채널)을 수집했다. 이 7개의 밴드는 그림 3.26에 나와 있다.[4] 처음 세 개의 밴드는 청색, 녹색 및 적색 파장에 거의 상응하므로 이 세 영상을 적절한 가중치로 결합하여 영역의 RGB 영상을 생성할 수 있다 (녹색 및 적색을 2배). 마지막 행의 첫 번째 영상은 이 조합의 결과를 보여준다.

RGB 영상을 자세히 살펴보면, 북서쪽의 반도는 인구가 드문하고, 대부분 식물의 언덕들로 덮여 있다는 것을 알 수 있다. 이 같은 영역은 녹색과 적색 영상(밴드 2와 3)에서는 어두워 보이지만 근적외선 영상(밴드 4와 5)에서는 밝다. 이것은 살아있는 녹색 식물이 광합성을 위해 가시 광선 스펙트럼의 더 긴 파장에서 빛을 흡수하기 때문이다. 반면에, 이들은 광자 당 에너지 준위가 너무 낮아 유기 분자 합성에 유용하지 않기 때문에 근적외선을 반사한다. 결과적으로 살아

3 http://www.goes.noaa.gov/ECIR3.html

4 열 채널의 공간해상도는 다른 채널들에 비해 중요도가 낮다.

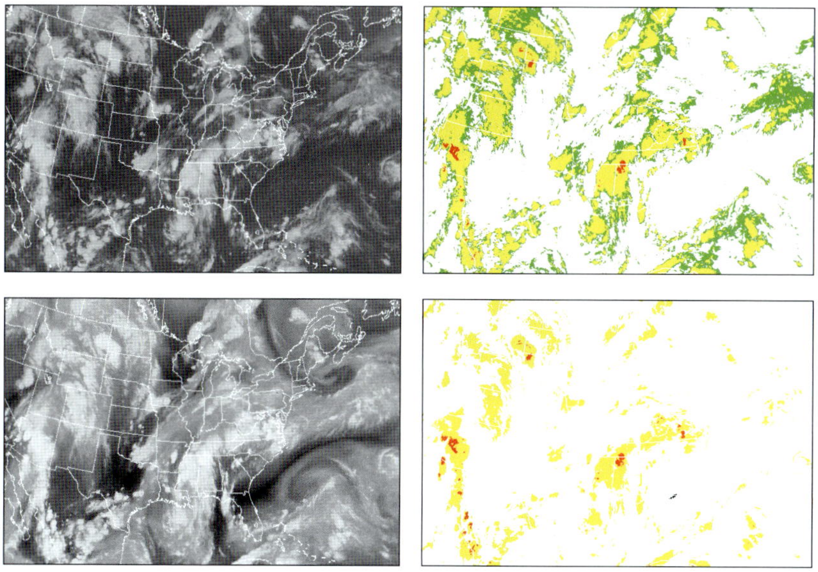

NOAA, http://www.goes.noaa.gov

그림 3.25 GOES 적외선(상)과 수증기(하) 영상의 밀도 슬라이싱을 사용한 의사 컬러 표시

있고 건강한 녹색 식물의 존재를 감지하는 간단한 방법은 RVI (ratio vegetation index)라고 불리는 각 화소의 적색 값과 근적외선 값의 비율을 계산하는 것이다.

$$I'_{RVI}(x, y) = \frac{I_{IR}(x, y)}{I_{Red}(x, y)} \tag{3.44}$$

여기서 I_{Red}는 가시적인 적색 밴드(약 580−680 nm)에서의 분광 반사율(입사 방사선에 대한 반사율의 비율)이고, I_{IR}은 근적외선 밴드(약 720−1100 nm)의 분광 반사율이다. RVI의 한 가지 단점은 0 부터 무한대의 범위에 있다는 점이다. 이는 불편하다. 따라서 보다 일반적인 접근법은 대역의 합으로 정규화된 대역 간의 차이를 계산하는 것이다. 이 NDVI (normalized difference vegetation index)는 RVI와 기능적으로 동일하다.

$$I'_{NDVI}(x, y) = \frac{I'_{RVI}(x, y) - 1}{I'_{RVI}(x, y) + 1} = \frac{I_{IR}(x, y) - I_{Red}(x, y)}{I_{IR}(x, y) + I_{Red}(x, y)} \tag{3.45}$$

두 입력 값 모두 음수가 아니므로 NDVI 값은 21과 11 사이이다. 높은 값(0.3~1.0)은 녹색 초목을 나타낸다. 토양은 일반적으로 0.1~0.2의 범위이며, 물은 0 또는 약간 음수에 가깝고, 구름과 눈은 물보다 작은 값을 갖는다. 그림 3.26의 맨 아래 줄은 밴드 3과 4를 사용하여 계산된 NDVI와 이 간단한 접근법으로 탐지된 식물, 토양 및 물을 나타내는 의사컬러 출력을 보여준다.

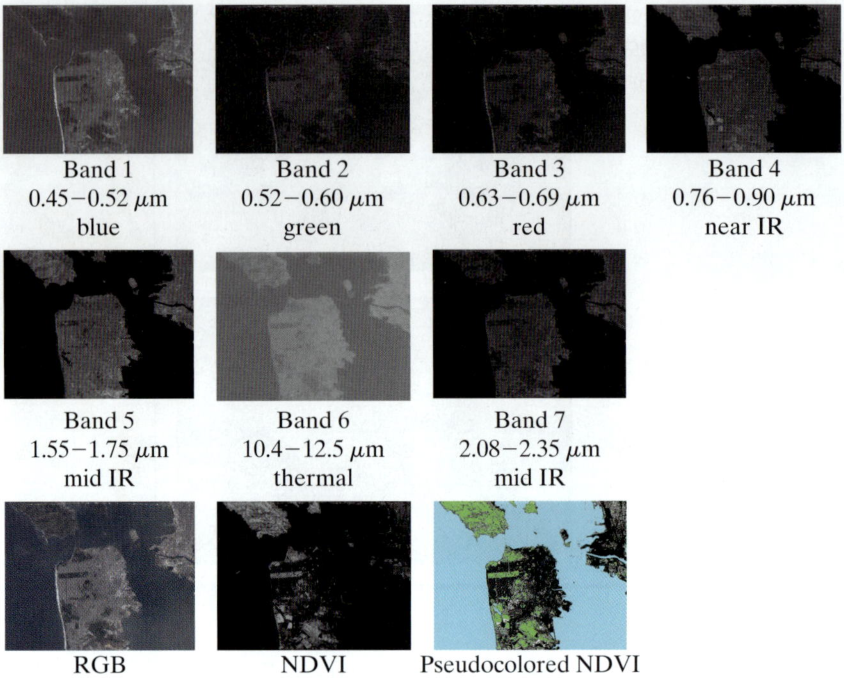

그림 3.26 샌프란시스코 베이 에리어의 Landsat 영상의 밴드. 아래 행은 밴드 1, 2, 3을 결합해서 얻은 GRB 영상; 밴드 3, 4를 사용한 NDVI; NDVI에 밀도 슬라이싱으로 얻은 의사 컬러 영상(청색은 물, 녹색은 채소, 황갈색은 흙) 식물은 Marin county의 바깥 지역에 일어난다(영상에서 반도의 위쪽). 여러 공원들(Presidio, Golden Gate park, San Bruno Mountain Stata Park는 반도 아래쪽에). 소오스: http://glcf.umd.edu, http://umd.edu/data/landsat/

3.4.3 크로마키(chromakey)

또 다른 간단하지만 인기있는 멀티 스펙트럼 기술은 **크로마킹**(chromakeying) 기술이다. 영화와 방송 산업에서 다중 영상을 혼합하기 위해 배경과 전경을 분리하는 데 사용된다. 예를 들어, 기상 예보관이 파란색 스크린 앞에 서서 파란색을 포함하지 않는 모든 화소를 지도 위에 배치하고, 이것을 지도상에서 가리키고 있는 예측자처럼 보이게 한다. 이것은 텔레비전에서 일기 예보를 방송하는 전통적인 방법이며, 라이브 액션이 영화의 애니메이션과 혼합되는 방식과 비슷하다.

이론적으로 색상은 무엇이든(예: 보라색 또는 오렌지색) 가능하다. 실제로는 세 가지 색상 채널 중 하나가 일반적으로 선택된다. 역사적으로 푸른색이 사용되었는데, 왜냐하면 파랑은 인간의 피부색에서 가장 멀리 떨어져 있고, 파란색에만 민감한 고 대비 필름이 널리 보급 되었기 때문이다. 따라서 결과는 **블루스크리닝**(bluescreening)으로 알려져 있다. 최근에는 적색 또는 파란색보다 녹색에 민감한 디지털 비디오 카메라가 널리 사용되면서, 파란색보다 녹색을 강조하는 디지털 비디오 형식을 사용하여, 녹색 배경을 사용하는 **그린스크리닝**(greenscreening)이 우위가 되었다.

가능한 가장 단순한 구현에서, 이진 마스크는 특정 컬러(예를 들어, 녹색)의 양을 임계치 화함으로써 RGB 영상으로부터 생성된다.

$$M(x, y) = \begin{cases} 1 & \text{if } I_G(x, y) > \tau \\ 0 & \text{otherwise} \end{cases} \tag{3.46}$$

여기서 τ는 임계치이다. 색상 값을 임계화하는 대신에 값 자체가 유지되고 0에서 1 사이의 값으로 조정되면, 더 나은 결과를 얻을 수 있다. 이 장의 뒷부분에서 자세히 설명하는 알파 값으로 알려진 이 방법을 사용하면 전경/배경 주변의 아티팩트가 줄어든다.

3.5 다중–영상 변환

다중–영상 변환은 둘 이상의 입력 영상을 포함한다. 우리가 방금 본 멀티 스펙트럼 변환은 서로 다른 영상들이 개별 스펙트럼 밴드들인 특수한 경우이다. 그러나 보다 일반적으로, 다중–영상 변환은 서로 다른 시간에 동일한 장면 또는 전체 장면이 다른 영상들을 포함한다. 다중–영상 변환의 두 가지 기본 유형은 산술 및 논리 연산이며, 이 절에서 이 기본 지식의 여러 응용들을 설명한다.

3.5.1 산술 연산

이 장의 앞부분에서 영상에 상수를 추가하는 방법, 영상에서 상수를 빼는(또는 상수에서 영상을 빼는) 방법, 상수로 영상을 곱하는 방법을 살펴 보았다. 이러한 경우, 단일 입력 영상과 상수를 지정하는 매개 변수로 출력 영상이 생성되었다. 비슷한 방식으로, 추가 매개 변수 없이 산술 연산을 사용하여 다중 입력 영상에서 출력 영상을 생성할 수 있다. 산술 연산자는 각 영상에서 동일한 (x, y) 좌표의 화소에 적용되므로 이러한 영상의 크기는 동일해야 한다.

예제 3.8

다음 3 × 3 그레이 스케일 영상들의 합을 계산하라.

$$I_1 = \begin{bmatrix} 216 & 171 & 174 \\ 134 & 214 & 97 \\ 52 & 5 & 212 \end{bmatrix} \quad I_2 = \begin{bmatrix} 72 & 134 & 106 \\ 68 & 89 & 23 \\ 189 & 91 & 212 \end{bmatrix}$$

풀이

해는 포화 없이 직접 더하여 결과를 정수 또는 부동 소수점 값으로 저장한다.

$$I_1 + I_2 = \begin{bmatrix} 288 & 305 & 280 \\ 202 & 303 & 120 \\ 241 & 96 & 424 \end{bmatrix}$$

단일 입력 영상의 경우와 달리 다중-영상 변환은 일반적으로 포화 산술을 사용하지 않고, 그 결과를 정수 값 또는 부동 소수점 영상으로 저장한다. 그러나 다중 작업들을 결합할 때, 결과가 부동 소수점 영상을 사용하지 않고 8비트 그레이 스케일 또는 24비트 RGB 출력 영상으로 직접 저장되는 경우가 많다. 예를 들어, 두 영상 간의 **절대 차이**(absolute difference)는 각 화소 위치에 대해 화소들 간의 차이의 절대 값을 계산한다.

$$I'(x, y) = |I_1(x, y) - I_2(x, y)| \tag{3.47}$$

두 개의 8비트 화소의 차이가 −255에서 255 사이이므로, 절대 차이는 0에서 255까지이므로, 결과를 저장할 때 정보 손실이 발생하지 않는다. 마찬가지로 가중치 합이 1인 두 영상의 가중 평균은 원래와 동일한 범위의 화소 값을 갖는다. **선형 보간**(linera interpolation)이라고 하는 이 연산은 다음과 같은 단일 매개 변수를 사용하여 편리하게 표시된다.

$$I'(x, y) = \eta I_1(x, y) + (1 - \eta) I_2(x, y) \tag{3.48}$$

여기서 $0 \leq \eta \leq 1$. 출력은 두 입력 사이에 놓이도록 보장되므로, 두 입력의 볼록(convex) 조합이 임의의 화소 좌표 (x, y)에 대해 생성된다.

$$\min(I_1(x, y), I_2(x, y)) \leq I'(x, y) \leq \max(I_1(x, y), I_2(x, y))$$

예제 3.9

(a) 앞의 예에서 두 영상 사이의 절대 차이와 (b) 가중 평균 (가중치 0.1 및 0.9)을 계산하라.

풀이

만일 가중 평균에 반올림을 적용하면, 두 결과가 모두 8 비트 그레이 스케일 영상에 맞다.

(a)
$$|I_1 - I_2| = \begin{bmatrix} 144 & 37 & 68 \\ 66 & 125 & 74 \\ 137 & 86 & 0 \end{bmatrix} \tag{3.49}$$

(b)
$$\textsc{Round}(0.1 I_1 + 0.9 I_2) = \begin{bmatrix} 86 & 138 & 113 \\ 75 & 102 & 30 \\ 175 & 82 & 212 \end{bmatrix} \tag{3.50}$$

3.5.2 논리 연산

표준 논리 또는 부울 연산자 AND와 OR 또는 XOR(배타적 논리합)와 NOT(complement)는 표 3.1에 표시된 대로 0 또는 1을 입력으로 하여, 0 또는 1을 출력으로 생성한다. 따라서 이 연산자들은 자연스럽게 이진 영상에 적용된다. 예를 들어, 이진 영상에서 1이 관심있는 대상을 나타내는 2개의 이진 영상이 주어지면, 논리 AND는 1과 객체가 교차하는 위치를 포함하는 영상을 생성한다. 마찬가지로 논리 OR는 1이 들어있는 영상을 생성하며, 논리 NOT는 객체가 나타나지 않는 곳에 1을 포함하는 영상을 생성한다.

하나는 이진 영상이고 다른 하나는 일반 그레이 스케일 또는 RGB 영상인 영상 쌍에 논리 연산자를 적용하는 것이 일반적이다. 그러한 경우, 이진 영상은 관심있는 화소를 나타내는 1과 관심이 없는 화소를 나타내는 0을 가진 마스크로 해석된다. 가장 일반적인 연산자는 AND이다.

예제 3.10 논리 연산을 다음 두 개의 이진 영상에 적용하라.

$$I_1 = \begin{bmatrix} 1 & 1 & 0 \\ 1 & 1 & 0 \\ 1 & 1 & 0 \end{bmatrix} \quad I_2 = \begin{bmatrix} 0 & 0 & 0 \\ 0 & 1 & 1 \\ 0 & 1 & 1 \end{bmatrix}$$

풀이 결과는 다음과 같다.

$$\underbrace{\begin{bmatrix} 0 & 0 & 0 \\ 0 & 1 & 0 \\ 0 & 1 & 0 \end{bmatrix}}_{I_1 \text{ AND } I_2} \quad \underbrace{\begin{bmatrix} 1 & 1 & 0 \\ 1 & 1 & 1 \\ 1 & 1 & 1 \end{bmatrix}}_{I_1 \text{ OR } I_2} \quad \underbrace{\begin{bmatrix} 1 & 1 & 0 \\ 1 & 0 & 1 \\ 1 & 0 & 1 \end{bmatrix}}_{I_1 \text{ XOR } I_2} \quad \underbrace{\begin{bmatrix} 0 & 0 & 1 \\ 0 & 0 & 1 \\ 0 & 0 & 1 \end{bmatrix}}_{\text{NOT } I_1} \quad \underbrace{\begin{bmatrix} 1 & 1 & 1 \\ 1 & 0 & 0 \\ 1 & 0 & 0 \end{bmatrix}}_{\text{NOT } I_2}$$

AND 연산은 이진 영상의 해당 화소가 0이면 영상의 모든 화소를 0으로 설정한다. 그리고 나머지 화소들을 그대로 남겨둔다. 마찬가지로, 다음 예제와 같이, 논리 연산자를 비트 단위로 적용하기 전에 각 마스크 화소를 영상 화소 당 비트 수만큼 먼저 확장하는 것이 좋다.

a	*b*	*a* AND *b*
0	0	0
0	1	0
1	0	0
1	1	1

a	*b*	*a* OR *b*
0	0	0
0	1	1
1	0	1
1	1	1

a	*b*	*a* XOR *b*
0	0	0
0	1	1
1	0	1
1	1	0

a	NOT *a*
0	1
1	0

표 3.1 표준 논리 연산자들의 진리표.

예제 3.11

다음 이진 마스크 M을 아래의 RGB 영상(녹색 점 주위의 그레이 사각형)에 적용하라. 여기서 화소 값은 16진수로 지정한다.

$$I = \begin{bmatrix} 888888 & 888888 & 888888 \\ 888888 & 00FF00 & 888888 \\ 888888 & 888888 & 888888 \end{bmatrix} \quad M = \begin{bmatrix} 0 & 0 & 0 \\ 0 & 1 & 1 \\ 0 & 1 & 1 \end{bmatrix}$$

풀이

먼저 마스크를 영상과 동일한 비트 깊이로 확장하여, 필요한만큼 1 또는 0을 복제한다.

$$M' = \begin{bmatrix} 000000 & 000000 & 000000 \\ 000000 & FFFFFF & FFFFFF \\ 000000 & FFFFFF & FFFFFF \end{bmatrix}$$

영상과 확장 마스크 사이의 비트 단위 AND 연산은 오른쪽 아래 모서리의 4화소들을 유지하고 나머지는 0으로 설정한다.

$$\textsc{MaskImage}(I,M) = \begin{bmatrix} 000000 & 000000 & 000000 \\ 000000 & 00FF00 & 888888 \\ 000000 & 888888 & 888888 \end{bmatrix}$$

3.6 변화 감지

고정 카메라(예: 삼각대에 장착)가 하나 이상의 움직이는 물체가 포함된 장면을 관찰한다고 가정하자. 비디오 시퀀스의 영상 프레임들을 비교하여 움직이는 물체(전경)를 고정된 물체(배경)에서 분리할 수 있다. 전경/배경 세그멘테이션의 문제는 10장에서 보다 자세히 논의되지만 영상 프레임을 빼는 방법은 너무 간단하고 구현하기 쉽다. 따라서 강력하고 널리 사용되는 이 기술을 도입하는 것을 지연시킬 필요는 없다. 참조 프레임을 사용할 수 있는지 여부에 따라 두 가지 기본 변형이 있다. 두 가지 변형을 이 절에서 다룬다.

3.6.1 프레임 차분

프레임 차분(frame differencing)라고 하는 모션을 감지하는 한 가지 방법은 비디오 시퀀스에서 연속적인 영상 프레임들을 비교하는 것이다. 핵심 통찰력은 카메라가 고정되어 있기 때문에 배경 화소 값이 많이 변경되지 않아야 하며, 움직이는 전경을 포함하는 화소의 값이 크게 바뀌어야 한다는 것이다. 화소가 더 밝게 또는 더 어둡게 되는지 여부에 관심이 없고, 차이의 양만이 중요하기 때문에 영상 프레임 간의 절대 차이를 계산하는 것으로 충분하다. 가장 간단한 방법은 두 개의 연속적인 프레임을 사용하여 **차영상**(difference image)를 계산하는 것이다.

$$I'(x, y) = |I_t(x, y) - I_{t-1}(x, y)| > \tau \tag{3.51}$$

여기서 I_t는 시간 t에서 프레임이고, I_{t-1}은 이전 프레임이며, τ는 임계 값이다. 불행히도, 이 두 프레임 접근법은 **이중 영상 문제**(double-image problem)로 인해 어려움을 겪는다. 즉, 차영상에는 현재 프레임의 전경 객체 화소 뿐만 아니라 이전 프레임에 있던 위치에도 전경 객체 화소가 포함된다. 이 문제는 논리 AND를 두 쌍의 인접 프레임들을 사용하여 계산된 두 개의 차영상에 적용하므로써 세 번째 프레임을 통해 해결할 수 있다. **이중 차영상**(double-difference image)(또는 3 프레임 차이)로 알려진 결과는 다음과 같다.

$$I' = |I_t - I_{t-1}| > \tau \text{ AND } |I_{t+1} - I_t| > \tau \tag{3.52}$$

여기서 I_{t+1}은 시퀀스에서 다음 프레임이고, 화소 좌표는 간략하게 생략되었다. 또 다른 접근법은 임계치화하기 전에 더하기 및 빼기를 사용하여 세 영상 쌍의 절대 차이를 결합하는 것이다.

$$I'(x, y) = (|I_{t-1} - I_t| + |I_{t+1} - I_t| - |I_{t-1} - I_{t+1}|) > \tau \tag{3.53}$$

이를 우리는 **삼중 차영상**(triple-difference image)라고 부른다. 이 두 절차는 알고리즘 3.13 및 3.14에 표시되었다. 그 결과는 그레이 스케일 처리보다 결과를 향상시키기 위해 개별 색상 채널의 절대 차이가 결합된 것으로 그림 3.27에서 볼 수 있다.

알고리즘 3.13 3개 연속 영상 프레임의 이중 차이 계산

FrameDifferenceDouble $(I_{t-1}, I_t, I_{t+1}, \tau)$

Input: successive images I_{t-1}, I_t, and I_{t+1}, and threshold τ
Output: binary image indicating the moving regions

for $(x, y) \in I_t$ **do**
  $d_1 \leftarrow |I_{t-1}(x, y) - I_t(x, y)|$
  $d_2 \leftarrow |I_{t+1}(x, y) - I_t(x, y)|$
  $I'(x, y) \leftarrow 1$ **if** $d_1 > \tau$ AND $d_2 > \tau$ **else** 0
return I'

알고리즘 3.14 3개 연속 영상 프레임의 삼중 차이 계산

FRAMEDIFFERENCETRIPLE $(I_{t-1}, I_t, I_{t+1}, \tau)$

Input: successive images I_{t-1}, I_t, and I_{t+1}, and threshold τ
Output: binary image indicating the moving regions

for $(x, y) \in I_t$ **do**
　　$d_1 \leftarrow |I_{t-1}(x, y) - I_t(x, y)|$
　　$d_2 \leftarrow |I_{t+1}(x, y) - I_t(x, y)|$
　　$d_3 \leftarrow |I_{t+1}(x, y) - I_{t-1}(x, y)|$
　　$I'(x, y) \leftarrow 1$ **if** $d_1 + d_2 - d_3 > \tau$ **else** 0
return I'

3.6.2 배경 감산

배경 영상(background image)은 전경 객체를 포함하지 않는 참조 영상이다. 배경 영상을 사용할 수 있다면 전경 객체는 3개가 아닌 2개의 영상만으로 전경은 배경에서 분리될 수 있다. **배경 감산**(background subtraction)라고 하는 이 기술은 다음과 같이 간단하다.

$$I'(x, y) = |I(x, y) - B(x, y)| \tag{3.54}$$

여기서 I는 영상이고 B는 배경 영상이다.

배경 영상을 얻는 한 가지 방법은 모든 전경 객체를 장면을 촬영하기 전에 제거하는 것이다. 또는 장면을 변경하기 전에 사진을 찍는다. 후자의 접근법은 대조를 높이기 위해 색을 주입하기 전에 혈관에 대한 참조 영상을 캡처하는 **디지**

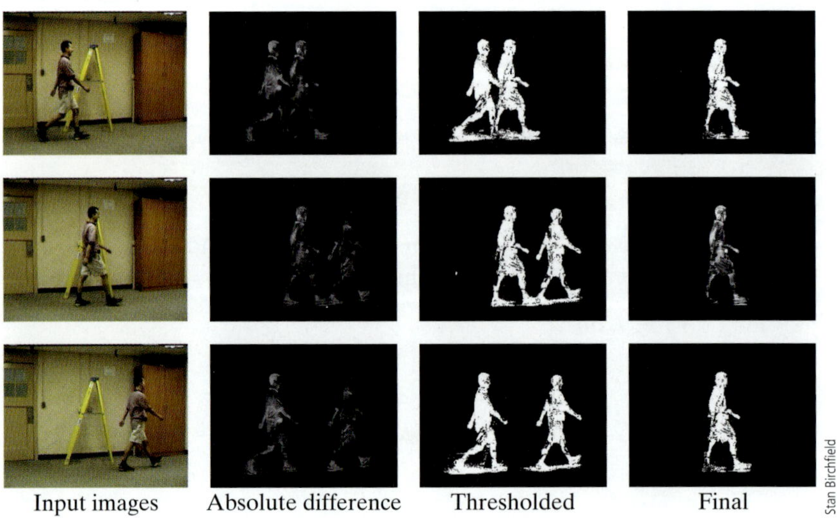

그림 3.27 프레임 차이를 이용한 이동 물체 탐지. 왼쪽 열: 비디오 시퀀스로부터 3개 영상 프레임. 두 번째 열: 프레임 쌍 간의 절대 차이. 세 번째 열: 절대 차이를 임계치화. 오른쪽 열: 이중 차이를 사용한 최종 결과(상), 삼중 차이를 사용(중간), 임계치화한 삼중 차이 방법(하).

알고리즘 3.15 영상 집합의 평균 계산

```
COMPUTEMEANIMAGE (𝓘)
Input:  set of n images 𝓘 = {I_i}_{i=1}^n
Output: mean image
for (x, y) ∈ I_1 do
    S(x, y) ← 0
    for i ← 1 to n do
        S(x, y) ←+ I_i(x, y)
    I'(x, y) ← S(x, y)/n
return I'
```

털 감산 혈관 조영법(DSA: digital subtraction angiography)에 사용된다. 그러나 많은 응용들에서 환경에 대해 많은 제어권을 행사할 수는 없다. 이러한 경우, 가장 좋은 방법은 비디오 시퀀스의 연속 영상들을 서로 추가한 다음, 영상 수로 나누어 평균 영상을 계산하는 것이다.

$$I'(x, y) = \frac{1}{n}\sum_{i=1}^{n} I_i(x, y) \qquad (3.55)$$

여기서 I_i는 i 번째 영상이고 n은 영상의 수이다. 순서가 중요하지 않으므로 영상이 집합으로 $\mathcal{I} = \{I_i\}_{i=1}^{n}$ 수집된다고 가정할 수 있다. 이 절차는 이 집합의 영상을 반복하고 각 화소에 대해 i 번째 영상의 화소 값을 지금까지 얻은 합계에 더해야 한다. 오버플로 문제를 피하기 위해 정수 값 (또는 부동 소수점) 영상 S가 각 화소에 대한 합계를 유지할 필요가 있다. 원하는 평균 영상 I'은 S의 각 화소를 n으로 나눔으로써 계산된다. 카메라가 정지하고 전경 물체가 작고 충분히 자주 움직이는 경우, 평균 영상에는 전경 객체가 없는 장면 배경의 모양이 포함된다.

예를 들어, 그림 3.28은 교통 카메라에서 연속적으로 더 큰 영상 집합에서 계산된 평균 영상을 보여준다. 100 프레임의 비디오(약 3초)가 지나면 차량이 사

그림 3.28 상단: 비디오 시퀀스의 5개 영상. 하단: 모든 영상의 사용하여 얻은 평균 영상. 시간이 지남에 따라 움직이는 물체는 사라지고 배경만 남는다.

그림 3.29 배경 감산. 왼쪽에서 오른쪽: 배경 영상, 현재 영상, 영상과 배경의 절대 차이, 절대 차이를 임계치화.

라지고 배경만 남게 된다. 점진적으로 평균 영상을 업데이트하는 절차를 수정하여 모든 영상을 저장할 필요없이 임의로 긴 비디오 시퀀스에 적용할 수 있다. 이 평균 영상을 배경 영상으로 사용한 결과가 그림 3.29에 나와 있다.

프레임 차분에 대한 배경 감산의 한 가지 이점은 전경 객체는 일정 기간 동안 움직이지 않더라도 사라진다. 반면에, 한 가지 단점은 매우 오랜 시간 동안 정지 상태로 남아있는 물체가 앞으로 지나갈 수 있는 다른 물체를 감지하지 못하게 하는 것이다. 이 문제에 대한 해결책은 배경을 적응적으로 업데이트하여 고정된 물체가 시간이 지남에 따라 배경과 혼합되고 배경 영상이 변화하는 조명 조건에 적응하도록 하는 것이다. 또 다른 문제는 바람에 물결 치는 나무와 같이 약간 움직이는 배경 물체에 의한 주의 산만 현상이다. 이것은 더 정교한 화소 색상의 확률 모델을 사용하여 처리할 수 있다.

3.7 합성

다중 영상 변환의 또 다른 응용은 **디지털 합성**(digital compositing)이다. 디지털 합성은 영화 업계에서 라이브 액션을 컴퓨터 그래픽과 혼합하거나 컴퓨터 그래픽 장면의 여러 영역을 다른 소프트웨어로 렌더링하는 데 널리 사용된다. 만일 당신이 특수 효과를 사용한 영화를 본적이 있다면, 2D 영상의 디지털 합성 결과를 본 것이 거의 확실하다. 가장 간단한 방법, 즉 **용해**(dissolving)는 이진 마스크로 합성한 다음, 알파 값으로 합성한다.

3.7.1 용해

우리가 서로 같은 크기의 두 입력 영상 I_A와 I_B를 가지고 있다고 가정하자. 이들 사이의 가중치 조합은

$$I'(x, y) = w_A I_A(x, y) + w_B I_B(x, y) \tag{3.56}$$

여기서 w_A와 w_B는 스칼라 가중치이다. 만일 $w_A + w_B = 1$로 제한하면, 앞에서 언급한 바와 같이 출력은 입력의 볼록 조합이다. $I'(x, y) = \eta I_A(x, y) +$

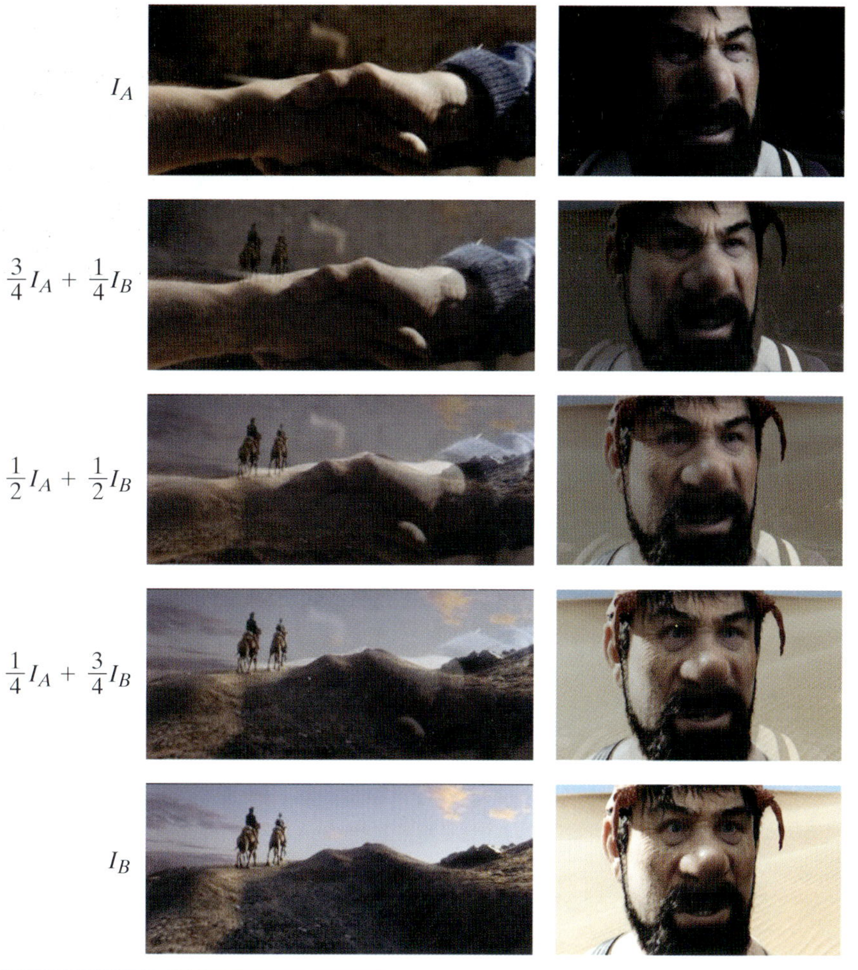

그림 3.30 한 영상을 다른 영상으로 디졸빙하는 2가지 예. 소오스: Screenshots by WETA Digital Ltd.- © 2011 Paramount Pictures. 'The Adventures of Tintin'

$(1-\eta)I_B(x,y)$. 여기서 $\eta = w_A/(w_A + w_B)$. $\eta = 0$ 이면 출력이 두 번째 영상과 동일하고, $\eta = 1$이면 첫 번째 영상과 동일하다. 다른 값의 경우 출력은 두 영상의 혼합이다. η를 1에서 0까지 변화시킴으로써, 제1 영상은 제2 영상으로 천천히 용해된다. 이 간단한 알고리즘은 그림 3.30과 같이 종종 영화의 한 장면에서 다른 장면으로 전환하는 데 사용된다.

3.7.2 이진 마스크와 합성

이제 두 영상에 화소의 지원을 정의하는 이진 마스크 M_A 및 M_B가 동반된다고 가정하자. 즉, 값 $I_A(x, y)$가 유효한 곳이면 $M_A(x, y) = 1$이고, 값 $I_A(x, y)$가 무효인 곳이면 $M_A(x, y) = 0$이다. M_B 및 I_B에 대해서도 유사하다. 유효하지 않은 화소는 무시할 수 있다.

마스크는 이진이기 때문에 주어진 화소에 정확히 네 가지 경우가 존재한다.

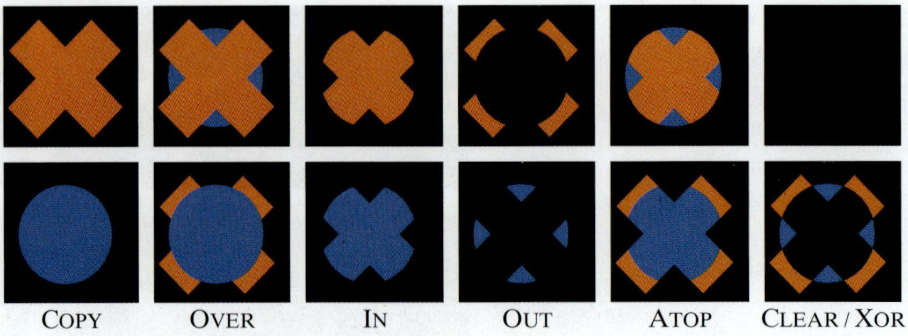

그림 3.31 12개 합성 연산자들. 첫 열은 2개의 원 영상을 보인다. 2–5열은 비 교환적 연산들을 보인다. 두 열에서 연산자의 순서는 거꾸로 이다. 마지막 열은 CLEAR(상)과 XOR(하) 연산자. 모든 경우에 마스크를 적용한 후의 영상을 보인다. 즉, I' AND M'. 검은 화소는 마스크 값이 0임을 나타낸다.

이러한 각 경우에 대해 표 3.2에 나와 있는 것처럼, 출력 화소에 대해 하나 이상의 선택 사항을 사용할 수 있다. 예를 들어, $M_A(x, y) = M_B(x, y) = 0$이면, 출력 화소 마스크 $M'(x, y) = 0$이어야 한다. 두 입력이 모두 유효하지 않기 때문이다. 이 경우 출력 RGB 화소 $I'(x, y)$의 값은 무관하며, 테이블의 점(·)으로 표시된다. 반면, 만일 $M_A(x, y) = 0$ 그러나 $M_B(x, y) = 1$이면, 출력 화소 마스크는 0(무효)일 수 있거나, 출력 RGB 화소와 함께 1(유효)일 수 있다. 즉, $I_B(x, y)$. 만일 $M_A(x, y) = M_B(x, y) = 1$이면 화소 값이 I_A, I_B로부터 선택되거나 어느 것도 선택할 수 없기 때문에 세 가지 선택 사항이 존재한다.

표의 세 번째 열에 있는 항목 수를 곱하면, 이진 마스크로 두 개의 영상을 결합하는 방법은 정확히 $3 \times 2 \times 2 \times 1 = 12$가지가 있다. 이 12가지 합성 작업을 **Porter–Duff 연산자**라고 하며, 그림 3.31에 나와 있다. 이러한 작업 중 3개는 사소한 작업이다. 즉, COPY I_A, COPY I_B 및 CLEAR이다. 하나는 교환적이기 때문에 I_A xor $I_B = I_B$ xor I_A이고, 4개는 비교환적이다. 후자에는 첫 번째 영상을 두 번째 위에 배치하는 I_A OVER I_B가 포함된다. I_A IN I_B는 첫 번째 영상을 두 번째 영상 내부에 놓여있을 때만 복사하는 것이다. I_A OUT I_B는(I_B에 의해 유지되는 I_A의 약자)는 첫 번째 영상을 두 번째 바깥에 있을 때만 첫 번째 영상을 배치한다. I_A TOP I_B는 제 2 마스크 내의 영상들을 결합한다. 역 버전은 두 피연산자를

$M_A(x, y)$	$M_B(x, y)$	$M'(x, y)$	$I'(x, y)$
0	0	0	·
0	1	0,1	·, $I_B(x, y)$
1	0	0,1	·, $I_A(x, y)$
1	1	0,1,1	·, $I_A(x, y), I_B(x, y)$

표 3.2 이진 마스크로 영상을 구성하는 4가지 경우. 각 경우에 대해 출력 화소에 대한 선택이 마지막 두 열에 주어져 있다. 점(·)은 마스크가 0이므로 RGB 값이 무관하다는 의미이다. M'열의 각 항목은 I'열의 항목과 쌍을 이룬다.

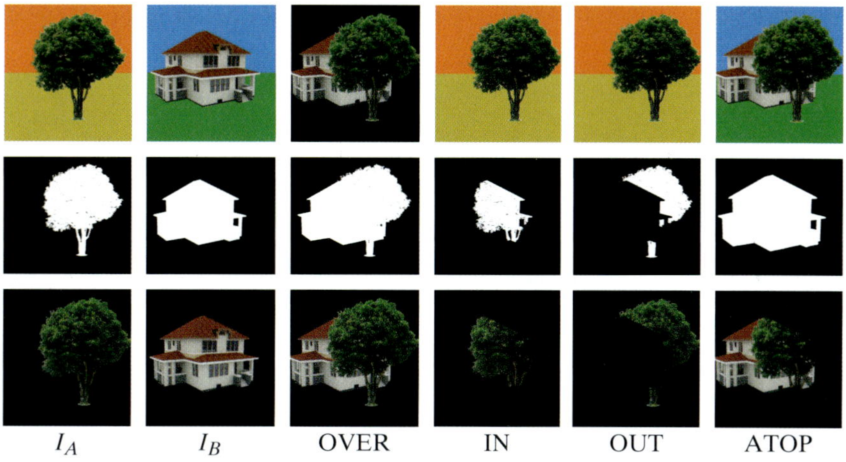

그림 3.32 마스트된 영상의 쌍에 정용된 이진 합성 연산자. 위의 두 행은 왼쪽에서 오른쪽: 원 영상 I_A, 마스크 M_A, 원 영상 I_B, 마스크 M_B, 그리고 4개의 연산 OVER, IN, OUT, ATOP으로 인한 결과 각각의 영상 I'과 마스크 M'. 아래 열은 각 마스트와 각 영상을 ANDing 한 결과.

서로 바꿔서 구한다. 표 3.3은 그림에서 검사하여 얻은 합성 작업의 공식을 보여준다(마스크 M' 외부의 유효하지 않은 화소를 무시하여 I'에 대해 가능한 가장 간단한 공식 사용).

이진 합성 연산자를 한 쌍의 영상에 적용한 결과를 그림 3.32에 나타낸다. 우리는 나무가 I_A이고 집이 I_B인 전방향 연산자만 보여준다. 역 연산자는 연습문제로 남겨 둔다. 일부 연산자는 화소가 유효하지 않은 것으로 간주 되더라도(출력 마스크 외부에 남아 있기 때문에) 유효하지 않은 화소(즉, 마스크 외부의 화소)를 출력 영상으로 복사한다.

3.7.3 알파 채널과 합성

이진 마스크의 문제점 중 하나는, 그림에서 알 수 있듯이, 두 개의 영상을 합성할 때 객체의 경계 주변의 심하고 부자연스러운 에지를 생성한다는 것이다. 더 나은 방법은 이진 마스크 대신 각 영상과 **알파 채널**(**불투명도 맵**이라고도 함)을

Operation	I'	M'
CLEAR	0	0
COPY I_A	I_A	M_A
I_A OVER I_B	$I_A \wedge M_A + I_B \wedge M_B \wedge \neg M_A$	$M_A + M_B$
I_A IN I_B	I_A	$M_A \wedge M_B$
I_A OUT I_B	I_A	$M_A \wedge \neg M_B$
I_A ATOP I_B	$I_A \wedge M_A + I_B \wedge \neg M_A$	M_B
I_A XOR I_B	$I_A \wedge M_A \wedge \neg M_B + I_B \wedge \neg M_B \wedge \neg M_A$	$M_A \wedge \neg M_B + M_B \wedge \neg M_A$

표 3.3 이진 마스크로 두 개의 영상을 합성하기 위한 공식들이다. 비-가환성 연산(non-commutative operations)의 역 버전에 대한 수식은 피연산자를 교체하여 쉽게 얻을 수 있다. 캐럿 (^) 기호는 논리 AND를 나타내며, 각도 (ㄱ)는 논리 NOT를 나타내며, (+) 기호는 논리 OR을 나타낸다(항들 간의 상호배척으로 인해 수식에서 덧셈과 동일).

연결하는 것이다. 알파 채널(alpha channel)은 영상과 동일한 크기이며, 알파 채널에서 각 화소는(개념적으로 적어도) 부동 소수점 값이다. 일반적으로 0과 1사이 값을 가지고, 1은 관련 RGB 화소가 불투명하고, 0이 해당 화소가 투명함(또는 보이지 않거나 무효)을 의미한다.

첫 번째 입력, 두 번째 입력 및 출력의 알파 채널을 각각 α_A, α_B 및 α'으로 지정하고 RGB 영상을 이전과 같이 I_A, I_B 및 I'로 지정하자. 합성을 위한 일반적인 규칙은 RGB 영상과 알파 채널의 가중치 조합의 볼록 조합을 계산하는 것이다.

$$I'(x, y) = \eta(x, y)I_A(x, y) + (1 - \eta(x, y))I_B(x, y) \tag{3.57}$$

$$\alpha'(x, y) = \phi_A(x, y)\alpha_A(x, y) + \phi_B(x, y)\alpha_B(x, y) \tag{3.58}$$

여기서 분율은 다음과 같이 주어진다.

$$\eta(x, y) = \frac{\phi_A(x, y)\alpha_A(x, y)}{\phi_A(x, y)\alpha_A(x, y) + \phi_B(x, y)\alpha_B(x, y)} = \frac{\phi_A(x, y)\alpha_A(x, y)}{\alpha'(x, y)} \tag{3.59}$$

계수 ϕ_A와 ϕ_B는 표 3.4에 나와 있는 것처럼 연산에 의해 결정된다. 표 3.4의 계수를 수식 (3.57), (3.58) 및 (3.59)로 대입하면, 12가지 가능한 합성 작업의 실제 수식을 쉽게 유도할 수 있다. 가장 보편적인 연산자에 대한 공식은 표 3.5에 주어지며, 표 3.3과의 유사성은 M_A를 α_A, 논리 연산자 AND($\wedge$)를 곱셈, 논리 연산자 NOT(ㄱ)를 "1 마이너스"로 대체하면 분명하다. 간단한 예로서, I_A OVER I_B에 대한 계산을 고려해 보자. 여기서 I_B는 $\alpha_B(x, y) = 1$인 배경 영상이다. 이 경우, 어디서나 $\alpha'(x, y) = 1$. 그래서 출력 영상은 I_A의 알파 채널에 따라 두 영상의 간단한 볼록 조합이다.

Operation	ϕ_A	ϕ_B
I_A OVER I_B	1	$1 - \alpha_A$
I_B OVER I_A	$1 - \alpha_B$	1
I_A IN I_B	α_B	0
I_B IN I_A	0	α_A
I_A OUT I_B	$1 - \alpha_B$	0
I_B OUT I_A	0	$1 - \alpha_A$
I_A ATOP I_B	α_B	$1 - \alpha_A$
I_B ATOP I_A	$1 - \alpha_B$	α_A
I_A XOR I_B	$1 - \alpha_B$	$1 - \alpha_A$

표 3.4 차 합성 연산자를 위한 계수들

Operation	I'	α'
I_A OVER I_B	$\frac{1}{\alpha'}(\alpha_A I_A + (1-\alpha_A)\alpha_B I_B)$	$\alpha_A + (1-\alpha_A)\alpha_B$
I_A IN I_B	I_A	$\alpha_A \alpha_B$
I_A OUT I_B	I_A	$\alpha_A(1-\alpha_B)$
I_A ATOP I_B	$\alpha_A I_A + (1-\alpha_A) I_B$	α_B
I_A XOR I_B	$\frac{1}{\alpha'}(\alpha_A(1-\alpha_B) I_A + (1-\alpha_A)\alpha_B I_B)$	$\alpha_A(1-\alpha_B) + \alpha_B(1-\alpha_A)$

표 3.5 가장 일반적인 연산을 위해 알파 채널을 가진 두 영상을 합성하는 수식들. 역 버전의 수식은 연산자를 교환함으로 쉽게 얻을 수 있다.

$$I'(x, y) = \alpha_A I_A + (1 - \alpha_A) I_B \tag{3.60}$$

3.7.4 미리 곱한 알파 사용

그림 3.32에서 알 수 있듯이, 유효하지 않은 화소를 표시할 가능성을 피하기 위해 먼저 영상을 마스크와 곱해야 한다. 따라서 영상을 알파 채널로 곱해야하므로 계산을 빠르게하려면 처리하기 전에 영상을 알파 채널로 미리 곱하는 것이 좋다. 이 접근법에서 모든 합성 작업은 미리 곱한 영상에서 수행되므로 영상을 표시할 필요가 있을 때 더 이상의 곱셈은 필요하지 않다.

언뜻 보기에, 결과적인 절감이 보이지 않을 수도 있지만 중요한 점은 이러한 접근 방식은 실제로 엔터테인먼트 업계에서 널리 사용된다. 하나의 영화에 수십만 개의 영상 프레임들이 고해상도로 담겨 있다는 사실을 명심하자. 따라서 계산에서 가능한 모든 감소는 무시될 수 없다. 미리 곱셈된 영상을 사용할 때의 또 다른 이점은 유효하지 않은 화소에 대해 임의의 색상을 표시하지 않기 때문에 시각적으로 쉽게 해석할 수 있다는 것이다.

미리 계산된 영상의 값들은 다음과 같이 정의된다.

$$\bar{I}_A(x, y) \equiv \alpha_A(x, y) I_A(x, y) \tag{3.61}$$

$$\bar{I}_B(x, y) \equiv \alpha_B(x, y) I_B(x, y) \tag{3.62}$$

$$\bar{I}'(x, y) \equiv \alpha'(x, y) I'(x, y) \tag{3.63}$$

식(3.57)과 식(3.58)을 식(3.63)에 대입하면, 다음이 쉽게 얻어진다.

$$\bar{I}'(x, y) = \phi_A(x, y)\bar{I}_A(x, y) + \phi_B(x, y)\bar{I}_B(x, y) \tag{3.64}$$

$$\alpha'(x, y) = \phi_A(x, y)\alpha_A(x, y) + \phi_B(x, y)\alpha_B(x, y) \tag{3.65}$$

첫 번째 방정식은 실제로 방정식 (3.57)보다 간단하며, 두 번째 방정식은 방정식 (3.58)에서 완전하게 복사된 것이다. 합성할 때 아티팩트를 피하기 위해 영상에 알파 채널이 미리 곱해졌는지 여부를 항상 추적하는 것이 중요하다.

3.8 보간법

2D 값 배열로서, 디지털 영상은 기본적인 연속 감마-압축 밝기 함수의 샘플링으로 생각할 수 있다. 보간(interpolation) 문제는 영상 평면에서 실수 값 좌표 쌍에서 화소 값을 계산하여 이 기본 함수를 추정하는 것이다. 진정한 보간 함수가 되기 위해, 추정된 연속 함수는 샘플 포인트에서 샘플링된 데이터와 일치해야 한다. 하지만, 때때로 이 요구 사항을 완화시키는 것이 바람직하다. 이 절에서는 가장 간단한 것으로 시작하여 몇 가지 보간 방법들을 설명한다.

3.8.1 최근접 이웃 보간

I를 이산 위치 $x = 0, \ldots, width - 1$ 및 $y = 0, \ldots, height - 1$에 대해 정의된 그레이 스케일 영상이라고 하자. 그리고 $\hat{I}$을 연속적인 기본 함수로 실수 좌표 위치 (x, y)에서 실제 보간 함수라고 하자. x와 y가 영상 범위 내에 있는 정수일 때, $\hat{I}(x, y) = I(x, y)$가 되도록 요구된다. **최근접 이웃**(nearest neighbor) 보간이라 불리는 이 가장 간단한 보간법은 좌표에 가장 가까운 화소의 그레이 레벨로 치환한다.

$$\hat{I}(x, y) \equiv I(\min(\max(\textsc{Round}(x), 0, width - 1)), \min(\max(\textsc{Round}(y), 0, height - 1))) \quad (3.66)$$

만일 경계 점검이 추정되다면, 표현은 간단히 다음과 같이 될 수 있다.

$$\hat{I}(x, y) \equiv I(\textsc{Round}(x), \textsc{Round}(y)) \quad (3.67)$$

(x, y)는 실수이지만, 최근접 보간을 사용한 그 결과는 여전히 개별 이산 그레이 레벨, 즉 $\hat{I}(x, y) \in \mathbb{Z}_{0:255}$이다.

3.8.2 양선형 보간

보다 정확한 접근법은 **양선형 보간**(bilinear interpolation)이다. 이름에서 알 수 있듯이 양선형 보간은 1차원 선형 보간의 2D 확장이다. f가 1D 함수이면, 점 $f(x)$에서의 선형 보간은 그림 3.33에 나와 있는 것처럼 가장 가까운 두 샘플의 가중 평균을 계산한다.

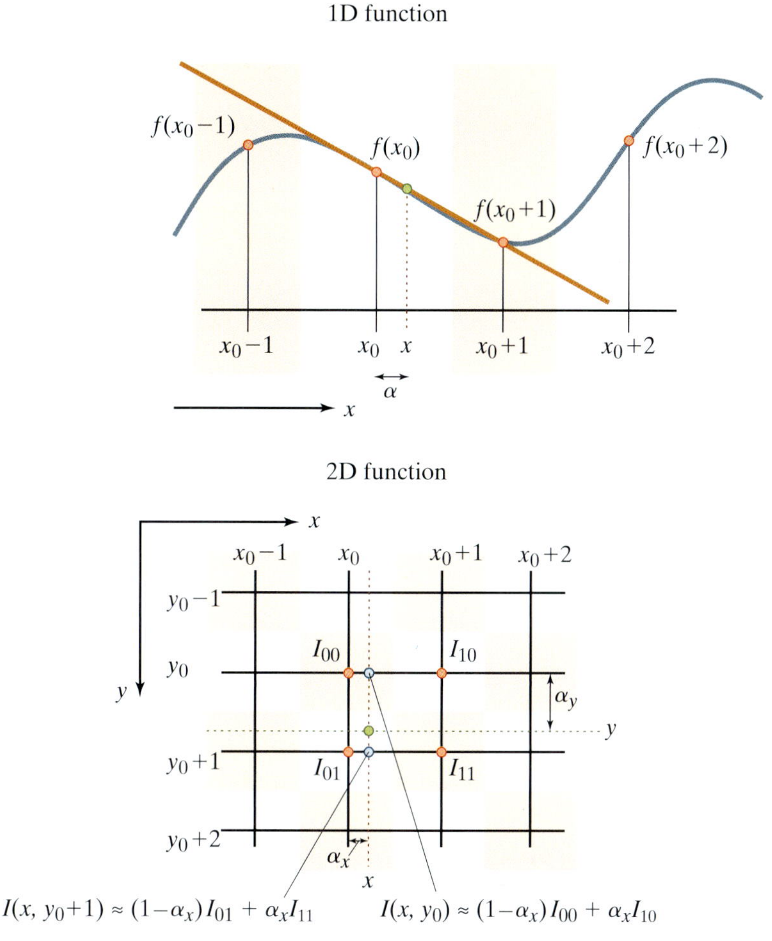

그림 3.33 상단: 이산 함수 f의 임의 점 x에서 선형 보간 $\hat{f}(x)$은 두 개의 인접한 샘플 $f(x_0)$와 $f(x_0+1)$의 가중 평균으로 계산된다. 여기서 $x_0 = \lfloor x \rfloor$이다. 하단: 이산 영상 I의 한 점 (x, y)에서 양선형 보간 $\hat{I}(x, y)$는 4개의 근접 그레이 레벨 I_{00}, I_{10}, I_{01}, I_{11}의 가중 평균으로 계산된다. 교차하는 흰색과 채색 영역들은 연속 도메인에서 샘플된 화소의 확장을 가리킨다.

$$\hat{f}(x) \equiv (1-\alpha)f(x_0) + \alpha f(x_0+1) \tag{3.68}$$

여기서 $x_0 \equiv [x]$ 왼쪽에 가장 가까운 화소의 인덱스이고, $\alpha \equiv x - x_0$, $0 \le \alpha < 1$은 실수 값 x와 정수 x_0 사이의 부분 거리이다. 이것이 참 보간인지를 확인하기 위해, $\alpha = 0$일 때 $\hat{f}(x) = f(x_0)$이고, $\alpha = 1$일 때 $\hat{f}(x) = f(x_0+1)$이므로 필요에 따라 보간이 샘플을 통과하게 된다.

유사하게, 양선형 보간은 그림에 도시된 바와 같이 4개의 가장 근접한 화소, 즉 주변의 2×2 이웃에 있는 화소의 적절한 가중 평균을 계산한다. 점의 왼쪽 위의 가장 가까운 화소는 (x_0, y_0)로 주어진다. 여기서 $x_0 \equiv [x]$, $y_0 \equiv [y]$는 정수이다. 다시 말하지만, 분수 부분은 왼쪽 위 화소 좌표의 좌표를 뺀 후 남은 부분이다: $\alpha_x \equiv x - x_0, \alpha_y \equiv y - y_0, 0 \le \alpha_x, \alpha_y < 1$. 보간된 값은 근처에 있는 4 개의 화소의 가중치 평균이다.

알고리즘 3.16 영상의 한 점에서 이중 선형보간의 실행

INTERPOLATEBILINEAR(I, x, y)

Input: image, floating-point coordinates (x, y)
Output: weighted average of gray levels of nearest four pixels

$x_0 \leftarrow \text{FLOOR}(x)$
$y_0 \leftarrow \text{FLOOR}(y)$
$\alpha_x \leftarrow x - x_0$
$\alpha_y \leftarrow y - y_0$
$\overline{\alpha}_x \leftarrow 1 - \alpha_x$
$\overline{\alpha}_y \leftarrow 1 - \alpha_y$
return $\overline{\alpha}_x * \overline{\alpha}_y * I(x_0, y_0) + \alpha_x * \overline{\alpha}_y * I(x_0+1, y_0) + \overline{\alpha}_x * \alpha_y * I(x_0, y_0+1) + \alpha_x * \alpha_y * I(x_0+1, y_0+1)$

$$\hat{I}(x, y) = \overline{\alpha}_x \overline{\alpha}_y I_{00} + \alpha_x \overline{\alpha}_y I_{10} + \overline{\alpha}_x \alpha_y I_{01} + \alpha_x \alpha_y I_{11} \tag{3.69}$$

여기서 $\overline{\alpha}_x \equiv 1 - \alpha_x$, $\overline{\alpha}_y \equiv 1 - \alpha_y$. 다음을 정의한다. $I_{00} \equiv I(x_0, y_0)$, $I_{10} \equiv I(x_0 + 1, y_0)$, $I_{01} \equiv I(x_0, y_0 + 1)$, $I_{11} \equiv I(x_0 + 1, y_0 + 1)$ 이것이 참 보간법인지 확인하려면 x와 y가 정수인 경우, $x_0 = x$, $y_0 = y$, $\alpha_x = \alpha_y = 0$이므로, $\hat{I}(x, y) = I(x, y)$ 등등. 의사 코드는 알고리즘 3.16에서 제공된다.

3.8.3 바이큐빅 보간

이제 우리는 값뿐만 아니라 도함수(미분)를 알고 있는 두 개의 인접한 데이터 포인트 사이를 보간한다고 가정해 보자.

$$f_0 \equiv f(x_0), \quad f_1 \equiv f(x_0 + 1), \quad \dot{f}_0 = \left.\frac{df(x)}{dx}\right|_{x_0}, \quad \dot{f}_1 = \left.\frac{df(x)}{dx}\right|_{x_0+1} \tag{3.70}$$

즉, 기본 연속 함수의 미분 $\dot{f}$의 추정은 샘플링된 점 x_0 및 $x_0 + 1$에서 가능하다. 이 경우 정확한 결과가(더 큰 계산 비용으로) 샘플링된 값들을 통과하고 미분을 만족시키는 3차수 함수인 **큐빅 보간**(cubic interpolation)이 가능하다. 큐빅 보간법을 다음과 같이 제시하는 것이 어렵지 않다.

$$\hat{f}(x) \equiv \underbrace{(2\alpha^3 - 3\alpha^2 + 1)}_{h_0} f_0 + \underbrace{(\alpha^3 - 2\alpha^2 + \alpha)}_{h_0'} \dot{f}_0 + \underbrace{(-2\alpha^3 + 3\alpha^2)}_{h_1} f_1 + \underbrace{(\alpha^3 - \alpha^2)}_{h_1'} \dot{f}_1 \tag{3.71}$$

여기서 h_0, h_0', h_1 및 h_1'은 선형 보간에서 사용된 계수 함수, 즉 $1 - \alpha$ 및 α와 함께 그림 3.34에 표시된 **큐빅 헤르미트 스플라인**(cubic Hermite splines)이다. 바라는 대로 $\alpha = 0$일 때, $\hat{f}(x) = f_0$과 $\dot{\hat{f}}(x) = \dot{f}_0$이고, $\alpha = 1$일 때, $\hat{f}(x) = f_1$

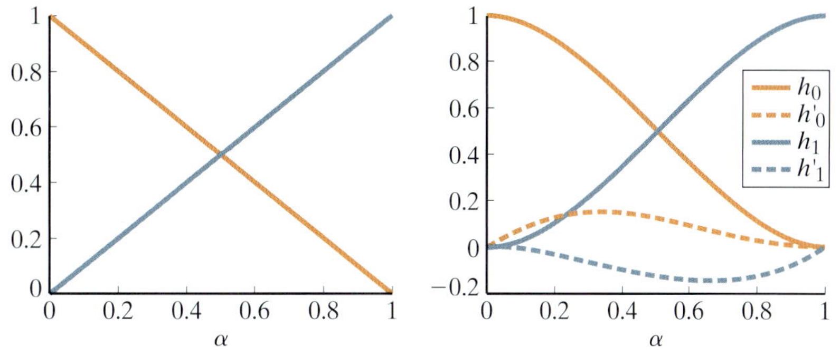

그림 3.34 선형 보간 계수 함수(왼쪽)과 큐빅 헤르미트 스프라인(오른쪽). 유사도: h_0와 h_1은 선형 보간 계수 함수의 평탄한 버전이다.

과 $\dot{\hat{f}}(x) = \dot{f}_1$이다. 여기서

$$\dot{\hat{f}}(x) \equiv \frac{d\hat{f}}{dx} = (6\alpha^2 - 6\alpha)f_0 + (3\alpha^2 - 4\alpha + 1)\dot{f}_0 + (-6\alpha^2 + 6\alpha)f_1 + (3\alpha^2 - 2\alpha)\dot{f}_1 \quad (3.72)$$

미분을 추정하는 여러 가지 방법이 가능하다. **기본 스플라인(cardinal splines)** 계열은 미분 값을 다음과 같이 근사한다.

$$\dot{f}_i \approx \frac{1-\tau}{2}(f_{i+1} - f_{i-1}) \quad (3.73)$$

여기서 $0 \leq \tau \leq 1$은 미분 영향의 범위를 제어하는 장력 매개 변수이다. 가장 일반적인 선택은 $z = 0$이며, 그 결과는 다음과 같이 된다.

$$\dot{f}_i \approx \frac{1}{2}(f_{i+1} - f_{i-1}) \quad (3.74)$$

이 식을 식 (3.71)에 대입하면 널리 사용되는 **Catmull-Rom 스플라인**이 생성된다.

$$\begin{aligned}\hat{f}(x) = \frac{1}{2}((&-\alpha^3 + 2\alpha^2 - \alpha)f_b + (3\alpha^3 - 5\alpha^2 + 2)f_0 \\ &+ (-3\alpha^3 + 4\alpha^2 + \alpha)f_1 + (\alpha^3 - \alpha^2)f_2)\end{aligned} \quad (3.75)$$

행렬 행태로는 다음과 같다.

$$\hat{f}(x) = \frac{1}{2}\begin{bmatrix}\alpha^3 & \alpha^2 & \alpha & 1\end{bmatrix}\begin{bmatrix}-1 & 3 & -3 & 1 \\ 2 & -5 & 4 & -1 \\ -1 & 0 & 1 & 0 \\ 0 & 2 & 0 & 0\end{bmatrix}\begin{bmatrix}f_b \\ f_0 \\ f_1 \\ f_2\end{bmatrix} \quad \text{(Catmull-Rom)} \quad (3.76)$$

여기서 우리는 $b \equiv -1$이므로 $f_b \equiv f(x_0 - 1)$ 및 $f_2 \equiv f(x_0 + 2)$ 선형 보간은

2개의 가까운 샘플 값이 필요하지만, Catmull-Rom 스플라인 보간에는 4개가 필요하다. Catmull-Rom 스플라인 보간법은 큐빅 보간의 가장 일반적인 변형 보간이므로, 이제부터는 상호 교환적으로 용어를 사용할 것이다.

선형 및 큐빅 보간을 시각화하는 다른 방법은 그림 3.35에 나와 있다. 보간 커널 $k(x)$은 연속 도메인에서 정의된다. 보간된 값은 이웃한 샘플들의 가중된 합이고, 가중치들은 원하는 위치 x 위치에 보간 커널을 중심으로 하여 선택된다. 즉, $\hat{f}(x) = \sum_i k(i-\alpha)f_i$이다. 예를 들어, 선형 보간에서 $k(x)$는 삼각형 함수이다.

$$k(x) = \begin{cases} 1-|x| & \text{if } |x| \le 1 \\ 0 & \text{otherwise} \end{cases} \qquad \text{(linear)} \tag{3.77}$$

그 결과,

$$\hat{f}(x) = \sum_{i=0}^{1} k(i-\alpha)f_i = k(-\alpha)f_0 + k(1-\alpha)f_1 \tag{3.78}$$

$$= (1-|-\alpha|)f_0 + (1-|1-\alpha|)f_1 = (1-\alpha)f_0 + \alpha f_1 \tag{3.79}$$

이는 식 (3.68)과 동일하다. 큐빅 보간에서, $k(x)$는 다음과 같이 정의된다.

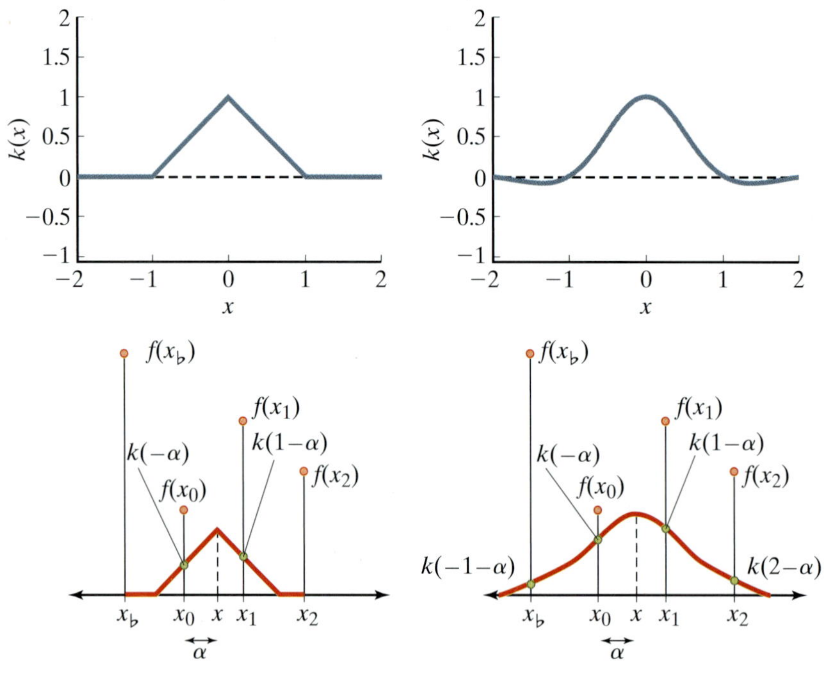

그림 3.35 상단: 선형(왼쪽)과 큐빅(오른쪽) 1D 선형 커널들. 점선은 큐빅 보간 커널이 음수를 가진다는 것을 강조하기 위해 $k(x) = 0$를 가리킨다. 하단: 보간은 커널을 이동하는 것을 포함한다. 그 결과 원하는 위치 x가 중심이 되고, 커널의 가중치를 사용하여 이웃 샘플들이 결합된다.

$$k(x) = \frac{1}{2} \cdot \begin{cases} 3|x|^3 - 5|x|^2 + 2 & \text{if } |x| \le 1 \\ -|x|^3 + 5|x|^2 - 8|x| + 4 & \text{if } 1 < |x| < 2 \\ 0 & \text{otherwise} \end{cases} \quad \text{(cubic)} \tag{3.80}$$

x 위치에서 평가된 큐빅 보간 함수는 다음과 같이 계산된다.

$$\hat{f}(x) = \sum_{i=-1}^{2} k(i - \alpha) f_i = k(-1 - \alpha) f_\flat + k(-\alpha) f_0 + k(1 - \alpha) f_1 + k(2 - \alpha) f_2 \tag{3.81}$$

$$\begin{aligned} &= \frac{1}{2}(((-1 - \alpha)^3 + 5(-1 - \alpha)^2 + 8(-1 - \alpha) + 4) f_\flat \\ &\quad + (-3(-\alpha)^3 - 5(-\alpha)^2 + 2) f_0 \\ &\quad + (3(1 - \alpha)^3 - 5(1 - \alpha)^2 + 2) f_1 \\ &\quad + (-(2 - \alpha)^3 + 5(2 - \alpha)^2 - 8(2 - \alpha) + 4) f_2) \end{aligned} \tag{3.82}$$

대수적 단순화를 사용하면, 이 표현식을 수식 (3.75)과 동일하게 나타낼 수 있다.

바이큐빅 보간(bicubic interpolation)은 이 기본 아이디어를 2D로 확장한 것으로, 주위 4×4 이웃에 있는 16 화소 값의 가중치 합을 계산한다.

$$\hat{I}(x, y) = \sum_{i=-1}^{2} \sum_{j=-1}^{2} k_{ij} \alpha_x^{i+1} \alpha_y^{j+1} \tag{3.83}$$

여기서 가중치 k_{ij}는 16개의 화소 값의 선형 조합에 의해 결정된다.

$$\begin{bmatrix} k_{\flat\flat} \\ k_{0\flat} \\ k_{1\flat} \\ k_{2\flat} \\ k_{\flat 0} \\ k_{00} \\ k_{10} \\ k_{20} \\ k_{\flat 1} \\ k_{01} \\ k_{11} \\ k_{21} \\ k_{\flat 2} \\ k_{02} \\ k_{12} \\ k_{22} \end{bmatrix} = \frac{1}{4} \begin{bmatrix} 0 & 0 & 0 & 0 & 0 & 4 & 0 & 0 & 0 & 0 & 0 & 0 & 0 & 0 & 0 & 0 \\ 0 & 0 & 0 & 0 & -2 & 0 & 2 & 0 & 0 & 0 & 0 & 0 & 0 & 0 & 0 & 0 \\ 0 & 0 & 0 & 0 & 4 & -10 & 8 & -2 & 0 & 0 & 0 & 0 & 0 & 0 & 0 & 0 \\ 0 & 0 & 0 & 0 & -2 & 6 & -6 & 2 & 0 & 0 & 0 & 0 & 0 & 0 & 0 & 0 \\ 0 & -2 & 0 & 0 & 0 & 0 & 0 & 0 & 0 & 2 & 0 & 0 & 0 & 0 & 0 & 0 \\ 1 & 0 & 0 & 0 & 0 & 0 & -1 & 0 & 0 & -1 & 1 & 0 & 0 & 0 & 0 & 0 \\ -2 & 5 & -6 & 0 & 0 & 0 & 2 & 1 & 0 & -4 & 5 & -1 & 0 & 0 & 0 & 0 \\ 1 & -3 & 4 & 0 & 0 & 0 & -1 & -1 & 0 & 3 & -4 & 1 & 0 & 0 & 0 & 0 \\ 0 & 4 & 0 & 0 & 0 & -10 & 0 & 0 & 0 & 8 & 0 & 0 & 0 & -2 & 0 & 0 \\ -2 & 0 & 0 & 0 & 5 & 0 & -4 & 0 & -6 & 2 & 5 & 0 & 0 & 1 & -1 & 0 \\ 4 & -10 & 12 & 0 & -10 & 25 & -22 & 4 & 12 & -22 & 12 & -5 & 0 & 4 & -5 & 1 \\ -2 & 6 & -8 & 0 & 5 & -15 & 16 & -4 & -6 & 12 & -9 & 5 & 0 & -3 & 4 & -1 \\ 0 & -2 & 0 & 0 & 0 & 6 & 0 & 0 & 0 & -6 & 0 & 0 & 0 & 2 & 0 & 0 \\ 1 & 0 & 0 & 0 & -3 & 0 & 3 & 0 & 4 & -1 & -4 & 0 & 0 & -1 & 1 & 0 \\ -2 & 5 & -6 & 0 & 6 & -15 & 12 & -3 & -8 & 16 & -9 & 4 & 0 & -4 & 5 & -1 \\ 1 & -3 & 4 & 0 & -3 & 9 & -9 & 3 & 4 & -9 & 7 & -4 & 0 & 3 & -4 & 1 \end{bmatrix} \begin{bmatrix} I_{\flat\flat} \\ I_{0\flat} \\ I_{1\flat} \\ I_{2\flat} \\ I_{\flat 0} \\ I_{00} \\ I_{10} \\ I_{20} \\ I_{\flat 1} \\ I_{01} \\ I_{11} \\ I_{21} \\ I_{\flat 2} \\ I_{02} \\ I_{12} \\ I_{22} \end{bmatrix} \tag{3.84}$$

여기서, $I_{bb} = (x_0 - 1,\ y_0 - 1)$ 등이다. 이 16×16 매트릭스를 유도하는 것은 연습문제로 남겨 두지만, 이들은 보간된 함수가 그 값과, 1차 미분 및 교차 미분에서 연속적으로 유지하는 데 필요한 계수들이다. 바이큐빅 보간은 그림 3.36에 나와 있으며, 의사 코드는 알고리즘 3.17에 나와 있다. 양선형 보간과 비교할 때, 바이큐빅 보간은 미세한 세부 사항을 유지하지만 더 많은 계산 비용을 필요로 한다.

3.8.4 키 필터

바이큐빅 보간은 두 가지 방식으로 개선될 수 있다. 첫째, 계산 비용을 줄이고, 둘째, 가중 함수 $k(x)$가 참 보간이 된다는 요구 사항을 완화하여 두 가지 방식으로 개선할 수 있다. (이 요구 사항을 완화하면 실제 보간법보다 실제로 시각적으로 만족스러운 결과를 얻는 경향이 있다.) 이 두 가지 개선 사항을 모두 구현하려면 **큐빅 컨볼루션 필터**(cubic convolution filter)를 사용해야 한다.

$$\hat{f}(x) \equiv \sum_{i=-1}^{2} k(i-\alpha) f(x_0 + i) \tag{3.85}$$

여기서, 이전처럼, $x_0 \equiv [x]$ 및 $\alpha = x - x_0$. 이 필터는 행을 따라 영상에 적용된 다음, 열을 따라 (또는 그 반대로) 분리 가능한 방식으로 적용되므로, 2D 바이큐빅 보간에 대한 효율적인 근사를 달성할 수 있다. 커널 $k(x)$는 두 개의 매개 변수 b 및 c로 명시된 구분적 큐빅 스플라인 함수이다.

$$k(x) = \frac{1}{6}\begin{cases} (12-9b-6c)|x|^3 + (-18+12b+6c)|x|^2 + (6-2b) & \text{if } |x| < 1 \\ (-b-6c)|x|^3 + (6b+30c)|x|^2 + (-12b-48c)|x| + (8b+24c) & \text{if } 1 \le |x| < 2 \\ 0 & \text{otherwise} \end{cases} \tag{3.86}$$

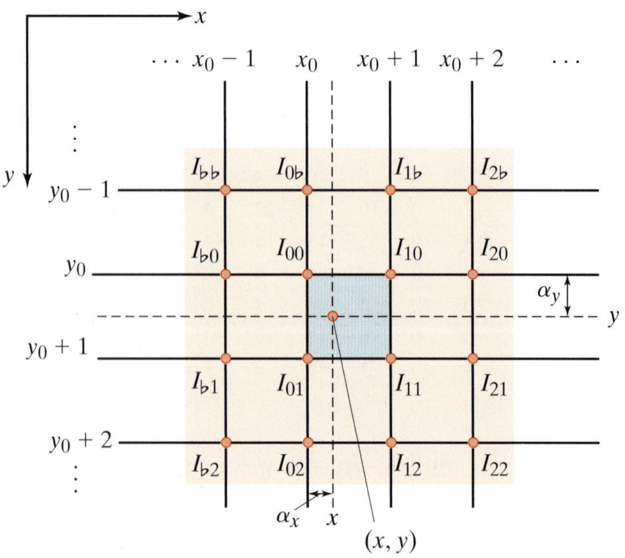

그림 3.36 바이큐빅(bicubic) 보간은 점 (x, y)에서 16개 이웃 그레이 레벨들을 가중 평균한다.

알고리즘 3.17 바이큐빅 보간 수행(저속 버전)

INTERPOLATEBICUBICSLOW (I, x, y)

Input: image, floating-point coordinates (x, y)
Output: weighted average of graylevel values of nearest 16 pixels

$x_0 \leftarrow \text{FLOOR}(x)$
$y_0 \leftarrow \text{FLOOR}(y)$
$\alpha_x \leftarrow x - x_0$
$\alpha_y \leftarrow y - y_0$
Compute k_{ij}, $i = -1, \ldots, 2, j = -1, \ldots, 2$ using Equation (3.84)
return $\sum_{i=-1}^{2} \sum_{j=-1}^{2} k_{ij} \alpha_x^{i+1} \alpha_y^{j+1}$

여기서 b("B-스플라인")는 평활화 양을 결정하고, c("카디날 스플라인"의 경우)는 스플라인 장력과 관련된다. b와 c의 모든 값에 대해 커널 원점에 대해 연속적이고 대칭이며, 연속 1차 미분을 가지며, 일정한 입력 신호의 값을 보존한다. $\sum_{x=-1}^{2} k(x) = 1$. 방정식 (3.85)와 (3.86)을 결합하면 더 완전한 표현을 만든다.

$$
\begin{aligned}
\hat{f}(x) &= \sum_{i=-1}^{2} k(i - \alpha) f_i \\
&= k(-1 - \alpha) f_b + k(-\alpha) f_0 + k(1 - \alpha) f_1 + k(2 - \alpha) f_2 \\
&= \frac{1}{6}((-b - 6c)(1 + \alpha)^3 + (6b + 30c)(1 + \alpha)^2 + (-12b - 48c)(1 + \alpha) + (8b + 24c)) f_b \\
&\quad + \frac{1}{6}((12 - 9b - 6c)\alpha^3 + (-18 + 12b + 6c)\alpha^2 + (6 - 2b)) f_0 \\
&\quad + \frac{1}{6}((12 - 9b - 6c)(1 - \alpha)^3 + (-18 + 12b + 6c)(1 - \alpha)^2 + (6 - 2b)) f_1 \\
&\quad + \frac{1}{6}((-b - 6c)(2 - \alpha)^3 + (6b + 30c)(2 - \alpha)^2 + (-12b - 48c)(2 - \alpha) + (8b + 24c)) f_2 \\
&= \frac{1}{6}\begin{bmatrix} \alpha^3 & \alpha^2 & \alpha & 1 \end{bmatrix}
\begin{bmatrix} -b - 6c & 12 - 9b - 6c & -12 + 9b + 6c & b + 6c \\ 3b + 12c & -18 + 12b + 6c & 18 - 15b - 12c & -6c \\ -3b - 6c & 0 & 3b + 6c & 0 \\ b & 6 - 2b & b & 0 \end{bmatrix}
\begin{bmatrix} f_b \\ f_0 \\ f_1 \\ f_2 \end{bmatrix}
\end{aligned}
\tag{3.87}
$$

여기서, $f_i \equiv f(x_0 + i)$와 같다.

두 개의 매개 변수인 b와 c는 필터의 유형을 결정하므로, 매끄럽게 맞는 구분적 큐빅 필터를 생성할 수 있다. 결과 필터 공간은 그림 3.37에 나와 있으며, 샘플 영상에 대한 영상처리 전문가가 평가한 주관적인 품질의 오버레이가 있다. $c = 0$에서 그림의 왼쪽을 따르는 수직선은 잘 알려진 **B 스플라인**(B-splines) 군을 포함하며, 그 중 **균일 큐빅 B 스플라인**(uniform cubic B-spline) ($b = 1$,

$c = 0$)가 가장 유명하다.

$$\hat{f}(x) = \frac{1}{6}[\alpha^3 \quad \alpha^2 \quad \alpha \quad 1]\begin{bmatrix} -1 & 3 & -3 & 1 \\ 3 & -6 & 3 & 0 \\ -3 & 0 & 3 & 0 \\ 1 & 4 & 1 & 0 \end{bmatrix}\begin{bmatrix} f_b \\ f_0 \\ f_1 \\ f_2 \end{bmatrix} \tag{3.88}$$

유사하게, $b = 0$에 있는 그림의 하단을 따르는 수평선은 이전 절에서 고려한 **카디날 스플라인**(cardinal splines) 군을 포함한다.

$$k(x) = \begin{cases} (2-c)|x|^3 + (c-3)|x|^2 + 1 & \text{if } |x| \le 1 \\ -c|x|^3 + 5c|x|^2 - 8c|x| + 4c & \text{if } 1 < |x| < 2 \\ 0 & \text{otherwise} \end{cases} \tag{3.89}$$

$$\hat{f}(x) = [\alpha^3 \quad \alpha^2 \quad \alpha \quad 1]\begin{bmatrix} -c & 2-c & c-2 & c \\ 2c & c-3 & 3-2c & -c \\ -c & 0 & c & 0 \\ 0 & 1 & 0 & 0 \end{bmatrix}\begin{bmatrix} f_b \\ f_0 \\ f_1 \\ f_2 \end{bmatrix} \tag{3.90}$$

이 스플라인들은 평활화가 적용되지 않으므로 x가 정수인 경우, $\hat{f}(x) = f(x)$인 진정한 보간 필터이다. 이는 $\alpha = 0$일 때 $\hat{f}(x) = f_0$이므로, 식 (3.90)에서 쉽게 알 수 있다. 그림에서 시각적으로 멋진 필터는 다음 라인 위 또는 근처에 놓이는 경향이 있다.

그림 3.37 매개 변수 b, c에 의하여 조정되는 구분 규빅 필터의 피팅 공간. 참 보간 필터들은 $b = 0$를 만족하는 카디날 스플라인이다. 반면 B-스플라인은 $c = 0$를 만족한다. 키 필터는 $b + 2 = 1$을 만족한다. 특별한 경우는 Mitchell 필터($b = 1/3$, $c = 1/3$), Catmull-Rom 스프라인($b = 0$, $c = 0.5$)가 된다. 그리고 표준 균일 규빅 B-스플라인($b = 1$, $c = 0$)이다. 컬러는 영상 전문가들에 의해 평가된 주관적인 품질을 가리킨다. "bad" 영역은 이방향성(anisotropy), 지나친 링잉, 블로킹, 앨리어싱, 혹은 평탄한 결함을 보인다. D.P. Mitchell과 A.N. Netravali, Reconstruction Filters in Cpmputer Graphics (SIGRGAPH), 22(4):221–228, June 1988에 근거함.

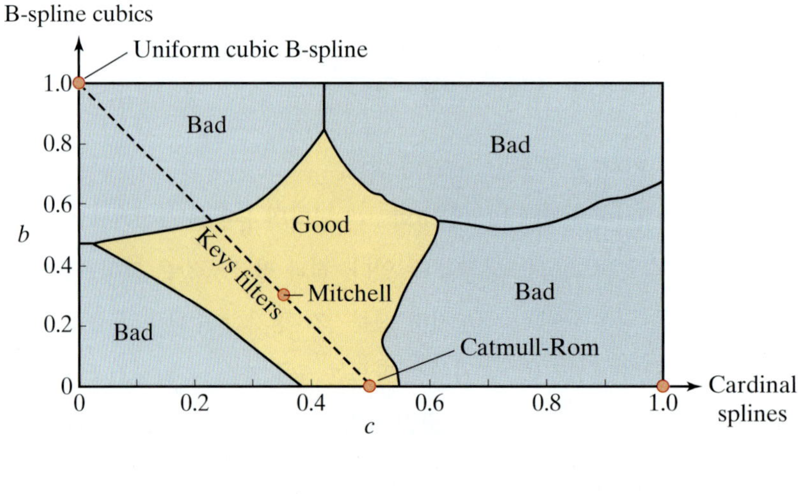

$$b + 2c = 1 \tag{3.91}$$

이 제약 조건을 만족하는 모든 필터를 **키 필터**(keys filter)라고 한다. 식 (3.91)을 식 (3.86)~(3.87)에 대입하면 키 필터가 다음과 같이 매개 변수화 된다.

$$k(x) = \frac{1}{6}\begin{cases} (3 + 12c)|x|^3 + (-6 - 18c)|x|^2 + (4 + 4c) & \text{if } |x| < 1 \\ (-1 - 4c)|x|^3 + (6 + 18c)|x|^2 + (-12 - 24c)|x| + (8 + 8c) & \text{if } 1 \le |x| < 2 \\ 0 & \text{otherwise} \end{cases} \tag{3.92}$$

$$\hat{f}(x) = \frac{1}{6}[\alpha^3 \quad \alpha^2 \quad \alpha \quad 1]\begin{bmatrix} -1 - 4c & 3 + 12c & -3 - 12c & 1 + 4c \\ 3 + 6c & -6 - 18c & 3 + 18c & -6c \\ -3 & 0 & 3 & 0 \\ 1 - 2c & 4 + 4c & 1 - 2c & 0 \end{bmatrix}\begin{bmatrix} f_b \\ f_0 \\ f_1 \\ f_2 \end{bmatrix} \tag{3.93}$$

여기서 $0 \le c \le 0.5$. Catmull-Rom 스플라인은 기본(카디날) 스플라인 일뿐만 아니라 $b = 0$와 $c = 1/2$일 때 발생하는 키 필터이기도 하다. 이는 $c = 1/2$를 수식 (3.93)으로 대입하고 수식 (3.76)과 비교하여 나타낸다. 이것을 입증하는 것이 우리의 범위를 넘어서는 것이지만, Catmull-Rom은 원래의 신호에 대한 Taylor 계열 근사와 관련하여 3차 수렴(third-order convergence)을 달성한다. 이는 알려진 필터 중에서 가장 좋다. 따라서 Catmull-Rom은 실제로 인기 있는 필터로, 눈에 띄는 결함이 없이도 허용되는 결과를 산출하는 경향이 있다.

그럼에도 불구하고, 가장 널리 사용되는 키 필터는 $b = 1/3$, $c = 1/3$으로 정의된 **Mitchell 필터**(**Mitchell-Netravali 필터**라고도 함)이다.

$$k(x) \approx \begin{cases} 1.167|x|^3 - 2|x|^2 + 0.889 & \text{if } |x| < 1 \\ -0.389|x|^3 + 2|x|^2 - 3.333|x| + 1.778 & \text{if } 1 \le |x| < 2 \\ 0 & \text{otherwise} \end{cases} \tag{3.94}$$

$$\hat{f}(x) \approx [\alpha^3 \quad \alpha^2 \quad \alpha \quad 1]\begin{bmatrix} -0.389 & 1.167 & -1.167 & 0.389 \\ 0.833 & -2 & 1.5 & -0.333 \\ -0.5 & 0 & 0.5 & 0 \\ 0.055 & 0.890 & 0.055 & 0 \end{bmatrix}\begin{bmatrix} f_b \\ f_0 \\ f_1 \\ f_2 \end{bmatrix} \tag{3.95}$$

그림에서 Mitchell 필터는 Catmull-Rom 보다 거점 가능 영역에서 더 멀어져 있다고 볼 수 있다. 실제로 Mitchell 필터는 충분한 평활화와 너무 많은 평활화 사이에 좋은 절충안을 제공하여 영상 업샘플링에 널리 사용된다.

3.8.5 Lanczos 보간법

또 다른 중요한 방법은 **Lanczos 보간**이다.[5] 보간 커널은 잘 알려진 sinc 함수에 truncated sinc 함수를 곱한 것이다.

$$k(x) = \begin{cases} (\operatorname{sinc} x)\cdot(\operatorname{sinc} \frac{x}{a}) & \text{if } -a < x < a \\ 0 & \text{otherwise} \end{cases} \tag{3.96}$$

$$\operatorname{sinc} x \equiv \frac{\sin \pi x}{\pi x} \tag{3.97}$$

a는 포함할 양수 제로 크로싱 수를 지정하는 정수이다. 첫 번째 요소는 x의 정수 값에 0을 가지고, 두 번째 요소는 $x = \pm a$에서 0에 도달하는 종 모양의 창 함수(Lanczos 창이라고 함)이다.

1D 이산 신호 f를 보간하기 위해, 보간 커널의 값을 가중치로 사용하여 신호의 2a 값의 가중 합을 계산한다. 일반적으로 커널은 Lanczos−2 또는 Lanczos−3으로 알려진 $a = 2$ 또는 3이다. 그림 3.38은 Lanczos−2 커널을 사용하는 예제이다. 여기서 $x = 9.2$, $x_0 \equiv [x] = 9$, $\alpha = x - x_0 = 0.2$이다. 값 $f(x_0)$에 $k(-\alpha)$를 곱하고, 값 $f(x_0 - 1)$에 $k(-\alpha-1)$를 곱하고, 값 $f(x_0 + 1)$에 $k(-\alpha + 1)$를 곱하고, 값 $f(x_0 + 2)$에 $k(-\alpha + 2)$를 곱한다. 더 일반적으로 하면 다음과 같다.

$$\hat{f}(x) = \sum_{i=-a+1}^{a} k(i - \alpha) f(x_0 + i) \tag{3.98}$$

큐빅 컨볼루션 필터와 마찬가지로, Lanczos 보간은 수평으로 보간법을 적용한 다음, 수직 (또는 그 반대로)으로 하여 2D 보간에 대한 근사값을 얻는다.

우리가 여기서 고려하는 Lanczos 보간과 나중에 고려할 Lanczos 필터링을 구별하는 데 주의해야 한다. 후자에서 sinc 함수를 사용하는 이유는 이것이 이상적

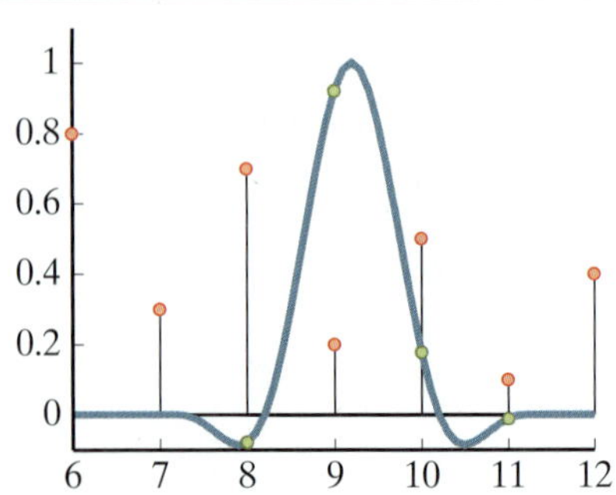

그림 3.38 1D 신호의 보간. 수직 막대 끝에 동그라미로 표시된 신호는 $x = 9.2$에서 평가되었다. 보간 함수는 평탄한 커브(이 경우 Lanczos−2). 4개의 녹색 동그라미는 해당 신호값에 의해 곱해지고, 보간 값을 내기 위해 더해지는 보간 함수의 값을 가리킨다.

5 Cornelius Lanczos (1893–1974), 수학과 물리학 분야에 많은 주요한 기여를 한 학자

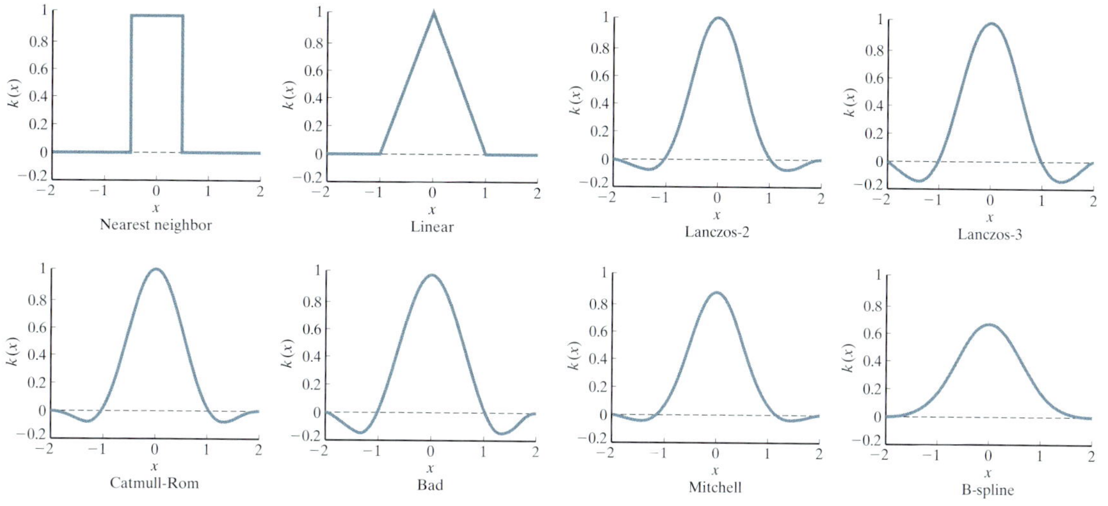

그림 3.39 약간의 평탄을 유도하는 것을 포함한 다양한 보간 커널. "bad filter"는 $b = 0$, $c = 0$. 마지막 2개의 커널은 참 보간 함수가 아니다. 왜냐하면 이들이 $k(\pm1) = k(\pm2) = 0$를 만족하지 않기 때문이다.

인 지역통과 필터라는 것이다. 이 필터는 문맥상에 정수 위치에서 샘플링된 대형 커널과 컨벌루션하여 영상을 필터링한다. 그러나 보간에서는 커널이 4 또는 6 값($a = 2$ 또는 3인지 여부에 따라 다름)과 커널이 정수가 아닌 위치에서 샘플링된다.

그림 3.39는 이 절의 여러 필터들을 정의하는 1D 보간 커널을 보여 주며, 그림 3.40은 예제 1D 신호에서 이러한 필터들의 결과를 비교한다. 첫 번째 여섯 개의 필터는 원래 신호의 모든 샘플 포인트를 통과하기 때문에 실제 보간법인

그림 3.40 1D 보간의 비교. 어떤 것들은 예의 신호 상에서 평탄함. Catmull-Rom, Mitchell, Lanczos-2 방법은 오버슈팅이나 물결모양없이 신호에 평탄한 피팅을 잘 제공한다.

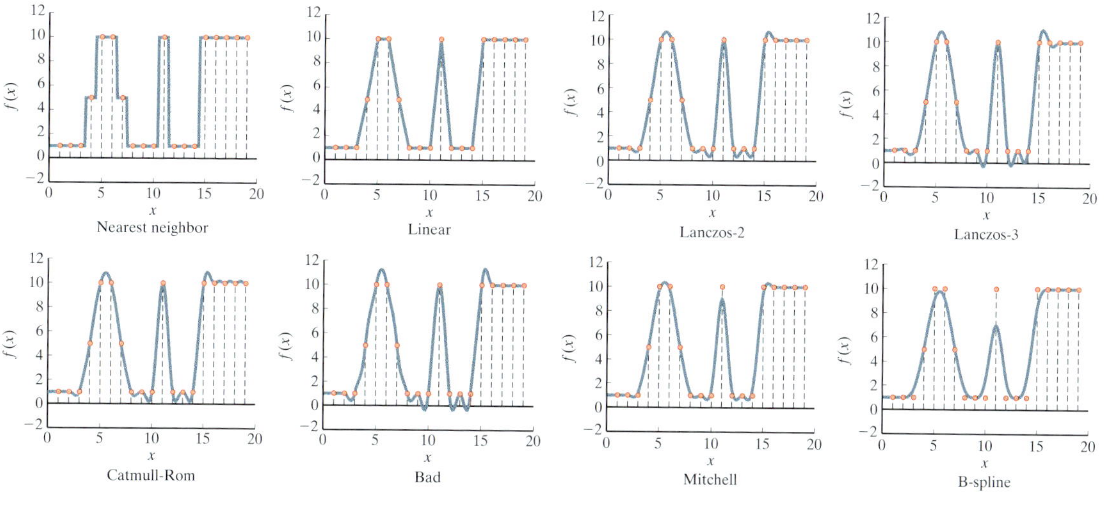

반면, 마지막 두 개는 약간의 평활화를 도입한다. Catmull-Rom, Mitchell 및 Lanczos 필터의 음수 로브(lobe)는 신호에서 물결 모양(ringing)이 생긴다. 이것은 이론적으로는 바람직하지 않지만, 이 동작은 실제로 마하 밴드와 비슷한 방식으로 영상의 첨예(에지 대비)를 증가시켜 시각적인 외관을 향상시킨다.

최근접 이웃 및 선형 방법들은 예리한 전환을 생성하는 반면, 고차 방법들은 더 부드러운 결과를 생성한다. B-스플라인 필터는 아주 부드럽게 처리되지만, $b = 0$, $c = 1$의 "불량 필터"는 과도한 오버 슛 또는 물결모양을 유발한다. Mitchell 또는 Lanczos-2 필터를 사용하면 좋은 절충안을 얻을 수 있다.

3.9 와핑(warping)

화소 값을 보간하는 기능으로 무장하고, 이 절에서 실수값 좌표(x, y)에서 실수값 좌표(x', y')로 임의의 기하학적 변환을 고려하자.

$$I'(x', y') = I(x, y) \tag{3.99}$$

여기서 **매핑 함수** $f : \mathbb{R}^2 \rightarrow \mathbb{R}^2$는 입력 좌표에서 출력 좌표로의 변환 또는 **와핑**(warping)을 지정한다.

$$(x', y') = f(x, y) \tag{3.100}$$

f는 두 개의 출력을 생성하는 두 입력의 함수이기 때문에 방정식을 작성하는 또 다른 방법은 이를 두 개의 구성 요소로 분리하는 것이다.

$$x' = f_x(x, y) \tag{3.101}$$

$$y' = f_y(x, y) \tag{3.102}$$

여기서 $f(x, y) = (f_x(x, y), f_y(x, y))$이다.

이 장의 앞부분에서 좌표의 순방향 매핑과 역 매핑의 차이점에 대해 논의했다. 여기에서 고려되는 간단한 변환과 달리, 실수 값 좌표와 관련된 변환에는 입력과 출력 영상의 화소 간의 일대일 매핑이 필요하지 않다. 결과적으로, 출력 영상의 일부 화소는 실제로 입력 영상에서 경계를 벗어난 화소가 되기 때문에 변환에 의해 영향을 받지 않을 수 있다.

동시에, 입력 영상의 여러 화소들은 이산화 효과로 인해 출력 영상의 동일한 화소에 매핑되는 경우가 있다(그림 3.41에서 볼 수 있듯이 기울어진 평면을 보았을 때를 상상해 보라). 출력 영상의 모든 화소가 정확히 한번 설정되도록 하려면, 입력의 화소를 반복하지 않고 순방향 변환을 수행하는 것이 아니라, 출력의 화소를 반복하여 역변환을 수행하는 것이 중요하다.

$$(x, y) = f^{-1}(x', y') \tag{3.103}$$

여기서 보간법은 $I(x, y)$를 계산하는 데 사용된다. 이 방식으로 입력의 좌표 (x, y)가 실수가 될 수 있더라도, 출력의 좌표 (x', y')는 정수가 된다.

3.9.1 다운샘플링과 업샘플링 일반화

수식 (3.9)-(3.10)에서, 화소 값을 평균하지 않고 영상을 2배만큼 다운 샘플링 또는 업 샘플링하는 방법을 보여 주었다. 좀 더 일반적인 경우, s_x와 s_y를 각각 수평 방향과 수직 방향에 대한 실수 값 스케일링 인자라 하자.

$$I'(x', y') = I(s_x x', s_y y') \quad \text{(다운샘플링)} \tag{3.104}$$

$$I'(x', y') = I(x'/s_x, y'/s_y) \quad \text{(업샘플링)} \tag{3.105}$$

여기서 s_x, $s_y \geq 1$. $s_x = s_y$인 경우, 변환은 원본 영상의 종횡비를 보존한다.

다운 샘플링은 불필요한 화소(최근접 이웃 보간법)을 버리기만 하면 가능하지만, 에일리어싱을 피하기 위해 인접한 입력 화소들의 평균으로 출력 화소 값을 계산하는 것이 좋다. 소량의 평활화(즉, 실제 보간 필터를 사용하지 않음)를 도입함으로써 얻어지는 최상의 결과를 갖는 임의의 보간법이 사용될 수 있다. 예를 들어, $s_x = s_y = 2$이면, 출력 화소는 해당 화소와 이웃한 두 인접 화소들의 가중 평균으로 계산된다. 이것은 식 (3.88)과 식 (3.95)에 각각 $\alpha = 0$을 설정함으로써, 두 가지 대체 기술에 대해 달성된다.

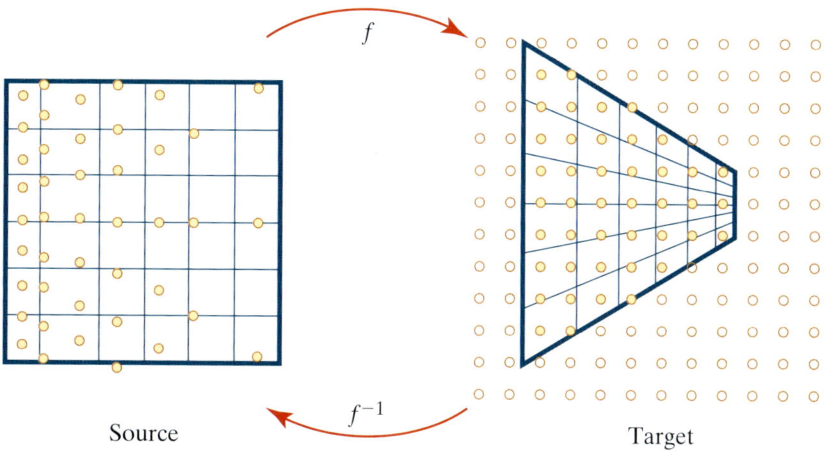

그림 3.41 입력 플레인이 출력에서 기울어진 플레인으로 휘어져 있다. 역변환은 출력의 각 화소가 값을 받는 것을 보장한다. 그러나 전향 변환은 다른 화소는 복수의 값을 받지만 어떤 화소는 값을 받지 못하게 된다. Burger와 Burge: W. Burger and M.J. Burge. Digital Image Processing: An Algorithmic Introduction Using Java. Springer. 2008에 근거함.

$$\hat{f}(x) = 0.167f(x-1) + 0.666f(x) + 0.167f(x+1) \quad \text{(균일 큐빅 B 스플라인)} \tag{3.106}$$

$$\hat{f}(x) = 0.055f(x-1) + 0.889f(x) + 0.055f(x+1) \quad \text{(Mitchell)} \tag{3.107}$$

s_x, $s_y > 2$의 경우, 인접 화소들을 추가적으로 평균해야 하므로, 이는 5장에서 설명할 기술이 필요하다.

마찬가지로, 업 샘플링은 단순히 화소를 복제할 수 있지만(최근접 보간), 결함(artifact)을 방지하기 위해, Mitchell 필터와 같은 고차원 보간법을 사용하는 것이 가장 좋다. 예를 들어, $s_x = s_y = 2$를 사용하고, 식 (3.95)에 $\alpha = 0.5$를 대입하면, Mitchell 필터가 적용된다.

$$\hat{f}(x) = -0.035f(x-1.5) + 0.535f(x-0.5) + 0.535f(x+0.5) - 0.035f(x+1.5) \tag{3.108}$$

원본 영상에는 없는 세부 묘사를 다시 만들 수 없기 때문에 업 샘플링을 수행할 수 있는 근본적인 제한이 있다. 따라서 업 샘플링은 필연적으로 착각 정보(hallucinating information)를 포함한다. 그럼에도 불구하고 스케일링 계수가 높으면, 더 정교한 알고리즘이 결함을 억제하면서 선명한 에지와 텍스처를 복구하는 데 사용될 수 있다. 그러한 알고리즘은 우리의 범위를 넘어서는 것이지만, 나중에 추가로 언급될 것이다.

3.9.2 유클리드 변환

그림 3.42에는 여러 가지 다양한 기하학적 변환들이 나와 있다. 예를 들어, 이동(translation)은 영상을 수평과 수직으로 일정량 씩 이동시키는 작업이다.

$$x' = x + t_x \tag{3.109}$$

$$y' = y + t_y \tag{3.110}$$

역 매핑은 쉽게 얻을 수 있다.

그림 3.42 정사각형에 적용된 다양한 기하학적 변환. 왼쪽에서 오른쪽: 항등, 이동, 회전, 균일 스케일링, 비-균일 스케일링, 측밀리기(shear), 원근 변환. 마지막을 제외하고 모든 변환들은 평행선을 유지한다.

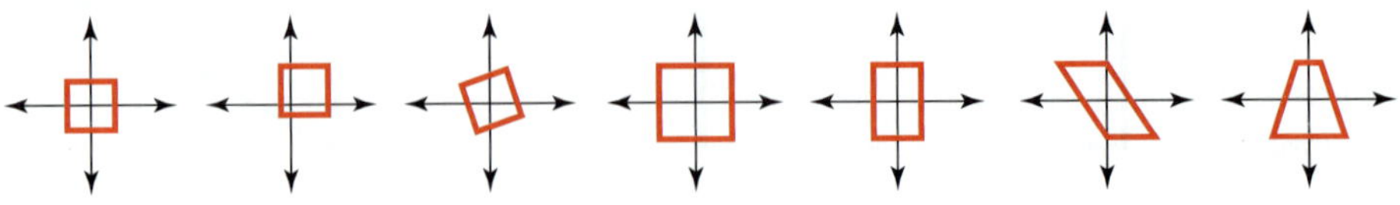

$$\begin{bmatrix} x \\ y \end{bmatrix} = f^{-1}(x', y') = \begin{bmatrix} x' - t_x \\ y' - t_y \end{bmatrix} \tag{3.111}$$

여기서 t_x와 t_y가 정수가 아닌 경우, $I(x, y)$를 계산하는 데 보간이 필요하다. 위에서 언급한 바와 같이 범위를 벗어나는 값은 일반적으로 가장 가까운 화소로 설정되지만, 다른 가능성은 영상의 다른 반대쪽 주위로 화소를 와핑하는 것이다. 이는 경관 배경의 경우에 사용되기도 한다.

또 다른 변형은 시계 방향으로 영상을 θ 만큼 회전시키는 것이다.

$$\begin{bmatrix} x' \\ y' \end{bmatrix} = \underbrace{\begin{bmatrix} \cos\theta & -\sin\theta \\ \sin\theta & \cos\theta \end{bmatrix}}_{\mathbf{R}} \begin{bmatrix} x \\ y \end{bmatrix} \tag{3.112}$$

또는 $\mathbf{x}' = \mathbf{R}\mathbf{x}$, 여기서 $\mathbf{x}' = [x' \quad y']^\mathsf{T}$ and $\mathbf{x} = [x \quad y]^\mathsf{T}$이다. 이 방정식은 영상의 왼쪽 위 모서리에서 원점을 기준으로 회전을 지정한다. 그러나 일반적으로 영상 내에서 $\mathbf{c} = [c_x \quad c_y]^\mathsf{T}$ 점을 중심으로 회전하길 원한다.

$$\mathbf{x}' = \mathbf{R}(\mathbf{x} - \mathbf{c}) + \mathbf{c} \tag{3.113}$$

회전 행렬의 역행렬은 $\mathbf{R}^{-1} = \mathbf{R}^\mathsf{T}$이므로, 방정식을 반전시키기 위해 행해야 할 것은 매트릭스를 전치시키는 것이다. 이것은 sine의 부호를 교환하는 것을 의미한다.

$$\begin{bmatrix} x \\ y \end{bmatrix} = \underbrace{\begin{bmatrix} \cos\theta & \sin\theta \\ -\sin\theta & \cos\theta \end{bmatrix}}_{\mathbf{R}^\mathsf{T}} \left(\begin{bmatrix} x' \\ y' \end{bmatrix} - \begin{bmatrix} c_x \\ c_y \end{bmatrix} \right) + \begin{bmatrix} c_x \\ c_y \end{bmatrix} \tag{3.114}$$

θ가 90도의 배수가 되지 않는다면, x와 y는 임의의 θ 값에 대한 정수가 아니기 때문에 보간을 수행해야 한다. 편리하게 이동과 회전은 단일 **유클리드 변환**으로 결합될 수 있다. $\mathbf{x}' = \mathbf{R}(\mathbf{x} - \mathbf{c}) + \mathbf{c} + \mathbf{t} = \mathbf{R}\mathbf{x} + \tilde{\mathbf{t}}$이다.

$$\begin{bmatrix} x' \\ y' \end{bmatrix} = \underbrace{\begin{bmatrix} \cos\theta & -\sin\theta \\ \sin\theta & \cos\theta \end{bmatrix}}_{\mathbf{R}} \begin{bmatrix} x \\ y \end{bmatrix} + \begin{bmatrix} \tilde{t}_x \\ \tilde{t}_y \end{bmatrix} \tag{3.115}$$

이것은 $\mathbf{t}$에 의한 이동이 뒤 따르는 $\mathbf{c}$에 대한 회전으로 볼 수 있으며, 또는 등가적으로 원점에 대한 회전과 $\tilde{\mathbf{t}}$에 의한 이동으로 볼 수 있다. 유클리드 변환은 객체의 모양과 크기를 보존한다. 각 점에 1을 더함으로써 점의 **동차 좌표**

(homogeneous coordinates)인 3×1 벡터 $[x \quad y \quad 1]^{\mathsf{T}}$와 $[x' \quad y' \quad 1]^{\mathsf{T}}$를 얻는다. 동차 좌표계를 사용하면 식 (3.115)를 단일 행렬 곱셈으로 다시 쓸 수 있다.

$$\begin{bmatrix} x' \\ y' \\ 1 \end{bmatrix} = \begin{bmatrix} \cos\theta & -\sin\theta & \tilde{t}_x \\ \sin\theta & \cos\theta & \tilde{t}_y \\ 0 & 0 & 1 \end{bmatrix} \begin{bmatrix} x \\ y \\ 1 \end{bmatrix} \tag{3.116}$$

이것은 수학적으로 편리하다. 동차 좌표는 컴퓨터비전에서 많이 사용되는 강력한 표현이며, 나중에 이 책의 뒷부분에서 자세히 설명한다.[6]

3.9.3 유사 변환

균일한 스케일링은 모든 좌표에 동일한 스칼라 k를 곱하면 된다.

$$x' = kx \tag{3.117}$$

$$y' = ky \tag{3.118}$$

유사 변환(similarity transformations)은 유클리드 변환의 수퍼 세트이다. 이동과 회전뿐 아니라 균일한 스케일링도 포함되기 때문이다.

$$\begin{bmatrix} x' \\ y' \\ 1 \end{bmatrix} = \begin{bmatrix} k\cos\theta & -k\sin\theta & k\tilde{t}_x \\ k\sin\theta & k\cos\theta & k\tilde{t}_y \\ 0 & 0 & 1 \end{bmatrix} \begin{bmatrix} x \\ y \\ 1 \end{bmatrix} \tag{3.119}$$

유사 변환은 모양은 유지하지만, 크기는 반드시 유지하지 않는다.

3.9.4 어파인 변환

2×2 행렬 R은 행렬식이 1인 경우에만 즉 $\det(\mathbf{R}) = 1$인 경우, 회전 행렬이다. 이 제약 조건을 제거하여 임의의 가역 2×2 행렬을 허용하면, **어파인 변환**(affine transformation)이 된다.

$$\begin{bmatrix} x' \\ y' \end{bmatrix} = \begin{bmatrix} a_{11} & a_{12} \\ a_{21} & a_{22} \end{bmatrix} \begin{bmatrix} x \\ y \end{bmatrix} + \begin{bmatrix} a_{13} \\ a_{23} \end{bmatrix} \tag{3.120}$$

동차 좌표를 사용하는 단일 행렬 곱셈으로 다시 쓸 수 있다.

---

6 13.4.1절 (p. 822)

$$\begin{bmatrix} x' \\ y' \\ 1 \end{bmatrix} = \begin{bmatrix} a_{11} & a_{12} & a_{13} \\ a_{21} & a_{22} & a_{23} \\ 0 & 0 & 1 \end{bmatrix} \begin{bmatrix} x \\ y \\ 1 \end{bmatrix} \tag{3.121}$$

어파인 변환을 사용하여 영상을 왜곡하려면 행렬을 반전해야 한다.

$$\begin{bmatrix} x \\ y \\ 1 \end{bmatrix} = \frac{1}{a_{11}a_{22} - a_{12}a_{21}} \begin{bmatrix} a_{22} & -a_{12} & a_{23}a_{12} - a_{22}a_{13} \\ -a_{21} & a_{11} & -a_{23}a_{11} + a_{21}a_{13} \\ 0 & 0 & a_{11}a_{22} - a_{12}a_{21} \end{bmatrix} \begin{bmatrix} x' \\ y' \\ 1 \end{bmatrix} \tag{3.122}$$

어파인 변환은 회전, 이동 및 균일 스케일링이 포함된다. 유사 변환은 특별한 경우이다. 또한, 어파인 변환은 스케일링을 비 균일하게 변경할 수 있다.

$$x' = s_x x \tag{3.123}$$

$$y' = s_y y \tag{3.124}$$

뿐만 아니라, 하나의 좌표가 다른 좌표에 비례하는 양만큼 쉬프트되는 전단(shear)을 생성한다.

$$x' = x + ay \tag{3.125}$$

$$y' = y \tag{3.126}$$

여기서 s_x, s_y 및 a는 스칼라이다. 이러한 가능성은 사각형이 직사각형이나 평행 사변형으로 변형될 수 있음을 의미한다. 원본에서 서로 평행한 선은 출력에서 평행하게 유지된다.

3.9.5 투영 변환

2D **투영 변환**(projective transformations)은 행렬의 맨 아래 행이 $[0 \quad 0 \quad 1]^T$라는 제약 조건을 완화하여, **호모그래피**(homography)로 알려진 역행렬이 가능한 3×3 행렬, $\mathbf{H}$가 된다.

$$\begin{bmatrix} x' \\ y' \\ 1 \end{bmatrix} \propto \underbrace{\begin{bmatrix} h_{11} & h_{12} & h_{13} \\ h_{21} & h_{22} & h_{23} \\ h_{31} & h_{32} & h_{33} \end{bmatrix}}_{\mathbf{H}} \begin{bmatrix} x \\ y \\ 1 \end{bmatrix} \tag{3.127}$$

투영 변환을 사용하면 동차 좌표가 시각화되고 이해하기가 훨씬 어려워진다. 왜냐하면 왼쪽이 반드시 오른쪽과 같지 않고 오히려 오른쪽에 비례하기 때문이다. 이 비례 상수를 나타내기 위해, λ을 사용하면 방정식을 다음과 같이 다시 쓸 수 있다.

$$\lambda\begin{bmatrix} x' \\ y' \\ 1 \end{bmatrix} = \underbrace{\begin{bmatrix} h_{11} & h_{12} & h_{13} \\ h_{21} & h_{22} & h_{23} \\ h_{31} & h_{32} & h_{33} \end{bmatrix}}_{\mathbf{H}}\begin{bmatrix} x \\ y \\ 1 \end{bmatrix} \tag{3.128}$$

여기에서 $\lambda = h_{31}x + h_{32}y + h_{33}$이다. 행렬의 맨 아래 행이 이전과 같이 $[0 \quad 0 \quad 1]^{\mathsf{T}}$라면, x와 y의 가능한 모든 값에 대해 $\lambda = 1$이며, 우리는 어파인 변환으로 되돌아 간다. 반면에 $\lambda \neq 1$이면, 출력 벡터는 최종 엔트리에서 1이 아닌 값을 갖는다. 참 (x', y')를 계산하려면 λ로 나누어야 한다.

$$x' = \frac{\lambda x'}{\lambda} = \frac{h_{11}x + h_{12}y + h_{13}}{h_{31}x + h_{32}y + h_{33}} \tag{3.129}$$

$$y' = \frac{\lambda y'}{\lambda} = \frac{h_{21}x + h_{22}y + h_{23}}{h_{31}x + h_{32}y + h_{33}} \tag{3.130}$$

예제 3.12 다음의 투영 변환을 점(1, 2)에 적용하라.

$$\mathbf{H} = \begin{bmatrix} 7 & 3 & 2 \\ 2 & 4 & 8 \\ 1 & 3 & 2 \end{bmatrix} \tag{3.131}$$

풀이 점에 대한 동차 좌표는 (1,2)에 1을 추가하여 얻는다. 그래서 $[1\ 2\ 1]^{\mathsf{T}}$가 되고, 행렬 **H**를 곱하면

$$\begin{bmatrix} \lambda x' \\ \lambda y' \\ \lambda \end{bmatrix} = \begin{bmatrix} 7 & 3 & 2 \\ 2 & 4 & 8 \\ 1 & 3 & 2 \end{bmatrix}\begin{bmatrix} 1 \\ 2 \\ 1 \end{bmatrix} = \begin{bmatrix} 15 \\ 18 \\ 9 \end{bmatrix} \tag{3.132}$$

결과적으로 $\lambda = a$가 되고, 따라서 $(x', y') = (\frac{15}{9}, \frac{18}{9}) = (\frac{15}{9}, 2)$.

만일 $\lambda = 0$이면 그 값으로 나눌 수 없다. 그러나 이것이 오류가 되는 대신에 결과 점은 **무한대 점**(point at infinity)으로 알려져 있다. 이 점은 **소실점**(vanishing point)의 개념과 밀접한 관련이 있다. 무한대의 점과 일반적으로 투영 변환에 대한 자세한 내용은 이 책의 뒷부분에서 자세히 설명한다.

투영 변환은 어파인 변환을 포함하므로 이동, 회전, 균일하지 않은 크기 조절과 전단을 수행할 수 있다. 투영 변환은 낮은 지점에서 캡처한 철도 트랙 사진에

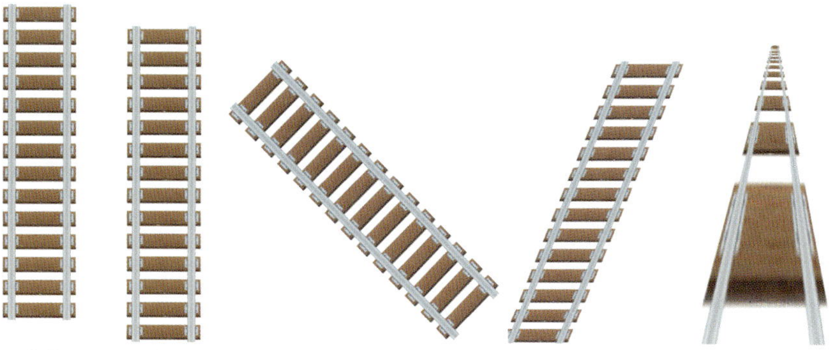

그림 3.43 영상에 적용된 다양한 기하학적 와핑.

서 발생하는 것과 같이 평행선을 교차선으로 변환하는 기능도 있다. 영상에 적용된 다양한 기하학적 변환의 예가 그림 3.43에 나와 있다.

3.9.6 임의의 와프

동차 좌표를 사용하여 3 × 3 행렬 변환에서 투영(따라서 affine, similarity 와 Euclidean의 특수한 경우) 와프를 간결하게 캡처할 수 있다. 이러한 접근법은 예를 들어, 평탄한 지면(예를 들어, 도로 또는 철도 트랙)의 투시 영상이 주어진다면 조감도를 제공하기 위해 영상을 휘게 하는데 사용될 수 있다. 유사하게, 그러한 변환은 영상이 의도적으로 왜곡되어 영상이 어떤 각도로 평평한 표면에 투사될 때 왜곡되지 않은 것으로 보인다(**키스톤 보정**으로 알려진 절차).

그러나 투영법 이외에도 식 (3.103)의 사상 함수 f는 원하는 모든 함수가 될 수 있으므로, 비선형 방식으로 기하학적으로 왜곡된 영상(예: 렌즈 수차 또는 카타 디옵 트릭 센서)을 허용하는 유연성이 향상된다. 영상을 왜곡하여 시각적으로 즐거운 효과를 내기 위해, 나선형 왜곡을 수행하거나 혹은 중심에 지정된 화소 수를 증감시키기 위해 나선형 변형을 정의할 수 있다. 그런 와프의 세부 사항은 독자에게 연습문제로 남긴다.

3.9.7 영상 등록과 모핑

마지막으로, 이 장을 끝내기 위해 두 개의 영상이 입력으로 제공될 때 영상을 서로 겹칠 수 있도록 정렬하는 것이 바람직할 때가 있다. 이 정렬을 **영상 등록**(image registration)이라고 한다. 장면 유형 및 영상 간의 관계에 따라 영상 등록에 필요한 와프와는 단순한 것에서 복잡한 것까지 다양하다. 예를 들어, 서로 다른 위치에서 평면 장면의 두 영상을 가져온 경우, 두 영상 사이의 일치를 제공하는 수치적 기법으로 추정할 수 있는 호모 그래피(homography)와 관련이 있다. 그러나 비행기가 평평하지 않은 지형으로 날아가 사진을 찍는 경우, 나무나 건물이 3D 시차 효과를 유발할 수 있기 때문에 결과 영상을 이러한 3 × 3 매트릭스를 사용하여 완벽하게 정렬할 수 없다. 왜냐하면 영상이 지면 평면 모션을 기반으로 등록할 때, 3 차원 시차 효과(parallax effects)가 발생하기 때문이다.

두 영상이 등록되어 있을 뿐 아니라 서로 디졸브되는 경우, 우리는 **모프**(morphed)변형 되었다고 말한다. 일반적인 예로는 한 사람의 얼굴(눈, 코, 그리고 입의 코너)을 다른 사람의 얼굴의 해당 특징을 매핑하는 와핑 함수를 지정하여 한 사람의 얼굴을 다른 사람의 얼굴로 변형시키는 것이다. 화소 값을 몇 개의 영상 프레임에 걸쳐 블렌드하여 프레임 시퀀스가 비디오로 재생될 때, 한 영상에서 다른 영상으로의 연속 혼합 모양을 제공한다. 얼굴과 같은 비선형의 복잡한 표면을 와핑하는 것은 본질적으로 전체적이 아닌 국부적 변환을 필요로 한다.

3.10 추가 읽기

그레이 레벨 변환, 그레이 레벨 히스토그램, 히스토그램 균일화 및 히스토그램 매칭과 같은 이 장의 대부분의 자료는 Burger와 Burge[2008] 혹은 Gonzalez와 Woods [2008]와 같은 모든 영상 처리 교과서에서 찾을 수 있다. NDVI와 같은 멀티스펙트럼 변환은 Campbell and Wynne [2011]이나 Lillesand et al.[2007]과 같은 원격 감지 문헌에 기술되어 있다. 원격 탐사에서 멀티 스펙트럼 데이터를 다루는 또 다른 보편적인 접근 방법은 Kauth와 Thomas [1976]에 의한 Tasseled Cap Transformation으로 알려져 있다. 의사컬러 적용의 사용에 관한 사려 깊은 토론을 위해서, Borland와 Taylor [2007]의 연구를 참고하라.

배경 감산은 Jain과 Nagel [1979]의 초기 작업에서 추적할 수 있는데, 이는 객체가 움직이기 시작하면 배경 영상을 업데이트하는 문제를 해결했다. 프레임 차분을 위한 이중 차분 영상은 원래 Kameda와 Minoh [1996]에 기인한다. 배경 감산의 주제에 대한 주목할 만한 연구는 Toyama 등 [1999]이 수행했다. 가장 인기있는 배경 차감 알고리즘 중 하나는 Gaussians의 혼합을 기반으로 하며, 나중에 Zivkovic과 van der Heijden [2006]에 의해 업데이트된 Stauffer와 Grimson [2000]이다. 배경 감산에 대한 추가적인 접근법은 Javed 등 [2002]은 색과 그라디언트 정보와 Heikkila와 Pietikainen[2006]의 텍스쳐 기반 접근법을 결합한 것이다.

디지털 합성에 대해 더 많은 것을 배우고자하는 사람은 엔터테인먼트 업계에서 널리 사용되는 기술뿐만 아니라, 컴퓨터그래픽 커뮤니티에서 일반적으로 사용되는 플립핑 및 플롭핑이라는 용어를 설명하는 Brinkmann [2008]의 유쾌한 책을 선택하는 것이 좋다. 합성에 대한 고전적인 논문은 Porter와 Duff [1984]의 것이고, 이것은 읽을 만하고 자체 개요가 있다. 합성에 대한 또 다른 짧은 소개는 Thompson [1990]의 논문이다.

큐빅 컨볼루션 보간 필터는 Keys [1981]에 의해 개발되었으며, Catmull–Rom 스플라인(이름으로 언급하지 않음)이 재구성 오류를 최소화함을 보여준다. 이 작업은 후에 Mitchell과 Netravali [1988]에 의해 확장되었는데, 작은 양의 평활화가 재구성된 영상의 주관적 품질을 향상시킨다는 것을 보여주었다. Mitchell 필터는 이 연구의 결과이다. 다양한 보간법의 비교는 Turkowski와 Gabriel [1990]에서 찾아볼 수 있다. 1D 및 2D 기하학적 변형, 와프 및 보간 방법에 대한 또 다른 우수한 설명은 Burger와 Burge [2008]에서 찾을 수 있다. 정교한 업 샘플링 알고리즘에 관한 최근의 연구는 Shan 등. [2008], HaCohen 등 [2010], 또는 Kopf 등 [2007]을 보라.

연습문제

3.1 다음과 같은 4 × 4 그레이 레벨 영상에 대하여 플립, 플롭, 플립–플롭, 반전, 시계 방향으로 90도 회전 등의 작업을 수행하시오.

$$\begin{bmatrix} 176 & 94 & 201 & 219 \\ 37 & 161 & 16 & 88 \\ 71 & 129 & 177 & 81 \\ 41 & 198 & 107 & 19 \end{bmatrix}$$

3.2 알고리즘 3.1과 3.2를 기반으로 영상을 플립–플롭하기 위해 의사 코드를 작성하시오.

3.3 알고리즘 3.1을 수정하여 출력 및 입력 영상이 동일한 메모리를 차지할 수 있도록 플립을 수행하시오.

3.4 알고리즘 3.3의 의사 코드를 수정하여 한 번에 하나의 화소 값을 저장하기에 충분한 추가 저장소만 사용하여 영상을 제자리에서 회전시키시오. (시계 방향으로 90도 회전만 구현)

3.5 다음을 계산하기 위해 8비트 포화 산술을 사용하시오. (a) 52 + 200, (b) 86 + 199, (c) 30 − 50, (d) 32 + 11. 그런 다음 4 비트 포화 산술로 반복하시오.

3.6 문제 3.1의 8비트 영상을 사용하여 다음 산술 연산을 수행하시오. 필요한 경우 클램핑하시오. 65를 더하고 85를 빼고 2를 곱하시오.

3.7 포화 계산을 사용하여 다른 8비트 영상에 결과를 저장하기 위해, 다음 두 8비트 영상의 (a) 합계, (b) 차이 그리고 (c) 절대 차이를 계산하시오.

$$I_1 = \begin{bmatrix} 19 & 171 & 91 & 68 \\ 123 & 99 & 74 & 195 \\ 85 & 71 & 208 & 18 \\ 241 & 212 & 189 & 68 \end{bmatrix} \quad I_2 = \begin{bmatrix} 106 & 97 & 190 & 5 \\ 81 & 64 & 183 & 82 \\ 71 & 200 & 251 & 94 \\ 181 & 76 & 9 & 18 \end{bmatrix}$$

3.8 다음과 같은 부동 소수점 영상을 가정하라. 선형 대비 스트레칭을 수행하여, 화소를 8비트로 변환하고, 최소값을 0으로 매핑하고 최대값을 255로 매핑하시오.

$$\begin{bmatrix} 0.327 & 0.945 & 0.559 & 0.381 \\ 0.181 & 0.252 & 0.080 & 0.950 \\ 0.240 & 0.399 & 0.737 & 0.148 \\ 0.986 & 0.170 & 0.246 & 0.447 \end{bmatrix}$$

3.9 그림 3.12에서 주어진 구분 선형 그레이 레벨 매핑을 위한 룩업 테이블(LUT)을 결정하시오. (과도한 쓰기를 피하려면, 25로 나눌 수 있는 그레이 레벨에 대해서만 항목을 제공하시오.)

3.10 I와 I'이 4비트 그레이 스케일 영상이라고 가정하고, $I'(x, y) = \eta \cdot (\frac{1}{\eta} I(x, y))^{2.0}$에 대한 LUT을 생성하시오. I의 최대값이 I'의 최대값에 매핑되도록 η를 설정하시오.

3.11 문제 3.1의 영상을 $\tau = 155$ 임계값으로 설정하시오.

3.12 문제 3.1의 영상에 대한 비트 평면 7과 비트 평면 4를 계산하시오.

3.13 다음 4비트 영상에 대한 히스토그램, 정규화된 히스토그램 및 누적된 정규화 히스토그램을 계산하시오.

$$\begin{bmatrix} 5 & 8 & 3 & 7 \\ 1 & 3 & 3 & 9 \\ 6 & 8 & 2 & 7 \\ 4 & 1 & 0 & 9 \end{bmatrix}$$

3.14 좋아하는 프로그래밍 언어로 히스토그램 균일화를 구현하시오. 문제 3.13의 영상과 자신의 저 대비 영상에서 코드를 실행하시오.

3.15 히스토그램 매칭을 구현하고, 참조 히스토그램 $h_{ref} = [1 \quad 1 \quad 1 \quad 2 \quad 2 \quad 2 \quad 0 \quad 4 \quad 3]$를 사용하여 문제 3.13의 영상에서 코드를 실행하시오. 손으로 검사하여 출력이 올바른지 확인하시오.

3.16 히스토그램 균일화가 영상에 두 번 적용되는 경우, 즉 히스토그램 균일화의 결과에 그것을 적용되는 경우, 두 번째 응용 프로그램이 영상을 변경하는지 여부를 결정하시오. 왜 또는 왜 그렇게 되는지 설명하시오.

3.17 (a) (128,128,128), (b) (64,245,198) 및 (c) 255,253,128)에 반올림

하여 수식 (3.36)과 (3.37)을 사용하여 다음 RGB 삼중 항 각각에 대한 그레이 스케일을 계산하시오. 또한, (d) 각 색상에 대해, 두 전환 사이의 그레이 스케일에서 차이를 계산하시오.

3.18 수식 (3.36)과 (3.37)의 RGB−대−그레이 스케일 변환 방식을 구현하고 몇 가지 샘플 영상을 실행하시오. 또한 기존의 일부 소프트웨어 응용 프로그램의 RGB−대−그레일 스케일 변환을 실행하시오. 다양한 출력 간의 품질 차이를 말할 수 있는가?

3.19 식 (3.45)의 NDVI에 대한 대안은 다음에 주어진 적외선 비율 식생 지수 (IPVI)이다.

$$I'_{IPVI}(x, y) = \frac{I_{IR}(x, y)}{I_{IR}(x, y) + I_{Red}(x, y)} \quad \textbf{(3.133)}$$

IPVI가 단순히 선형 변환이라는 점에서 NDVI와 기능적으로 동일하다는 것을 보여준다. 변환을 계산하고 IPVI의 범위를 명시하시오. IPVI에서 생생한 초목을 감지하기 위한 임계점은 무엇인가?

3.20 GOES 적외선 영상에서 200의 값을 갖는 화소는 어떤 온도 (섭씨온도)를 나타내는가?

3.21 백그라운드 뺄셈을 적용할 응용 프로그램이 있다고 가정한다. 출력이 완벽하지 못하게 하는 몇 가지 어려움을 열거하시오.

3.22 임계 값 $\tau = 40$를 사용하여 다음의 3개의 연속적인 프레임 사이의 (a) 이중 차이 및 (b) 3중 차이를 계산하시오.

$$I_1 = \begin{bmatrix} 18 & 168 & 94 & 67 \\ 120 & 97 & 78 & 198 \\ 83 & 70 & 208 & 17 \\ 238 & 208 & 189 & 68 \end{bmatrix} \quad I_2 = \begin{bmatrix} 21 & 168 & 92 & 71 \\ 122 & 71 & 191 & 227 \\ 83 & 212 & 16 & 187 \\ 240 & 216 & 188 & 68 \end{bmatrix} \quad I_3 = \begin{bmatrix} 20 & 171 & 92 & 70 \\ 76 & 193 & 39 & 228 \\ 209 & 20 & 20 & 194 \\ 241 & 210 & 190 & 73 \end{bmatrix}$$

3.23 디졸브의 개념과 이것이 영화/영상 산업에서 디지털 합성에 어떻게 사용되는지 설명하시오.

3.24 12개의 이진 Porter−Duff 연산자(및 해당 알파 채널 등가물) 외에도 다른 합성 연산자가 가능하다. 이 중 하나는 SCREEN이며 다음과 같이 정의된다.

$$I_A \text{ SCREEN } I_B = 1 - (1 - I_A)(1 - I_B)$$

여기서 화소 값은 방정식을 단순화하기 위해 0과 1 사이의 범위로 가정된다.

(a) SCREEN 연산자는 무엇을 하는가? (힌트 : I_A와 I_B는 각각 전경과 배경이라고 가정하고 영상이 최소 또는 최대 값일 때 어떤 일이 일어나는지 조사한다.)

(b) SCREEN 연산자를 구현하고, 각 화소마다 0.5의 일정한 알파 채널로 두 개의 영상에서 그것을 테스트하시오.

3.25 Compositing 연산자의 또 다른 한 쌍에는 도징(dodging)과 버닝(burning)이 있다. 도징은 영상의 특정 화소를 밝게 하고, 버닝은 화소를 어둡게 만든다. 두 경우 모두 화소는 두 번째 이진 영상에 의해 지정된다. 이러한 연산자를 구현하는 한 가지 방법은 이진 영상이 있는 영상의 모든 화소에 포화 산술을 사용하여 상수 (예: 128)를 더하거나 뺀다. 이 두 연산자에 대한 의사 코드를 작성하시오.

3.26 컴퓨터에 포화 산술 기능이 내장되어 있다고 가정하자. 즉, 바이트 조작에 대해 $a + b = \min(a + b, 255)$ 등이 있다. (이러한 논리는 MMX/SSE와 같은 SIMD 명령어가 있는 CPU에 공통적이다.) 이전 문제에서의 의사 코드를 어떻게 수정하겠는가?

3.27 12 Porter−Duff 연산자는 다음과 같다.

(a)	CLEAR	(e)	I_B OVER I_A	(i)	I_B OUT I_A
(b)	COPY I_A	(f)	I_A IN I_B	(j)	I_A ATOP I_B
(c)	COPY I_B	(g)	I_B IN I_A	(k)	I_B ATOP I_A
(d)	I_A OVER I_B	(h)	I_A OUT I_B	(l)	I_A XOR I_B

이 연산자를 마스크가 있는 다음 두 영상에 적용하시오.

$$I_A = \begin{bmatrix} 132 & 231 & 227 \\ 237 & 105 & 238 \\ 193 & 59 & 128 \end{bmatrix} \quad M_A = \begin{bmatrix} 255 & 255 & 0 \\ 255 & 255 & 0 \\ 0 & 0 & 0 \end{bmatrix} \quad I_B = \begin{bmatrix} 43 & 79 & 116 \\ 56 & 246 & 184 \\ 36 & 119 & 162 \end{bmatrix} \quad M_B = \begin{bmatrix} 0 & 0 & 0 \\ 0 & 255 & 255 \\ 0 & 255 & 255 \end{bmatrix}$$

유효한 화소의 값만 표시하시오. X를 사용하여 유효하지 않은 화소를 나타내시오.

3.28 12 Porter−Duff 연산자 중 (I_A IN I_B) OVER I_B에 상응하는 것은 어떤 것인가?

3.29 문제 3.27에서와 같이 I_A와 I_B에 대해 동일한 값을 사용하지만, 다음 불투명도 값을 사용하여, (a) I_A OVER I_B, (b) I_A IN I_B, and (c) I_A ATOP I_B 계산하시오.

$$\alpha_A = \begin{bmatrix} 1.0 & 0.5 & 0 \\ 0.5 & 0.4 & 0 \\ 0 & 0 & 0 \end{bmatrix} \quad \alpha_B = \begin{bmatrix} 0 & 0 & 0 \\ 0 & 0.2 & 0.6 \\ 0 & 0.6 & 1.0 \end{bmatrix}$$

3.30 그림 3.32의 네 개의 연산자는 교환 가능하지 않다. 피연산자 순서가 바뀌면 각 연산자의 결과가 무엇인지 간략하게 설명하시오.

3.31 다음 영상에 대하여 양선형 보간법을 사용해 (a) (0.1, 0.7), (b) (1.2, 0.5), (c) (1.3, 1.6)그리고 (d) (2.8,1.7)의 값을 계산하시오.

$$\begin{bmatrix} 232 & 177 & 82 & 7 \\ 241 & 18 & 152 & 140 \\ 156 & 221 & 67 & 3 \end{bmatrix}$$

3.32 방정식 (3.71)은 값 f_0과 f_1을 통과하고, 미분 $\dot{f}_0$과 $\dot{f}_1$을 유지함을 보이시오.

3.33 미분에 대해 중앙 차분 연산자를 사용하여 식 (3.84)의 16 × 16 바이큐빅 보간 행렬을 유도하시오.

3.34 1D 대칭 큐빅 필터의 일반적인 형태는 다음과 같다.

$$k(x) = \begin{cases} a_3|x|^3 + a_2|x|^2 + a_1|x| + a_0 & \text{if } |x| < 1 \\ a'_3|x|^3 + a'_2|x|^2 + a'_1|x| + a'_0 & \text{if } 1 \leq |x| < 2 \\ 0 & \text{otherwise} \end{cases} \tag{3.171}$$

값과 미분이 모든 곳에서 연속적으로 적용되고 계수가 1로 합쳐지면, 8 개의 매개 변수가 2로 감소되어 식 (3.86)으로 된다는 것을 보이시오.

3.35 Catmull–Rom보다 Mitchell 필터가 일반적으로 선호되는 이유는 무엇인가?

3.36 식 (3.95)의 Mitchell 필터는 식 (3.76)의 Catmull–Rom과 식 (3.88)의 균일 큐빅 B–스플라인의 선형 조합임을 알 수 있다. 가중 계수를 찾으시오.

3.37 다운 샘플링에 대한 인기 있는 필터를 나열하고, 업 샘플링에 대한 다른 필터를 나열하시오.

3.38 영상을 이동하고 확대/축소한 카메라로 찍은 상당히 정적인 장면의 두 영상을 찾으시오. 두 영상의 두 지점을 수동으로 클릭하여 두 영상 사이의 스케일링과 회전을 계산한 다음, 해당 지점 중 하나를 사용하여 이동을 계산하시오. 유사성 변환을 구성하고 영상 중 하나에 변환을 적용하여 두 영상을 대략적으로 정렬하시오.

3.39 고정된 카메라를 설정하고, 배경이 정지 상태에 있는 동안 움직이는 전경 물체의 짧은 비디오 시퀀스를 캡처하시오. 시퀀스의 평균 영상을 계산하여 배경 영상을 생성한 다음, 배경 감산을 사용하여 전경 객체를 세분화하시오. 현재 영상과 배경 영상 사이의 절대 차이에 대한 임계값의 결과인 전경 객체를 표시하시오.

3.40 Stauffer와 Grimson [2000]에서 설명된 배경 화소 색상을 모델화하기 위해 가우시안의 혼합을 사용하는 유명한 배경 감산 접근법을 구현하시오.

CHAPTER 4

이진 영상처리

이전 장에서는 한 영상을 다른 영상으로 변환하는 간단한 작업을 살펴 보았다. 이 장에서는 이진 영상의 특별한 경우에 초점을 맞추어 계속 살펴본다. 이 장의 목표는 실제로 널리 사용되는 잘 알려진 알고리즘을 다루는 동시에 이후 장을 위한 기초를 마련하는 데 있다. 이진 영상은 수학적 형태학(morpology)을 소개하는 자연스러운 구실을 제공한다. 형태학(모폴로지)은 이진 영상을 평면(plane)의 부분집합으로서 이진 영상뿐만 아니라, 평면의 점집합의 방향을 결정하는데 유용한 행렬의 고유분해(eigendecomposition)와 같은 다른 수학적 개념으로 보는 영상처리에 대한 접근법이다. 이전 장과는 달리 이 장의 처리는 출력 화소가 단일 입력 화소에 의해 결정되는 처리로 제한되지 않는다.

4.1 모폴로지 연산

명암도 영상을 임계값(thresholding)처리를 하거나 배경 감산과 같은 연산 결과를 임계값 처리하면, 배경 화소의 값이 0인 반면 전경(foreground) 화소의 값이 1인 이진 영상이 생성된다. 논리적으로 이 값은 각각 ON 또는 OFF로 간주할 수 있다. 그림 4.1에서는 컨베이어 벨트에 있는 객체의 명암도 영상을 임계값 버전과 함께 보여준다. 이러한 영상은 제조 환경에서 공통적인데, 머신비전 기

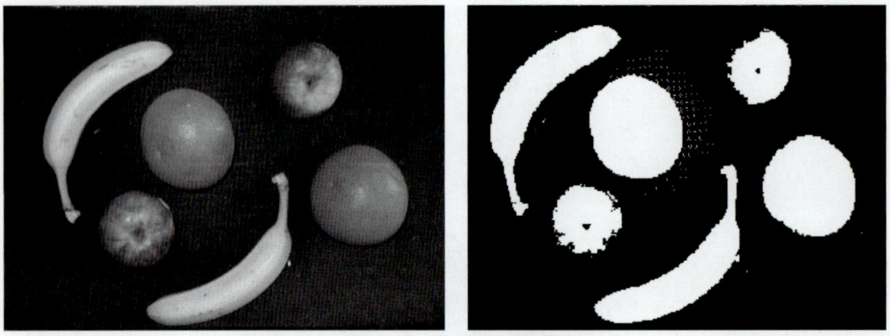

Stan Birchfield

그림 4.1 왼쪽: 어두운 컨베이어 벨트 위에 여러 종류 과일의 명암도 영상. 오른쪽: 임계치화 한 결과 이진 영상. 흰색 화소는 ON이며, 전경을 가리킨다. 배경 화소는 OFF이며, 배경을 가리킨다.

술은 제조되는 부품에 결함이 없는지, 적절한 방식으로 분류되는지 등을 확인하는 데 중요한 역할을 한다.

이러한 응용의 경우, 배경에서 전경 객체를 분류하고 처리하기 위해 객체의 특성을 계산할 수 있다. 불행히도 그림에서 볼 수 있듯이 임계값은 전경과 배경을 완벽하게 구분하지 않는다. 이처럼 어려운 영상에 대해 임계값을 자동으로 계산하는 알고리즘을 나중에 고려해 보겠지만, 어떤 임계값을 선택하든 상관없이 결과는 잡음이 존재한다.

모폴로지 연산(morphological operations)은 이러한 잡음을 제거하는 강력한 방법을 제공한다. 형태학(모폴로지)이라는 말은 "형태의 연구"를 의미하며, **수학적 형태학**(mathematical morphology)은 화소 영역의 형태(또는 형상)를 고려하여 영상을 처리하기 위해 개발된 수학의 한 분야이다. 수학적 형태학은 전경(ON) 화소를 영상 면의 하위 집합으로 고려해 이진 영상을 집합으로 모델링한다. 다음 장에서는 이 개념을 명암도 영상으로 확장할 것이지만, 이 장에서는 이진 수학적 형태에 중점을 둔다.

4.1.1 집합으로서의 이진 영상

이진 영상은 일반적으로 $I(x, y)$가 각 화소 위치 (x, y)에 대해 1 또는 0을 반환하는 값 배열로 간주된다. 또는 앞에서 설명한 것처럼 이진 영상은 모든 전경(1 값 또는 ON) 화소의 좌표 집합으로 나타낼 수 있다. 이 두 표현은 동등하며 원하는대로 자유롭게 전환할 수 있다.

예제 4.1

다음 이진 영상의 집합 표현을 작성하시오.

$$I = \begin{bmatrix} 1 & 0 & 1 \\ 0 & 1 & 1 \\ 0 & 0 & 0 \end{bmatrix}$$

풀이 설정된 표현은 값이 1인 모든 화소의 좌표를 포함한다. x축이 오른쪽을 가리키고 y축이 아래를 향하고 원점이 맨 위 왼쪽 화소인 좌표계 규칙을 사용하면, 다음과 같이 된다 $\{(0, 0), (1, 1), (2, 0), (2, 1)\}$.

예제 4.2 3×3 이진 영상은 $\{(0, 1), (0, 2), (1, 2), (2, 2), (2, 1)\}$으로 표시된다. 이것의 배열 표현은?

풀이 배열 표현은 집합에 포함된 모든 위치에 1을 배치하고, 다른 모든 곳에 0을 배치하여 얻는다.

$$I = \begin{bmatrix} 0 & 0 & 0 \\ 1 & 0 & 1 \\ 1 & 1 & 1 \end{bmatrix}$$

두 가지 기본 집합 연산자는 합집합(union)과 교집합(intersection)이다. $\mathcal{A}$와 $\mathcal{B}$가 평면상의 점 집합이라면, $\mathcal{A}$와 $\mathcal{B}$의 합집합은 $\mathcal{A}$ 또는 $\mathcal{B}$ (또는 둘 다)에 있는 모든 점을 포함하는 집합이다. $\mathcal{A}$와 $\mathcal{B}$의 교집합은 $\mathcal{A}$와 $\mathcal{B}$ 모두에 있는 모든 점을 포함하는 집합이다.

$$\mathcal{A} \cup \mathcal{B} \equiv \{\mathbf{z} : \mathbf{z} \in \mathcal{A} \text{ or } \mathbf{z} \in \mathcal{B}\} \qquad \text{(union)} \qquad (4.1)$$

$$\mathcal{A} \cap \mathcal{B} \equiv \{\mathbf{z} : \mathbf{z} \in \mathcal{A} \text{ and } \mathbf{z} \in \mathcal{B}\} \qquad \text{(intersection)} \qquad (4.2)$$

여기서 $\mathbf{z} \in \mathbb{R}^2$는 평면(plane)상의 점이다. 추가 연산자는 집합 $\mathcal{A}$를 벡터 $\mathbf{b}$ ($\mathcal{A}_\mathbf{b}$로 표시)로 이동(translation)한 것인데 $\mathcal{A}_\mathbf{b}$로 표시한다. $\check{\mathcal{B}}$로 표시된 원점(이전 장에서 본 플립-플롭 연산자)에 대한 집합 $\mathcal{B}$의 반사(reflection), $\mathcal{A}$에 없는 모든 점들을 포함하는 여집합(complement) $\neg\mathcal{A}$. 이것은 배열의 각 1을 0으로, 각 0을 1로 대체하는 것과 같다. $\mathcal{B}$에 없는 $\mathcal{A}$의 모든 점을 포함하는 두 집합 사이의 차이(difference) $\mathcal{A} \setminus \mathcal{B}$. 만약 우리가 $\mathbf{a} = (a_x, a_y) \in \mathcal{A}$를 첫 번째 집합의 한 점이라 하고, $\mathbf{b} = (b_x, b_y) \in \mathcal{B}$가 두 번째 집합의 한 점이라고 하면, 이 연산자들은 다음과 같이 요약된다.

$$\mathcal{A}_\mathbf{b} \equiv \{\mathbf{z} : \mathbf{z} = \mathbf{a} + \mathbf{b}, \mathbf{a} \in \mathcal{A}\} \qquad \text{(translation} \qquad (4.3)$$

$$\check{\mathcal{B}} \equiv \{\mathbf{z} : \mathbf{z} = -\mathbf{b}, \mathbf{b} \in \mathcal{B}\} \qquad \text{(reflection)} \qquad (4.4)$$

$$\neg\mathcal{A} \equiv \{\mathbf{z} : \mathbf{z} \notin \mathcal{A}\} \qquad \text{(complement)} \qquad (4.5)$$

$$\mathcal{A} \setminus \mathcal{B} \equiv \{\mathbf{z} : \mathbf{z} \in \mathcal{A}, \mathbf{z} \notin \mathcal{B}\} = \mathbf{A} \cap \neg\mathcal{B} \qquad \text{(difference)} \qquad (4.6)$$

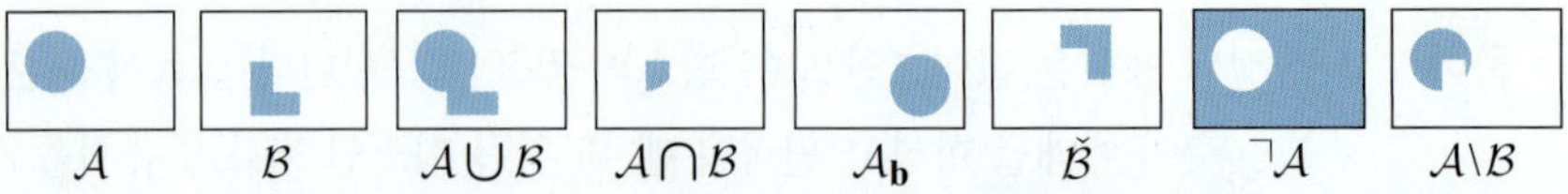

그림 4.2 집합 연산자들. 첫 두 개의 열은 집합 $\mathcal{A}$, $\mathcal{B}$를 보인다. 왼쪽에서 오른쪽으로, 합집합, 교집합, **b** 양 만큼 $\mathcal{A}$의 이동($\mathcal{B}$와는 상관이 없음), 원점에 대한 반사(중심에 있다고 가정), 여집합, 집합의 차.

여기서 $-\mathbf{b} = (-b_x, -b_y)$는 x와 y 좌표의 부호가 변경되었음을 나타낸다. 이러한 연산자의 적용은 그림 4.2에 나와 있으며, 이로부터 $\mathbf{z} \in \mathcal{A} \cap \mathcal{B}$는 $\mathbf{z} \in \mathcal{A} \cup \mathcal{B}$를 의미하는 것은 알기 쉽다. 왜냐하면 교집합(intersection)의 어떤 점도 합집합에 있어야 하기 때문이다. 결과적으로 교집합은 합집합의 하위 집합이다. $\mathcal{A} \cap \mathcal{B} \subseteq \mathcal{A} \cup \mathcal{B}$이다.

또한 $\mathcal{A}$와 $\mathcal{B}$의 합집합에 없는 어떤 점도 $\mathcal{A}$에 없고 $\mathcal{B}$에 있지 않다는 것이 명백하다. 비슷하게 $\mathcal{A}$와 $\mathcal{B}$의 교집합에 없는 어떤 점도 $\mathcal{A}$에 있지 않거나 $\mathcal{B}$에 있지 않다. 이는 **De Morgan의 법칙**으로 알려져 있다.

$$\neg(\mathcal{A} \cup \mathcal{B}) = \neg\mathcal{A} \cap \neg\mathcal{B} \tag{4.7}$$

$$\neg(\mathcal{A} \cap \mathcal{B}) = \neg\mathcal{A} \cup \neg\mathcal{B} \tag{4.8}$$

4.1.2 Minkowski 덧셈과 뺄셈

두 점의 좌표는 벡터 가산, 즉 $\mathbf{a} + \mathbf{b} = (a_x + b_x, a_y + b_y)$를 사용하여 쉽게 더해질 수 있다. 자연스럽게 두 집합의 합계를 정의한다. 두 집합 $\mathcal{A}$와 $\mathcal{B}$의 **Minkowski 덧셈**[1]은 두 집합의 요소의 모든 가능한 벡터 가산 결과인 점의 집합으로 정의된다.

$$\mathcal{A} \oplus \mathcal{B} \equiv \{\mathbf{z} : \mathbf{z} = \mathbf{a} + \mathbf{b}, \mathbf{a} \in \mathcal{A}, \mathbf{b} \in \mathcal{B}\} \tag{4.9}$$

$$= \bigcup_{\mathbf{b} \in \mathcal{B}} \{\mathbf{a} + \mathbf{b} : \mathbf{a} \in \mathcal{A}\} = \bigcup_{\mathbf{b} \in \mathcal{B}} \mathcal{A}_{\mathbf{b}} \tag{4.10}$$

다시 말해, 식 (4.9)는 $\mathcal{A} \oplus \mathcal{B}$가 집합 $\{\mathbf{z}\}$이고, 집합의 각 점 $\mathbf{z}$에 대해 합이 $\mathbf{z}$인 $\mathcal{A}$에 어떤 $\mathbf{a}$가 있고 $\mathcal{B}$에 어떤 $\mathbf{b}$가 있다. 동등하게, 방정식 (4.10)은 $\mathcal{A} \oplus \mathcal{B}$가 $\mathcal{B}$의 각 요소에 의해 $\mathcal{A}$를 이동함으로써 생성된 집합들의 합집합이라고 말한다. 두 집합의 **Minkowski 뺄셈**은 유사한 방식으로 정의된다.

$$\mathcal{A} \ominus \mathcal{B} \equiv \{\mathbf{z} : \mathbf{z} - \mathbf{b} \in \mathcal{A}, \forall \mathbf{b} \in \mathcal{B}\} \tag{4.11}$$

1 수학자 Hermann Minkowski (1864 – 1909)는 Albert Einstein의 교사였다.

$$= \bigcap_{\mathbf{b} \in \mathcal{B}} \{\mathbf{a} + \mathbf{b} : \mathbf{a} \in \mathcal{A}\} = \bigcap_{\mathbf{b} \in \mathcal{B}} \mathcal{A}_{\mathbf{b}} \tag{4.12}$$

여기서 기호 $\forall$는 "for all"을 의미한다. 즉, 식 (4.11)은 $\mathcal{A} \ominus \mathcal{B}$가 집합 $\{\mathbf{z}\}$인데, 집합의 각 점 $\mathbf{z}$에 대해 그리고 $\mathcal{B}$에 모든 점 $\mathbf{b}$에 대해 점 $\mathbf{z} - \mathbf{b}$는 $\mathcal{A}$에 있다는 의미이다. 동등하게, 식 (4.12)는 $\mathcal{A}$를 $\mathcal{B}$의 각 요소로 이동하여 얻은 결과 집합들의 교집합이라고 한다.

이 두 가지 작업은 예제를 통해 잘 이해할 수 있다. Minkowski 덧셈과 뺄셈은 평면의 임의의 점 집합에 대해 정의되지만(평면을 넘어 확장될 수 있다. 다음 장에서 보게 될 것이다), 우리의 목표는 이러한 개념을 영상에 적용하는 것이다. 즉, 점 좌표가 정수인 정사각형 격자의 점 집합에 적용된다. 따라서 우리의 예제에서는 이 사례를 중점적으로 다룬다.

예제 4.3

그림 4.3에 나와 있는 두 개의 이산 집합 $\mathcal{A}_1$과 $\mathcal{B}$의 Minkowski 덧셈을 계산하시오. 그리고 동일한 그림에 있는 두 개의 이산 집합 $\mathcal{A}_2$ 및 $\mathcal{B}$의 Minkowski 뺄셈을 계산하시오.

풀이

첫 번째 집합에는 두 개의 점이 포함된다: $\mathcal{A}_1 = \{(0, 0), (1, 0)\}$. 두 번째 집합에는 네 개의 점이 포함된다: $\mathcal{B} = \{(0, 0), (1, 0), (0, 1), (0, 2)\}$. Minkowski 덧셈은 $\mathcal{A}_1$의 각 요소에 $\mathcal{B}$의 각 요소를 추가하여 계산된다.

$$\begin{array}{ccccc}
\overbrace{}^{\in \mathcal{A}_1} & & \overbrace{}^{\in \mathcal{B}} & & \overbrace{}^{\in \mathcal{A}_1 \oplus \mathcal{B}} \\
(0,0) & + & (0,0) & = & (0,0) \\
(0,0) & + & (1,0) & = & (1,0) \\
(0,0) & + & (0,1) & = & (0,1) \\
(0,0) & + & (0,2) & = & (0,2) \\
(1,0) & + & (0,0) & = & (1,0) \\
(1,0) & + & (1,0) & = & (2,0) \\
(1,0) & + & (0,1) & = & (1,1) \\
(1,0) & + & (0,2) & = & (1,2)
\end{array}$$

한 개 점이 반복되므로, 결과는 7개의 고유 점을 포함하는 집합이다: $\mathcal{A}_1 \oplus \mathcal{B} = \{(0, 0), (1, 0), (0, 1), (0, 2), (2, 0), (1, 1), (1, 2)\}$. 그림은 $\mathcal{A}_1$이 $\mathcal{B}$의 모든 점으로 변환될 때 이 점 집합이 $\mathcal{A}_1$의 모든 점의 합집합임을 보여준다.

Minkowski 뺄셈은 덜 직관적이다. 그럼에도 불구하고 (0, 0)이 $\mathcal{A}_2 \ominus \mathcal{B}$에 있다. 왜냐하면 $\mathcal{B}$의 모든 요소에 대해 그 차이가 $\mathcal{A}_2$에 있기 때문이다. 반면에, 점은 (1, 0)은 $\mathcal{A}_2 \ominus \mathcal{B}$에 있지 않다. 왜냐하면 $\mathbf{b} = (0, 2) \in \mathcal{B}$에 대해, 그 차이

가 $\mathcal{A}_2$에 없기 때문이다.

$$\begin{array}{ll} \underbrace{(0,0)}_{\in \mathcal{A}_2 \ominus \mathcal{B}} - \overbrace{(0,0)}^{\in \mathcal{B}} = (0,0) \in \mathcal{A}_2 & \underbrace{(1,0)}_{\notin \mathcal{A}_2 \ominus \mathcal{B}} - \overbrace{(0,0)}^{\in \mathcal{B}} = (1,0) \in \mathcal{A}_2 \\ (0,0) - (1,0) = (-1,0) \in \mathcal{A}_2 & (1,0) - (1,0) = (0,0) \in \mathcal{A}_2 \\ (0,0) - (0,1) = (0,-1) \in \mathcal{A}_2 & (1,0) - (0,1) = (1,-1) \in \mathcal{A}_2 \\ (0,0) - (0,2) = (0,-2) \in \mathcal{A}_2 & (1,0) - (0,2) = (1,-2) \notin \mathcal{A}_2 \end{array} \quad (4.13)$$

이 그림은 집합 $\mathcal{A}_2 \ominus \mathcal{B}$가 $\mathcal{A}_2$를 $\mathcal{B}$의 모든 점으로 이동하여 생성된 점 집합들의 교집합임을 보여준다.

그림 4.3 방정식 (4.10)과 (4.12)로부터 Minkowski 덧셈과 뺄셈. 두 연산자에 대해 첫 번째 집합($\mathcal{A}_1$ 혹은 $\mathcal{A}_2$)이 이동된다. 원점은 두 번째 집합($\mathcal{B}$)의 각 원소에 놓여진다. 푸른 셀의 합집합은 $\mathcal{A}_1 \oplus \mathcal{B}$를 산출한다. 반면에 그들의 교차는 $\mathcal{A}_1 \ominus \mathcal{B}$를 산출한다. 다시 말해, $\mathcal{A}_1 \oplus \mathcal{B}$의 각 ON 셀(청색)은 중간 결과에서 적어도 하나가 ON이다. 반면에 $\mathcal{A}_2 \ominus \mathcal{B}$의 중간 결과는 모든 셀에서 ON이다. 컬러 셀은 ON이고 흰색 셀은 OFF이다. 5 × 5 영상 밖의 모든 셀은 OFF라고 가정한다. 작은 검은 점은 좌표 시스템의 원점을 가리킨다(나중에 설명하듯이, 이것은 "center-in" 접근 방법이다.)

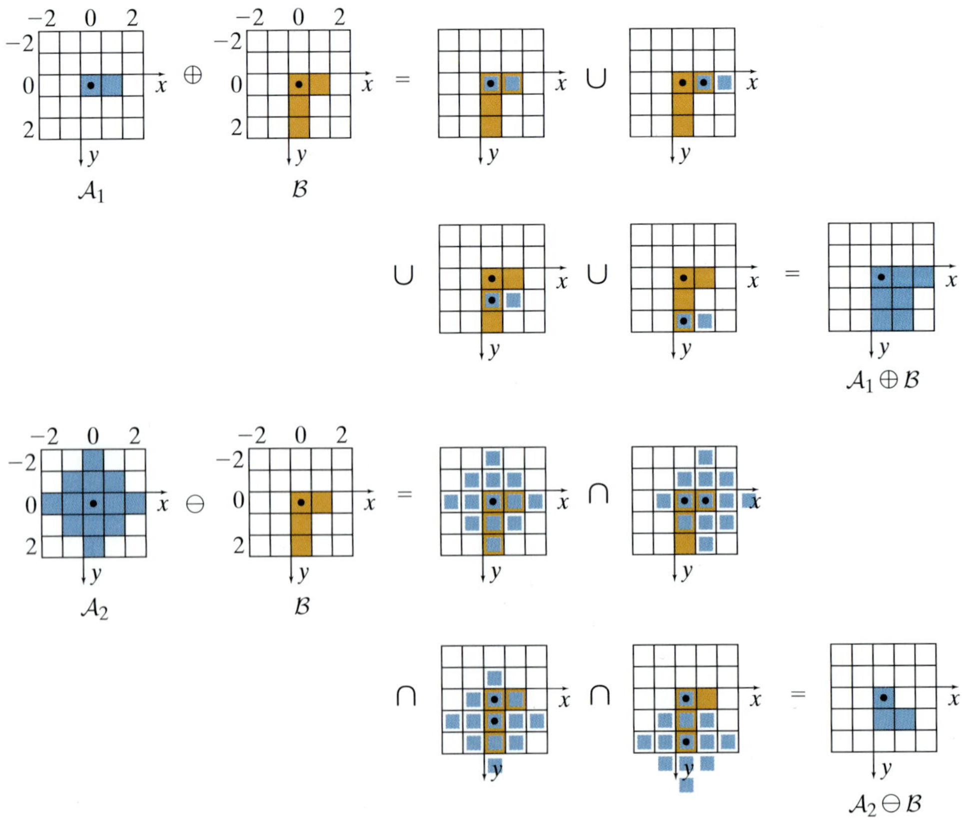

속성

Minkowski 연산자는 많은 흥미로운 속성을 가지고 있다. 앞의 예에서 Minkowski 덧셈은 전경 $\mathcal{A}_1$을 증가시키는 반면, Minkowski 뺄셈은 전경 $\mathcal{A}_2$를 축소시키는 것이 분명하다. 공식적으로, 두 번째 집합 $\mathcal{B}$가 원점을 포함하는 한(실제로 거의 항상 그렇다.) Minkowski 덧셈은 확장적(extensive)이다. 즉, 출력은 입력의 수퍼 집합이다. 반면에 Minkowski 뺄셈은 축소적(anti-extensive)이다. 즉 그 출력은 입력의 부분 집합이다. 마찬가지로 $\mathcal{A}_1$이 $\mathcal{A}_2$의 하위 집합이면, $\mathcal{A}_1$에 대한 두 연산자 중 하나의 결과는 $\mathcal{A}_2$에 있는 동일한 연산자 결과의 부분 집합이 되며, **증가**(increasing)라고 하는 속성이 된다. 다른 속성은 쉽게 표시할 수 있으며, 참조용으로 다음에 나열되어 있다.

$$\mathcal{A} \oplus \mathcal{B} = \mathcal{B} \oplus \mathcal{A} \quad \text{(commutativity)} \tag{4.14}$$

$$\mathcal{A} \ominus \mathcal{B} = \neg\mathcal{B} \ominus \neg\mathcal{A} \quad \text{(non-commutativity)} \tag{4.15}$$

$$(\mathcal{A} \oplus \mathcal{B}) \oplus \mathcal{C} = \mathcal{A} \oplus (\mathcal{B} \oplus \mathcal{C}) \quad \text{(associativity, separability)} \tag{4.16}$$

$$(\mathcal{A} \ominus \mathcal{B}) \ominus \mathcal{C} = \mathcal{A} \ominus (\mathcal{B} \oplus \mathcal{C}) \quad \text{(separability)} \tag{4.17}$$

$$(\mathcal{A} \oplus \mathcal{B}) \oplus \mathcal{C} = (\mathcal{A} \oplus \mathcal{C}) \oplus \mathcal{B} \quad \text{(order does not matter)} \tag{4.18}$$

$$(\mathcal{A} \ominus \mathcal{B}) \ominus \mathcal{C} = (\mathcal{A} \ominus \mathcal{C}) \ominus \mathcal{B} \quad \text{(order does not matter)} \tag{4.19}$$

$$\mathcal{A} \oplus \mathcal{B} \subseteq \mathcal{A} \ \text{if}(0,0) \in \mathcal{B} \quad \text{(extensivity)} \tag{4.20}$$

$$\mathcal{A} \ominus \mathcal{B} \subseteq \mathcal{A} \ \text{if}(0,0) \in \mathcal{B} \quad \text{(anti-extensivity)} \tag{4.21}$$

$$\mathcal{A}_1 \oplus \mathcal{B} \subseteq \mathcal{A}_2 \oplus \mathcal{B} \ \text{if}\ \mathcal{A}_1 \subseteq \mathcal{A}_2 \quad \text{(increasing)} \tag{4.22}$$

$$\mathcal{A}_1 \ominus \mathcal{B} \subseteq \mathcal{A}_2 \ominus \mathcal{B} \ \text{if}\ \mathcal{A}_1 \subseteq \mathcal{A}_2 \quad \text{(increasing)} \tag{4.23}$$

$$\mathcal{A} \oplus (\mathcal{B} \cup \mathcal{C}) = (\mathcal{A} \oplus \mathcal{B}) \cup (\mathcal{A} \oplus \mathcal{C}) \quad \text{(parallelism)} \tag{4.24}$$

$$\mathcal{A} \ominus (\mathcal{B} \cup \mathcal{C}) = (\mathcal{A} \ominus \mathcal{B}) \cap (\mathcal{A} \ominus \mathcal{C}) \quad \text{(parallelism)} \tag{4.25}$$

$$(\mathcal{A} \cap \mathcal{B}) \ominus \mathcal{C} = (\mathcal{A} \ominus \mathcal{C}) \cap (\mathcal{B} \ominus \mathcal{C}) \tag{4.26}$$

$$(\mathcal{A} \cup \mathcal{B}) \oplus \mathcal{C} = (\mathcal{A} \oplus \mathcal{C}) \cup (\mathcal{B} \oplus \mathcal{C}) \tag{4.27}$$

$$\neg(\mathcal{A} \oplus \mathcal{B}) = \neg\mathcal{A} \ominus \mathcal{B} \quad \text{(duality)} \tag{4.28}$$

$$\neg(\mathcal{A} \ominus \mathcal{B}) = \neg\mathcal{A} \oplus \mathcal{B} \quad \text{(duality)} \tag{4.29}$$

특히 흥미로운 속성 중 하나는 **이중성**(duality)이다. 두 연산자 Ψ와 Ψ'은 $\neg\Psi(\mathcal{A}) = \Psi'(\neg\mathcal{A})$인 경우, 보완(complementation)과 관련하여 서로의 이중 관계(dual)라고 한다. Minkowski 덧셈이 전경 $\mathcal{A}$를 확장시키거나(즉, 등가적으로 배경 $\neg\mathcal{A}$를 축소시키는), 뺄셈이 선경 $\mathcal{A}$를 축소시키거나(숙, 능가 적으로, 배경 $\neg\mathcal{A}$를 증가시키는), 하기 때문에 보완과 관련하여 Minkowski 덧셈과 뺄셈이 서로의 이중 관계라는 것을 쉽게 알 수 있다. 즉 주어진 $\mathcal{B}$에 대해 출력을 보완(complement)하거나 입력을 보완하고 연산자를 변경하면, 동일한 결과가 얻어진다. 이중성은 속성을 증명하기 위한 강력한 도구이다.

피연산자 순서 바꾸기

교환 속성 때문에 Minkowski 덧셈은 $\mathcal{A}$를 고정된 상태로 두고 대신에 $\mathcal{B}$를 이동시킴으로써 계산할 수 있다는 것은 놀랄 일이 아니다. 위의 예에서 우리는 $\mathcal{B}$를 고정시키고 $\mathcal{A}$를 이동시켰다.

마찬가지로 교환성(commutativity)과 이중성(duality)을 결합하여, Minkowski 뺄셈은 $\neg\mathcal{A}$를 고정된 상태로 두고 대신 $\neg\mathcal{B}$를 이동시킴으로써 계산될 수 있음을 쉽게 알 수 있다.

$$\mathcal{A} \oplus \mathcal{B} = \mathcal{B} \oplus \mathcal{A} \tag{4.30}$$

$$= \{\mathbf{z} : \mathbf{z} = \mathbf{a} + \mathbf{b}, \mathbf{a} \in \mathcal{A}, \mathbf{b} \in \mathcal{B}\} \tag{4.31}$$

$$= \bigcup_{\mathbf{a} \in \mathcal{A}} \{\mathbf{a} + \mathbf{b} : \mathbf{b} \in \mathcal{B}\} = \bigcup_{\mathbf{a} \in \mathcal{A}} \mathcal{B}_{\mathbf{a}} \tag{4.32}$$

그림 4.4 방정식 (4.32)와 (4.35)로부터 Minkowski 덧셈과 뺄셈의 다른 관점은 $\mathcal{A}_1 \oplus \mathcal{B} = \mathcal{B} \oplus \mathcal{A}_1$ and $\mathcal{A}_2 \ominus B = \neg B \ominus \neg\mathcal{A}_2$ 특성을 사용하여 연산자의 순서를 교환함으로 얻어진다. 덧셈을 위해, 두 번째 집합($\mathcal{B}$)는 이동된다. 그 결과 원점은 첫 번째 집합 $\mathcal{A}_1$내에 머문다. 결과는 모든 ON 셀(황색)의 합집합이다. 뺄셈에 대해, 두 번째 집합이 이동된다. 그 결과 원점은 첫 번째 집합 밖에 머문다. 결과는 모든 OFF 셀(황색 아님)의 교집합이다. 다시 말해, $\mathcal{A}_1 \oplus \mathcal{B}$에서 ON(파란색) 셀은 중간 결과 중 적어도 하나 이상에서 ON(주황색)이며, $\mathcal{A}_2 \ominus B$에서 ON(파란색) 셀은 모든 중간 결과에서 OFF(비주황색)이다. 동등하게, 뺄셈의 결과는 중간 결과에서 적어도 하나에 ON(황색) 화소를 제외하고 어디에서나 ON이다(이것 또한 "center-in" 접근법이다).

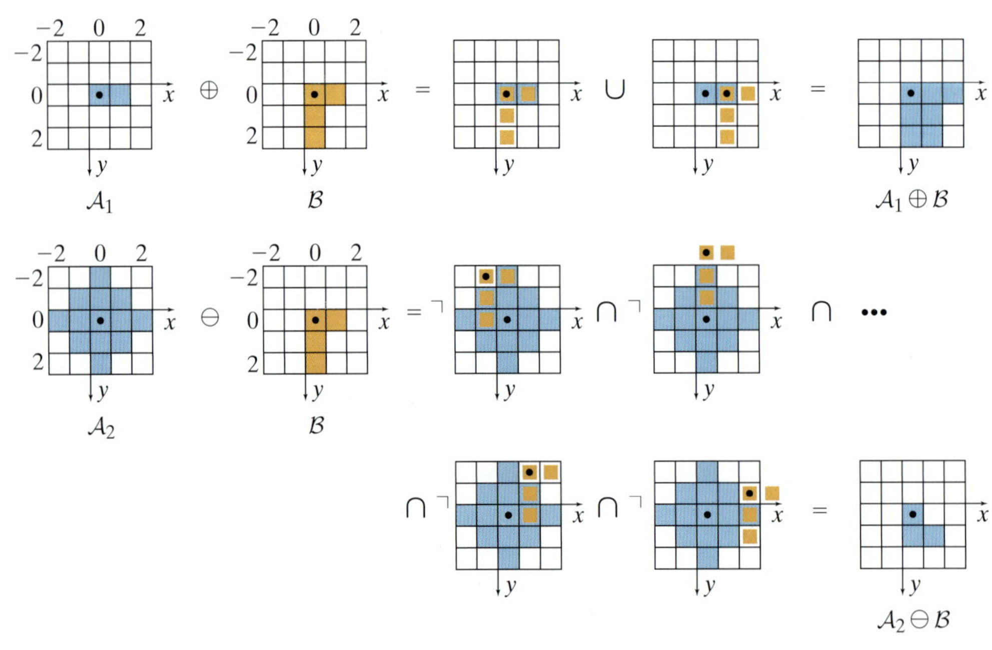

$$\mathcal{A} \ominus \mathcal{B} = \neg\mathcal{B} \ominus \neg\mathcal{A} \tag{4.33}$$

$$= \{\mathbf{z} : \mathbf{z} - \mathbf{a} \notin \mathcal{B}, \forall \mathbf{a} \notin \mathcal{A}\} \tag{4.34}$$

$$= \bigcap_{\mathbf{a} \notin \mathcal{A}} \{\mathbf{a} + \mathbf{b} : \mathbf{b} \notin \mathcal{B}\} = \bigcap_{\mathbf{a} \notin \mathcal{A}} \neg\mathcal{B}_{\mathbf{a}} \tag{4.35}$$

이러한 교환된 피연산자와 관련된 연산이 그림 4.4에 나와 있다.

센터-인 대 센터-아웃

지금까지 우리가 보았던 Minkowski의 덧셈과 뺄셈의 모든 공식은 한 집합의 중심이 특정 위치에만 놓여있는 "센터-인(center-in)" 접근법의 예이며, 출력은 전체 집합(합집합 또는 교집합 적용)을 조사함으로써 결정된다.

대조적으로, "센터-아웃(center-out)" 접근법은 모든 요소에 대한 각 위치에서 각각의 테스트를 수행한다. 그리고 가운데 요소의 값을 업데이트한다. 다시 말하면, 전자 접근법은 중심 요소(즉, 원점에 있는 요소)를 입력으로서 취급하여 다른 요소들을 보느냐 여부를 결정하고, 후자의 접근법은 중심 요소를 다른 요소들의 정보를 집계하는 출력으로 취급한다. Minkowski 덧셈 또는 뺄셈의 모든 공식은 센터-인 또는 센터-아웃으로 분류할 수 있다.

Minkowski 덧셈에 대한 센터-인 접근법은 $\mathbf{z}$를 중심으로 할 때, 반사된 $\check{\mathcal{B}}$의 적어도 하나의 점이 $\mathcal{A}$와 교차하는 점 집합을 찾는다. 마찬가지로 Minkowski 뺄셈은 $\mathbf{z}$를 중심으로 할 때, 반사된 $\check{\mathcal{B}}$의 모든 점이 $\mathcal{A}$와 교차하는 점 집합을 찾는다.

$$\mathcal{A} \oplus \mathcal{B} = \{\mathbf{z} : \check{\mathcal{B}}_{\mathbf{z}} \cap \mathcal{A} \neq \emptyset\} \tag{4.36}$$

$$\mathcal{A} \ominus \mathcal{B} = \{\mathbf{z} : \check{\mathcal{B}}_{\mathbf{z}} \subseteq \mathcal{A}\} \tag{4.37}$$

두 가지 접근법은 표 4.1에 요약되어 있다. 반사를 위한(아마도 놀라운) 필요성에도 불구하고, 센터-아웃 접근법은 집합 $\check{\mathcal{B}}$가 모든 가능한 $\mathbf{z}$에 의해 이동되고 전체 집합에 대해 테스트가 수행되기 때문에 센터-인 접근법보다 시각적이고 직관적이다. 이것은 그림 4.5에 나와 있으며, 센터-인과 센터-아웃 접근법의 동등성은 그림 4.3 및 4.4와 비교하여 분명하다.

4.1.3 팽창과 침식

Minkowski의 덧셈과 뺄셈은 자연적으로 팽창(dilation)과 침식(erosion)이라고 하는 두 가지 형태론적 연산자로 이어진다. 앞의 예제에서 보듯이 Minkowski 덧셈은 크기를 증가시킴으로써 영역을 확대(또는 "팽창")하는 반면, Minkowski 뺄셈은 크기를 줄여 영역을 축소(또는 "침식")한다. 그러나 그

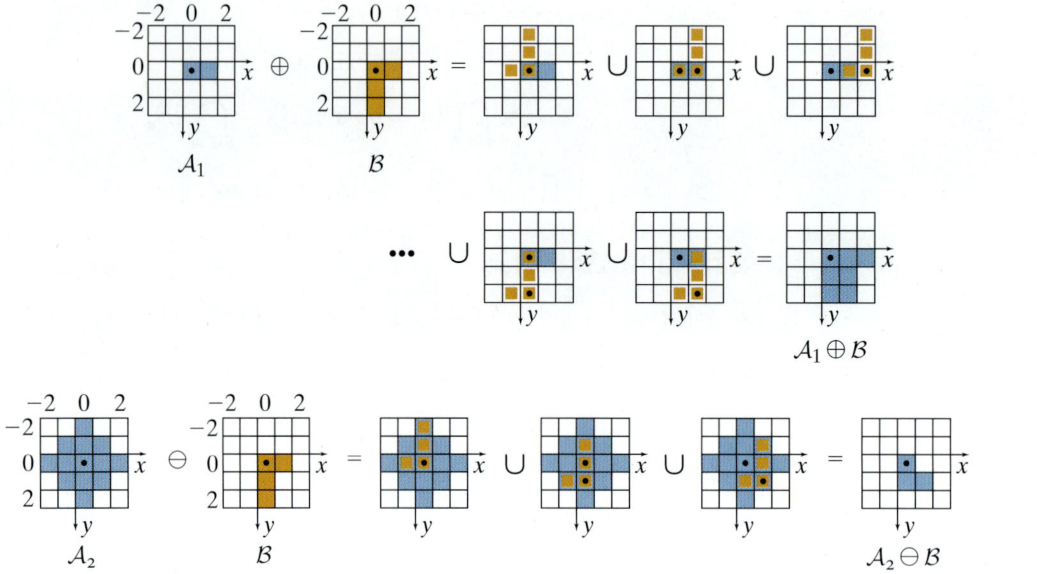

그림 4.5 방정식 (4.36)과 (4.37)로부터 Minkwoski 덧셈과 뺄셈의 또 다른 관점. 두 연산자에 대해, 반사된 두 번째 집합 $\check{\mathcal{B}}$가 이동된다. 덧셈에 대해, 결과는 $\check{\mathcal{B}}$의 원소 중에 적어도 하나가 $\mathcal{A}_1$에 겹쳐있으면, $\check{\mathcal{B}}$의 센터의 위치들의 합집합이다. 뺄셈에 대해, 결과는 $\check{\mathcal{B}}$의 모든 요소가 $\mathcal{A}_2$에 겹쳐있으면, $\check{\mathcal{B}}$의 센터의 위치들의 합집합이다. (이것은 "center-out" 접근법이다).

림 4.5를 보면 문제가 드러난다. Minkowski 뺄셈 $\mathcal{A} \ominus \mathcal{B}$는 반사 집합 $\check{\mathcal{B}}$가 $\mathcal{A}$에 완전히 들어맞는 위치 집합을 산출한다. 하지만 원래 집합 $\mathcal{B}$가 $\mathcal{A}$에 완전히 들어맞는 위치 집합을 원하는 것이 더 자연스러운 것이다. 결과적으로, 침식 연산자 $\check{\ominus}$는 제 2 피연산자를 먼저 반사(reflection)한 후, Minkowski 뺄셈으로 정의된다. 한편, Minkowski 덧셈은 출력에 그러한 반사를 나타내지 않으므로, 팽창 연산자 $\oplus$는 Minkowski 덧셈과 동일하다.

$$\mathcal{A} \oplus \mathcal{B} \equiv A \oplus \mathcal{B} = \{\mathbf{z} : \mathbf{z} = \mathbf{a} + \mathbf{b}, \mathbf{a} \in \mathcal{A}, \mathbf{b} \in \mathcal{B}\} \quad \text{(dilation)} \tag{4.38}$$

$$\mathcal{A} \check{\ominus} \mathcal{B} \equiv A \ominus \check{\mathcal{B}} = \{\mathbf{z} : \mathbf{z} + \mathbf{b} \in \mathcal{A}, \forall \mathbf{b} \in \mathcal{B}\} \quad \text{(erosion)} \tag{4.39}$$

오른쪽 방정식들은 방정식 (4.9)와 방정식 (4.11)에서 복사되었고, 둘째 식의 부호가 변경되었다.

	$\mathcal{A} \oplus \mathcal{B}$	$\mathcal{A} \ominus \mathcal{B}$
center-in	$\{\mathbf{z} : \mathbf{z} = \mathbf{a} + \mathbf{b}, \mathbf{a} \in \mathcal{A}, \mathbf{b} \in \mathcal{B}\}$ $= \bigcup_{\mathbf{b} \in \mathcal{B}} \mathcal{A}_{\mathbf{b}} = \bigcup_{\mathbf{a} \in \mathcal{A}} \mathcal{B}_{\mathbf{a}}$	$\{\mathbf{z} : \mathbf{z} - \mathbf{b} \in \mathcal{A}, \forall \mathbf{b} \in \mathcal{B}\}$ $= \bigcap_{\mathbf{b} \in \mathcal{B}} \mathcal{A}_{\mathbf{b}} = \bigcap_{\mathbf{a} \notin \mathcal{A}} \neg \mathcal{B}_{\mathbf{a}}$
center-out	$\{\mathbf{z} : \check{\mathcal{B}}_{\mathbf{z}} \cap \mathcal{A} \neq \emptyset\}$	$\{\mathbf{z} : \check{\mathcal{B}}_{\mathbf{z}} \subseteq \mathcal{A}\}$

표 4.1 Minkowski 덧셈과 뺄셈의 모든 수식은 두 가지 범주로 분류될 수 있다. center-in 혹은 center-out.

알고리즘 4.1 구조 요소로 영상을 팽창과 침식(center-in 접근법)

DILATE-CENTERIN (I, B)

Input: binary image I and structuring element B
Output: binary image I' from dilating I with B

$I' \leftarrow$ OFF ▶ Initialize the output $I'(x,y) \leftarrow$ OFF for all (x,y).
for $(x, y) \in I$ **do** ▶ For each ON-pixel in the input I,
  if $I(x, y) ==$ ON **then** overlay B at the pixel,
    for $(x', y') \in B$ **do** ▶ and set all pixels overlapping an ON-pixel in B to ON.
      $I'(x + x' - \lfloor \frac{w_B}{2} \rfloor, y + y' - \lfloor \frac{h_B}{2} \rfloor) \leftarrow_{\text{OR}} B(x', y')$ ▶ (i.e., $I' \leftarrow I'$ OR B.)
return I'

ERODE-CENTERIN (I, B)

Input: binary image I and structuring element B
Output: binary image I' from eroding I with B

$I' \leftarrow$ ON ▶ Initialize the output $I'(x,y) \leftarrow 1$ for all (x,y).
for $(x, y) \in I$ **do** ▶ For each OFF-pixel in the input I,
  if $I(x, y) ==$ OFF **then** overlay $\check{\mathcal{B}}$ at the pixel,
    for $(x', y') \in B$ **do** and set all pixels overlapping an OFF-pixel in $\check{\mathcal{B}}$ to OFF.
      $I'(x - x' + \lfloor \frac{w_B}{2} \rfloor, y - y' + \lfloor \frac{h_B}{2} \rfloor) \leftarrow_{\text{AND}}$ NOT $B(x', y')$ ▶ (i.e., $I' \leftarrow I'$ AND $\neg \check{B}$.)
return I'

구조 요소

지금까지 두 개의 피연산자가 어느 정도 동등하게 취급되었다. 그러나 일반적으로 I라고 하는 첫 번째 집합은 수만의 화소들을 포함하는 이진 영상이며, 두 번째 집합 B는 **구조 요소**(SE, structuring element)라고 하는 훨씬 작은 이진 마스크이다.[2] 방정식 (4.32)와 (4.35)에서, 팽창 및 침식의 센터-인 공식은 영상을 가로 질러 B를 이동하고, 중앙 화소에 대한 테스트를 수행하며, B 아래의 모든 화소의 출력을 업데이트한다.

$$I \oplus B = \bigcup_{\mathbf{z} \in I} B_{\mathbf{z}} \qquad \text{(dilation, center-in)} \tag{4.40}$$

$$I \,\check{\ominus}\, B = \bigcap_{\mathbf{z} \notin I} \neg \check{B}_{\mathbf{z}} \qquad \text{(erosion, center-in)} \tag{4.41}$$

알고리즘 4.1에서 본바와 같이, 팽창의 경우, 출력은 처음에는 모든 곳에서 OFF로 설정된다. 그런 다음, 모든 위치 (x, y)에 대해 구조 요소 B가 (x, y)를 가운데 둔 I에 겹쳐지고, 값 $I(x, y)$가 테스트된다. $I(x, y)$가 ON이면 출력 I'은

2 SE는 집합보다는 배열로 저장되기 때문에 지금부터 필기체 $\mathcal{B}$ 보다 비필기체 B를 사용한다. 이 둘은 수학적으로 동일하다.

알고리즘 4.2 구조 요소로 영상을 팽창과 침식(center-out 접근법)

DILATE-CENTEROUT (I, B)

Input: binary image I and structuring element B
Output: binary image I' from dilating I with B

```
1 for (x, y) ∈ I do                                                    ➤ For each pixel in the input I,
2     any ← OFF                                                        initialize the output value to OFF.
3     for (x', y') ∈ B do                                              ➤ Overlay B̌ on I, and if any ON-pixel in B̌
4         if B(x', y') AND I(x − x' + ⌊w_B/2⌋, y − y' + ⌊h_B/2⌋) then    overlaps an ON-pixel in I,
5             any ← ON                                                 then set the pixel in the output
6     I'(x, y) ← any                                                   to ON, else set it to OFF.
7 return I'
```

ERODE-CENTEROUT (I, B)

Input: binary image I and structuring element B
Output: binary image I' from eroding I with B

```
1 for (x, y) ∈ I do                                                    ➤ For each pixel in the input I,
2     all ← ON                                                         initialize the output value to ON.
3     for (x', y') ∈ B do                                              ➤ Overlay B on I, and if any ON-pixel in B overlaps
4         if B(x', y') AND NOT I(x + x' − ⌊w_B/2⌋, y + y' − ⌊h_B/2⌋) then  an OFF-pixel in I,
5             all ← OFF                                                then set the pixel in the output
6     I'(x, y) ← all                                                   to OFF, else set it to ON.
7 return I'
```

B가 ON되어 있는 위치에 ON으로 설정된다. 경계효과를 무시하면, I'은 I와 같은 크기가 된다. 마찬가지로, 침식의 경우, 출력은 처음에는 모든 곳에서 ON로 설정된다. 모든 위치 (x, y)에 대해 구조 요소 B는 (x, y)를 가운데 둔 I에 겹쳐서, 값 $I(x, y)$가 테스트된다. 만일 $I(x, y)$가 OFF되어 있으면 I'은 B가 ON되어 있는 곳이면 OFF된다. 코드에서, $x' = 0, \ldots, w_B - 1$, $y' = 0, \ldots, h_B - 1$을 주목하자. 여기서 w_B와 h_B는 B의 폭과 높이이다. 일반적으로 B의 크기는 홀수이며, 이 경우 반폭 및 반높이의 연산은 다음과 같이 단순화된다.

$$\left\lfloor \frac{w_B}{2} \right\rfloor = \frac{w_B - 1}{2} \text{ and } \left\lfloor \frac{h_B}{2} \right\rfloor = \frac{h_B - 1}{2}$$

5행에 $v' \leftarrow_{\text{OR}} v$ 표시는 $v' \leftarrow v' \text{ OR } v$를, 마찬가지로 $v' \leftarrow_{\text{AND}} v$는 간소화 표시이고, C 프로그래밍 언어의 연산자 |=, &= 와 비슷하다.

방정식 (4.36)과 방정식 (4.37)에서 팽창과 침식의 센터-아웃 공식은 B (또는 $\check{B}$)를 영상을 가로질러 이동하고, 각 화소에서 테스트를 수행하고, 중심에서 값을 출력하는 것이다.

Operator	Center-in	Center-out
Minkowski addition	No	Yes
Minkowski subtraction	No	Yes
Dilation	No	Yes
Erosion	Yes	No

표 4.2 모든 연산자에 대해 center-in과 center-out 접근 방법들을 위해 두 번째 인수(구조 요소)가 필요한지. Minkowski 덧셈과 팽창은 양쪽 다 일치한다. 왜냐하면 연산자들은 동일하기 때문이다. 유사하게, Minkowski 뺄셈과 침식은 둘 다 일치하지 않는다. 왜냐하면 후자의 정의가 반사를 이미 포함하고 있기 때문이다.

$$I \oplus B = \{\mathbf{z} : B_{\mathbf{z}} \cap I \neq \emptyset\} \qquad \text{(dilation, center-out)} \qquad (4.42)$$

$$I \check{\ominus} B = \{\mathbf{z} : B_{\mathbf{z}} \subseteq I\} \qquad \text{(erosion, center-out)} \qquad (4.43)$$

알고리즘 4.2에서와 같다. 팽창의 경우에, 모든 위치 (x, y)에 대해 반사된 구조 요소 $\check{B}$가 I에 겹쳐지고, 대응하는 출력 값 $I'(x, y)$는 B 내의 ON 화소들 중 적어도 하나의 아래에서 I에 ON 화소가 존재하면, ON으로 설정된다. 침식 $I \check{\ominus} B$도 비슷하게 계산된다. 모든 위치 (x, y)에 대해 구조 요소 B는 I 위에 중첩되며, 해당 출력 값 $I'(x, y)$는 B의 모든 ON 화소 아래에 I에 ON 화소가 있는 경우 ON으로 설정된다.

두 경우 모두, B의 반사는 4행에서 부호를 변경하여 수행된다. 팽창(Minkowski 덧셈) 연산자가 지금까지의 반사에 대한 모든 언급을 피했지만, 실제로 그것의 센터-아웃 계산은 실제로 반사를 필요로 한다. 반면, 침식 연산자의 구현은 반사를 포함할 것으로 예상되지만, 실제로는 아무 것도 필요하지 않다. 명확성을 위해 상황은 표 4.2에 요약되어 있다. 그럼에도 불구하고, 팽창이 구조 요소의 반사를 요구하는 이유가 아직 명확하지 않은 경우, 추가 예제가 그림 4.6에 나와 있다.

그림 4.6 center-out 팽창에 구조 요소의 반사가 필요함을 설명하는 간단한 예. 왼쪽 열: 중앙에 단일 ON 화소를 가진 3 × 3 이진 영상(상), L 모양의 3 × 3 구조 요소(하). 남은 열: 구조 요소가 영상을 지나감(상)에 따라 만일 영상과 구조 요소 간에 겹침이 있다면 팽창이 구조 요소의 중심 화소에 해당하는 결과에서의 화소를 세트시킨다. 모든 경우에 컬러 화소는 ON이고, 흰색 화소는 OFF이다. 만일 비대칭 구조 요소가 먼저 반사되지 않는다면, 팽창 결과는 원하지 않는 반사를 보일 것이다.

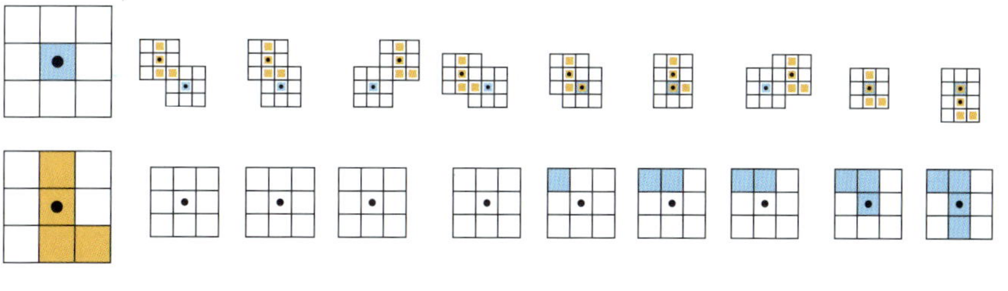

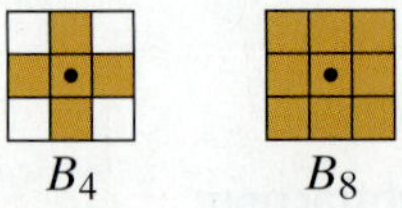

그림 4.7 두 가지 가장 일반적인 구조 요소.

잡음 제거를 위해 팽창 및 침식 사용

팽창과 침식의 가장 일반적인 용도는 잡음을 제거하는 것이다. 이 응용에서 침식과 확장은 구조 요소(침식)보다 작은 요소를 제거하거나 구조 요소(확장)보다 작은 모든 간격/구멍을 채우는 형태 필터(morphological filter)들이다. 그러므로 구조 요소는 일반적으로 원형 디스크에 대한 이산 근사치이다.

가장 일반적인 두 개의 구조 요소는 **기본 구조 요소**(elementary structuring elements)로서, 1의 3 × 3 교차(B_4)와 모든 1의 3 × 3 배열(B_8)을 포함한다.

$$B_4 = \begin{bmatrix} 0 & 1 & 0 \\ 1 & 1 & 1 \\ 0 & 1 & 0 \end{bmatrix} \qquad B_8 = \begin{bmatrix} 1 & 1 & 1 \\ 1 & 1 & 1 \\ 1 & 1 & 1 \end{bmatrix} \tag{4.44}$$

그림 4.7에 그림으로 그려져 있다. 그러한 구조 요소의 대칭은 Minkowski 뺄셈과 침식 사이에 차이가 없다는 것을 의미한다. 왜냐하면 구조 요소가 그것의 반사와 동일하기 때문이다. 또한, 구조 요소의 크기와 모양이 구현을 크게 간소화한다. 예를 들어, B_4의 경우 외부 for 루프 (행 2–6)의 코드를 단일행으로 대체하여 알고리즘 4.3으로 할 수 있다. B_8을 사용하여 유사한 코드를 작성할 수 있다. 그러므로 널리 사용되는 팽창과 침식의 경우, 구현하기가 매우 쉽다.

알고리즘 4.3 B_4 구조 요소로 영상 팽창 혹은 침식(center–out 접근)

```
DILATE_B4(I)

Input:  binary image I
Output: binary image I' from dilating I with the B4 structuring element

for (x, y) ∈ I do
      I'(x, y) ← I(x, y) OR I(x − 1, y) OR I(x + 1, y) OR I(x, y − 1) OR I(x, y + 1)
return I'

ERODE_B4(I)

Input:  binary image I
Output: binary image I' from eroding I with the B4 structuring element

for (x, y) ∈ I do
      I'(x, y) ← I(x, y) AND I(x − 1, y) AND I(x + 1, y) AND I(x, y − 1) AND I(x, y + 1)
return I'
```

속성

팽창과 침식이 Minkowski 연산자의 특성을 물려 받는 것이 분명하다. 방정식 (4.14)–(4.29)의 모든 특성은 단순히 $\ominus$를 $\check{\ominus}$로 대체하여 팽창 및 침식에 해당한다. 단 하나의 예외는 이중성이며 추가 반사(reflection)가 필요하다.

$$\neg(A \oplus B) = \neg A \,\check{\ominus}\, \check{B} \qquad \text{(duality)} \qquad \textbf{(4.45)}$$

$$\neg(A \,\check{\ominus}\, B) = \neg A \oplus \check{B} \qquad \text{(duality)} \qquad \textbf{(4.46)}$$

즉, 팽창과 침식은 보완(complementation)과 반사와 관련하여 서로의 이중성이며, 이는 그림 4.8에서 설명된다. 더 흥미로운 속성 중 하나는 분리 가능성(separability)이다.

$$A \oplus (B \oplus C) = (A \oplus B) \oplus C \qquad \text{(separability)} \qquad \textbf{(4.47)}$$

$$A \,\check{\ominus}\, (B \oplus C) = (A \,\check{\ominus}\, B) \,\check{\ominus}\, C \qquad \text{(separability)} \qquad \textbf{(4.48)}$$

다시 말하면, 구조 요소 B로 영상을 팽창한 다음, 다른 구조 요소 C로 다시 팽창하면, 결과는 C로 B를 팽창하여 구조화 요소로 한 후, 영상을 팽창한 것과 같다. 비슷한 논의가 침식에도 적용된다. 예를 들어, B_8은 다음과 같이 분해될 수 있다.

$$B_8 = \begin{bmatrix} 1 & 1 & 1 \\ 1 & 1 & 1 \\ 1 & 1 & 1 \end{bmatrix} = \begin{bmatrix} 0 & 0 & 0 \\ 1 & 1 & 1 \\ 0 & 0 & 0 \end{bmatrix} \oplus \begin{bmatrix} 0 & 1 & 0 \\ 0 & 1 & 0 \\ 0 & 1 & 0 \end{bmatrix} = \begin{bmatrix} 0 & 1 & 0 \\ 0 & 1 & 0 \\ 0 & 1 & 0 \end{bmatrix} \oplus \begin{bmatrix} 0 & 0 & 0 \\ 1 & 1 & 1 \\ 0 & 0 & 0 \end{bmatrix} \qquad \textbf{(4.49)}$$

팽창은 교환적이기 때문이다. 수평 구조 요소로 팽창(또는 침식)한 다음, 수직 구조 요소로 팽창(또는 침식)함으로써 상당한 계산을 피할 수 있다. 임의의 크기의 직사각형 구조 요소에 적용할 수 있는 이 접근법은 대형 구조 요소에

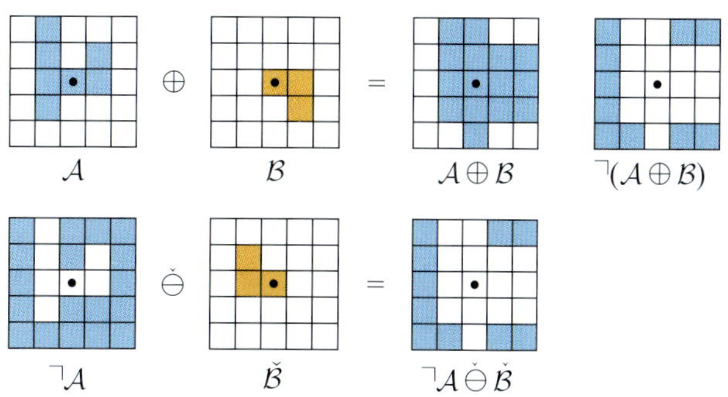

그림 4.8 팽창과 침식의 이중성, 즉 $\neg(\mathcal{A} \oplus \mathcal{B}) = \neg\mathcal{A} \,\check{\ominus}\, \check{\mathcal{B}}$ 바깥 화소들은 가까운 이웃의 값을 받는다.

특히 유용하다. 또 다른 흥미로운 특성은 평행법(parallelism)이다. 이 평행법은 한 조각씩 넓히거나 침식할 수 있게 하며, 그 결과를 조합(union)이나 교차(intersection)로 결합한다.

$$A \oplus (B \cup C) = (A \oplus B) \cup (A \oplus C) \tag{4.50}$$

$$A \check{\ominus} (B \cup C) = (A \check{\ominus} B) \cap (A \check{\ominus} C) \tag{4.51}$$

예로서, 만일 3개의 프로세서를 가지고 있다면, B_8을 다음과 같이 분해할 수 있다.

$$B_8 = \begin{bmatrix} 1 & 1 & 1 \\ 1 & 1 & 1 \\ 1 & 1 & 1 \end{bmatrix} = \begin{bmatrix} 1 & 1 & 1 \\ 0 & 0 & 0 \\ 0 & 0 & 0 \end{bmatrix} \cup \begin{bmatrix} 0 & 0 & 0 \\ 1 & 1 & 1 \\ 0 & 0 & 0 \end{bmatrix} \cup \begin{bmatrix} 0 & 0 & 0 \\ 0 & 0 & 0 \\ 1 & 1 & 1 \end{bmatrix}$$

각 프로세서에서 다른 구조 요소를 사용하여 팽창(또는 침식)을 수행한 다음, 결합(또는 교차)을 사용하여 결과를 결합한다.

대체 정의 및 표기법

독자는 팽창과 침식에 사용된 표기법이 저자마다 다르다는 점에 주의해야 한다. 이 책에서 사용된 표기법은 다음과 같이 요약된다.

$$(\text{Mink. addition/dilation})\ A \oplus B = \bigcup_{\mathbf{b} \in B} A_{\mathbf{b}} \quad A \check{\oplus} B = \bigcup_{\mathbf{b} \in B} A_{-\mathbf{b}}\ (\text{reflected dilation}) \tag{4.52}$$

$$(\text{Mink. subtraction})\ A \ominus B = \bigcap_{\mathbf{b} \in B} A_{\mathbf{b}} \quad A \check{\ominus} B = \bigcap_{\mathbf{b} \in B} A_{-\mathbf{b}}\ (\text{erosion}) \tag{4.53}$$

Minkowski 덧셈과 뺄셈에 대한 표준 표기법을 유지하면서 침식을 위한 표기법 $\check{\ominus}$을 도입함으로써, 이러한 개념들 사이의 구별이 명확하게 유지된다. Gonzalez와 Woods [2008] 그리고 Davies [2005]와 같은 많은 저자들은 Minkowski 뺄셈 표기법을 침식에 재사용하여 $\ominus$기호를 해석하는 데 모호함을 낳았다. Serra [1982]와 Soille [2003]와 같은 다른 저자들은 다른 표기법을 사용할뿐만 아니라 침식에 반사가 있는 것과 같은 방식으로, 반사("반사된 팽창")를 포함하도록 팽창을 정의한다.

이러한 차이점은 표 4.3에 요약되어 있다. 정의를 설명하기, 위해 우리 표기법을 사용하여 각 저자가 각 용어를 정의하는 방법을 보여준다. 하단 행은 이 저자들이 사용한 표기법을 보여준다. 구조 요소가 대칭이 아닌 경우, 이러한 구별을 유지하는 것은 중요하다.

		This Book	GW, Davies, SHB, SS	Serra	Soille
definition	**dilation**	$A \oplus B$	$A \oplus B$	$A \check{\oplus} B$	$A \check{\oplus} B$
	erosion	$A \check{\ominus} B$	$A \check{\ominus} B$	$A \check{\ominus} B$	$A \check{\ominus} B$
notation	**dilation**	$A \oplus B$	$A \oplus B$	$A \oplus \check{B}$	$\delta_B(A)$
	erosion	$A \check{\ominus} B$	$A \ominus B$	$A \ominus \check{B}$	$\varepsilon_B(A)$

표 4.3 다양한 저자들의 팽창과 침식에 대한 정의와 기호의 비교(왼쪽에서 오른쪽: Gonzalez와 Woods[2008], Davies[2005], Sonka et al[2008], Shapiro와 Stockman[2001], Serra[1982], Soille[2003]). 상단 행은 우리들의 기호에 대하여 다양한 저자들의 연산자의 정의를 나타낸다. 모든 저자들은 정의에 대하여 동의한다. 마지막 두 저자는 팽창의 정의에서 반사를 소개한다. 하단의 행은 다양한 저자들의 표시법을 나타낸다. 마지막 열을 제외하면, 모든 저자가 팽창의 표시법에 동의한다. 반면 우리의 침식의 표시법은 연산자의 심볼에 반사를 명확하게 함으로써 다른 저자들 것과 다르다. (그러나 center-out 구현에 있어서, 그것은 팽창이지 침식이 아니며, 구조 요소를 반사하고, 중간 두 개의 열의 정의를 사용한다는 것을 명심하라. 표 4.2를 보라.)

4.1.4 대형 구조 요소 만들기

우리는 방금 구조 요소(SE)가 두 SE의 팽창으로 쓰여질 수 있을 때, SE가 분리 가능하다는 것을 보았다. 분리 가능한 SE를 갖는 영상의 팽창 또는 침식은, 식 (4.46)와 (4.47)에 나타낸 바와 같이, 구조 요소 SE를 갖는 두 개의 연속적인 팽창 또는 침식과 각각 동일하다. 이 속성은 SE가 분리 가능할 때 필요한 계산 횟수를 크게 줄이는 데 사용할 수 있다. 예를 들어, 모든 1의 3 × 3 SE는 모든 1의 수평 SE로 모든 1의 수직 SE의 팽창이다.

$$B_8 = \begin{bmatrix} 1 & 1 & 1 \\ 1 & 1 & 1 \\ 1 & 1 & 1 \end{bmatrix} = \underbrace{\begin{bmatrix} 1 \\ 1 \\ 1 \end{bmatrix}}_{L_{3,(0,1)}} \oplus \underbrace{\begin{bmatrix} 1 & 1 & 1 \end{bmatrix}}_{L_{3,(1,0)}} \quad (4.54)$$

여기서 $L_r(x, y)$는 (x, y) 방향으로 길이 r인 직선 SE를 나타낸다. 그림 4.9와 같이 이 기본 정의에서 임의의 크기의 다양한 모양을 만들 수 있다.

$$\text{Square}_r = L_{r,(1,0)} \oplus L_{r,(0,1)} \quad (4.55)$$

$$\text{Rectangle}_{w,\ell} = L_{w,(1,0)} \oplus L_{\ell,(0,1)} \quad (4.56)$$

$$\text{Diamond}_r = L_{r-1,(1,1)} \oplus L_{r-1,(1,-1)} \oplus \text{Diamond}_2 \quad (4.57)$$

$$\text{Octagon}_r = L_{r-1,(1,1)} \oplus L_{r-1,(1,-1)} \oplus L_{r,(1,0)} \oplus L_{r,(0,1)} \quad (4.58)$$

$$\text{Octagon}'_r = L_{r,(1,1)} \oplus L_{r,(1,-1)} \oplus L_{r,(1,0)} \oplus L_{r,(0,1)} \quad (4.59)$$

여기서 다이아몬드형(Diamond_2)은 1이 더하기 기호 모양으로 배열된 B_4와 동일하다. 두 종류의 팔각형(Octagon) SE의 경우, 다음 순서 관계가 모든 r에

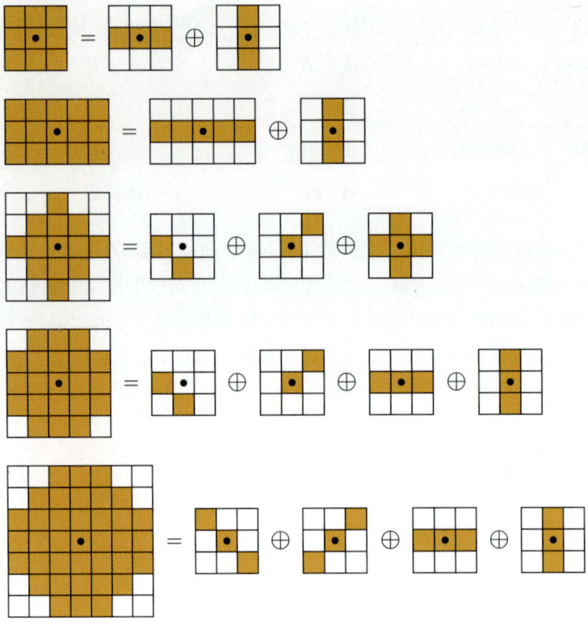

그림 4.9 보다 작은 것들을 팽창하여 큰 구조 요소를 합성. 위에서 아래: Square_3, $\text{Rectangle}_{5,3}$, Diamond_3, Octagon_3, Octagon_3.

대해 유지될 수 있다. $\text{Octagon}_r \subset \text{Octagon}'_r \subset \text{Octagon}_{r+1} \subset \text{Octagon}'_{r+1}$.

4.1.5 열림과 닫힘

팽창과 침식의 한 가지 문제점은 부주의하게 이진 객체를 늘리거나 줄이는 것이다. 예를 들어, 3 × 3 구조 요소를 사용하면 객체의 테두리 주위로 1화소씩 확장된다. 반면에 침식은 잡음 외에도 객체 주위에 1화소 두께의 경계를 제거한다. 이 문제에 대한 해결책은 opening(침식 후 팽창)과 closing(팽장 후 침식)이라는 두 가지 추가 형태론적 연산에 있다.

$$A \circ B = (A \check{\ominus} B) \oplus B \qquad \text{(opening)} \qquad (4.60)$$

$$A \bullet B = (A \oplus B) \check{\ominus} B \qquad \text{(closing)} \qquad (4.61)$$

마찬가지로 집합의 열림(opening)은 집합 내에 완전히 들어 맞는 모든 SE의 합집합이지만, 집합의 닫힘(closing)은 집합의 포함에 대한 SE의 보수(complement)의 모든 이동의 교집합이다.

$$A \circ B = \bigcup_{\mathbf{z}} \{B_{\mathbf{z}} : B_{\mathbf{z}} \subseteq A\} \qquad \text{(opening)} \qquad (4.62)$$

$$A \bullet B = \bigcap_{\mathbf{z}} \{\neg B_{\mathbf{z}} : A \subseteq \neg B_{\mathbf{z}}\} = \neg\left(\bigcup_{\mathbf{z}} \{B_{\mathbf{z}} : B_{\mathbf{z}} \subseteq \neg A\}\right) \qquad \text{(closing)} \qquad (4.63)$$

그림 4.10 상단: 원형 구조 요소에 의한 팽창은 영역 밖을 따라 디스크를 움직임으로 시각화될 수 있다. 결과는 디스크 중심의 경로로 둘러싸인다. 오른쪽 열은 레이크와 베이와 채널을 채우는 닫힘(팽창 후 침식)의 결과를 보여준다. 하단: 원형 구조 요소에 의한 침식은 영역 안을 따라 디스크를 움직임으로 시각화될 수 있다. 결과는 마찬가지로 디스크 중심의 경로로 둘러싸인다. 오른쪽 열은 열림(침식 후 팽창)의 결과를 보여준다. 곶(cape)과 지협(isthmus), 그리고 섬들이 제거된다.

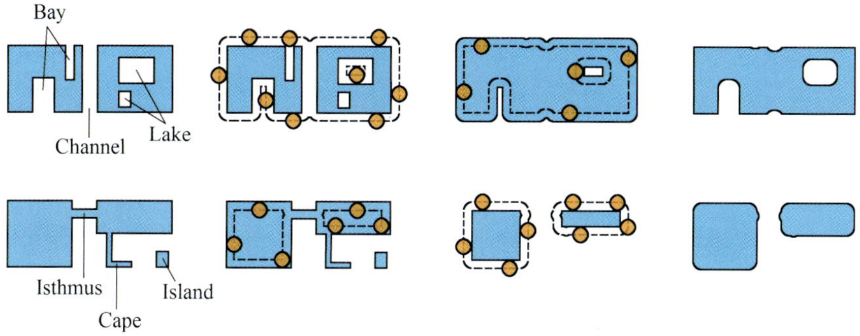

보완(complementation)과 반사에 관련하여 열림과 닫힘은 서로 또한 이중성임을 보인다.

$$\neg(A \bullet B) = (\neg A \circ \check{B}) \qquad \text{(duality)} \qquad (4.64)$$

$$\neg(A \circ B) = (\neg A \bullet \check{B}) \qquad \text{(duality)} \qquad (4.65)$$

열림과 닫힘 연산자는 멱등원(idempotent)이다. 즉 열림 또는 닫힘의 반복된 적용은 아무 것도하지 않는다.

$$(A \circ B) \circ B = A \circ B \qquad \text{(idempotence)} \qquad (4.66)$$

$$(A \bullet B) \bullet B = A \bullet B \qquad \text{(idempotence)} \qquad (4.67)$$

닫힘이 확장적인 반면, 열림은 비확장적인 것을 쉽게 알 수 있다.

만일 전경 화소를 육지로, 배경 화소를 물로 시각화하면 호수, 만, 채널, 곶, 지협 및 섬과 같은 특징을 정의할 수 있다. 그림 4.10은 팽창, 침식, 닫힘 및 열림 결과와 함께 이러한 기능이 있는 일부 이진 영역을 보여준다. 단순화를 위해 우리는 이산화(discretization)를 무시하고, 원형 볼(또는 디스크) 형태의 구조 요소를 상상한다. 볼이 물체의 바깥 쪽 윤곽에 맞춰진 경우, 팽창 결과는 볼의 중심 경로로 둘러싸인 윤곽선이 정의된 모든 점의 집합이다. 이 연산은 호수, 베이 및 채널을 채운다. 유사하게, 볼이 객체의 내부 윤곽에 롤링되면, 침식의 결과는 볼 중심의 경로에 의해 정의되는 둘러싸는 윤곽의 모든 점들의 집합이다. 이 연산은 곶, 협곡 및 섬을 제거한다. 팽창은 영역의 크기를 증가시키는 반면, 침식은 영역의 크기를 감소시킨다는 점에 유의한다.

다른 연산 후에 하나의 연산을 수행하면, 영역의 전체 크기를 변경하지 않고

그림 4.11 이진 영상과 모폴로지 연산의 결과: 침식, 팽창, 열림, 닫힘. 침식은 잡음을 제거하지만 전경을 축소시킨다. 팽창은 후추잡음을 제거하지만 전경을 확장시킨다. 열림과 닫힘은 전경의 크기를 유지하면서 잡음의 각 형태들을 제거한다.

원하지 않는 기능을 필터링 할 수 있다. 이진 영상에 다양한 형태의 연산을 적용한 예(배경 빼기 결과를 임계화하여 얻음)가 그림 4.11에 나와 있다.

우리가 방금 본 형태학적 열림 이외에 대수적인 열림(algebraic openings)이 있으며, 이는 단일 침식과 팽창으로 이루어질 수 없다. 예를 들어, 영역 열림(area opening)은 영역(화소 수로)이 주어진 임계값 보다 작은 모든 영역을 제거한다. 영역 열림은 크기(화소 수로)가 주어진 임계값과 동일한 연결된 SE로 모든 형태학적 열림의 합집합과 동등하다.

마찬가지로, 대수적인 닫힘(algebraic closing)이 있다. 예를 들어, 영역 닫힘(area closings)은 크기가 임계값과 동일한 연결된 SE와의 모든 형태학적 닫힘들의 교집합으로 주어지며, 영역 열림과 이중성을 가진다. 또 다른 대수적인 열림은 매개 변수 열림(parametric opening)이며, 이는 크기가 주어진 임계값과 같은 SE의 모든 하위 집합에 의한 모든 형태학적 열림의 합집합이다. 이러한 연산자는 수학적으로 흥미롭지만 널리 사용되지는 않는다.

4.1.6 히트-미스 연산자

침식은 이진 영상에서 모양 탐지에 대한 간단한 접근 방식을 정의하기 위해 사용될 수 있다. 우리가 영상 A에서 발견하고자 하는 모양 B_{ON}을 가지고 있다고 가정하자. 침식 $A \check{\ominus} B_{\text{ON}}$은 B_{ON}이 A의 전경내에 완전히 들어 맞는 영상의 모든 위치를 찾는다(B_{ON}의 ON 화소는 A의 ON 화소와 일치한다는 의미). 하지만 이것이 잘못된 탐지로 이어질 수 있다.

이러한 가짜 탐지를 피하려면, 우리가 원하지 않는 화소를 포함하는 다른 구조 요소인 B_{OFF}를 사용한다. 이것은 모양의 역 $\neg B_{\text{ON}}$, $(B_{\text{ON}} \oplus B_4) - B_{\text{ON}}$ 모양의 외부 경계 또는 일부 다른 화소 집합일 수 있다. 영상의 모양을 감지하기 위해 히트-미스 연산자(hit-miss operator)[3]는 침식을 사용하여 B_{ON}이 전경과

3 히트-미스 연산자는 또한 hit-and-miss 변환 혹은 hit-or-miss 변환으로 알려져 있다. 후자는 부분들이 분리보다는 결합으로 되기에 부정확한 이름이다. 또한 연산자라는 말이 좌표 프레임을 변경하지 않기에 변환이라는 말보다 더 적절하다.

일치하고 B_{OFF}가 배경과 일치하는 영상의 모든 위치를 찾는다.

$$A \circledast (B_{ON}, B_{OFF}) \equiv (A \check{\ominus} B_{ON}) \cap (\neg A \check{\ominus} B_{OFF}) \quad \text{(히트-미스 연산자)} \tag{4.68}$$

히트-미스(hit-miss) 연산자는 객체 탐지에 대한 간단한 접근법을 제공하며, 더 강력한 기법이 12장에서 언급될 것이다.

히트-미스 연산자는 두 개의 인수를 취하고 두 번째 인수는 SE 쌍이다. 이 두 SE를 각 화소에 대해 다음과 같이 세 가지 값 중 하나를 보유하는 단일 삼항(termary) SE로 결합할 수 있다.

$$B \equiv \begin{cases} \text{ON} & \text{if } B_{ON} = \text{ON} \\ \text{OFF} & \text{if } B_{OFF} = \text{ON} \\ \text{DONT-CARE} & \text{otherwise} \end{cases} \tag{4.69}$$

우리는 좀 더 축약된 형태로 식 (4.68)을 다음과 같이 쓸 수 있다:

$$A \circledast B \text{ (삼항 인수가 있는 히트-미스 연산자)}$$

그림 4.12는 영상에서 간단한 웃는 얼굴 패턴을 검출하기 위해 적용된 히트-미스 연산자의 예를 보여준다. 전경 패턴에는 눈과 입이 들어 있지만, 배경 패턴에는 전경의 부정이 포함된다(단, 코너 화소는 "don't care"으로 간주된다). 전경 패턴은 세 곳에 발견된다. 그리고 영상의 하단에 몇 가지 가짜 판독이 보인다. 오른쪽 상단의 얼굴은 코가 추가된 얼굴임을 알 수 있다. 그러나 배경 패턴도 입 화소가 누락된 얼굴을 감지하는 것을 포함하여 세 곳에서 발견된다. 논리적으로 함께 AND된 경우, 두 개의 수정되지 않은 얼굴만 최종 감지된다. DONT-CARE

그림 4.12 히트-미스 연산자. 상단: 전경 패턴 B_{ON}, 배경 패턴 B_{OFF}, DONT-CARE를 가리키는 x를 가진 삼항 표현 B. 왼쪽에서 오른쪽: 내부에서 패턴을 찾으려는 영상 A, 영상의 부정 $\neg A$, 전경 패턴으로 영상을 침식, 배경 패턴으로 부정된 영상의 침식, 2개의 웃는 얼굴의 성공적인 탐지를 보이는 결과.

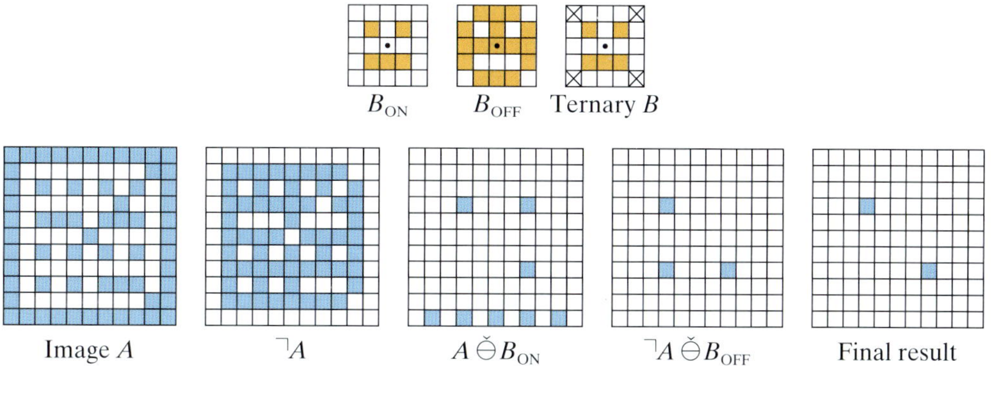

그림 4.13 이진 영상에 적용된 히트-미스 연산자. 흰색은 ON, 검정은 OFF를 가리킨다. 상단: 왼쪽에서 오른쪽: 영상, 인버트된 영상, 전경 패턴, 배경 패턴. 하단: 왼쪽에서 오른쪽: 전경 패턴으로 영상을 침식, 배경 패턴으로 인버트된 영상의 침식, 히트-미스의 결과, 원 영상 위에 겹쳐진 탐지의 윤곽들.

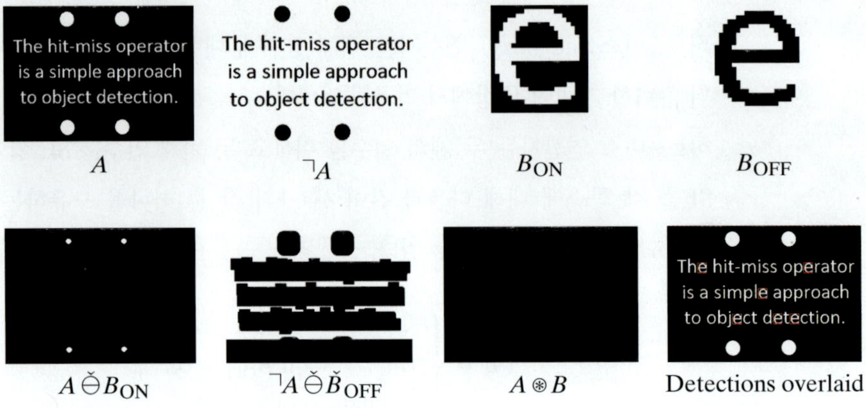

화소는 탐지에 영향을 미치지 않는다. 그림 4.13은 영어 문장의 영상에서 특정 문자("e")를 탐지하기 위해 다른 영상에 적용된 히트-미스 연산자를 보여준다.

4.1.7 세선화

히트-미스(hit-miss) 연산자의 한 가지 응용은 형태학적 **세선화**(thinning)이다. 이진 영상의 세선화는 전경 영역의 구조와 연결성을 최대한 유지하면서, 전경에서 화소를 제거(즉, 화소를 OFF로 설정)하는 것이다. 세선화는 영상과 삼항 SE(ternary structure element)를 취해, SE로 감지한 모든 점들을 제거한다.

$$I \boxminus B \equiv I - (I \circledast B) = I \cap \neg(I \circledast B) \qquad \textbf{(4.70)}$$

여기서 빼기 연산자는 출력에서 $I \circledast$ B에 ON 되어 있는 모든 화소를 OFF로 설정해 차분을 수행한다. 일반적으로 우리는 정렬된 또는 정렬되지 않은 집합으로 구성된 여러 개의 삼항 SE들을 사용하여 영상을 얇게 만들고 싶다. 순서 집합을 시퀀스(sequence)라고 하며, 이 경우 세선화는 시퀀스의 요소를 한 번에 하나씩 순서대로 이전 요소의 출력에 적용한다. 만일 $\mathcal{B} = (B_1, B_2, \ldots, B_m)$가 m개의 삼항 SE들의 시퀀스라고 하면, 세선화 연산자는 다음과 같이 정의된다.

$$I \boxminus \mathcal{B} \equiv ((I \boxminus B_1) \boxminus B_2) \cdots \boxminus B_m \qquad \text{(sequential)} \qquad \textbf{(4.71)}$$

반면, 만일 $\mathcal{B} = (B_1, B_2, \ldots, B_m)$을 m개의 삼항 SE의 정렬이 없는 집합으로 지정하면, 세선화 연산자는 SE에서 감지한 모든 화소를 먼저 플래그한 다음, 해당 화소를 제거한다.

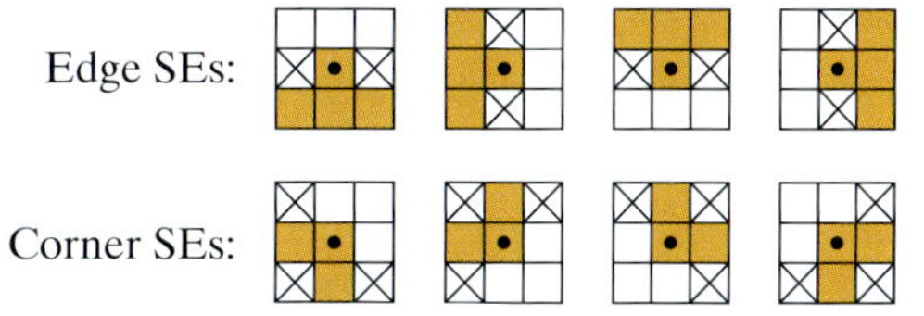

그림 4.14 모폴로지 세선화(thinning)을 위한 구조 요소들. 컬러 화소는 ON, 흰색 화소는 OFF, x는 DONT-CARE를 가리킨다. 상단행은 4 에지 SE, 하단 행은 4개 코너 구조 요소를 보인다.

$$I \boxminus \mathcal{B} \equiv I - ((I \circledast B_1) \cup (I \circledast B_2) \cup \cdots \cup (I \circledast B_m)) \quad \text{(nonsequential)} \tag{4.72}$$

어느 쪽이든, 위의 방정식들은 집합/시퀀스를 사용하여 세선화를 한번 반복한다. 반복을 여러 번 적용하는 것은 간단하다.

$$I \boxminus^n \mathcal{B} \equiv \underbrace{(((I \boxminus \mathcal{B}) \boxminus \mathcal{B}))\cdots \boxminus \mathcal{B}}_{n \text{ iterations}} \tag{4.73}$$

여기서 n은 반복 횟수이다. 수렴될 때까지 절차가 실행되면 계산은 $I \boxminus^\infty \mathcal{B}$로 표시되므로, 반복되는 적용은 아무 효과가 없다. $(I \boxminus^\infty \mathcal{B}) \boxminus \mathcal{B} = I \boxminus^\infty \mathcal{B}$이다.

그림 4.14는 형태학적 세선화 위해 일반적으로 사용되는 8개의 삼항 SE를 보여준다. 두 개의 기본 SE는 다음과 같다.

$$B_{\text{EDGE}} = \begin{bmatrix} 0 & 0 & 0 \\ X & 1 & X \\ 1 & 1 & 1 \end{bmatrix} \quad B_{\text{CORNER}} = \begin{bmatrix} X & 0 & 0 \\ 1 & 1 & 0 \\ X & 1 & X \end{bmatrix}$$

나머지 6 SE는 이들의 회전된 버전들이다. 개략적인 접근으로, B_{EDGE}와 그 변형은 영역의 내부 가장자리에 있거나 영역 밖으로 튀어 나와 있는 점들을 감지한다. 마찬가지로 B_{CORNER}와 그 변형은 구석이나 얇은 대각선에 있는 점들을 감지한다.

그림 4.15는 이 8개의 SE를 시퀀스로 사용하여 이진 영상을 세선화하는 과정을 보여준다. 첫 번째 SE가 영상에 적용되어 상단을 따라 5 화소가 일치한 다음 제거된다. 이후에 두 번째 SE가 적용되고, 화소가 일치하지 않는다. 그런 다음, 세 번째 SE가 적용되고 하단의 8 화소가 일치되어 제거된다. 과정은 수렴될 때까지 계속된다. 결과는 영상의 골격에 대한 근사치이다. 이 장의 뒷부분에서 더 자세히 다루고 있다.[4] 시퀀스로 적용할 때 SE가 적용되는 순서는 사실 중요하며 불필요하게 영역을 축소시키지 않도록, B_{CORNER}와 그 변형을 적용하기 전에 매 반복마다 B_{EDGE}와 그 변형을 적용하는 것이 일반적으로 권장된다. 이것은 그림

4 4.5.1절 (p. 241).

그림 4.15 순차적으로 그림 4.14의 SE들을 사용하여 이진 영상의 모폴로지 세선화. 영역의 상단을 따라 첫 SE가 화소들을 매치한다(빗금 친 사각). 이들은 제거된다. 두 번째 SE는 화소와 매치가 안된다. 세 번째 SE는 하단을 따라 화소를 매치한다. 매치된 것들은 제거된다. 이 과정은 수렴될 때까지 계속된다. 결과는 원 영상의 골격을 근사적으로 나타낸다.

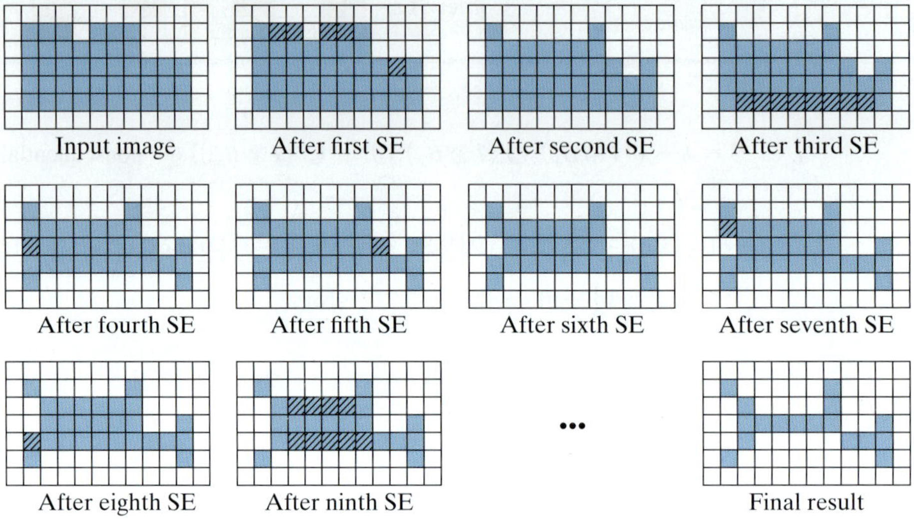

에 표시된 예에서 취한 접근법이다.

그림 4.16은 앞의 그림과 동일한 SE를 사용하여 동일한 이진 영상을 얇게하는 과정을 보여준다. 그러나 이번에는 에지 SE가 집합으로 적용되므로 모든 에지 화소가 먼저 감지되고 제거된다. 이 과정은 수렴할 때까지 계속된다. 영상이 더 이상 변경되지 않으면, 코너 SE가 집합으로 적용되는데 첫 번째 것부터 시작하여 수렴까지 계속된다. 이 방법은 앞의 예제에서보다 가느다란 골격을 만든다. 이는 일반적으로 가능한 가장 얇은 골격을 얻는 것이 목표이기 때문에 향상을 이룬 것이다. 그림에서 코너 SE는 집합으로 적용할 수 없다는 점을 주의하자. 왜냐하면 인접한 두 개의 화소가 감지되고 삭제되기 때문이다(즉, 마지막 두 번째 그래픽에서 빗금친 화소 바로 아래에 있는 화소). 그러면 연결이 끊긴 골격이 된다.

4.1.8 비대화

비대화(thickening)하는 것은 세선화하는 것과 반대이다. 이진 영상을 비대화하려면 가능한 한 전경 영역의 전체 모양을 유지하면서 전경에 화소를 추가한다(즉, 화소를 ON으로 설정하는 것). 비대화는 영상과 삼항 SE를 취해 SE에서 감지한 모든 점들을 더한다.

$$I \boxplus B \equiv I \cup (I \circledast B) \tag{4.74}$$

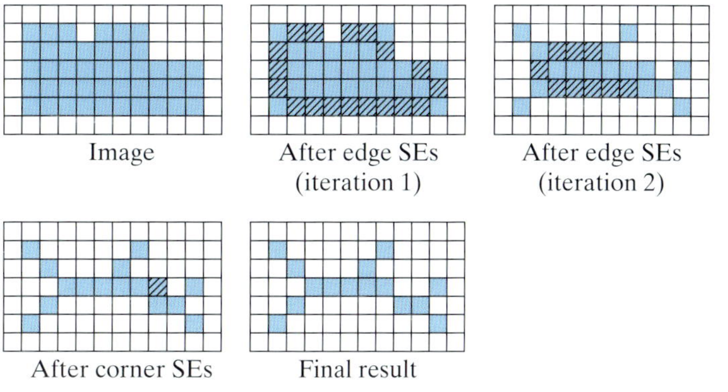

그림 4.16 앞의 예와 같은 SE들을 사용한 같은 이진 영상의 모폴로지 세선화. 그러나 이 경우에는 코너 SE가 순차적으로 적용되기 전에, 에지 SE가 집합으로서 수렴할 때가지 반복적으로 적용된다. 첫 번째 반복에서, 영역의 상단, 오른쪽, 아래, 왼쪽을 따라 화소들이 코너 구조 요소들에 의해 제거된다. 두 번째 반복에서, 에지 SE에 의해 9개 추가적인 화소가 제거된다. 마지막 반복에서, 코너 SE 중의 하나에 의해 단일 화소가 제거된다. 이전 예보다 얇은 골격을 나타낸다.

여기서 합집합 연산자는 $I \circledast B$에 있는 모든 ON 화소를 출력에 ON으로 설정한다. DONT-CARE 표현을 위해 X를 사용하여, 일반적으로 사용되는 비대화 SE는 다음과 같다.

$$B_{\text{GROW-SE}} = \begin{bmatrix} 1 & 1 & X \\ 1 & 0 & X \\ 1 & X & 0 \end{bmatrix} \quad B_{\text{GROW-SW}} = \begin{bmatrix} X & 1 & 1 \\ X & 0 & 1 \\ 0 & X & 1 \end{bmatrix}$$

회전된 버전들은 그림 4.17에 있다.

$B_{\text{GROW-SE}}$는 남동(아래 오른쪽) 방향의 지역을 성장시키고, $B_{\text{GROW-SW}}$는 남서(아래 왼쪽) 방향을 따라 성장한다. 비대화 SE의 중앙 화소는 OFF되어 있는 반면, 세선화 SE의 중앙 화소는 OFF되어 있음을 유의하자.

이진 영상의 형태학적 비대화 과정은 그림 4.18과 같다. 간결함을 위해 우리는 절차의 입력과 출력을 보여주며, 자세한 단계를 독자에게 연습문제로 남겨둔다. 비대화 과정은 영역의 오목한 부분을 채우며, 나중에 논의되는 볼록 선체(convex hull)에 근사한다.[5] 비대화 하기는 세선화 만큼 SE가 적용된 순서에 민감하지 않다. 그래서 집합과 시퀀스의 구분은 덜 중요하다. 이 그림을 그림 4.16과 비교하면, 세선화 SE는 전경의 8-연결성을 유지하도록 설계되었지만, 비대화 SE는 4-연결된 전경을 유지하도록 설계되었다. 예를 들어, 그림 4.18의

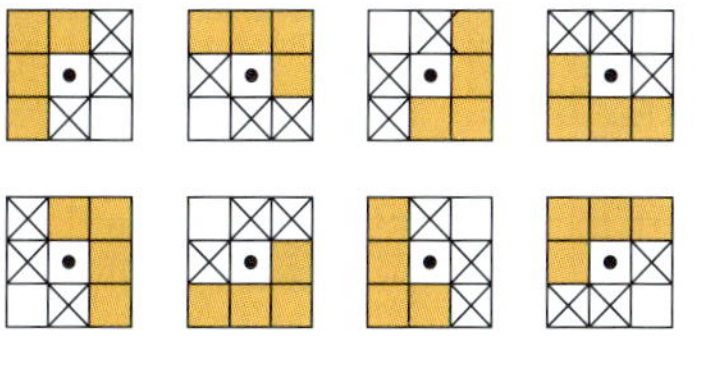

그림 4.17 모폴로지 비대화에 일반적으로 사용되는 구조 요소들.

5 4.4.8절 (p. 230).

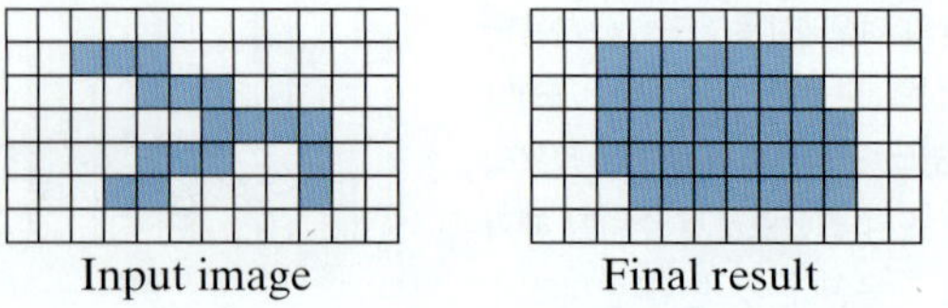

그림 4.18 그림 4.17의 SE를 사용한 이진 영상의 모폴로지 비대화. 원 영상(왼쪽) 수렴후 최종 결과(오른쪽). 비대화 결과는 컨벡스헐의 근사이다.

원래 영역을 처음으로 8-연결 영역으로 세선화한 경우, SE가 아무 것도 일치하지 않으므로 비대화 하기가 효과가 없다. 4와 8-연결성에 대해서는 다음 절에서 더 자세히 설명할 것이다.

전경을 비대화하는 또 다른 방법은 배경을 얇게하는 것이다. 즉, 영상의 보수(compliment)가 수행되고, 수렴될 때까지 세선화가 적용되고 결과가 다시 보수된다. 이 접근법은 그림 4.19에서 볼 수 있는데, 이 접근법은 볼록한 선체를 생성하지 않고, 원래 영역의 대략적인 모양을 유지한다. 이 접근법의 단점은 의미있는 수렴이 없다는 것이다. 그림 4.18에서 보았듯이, 전경이 내장된 배경의 크기에 관계없이 비대화가 일정수의 횟수로 솔루션에 수렴된다. 그러나 이 대체 접근법에서는 전경이 훨씬 큰 배경에 포함된 경우, 배경이 영상의 경계에 도달할 때까지 배경이 반복적으로 얇아지고, 그 시점에서 배경 크기가 크게 줄어들어 전경 영역이 본래 크기보다 확대된다.

4.2 레이블링 영역

형태학 연산을 사용하여 이진 영상의 잡음이 제거되면(적어도 감소된 경우), 다음 단계는 종종 영상의 화소 영역을 찾는 것이다. 각 영역은 연결된 화소 집합이며 다른 영역과 구분하기 위해 고유한 레이블이 지정된다. 이 절에서는 기본 정의를 고려한 다음, 영역에 레이블을 지정하는 몇 가지 알고리즘을 설명한다.

그림 4.19 그림 4.14의 세선화 SE를 사용하여 배경을 세선화한 같은 영상의 모폴로지 비대화. 상단: 배경(원 영상의 보수로 얻어짐), 모폴로지 세선화의 각 반복 후에 얻어진 출력. 하단: 원 영상과 각 반복 후에 얻어진 비대화 결과, 위의 영상을 보수로 얻어진다.

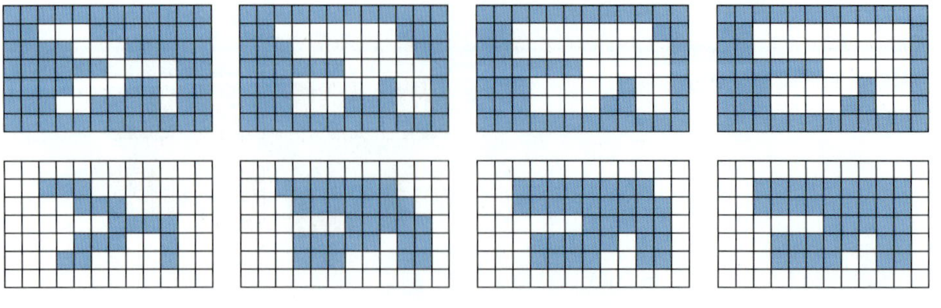

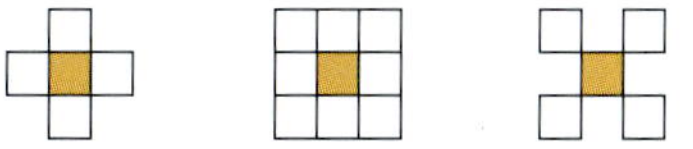

그림 4.20 일반적으로 사용되는 이웃들. 왼쪽에서 오른쪽: $\mathcal{N}_4$, $\mathcal{N}_8$, $\mathcal{N}_D$.

4.2.1 이웃과 연결성

이전 절의 형태학 알고리즘들은 결과를 계산하기 위해 화소의 이웃을 사용하는 첫 번째 알고리즘들이다. 만일 $\mathbf{q}$가 $\mathbf{p}$의 이웃이면 $\mathbf{q} \in \mathcal{N}(\mathbf{p})$로 표시하고, 화소 $\mathbf{q} = (q_x, q_y)$는 화소 $\mathbf{p} = (p_x, p_y)$의 이웃(neighbor)이다. 여기서 $\mathcal{N}$은 이웃 함수이다. 그림 4.20에 영상처리에 사용되는 가장 일반적인 이웃이 나와 있다.

- 4-이웃: $\mathcal{N}_4$로 표시되는 4개의 이웃은 화소의 왼쪽, 오른쪽, 위 및 아래 4개의 화소로 구성된다.
- D-이웃: $\mathcal{N}_D$로 표시되는 화소는 화소로부터 4개의 대각선으로 구성된다.
- 8-이웃: $\mathcal{N}_8$로 표시된 8-이웃은 가장 가까운 8개의 화소로 구성된다. 즉, $\mathcal{N}_8 = \mathcal{N}_4 \cup \mathcal{N}_D$이다.

앞에서 우리가 만난 구조 요소 B_4는 중앙 화소와 그것의 네 이웃들로 구성된 집합인 반면에, B_8은 중심 화소와 그것의 8-이웃들로 구성된다는 점에 주목하자.

이웃을 사용하는 알고리즘은 이웃이 존재하지 않을 때, 수행할 작업을 결정해야 한다. 예를 들어, 팽창이나 침식의 경우, 구조 요소가 영상의 경계 근처에 집중될 때 그 요소 중 일부는 영상을 지나 확장되어 범위를 벗어나게 된다. 이전 절에서 제시된 의사 코드는 단순화하기 위해 이 세부 사항을 무시하지만, 실제 구현에서는 이러한 범위를 벗어나는 화소를 처리하는 방법을 결정해야 한다. 이 문제에 대해 합의된 해결책은 없지만, 몇 가지 일반적인 접근 방법은 다음과 같다.

- *경계 화소를 처리하지 말라*. SE를 항상 경계에 두고, 경계 근처의 출력 화소를 0 (또는 다른 임의의 값)으로 설정한다. 이것은 가장 빠르고 간단한 솔루션이며, 경계 근처에서 일어나는 일에 신경 쓰지 않는다면 받아들일 수 있다.
- *SE 크기를 조정하자*. 경계 근처에서 영상 경계를 넘어 연장되지 않도록 SE를 축소한다. 예를 들어, 우리가 모두 1인 3 × 3 SE를 가지고 있다면, 왼쪽과 오른쪽 테두리 근처에 있는 모두 1인 2 × 3 SE와, 위쪽과 아래쪽 테두리 근처에 모두 1인 3 × 2 SE와 2 × 2 SE(센터가 적절하게 배치된 상태에서) 네 모서리 근처에 사용할 수 있다.
- *영상 외부에 값을 채우자*. 패딩에 대한 가장 일반적인 접근 방식은 복제(즉,

범위를 벗어나는 화소에 영상의 가장 가까운 화소 값이 할당 됨), 반사(영상 값은 영상 테두리에 대해 대칭적으로 반영된다.), 감싸기(이산 퓨리에 변환이 하는 것인 주기적인 감싸기에서 영상 값이 확장된다), 그리고 상수로 설정하기이다. 이 마지막 옵션은 범위 밖의 화소는 꺼져 있다(OFF)고 가정했던 이전 절에서 사용되었다.

이웃 유형이 인접성의 유형을 결정한다. 만일 두 개의 화소가 동일한 값(즉, 이진 영상의 경우에는 ON 또는 OFF)이고 서로 이웃하는 경우, 인접(adjacent)한다고 말한다. 화소들은 그 사이에 경로가 존재하는 경우, 연결되었다(connected or contiguous)고 말한다. 여기서 경로(path)는 화소 $\mathbf{p}_0$, $\mathbf{p}_1$, ..., $\mathbf{p}_{n-1}$의 시퀀스로 정의되어 $\mathbf{p}_{i-1}$과 $\mathbf{p}_i$는 모든 $i = 1, \ldots, n-1$에 대한 인접이다. 따라서 영상의 한 영역(region)은 연결된 화소 집합이다. 당연히 두 가지 가장 인접한 인접성은 그림 4.21과 같이 4-인접성과 8-인접성이다.

- 영상 I의 두 화소 $\mathbf{p}$와 $\mathbf{q}$는 $I(\mathbf{p}) = I(\mathbf{q})$와 $\mathbf{q} \in \mathcal{N}_4(\mathbf{p})$인 경우에 4-인접이다.
- 영상 I의 두 화소 $\mathbf{p}$와 $\mathbf{q}$는 $I(\mathbf{p}) = I(\mathbf{q})$와 $\mathbf{q} \in \mathcal{N}_8(\mathbf{p})$인 경우에 8-인접이다.

또한, 4-이웃 및 8-이웃의 개념을 결합하여 m-인접성을 얻을 수 있다.

- 영상 I의 두 화소 $\mathbf{p}$와 $\mathbf{q}$는 $I(\mathbf{p}) = I(\mathbf{q})$와 ($\mathbf{q} \in \mathcal{N}_4(\mathbf{p})$ 혹은 ($\mathbf{q} \in N_D(\mathbf{p})$와 $N_4(\mathbf{p}) \cap \mathcal{N}_4(\mathbf{q}) = \emptyset$))인 경우에 m-인접이다.

다시 말하면, 두 화소가 4-인접 또는 8-인접 중 하나이고, 그들 양쪽에 4-인접한 다른 화소가 없다면 m-인접한 것이다. 모든 인접성에 대해 이웃 관계는 대칭이므로 어떤 이웃 $\mathcal{N}$에 대해서도 다음이 성립된다.

$$\mathbf{q} \in \mathcal{N}(\mathbf{p}) \text{ if and only if } \mathbf{p} \in \mathcal{N}(\mathbf{q})$$

이산화(discretization)는 인접성을 다루는데 미묘한 복잡성을 일으킨다. Jordan 곡선 정리에 따르면, 단순 폐쇄 곡선(Jordna 곡선이라 부름)은 평면을 곡선으로 경계가 지정된 내부 영역과 곡선과 결합된 내부 영역의 보수인 외부 영역으로 나눈다. 따라서 한 영역에서 다른 영역으로의 연속적인 경로가 곡선을

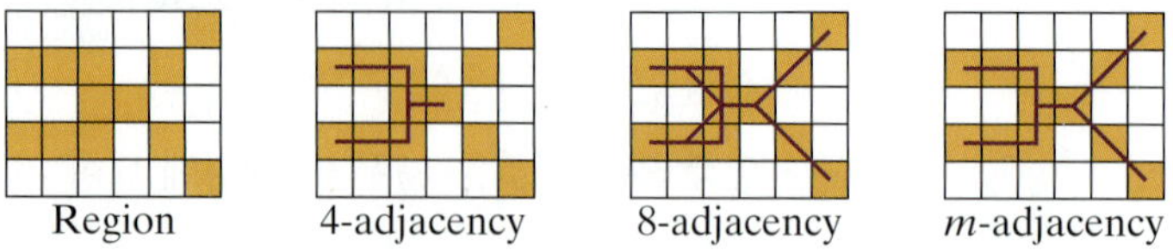

그림 4.21 이진 영역과 화소들의 4-, 8-, m-인접(adjacency). m-인접은 8-인접과 일어날 수 있는 루프를 제거한다.

교차한다. 그러나 이산화를 사용하면 전경과 배경에 동일한 인접성을 사용하는 경우, 배경에서 전경까지의 경로가 이산 곡선에 교차하지 않는 시나리오를 쉽게 보여줄 수 있다. 이 문제에 대한 잘 알려진 해결책은 전경에 4–인접성을 사용하고, 배경에 8–인접성을 사용하는 것이다. 혹은 거꾸로도 가능하다.

4.2.2 홍수채움

시드 채우기(seed fill)라고도 하는 홍수채움(floodfill)은 시드 화소에 연결된 새로운 화소를 원하는 새로운 색으로 채색하는 문제이다(여기서 "색"은 영상 유형에 따라 RGB 삼중 항 또는 명암도 또는 이진 값을 나타낸다). 홍수채움을 수행하기 위한 몇 가지 알고리즘이 있으며, 재귀 버전은 특히 설명하기 쉽다. 알고리즘 4.4에서 볼 수 있듯이, 알고리즘은 시드 화소 $\mathbf{p} = (x, y)$, 새로운 색상과 영상의 좌표를 가져와 화소의 색상을 설정한다.(의사 코드는 굵은 글꼴이 아닌 p를 사용하여 다른 변수와 마찬가지로 화소를 나타낸다.) 초기 화소를 저장한 후, 시드 화소를 검사하여 새 색상으로 설정한다.

이웃 (4 또는 8 중 하나)들은 시드 화소 아래의 원본 색상과 같으면 검사되고 새 색상으로 설정된다. 그런 다음, 이 화소의 이웃을 검사하고 같은 방식으로 설정한다. 인접한 화소가 원본 시드 화소 색을 공유하는 화소가 없을 때까지 과정이 재귀적으로 반복된다. 화소는 제자리에서 수정되므로 값은 반환되지 않는다. 이 알고리즘은 이해하기 쉽지만, 실제로는 함수 호출의 오버 헤드로 인해 재귀 계산의 비효율성 뿐만 아니라, 반복적인 홍수채움로 인해 스택이 오버런될 수 있기 때문에 실제로 사용되지 않는다. 왜냐하면 홍수채움 영역이 수만 화소를 포함하는 경우는 흔하기 때문이다. 물론 또한 스택 오버런으로 인해 프로그램이 중단된다.

알고리즘 4.4 영상에 홍수채움 수행(회귀를 사용한 스택–비우호적인 버전)

```
FloodfillRecursive(I, p, new-color)

Input:  image I, seed pixel p, and new color
Output: all pixels in I connected to p are colored new-color

if I(p) ≠ new-color then                      ➤ If pixel is already new color, then
    orig-color ← I(p)                           terminate this branch in the recursion.
    I(p) ← new-color                          ➤ Otherwise, set pixel to new color, and
    for q ∈ N(p) do                             recursively call the procedure on any
        if I(q) == orig-color then              neighbor having the same color.
            FloodfillRecursive(I, q, new-color)
```

알고리즘 4.5 영상에 홍수채움 수행(프론티어를 사용한 고속 버전)

FLOODFILL(I, p, *new-color*)

Input: image I, seed pixel p, and new color
Output: all pixels in I connected to p are colored *new-color*

```
orig-color ← I(p)                            ➤ If seed pixel is already new color,
if orig-color ≠ new-color then                 then terminate.
    frontier.PUSH(p)                         ➤ Otherwise, set frontier to seed pixel,
    I(p) ← new-color                           and set pixel to new color.
    while frontier.SIZE > 0 do               ➤ As long as frontier is not empty,
        p ← frontier.POP()                     examine a pixel from frontier;
        for q ∈ N(p) do                        if any neighbor has the same color as
            if I(q) == orig-color then         the original seed pixel color,
                frontier.PUSH(q)               then set neighbor to new color,
                I(q) ← new-color               and add neighbor to frontier.
```

알고리즘 4.6 홍수채움 수행, 분리된 영상에서 출력 저장.

FLOODFILLSEPARATEOUTPUT(I, O, p, *new-color*)

Input: image I, seed pixel p, and new color preallocated output image O (same size as I)
Output: all pixels in O connected to p in I are colored *new-color*

```
orig-color ← I(p)
frontier.PUSH(p)
O(p) ← new-color
while frontier.SIZE > 0 do
    p ← frontier.POP()
    for q ∈ N(p) do
        if I(p) == orig-color AND O(q) ≠ new-color then
            frontier.PUSH(q)
            O(q) ← new-color
```

보다 계산적으로 효율적인 접근법은 프론티어(frontier)라고 불리는 화소의 동적 배열을 사용하여 이러한 문제를 극복한다. 초기화 과정에서 시드 화소의 원래 색상을 잡고, 시드 화소를 새 색상으로 채색하고, 화소의 좌표를 초기 빈 프론티어로 푸시(push)한다. 그런 다음, 알고리즘은 프론티어에서 화소를 반복적으로 팝(pop)하고, 모든 인접 화소(여전히 원래 색을 가진 이웃 화소)를 확장한다. 여기서 확장은 화소를 새로운 색으로 설정하고 해당 좌표를 프론티어로 푸시하는 것이다. 프론티어가 비어 있으면 알고리즘이 종료된다. 알고리즘 4.5의 의사 코드에서 알고리즘은 프론티어가 스택으로 구현되는 경우, 깊이 우선 검색을 수행한다. 푸시와 팝이 배열의 동일한 끝에서 작동하기 때문이다.

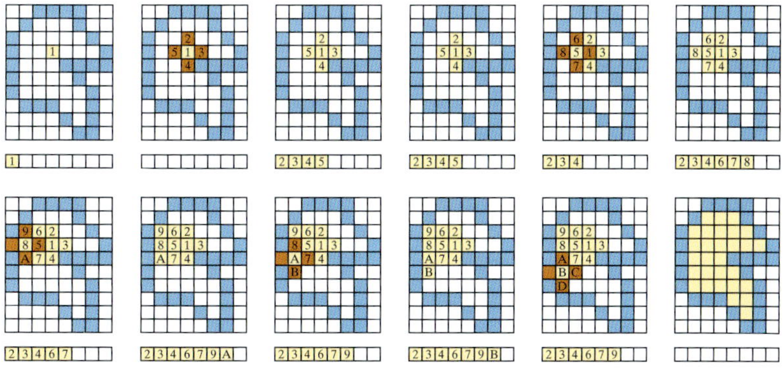

그림 4.22 4-이웃 홍수채움 알고리즘의 단계적 설명. 프론티어가 영상 아래 보여진다. 레이블 1이 있는 시드 화소에서 시작한다. 흰색 화소의 내부 영역은 알고리즘에 의해 노랑으로 바뀐다. 황색은 현재 확장에 사용된 화소를 가리키기 위해 사용된다. 레이블은 영상의 화소와 프론티어의 화소를 관련하는 데에 도움을 주기 위해 인위적으로 도입되었다.

또는 스택이 대기열(queue)로 교체된 경우, 푸시와 팝이 배열의 양쪽 반대 끝에서 작동하며, FIFO(선입 선출) 작업이 너비 우선 검색을 대신한다. 어느 쪽이든 출력은 동일하므로, 메모리 관리가 더 간단하기 때문에 스택 기반 프론티어를 권한다. 이진 영상에 적용된 알고리즘의 예가 그림 4.22에 나와 있다.

이 기본 의사 코드를 약간 수정하여 알고리즘의 변형들을 쉽게 구할 수 있다. 한 가지 일반적인 변형은 원본 입력 영상을 그대로 두고 출력 영상을 변경하는 것이다. 이 변형은 알고리즘 4.6에서 구현되며, 여기서 입력의 화소 $I(x, y)$가 이전 알고리즘에 의해 변경된 경우, 출력의 각 화소 $O(x, y)$가 설정된다. 이 버전의 알고리즘은 연결된 구성요소에 대해 다음 절 영역분할(segmentation)에 대해 이후의 절에 사용된다.[6] 이것은 프로시저로 전달되는 출력 영상에서 작동하므로 값을 반환하지 않는다.

홍수채움(floodfill)과 팽창(dilation) 간에는 흥미로운 연관성이 있다. 즉, 홍수채움은 반복된 조건부 팽창(conditional dilation)과 같다. 다른 영상 C에 대한 영상 I의 조건부 팽창은 다음과 같이 팽창 후 교차로 정의된다.[7]

$$I \oplus_C B \equiv (I \oplus B) \cap C \tag{4.75}$$

영상 I는 마커 영상(marker image)이라고 부르며, C는 마스크 영상(mask image)이라고 부른다. 만일 B가 중심으로부터 1의 거리에 있는 화소로만 1을 포함하는 기본 구조 요소(B_4 또는 B_8)인 경우, 조건부 팽창은 크기 1의 측지 팽창(geodesic dilation)으로 알려져 있고, $I \oplus_C^1 B$로 표시된다. 따라서 크기 n의 측지 팽창은 동일한 기본 구조 요소를 가진 n개의 조건부 팽창의 반복이다.

6 10.1.3절 (p. 564)

7 조건부 침식은 교차를 합집합으로 바꿈으로 유사하게 정의된다.

$$I \oplus_C^n B \equiv \underbrace{(((I \oplus_C B) \oplus_C B) \cdots \oplus_C B)}_{n \text{ iterations}} \tag{4.76}$$

일반적으로 수렴(convergence)할 때까지 조건부(또는 측지선) 팽창을 반복하는 것에 관심이 있다. 이것은 팽창에 의한 형태학적 재구성(morphological reconstruction by dilation)으로 알려진 과정이다.

$$I \oplus_C^\infty B \equiv \underbrace{(((I \oplus_C B) \oplus_C B) \cdots \oplus_C B)}_{k \text{ iterations}} \tag{4.77}$$

여기서 k는 $I \oplus_C^{k+1} = I \oplus_C^k$인 최소 숫자이다. 다시 말하면, 팽창은 효과가 없을 때까지 반복된다. 즉 $I \oplus_C^\infty B = ((I \oplus_C^\infty B) \oplus_C B$이다.

시드 화소 $\mathbf{p}$를 가진 이진 영상에서 0 값 영역의 4-이웃 홍수채움은 $P \oplus_{\neg I}^\infty B_4$와 동일하다는 것을 쉽게 알 수 있다. 여기서 P는 $\mathbf{p}$에는 1이고 다른 모든 곳은 0인 영상이다.

첫 번째 반복은 시드 화소와 4-이웃을 포함하는 $(P \oplus B_4) \cap \neg I$를 계산한다. 다음 반복은 이 모든 화소의 4-이웃을 포함하도록 영역을 확장하지만, 원본 영상의 보수(complement)와의 교집합은 원래 영상의 값이 0인 화소만 유지한다. 이 과정은 전체 영역이 채워질 때까지 계속된다. 이때에 반복되는 반복은 출력을 변경하지 않는다.

조건부 확장으로 홍수채움을 보는 것은 위의 $P \oplus_{\neg I}^\infty B_4$에서 볼 수 있듯이, 계산을 설명하는 데 사용할 수 있는 매우 함축적 수학 표기법으로 인해 유용하다. 사실, 팽창이나 침식의 기본 빌딩 블록을 사용하여 상당히 복잡한 작업을 표현할 수 있는 능력은 수학 형태학의 강점 중 하나이다. 반면에, 조건부 팽장은 각 반복에서 모든 화소를 건드려서 초래되는 상당한 계산 오버헤드로 인해 실제 구현에서는 사용되지 않는다.

밀접하게 관련된 개념은 다음에서 정의되는 재구성에 의한 열림(opening by reconstruction)과 재구성에 의한 닫힘(closing by reconstruction)이다.

$$(I \oplus^n B) \check{\ominus}_I^\infty B' \qquad \text{(closing by reconstruction)} \tag{4.78}$$

$$(I \check{\ominus}^n B) \oplus_I^\infty B' \qquad \text{(opening by reconstruction)} \tag{4.79}$$

이것은 각각 크기 n의 I를 재구성함으로써 열림과 닫힘이 되는 것이다. 다시 말하면, 영상 I는 마스크 영상으로 사용되는 반면, 침식 또는 팽창 버전의 I는 마커 영상으로 사용된다. 두 개의 SE B와 B'는 같을 수도 있고 다를 수도 있다.

형태학적인 열림은 작은 물체를 제거하고, 이후의 팽창은 나머지 물체를 복원한다는 것을 상기하자. 마찬가지로, 재구성에 의한 열림(형태학적인 구멍이 아니라 대수적인 구멍)은 작은 물체를 제거하지만 나머지 물체를 정확하게 복원한다. 즉, SE가 포함되지 않은 모든 영상 특징이 제거되고, 나머지는 변경되지 않는다.

4.2.3 연결된 구성요소

두 화소가 모두 같은 값을 갖는 화소들로 구성된 경로가 있다면, 두 화소가 연결된다고 말한 것을 상기하라. 연결된 구성요소(connected component)는 모두 서로 연결된 화소의 최대 집합으로 정의된다. 영상의 연결된 구성요소는 등가 관계가 "연결되어 있음"에 대한 영상의 등가 클래스(equivalence class)이다. 여기서 등가 관계는 집합을 분리된 하위 집합(동등한 등가 클래스)으로 나눌 수 있는 반사적, 대칭적, 전이적 관계이다.

연결된 구성요소 레이블 지정은 영상의 모든 화소에 고유한 식별자를 할당하여, 해당 구성요소가 속한 연결된 구성요소를 나타내는 과정이다. 예를 들어, 이 과정은 이진 영상의 다양한 전경 객체들을 분리하는 데 사용된다. 배경을 나타내는 OFF 화소와 전경을 나타내는 ON 화소가 있는 이진 영상이 주어지면, 연결된 구성요소 레이블 지정 알고리즘의 결과는 2차원 배열이다(영상과 크기가 같음). 여기서 각 요소에는 화소가 속한 영역을 나타내는 정수 레이블이 지정된다. 즉, 하나의 인접한 전경 영역의 모든 화소에 하나의 레이블이 할당되는 반면, 다른 인접한 전경 영역의 모든 화소는 다른 레이블이 할당된다. 인접한 배경 영역의 모든 화소에도 또 다른 레이블이 할당되는 식으로 진행된다. 따라서 연결된 구성요소는 분할 문제(partitioning)이다. 왜냐하면 영상 화소들을 상대적으로 적은 수의 개별 그룹에 할당하기 때문이다.

연결된 구성요소를 구현하는 한 가지 방법은 새 레이블이 없는 화소를 시드 포인트로 사용하여 각 반복을 시작하여 홍수채움(floodfill)을 반복적으로 적용하는 것이다. 이것은 알고리즘 4.7에 나와 있다. 초기에 출력 레이블 배열 L은 입력 영상과 동일한 크기로 생성되고, 이 출력 배열의 모든 요소는 레이블이 지정되지 않고 전역 레이블은 0으로 설정된다. 그런 다음, 영상이 스캔되고 아직 레이블이 지정되지 않은 화소가 발견되면, 해당 화소를 시드 화소로 사용하여 영상에 홍수채움을 적용하여 출력 배열의 요소를 전역 레이블로 채운다. 전역 레이블이 증가되고 스캔이 계속된다. 이 비교적 간단한 절차는 각 화소에 인접한 영역의 값을 표시한다. 이 알고리즘의 한 가지 장점은 영역이 0, 1, 2, ...의

알고리즘 4.7 홍수채움의 반복 수행으로 연결 구성요소 수행.

```
ConnectedComponentsByRepeatedFloodfill(I)

Input:  image I
Output: integer image L containing a label for each pixel

for (x, y) ∈ L do
    L(x, y) ← UNLABELED
next-label ← 0
for (x, y) ∈ L do
    if L(x, y) = UNLABELED then
        FloodfillSeparateOutput(I, L, (x, y), next-label)
        next-label ←+ 1
return L
```

연속 레이블로 레이블링되어, 발견된 영역의 수가 글로벌 레이블에 의해 부여된다는 것이다.

더 일반적인 접근 방식(때로는 고전적인 연결된 구성요소 알고리즘이라고도 함)에는 알고리즘 4.8에서처럼 영상을 두 번 스캔하는 작업이 포함된다. 첫 번째 패스에서 영상은 왼쪽에서 오른쪽으로 그리고 위에서 아래로 순차적으로 스캔되고, 모든 화소는 그들의 이웃 서브 집합에 기초한 예비 레이블로 라벨링된다. 4-이웃 연결성의 경우, 알고리즘은 위의 화소와 왼쪽 화소를 비교한다. 8-이웃 연결성의 경우, 화소는 그림 4.23과 같이 대각선으로 왼쪽 위 및 오른쪽 위의 두 이웃과도 비교된다.

예비 레이블을 수행하는 동안, 병합할 예비 레이블을 추적하기 위해 등가 테이블이 작성된다. 두 번째 패스에서는 각 화소의 레이블이 등가 테이블을 사용하여 예비 레이블의 동등성으로 설정된다. 이 방법은 영역을 찾고 병합하는 두 가지 작업을 수행하기 때문에 유니온-발견(union-find) 알고리즘이라고도 한다. 이것은 화소가 처리되는 순서가 중요한 것을 고려한 최초의 알고리즘이다.

이 4-연결 버전의 알고리즘 예제는 그림 4.24에서 볼 수 있으며, 실제 영상의 출력은 그림 4.25에서 볼 수 있다. 코드를 8-이웃으로 확장하려면, 이웃 화소인 $I(x-1,\ y-1)$와 $I(x+1,\ y-1)$의 화소를 비교하는 두 개의 추가 테스트를 삽입하면 된다. 화소와 동일한 값을 갖는 4개의 이웃하는 화소들(왼쪽, 위, 왼쪽 위 및 오른쪽 위) 중 임의의 화소 사이의 등가성을 설정한다. 범위를 벗어난

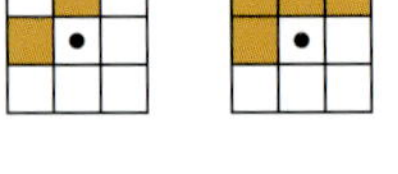

그림 4.23 고전 유니온 발견 연결 구성요소 알고리즘의 4-이웃, 8-이웃 버전의 마스크들. 컬러 화소들은 알고리즘에서 시험되어지는 중심 화소의 이웃들이다.

알고리즘 4.8 고전적인 유니온-발견 연결 구성요소 알고리즘 수행.

```
CONNECTEDCOMPONENTSBYUNIONFIND(I)

Input:  image I
Output: label image L containing a label for each pixel
➤ first pass
for y ← 0 to height − 1 do                                    ➤ Scan the image from top to bottom,
    for x ← 0 to width − 1 do                                 from left to right.
        v ← I(x, y)                                           ➤ If pixel value
        if v == I(x − 1, y) AND v == I(x, y − 1) then         ➤ is the same as both neighbors,
            L(x, y) ← L(x − 1, y)                             then set the label to either label arbitrarily,
            SETEQUIVALENCE(L(x − 1, y), L(x, y − 1))          and declare the labels equivalent.
        elseif v == I(x − 1, y) then                          ➤ Otherwise, if pixel value is
            L(x, y) ← L(x − 1, y)                             the same as either neighbor,
        elseif v == I(x, y − 1) then                          then set label to the label
            L(x, y) ← L(x, y − 1)                             of the appropriate pixel.
        else                                                  ➤ If pixel value is different from both neighbors,
            L(x, y) ← next-label                              then declare a new region,
            next-label ←+ 1                                   and increment the global label.
➤ second pass
for (x, y) ∈ L do                                             ➤ For each pixel,
    L(x, y) ← GETEQUIVALENTLABEL(L(x, y))                     traverse the equivalence table.
return L
```

```
SETEQUIVALENCE(a, b)

a′ ← GETEQUIVALENTLABEL(a)
b′ ← GETEQUIVALENTLABEL(b)
if a′ > b′ then
    equiv[a′] ← b′
else
    equiv[b′] ← a′
```

```
GETEQUIVALENTLABEL(a)

if a == equiv[a] then
    return a
else
    equiv[a] ← GETEQUIVALENTLABEL(equiv[a])
    return equiv[a]
```

액세스는 무시되었다. 이 의사 코드를 실행 가능한 코드로 변환하려면 영상의 왼쪽 위 화소 (0, 0)이 **else** 절로 넘어가도록 **if** 및 **elseif** 절에 경계 검사를 추가해야 한다. 상단 행과 좌측 열에 있는 나머지 모든 화소들은 기존 화소들과 비교된다.

알고리즘 4.8은 두 가지 도우미 함수에 의존한다. 첫 번째 함수인

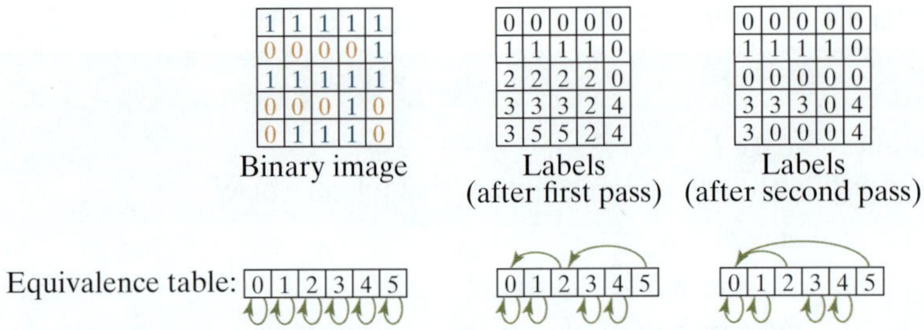

그림 4.24 이전 영상의 예시 상에서 고전 유니온-발견 연결 알고리즘. 왼쪽에서 오른쪽: 입력 영상, 첫 패스 후에 레이블, 두 번째 패스 후의 레이블. 그림 아래: 등가 테이블, 녹색 화살표는 레이블에서 등가 레이블을 가리킨다. 최종 영상은 갭을 가진다. 예로서, 레이블 2가 없다.

SetEquivalence는 두 개의 레이블 사이에 등가성을 설정하여, 등가성을 1차원 정수 배열 *equiv*에 저장한다. 배열은 그것의 자신의 인덱스, 즉 모든 i에 대해 $equiv[i] \leftarrow i$로 초기화된다. 그만큼 규칙은 데이터 구조에서 사이클을 생성하지 않도록 $equiv[i] \leq i$로 채택된다. 즉, 각 집합의 가장 작은 레이블이 집합의 대표 레이블로 간주된다.(배열의 크기가 동적으로 커지거나 발생하는 레이블의 총 수를 수용할 만큼 충분히 커지는 것으로 가정한다.) 두 번째 도우미 함수인 GetEquivalentLabel은 가능한 가장 작은 레이블이 있는지 확인하기 위해, 재귀를 사용하여 배열에 액세스하여 등가 레이블을 반환한다.

등가 레이블을 얻는 동안 배열은 가능한 가장 작은 등가 레이블로 업데이트된다. 대안은 두 개의 패스 사이에서 등가 테이블을 한번 횡단하는 것이다. 그런 다음, GetEquivalentLabel(a)은 재귀에 의존하지 않고 $equiv[a]$를 간단하게 호출할 수 있다.

연결된 구성요소에 대한 두 알고리즘은 모두 화소 수에 선형적이다. 더 정확하게 말하면, n 화소의 영상에 적용된 유니온-발견(union-find) 알고리즘은 $O(n\alpha(n))$이고, 여기서 $\alpha(n)$은 생각할 수 있는 영상에 대해 $\alpha(n) \leq 4$ 만큼 매우 느리게 증가하는 역 Ackerman 함수이다.[8] 4-이웃 홍수채움 버전은 대부

그림 4.25 연결된 구성요소 알고리즘은 인접 화소의 값이 정확히 같다고 가정하기 때문에 값 수가 적은 영상에서 가장 잘 동작한다. 여기에 네 개의 명함도로 양자화된 입력 영상(왼쪽)과 디스플레이용 의사 컬러된 연결된 구성요소들의 결과(오른쪽)

8 예로서, $\alpha(n)=4$는 화소수가 $n=(10^{100})$

분의 화소를 7번 터치한다(초기화시 레이블이 지정되지 않은 출력을 설정하려면 한 번, 화소가 라벨링되었는지 여부를 확인하기 위해 한 번, 홍수채움 중에 화소를 설정하고 네 방향에서 레이블을 확인하기 위해 다섯 번). 두 영역의 경계를 따르는 화소는 약간 더 필요할 수 있다.

유니온-발견 알고리즘은 각 화소를 단지 네 번 터치하는 것을 포함한다(첫 번째 패스, 두 번째 패스, 화소에서 오른쪽 아래로의 체크). 따라서 실제적으로 등가 테이블에 필요한 추가 계산에도 불구하고 유니온발견 알고리즘은 런타임에 약간 더 효율적이다. 그러나 유니온-발견의 단점은 레이블에 갭(gabs)이 생기는 것이다. 즉, 최종 결과는 영역 1과 영역 3을 가질 수 있지만(그림 4.24의 예와 같이) 2라는 레이블이 붙은 화소 영역은 없다. 기본 레이블이 순차적인 새로운 등가 테이블을 생성하기 위해, 이 불편함은 등가 테이블을 통해 다른 패스로 제거될 수 있다.

알고리즘 중 하나를 사용하면 면적, 모멘트(이 장의 뒷부분에서 설명 함) 및 경계 상자와 같은 영역 속성을 쉽게 계산할 수 있다. 이 모든 양들은 연결된 구성요소 알고리즘 중에 적절한 계산을 통해 업데이트 될 수 있다. 매번 최소한의 오버 헤드로 출력 화소가 설정된다. 확장은 연습문제로 남긴다.

4.2.4 경계 추적

홍수채움(floodfill) 또는 연결된 구성요소 알고리즘에 의해 발견된 연속적인 화소 영역이 주어지면, 경계를 찾는 것이 유용할 때가 많다. 영역 경계(region boundary)는 영역의 모든 화소를(어떤 의미에서는) 둘러싸는 화소 중 가장 작은 집합이다. 그리고 구멍 경계(hole boundary)는 영역 내의 모든 구멍(있는 경우)을 둘러싸는 화소 중 가장 작은 집합이다. 영역에 구멍이 없는 경우 구멍 경계는 빈 집합이다. 영역 경계와 구멍 경계의 결합은 완전한 경계(complete boundary)이다.

이산적인 영상에서, 화소 집합을 "둘러싸는(enclosing)" 것이 의미하는 것을 정의하는 것은 간단하지 않다. 이 어려움은 다음 두 가지 대안으로 이어진다. 영역에 없는 화소 바로 이웃에 있는 영역 내의 모든 화소로 구성되는 내부 경계(inner boundary)와 영역 화소 바로 이웃에 있는 영역에 없는 모든 화소로 구성된 외부 경계(outer boundary)이다. R을 이진 영상으로 표현된 영역이라고 하면, 즉 만일 $\mathbf{p}$가 영역에 있으면 $R(\mathbf{p}) = \text{ON}$, 그렇지 않으면 $R(\mathbf{p}) = \text{OFF}$이다. 여기서 $\mathbf{p} = (x, y)$이며, 이러한 정의는 다음과 같이 주어진다.

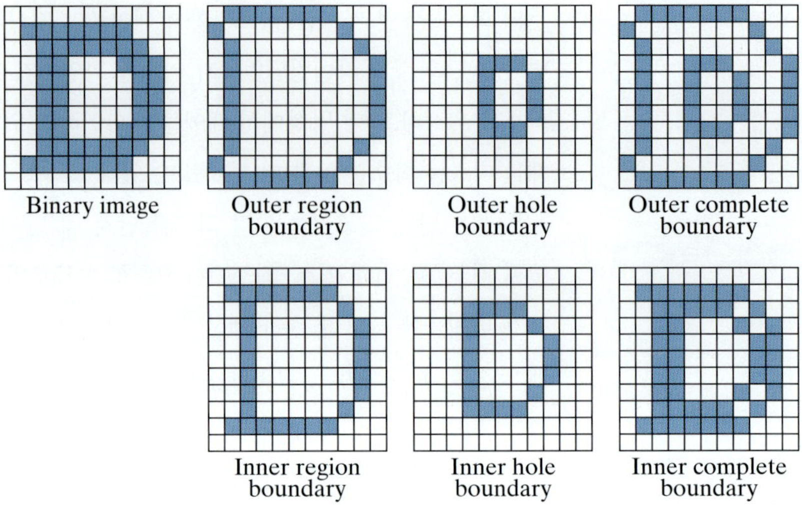

그림 4.26 한 개 홀을 가진 이진 영역, 영역 경계의 다른 정의들. 모든 결과는 4-이웃을 사용하여 보여준다. 컬러 셀들은 ON, 흰색 셀들은 OFF.

$$\text{inner boundary} = \{\mathbf{p} : \mathbf{p} \in R, \exists \mathbf{q} \in \mathcal{N}(\mathbf{p}), \mathbf{q} \notin R\} \tag{4.80}$$

$$\text{outer boundary} = \{\mathbf{p} : \mathbf{p} \notin R, \exists \mathbf{q} \in \mathcal{N}(\mathbf{p}), \mathbf{q} \in R\} \tag{4.81}$$

기술적으로 이러한 정의는 내부의 완전 경계(내부 영역 경계와 내부 구멍 경계를 하위 집합으로 함)와 외부 완전 경계(외부 영역 경계와 외부 구멍 경계를 하위 집합으로 함)에 대한 정의이다. 그림 4.26은 이러한 정의를 보여준다.

영역의 내부 완전 경계는 영역 자체와 영역의 침식된 버전 간의 차이를 통해 충분히 쉽게 계산할 수 있다.

$$\text{inner boundary} = R \text{ AND } \neg(R \ominus B) \tag{4.82}$$

여기서 B는 B_4 또는 B_8이다. 즉, R의 해당 화소가 ON이지만 침식된 버전에서는 OFF인 경우에만 출력의 각 화소가 ON이다. 마찬가지로, 외부 완전 경계는 팽창을 사용하여 계산할 수 있다.

$$\text{outer boundary} = (R \oplus B) \text{ AND } \neg R \tag{4.83}$$

그러나 외부 경계는 영상 경계에 닿는 모든 영역에 대해 쉽게 표현할 수 없으므로 주의해서 계산해야 한다. 두 경우, 모두 구조 요소 B를 선택은 비 직관적인 방식으로 결과에 영향을 미친다. B_4는 8-연결 경계를 생성하지만(그림 4.26 참조) B_8은 4-연결 경계를 생성한다.

수학적 형태학(모폴로지)은 경계의 편리하고 간결한 설명을 제공하지만, 식 (4.82)-(4.83)와 같은 형태학 기반의 절차는 경계상의(정렬되지 않은) 화소

그림 4.27 4-, 8-이웃에 대해 Freeman 체인 코드.

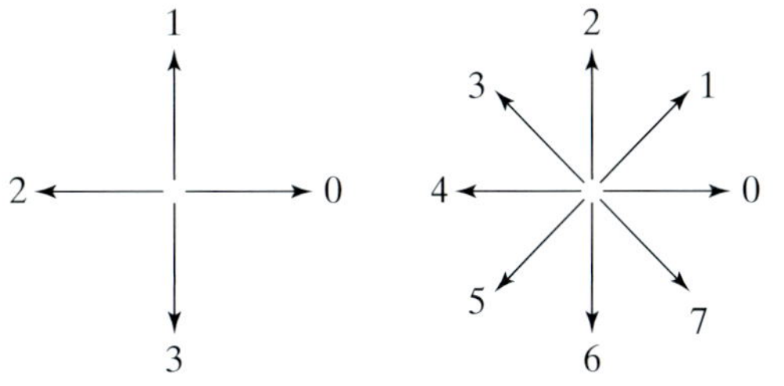

집합을 반환만 한다. 그러나, 일부 응용들의 경우, 경계를 경로, 즉 (순서화 된) 화소 시퀀스로서 계산하는 것이 필요하다. 영역의 경계를 경로로 계산하는 간단한 절차는 **무어 경계 추적 알고리즘**(Moore's boundary tracing algorithm)으로 알려진 **벽-추적 알고리즘**(wall-following algorithm)이다.

벽-추적 알고리즘은 눈가리개를 사람이 방의 가장자리를 가로 지르기를 바라는 유추에서 이름이 유래된다. 왼팔을 뻣뻣하게 옆으로 내밀고 오른팔을 뻣뻣하게 앞쪽으로 내밀어, 왼쪽 벽과의 접촉이 없어질 때까지(이 경우 사람이 왼쪽으로 돈다) 또는 벽이 앞에서 감지될 때까지(이 경우 그 사람은 오른쪽으로 돈다) 계속 걸어간다.

유사한 방식으로 벽-추적 알고리즘은 앞과 왼쪽의 화소를 검사하여 화소의 값에 따라 적절히 선회하여 영역의 경계를 가로 지른다. 알고리즘 4.9에 표시된 알고리즘은 시계 방향 내부 경계를 계산하지만, 약간의 수정으로 다른 변형을 쉽게 얻을 수 있다. 우리는 그림 4.27에 나타난 **Freeman 체인 코드**(Freeman chain code) 방향 규칙을 채택한다.

방향 목록은 오른쪽(양의 x축)부터 시계 반대 방향으로 진행된다. 4-이웃 연결성의 경우 dir은 집합 {0, 1, 2, 3}의 값을 취하고, 8-이웃 연결성의 경우 dir은 {0, 1, ..., 7}의 값을 취한다. 이 규칙에 따라 TurnLeft와 TurnRight는 모듈로 산술(modulo arithmetic)을 사용하여 목록의 다음과 이전 방향을 각각 반환한다: TurnLeft(dir)은 z-이웃 연결성을 가정하고 (dir +1, z)를 반환한다. 반면에 TurnRight(dir)는 (dir −1, z)를 반환한다. MoveForward는 현재 방향과 현재 화소에 따라 앞으로 이동한 후 획득한 화소를 계산한다. y축이 아래를 가리킨다는 것을 기억하자. MoveForward$(x, y, 0)$는 $(x+1, y)$을 반환하고, MoveForward$(x, y, 1)$은 만일 $z=4$이면 $(x, y-1)$이거나 $z=8$이면 $(x+1, y-1)$을 반환한다. 벽-추적 알고리즘의 예가 그림 4.28에 나와있다.

알고리즘은 간단하지만 시작 위치에 주의를 기울여야 한다. 예를 들어, 영역 내에서 임의의 화소를 선택하고, 경계 화소가 발견될 때까지 반복적으

알고리즘 4.9 벽–추적 수행

WallFollow(I)

Input: binary image I containing a single ON region
Output: clockwise sequence of pixels on the inner boundary of the region

```
p ← p0 ← FindBoundaryPixel(I)          ▶ Find first ON pixel from top-right corner.
dir ← 0                                 ▶ Set initial direction to the right.
repeat
    boundary-path.Push(p)
    if Left (I, p, dir) == ON then      ▶ Turn left and move forward.
        dir ← TurnLeft(dir)
        p ← MoveForward(p, dir)
    elseif Front(I,p,dir) == OFF then   ▶ Turn right.
        dir ← TurnRight(dir)
    else
        p ← MoveForward(p, dir)         ▶ Move forward.
    until p == p0 AND dir == dir0
    return boundary-path
```

FindBoundaryPixel(I)

Input: binary image I containing a single ON region
Output: a pixel on the inner boundary of the region

```
for y ← 0 to height − 1 do                  ▶ Scan from top to bottom
    for x ← width − 1 to 0 step −1 do         and from right to left
        if I(x,y) == ON then                  returning the first ON pixel encountered.
            return (x, y)                   ▶ (Note: The order of scanning affects the starting direction.)
```

로 이웃을 스캔하면, 영역 경계가 아닌 홀 경계에서 화소를 찾을 위험이 있다. 이 경우 벽–추적 알고리즘은 단순히 구멍 주위를 따라갈 것이다. 따라서 FindBoundaryPixel이 영역 경계의 화소를 반환하도록 하려면, 영역 외부에 있는 화소(예: 영상 경계)에서 시작하여 경계 화소를 찾을 때까지 스캔하는 것이 가장 좋다. 시작 방향은 외부의 일반 방향을 향해야 한다. 종료 조건의 경우, 단일 화소 두께의 협부(isthmus) 또는 곶(cape)(그림 4.9 참조)의 경우를 처리하기 위해, 화소 위치와 방향을 테스트해야 한다(코드에 표시된 대로).

벽–추적은 여러 가지 작업에 유용하다. 예를 들어, 영역의 둘레를 계산하려면 8–이웃 버전을 적용한 후, 다음 절에서 설명하는 기술을 사용하여 결과 경로를 따라 거리를 계산한다. 8–이웃 버전은 원래 영역에서 B_4–침식된 영상을 뺀 결과와 정확히 같은 화소를 추적한다. 결과적으로, 8–이웃 버전에 의해 계산된 경로는 배경의 4–이웃 화소를 포함한다. 8–이웃 경로의 연속 화소들이 m–인접하다는 것을 알 수 있다.

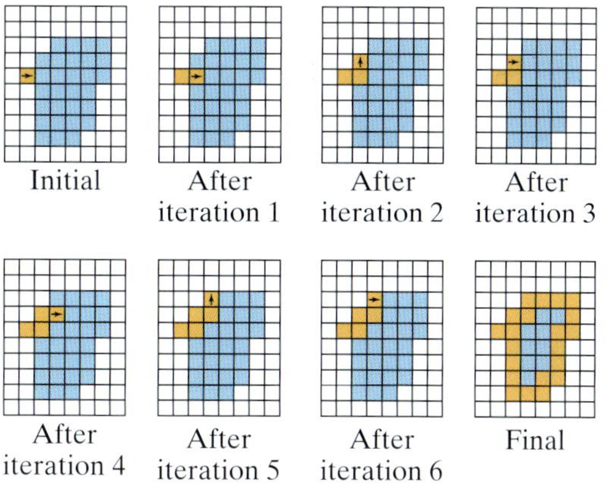

그림 4.28 벽-추적의 예(시계 방향 4-연결 내부 영역 경계). 최종 결과와 함께 알고리즘의 처음 7번 반복을 보인다. 화살표는 현재의 방향을 나타낸다.

벽-추적의 4-이웃 버전도 사용할 수 있지만, 결과로 나오는 화소의 연속적인 화소 사이의 거리는 1이 된다. 결과적으로, 경계는 B_8을 구조 요소로 사용하여 원래 영역에서 침식된 영상을 뺀 후 남은 화소 수이다. 4-이웃 버전에 의해 계산된 경로는 배경의 8-이웃 화소들을 포함한다.

4.2.5 홀 채우기

때로는 영역에 작은 구멍이 있어 홀 채우기(hole filling)를 하는 것이 바람직하다. 이것을 하기 위한 개념적으로 간단한 방법은 팽창에 의한 형태학적 재구성이다.

$$\text{region without holes} = F \oplus^{\infty}_{\neg R} B \quad (4.84)$$

여기서 F는 영상의 경계를 따라 어딘가에 하나 이상의 ON 화소가 있는 마커 영상이며(영역 외부), R은 영역 내부의 ON 화소와 영역 외부 및 홀 내부의 OFF 화소를 갖는 이진 영상이다. 이 접근법의 실제 구현은 홍수채움을 사용하여 배경을 채운 다음, 채워진 영역의 보수(complement)가 원하는 hole-free 영역을 만든다. 이 방법은 영상의 모든 영역의 모든 홀을 채우고 싶을 때 특히 유용하다. 그러한 경우에, 마커 영상 F는 $F = I_{border} \cap \neg I$로 설정되어야 한다. 여기서 I_{border}는 영상의 테두리를 따라 ON 화소, 다른 모든 곳에서는 OFF 화소를 포함한다.

영역이 영상의 크기에 비해 작으면, 앞에서 설명한 방법은 전체 배경을 채우는 데 많은 계산을 낭비한다. 다른 방법으로는 벽-추적을 사용하여 영역 경계(구멍 경계와 구별 됨)를 찾은 다음, 영역 경계로만 구성된 이진 영상에 대해 홍수채움을 수행하는 것이다. 이와 동일한 접근법을 사용해 절차를 반복적으로 적용하여 영상의 모든 영역을 채울 수도 있다.

4.3 디지털 영상의 거리 계산

영역의 둘레 또는 물체의 길이를 측정하는 것과 같은 많은 응용의 경우, 영상의 두 화소 간 거리를 계산해야 한다. 이 절에서 우리는 이러한 양을 효율적으로 추정하기 위한 다양한 기법을 논의한다.

4.3.1 거리 함수

$\mathbf{p} = (p_x, p_y)$와 $\mathbf{q} = (q_x, q_y)$는 영상의 두 화소 좌표이다. 두 벡터의 함수 $d(\mathbf{p},\mathbf{q})$가 세 가지 특성을 만족하면, 거리 함수 (또는 metric)이다.

- $d(\mathbf{p},\mathbf{q}) \geq 0$ and $d(\mathbf{p},\mathbf{q}) = 0$ iff $\mathbf{p} = \mathbf{q}$ (비부정성과 반사성)
- $d(\mathbf{p},\mathbf{q}) = d(\mathbf{q},\mathbf{p})$ (대칭성)
- $d(\mathbf{p},\mathbf{q}) \leq d(\mathbf{p},\mathbf{r}) + d(\mathbf{r},\mathbf{q})$ (삼각형 부등식)

가능한 모든 좌표에 대해 $\mathbf{p}, \mathbf{q}, \mathbf{r} \in \mathbb{R}^2$이다. 여기서 iff는 "if 그리고 only if"를 의미한다. 처음 두 조건만을 만족하는 함수를 세미 메트릭(semi-metric)이라고 하며, 예를 들어, 2차 함수 $\|\mathbf{p}-\mathbf{q}\|^2 = (p_x - q_x)^2 + (p_y - q_y)^2$이다.

예제 4.4 이차 함수가 삼각형 부등식을 따르지 않는다는 것을 보이시오.

풀이 반대 예로서, $\mathbf{p} = (-1, 0)$, $\mathbf{q} = (1, 0)$, $\mathbf{r} = (0, 0)$로 하자. 그때 $d(\mathbf{p}, \mathbf{q}) = 4$, $d(\mathbf{p}, \mathbf{r}) = 1$ 및 $d(\mathbf{r}, \mathbf{q}) = 1$. $4 > 1 + 1$이기 때문에, 삼각형 부등식은 항상 2차 함수에 대해 유지되지는 않으므로 메트릭이 아니다.

화소에 대한 세 가지 일반적인 거리 함수(메트릭)는 유클리드 거리(Euclidean distance)이며, 이차 함수의 제곱근과 유클리드 거리에 근사값인 두 개의 함수들이다.

$$d_E(\mathbf{p}, \mathbf{q}) = \sqrt{(p_x - q_x)^2 + (p_y - q_y)^2} \quad \text{(Euclidean)}$$
$$d_4(\mathbf{p}, \mathbf{q}) = |p_x - q_x| + |p_y - q_y| \quad \text{(Manhattan, or city-block)}$$
$$d_8(\mathbf{p}, \mathbf{q}) = \max(|p_x - q_x|, |p_y - q_y|) \quad \text{(chessboard)}$$

맨하탄(시티-블록) **거리**는 거리의 한 단위인 화소들이 화소의 4-이웃이기 때문에 d_4로 알려져 있지만, **체스보드 거리**는 거리의 한 단위인 화소들이 화소의 8-이웃이기 때문에 d_8로 알려져 있다. 맨해탄은 항상 유클리드를 과대 평가하지만 체스보드는 항상 유클리드를 과소 평가한다. 즉 $d_8(\mathbf{p}, \mathbf{q}) \le d_E(\mathbf{p}, \mathbf{q}) \le d_4(\mathbf{p}, \mathbf{q})$이다. 또한, 체스보드 거리는 유클리드 거리로부터 30 % 이상 떨어져 있지 않으며, 맨해탄 거리는 결코 42 % 이상 떨어져 있지 않다.

$$0.7d_E(\mathbf{p}, \mathbf{q}) < d_8(\mathbf{p}, \mathbf{q}) \le d_E(\mathbf{p}, \mathbf{q}) \le d_4(\mathbf{p}, \mathbf{q}) < 1.42d_E(\mathbf{p}, \mathbf{q}) \quad \textbf{(4.85)}$$

이러한 부등식의 증명은 독자의 몫으로 남긴다. 이러한 거리 메트릭은 **벡터 표준**(vector norm)과 관련이 있다. 벡터 $\mathbf{v} \in \mathbb{R}^n$의 L^p−*norm*은 다음과 같이 정의된다.

$$\left\|\mathbf{v}\right\|_p \equiv \left(\sum_{i=1}^{n} |v_i|^p\right)^{\frac{1}{p}} \quad \textbf{(4.86)}$$

여기서 v_i는 $\mathbf{v}$의 i 번째 요소이다. p의 가장 일반적인 값은 1, 2 그리고 ∞이다.

$$\|\mathbf{v}\|_1 = |v_1| + \cdots + |v_n| \qquad \text{(absolute value-, or, } L^1\text{-norm)} \quad \textbf{(4.87)}$$

$$\|\mathbf{v}\|_2 = \sqrt{v_1^2 + \cdots + v_n^2} \qquad \text{(Euclidean-, or } L^2\text{-norm)} \quad \textbf{(4.88)}$$

$$\|\mathbf{v}\|_\infty = \max\{|v_1|, \ldots, |v_n|\} \qquad \text{(maximum-, or } L^\infty\text{-norm)} \quad \textbf{(4.89)}$$

아래 첨자가 없는 경우 Euclidean−norm으로 가정할 수 있다. 즉 $\|\mathbf{v}\| = \|\mathbf{v}\|_2$이다. $\mathbf{v}$의 $\mathbf{p} - \mathbf{q}$인, L^1−norm은 맨해탄 거리이고, L^2−norm은 유클리드 거리이다. 그리고 L^∞−norm은 체스보드 거리이다.

이 맥락에서 언급해야 할 또 다른 메트릭은 **Mahalanobis 거리**이다. 우리가 방금 보았듯이, $\mathbf{v}$가 하나의 점에서 다른 점으로 향하는 벡터라면, 그 점들 사이의 유클리드 거리는 벡터의 내부 곱의 곱인 $\|\mathbf{v}\|_2 = \sqrt{\mathbf{v}^\mathsf{T}\mathbf{v}}$로 주어진다. Mahalanobis 거리는 내적(inner product) 내에 공분산 행렬(covariance matrix) $\sqrt{\mathbf{v}^\mathsf{T}\,\mathbf{C}^{-1}\mathbf{v}}$을 도입하는데, 이는 다른 축을 다르게 스케일링하는 효과를 갖는다.

$$d_{Mahal}(\mathbf{p}, \mathbf{q}; \mathbf{C}) = \sqrt{(\mathbf{p} - \mathbf{q})^\mathsf{T}\mathbf{C}^{-1}(\mathbf{p} - \mathbf{q})} \qquad \text{(Mahalanobis)} \quad \textbf{(4.90)}$$

여기서 $\mathbf{C}$는 공분산 행렬이다. 분명한 것은 공분산 행렬이 단위 행렬이면, Mahalanobis 거리가 유클리드 거리로 감소한다는 것이다.

4.3.2 경로 길이

이제 화소 **p**와 **q** 사이의 특정 경로 ϕ의 길이를 계산한다고 가정한다. 이전에 보았듯이, 경로의 각 연속 화소가 이전 화소에 인접하도록 **p**로 시작하고 **q**로 끝나는 일련의 화소로 정의한다. **등축**(isothetic) **이동**이 수평 또는 수직인 이동(즉, 두 개의 화소가 서로 4개의 이웃)인 경로에서의 등축 이동의 수를 n_o라고 하자. 유사하게, 경로에서의 **대각선 이동**의 수를 n_d라 하자(즉, 두 개의 화소는 서로의 D−이웃이다). 일반적으로 경로는 m−인접성을 사용하지만, 4 인접성이 사용되면 n_d는 단순히 0이다.

연속된 공간에서도 경로(또는 곡선)의 길이가 항상 명확하게 정의되는 것은 아니다. 예를 들어, "영국 해안선의 길이는 얼마인가?" 라는 잘 알려진 프랙탈 질문을 고려하자. 관심의 척도에 따라 결과 값은 서로 크게 다를 수 있다. 마찬가지로 이산 영상에서 문제를 정확하게 정의하거나 해결하는 것은 불가능하다. 그럼에도 불구하고 하나의 합리적인 접근법은 경로를 따라 연속 화소 사이의 유클리드 거리를 합하는 것이다. 서로 4−이웃하는 두 화소 사이의 유클리드 거리가 1이고, 서로 D의 이웃 화소인 두 화소 간의 유클리드 거리가 $\sqrt{2}$이기 때문에 이것은 경로의 길이 ϕ를 측정하는 것과 같다.

$$\text{length}(\phi) = n_o + n_d\sqrt{2} \qquad \text{(Freeman)} \qquad (4.91)$$

이것은 **Freeman 수식**으로 알려져 있다. 다른 방법은 노드 쌍을 재정렬하고 **피타고라스 정리**(Pythagorean theorem)를 사용하여 직각 삼각형의 빗변으로서 곡선의 길이를 계산하는 것이다.

$$\text{length}(\phi) = \sqrt{n_d^2 + (n_o + n_d)^2} \qquad \text{(Pythagorean)} \qquad (4.92)$$

Freeman 공식은 일반적으로 곡선의 길이를 과대 평가하지만, 피타고라스 정리는 일반적으로 곡선의 길이를 과소 평가한다. 문제에 대한 통찰은 이 두 방정식이 일반적인 공식의 특수한 경우임을 인식함으로써 얻어진다.

$$\text{length}(\phi) = \sqrt{n_d^2 + (n_d + cn_o)^2} + (1 - c)n_o \qquad \text{(Kimura)} \qquad (4.93)$$

여기서 Freeman 공식에 대해 $c = 0$이고, 피타고라스 정리에 대해 $c = 1$이다. c를 1/2로 설정하면 **Kimura** 방법으로 알려진 과소 평가와 과대 평가 사이에서 타협이 이루어 진다. 실제로 이 방법은 그림 4.29와 같이 잘 작동한다.

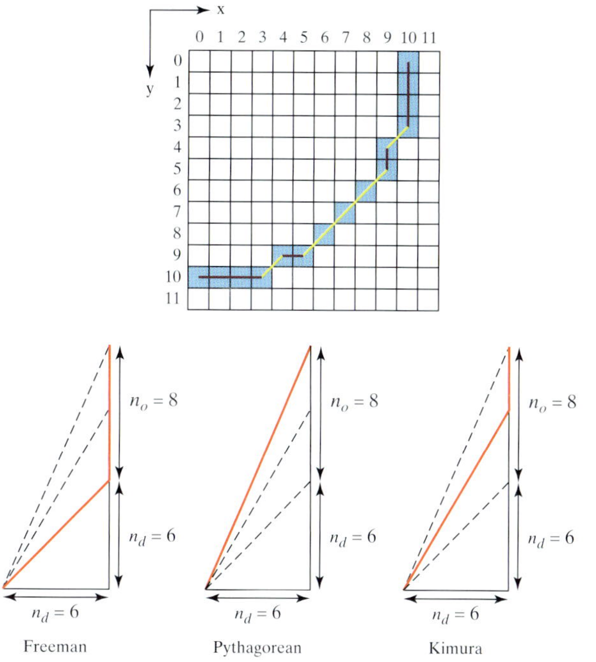

그림 4.29 원의 이산화된 90도 영역. 보라색 라인은 isothetic 이동, 황색 선은 대각선 이동을 나타낸다. isothetic 이동과 대각선 이동의 수는 각각 $n_0 = 8$과 $n_d = 6$이다. 아크의 길이는 $10(\pi/2) = 15.70$이다. 3개의 방정식을 따라 추정된 통로의 길이는 16.5(Freeman), 15.2(Pythagoream), 15.7(Kimura)이다.

4.3.3 챔퍼링(chamfering)

우리는 두 화소 사이의 거리와 특정 경로를 따라 두 화소 사이의 거리를 계산하는 방법을 살펴 보았다. 그러나 우리가 큰 거리를 계산하고 싶다면 어떻게 해야 할까? 예를 들어, 템플레이트의 모든 에지와 영상에서 가장 근접한 그들의 매치 사이의 거리를 계산해야 하는 에지 기반의 템플릿 매칭을 수행할 때, 이러한 문제가 발생한다. 계산효율의 이유로, 이 모든 거리를 직접 계산하는 것은 불가능하다. 대신에, **거리 변환**(distance transform)을 미리 계산하는 것이 더 좋으며, 거리 변환은 영상 내의 각 화소로부터 관심 집합(예를 들어, 명암 에지)에서 가장 가까운 요소까지의 거리를 저장하는 배열이다. 계산 트릭을 사용하면 영상을 통과하는 작은 수(일반적으로 2)의 패스를 사용하여 이러한 배열이 효율적으로 계산된다.

화소 $\mathbf{p} = (p_x, p_y)$와 화소 $\mathbf{q} = (q_x, q_y)$ 사이의 (a, b) **챔퍼 거리**(chamfer distance)를 $d_{a,b}(\mathbf{p}, \mathbf{q}) = \min_\phi \{an_o + bn_d\}$로 정의하자. 여기서, a와 b는 음이 아닌 값이고, n_o와 n_d는 각각 경로 ϕ에서의 등축 이동과 대각선 이동의 수이고, 최소값이 두 화소 간의 모든 가능한 경로에 대해 계산된다. $0 < a \leq b$를 가정하면, 이 경우 (a, b) 챔퍼 거리 $d(a, b)$는 척도(metric)이다. 또한 $b \leq 2a$(**Montanari 조건**이라고 함)라고 가정하는 경우, 대각선 이동이 무시되지 않는다. 가능한 모든 경로를 검색하는 대신, 간단한 관찰을 통해 최

단 경로는 항상 두 개의 화소가 같은 열이나 행을 공유하지 않는 경우, 대각선 세그먼트와 함께 수평 또는 수직 선 세그먼트로 구성된다는 것을 안다. 즉, $d_x = |p_x - q_x|$와 $d_y = |p_y - q_y|$를 정의하면 **p**와 **q** 사이의 거리는 간단히 $d_{a,b}(\mathbf{p}, \mathbf{q}) = an_o + bn_d$로 주어진다. 여기서 $n_d = \min(d_x - d_y)$는 대각선 선분을 따른 이동 횟수이고, $n_o = \max(d_x - d_y) - n_d$는 남은 등축 이동 수이다. Montanari 조건이 대각선 이동을 선호하기 때문에 이 단일 수식이 발생한다. 반면에 Montanari 조건이 성립하지 않는다면, 대각선 움직임은 무시된다. 이 경우 거리는 $d_{a,b}(\mathbf{p}, \mathbf{q}) = a(d_x + d_y)$이다. 이것은 맨해탄 거리의 스케일 버전이다.

p와 **q** 사이에 방해물이 없다고 가정하면, 유클리드 거리는 대개 "정확한" 거리이다. 다른 거리 함수로, **준-유클리드**(quasi-Euclidean) 거리는 이 유클리드 거리에 대한 근사치이다. 그것은(a, b) 챔퍼 거리는 $a = 1$과 $b = \frac{1}{\sqrt{2}} + \sqrt{\sqrt{2} - 1} \approx 1.351$인 최상의 근사 유클리드이다. 여기서 b의 값은 Freeman 수식에서 사용된 것보다 약간 작다. 가까운 정수 비율은 4/3이므로 부동 소수점 계산을 피할 필요가 있다면, $d_{3,4}$는 유클리드 거리에 대한 합리적인 근사값을 산출한다.(인수 3에 의해 스케일링 됨). 만일 $a = 1$과 $b = \infty$을 사용하면, 대각선 이동을 무시하기 때문에 챔퍼 거리가 맨해탄 거리로 감소한다는 것을 쉽게 알 수 있다. 또는 $a = 1$과 $b = 1$이라면, 그것은 등축과 대각선 운동을 동등하게 다루기 때문에 체스보드 거리로 줄어든다.

유클리드와 준-유클리드 사이의 이러한 관계는 이 과정을 챔퍼링(chamfering)라고 부르는 이유를 밝혀준다. 목공에서 챔퍼링은 경사진 모서리를 도입하여 표면의 거친 90도 각도를 줄이는 과정을 나타낸다. 비슷한 방식으로 영상의 챔퍼 거리는 적절하게 가중된 대각선 이동을 허용하여 맨해탄이나 체스보드 거리의 거친 구석을 부드럽게 만들어 유클리드 거리에 가깝게 만든다.

알고리즘 (4.10)에서와 같이 (a, b) 챔퍼 거리를 계산하는 것은 간단하다. 첫 번째 패스는 왼쪽에서 오른쪽으로 그리고 위에서 아래로 영상을 스캔한 다음, 두 번째 패스는 반대 방향으로 스캔하여 영상을 두 번 통과시킨다. 각 화소에 대해 네 개의 8-이웃을 한 방향으로 검사한 다음, 다른 네 개를 반대 방향에서 검사한다. 알고리즘은 두 대각선 방향(첫 번째 패스의 남동쪽과 두 번째 패스의 북서쪽)에 있는 전경 화소의 그림자를 캐스팅하는 것으로 생각할 수 있다. 첫 번째 패스 후에 각 화소에서 위의 모든 화소까지의 거리와 두 번째 패스 후에 모든 화소에 대한 거리가 계산된다.

의사 코드에서, 만일 x 또는 y가 범위를 벗어난 경우 $\delta(x, y) = \infty$이며, ∞는 영상에서 가능한 거리보다 큰 수를 나타낸다. 챔퍼링 알고리즘은 경계 화소

알고리즘 4.10 영상의 모든 화소에 대한 챔퍼 거리를 계산

```
CHAMFER(I, a, b)

Input:  binary image I, chamfer parameters a and b
Output: image D containing the distance of each pixel to the nearest ON pixel

➤ first pass
for y ← 0 to height − 1 do
    for x ← 0 to width − 1 do
        if I(x, y) = ON then
            D(x, y) ← 0
        else
            D(x, y) ← MIN(∞, a + D(x − 1, y), a + D(x, y − 1),
            b + D(x − 1, y − 1), b + D(x + 1, y − 1))
➤ second pass
for y ← height − 1 to 0 step −1 do
    for x ← width − 1 to 0 step −1 do
        if I(x, y) ≠ ON then
            D(x, y) ← MIN(D(x, y), a + D(x + 1, y), a + D(x, y + 1),
            b + D(x + 1, y + 1), b + D(x − 1, y + 1))
return D
```

를 처리하는 방식이 정확하게 지정된다는 점에서 연결된 구성요소와 유사하다. 범위를 벗어난 화소는 단순히 무시해야 하며, 화소가 영상 경계를 따라갈 때 최소값은 5개 미만의 값으로 계산된다. 그림 4.30에 적용된 챔퍼 알고리즘의 예가 나와 있다. 그림 4.31은 챔퍼 거리의 한 용도를 보여준다. 맨해탄 거리의 특별한 경우 ($a = 1$ 및 $b = \infty$)에 대해, 의사 코드는 알고리즘 4.11에서 볼 수 있듯이, 각 패스에서 4개의 이웃 중 2개만 검사하도록 단순화한다.

맨해탄은 항상 유클리드를 과대 평가하고, 체스보드는 항상 과소 평가를 하기 때문에 두 가지를 조합하여 사용할 수 있다. 하나의 접근법은 영상이 스캔될 때 2개의 거리 메트릭 사이에서 계산을 번갈아 수행하는 것이다. 평소와 같이 영상을 두 번 통과해야 한다. 또 다른 방법은 d_4와 d_8을 모두 계산한 다음, 결과를 결

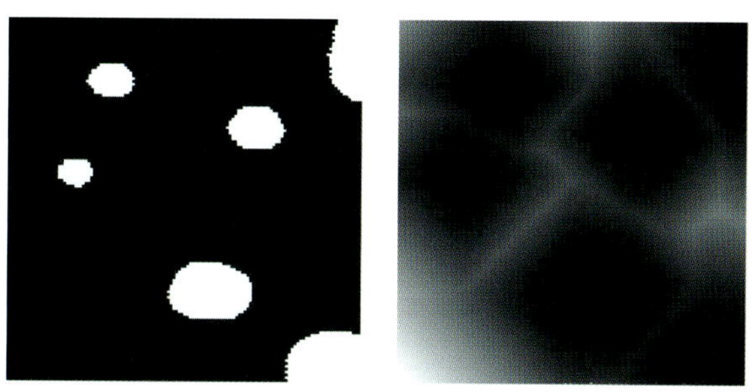

그림 4.30 이진 영상과 챔퍼 길이(밝은 화소가 큰 거리를 가리킨다).

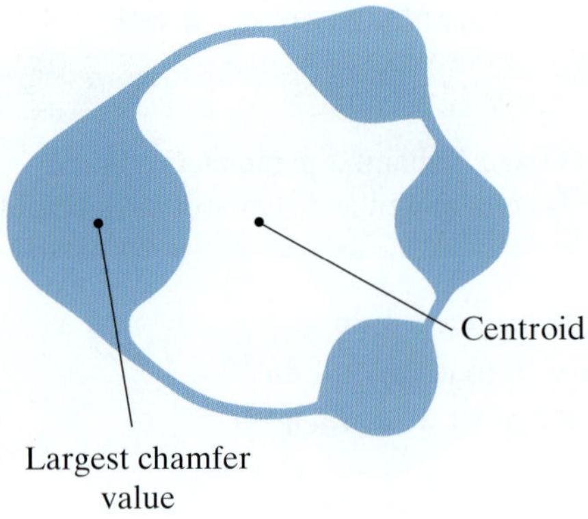

그림 4.31 오목 영역에 대해, 중점은 영역 내에 균등하게 있지 않다. 따라서 최대 챔퍼 거리(뒤집어진 영상에서 계산되며, 배경에 대한 거리가 계산된다)를 가진 위치는 종종 영역의 중심으로서 더 나은 추정치가 된다. 왜냐하면 영역의 가장 큰 부분의 중앙이기 때문이다.

합하는 것이다: $\max(d_8(p,q),\ 2/3\,d_4(p,q))$. 이것은 영상을 4회 통과해야 한다. 물론 앞서 언급했듯이 $d_{3,4}$를 계산하고, 3으로 나누면 좋은 근사값을 얻을 수 있다.

4.3.4 정확한 유클리드 거리

이전 절의 챔퍼 거리 근사값은 단순성과 계산 효율성으로 인해 매력적이다. 그럼에도 불구하고 정확한 유클리드 거리를 필요에 따라 효율적으로 계산할 수 있으며, 실행 시간은 화소 수에 선형이다. 여기서는 챔퍼 거리 계산과 마찬가지로 영상을 두 번 통과시키는 기술만 제시한다. 그러나 챔퍼 거리와 달리 이 알고리

알고리즘 4.11 챔퍼를 사용하여 모든 화소에 대해 맨해탄 거리를 계산

```
ChamferManhattan(I)

Input:  binary image I, chamfer parameters a and b
Output: image D containing the Manhattan distance of each pixel to the nearest ON pixel

➤ first pass
for y ← 0 to height − 1 do
    for x ← 0 to width − 1 do
        if I(x, y) = ON then
            D(x, y) ← 0
        else
            D(x, y) ← MIN(∞, 1 + D(x − 1, y), 1 + D(x, y − 1))
➤ second pass
for y ← height − 1 to 0 step −1 do
    for x ← width − 1 to 0 step −1 do
        if I(x, y) ≠ ON then
            D(x, y) ← MIN(D(x, y), 1 + D(x + 1, y), 1 + D(x, y + 1))
return D
```

그림 4.32 이진 영상의 각 화소에서 가장 가까운 ON 화소(청색) 까지 유클리드 거리를 계산. 첫 패스는 포물선의 낮은 가장자리를 사용하여 제곱 거리를 계산하기 위해 영상의 행을 처리한다.(낮은 포락선(envelope)은 적색으로 표시했다). 두 번째 패스는 첫 패스에서 결정되어진 포물선을 사용하여 영상의 열을 처리한다. P.F. Felzenszwalb와 D.P. Huttenloche. Pictorial structures for object recognition. International Journal of Computer Vision, 61(1): 55–79, Jan. 2005에 근거함.

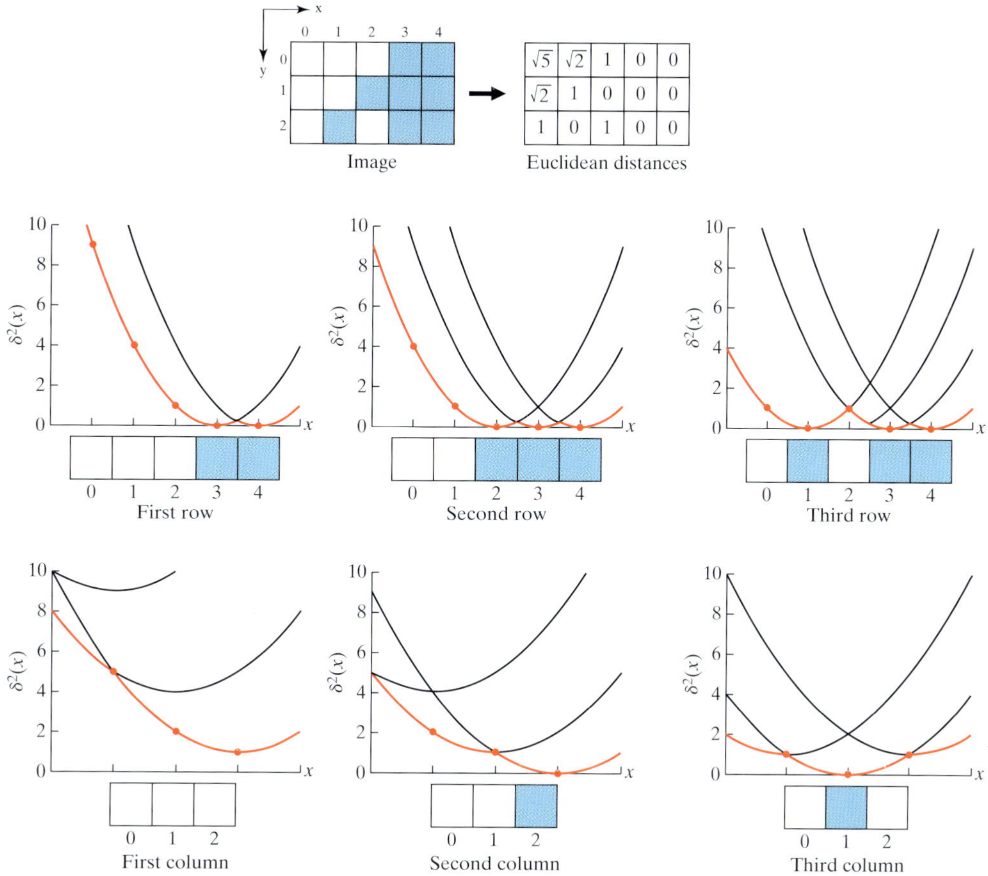

즘은 첫 번째 패스에서 한 방향(행 또는 열)으로 영상을 처리한 다음, 두 번째 패스에서 직각 방향(열 또는 행)을 처리한다.

1D 함수 $I(x)$로 취급될 수 있는 이진 영상의 행을 생각해 보자. 행의 모든 화소에서 행의 가장 가까운 ON 화소까지의 거리를 찾는 것은 간단하다. 핵심 통찰력은 제곱 유클리드 거리가, 그림 4.32에서 볼 수 있듯이, $I(x)$가 ON인 각 $(x, 0)$에 정점들이 있는 수직 포물선의 낮은 포락선에 의해 주어진다는 것을 인식하는 것이다.

예를 들어, 전체 영상이 x_0에 있는 1개 ON 화소를 제외하고는 0이라고 가정하자. 그러면 가장 가까운 ON 화소에 대한 영상의 모든 화소의 유클리드 거리는 $\delta(x) = \sqrt{(x - x_0)^2}$ 로 주어진다. 이제 1D에서 제곱근을 제거하는 것이 쉬울지라도, 2D에서 취소가 불가능하다. 따라서 2D에 대한 이후의 확장을 예상하여 제곱 거리 $\delta^2 = (x - x_0)^2$를 고려해 보자. 이 함수의 모양은 명백하게 $(x_0, 0)$에 정점이 있는 수직 포물선이다. 이제 영상이 두 개의 ON 화소로 구성되어 있다고 가정하자. 하나는 x_0에, 하나는 x_1에 있다. 그러면 임의의 화소 x로부터 가장 근접한 ON 화소까지의 제곱 거리는 이 두 값 중 최소값, 즉 $\delta^2(x) = \min\{(x - x_0)^2, (x - x_1)\}^2$이다. 더욱이, 두 개의 포물선은 $(x_0 + x_1)/2$에 있는 점들 사이의 중간에서 교차하여 다음을 유도한다.

$$\delta^2(x) = \begin{cases} (x - x_0)^2 & \text{if } x < \frac{1}{2}(x_0 + x_1) \\ (x - x_1)^2 & \text{otherwise} \end{cases} \tag{4.94}$$

이 논의는 모든 ON 화소 수에 대해 쉽게 확장된다.

따라서 알고리즘의 첫 번째 패스는 1D 함수를 스캔하고, 모든 ON 화소의 x 좌표 배열을 만든다. 이 배열의 요소는 포물선에 해당하므로 배열은 행의 모든 화소에 대해 거리 함수를 계산하는데 필요한 모든 것을 저장한다. 배열을 사용하려면 행의 화소들을 순차적으로 고려하고 제곱된 거리 $(x - x_k)^2$를 계산하면 된다. 여기서 x_k는 가장 가까운 포물선의 x 좌표이다. 이 첫 번째 패스에 대한 절차는 알고리즘 4.12에 나와 있으며, 동적 배열 v를 사용하여 포물선의 x 좌표를 보유하고 입력과 동일한 길이의 1D 배열 δ'을 출력한다. (길이를 사용하여 1D 수평 또는 수직 슬라이스의 화소 수를 나타낸다. 이것은 원래 2D 영상의 너비 또는 높이이다.) $x > 1/2(x_k + x_{k+1})$일 때, 8–9 행은 현재의 포물선의 지수 k를 업데이트함으로써 다음 포물선으로 진행한다.

알고리즘 4.12 1D 이진 영상에서 정확한 유클리드 거리를 계산

```
ExactEuclideanDistance1DBinary(I)

Input:  1D binary image I with length length
Output: 1D array δ' containing the squared Euclidean distance of each point to the nearest ON pixel

1   ➤ compute lower envelope
2   for x ← 0 to length − 1 do
3       if I[x] == ON then                     ➤ Store the x coordinates of all ON pixels
4           v.Push(x)                          (this captures the lower envelope of parabolas).
5   ➤ fill in values
6   k ← 0
7   for x ← 0 to length − 1 do                 ➤ For each pixel in the row
8       while k ≤ v.Size − 2 AND x > (v[k] + v[k + 1])/2 do     advance to the next
9           k ←+ 1                             parabola if necessary.
10      δ'[x] ← (x − v[k])^2                   ➤ Evaluate the nearest parabola.
11  return δ'
```

이제 1D 신호의 제곱 거리를 계산하는 방법을 살펴 보았다(알고리즘의 첫 번째 단계). 나머지 절차에 어떻게 적용되는지 살펴 보자. 2D 이진 영상 I가 주어졌을 때, 2D 함수 F를 만들어 보자.

$$F(x, y) = \begin{cases} 0 & \text{if } I(x,y) = \text{ON} \\ \infty & \text{otherwise} \end{cases} \tag{4.95}$$

단순화를 위해 제곱근을 생략하면, 2D 정확한 제곱 유클리드 거리 함수는 각 화소 (x, y)에 대해 $F(x', y') = 0$인 가장 가까운 화소 (x', y')를 찾음으로써 계산된다.

$$D^2(x, y) = \min_{x',y'} (x - x')^2 + (y - y')^2 + F(x', y') \tag{4.96}$$

$$= \underbrace{\min_{y'} \underbrace{\left(\min_{x'} (x - x')^2 + F(x', y')\right)}_{\text{first pass}} + (y - y')^2}_{\text{second pass}} \tag{4.97}$$

이러한 수평과 수직 처리의 분리 가능성은 문제를 효율적으로 해결할 수 있는 트릭이다. 방정식을 분리하면 알고리즘의 두 패스가 비슷하다는 것을 알 수 있다.

$$D'^2(x, y) \equiv \min_{x'}(x - x')^2 + F(x', y) \qquad \text{(first pass)} \tag{4.98}$$

$$D^2(x, y) = \min_{y'}(y - y')^2 + F'(x, y') \qquad \text{(second pass)} \tag{4.99}$$

여기서 $F' \equiv D'$이다. F가 0이거나 어디에나 ∞이 때문에, 우리가 방금 검토한 절차가 있는 첫 번째 패스는 최소화할 수 있다. 최소값을 찾고 있기 때문에 ∞의 값은 무시할 수 있다. 등식 (4.97)에서 암시된 바와 같이, 첫 번째 패스의 행을 처리한 다음, 두 번째 패스의 열을 처리로 알고리즘을 설명한다. 반대 순서도 또한 쉽게 받아들여 질 수 있다.

알고리즘의 두 번째 패스는 약간 더 복잡하다. 이 경우 입력으로 사용되는 1D 함수는 원본 이진 영상의 행이 아니라 첫 번째 패스의 출력 열이다. 즉, 행을 따라 제곱된 거리를 계산하기 위해 모든 행을 처리한 후, 이 값은 2D 배열에 저장된다. 이 배열의 열은 이전과 비슷한 방식으로 처리된다. 이 배열 순서를 바꾼다고 가정해 보자. 변수 x가 원본 영상의 수직 슬라이스 임에도 불구하고 1D 배열을 색인하는 데 계속 사용될 수 있다.

예제 4.4 그림 4.32의 가장 가까운 ON 화소에 대해, 모든 화소의 정확한 유클리드 거리를 계산하시오.

풀이 제 1 행을 따라, 제 1 화소는 가장 근접한 ON 화소로부터 3의 거리에 있고, 제 2 화소는 2의 거리에 있고, 제 3 화소는 1의 거리에 있고, 나머지 2 화소는 거리 0이다. 마찬가지로, 두 번째 행을 따라 거리는 2, 1, 0, 0 및 0이다. 세 번째 행을 따라 거리는 1, 0, 1, 0 및 0이다. 이 값을 함께 넣으면 각 화소에서 행을 따라 가장 가까운 ON 화소까지의 제곱 거리는 다음과 같다.

$$\begin{bmatrix} 9 & 4 & 1 & 0 & 0 \\ 4 & 2 & 0 & 0 & 0 \\ 1 & 0 & 1 & 0 & 0 \end{bmatrix}$$

따라서 첫 번째 열을 따라 $\delta^2(x) = 9$에 정점(vertex)이 있는 $x = 0$, $\delta^2(x) = 4$에 정점이 있는 $x = 1$, $\delta^2(x) = 1$에 정점이 있는 $x = 2$에 포물선이 배치된다. 여기서 x는 행이다. 이 포물선의 아래쪽 포락선(envelople)은 5, 2 및 1의 제곱 거리를 산출한다. 마찬가지로 두 번째 열을 따라 $\delta^2(x) = 4$, 2 및 0에 정점이 있는 포물선을 배치하고, 하단 포락선은 2, 1 및 0의 제곱된 거리를 산출한다. 세 번째 열에 따라 포물선은 1, 0 및 1의 꼭지점으로 배치되고, 아래쪽 포락선은 프는 1, 0 및 1을 산출한다. 이 값을 모으면 제곱된 거리가 된다.

$$\begin{bmatrix} 5 & 2 & 1 & 0 & 0 \\ 2 & 1 & 0 & 0 & 0 \\ 1 & 0 & 1 & 0 & 0 \end{bmatrix}$$

제곱근을 취하면 유클리드 거리는 그림과 같이 얻을 수 있다.

두 번째 패스에서, 제곱 유클리드 거리는 포물선의 더 낮은 포락선에 의해 다시 주어지지만, 이번에는 포물선이 ON 화소 위에 있을 뿐만 아니라 모든 화소에 배치된다. 더욱이 포물선은 일반적으로 x 축에 접촉하지 않고 대신 수직으로 옵셋된다. 즉, 포물선은 모든 x에 대해 각 중심이 $(x, f'(x))$에 배치된다. 여기서 $f'(x)$는 첫 번째 패스에서 제곱된 거리이다.

절차는 알고리즘 4.13에 나와 있다. 먼저 행이 처리된 다음 열이 처리된다. 우리는 슬라이스 표기법을 사용하므로 $F(:, y)$는 F의 y 번째 행을 의미하지만, $F(x, :)$는 F의 x 번째 열을 의미한다. 1D 서브 루틴에서는 $k+1$을 추적해야 한다. 이것은 더 아래쪽 포락선에 포물선의 수이고, 2개의 배열이 있다. 배열 v는 $k+1$ 값을 가지므로 $v[k]$는 하단 포락선에서 k 번째 포물선의 수평 좌표이다.

알고리즘 4.13 영상에서 정확한 유클리드 거리를 계산

```
EXACTEUCLIDEANDISTANCE(I)

Input:  binary image I
Output: image containing the Euclidean distance of each pixel to the nearest ON pixel

➤ Compute lower envelope along rows
F ← (1 − I) * ∞                                   ➤ F(x, y) is 0 for foreground, +∞ for background.
for y ← 0 to height − 1 do                         ➤ For each row,
    δ′ ← EXACTEUCLIDEANDISTANCE1D(F(:, y))           process the row,
    for x ← 0 to width − 1 do                        and store the 1D result
        D′(x, y) ← δ′[x]                             in a row of δ.
➤ Compute lower envelope along columns
for x ← 0 to width − 1 do                          ➤ For each column,
    δ′ ← EXACTEUCLIDEANDISTANCE1D(D′(x, :))          process the column,
    for y ← 0 to height − 1 do                       and store the 1D result
        D′(x, y) ← δ′[y]                             in a column of δ.
return SQUAREROOT(D′)
```

```
EXACTEUCLIDEANDISTANCE1D(f)

Input:  1D function f with length length
Output: 1D array δ′ containing the squared Euclidean distance of each point to the function f

 k ← 0                          ➤ k + 1 is number of parabolas in lower envelope.
 v[0] ← 0                       ➤ v[k] is horizontal coordinate of k^th parabola in lower envelope.
 z[0] ← −∞                      ➤ k^th parabola is in lower envelope from z[k] to z[k + 1].
 z[1] ← +∞
 ➤ Compute lower envelope
 for x ← 1 to length −1 do
     ➤ x′ is horizontal position of intersection of parabola at x and parabola at v[k]
     x′ ← ((f[x] + x²) − (f[v[k]] + (v[k])²)/(2 * (x − v[k]))
     if x′ > z[k] then          ➤ Case 1: add parabola at x to lower envelope from x′ to +∞.
         k ←+ 1
         v[k] ← x
         z[k] ← x′
         z[k + 1] ← +∞
     else                       ➤ Case 2: Remove parabola at v[k] from lower envelope
         k ←− 1                   (we will add parabola at x in subsequent iteration),
         x ←− 1                   and advance to next.
➤ Fill in values
k ← 0
for x ← 0 to length − 1 do      ➤ For each pixel in the row / column,
    while z[k + 1] < x do         advance to the next
        k ←+ 1                    parabola if necessary.
    δ′[x] ← (x − v[k])² + f[v[k]]   ➤ Evaluate the nearest parabola.
return δ′
```

배열 z는 $k+1$ 값을 가지므로 k 번째 포물선이 $z[k]$에서 $z[k+1]$까지의 하단 포락선에 있다. 즉, z는 어떤 포물선이 하위 포락선을 정의하는지 추적하며, v는 포물선의 위치를 추적한다. 간단한 대수학은 $(x, f(x))$와 $(x_k, f(x_k))$에 꼭지점이 있고, 다음의 수식에서 주어진 수평인 위치에서 교차하는 두 개의 수직 포물선을 나타낸다.

$$x' = \frac{(f(x) + x^2) - (f(x_k) + x_k^2)}{2(x - x_k)} \tag{4.100}$$

두 번째 패스에서 포물선을 순차적으로 처리할 때 두 가지 가능한 경우가 발생한다. 첫 번째 경우, $x' > z[k]$이므로 아래쪽 포락선은 x'에서 시작하는 x의 포물선을 포함하도록 수정해야 한다. 두 번째 경우, $x' \le z[k]$는 k 포물선이 하위 포락선의 일부가 아니므로 제거되어야 함을 나타낸다. 알고리즘 4.12는 ExactEuclideanDistance1D의 입력 값이 이진인 특별한 경우에 해당한다. 포물선의 경우 f 값이 0이기 때문에, 경우 2(행 14의)가 발생하지 않는다.

4.4 영역 속성

이제 이진 영역의 다양한 속성을 계산하는 데 관심을 기울이자. 이러한 특성은 다른 응용들 중에서도 객체를 분류하고, 제조된 부품의 결함을 탐지하며, 패턴 인식에 유용하다.

4.4.1 모멘트

이 절에서 만난 속성 중 상당수는 모멘트(moments)의 기본 개념을 기반으로 한다. 영상 영역에 대해 정의된 음이 아닌 **질량 밀도 함수**(mass density function) $f(x, y) \ge 0$에 의해 영상 영역을 표현하자. 여기서 함수는 일반적으로 외부보다 영역 내부에서 더 큰 값을 반환한다. 영역 내부는 $f(x, y) = 1$과 영역 외부는 $f(x, y) = 0$의 간단한 이진 영역에 대하여 초점을 맞출 것이다. 예로서, 임계치에 의해 나타나는 한 영역을 상상해 보라. 그럼에도 불구하고, 모멘트에 대한 공식은 확률 맵을 생성하는 알고리즘의 결과와 같이 음수가 아닌 함수에 적용된다(단, 다음 분석에서는 확률 밀도 함수에서 요구되는 바와 같이, $\sum f(x, y) = 1$가 필요하지 않다.)

알고리즘 4.14 영상의 0차, 1차, 2차 모멘트를 계산

```
ComputeMoments(f)

Input:  image f
Output: zeroth-, first-, and second-order moments of the image

m00 ← m10 ← m01 ← m20 ← m02 ← m11 ← 0
for (x, y) ∈ f do
    m00 ← m00 + f(x, y)
    m10 ← m10 + x * f(x, y)
    m01 ← m01 + y * f(x, y)
    m20 ← m20 + x * x * f(x, y)
    m02 ← m02 + y * y * f(x, y)
    m11 ← m11 + x * y * f(x, y)
  return m00, m10, m01, m20, m02, m11
```

정규 모멘트(regular moments)

이산 함수 f와 음이 아닌 정수 p와 q가 주어지면, 2D 영역의 pq차 모멘트는 다음과 같이 정의된다.

$$m_{pq} \equiv \sum_x \sum_y x^p y^q f(x, y) \tag{4.101}$$

pq차 모멘트는 차수가 $p + q$이다. 따라서, 0차 모멘트는 m_{00}이고, 1차 모멘트는 m_{10}과 m_{01}이며, 2차 모멘트는 m_{20}, m_{02}와 m_{11}이다. 알고리즘 4.14에서 볼 수 있듯이, 이러한 모멘트을 계산하는 것은 쉽고 영상을 한 번 통과해야 한다.

영역의 중심 $(\bar{x}, \bar{y})$은 화소의 가중 평균으로 정의되며, 0차와 1차 모멘트로부터 쉽게 계산된다.

$$(\bar{x}, \bar{y}) = \frac{1}{\sum_{x,y} f(x, y)} \left(\sum_{x,y} x f(x, y), \sum_{x,y} y f(x, y) \right) \tag{4.102}$$

$$= \left(\frac{m_{10}}{m_{00}}, \frac{m_{01}}{m_{00}} \right) \tag{4.103}$$

f가 연속 함수라면, 단단한 평면 물체의 질량 밀도 함수로 볼 수 있으며, 그 모멘트는 (식 (4.101)의 합을 적분으로 대체함으로써) 물체의 관성 특성을 포착한다. 예를 들어, 0번째 모멘트는 물체의 질량을 산출하는 반면, 센트로이드는 질량 중심을 포착하고, 2차 모멘트는 관성 모멘트와 관련된다. 이진 함수 f의 경우, 중심과 연결된 스트링으로 매달 때 영역과 동일한 모양을 갖는 판지 컷 아웃(cardboard cutout) (또는 균일한 질량 밀도를 갖는 임의의 다른 평평한 재

료)이 수평으로 유지될 것이다.

중앙 모멘트(central moments)

우리가 방금 정의한 정규 모멘트는 영상이 있는 지역의 위치에 따라 달라진다. 변환 불변을 제공하기 위해, pq^{th} 중앙 모멘트는 센트로이드에 대한 pq^{th} 일반 모멘트로 정의된다.

$$\mu_{pq} \equiv \sum_x \sum_y (x - \bar{x})^p (y - \bar{y})^q f(x, y)$$

중앙 모멘트가 정규 모멘트의 함수임을 쉽게 나타낼 수 있다.

$$\mu_{00} = m_{00} \quad (4.104)$$

$$\mu_{10} = 0 \quad (4.105)$$

$$\mu_{01} = 0 \quad (4.106)$$

$$\mu_{20} = m_{20} - \bar{x} m_{10} \quad (4.107)$$

$$\mu_{02} = m_{02} - \bar{y} m_{01} \quad (4.108)$$

$$\mu_{11} = m_{11} - \bar{y} m_{10} = m_{11} - \bar{x} m_{01} \quad (4.109)$$

이 방정식을 사용하면 알고리즘 4.15에 표시된 것처럼, 영상을 한 번 통과하여 중앙 모멘트를 계산할 수 있으며, 항상 0이기 때문에 μ_{10} 또는 μ_{01}을 계산할 필요가 없다. 위의 방정식이 정규 모멘트로부터 중앙 모멘트를 계산하기 위한 일반 공식의 특수한 경우임을 쉽게 확인할 수 있다.

$$\mu_{pq} = \sum_{i=0}^{p} \sum_{j=0}^{q} (-1)^{i+j} \binom{p}{i} \binom{q}{j} \bar{x}^i \bar{y}^j m_{p-i,q-j} \quad (4.110)$$

알고리즘 4.15 영상의 중앙 모멘트를 계산

COMPUTECENTRALMOMENTS(f)

Input: image f
Output: zeroth-, first-, and second-order central moments of the image

$(m_{00}, m_{10}, m_{01}, m_{20}, m_{02}, m_{11}) \leftarrow$ COMPUTEMOMENTS(f)
$\mu_{00} \leftarrow m_{00}$
$\bar{x} \leftarrow m_{10}/m_{00}$
$\bar{y} \leftarrow m_{01}/m_{00}$
$\mu_{20} \leftarrow m_{20} - \bar{x} * m_{10}$
$\mu_{02} \leftarrow m_{02} - \bar{y} * m_{01}$
$\mu_{11} \leftarrow m_{11} - \bar{y} * m_{10}$ ➤ (or equivalently, $\mu_{11} \leftarrow m_{11} - \bar{x} * m_{01}$)
return $\mu_{00}, \mu_{20}, \mu_{02}, \mu_{11}$

여기서 $\binom{n}{k} \equiv \frac{n!}{k!(n-k)!}$는 이항 계수이고, n!는 n의 계승이다.

정규화 중앙 모멘트

균일한 스케일 변화 $x' = \alpha x$, $y' = \alpha y$, $\alpha \neq 0$에서, 중앙 모멘트는 $\mu'_{pq} = \alpha^{p+q+2}\mu_{pq}$에 따라 변한다. 이 결과는 모멘트의 연속 공식을 사용하여 쉽게 나타난다.

$$\mu'_{pq} = \iint (x' - \bar{x}')^p (y' - \bar{y}')^q f\left(\frac{x'}{\alpha}, \frac{y'}{\alpha}\right) dx'\, dy' \tag{4.111}$$

$$= \iint (\alpha x - \alpha\bar{x})^p (\alpha y - \alpha\bar{y})^q f(x, y) \alpha^2\, dx\, dy \tag{4.112}$$

$$= \alpha^{p+q+2} \iint (x - \bar{x})^p (y - \bar{y})^q f(x, y)\, dx\, dy \tag{4.113}$$

$$= \alpha^{p+q+2}\mu_{pq} \tag{4.114}$$

왜냐하면 변수의 변화에 따라, $dx' = \alpha\, dx$, $dy' = \alpha\, dy$이다. 0차 모멘트 $(p = q = 0)$일 때, 이것은 $\mu'_{00} = \alpha^2\mu_{00}$을 산출한다. 결과적으로 $\mu_{00}^{\frac{p+q+2}{2}}$로 나눔으로써 지역의 중앙 모멘트를 정규화하면, 크기에 따라 변하지 않는 양을 얻을 수 있으며, 이는 다음과 같이 볼 수 있다.

$$\frac{\mu'_{pq}}{(\mu'_{00})^{\frac{p+q+2}{2}}} = \frac{\alpha^{p+q+2}\mu_{pq}}{(\alpha^2\mu_{00})^{\frac{p+q+2}{2}}} = \frac{\alpha^{p+q+2}\mu_{pq}}{\alpha^{p+q+2}\mu_{00}^{\frac{p+q+2}{2}}} = \frac{\mu_{pq}}{(\mu_{00})^{\frac{p+q+2}{2}}} \tag{4.115}$$

이 관찰은 pq^{th} 정규화 중앙 모멘트(normallized central moments)를 다음과 같이 정의한다.

$$\eta_{pq} \equiv \frac{\mu_{pq}}{\mu_{00}^{\gamma}} \tag{4.116}$$

여기서 $p + q + 2 \leq 2$에 대해 $\gamma \equiv \frac{p + q + 2}{2}$이다. $p + q = 1$의 경우는 이전에 보인 것같이 $\mu_{10} = \mu_{01} = 0$이기에 단순히 포함되지 않는다. $\mu_{pq}/(\mu_{20} + \mu_{02})^{\gamma/2}$와 같은 스케일 정규화에 대한 다른 접근법도 가능하며, μ_{00}^{γ}로 나누는 위와 동일한 추론으로 볼 수 있듯이, 또한 스케일 불변이다.

Hu 모멘트(Hu moments)

지금까지 우리는 이동에 변하지 않는 중앙 모멘트와 이동과 균일한 스케일링에 불변하는 정규화된 중앙 모멘트를 보았다. Hu 모멘트는 이동, 균일한 스케일링 및 회전에 대해 변하지 않는 자연스러운 확장이다. 이들은 다음에 의해 주어진다.

$$
\begin{aligned}
\phi_1 &= \eta_{20} + \eta_{02} \\
\phi_2 &= (\eta_{20} - \eta_{02})^2 + 4\eta_{11}^2 \\
\phi_3 &= (\eta_{30} - 3\eta_{12})^2 + (3\eta_{21} - \eta_{03})^2 \\
\phi_4 &= (\eta_{30} + \eta_{12})^2 + (\eta_{21} + \eta_{03})^2 \\
\phi_5 &= (\eta_{30} - 3\eta_{12})(\eta_{30} + \eta_{12})[(\eta_{30} + \eta_{12})^2 - 3(\eta_{21} + \eta_{03})^2] \\
&\quad + (3\eta_{21} - \eta_{03})(\eta_{21} + \eta_{03})[3(\eta_{30} + \eta_{12})^2 - (\eta_{21} + \eta_{03})^2] \\
\phi_6 &= (\eta_{20} - \eta_{02})[(\eta_{30} + \eta_{12})^2 - (\eta_{21} + \eta_{03})^2] + 4\eta_{11}(\eta_{30} + \eta_{12})(\eta_{21} + \eta_{03}) \\
\phi_7 &= (3\eta_{21} - \eta_{03})(\eta_{30} + \eta_{12})[(\eta_{30} + \eta_{12})^2 - 3(\eta_{21} + \eta_{03})^2] \\
&\quad + (3\eta_{12} - \eta_{30})(\eta_{21} + \eta_{03})[3(\eta_{30} + \eta_{12})^2 - (\eta_{21} + \eta_{03})^2]
\end{aligned}
$$

처음 6개의 값은 반사에 영향을 받지 않지만, ϕ_7은 반사시 부호를 변경하여 미러 영상을 구분할 수 있다. (우리는 처음 6개의 값을 불변량이라고 부르며, 마지막 값은 의사 불변량을 나타낸다.) 이 방정식에서 η_{pq}가 μ_{pq}로 대체되면, 스케일에 대한 불변성은 사라지고 다른 모든 특성들은 남아 있다.

Zernike 모멘트(Zernike moments)

회전 불변량의 경우, 복잡한 Zernike 모멘트가 발생한다. 불연속 잡음에 대한 감도 감소가 Hu 모멘트보다 우수하다. 정규, 중앙 및 정규화된 중심 모멘트와 마찬가지로 Hu 모멘트와 달리 복잡한 Zernike 모멘트는 임의의 차수로 계산할 수 있으므로, 임의의 정밀도로 영역을 재구성할 수 있다. 이 모멘트들을 이해하기 위해, 영역의 중앙에 원점을 가진 새로운 좌표계를 정의하고 스케일 하면 다음과 같다.

$$
\tilde{x} \equiv \frac{x - \bar{x}}{r} \qquad \tilde{y} \equiv \frac{y - \bar{y}}{r} \tag{4.117}
$$

여기서 r은 관심 영역을 완전히 둘러싸는 원의 반경이다. x와 y가 반경 r인 $(\bar{x}, \bar{y})$을 중심으로 하는 원 안에 놓이는 경우, $\tilde{x}^2 + \tilde{y}^2 \leq 1$이다. 즉, $(\tilde{x}, \tilde{y})$는 단위 원 안에 있다. 복소수 Zernike 모멘트는 Zernike 다항식의 직교성으로부터 회전 불변량을 유도하기 때문에 중요하지만 이 특성은 단위 원 내에만 유지된다.

차수 $p \geq 0$의 복소수 Zernike 모멘트는 반지름이 r인 $(\bar{x}, \bar{y})$을 중심으로 하는 원에 대한 합으로 정의된다.

$$
Z_{pq} \equiv \frac{p + 1}{\pi} \sum_x \sum_y f(x, y) V_{pq}^*(\tilde{x}, \tilde{y}) \tag{4.118}
$$

일부 음이 아닌 정수 n에 대해 $p - |q| = 2n$이라는 제한이 있다. 이 제한의 결과로 모멘트는 Z_{00}, Z_{11}, Z_{20}, Z_{22}, Z_{31}, Z_{33}, Z_{40}, Z_{42}, Z_{44} 등이 된다. 일반적으로 처음 9 ~ 12 모멘트가 계산된다. 비록 q는 음수일 수 있지만, 음의 q를 갖는 순간은 새로운 정보에 기여하지 않는다. 왜냐하면, 별표 (*)가 복소 공액을 나타내는 임의의 p와 q에 대해 $Z_{pq} = Z^{*}_{p,-q}$를 나타낼 수 있기 때문이다.

p와 $|q|$의 차이가 짝수이기 때문에 이들의 합은 짝수여야 한다. 따라서 n'을 $p + |q| = 2n$과 같은 음이 아닌 정수로 정의한다. 함수 V^{*}_{pq}는 차수 p와 각 의존 q의 Zernike 다항식의 공액 복소수이다.

$$V_{pq}(\tilde{x}, \tilde{y}) \equiv \sum_{m=0}^{n} (-1)^m \frac{(p-m)!}{m!(n-m)!(n'-m)!} (\tilde{x}^2 + \tilde{y}^2)^{\frac{p}{2}-m} e^{jq\theta} \quad \textbf{(4.119)}$$

$$= \sum_{\substack{k=|q| \\ p-k \text{ is even}}}^{p} B_{pqk} (\tilde{x}^2 + \tilde{y}^2)^{\frac{k}{2}} e^{jq\theta} \quad \textbf{(4.120)}$$

여기서 $\tan\theta = \tilde{y}/\tilde{x}, j \equiv \sqrt{-1}$이고, 두 번째 등식은 $m = (p-k)/2$를 대입하므로서 얻는다. 그래서 다음이 된다.

$$B_{pqk} = (-1)^{\frac{p-k}{2}} \frac{\left(\frac{p+k}{2}\right)!}{\left(\frac{p-k}{2}\right)! \left(\frac{k+|q|}{2}\right)! \left(\frac{k-|q|}{2}\right)!} \quad \textbf{(4.121)}$$

Zernike 모멘트는 다음 수식에 따른 정규 모멘트와 관련이 있다.

$$Z_{pq} = \frac{p+1}{\pi} \sum_{\substack{k=|q| \\ p-k \text{ is even}}}^{p} \sum_{a=0}^{k'} \sum_{b=0}^{|q|} (\mp j)^b \binom{k'}{a} \binom{|q|}{b} B_{pqk}\, m_{k-2a-b,2a+b} \quad \textbf{(4.122)}$$

여기서 $k' = 1/2(k - |q|)$이고, 정규 모멘트는 $\bar{x}$와 $\bar{y}$로 정의된 정규화된 좌표계에 따라 계산된다. (이 방정식에서 j의 부호는 q의 부호와 반대이다.)

4.4.2 면적

영역의 면적은 0차 모멘트 $m_{00} = \mu_{00}$에 의해 주어진다. 이진 영역의 경우, 이는 단순히 영역 내의 화소 수이다. 대안으로, 경계를 정의하는 화소(벽-추적에서와 같이)가 주어지면, 이 경계 화소에 의해 정의된 다각형의 영역은 다음과 같다.

$$\text{area} = \frac{1}{2} \sum_{i=0}^{n-1} (x_{i+1} y_i - x_i y_{i+1}) \quad \textbf{(4.123)}$$

두 개의 이진 영상 I_1과 I_2가 주어지면, 다음과 같다.

$$\text{area}(I_1) + \text{area}(I_2) = \text{area}(I_1 \cap I_2) + \text{area}(I_1 \cup I_2) \tag{4.124}$$

4.4.3 둘레

한 영역의 둘레는 전형적으로 Kimura 거리를 벽-추적에 의해 발견된 경계에 적용함으로써 계산된다. 면적과 마찬가지로 다음과 같다. 여기서 근사는 이산화(discretization) 효과 때문이다.

$$\text{perimeter}(I_1) + \text{perimeter}(I_2) \approx \text{perimeter}(I_1 \cap I_2) + \text{perimeter}(I_1 \cup I_2) \tag{4.125}$$

4.4.4 방향

영역의 방향은 영역 내의 화소의 x와 y 좌표 간의 관계에 의해 결정된다. 이러한 관계는 2×2 **공분산 행렬**(covariance matrix)에 의해 캡쳐된다. 이 공분산 행렬은 좌표계를 영역 중심으로 이동한 후, 화소 좌표의 외부 곱(outer product)을 $\rho(x, y) \equiv f(x, y) / \sum_{x,y} f(x, y)$로 곱한 값으로 정의된다. 이것은 $\sum_{x,y} \rho(x, y) = 1$이 되도록 질량 밀도 함수의 정규화된 버전이다. 만일 우리가 $\mathbf{x} = [x \quad y]^\mathsf{T}$와 $\bar{\mathbf{x}} = [\bar{x} \quad \bar{y}]^\mathsf{T}$가 각각 점 (x, y)와 중심 $(\bar{x}, \bar{y})$의 벡터 표현이 되게 하고, $E[\cdot]$가 기대값이라면 공분산 행렬은 다음과 같다.

$$\mathbf{C}_{\{2\times 2\}} = E[(\mathbf{x} - \bar{\mathbf{x}})(\mathbf{x} - \bar{\mathbf{x}})^\mathsf{T} \rho(\mathbf{x})] \tag{4.126}$$

$$= \frac{1}{\sum_{x,y} f(x, y)} \sum_{x,y} (\mathbf{x} - \bar{\mathbf{x}})(\mathbf{x} - \bar{\mathbf{x}})^\mathsf{T} f(x, y) \tag{4.127}$$

$$= \frac{1}{\sum_{x,y} f(x, y)} \sum_{x,y} \begin{bmatrix} x - \bar{x} \\ y - \bar{y} \end{bmatrix} \begin{bmatrix} x - \bar{x} & y - \bar{y} \end{bmatrix} f(x, y) \tag{4.128}$$

$$= \frac{1}{\sum_{x,y} f(x, y)} \sum_{x,y} \begin{bmatrix} (x - \bar{x})^2 & (x - \bar{x})(y - \bar{y}) \\ (x - \bar{x})(y - \bar{y}) & (y - \bar{y})^2 \end{bmatrix} f(x, y) \tag{4.129}$$

$$= \frac{1}{\sum_{x,y} f(x, y)} \begin{bmatrix} \sum_{x,y} (x - \bar{x})^2 f(x, y) & \sum_{x,y} (x - \bar{x})(y - \bar{y}) f(x, y) \\ \sum_{x,y} (x - \bar{x})(y - \bar{y}) f(x, y) & \sum_{x,y} (y - \bar{y})^2 f(x, y) \end{bmatrix} \tag{4.130}$$

$$= \frac{1}{\mu_{00}} \begin{bmatrix} \mu_{20} & \mu_{11} \\ \mu_{11} & \mu_{02} \end{bmatrix} \tag{4.131}$$

그림 4.33 2차 모멘트는 타원으로 나타낸 균일 밀도를 가진 평평한 물체의 관성 모멘트와 관련이 있다.

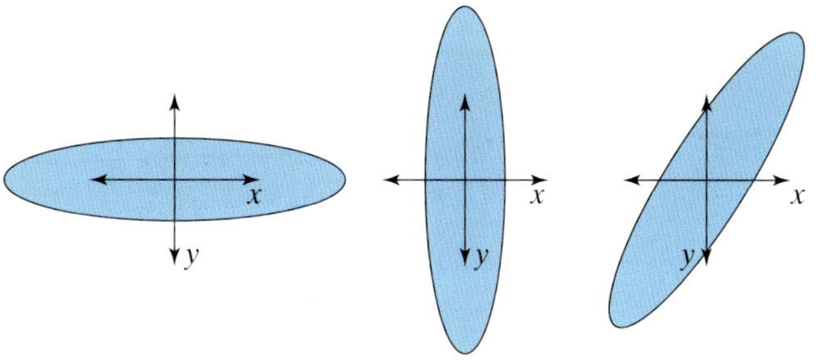

$\mu_{20} > \mu_{02}$, $\mu_{11} = 0$ $\quad$ $\mu_{20} < \mu_{02}$, $\mu_{11} = 0$ $\quad$ $\mu_{20} = \mu_{02}$, $\mu_{11} < 0$

여기서 등식은 직접 대입에서 온다. **C**의 (선택적) 첨자는 차원을 나타낸다. 알 수 있듯이 영상 영역의 공분산 행렬은 중심 모멘트의 단순한 함수이다.

우리의 초기 물리적 유추로 돌아가서, 공분산 행렬은 물체의 **모멘트 텐서**(moment tensor of the body)의 일부이다. 면적이 선형 힘에 대한 물체의 저항을 포착하는 것처럼, 이 행렬의 값은 그림 4.33에서 설명한 것처럼 축에 대한 회전력에 대한 물체의 저항을 포착한다. **관성 모멘트**(moments of inertia)로 알려진 대각선 요소 μ_{20}/μ_{00}와 μ_{02}/μ_{00}은 x 축과 y 축을 중심으로 한 회전에 대한 물체의 저항을 각각 포착한다. 왜냐하면 $(x-\overline{x})$와 $(y-\overline{y})$는 축에 대한 거리이기 때문이다. **관성 곱**(product of inertia)으로 불리는 비대각형 요소 μ_{11}/μ_{00}은 물체의 비대칭과 관련된 다른 축을 중심으로 회전할 때, 물체가 한 축을 중심으로 회전하게 되는 꼬임을 포착한다. μ_{11}은 다른 수량과 달리 음수일 수 있다.

모든 강체는 **계산 축**(figure axis)을 가지며, 이 축은 관성 모멘트가 최소화된다. 이 축은 물체의 중심을 통과한다. 원형 물체의 경우, 축이 임의로 정의되지만, 길이가 긴 물체의 경우, 축이 늘어난 방향과 정렬된다. 예를 들어 야구 방망이를 휘두르는 것보다 대칭축을 중심으로 야구 방망이를 회전시키는 데 훨씬 적은 에너지가 필요하다. 그러므로 야구방망이의 대칭축은 계산축이다.

2D 영역의 방향은 계산 축의 각도 θ이며, 이것은 2차원 중앙 모멘트와 관련이 있다.

$$\tan 2\theta = \left(\frac{2\mu_{11}}{\mu_{20} - \mu_{02}}\right) \tag{4.132}$$

양의 x 축이 오른쪽을 향하고, 양의 y 축이 아래를 향하는 표준 영상 좌표계를 사용하여 모멘트를 계산하면, 각도 θ는 양의 x 축에 대해 시계 방향이 된다. 이 방정식을 뒤바꾸는 것이 유혹적 일지 모르지만 이것은 틀린 것이다.

알고리즘 4.16 영상의 한 영역의 방향을 계산

COMPUTEORIENTATION(I)

Input: binary image I containing a single ON region
Output: angle of major axis of binary region, clockwise from positive x axis

```
μ00, μ20, μ02, μ11 ← COMPUTECENTRALMOMENTS(I)
return (1/2) * ATAN2(2μ11, μ20 − μ02)
```

$$\theta \neq \frac{1}{2}\arctan\left(\frac{2\mu_{11}}{\mu_{20}-\mu_{02}}\right) \tag{4.133}$$

왜 그런지 짐작할 수 있나? 역 탄젠트 함수(arctan)는 $-\pi/2$와 $\pi/2$ 사이의 각도를 반환하므로, 식 (4.133)은 θ가 $-\pi/4$와 $\pi/4$사이의 값을 산출하며, 물론 가능한 모든 라인 방향을 나타내는 것은 아니다. 이 문제에 대한 해결책은 해당 사분면의 $-\pi$와 π 사이의 역 탄젠트를 계산하기 위해 기호를 사용하여 분자와 분모를 분리하여 유지하는 것이다. 1/2를 곱하면 $-\pi/2$와 $\pi/2$ 사이의 각이 생긴다. 대부분의 프로그래밍 언어에는 일반적으로 ATAN2(y, x)라고하는 함수가 있다. 식 (4.132)의 오른쪽이 런(run)의 상승을 나타내기 때문에, 분자는 y에 대한 인수이고, 분모는 알고리즘 4.16에 표시된 바와 같이 x에 대한 인수이다.

식 (4.132)가 독자를 위한 연습문제로 남아있지만, 오리엔테이션 문제에 대한 통찰력은 우리의 물리적인 유추에서 얻을 수 있다. 임의의 강체의 경우, 관성곱이 0이 되도록 좌표계를 회전할 수 있다. 즉 $\mu_{11}=0$이다. 이렇게 되면, 새로운 x와 y 축이 물체의 주 관성 축들(principal axes of inertia of the body: 회전의 주축으로도 알려짐)과 정렬이 된다. 이들 축 중에 하나가 계산 축이다. 주 관성 축에 대한 관성 모멘트는 **관성의 주 모멘트**(principal moments of inertia)로 알려져 있다. 좌표계를 θ로 회전시키는 것은 물체를 $-\theta$만큼 회전시키는 것과 같다.

$$\mathbf{R}_{\{2\times 2\}} = \begin{bmatrix} \cos\theta & \sin\theta \\ -\sin\theta & \cos\theta \end{bmatrix} \tag{4.134}$$

이를 발생시키는 회전 행렬, 즉 x 축과 계산 축을 정렬한다. 그런 다음, 정렬된 좌표계의 공분산 행렬은 다음과 같다.

$$\mathbf{C}'_{\{2\times 2\}} = E\left[(\mathbf{Rx}-\mathbf{R\bar{x}})(\mathbf{Rx}-\mathbf{R\bar{x}})^{\mathsf{T}}\rho(\mathbf{x})\right] \tag{4.135}$$

$$= \frac{1}{\sum_{x,y} f(x,y)} \sum_{x,y} \mathbf{R}(\mathbf{x}-\bar{\mathbf{x}})(\mathbf{x}-\bar{\mathbf{x}})^{\mathsf{T}}\mathbf{R}^{\mathsf{T}} f(x,y) \tag{4.136}$$

$$= \mathbf{R}\left(\frac{1}{\sum_{x,y} f(x, y)} \sum_{x,y} (\mathbf{x} - \bar{\mathbf{x}})(\mathbf{x} - \bar{\mathbf{x}})^\mathsf{T} f(x, y)\right)\mathbf{R}^\mathsf{T} \quad \textbf{(4.137)}$$

$$= \mathbf{RCR}^\mathsf{T} \quad \textbf{(4.138)}$$

여기서 세 번째 줄에서 $\mathbf{R}$과 $\mathbf{R}^\mathsf{T}$는 x 또는 y에 의존하지 않기 때문에 합계에서 제외하고, 최종 수식은 식 (4.127)과 비교하여 나온 결과이다.

정렬된 좌표계에서 $\mu_{11} = 0$이므로 $\mathbf{C}'$은 대각선 행렬이다. 따라서, 공분산 행렬을 대각선화하는 회전 행렬 $\mathbf{R}$을 결정할 수 있다면, 우리는 그 영역의 방향성 θ를 결정하는 다른 방법을 가질 것이다. 이것은 행렬의 **고유분해**(eigendecomposition)에 의해 쉽게 수행되는 것으로 밝혀졌다. 2×2 행렬에는 두 개의 고유 값 λ_1과 λ_2 그리고 두 개의 상응하는 고유 벡터 $\mathbf{v}_1$과 $\mathbf{v}_2$가 있음을 상기하자. 고유 값과 고유 벡터가 함께 쌍을 이루기 때문에 λ_1은 $\mathbf{v}_1$과 연결되고, λ_2는 $\mathbf{v}_2$와 연결된다. 행렬의 고유 값과 고유 벡터는 행렬의 구조를 나타낸다. 임의의 입력 벡터 $\mathbf{x}$의 경우, 출력 벡터 $\mathbf{x}' = \mathbf{Cx}$는 반드시 입력에 대해 명백한 관계를 가질 필요는 없다. 그러나 입력 벡터가 행렬의 고유 벡터인 경우, 출력은 입력의 크기가 조정된 버전이다.

$$\mathbf{Cv}_1 = \lambda_1 \mathbf{v}_1 \qquad \mathbf{Cv}_2 = \lambda_2 \mathbf{v}_2 \quad \textbf{(4.139)}$$

여기서 고유 값은 스케일링의 양을 지정한다. 우리는 고유 벡터를 행렬의 고유한 주파수라고 생각할 수 있다. 행렬은 특정 주파수에서 음파에 반응하여 소리굽쇠가 공진하는 방식과 유사한 주파수에서 공진한다.

만일 우리가 행렬 $\mathbf{P} \equiv [\mathbf{v}_1 \quad \mathbf{v}_2]$의 열에 고유 벡터를 쌓고, $\mathbf{C}$의 고유 값을 대각 행렬 $\mathbf{\Lambda} \equiv diag(\lambda_1 \ \lambda_2)$로 쌓는다면, 대각화된 공분산 행렬의 콤팩트한 표현을 얻는다.

$$\mathbf{\Lambda} = \mathbf{P}^\mathsf{T}\mathbf{CP} \quad \textbf{(4.140)}$$

이는 다음과 같이 쉽게 나타난다. $\mathbf{C}$가 실수이고 대칭이기 때문에 고유 벡터는 고유 값이 구별되는 한 직교 정규(직교 및 단위 표준)이다. 따라서 $\mathbf{P}^\mathsf{T} = \mathbf{P}^{-1}$이다. 식 (4.139)에 대입을 통해 다음을 얻는다.

$$\mathbf{CP} = \mathbf{C}[\mathbf{v}_1 \quad \mathbf{v}_2] = [\lambda_1\mathbf{v}_1 \quad \lambda_2\mathbf{v}_2] = [\mathbf{v}_1 \quad \mathbf{v}_2]\begin{bmatrix} \lambda_1 & 0 \\ 0 & \lambda_2 \end{bmatrix} = \mathbf{P\Lambda} \quad \textbf{(4.141)}$$

양쪽에 $\mathbf{R}^\mathsf{T}$를 곱하면 식 (4.140)이 된다. 식 (4.140)과 식 (4.134)을 비교하

면, $\mathbf{P}^\mathsf{T}$가 공분산 행렬을 회전시킴으로써 $\mathbf{R}$의 역할을 한다는 것을 알 수 있다. 따라서 대각선이 된다.

$$\mathbf{P} = \mathbf{R}^\mathsf{T} = \begin{bmatrix} \cos\theta & -\sin\theta \\ \sin\theta & \cos\theta \end{bmatrix} \tag{4.142}$$

그래서 $\mathbf{v}_1 = [\cos\theta \quad \sin\theta]^\mathsf{T}$와 $\mathbf{v}_2 = [-\sin\theta \quad \cos\theta]^\mathsf{T}$이다. 따라서 고유 벡터가 영역의 주요 축이며, $\lambda_1 \geq \lambda_2$가 되도록 고유치를 정렬하는 일반적인 규칙을 따르면 $\mathbf{v}_1$이 계산 축을 생성한다.

하나의 최종 세부 사항을 고려해야 한다. 식 (4.139)에서 볼 수 있는 고유 벡터에 기호 모호성이 있다. 왜냐하면 $\mathbf{v}_i$가 방정식을 만족한다면 $-\mathbf{v}_i$는 $i = 1, 2$를 만족하기 때문이다. 모호함은 식 (4.140)에서도 볼 수 있다. $(\mathbf{PM})^\mathsf{T}\mathbf{C}(\mathbf{PM})$도 $\mathbf{\Lambda}$와 동등하기 때문에 $\mathbf{M}$은 다음 중 하나이다.

$$\begin{bmatrix} 1 & 0 \\ 0 & 1 \end{bmatrix} \quad \begin{bmatrix} -1 & 0 \\ 0 & 1 \end{bmatrix} \quad \begin{bmatrix} 1 & 0 \\ 0 & -1 \end{bmatrix} \quad \begin{bmatrix} -1 & 0 \\ 0 & -1 \end{bmatrix} \tag{4.143}$$

기하학적으로, 우리는 θ로 정의된 축과 $\theta + \pi$로 정의된 축이 동일하다는 것을 알 수 있다. 이것이 $[\cos\theta \quad \sin\theta]^\mathsf{T}$와 $[-\cos\theta \quad -\sin\theta]^\mathsf{T}$가 같은 축을 참조하는 이유이다. 결과적으로 식 (4.142)은 약간 오도된 것이다. 왜냐하면 우리의 관례상 $-\pi/2 < \theta \leq \pi/2$이다. 이 경우 $\cos \geq 0$이다. 그러나 $\mathbf{C}$의 고유 벡터가 계산 될 때, v_{11} v_{21} v_{12} v_{22} 의 네 가지 값 중 어느 하나의 부호에 대한 보장이 없다. 여기서 $\mathbf{v}_1 \equiv [v_{11} \quad v_{21}]^\mathsf{T}$ 및 $\mathbf{v}_2 \equiv [v_{12} \quad v_{22}]^\mathsf{T}$이다. 우리의 관습을 고수하기 위해 v_{11}이 음수일 경우, $\mathbf{v}_1$의 사인을 바꾼다. 그러므로 각도 θ는 알고리즘

알고리즘 4.17 영상의 한 영역의 방향을 계산(고유분해 방법)

COMPUTEORIENTATIONBYEIGENDECOMPOSITION(I)

Input: binary image I containing a single ON region
Output: angle of major axis of binary region, clockwise from positive x axis

$\mu_{00}, \mu_{20}, \mu_{02}, \mu_{11} \leftarrow$ COMPUTECENTRALMOMENTS(I)
$\mathbf{C} \leftarrow \frac{1}{\mu_{00}} \begin{bmatrix} \mu_{20} & \mu_{11} \\ \mu_{11} & \mu_{02} \end{bmatrix}$
$\lambda_1, \lambda_2, \mathbf{v}_1, \mathbf{v}_2 \leftarrow$ EIGEN(C) ➤ $\lambda_1 \geq \lambda_2, \mathrm{v}_1 = [v_{11} \quad v_{21}]^\mathsf{T}$, and $\mathrm{v}_2 = [v_{12} \quad v_{22}]^\mathsf{T}$
if $v_{11} \geq 0$ **then**
    return ASIN(v_{21})
else
    return ASIN($-v_{21}$)

4.17에서 볼 수 있듯이, v_{11}의 부호가 적용되는 v_{21}의 acrsine(역 사인)에 의해 주어진다.

직교 행렬은 그것의 전치가 역행렬인 행렬이다. 예를 들어, $\mathbf{R}^{-1} = \mathbf{R}^{\mathsf{T}}$이다. 회전 행렬에는 추가 속성이 있다. 즉, 행렬식은 +1이다. **P**가 직교 행렬임을 보장할지라도, 그 행렬식은 +1로 제한되지 않고 대신 −1일 수 있다. 따라서, 행렬 **P**는 회전뿐만 아니라 바람직하지 않은 거울 반사를 야기할 수 있다. 이것은 왼쪽 좌표계를 산출하며, 식 (4.142)가 오도된 또 다른 이유이다. 결과적으로 관례에 따라 $\mathbf{v}_1$의 부호를 수정한 후에도 $\mathbf{v}_2$ 또는 $-\mathbf{v}_2$가 직교 축을 오른쪽 방향으로 생성하는지 주의해야 한다. θ에 대한 우리의 관례로 인해, 축으로부터 오른손 좌표계를 만드는 데 관심이 있다면, v_{12}가 양수이면 $\mathbf{v}_2$ 대신 $-\mathbf{v}_2$를 사용해야 함을 의미한다. 그러나 방향이 모두인 경우에 이 수정은 무의미하다.

4.4.5 최적합 타원

원점에 중심을 둔 타원 내부의 화소 집합으로 정의된 이진 영역이 있다고 가정하자.

$$\text{ellipse region} = \{(x, y) : ax^2 + bxy + cy^2 \leq 1\} \tag{4.144}$$

$4ac < b^2$과 $a, c > 0$으로 방정식이 포물선 또는 쌍곡선보다는 타원을 설명하는지 확인하자. 편리하게도, 그러한 영역의 2차 중심 모멘트는 타원 계수와 간단한 관계가 있음을 알 수 있다.

$$\mathbf{C} = \frac{1}{\mu_{00}} \begin{bmatrix} \mu_{20} & \mu_{11} \\ \mu_{11} & \mu_{02} \end{bmatrix} = \eta \begin{bmatrix} c & -\frac{b}{2} \\ -\frac{b}{2} & a \end{bmatrix} \tag{4.145}$$

여기서 $\eta \equiv 4\det(\mathbf{C})$ 그리고 $\det(\mathbf{C}) = (\mu_{20}\mu_{02} - \mu_{11}^2)/\mu_{00}^2 = \eta^2/4(4ac - b^2)$는 공분산 행렬의 행렬식이므로 $\eta = 1/(4ac - b^2)$이다. 식 (4.145)의 관계가 여기에서 생략되었다는 것을 증명하는 동안, 공분산 행렬은 항상 양 반한정(positive semidefinite) 즉, $\text{dec}(\mathbf{C}) \geq 0$ 혹은 $\mu_{20}\mu_{02} \geq \mu_{11}^2$ 즉, $ac - b^2$를 의미함을 상기함으로써 그 진리가 부분적으로 검증될 수 있다. 또한 양 반한정 행렬의 모든 대각선 요소는 음이 아니므로 $a, c \geq 0$이다. 또 다른 유용한 연습문제는 수식 (4.144)에 따라 실제 이진 타원형 영역을 생성하고, 모멘트를 측정한 다음, 수식 (4.145)가 성립하는지를 증명하는 것이다.

C의 고유치는 특성 방정식 $\det(\mathbf{C} - \lambda \mathbf{I}_{\{2\times 2\}}) = 0$을 풀면 계산할 수 있다. 여

기서, $\mathbf{I}_{\{2\times2\}}$는 2 × 2 항등 행렬이고 다음을 유도한다.

$$\lambda_{1,2} = \frac{1}{2\mu_{00}}\left(\mu_{20} + \mu_{02} \pm \sqrt{(\mu_{20} - \mu_{02})^2 + 4\mu_{11}^2}\right) \tag{4.146}$$

여기서 λ_1은 더하기 기호를 취하고, λ_2는 빼기 기호를 취하므로 $\lambda_1 \geq \lambda_2$가 된다. 고유 값의 합이 공분산 행렬의 trace임을 쉽게 나타낼 수 있다. $\lambda_1 + \lambda_2 = \mathrm{tr}(\mathbf{C}) = (\mu_{20} + \mu_{02})/\mu_{00}$이다. 고유 값의 곱은 그것의 행렬식이다. $\lambda_1\lambda_2 = \det(\mathbf{C}) = (\mu_{20}\mu_{02} - \mu_{11}^2)/\mu_{00}^2$이다. 이전 서브 절의 고유 분해로부터 우리는 고유 값이 회전에 대해 불변하며, 그 비율은 크기에 대해 불변임을 주목한다. 또한 $\mathbf{C}$가 양 반한정이기 때문에 두 고유치는 모두 실수이고 음이 아닌 값이다.

모든 비 원형 타원에는 **장축**(major axis)과 **단축**(minor axis)이 있다. 장 축은 수치 축(figure axis)과 동일하다. 이 축의 길이와 공분산 행렬의 고유 값 사이에는 간단한 관계가 있다.

$$\text{semimajor axis length} = 2\sqrt{\lambda_1} \tag{4.147}$$

$$\text{semiminor axis length} = 2\sqrt{\lambda_2} \tag{4.148}$$

장축 또는 단축의 길이는 타원 경계의 장축 또는 단축과의 두 교차점 사이의 거리로 정의되며, 반 장축과 반 단축 길이는 이들의 절반이다. 타원이 원이면 축 길이가 지름이고, 반축 길이가 반경이다. 이 방정식들이 참이라는 것을 검증하기 위해서, $b = 0$과 타원의 경계가 $ax^2 + cy^2 = 1$이 되도록 좌표축과 정렬된 타원의 간단한 경우를 고려하자.

이러한 타원은 x 축에서 $x = \pm\sqrt{\frac{1}{a}}$을 가로 지르고, y 축에서 $y = \pm\sqrt{\frac{1}{c}}$과 교차한다. 이제 타원이 높이보다 너비가 크다고 가정하면 $a \leq c$이고, 이는 $\mu_{02} \leq \mu_{20}$를 의미한다. 식 (4.145)의 대입에 의해 다음과 같다.

$$\text{semimajor axis length} = \sqrt{\frac{1}{a}} = \sqrt{\frac{\eta\mu_{00}}{\mu_{02}}} = \sqrt{\frac{4\mu_{20}\mu_{02}\mu_{00}}{\mu_{00}^2\mu_{02}}} = \sqrt{\frac{4\mu_{20}}{\mu_{00}}} = 2\sqrt{\lambda_1} \tag{4.149}$$

$$\text{semiminor axis length} = \sqrt{\frac{1}{c}} = \sqrt{\frac{\eta\mu_{00}}{\mu_{20}}} = \sqrt{\frac{4\mu_{20}\mu_{02}\mu_{00}}{\mu_{00}^2\mu_{20}}} = \sqrt{\frac{4\mu_{02}}{\mu_{00}}} = 2\sqrt{\lambda_2} \tag{4.150}$$

고유값은 회전에 영향을 받지 않으므로, 이 결과는 타원의 방향에 관계없이 유지된다. 만약 $a > 0$이면, a와 c의 역할은 수식 (4.149)–(4.150)에서 바뀌지만 수식 (4.147)−(4.148)에서 여전히 유지된다.

따라서 우리는 어떤 임의의 이진 2D 영역이 주어졌을 때, 영역의 가장 적합한 타원임을 알 수 있다. 영역은 영역과 동일한 2차 중심 모멘트를 갖는 타원으로 정의되며, $ax^2 + 2bxy + cy^2$에 의해 주어진다. 여기서 계수는 영역의 2차 중심 모멘트를 먼저 계산한 후, 식 (4.145)에 의해 결정된다. 이 타원의 장축과 단축은 2 차 중심 모멘트로부터 형성된 공분산 행렬의 고유 벡터에 의해 주어진다. 이들 축의 길이는 고유값의 제곱근과 관련이 있다. 왜 제곱근이 필요한지 명확하지 않은 경우, 식 (4.141)에서 다음을 상기하자.

$$\mathbf{C} = \mathbf{P}\begin{bmatrix} \lambda_1 & 0 \\ 0 & \lambda_2 \end{bmatrix}\mathbf{P}^\mathsf{T} \tag{4.151}$$

결과로, $diag(\lambda_1, \lambda_2)$는 영역이 $\mathbf{P}$에 의해 회전되어 축 정렬된 후에 공분산 행렬이다. 따라서 이러한 고유치는 실제로 $\lambda_1 = \sigma_1^2$과 $\lambda_2 = \sigma_2^2$의 분산이고, 그 제곱근은 표준 편차, $\sqrt{\lambda_2} = \sigma_2$과 $\sqrt{\lambda_1} = \sigma_1$이다. 표준 편차는 길이이기 때문에 길이가 왜 고유값의 제곱근에 비례하는지 설명한다.

2D 가우시안(또는 종) 곡선을 고려하여 한 단계 더 나아갈 수 있다. 다음 장에서 가우시안을 더 자세히 공부할 것이다. 그러나 이제는 **등방성**(isotropic: 모든 방향에서 동일한 것을 의미 함) 2D 가우시안이 종 모양임을 주목하자. 레벨 h에서의 2D 함수 $G(x, y)$의 레벨 집합(level set)은 어떤 상수 h에 대해 $G(x, y) = h$와 같은 점들의 집합이다. 기하학적으로, 레벨 집합은 함수의 수평 $z = h$ 평면과의 교차점이며, 함수를 통한 수평 슬라이스라고 생각할 수 있다. 등방성 가우시안은 회전 대칭이므로 레벨 집합은 원의 모양을 취한다.

한편, **이방성**(anisotropic: 모든 방향으로 동일하지 않음을 의미함) 가우시안은 회전 대칭이 아니므로 레벨 집합은 타원 형태이다. 모든 2D 타원형 영역에 대해 동일한 평균과 공분산 행렬을 갖는 관련 2D 가우스 함수가 있다. 그래서 λ_1과 λ_2은 이 2D 가우스의 두 무작위 변수의 분산이 된다. 이 분석은 또한 식 (4.147)−(4.148)의 2의 인자의 의미를 준다. 왜냐하면 타원은 각 방향으로 $\pm 2\sigma_i$, $i = 1, 2$를 캡처하거나, 가우스 곡선 아래 영역의 95.45 %를 캡처하기 때문이다.

4.4.6 조밀도

조밀도(compactness)는 영역의 화소들이 영역의 중심에 얼마나 가깝게 있는지를 나타내는 척도이다. 가장 컴팩트한 모양이 원이기 때문에 조밀도를 다음과 같이 정의한다.

$$\text{compactness} = \frac{4\pi(\text{area})}{(\text{perimeter})^2} \tag{4.152}$$

연속 영역의 경우, 컴팩트 범위는 0에서 1까지이며, 1은 원을 나타낸다. 반경이 r인 원의 면적은 πr^2이고, 둘레는 $2\pi r$이므로 원을 나타낸다. 그러나 이산화(discretization) 효과로 인해 원형과 유사한 이산된 모양의 경우, 1보다 약간 큰 결과가 발생할 수 있다.

타원의 영역은 반지름의 역할을 하는 반장축과 반단축 길이로 원의 면적을 자연스럽게 일반화한 것이다. 만일 $\ell_1 \equiv 2\sqrt{\lambda_1}$과 $\ell_2 \equiv 2\sqrt{\lambda_2}$이 길이이면, 식 (4.147)-(4.148)에 따라, 면적은 $\pi \ell_1 \ell_2$이다. 타원의 둘레는 계산하기가 더 어렵다. 그러나 합리적으로 잘 작동하는 하나의 근사는 $2\pi\sqrt{(\ell_1^2 + \ell_2^2)/2}$이다. 방정식 (4.152)에 대입하면 타원의 조밀도를 얻을 수 있다.

$$\text{compactness of ellipse} \approx \frac{2 \cdot 4\pi^2 \ell_1 \ell_2}{4\pi^2(\ell_1^2 + \ell_2^2)} = \frac{2\ell_1\ell_2}{\ell_1^2 + \ell_2^2} = \frac{2\alpha}{\alpha^2 + 1} \tag{4.153}$$

여기서 $\alpha \equiv \frac{\lambda_1}{\lambda_2} \geq 1$은 축 길이와 관련된 축척 계수이므로, $\lambda_1 = \alpha\lambda_2$가 된다. 조밀도는 $\alpha = 1$ 원의 경우 1, $\alpha = 2$의 경우 $\frac{4}{5} = 0.8$, $\alpha = 4$의 경우 $\frac{8}{17} \approx 0.47$ 등이다.

4.4.7 이심률

한 영역의 이심률(eccentricity)은 길쭉 함을 측정한다. 즉, 중심 주위로 회전 대칭이 되는 정도이다. 고유값은 두 가지 주요 방향의 분산을 포착하기 때문에, 영역의 이심율은 더 큰 분산으로 정규화된 분산들 간의 차이로 정의된다. 축 길이와 마찬가지로 제곱근을 취한다.

$$\text{eccentricity} = \sqrt{\frac{\lambda_1 - \lambda_2}{\lambda_1}} \tag{4.154}$$

범위는 0(영역이 원인 경우)에서 1(영역이 직선인 경우)이다. 방정식 (4.146)을 대체하면 모멘트에 따른 이심률이 산출된다.

$$\text{eccentricity} = \sqrt{\frac{2\sqrt{(\mu_{20} - \mu_{02})^2 + 4\mu_{11}^2}}{\mu_{20} + \mu_{02} + \sqrt{(\mu_{20} - \mu_{02})^2 + 4\mu_{11}^2}}} = \sqrt{\frac{2\beta}{\text{tr}(\mathbf{C}) + \beta}} \tag{4.155}$$

그림 4.34 왼쪽: 원은 조밀도(compactness) 1인 가장 밀집된 모양이다. 중간: 1보다 작은 밀집도를 가진 모양. 오른쪽: 모양의 이심률(eccentricity)은 가장 잘 피팅된 타원의 이심률로 계산된다.

여기서 $\beta \equiv \sqrt{\mathrm{tr}^2(\mathbf{C}) - 4\det(\mathbf{C})}$이다. $\mathrm{tr}^2(\mathbf{C})$는 공분산 행렬의 trace의 자승이다. 축 정렬 타원의 경우 $\mu_{11} = 0$이고, 식 (4.155)는 다음과 같이 간소화 된다.

$$\text{eccentricity (when axis-aligned)} = \sqrt{\frac{|\mu_{20} - \mu_{02}|}{\mu_{20} + \mu_{02} + |\mu_{20} - \mu_{02}|}} \tag{4.156}$$

그림 4.34는 조밀도와 이심률의 예를 보여준다. 이심률에 대한 다른 정의도 상상할 수 있지만 식 (4.154)의 정의에는 몇 가지 뚜렷한 장점이 있다.

첫째, 타원 장축 길이에 대한 초점의 길이 간의 비율인 타원 이심률의 표준 수학적 정의와 일치한다. 따라서 영역의 이심률은 가장 잘 맞는 타원의 이심률과 같다. 둘째로, λ_1에 의한 정규화로 인해, 영상의 크기에 관계없이 객체의 모양에 이심률을 연결하기 때문에 바람직한 속성인 크기에 불변하는 속성이 있다.

비교를 위해, 일부 저자에 의해 제안된 대체 정의는 주요 관성 축들의 비율이다.

$$\sqrt{\frac{\lambda_2}{\lambda_1}} = \sqrt{\frac{\mu_{20} + \mu_{02} - \sqrt{(\mu_{20} - \mu_{02})^2 + 4\mu_{11}^2}}{\mu_{20} + \mu_{02} + \sqrt{(\mu_{20} - \mu_{02})^2 + 4\mu_{11}^2}}} \tag{4.157}$$

축이 정렬 될 때, 다음과 같이 축소된다.

$$\sqrt{\frac{\lambda_2}{\lambda_1}} = \sqrt{\frac{\mu_{02}}{\mu_{20}}} \tag{4.158}$$

이 정의는 위의 정의의 바람직한 특성 중 많은 부분을 공유한다. 단, 원의 경우 1을, 직선의 경우 0을 산출하기 때문에 반대의 방식으로 해석해야 한다. 이 문제를 해결하기 위해 비율을 1로부터 뺄 수 있다.

$$1 - \sqrt{\frac{\lambda_2}{\lambda_1}} \tag{4.159}$$

또한 이것은 0(영역이 원인 경우)에서 1(영역이 직선인 경우)의 범위이다. 그러나 이 정의는 축 길이의 변경과 이심률 값의 해당 변경 사이에 직접적인 관계가 없다는 점에서 더 심각한 단점이 있다. 예를 들어, 두 축 길이의 비율을 두 배로 늘리면 이심률이 두 배로 증가하지 않는다.

더 나쁜 측정 값은 두 고유치 간의 차이이다.

$$\lambda_1 - \lambda_2 = \frac{1}{\mu_{00}}\sqrt{(\mu_{20} - \mu_{02})^2 + 4\mu_{11}^2} \tag{4.160}$$

범위는 0(영역이 원일 때)부터 ∞(영역이 선일 때)까지이다. 이 정의에는 두 가지 문제가 있다. 두 주축의 차이를 2배로 늘리면 이심률이 4배가 되고, 이심률은 영역의 축척에 따라 다르다.

마지막으로 다음 정의가 제시되기도 한다.

$$\frac{(\mu_{20} - \mu_{02})^2 + 4\mu_{11}}{\mu_{00}} \tag{4.161}$$

그러나 이 방법에 대한 정당성이 무엇인지는 분명하지 않다. 때때로 그것은 관성의 주축의 비율로 가정되지만, 방정식 (4.157)에서 올바른 공식을 보았을 때 이것은 사실이 아니다. 더욱이 이 방정식은 근본적으로 결함이 있다. 왜냐하면 한 모멘트가 다른 모멘트의 제곱에 추가되는 분자의 단위가 일치하지 않기 때문이다.

식 (4.114)에서 α의 축척 변경으로 인해, 2차 모멘트(μ_{20}, μ_{02}, μ_{11})가 α^4만큼 증가한다는 것을 상기할 수 있다. 이 동일한 축척 변경으로 인해 분자의 첫 번째 항이 α^8의 비율로, 두 번째 항은 α^4로 증가한다. 이 불일치는 전체 수량에서 예상치 못한 동작을 초래한다.

4.4.8 볼록 선체

평면의 점 집합은 집합에서 두 점 사이의 직선이 전체 집합 내에 있는 경우, **볼록**(convex)이다. 한 집합의 **볼록 선체**(convex hull)는 집합이 들어있는 가장

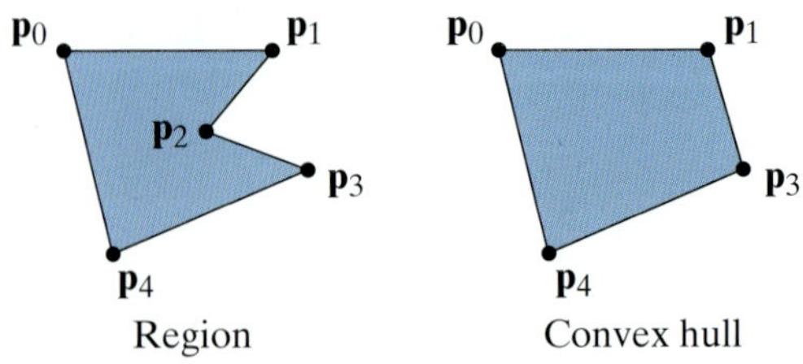

그림 4.35 왼쪽: 평면에서 임의 모양의 영역. 오른쪽: 영역의 볼록 선체(convex hull)는 고무밴드로 영역을 둘러싼 결과의 모양이다. 여기서 모든 오목함(concavities)은 제거된다. 모든 정점은 $\mathbf{p}_2$를 제외하고 지역적으로 볼록이다.

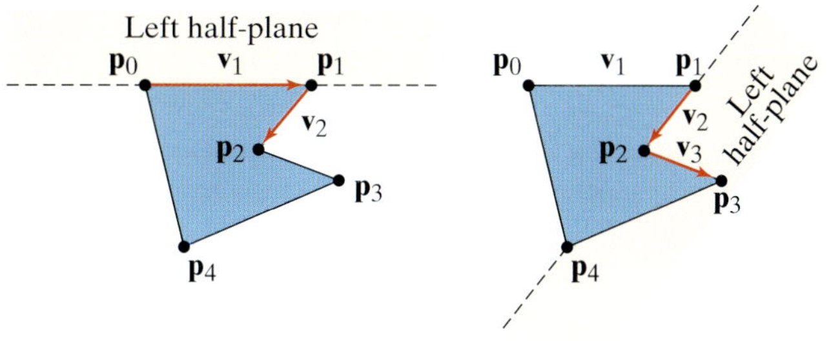

그림 4.36 왼쪽: 꼭지점 $\mathbf{p}_2$는 $\mathbf{p}_0$와 $\mathbf{p}_1$을 연결하는 벡터의 오른쪽이다. 따라서 단일 시험을 근거하여, $\mathbf{p}_1$은 볼록체 경계 상에 있다. 오른쪽: 꼭지점 $\mathbf{p}_3$는 $\mathbf{p}_1$와 $\mathbf{p}_2$을 연결하는 벡터의 왼쪽이다. 따라서 $\mathbf{p}_2$는 제거가 필요한 오목이다.

작은 볼록 집합이다. 그 집합과 그것의 볼록 선체의 차이를 **볼록 결함**(convex deficiency)이라고하는데, 이것은 때로는 객체 모양의 서술자로 사용된다. 볼록 결함은 조밀도(compactness)와 다소 관련이 있다. 그 이유는 조밀한 형상(즉, 식 (4.152)에 따라 값이 1에 가까운 것)은 그 본성에 의해 볼록 결함이 거의 없기 때문이다. 그러나 타원이나 직사각형과 같이 가늘고 긴 볼록 형상은 볼록 결함이 없이 조밀함을 위해 임의적으로 작은 값을 가질 수 있다. 따라서 반대의 경우가 항상 참은 아니다.

평면에서 점들의 집합이 주어진다면, 우리는 볼록 선체를 집합 주위에 배치된 고무 밴드의 모양에 의해 정의된 영역으로 간주할 수 있다. 시계 방향 순서로 정점 $\mathbf{p}_0, \mathbf{p}_1, \mathbf{p}_2, \ldots, \mathbf{p}_n$으로 정의된 다각형을 생각해 보자. 각 정점은 국부적으로 볼록 또는 **오목**(concave)이다. 더 이상 오목한 꼭지점이 없어질 때까지 각 오목한 꼭지점을 순차적으로 제거하면 그림 4.35와 같이 결과 모양이 볼록 선체가 된다.

정점이 국부적으로 오목한지 여부를 테스트하려면, $\mathbf{v}_i \equiv \mathbf{p}_i - \mathbf{p}_{i-1}$은 두 개의 연속 정점 $\mathbf{p}_{i-1}$과 $\mathbf{p}_i$를 결합하는 벡터라 하자. 이러한 벡터는 전체 평면을 벡터의 오른쪽에 하나, 왼쪽에 하나씩 두 개의 반쪽 평면으로 나눈다. 다음 정점 $(\mathbf{p}_{i+1})$가 왼쪽 절반 평면에 있다면, 중간 정점 $(\mathbf{p}_i)$는 오목한 선상에 있고 볼록 선체의 내부에 있으므로, 볼록 선체의 경계에 있지 않다는 것을 의미한다. 다른 한편, 다음 정점이 오른쪽 절반 평면에 있다면, 중간 정점은 추가 정보에 따라 볼록 선체의 경계에 있을 가능성이 있다.

예를 들어, 그림 4.36에서 $\mathbf{p}_2$는 $\mathbf{p}_0$와 $\mathbf{p}_1$을 결합하는 벡터의 오른쪽에 있기 때문에 중간 정점 $(\mathbf{p}_1)$은 이 단일 테스트를 기반으로 볼 때, 볼록한 선체의 경계에 있다. 그러나 $\mathbf{p}_3$은 $\mathbf{p}_1$과 $\mathbf{p}_2$를 결합하는 벡터의 왼쪽에 있으므로 중간 정점 $(\mathbf{p}_2)$는 오목한 부분에 있으므로 제거해야 한다.

수학적으로, 세 번째 정점이 첫 번째 두 정점을 결합하는 벡터에 의해 정의

알고리즘 4.18 이진 영상 영역의 볼록 선체의 정점을 계산

```
ComputeConvexHullVertices(I)

Input:  binary image I with a single foreground (ON) region
Output: clockwise sequence of vertices defining the convex hull of the region as a polygon

c ← WallFollow(I)
c.PushBack(c[0])                                   ▷ Duplicate first vertex for wraparound
i ← 1                                                (c[c.Length − 1] = c[0]).
while i < c.Length − 1 do                          ▷ Consider vertices in order, and
    if IsClockwise(c[i − 1], c[i], c[i + 1])] then     if p_{i−1}, p_i, p_{i+1} are convex,
        i ←+ 1                                         then continue.
    else                                           ▷ Otherwise they are concave,
        c.Remove(i)                                    so remove vertex c[i], and
        i ←− 1                                         back up to previous vertex.
c.Pop()                                            ▷ Remove duplicate vertex, and
if not IsClockwise(c[c.Length − 1], c[0], c[1]) then   remove first vertex
    c.Remove(0)                                        if concave.
return c

IsClockwise(p1, p2, p3)

Input:  three points in the image plane (with x axis pointing right, y axis pointing down)
Output: whether the line from p2 to p3 is a clockwise rotation of the line from p1 to p2 (returns false
        if rotation is counterclockwise or points are collinear)

d ← det([[x1, y1, 1], [x2, y2, 1], [x3, y3, 1]])   ▷ Compute determinant of 3 × 3 matrix, where
                                                     p1 = (x1, y1), p2 = (x2, y2), and p3 = (x3, y3).
return d > 0                                       ▷ If determinant is positive, then clockwise rotation.
```

된 오른쪽 또는 왼쪽 평면에 있는지 여부를 쉽게 테스트할 수 있다. 벡터 $\mathbf{v}_i$와 $\mathbf{v}_{i+1}$을 3D 공간에 있는 것으로 취급하면, 교차 곱 $\mathbf{v}_i \times \mathbf{v}_{i+1}$은 평면에 수직인 벡터를 생성한다. 표준 영상 좌표계를 사용하는 오른손 규칙에 따르면, $\mathbf{v}_i \times \mathbf{v}_{i+1}$의 z 좌표가 0보다 큰 경우, $\mathbf{p}_{i+1}$는 $\mathbf{v}_i$로 정의된 오른쪽 반평면에 있다. 반면에 $\mathbf{v}_i \times \mathbf{v}_{i+1}$의 z 좌표가 0보다 작으면, $\mathbf{p}_{i+1}$은 $\mathbf{v}_i$로 정의된 왼쪽 반평면에 놓인다.

이 z 좌표의 부호는 점의 좌표를 포함하는 행렬의 행렬식의 부호에 의해 주어지며, 여기서 $\mathbf{p}_i = (x_i, y_i)$ 등은 다음과 같다.

$$\mathbf{p}_i \text{ is } \begin{cases} \text{possibly on boundary} & \text{if } d \geq 0 \\ \text{definitely in interior} & \text{if } d < 0, \end{cases} \qquad \text{where } d \equiv \det\left(\begin{bmatrix} x_{i-1} & y_{i-1} & 1 \\ x_i & y_i & 1 \\ x_{i+1} & y_{i+1} & 1 \end{bmatrix}\right) \tag{4.162}$$

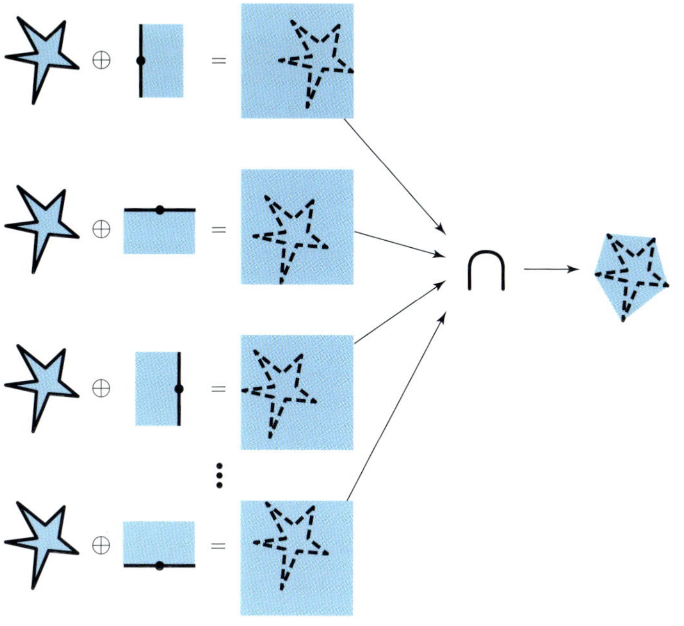

그림 4.37 영역의 볼록 선체는 방향이 다른 무한 반평면 집합에 의해 영역의 팽창의 교집합으로 계산될 수 있다.

이 테스트는 자연스럽게 알고리즘 4.18에서 볼 수 있듯이, 인접한 이진 영역의 볼록한 선체 계산을 위한 알고리즘으로 이어진다. 먼저 벽-추적은 영역의 경계가 일련의 화소로 나타난다. 그런 다음, 이 경계를 따라 인접한 화소의 세 쌍(triplets)을 고려한다. 각 트리플렛에 대해 식 (4.162)의 테스트가 수행된다. 세 번째 점이 왼쪽 반평면에 있으면, 우리가 알고 있는 한, 그것은 볼록 선체의 정점 중 하나일 수 있다. 따라서 점은 유지되고 알고리즘은 계속된다.

반면에, 그것이 오른쪽 반평면에 있다면, 이전의 점은 오목한 곳에 있고 볼록 선체의 내부에 있기 때문에 볼록 선체의 정점이 아니다. 이 경우, 우리는 순회에서 점을 제거하고 한 화소 백업한 다음 계속한다. 영역의 경계를 따라 화소를 순차적으로 고려하고, 다음 화소가 오른쪽 반평면 내부 또는 외부에 있는지 테스트함으로써 반평면의 최소 시퀀스를 생성할 수 있다. 경계의 모든 화소는 이 반평면의 교차에 의해 정의된 볼록 선체 내에 있다. 이 처리의 끝 부분에 남아있는 점은 볼록 선체를 정의하는 다각형의 정점이다. 의사 코드로부터 초기 화소의 특수한 경우를 처리하기 위해 추가 논리가 필요하다는 점을 주목하라.

반평면에 대한 이러한 고려는 수학적 형태학의 측면에서 또한 볼록한 선체의 우아한 정의로 이어진다. 보다 구체적으로, 볼록 선체는 모든 방위에서 반평면을 포함하는 SE 세트와 영역의 팽창의 교집합이다.

$$\text{convex hull} = \bigcap_{\text{all } \theta} I \oplus B_\theta \tag{4.163}$$

알고리즘 4.19 이진 영상 영역의 볼록 선체를 채움

FILLCONVEXHULL(I)

Input: binary image I with a single foreground (ON) region
Output: pixels inside convex hull of region are set to ON

$v \leftarrow$ COMPUTECONVEXHULLVERTICES(I)
$x_{min}, x_{max} \leftarrow$ COMPUTEPOLYGONCROSSINGS(v)
for $y \leftarrow 0$ **to** $height - 1$ **do**
  for $x \leftarrow x_{min}[y]$ **to** $x_{max}[y]$ **do**
    $I(x, y) \leftarrow$ ON

여기서 B_θ는 그림 4.37에서와 같이 방향 θ에서의 반평면이다. 이 상황에서, 반평면 SE(구조 요소)는 라인의 한쪽에는 1로, 다른 한쪽에는 0으로 무한 범위를 가진다. 예를 들어, 영역이 원점을 지나는 수직선에 의해 정의된 반평면으로 팽창되고 라인의 오른쪽에 1이 있다고 가정한다. 그런 다음 팽창의 정의에 따라 이 SE로 영역을 팽창하면 영역의 가장 오른쪽 화소 왼쪽 어디에나 1이 된다.

즉, 구조 요소가 왼쪽으로 이동되므로 영역과 구조 요소 사이의 겹침이 항상 존재한다. 구조 요소가 가장 오른쪽 화소의 오른쪽으로 이동될 때만 겹침이 없으므로 0 출력이 된다. 결과는 라인상에 수직인 방향으로 중력을 지닌 영역 위에 강체 시트가 싸이게 된 경우와 같다. 라인이 회전할 때마다 다른 출력이 발생하고, 볼록 선체는 이러한 모든 팽창의 교집합이다.

무한한 수의 무한대의 SE로 지역을 팽창하는 것은(분명히) 계산적으로 금지되어있다. 그러나 방위의 수가 증가함에 따라, 이러한 접근은 진정한 해답에 대한 더 좋은 근사를 산출한다. 따라서 합리적인 접근법은 적절한 중지 기준(stopping criterion)을 가지고, 기본 방향(위, 아래, 오른쪽, 왼쪽)을 기준으로 4개의 반평면으로 영역을 팽창한 다음, 이들로부터 45도 방향으로 4개의 평면으로 팽창한다(북서쪽, 북동쪽, 남서쪽, 남동쪽을 산출 함). 그렇더라도, 이 접근법은 위에 제시된 것보다 훨씬 더 계산 집약적이며, 단지 근사치가 된다.

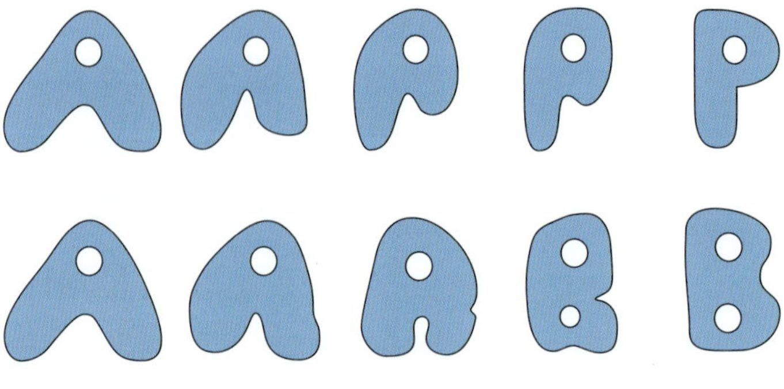

그림 4.38 상단: 문자 "A"와 "P"는 변형과 관련이 있다. 두 모양과 관련된 연속 변형이 있기 때문이다. 하단: 문자 "A"와 "B"는 변형과 관련이 없다. 두 모양과 관련된 연속 변형이 없기 때문이다. 오히려 추가 홀을 만들기 위해 영역을 찢음이 필요하다.(혹은 반대 변환의 경우 홀의 기움).

regions	holes	Euler	letters
1	2	−1	B g
1	1	0	A a b D d e O o P p q R
1	0	1	C c E F f G H h I J K k L l M m N n r S s T t U u V v W w X x Y y Z z
2	0	2	i j

표 4.4 영어 알파벳의 대소문자의 오일러 수

4.4.9 오일러 수

토폴로지(topology)는 객체의 지속적인 변형하에 보존되는 객체의 속성을 연구한다. 이러한 변형은 굽힘, 신축 및 압축을 허용하나, 찢어지거나 깁는 것은 허용되지 않는다. 그러한 변형은 구어체로 "고무 시트 변형"이라고 알려져 있지만 수학적 이름은 **호모토피**(homotopy)[9]이다. 예를 들어, 그림 4.38과 같이 문자 "A"와 "P"를 생각해보자. 문자상의 점들을 연속적으로 호모토피(homotopy)하면, 그 영역의 연결성(topology)에 영향을 주지 않으면서 다른 것으로 변경할 수 있다.

즉, 한 모양 내의 두 점을 연결하는 경로는 다른 모양에서 해당 경로를 가진다. 대조적으로 "A"와 "B"는 호모토피와 관련이 없다. 왜냐하면 "A"에서 "B"로의 변환은 구멍을 찢거나 구멍을 만들기 위해 두 개의 돌출부를 결합해야 하기 때문이다. 마찬가지로, "A"와 "C"는 호모토피와 관련이 없다. 왜냐하면 "A"에서 "C"로의 변환은 구멍을 기워야 하기 때문이다. 이 두 가지 경우 모두, 한 모양에 경로가 존재하는데, 다른 모양의 해당 변형 경로는 다른 모양의 구멍을 통과해야 한다.

중요한 토포로지 불변량은 영역 수에서 홀 수를 뺀 값으로 정의되는 **오일러 수**(또는 오일러 특성)이다.

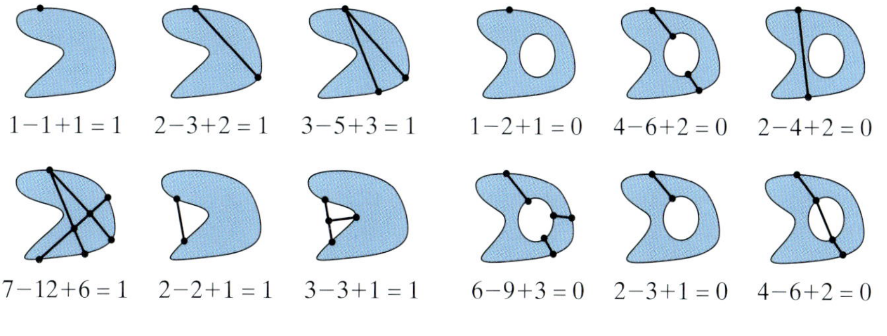

그림 4.39 오일러 수가 1(왼쪽)과 0(오른쪽)인 영역에 대한 다양한 tesselation. 오일러 수는 특정한 tesselation에 의존하지 않는다는 것을 보여준다. 그림 아래에 식(4.165)에 따라 정점수 − 에지 + 면수가 있다. 적어도 한 개의 정점이 있다. 에지들은 정점들에서 만난다. 외부 정점과 에지는 고려되지 않았다.

9 만일 호모토피가 역을 가진다면, 그것은 호모모피즘(homeomorphism)이다. 예로서, 원에서 타원으로의 매핑은 호모모피즘이다. 왜냐하면 1:1매핑이기 때문이다. 한편, 원에서 직선으로의 매핑은 호모토피이다. 왜냐하면 원상의 복수의 점이 직선상에 같은 점으로 매핑되기 때문이다.

$$\text{Euler number} \equiv \text{number of regions} - \text{number of holes} \qquad (4.164)$$

이 개념을 이해하기 위해, 영어 알파벳의 대문자와 소문자의 오일러 숫자가 표 4.4에 나와 있다.

평면에서 한 영역이 주어지면, 그림 4.39와 같이 정점들이 영역의 경계에 추가되고, 에지(직선 또는 곡선일 수 있음)가 이 정점들 사이에 그려진다고 가정하자. 에지는 영역을 하나 이상의 면으로 나눈다.

모든 정점에는 적어도 하나의 에지가 연결되어 있고, 영역에는 적어도 하나의 (필요한 경우 암시적) 정점이 있고, 정점은 에지가 교차하는 모든 위치에서 선언되며, 외부와 홀 경계는 에지로 계산된다. **Poincaré 수식**에 따르면 다음과 같이 오일러 수는 정점 수에서 에지 수와 면수를 뺀 값과 같다.

$$\text{Euler number} = \text{number of vertices} - \text{number of edges} + \text{number of faces} \qquad (4.165)$$

영역 외부의 정점 및 에지는 계산되지 않는다. 이 수식은 오일러 수는 영역이 정점, 에지 및 면으로 나뉘는 방법과 관계가 없다고 명시한다. 예를 들어, 그림에서 첫 번째 영역에는 단일(암시적) 정점, 단일 에지(외부 윤곽선) 및 단일면(채워진 파란색 영역)이 있으므로 오일러 수는 $1 - 1 + 1 = 1$이다. 또 다른 정점이 추가되고 정점 사이에 모서리가 그려지면 2개의 정점, 3개의 에지(외부 윤곽선이 2로 분할 됨) 및 2개의 면이 있어, $2 - 3 + 2 = 1$이다. 다른 테셀레이션들에 대해서도 마찬가지이다.

방정식 (4.165)은 로컬 연산에서 오일러 수를 계산할 수 있음을 암시한다. 사실, 오일러 수는 집합에 대한 연산과 마찬가지로 **포함-제외 원칙**(inclusion-exclusion principle)을 따른다.

$$E(I_1 \cup I_2) = E(I_1) + E(I_2) - E(I_1 \cap I_2) \qquad (4.166)$$

여기서 I_1과 I_2는 평면의 두 부분 집합이며, $E(I)$는 그림 4.40에서와 같이 I의 오일러 수이다. 이제 우리가 이미 부분 집합 I의 오일러 수를 알고 있다고 가정하고, 다른 영역 ΔI와 병합될 경우, 오일러 수가 얼마나 변할지를 계산하려고 한다. 대입을 통해 다음을 얻는다.

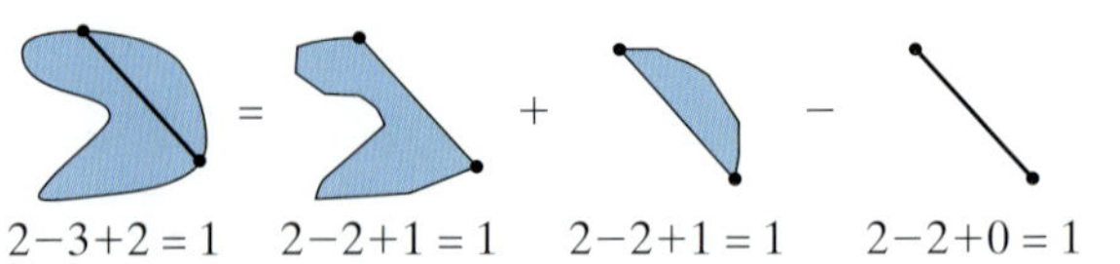

그림 4.40 두 영역의 합집합 오일러 수는 각 영역의 오일러 수 - 교집합의 오일러수이다.

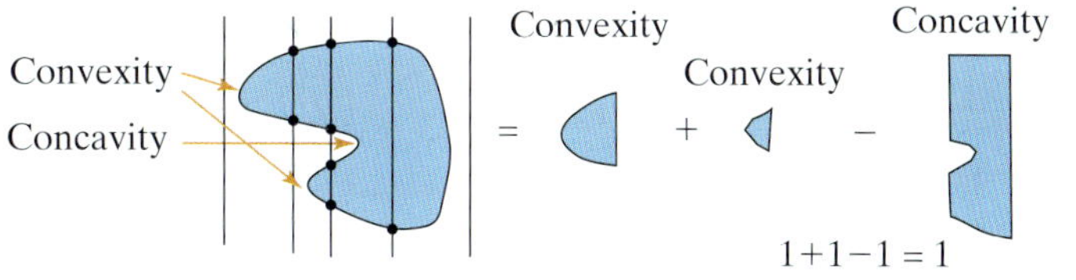

그림 4.41 오일러 수는 볼록의 수 - 오목의 수.

$$\Delta E \equiv E(I \cup \Delta I) - E(I) = E(\Delta I) - E(I \cap \Delta I) \tag{4.167}$$

여기서 ΔE는 ΔI 영역이 I와 결합될 때 오일러 수가 변경되는 양이다. 즉, 오일러 수의 변경은 추가된 서브 세트의 오일러 수에서 서브 세트들 간에 겹침을 뺀 값이다. 이 원리의 적용으로 오일러 수는 평면을 스트립으로 나누고, 스트립 내의 볼록과 오목의 수를 세어 계산할 수 있다.

$$\text{Euler number} = \text{number of upstream convexities} - \text{number of upstream concavities} \tag{4.168}$$

여기서 "업스트림"은 스위핑 방향의 반대 방향을 가리킨다. 예를 들어, 그림 4.41에서 스위핑 방향은 수평(오른쪽)이고, 첫 번째 스트립에는 볼록 1개, 두 번째 스트립에는 1 볼록 그리고 세 번째 스트립에는 1 오목이 있다. 따라서 오일러 수는 $1 + 1 - 1 = 1$이다. 0 홀을 가진 영역이 1개 있기 때문에 우리가 기대하는 것이다. 식 (4.168)의 근본적인 이유는 볼록이 발생할 때마다 새로운 영역이 나타나고, 오일러 수는 증가하지만, 오목함이 두 영역을 결합하여 오일러 수를 줄인다.

오일러 수의 국부적으로 계산 가능한 속성이 이진 영상과 같은 정사각형 격자에 어떻게 적용될 수 있는지 상상하기란 어렵지 않다. 영상이 왼쪽에서 오른쪽으로 위쪽에서 아래쪽으로 스윕될 때, 2×2 화소 배열에 오른쪽 하단 모서리에 1이 있고, 다른 3 화소에 0이 있을 때마다 볼록함이 있다. 유사하게, 오른쪽 아래 모서리에 0이 있고, 다른 화소에 1이 있을 때마다 오목함이 있다. 왼쪽 상단 모서리에서 오른쪽 하단 모서리까지 스윕한다. 따라서 오일러 수는 첫 번째 발생 수에서 두 번째 발생 수를 뺀 값과 관련이 있다.

사실, 정사각형 격자는 이 간단한 분석을 복잡하게 하며, 4개의 모든 기본 방향(영상의 네 구석에서)을 스윕하고 결과의 평균을 요구한다. 이는 알고리즘 4.20에 제시된 알고리즘으로 이어진다. 필요에 따라 겹쳐지는 제로 패딩된 영상의 2×2 화소 배열이 검사된다. 이 배열들의 각각은 4개의 이진 화소를 포함하기 때문에 비트 쿼드(bit quad)라고 한다.

각 화소가 ON 혹은 OFF 이므로, $2^4 = 16$ 가능한 비트 쿼드이다. 이들은 ON 화

알고리즘 4.20 오일러 수의 계산

```
COMPUTEEULERNUMBER(I, connectedness)

Input:  binary image I, whether foreground is 4-connected or 8-connected
Output: the Euler number of I

count ← 0
sign ← +1 if connectedness = 4 or −1 if connectedness = 8
for y ← 0 to height do
    for x ← 0 to width do                                        ➤ For each pixel,
        n\ ← I(x, y) + I(x − 1, y − 1)                 examine ON pixels in 2 × 2 window.
        n/ ← I(x − 1, y) + I(x, y − 1)       ➤ Note: For out-of-bounds pixels, I(x, y) = 0.
        if n\ + n/ = 1 then                                    ➤ If there is 1 ON pixel,
            count ←+ 1                                         then increment counter.
        elseif n\ + n/ = 3 then                              ➤ If there are 3 ON pixels,
            count ←− 1                                         then decrement counter.
        elseif (n\ = 2 AND n/ = 0) OR (n\ = 0 AND n/ = 2) then          ➤ If ON pixels
            count ←+ 2 * sign                  are diagonal, then add or subtract 2.
return count/4                                       ➤ Divide by 4 to get Euler number.
```

소의 수와 배열에 따라 6 집합으로 나뉜다.

$$\underbrace{\begin{bmatrix}0&0\\0&0\end{bmatrix}}_{Q_0}\ \underbrace{\begin{bmatrix}1&0\\0&0\end{bmatrix}\cdots\begin{bmatrix}0&0\\0&1\end{bmatrix}}_{Q_1}\ \underbrace{\begin{bmatrix}1&1\\0&0\end{bmatrix}\cdots\begin{bmatrix}1&0\\1&0\end{bmatrix}}_{Q_2}\ \underbrace{\begin{bmatrix}1&1\\1&0\end{bmatrix}\cdots\begin{bmatrix}0&1\\1&1\end{bmatrix}}_{Q_3}\ \underbrace{\begin{bmatrix}1&1\\1&1\end{bmatrix}}_{Q_4}\ \underbrace{\begin{bmatrix}1&0\\0&1\end{bmatrix},\begin{bmatrix}0&1\\1&0\end{bmatrix}}_{Q_D}$$

여기서 Q_i, $i=0, \ldots, 4$는 i 4−연결된 ON 화소의 비트 쿼드 집합이고, Q_D는 두 모서리에 ON 화소가 있는 비트 쿼드 집합이다. Q_1, Q_2 및 Q_3에는 각각 90도 회전에 따라 4개의 요소가 포함되어 있다.

n_i가 유형 Q_i가 나타나는 횟수를 나타낸다. 그러면 이진 영상의 오일러 수는 다음과 같이 나타낼 수 있다.

$$E_4(I) = \frac{1}{4}(n_1 - n_3 + 2n_D) \qquad \text{(4-connectedness)} \tag{4.169}$$

$$E_8(I) = \frac{1}{4}(n_1 - n_3 - 2n_D) \qquad \text{(8-connectedness)} \tag{4.170}$$

여기서 E_4는 전경(그리고 배경에 대한 8−연결성)에 대한 4−연결성을 가정하는 오일러 수이며, E_8은 전경에 대한 8−연결성(그리고 배경에 대한 4−연결성)을 가정하는 오일러 수이다.

비트 쿼드를 사용하여 영역의 면적과 둘레를 계산할 수도 있다.

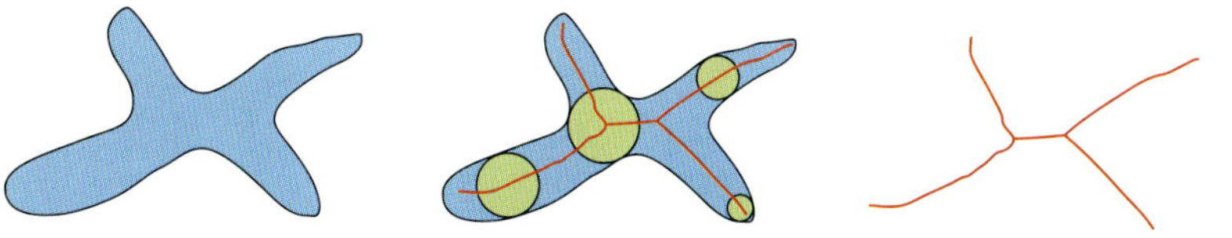

그림 4.42 이진 영역의 골격은 불(fires)의 전면이 경계와 만나는 점들의 자취(locus). 혹은 최대 볼들의 중앙의 자취로서 정의된다.

$$\text{area} = \frac{1}{4}(n_1 + 2n_2 + 3n_3 + 4n_4 + 2n_D) \tag{4.171}$$

$$\text{perimeter} = n_1 + n_2 + n_3 + 2n_D \tag{4.172}$$

여기서 첫 번째 방정식은 이전에 보았던 0번째 모멘트와 동일하다. 즉, 영상 경계를 적절하게 처리하면서 모든 화소를 계산한다. 그러나 두 번째 방정식은 화소 중심을 연결하는 대신 화소 사이 에지를 따라 둘레 길이를 계산한다. 따라서 4 ON 화소에서 2×2 제곱 영역은 4가 아닌 8의 둘레를 갖는다. 이산화된 연속 물체의 속성을 평가하려는 경우, 좀 더 정확한 수식은 다음과 같다.

$$\text{area} = \frac{1}{4}(n_1 + 2n_2 + 3.5n_3 + 4n_4 + 3n_D) \tag{4.173}$$

$$\text{perimeter} = n_2 + \frac{1}{\sqrt{2}}(n_1 + n_3 + 2n_D) \tag{4.174}$$

물론 각 영역이 ON 또는 OFF 인지 여부와 각 OFF 영역이 영상 테두리에 닿아 있는지 여부를 추적하면서, 연결된 구성요소 알고리즘을 실행하여 오일러 수를 계산할 수도 있다. 오일러 수는 ON 영역 수에서 영상 경계에 닿지 않는 OFF 영역 수를 뺀 수이다.

4.5 골격화

이진 영역의 또 다른 특징은 **골격**(skeleton)이다. 잠시 동안 이산화(discretization) 효과를 무시하고 연속적인 영역을 고려하자. 이 단순화와 함께, 그림 4.42에서와 같이 골격에 대한 두 가지 대안이 있지만 동등한 정의가 있다. **Blum의 중간 축 변환**(Blum's medial axis transform)으로 알려진 첫 번째 것에서 우리는 건조하고 가연성인 잔디가 타지 않는 흙으로 둘러싸인 영역을 상상하자. 지역이 경계를 따라 화재가 발생하면 화재의 불길이 안쪽으로 전파된다. 영역을 통해 잔디가 일정한 속도로 연소된다고 가정하면, **중간 축**(medial axis)은 두 개 이상의 불길의 파면이 만나는 점의 집합으로 정의되며, 골격은 중간 축으로 정의

그림 4.43 6개 다른 연속 모양(청색)과 그들의 골격(적색 선)

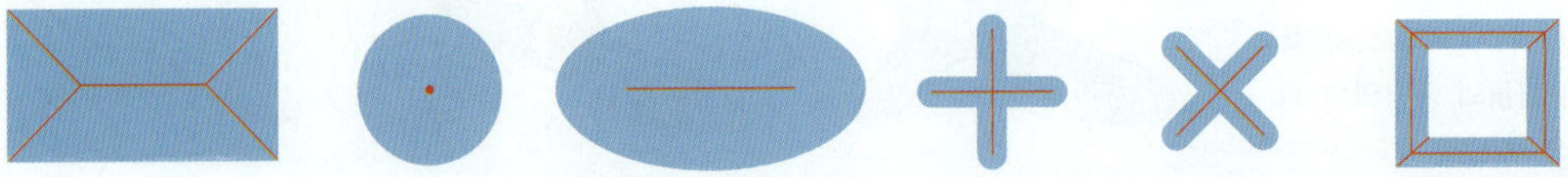

된다. 대안적으로, 골격은 모든 최대 디스크의 중심의 궤적(즉, 위치의 집합)으로서 정의된다. 여기서 **최대 디스크**는 상기 영역 내에 완전히 맞고 적어도 2개 장소에서 경계에 닿는 원이다. 이러한 정의가 동등한지 쉽게 확인할 수 있다.

관련된 개념은 **퀜치 함수**(quench function)인데, 골격상의 각 점에 대한 연관된 최대 디스크의 반경 또는 중간 축에서 켄칭되기 전에 파면에 의해 이동된 거리로 정의된다. 골격과 퀀치 함수가 함께 고유하게 영역을 재구성할 수 있는 충분한 정보를 가지고 있음을 알 수 있다.

그림 4.43은 6가지 예제 이진 모양과 그와 관련된 골격을 보여준다. 채워진 정사각형의 골격(도시되지 않음)은 X이며, 채워진 직사각형의 골격은 X가 더 긴 차원을 따라 늘어나는 것을 제외하면 비슷하다. 유사하게, 채워진 원의 골격은 점이고, 타원의 골격은 선분인데 끝점이 타원에 포함된 원들의 중심이고 타원 끝의 접선인 선분이다. 채워진 플러스 또는 X의 골격은 말단의 영역 모양에 따라 달라진다. 그림에서 볼 수 있듯이 둥근 맨끝이 있는 경우, 뼈대는 영역의 경계까지 도달하지 않지만 뾰족한 맨끝에서는 도달한다. 마지막으로 빈 사각형의 골격은 내부의 얇은 사각형과 각 구석을 가리키는 직선 세그먼트이다.

골격에 대해 알아야 하는 첫 번째 것 중 하나는, 골격은 잡음에 매우 민감하다. 소량의 잡음이라도 골격의 특성에 큰 영향을 미칠 수 있다. 그림 4.44는 두 가지 예를 보여준다. 첫 번째 예제에서는 완벽하게 잡음이 없는 채워진 사각형이 우연히 손상되어 하나의 화소가 측면에서 튀어 나와 있다. 이 단일 화소는 중간 세그먼트에서 객체의 경계까지 다소 긴 돌출을 포함하도록 골격을 변경한다. 또한 화소가 정사각형이기 때문에, 이 돌출부는 화소의 네 모서리에도 접촉한다. 정의에 따라 골격이 영역의 각 구석에 닿는 사실은 이산화가 발생할 때 더욱 문제가 된다. 이 현상은 원이 이산 격자 상의 화소의 집합으로 근사되는 두 번째 예제에서 설명된다. 다른 모든 잡음 소스를 무시하더라도 화소 모서리의 들쭉날쭉한 에지가 연속 원의 단순한 점에서 인식을 넘어 골격 모양이 바뀌게 한다. 이 현상은 들쭉날쭉한 모서리 때문이다. 이것은 골격 그 자체가 연속적인 도메인에서 표현될 때조차도 발생한다.

이미 언급한 문제에 추가하여, 골격의 연속적인 정의를 골격이 이산적으로 표

그림 4.44 영역의 골격의 정의는 입력에서 잡음에 민감하다. 왼쪽: 단일 화소가 골격에 극적으로 영향을 미칠 수 있다. 이 작은 돌출(protrusion)이 완전히 새로운 가지를 유도한다. 오른쪽: 골격이 각 코너를 터치하도록 요구된다. 이산화된 원의 골격은 연속 원의 그것과 같지 않다.

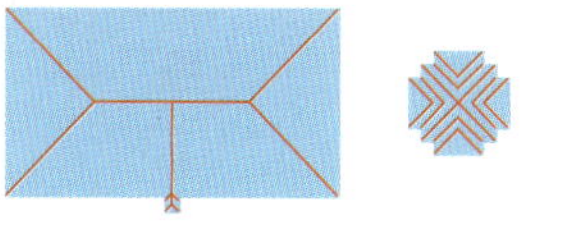

현되는 경우로 어떻게 전환해야 하는지는 명확하지 않다. 실제로 모든 경우에 잘 작동하는 정의는 없다. 대신 합리적인 근사를 찾아야 한다. 즉, 우리는 경계 점들을 보간하여 연속적인 형태의 실제 골격에 대략적으로(어떤 의미에서는) 일치하는 화소 집합(이산화된 골격)을 찾는다. 이러한 부정확성의 결과로 두 가지 유형의 **골격화**(skeletonization) 알고리즘이 있다. C-유형("코너" 용) 알고리즘은 영역의 모서리에 닿는 골격을 보존하려고 한다. S-유형("부드러운" 용) 알고리즘은 영역의 모서리를 무시하고 대신 전반적인 모양만 보존하려고 한다. 이어지는 하위 절에서 우리는 이 두 범주에 속하는 골격화에 대한 여러 접근법을 고려한다. 이 두 가지 범주는 모두 잘 연결되어 있고, 최대한 얇고, 최소한으로 침식된 골격을 계산하는 것을 목표로 한다.

4.5.1 세선화에 의한 골격

골격화에 대한 일반적인 접근법은 결과가 수렴될 때까지 영상을 반복하여 얇게 만드는 것이다. 이 접근법의 한 가지 버전으로 형태학적 방법을 보였다. 수렴될 때까지 순서화된 구조 요소 SE 집합이 영상에 반복적으로 적용되고, 최종 결과는 골격에 대한 근사값을 산출한다. 핵심 부분에서 세선화의 각 반복은 전경 영역의 연결에 영향을 주지 않고, 영상에서 제거할 수 있는 화소들을 식별하며 형상에 미치는 영향은 최소화한다.

제거할 화소를 식별하는 테스트를 변경하고 제거할 순서를 변경하여 대체된 골격화 알고리즘들을 얻는다. 두 가지 알고리즘이 다음 두 하위 절에 설명되어 있지만, 먼저 8-이웃 값을 기반으로 어떤 환경에서 화소를 제거하는 것이 바람직한지를 이해하기 위해 기초를 마련해야 한다. 이렇게 하려면, 3×3 이진 패턴의 몇 가지 기본 특성을 고려하자.

가운데에 ON 화소가 있는 $2^8 = 256$개의 가능한 3×3 이진 패턴이 있다. 가운데 주위에 8 화소가 있고, 각 화소는 두 값 중 하나를 취할 수 있다. σ가 8화소의 이 바깥 쪽 링에 있는 ON 화소의 수를 나타낸다. 특정 값을 갖는 3×3의 이진 패턴의 수는 $\binom{8}{\sigma} \equiv \frac{8!}{\sigma!(8-\sigma)!}$로 수학적으로 표현되는 "8 선택 σ"에 의해 주어진다. 여기서 $n! \equiv n \cdot (n-1) \cdot (n-2) \cdots 1$이며, 양의 정수 n에 대한 계승 연산자이고, $0! = 1$이다. $\sigma = 0$에 대해 단지 하나의 패턴이 있기 때문에 $\binom{8}{0} = 1$이

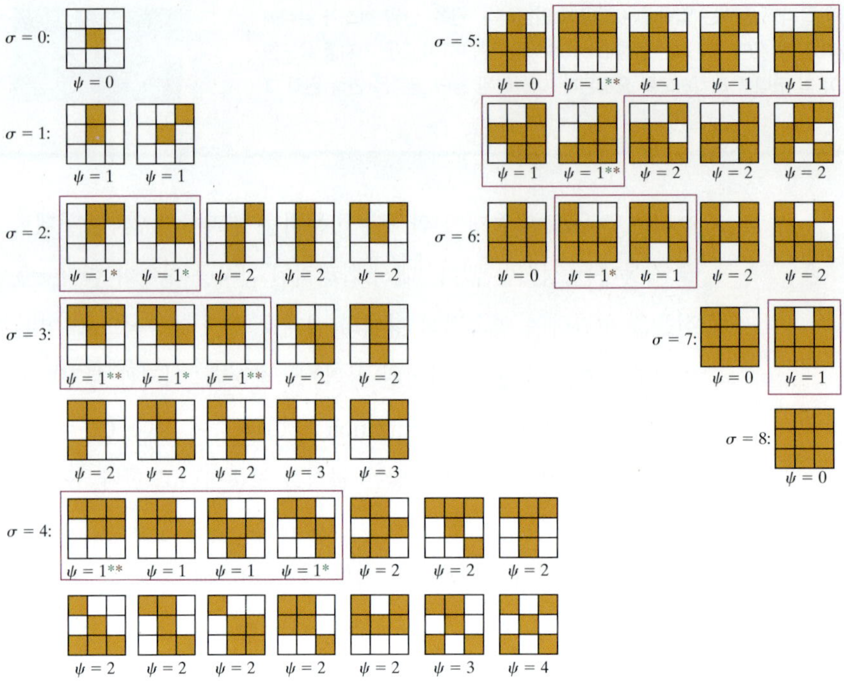

그림 4.45 σ값(8-이웃의 ON 수)과 ψ값(연결 수)과 함께 중앙에 ON 된 50개 유일한 3 × 3 패턴. 나머지 206개 패턴도 이 패턴들을 회전 혹은 반사를 통해 얻어진다. σ와 ψ는 영향을 받지 않는다. $\psi = 0$인 모든 패턴에 대하여, 중앙 화소가 OFF로 되어있다면 연결수는 8-연결 전경 영역의 수이다. $\sigma = 0$와 $\psi = 0$인 모든 패턴에 대하여, 중앙 화소를 OFF로 하는 것은 홀(hole)을 생성한다. 보라색 박스는 시그마-푸시 알고리즘에 의하여 중앙 화소가 제거되어지는 패턴을 둘러싸고 있다. 녹색과 황색 별표는 모폴로지 세선화와 Zhang-Suen 각각에 의하여 중앙 화소가 제거되지는 패턴을 가리킨다. 앞의 알고리즘은 다른 두 알고리즘 보다 화소를 제거하는 데 공격적이다.

다; $\sigma = 1$에는 $\binom{8}{1} = 8$ 패턴이 있다; $\sigma = 2$에는 $\binom{8}{2} = 28$ 패턴이 있다; $\sigma = 3$에는 $\binom{8}{3} = 56$ 패턴이 있다; $\sigma = 4$에는 $\binom{8}{4} = 70$ 패턴이 있다; 등등. $1 + 8 + 28 + 56 + 70 + 56 + 28 + 8 + 1 = 256$을 확인하는 것은 쉽다. 회전 및/또는 반사를 제외하고는 동일한 패턴을 폐기하면, 그림 4.45와 같이 50개의 고유한 패턴만 남게 된다.

ψ로 표시되는 **연결 번호**(connection number)를 정의하자. 중앙 화소에 8-연결되는 영역의 수(중앙에 4개의 연결된 십자가가 있으면 −1). 즉, 연결 번호는 중앙 화소가 꺼져 있고 생성될 홀의 수를 뺀 값으로 남아있는 3 × 3 패턴의 8 연결 전경(ON) 영역의 수이다. ψ는 중심 화소의 4-이웃에 대한 0−1 (OFF−ON) 천이의 수와 모서리에서 격리된 전경 화소 수를 더한 값으로 계산할 수 있다.

$$\psi = \underbrace{\psi_{01,4}}_{0-1 \text{ transitions}} + \underbrace{\psi_{010,c}}_{\text{isolated corners}} \tag{4.175}$$

중심 화소 P_0 주위의 3 × 3 이웃에 있는 화소가 다음과 같이 레이블 되면,

$$\begin{bmatrix} p_8 & p_1 & p_2 \\ p_7 & p_0 & p_3 \\ p_6 & p_5 & p_4 \end{bmatrix}$$

이 양들은 다음과 같이 계산될 수 있다.

$$\psi_{01,4} \equiv (\bar{p}_1 \cdot p_3) + (\bar{p}_3 \cdot p_5) + (\bar{p}_5 \cdot p_7) + (\bar{p}_7 \cdot p_1) \quad \textbf{(4.176)}$$

$$\psi_{010,c} \equiv (\bar{p}_1 \cdot p_2 \cdot \bar{p}_3) + (\bar{p}_3 \cdot p_4 \cdot \bar{p}_5) + (\bar{p}_5 \cdot p_6 \cdot \bar{p}_7) + (\bar{p}_7 \cdot p_8 \cdot \bar{p}_1) \quad \textbf{(4.177)}$$

여기서 오버바(overbar)는 이진 보수를 의미한다. 이 방정식에서, $\bar{p}_i \cdot p_j = 1$ iff $p_i = 0$(OFF) and $p_j = 1$(ON)이고, 그렇지 않으면 0이다. $\bar{p}_i \cdot p_j \cdot \bar{p}_k = 1$ iff $p_i = 0$(OFF), $p_j = 1$(ON), $p_k = 0$(OFF)이다.

σ 및 ψ의 값은 중앙 화소의 역할에 대한 중요한 정보를 제공한다. 50개의 독특한 3 × 3 패턴을 조사하면, $\psi > 1$인 화소가 여러 영역을 연결하는 것은 분명하다. 즉, ψ는 중앙 화소가 OFF인 경우(만일 $\sum \neq 0$ 및 $\psi \neq 0$인 경우) 결과로 생성될 8-연결 영역 수 또는 생성된 홀 수(만일 $\psi = 0$)이다. 보다 구체적으로, $\sigma = \psi = 2$를 갖는 화소는 선분의 중간에 있고, $\sigma = \psi = 3$을 갖는 화소는 T-접합부에 있고, $\sigma = \psi = 4$를 갖는 화소는 X-교차점에 있고, $\rho = 1$을 갖는 화소는 선분의 끝에 있다.

이 모든 경우에 화소를 여러 영역의 연결을 끊지 않고 제거할 수 없으므로 세선화 알고리즘이 원래 영역의 연결을 유지한다는 특성이 손상된다. 검사를 통해 보다 일반적인 설명을 만들 수 있다. 즉, $\psi = 1$ 지역의 연결성을 유지할 때마다 중앙 화소를 제거(즉, OFF로 설정)한다. 그러나 $\sigma = 1$일 화소를 제거하면, 필요 이상으로 영역이 침식되어 최소 침식 요건을 위반하게 된다.

4.5.2 시그마-푸시(Sigma-Psi) 알고리즘

이 분석은 자연스럽게 **시그마-푸시**($\sigma - \psi$) **알고리즘**으로 이어지며, 이 알고리즘은 영상을 검토하고 화소를 조사하여 $\sigma \neq 1$ 및 $\psi = 1$인 화소를 삭제한다. 이 과정은 수렴할 때까지 계속된다. 그림 4.46은 그림 4.15와 같은 이진 영상에서 이 알고리즘의 결과를 보여준다. 이 경우 화소는 위에서 아래로 및 왼쪽에서 오른쪽 순서로 처리된다. 이 결정의 결과는 화소가 발견된 순서대로 제거되기 때문에 골격이 영상에서 아래로 이동하는 경향이 있다는 것이다. 언뜻보기에, 이 하향 이동 문제에 대한 해결책은 $\sigma \neq 1$, $\psi = 1$ 테스트를 통과하면, 삭제할 화소를 플래그로 지정하여 화소를 한 화소씩 증분(one-pixel-thick increment)에

그림 4.46 시그마-푸시 알고리즘을 사용한 골격화. 각 화소는 차례로 시험된다. 만일 $\sigma \neq 1$과 $\psi = 1$면 그것은 제거된다. 첫 패스에서 영역 경계를 따라 모든 화소가 제거된다. 둘째 패스에서, 시험하는 차수에 따라 의존적인 선택된 특정 화소와 함께 추가 화소가 제거된다. 마지막 결과는 입력의 골격이다. 이것은 S-형태의 알고리즘이다. 왜냐하면 코너를 터칭하는 세그먼트가 유지되지 않기 때문이다.

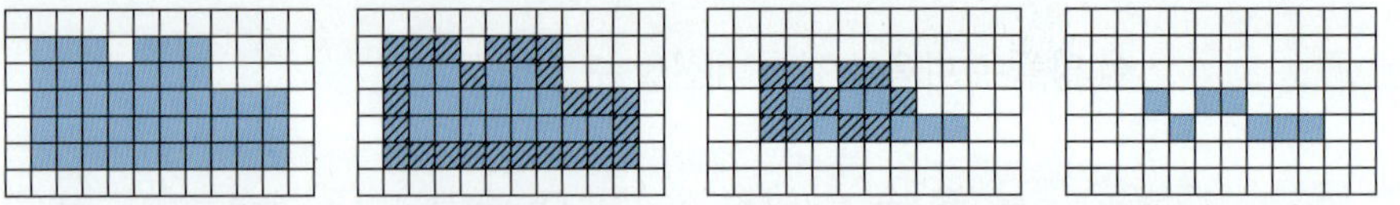

서 제거하는 것이다. 한 번에 전체 영상을 검사한 다음, 이 과정을 수렴할 때까지 반복한다.

불행하게도, 시그마-푸시는 이 방법을 채택하기 위해 화소를 삭제 플래그로 표시하는 방식이 너무 공격적이다. 즉, 화소들이 만날 때 삭제되지 않으면, 알고리즘이 끊긴 골격로 이어질 수 있다. 예를 들어, 그림에서 두 번째 부분 그래픽의 맨 아래 줄 오른쪽에 있는 세 번째 색상 화소인 위치 (7, 4)의 화소는 $\sigma = 4$와 $\psi = 1$이므로 이웃 화소들에 플래그가 지정되는 동시에 삭제를 위해 플래그된다. 이 결론은 이전의 언급과 유사하다. 즉, 형태학적으로 세선화하는 것은 영역 분리를 피하기 위해 집합이 아닌 시퀀스로서 코너 SE를 처리해야 한다.

이 그림에서 시그마-푸시 알고리즘은 영역의 모서리에 도달하는 골격을 생성하지 않기 때문에 S 유형이 분명하다. 대조적으로, 이전에 마주 쳤던 형태학적 세선화 알고리즘은 그림 4.15의 출력을 회상하여 볼 수 있듯이, 모서리까지 도달하는 C 유형이다. 어느 유형의 골격이 선호되는지는 용도에 따라 다르다.

4.5.3 Zhang-Suen 알고리즘

밀접하게 관련된 세선화에 의한 골격화법(skeletonization-by-thinning)은 **Zhang-Suen 알고리즘**이다. Zhang-Suen은 영상에 두 개의 하위 반복을 계속적으로 적용한다. 첫 번째 하위 반복에서 화소는 다음 4 가지 테스트를 충족하는 경우, 제거를 위해 플래그가 지정된다.

a) $2 \leq \sigma \leq 6$ **(4.178)**

b) $\psi_{01,8} = 1$ **(4.179)**

c) $p_1 \cdot p_3 \cdot p_5 = 0$ **(4.180)**

d) $p_3 \cdot p_5 \cdot p_7 = 0$ **(4.181)**

여기서 $\psi_{01,8}$은 p_0의 8-이웃을 따른 0-1(OFF-ON) 전이의 수이다. 즉,

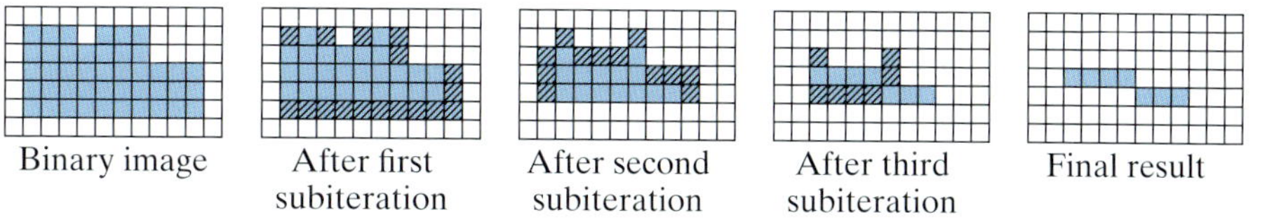

그림 4.47 이진 영상에 적용된 Zhang-Suen 알고리즘.

$$\psi_{01,8} \equiv (\bar{p}_1 \cdot p_2)+(\bar{p}_2 \cdot p_3)+(\bar{p}_3 \cdot p_4)+(\bar{p}_4 \cdot p_5)+(\bar{p}_5 \cdot p_6)+(\bar{p}_6 \cdot p_7)+(\bar{p}_7 \cdot p_8)+(\bar{p}_8 \cdot p_1) \quad \textbf{(4.182)}$$

전체 영상이 검사되면 플래그가 지정된 화소가 제거된다. 두 번째 하위 반복에서 화소는 네 개의 테스트를 충족하면 제거를 위해 플래그로 지정된다. 처음 두 개는 위의 것과 동일하고, 후자 두 개는 다음과 같이 약간 변경된다.

$$\text{c}') \ p_1 \cdot p_3 \cdot p_7 = 0 \quad \textbf{(4.183)}$$

$$\text{d}') \ p_1 \cdot p_5 \cdot p_7 = 0 \quad \textbf{(4.184)}$$

이전과 마찬가지로 전체 영상을 검사한 후, 플래그가 지정된 화소가 제거된다. 이 두 가지 반복들은 수렴될 때까지 계속된다. 수식 (4.180)-(4.181)의 두 가지 테스트와 수식 (4.183)-(4.184)의 두 가지 테스트는 각각 다음 두 표현식과 같다.

$$\text{c, d}) \quad \bar{p}_3 \ \textbf{or} \ \bar{p}_5 \ \textbf{or} \ (\bar{p}_1 \cdot \bar{p}_7) \quad \textbf{(4.185)}$$

$$\text{c}', \text{d}') \quad \bar{p}_1 \ \textbf{or} \ \bar{p}_7 \ \textbf{or} \ (\bar{p}_3 \cdot \bar{p}_5) \quad \textbf{(4.186)}$$

즉, 첫 번째 하위 반복은 동쪽 또는 남쪽 경계 또는 북서쪽 모서리의 지점을 삭제하고, 두 번째 하위 항목은 북쪽 또는 서쪽 경계 또는 남동쪽 모서리의 지점을 삭제한다. 같은 이진 영상에 대한 Zhang-Suen의 결과가 그림 4.47에 나와 있는데, 시그마-푸시와의 유사성이 명백하다.

4.5.4 NF2 알고리즘

세선화를 사용하여 골격화를 수행하는 대신, 영상의 보수(complement)를 거리 변환에 사용하여 각 전경 화소에서 가장 가까운 배경 화소까지의 거리를 산출할 수 있다. 결과 거리 함수의 정점과 산등성(ridges)이 골격상의 점들을 나타난다. 그러나 2D 함수의 산등성을 감지하는 간단한 방법이 없으므로, 이러한 접근 방식을 기반으로 한 알고리즘은 실용상 열악한 경향이 있으며, 단절된 골격 또는 잡음이 있는 결과를 산출한다.

거리 함수를 기반으로 한 보다 강력하고 효과적인 기술 중 하나는 NF2로 알려져 있다. 이 알고리즘은 경로 계획을 위해 로봇 커뮤니티에서 개발되었기에 영

알고리즘 4.21 골격화를 위한 NF2 알고리즘(맨해탄 거리 사용)

```
SKELETONBYNF2(I)
Input:  binary image I containing a single region R of ON pixels
Output: set S of pixels comprising skeleton of region
    ➤ Initialization
    for each pixel p ∈ R do                           ➤ For each pixel in region, initialize
        d(p) ← ∞                                      its distance to nearest background pixel to infinity.
    for each pixel p ∉ R do                           ➤ For each pixel in background,
        if there exists q ∈ 𝒩(p) s.t. q ∈ R then      if it is a boundary pixel, then
            d(p) ← 0                                  set its distance to nearest background pixel to zero,
            b(p) ← p                                  set its nearest background pixel to itself,
            next-frontier.PUSH(p)                     and push the pixel onto the zeroth frontier.
    ➤ Main loop
    δ ← 0                                             ➤ Set distance to zero.
    repeat
        frontier ← next-frontier                      ➤ Copy the frontier generated in previous iteration.
        for each p ∈ frontier do                      ➤ For each pixel in the frontier,
            for each q ∈ 𝒩(p) s.t. q ∈ R do           if it has a neighbor inside the region
                if d(q) == ∞ then                     that has not yet been visited, then
                    d(q) ← δ + 1                      set the neighbor's distance to one more than itself,
                    b(q) ← b(p)                       set its nearest background pixel to be the same,
                    next-frontier.PUSH(q)             and push the neighbor onto the next frontier.
                elseif DIST(b(q), b(p)) > τ then      ➤ Otherwise, if background pixels are far
                    if p ∉ S then                     enough apart, then the wave fronts meet; store only one
                        S.PUSH(q)                     of the pixels to avoid generating double-thick skeleton.
        δ ←+ 1                                        ➤ Increment the distance for the next iteration.
    until frontier.SIZE == 0                          ➤ Repeat until frontier is empty.
```

상처리 커뮤니티에서 널리 알려져 있지 않다. 알고리즘 4.21에 제시된 알고리즘은 웨이브 프론트 유추(analogy)에 의해, 영역의 경계를 따라 화소 경계를 만들고, 일정한 속도로 안쪽으로 전파되도록 한다. 파면 프론트가 전파됨에 따라, 알고리즘은 프론티어 상의 각 화소에 대해 가장 가까운 경계 화소 $b(\cdot)$ 및 그 경계 화소까지의 거리 $d(\cdot)$를 추적한다.

두 개의 웨이브 프론트가 만나는 경우, 해당 경계 화소가 적어도 작은 거리만큼 떨어져 있으면 겹치는 화소가 골격 S에 추가된다. 코드에서 τ로 표시되는 이 거리 임계값은 일반적으로 영상의 예상 잡음 수준에 따라 2에서 6 사이의 숫자로 설정된다. 단순함을 위해, 의사 코드는 맨하탄 거리를 사용하는 알고리즘의 버전을 보여 주지만 보다 정확한 결과가 필요한 경우, 다른 거리 측정을 사용할 수 있다. NF2는 전처리 단계로 보다는 거리 변환을 계산한다.

그림 4.48 NF2를 사용한 골격화. 이진 입력 영상, $\sigma = 0$에 대해 라인 2, 7, 19 후에 $\tau = 2$를 사용한 중간 결과, $\delta = 1,2$으로 라인 19 후에 중간 결과가 보인다. 녹색은 알고리즘이 진행됨에 따라 골격상의 화소를 가리킨다. 청색은 골격을 설명하는 최종 그래픽에 사용된다.

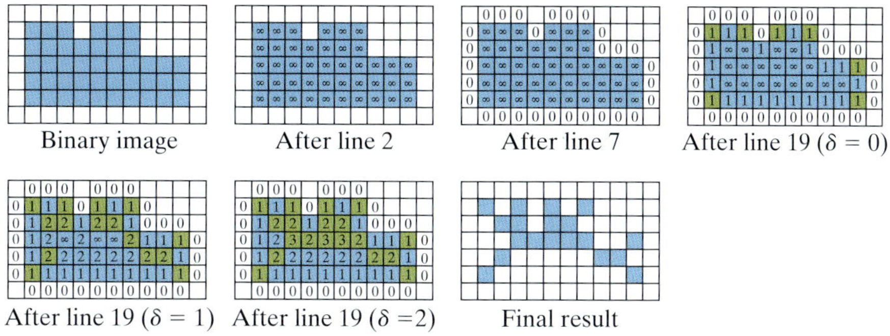

NF2 실행의 여러 단계를 보여주는 예가 그림 4.48에 나와 있다. 처음에는 영역 안의 모든 화소가 가장 가까운 경계 화소까지 무한대 거리로 설정되고, 경계의 모든 화소는 거리 0으로 설정된다. 그런 다음, 경계가 생성되고 각 반복마다 거리 1만큼 내측으로 전파되어, 두 인접한 화소의 거리를 계산할 뿐만 아니라 두 파도 전선이 충돌할 때를 결정한다. NF2는 상당히 얇은 연결(thin connected)된 이산 골격을 생성하는 경향이 있다. NF2의 또 다른 이점은 세선화(thinning) 알고리즘과 같이 영상을 통한 다중 패스가 필요 없기 때문에 계산이 효율적이다.

두 개의 서로 다른 이진 영상에 대한 다양한 골격화 알고리즘의 비교가 그림 4.49에 나와 있다. 여기서 NF2는 형태학적 세선화와 마찬가지로 C-타입인 반면, 다른 것들의 타입은 S-타입이라는 것을 알 수 있다. C-타입 알고리즘은 영역의 모서리가 의미있는 경우 실제 골격을 생성하지만, 이산화 효과가 기본 연속 영역의 실제 모양을 모호하게 만들 때, 잡음이 많은 출력을 생성한다. 세선화 알고리즘들은 모두 접근 방식이 비슷하지만, 화소를 삭제할지 여부를 결정하는

그림 4.49 두 개의 다른 이진 영상에 대해 다양한 골격화 알고리즘의 비교

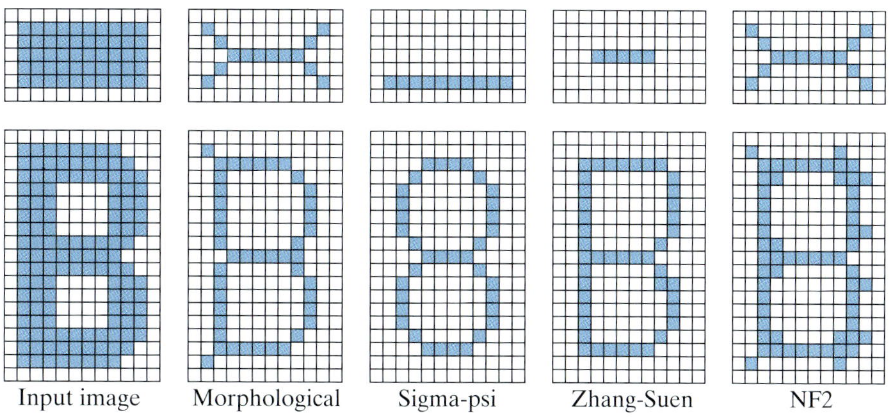

데 사용되는 테스트와 화소를 처리하고 삭제하는 순서가 모두 다르다.

시험을 통해 그림 4.14의 모든 SE에 대해 $\psi = 1$과 $\sigma \neq 1$이므로, 삭제를 위해 시그마-푸시 알고리즘에 의해 감지된 패턴의 하위 집합을 형태학적 세선화가 구분할 수 있는지를 확인하기는 쉽다. 유사하게, Zhang-Seun은 시그마-푸시보다 보수적이다. 왜냐하면 $\psi_{01,4} = 1$을 만족하는 여러 패턴이 $\psi_{01,8} \neq 1$을 가지기 때문이다. 이러한 관계는 그림 4.45에서 강조되어 있는데, 시그마-푸시에 의한 제거를 위해 플래그된 화소의 서브 세트만이 형태학적 세선화나 Zhang-Seun에 의해 제거되도록 플래그가 지정된다. 일반적으로 골격화는 섬세한 과정이므로 최종 결과를 정리하는 데 사용된 후처리는 물론, 구현 세부사항에 따라 결과가 크게 달라질 수 있다.

4.6 경계 표현

본 장 앞부분에 우리는 영역의 모양을 다른 모양과 구별하기 위해 이진 영역을 계산할 수 있는 다양한 속성에 대해 논의했다. 이 절에서 계속 논의하지만, 여기서 우리는 그러한 영역의 경계를 나타내는 방법에 초점을 맞추고 있다. 영역의 내부와 그 경계는 보완적(complementary)이기 때문에 여기서 논의된 표현 방법은 이전에 고려된 영역 속성에 의해 제공되는 것을 풍부하게 하는 한 방법으로 생각할 수 있다.

4.6.1 체인 코드

이진 영역이 주어지면, 첫 번째 단계는 영역 주위에 화소 시퀀스를 생성하기 위해 경계 추적 알고리즘(예: 앞에서 설명한[10])을 적용하는 것이다. 일련의 각 화소 쌍을 선분의 정점으로 처리하면, 시퀀스는 가능한 가장 간단한 경계 표현(다각형)을 나타낸다. 이것은 실수 값 좌표로 정점을 삽입하거나 제거하여 임의의 정밀도로 경계를 나타낼 수 있는 다각형을 생성한다(아마도 화소 사이 보간된). 그럼에도 불구하고, 이러한 다각형 표현의 단점은 화소의 절대 좌표를 저장하여, 영상 영역의 실제 위치에 대해 표현하는 것이다.

경계의 모양을 구별하기 위해, 일반적으로 우리는 시퀀스를 이동, 회전 및/또는 스케일 변경뿐만 아니라 시작 화소에 대해 변하지 않는 표현으로 변환하기 원한다. 아마도 그렇게 하기 위한 가장 단순하고 확실한 방법 중 하나는 **체인 코**

10 4.2.4절 (p. 197).

드이다. 가장 유명한 체인 코드는 **프리먼 체인 코드**(Freeman chain code)이다(그림 4.27 참조). 체인 코드에서는 첫 번째 점의 절대 좌표만 저장되며, 다른 모든 점은 체인의 이전 점을 기준으로 한 상대적 위치를 나타낸다. 따라서 첫 번째 점의 좌표가 무시되면 체인 코드는 변환 불변인 표현을 제공한다. 그림 4.50은 이진 영역과 4-연결 경계의 예를 보여주는데, 다음과 같은 순서로 주어진다.(1, 1), (2, 1), (3,1), (4,1), (4,2), (5,2), ..., (1, 2).

나침반(동쪽, 북쪽, 서쪽 및 남쪽)의 4가지 기본 방향을 사용하면, 두 번째 화소는 첫 번째 화소의 동쪽에 있고, 다섯 번째 화소는 네 번째 화소의 남쪽에 있는 식으로 표현된다. 즉, E-E-E-S-E-E-S-E-W-S-W-W-S-W-W-N-W-N-N-N 표현으로 이어진다. 그림 4.27에 따라 이 방향에 0, 1, 2 및 3의 숫자 값을 할당하면, 이 영역의 프리먼 체인 코드 표현은 00030030232232212111에 의해 부여된다. 유사하게, 8-연결 경계는 (1,1), (2,1), (3,1), (4,1), (5,2), ..., (1,2) E-E-E-SE-E-SE-SW-W-SW-W-W-NW-N-N-N으로 표시되거나 000707545443222와 같이 보다 조밀하게 표현된다. (0은 양쪽 표현 모두에서 동쪽을 의미하지만, 나머지 숫자는 4와 8-연결의 의미가 다르다.) 다른 표현과 마찬가지로 체인 코드는 화소 좌표의 2D 표현을 1D 표현으로 변환하여 매칭을 위한 서술을 단순화한다.

표현이 회전 불변으로 만들기 위해, 연속적인 화소들의 상대 위치는 왼쪽 및 오른쪽 방향전환의 수로 인코딩될 수 있다. 이 표현은 체인 코드의 파생물로 생각할 수 있으며, 벽-추적(wall-following) 알고리즘의 부산물로 쉽게 생성될 수 있다. 예를 들어, 4-연결 경계에서 앞으로(F), 우회전(R), 좌회전(L) 또는 U턴(U)을 할 수 있다. 따라서 위의 4-연결 체인 코드의 파생물은 F-F-F-R-L-F-R-L-U-L-R-F-L-R-F-RL-R-F-F 또는 00031031213013031300에 의해 제공된다. 마찬가지로 8-연결 체인 코드의 파생물은 F-F-F-R_{45}-L_{45}-R_{45}-R_{90}-R_{45}-L_{45}-R_{45}-F-R_{45}-R_{45}-F-F, 또는 000717671707700이고, 여기서 아래 첨자는 회전 각도를 나타낸다.

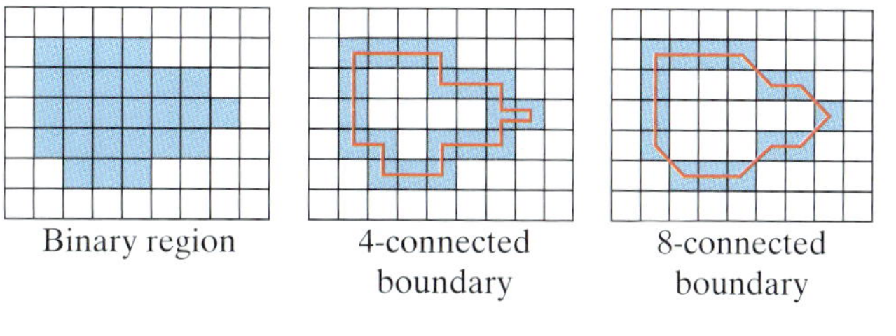

그림 4.50 단순한 이진 영역(왼쪽), 4-연결 경계(중간), 8-연결 경계(오른쪽).

4.6.2 최소-둘레 다각형

경계 표현에 대한 또 다른 초기 접근법은 **최소-둘레 다각형**(minimum-perimeter polygon, MPP)이다. 원래의 이산화 영역에서 몇 가지 방법(경계 화소의 중심을 연결하여 다각형을 형성하는 것처럼 간단할 수 있음)을 사용하여 연속적인 경계를 생성하자.

그런 다음 연속 경계에 격자를 겹치게 하고 경계가 통과하는 셀을 표시한다. 격자 해상도는 원본 영상 해상도와 동일하거나 다를 수 있다. 경계선을 둘러싸고 있지만 표시된 셀 안에 남아 있어야 하는 고무 밴드를 상상해 보면 MPP는 자동으로 늘어나고 압축되어 내부 에너지가 최소화되는 고무 밴드가 취한 모양으로 정의된다.

그림 4.51의 예에서 고무 밴드가 정점이 두 가지 중 하나인 다각형의 모양을 취하는 것을 쉽게 볼 수 있다. 즉 각 정점은 4-연결 내부의 볼록한 모서리이거나 4-연결 내부의 오목한 모서리 반대 지점이다. 그림에서 내부는 흰색이고, 볼록한 모서리는 흰색 원으로 표시되어 있으며, 오목한 모서리와 반대쪽에 있는 정점은 검은 원으로 표시되어 있다. 다각형의 모든 볼록한 꼭지점이 내부 영역의 볼록한 정점이라는 것을 증명하기는 쉽지만 그 반대는 사실이 아니다. 마찬가지로, 다각형의 모든 오목한 꼭지점은 내부의 오목한 모서리 반대 지점이지만, 그 반대는 사실이 아니다. 특정 해상도에서 모양의 MPP를 계산하기 위한 실제 알고리즘은 독자의 연습문제로 남겨 둔다.

4.6.3 시그너처(signature)

한 영역의 경계를 나타내는 일반적인 접근법은 어떤 유형의 **시그너처**(서명)를 통해 이루어진다. 모든 서명 표현에 대해 영역은 일반적으로 표현이 시작 화소와 독립적인지 확인하기 위해 주 축을 사용하여 먼저 회전된다. 그런 다음 좌우의 모호성은 영역을 주축으로 투영하고 가장 질량이 많은 면과 같은 투영 함수

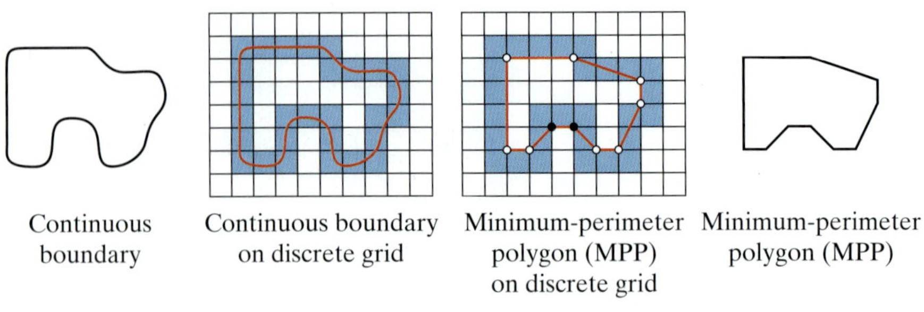

그림 4.51 연속 경계(왼쪽), 이산 격자 위에 겹쳐진 경계(중간 왼쪽), 최소 둘레 다각형, MPP(중간 오른쪽), 그리드 없이 MPP 표시(오른쪽).

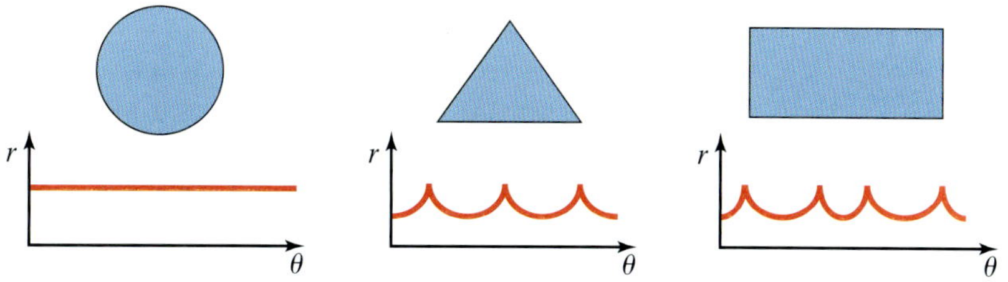

그림 4.52 여러 모양에 대한 중앙 프로파일($r-\theta$ plot).

의 일부 속성을 계산하여 해결된다.

가장 기본적인 유형의 서명은 **중앙 프로파일**(centroidal profile) 또는 $r-\theta$ 곡선으로 알려져 있다. 이 접근법은 그림 4.52에 나와있는 것처럼, 각도 θ의 함수로 영역의 중심으로부터 거리 r을 캡처한다. 그림 4.53처럼 이 표현에서는 두 가지 단점이 분명하다. 첫째, 오목한 모양은 다중 값을 초래할 수 있다. 단순히 최소값을 기록할 수는 있지만, 이 솔루션은 정보가 손실되어 원래 모양을 함수에서 복구할 수 없다. 둘째, 종횡비가 큰 영역의 경우, 각도를 균일하게 샘플링해도 영역 경계가 균일하게 샘플링되지 않으므로, 경계의 일부가 다른 부분보다 더 자세하게 표현된다.

경계 주위의 형상을 균일하게 샘플링하기 위해, 중심으로부터의 거리 r은 경계가 지나갈 때 아크길이(arclength) s의 함수로 플롯될 수 있다. 이를 **방사형 표현**(radial representation) 또는 $r-s$ 곡선이라고 한다. 결과 곡선은 단일 값(즉, 진정한 함수)으로 보장되지만, 이 표현은 탄젠트가 중심을 통과할 때마다 모호함을 가져온다. 모호성을 해결하려면 경계가 다시 되돌아 오는지 여부를 캡처하기 위해 여분의 비트를 저장해야 한다.

대안적인 표현은 고정된 기준선(예를 들어, 양의 x-축)과 아크길이(s)의 지점에서 경계에 대한 접선 사이의 각도 ψ를 저장한다. 이것을 **접선 표현**(tangential representation) 또는 $\psi-s$ 곡선이라고 한다. 이 곡선은 체인 코드 표현의 연속 버전으로 생각할 수 있다. 접선 각도 ψ가 변경되지 않으므로, $\psi-s$ 곡선의 수평선은 경계선의 직선에 해당한다. $\psi-s$ 곡선이 단조롭게 증가하면, 그 모양은 볼록하다.

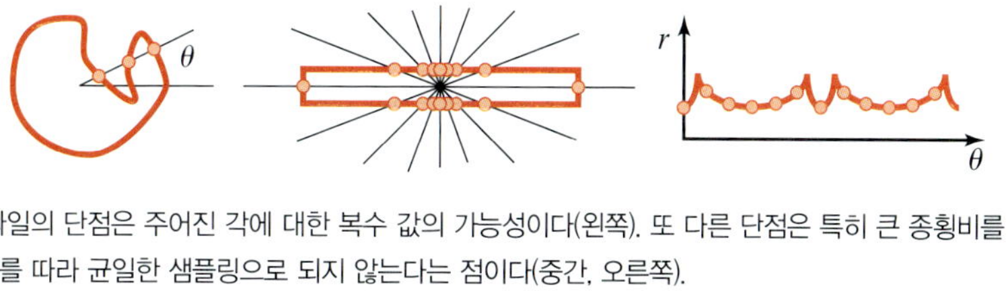

그림 4.53 중앙 프로파일의 단점은 주어진 각에 대한 복수 값의 가능성이다(왼쪽). 또 다른 단점은 특히 큰 종횡비를 가진 영역에 대해, 각의 균일 샘플링이 경계를 따라 균일한 샘플링으로 되지 않는다는 점이다(중간, 오른쪽).

4.6.4 푸리에 서술자(Fourier descriptor)

위에 언급된 경계 표현들 중 어느 것도 입력에 잡음이 있을 때 확실하게 강건하지 않다. 한 가지 중요한 유형의 잡음은 폐색(occlusion)으로서 경계에서 특징을 잃어버린다. 또 다른 유형의 잡음은 샘플링 해상도로 인해 발생하는 고주파 잡음으로, 우리가 관심을 가지는 전체 모양을 간섭할 수 있다. 우리는 폴리 라인(polyline)을 곡선에 맞출 수 있는 방법을 고려할 때, 이 문제를 나중에 다시 생각해 보자. 푸리에 변환은 저주파 성분이 전체 모양을 포착하는 멀티 스케일 표현을 제공하는 데 적합하다. 반면 고주파 성분들은 관심이 없을 수 있는 데이터에 반응할 수 있다. 몇 가지 구성요소만 유지함으로써 훨씬 더 간결한 표현으로 경계에 대한 충실한 근사를 얻을 수 있다.

이 접근법에서 화소 좌표의 시퀀스는 아크길이 s의 벡터 값 함수로 처리된다. 경계가 닫히면 주기 함수가 되고 푸리에 급수로 확장된다(실제로는 이산 푸리에 변환이 항상 사용된다). 푸리에 급수 계수는 경계의 더 상세한 표현을 제공하므로, 경계의 복잡성에 따라 계수의 일부만으로 충실하게 표현할 수 있다. 적절한 파라미터화를 통해 푸리에 계수가 변환, 회전 및 스케일 불변임을 보장할 수 있다.

4.6.5 B-스플라인

B-스플라인("기본 스플라인")은 이전 장에서 간략하게 언급되었다.[11] 스플라인이라는 용어는 건물 건축에서 나온다. 여기서는 얇고 유연한 목재 또는 금속 제도자들은 나중에 곡선을 그리기 위해 사용하였고, 이것은 곡선의 특정 수학적 서술의 이름으로 채택되었다. 이 절에서는 B-스플라인의 가장 간단한 유형인 균일한 3차 B-스플라인을 다루며, 이 표현을 적용하고 사용하기 위한 표준 절차 중 일부에 특히 주의하자.

B-스플라인은 다른 인기있는 곡선 표현 유형과 밀접하게 관련되어 있음을 언급해야 한다. 예를 들어, Hermite 스플라인은 1차 미분을 사용할 수 있을 때, 데이터를 보간하는데 사용된다. 베지어 곡선(Bézier curves)은 직관적인 사용자 곡선 제어가 필요한 곡선 모델링에 유용하다. 베지어 곡선은 제어점 수가 적은 짧은 곡선에 유용하지만, B-스플라인은 긴 연속 곡선에 적합하다. NURBS(non-uniform rational B-splines)는 분석 형상(원뿔 곡선)과 자유 형상을 일관된 방식으로 처리할 수 있기 때문에 그래픽 분야에서 널리 사용되는

11 3.8.4절 (p. 140).

B-스플라인과 베지어 곡선의 일반화이다.

스플라인을 따라 점 계산하기

균일한 3차 B-스플라인은 평면에서 제어점 $\mathbf{q}_i$, $i = 0, \ldots, n+1$의 시퀀스로 표현된다. 이 점들을 크기 $(n+2) \times 2$의 행렬 $\mathbf{Q}$로 모으자. 여기에서 $\mathbf{Q}$의 i번째 행은 i번째 제어점 $\mathbf{q}_i$를 포함한다. 스플라인은 1에서 n, 즉 $1 \le s \le n$까지 변하는 실 매개 변수 s로 매개 변수화된다. 스플라인상의 한 점은 $\mathbf{x}(s) = (x(s), y(s))$로 표현된다. $\mathbf{x}(s)$를 계산하는 것은 상당히 간단하다. 먼저 C^2 연속성(즉 함수 자체와 1차와 2차 미분에서 연속성)을 유지하는데 필요한 B-스플라인 기저 함수의 계수를 포함하는 행렬 $\mathbf{M}$을 정의한다.

$$\mathbf{M} = \frac{1}{6}\begin{bmatrix} -1 & 3 & -3 & 1 \\ 3 & -6 & 3 & 0 \\ -3 & 0 & 3 & 0 \\ 1 & 4 & 1 & 0 \end{bmatrix} \tag{4.187}$$

우리는 앞의 식 (3.88)에서 이것을 보았다. 다음으로, i는 s보다 크지 않은 가장 큰 정수, 즉 $i = \lfloor s \rfloor$이고, $\alpha = s - i$를 부분 나머지 값으로 하면, $i = 1, \ldots, n$과 $0 \le \alpha < 1$이다.

$$\mathbf{x}(s) = [x(s) \;\; y(s)] = \mathbf{v}^{\mathsf{T}}\mathbf{M}\mathbf{Q}_i \tag{4.188}$$

여기서

$$\mathbf{v}^{\mathsf{T}} \equiv [\alpha^3 \;\; \alpha^2 \;\; \alpha \;\; 1] \quad \text{and} \quad \mathbf{Q}_i \equiv \begin{bmatrix} \mathbf{q}_{i-1} \\ \mathbf{q}_i \\ \mathbf{q}_{i+1} \\ \mathbf{q}_{i+2} \end{bmatrix} \tag{4.189}$$

스플라인 시작 부분에서 $s = i = 1$이고, 스플라인 끝에서 $s = i = n$이다. 두 경우 모두 $\alpha = 0$이므로 다음이 된다.

$$\mathbf{x}(1) = \frac{1}{6}(\mathbf{q}_0 + 4\mathbf{q}_1 + \mathbf{q}_2) \tag{4.190}$$

$$\mathbf{x}(n) = \frac{1}{6}(\mathbf{q}_{n-1} + 4\mathbf{q}_n + \mathbf{q}_{n+1}) \tag{4.191}$$

스플라인 기울기 계산하기

한 점에서 스플라인 탄젠트의 기울기를 계산하려면 부분 미분을 취하면 된다.

$$\frac{\partial x(s)}{\partial s} = \mathbf{v}'^{\mathsf{T}}\mathbf{M}\mathbf{x}_i$$

$$\frac{\partial y(s)}{\partial s} = \mathbf{v}'^{\mathsf{T}}\mathbf{M}\mathbf{y}_i \tag{4.192}$$

여기서

$$\mathbf{v}'^{\mathsf{T}} = [3\alpha^2 \quad 2\alpha \quad 1 \quad 0] \tag{4.193}$$

α에 관한 $\mathbf{v}$의 미분이다. 기울기는 다음과 같이 주어진다.

$$\frac{\partial y(s)}{\partial x(s)} = \frac{\partial y(s)}{\partial s}\frac{\partial s}{\partial x(s)} = \frac{\mathbf{v}'^{\mathsf{T}}\mathbf{M}\mathbf{y}_i}{\mathbf{v}'^{\mathsf{T}}\mathbf{M}\mathbf{x}_i} \tag{4.194}$$

스플라인 만들기

평면에서 B–스플라인 곡선을 사용하여 데이터 포인트 $\mathbf{x}_1$, $\mathbf{x}_2$, …, $\mathbf{x}_n$의 시퀀스를 보간한다고 가정하자. 여기서 $x_i \equiv (x_i, y_i)$는 i 번째 데이터 점이다. 보간은 $i=1$, …, n에 대해 $\mathbf{x}(i)=\mathbf{x}_i$를 설정한다는 것을 의미한다. s가 정수인 경우 $\alpha=0$이므로, 식 (4.188)은 다음과 같이 단순화된다.

$$\mathbf{x}(s) = \frac{1}{6}[1 \quad 4 \quad 1]\begin{bmatrix}\mathbf{q}_{i-1}\\ \mathbf{q}_i\\ \mathbf{q}_{i+1}\end{bmatrix} \tag{4.195}$$

모든 데이터 포인트를 모으면 다음이 된다.

$$\begin{bmatrix}\mathbf{x}_1\\ \mathbf{x}_2\\ \vdots\\ \mathbf{x}_n\end{bmatrix} = \frac{1}{6}\begin{bmatrix}1 & 4 & 1 & 0 & 0 & \cdots & 0\\ 0 & 1 & 4 & 1 & 0 & \cdots & 0\\ & & & \vdots & & & \\ 0 & \cdots & 0 & 0 & 1 & 4 & 1\end{bmatrix}\begin{bmatrix}\mathbf{q}_0\\ \mathbf{q}_1\\ \vdots\\ \mathbf{q}_{n+1}\end{bmatrix} \tag{4.196}$$

스플라인이 닫힌 커브를 나타내면, 제한 조건은 다음과 같이 간단히 랩 어라운드(wrap around)한다.

$$\begin{bmatrix} \mathbf{x}_1 \\ \mathbf{x}_2 \\ \vdots \\ \mathbf{x}_n \end{bmatrix} = \frac{1}{6} \begin{bmatrix} 4 & 1 & 0 & 0 & 0 & \cdots & 1 \\ 1 & 4 & 1 & 0 & 0 & \cdots & 0 \\ 0 & 1 & 4 & 1 & 0 & \cdots & 0 \\ & & & \vdots & & & \\ 0 & \cdots & 0 & 0 & 1 & 4 & 1 \\ 1 & \cdots & 0 & 0 & 0 & 1 & 4 \end{bmatrix} \begin{bmatrix} \mathbf{q}_1 \\ \mathbf{q}_2 \\ \vdots \\ \mathbf{q}_n \end{bmatrix} \tag{4.197}$$

우리는 $\mathbf{q}_0 = \mathbf{q}_n$과 $\mathbf{q}_{n+1} = \mathbf{q}_1$을 설정하여 C^2 연속성을 유지한다. 한편, 스플라인이 열린 커브를 나타내면, 시스템을 가역할 수 있도록 추가 방정식이 필요하다. 가능한 한 가지 방법은 두 개의 인위적인 데이터 포인트를 추가하는 것이다.

$$\mathbf{x}_0 \equiv 2\mathbf{x}_1 - \mathbf{x}_2 \tag{4.198}$$

$$\mathbf{x}_{n+1} \equiv 2\mathbf{x}_n - \mathbf{x}_{n-1} \tag{4.199}$$

이들은 양단에서 곡선을 선형으로 연장하도록 선택된다. 두 개의 새로운 제어점 $\mathbf{q}_{-1}$과 $\mathbf{q}_{n+2}$를 추가한다. 이들은 $\mathbf{q}_{n-1} \equiv \mathbf{q}_0$과 $\mathbf{q}_{n+2} \equiv \mathbf{q}_{n+1}$를 설정하여 방정식에서 사라진다. 결과는 다음과 같다.

$$\begin{bmatrix} \mathbf{x}_0 \\ \mathbf{x}_1 \\ \vdots \\ \mathbf{x}_{n+1} \end{bmatrix} = \frac{1}{6} \begin{bmatrix} 5 & 1 & 0 & 0 & 0 & \cdots & 0 \\ 1 & 4 & 1 & 0 & 0 & \cdots & 0 \\ 0 & 1 & 4 & 1 & 0 & \cdots & 0 \\ 0 & 0 & 1 & 4 & 1 & \cdots & 0 \\ \vdots & \vdots & \vdots & \vdots & \vdots & \ddots & \vdots \\ 0 & \cdots & 0 & 0 & 1 & 4 & 1 \\ 0 & \cdots & 0 & 0 & 0 & 1 & 5 \end{bmatrix} \begin{bmatrix} \mathbf{q}_0 \\ \mathbf{q}_1 \\ \vdots \\ \mathbf{q}_{n+1} \end{bmatrix} \tag{4.200}$$

따라서, $\mathbf{x}_1$, ..., $\mathbf{x}_n$이 주어지면, $\mathbf{q}_0$, ..., $\mathbf{q}_{n+1}$에 대해 식 (4.197) 또는 식 (4.200)을 풀 수 있다.

4.7 추가 읽기

수학 형태학과 형태학 처리 기술은 프랑스 파리의 퐁텐 블로에 있는 에콜 데 마인 드(Ecole des Mines de)의 Centre de Morphologie Mathématique에서 1964년부터 시작하여 그들의 뿌리를 추적한다. 이 분야의 선구자는 Matheron과 Serra였으며, 후자는 현재까지 수학 형태학 센터를 이끌었다. 이 분야의 고전 텍스트는 Serra [1982]의 텍스트이지만 무거운 수학적 내용이다. 실용적인 처리를 위해 Soille [2003]의 연구가 권장된다. 이 분야의 또 다른 잘 알려진 초기 논문은 Haralick et al. [1987]이다. 형태학 처리에 관한 최근의 연구(4D 시공간 볼륨)은 Luengo-Oroz et al. [2012]의 논문을 참조하라. Minkowski 덧셈은 Minkowski [1901]에 의한 것이지만, Minkowski

뺄셈은 Minkowski 자신이 아니라 Hadwiger [1950]에 의해 반세기 뒤에 소개되었다. 외관상으로는, Minkowski 뺄셈의 원래 버전은 반사를 포함했다. $X \ominus B = \bigcap_{b \in B} X_{-b}$이고, 적어도 과거 십년 동안 일반적인 일치는 이 장에서 다룬 방식으로 정의했다.

영상을 통과하는 첫 번째와 두 번째 패스 사이의 레이블을 해결하기 위한 추가 단계와 함께 기존의 연결된 구성요소 알고리즘은 Rosenfeld와 Pfaltz [1966]에 의한 것이다. Tarjan [1975]에 의해 기술된 union-find 알고리즘은 Dillencourt et al. [1992]에 의해 고전적인 연결 요소 알고리즘에 처음 통합되었다. 오늘날 사람들이 "고전적인 연결 요소 알고리즘"을 참조할 때, 일반적으로 union-find를 이용하는 이 최신 버전을 참조하고 있다. 연결된 구성요소와 계산 영역 속성에 대한 최근의 논문은 Gabbur et al. [2010]이다. Chang et al.[2004]와 같은 연결된 구성요소에 관한 수많은 논문이 있다. 연결된 구성요소를 계산하는 방법을 보여주는 동시에 영역 윤곽선(wall-following)을 계산한다. 경계 추적(boundary tracing), 윤곽 추적(contour tracing), 무어 이웃 알고리즘(Moore neighborhood algorithm) 또는 무어-이웃 추적 알고리즘(Moore-neighbor tracing algorithm)으로도 알려진 벽-추적(wall-following) 알고리즘은 Moore [1968]로 말미암는다.

맨하탄 챔퍼 거리(Manhattan chamfer distance) 알고리즘은 원래 Rosenfeld와 Pfaltz [1966]가 고전적인 연결요소 알고리즘을 도입한 동일한 논문에서 설명했다. 거리 함수에 대한 다른 초기 연구는 Rosenfeld와 Pfaltz [1968] 그리고 Montanari [1968]의 논문에서 발견할 수 있는데, 여기서 Montanari 조건이 처음 설명된다. 유클리드 거리를 근사하는 거리 변환과 chamfer 메트릭에 대한 고전적인 작업은 Borgefors [1986]의 잘 알려진 논문에 있다. 여기에 제시된 정확한 유클리드 거리 알고리즘은 Felzenszwalb와 Huttenlocher [2004]로부터 왔다. 대체 접근법은 Breu et al. [1995]와 Maurer et al. [2003] 논문에서 찾을 수 있다. 키무라 거리 함수는 Kimura et al. [1999]로부터 왔다.

Gonzalez와 Woods [2008]나 Jain [1989]과 같은 영상처리 책에서 모멘트를 찾을 수 있다. Hu의 모멘트는 Hu [1962]에 의해 소개되었고, Legendre와 Zernike의 모멘트는 Teague [1980]에 의해 소개되었다. 기하학적인, Legendre, Zernike, 의사-제르니케(pseudo-Zernike), 회전과 복잡한 모멘트는 Teh와 Chin [1988]의 연구에서 발견되었다. 실험적인 분석과 더불어 그것은 Zernike와 pseudo-Zernike 영상 재구성을 위한 모멘트의 우수성을 보인다. Zernike 모멘트를 사용하는 애플리케이션의 예는 Boland et al. [1998]의 그것이다. 계산 영역의 공식은 Ballard와 Brown [1982]에서 찾을 수 있다. 가장 잘 맞는 타원에 대한 방정식의 일부는 Shapiro와 Stockman [2001]에 있다. 이심률에 대한 방정식은 수학에서 표준이다. Burger와 Burge [2008]의 텍스트 한 가지 예외를 제외하고는 영상처리 문헌에 거의 빠져있다. 방정식 (4.161)의 이심율에 대한 대체 공식은 [Ballard와 Brown 1982, p. 255]과 [Jain 1989, p. 392]의 책에 있다. 다양한 방향의 반 평면으로 확장하여 볼록 선체를 계산하는 방법은 Soille [2003]에 설명되어 있다. 오일러 수를 계산하기 위한 비트 쿼드 알고리즘은 Gray [1971]에 기인한다. 아마도 현재까지 오일러 수를 가장 성공적으로 사용하는 것은 Rosin [1998], Snidaro와 Foresti [2003]에 의해 서술된 바와 같이 자동 임계값 설정이다. 일부 연구자들은 오일러 수가 임상적으로 자궁 경관 이상을 판별하는데 가장 유용한 매개 변수 중에 하나인 것을 발견했다. Pogue et al. [2000]를 보라. 그리고 Srihari [1986]를 보면 문서 영상처리에 그것이 제한된 범위에서 사용되어 왔다.

형태학적 세선화는 Sonka et al. [2008]에서 발견된 SE를 사용한다. Sigma-psi 알고리즘은 Davies [2005]가 연결 번호 ψ 대신 교차 번호 $\chi = 2\psi$를 사용하여 설명한다. Zhang-Suen 골격 알고리즘은 Zhang과 Suen [1984]에서, NF2는 Barraquand과 Latombe [1991]에 기술되어 있다. 블럼(Blum)의 내측 축은 Blum [1967]에 있다. 최근의 골격 적용에 대해서는 Giblin과 Kimia [2003]와 같은 증권 그래프에 대한 연구를 참조하라. Freeman 체인 코드는 Freeman [1961]에 있다. 최소 둘레 다각형(MPP)이 Sklansky et al. [1972]에 먼저 설명된다. B-spline 이라는 이름은 Schoenberg [1971]에 소개되었으며, B-스플라인에 대한 많은 훌륭한 자료를 Bartles et al. [1987]와 Mortenson [1997]에서 볼 수 있다.

연습문제

4.1 수학적 형태학을 정의하시오.

4.2 이진 영상 $\mathcal{A}$의 집합 표현과 이진 영상 $\mathcal{B}$의 배열 표현을 나타내시오.

$$\mathcal{A} = \begin{bmatrix} 1 & 1 & 1 & 0 \\ 0 & 1 & 0 & 0 \\ 1 & 1 & 1 & 0 \\ 0 & 0 & 0 & 0 \end{bmatrix} \qquad \mathcal{B} = \{(1,1), (2,1), (1,2), (2,2), (3,2), (1,3), (3,3)\}$$

4.3 그림 4.2의 집합 연산자를 $\mathbf{b} = (1, 1)$를 사용하여 이전 문제의 영상 $\mathcal{A}$와 $\mathcal{B}$에 적용하시오. 즉, $\mathcal{A} \cup \mathcal{B}$, $\mathcal{A} \cap \mathcal{B}$, $\mathcal{A}_b$, $\check{\mathcal{B}}$, $\neg\mathcal{A}$ 및 $\mathcal{A} \backslash \mathcal{B}$를 계산하시오. 결과를 배열로 쓰시오.

4.4 다음 그림에서 $\mathcal{A}_1$과 $\mathcal{B}$ 세트에 대한 Minkowski 덧셈 계산하시오. $\mathcal{A}_2$와 $\mathcal{B}$에 대한 Minkowski 뺄셈을 수행하시오. 범위를 벗어나는 화소를 무시하시오.
(a) 센터-인 방식을 사용하시오.
(b) 센터-아웃 방식을 사용하시오.

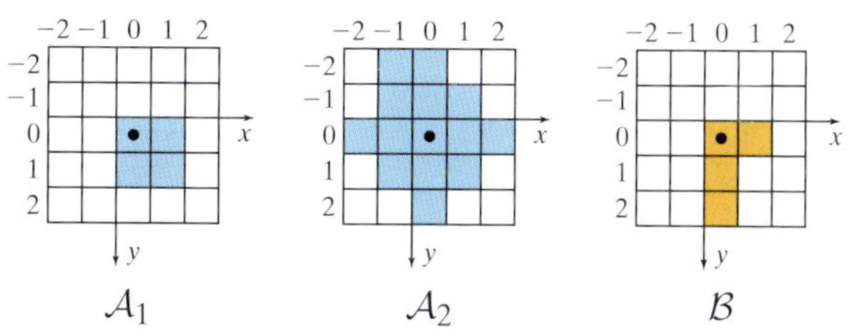

4.5 침식과 Minkowski 뺄셈의 차이점은 무엇인가?

4.6 센터-인 및 센터-아웃 접근법을 사용하여 아래 영상 $\mathcal{A}$의 팽창을 계산하시오. 두 경우 모두 구조 요소 $\mathcal{B}$를 반사(reflection)하지 마시오. 출력이 입력과 동일한 방향을 나타낼 수 있도록 반사해야 하는 방식은 무엇인가?

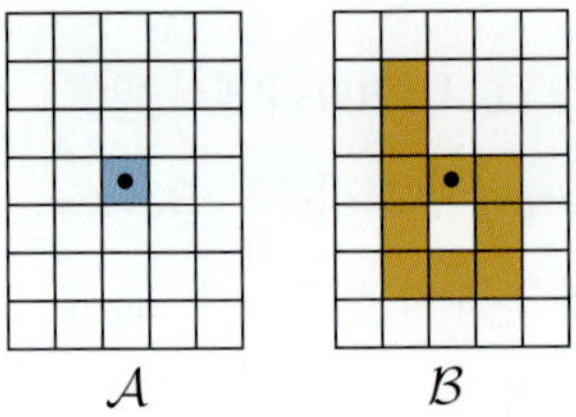

4.7 방정식 (4.14), (4.28) 및 (4.29)로부터 방정식 (4.15)을 증명하시오.

4.8 4장의 시작 부분의 과일 영상을 상기하시오. 표시된 두 가지 임계 결과에서 레이블된 아티팩트 A–E (레이크, 베이, 채널, 케이프, 지협 또는 섬)를 가장 잘 설명하는 이름을 밝히시오. 잡음을 제거하기 위해 왼쪽 영상에 어떤 형태학 연산자(열림 또는 닫힘)를 적용해야 하는가? 오른쪽 영상에는 어떤 연산자를 적용해야 하는가?

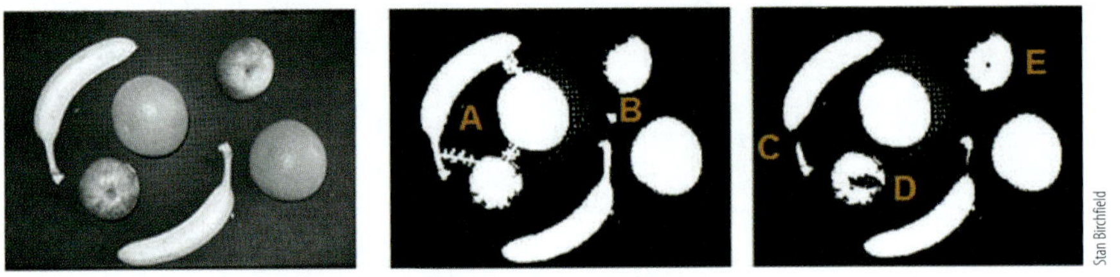

4.9 텍스트에서 설명한 두 가지 변형을 사용하여, 그림 4.14에 나와 있는 SE를 사용하여 다음 이진 영상을 얇게 만드시오.

(a) 모든 8 SE를 수렴할 때까지 시퀀스로 적용하시오.

(b) 수렴할 때까지 4개의 에지 SE를 집합으로 적용한 다음, 수렴할 때까지 4개의 코너 SE를 적용하시오.

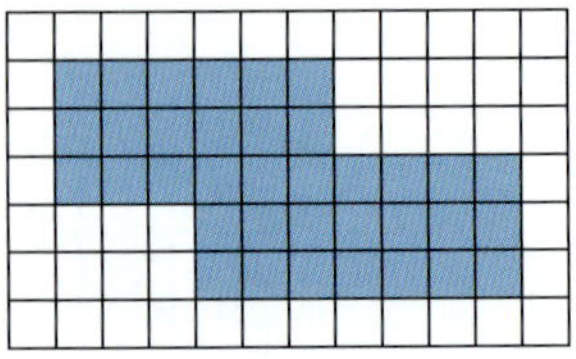

4.10 다음을 사용하여 이전 문제에 표시된 영상의 골격을 결정하시오.

(a) 시그마-푸시 알고리즘.

(b) Zhang-Suen 알고리즘.

4.11 NF2 알고리즘을 구현하고, 이전 문제의 영상과 원하는 이진 영상에 실행하시오.

4.12 아래의 레이블이 있는 화소 중에 중앙 화소 c의 4-이웃 화소는 무엇인가? 8-이웃은? 대각선 이웃은?

	a	b
	c	d
e		

4.13 알고리즘 4.5의 홍수채움을 원하는 프로그래밍 언어로 구현하시오. 작성한 다른 영상과 함께 그림 4.22의 합성 영상에서 코드를 테스트하시오. 이제 8개의 이웃들을 사용하도록 코드를 수정하시오.

4.14 알고리즘 4.8의 연결된 요소 방법을 구현하시오. 합성 영상에서 코드를 테스트하시오.

4.15 5×5 영상의 각 화소에서 중앙 화소까지의 유클리드 거리, 맨하탄 거리 및 체스 판 거리를 계산하시오. isocontours는 각 경우에 어떤 모양을 취하는가?

4.16 알고리즘 4.11의 맨하탄 챔퍼 거리 알고리즘을 구현하시오. 재미있는 이진 영상을 찾은 다음 당신의 프로그램을 테스트하시오.

4.17 다음 이진 영상이 주어 졌을 때,

$$I = \begin{bmatrix} 0 & 0 & 1 \\ 1 & 0 & 1 \\ 0 & 1 & 1 \end{bmatrix}$$

(a) 0 차, 1 차 및 2 차 정규 모멘트를 계산하시오.
(b) 0 차, 1 차 및 2 차 중심 모멘트를 계산하시오.
(c) 고유치와 고유 벡터와 함께 공분산 행렬을 계산하시오.
(d) 가장 잘 맞는 타원의 매개 변수를 찾으시오.
(e) 최적 피팅 타원의 이심률, 방향 및 축 길이를 계산하시오.

4.18 볼록 선체를 정의한 후, 다음과 같은 모양의 볼록 선체를 그리시오.

4.19 다음 각 모양에 대한 각각의 오일러 수는 얼마인가? 식 (4.165)의 Poincare 수식을 사용하여 결과를 검증하시오.

4.20 $\mathcal{A}$, $\mathcal{B}$, $\mathcal{C}$ 집합에 대해 다음 방정식을 각각 증명하시오.

(a) $\mathcal{A} \ominus (\mathcal{B} \oplus \mathcal{C}) = (\mathcal{A} \ominus \mathcal{B}) \ominus \mathcal{C}$
(b) $\mathcal{A} \check{\ominus} (\mathcal{B} \oplus \mathcal{C}) = (\mathcal{A} \check{\ominus} \mathcal{B}) \check{\ominus} \mathcal{C}$
(c) $\mathcal{A} \oplus (\mathcal{B} \cup \mathcal{C}) = (\mathcal{A} \oplus \mathcal{B}) \cup (\mathcal{A} \oplus \mathcal{C})$
(d) $\mathcal{A} \ominus (\mathcal{B} \cup \mathcal{C}) = (\mathcal{A} \ominus \mathcal{B}) \cap (\mathcal{A} \ominus \mathcal{C})$
(e) $\mathcal{A} \check{\ominus} (\mathcal{B} \cup \mathcal{C}) = (\mathcal{A} \check{\ominus} \mathcal{B}) \cap (\mathcal{A} \check{\ominus} \mathcal{C})$

4.21 다음의 각 표현은 "$\mathcal{A} \oplus \mathcal{B}$는 각 $\mathbf{z}$에 대해 $\mathbf{a}$가 $\mathcal{A}$이고 $\mathbf{b}$가 $\mathcal{B}$가 되는 합이 $\mathbf{z}$가 되는 점들 $\{\mathbf{z}\}$의 집합이다." 라는 문장과 동일하다는 것을 보이시오.

(a) $\mathcal{A} \oplus \mathcal{B} = \{\mathbf{z} : \mathbf{z} = \mathbf{a} + \mathbf{b}, \mathbf{a} \in \mathcal{A}, \mathbf{b} \in \mathcal{B}\}$
(b) $\mathcal{A} \oplus \mathcal{B} = \bigcup_{\mathbf{b} \in \mathcal{B}} \mathcal{A}_{\mathbf{b}}$
(c) $\mathcal{A} \oplus \mathcal{B} = \bigcup_{\mathbf{a} \in \mathcal{A}} \mathcal{B}_{\mathbf{a}}$
(d) $\mathcal{A} \oplus \mathcal{B} = \{\mathbf{z} : \mathbf{A} \cap (\check{\mathcal{B}})_{\mathbf{z}} \neq \emptyset\}$

4.22 다음 식 각각은 "$\mathcal{A} \ominus \mathcal{B}$는 각 $\mathbf{z}$와 모든 $\mathbf{b} \in \mathcal{B}$에 대해, 점 $\mathbf{z} - \mathbf{b}$가 $\mathcal{A}$에 있는 점들인 $\{\mathbf{z}\}$의 집합이다."와 동등한 것임을 보이시오.

(a) $\mathcal{A} \ominus \mathcal{B} = \{\mathbf{z} : \mathbf{z} - \mathbf{b} \in \mathcal{A}, \forall \mathbf{b} \in \mathcal{B}\}$
(b) $\mathcal{A} \ominus \mathcal{B} = \{\mathbf{z} : \mathbf{z} - \mathbf{a} \notin \mathcal{B}, \forall \mathbf{a} \notin \mathcal{A}\}$
(c) $\mathcal{A} \ominus \mathcal{B} = \{\mathbf{z} : \mathbf{z} = \mathbf{a} + \mathbf{b}, \exists \mathbf{a} \in \mathcal{A}, \forall \mathbf{b} \in \mathcal{B}\}$
(d) $\mathcal{A} \ominus \mathcal{B} = \{\mathbf{z} : \mathbf{z} = \mathbf{a} + \mathbf{b}, \forall \mathbf{a} \notin \mathcal{A}, \exists \mathbf{b} \notin \mathcal{B}\}$
(e) $\mathcal{A} \ominus \mathcal{B} = \bigcap_{\mathbf{b} \in \mathcal{B}} \mathcal{A}_{\mathbf{b}}$
(f) $\mathcal{A} \ominus \mathcal{B} = \bigcap_{\mathbf{a} \notin \mathcal{A}} \neg \mathcal{B}_{\mathbf{a}}$
(g) $\mathcal{A} \ominus \mathcal{B} = \{\mathbf{z} : \check{\mathcal{B}}_{\mathbf{z}} \subseteq \mathcal{A}\}$

4.23 로봇과 운동 계획에서 보통 $\mathcal{A} \ominus \mathcal{B}$라고 표시된 Minkowski의 차이는 Minkowski 뺄셈과 전혀 관련이 없지만, 오히려 반사된 팽창 $\mathcal{A} \check{\oplus} \mathcal{B}$와 같다. 이 작업이 왜 2D 로봇 $\mathcal{A}$는 로봇의 이동 전용 동작을 가정하여 객체 $\mathcal{B}$와 충돌하는 점들을 계산하는지를 설명하시오.

4.24 반복적인 열림 또는 닫힘의 적용이 아무 것도하지 않는다는 간단한 예를 보이시오.

4.25 구조 요소는 항상 1의 3 × 3 배열이 아니다. 고리 모양의 구멍은 도넛 모양의 구조 요소(중간에 0이 있는 1의 링)로 영상을 확장하는 것이다. 만일 $\mathcal{A}$가 흩어져 있는 작은 얼룩의 영상이고, $\mathcal{B}$가 적절한 크기의 도넛 모양의 구조 요소

인 경우, $(\mathcal{A} \oplus \mathcal{B}) \cap \mathcal{A}$는 영상에서 고립된 모든 영역을 제거한다. 이것을 보여주기 위한 간단한 예제를 스케치하시오.

4.26 알고리즘 4.5에 제시된 홍수채움 알고리즘은 본질적으로 스택 데이터 구조의 사용으로 인해 공간의 깊이 우선 검색을 수행한다. 큐가 대신 사용되면 알고리즘은 너비 우선 검색을 수행한다. 알고리즘이 똑같이 채색된 화소가 아니라 유사하게 채색된 화소를 찾도록 수정된 경우, 폭 우선 검색이 바람직한 이유를 설명하시오.

4.27 메모리가 제한적인 경우, 벽-추적(wall-following) 알고리즘의 변형을 사용하여 고정 메모리 홍수채움 알고리즘을 설계할 수 있다. 그러한 화소가 존재하지 않을 때까지 경계에 인접한 새로운 화소를 페인팅하는 동안 채색된 영역의 경계가 추적된다. 이러한 알고리즘은 실제로 볼록한 모양에 대해 효율적이지만, 복잡한 모양에 적용될 때 페인트할 다음 화소를 결정하는 데 많은 시간을 낭비하기 때문에 실제로는 사용되지 않는다. 그럼에도 불구하고 이 알고리즘에 의사 코드를 작성하시오.

4.28 이 장에서 제시된 홍수채움 알고리즘의 또 다른 대안은 개별 화소보다는 스캔 라인을 처리하는 것이다. 시드에서 수평으로 도달할 수 있는 모든 화소를 칠한 다음, 위의 스캔 라인을 검사하고 도달할 수있는 화소를 그린다. 더 이상 화소를 칠할 수 없으면 시드 화소 아래의 스캔 라인에 대해 프로세스가 반복된다. 따라서 개별 화소를 스택에 밀어 넣는 대신이 알고리즘은 수평으로 연결된 화소의 각 연결되지 않은 세트의 시작(또는 끝) 좌표를 스택으로 푸시한다. 이 알고리즘에 의사 코드를 쓰시오.

4.29 알고리즘 4.8의 고전 연결 구성요소 알고리즘을 쉽게 수정하여 영역의 속성을 계산할 수 있다. 이러한 양은 출력 화소가 설정될 때마다 최소의 오버 헤드로 이들 양을 업데이트하기 위해 적절한 계산을 삽입하여 알고리즘 중에 업데이트된다. 면적, 모멘트, 최소 및 최대 명암도 및 경계 상자를 계산하는 방법을 보여주는 의사 코드를 작성하시오. 또한 오일러 수를 계산하는 방법, 즉 영역과 구멍의 수를 계산하는 방법을 보이시오.

4.30 벽-추적 알고리즘의 다른 변형에 대한 의사 코드를 작성하시오.

(a) 반 시계 방향 내부 경계
(b) 8 연결 내부 경계
(c) 4 연결 외부 경계

4.31 그림 4.26의 문자 "D"의 영상에 벽-추적 알고리즘을 수동으로 적용하시오.

(a) 알고리즘 4.9의 4-이웃을 사용하시오. 출력이 8-연결 경계인지 확인하시오.

(b) 문제 4.30b에서 개발한 수정된 8-이웃 버전을 사용하시오. 출력 경계가 4-연결되었는지 확인하시오.

4.32 맨하탄 거리가 유클리드 거리를 항상 과대 평가하는 반면, 체스판 거리가 항상 과소 평가되는 것을 증명하시오. $d_8(p, q) \le d_E(p, q) \le d_4(p, q)$이다. 힌트: 두 개의 음수가 아닌 숫자 a, $b \ge 0$에 대하여, 다음과 같다.

$$\frac{1}{2}(a + b) \le \frac{1}{\sqrt{2}}\sqrt{a^2 + b^2} \le \max(a, b) \le \sqrt{a^2 + b^2} \le a + b.$$

4.33 체스판 거리가 유클리드 거리로부터 30 % 이상 떨어져 있지 않으며, 맨하탄 거리가 42 % 이상 떨어져 있지 않다는 것을 증명하시오.

$$0.7d_E(\mathbf{p}, \mathbf{q}) < d_8(\mathbf{p}, \mathbf{q}) \le d_E(\mathbf{p}, \mathbf{q}) \le d_4(\mathbf{p}, \mathbf{q}) < 1.42d_E(\mathbf{p}, \mathbf{q})$$

4.34 영역 방향에 대한 등식을 얻기 위해, 수식 (4.132)에 이중 각 공식 $\tan 2\theta = \frac{2 \tan \theta}{1 - \tan^2 \theta}$를 적용하시오. ($\mu_{11} \neq 0$으로 가정).

$$\tan \theta = \frac{\mu_{02} - \mu_{20} + \sqrt{(\mu_{20} - \mu_{02})^2 + 4\mu_{11}^2}}{2\mu_{11}} = \frac{2\mu_{11}}{\mu_{20} - \mu_{02} + \sqrt{(\mu_{20} - \mu_{02})^2 + 4\mu_{11}^2}}.$$

4.35 만일 $ac \ge b^2$가 존재하는 경우에만 $ax^2 + 2bxy + cy^2 = 1$이 타원임을 보이시오. (힌트: y에 대한 방정식을 풀고, x가 무한대로 갈 때 어떤 일이 일어나는지 조사하시오.)

4.36 식 (4.132)에 정의된 방향이 관성 모멘트가 최소화되는 선을 기술함을 증명하시오. (힌트: 각도 θ를 가진 선에 대한 질량 밀도 함수 $f(x, y)$를 갖는 물체의 관성 모멘트는 다음과 같이 나타낼 수 있다.
$\sum\sum(x \sin \theta - y \cos \theta)^2 f(x,y)$이다. 최소화하고 차별화하고 0으로 설정한다.)

4.37 식 (4.132)에서 정의된 방위가 공분산 행렬의 최대 고유치에 해당하는 고유 벡터의 각도임을 증명하시오. (힌트: $\mathbf{v}_1$과 $\mathbf{v}_2$에 대해 방정식$(\mathbf{C} - \lambda \mathbf{I})\mathbf{v} = 0$의 시스템을 풀고, 다음과 같은 정의를 사용하라. $\mathbf{v}_1 = [\cos \theta \quad \sin \theta]^{\mathsf{T}}$과 $\tan 2\theta = \frac{2v_{11}v_{21}}{v_{11}^2 - v_{21}^2}$를 인식하기 위한 이중각 수식을 사용하라. 여기서 $\mathbf{v}_1 = [v_{11} \quad v_{21}]^{\mathsf{T}}$이다)

4.38 식 (4.132)에서 정의된 방위가 영역의 좌표와 선 사이의 거리의 제곱의 합을 최소화하는 선을 설명하고 있음을 증명하시오.

4.39 임의의 각도에서 회전된 완벽한 사각형이 주어 졌을 때, 방정식 (4.132)는 방위에 대해 무엇을 산출하는가? 설명하시오.

4.40 영상에서 이진 템플릿을 검출하기 위한 비전 시스템을 설계하시오. 템플릿이 영상과 동일한 축척에 있다고 가정하자. 그 결과 단지 이동만이 필요하다.

영상의 각 위치와 연관된 매칭 스코어를 계산하기 위해 효율적인 챔퍼 거리를 사용하시오. 이 절차를 구현하는 코드를 작성하고, 영상에서 각 위치에 대해 매칭 스코어를 표시할 확률을 표시하시오(경계 무시). 따라서 지도의 피크 주변에 템플릿 크기의 사각형을 표시하시오.

4.41 여러 종류의 작고 쉽게 사용할 수 있는 객체를 식별하고, 각각의 여러 인스턴스를 수집하자. 동전, 단추, 연필, 열쇠 등이 그 예이다. 개체를 단색 테이블이나 바닥에 놓고 장면을 내려다 본 사진을 찍자. 코드를 작성하여 영상을 임계값으로 처리하고, 잡음을 제거하고, 구성요소에 레이블을 지정하고, 전경 영역의 다양한 속성을 계산하고, 해당 범주에 따라 영역을 자동으로 분류하시오. 이제 개체를 재정렬하고, 다른 그림을 찍은 다음, 동일한 코드를 실행하시오. 새로운 영상에 대하여 알고리즘이 잘 수행되는지 관찰 결과에 유의하시오.

CHAPTER 5

공간 영역 필터링

3장에서는 각 출력 화소가 단일 입력 화소의 함수인 다양한 단순 포인트(화소) 변환에 대해 살펴 보았다. 공간영역 터링(spatial-domain filtering)으로 알려진 더 강력한 변환 클래스는 각 출력 화소가 입력 화소와 이웃 화소들의 함수일 때 발생한다. 공간영역 필터링의 두 가지 가장 보편적인 용도는 저역 통과 필터와 고역 통과 필터를 사용하여 수행되는 잡음 제거와 에지 감지이다. 이 장에서는 공간영역에서 두 가지 유형의 필터를 연구하고, 이러한 필터의 주파수 분석은 다음 장에서 한다. 가우시안(bell-curve) 함수의 중요성 때문에 우리는 가우시안 컨볼루션 커널과 그것의 미분 그리고 분석과 사용에 대해 많은 노력을 기울였다.

5.1 컨볼루션

공간영역에서 영상을 필터링하는 가장 일반적인 방법은 컨볼루션(convolution)이다. 1D 경우부터 시작하여 2D 사례로 이동한 다음, 컨볼루션이 다른 유형의 필터 및 연산자와 어떤 관련이 있는지 토의한다.

5.1.1 1D 컨볼루션

간단한 예제로 시작하자. 우리가 다음의 1D 신호를 받았다고 가정해 보자.

$$[1 \quad 5 \quad 6 \quad 7]$$

각 샘플과 그 두 이웃의 평균을 계산하려고 한다. 이러한 계산을 보는 한 가지 방법은 원래 신호를 가로질러는 3개의 1로 구성된 **커널**(kernel)이라고 하는 또 다른 신호를 상상하는 것이다.

$$\begin{array}{cccccc} \cdot & 1 & 5 & 6 & 7 & \cdot \\ 1 & 1 & 1 & & & \\ & & \Downarrow & & & \\ & & 2 & & & \end{array} \qquad \begin{array}{cccccc} \cdot & 1 & 5 & 6 & 7 & \cdot \\ & 1 & 1 & 1 & & \\ & & \Downarrow & & & \\ & & 4 & & & \end{array} \qquad \begin{array}{cccccc} \cdot & 1 & 5 & 6 & 7 & \cdot \\ & & 1 & 1 & 1 & \\ & & & \Downarrow & & \\ & & & 6 & & \end{array} \qquad \begin{array}{cccccc} \cdot & 1 & 5 & 6 & 7 & \cdot \\ & & & 1 & 1 & 1 \\ & & & & \Downarrow & \\ & & & & 4.33 & \end{array}$$

각 위치에서 수직으로 정렬된 값은 서로 곱해지고, 곱은 합계되어 3으로 나눈다. 따라서 출력은

$$[2 \quad 4 \quad 6 \quad 4.33]$$

$(1+5)/3=2$, $(1+5+6)/3=4$ 등으로 표시된다. 커널이 신호의 시작 또는 끝 근처에 있을 때, 값을 알 수 없는 범위를 벗어나는 화소(점으로 표시됨)가 계산에 포함된다. 계산을 완료하기 위해 이러한 범위를 벗어나는 샘플에 대해 일부 가정해야 한다. 이전[1]에 논의된 접근법 중 어느 것이든 적용 가능하지만 여기서 간단하게 값을 0으로 가정한다.

앞의 예는 **컨볼루션**(convolution)의 중요한 개념을 보여준다. 보다 정확하게, 1D 신호 f와 커널 g의 이산 컨볼루션은 다음과 같이 정의된다.[2]

$$f'(x) = f(x) \circledast g(x) \equiv \sum_{i=-\infty}^{\infty} f(x-i)g(i) \tag{5.1}$$

$$= \sum_{i=-\tilde{w}}^{w-\tilde{w}-1} f(x-i)g(i) \tag{5.2}$$

여기서 우리는 출력을 나타내기 위해 프러임($'$)를 사용하고(그래서 f'은 미분과 혼동되어서는 안된다), w는 커널의 너비(또는 동등한 길이)이고, 두 번째 등식은 모든 $x<-\tilde{w}$ 혹은 $x \geq w-\tilde{w}$에 대해 $g(x)=0$라고 가정한다. 커널의 **원점** $\tilde{w}$는 결과가 저장되는 위치를 나타내며, 일반적으로 중심에 가장 가까운 인덱스로 정의된다. 즉, $\tilde{w} \equiv \lfloor \frac{1}{2}(w-1) \rfloor$이고, 너비가 1 또는 2이면 $\tilde{w}=0$이며, 너비가 3 또는 4이면 $\tilde{w}=1$이다. 예를 들어 밑줄을 사용하여 원점을 나타내는 경

---

1 4.1.3절 (p. 169)

2 컨볼루션은 종종 기호 *으로 표시하지만, 곱셈과 복소공액과의 혼돈을 피하기 위해 $\circledast$을 사용한다.

우, 다음과 같다.

$$\begin{array}{llll} w=1 & \tilde{w}=0 & \text{kernel: } [\underline{1}] \\ w=2 & \tilde{w}=0 & \text{kernel: } [\underline{1} \quad 1] \\ w=3 & \tilde{w}=1 & \text{kernel: } [1 \quad \underline{1} \quad 1] \\ w=4 & \tilde{w}=1 & \text{kernel: } [1 \quad \underline{1} \quad 1 \quad 1] \end{array}$$

우리는 종종 커널의 중심 요소가 원점일 때 밑줄을 생략하지만, $[1 \quad 1 \quad 1]$은 $[1 \quad \underline{1} \quad 1]$을 의미한다. 커널이 명확한 중심을 갖도록 하기 위해 커널은 거의 항상 홀수 개의 요소로 생성된다. 이 경우에 $\tilde{w}$는 **폭의 절반**(half-width)을 말한다. 왜냐하면 $w=2\tilde{w}+1$이므로 하한 연산을 수행할 필요없이 $\tilde{w}=\frac{1}{2}(w-1)$가 되기 때문이다. 위 식은 다음과 같이 단순화된다.

$$f'(x)=f(x) \circledast g(x) = \sum_{i=-\tilde{w}}^{\tilde{w}} f(x-i)g(i) \tag{5.3}$$

컨볼루션은 **교차 상관**(cross-correlation)과 밀접한 관련이 있으며, 이는 다음과 같이 정의된다.

$$f'_{corr}(x)=f(x)\check{\circledast}g(x) \equiv \sum_{i=-\infty}^{\infty} f^*(x+i)g(i) = \sum_{i=-\tilde{w}}^{w-\tilde{w}-1} f^*(x+i)g(i) \tag{5.4}$$

여기서 위 첨자 별표(*)는 복소 공액을 나타낸다. 이 방정식을 식 (5.1)과 비교하면 신호가 실수이면 $f=f^*$이므로 두 연산 간의 유일한 차이는 컨볼루션이 커널을 반전하지만, 교차 상관은 커널을 반전하지 않는다는 것이다. 우리가 마주치게 될 커널의 대부분은 대칭: $g(k)=g(-k)$이고, 이 경우 $f'(x)=-f'_{corr}(x)$ 또는 반 대칭 $g(k)=-g(-k)$이며, 이 경우 $f'(x)=-f'_{corr}(x)$이다. 따라서 커널이 비대칭일 때 결과의 부호를 반전하는 것을 기억하는 한 대개 커널을 뒤집는 것을 무시하는 것이 좋다. 마찬가지로, 교차 상관은 신호가 실수이고 커널이 대칭인 경우에만 교환 가능하지만, 컨볼루션은 항상 교환 가능하다. 즉, $f \circledast g = g \circledast f$이다.

이산 신호는 음수가 아닌 인덱스를 갖는 1D 값 배열로 메모리에 저장된다. 이러한 세부 사항을 처리하기 위해 커널은 일반적으로 $\tilde{w}$ 만큼 이동되어, 함수 g의 샘플을 보유하는 1D 배열로서 $g[x] \equiv g(x-\tilde{w})$를 정의한다. 여기서 $g[x]$는 $x=0, 1, \ldots, w-1$에 대해 유효하며, 이 경우 컨볼루션은 다음과 같이 재작성될 수 있다.

알고리즘 5.1 1D 신호/영상을 1D 커널로 컨볼루션

```
CONVOLVE1D(f, g)

Input:  1D signal f with length n, 1D kernel g with length w
Output: the convolution of f and g

w̃ ← ⌊(w − 1)/2⌋
for x ← 0 to n − 1 do
    val ← 0
    for i ← 0 to w − 1 do
        val ← val + g[i] * f[x + w̃ − i]
    f′[x] ← val
return f′
```

$$f'(x) = f(x) \circledast g(x) = \sum_{i=0}^{w-1} f[x + \tilde{w} - i] \cdot g[i] \tag{5.5}$$

예를 들어, $g(\cdot)$가 $x \in \{-1, 0, 1\}$에 대해 정의된 3요소 커널인 경우, 배열 $g[\cdot]$에는 $i \in \{0, 1, 2\}$에 대한 값이 포함되어 $g[0] = g(-1)$이고, $g[1] = g(0)$이며, $g[2] = g(1)$이 된다. 편리하게, 이 경우 1인 $\tilde{w}$는 항상 커널의 중심 요소의 0부터 시작하는 인덱스이다.

이 추가 정보를 염두에 두고, 1D 컨볼루션을 위한 의사 코드는 알고리즘 5.1에 나와 있다. 앞의 예에서 보았듯이, 이 코드는 컨볼루션이 shift-multiply-add 연산임을 보여준다. 신호 f를 1D 영상으로 보고, 커널을 영상 위로 이동(또는 슬라이딩)하고, 각 화소에서 커널은 개별적으로(별표로 표시) 영상 값에 곱해지고, 결과의 합계가 뒤 따른다. 괄호는 의사 코드 내부에서 $g[x]$가 개별 배열의 요소에 액세스하고 있음을 강조하기 위해 사용된다.

f'은 식 (5.5)에 따라 $n + w - 1$ 값에 대해 실제로 정의되지만, n은 원본 신호의 길이이며, 간단히 하기 위해 출력의 크기를 입력의 크기와 동일하게 설정하는 일반적인 영상처리 방법을 채택한다. 또한, 신호의 두 끝 근처에서 계산은 앞에서 언급했듯이 f의 크기를 초과하는 인덱스를 사용한다. 코드가 어수선하게 흩어지는 것을 피하기 위해 범위를 벗어난 세부 정보가 생략되었다.

예제 5.1

다섯 개의 원소를 가진 입력 신호 $f = [8\ \ 24\ \ 48\ \ 32\ \ 16]$과 커널 $g = \frac{1}{4}[1\ \ 2\ \ 1]$ 세 요소가 있다. 즉, $n = 5$와 $w = 3$이다. 범위를 벗어난 값을 처리하기 위해 복제를 사용한다면 $f \circledast g$는 무엇이 되는가?

풀이 그림 5.1에서 볼 수 있듯이, 먼저 복제 방법을 사용하여 경계를 넘어 신호를 확장한다(한 샘플만 확장하는 경우, 반사와 동일 함). 그런 다음, 커널은 신호를 가로 질러 슬라이딩하여 각 화소에서 요소별 곱셈(element-wise multiplications)의 합계를 기록한다. 출력 신호 $f' = [12\ \ 26\ \ 38\ \ 32\ \ 20]$은 입력과 동일한 너비이다. 컨볼루션은 절대로 그 자리에서 수행해서는 안된다는 것을 알아 두는 것이 중요하다. 그렇지 않으면, f와 f'이 메모리의 같은 위치에 저장되어, f'에 대해 계산된 값은 f에서 읽혀지는 값을 손상시키기 때문이다.

입력 f와 출력 f'의 관계는 커널 g의 타입에 의존한다. 두 종류의 커널이 일반적이다. **평활화 커널**(smoothing kernel)은 지역 인접 지역의 값을 평균화하여 잡음의 영향을 줄인다. 이러한 커널은 원본 영상을 복원하기 위해 잡음으로 인해 손상된 영상을 사전 처리하는 첫 단계로 자주 사용된다. 한편, **차별화 커널**(differentiating kernel)은 신호가 빠르게 변화하는 장소를 강조하므로 영상으로부터 물체 감지와 같은 유용한 정보를 추출하는 데 사용된다.

평활화 커널은 저역 통과 필터이며, 차별화 커널은 고역 통과 필터이다. 출력의 전반적인 명암도를 변경하지 않으려면, 평활화 커널은 커널의 모든 요소의 합이 $\sum_i g(i) = 1$이다. 반면에 차별화하는 커널은 상수인 영상의 미분이 0이기 때문에 커널의 모든 요소가 $\sum_i g(i) = 0$가 된다는 특성을 가지고 있다. 평활화 커널은 보통 대칭적이지만, 차별화 커널은 미분의 차수가 짝수 또는 홀수인지 여부에 따라 대칭 또는 반 대칭이다. 다음 몇 절에서 우리는 이 두 종류의 커널을 더 자세히 고려할 것이다.

그림 5.1 1D 컨볼루션(convolution)의 예.

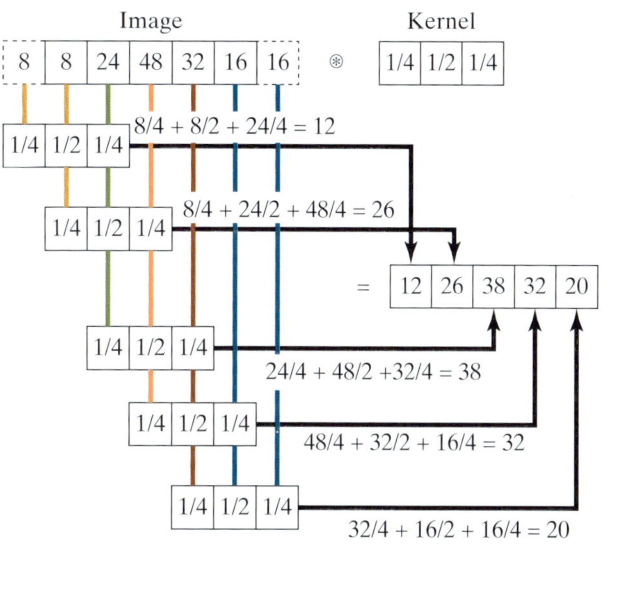

5.1.2 행렬 곱셈으로서의 컨볼루션

때로는 이산 컨볼루션을 다른 벡터를 생성하기 위해 벡터에 의한 행렬의 곱셈으로서 보는 것이 편리하다. 입력 벡터는 원 신호로부터 형성되고, 행렬은 컨볼루션 커널로부터 형성되고, 출력 벡터는 컨볼루션의 결과이다. 예를 들어, 앞에서 본 1D 입력 신호 $f = [8\ \ 24\ \ 48\ \ 32\ \ 16]$와 커널 $g = \frac{1}{4}[1\ \ 2\ \ 1]$를 생각해 보라. 다음이 성립되는 것을 쉽게 볼 수 있다.

$$\underbrace{\begin{bmatrix} 12 \\ 26 \\ 38 \\ 32 \\ 20 \end{bmatrix}}_{f'} = \underbrace{\frac{1}{4}\begin{bmatrix} 1 & 2 & 1 & 0 & 0 & 0 & 0 \\ 0 & 1 & 2 & 1 & 0 & 0 & 0 \\ 0 & 0 & 1 & 2 & 1 & 0 & 0 \\ 0 & 0 & 0 & 1 & 2 & 1 & 0 \\ 0 & 0 & 0 & 0 & 1 & 2 & 1 \end{bmatrix}}_{\substack{\textit{convolution matrix} \\ \mathbf{G}}} \underbrace{\begin{bmatrix} 8 \\ 8 \\ 24 \\ 48 \\ 32 \\ 16 \\ 16 \end{bmatrix}}_{f} \quad (5.6)$$

왼쪽 벡터는 단순히 전통적인 열 방향 벡터와 같은 형태의 출력 $f' = f \circledast g$이며, 오른쪽 벡터는 복제에 의해 신호를 확장한 후의 입력 f이고, 행렬은 컨볼루션 커널 g를 한 위치만큼 수평으로 밀어서 구성된다. 일반적으로, 입력 신호 f가 n개의 요소를 갖고 컨볼루션 커널 g가 w개의 요소를 갖는다면, 컨볼루션은 항상 다음의 행렬 곱셈으로 표현될 수 있다.

$$\mathbf{f}'_{\{n\times 1\}} = \mathbf{G}_{\{n\times n'\}}\mathbf{f}_{\{n'\times 1\}} \quad (5.7)$$

여기서 $\mathbf{G}$는 커널 g에서 구성된 컨볼루션 행렬이고, $\mathbf{f}$는 벡터 형식으로 저장된 확장 입력 신호이고, $\mathbf{f}'$는 벡터로서의 출력이며, $n' = n + w - 1$이다. 일반적으로 $n \gg w$이므로 $n \simeq n'$이다. (경계 효과를 무시하고 $n = n'$을 설정하면, 컨볼루션 행렬은 토플리츠 행렬(Toeplitz matrix)이다. 즉, 왼쪽 상단에서 오른쪽 하단으로 내림차순으로 표시되는 모든 대각선에 상수 값이 포함된다.)

5.1.3 푸리에 곱셈으로서의 컨볼루션

또한 공간 영역에서의 컨볼루션은 주파수 영역에서의 곱셈과 동일하다는 점도 주목할 가치가 있다. 즉, 만약 $f'(x) = f(x) \circledast g(x)$이 2개의 신호 f와 g의 컨볼루션이라면, $\mathcal{F}\{f\}$와 $\mathcal{F}\{g\}$가 각각 두 신호의 푸리에 변환이고, $\mathcal{F}\{f'\}$은 출력의 푸리에 변환이면, 후자는 전자들의 곱셈 $\mathcal{F}\{f'\} = \mathcal{F}\{f\} \cdot \mathcal{F}\{g\}$이다. 두 신호의 컨볼루션을 계산하는 또 다른 방법은 두 개의 푸리에 변환을 곱한 역 푸리에 변환을 계산하는 것이다.

$$f'(x) = f(x) \circledast g(x) = \mathcal{F}^{-1}\{\mathcal{F}\{f(x)\} \cdot \mathcal{F}\{g(x)\}\} \quad \textbf{(5.8)}$$

그러나 두 가지 중요한 사항에 주목해야 한다. 곱셈은 컨볼루션보다 비용이 적기 때문에, 순방향과 역 푸리에 변환을 계산하는 오버 헤드가 커널을 슬라이드해야 되는 계산량보다 적기 때문에 이 트릭은 컨볼루션 커널이 클 때 상당한 계산 절감을 가져올 수 있다. 따라서 이 트릭은 신호처리에서 널리 사용되며, 여기서 컨볼루션 커널은 커질 수 있고, 주파수 도메인 필터는 일반적으로 파이프 라인에 삽입된다. 그러나 영상처리에서 컨볼루션 커널은 단지 몇 가지 요소를 갖는 경향이 있으므로 컨볼루션의 직접 구현이 대개 더 빠르다. 두 번째 요점은 순환식 컨볼루션(circular convolution)의 경우에만 위의 수식이 참이라는 것이다. 즉 신호가 주기적으로 간주되는 컨볼루션이다. 따라서 선형 컨볼루션이 필요한 경우, 제로 패딩(zero padding)이 필요하다. 우리는 다음 장에서 주파수 영역처리에 대해 더 자세히 다룰 것이다.

5.1.4 선형 대 비선형 시스템

계속하기 전에, 일반적으로 필터링을 고려하여 컨볼루션이 더 큰 맥락에 어떻게 들어 맞는지 잘 파악하자. 관련 분야뿐만 아니라 신호와 영상처리에서 **시스템**은 입력으로부터 출력을 생성하는 연산자이다. 스케일링 속성과 덧셈 속성이 모두 가능한 모든 입력에 대해 유지되면 시스템은 **선형**(linear)이라고 한다.

$$\mathcal{L}(\alpha f) = \alpha\mathcal{L}(f) \qquad \text{(scaling)} \qquad \textbf{(5.9)}$$

$$\mathcal{L}(f_1 + f_2) = \mathcal{L}(f_1) + \mathcal{L}(f_2) \quad \text{(additivity)} \qquad \textbf{(5.10)}$$

여기서 $\mathcal{L}$은 시스템을 나타내므로, $\mathcal{L}(f)$는 시스템을 입력 f에 적용한 결과이고, a는 스칼라이다. 스케일링 특성에 따르면, 입력의 스케일된 버전은 동일한 양으로 출력을 스케일링하지만, 덧셈 속성은 두 개의 입력 합계로 인한 출력이 단순히 두 개의 개별 출력의 합계가 된다. 이러한 속성들을 함께 다음과 같이 중첩(superposition:)이라고 한다.

$$\mathcal{L}(\alpha_1 f_1 + \alpha_2 f_2) = \alpha_1\mathcal{L}(f_1) + \alpha_2\mathcal{L}(f_2) \quad \text{(superposition)} \qquad \textbf{(5.11)}$$

이 방정식이 모든 입력과 모든 스칼라에 대해 유지되는 경우에만 시스템 $\mathcal{L}$은 선형이다. 시스템이 선형이 아닌 경우 **비선형**(nonlinear)이라고 한다.

또 다른 중요한 특성은 입력의 쉬프트 버전에 대한 시스템의 응답을 포함한다. 입력의 쉬프트가 동일한 양만큼 출력의 쉬프트를 발생시키는 경우, 시스템을 **쉬프트 불변**(shift-invariant)이라고 한다. 보다 정확하게, $f'(x) = L(f(x))$가 입력 신호 $f(x)$를 시스템을 적용한 결과라면, 시스템은 쉬프트 불변이다.

$$f'(x - x_0) = \mathcal{L}(f(x - x_0)) \tag{5.12}$$

선형 및 쉬프트 불변(**linear shift-invariant**) 시스템, 즉 선형과 쉬프트 불변 시스템은 편리한 수학 속성으로 인해 특히 중요하다. 그러한 시스템은 커널과의 컨벌루션에 의해 완벽하게 기술된다.

$$f'(x) = f(x) \circledast g(x) = \sum_{i=-\infty}^{\infty} f(x - i)g(i) \tag{5.13}$$

이산 선형 쉬프트 불변 시스템은 **임펄스 응답**(impulse response)으로 완벽하게 설명되며, 이는 원점에서 1의 값을 갖고 그 밖의 모든 값을 0으로 갖는 함수에 시스템을 적용하고, 생성된 출력 $\mathcal{L}(\delta)$로 정의된다.

$$\delta(x) = \begin{cases} 1 & \text{if } x = 0 \\ 0 & \text{otherwise} \end{cases} \tag{5.14}$$

크로네커 델타 함수(Kronecker delta function)라고도 한다. 식 (5.13)에서 f를 δ로 설정함으로써, 컨볼루션에 의해 설명되는 선형 쉬프트 불변 시스템의 임펄스 응답이 단순히 컨볼루션 커널임을 쉽게 알 수 있다.

임펄스 응답에 따라 선형 쉬프트 불변 시스템은 두 개의 타입이 있다. **유한 임펄스 응답**(FIR: finite impulse response) 필터는 임펄스 응답이 유한한 시스템이다. FIR 필터는 유한 길이 커널과의 컨볼루션으로 완벽하게 설명된다. 반대로 응답이 영원히 지속된다면 우리는 **무한 임펄스 응답**(IIR: infinite impulse response) 필터를 갖게 된다. 무한 지속 시간의 커널을 만들 수 없기 때문에 IIR 필터는 이전 계산의 피드백을 사용하여 구현된다. 즉, 컨볼루션을 제자리에서 수행하지 않아야 하는 FIR 필터와 달리 IIR 필터는 다음 반복에서 읽을 화소와 동일한 화소에 결과를 저장하여 해당 계산을 수행하지만, 시스템의 출력은 입력의 일부로서 시스템에 피드백된다. 실제적으로 대부분의 필터는 선형 FIR 필터(따라서 컨볼루션을 사용하여 구현 됨) 또는 비선형 필터이지만, IIR 필터를 사용하여 대형 커널로 빠른 필터링을 수행할 수 있다. 이러한 유형의 필터들 간의 차이점에 대한 구체적인 이해를 돕기 위해 다음 예제를 고려하자.

예제 5.2 다음 시스템은 선형 또는 비선형, 쉬프트 변동 또는 쉬프트 불변, FIR 또는 IIR 인가?

1. $f'(x) = \mathcal{L}(f(x)) = (f(x))^2$
2. $f'(x) = \mathcal{L}(f(x)) = \frac{1}{4}f(x-1) + \frac{1}{2}f(x) + \frac{1}{4}f(x+1)$
3. $f'(x) = \mathcal{L}(f(x)) = f'(x-1) + f(x)$

풀이 위의 시스템들은 다음과 같이 분석된다.

1. 이 시스템은 입력을 제곱한다. 이것이 비선형임을 알기위해, $(\alpha f(x))^2 \neq \alpha^2(f(x))$에 주의하라. 일반적으로 스케일링 원리를 위반한다. 그럼에도 불구하고, 주어진 위치에서의 결과는 단지 그 위치에서의 입력에 의존하기에 쉬프트 불변이다. 임펄스 응답의 개념은 비선형 필터의 경우 의미가 없으므로 일반적으로 FIR 또는 IIR로 특징 지우지 않는다.
2. 이 시스템은 커널 $g = \frac{1}{4}[1 \quad 2 \quad 1]$와 입력 f의 컨볼루션 일뿐이다. 따라서 FIR 필터이기도 한 선형 쉬프트 불변 시스템이다.
3. 이 시스템은 누적기(accumulator)로 알려져 있다. 왜냐하면 f의 모든 값을 현재 위치까지 합산하기 때문이다. $f'(x) = \sum_{i=-\infty}^{x} g(x-i)f(i)$이고, 여기서 $g(x)$는 모든 $x \geq 0$에 대해 1이고, 그렇지 않으면 0(단위 계단 함수)이다. 이 시스템의 임펄스 응답은 영원히 확장되는 단위 계단 함수이다. 따라서 이것은 IIR 필터이기도 한 선형 쉬프트 불변 시스템이다.

5.1.5 2D 컨볼루션

1D 신호는 더 쉽게 분석할 수 있지만, 우리의 목표는 1D 신호가 아닌 2D 영상에서 필터링을 수행하는 것이다. 고맙게도 2D로의 컨볼루션 확장은 간단하다.

$$I'(x, y) = I(x, y) \circledast G(x, y) = \sum_{i=0}^{w-1}\sum_{j=0}^{h-1} I(x + \tilde{w} - i, y + \tilde{h} - j)G(i, j) \quad (5.15)$$

여기서 w와 h는 각각 커널의 폭과 높이이다. $\tilde{w}$가 반 너비(폭)인 것처럼, $\tilde{h} \equiv \lfloor\frac{1}{2}(h-1)\rfloor$는 커널의 반 높이이다. 커널 G는 수평 방향으로 $\tilde{w}$, 수직 방향으로 $\tilde{h}$ 쉬프트 되어, 모든 인덱스가 음수가 아닌 것으로 가정한다. 2D 커널을 사용하여 영상을 컨볼루션하려면, 커널을 수평축과 수직축에 대해 플립시키고 단순히 커널을 영상을 따라 슬라이드시켜서, 커널과 입력 영상 사이의 각 화소에서의 요소별 곱의 합을 알고리즘 5.2에 보인 것처럼 계산한다.

알고리즘 5.2 2D 커널로 영상 컨볼루션

```
CONVOLVE2D(I, G)

Input:  2D image I_{width×height}, 2D kernel G_{w×h}
Output: the 2D convolution of I and G
h̃ ← ⌊(h − 1)/2⌋
w̃ ← ⌊(w − 1)/2⌋
for y ← 0 to height − 1 do
    for x ← 0 width − 1 do
        val ← 0
        for j ← 0 to h − 1 do
            for i ← 0 to w − 1 do
                val ←+ G(i, j) * I(x + w̃ − i, y + h̃ − j)
        I′(x, y) ← val
return I′
```

5.2 가우시안 컨볼루션에 의한 평활화

가장 단순한 평활화(스무딩) 커널은 **박스 필터**(box filter)로, 커널의 모든 요소는 같은 값을 가진다. 모든 요소의 합은 1이어야 하기 때문에, 길이가 w인 박스 필터의 요소들은 각각 $1/w$ 값을 갖는다. 박스 필터의 몇 가지 예는 다음과 같다. $\frac{1}{3}[1 \quad 1 \quad 1]$ 과 $\frac{1}{5}[1 \quad 1 \quad 1 \quad 1 \quad 1]$이다. 실제로, 커널은 보통 출력의 원하지 않는 이동을 피하기 위해 홀수 길이로 생성된다.

5.2.1 가우시안 커널

박스 필터를 자체적으로 컨볼루션하면, 가우시안 커널에 대한 근사값을 얻을 수 있다. 연속 1D 가우시안 함수는 익숙한 "종 곡선"(bell curve)으로 정의된다.

$$gauss_{\sigma^2}(x) \equiv \frac{1}{\sqrt{2\pi\sigma^2}} \exp\left(-\frac{x^2}{2\sigma^2}\right) \tag{5.16}$$

여기서 σ^2는 분산이며, 정규화 계수 $1/\sqrt{2\pi\sigma^2}$는 $\int_{-\infty}^{\infty} gauss_{\sigma^2}(x)\,dx = 1$을 보장한다. 1D와 2D 가우시안은 그림 5.3에 나와 있다. 이전에 우리는 길이 n의 신호가 길이 w의 커널로 컨볼루션된다면, 결과의 길이는 $n + w - 1$이라는 것을 설명했다. 종종 n 값만 유지하도록 선택하는 경우가 있지만, 모든 값을 유지해야 하는 경우가 있다. 예를 들어, 가장 단순한 박스 필터는 $\frac{1}{2}[1 \quad 1]$이며, 그 자체로 컨볼루션 될 때, 다음과 같다.

그림 5.2 가우시안 커널을 만들기 위한 이항식(왼쪽)과 삼항식(오른쪽) 삼각형. 이항식 삼격형의 $(2k+1)$번째 행은 $\sigma^2 = k/2$의 가우시안을 근사한다. 반면에 삼항식 삼각형의 $(k+1)$번째 행은 $\sigma^2 = \frac{2k}{3}$의 가우시안을 근사한다. 여기서 k는 음수가 아닌 정수이다.

Binomial triangle:

1
1 1
1 2 1
1 3 3 1
1 4 6 4 1

Trinomial triangle:

1
1 1 1
1 2 3 2 1
1 3 6 7 6 3 1
1 4 10 16 19 16 10 4 1

$$\frac{1}{2}[1 \quad 1] \circledast \frac{1}{2}[1 \quad 1] = \frac{1}{4}[1 \quad 2 \quad 1] \tag{5.17}$$

이것은 $w = 3$이고, $\widetilde{w} = 1$이고, $g[0] = \frac{1}{4}$이고, $g[1] = \frac{1}{1}$이고, $g[2] = \frac{1}{4}$가 있는 커널이다. 이 커널은 $\sigma^2 = \frac{1}{2}$를 가진 가우시안을 근사한다. 추가 반복은 다음을 생성한다.

$$\frac{1}{4}[1 \quad 2 \quad 1] \circledast \frac{1}{4}[1 \quad 2 \quad 1] = \frac{1}{16}[1 \quad 4 \quad 6 \quad 4 \quad 1] \tag{5.18}$$

$\sigma^2 = 1$로 가우시안을 근사화한다. 정규화 요소를 무시하면 이 가우시안은 파스칼의 삼각형이라고도 하는 이항 삼각형의 홀수 행으로 쉽게 기억될 수 있다.[3] 그림 5.2에서 볼 수 있듯이 $(2k+1)$번째 행은 $\sigma^2 = k/2$의 가우시안을 근사화한 것이다. 비슷하게 삼항 삼각형의 $(k+1)$번째 행은 $\sigma^2 = \frac{2k}{3}$를 갖는 가우시안을 근사화 한다. 예를 들어 $\frac{1}{3}[1 \ 1 \ 1]$는 $\sigma^2 = \frac{2}{3}$으로 가우시안을 근사하고, 다음은 $\sigma^2 = \frac{4}{3}$으로 가우시안을 근사한다.

$$\frac{1}{3}[1 \quad 1 \quad 1] \circledast \frac{1}{3}[1 \quad 1 \quad 1] = \frac{1}{9}[1 \quad 2 \quad 3 \quad 2 \quad 1] \tag{5.19}$$

그림 5.3 가우시안은 종모양 커브이다. 왼쪽에서 오른쪽: 각 화소의 명암도가 그 점에서의 가우시안 함수의 값에 비례하는 영상으로 보여진 2D 등방 가우시안. 3D 표면으로 보여진 2D 등방 가우시안. 1D 가우시안 함수(수직 평면과 2D 가우시안 함수의 교차로 얻어진 것과 동등함).

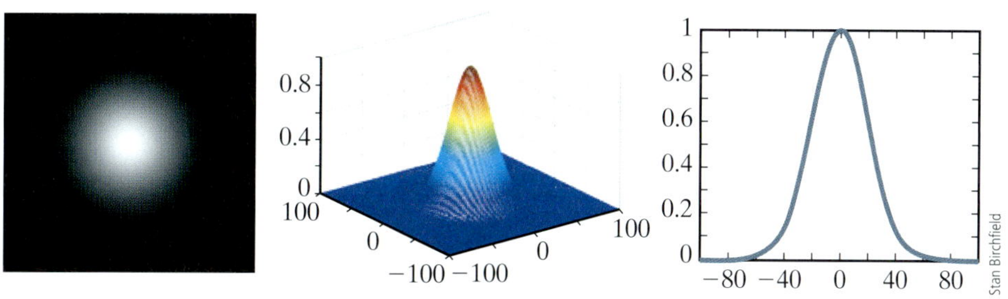

3 B. 파스칼(1623–1662)은 프랑스 수학자로서 확률이론을 개발했고, 빛이 진공을 투과한다는 것을 증명했다. 그는 기계 계산기, 유압 프레스, 주시기 등을 발명했다. 또한 유명한 파스칼의 내기(Pascal's Wager)인 기독교 철학에 중요한 기여를 했다.

5.2.2 평활화 커널의 분산 계산

임의의 평활화 커널 g의 분산을 계산하기 위해, 다음 수식을 적용할 수 있다.

$$\mu = \frac{1}{w}\sum_i g(i) \qquad \text{(wrong)} \tag{5.20}$$

$$\sigma^2 = \frac{1}{w}\sum_i (g(i) - \mu)^2 \qquad \text{(wrong)} \tag{5.21}$$

그러나 이것들은 도메인을 따르는 커널의 평균과 분산보다는 커널의 값의 평균과 분산을 계산한다. 올바른 방법은 커널 요소 좌표의 평균과 분산을 가중치를 사용하여 계산하는 것이다.

$$\mu = \frac{\sum_i i g(i)}{\sum_i g(i)} \qquad \text{(correct)} \tag{5.22}$$

$$\sigma^2 = \frac{\sum_i (i - \mu)^2 g(i)}{\sum_i g(i)} \qquad \text{(correct)} \tag{5.23}$$

예를 들어, $g = \frac{1}{4}[1 \;\; 2 \;\; 1]$의 평균과 분산은 다음과 같다.

$$\mu = \frac{1}{4}(0 \cdot 1 + 1 \cdot 2 + 2 \cdot 1) = 1 \tag{5.24}$$

$$\sigma^2 = \frac{1}{4}((0 - 1)^2 \cdot 1 + (1 - 1)^2 \cdot 2 + (2 - 1)^2 \cdot 1) = \frac{1}{2} \tag{5.25}$$

앞에서 언급했듯이, 홀수 길이 커널의 경우, 가우시안의 중심은 절반 폭 또는 $\mu = \tilde{w}$이다.

5.2.3 분리성

두 개의 1D 커널이 주어졌을 때, 2D 커널은 수직으로 배치하고 다른 하나는 수평으로 배치하여 서로 컨볼루션하여 구성할 수 있다. 예를 들어,

$$\frac{1}{3}\begin{bmatrix}1\\1\\1\end{bmatrix} \circledast \frac{1}{3}[1 \quad 1 \quad 1] = \frac{1}{9}\begin{bmatrix}1 & 1 & 1\\1 & 1 & 1\\1 & 1 & 1\end{bmatrix} \tag{5.26}$$

컨볼루션 자체는 교환(commutative) 가능하기 때문에 커널의 순서를 뒤집어서 작성할 수도 있다. 하지만, 수직형 커널을 먼저 두는 것은 시각적 도움을 제공한

다. 결과는 두 벡터의 행렬 곱셈과 동일하다(즉, 두 벡터의 외적).

2D 커널이 두 개의 1D 커널의 컨볼루션으로 분해될 수 있다고 말할 때, 커널이 **분리 가능하다**(separable)는 것이다. 모든 2D 축-정렬 가우시안 커널은 2D 등방성 가우시안과 같이 분리 가능하다.

$$Gauss_{\sigma^2}(x, y) \equiv \frac{1}{2\pi\sigma^2} \exp\left(-\frac{x^2 + y^2}{2\sigma^2}\right) \tag{5.27}$$

여기서, 정규화 $1/2\pi\sigma^2$는 $\iint Gauss_{\sigma^2}(x)\,dx\,dy = 1$을 보장하도록 다시 설계되었다. 이 함수의 분리 가능성을 나타내기 위해, 임의의 2D 신호 $I(x, y)$와 2D 등방성 가우시안의 컨볼루션에 지수의 법칙을 적용하자. 그리고 단순화를 위해 정규화 인수를 무시하자.

$$\begin{aligned} I(x, y) \circledast Gauss_{\sigma^2}(x, y) &= \sum_i \sum_j I(x - i, y - j) \exp\left(\frac{-(i^2 + j^2)}{2\sigma^2}\right) && (5.28) \\ &= \sum_i \underbrace{\left[\sum_j I(x - i, y - j) \exp\left(\frac{-j^2}{2\sigma^2}\right) \right]}_{I(x,y) \circledast gauss_{\sigma^2}(y)} \exp\left(\frac{-i^2}{2\sigma^2}\right) && (5.29) \\ &= \left(I(x, y) \circledast gauss_{\sigma^2}(y)\right) \circledast gauss_{\sigma^2}(x) && (5.30) \\ &= \left(I(x, y) \circledast gauss_{\sigma^2}(x)\right) \circledast gauss_{\sigma^2}(y) && (5.31) \end{aligned}$$

여기서, 하나의 커널은 수직 방향이고, 다른 커널은 수평 방향이다. 따라서 $Gauss_{\sigma^2}(x, y)$로 I를 컨볼루션하는 것이 수직 1D 가우스 커널 $Gauss_{\sigma^2}(y)$와 컨볼루션하고, 이어서 수평 1D 가우시안 커널 $Gauss_{\sigma^2}(x)$과 컨볼루션하는 것과 동일하다. 또는 순서가 중요하지 않기 때문에 그 반대도 마찬가지이다. 예로서,

$$I(x, y) \circledast \left(\frac{1}{16}\begin{bmatrix} 1 & 2 & 1 \\ 2 & 4 & 2 \\ 1 & 2 & 1 \end{bmatrix}\right) = \left(I(x, y) \circledast \frac{1}{4}\begin{bmatrix} 1 \\ 2 \\ 1 \end{bmatrix}\right) \circledast \left(\frac{1}{4}\begin{bmatrix} 1 & 2 & 1 \end{bmatrix}\right) \tag{5.32}$$

왜냐하면

$$\frac{1}{4}\begin{bmatrix} 1 \\ 2 \\ 1 \end{bmatrix} \circledast \frac{1}{4}\begin{bmatrix} 1 & 2 & 1 \end{bmatrix} = \frac{1}{16}\begin{bmatrix} 1 & 2 & 1 \\ 2 & 4 & 2 \\ 1 & 2 & 1 \end{bmatrix} \tag{5.33}$$

그리고 컨볼루션은 결합적(associative)이기 때문에 $(f \circledast g_1) \circledast g_2 = f \circledast (g_1 \circledast g_2)$이다. 분리된 2D 커널은 그 행과 열 모두가 선형적으로(즉, 서로의

스칼라 배수) 종속적인 경우에만 분리 가능하다. 즉, 커널(행렬로 본)은 랭크 1 급이다.

가우스의 분리 가능성을 유도하는 또 다른 방법은 식 (5.16)과 (5.27)에서 2D 가우시안이 두 개의 1D 가우시안의 곱으로도 볼 수 있다.

$$Gauss_{\sigma^2}(x, y) \equiv \frac{1}{2\pi\sigma^2} \exp\left(-\frac{x^2 + y^2}{2\sigma^2}\right) \quad (5.34)$$

$$= \frac{1}{\sqrt{2\pi\sigma^2}} \exp\left(-\frac{x^2}{2\sigma^2}\right) \cdot \frac{1}{\sqrt{2\pi\sigma^2}} \exp\left(-\frac{y^2}{2\sigma^2}\right) \quad (5.35)$$

$$= gauss_{\sigma^2}(x) \cdot gauss_{\sigma^2}(y) \quad (5.36)$$

이 방정식은 어떤 점 (x, y)에 대해서도 마찬가지이다. 즉, $\mathbf{g}_{\sigma^2}$를(수직 방향의) 벡터로 표현된 1D 가우시안 커널이라면, 2D 가우시안은 이 벡터 자체의 외부곱(외적)이다. $Gauss_{\sigma^2}(x, y) = \mathbf{g}_{\sigma^2}\mathbf{g}_{\sigma^2}^{\mathsf{T}}$이다.

사실, 두 개의 1D 커널을 직교 방향으로 컨볼루션하는 것이 벡터로 볼 때 두 커널의 외부곱과 동일하기 때문에 이 관찰은 분리 가능한 커널에 적용된다. 예를 들어, 외부곱 $\mathbf{gg}^{\mathsf{T}} = [1 \;\; 2 \;\; 1]^{\mathsf{T}}[1 \;\; 2 \;\; 1]$는 다음과 같이 주어진다.

알고리즘 5.3 분리된 2D 커널로 영상 컨볼루션

```
ConvolveSeparable(I, g_h, g_v)

Input:  2D image I_{width×height}, 1D kernels g_h and g_v each of length w
Output: the 2D convolution of I and g_v ⊛ g_h

▶ convolve horizontal
for y ← 0 to height − 1 do
    for x ← w̃ to width − 1 − w̃ do
        val ← 0
        for i ← 0 to w − 1 do
            val ← val + g_h[i] * I(x + w̃ − i, y)
        I_tmp(x, y) ← val
▶ convolve vertical
for y ← w̃ to height − 1 − w̃ do
    for x ← 0 to width − 1 do
        val ← 0
        for i ← 0 to w − 1 do
            val ← val + g_v[i] * I_tmp(x, y + w̃ − i)
        I′(x, y) ← val
return I′
```

$$\begin{bmatrix} 1 \\ 2 \\ 1 \end{bmatrix} \begin{bmatrix} 1 & 2 & 1 \end{bmatrix} = \begin{bmatrix} 1 & 2 & 1 \\ 2 & 4 & 2 \\ 1 & 2 & 1 \end{bmatrix} \tag{5.37}$$

(정규화 인수를 무시하면) 식 (5.33)과 같다.

분리 가능한 컨볼루션은 두 개의 1D 커널을 사용하여 알고리즘 5.3에 표시된다. 하나는 수평용이고 다른 하나는 수직용이다. 간단하게 하기 위해, 이 코드는 두 커널의 길이가 같다고 가정한다. 이 가정은 중요하지 않지만 실제로는 거의 항상 사실이다. 컨볼루션은 그 자리에서 제대로 수행될 수 없으므로 첫 번째 컨볼루션의 결과를 저장하기 위해 임시 영상이 필요하다. 또한 수평 커널에 대한 영상의 모든 행(첫 번째와 마지막 포함)과 수직 커널에 대한 영상의 모든 열을 컨볼루션하는 것이 중요하다. 이는 두 번째 컨볼루션이 첫 번째 컨볼루션에서 계산된 값을 사용하기 때문이다. 범위를 벗어난 화소를 처리하기 위한 약간의 추가 작업을 통해 출력 영상의 모든 화소 값을 계산할 수 있다. 2D 커널의 크기가 $w \times w$이면 분리 가능한 컨볼루션의 계산량은 $O(w^2)$가 아닌 $O(2w)$이며, 전체 2D 컨볼루션보다 계산이 크게 절감된다.

1D 컨볼루션을 행렬 곱셈으로 볼 수 있는 것처럼 2D 컨볼루션도 가능하다. 이를 달성하기 위한 한 가지 방법은 영상의 모든 화소를 하나의 벡터로 쌓아 올린 다음, 커널의 다른 행을 연속적으로 쉬프트한 버전을 쌓아서 컨볼루션 행렬 **G**를 형성하여 수식(5.7)과 비슷한 방정식을 만든다. 그러나 커널을 분리할 수 있는 경우, 더 작고 우아한 표기법이 있다.

$$\mathbf{I}' = \mathbf{G}_h \mathbf{I} \mathbf{G}_v^{\mathsf{T}} \tag{5.38}$$

여기서 $\mathbf{G}_h$는 1D 커널 $\mathbf{g}_h$에서 생성된 컨볼루션 행렬이고, $\mathbf{G}_v$는 1D 커널 $\mathbf{g}_v$에서 생성된 컨볼루션 행렬이다. 2D 컨볼루션 커널은 $\mathbf{g}_v \mathbf{g}_h^{\mathsf{T}}$이며, $\mathbf{I}$는 행렬로 간주하고 경계 문제를 처리하기 위해 적절하게 확장한 영상이다. 이 결과를 보려면 식 (5.7)에서 $\mathbf{I}_{tmp} \equiv \mathbf{G}_v \mathbf{I}^{\mathsf{T}}$는 I의 열을 따라 컨볼루션하고, 전치된 결과에 컨볼루션을 다시 적용하면 I의 행을 따라 컨볼루션되어, 최종 2D 컨볼루션을 생성한다. $\mathbf{I}' = \mathbf{G}_h (\mathbf{I}_{tmp})^{\mathsf{T}} = G_h \mathbf{I} \mathbf{G}_v^{\mathsf{T}}$이다.

5.2.4 가우시안 커널 구성

임의의 표준편차 σ를 갖는 1D 가우시안 커널을 구성하려면, 연속 제로 평균 가우시안 함수 $gauss_{\sigma^2}(x) \equiv \frac{1}{\sqrt{2\pi\sigma^2}} \exp\left(\frac{-x^2}{2\sigma^2}\right)$를 샘플링하고, 알고리즘 5.4에서와 같이 각 원소를 모든 원소의 합 $\sum_i gauss_{\sigma^2}[i]$로 나누어 정규화한다. 이

합계는 신호의 0번째 모멘트이다. 속성 $\sum_i gauss_{\sigma^2}[i] = 1$은 영상의 전체 밝기가 스무딩(평활화)의 결과로 변경되지 않도록하기 위해 중요하다. 이것을 볼 수 있는 또 다른 방법은 일정한 영상을 스무딩하는 것이 영상을 변경해서는 안 된다는 것이다.

연속 영역에서 $\int_{-\infty}^{\infty} gauss_{\sigma^2}(x)dx = 1$을 보장하는 연속 정규화 계수 $\frac{1}{\sqrt{2\pi\sigma^2}}$은 이산 정규화 단계가 수행될 때 사라지기 때문에 무시할 수 있음에 유의하자. 그러나 이산화 효과로 인해 연속 정규화 계수만으로는 $\sum_i gauss_{\sigma^2}[i] = 1$이 보장되지 않기 때문에 이산적 정규화 단계는 무시할 수 없다. $gauss_{\sigma^2}(x)$는 평균이 0이지만, 우리의 이산 가우시안 커널 $gauss_{\sigma^2}[i]$는 $i = \tilde{w}$를 중심에 두고 있기 때문에, 커널을 구성하는 동안 색인에서 $\tilde{w}$를 빼야한다는 의사 코드에 유의하자.

원하는 표준 편차가 주어지면, 적절한 커널 절반 폭을 선택하는 합리적인 접근 방법은 다음과 같다.

$$\tilde{w} \approx 2.5\sigma - 0.5 \tag{5.39}$$

근사는 $\tilde{w}$가 정수이기 때문에 우변에서 값의 반올림이 발생해야 함을 나타낸다. 알고리즘 5.4의 1행은 알고리즘 5.5에 의사 코드로 표시된 이 표현식을 사용한

알고리즘 5.4 1D 가우시안 커널 생성

```
CreateGaussianKernel(σ)

Input:  floating-point standard deviation σ
Output: 1D Gaussian kernel (as an array with w elements)
1  w̃ ← GetKernelHalfWidth(σ)                 ➤ Determine a reasonable halfwidth w̃, using, e.g., Algorithm 5.5.
2  w ← 2w̃ + 1                                 ➤ Compute the (odd) width w from the halfwidth w̃.
3  norm ← 0                                    ➤ Initialize the normalization factor to zero.
4  for i ← 0 to w − 1 do                       ➤ Construct the w-element kernel by sampling
5      gauss[i] ← exp(−(i − w̃) * (i − w̃)/(2 * σ * σ))    the continuous Gaussian function,
6      norm ←+ gauss[i]                        while keeping track of the normalization factor.
7  for i ← 0 to w − 1 do                       ➤ Apply the normalization factor
8      gauss[i] ←/ norm                        to ensure that Σ_{i=0}^{w−1} gauss[i] = 0.
9  return gauss
```

알고리즘 5.5 주어진 표준편차를 가지는 1D 가우시안의 적절한 반폭(halfwidth)을 계산

```
GetKernelHalfWidth(σ)

1  return Round (2.5σ − 0.5)
```

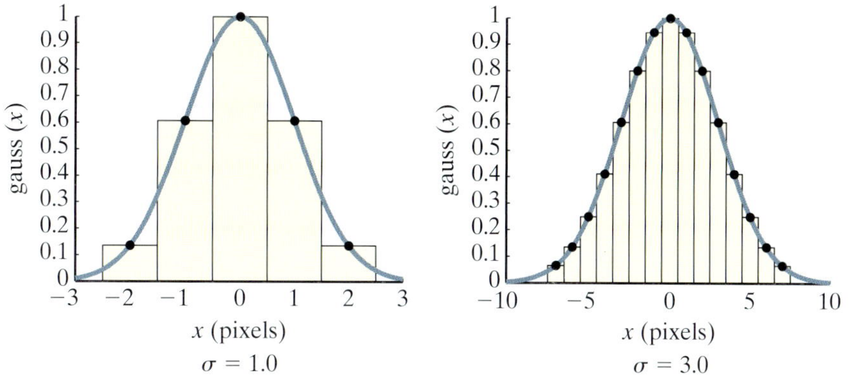

그림 5.4 두 개의 다른 σ값에 대해 연속 가우시안(청색 커브)와 그의 이산 근사(검정 원). 사각형 아래 음영한 영역은 $x = -2.5\sigma$와 $x = +2.5\sigma$ 사이의 연속 커브 아래의 영역을 근사한다. 커널의 폭과 반폭은 $\widetilde{w} + 0.5 = 2.5\sigma$와 $w = 2\widetilde{w} + 1$에 따라, $w = 5$, $\widetilde{w} = 2$(for $\sigma = 1.0$)와 $w = 15$, $\widetilde{w} = 7$(for $\sigma = 3.0$)이다.

다. 이 표현식을 도출하기 위해 그림 5.4에서와 같이 이산 가우시안에서 중심 샘플 가우시안 $gauss[\widetilde{w}]$는 $x = -0.5$와 $x = 0.5$ 사이의 영역을 근사한다. 유사하게, 인접 샘플 가우시안 $gauss[\widetilde{w} + 1]$는 $x = 0.5$와 $x = 1.5$ 사이의 영역을 근사하고, 임의의 샘플 가우시안 $gauss[\widetilde{w} + k]$는 $x = k - 0.5$와 $x = k - 1.5$ 사이의 영역을 근사화한다.

$w - 1 = 2\widetilde{w} = \widetilde{w} + \widetilde{w}$이므로 최종 샘플 가우시안 $gauss[w - 1]$는 $x = \widetilde{w} - 0.5$와 $x = \widetilde{w} + 0.5$ 사이의 영역을 근사화한다. 따라서, 폭 w의 커널은 원래의 연속적인 가우시안 함수 하에서 다음 영역을 대략 캡처한다.

$$\int_{-\widetilde{w}-0.5}^{\widetilde{w}+0.5} gauss(x)\,dx$$

가우시안의 정의에서 가우시안 아래 면적의 68.27 %는 표 5.1에 요약된 것처럼 $-\sigma \le x \le \sigma$ 지역에 캡처된 것이고, 면적의 95.45 %는 $-2\sigma \le x \le 2\sigma$이다. $\widetilde{w} + 0.5 = 2.5\sigma$를 설정함으로써 커널이 가우시안을 잘 근사하기 위해 가우시안 아래 영역의 98.76 %가 캡처된다. 그러나, 덜 정확한 근사가 수용 가능하다면, 표준 편차를 곱하는 2.5 인자는 이에 따라 감소 될 수 있다.

표 5.1 표준편차의 다른 요소에 의해 정의된 구간 내에 가우시안 커브 아래의 면적. 이것은 종종 68–95–99.7 규칙으로 불린다.

domain	area under curve
$[-\sigma \le x \le \sigma]$	68.27%
$[-2\sigma \le x \le 2\sigma]$	95.45%
$[-2.5\sigma \le x \le 2.5\sigma]$	98.76%
$[-3\sigma \le x \le 3\sigma]$	99.73%

표 5.2 이산 가우시안 커널은 일반적으로 샘플되어진 연속 함수로부터 다른 분산을 가진다. σ^2에 대한 여러 다른 값의 차이를 보인다.

kernel	discrete σ^2	continuous σ^2	error
$gauss_{0.25} = \frac{1}{8}[1 \quad 6 \quad 1]$	0.25	0.28	10.7%
$gauss_{0.333} = \frac{1}{6}[1 \quad 4 \quad 1]$	0.333	0.36	7.4%
$gauss_{0.375} = \frac{1}{16}[3 \quad 10 \quad 3]$	0.375	0.42	10.7%
$gauss_{0.5} = \frac{1}{4}[1 \quad 2 \quad 1]$	0.5	0.72	30.6%
$gauss_{1.0} = \frac{1}{16}[1 \quad 4 \quad 6 \quad 4 \quad 1]$	1.0	1.17	14.5%

$gauss_{\sigma^2}$가 σ^2가 있는 1D 가우스 커널을 나타내면, 일반적인 1D 가우시안 커널은 다음과 같다.

$$gauss_{0.25} = \frac{1}{8}[1 \quad 6 \quad 1] \tag{5.40}$$

$$gauss_{0.333} = \frac{1}{6}[1 \quad 4 \quad 1] \tag{5.41}$$

$$gauss_{0.375} = \frac{1}{16}[3 \quad 10 \quad 3] \tag{5.42}$$

$$gauss_{0.5} = \frac{1}{4}[1 \quad 2 \quad 1] \tag{5.43}$$

$$gauss_{1.0} = \frac{1}{16}[1 \quad 4 \quad 6 \quad 4 \quad 1] \tag{5.44}$$

방정식 (5.39)은 앞서 설명한 것과 같은 방식으로 계산된 이러한 분산에 대한 올바른 길이를 반환한다. 그러나 이산 가우시안 커널의 분산은 일반적으로 샘플링된 연속 가우시안 함수의 분산과 다르다. 표 5.2에서 이 차이가 30 %까지 높을 수 있음을 알 수 있다.

이제 가우시안 커널을 만들고 수평과 수직 커널로 영상을 컨버트할 수 있으므로 알고리즘 5.6에서 볼 수 있듯이 2D 가우시안 커널과 컨볼루션하여 영상을 스무딩할 수 있다. 이 코드는 등방성 가우시안의 가장 간단한 경우를 보여 주지만, 가장 일반적인 경우이기 때문에 코드를 이방성 가우시안의 경우로 확장하는

알고리즘 5.6 2D 가우시안 커널로 컨볼루션하여 영상 평활화

```
SMOOTH(I, σ)

Input:  image I, standard deviation σ
Output: result of convolving I with a 2D isotropic Gaussian with σ

gauss ← CREATEGAUSSIANKERNEL(σ)
I′ ← CONVOLVESEPARABLE(I, gauss, gauss)
return I′
```

그림 5.5 2304 × 1728 영상과 다른 표준편차를 가진 등방 가우시안으로 컨볼루션한 결과.

것은 쉽다. 서로 다른 분산을 갖는 2D 등방성 가우시안으로 영상을 컨볼루션 한 결과는 그림 5.5와 같다.

5.2.5 가우시안 커널 평가

이 절에서는 가우시안 커널의 너비(폭)와 표준 편차 사이의 관계에 대해 자세히 설명한다. 독자에 따라 처음에는 이 절을 건너뛸 수도 있다.

몇몇 저자들은 단지 3개의 샘플($w = 3$)로 충실한 가우시안 커널을 구축하는 것이 불가능하다고 주장해 왔다. 이 주장은 상충되는 제약이 있음을 인식하는 것에 기반한다. 좁은(작은) 가우시안이 세 개의 샘플로 정확하게 표시되지만, 공간 영역의 좁은 가우시안은 주파수 영역에서 넓은 가우시안(큰 σ')으로 연결되고, 앨리어싱이 발생한다.[4] 이것은 가우시안의 푸리에 변환이 $F\{\exp(-\frac{x^2}{2\sigma^2})\} \propto \exp\left(-\frac{\omega^2}{2(1/\sigma)^2}\right)$이기 때문이다. 여기서 ω는 각 주파수이고, $\sigma' = 1/\sigma$는 푸리에 변환 신호의 표준 편차이다. 이것을 수치적으로 보려면, 가우시안의 98.76 %를 포착하면 $w \geq 5\sigma$라는 제약이 생긴다. 여기서 w는 커널의 너비이다. -2.5σ에서 2.5σ 사이의 영역은 5σ의 너비를 갖기 때문이다. 샘플링 주파수가 화소 당 1 샘플이기 때문에 나이퀴스트의 샘플링 이론에 따르면 컷오프 주파수는 0.5이며, 컷오프 각 주파수는 $2\pi(0.5) = \pi$이다.

$-\pi$와 π 사이에서 푸리에 변환의 면적의 98.76 %를 유지하기 위해서는($w = 3$으로 가정하면) $2\pi \geq 5\sigma' = 5(1/\sigma)$로 설정해야 한다. 그러면 $\sigma \geq \frac{5}{2\pi} = 0.8$이 된다. 공간 제약 $w \geq 5\sigma$를 주파수 제약 $\sigma \geq 0.8$와 함께 사용하면, $w \geq 5$이고, w가 홀수를 의미한다. 다시 말해서, 이러한 추론은 커널이 가우시안을 충실하게 표현하기 위해 적어도 5개의 샘플을 포함해야 한다는 결론을 이끌어 낸다.

그러나 그러한 결론은 부당하다. 3요소 커널은 실제로 많은 이유로 사용되고 있다. 더 적절한 질문은 3요소 커널이 할 수 있는 최선책은 무엇인가? 커널이 가우시안 영역의 98.76 %를 캡처하도록 요구하는 대신, 공간과 주파수 영역에

4 앨리어싱(aliasing)은 6.1.3절에서 더 논의된다.

a	$W = 2a + 1$	binomial kernel	$\sigma^2 = \frac{a}{2}$	σ	$\alpha = \frac{w}{2\sigma}$	area
1	3	$\frac{1}{4}[1\ \ 2\ \ 1]$	0.5	0.71	2.12	96.60%
2	5	$\frac{1}{16}[1\ \ 4\ \ 6\ \ 4\ \ 1]$	1.0	1.0	2.50	98.76%
3	7	$\frac{1}{64}[1\ \ 6\ \ 15\ \ 20\ \ 15\ \ 6\ \ 1]$	1.5	1.22	2.86	99.58%
4	9	$\frac{1}{256}[1\ \ 8\ \ 28\ \ 56\ \ 70\ \ 56\ \ 28\ \ 8\ \ 1]$	2.0	1.41	3.18	99.85%

a	$W = 2a + 1$	trinomial kernel	$\sigma^2 = \frac{2a}{3}$	σ	$\alpha = \frac{w}{2\sigma}$	area
1	3	$\frac{1}{3}[1\ \ 1\ \ 1]$	0.67	0.82	1.84	93.42%
2	5	$\frac{1}{9}[1\ \ 2\ \ 3\ \ 2\ \ 1]$	1.33	1.15	2.17	97.00%
3	7	$\frac{1}{27}[1\ \ 3\ \ 6\ \ 7\ \ 6\ \ 3\ \ 1]$	2.00	1.41	2.47	98.65%
4	9	$\frac{1}{81}[1\ \ 4\ \ 10\ \ 16\ \ 19\ \ 16\ \ 10\ \ 4\ \ 1]$	2.67	1.63	2.76	99.42%

표 5.3 커브 아래 영역은 이항과 상항 삼각형에 의해 주어진 가우시안 커널에 의해 잘 캡처된다. 그러나 σ가 증가함에 따라, 합당하게 가우시안을 캡처하기 위해 필요한 것보다 가우시안 커널이 더 넓기 때문에 커널은 계산을 낭비한다.

서 보존되는 영역을 최대화하는 σ 값을 찾자. 이 보존된 영역이 영역 $-\alpha\sigma \le X \le \alpha\sigma$에 있고, $w = 2\alpha\sigma$가 되도록 값을 표현하자. 동일한 영역은 $2\pi = 2\alpha\sigma'$ 또는 $\sigma = 1/\sigma' = \alpha/\pi$일 때 주파수 영역에서 캡처된다. 우리가 $w = 3$의 경우에 관심이 있기 때문에 두 개의 미지수에 대한 방정식 $\alpha\sigma = 1.5$와 $\alpha/\sigma = \pi$을 풀면 $\alpha = \sqrt{1.5\pi} \approx 2.17$과 $\sigma = \sqrt{1.5/\pi} \approx 0.69$가 된다. 가우시안의 정의에서 이 값은 $\alpha = 2.17$이며, 가우시안의 97 %가 공간과 주파수 영역에서 모두 포착됨을 의미하며, 이는 많은 응용들에서 상당히 수용 가능하다. 더욱이, 이 특별한 값인 $\sigma^2 = 0.48\,(\sigma = 0.69)$는 이항 삼각형에 의해 얻어진 3×1 커널의 $\sigma^2 = 0.5\,(\sigma = 0.71)$에 매우 가깝다는 것은 흥미롭다. 따라서, 공간과 주파수 영역 신호 아래의 영역 균형을 맞추는 기준에 따르면, $\sigma = 0.69$는 최적의 3×1 가우시안 커널이며, $gauss_{0.5} = \frac{1}{4}[1\ \ 2\ \ 1]$로 가깝게 근사화된다.

이제 우리는 최상의 3요소 가우시안 커널이 이항 삼각형에 의해 주어진 것과 매우 가깝다는 것을 보았다. 삼각형의 다른 커널을 분석해 보자. 표 5.3은 σ값(보존 영역 $-\alpha\sigma \le x \le \alpha\sigma$ 나타냄)과 가우시안 곡선 아래 영역(가우시안 Q 함수 표를 사용하여 얻음)의 값과 함께 이 커널의 처음 몇 개를 보여준다. 가우시안은 모든 경우에 충실하게 보존되지만, 이항 커널은 σ의 값을 증가시키는데 필요한 것보다 넓다. 예를 들어, $s = 1.41$일 때, $w = 7$의 폭은 곡선의 거의 98.76 %를 차지한다($5\sigma \approx 7$). 그러나 이항 삼각형은 이 가우시안을 나타내기 위해 $w = 9$를 사용한다. 삼항의 삼각형은 표의 맨 아래에서 볼 수 있듯이, 가우시안을 더 작게 만든다.

이제 방정식 (5.39)이 해당 가우시안을 얼마나 충실하게 캡처하는지 자세히

$\tilde{w}$	$w = 2\tilde{w} + 1$	σ range	$\alpha = w/2\sigma$ range	area max	area min
1	3	[0.4,0.8)	[3.75,1.88)	–	93.99%
2	5	[0.8,1.2)	[3.13,2.08)	99.83%	96.25%
3	7	[1.2,1.6)	[2.92,2.19)	99.65%	97.15%
4	9	[1.6,2.0)	[2.81,2.25)	99.50%	97.56%

표 5.4 커널 아래 영역은 GetKernelHalfWidth로 주어진 가우시안에 의해 잘 캡처된다. 각 범위의 낮은 끝에 가까운 표준편차에 대해, 정밀도를 유지하면서 커널의 크기가 감소될 수 있다. 그러나 대부분의 표현에서는 컴팩하다. 제3, 4 열은 구간 표기를 사용한다. 예로서, $0.4 \le \sigma \le 0.8$.

살펴 보자. 절차의 공식은 $\tilde{w} = \partial(2.5\sigma - 0.5)$이다. 따라서 이 절차는 정수 사이의 중간 값을 반올림하여 $\tilde{w} - 0.5 \le 2.5\sigma - 0.5 < \tilde{w} + 0.5$인 경우에만 반폭 $\tilde{w}$를 출력한다. σ에 대한 해는 $\tilde{w}/2.5 \le \sigma < (\tilde{w}+1)/2.5$이다. $w = 2\tilde{w} + 1$이므로, 우리는 보존된 영역 $x \in [-\alpha\sigma, \alpha\sigma]$에 해당하는 $\alpha = w/2\sigma$를 풀 수 있다. 표 5.4는 각 홀수 너비 w에 대한 α의 최소값과 최대값을 곡선 아래 영역의 최소값과 최대값과 함께 보여준다.

여기서 우리는 가우시안이 충실하게 표현되고 컴팩트한 것을 본다. 사실 계산된 폭은 표시된 모든 예에서 상향의 삼각형의 폭과 같다. 각 범위의 하단 근처에 있는 σ의 값의 경우, 커널은 가능한 한 컴팩트하지 않다. 이것이 우려되는 경우, 수식은 곱셈 계수를 줄임으로써 대체될 수 있다(예: $\tilde{w} = \text{Round}(2.2\sigma - 0.5)$이다).

5.2.6 대형 가우시안으로 평활화

커널의 너비(폭)가 증가함에 따라 커널과 신호를 컨볼루션하는데 필요한 계산량은 그에 비례하여 증가한다. 따라서, 분산이 증가함에 따라, 가우시안과 컨볼루션은 점점 더 비싸게 된다. 이 문제를 해결하는 한 가지 방법은 분산 σ_1^2과 σ_2^2를 갖는 2개의 가우시안 커널의 컨볼루션이 분산 $\sigma_1^2 + \sigma_2^2$를 갖는 가우시안이라는 특성을 이용하여, 단일 큰 컨볼루션을 여러 개의 작은 컨볼루션으로 대체하여 이점을 활용하는 것이다. 그러므로 $gauss_{\sigma^2}$을 사용하는 반복된 컨볼루션은 $gauss_{n\sigma^2}$을 사용한 단일 컨볼루션과 동일하다.

불행히도 이 접근법은 일반적으로 필요한 계산량을 줄이기보다는 증가시킨다. 예를 들어, 우리가 $gauss_{100}$(즉, $\sigma^2 = 100$의 가우시안)과 컨볼루션하고 싶다고 가정해 보자. 직접적인 접근법은 반 너비 $\tilde{w} = \partial(2.5(\sigma) - 0.5) = 25$ 또는 51 너비의 커널로 컨 볼빙하는 것이다. 그러나 앞의 분석에 따르면 등가 접근법은 먼저 $gauss_{50}$과 컨볼루션하고, 다음 다시 $gauss_{50}$과 컨볼루션한다. 이러한 각 커널은 반 너비 $\tilde{w} = \partial(2.5(\sqrt{50}) - 0.5) = 17$ 또는 35의 너비를 가지므로 이 방법은 51 대신 71개의 요소와 중첩되므로 실제로 직접적인 접근 방법보다 많은 계산이 필요하다. 결론으로 이것은 우리가 파스칼의 삼각형에 대해 말한 것과 일치한다. 즉, 너무 넓어서 비효율적인 가우시안 커널을 만든다.

그럼에도 불구하고 보다 계산 효율적인 방법을 얻을 수 있다. **중심 극한 정리**(central limit theorem)를 사용하면, 비 음수 커널 자체의 반복된 컨볼루션은 항상(매우 온화한 가정 하에서) 가우시안 형태로 수렴한다는 것을 말한다. 보다 구체적으로, 너비 w의 박스 필터를 b_w라고 하면, 그 자체의 필터의 n개의 컨볼루션은 $gauss_{\sigma^2}$에 가깝다. 여기서, b_w의 분산은 $(w^2-1)/12$이므로, $\sigma_2 = \dfrac{n+1}{12}(w^2-1)$이다. 따라서, $b_w \circledast b_w \circledast b_w$의 분산은 $(w^2-1)/4$, $b_w \circledast b_w \circledast b_w \circledast b_w$의 분산은 $(w^2-1)/3$이다.

그림 5.6에서 볼 수 있듯이, 가우시안 신호의 컨볼루션은 박스 필터를 사용하여 일련의 컨볼루션으로 근사할 수 있다.

그림 5.6 박스 필터의 반복 컨볼루션은 가우시안으로 된다. 수직막대(청색)는 박스 필터와 자신이 w = 3(상), w = 5(중), w = 7(하)에 대해 컨볼루션함으로 얻어진 이산 커널의 샘플 모습을 보인다. 중첩된 표시(적색)는 커널로서 같은 분산을 가진 샘플 가우시안을 보인다. 몇 차례 컨볼루션 후에 근사는 아주 정확하다. 임의의 크기의 가우시안의 효과적인 근사가 가능하다.

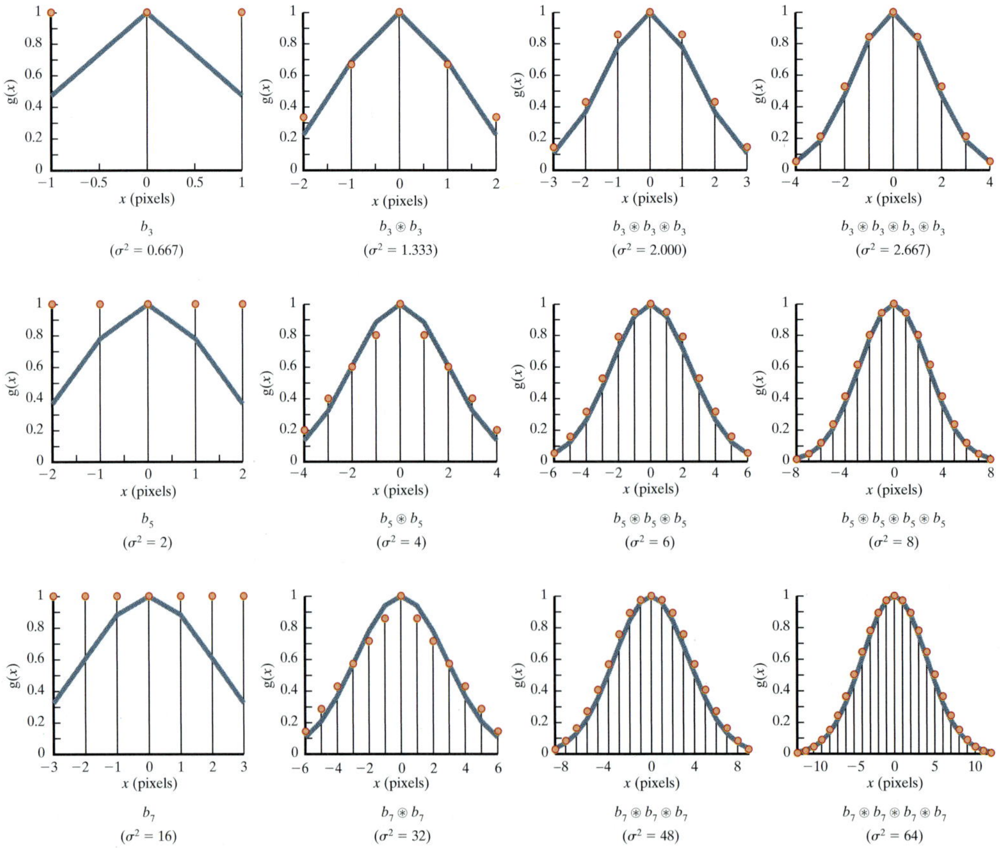

$$f \circledast gauss_{\sigma^2} \approx f \circledast (b_w \circledast b_w \circledast b_w \circledast b_w) = (((f \circledast b_w) \circledast b_w) \circledast b_w) \circledast b_w \quad \textbf{(5.45)}$$

여기서 좋은 근사값을 산출하기 위해, 일반적으로 단지 2~4개의 컨볼루션이 필요하다. 박스 필터를 사용한 컨볼루션은 매우 빠르다. 왜냐하면 정규화 인수를 무시하면서, 박스 필터는 단순히 커널과 겹치는 신호의 요소를 합산하기 때문이다. 예를 들어 $f' = f \circledast b_7$이라면, x 위치에서 계산은 다음과 같다.

$$f'(x) = f(x-3) + f(x-2) + f(x-1) + f(x) + f(x+1) + f(x+2) + f(x+3) \quad \textbf{(5.46)}$$

다음 위치 $(x+1)$에서의 계산은 다음과 같다.

$$f'(x+1) = f(x-2) + f(x-1) + f(x) + f(x+1) + f(x+2) + f(x+3) + f(x+4) \quad \textbf{(5.47)}$$

$$= f'(x) - f(x-3) + f(x+4) \quad \textbf{(5.48)}$$

따라서 커널이 신호를 따라 이동할 때, 각 출력 값은 단순히 새 값을 더하고 곱셈없이 이전 값을 빼고 커널의 길이와 무관하게 계산된다. 이런 식으로 알고리즘 5.7에서 볼 수 있듯이 임의 길이의 박스 필터는 한 열 당 단 한 번의 빼기와 덧셈만으로 효율적으로(일정 시간에) 구현될 수 있다.

동일한 접근법은 먼저 신호의 누적 합계을 계산하고, 그런 다음, 이 합계에서 값을 더하고 뺀다. 이러한 접근법은 박스 필터를 사용하여 컨볼루션하는 것이 창을 통해 적분을 수행한 다음, 미분(서로 2개의 값을 뺀)를 수행하는 것과 동일하다는 것을 나타낸다. 보다 일반적으로, 임의의 연속적인 신호 f와 커널 g에 대해, 신호와 커널의 컨볼루션은 n 배로 미분된 커널에 n 번 적분된 신호의 컨볼루션과 동일하다는 것을 알 수 있다.

알고리즘 5.7 1D 신호/영상을 1D 박스 커널로 컨볼루션

ConvolveBox(f, w)

Input: 1D signal f with length n, 1D box kernel with length w
Output: the convolution of f and g

$\tilde{w} \leftarrow \lfloor (w-1)/2 \rfloor$
$val \leftarrow 0$
for $i \leftarrow -\tilde{w}$ **to** $\tilde{w}$ **do**
    $val \leftarrow val + f[i]$
for $x \leftarrow 0$ **to** $n-1$ **do**
    $h[x] \leftarrow val$
    $val \leftarrow val + f[x + \tilde{w} + 1] - f[x - \tilde{w}]$
return h

$$f \circledast g = \left(\underbrace{\int_{-\infty}^{x} \cdots \int_{-\infty}^{x}}_{n \text{ integrations}} f(x)\,dx \right) \circledast \frac{d^n g(x)}{dx^n} \quad \textbf{(5.49)}$$

여기서, n은 임의의 음이 아닌 정수이다. 이 사실은 푸리에 변환을 사용하여 증명하기 쉽다(다음 장에서 더 자세히 다룰 것이다). 공간 영역에서의 적분은 주파수 영역에서의 $j\omega$에 의한 나눔과 동일하므로, 미분은 $j\omega$에 의한 곱셈과 동일하지만, 여기서, $j = \sqrt{-1}$이고 ω는 각 진동수이다. 곱셈과 나눗셈은 서로 상쇄되므로, 미분과의 적분은 주파수 영역에서 $\mathcal{F}\{f\} \cdot \mathcal{F}\{g\} \cdot j\omega / j\omega = \mathcal{F}\{f\} \cdot \mathcal{F}\{g\}$이므로 식 (5.49)가 성립된다.

5.2.7 적분 영상

합계는 2D로 쉽게 확장되며, 이 영상은 **적분 영상**(integral image)으로 알려져 있다. 단일 채널 2D 영상 I가 주어지면, 적분 영상 S는 왼쪽 위부터 오른쪽 아래 모서리까지 영상을 스캔하여 계산된다. 실행 합계를 다음과 같이 계산한다.

$$S(x, y) = I(x, y) - S(x-1, y-1) + S(x-1, y) + S(x, y-1) \quad \textbf{(5.50)}$$

$S(x', y') = \sum_{x=0}^{x'} \sum_{y=0}^{y'} I(x, y)$를 쉽게 볼 수 있다. 적분된 영상이 계산되면(보통 전처리 단계로), 임의의 직사각형 내부의 값들의 합은 단지 하나의 덧셈과 두 개의 뺄셈들로 계산될 수 있다.

$$\sum_{x=x_0}^{x_1} \sum_{y=y_0}^{y_1} I(x, y) = S(x_0 - 1, y_0 - 1) + S(x_1, y_1) - S(x_0 - 1, y_1) - S(x_1, y_0 - 1) \quad \textbf{(5.51)}$$

여기서, (x_0, y_0)과 (x_1, y_1)는 각각 직사각형의 상단 왼쪽과 하단 오른쪽 좌표이다.

5.3 1차 미분 계산

이제까지 영상에 저역 통과 필터를 적용하여 스무딩하는 방법을 살펴보았으므로, 이 절에서 고역 필터로 주의를 돌리자. 고역 통과 필터는 신호의 미분을 계산하여 검출할 수 있는 입력 신호의 로컬 차이를 보존하는 필터이다. 미분의 큰 값은 신호의 중요한 부분을 나타내며, 7장에서 에지 검출을 고려할 때 이 부분을 더 자세히 다룰 것이다.

5.3.1 가우시안 미분 커널

미분을 추정하는 가장 간단한 방법은 **유한 차분**(finite differences)을 계산하는 것이다. 즉, 다른 값에서 신호의 한 값을 뺀다. 값이 인접하면 이것은 커널 $[1 \quad -1]$과 컨볼루션하는 것과 같다. 이 커널은 짝수 개의 요소를 가지고 있기 때문에 커널의 중심을 두 요소 중 하나에 배치된다. **소위 순방향 차이 커널**(forward difference kernel) $[1 \quad -\underline{1}]$과 **후방 차분 커널**(backward difference kernel) $[\underline{1} \quad -1]$로 된다.(원점 표시 규칙이 바뀌면 shift-multiply-add를 하기 전에 컨볼루션이 커널을 뒤집는다는 것을 기억하자.)

실제 세계에서는 입력 신호가 일반적으로 일부 유형의 잡음으로 인해 손상되어 있다. 즉, 우리가 접근할 수 있는 입력 신호는 실제로 우리가 관심을 갖고 있는 잡음없는 신호와 어떤 식으로든 신호와 혼합된 잡음의 조합이다. 결과적으로 미분하기 전에 영상에 적어도 일부 스무딩(평활화)을 수행하여 이러한 잡음의 영향을 줄이는 것이 좋다. 차별화된 커널과 컨볼루션하기 전에 신호를 평활 커널로 컨볼루션함으로써 달성할 수 있다. 가장 간단한 평활화 커널은 $\frac{1}{2}[1 \quad 1]$이다. 이것은 다음과 같다.

$$\left(f(x) \circledast \frac{1}{2}[1 \quad 1]\right) \circledast [1 \quad -1] = f(x) \circledast \left(\frac{1}{2}[1 \quad 1] \circledast [1 \quad -1]\right) = f(x) \circledast \frac{1}{2}[1 \quad 0 \quad -1] \quad \textbf{(5.52)}$$

여기서 $\frac{1}{2}[1 \quad 0 \quad -1]$는 **중앙 차분 커널**(central difference kernel)이다. 다른 말로하면, 영상을 평활 커널로 컨볼루션한 다음, 그 결과를 미분 커널로 컨볼루션하는 것은 컨볼루션의 결합성으로 인해 식 (5.52)의 오른쪽의 두 커널의 조합인 다른 커널과 컨볼루션하는 것과 같다. 신호의 바람직하지 않은 이동을 피하려면 두 커널의 원점은 달라야 한다.

$$\frac{1}{2}[1 \quad \underline{1}] \circledast [\underline{1} \quad -1] = \frac{1}{2}[\underline{1} \quad 1] \circledast [1 \quad -\underline{1}] = \frac{1}{2}[1 \quad \underline{0} \quad -1] \quad \textbf{(5.53)}$$

보다 큰 평활화 커널을 사용하면, 인접한 평활화된 화소들 간의 차분이 유리한 결과를 산출하지 못한다. 대신, 영상을 평활화된 차분 커널로 컨볼루션하는 것이 더 좋다. 이는 (차분과 컨볼루션은 결합성이 있기에) 평활화된 신호를 차분화하는 것과 같다.

$$\frac{d}{dx}\left(f(x) \circledast g(x)\right) = f(x) \circledast \left(\frac{d}{dx}g(x)\right) \quad \textbf{(5.54)}$$

여기서 f는 입력이고, g는 평활화 커널이다. 가우시안이 가장 일반적인 평활화 커널이기 때문에, 우리는 가우시안의 미분에 주의를 집중한다. 이것은 연속 도메인에서 x 좌표의 크기가 조정된 버전과 가우시안의 곱으로 쉽게 표시된다.

$$\frac{d}{dx}\, gauss_{\sigma^2}(x) = \frac{d}{dx}\left(\frac{1}{\sqrt{2\pi\sigma^2}}\exp\left(\frac{-x^2}{2\sigma^2}\right)\right) = -\frac{x}{\sigma^2\sqrt{2\pi\sigma^2}}\exp\left(\frac{-x^2}{2\sigma^2}\right) = -\frac{x}{\sigma^2}\, gauss_{\sigma^2}(x) \quad \textbf{(5.55)}$$

좀 더 간결한 표기법을 위해, 이 가우시안 미분을 $\dot{g}auss_{\sigma^2}(x)$로 표시하고, 글자 "g"에 점을 찍는다.

가우시안 미분 커널의 전체 모양은 그림 5.7에서 분명하다. 이 함수는 비대칭이며, 모든 x에 대해 $\dot{g}auss(-x) = -\dot{g}auss(x)$를 의미하므로 $x = 0$에서 0이다. 일단 가우시안 미분 커널이 구축되면, 신호의 미분은 단순히 커널과 컨볼루션함으로써 계산된다. 비대칭 모양을 조사한 결과, 이러한 컨볼루션은 실제로 커널 센터의 오른쪽에 있는 모든 값의 가중 평균을 계산하고, 모든 값의 가중 평균을 왼쪽에 뺀 것이다. 이 절차에 대한 동일한 견해가 그림에 설명되어 있으며, 때때로 유한 차분과 가우시안 미분 커널 사이의 연결을 이해하는 데 도움이 된다.

1D 가우스 미분 커널을 구성하려면, 연속 가우스 미분을 샘플링한 다음, 정규화한다. 일정한 신호와의 컨볼루션이 신호를 변경해서는 안된다는 제약을 부과하는 가우시안 정규화와 유사하게, 가우시안 미분 정규화는 램프와의 컨볼루션이 램프의 기울기(즉, 미분)를 산출해야 한다는 제약을 부과한다. 예를 들어, $[a \quad b \quad c]$가 정규화되지 않은 미분 커널이라고 가정하자. 기울기가 1인 램프 신호인 $[0 \quad 1 \quad 2]$와의 컨볼루션은 $0 \cdot c + 1 \cdot b + 2 \cdot a$로 주어지며(컨볼루션은 커널을 뒤집기 때문에) 이 결과는 1이 되어야 한다. 가우시안 미분이 $x = 0$에서 y 축을 가로 지르고, 중심 요소가 영$(b = 0)$이므로, $2a = 1$ 또는 $a = 12$임을 알 수 있다. 가우시안 미분이 비대칭이기 때문에, 정규화된 3-요소 중심 차 연산자는 다음과 같이 주어진다.

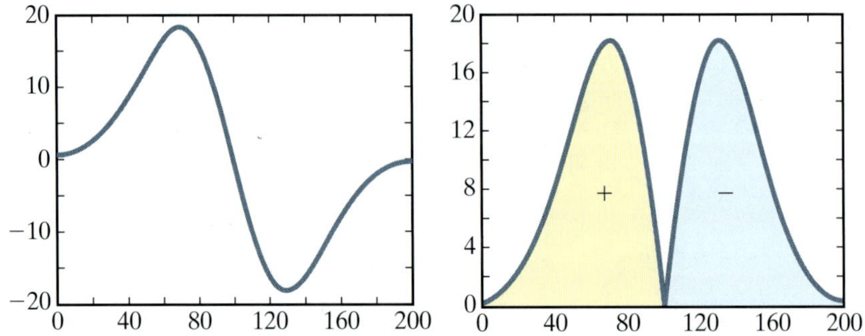

그림 5.7 1D 가우시안 미분(왼쪽), 연산자의 등가 뷰와 함께(오른쪽), 여기서 한쪽의 가중치 합은 다른 한쪽의 가중치 합으로부터 감산된다.

$$\dot{gauss}_{0.5} = \frac{1}{2}[1 \quad 0 \quad -1] \tag{5.56}$$

보다 일반적으로, 길이가 w인 커널의 정규화는 $\sum_{i=0}^{w-1} i\,\dot{gauss}[w-1-i]$로 나누는 것이 필요하다는 것을 검증하기는 쉽다. 여기서 $\dot{gauss}[i]$는 비정규화된 커널의 i 번째 요소이다. 가우시안 미분이 비대칭이기 때문에 모든 i에 대해 $\dot{gauss}[w-1-i] = -\dot{gauss}[i]$이고, 커널이 홀수 너비라고 가정하면, 커널의 일차 모멘트의 음수로 정규화 제수를 기억하는 것이 더 쉽다. $-\sum_{i=0}^{w-1} i\,\dot{gauss}[i]$이다.

이 추론을 표준화되지 않은 중앙 차분 연산자분 $[1 \ 0 \ -1]$에 적용하면, 정규화 제수가 $\sum_{i=0}^{w-1} i\,\dot{gauss}[i] = 0 \cdot 1 + 1 \cdot 0 + 2 \cdot (-1) = -2$로 주어지고, 식 (5.56)으로 됨을 알 수 있다. 알고리즘 5.8에 표시된 가우시안 미분 커널을 구성하는 절차는 정규화 인수와 5번째 줄에 있는 $i = \tilde{w}$의 요소(x의 단순 이동 버전)를 제외하고는 1D 가우시안 커널을 만드는 데 사용된 것과 유사하다. 샘플링 후에, 모든 원소의 합이 0이라는 것을 보장하기 위해, 각 원소에서 값 $(1/w)\sum_{i=0}^{w-1} i\,\dot{gauss}-deriv[i]$를 뺀 것이 중요하다. 이것은 정규화 계수를 계산하기 전에 수행되어야 한다.

우리가 $\dot{gauss}_{\sigma^2}$를 사용하여 분산 σ^2를 갖는 가우시안 미분 커널을 나타내지만, 미분 커널의 분산을 계산하는 쉬운 방법은 없다. 사실 $w = 3$ 경우에 모든 가우시안 미분 커널은 분산에 상관없이 동일하다. 즉, $\frac{1}{2}[1 \ 0 \ 1]$는 단지 3×1 가우시안 미분 커널이다. 가우시안이 얼마나 커든지간에 중간에 있는 샘플이 0이고 나머지 두 샘플은 서로 마주 보며, 정규화 절차가 항상 값들을 취소하기

알고리즘 5.8 가우시안 커널의 1D 미분 생성

```
CreateGaussianDerivativeKernel(σ)

Input:  floating-point standard deviation σ
Output: 1D Gaussian derivative kernel
1  w̃ ← GetKernelHalfWidth(σ)
2  w ← 2w̃ + 1
3  norm ← 0
4  for i ← 0 to w − 1 do
5      gauss-deriv[i] ← (i − w̃) * exp(−(i − w̃) * (i − w̃)/(2 * σ * σ))
6      norm ←_ i * gauss-deriv[i]
7  for i ← 0 to w − 1 do
8      gauss-deriv[i] ←/ norm
9  return gauss-deriv
```

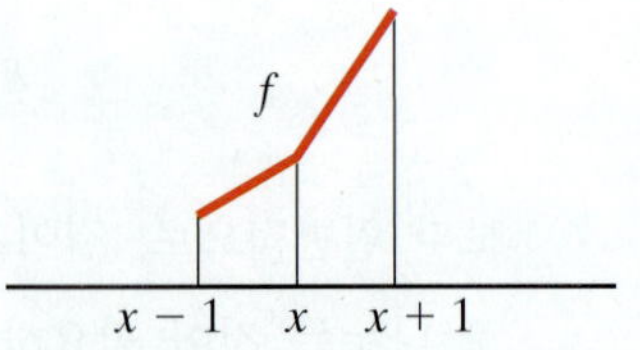

그림 5.8 중앙 차분 연산자는 전후향 차분의 평균이다. 즉, 두 기울기의 평균.

때문에 같은 $\frac{1}{2}$인자를 앞에 둔다. 결과적으로, $\sigma^2=0.5$의 공칭 분산(nominal variance)은 다소 임의적으로 선택되었다. 또한 함수의 기울기를 계산하기 위해서는 정규화 인수가 필요하지만, 실제로는 실제 기울기가 아닌 상대 기울기가 필요할 때마다 무시할 수 있음을 명심하자.

언뜻보기에는 미분 커널이 중앙 화소를 무시한다는 것이 이상하게 보일 수 있다. 그러나 이것은 가우시안 미분이 $x=0$에서 0이라는 자연스러운 결과이다. 이를 확인하는 또 다른 방법은 커널이 0으로 합쳐지고, 좌우 대칭이므로 중앙 화소가 0이어야 한다. 이러한 설명이 모두 만족스럽지 않다면, 중앙 차분 연산자가 실제 차분에 의해 계산된 두 기울기를 실제로 평균한다는 점에 유의해야 한다(앞에서 언급했듯이). 전향 차분 $f(x+1)-f(x)$이고, 후향 차분 $f(x)-f(x-1)$이다. 즉 $f'(x)=f(x)\circledast \dot{g}auss_{0.5}$이고, 그러면 그림 5.8에 보인 바와 같이 다음이 된다.

$$f'(x) = \frac{1}{2}\left(\frac{f(x)-f(x-1)}{1}+\frac{f(x+1)-f(x)}{1}\right)=\frac{f(x+1)-f(x-1)}{2} \tag{5.57}$$

5.3.2 영상 그레디언트

하나의 변수의 함수 미분은 다음과 같이 정의된다.

$$\frac{df}{dx} \equiv \lim_{\Delta x\to 0}\frac{f(x+\Delta x)-f(x)}{\Delta x} \tag{5.58}$$

2D에서 미분의 일반화는 기울기(gradient), 벡터의 요소는 두 축을 따라 함수의 편미분이다.

$$\nabla f(x,y) = \begin{bmatrix}\frac{\partial f}{\partial x} & \frac{\partial f}{\partial y}\end{bmatrix}^{\mathsf{T}} \tag{5.59}$$

여기서 위 첨자 ^{T}는 전치를 나타낸다. 그림 5.9에서 볼 수 있듯이, 영상이

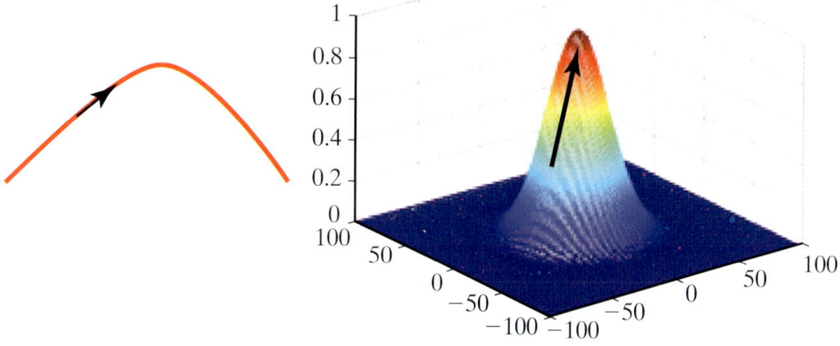

그림 5.9 1D 함수의 미분(왼쪽), 2D 함수의 그레디언트(오른쪽).

$z=f(x, y)$로 보여지면, z는 어떤 점에서 표면의 높이이고, 그레디언트는 오르막을 가리키는 벡터이다. 만일 $\mathbf{d}\equiv\nabla f(x_0, y_0)$는 그레디언트라 하고, $\mathbf{e}\equiv[x-x_0, y-y_0]^2$는 (x_0, y_0)로부터 임의의 점(x, y)의 벡터이라면. 점 (x_0, y_0)에서 표면에 대한 접선 평면의 방정식은 내적과 그 점에서의 값에 $\hat{z}=\mathbf{d}^\mathsf{T}\mathbf{e}+f(x_0, y_0)$의 값을 더한 것로 주어진다.

영상 그레디언트를 계산하려면, 잡음의 영향을 줄이기 위해 가우시안 커널로 영상을 컨볼루션한 다음, 직각 방향으로 편미분을 계산해야 한다. 컨볼루션의 연관성 때문에, 이는 영상을 2D 가우시안의 편미분으로 컨볼루션하는 것과 같다.

$$\frac{\partial I(x, y)}{\partial x}=\frac{\partial}{\partial x}(I(x, y)\circledast Gauss(x, y))=I(x, y)\circledast\frac{\partial\, Gauss(x, y)}{\partial x} \quad (5.60)$$

$$\frac{\partial I(x, y)}{\partial y}=\frac{\partial}{\partial y}(I(x, y)\circledast Gauss(x, y))=I(x, y)\circledast\frac{\partial\, Gauss(x, y)}{\partial y} \quad (5.61)$$

이러한 2D 컨볼루션 커널의 연속 버전이 그림 5.10에 나와 있다.

고맙게도 2D 가우시안의 편미분은 분리 가능하므로, 편미분의 2D 커널과 영상 I의 컨볼루션은 1D 커널의 두 연속 컨볼루션과 같다.

$$I(x, y)\circledast\frac{\partial\, Gauss_{\sigma^2}(x, y)}{\partial x}=\iint-\frac{\xi}{\sigma^2}I(x-\xi, y-\eta)\exp\left\{\frac{-(\xi^2+\eta^2)}{2\sigma^2}\right\}d\xi d\eta \quad (5.62)$$

$$=\iint-\frac{\xi}{\sigma^2}I(x-\xi, y-\eta)\exp\left\{\frac{-\eta^2}{2\sigma^2}\right\}\exp\left\{\frac{-\xi^2}{2\sigma^2}\right\}d\xi d\eta \quad (5.63)$$

$$=\int-\frac{\xi}{\sigma^2}\left[\int I(x-\xi, y-\eta)\exp\left\{\frac{-\eta^2}{2\sigma^2}\right\}d\eta\right]\exp\left\{\frac{-\xi^2}{2\sigma^2}\right\}d\xi \quad (5.64)$$

$$=(I(x, y)\circledast gauss_{\sigma^2}(y))\circledast\dot{g}auss_{\sigma^2}(x) \quad (5.65)$$

$$=(I(x, y)\circledast\dot{g}auss_{\sigma^2}(x))\circledast gauss_{\sigma^2}(y) \quad (5.66)$$

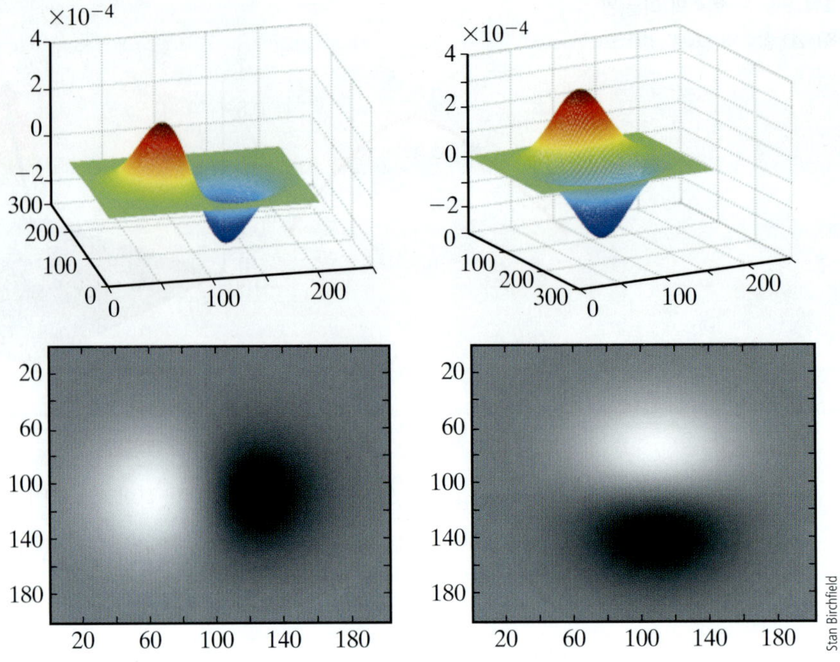

그림 5.10 x, y 방향에서 가우시안의 편미분, 3D 표시(상)와 영상들(하).

여기서 $\dot{gauss}_{\sigma^2}(x) = \dfrac{d}{dx} gauss_{\sigma^2}$이고, 최종 방정식은 컨볼루션 순서가 중요하지 않기 때문에 발생한다. 비슷한 분석은 y의 편미분도 분리 가능하다는 것을 보여준다.

$$I(x, y) \circledast \frac{\partial\, Gauss_{\sigma^2}(x, y)}{\partial y} = \left(I(x, y) \circledast gauss_{\sigma^2}(x)\right) \circledast \dot{gauss}_{\sigma^2}(y) \quad \textbf{(5.67)}$$

$$= \left(I(x, y) \circledast \dot{gauss}_{\sigma^2}(y)\right) \circledast gauss_{\sigma^2}(x) \quad \textbf{(5.68)}$$

따라서 영상의 그레디언트를 계산하려면, 평활화 1D 커널과 직교 방향으로 차별화되는 1D 커널과 컨볼루션하여 x와 y 축을 따라 구분해야 한다. 즉, x에 대해 편미분을 계산하려면, 가우시안의 수평 미분과 수직 가우시안(또는 가중치가 교환적이므로 이 두 순서를 전환)를 곱한다. y에 대한 편미분을 계산하기 위해, 수평 가우시안을 곱한 후, 가우시안의 수직 미분을 한다.

가장 단순한 2D 미분 커널은 **Prewitt 연산자**이다. 직교 방향으로 1D 박스 필터를 사용하여 1D 가우시안 미분 커널을 컨볼루션한다.

$$Prewitt_x = \frac{1}{3}\begin{bmatrix}1\\1\\1\end{bmatrix} \circledast \frac{1}{2}\begin{bmatrix}1 & 0 & -1\end{bmatrix} = \frac{1}{6}\begin{bmatrix}1 & 0 & -1\\1 & 0 & -1\\1 & 0 & -1\end{bmatrix}$$

$$Prewitt_y = \frac{1}{3}\begin{bmatrix}1 & 1 & 1\end{bmatrix} \circledast \frac{1}{2}\begin{bmatrix}1\\0\\-1\end{bmatrix} = \frac{1}{6}\begin{bmatrix}1 & 1 & 1\\0 & 0 & 0\\-1 & -1 & -1\end{bmatrix}$$

Prewitt 연산자를 적용하는 것은 3 × 3 창에 대한 최소 제곱 오류를 최소화하는 평면에 대한 해를 구하는 것과 동일하다는 것을 알 수 있다. 여기서 모든 화소는 똑같이 취급된다. 다시 말하지만, $\frac{1}{6}$의 정규화 계수는 대부분의 응용에서 무시할 수 있다.

Sobel 연산자는 커널을 평활화하기 위해 가우시안($\sigma^2 = 0.5$)를 사용하기 때문에 보다 강력하다.

$$Sobel_x = gauss_{0.5}(y) \circledast \dot{g}auss_{0.5}(x) = \frac{1}{4}\begin{bmatrix}1\\2\\1\end{bmatrix} \circledast \frac{1}{2}\begin{bmatrix}1 & 0 & -1\end{bmatrix} = \frac{1}{8}\begin{bmatrix}1 & 0 & -1\\2 & 0 & -2\\1 & 0 & 1\end{bmatrix}$$

$$Sobel_y = gauss_{0.5}(x) \circledast \dot{g}auss_{0.5}(y) = \frac{1}{4}\begin{bmatrix}1 & 2 & 1\end{bmatrix} \circledast \frac{1}{2}\begin{bmatrix}1\\0\\-1\end{bmatrix} = \frac{1}{8}\begin{bmatrix}1 & 2 & 1\\0 & 0 & 0\\-1 & -2 & -1\end{bmatrix}$$

Scharr 연산자는 Sobel과 비슷하지만, 평활화 커널에 작은 분산($\sigma^2 = 0.375$)을 가진다.

$$Scharr_x = gauss_{0.375}(y) \circledast \dot{g}auss_{0.5}(x) = \frac{1}{16}\begin{bmatrix}3\\10\\3\end{bmatrix} \circledast \frac{1}{2}\begin{bmatrix}1 & 0 & -1\end{bmatrix} = \frac{1}{32}\begin{bmatrix}3 & 0 & -3\\10 & 0 & -10\\3 & 0 & -3\end{bmatrix}$$

$$Scharr_y = gauss_{0.375}(x) \circledast \dot{g}auss_{0.5}(y) = \frac{1}{16}\begin{bmatrix}3 & 10 & 3\end{bmatrix} \circledast \frac{1}{2}\begin{bmatrix}1\\0\\-1\end{bmatrix} = \frac{1}{32}\begin{bmatrix}3 & 10 & 3\\0 & 0 & 0\\-3 & -10 & -3\end{bmatrix}$$

Scharr 연산자의 장점은 다른 3 × 3 가우시안 커널보다 회전 불변이라는 것이다.

완전성을 위해, 우리는 가장 오래된 그레디언트 커널 쌍인 **Roberts 크로스 연산자**를 언급한다.

$$Roberts_1 = \frac{1}{\sqrt{2}}\begin{bmatrix}1 & 0\\0 & -1\end{bmatrix}$$

$$Roberts_2 = \frac{1}{\sqrt{2}}\begin{bmatrix}0 & -1\\1 & 0\end{bmatrix}$$

Roberts 커널에는 두 가지 단점이 있다. 첫째, x 축과 y 축보다는 대각선 방향을 따라 미분을 계산한다. 이는 근본적인 제한보다 불편하다. 둘째, 차수가 짝수

알고리즘 5.9 영상의 그레디언트 계산

```
ComputeImageGradient(I, σ)
gauss = CreateGaussianKernel(σ)
gauss-deriv = CreateGaussianDerivativeKernel(σ)
G_x = ConvolveSeparable(I, gauss-deriv, gauss)
G_y = ConvolveSeparable(I, gauss, gauss-deriv)
for (x, y) ∈ I do
    G_mag = |G_x(x, y)| + |G_y(x, y)|
    G_phase = Atan2(G_y(x, y), G_x(x, y))
return G_mag, G_phase
```

이기 때문에 커널은 중앙에 있지 않다. 즉, 화소에서 미분을 계산하지 않고 화소 사이에서 미분을 계산한다. 그럼에도 불구하고 일부 응용의 경우, 2-포인트 차이가 3-포인트 차이보다 낫다(중심 화소를 무시하는 것과는 대조적으로). 왜냐하면 계산에 모든 화소를 사용하고 크기가 더 작기 때문이다.

일단 영상의 그레디언트를 계산하면, 그 그레디언트의 크기를 계산하는 것

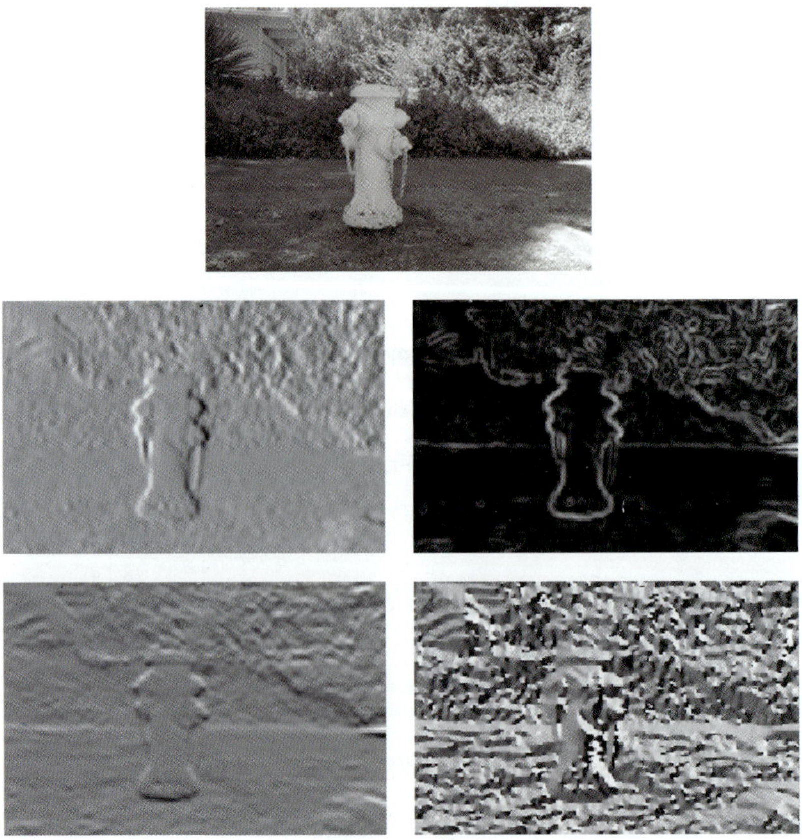

Stan Birchfield

그림 5.11 상단: 영상. 왼쪽: x, y 방향에서 영상의 편미분, 영상의 그레디언트의 두 성분을 형성한다. 오른쪽: 그레디언트의 크기와 각.

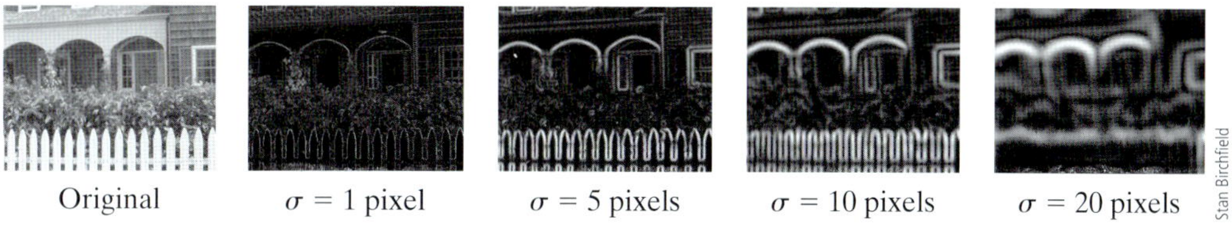

그림 5.12 812 × 612 영상. 다른 표준편차로 등방 가우시안을 사용해 계산된 그레디언트의 크기.

이 바람직하다. 이를 수행하는 자연스러운 방법은 그레디언트 벡터의 유클리드 표준을 계산하는 것이다. $|\nabla f| = \sqrt{f_x^2 + f_y^2}$이다. 여기서 f_x와 f_y는 그레디언트 벡터의 두 구성 요소이다. 즉 $\nabla f = [f_x \quad f_y]^{\mathsf{T}}$이다. 계산적으로 절대 값의 합을 계산함으로써 계산상으로 효율적인 근사가 얻어질 수 있다. $|\nabla f| \approx |f_x| + |f_y|$이다. 세 번째 옵션은 2개의 절댓값의 최댓값을 선택하는 것이다. $|\nabla f| \approx \max(|f_x|, |f_y|)$이다.

이 세 가지 선택 사항은 각각 원점과 (f_x, f_y)점 사이의 유클리드 거리, 맨하탄 거리 및 체스 보드 거리[5]이다. 영상 그레디언트를 계산하기 위한 의사 코드는 맨하탄 거리를 사용하여 알고리즘 5.9에 제공된다. 영상의 각 화소에 대해 x와 y의 편미분이 계산된 다음, 크기와 위상 표현으로 변환된다. 다른 거리 측정 항목의 경우, 라인 6만 변경하면 된다. 그림 5.11은 이 계산을 영상에 적용한 결과를 보여준다. 가우시안에 대해 다른 분산을 사용하여 영상의 그레디언트 크기를 계산한 결과가 그림 5.12에 나와있다.

5.4 2차 미분 계산

유한 차분 연산자가 1차 미분을 근사하는 것처럼, 차분의 차분은 2차 미분을 근사한다. 이것은 1D에서 비 집중식 차분 연산자로 함수를 컨볼루션한 다음, 동일한 연산자로 결과를 다시 컨볼루션하여 볼 수 있다.

$$(f(x) \circledast [1 \quad -1]) \circledast [1 \quad -1] = f(x) \circledast ([1 \quad -1] \circledast [1 \quad -1]) = f(x) \circledast [1 \quad -2 \quad 1] \quad (5.69)$$

2차 미분 컨볼루션 커널 $[1 \quad -2 \quad 1]$을 산출한다. 가우시안의 미분 계산을 위한 3 × 1 커널이 있는 것처럼, 이것은 가우시안의 2차 미분을 계산하는 유일한 3 × 1 커널이다. 커널에 이미 포함된 정규화 인수는 1이다. 이것을 보는 또 다른 방법은 첫 번째와 두 번째 미분을 다음과 같이 표현하는 것이다.

5 4.3.1절 (p. 202).

$df/dx \approx f(x) - f(x-1)$과 $d^2f/dx^2 \approx (f(x+1) - f(x)) - (f(x) - f(x-1)) = f(x+1) - 2f(x) + f(x-1)$이다.

두 변수의 함수(또는 영상)에 대해, x와 y 방향의 2차 미분은 적절하게 지향된 2차 미분 커널과 컨볼루션함으로써 얻을 수 있다.

$$\frac{\partial^2 I(x,y)}{\partial x^2} = I(x,y) \circledast \begin{bmatrix} 1 & -2 & 1 \end{bmatrix} \tag{5.70}$$

$$\frac{\partial^2 I(x,y)}{\partial y^2} = I(x,y) \circledast \begin{bmatrix} 1 \\ -2 \\ 1 \end{bmatrix} \tag{5.71}$$

교차 미분은 다음과 같이 얻어진다.

$$\frac{\partial^2 I(x,y)}{\partial x\, \partial y} = \frac{\partial^2 I(x,y)}{\partial y\, \partial x} = I(x,y) \circledast \frac{1}{4}\begin{bmatrix} -1 & 0 & 1 \\ 0 & 0 & 0 \\ 1 & 0 & -1 \end{bmatrix} \tag{5.72}$$

후자의 커널은 중심의 1차 미분 $\frac{1}{2}[1 \;\; 0 \;\; -1]$를 그 자체의 지향적인 버전과 컨볼루션함으로써 얻어진다.

$$\frac{1}{2}\begin{bmatrix} 1 & 0 & -1 \end{bmatrix} \circledast \frac{1}{2}\begin{bmatrix} 1 \\ 0 \\ -1 \end{bmatrix} = \frac{1}{2}\begin{bmatrix} 1 \\ 0 \\ -1 \end{bmatrix} \circledast \frac{1}{2}\begin{bmatrix} 1 & 0 & -1 \end{bmatrix} = \frac{1}{4}\begin{bmatrix} -1 & 0 & 1 \\ 0 & 0 & 0 \\ 1 & 0 & -1 \end{bmatrix} \tag{5.73}$$

또는 중심에 있지 않은 1차 미분을 사용하면, 보다 작지만 중심이 아닌 교차 미분 커널이 된다.

$$\begin{bmatrix} 1 & -1 \end{bmatrix} \circledast \begin{bmatrix} 1 \\ -1 \end{bmatrix} = \begin{bmatrix} 1 \\ -1 \end{bmatrix} \circledast \begin{bmatrix} 1 & -1 \end{bmatrix} = \begin{bmatrix} -1 & 1 \\ 1 & -1 \end{bmatrix} \tag{5.74}$$

더 큰 커널이 필요하다면, 1차 미분의 속성인, 평활화된 신호의 차분화가(연속 영역에서) 차분 가우시안과 컨볼루션과 동일하다는 속성이 사용될 수 있다.

$$\frac{d^2}{dx^2}(f(x) \circledast g(x)) = f(x) \circledast \left(\frac{d^2 g(x)}{dx^2}\right) \tag{5.75}$$

즉, 평활 함수의 연속 2차 미분을 샘플링하여 이산되고 평활된 2차 미분 커널을 생성할 수 있다. 연속 영역에서 가우시안의 2차 미분은 다음과 같이 계산된다.

$$\ddot{gauss}_{\sigma^2}(x) \equiv \frac{d^2}{dx^2} gauss_{\sigma^2}(x) \tag{5.76}$$
$$= \frac{d}{dx}\left(-\frac{x}{\sigma^2} gauss_{\sigma^2}(x)\right) \tag{5.77}$$
$$= -\frac{1}{\sigma^2}\left(gauss_{\sigma^2}(x) + x\frac{d\, gauss_{\sigma^2}(x)}{dx}\right) \tag{5.78}$$
$$= -\left(\frac{1}{\sigma^2} - \frac{x^2}{\sigma^4}\right) gauss_{\sigma^2}(x) \tag{5.79}$$

여기서 2차 미분을 나타내기 위해 이중점을 사용한다. 이 연속 함수를 샘플링하고 요소의 합이 제로가 되도록 쉬프팅한 후, 정규화는 각 요소를 요소의 2차 중앙 모멘트의 1/2로 나눌 것을 요구한다. $\frac{1}{2}\sum_{i=-\tilde{w}}^{\tilde{w}} i^2 \ddot{gauss}[i]$이고, 여기서 $\tilde{w}$는 커널의 반값이고, $\ddot{gauss}$는 정규화되지 않은 커널이며, $i=0$는 커널의 핵심 요소를 나타낸다.

이 공식에 대한 정당성은 포물선 $y=x^2$와의 컨볼루션의 값이 2인 2차 미분을 산출해야 한다는 것이다. 2차 미분을 사용하면 중앙 모멘트를 사용하는 것이 중요하지만, 0차와 1차 미분을 사용하면 중앙 집중 또는 비 집중화된 모멘트는 동일한 결과를 산출한다.

5.4.1 가우시안의 라플라시안 (LoG)

이전의 논의를 2D로 확장하면, 자연스럽게 **라플라시안 연산자**(Laplacian operator) ∇^2로 이어진다. 이것은 함수의 그레디언트의 발산으로 정의된다. 발산(divergence)[6]의 개념은 우리의 범위를 벗어나는 반면, 2D 직교 좌표에서 영상의 라플라시안은 두 개의 직교 축을 따라 2차 미분의 합이다.

$$\nabla^2 I = \nabla \cdot \nabla I = \begin{bmatrix} \frac{\partial}{\partial x} & \frac{\partial}{\partial y} \end{bmatrix} \begin{bmatrix} \frac{\partial I}{\partial x} & \frac{\partial I}{\partial y} \end{bmatrix}^{\mathsf{T}} = \frac{\partial^2 I}{\partial x^2} + \frac{\partial^2 I}{\partial y^2} \tag{5.80}$$

결합성 때문에 평활화된 영상의 라플라시안을 계산하는 것은 Laplacian of Gaussian (LoG)을 사용하여 영상을 컨볼루션하는 것과 같다.

$$\frac{\partial^2 (I \circledast Gauss(x,y))}{\partial x^2} + \frac{\partial^2 (I \circledast Gauss(x,y))}{\partial y^2} = I \circledast \left(\frac{\partial^2\, Gauss(x,y)}{\partial x^2} + \frac{\partial^2\, Gauss(x,y)}{\partial y^2}\right) \tag{5.81}$$

그림 5.13의 모양 때문에 뒤집어진 "멕시코 모자" 연산자라고도 한다. LoG는

6 2.5.1절 (p. 70).

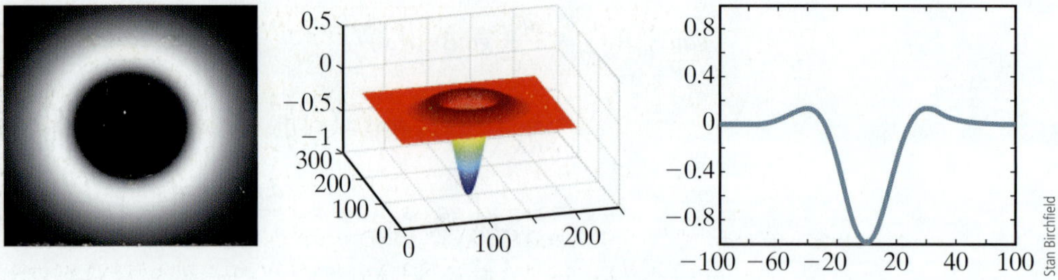

그림 5.13 영상으로 나타낸 가우시안의 라플라시안 영상(왼쪽), 2D 표시(중앙), 2D 표시의 1D 조각. 영상에서 연산자의 센터-서라운드(center-surround) 특성이 분명하다. 표시에서 뒤집어진 맥시칸 모자의 모양이 분명하다.

회전 대칭이며 센터 서라운드 필터이다. 이는 음의 값으로 구성된 중앙 코어가 양의 값으로 된 고리로 둘러싸여 있기 때문이다. 그 결과, 망막의 특정 세포가 센터 서라운드 조작을 수행하며, 이는 LoG 필터처럼 작동하기 때문에 생물학과의 관계를 유지한다.[7] LoG는 실제로 저역통과 또는 고역통과 필터가 아니라 대역 통과 필터이지만, 작은 3×3 개의 개별 LoG 커널은 본질적으로 고역통과 필터처럼 작동한다.

당연히 2D 가우시안 2차 미분 필터는 분리 가능하다.

$$
\begin{aligned}
I(x,y) \circledast \frac{\partial^2 Gauss(x,y)}{\partial x^2} &= \iint \frac{1}{\sigma^2}\left(1-\frac{\xi^2}{\sigma^2}\right) I(x-\xi, y-\eta)\exp\left\{\frac{-(\xi^2+\eta^2)}{2\sigma^2}\right\} d\xi d\eta \\
&= \iint \frac{1}{\sigma^2}\left(1-\frac{\xi^2}{\sigma^2}\right) I(x-\xi, y-\eta)\exp\left\{\frac{-\xi^2}{2\sigma^2}\right\}\exp\left\{\frac{-\eta^2}{2\sigma^2}\right\} d\xi d\eta \\
&= \int\left[\int \frac{1}{\sigma^2}\left(1-\frac{\xi^2}{\sigma^2}\right) I(x-\xi, y-\eta)\exp\left\{\frac{-\xi^2}{2\sigma^2}\right\} d\xi\right]\exp\left\{\frac{-\eta^2}{2\sigma^2}\right\} d\eta \\
&= (I(x) \circledast \ddot{g}auss(x)) \circledast gauss(y) && \text{(5.82)} \\
&= (I(x) \circledast gauss(y)) \circledast \ddot{g}auss(x) && \text{(5.83)}
\end{aligned}
$$

따라서 LoG는 두 개의 분리 가능한 커널의 합이므로, 그레디언트보다 계산의 부담이 없다. 그러나 LoG 자체는 분리 가능하지 않고, 오히려 분리 가능한 두 계산의 합이다.

$$
\begin{aligned}
\frac{\partial^2(I \circledast Gauss)}{\partial x^2} + \frac{\partial^2(I \circledast Gauss)}{\partial y^2} &= I(x,y) \circledast \left(\frac{\partial^2 Gauss(x,y)}{\partial x^2} + \frac{\partial^2 Gauss(x,y)}{\partial y^2}\right) && \text{(5.84)} \\
&= (I(x,y) \circledast \ddot{g}auss(x)) \circledast gauss(y) && \text{(5.85)} \\
&\quad + (I(x,y) \circledast \ddot{g}auss(y)) \circledast gauss(x)
\end{aligned}
$$

7 2.1.2절 (p. 26).

이산 LoG 커널은 적절한 σ에 대해 $\frac{\partial^2 Gauss}{\partial x^2} + \frac{\partial^2 Gauss}{\partial y^2}$를 계산하고, 샘플링하여 얻는다. 3 × 3 커널의 경우, 미분 커널은 $[1 \quad -2 \quad 1]$로 고정되어 있으며(3 × 1의 2차 미분 가우시안 커널이기 때문에), 평활화 커널은 σ로 결정된다. 가장 단순한 라플라시안 커널은 평활화가 필요 없으며, 따라서 단순히 수평과 수직 2차 미분 커널(나머지 요소가 0인 정사각형 행렬의 중간 행과 열로 간주)의 합이다.

$$LoG_{0.0} = [1 \quad -2 \quad 1] + \begin{bmatrix} 1 \\ -2 \\ 1 \end{bmatrix} = \begin{bmatrix} 0 & 0 & 0 \\ 1 & -2 & 1 \\ 0 & 0 & 0 \end{bmatrix} + \begin{bmatrix} 0 & 1 & 0 \\ 0 & -2 & 0 \\ 0 & 1 & 0 \end{bmatrix} = \begin{bmatrix} 0 & 1 & 0 \\ 1 & -4 & 1 \\ 0 & 1 & 0 \end{bmatrix} \quad (5.86)$$

여기서, LoG_{σ^2}가 σ^2의 등방성 LoG 커널임을 나타낸다. 다른 예로서, $\sigma^2 = 0.25$에 대해, 우리는 평활화 커널로서 $\frac{1}{8}[1 \quad 6 \quad 1]$를 가진다.

$$\frac{\partial^2\, Gauss_{0.25}}{\partial x^2} = [1 \quad -2 \quad 1] \circledast \frac{1}{8}\begin{bmatrix} 1 \\ 6 \\ 1 \end{bmatrix} = \frac{1}{8}\begin{bmatrix} 1 & -2 & 1 \\ 6 & -12 & 6 \\ 1 & -2 & 1 \end{bmatrix} \quad (5.87)$$

$$\frac{\partial^2\, Gauss_{0.25}}{\partial y^2} = \frac{1}{8}[1 \quad 6 \quad 1] \circledast \begin{bmatrix} 1 \\ -2 \\ 1 \end{bmatrix} = \frac{1}{8}\begin{bmatrix} 1 & 6 & 1 \\ -2 & -12 & -2 \\ 1 & 6 & 1 \end{bmatrix} \quad (5.88)$$

$$LoG_{0.25} = \frac{\partial^2\, Gauss_{0.25}}{\partial x^2} + \frac{\partial^2\, Gauss_{0.25}}{\partial y^2} = \frac{1}{4}\begin{bmatrix} 1 & 2 & 1 \\ 2 & -12 & 2 \\ 1 & 2 & 1 \end{bmatrix} \quad (5.89)$$

σ^2의 다른 값에 대해 이 절차를 반복하면 표 5.5에 나와있는 다른 3 × 3 LoG 커널이 생성된다.

센터 서라운드 특성은 이 3 × 3 가지 경우, 모두에서 커널은 이웃들의 평균값과 중앙 화소의 값 사이의 차이를 스칼라 곱한 것과 같다. $\nabla^2 I = h(\bar{I} - I)$이고, 여기서 $\bar{I}$는 8-이웃의 평균 명암도이고, 스칼라 h는 중앙 커널 가중치의 음수이다. 예를 들어, $LoG_{0.0}$으로 컨볼루션은 다음을 계산한다.

$$\nabla^2 I(x,y) = I(x+1,y) + I(x-1,y) + I(x,y-1) + I(x,y+1) - 4(I(x,y) \quad (5.90)$$

$$= 4(\bar{I}(x,y) - I(x,y)) \quad (5.91)$$

$\sigma^2 = 0.0$	$\sigma^2 = 0.167$	$\sigma^2 = 0.20$	$\sigma^2 = 0.25$	$\sigma^2 = 0.33$	$\sigma^2 = 0.5$
$[0 \quad 1 \quad 0]$	$\frac{1}{12}[1 \quad 10 \quad 1]$	$\frac{1}{10}[1 \quad 8 \quad 1]$	$\frac{1}{8}[1 \quad 6 \quad 1]$	$\frac{1}{6}[1 \quad 4 \quad 1]$	$\frac{1}{4}[1 \quad 2 \quad 1]$
$\begin{bmatrix} 0 & 1 & 0 \\ 1 & -4 & 1 \\ 0 & 1 & 0 \end{bmatrix}$	$\frac{1}{6}\begin{bmatrix} 1 & 4 & 1 \\ 4 & -20 & 4 \\ 1 & 4 & 1 \end{bmatrix}$	$\frac{1}{5}\begin{bmatrix} 1 & 3 & 1 \\ 3 & -16 & 3 \\ 1 & 3 & 1 \end{bmatrix}$	$\frac{1}{4}\begin{bmatrix} 1 & 2 & 1 \\ 2 & -12 & 2 \\ 1 & 2 & 1 \end{bmatrix}$	$\frac{1}{3}\begin{bmatrix} 1 & 1 & 1 \\ 1 & -8 & 1 \\ 1 & 1 & 1 \end{bmatrix}$	$\frac{1}{2}\begin{bmatrix} 1 & 0 & 1 \\ 0 & -4 & 0 \\ 1 & 0 & 1 \end{bmatrix}$

표 5.5 다양한 이산 LoG 커널. 분산의 다양한 선택에 대해, 중간 행은 1D 평탄 커널을 보인다. 마지막 행은 결과적인 LoG 커널을 보인다.

Original σ = 1 pixel σ = 5 pixels σ = 10 pixels σ = 20 pixels

Stan Birchfield

그림 5.14 2304 × 1728 영상, 다른 표준편차의 등방 LoG를 사용한 컨볼루션 결과.

여기서

$$\bar{I}(x, y) = \frac{1}{4}\left(I(x+1, y) + I(x-1, y) + I(x, y-1) + I(x, y+1)\right) \quad \textbf{(5.92)}$$

$h = 4$인 경우, 가우시안에 대해 다른 분산을 사용하여 영상의 LoG를 계산한 결과가 그림 5.14에 나와 있다.

5.4.2 가우시안의 차(DoG)

가우시안의 라플라시안(LoG)은 **가우시안의 차**(DoG: difference of Gaussians)와 밀접하게 연관되어 있다. 보다 구체적으로, LoG에 대한 근사는 다른 가우시안으로부터 하나의 가우시안을 감산함으로써 얻어지며, 여기서 두 가우시안의 분산은 서로 특정 관계를 갖는다. 이 연결을 보기 위해 크기 매개 변수 σ에 대해 연속 $gauss(x)$를 간단히 구분하자.

$$\frac{d\, gauss_{\sigma^2}(x)}{d\sigma} = \frac{d}{d\sigma}\left(\frac{1}{\sqrt{2\pi}}\sigma^{-1}e^{-\frac{1}{2}x^2\sigma^{-2}}\right) \quad \textbf{(5.93)}$$

$$= \frac{1}{\sqrt{2\pi}}\left(-\sigma^{-2} + \sigma^{-1}(x^2\sigma^{-3})\right)e^{-\frac{x^2}{2\sigma^2}} \quad \textbf{(5.94)}$$

$$= \frac{1}{\sqrt{2\pi}}\left(-\frac{1}{\sigma^2} + \frac{x^2}{\sigma^4}\right)e^{-\frac{1}{2}x^2\sigma^{-2}} \quad \textbf{(5.95)}$$

$$= -\sigma\left(\frac{1}{\sigma^2} - \frac{x^2}{\sigma^4}\right)gauss_{\sigma^2}(x) \quad \textbf{(5.96)}$$

이 결과를 식 (5.79)의 가우시안의 2차 미분과 비교하면 놀라운 관계가 나타난다.

$$\frac{d\, gauss_{\sigma^2}(x)}{d\sigma} = \sigma\frac{d^2\, gauss_{\sigma^2}(x)}{dx^2} \quad \textbf{(5.97)}$$

σ와 관련하여 실제로 가우시안의 미분을 계산할 수 없기 때문에 유한 차분을

사용하여 근사된다. 식 (5.58)로부터 이것은 다음과 같다.

$$\frac{d\, gauss(x;\sigma)}{d\sigma} \approx \frac{gauss(x;\sigma+\delta) - gauss(x;\sigma)}{\delta} \tag{5.98}$$

여기서 우리는 가우시안 표기법을 도입한다. $gauss(x;\sigma)$는 $gauss_{\sigma^2}(x)$를 나타내고, δ는 표준 편차의 작은 변화이다. 이 식과 식 (5.97)을 결합하면, 다음과 같다.

$$gauss(x;\sigma+\delta) - gauss(x;\sigma) \approx \delta\sigma\frac{d^2\, gauss(x;\sigma)}{dx^2} \tag{5.99}$$

$$= (\rho-1)\sigma^2\frac{d^2\, gauss(x;\sigma)}{dx^2} \tag{5.100}$$

여기서 $\rho \equiv \frac{\sigma+\delta}{\sigma}$는 두 표준 편차의 비율이다. $\delta \to 0(\rho \to 1)$와 같이, DoG는 스케일된 LoG를 근사화한다. 그러나 δ 값이 작으면 필터 감도가 낮아진다. 왜냐하면 두 가우시안이 너비가 서로 가까워지면, 응답이 동일해지기 때문이다. 경험적으로 $\rho = 1.6$이 합리적인 절충을 가져와서 다음과 같이 된다.

$$DoG(x;\sigma) \approx 0.6\sigma^2\, LoG(x;\sigma) \tag{5.101}$$

스케일된 LoG가 두 가우시안의 차이로 잘 근사화된 것을 그림 5.15에 나타낸다. 2D에서의 관계는 1D에서의 관계와 동일하다.

$$\frac{d\, Gauss(x,y)}{d\sigma} = \sigma\left(\frac{\partial^2\, Gauss(x,y)}{\partial x^2} + \frac{\partial^2\, Gauss(x,y)}{\partial y^2}\right) \tag{5.102}$$

이를 보려면 2D, 제로 평균 등방성 가우시안은 다음과 같다.

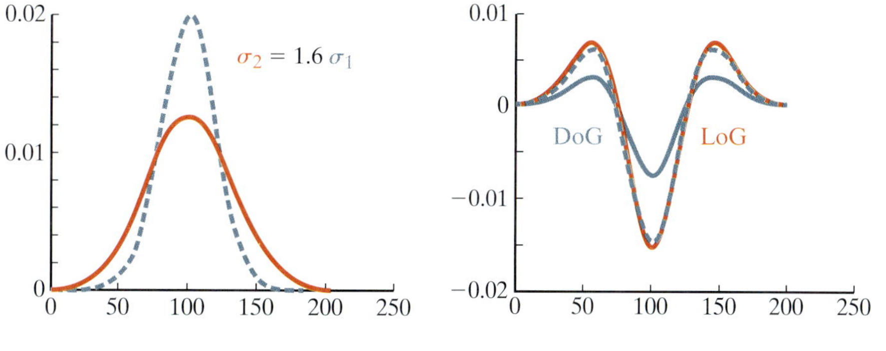

그림 5.15 왼쪽: 표준편차의 비율이 1.6인 두 가우시안. 오른쪽: 가우시안의 차이(청색 연결선)와 1D 가우시안의 라플라시안(적색 연결선). 스케일된 DoG(청색 파선)은 LoG를 근사한다.

$$Gauss(x, y) = \frac{1}{2\pi\sigma^2} \exp\left(-\frac{x^2 + y^2}{2\sigma^2}\right) \quad (5.103)$$

x에 대해 두 번 미분을 취하면, 다음과 같다.

$$\frac{\partial^2 Gauss(x, y)}{\partial x^2} = \frac{\partial^2}{\partial x^2}\left(\frac{1}{2\pi\sigma^2} \exp\left(-\frac{x^2 + y^2}{2\sigma^2}\right)\right) \quad (5.104)$$

$$= \frac{1}{\sigma^2}\left(1 - \frac{x^2}{\sigma^2}\right) Gauss(x, y) \quad (5.105)$$

대칭성을 이용하여,

$$\frac{\partial^2 Gauss(x, y)}{\partial y^2} = \frac{1}{\sigma^2}\left(1 - \frac{y^2}{\sigma^2}\right) Gauss(x, y) \quad (5.106)$$

이 모든 것을 함께 정리하면, 다음과 같다.

$$LoG(x, y; \sigma) = \frac{\partial^2 Gauss(x, y)}{\partial x^2} + \frac{\partial^2 Gauss(x, y)}{\partial y^2} = \left(\frac{x^2 + y^2 - 2\sigma^2}{2\pi\sigma^6}\right) \exp\left(-\frac{x^2 + y^2}{2\sigma^2}\right) \quad (5.107)$$

$$= \left(\frac{x^2 + y^2}{\sigma^4} - \frac{2}{\sigma^2}\right) Gauss(x, y) \quad (5.108)$$

σ에 대하여 미분을 하면, 다음과 같다.

$$\frac{d\, Gauss(x, y)}{d\sigma} = \frac{d}{d\sigma}\left(\frac{1}{2\pi\sigma^2} \exp\left(-\frac{x^2 + y^2}{2\sigma^2}\right)\right) \quad (5.109)$$

$$= -\frac{2}{\sigma}\left(1 - \frac{x^2 + y^2}{2\sigma^2}\right) Gauss(x, y) \quad (5.110)$$

방정식 (5.108)을 방정식 (5.110)과 비교하면, 방정식 (5.102)이 산출된다.

5.5 비선형 필터

이 장에서 지금까지 고려한 모든 필터는 컨볼루션(convolution)에 의존하기 때문에 이미 설명한 바와 같이 선형 쉬프트 불변 필터이다. 선형이지만 쉬프트 불변이 아닌 필터가 있지만 일반적으로 사용되지는 않기 때문에 이러한 필터를 논의하는 데 시간을 낭비하지 않을 것이다. 대신, 우리는 이 절에서 중첩 원리를 따르지 않는 비선형 필터(nonlinear filters)에 주의를 돌린다. 이 절에서는 널리 사용되는 몇 가지 중요한 비선형 필터를 소개한다.

5.5.1 메디안 필터

사용할 필터의 유형을 선택하는 경우, 영상에 나타날 것으로 예상되는 잡음 유형을 식별하는 것이 중요하다. 예를 들어, 가우시안과 컨볼루션하여 얻은 저역 통과 필터는 AWGN (additive white Gaussian noise) 잡음의 영향을 최소화하기 위한 최적의 필터이다. 이것이 의미하는 바를 이해하려면, 잡음 없는 영상의 각 화소에 가우시안 분포에서 가져온 임의의 값을 다음과 같이 더한다고 상상하자.

$$I'(x, y) = I(x, y) + \xi, \qquad \xi \sim \mathcal{N}(0,\sigma^2) \tag{5.111}$$

이 식에서, I는 잡음없는 영상이고, I'은 부가 백색 가우시안 잡음에 의해 손상된 영상이다. ξ는 가우시안 랜덤 변수로, 각 화소에 대해 평균은 0이고 분산이 σ^2인 가우스분포에서 추출된다. 백색 가우시안 잡음을 영상에 추가하기 위한 의사코드는 알고리즘 5.10에 주어져있다. 여기서 가우시안 분포에 따라 랜덤 값을 생성하는 RandGaussian이라는 프로시저가 있다고 가정하고, 영상 범위(비트 심도가 8인 경우) 내에 있도록 값을 고정해야 한다. 이러한 절차는 종종 알고리즘의 견고성을 측정하기 위해 종합적으로 손상된 영상을 만드는 데 사용된다.

또 다른 유형의 잡음은 소금 후추 잡음(salt-and-pepper noise)으로, 각 화소는 최소("후추") 또는 최대("소금") 가능한 명암도 또는 변경되지 않은 상태로 유지한다.

$$I'(x, y) = \begin{cases} 0 & \text{if } 0 \le \xi < p \\ 255 & \text{if } p \le \xi < p + q \\ I(x, y) & \text{otherwise} \end{cases} \qquad \xi \sim U(0,1) \tag{5.112}$$

여기에서 랜덤 변수 ξ는 0과 1 사이의 균등한 분포로부터 추출된다. 화소가 소금이 될 확률은 p이다. 화소가 후추가 될 확률은 q이다. $0 \le p \le 1$, $0 \le q \le 1$이고, $0 \le p + q \le 1$을 쉽게 볼 수 있다.

알고리즘 5.10 영상에 독립 가우시안 잡음을 더하기

```
ADDGAUSSIANNOISE(I,σ)

Input:  grayscale image I, standard deviation σ of the Gaussian distribution
Output: image corrupted by additive Gaussian noise

for (x, y) ∈ I do
    ξ ← RANDGAUSSIAN(σ)
    I′(x, y) ← max(0, min(255, I(x, y) + ξ))
return I′
```

그림 5.16 왼쪽: 816 × 612 영상, 소금 후추 잡음으로 오염된 영상. 오른쪽: 3 × 3 메디안과 가우시안 필터를 오염된 영상에 각각 적용한 결과. 메디안 필터는 가우시안 필터보다 훨씬 잡음을 잘 제거한다.

소금 후추 잡음으로 손상된 영상의 경우, 가우시안과 컨볼루션하는 것은 좋지 않은 아이디어이다. 이러한 조작은 손상되지 않은 화소의 값을 변경하기 때문에 모든 화소의 값을 변경한다. 더욱이, 이러한 동작은 가중된 평균화 동작으로 인해 모호한 외관을 낳을 것이다. 이러한 경우에 훨씬 더 나은 해결책은 **메디안 필터**(median filter)이며, 일반적으로 정사각형 윈도우로 정의된 지역 인접성값의 모든 명암도들의 중앙값으로 각 화소를 대체한다. 메디안 필터(혹은 중앙값 필터)는 화소의 작은 비율이 손상되었다는 가정하에 작동한다. 소금 후추 잡음에 의해 손상된 영상에 대한 메디안 필터링과 가우시안 평활의 결과를 그림 5.16에 비교했다.

값 집합의 중앙값을 계산하려면 값을 정렬한 다음, 가운데 값을 선택해야 한다. 그러므로, 영상에 대한 메디안 필터 알고리즘은 각 화소에 대해 화소를 중심으로 $w \times w$ 윈도우의 명암도를 정렬하기 위해 $O(w^2 \log w)$연산을 수행해야 하기 때문에 많은 계산이 요구된다.

약간의 트릭을 사용하면 훨씬 더 효율적인 $O(w)$ 알고리즘이 표준 알고리즘과 동일한 결과를 계산할 수 있다. 이 알고리즘의 핵심은 메디안과 명암도가 중앙값보다 작거나 같은 화소 수와 함께 윈도우에 화소의 명암도 히스토그램을 저장하는 것이다. 이 두 가지 추가 정보 값은 각 화소에 대해 일정 시간 내에 업데이트될 수 있다. 이 빠른 알고리즘은 알고리즘 5.11에 나와 있다. 단순화를 위해 범위 밖의 세부 사항은 의사코드에서 생략되었으며, 줄이기 위해, 라인 11, 13, 15 및 17의 세미콜론은 여러 줄의 코드를 한 줄에 표시를 허용한다.

5.5.2 비지역 평균

영상에서 잡음의 영향을 줄이는 특히 효과적인 방법은 영상의 모든 화소에 대한 가중 평균을 계산하는 것이다. 이 기법은 NLM (non−local mean)으로 알려져 있다.

알고리즘 5.11 영상에 메디안 필터 적용

```
MEDIANFILTER (I, w)
Input:  grayscale image I, width w of square window for computing median
Output: median-filtered image
w̃ ← ⌊(w − 1)/2⌋                                   ▶ Determine half-width.
for y ← 0 to height − 1 do
    𝒲 ← {(−w̃, −w̃), . . . , (w̃, w̃)}               ▶ 2D window of pixel coordinates.
    h ← HISTOGRAM (I(𝒲))                            ▶ Compute graylevel histogram over window.
    med ← MEDIAN(h)                                 ▶ Compute the median of the pixels.
    n_m ← Σ_{i=0}^{med} h[i]                        ▶ Number of pixels whose gray level is less than or equal to med.
    for x ← 0 to width − 1 do
        I′(x, y) ← med                              ▶ Set output pixel to the median value.
        for y′ ← −w̃ to w̃ do
            v ← I(x − w̃, y + y′)                    ▶ Update histogram by removing pixels along left edge.
            h[v] ←₋ 1;  if v ≤ med then n_m ←₋ 1
            v ← I(x + w̃ + 1, y + y′)                ▶ Update histogram by adding pixels along right edge.
            h[v] ←₊ 1;  if v ≤ med then n_m ←₊ 1
        while n_m < ⌊w * w/2⌋ do                    ▶ Update the median.
            med ←₊ 1;  n_m ←₊ h[med]
        while n_m > ⌊w * w/2⌋ do
            n_m ←₋ h[med];  med ←₋ 1
return I′
```

$$I'(x, y) = \frac{1}{\eta} \sum_{(x',y') \in I} w_{\mathbf{x},\mathbf{x}'} I(x', y') \quad \textbf{(5.113)}$$

여기서 $\eta = \sum_{(x',\, y') \in I} w_{\mathbf{x},\mathbf{x}'}$은 정규화 인자이며, $w_{\mathbf{x},\mathbf{x}'}$은 화소들을 둘러싸는 윈도우에서 2개의 명암도 패턴의 출현의 유사성에 기초하여 계산된 화소 $x = (x, y)$와 $x' = (x', y')$과 관련된 가중치이다. 결과적으로, 유사 화소 영역은 타겟 화소 주변의 윈도우와 멀리 떨어져 있는 영역보다 결과에 더 많은 영향을 준다. 알고리즘 5.12에 표시된 비-지역 평균의 일반적인 구현은 거리 함수를 사용하여 화소를 비교한다.

$$w_{\mathbf{x},\mathbf{x}'} = e^{-\frac{d_I^2(\mathbf{x}, \mathbf{x}')}{2\sigma^2}} \quad \textbf{(5.114)}$$

여기서 거리 함수는 일부 윈도우 $\mathcal{W}$에서 해당 화소 사이의 명암도 차를 합산한다.

알고리즘 5.12 영상에 비-로컬 평균 필터링 적용

```
NonLocalMeans(I, w)

Input:  grayscale image I, set of pixels W specifying window
Output: smoothed image from applying non-local means filtering

for (x, y) ∈ I' do                          ▶ For each pixel in the output image (same size as input image),
    val ← 0                                   initialize value to zero,
    norm ← 0                                  and normalization factor to zero.
    for (x', y') ∈ I do                     ▶ For each pixel in input image,
        d ← 0                                 initialize distance to zero.
        for (δx, δy) ∈ W do                 ▶ Compute the dissimilarity between the two windows.
            d ←+ I(x + δx, y + δy) − I(x' + δx, y' + δy)
        w ← exp(−d * d/(2 * σ * σ))         ▶ Set the weight to the similarity.
        val ←+ w * I(x', y')                ▶ Update the sum of the weighted pixels,
        norm ←+ w                             and the normalization factor.
    I'(x, y) ← val/norm                     ▶ Set the output pixel to the normalized value.
return I'
```

$$d_I(\mathbf{x}, \mathbf{x}') = \sum_{\boldsymbol{\delta} \in \mathcal{W}} I(\mathbf{x} + \boldsymbol{\delta}) - I(\mathbf{x}' + \boldsymbol{\delta}) \qquad (5.115)$$

이 윈도우에 가우시안 가중 함수를 적용하여 중심 근처의 화소가 $d_I(x, x')$의 계산에 더 많은 영향을 미치도록 함으로써, 보다 강건한 결과를 얻을 수 있다. 이 간단한 확장은 독자의 연습문제로 남겨 두었다.

5.5.3 양방향 필터링

커널 $g(x)$에 대한 신호 $f(x)$의 컨볼루션은 신호에 커널의 뒤집힌 버전을 슬라이딩시키고, 요소적 곱셈의 합을 계산함으로써 주어진다.

$$f'(x) = f(x) \circledast g(x) = \frac{1}{\eta} \sum_i f(i) g(x - i) \qquad (5.116)$$

여기서 $\eta = \sum_i g(i)$는 정규화 요소이다. 컨볼루션은 화소의 값에 관계없이 모든 화소에서 동일하게 작동하기 때문에 선형 연산이다. 많은 응용은 필터링 중에 화소 값을 고려하여 이익을 얻는다. 이 개념은 두 개의 커널, 공간 커널과 범위 커널을 포함하는 **양방향 필터**(bilateral filter)로 연결된다. 공간 커널 g_s는 중앙 샘플에 대한 근접성에 따라 이웃 샘플에 가중치를 부여하고, 범위 커널 g_r은 중앙 샘플에 대한 값의 유사성에 따라 이웃 샘플에 가중치를 부여한다.

$$f'(x) = f(x) \circledcirc \langle g_s(x), g_r(z) \rangle = \frac{1}{\eta(x)} \sum_i f(i) g_s(x-i) g_r(f(x) - f(i)) \quad (5.117)$$

여기서 ◎는 양방향 필터링이고, $\eta(x) = \sum_i g_s(x-i) g_r(f(x) - f(i))$는 정규화 요소이다. 변수 z는 g_r에 대한 입력 값이 화소 좌표가 아니라 명암도임을 강조하기 위해 사용된다. 범위 커널이 항등 함수이면, 즉 $g_r(f(x)-f(i)) = 1$이면 양방향 필터는 컨볼루션으로 축소된다. 2D로의 확장은 다음과 같다.

$$I'(x, y) = I(x, y) \circledcirc \langle G_s(x, y), g_r(z) \rangle = \frac{1}{\eta(x, y)} \sum_i \sum_j I(i, j) G_s(x-i, y-j) \, g_r(I(x, y) - I(i, j)) \quad (5.118)$$

여기서 $\eta(x, y) = \sum_i \sum_i G_s(x-i, y-i) g_r(I(x, y) - I(i, j))$는 정규화 요소이다. 가우시안 커널이 컨볼루션에 사용되는 것과 같은 이유로, 가우시안 커널은 일반적으로 양방향 필터링에도 사용된다.

$$G_s(x, y) = e^{-\frac{x^2 + y^2}{2\sigma^{s2}}} \qquad g_r(z) = e^{-\frac{z^2}{2\sigma^{r2}}} \quad (5.119)$$

양방향 필터는 근접성에 따라 화소를 가중하므로, 부드러운 흐림 효과를 내고 화소의 값에 따라 가중치를 적용하기 때문에, 그것은 강도 에지를 가로질러 평활화하지 않는 경향이 있다. 따라서 필터는 그림 5.17과 같이 에지 보존 평활화(edge-preserving smoothing)를 구현한다. 균등한 강도의 영역 내에서 양방향 필터링은 컨볼루션과 유사하지만, 에지 근처에서는 에지의 가까운 쪽에 있는 화소만 고려하므로 에지를 보존한다. 반복되는 적용이 결국 모든 화소가 영상의 평균값을 차지하는 평면 영상으로 수렴되는 컨볼루션과 달리, 양방향 필터링은 일반적으로 모든 화소에 인접한 비슷한 색의 화소의 평균값이 할당되는 영상으로 수렴된다. 양방향 필터링을 반복적으로 적용하면, 그림 5.18과 같이 만화같은 영상이 생성된다.

가우시안 양방향 필터에는 공간 표준 편차 σ_s, 범위 표준 편차 σ_r 및 반복 횟수 n_{iter} 세 가지 매개 변수가 있다.

$$I'(x, y) = I(x, y) \circledcirc^{n_{iter}} \langle G_s(x, y), g_r(z) \rangle = \underbrace{(I(x, y) \circledcirc \langle G_s(x, y), g_r(z) \rangle) \cdots \circledcirc \langle G_s(x, y), g_r(z) \rangle}_{\text{repeated } n_{iter} \text{ times}} \quad (5.120)$$

양방향 필터링을 구현하는 코드는 알고리즘 5.13에서와 같이 간단하다. 가우시안의 값은 몇 표준 편차를 넘어서는 거의 무시할 수 있기 때문에, 계산을 제한하

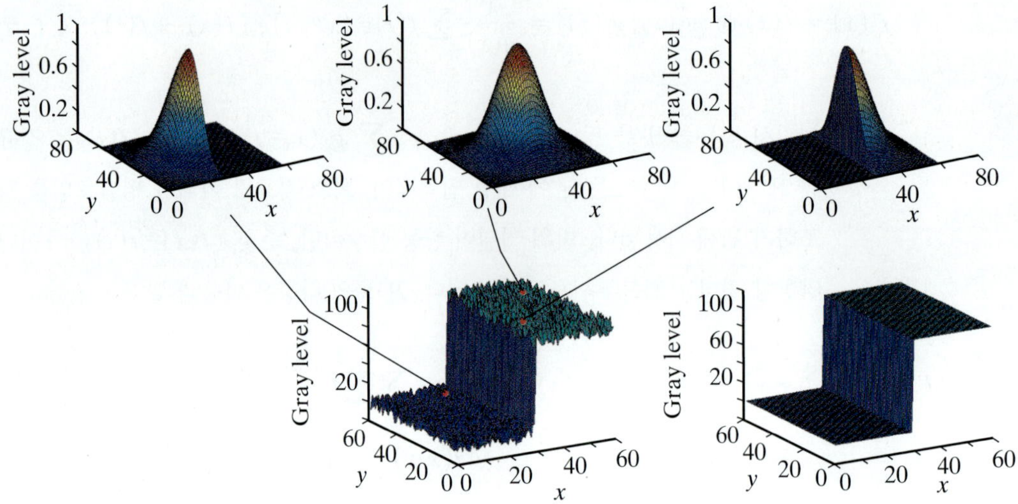

그림 5.17 잡음이 있는 스텝(계단) 에지에 대한 양방향 필터링은 에지의 양쪽의 잡음을 제거하므로 에지를 보존한다. 위 그림들은 세 위치에서 커널을 보여준다. 에지에서 멀어지면 커널은 가우시안을 근사한다. 반면에 에지 부근에서는 그것은 반가우시안(half a Gassian)을 근사한다.

기 위해, 공간 영역에서 반경 $2.5\sigma_s$의 고정 크기 윈도우로 처리를 제한할 수 있다. 상대적으로 작은 σ_s 값의 경우, 그러한 직접적인 접근 방식은 반드시 효율적이지는 않지만, 그럼에도 불구하고 많은 응용에서 허용될 수 있는 알고리즘이 있다.

5.5.4 대형 윈도우용 양방향 필터링

윈도우 크기가 클 때, 양방향 필터링은 매우 느리므로 영상의 모든 화소에 대해 윈도우의 크기에 비례하는 계산이 필요하다. 가우시안 커널을 박스 커널의 컨볼루션으로 근사화하여, 화소 당 일정 $O(1)$ 시간에 가우시안 컨볼루션을 얻을 수 있다. 이처럼, 가우시안 커널을 이용한 양방향 필터링은 화소 당 일정한 $O(1)$ 시간에 가우시안 범위 커널을 근사화하여 얻을 수 있다.

그림 5.18 양방향 필터링(bilateral filtering)의 반복적인 적용은 국부 지역에 컬러가 평평해지는 만화 같은 영상을 만든다. 결과 영상(오른쪽)은 입력 영상(왼쪽)에 양방향 필터를 $n_{iter} = 5$를 적용하여 얻어진다.

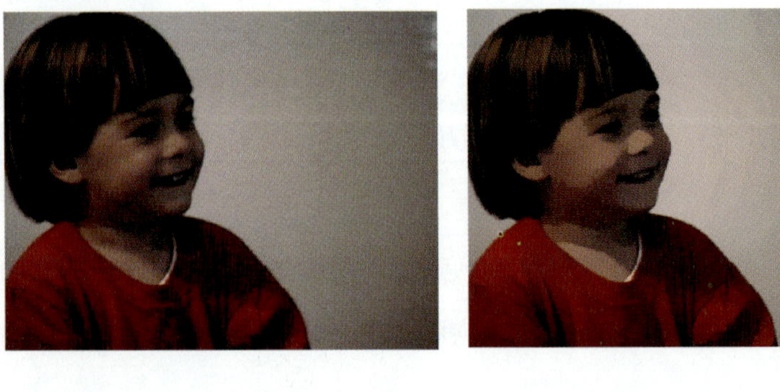

알고리즘 5.13 영상에 양방향 필터링 적용

```
BilateralFilter(I, σ_s, σ_r, n_iter)
Input: grayscale image I, standard deviations σ_s and σ_r of Gaussian spatial and range kernels,
       number n_iter of iterations
Output: bilateral-filtered image

for k ← 1 to n_iter do                                   ➤ For each iteration,
    for (x, y) ∈ I do                                     and for each pixel in the image,
        val ← 0                                           initialize the value to zero,
        norm ← 0                                          and the normalization factor to zero.
        for (δ_x, δ_y) ∈ W do                             ➤ For each pixel in a ±2.5σ_s window,
            d_s^2 ← δ_x * δ_x + δ_y * δ_y                 compute squared spatial distance,
            d_r ← I(x, y) − I(x + δ_x, y + δ_y)           and range difference
            w ← exp(−d_s^2/(2 * σ_s^2)) * exp(−(d_r * d_r)/(2 * σ_r^2))   to compute weight.
            val ←+ w * I(x + δ_x, y + δ_y)                ➤ Accumulate weighted sum
            norm ←+ w                                     and update normalization factor.
        I′(x, y) ← val/norm                               ➤ Set output to normalized weighted sum.
    I ← I′                                                ➤ Copy entire output image to input for next iteration.
return I′
```

이러한 효율적인 근사를 달성하기 위한 몇 가지 접근법이 제안되었다. 이러한 접근법에 대해 이것이 어떻게 수행되는지 이해하려면 먼저 이동성(shiftability)이라는 개념을 설명하고, 그 후에 가우시안이 상승된 코사인(raised cosine)으로 잘 근사될 수 있음을 알게 될 것이다.

함수 $\phi(z)$는 모든 변환 τ에 대해 우리가 다음을 만족한다면 **이동가능**(shiftable)하다.

$$\phi(z-\tau) = \sum_{i=1}^{n} c_i(\tau)\phi_i(z) \tag{5.121}$$

여기서 c_i는 보간 계수이고, ϕ_i는 전역 기저 함수이고, n은 쉬프트 가능성의 차수이다. 이동성을 사용하여 로컬 커널을 기본 함수의 가중치 합계로 분해할 수 있다. 이동 가능한 유일한 평활화 함수는 다항식과 지수의 합과 곱으로 구성된다는 것을 알 수 있다. 예를 들어, 다음 함수를 고려하자.

$$\phi(z) = \sum_{i=1}^{n} a_i e^{\alpha_i z} \tag{5.122}$$

τ 만큼 이동된 이 함수가 τ에만 의존하는 가중치를 사용하여 z에만 의존하는 가중합계로 표현될 수 있음을 쉽게 알 수 있다.

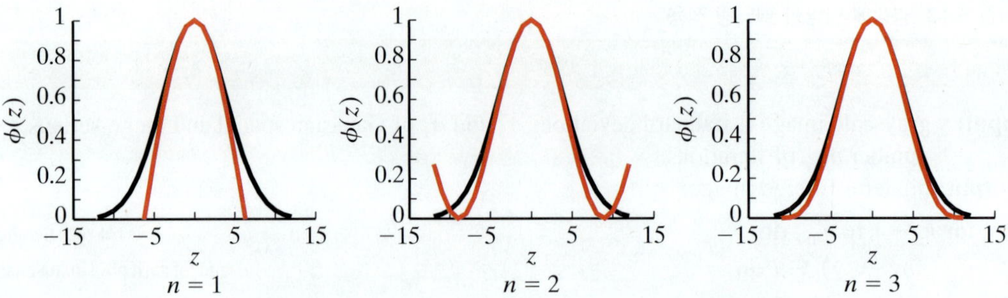

그림 5.19 상승 코사인(raised cosine)은 가우시안을 근사한다. 검정선은 $\sigma = 4$에 대해 $\exp(-z^2/2\sigma^2)$을 보인다. 적색선은 $n = 1,2,3$에 대해 상승 코사인, $[\cos(\gamma Z/\sqrt{n})]^n$을 보인다. 여기서 $\gamma = 1/\sigma$이다. $n = 2$에 상승 코사인은 아직 상당한 진동을 보인다. 그러나 $n \geq 3$ 경우 가우시안 모양을 잘 근사한다. $n \geq 20$경우, 가우시안과 구분이 거의 불가능하다.

$$\phi(z - \tau) = \sum_{i=1}^{n} a_i e^{\alpha_i (z-\tau)} \tag{5.123}$$

$$= \sum_{i=1}^{n} \underbrace{e^{-\alpha_i \tau}}_{c_i(\tau)} \underbrace{a_i e^{\alpha_i z}}_{\phi_i(z)} \tag{5.124}$$

이동 가능한 함수의 또 다른 예는 코사인, $\cos(z-\tau) = \cos(\tau)\cos(z) + \sin(\tau)\sin(z)$이다. 유사하게 사인, $\sin(z-\tau) = \cos(\tau)\sin(z) - \sin(\tau)\cos(z)$이다. 즉, 어떤 사인 곡선[8]도 두 개의 고정 사인 곡선의 선형 조합으로 표현될 수 있다.

양방향 필터링을 효율적으로 만드는 핵심은 가우시안을 근사하는 것이다. 가우시안을 근사화하는 여러 가지 방법 중 하나인 이동성을 활용하는 데 가장 효과적인 방법 중 하나는 상승 코사인(raised cosine)이다. 승수가 증가함에 따라 상승 코사인은 가우시안에 수렴한다는 것을 알 수 있다.

$$\lim_{n\to\infty} \left[\cos\left(\frac{\gamma z}{\sqrt{n}}\right)\right]^n = \exp\left(-\frac{\gamma^2 z^2}{2}\right) \tag{5.125}$$

여기서 $\sqrt{n}$에 의한 스케일링은 표현이 거의 모든 곳에서 0으로 변질되는 것을 방지한다. 상승 가우시안의 수렴 속도는 테일러 시리즈 다항식과 같은 다른 표현식보다 훨씬 빠르기 때문에 좋은 근사값을 얻기 위해 더 적은 항을 요구한다. 합리적인 선택은 그림 5.19에서 볼 수 있듯이, $n = 3$이다. $\sigma_r^2 \approx 1/\gamma^2$인데, 여기서 σ_r^2는 가우시안의 분산이므로, 원하는 분산 σ_r이 주어지면, $\gamma = \sigma_r^{-1}$을 설정할 수 있다.

이 기법을 적용하는 방법을 보려면 $n = 1$의 경우를 생각해 보자. 이렇게 하

8 여기서 사인은 임의의 위상을 허용하므로, 사인과 코사인을 포함한다.

면 가우시안에 대한 대략적인 근사값을 얻을 수 있지만, 수학을 상당히 단순화하여, 더 어려운 경우($n > 1$)를 처리하기 전에 직관을 개발하게 한다. 즉, 범위 커널을 윈도우 가우시안으로 지정한다.

$$g_r(z) \equiv \phi(z) = \begin{cases} \cos(\gamma z) & \text{if } -\alpha \leq z \leq \alpha \\ 0 & \text{otherwise} \end{cases} \tag{5.126}$$

여기서 $\alpha \equiv \frac{\pi}{2\gamma}$이므로 함수는 음이 아니며, $z = 0$에서 피크가 있는 단봉 형이 된다. 이 식을 위의 양방향 필터식에 연결하면 다음과 같다.

$$f'(x) = f(x) \circledcirc \langle g_s(x), g_r(z) \rangle \tag{5.127}$$

$$\approx \frac{1}{\eta(x)} \sum_i f(i) g_s(x-i) \cos(\gamma(f(x) - f(i))) \tag{5.128}$$

$$= \frac{1}{\eta(x)} \sum_i f(i) g_s(x-i)[\cos(\gamma f(x)) \cos(\gamma f(i)) - \sin(\gamma f(x)) \sin(\gamma f(i))] \tag{5.129}$$

$$= \frac{1}{\eta(x)} (\cos(\gamma f(x)) \phi_1(x) - \sin(\gamma f(x)) \phi_2(x)) \tag{5.130}$$

여기서 우리는 마지막 표현으로부터 기저 함수가 원래의 신호의 변조와 표준 공간 컨볼루션 커널의 컨볼루션임을 알 수 있다.

$$\phi_1(x) = \sum_i f(i) \cos(\gamma f(i)) g_s(x-i) = f(x) \cos(\gamma f(x)) \circledast g_s(x) \tag{5.131}$$

$$\phi_2(x) = \sum_i f(i) \sin(\gamma f(i)) g_s(x-i) = f(x) \sin(\gamma f(x)) \circledast g_s(x) \tag{5.132}$$

유사하게, 정규화 요소는 다음과 같다.

$$\eta(x) = \sum_i g_s(x-i) \cos(\gamma(f(x) - f(i))) \tag{5.133}$$

$$= \cos(\gamma f(x)) \sum_i \cos(\gamma f(i)) g_s(x-i) - \sin(\gamma f(x)) \sum_i \sin(\gamma f(i)) g_s(x-i) \tag{5.134}$$

$$= \cos(\gamma f(x)) \, [\cos(\gamma f(x)) \circledast g_s(x)] - \sin(\gamma f(x)) \, [\sin(\gamma f(x)) \circledast g_s(x)] \tag{5.135}$$

근사 가우시안 범위 커널을 가진 양방향 필터가 공간 커널과의 컨볼루션의 선형 조합으로 쓰여질 수 있다는 것을 보여주기 때문에 이것은 정말 놀라운 결과이다.

양방향 필터링에 대한 이 접근법을 구현하는 것은 간단하다. 입력 신호 $f(x)$는 함수 $\cos(\gamma f(x))$뿐만 아니라 함수 $\sin(\gamma f(x))$에 의해 포인트 방식으로 곱해진다. 그 결과는 수식 (5.131)과 (5.132)에서와 같이 ϕ_1와 ϕ_2를 산출하기 위해 표준 편차 σ_s를 갖는 가우시안 커널로 컨볼루션된다. 두 개의 신호 ϕ_1과

ϕ_2는 다시 각각 $\cos(\gamma f(x))$와 $\sin(\gamma f(x))$에 포인트 방식으로 곱해지고, 그 결과는 식 (5.130)에서 분자를 형성하기 위해 감산된다. 비슷한 접근 방식이지만 원래 입력신호 $f(x)$가 없으면, 수식 (5.135)에서와 같이 분모 $\eta(x)$를 산출한다. 분자와 분모를 서로 나눠서 최종 결과를 얻는다. 가우시안 평활을 화소 당 일정한 시간으로 줄이기 위해 앞에서 설명한 트릭을 사용하면, 이 알고리즘의 모든 단계는 화소 시간 당 일정한 $\mathcal{O}(1)$이다. 가우시안 범위 커널의 다소 조잡한 근사를 사용하는 2D 양방향 필터링을 위한 의사 코드는 알고리즘 5.14에 나와 있다.

이제 $n > 1$을 고려하자. 이는 더 나은 가우시안 근사를 산출한다. $\theta = \frac{1}{2}(e^{j\theta} + e^{-j\theta})$와 이항 정리를 사용하면 다음과 같이 나타낼 수 있다.

$$\phi(z) = \left[\cos\left(\frac{\gamma z}{\sqrt{n}}\right)\right]^n = \sum_{i=0}^{n} 2^{-n}\binom{n}{i}\exp\left(j\frac{(2i-n)\gamma z}{\sqrt{n}}\right) \qquad \textbf{(5.136)}$$

여기서 $j = \sqrt{-1}$이다. 우리는 $n+1$항을 가지고, $2(n+1)$ 기저 영상(basis image)으로 이어진다. 그러나 n이 짝수이면 $i = n/2$일 때, 합계 내의 표현이

알고리즘 5.14 레인지 커널에 대해 코사인의 투박한 근사를 사용해 고속 양방향 필터링을 수행

BilateralFilterFastButCrude$(I, \sigma_s, \sigma_r, n_{iter})$

Input: grayscale image I, standard deviations σ_s and σ_r of Gaussian spatial and range kernels (range kernel is approximated as a cosine) number n_{iter} of iterations
Output: bilateral-filtered image

```
γ ← 1/σ_r                                  ➤ Determine γ from the standard deviation of the range kernel.
for k ← 1 to n_iter do                     ➤ For each iteration of the bilateral filter,
    for (x, y) ∈ I do                        compute the
        H_1(x, y) ← cos(γ*I(x, y))           coefficient images H_1 and H_2
        H_2(x, y) ← sin(γ * I(x, y))         (which are also used for normalization),
        G_1(x, y) ← I(x, y) * H_1(x, y)      and the
        G_2(x, y) ← I(x, y) * H_2(x, y)      basis images G_1 and G_2.
    G'_1 ← Smooth(G_1, σ_s)                ➤ Smooth the basis images
    G'_2 ← Smooth(G_2, σ_s)                  by convolving with a spatial Gaussian, and
    H'_1 ← Smooth(H_1, σ_s)                  smooth the normalization images
    H'_2 ← Smooth(H_2, σ_s)                  by convolving with a spatial Gaussian.
    for (x, y) ∈ I' do                     ➤ Set each pixel in the output (same size as input)
        num ← H_1(x, y) * G'_1(x, y) + H_2(x, y) * G'_2(x, y)    to the weighted sum
        den ← H_1(x, y) * H'_1(x, y) + H_2(x, y) * H'_2(x, y)    of basis images divided by
        I'(x, y) ← num/den                   weighted sum of normalization images.
    I ← I'
return I'
```

일정하므로, 기저 영상의 수를 1씩 줄인다.

이것을 위의 양방향 필터 방정식에 대입하면, 다음과 같다.

$$\begin{aligned} f'(x) &= f(x) \circledcirc \langle g_s(x), g_r(z) \rangle \\ &\approx \frac{1}{\eta(x)} \sum_i f(i) g_s(x-i) \left(\cos\left(\frac{\gamma(f(x)-f(i))}{\sqrt{n}} \right) \right)^n \\ &= \frac{1}{\eta(x)} \sum_i f(i) g_s(x-i) \left(\sum_{i'=0}^{n} 2^{-n} \binom{n}{i'} \exp\left(j \frac{(2i'-n)\gamma(f(x)-f(i))}{\sqrt{n}} \right) \right) \\ &= \frac{1}{\eta(x)} \sum_i f(i) g_s(x-i) \\ & \left(\sum_{i'=0}^{n} \underbrace{2^{-n} \binom{n}{i'} \exp\left(j \frac{(2i'-n)\gamma f(x)}{\sqrt{n}} \right)}_{c_{i'}(f(x))} \underbrace{\exp\left(-j \frac{(2i'-n)\gamma f(i)}{\sqrt{n}} \right)}_{\alpha_{i'}(f(i))} \right) \end{aligned} \tag{5.137}$$

다시 여기서 주목하자. 기저 함수는 복소 지수에 의해 표준 공간 평활화 커널을 곱한 후에 원래 신호 함수의 단순한 컨볼루션이다. 유사하게, 정규화 인자는 다음과 같이 주어진다.

$$\begin{aligned} \eta(x) &= \sum_i g_s(x-i) \left(\cos\left(\frac{\gamma(f(x)-f(i))}{\sqrt{n}} \right) \right)^n \\ &= \sum_{i'=0}^{n} \left(2^{-n} \binom{n}{i'} \exp\left(j \frac{(2i'-n)\gamma f(x)}{\sqrt{n}} \right) \right) \left(\sum_i \exp\left(-j \frac{(2i'-n)\gamma f(i)}{\sqrt{n}} \right) g_s(x-i) \right) \end{aligned} \tag{5.138}$$

2D로 확장된 양방향 필터링의 이 빠른 버전은 알고리즘 5.15에서 제공된다. 여기서 FACT$(n) = n!$ 계승 함수이고, $\binom{n}{i} = \frac{n!}{i!\,(n-i)!}$ 때문에 필요하다.

그림 5.20 높은 동적 레인지 영상의 톤 매핑은 종종 양방향 필터링을 사용하여 행한다.

알고리즘 5.15 레인지 커널에 대해 코사인을 사용해 영상에 고속 양방향 필터링을 수행

```
BilateralFilterFast(I, σ_s, σ_r, n_iter)

Input:  grayscale image I, standard deviations σ_s and σ_r of Gaussian spatial and range kernels
        (range kernel is approximated as a raised cosine) number n_iter of iterations
Output: bilateral-filtered image

γ ← 1/σ_r
n ← 3                                        ▷ For a reasonable approximation, it is recommended that n ≥ 3.
for k ← 1 to n_iter do
    for i ← 0 to n do
                                             ▷ Compute basis image G'_i and coefficient image D_i, along with H'_i for normalization
        for (x, y) ∈ I do
            v ← γ * (2 * i − n) * I(x, y)/Sqrt(n)                       ▷ scalar
            β ← Fact(n)/(Fact(i) * Fact(n − i) * Pow(2, −n))            ▷ scalar
            H_i(x, y) ← [cos(v)  sin(v)]^T               ▷ 2 × 1 vector represents complex number
            G_i(x, y) ← I(x, y) * H_i(x, y)              ▷ 2 × 1 vector represents complex number
            D_i(x, y) ← [cos(v)  sin(v)]^T * β           ▷ 2 × 1 vector represents complex number
        G'_i ← Smooth(G_i, σ_s)                  ▷ Smooth real and imaginary channels separately.
        H'_i ← Smooth (H_i, σ_s)                 ▷ Smooth real and imaginary channels separately.

                                             ▷ For each pixel, divide the elementwise multiplication of the images.
    for (x, y) ∈ I do
        num ← 0
        den ← 0
        for i ← 0 to n do
            num ←+ D_i(x, y) * G'_i(x, y)                ▷ multiplication of two complex numbers
            den ←+ D_i(x, y) * H'_i(x, y)                ▷ multiplication of two complex numbers
        I'(x, y) ← Real(num/den)                 ▷ Extract real component after complex division.
I ← I'
return I'
```

양방향 필터링은 다양한 응용에 사용된다. 일반 잡음 제거 외에도 그림 5.20과 같이 톤 매핑 높은 동적 레인지(high-dynamic-range, HDR) 영상에 널리 사용된다. 양방향 필터는 log 도메인의 HDR 명암도 값에 적용된 다음, 명암 대비 감소로 낮은 동적 레인지(low-dynamic-range, LDR) 명암도 값을 산출한다. 섬광 감소도 유사한 방식으로 달성될 수 있다. 양방향 필터링은 그림 5.21과 같이 플래시로 촬영한 장면과 플래시 없이 촬영한 장면의 두 영상을 사용하여 저조도 향상(low-light enhancement, LLE)에도 사용할 수 있다. 플래시 영상은 세부 사항을 캡처하는 반면, 플래시가 없는 영상은 수정되지 않은 보기 조건(원래 장면 분위기)을 캡처하므로, 후자에게 양방향 필터를 적용하여 잡음을 제거한 다음, 전자에 크로스 양방향 필터를 적용한다. 그리고 두 영상을 결합하

그림 5.21 양방향 필터의 보다 흥미로운 응용 중에 하나는 자세함과 원 시각 조건을 유지하기 위해, 플레쉬 영상(왼쪽)을 플레쉬가 없는 영상(중앙)과 결합한다(오른쪽).

여 각각의 중요한 특성을 보존할 수 있다.

5.5.5 평균–이동 필터

양방향 필터와 밀접한 관련이 있는 또 다른 에지 보존 필터는 **평균–이동 필터**(mean–shift filter)이다. 평균–이동 필터에서, 각 화소는 수렴할 때까지 조인트 공간–범위(space–range) 공간에서 가장 가까운 모드를 탐색하는 방식으로 반복적으로 이동한다. 더 구체적으로 $\bar{x}_i \equiv (x_i, y_i, v_i)$는 i 번째 화소의 좌표와 값이다. 여기서 $I(x_i, y_i) = v_i$이다. 만일 우리가 점집합 $(x_i, y_i, v_i)_{i=1}^{n}$를 고려한다면, n은 확률 분포 함수(PDF)의 이산 샘플로서 영상의 화소 수이다. 기본 연속 PDF의 추정치 $\hat{f}$는 다음과 같이 구성할 수 있다.

$$\hat{f}(\bar{\mathbf{x}}) = \frac{1}{n}\sum_{i=1}^{n} K\left(\frac{\bar{\mathbf{x}} - \bar{\mathbf{x}}_i}{h}\right) \propto \frac{1}{n}\sum_{i=1}^{n} k\left(\frac{\|\bar{\mathbf{x}} - \bar{\mathbf{x}}_i\|^2}{h^2}\right) \qquad (5.139)$$

여기서 $K(\cdot)$는 대역폭 h를 갖는 **커널 함수**(kernel function)이고, 가장 오른쪽 부분 $K(\cdot)$가 방사형으로 대칭인 커널이라고 가정하면, $K(\mathbf{z}) \propto k(\|\mathbf{z}\|^2)$이고, 여기서 $k(\cdot)$는 커널 $K(\cdot)$의 **프로파일**로 불리며, z는 임의의 벡터이다. $k(\cdot)$는 음수가 아닌 스칼라 값에 대해서만 정의되며, 비례성은 정규화 상수가 프로파일에서 무시될 수 있도록 사용된다.

이동 평균 필터링을 위한 두 가지 인기있는 커널은 **가우시안**(또는 normal) **커널**과 **Epanechnikov 커널**이고, Epanechnikov 커널은 다음과 같이 프로파일과 함께 제공된다.

$$\begin{aligned} K_N(\mathbf{z}) &= \frac{1}{(2\pi)^{d/2}}\exp(-\tfrac{1}{2}\|\mathbf{z}\|^2) & k_N(z) &= \exp(-\tfrac{1}{2}z) \quad z \geq 0 \\ K_E(\mathbf{z}) &= \begin{cases} \frac{d+2}{2c_d}(1 - \|\mathbf{z}\|^2) & \text{if } \|\mathbf{z}\| \leq 1 \\ 0 & \text{otherwise} \end{cases} & k_E(z) &= \begin{cases} 1 - z & \text{if } 0 \leq z \leq 1 \\ 0 & \text{if } z > 1 \end{cases} \end{aligned} \qquad (5.140)$$

여기서 c_d는 단위 d 차원 고차의 체적이고, d는 공간의 차원이다(공간 좌표의 경우 $d=2$이고, 범위 값의 경우 $d=1$이다). 예를 들어, 가우시안 커널의 경우, 수식 (5.139)은 다음과 같이 된다.

$$\hat{f}(\bar{\mathbf{x}}) \propto \frac{1}{n}\sum_{i=1}^{n} \exp\left(-\frac{\|\bar{\mathbf{x}}-\bar{\mathbf{x}}_i\|^2}{2h^2}\right) \tag{5.141}$$

대역폭이 표준 편차가 된다. 영상을 필터링하는 경우 $\bar{\mathbf{x}}$는 유클리드 공간에 있지 않다. 공간과 범위 차원에는 다른 단위가 있기 때문이다. 결과적으로 서로 다른 대역폭 매개 변수를 사용해야 한다. 그 결과 $k(\|\bar{\mathbf{x}}-\bar{\mathbf{x}}_i\|^2/h)$가 $k(\|\bar{\mathbf{x}}-\bar{\mathbf{x}}\|^2/h_s^2+(v-v_i)^2/h_r^2)$로 바뀌게 된다. 여기서 $\mathbf{x}\equiv(x,y)$이고, $\mathbf{x}_i\equiv(x_i,y_i)$이며, h_s과 h_r은 각각 공간과 범위 대역폭 매개 변수이다.

PDF의 극값은 식 (5.139)을 미분함으로써 발견될 수 있는데, 만약 우리가 $g(z)\equiv-\partial k(z)/\partial\bar{\mathbf{x}}$ 라면 다음이 된다.

$$\frac{\partial\hat{f}(\bar{\mathbf{x}})}{\partial\bar{\mathbf{x}}}=0 \tag{5.142}$$

$$\propto \sum_{i=1}^{n}\frac{\partial}{\partial\bar{\mathbf{x}}}\left(k\left(\frac{\|\bar{\mathbf{x}}-\bar{\mathbf{x}}_i\|^2}{h^2}\right)\right)(\bar{\mathbf{x}}-\bar{\mathbf{x}}_i) \tag{5.143}$$

$$=\sum_{i=1}^{n} g\left(\frac{\|\bar{\mathbf{x}}-\bar{\mathbf{x}}_i\|^2}{h^2}\right)(\bar{\mathbf{x}}_i-\bar{\mathbf{x}}) \tag{5.144}$$

$$=\left[\sum_{i=1}^{n} g\left(\frac{\|\bar{\mathbf{x}}-\bar{\mathbf{x}}_i\|^2}{h^2}\right)\right]\underbrace{\left[\underbrace{\frac{\sum_{i=1}^{n} g\left(\frac{\|\bar{\mathbf{x}}-\bar{\mathbf{x}}_i\|^2}{h^2}\right)\bar{\mathbf{x}}_i}{\sum_{i=1}^{n} g\left(\frac{\|\bar{\mathbf{x}}-\bar{\mathbf{x}}_i\|^2}{h^2}\right)}}_{\text{weighted mean}}-\bar{\mathbf{x}}\right]}_{\text{mean-shift}} \tag{5.145}$$

지수 함수의 미분은 지수 함수이므로, 가우시안 커널의 경우 $g_N=\frac{1}{2}k_N(z)$이고, Epanechnikov 커널의 경우에는 $g_E(z)=1$이다. 커널 $G(\cdot)$를 정의하면 $G(\mathbf{z})\propto g(\|\mathbf{z}\|^2)$이고, $K(\cdot)$를 $G(\cdot)$의 그림자(shadow)라고 정의하자. Epanechnikov 커널은 균일한 커널의 그림자이며, 가우시안 커널은 그 자체의 그림자이다.

식 (5.145)에서 우리는 $\bar{\mathbf{x}}$를 중심으로 한 커널을 사용한 점들의 가중 평균과 평균값과 현재 추정값 $\bar{\mathbf{x}}$의 차이를 표시했다. 여기서 후자는 평균–이동(mean–

shift)으로 알려져 있다. 극값은 평균-이동이 0일 때 발생하기 때문에 만일 $\overline{\mathbf{x}}^{(t)}$를 i 번째 반복에 대한 추정치로 놓으면, 다음 반복에서의 추정값을 $\overline{\mathbf{x}}^{(t+1)} = \overline{\mathbf{x}}^{(t)} + \Delta\overline{\mathbf{x}}^{(t)}$로 설정할 수 있다. 여기서 연속 추정의 차이 $\Delta\overline{\mathbf{x}}^{(t)} \equiv \overline{\mathbf{x}}^{(t+1)} - \overline{\mathbf{x}}^{(t)}$는 단지 평균 이동이다. 이것은 가중치 평균에 대한 추정치를 반복적으로 설정하는 **평균-이동 필터링 알고리즘**(mean-shift filtering algorithm)으로 이어진다.

$$\overline{\mathbf{x}}^{(t+1)} = \frac{\sum_{i=1}^{n} g\left(\frac{\|\overline{\mathbf{x}}^{(t)} - \overline{\mathbf{x}}_i\|^2}{h^2}\right)\overline{\mathbf{x}}_i}{\sum_{i=1}^{n} g\left(\frac{\|\overline{\mathbf{x}}^{(t)} - \overline{\mathbf{x}}_i\|^2}{h^2}\right)} \tag{5.146}$$

수렴 될 때까지 $t = 1, 2, \ldots$에 대해, 여기서 $\overline{\mathbf{x}}^{(0)}$는 초기 추정치이다. 알고리즘은 그레디언트 상승을 수행하는데, 이는 식 (5.142)과 (5.145)로부터 평균-이동 벡터가 항상 밀도 추정에 비례한다는 것을 알 수 있으므로, 밀도의 최대 증가를 가리킨다.

평균-이동 알고리즘은 커널 프로파일이 볼록하고 단조 감소하는 한 수렴하도록 보장된다. 이는 가우시안과 Epanechnikov 커널 모두에 해당된다. 후자의 경우, 고유한 평균값을 갖는 위치의 수가 유한이기 때문에 알고리즘은 유한수의

알고리즘 5.16 영상에 평균-이동 필터링 알고리즘 적용

MeanShiftFilter(I, h_s, h_r)

Input: grayscale image I, bandwidth parameters h_s and h_r
Output: output image I' resulting from the mean-shift (edge-preserving) filter

for $(x, y) \in I$ **do** ➤ For each pixel in the image,
  $(x', y', v') \leftarrow (x, y, I(x, y))$ initialize $\overline{x} = (x', y', v')$.
  repeat
    $num \leftarrow (0, 0, 0)$ ➤ Loop through all
    $den \leftarrow 0$ the other pixels in the image,
    for $(x_i, y_i) \in I$ **do** accumulating the vector
      $w \leftarrow g(((x' - x_i)^2 + (y' - y_i)^2)/h_s^2 + (v' - v_i)^2/h_r^2)$ numerator $\sum g(\cdot)\overline{x}_i$,
      $num \leftarrow_{+} w * (x_i, y_i, I(x_i, y_i))$ and scalar
      $den \leftarrow_{+} w$ denominator $\sum g(\cdot)$ of Equation (5.146),
    $mean\text{-}shift \leftarrow num/den - (x', y', v')$ and updating $\overline{x}$ accordingly.
    $(x', y', v') \leftarrow num/den$ ➤ This is repeated until the norm of the
  until Norm$(mean\text{-}shift) < \tau$ mean-shift vector is below a threshold.
  $I'(x, y) \leftarrow v'$ Update the pixel value using the value in $\overline{x}$.
return I'

단계로 수렴한다. 가우시안의 경우, 알고리즘은 무한한 수의 단계를 요구하지만, 실제 변위 벡터의 노름(norm)이 임계 값 아래에 있을 때 종료하는 것이 쉽다. 알고리즘의 수렴은 그레디언트 상승에서 스텝 크기의 자동 적응으로부터 발생한다. 식 (5.146)의 분모로부터, 우리는 저밀도 값의 영역이 큰 스텝 사이즈를 산출하는 반면, 고밀도 영역은 보다 작은 스텝 사이즈를 유도한다는 것을 알 수 있다. 따라서, 추정치가 가장 가까운 극한치에 접근함에 따라, 단계 크기는 실제로 또는 점근선으로 0에 도달할 때까지 감소한다.

평균-이동 필터링 절차는 알고리즘 5.16에 나와 있다. 라인 2에서 5 × 6은 영상의 화소의 공간 좌표와 범위 값으로 초기화된다. 라인 4-11에는 수식 (5.146)의 벡터 분자와 스칼라 분모를 누적하여 $\overline{\mathbf{x}}$를 업데이트 하는 핵심 절차가 포함되어 있으며, 영상의 모든 화소를 반복하여 가중 평균을 계산한다.

알고리즘이 수렴되면 출력 명암도는 반복에서 최종 명암도로 설정되어 공간 좌표의 이동을 무시한다. 이 알고리즘은 4개의 중첩된 for 루프를 필요로 하므로, 왜 평균-이동 필터링이 매우 느릴 수 있는지 설명한다. 실제로, 가우시안 커널은 일반적으로 $\pm 2.5 h_s$ 정도 지나서 잘려서 계산량을 크게 줄인다. Epanechnikov 커널은 정의에 의해 잘린다. Epanechnikov 커널을 사용할 때, 라인 10의 가중치는 초구(hypersphere)의 점에 대해 1로 감소하고, 외부의 점에 대해서는 0으로 감소한다. 왜냐하면 Epanechnikov 커널은 균일한 커널의 그림자이기 때문이다. 평균-이동 필터링의 예가 그림 5.22에 나와 있다.

양방향 필터와 평균-이동 필터 사이의 유사성은 방정식 (5.118)과 (5.146)을 연구하면 분명하다. 사실, 두 방정식은 가우시안 커널의 경우 거의 동일하다. 주요 차이점은 양방향 필터가 화소의 공간 좌표를 이동하지 않고 화소의 명암도를 업데이트 하는 반면, 평균-이동 필터는 공간 좌표를 이동한다. 이동된 공간

그림 5.22 영상(왼쪽)과 평균-이동 필터링의 만화 같은 결과(오른쪽), $h_s = 32$와 $h_r = 16$을 사용하였다.

좌표가 결국 폐기 되더라도, 계산의 이 측면은 평균-이동 알고리즘이 PDF의 가장 가까운 극한값을 찾는 것을 가능하게 한다. 이는 알고리즘이 만화와 같은 영상으로 수렴된다는 것을 보증하는 반면, 무한히(잘린 레인지 커널없이) 실행되는 양방향 필터는 결국 모든 화소가 동일한 명암도를 갖는 평평한 영상을 생성한다.

5.5.6 이방성 확산

물리학에서 **확산**(diffusion)이란 고농도 영역에서 저농도 영역으로 분자가 이동하는 것을 의미한다. 명암도 화소 값이 농도의 양을 나타내도록 허용하면, 영상에 적용된 확산이 밝은 영역을 어둡게 하고 어두운 영역을 밝게 만든다. 그리고 무한히 계속한다면 확산은 결국 모든 화소가 같은 값, 즉 모든 화소 값의 평균을 갖는 영상으로 이어질 것이다.

예를 들어, 다음 절차를 고려하자. $I^{(t)}$가 t 번째 반복 후에 영상이라 하고, $I^{(0)} \equiv I$는 초기 영상이다. 그런 다음, 각 화소와 그 4-이웃 사이의 가중 평균을 $t = 1, 2, \ldots,$에 대해 계산하여 영상을 반복적으로 부드럽게 만들자.

$$\begin{aligned}I^{(t+1)}(x, y) &= I^{(t)}(x, y)\\&\quad +\lambda(I^{(t)}(x-1, y) - I^{(t)}(x, y))\\&\quad +\lambda(I^{(t)}(x+1, y) - I^{(t)}(x, y))\\&\quad +\lambda(I^{(t)}(x, y-1) - I^{(t)}(x, y))\\&\quad +\lambda(I^{(t)}(x, y+1) - I^{(t)}(x, y))\\&= (1-4\lambda)I^{(t)}(x, y) + 4\lambda\bar{I}^{(t)}(x, y)\end{aligned} \tag{5.147}$$

여기서 스칼라 λ는 스텝-크기를 조절한다.

$$\bar{I}^{(t)}(x, y) \equiv \frac{1}{4}\left(I^{(t)}(x-1, y) + I^{(t)}(x+1, y) + I^{(t)}(x, y-1) + I^{(t)}(x, y+1)\right) \tag{5.148}$$

위식은 (x, y)에 있는 화소의 4-이웃들의 평균이다. 수렴을 보장하려면 $0 \leq \lambda \leq \frac{1}{4}$이고, 만일 $\lambda = \frac{1}{4}$이면 계산은 각 반복에서 각 화소를 해당 4-이웃의 평균으로 단순히 대체한다. 만일 $\lambda < \frac{1}{4}$이면 계산은 화소 값을 증가시키거나 감소시켜 4-이웃들의 평균과 비슷하게 만든다.

등식 (5.147)은 가우시안 평활화와 매우 유사하며, 결국 모든 화소가 같은 값을 갖는 평면 영상으로 이어지게 된다. 이 절차는 모든 방향(즉, 이산화 효과로 인해 4개의 기본 방향 모두)에서 균등하게 화소 값을 전파하므로 **등방**

성 확산(isotropic diffusion)이라고 한다. 대조적으로 **이방성 확산**(anisotropic diffusion)은 영상을 다른 방향으로 다르게 평활화하는 것을 의미한다. 일반적으로 이것은 양방향 필터와 평균–이동 필터의 에지 보존 평활화 동작과 같이 밝기 에지를 가로지르는 것 제외하고 어디에나 영상을 평활화하는 것과 관련된다. 이방성 확산에서, 영상 값은 로컬 평균을 반복적으로 수행하여 평활화 하지만, 인접한 화소가 밝기 에지(intensity edges)에 있으면 가중치를 낮추는 방식으로 수행된다. 이러한 방식으로, 이방성 확산 프로세스는 영역 내에서 영상을 흐리게 하지만 경계를 넘어서는 흐리게 하지 않는다.

이방성 확산의 구현은 간단하다. 임의의 반복 t에 대하여, 확산 계수가 각 화소와 방향에 대해 계산되는 최신 2D 영상 $I^{(t)}$만이 저장된다. 밝기 에지로 인한 영상 경계를 유지하려면 다음을 정의하자.

$$C^{(t)}(x, y, \Delta x, \Delta y) \equiv g(|I^{(t)}(x + \Delta x, y + \Delta y) - I^{(t)}(x, y)|) \quad \textbf{(5.149)}$$

여기서 $C^{(t)}(x,y,\Delta x,\Delta y)$는 반복 t에서의 방향 $(\Delta x,\Delta y)$에서의 화소 (x,y)에서의 확산 계수이다. 그리고 g는 $g(z) \equiv \exp(-z^2/s^2)$ 혹은 $g(z) \equiv (1+z^2/s^2)^{-1}$와 같은 단조 감소 함수이다. 여기서 s는 스케일 매개 변수이다. 위의 등방성 과정과 유사하게 화소의 새로운 값은 다음과 같다.

$$\begin{aligned} I^{(t+1)}(x, y) = I^{(t)}(x, y) & \\ &+\lambda C^{(t)}(x, y, -1, 0)(I^{(t)}(x-1, y) - I^{(t)}(x, y)) \\ &+\lambda C^{(t)}(x, y, +1, 0)(I^{(t)}(x+1, y) - I^{(t)}(x, y)) \\ &+\lambda C^{(t)}(x, y, 0, -1)(I^{(t)}(x, y-1) - I^{(t)}(x, y)) \\ &+\lambda C^{(t)}(x, y, 0, +1)(I^{(t)}(x, y+1) - I^{(t)}(x, y)) \end{aligned} \quad \textbf{(5.150)}$$

여기서 $0 \le \lambda \le \frac{1}{4}$는 수렴을 보장한다.

기본 수학에 대한 인식을 얻으려면, 원본 영상 $I(x,y)$를 연속적으로 증가하는 가우시안 커널과 컨볼루션하여 얻은 연속 도메인 영상 패밀리를 고려하자.

$$I(x, y, t) \equiv I(x, y) \circledast Gauss_t(x, y) \quad \textbf{(5.151)}$$

여기서 $t \le 0$은 평활화의 양을 제어하는 연속 스케일 매개 변수이며, $I(x,y,0) \equiv I(x,y)$ 및 x와 y도 연속 값으로 취급된다. 식 (5.151)에서 정의된 결과 3D 볼륨이 소위 열 방정식(heat equation)의 해답이라는 것을 알 수 있다. 초기 열 분포 $I(x,y,0) \equiv I(x,y)$가 주어진 경우, 등방성 전도도를 갖는 균질 매체에서 시간 t에 대한 열 분포 $I(x,y,t)$의 전개를 설명하는 물리적 방정식이다.

$$\frac{\partial I(x,y,t)}{\partial t} = \frac{1}{2}\nabla^2 I(x,y,t) \tag{5.152}$$

여기서 ∇^2는 라플라스 연산자이다. 이 열 방정식은 **확산 방정식**(diffusion equation)의 한 유형이다. 물리적 방정식에서 변수 t는 실제 시간이지만, 위의 구현에서 그것은 알고리즘의 반복에 해당하는 "의사 시간(pseudo–time)"이다. 가우시안 커널이 이 방정식을 푸는 고유한 커널이라는 사실은 또한 무한 도메인에서 이 열 방정식의 Green 함수라는 사실로부터 온다.

유사하게, 연속 이방성 확산 방정식은 시간에 따른 변화가 가중된 기울기의 발산과 동일하다는 것을 나타낸다.

$$\frac{\partial I(x,y,t)}{\partial t} = \nabla\cdot(C(x,y,t,\Delta x,\Delta y)\nabla I(x,y,t)) \tag{5.153}$$

$$= C(x,y,t,\Delta x,\Delta y)\nabla^2 I(x,y,t) + (\nabla C(x,y,t,\Delta x,\Delta y))^{\mathsf{T}}\nabla I(x,y,t) \tag{5.154}$$

여기서 $C(x,y,\Delta x,\Delta y)$는 방향 $(\Delta x,\Delta y)$에서의 화소 (x,y,t)에서의 확산계수이다. $\nabla\cdot$ 은 발산이고, ∇은 공간 그레디언트이며, 두 번째 방정식은 미분의 곱의 규칙에 의해 첫 번째 방정식으로부터 구해지며, $\nabla\cdot\nabla I=\nabla^2 I$이다. 만일 $C(x,y,\Delta x,\Delta y)=\frac{1}{2}$ 경우, C가 일정하다면 $\nabla C=0$이기 때문에 이 이방성 방정식이 등방성 방정식 (5.152)으로 감소한다는 것을 쉽게 알 수 있다. 상기 구현은 근사화 $\frac{\partial I(x,y,t)}{\partial t} \approx I^{(t+1)}(x,y)-I^{(t)}(x,y)$와 $\sigma^2=0$에 의해 정의된 3×3 LoG 커널을 사용하여 계산된다.

5.5.7 적응적 평활화

이방성 확산과 밀접하게 관련된 것은 **적응적 평활화**(adaptive smoothing)의 개념이다. 적응적 평활화는 화소의 이웃들에 대한 가중치 평균을 계산하고 경계를 넘는 평활화를 막는 가중치를 계산한다.

$$I^{(t+1)}(x,y) = \frac{\sum_i\sum_j I^{(t)}(x+i,y+j)w^{(t)}(x+i,y+j)}{\sum_i\sum_j w^{(t)}(x+i,y+j)} \tag{5.155}$$

여기서 합계는 화소의 국부적인 이웃에 대해 수행되고, 가중치는 영상 그레디언트의 크기와 반비례 관계로 정의된다.

$$w^{(t)}(x, y) \equiv \exp\left(-\frac{\|\nabla I(x, y)\|^2}{2s^2}\right) \quad \textbf{(5.156)}$$

여기서 s는 다른 스케일링 매개 변수이다. 식 (5.155)와 식 (5.118)을 비교하면, 양방향 필터는 가우시안 공간과 레인지 커널에 의해 결정되는 가중치의 특정 선택과 함께, 적응적 평활화의 특수한 경우에 불과하다는 것이 분명하다.

5.6 명암도 모폴로지 연산

비선형 영상 필터의 또 다른 중요한 클래스는 형태학(모폴로지) 연산자이다. 이전 장에서 침식, 팽창, 열림 및 닫힘과 같은 이진 형태소 연산자에 대해 논의했다. 이러한 개념은 자연스럽게 명암도 영상으로 확장될 수 있다. 명암도 형태는 특징 감지, 세그멘테이션 및 샤프닝과 같은 다양한 영상처리 작업에 사용된다.

5.6.1 명암도 팽창과 침식

이전 장에서 이진 영상을 화소 단위로 볼 수 있으므로, 이진 영상의 확장 또는 침식은 영상 내에 배치된 구조요소의 이동 버전의 합집합 또는 교집합에 의해 제공된다.

$$I \oplus B = \bigcup_{\boldsymbol{\delta} \in B} I_{\boldsymbol{\delta}} = \bigcup_{\boldsymbol{\delta} \in I} B_{\boldsymbol{\delta}} = \{\boldsymbol{\delta} : \check{B}_{\boldsymbol{\delta}} \cap I \neq \emptyset\} \quad \text{(binary or grayscale)} \quad \textbf{(5.157)}$$

$$I \check{\ominus} B = \bigcap_{\boldsymbol{\delta} \in \check{B}} I_{\boldsymbol{\delta}} = \bigcap_{\boldsymbol{\delta} \notin I} \neg\check{B}_{\boldsymbol{\delta}} = \{\boldsymbol{\delta} : B_{\boldsymbol{\delta}} \subseteq I\} \quad \text{(binary or grayscale)} \quad \textbf{(5.158)}$$

여기서 $\boldsymbol{\delta} = (\delta_x, \delta_y)$이고, 우리는 보완(completeness)을 위해 center-in과 center-out 공식을 보여주었다. 명암도 영상으로의 확장은 간단하다. 이진 영상은 좌표 (x, y)가 $I(x, y) = $ON인 집합으로 볼 수 있다. 명암도 영상은 $I(x, y) \leq v$와 같은 (x, y, v) 좌표의 집합으로 볼 수 있다. 즉, 명암도 영상을 (x, y)의 함수로 보면, 영상은 그림 5.23에서 보인 바와 같이, 함수 또는 그 아래의 모든 점을 포함하는 집합으로 볼 수 있다.

유사하게, 명암도 구조 요소(SE)는 SE를 정의하는 명암도 함수 또는 그 이하의 점들의 집합이다. 집합 I와 B에 대한 확장된 이해를 통해, 명암도 팽창과 침식의 정의는 $\boldsymbol{\delta} = (\delta_x, \delta_y, \delta_v)$와 $\delta_x, \delta_y, \delta_v$를 플립핑하는 $\check{B}$를 제외하고는 위의 방정식 (5.157)–(5.158)과 동일하게 유지된다.

그림 5.23 명암도 영상은 명암도 함수 아래 모든 3D 점들 (x, y, v)의 집합으로 볼 수 있다.

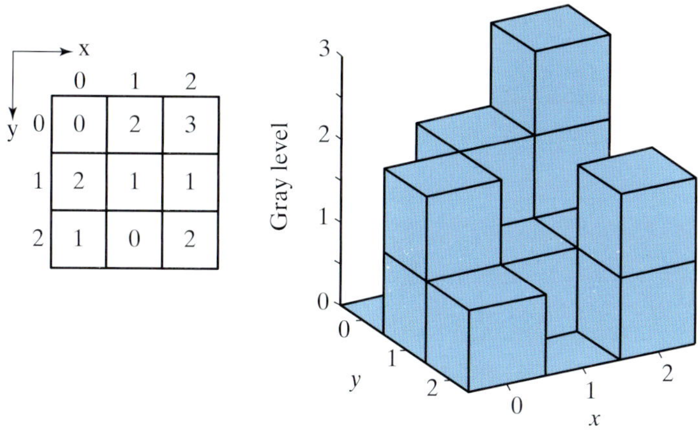

다른 보기로, 이진 침식은 만일 SE와 겹치는 모든 화소가 ON이면 중앙 화소를 모두 ON으로 설정한다는 것을 상기하자. 그렇지 않으면 중앙 화소를 OFF로 설정한다. 유사하게, 이진 팽창은 만일 반사된 SE와 겹치는 임의의 화소가 ON이면, 이진 영상의 중앙 화소를 ON으로 설정하고, 그렇지 않으면 중앙 화소를 OFF로 설정한다. ON과 OFF를 이진 값 0과 1로 각각 같은 식으로 계산하면, 이 계산이 다음과 같다.

$$(I \oplus B)(x, y) = \max_{(\delta_x, \delta_y) \in \check{B}} I(x + \delta_x, y + \delta_y) \quad \text{(binary dilation)} \tag{5.159}$$

$$(I \check{\ominus} B)(x, y) = \min_{(\delta_x, \delta_y) \in B} I(x + \delta_x, y + \delta_y) \quad \text{(binary erosion)} \tag{5.160}$$

0은 최소 이진 값이고, 1은 최대 이진 값이기 때문이다. 이러한 정의를 명암도 영상으로 확장하는 것은 간단하다.

$$(I \oplus B)(x, y) = \max_{(\delta_x, \delta_y, \delta_v) \in \check{B}} I(x + \delta_x, y + \delta_y) - \delta_v \quad \text{(grayscale dilation)} \tag{5.161}$$

$$(I \check{\ominus} B)(x, y) = \min_{(\delta_x, \delta_y, \delta_v) \in B} I(x + \delta_x, y + \delta_y) - \delta_v. \quad \text{(grayscale erosion)} \tag{5.162}$$

이러한 표현식은 이러한 연산자를 영상에 적용하면 무엇을 기대할 수 있는지를 명확히 한다. 즉, 팽창은 영상을 밝게 하고, 침식은 그것을 어둡게 만든다. (팽창의 경우, $\check{B}$의 δ_v는 B의 $-\delta_v$를 의미하므로 식 (5.161)은 실제로 B의 값을 빼기보다는 영상 명암도에 더한다. 이진 팽창/침식과 정확히 동일한 결과를 얻기 위한 명암도 팽창/침식의 경우, SE의 전경과 배경 화소를 각각 0 및 $-\infty$로 설정해야 한다. 예를 들어, 식 (4.44)의 B_4과 B_8 커널의 명암도 버전은 각각 다음과 같다.

$$\begin{bmatrix} -\infty & 0 & -\infty \\ 0 & 0 & 0 \\ -\infty & 0 & -\infty \end{bmatrix} \quad \text{and} \quad \begin{bmatrix} 0 & 0 & 0 \\ 0 & 0 & 0 \\ 0 & 0 & 0 \end{bmatrix}$$

우리는 두 종류의 명암도 구조 요소(SE)를 구별한다. 즉 평평한 SE는 도메인의 모든 화소에 대해 동일한 값을 가지지만, 평평하지 않은 SE는 그렇지 않다. 여기서 도메인은 SE가 음의 무한대보다 큰 값을 갖는 위치 집합으로 정의된다. 예를 들어, 위의 두 SE는 평평하다. 평평한 SE는 다음과 같은 이유로 실제 거의 항상 사용된다. 평평하지 않은 SE에 대해 의미있는 값을 선택하는 것은 어렵고, 평평하지 않은 SE는 유효한 범위를 벗어나는 결과를 산출할 수 있으며, 평평하지 않은 SE는 상당한 추가 계산상의 부담을 발생시킨다.

5.6.2 명암도 열림과 닫힘

명암도 열림와 닫힘는 이진 열림과 같은 방식으로 정의된다.

$$I \bullet B = (I \oplus B) \check{\ominus} B \quad \text{(grayscale closing)} \tag{5.163}$$

$$I \circ B = (I \check{\ominus} B) \oplus B \quad \text{(grayscale opening)} \tag{5.164}$$

이진 버전과 마찬가지로 명암도 연산자는 보완과 반사와 관련하여 서로 이중적이다.

$$\neg(I \oplus B) = \neg I \check{\ominus} \check{B} \quad \text{(duality of grayscale dilation / erosion)} \tag{5.165}$$

$$\neg(I \check{\ominus} B) = \neg I \oplus \check{B} \quad \text{(duality of grayscale dilation / erosion)} \tag{5.166}$$

$$\neg(I \bullet B) = (\neg I \circ \check{B}) \quad \text{(duality of grayscale closing / opening)} \tag{5.167}$$

$$\neg(I \circ B) = (\neg I \bullet \check{B}) \quad \text{(duality of grayscale closing / opening)} \tag{5.168}$$

SE를 사용하여 명암도 영상 열림을 하면 SE보다 작은 세부 묘사가 제거되고,

그림 5.24 영상과 명암도 팽창, 침식, 닫힘, 열림을 각각 적용한 결과. 평면, 원형 구조요소를 사용하였다.

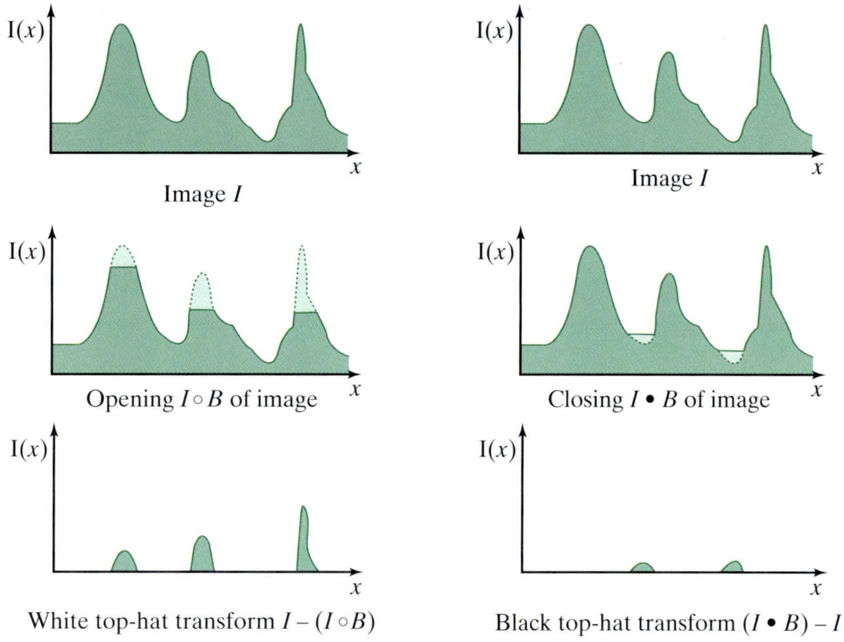

그림 5.25 화이트 탑-햇(WTH) 변환(왼쪽), 블랙 탑-햇(BTH) 변환(오른 쪽).

닫힘은 SE보다 작은 어두운 세부 묘사가 제거된다. 영상의 명암도 팽창, 침식, 닫힘 및 열림의 결과가 그림 5.24에 나와 있다.

5.6.3 탑-햇 변환

명암도 열림과 닫힘을 기반으로하는 특히 유용한 변환은 그림 5.25에 나와 있는 **탑-햇 변환**(top-hat transform)이다. "열림 탑-햇"이라고도 하는 **화이트 탑-햇**(WTH) 변환은 원본 영상과 영상의 명암도 열림 사이의 차이이므로 주변보다 밝은 개체를 보존하는 반면, "닫힘 탑-햇"라고도 하는 **블랙 탑-햇**(BTH) 변환은 원본 영상의 명암도 닫힘과 영상 자체의 차이이므로, 주변보다 어두운 객체를 보존한다.

$$I'_{WTH} = I - (I \circ B) \quad \text{(white top-hat)} \tag{5.169}$$

$$I'_{BTH} = (I \bullet B) - I \quad \text{(black top-hat)} \tag{5.170}$$

자기 보완 탑-햇(self-complementary top-hat)은 $I'_{WTH} + I'_{BTH}$로 정의되며 상대적인 콘트라스트와 관계없이 SE를 포함할 수 없는 모든 영상 구조를 추출한다.

명암도 닫힘은(이진과 마찬가지로) 확장성이 있고(SE가 원점을 포함한다고 가정하고), 명암도 열림은(이진과 마찬가지로) 비-확장성이다. WTH 또는 BTH의 출력에서의 명암도 값은 항상 음이 아니다. WTH는 비 증가하고 멱등

그림 5.26 영상, 화이트 탑-햇 변환, 블랙 탑-햇 변환, 자기 보완 탑-햇 변환을 각각 적용한 결과. 평면, 원형 구조요소를 사용하였다.

수(idempotent)이며, BTH는 멱등수가 아니며 증가하지도 않음을 알 수 있다.

탑-햇 변환은 어두운 배경에 사용되는 WTH와 밝은 배경에 사용되는 BTH를 사용하여, 고르지 않은 조명을 보정하는 데 사용할 수 있다. 큰 등방성 SE를 가진 탑-햇 변환은 조명 경사의 낮은 주파수를 제거하여 고역 통과 필터의 역할을 한다. 한편, 큰 SE를 갖는 열림은 관련 영상 구조를 제거하는 경향이 있지만, 천천히 변화하는 조명 함수를 보존한다. 간단한 이웃-기반 대조 연산자는 영상을 취하여 WTH를 더한 다음, BTH를 빼는 것이다. 즉 $(I + I'_{WTH} - I'_{BTH})$이다. 영상에 대한 다양한 탑-햇 변환의 결과가 그림 5.26에 나와 있다.

5.6.4 Beucher 그레디언트

다른 고역 통과 필터는 영상의 명암도 팽창과 평암도 침식 간의 차이로 정의되는 **Beucher 그레디언트**(gradient)이다. 등방성 SE를 가정하면, 이 연산자는 기울기보다는 디스크 내에서 최대 변화를 출력한다. 그럼에도 불구하고, 계산의 결과는 전통적인 그레디언트 벡터의 노름(norm)을 근사화한다(그리고 반경이 0에 가까워짐에 따라 등가가 된다). Beucher 그레디언트가 가장 일반적인 형태학적 그레디언트이지만, 형태학적 그레디언트의 다른 두 가지 정의는 침식과 팽창에 의한 하프 그레디언트들이다. 하프 그레디언트(또는 내부 그레디언트)는 원본 영상과 침식된 영상으로 정의된다. 그리고 팽창 하프 그레디언트(외부 그레디언트) 팽창 영상과 원본 영상 간의 차이로 정의된다.

방향 그레디언트를 계산하기 위해, 등방성 SE 대신에 선(line) SE를 사용할 수 있다. 그러나 그레디언트의 방향을 최대 방향 그레디언트를 출력하는 방향이 아닌 최소 방향 그레디언트를 출력하는 방향에 대한 수직 방향으로 정의하려면 주의해야 한다. 예를 들어, 영상의 한 줄에 적용된 선 SE는 출력이 0인 선의 방향을 제외한 모든 방향에서 동일한 형태학적 그레디언트를 출력한다.

5.7 추가 읽기

컨볼루션, 상호-상관 및 선형 시간(또는 공간) 불변 시스템의 개념은 좋은 신호 또는 영상처리 서적(예: Oppenheim과 Schafer [1999] 또는 Jain [1989])에서 찾을 수 있지만, FIR 필터와 IIR 필터 사이의 구별에는 일반적으로 영상처리 문헌보다는 신호처리 문헌에서 더 강조했다. 매트릭스 곱셈으로서 컨볼루션을 보는 것은 일상적인 응용들에서는 특히 유용하지는 않지만, 영상의 모든 선형 변환을 연구하는 자연스러운 방법을 제공한다. Seitz와 Baker [2009]는 이 컨셉을 필터 플로우로 부르고 기하학적 변환, 비네팅, 방사형 왜곡, 조명 변경, 흐림, 광학 플로우 및 스테레오와 같이 이 집단에 속하는 다양한 변환을 추정하는 흥미로운 접근법을 제시한다.

가우시안의 중요성은 널리 알려지고 사용되었다. 가우시안 커널의 평가에 관한 철저한 처리를 위해 여기에 제시된 결론보다 약간 다른 결론에 대해 Trucco와 Verri [1998]를 참조하라. 캐스케이드 컨볼루션의 개념은 가우시안 커널과의 컨볼루션이 박스 필터를 사용하여 반복적인 컨볼루션으로 근사화되는 것으로 Wells [1986] 덕분이다. Wells의 접근법에 대한 $O(1)$ 계산은 Crow [1984]의 합계표와 Heckbert [1986]의 임의 크기의 다항 커널을 이용한 공간 변형 필터링과 관련된 이동 평균에 의존한다. 캐스케이드 컨볼루션에서 2D 원형 대칭을 보존하기 위해, 대각선 컨볼루션에 대한 필요성에 대한 논의는 Rau와 McClellan [1997]을 참조하라.

가우시안 폭에 독립적이며 효과적 가우시안 컨볼루션에 대한 또 다른 접근법은 IIR 필터를 사용하는 것이다. 이 접근법은 Deriche [1987, 1990]에 의해 처음으로 기술되었으며, 나중에 Deriche [1993]에서 필터의 계수를 다시 계산할 필요가 없도록 재검토되었다. 비슷한 접근법이 Young과 van Vliet [1995]에 의해 채택되었다. Burt [1981]에서 계층적 이산 상관관계(hierarchical discrete correlation)라고 불리는 효율적인(비록 일정하지는 않지만) 대형 커널 컨볼루션에 대한 또 다른 접근법을 발견할 수 있다. 적분 영상은 Viola와 Jones [2004]에 기인한다. 이것은 컴퓨터그래픽의 초기 연구에 기반하며, Simard et al. [1998]의 보다 일반적인 boxlets 프레임 워크에 맞다.

Roberts 연산자는 Roberts [1963]에서 찾을 수 있으며, 많은 사람들이 컴퓨터비전의 첫 번째 발행물로 간주한다. 몇 년 후 Prewitt 연산자는 Prewitt [1970]에 의해 생의학 영상처리와 관련하여 개발되었다. Sobel 연산자는 1968년 I. Sobel과 G. Feldman이 "영상처리를 위한 3 × 3 등방성 그레디언트 연산자"라는 제목의 스탠포드 인공지능 프로젝트에서 처음 발표되었지만, 인쇄물로 최초의 알려진 참조는 Pingle [1969]인데, 그는 그것을 Sobel에게 돌렸다. 아이러니컬하게도, 이 등방성 연산자는(다른 이산 커널과 마찬가지로) 일단 이산 효과가 고려되면 실제 등방성이 아니므로 Scharr(2000)에 설명된 Scharr 연산자의 개발로 이어진다.

Laplacian of Gaussian을 영상처리에 사용하는 것은 Laplacian of Gaussian과 Difference of Gaussians 사이의 동등성을 처음으로 입증한 Marr and Hildreth [1980]의 선구자적 연구때문이다. 이 이론은 추후에 Lowe [2004]의 SIFT 특징 검출자에 영향을 미친 Witkin [1983]과 Lindeberg

[1990, 1994]을 포함하여 스케일 공간에 대한 추후 연구에 영향을 미쳤다. 가우시안 피라미드는 Burt [1981]와 Crowley [1981]의 초기 논문에 의해 거의 동시에 제안되었다. Laplacian 피라미드는 Burt [1981], Burt와 Adelson [1983], Crowley [1981]의 연구에서 논의되었다. 효과적인 구현 세부 사항을 논의하는 보다 최근의 논문은 Crowley et al. [2002]에 있다.

명암도 히스토그램을 사용하는 효율적인 $O(w)$ 메디언 필터는 Huang et al. [1979]에 있다. 더 빠른 $O(\log\ w)$ 알고리즘은 Weiss [2006]에서 발견할 수 있지만 구현하기 어렵다. 명암도 히스토그램을 사용하고 이해하기 쉬운 훨씬 빠르고 일정한 $O(1)$ 알고리즘은 Perreault과 Hëert [2007]에서 찾을 수 있다. Perreault과 Hëert [2007]에서는 연산을 벡터화하기 위해 추가 구현 세부 정보가 제공되므로, 방법을 사용하여 실제적으로 Weiss와 비슷한 속도를 얻을 수 있다. NLM (non-local means) 알고리즘은 Buades et al. [2005]에 있다.

양방향 필터의 기원은 Aurich와 Weule [1995]의 비선형 가우시안 필터와 Smith와 Brady [1997]의 SUSAN 프레임 워크로 추적할 수 있다. 그것은 필터를 현재 이름으로 준 Tomasi와 Manduchi [1998]에 의해 독립적으로 재발견되었다. 양방향 필터의 개요는 Paris 등[2009]에 있다. 계산 효율을 향상시키기 위해 몇 가지 접근법이 제안되었다. Durand와 Dorsey [2002]는 양측 그리드를 사용하는 반면, Weiss [2006]는 공간 가중치 커널이 박스 함수라고 가정한다. Porikli [2008]는 적분 히스토그램 또는 테일러 급수 확장을 사용하여 영상의 거듭 제곱을 사용한 가우시안을 표현하기 위해 양방향 필터의 다양한 형태의 효율적인 $O(1)$ 계산을 달성하는 다양한 방법을 제시한다. 다른 접근법은 Chen et al. [2007]과 Yang et al. [2009]에 있다. 이 장에서 제시된 효율적인 알고리즘은 Chaudhury et al. [2011]에 있고, 더 나은 근사를 제공하는 상승 코사인을 사용하여 가우시안을 근사하는 방법을 보여준다. 후속 작업에서 Chaudhury [2011]는 변속 가능성(shiftability)의 개념을 설명한다. 다면체 격자를 사용하여 완전히 연결된 그래프에 대한 대체 접근법은 Adams et al. [2010]에 있고, 계산 사진 응용을 위한 양방향 필터의 실시간 구현은 Rithe et al. [2013]에 있다.

이방성 확산은 Perona와 Malik [1990]에 기인한다. Weikert [1998]는 이에 대한 좋은 참고문헌이다. 적응 평활화는 Saint-Marc et al. [1991]에 기인한다. Barash [2002]는 이방성 확산, 적응성 평활화와 양자 필터링 간의 연결을 도출하고, 적응 평활화를 수정하여 이방성 확산 방정식과 일관되게 한다. 후속 연구에서 Barash와 Comaniciu [2004]는 이들과 평균-이동(mean-shift)과 연결한다. Fukunaga와 Hostetler [1975]에서 원래의 데이터 값이 변경될 때마다 Gaussian blurring mean-shift(GBMS)라고 불리는 원래 평균-이동 알고리즘이 있다.

평균 이동에 대한 관심은 이 장에서 설명된 GMS (Gaussian mean-shift)를 도입한 Cheng [1995]에 의해 갱신되었다. 후자의 우수한 성능을 포함하여 GBMS와 GMS의 차이점은 Rao et al. [2009]에 의해 설명된다. 실질적인 응용과 함께 평균-이동에 대한 추가 개발 필터링과 세분화 같은 것은 Comaniciu와 Meer [2002]에 의한 것이다. 평균-이동은 또한 Comaniciu et al. [2003], Avidan [2005], Birchfield와 Rangarajan [2005]과 같은 다양한 연구자들의 의해 추적을 위해 사용되었다.

탑-햇 변환은 Meyer [1979]에 의한 반면, Beucher 그레디언트는 Rivest et al. [1993]에 소개된다. 더 자세한 정보는 Serra [1982]의 책이나 Soille [2003]의 책을 참고하라.

연습문제

5.1 1D 커널 $g(x) = [8\ \ 4\ \ 1\ \ 4\ \ 9\ \ 3\ \ 2\ \ 4\ \ 2]$가 주어 졌을 때, 다음을 답하시오. a) 이것의 너비는? b) 반 너비는? c) 중심 요소의 0 기준 색인은?

5.2 1D 입력 신호 $f(x) = [5\,4\,0\,3\,8\,2]$를 커널 $g(x) = \frac{1}{4}[1\ \ 2\ \ 1]$과 컨볼루션하시오. 테두리를 올바르게 처리하려면 값을 복제하여 입력을 확장하고 출력 길이를 입력과 동일하게 설정하시오. 상호 상관의 결과는 컨볼루션의 결과와 같거나 다를 것인가? 설명하시오.

5.3 2D 영상 I를 2D 커널 G와 컨볼루션하시오. 테두리를 올바르게 처리하려면 값을 복제하여 입력을 확장하고, 출력 크기를 입력과 동일하게 설정하시오.

$$I = \begin{bmatrix} 5 & 4 & 0 & 3 \\ 6 & 2 & 1 & 8 \\ 7 & 9 & 4 & 2 \end{bmatrix} \quad G = \frac{1}{16}\begin{bmatrix} 1 & 2 & 1 \\ 2 & 4 & 2 \\ 1 & 2 & 1 \end{bmatrix}$$

5.4 커널의 분리 가능한 버전을 사용하여 이전 문제의 계산을 반복하시오. 먼저 수평으로 $\frac{1}{4}[1\ \ 2\ \ 1]$, 그 다음 수직으로 $\frac{1}{4}[1\ \ 2\ \ 1]$ 컨볼루션하시오.

5.5 다음 명암도 영상을 3 × 3 가우시안(파스칼의 삼각형을 사용하여 계산)로 컨볼루션하시오. 사용된 계산의 수를 최소화하시오. 테두리는 확장으로 처리하시오. 정규화 상수는 무엇인가?

$$\begin{bmatrix} 8 & 2 & 1 & 5 \\ 0 & 1 & 3 & 0 \\ 1 & 0 & 1 & 6 \\ 0 & 4 & 0 & 1 \end{bmatrix}$$

5.6 컨볼루션 커널 $g(x) = \frac{1}{14}[1\ \ 3\ \ 6\ \ 3\ \ 1]$과 관련된 컨볼루션 매트릭스를 작성하시오. 길이 5의 입력을 가정하고 값을 복제하여 입력을 확장한다.

5.7 아래의 각 커널에 대해 그것이 평활화 커널인지 또는 차별화 커널인지 명시하시오.

(a) $\frac{1}{32}[2\ \ 4\ \ 6\ \ 8\ \ 6\ \ 4\ \ 2]$
(b) $\frac{1}{6}[1\ \ 2\ \ 3\ \ 2\ \ 1\ \ 0\ \ -1\ \ -2\ \ -3\ \ -2\ \ -1]$
(c) $\frac{1}{9}[9\ \ 1\ \ -1\ \ -9]$
(d) $\frac{1}{11}[1\ \ 9\ \ 1]$

5.8 아래 평활화 커널 각각에 대해 정규화 상수 a를 명시하시오.

(a) $\frac{1}{a}[1 \quad 3 \quad 6 \quad 3 \quad 1]$
(b) $\frac{1}{a}[22 \quad 99 \quad 22]$
(c) $\frac{1}{a}[3 \quad 16 \quad 109 \quad 16 \quad 3]$

5.9 다음 각 필터에 대해 임펄스 응답을 그리고, FIR 또는 IIR인지 여부를 지정한다. 여기서 f는 입력이고, f'은 출력이다.
(a) $f'(x) = f(x-1) + 2f(x) + f(x+1)$
(b) $f'(x) = f(x-1) - f(x+1)$
(c) $f'(x) = f(x) + f'(x-1)$

5.10 a와 b가 스칼라인 경우, 시스템 $f'(x) = af(x) + b$은(5.1.4절에서 정의된 의미로) 선형인가? 그 이유는 무엇인가?

5.11 다음 커널의 분산을 계산하시오. [1 2 3 4 5 4 3 2 1].

5.12 정규화를 포함하여 이항 삼각형을 사용하여 7×1 가우시안 커널을 구성한다. 그것의 분산을 계산하시오.

5.13 $\rho^2 = 0.4$로 연속 가우시안을 샘플링하여 3×1 가우시안 커널을 구성하시오. 이산 커널의 결과적 분산은 무엇인가?

5.14 가우시안 함수를 $\sigma = 1.8$로 샘플링하여 1D 가우시안 커널을 만든다. 수식 (5.39)을 사용하여 커널의 길이를 결정하고 올바르게 정규화한다. 샘플링 후 커널의 표준 편차는 얼마인가?

5.15 다음 커널을 분리할 수 있는가? 그렇다면 두 개의 1D 커널로 분리하시오. 그렇지 않다면 그 이유를 설명하시오.

$$\begin{bmatrix} 3 & 6 & 9 \\ 6 & 12 & 18 \\ 12 & 24 & 36 \end{bmatrix}$$

5.16 수평 커널 $g_h = [1 \quad 2 \quad 1]^\mathsf{T}$와 수직 커널 $g_v = [3 \quad 5 \quad 3]^\mathsf{T}$를 식 (5.38)의 행렬 곱셈과 반사에 대한 4×4 영상에 적용하기 위한 행렬 $\mathbf{G}_v$와 $\mathbf{G}_h$를 쓰시오.

5.17 화소 값의 2D 배열의 편미분을 계산하는 또 다른 방법은 평면 $I(x, y) \approx ax + by + c$를 값(최소 자승으로)에 맞추는 것이다. 그런 다음, 평면의 편미분을 계산하시오.
(a) 3×3 배열의 경우, 이 절차의 결과는 Prewitt 커널을 적용하는 것과 동일하다는 것을 보이시오.
(b) 2×2, 4×4 또는 5×5 배열에 이 절차를 적용한 결과는 무엇인가?
(c) Roberts의 교차 연산자를 사용하여 계산된 그레디언트의 크기는 2×2 배열에 2를 곱한 값을 사용하여 계산된 그레디언트의 크기임을 보이시오.

5.18 소벨(Sobel) 커널은 2×2 상자 필터를 사용하여 두 축을 따라 2×2 유한 차분 커널의 컨볼루션과 동일하다는 것을 보이시오.

5.19 5.1.2절에서 직선 이동 불변 시스템을 행렬 곱셈으로 나타낼 수 있음을 알았다. 선형 이동 변형 시스템의 경우에도 마찬가지인가? 그렇다면, 그러한 행렬의 어떤 속성이 선형 시스템이 이동 불변인지 여부를 나타내는가?

5.20 명암도 영상의 스캔 라인은 다음과 같은 값을 가진다. [7 5 3 2 5 0 8 9]. 이 스캔라인을 a) 가우시안, b) 가우시안 미분, c) 가우시안 2차 미분 커널로 컨볼루션하시오. 모두 $\sigma^2 = 0.5$로 하고, 반사로 테두리를 처리한다.

5.21 왜 a) 한 개의 3 × 1의 가우시안 미분 커널과 b) 3 × 1의 2차 미분 커널만이 존재하는지 설명하시오.

5.22 디지털 영상의 평활화하는 카메라의 렌즈 초점을 흐리게 하는 것과 비슷하다. 두 방법 모두 영상이 흐려지기 때문이다. 다음에 답하시오.

(a) 두 가지 접근법의 결과 간에 차이점이 있다고 생각하는가? (힌트: 밝은 빛의 영상이 어떻게 되는지 생각해 보시오.)

(b) 렌즈의 디 포커스 능력을 시뮬레이션하기 위해 컨볼루션 커널이 어떤 모양이어야 하는가?

5.23 Prewitt, Sobel, Scharr 연산자를 사용하여 아래의 두 영상에서 Euclidean, Manhattan 및 Chessboard 버전을 비교하고 대조하여 이산적인 방법으로 기울기의 크기가 등방성이 아니라는 것을 보이시오. 이 두 입력에 대해 가장 일관된 동작을 산출하는 연산자와 메트릭은 무엇인가?

$$\begin{bmatrix} 1 & 1 & 0 \\ 1 & 1 & 0 \\ 1 & 1 & 0 \end{bmatrix} \quad \begin{bmatrix} 1 & 0 & 0 \\ 1 & 1 & 0 \\ 1 & 1 & 1 \end{bmatrix}$$

5.24 이산 선형 쉬프트 불변 시스템의 출력이 입력 신호와 임펄스 응답의 컨볼루션 임을 증명하시오. (힌트: 입력을 가중치 크로네커 델타 함수의 합으로 표현한 다음, 가산, 스케일링 및 쉬프트 불변 속성을 적용한다).

5.25 등방성 가우시안은 분리 가능한 유일한 회전 대칭 2D 함수이다. 회전 대칭을 증명하시오. (힌트: 2D 함수는 $(\partial f/\partial x)\,y = (\partial f/\partial y)\,x$인 경우에만 회전 대칭이다.)

5.26 우리는 일반적으로 분리 가능한 컨볼루션이 분리 불가능한 컨볼루션보다 더 효율적이라고 주장했다. 분리 가능한 구현이 실제로 느릴 수도 있는 시나리오를 상상할 수 있는가?

5.27 x 방향의 기울기 변화가 1이고 y 방향의 기울기 변화가 0이기 때문에 아래 영상에 적용된 3 × 3 가우시안(LoG) 커널은 1과 같아야 한다. (즉, 1번째 열과 2번째 열 사이의 기울기는 0이고, 두 번째 열과 세 번째 열 사이의 기울기는 1이므로 기울기의 변화는 $1 - 0 = 1$이다.) 이 장에서 소개한 4개의 LoG 커널을 선택하고, 모두 이 기준을 충족함을 보이시오.

$$\begin{bmatrix} 0 & 0 & 1 \\ 0 & 0 & 1 \\ 0 & 0 & 1 \end{bmatrix}$$

5.28 다음은 LoG 커널인가? 그렇다면 왜 그런지, 아니면 왜 아닌지 설명하시오.

$$\frac{1}{3}\begin{bmatrix} 2 & -1 & 2 \\ -1 & -4 & -1 \\ 2 & -1 & 2 \end{bmatrix}$$

5.29 표 5.5는 여러 가지 다른 LoG 커널을 나열한다. 다음이 LoG 커널이라는 것을 보이고, 분산을 계산하시오.

$$\frac{1}{8}\begin{bmatrix} 1 & 6 & 1 \\ 6 & -28 & 6 \\ 1 & 6 & 1 \end{bmatrix}$$

5.30 3차 미분 가우시안 커널에 대한 식을 유도하시오. $\frac{d^3}{dx^3} = gauss_{\sigma^2}(x)$.

5.31 평활화 가우시안 커널 $gauss_{0.125} = \frac{1}{16}[1 \quad 14 \quad 1]$가 주어지면, 연관된 3×3 LoG 커널을 계산하시오.

5.32 두 가우시안의 컨볼루션이 가우시안임을 증명하시오. 단순화를 위해 연속 1D 신호를 가정한다.

5.33 LoG 커널의 정규화를 검증하는 또 다른 방법은 커널을 포물선 $x^2 + y^2$로 컨볼루션하고, 결과가 4가 되도록 보장하는 것이다. 왜냐하면 $\nabla^2(x^2 + y^2) = \frac{\partial^2}{\partial x^2}(x^2 + y^2) + \frac{\partial^2}{\partial y^2}(x^2 + y^2) = 2 + 2 = 4$이기 때문이다.

(a) 포물선의 중심 부분을 샘플링한 결과인 3×3 영상은 무엇인가?

(b) 이 영상을 사용하여, 이 장에서 소개한 4개의 LoG 커널을 선택하고 모두 이 기준을 충족하는지 확인하시오.

(c) 영상이 포물선의 중심이 아닌 부분을 샘플링하여 얻어진 것이라면, 결과가 달라질 것인가? 그 이유는 무엇인가?

5.34 컨볼루션은 한 자리에서 수행되어서는 안된다고 언급했다. 컨볼루션을 수행하면 거의 모든 영상 정보가 지워지는 예제를 보이시오.

5.35 컨볼루션이 교환적임을 증명하시오.

5.36 한 화소씩 오른쪽으로 영상을 이동시키는 효과가 있는 3×3 컨볼루션 커널을 기술하시오

5.37 가우시안 미분과 관련된 정규화 계수가 중요하다는 시나리오를 기술하시오.

5.38 소금 후추 잡음을 제거하기 위해 어떤 필터를 사용하는가? 선형 필터인가

비선형 필터인가?

5.39 임의의 크기의 박스 커널을 가지고 컨볼루션을 구현하기 위한 의사 코드를 작성하고, 계산적으로 효율적인 절차임을 보장하기 위해 실행 합계를 계산하시오.

5.40 일부 응용에서는 컨볼루션의 효과를 되돌려 놓는 것이 중요하다. 커널을 알고 있다면, 이 디컨볼루션은 어떻게 수행될 수 있는가?

5.41 일정하거나 램프가 있는 명암도 함수에 2D LoG 커널을 적용하면 0이 됨을 보이시오.

5.42 신호 $[6 \quad 8 \quad 3]$과 커널 $\frac{1}{4}[1 \quad 2 \quad 1]$를 두 번 컨볼루션하는 것은 신호를 커널 $\frac{1}{16}[1 \quad 4 \quad 6 \quad 4 \quad 1]$로 컨볼루션하는 것과 동일함을 보이시오.

5.43 다음 명암도 영상의 적분 영상을 계산하시오. 적분 영상을 사용하여 내부 3×3 화소 배열 합계를 계산한다.

$$\begin{bmatrix} 218 & 87 & 246 & 63 & 175 \\ 106 & 161 & 231 & 32 & 207 \\ 16 & 141 & 136 & 140 & 202 \\ 86 & 253 & 55 & 112 & 188 \\ 73 & 85 & 165 & 209 & 99 \end{bmatrix}$$

5.44 모두 0(B_8의 명암도 버전)으로 구성된 3×3 평면 SE를 사용하여 a) 이전 질문에 표시된 영상의 명암도 팽창과 명암도 침식을 계산하시오. 그런 다음, b) 명암도 닫기와 열기 c) 화이트 탑-햇과 블랙 탑-햇 변환을 계산하시오. 테두리는 반사로 처리한다.

5.45 잡음을 제거하기 위해 영상은 2개의 1D 커널, 즉 수평 $gauss_{0.5}$ 커널과 수직 $gauss_{0.5}$ 커널로 구성된 3×3 가우시안 커널로 컨볼루션된다. 그 다음, 미분하기 위해, 결과적인 평활화된 영상은 수평 $\frac{1}{2}[1 \quad 0 \quad -1]$과 수직 $\frac{1}{2}[1 \quad 0 \quad -1]$ 커널로 컨볼루션된다. 원본 영상이 그 영상과 컨볼루션된 경우, 동일한 결과를 얻을 수 있는 동등한 2D 커널을 작성하시오. 이 커널이 바람직하지 않다는 것을 어떻게 알 수 있는가? 미분되기 전에 평활화는 어떤 의미가 있는가?

5.46 가우시안, 1차 미분, 2차 미분 커널을 작성하기 위해 원하는 언어로 코드를 작성하시오. 모두 표준편차 σ로 매개 변수화된다. 그런 다음 이 커널을 명암도 영상에 적용하고 평활화된 영상, x및 y의 그레디언트 구성 요소, 그레디언트 크기와 LoG를 계산하는 코드를 작성하시오.

5.47 양방향 필터와 평균 필터를 모두 구현하고, 이를 명암도 영상에 적용하시오. 두 알고리즘을 이동하고 대조하시오. 그런 다음 RGB 영상의 색상 채널에 개별적으로 적용하시오. 결과를 설명하시오.

CHAPTER 6

주파수 영역 처리

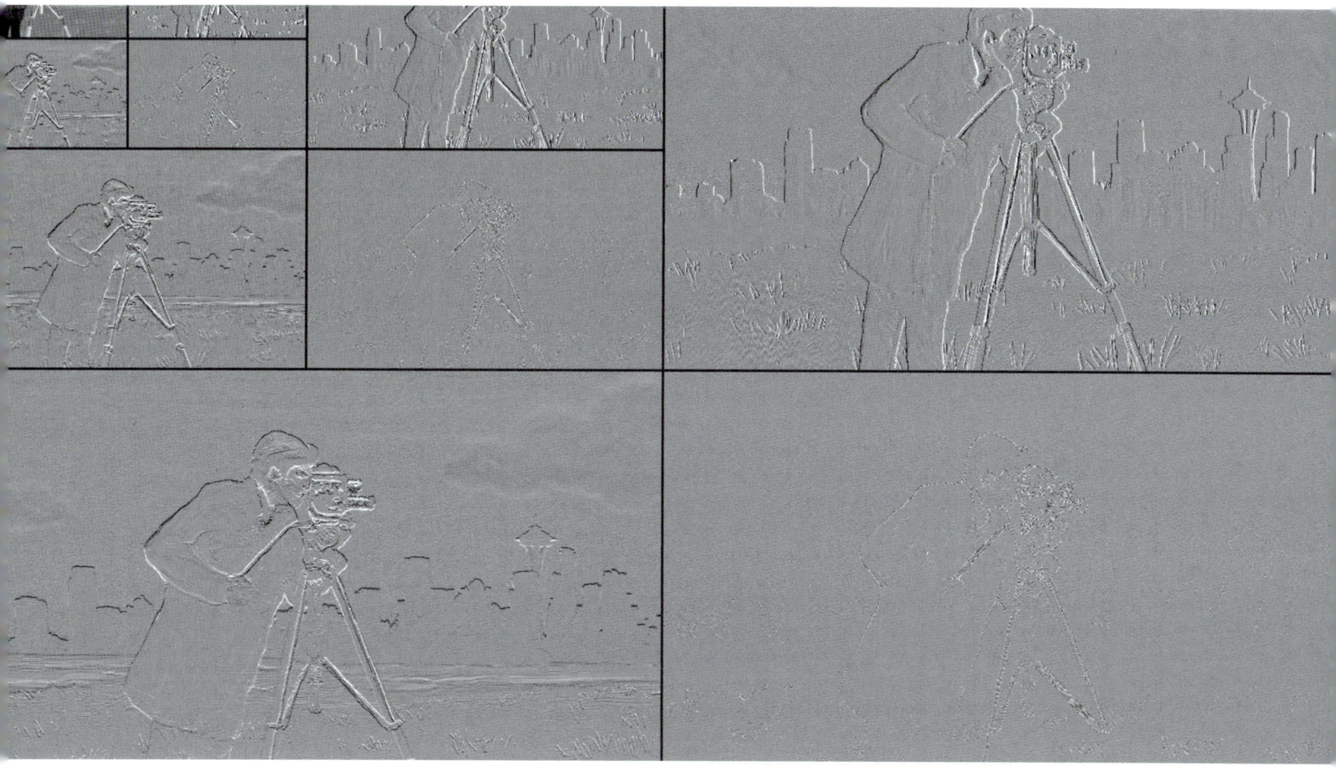

이전 장에서는 공간 영역에서 필터링하여 영상을 변환하는 방법을 고려했다. 보완적인 접근법은 공간 영역에서의 컨볼루션이 주파수 영역에서의 곱셈과 동등하다는 잘 알려진 원리를 사용해 주파수 영역에서 필터링하는 것이다. 이 장에서는 주파수 영역의 개념을 탐색하기 위한 노력의 일환으로 푸리에 변환에 대해 논의한다. 특히 이산 신호와 관련이 있기 때문이다. 그런 다음, 필터링에 대한 주파수 영역 접근 방식과 공간영역 필터링과의 연관을 살펴본다.

6.1 푸리에 변환

음성이나 음악이 포함된 오디오 신호와 같은 1 차원 연속 신호 $g(t)$가 있다고 가정하자. 종종 우리는 어떤 주파수가 존재하는지를 결정함으로써 신호를 분석할 수 있기 원한다. 이러한 정보는 신호를 분류(예: 고주파 또는 저주파를 포함)하거나 신호를 필터링(예: 고주파 잡음 또는 저주파수 웅웅거림(hum)을 제거)하기 위해 다양하게 사용될 수 있다.

6.1.1 순방향 변환

$g(t)$의 주파수 분석을 수행하는 표준 기술은 **푸리에 변환**(Fourier transform) $G(f)$를 계산하는 것이다.[1] $G(f)$는 특정 복소 지수로 먼저 곱한 후에 신호의 적분으로 정의된다.

$$G(f) \equiv \mathcal{F}\{g\} \equiv \int_{-\infty}^{\infty} g(t)e^{-j2\pi ft}\,dt \tag{6.1}$$

여기서, $\mathcal{F}$는 푸리에 변환을 나타내며, t는 시간(원래 신호의 영역)을 나타내고, f는 주파수(변환된 신호의 영역)를 나타내며, $j \equiv \sqrt{-1}$을 나타낸다. 만일 t가 초 단위로 측정되면 f는 역 초 단위로 측정되며, 헤르츠(1 Hz = 1/초)로 알려져 있다. 언뜻보기에 이해가 어려워 보이는 이 방정식은 **오일러 공식**을 적용하면 더 쉽게 이해할 수 있다. $e^{j\theta} = \cos\theta + j\sin\theta$이다.

$$G(f) = \underbrace{\int_{-\infty}^{\infty} g(t)\cos 2\pi ft\,dt}_{G_{even}} + j\underbrace{\int_{-\infty}^{\infty} -g(t)\sin 2\pi ft\,dt}_{G_{odd}} \tag{6.2}$$

혹은 $G(f) = G_{even}(f) + jG_{odd}(f)$이다. 여기서 주어진 주파수 f에 대해 우리는 신호에 코사인과 사인을 주파수 f로 곱하고, 이들을 개별적으로 통합하여 신호에서 그 주파수의 존재를 나타내는 측정 값을 얻는다. 복소수를 사용하면 G_{even}과 G_{odd}라는 두 개의 개별 수량을 편리하게 단일 방정식으로 표현할 수 있다. 우리는 푸리에 변환을 각 주파수에 대한 한 쌍의 수로 쉽게 정의할 수 있다. $G(f) \equiv (G_{even}(f), G_{odd}(f))$이다. 그러나 이 정의는 복소수를 사용할 때 제공되는 깊은 수학의 어떤 맛을 잃을 것이다.

이 두 숫자를 G_{even}과 G_{odd}로 부르는 이유는 전자가 짝수 대칭을 가진 신호에서 주파수 정보를 포착하는 반면, 후자는 홀수 대칭을 갖는 신호에서 주파수 정보를 포착한다는 것이다. 즉, 모든 t에 대해 $g(t) = g(-t)$를 갖는 임의의 신호에 대한 $G_{odd} = 0$과 모든 t에 대해 $g(t) = -g(-t)$를 갖는 임의의 신호에 대한 $G_{even} = 0$이다. 짝수 또는 홀수 대칭이 없는 신호의 경우, 두 숫자가 함께 주파수 정보를 캡처한다.

함수 g는 영역이 시간인 경우 **시간 영역**(time domain) 신호(예를 들어, 오디

1 Joseph Fourier (1768–1830)는 프랑스 수학자이자 물리학자이다. 그는 또한 Rosetta Stone을 해독하는 데 중요한 역할을 했다.

오 신호) 또는 영역이 공간 좌표(예를 들어, 카메라의 영상 센서의 행 또는 열을 따르는 영상 그레이 레벨 함수)인 경우에는 **공간 영역**(spatial domain) 신호일 수 있다. 두 경우 모두 푸리에 변환은 원 신호를 주파수 영역으로 변환하는 표준 방법이며, 수학은 둘 다 동일하다. 신호의 결과 주파수 영역 표시는 항목이 이름이 아닌 전화 번호로 정렬되는 역방향 전화 번호부와 같다. 이 대체 표현을 사용하면 원래 신호에 숨겨진 정보(예: 주파수)를 쉽게 찾을 수 있다. 푸리에 변환이 어떻게 작동하는지 보기 위해 간단한 예를 생각해 보자.

예제 6.1 $g(t) = \cos 2000\pi t$의 푸리에 변환을 계산하라.

풀이 이 연속 신호는 주파수 $f = 1000\text{ Hz} = 1\text{ kHz}$의 순수한 정현파이다. 그러므로 푸리에 변환은 실수 값($G_{odd} = 0$ 신호는 짝수 대칭이기 때문)을 포함할 것이고, 푸리에 변환은 신호에는 단일 주파수만 포함된다는 사실을 가리킨다.

오일러의 공식으로부터 $\cos\theta = \frac{1}{2}(e^{j\theta} + e^{-j\theta})$를 식 (6.1)로 연결하여 표시하는 것은 어렵지 않다.

$$G(f) = \int_{-\infty}^{\infty} \frac{1}{2}(e^{j2000\pi t} + e^{-j2000\pi t})e^{-j2\pi ft}\,dt \tag{6.3}$$

$$= \frac{1}{2}\int_{-\infty}^{\infty} (e^{j2\pi(1000-f)t} + e^{-j2\pi(1000+f)t})\,dt \tag{6.4}$$

$$= \frac{1}{2}(\delta(f - 1000) + \delta(f + 1000)) \tag{6.5}$$

여기서 $\delta(f)$는 **디랙 델타 함수**(Dirac delta function)이며, 단위 면적의 원점에서 무한대의 스파이크로(적어도 비공식적으로) 정의된다. 다른 말로는 다음과 같다.

$$\delta(f - f_0) = \begin{cases} \infty & \text{if } f = f_0 \\ 0 & \text{otherwise} \end{cases} \tag{6.6}$$

$\int_{-\infty}^{\infty} \delta(f)\,df = 1$이다. 이 푸리에 변환 쌍이 그림 6.1에 나와 있다. 혹시 양수와 음수 주파수를 모두에서(또는 오히려 음의 주파수 의미) 스파이크가 발생하는지 궁금해하는 경우, 회전하는 바퀴를 한 번 생각해 보라. 푸리에 변환은 바퀴가 회전하는 주파수를 캡처하지만 바퀴가 시계 방향으로 회전하는지 또는 시계 반대 방향으로 회전하는지는 구별하지 못한다. 양수와 음수 주파수들은 이 두 가지 가능성을 나타낸다.

식 (6.4)로부터 식 (6.5)를 도출하는 것은 사소하지 않지만, 아래의 역 푸리에

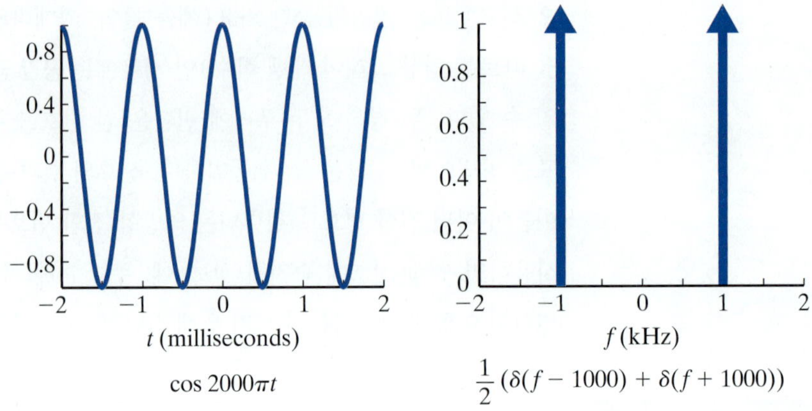

그림 6.1 연속 시간-영역 신호(왼쪽)와 퓨리에 변환(오른쪽). 후자는 신호가 주파수 1000Hz의 순수 사인 곡선인 것을 나타낸다. $f=1\text{KHz}$와 $f=-1\text{KHz}$에서 무한대 스파이크(Dirac deltas)를 가지고 있기 때문이다. 곱의 요소 1/2은 표시에 영향을 미치지 않는다는 점에 유의하라. 음수 주파수에 대한 설명은 교과서를 참고하라.

변환은 식 (6.5)가 실제로 정답이라는 것을 보여준다. 추가적인 직감은 단순히 값을 대체함으로써 얻을 수 있다. 예를 들어, $G(f)$가 $f=1000$에서 강해지는 것은 놀라운 일이 아니다. $e^{j2\pi(100-f)t}=e^0=1$이기 때문에, $\int_{-\infty}^{\infty} 1\,dt$가 되어 무한정이 된다. $f\neq 1000$이면 $G(f)=0$가 되는 것은 놀랄 일이 아니다. 왜냐하면 $e^{j2\pi(100-f)t}$ 복소 지수이며, 사인과 코사인 함수의 진동은 양수 부분과 음수 부분이 적분되었을 때 서로 상쇄된다.

6.1.2 역방향 변환

푸리에 변환의 편리한 특성 중 하나는 가역성이라는 것이다. 즉, 원 신호는 **역 푸리에 변환**(inverse Fourier transform)을 계산함으로써 그 주파수-영역 표현으로부터 복원될 수 있는데, 놀랍게도 지수의 부호를 제외하고는 순방향 푸리에 변환과 정확히 동일한 방식으로 정의되며, 적분은 시간이 아닌 주파수를 통해 계산된다.

$$g(t) = \mathcal{F}^{-1}\{G\} \equiv \int_{-\infty}^{\infty} G(f)e^{j2\pi ft}\,df \qquad \textbf{(6.7)}$$

모든 실제적인 목적(즉, 다소 가벼운 수학적 가정)에서 순방향과 역변환은 서로 상쇄된다. 즉, $\mathcal{F}^{-1}\{\mathcal{F}\{g\}\}=g$이고, $\mathcal{F}\{\mathcal{F}^{-1}\{G\}\}=G$이다.

예제 6.2 $G(f)=\frac{1}{2}(\delta(f-1000)+\delta(f+1000))$의 역 푸리에 변환을 계산하시오.

풀이 이 문제를 해결하기 위해 디랙 델타 함수의 선별 속성(sifting property)을 사용한다. 즉

$$\int_{-\infty}^{\infty} h(f)\delta(f - f_0)\, df = h(f_0) \quad (6.8)$$

디락 델타 함수는 $f = f_0$의 값을 제외하고 전체 함수에 0을 곱하기 때문에 선별 특성을 쉽게 알 수 있다. 방정식 (6.7)에 대입하면, 다음과 같다.

$$g(t) = \int_{-\infty}^{\infty} \frac{1}{2}(\delta(f - 1000) + \delta(f + 1000))e^{j2\pi ft}\, df \quad (6.9)$$

$$= \frac{1}{2}\int_{-\infty}^{\infty} \delta(f - 1000)e^{j2\pi ft}\, df + \frac{1}{2}\int_{-\infty}^{\infty} \delta(f + 1000)e^{j2\pi ft}\, df \quad (6.10)$$

$$= \frac{1}{2}e^{j2000\pi t} + \frac{1}{2}e^{-j2000\pi t} \quad (6.11)$$

$$= \cos 2000\pi t \quad (6.12)$$

마지막 등식은 오일러의 공식에서 나온 것이다. 따라서 분석적으로 도출하기 어려운 이전 예제의 순방향 변환은 문제를 역으로 고려하여 쉽게 얻을 수 알 수 있다.

6.1.3 샘플링과 엘리어싱

연속 신호가 샘플링되면 이산 신호가 된다. 샘플링 과정에서 일부 정보가 손실되어 샘플에서 원래 신호를 재구성할 수 없다고 가정하는 것은 당연하다. 그러나 실제로 **나이퀴스트-섀넌 샘플링 이론**[2](Nyquist-Shannon sampling theorem)에 따르면 특정 조건이 충족되면 이산 샘플에 원래 신호만큼의 정보가 포함되어 있음을 알 수 있다. 그래서 원 신호는 이산 샘플들로부터 정확하게 재구성될 수 있다. 이 조건은 샘플링 속도가 신호의 최고 주파수의 두 배인 **나이퀴스트 속도**(Nyquist rate)보다 커야한다. 이러한 최대 주파수를 포함하는 신호를 **대역 제한 신호**(band-limited signal)라고 하며, 그래서 이 정리는 대역 제한 신호에만 적용된다.

그림 6.2는 세 가지 다른 주파수에서 샘플링된 연속 신호를 보여준다. 샘플링 주파수가 나이퀴스트 속도보다 클 때, 신호가 **오버 샘플링**(oversampled)된다고 말하며, 완벽한 재구성이 가능하다. 샘플링 주파수가 나이퀴스트 속도보다 낮으면, 신호가 **언더 샘플링**(undersampled)되고 신호에 대한 중요한 정보가 복

2 H. Nyquist (1889–1976) and C. Shannon (1916–2001)는 AT&T Bell Labs에서 근무했을 때 정보 이론의 선구자들이었다. 섀넌의 석사학위 논문은 이제까지 연구 중에 가장 중요한 것으로 종종 여겨진다.

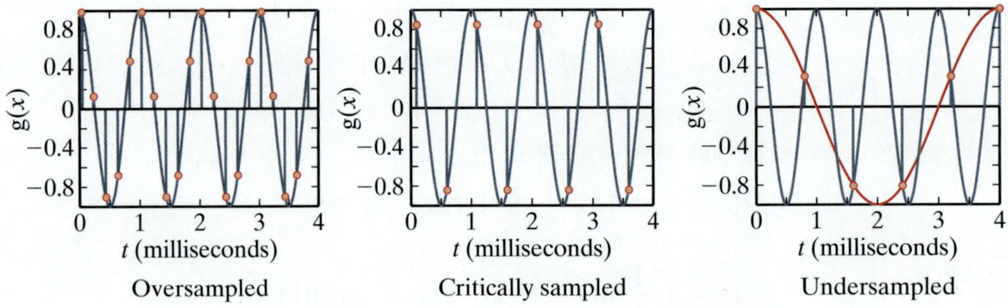

그림 6.2 3개의 다른 샘플링 주파수: 5000 Hz(왼쪽), 2000 Hz(중앙), 1250 Hz(오른쪽)로 샘플링된 연속 1 KHZ 시간-영역의 사인파. Nyquist 비율은 신호의 2배 주파수, 2000 Hz이다. Nyquest 비율보다 높은 샘플링 신호의 정보를 보존한다. 그러나 Nyquest 비율보다 낮은 샘풀링은 엘리어싱(aliasing)을 만든다. 이 경우에 엘리어스된 신호의 주파수는 250 Hz 이다.

구 불가능하여 손실된다. 유사하게, 샘플링 주파수가 정확하게 나이퀴스트 비율(즉, 가장 높은 주파수의 각 주기에 대한 2개의 샘플)일 때, 신호는 아슬아슬하게 샘플링되고, 원래의 신호 또한 회복 불가능하다.

신호가 언더 샘플링되면 **엘리어싱**(aliasing)이 발생한다. 엘리어싱은 가정된 이름이므로, 높은 주파수(샘플링 속도의 절반보다 높음)가 다른 주파수로 표시되는 것과 같다. f가 샘플링되는 신호의 주파수이고, f_s가 샘플링 비율인 경우, 엘리어싱된 주파수는 $|f_s n - f|$로 주어진다. 여기서 $n = \text{Round}(f/f_s)$이다. ($f_s > 2f$이면, $n = 0$이고 엘리어스된 주파수는 실제 주파수와 동일함, 즉, 엘리어싱이 없다.) 그림 6.2의 오른쪽에 대해, 예로서 $f = 1000$ 그리고 $f_s = 1250$이면 엘리어싱 주파수는 $|1250 \cdot 1 - 1000| = 250$이다. 왜냐하면 $n = \text{Round}(1000/1250) = 1$이기 때문이다.

다시 말해, 신호가 $t = 0.8$ ms에서 샘플링될 때, 그것은 0.8주기를 거쳤다. 이때의 값은 250 Hz 신호를 샘플링하여 얻은 것과 같다. 이것은 0.2주기만 거친 것이다. 따라서 이 샘플링 속도에서는 250 Hz 신호(빨간색 곡선)에서 1 kHz 신호(그림에서 파란색 곡선)를 알 수 없다. 이 현상은 오래된 웨스턴 영화에서 쉽게 볼 수 있다. 마차의 속도가 올라감에 따라 처음에는 바퀴의 속도가 빨라지고 그리고 나서 속도가 느려지고 그 후 반대 방향으로 회전하는 것처럼 보인다. 이러한 이유 때문에 엘리어싱을 “마차 바퀴 효과(wagon wheel effect)”라고도 한다.

6.1.4 푸리에 변환의 네 가지 버전

식 (6.1)에 도입된 푸리에 변환은 실제로 개념의 여러 변형 중 하나이다. 지금까지 보았듯이, 신호는 연속적이거나 이산적(discrete)일 수 있으며, 어디에서나 (무한대의 지속 시간) 또는 제한된 영역 (한정된 지속 시간)을 통해 정의될

	continuous	discrete
infinite duration	**Fourier transform** $G(f) = \int_{-\infty}^{\infty} g(t) e^{-j2\pi ft}\, dt$ $g(t) = \int_{-\infty}^{\infty} G(f) e^{j2\pi ft}\, df$ $t \in \mathbb{R} \quad f \in \mathbb{R}$	**Discrete-time Fourier transform (DTFT)** $G(f) = \sum_{x=-\infty}^{\infty} g(x) e^{-j2\pi fx}$ $g(x) = \int_{-\frac{1}{2}}^{\frac{1}{2}} G(f) e^{j2\pi fx}\, df$ $x \in \mathbb{Z} \quad f \in [-\frac{1}{2}, \frac{1}{2}]$
finite duration (periodic)	**Fourier series** $G(k) = \frac{1}{T} \int_{-\frac{T}{2}}^{\frac{T}{2}} g(t) e^{-j2\pi kt/T}\, dt$ $g(t) = \sum_{k=-\infty}^{\infty} G(k) e^{j2\pi kt/T}$ $t \in [-\frac{T}{2}, \frac{T}{2}] \quad k \in \mathbb{Z}$	**Discrete Fourier transform (DFT)** $G(k) = \sum_{x=0}^{w-1} g(x) e^{-j2\pi kx/w}$ $g(x) = \frac{1}{w} \sum_{k=0}^{w-1} G(k) e^{j2\pi kx/w}$ $x \in \mathbb{Z}_{0:w-1} \quad k \in \mathbb{Z}_{0:w-1}$

표 6.1 푸리에 변환의 4가지 버전

수 있다. 이러한 선택은 표 6.1에서 볼 수 있듯이, 푸리에 변환의 네 가지 버전을 만든다. 지금까지 고려한 버전은 시간과 주파수 값이 모든 실수에 대해 정의되는 연속 무한 지속 신호에 적용할 수 있다.

반면, 이산시간 푸리에 변환(DTFT)은 영역의 이산적 값에 대해서만 정의된 신호에 적용되지만 (여전히 무한히 확장된다), 이 경우 주파수는 방금 언급한 나이퀴스트-섀넌 샘플링 이론 때문에 최대 1/2의 값으로 정의된다. 푸리에 급수에서는 롤이 반전되어 연속 신호가 가중 사인 곡선의 무한 합으로 표시된다. 최종적으로 이산 푸리에 변환(DFT)은 유한 횟수로 샘플링된 신호에 적용되므로, 샘플과 주파수가 모두 이산적이며 유한하다.

6.2 이산 푸리에 변환(DFT)

이 장에서는 주로 네 가지 버전 중 마지막인 DFT (Discrete Fourier Transform)에 주의를 집중한다. DFT는 디지털 컴퓨터에 저장되기 위해서는 연속 신호가 한정된 횟수만큼 샘플링되어야 하므로, 버전의 가장 실용적인 버전이다. 결과적으로 모든 실제 신호는 이산적이고 유한 기간 신호로 저장되므로, 실세계 신호의 푸리에 변환을 실행하는 경우, DFT를 말하는 것이다. 또한 DFT 이면의 이산 수학이 연속 푸리에 변환보다 훨씬 간단하므로, 결과를 확립하고 이론의 여러 측면 간의 연결을 더 쉽게 인식할 수 있다. DFT의 멋진 속성 중 하나는 다른 버전과 달리 항상 존재한다는 것이다.[3]

3 푸리에 급수는 디리클레조건Dirichlet conditions)을 만족하는 신호들에 대해서만 존재한다.

6.2.1 순방향 변환

$g(x)$를 w개의 샘플을 갖는 1D 이산 신호라 하자. g의 DFT는 특정 복소 지수에 의해 곱해진 후의 신호의 합으로서 정의된다.

$$G(k) = \mathcal{F}\{g(x)\} = \sum_{x=0}^{w-1} g(x) e^{-j2\pi kx/w} \tag{6.13}$$

여기서 x와 k는 정수이다. 이 방정식과 방정식 (6.1)의 연속 방정식 사이의 유사점을 인식하면, 이산 버전은 적분을 합산으로 대체하고, f를 $\frac{k}{w}$로 대체하여 후자가 이산 주파수의 역할을 수행함을 알 수 있다. 유사하게, 이산 영역에서 선별(sifting) 속성은 다음과 같이 정의된 **크로네커 델타 함수**(Kronecker delta function)로 얻어진다.

$$\delta(k - k_0) = \begin{cases} 1 & \text{if } k = k_0 \\ 0 & \text{otherwise} \end{cases} \tag{6.14}$$

DFT는 w개의 샘플 $(x = 0, 1, 2, \ldots, w-1)$로 구성된 이산 신호를 취하고, w개의 샘플 $(k = 0, 1, 2, \ldots, w-1)$로 구성된 출력을 생성한다. 일반적으로 입력 신호는 실수 값이지만, 복잡한 지수의 사용으로 인해 출력 값은 복소수 값이다. 연속 버전과 마찬가지로, 식 (6.13)은 오일러의 공식, $e^{j\theta} = \cos\theta + j\sin\theta$ 임을 주의하면서, 사인과 코사인의 관점에서 복소 지수로 다시 표현할 수 있다.

$$G(k) = \mathcal{F}\{g(x)\} = \sum_{x=0}^{w-1} g(x)\left(\cos\frac{2\pi k}{w}x - j\sin\frac{2\pi k}{w}x\right) \tag{6.15}$$

알고리즘 6.1 1D 신호의 DFT 계산(느린 버전)

```
DiscreteFourierTransform(g[0], ..., g[w − 1])
Input:  real 1D signal g of length w
Output: real (G_even) and imaginary (G_odd) components of the DFT of g
for k ← 0 to w − 1 do
    G_even[k] ← 0
    G_odd[k] ← 0
    f ← k/w
    for x ← 0 to w − 1 do
        G_even[k] ← G_even[k] + g[x] * cos(2 * π * f * x)
        G_odd[k] ← G_odd[k] − g[x] * sin(2 * π * f * x)
return G_even, G_odd
```

다시 여기서 $f = \frac{k}{w}$가 명백하다. 이 수식은 알고리즘 6.1에 제시된 DFT를 계산하기 위한 간단한 구현으로 이어진다. 이 의사 코드는 완벽하게 유효하지만 비효율적이기 때문에 널리 사용되지 않는다. 보다 효율적인 알고리즘은 **고속 푸리에 변환**(FFT, fast Fourier transform)이다. 이 기법은 영리한 트릭을 통해 중간 계산을 재사용하여 $O(w^2)$에서 $O(w \log w)$로의 실행 시간을 줄인다. DFT의 모든 현대의 구현은 FFT 알고리즘의 일부 변형을 사용하며, FFT 알고리즘의 대부분의 버전은 신호의 길이가 2의 제곱 즉, n이 정수인 $w = 2^n$이 되도록 요구한다. 이 조건이 충족되지 않으면, 신호는 길이가 2의 다음 제곱으로 증가시키기 위해 0으로 채워진다(zero-padding).

6.2.2 역방향 변환

연속 푸리에 변환과 마찬가지로 DFT는 가역적이다. 즉, 신호의 DFT가 주어지면, 원래의 신호는 **역 DFT**를 적용하여 복구할 수 있다.

$$g(x) = \mathcal{F}^{-1}\{G(k)\} = \frac{1}{w}\sum_{k=0}^{w-1} G(k) e^{j2\pi kx/w} \tag{6.16}$$

다시, 역변환은 지수의 부호 및 합산 변수를 제외하고 순방향 변환과 동일하다. 스케일링 요소 $\frac{1}{w}$는 두 변환이 서로 반전되도록 하기 위해 필요하다. 즉, $\mathcal{F}^{-1}\{\mathcal{F}\{g\}\} = g$이고, $\mathcal{F}\{\mathcal{F}^{-1}\{G\}\} = G$이다. 그러나 이 요소는 변환 중 한쪽에 배치되거나, 대안으로 $\frac{1}{\sqrt{w}}$가 두 변환 앞에 배치될 수 있다. 중요한 것은 두 숫자의 곱셈이 $\frac{1}{w}$과 동일하다는 것이다. 역변환의 구현은 오일러의 공식을 사용하여 명확해진다.

$$g(x) = \mathcal{F}^{-1}\{G(k)\} = \frac{1}{w}\sum_{k=0}^{w-1} G(k)\left(\cos\frac{2\pi k}{w}x + j\sin\frac{2\pi k}{w}x\right) \tag{6.17}$$

$$= \frac{1}{w}\sum_{k=0}^{w-1} (G_{even}(k) + jG_{odd}(k))\left(\cos\frac{2\pi k}{w}x + j\sin\frac{2\pi k}{w}x\right) \tag{6.18}$$

$$= g_{real}(x) + jg_{imag}(x) \tag{6.19}$$

$$g_{real}(x) = \frac{1}{w}\sum_{k=0}^{w-1} G_{even}(k)\cos\frac{2\pi k}{w}x - G_{odd}(k)\sin\frac{2\pi k}{w}x \tag{6.20}$$

$$g_{imag}(x) = \frac{1}{w}\sum_{k=0}^{w-1} G_{odd}(k)\cos\frac{2\pi k}{w}x + G_{even}(k)\sin\frac{2\pi k}{w}x = 0 \tag{6.21}$$

$g(x)$가 실수인 경우, 모든 x에 대해 $g_{imag}(x) = 0$이다. 따라서 역 DFT를 계산

알고리즘 6.2 1D 신호의 역 DFT 계산(느린 버전)

DiscreteFourierTransformInverse$(G_{even}[0], \ldots, G_{even}[w-1], G_{odd}[0], \ldots, G_{odd}[w-1])$

Input: real (G_{even}) and imaginary (G_{odd}) components of the DFT of a real 1D signal
Output: real 1D signal g_{real} of length w whose DFT is $G_{even} + jG_{odd}$

for $x \leftarrow 0$ **to** $w-1$ **do**
  $g_{real}[x] \leftarrow 0$
  for $k \leftarrow 0$ **to** $w-1$ **do**
    $f \leftarrow k/w$
    $g_{real}[x] \leftarrow g_{real}[x] + \frac{1}{w}(G_{even}[x] * \cos(2 * \pi * f * x) + G_{odd}[x] * \sin(2 * \pi * f * x))$
return g_{real}

하는 동안 허수 성분을 버릴 수 있다. 그러면 역 DFT를 계산하는 한 가지 방법으로 알고리즘 6.2가 된다. 실제로 역 FFT 알고리즘이 효율성을 위해 사용되어야 한다.

6.2.3 DFT 속성

DFT의 몇 가지 중요한 특성은 다음과 같이 정의를 통해 증명할 수 있다.

- DFT는 **선형**이다. 즉, $G(k) = F(g(x))$ 및 $H(k) = F(h(x))$이 두 신호의 푸리에 변환인 경우, 신호의 가중치 조합의 푸리에 변환은 단순히 동일한 가중치를 사용하여 푸리에 변환의 가중치 조합이다.

$$\mathcal{F}\{ag(x) + bh(x)\} = a\mathcal{F}\{g(x)\} + b\mathcal{F}\{h(x)\} \tag{6.22}$$

DFT의 정의로부터 다음이 유도된다.

$$\mathcal{F}\{ag(x) + bh(x)\} = \sum_{x=0}^{w-1} (ag(x) + bh(x))e^{-j2\pi kx/w} \tag{6.23}$$

$$= a\sum_{k=0}^{w-1} g(x)e^{-j2\pi kx/w} + b\sum_{k=0}^{w-1} h(x)e^{-j2\pi kx/w} \tag{6.24}$$

$$= a\mathcal{F}\{g(x)\} + b\mathcal{F}\{h(x)\} \tag{6.25}$$

선형성에 대한 간단한 표기 방법은 다음과 같다.

$$g(x) \overset{DFT}{\Longleftrightarrow} G(k) \tag{6.26}$$

$$h(x) \overset{DFT}{\Longleftrightarrow} H(k) \tag{6.27}$$

$$ag(x) + bh(x) \overset{DFT}{\Longleftrightarrow} aG(k) + bH(k) \tag{6.28}$$

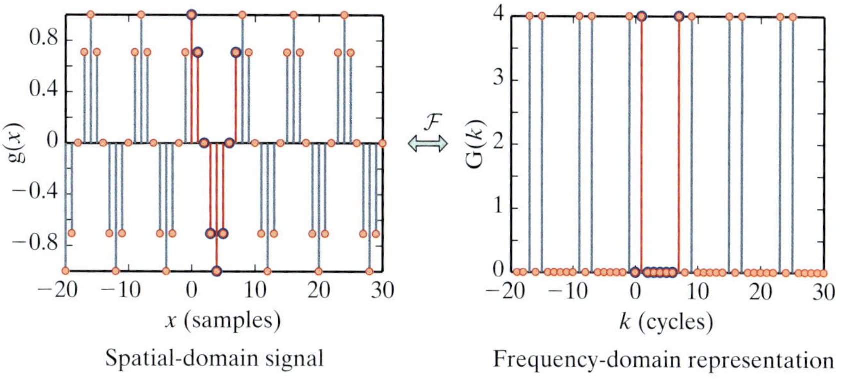

그림 6.3 DFT의 주기성. 이산 신호는 8개의 샘플, $x = 0, \ldots 7$(적색, 왼쪽)는 8개의 샘플 $k = 0, \ldots 7$(적색, 오른쪽)로 구성된 DFT를 생성한다. 만일 DFT가 k의 다른 값들에 대해 평가된다면, 혹은 역 DFT가 x의 다른 값들에서 평가된다면, 신호는 주기 $w = 8$로 반복된다.

- DFT는 **주기적**이다. w 샘플의 입력 이산 신호가 주어지면, DFT는 또한 w 샘플로 이루어져 있다. 관례상 이 DFT는 다음과 같이 정의된다. $G(k)$, $k = 0, \ldots, w-1$. 그러나 k의 임의의 값에 대해 방정식 (6.13)을 계산하려고 하면 어떻게 될까? 어떤 정수 n에 대해서 $G(k) = G(k + nw)$를 보여주기는 쉽다. 왜냐하면 다음과 같기 때문이다.

$$e^{-j2\pi(k+nw)x/w} = e^{-j2\pi kx/w} \cdot e^{-j2\pi nx} = e^{-j2\pi kx/w} \tag{6.29}$$

마지막 등식은 오일러의 공식을 사용해 $e^{-j2\pi nx} = \cos 2\pi nx - j \sin 2\pi nx = 1$을 추론다. 여기서 n과 x는 모두 정수이다. 결과적으로 DFT는 주기적이다. 이 주기성의 성질은 비록 G가 k의 임의의 값에 대해 평가될 수 있다고 하더라도, G는 단순히 양방향으로 영원히 복제되기 때문에 원래의 신호와 동일한 수의 샘플을 사용하여 고유하게 나타낼 수 있다는 것을 의미한다. 유사하게, 함수 $\mathcal{F}^{-1}(G(k))$은 동일한 주기 w에 대해 주기적이며, 원 신호가 $x = 0, \ldots, w-1$에 대해서만 정의되더라도 x의 임의의 값에 대해 평가될 수 있다. 이것을 보는 또 다른 방법은 DFT가 원 신호가 모든 가능한 정수에 대해 정의되지만, 주어진 값을 벗어나도 주기적이라고 가정한다는 것이다. 원 신호와 DFT의 주기성은 그림 6.3에 나와 있다. 다른 말로 하면, 다음과 같다.

$$g(x+nw) = g(x) \overset{DFT}{\Longleftrightarrow} G(k) = G(k+nw), \quad x, k, n, w \in \mathbb{Z} \tag{6.30}$$

예제 6.3

원점에 대해 다음과 같은 개별 신호가 대칭인가? $[1 \ \underline{2} \ 1]$, $[\underline{4} \ 3 \ 3]$, $[\underline{5} \ 0 \ 5]$ (밑줄은 원점을 나타낸다.)

풀이

첫 번째 신호 $[1 \ \underline{2} \ 1]$는 분명히 원점에 대해 대칭이다. DFT의 주기성으로 인해, 제 2 신호 $[\underline{4} \ 3 \ 3]$는 모든 방향, 즉 $[\cdots \ 3 \ 3 \ 4 \ 3 \ 3 \ \underline{4} \ 3 \ 3 \ 4 \ 3 \ 3 \ \cdots]$

으로 영원히 연장되는 것으로 생각할 수 있으며, 이는 원점에 대해서도 대칭인 [3 $\underline{4}$ 3]과 동일하다. 제 3 신호에 주기성을 적용하면, 원점에 대해 대칭이 아닌 [⋯ 5 0 5 $\underline{5}$ 0 5 ⋯]와 같다.

- 쉬프트된 신호의 DFT를 계산하는 것은 원래의 쉬프트되지 않은 신호의 DFT에 적절한 복소 지수를 곱하는 것과 동일하다. **쉬프트 정리**(shift theorem)로 알려진 이 속성은 증명하기 쉽다.

$$\mathcal{F}\{g(x-x_0)\} = \sum_{x=0}^{w-1} g(x-x_0)e^{-j2\pi kx/w} \tag{6.31}$$

$$= \sum_{x'=-x_0}^{w-1-x_0} g(x')e^{-j2\pi k(x'+x_0)/w} \tag{6.32}$$

$$= \sum_{x'=0}^{w-1} g(x')e^{-j2\pi kx'/w}e^{-j2\pi kx_0/w} \tag{6.33}$$

$$= \mathcal{F}\{g(x)\}e^{-j2\pi kx_0/w} \tag{6.34}$$

두 번째 라인은 변수 $x' = x - x_0$의 변화를 사용하고, 세 번째 라인은 DFT의 주기성을 따른다. 즉, 다음과 같다.

$$g(x) \overset{DFT}{\Longleftrightarrow} G(k) \tag{6.35}$$

$$g(x-x_0) \overset{DFT}{\Longleftrightarrow} G(k)e^{-j2\pi kx_0/w} \tag{6.36}$$

이산 시퀀스의 경우 x_0이 정수인 경우에만 쉬프트 정리가 성립된다.

- **변조**(modulation)는 쉬프트 정리의 이중성이다. 변조는 신호에 복소 지수를 곱하면 주파수 영역에서 쉬프트가 발생함을 나타낸다.

$$\mathcal{F}\{g(x)e^{j2\pi k_0 x/w}\} = \sum_{x=0}^{w-1} g(x)e^{j2\pi k_0 x/w}e^{-j2\pi kx/w} \tag{6.37}$$

$$= \sum_{x=0}^{w-1} g(x)e^{-j2\pi(k-k_0)x/w} \tag{6.38}$$

$$= G(k-k_0) \tag{6.39}$$

여기서 $G(k) = \mathcal{F}\{g(x)\}$이다. 대치를 통해, 우리는 신호 폭의 반을 이동시키기 위해 $k_0 = \frac{w}{2}$를 설정해야 한다.

$$G\left(k - \frac{w}{2}\right) = \mathcal{F}\{g(x)e^{j\pi x}\} = \mathcal{F}\{g(x)(-1)^x\} \quad \textbf{(6.40)}$$

여기서 마지막 등식은 오일러의 공식과 x가 짝수이면 $\cos \pi x$가 1이고, x가 홀수이면 0이 되는 사실로부터 나온다. 따라서 원 신호에 $(-1)^x$를 곱하면 결과 DFT가 중앙에 배치된다. 다른 말로,

$$g(x) \overset{DFT}{\Longleftrightarrow} G(k) \quad \textbf{(6.41)}$$

$$g(x)e^{j2\pi k_0 x/w} \overset{DFT}{\Longleftrightarrow} G(k - k_0) \quad \textbf{(6.42)}$$

$$g(x)(-1)^x \overset{DFT}{\Longleftrightarrow} G\left(k - \frac{w}{2}\right) \quad \textbf{(6.43)}$$

이전의 속성과 마찬가지로 이 공식은 k_0이 정수인 경우에만 이산 시퀀스에 적용된다. 따라서 후자의 수식을 적용할 때, 신호의 너비가 짝수인 것을 확인해야 한다. 아니면 DFT가 비 정수 값만큼 쉬프트되어 값이 왜곡될 수 있다는 것을 알아야 한다.

- **스케일링 속성**(scaling property)은 신호가 공간 영역에서 확장되면, 푸리에 변환이 주파수 영역에서 압축되고, 그 반대의 경우도 마찬가지이다.

$$g(x) \overset{\mathcal{F}}{\Longleftrightarrow} G(k) \quad \textbf{(6.44)}$$

$$g(ax) \overset{\mathcal{F}}{\Longleftrightarrow} \frac{1}{a}G\left(\frac{k}{a}\right) \quad \textbf{(6.45)}$$

이 속성은 연속 푸리에 변환에만 엄격하게 적용된다. DFT의 경우, a의 값에 관계없이 (경우 $a = 1$은 제외하고) 스케일링 속성이 정수가 아닌 인덱스를 포함하기 때문에 이것은 근사치 일뿐이다.

- 복소 지수는 서로 **직교**(orthogonal)한다.

$$\sum_{k=0}^{w-1} e^{j2\pi kx/w} e^{-j2\pi kx'/w} = \begin{cases} w & \text{if } x = x' \\ 0 & \text{otherwise} \end{cases} \quad \textbf{(6.46)}$$

첫 경우($x = x'$)는 다음과 같이 된다.

$$\sum_{k=0}^{w-1} e^{j2\pi k(x-x')/w} = \sum_{k=0}^{w-1} e^0 = \sum_{k=0}^{w-1} 1 = w \quad \textbf{(6.47)}$$

둘째 경우($x \neq x'$)는 기하 시리즈 합을 위한 잘 알려진 수식, $\sum_{k=0}^{w-1} a^k = (1 - a^w) / (1 - a)$을 사용한다. $\delta \equiv x - x'$라고 정의하자. 그러면, 다음과 같다.

$$\sum_{k=0}^{w-1} e^{j2\pi k\delta/w} = \frac{1 - e^{j2\pi\delta}}{1 - e^{j2\pi\delta/w}} = \frac{e^{j\pi\delta}(e^{-j\pi\delta} - e^{j\pi\delta})}{e^{-j\pi\delta/w}(e^{j\pi\delta/w} - e^{-j\pi\delta/w})} = e^{j\pi(w-1)\delta/w}\frac{\sin \pi\delta}{\sin \pi\delta/w} = 0 \quad \textbf{(6.48)}$$

여기서 마지막 등식은 δ가 정수인 경우, $\sin \pi\delta = 0$이고, δ가 w의 배수가 아닐 때마다 $\sin \pi\delta/w \neq 0$이기 때문이다.

- 실수 신호의 DFT는 **허미티안 대칭**(Hermitian symmetry)을 나타내며, 이는 실수 성분이 짝수 대칭이고, 허수 성분이 홀수 대칭임을 의미한다. 이것은 사인 함수가 홀수 대칭인 반면, 코사인 함수가 짝수 대칭이라는 사실에서 자연스럽게 온다.

$$G_{even}(-k) = \sum_{x=0}^{w-1} g(x) \cos(-j2\pi(-k)x/w) \quad \textbf{(6.49)}$$

$$= \sum_{x=0}^{w-1} g(x) \cos(-j2\pi kx/w) \quad \textbf{(6.50)}$$

$$= G_{even}(k) \quad \textbf{(6.51)}$$

$$G_{odd}(-k) = \sum_{x=0}^{w-1} g(x) \sin(-j2\pi(-k)x/w) \quad \textbf{(6.52)}$$

$$= \sum_{x=0}^{w-1} - g(x) \sin(-j2\pi kx/w) \quad \textbf{(6.53)}$$

$$= -G_{odd}(k) \quad \textbf{(6.54)}$$

즉, 실수 $g(x)$는 허미티안 $G(k)$로 이어지고, 따라서 $|G(-k)| = |G(k)|$ 및 $\angle G(-k) = -\angle G(k)$가 된다. 그 반대는 또한 사실이다. 허미티안 $G(k)$는 모든 x에 대해 $g_{imag}(x) = 0$을 유도한다. 6.4절에서 주파수 영역 필터를 도입할 때, 필터가 허미티안(Hermitian)임을 보장하여 역 DFT 이후에 남아있는 허수 성분이 0이 되도록 한다(최소한 컴퓨터 정밀도의 수준까지).

- **짝수 및 홀수 대칭**. 실수 값, 짝수 – 대칭 신호의 DFT도 실수 값이며 짝수 대칭이다. 실수 값, 홀수 대칭 신호의 DFT는 순전히 허수 값이며 홀수 대칭이다. 이러한 특성은 원점에 대한 홀수 함수의 합이 0이고, 짝수 및 홀수 함수의 곱의 수가 홀수이기 때문에 발생한다. 식 (6.15)로부터,

$$g(x) \text{ is even} \Rightarrow G(k) \text{ is real, even}: \quad G(k) = \sum_x g(x)\cos\frac{2\pi k}{w}x - j\sum_x \underbrace{g(x)\sin\frac{2\pi k}{w}x}_{\text{even}\cdot\text{odd} = \text{odd}} \rightarrow 0$$

$$g \text{ is odd} \Rightarrow G(k) \text{ is imaginary, odd}: \quad G(k) = \sum_x \underbrace{g(x)\cos\frac{2\pi k}{w}x}_{\text{odd}\cdot\text{even} = \text{odd}} \rightarrow 0 \; -j\sum_x g(x)\sin\frac{2\pi k}{w}x$$

따라서 가우시안이나 Laplacian of Gaussian과 같은 짝수 대칭 커널은 주파수 응답이 실수와 짝수이고, 가우시안 미분과 같은 홀수 대칭 커널은 허수와 홀수의 주파수 응답을 가진다.

- **Parseval의 정리**는 에너지가 주파수 영역에서 유지되는데, 여기서 에너지는 요소의 크기의 제곱의 합으로 정의된다.

$$\sum_{x=0}^{w-1}|g(x)|^2 = \sum_{k=0}^{w-1}|G(k)|^2 \tag{6.55}$$

이 속성은 DFT의 단일성(unitarity) 속성이라고도 한다.

- **신호의 DC 성분**은 $G(0)$에 포착된다. 이것은 $g(x)$의 값의 합계, 즉 $e^0 = 1$이기 때문에 $G(0) = \sum_{x=0}^{w-1} g(x)$이다. 이러한 이유로 $G(0)$은 직류 성분으로 불리우며, 이 용어는 전기회로의 직류(즉, 와이어를 통해 흐르는 전류량을 말하며 진동을 무시한 양)을 암시한다.
- 시간(또는 공간) 영역의 컨볼루션은 주파수 영역의 곱셈과 동일하며 그 반대의 경우도 마찬가지이다.

$$g_1(x) \circledast g_2(x) \overset{DFT}{\Longleftrightarrow} G_1(k)G_2(k) \tag{6.56}$$

$$g_1(x)g_2(x) \overset{DFT}{\Longleftrightarrow} \frac{1}{w}G_1(k) \circledast G_2(k) \tag{6.57}$$

그러나 DFT의 주기성으로 인해 컨볼루션은 순환 컨볼루션이므로 **순환 컨볼루션 정리**(circular convolution theorem)라고 한다. 표준 컨볼루션이 필요한 경우, 신호는 다음에 설명된 대로 충분한 수의 값으로 제로 패딩되어야 한다.

6.2.4 제로 패딩(zero padding)

시간 영역에서의 컨볼루션은 주파수 영역에서의 곱셈과 동일하다고 종종 말한다. 이 말은 연속시간 무한지속 신호에 적용되지만, 이산 신호에 적용할 때는 특히 주의해야 한다. 두 가지 이산 신호를 간단히 DFT 계산하고, 결과를 곱하고,

역 DFT를 계산하는 것만으로 두 개의 이산 신호를 컨볼루션할 수 없다. 이유는 두 가지이다. 첫째, 위에서 언급했듯이 주파수 영역에서의 곱셈은 실제로 공간 영역에서의 순환 컨볼루션과 같다. 따라서 정규 컨볼루션이 필요한 경우, 먼저 신호 중 하나를 제로 패딩해야 한다. 둘째, 두 신호의 길이가 다르면 푸리에 변환의 길이가 달라지므로 곱셈을 할 수 없다. 다시 제로 패딩이 답이다. 다음 예제는 이러한 개념을 분명히 한다.

예제 6.4

저역 통과 가우시안 필터 $h(x) = [1\ \ \underline{2}\ \ 1]$로 입력 신호 $g = [\underline{6}\ \ 4\ \ 1\ \ 0\ \ 1\ \ 4]$를 컨볼루션하기를 원한다고 가정해보자. 여기서 밑줄은 원점의 값을 나타낸다.

(a) 순환 컨볼루션 및 (b) 선형 컨볼루션의 주파수 영역 구현을 위해 신호를 제로 패딩하는 방법을 보여라.

풀이

(a) 분명히 다른 길이이기 때문에 DFT를 단순히 곱할 수는 없다. 대신 커널을 제로 패딩해야 하고, 주기성 속성을 사용해야 한다. $h_{zeropad}(x)\,[0\ \ 0\ \ 1\ \ \underline{2}\ \ 1\ \ 0] = [\underline{2}\ \ 1\ \ 0\ \ 0\ \ 0\ \ 1]$를 정의하자. 이것의 DFT는 $[\underline{4}\ \ 3\ \ 1\ \ 0\ \ 1\ \ 3]$이다. 신호의 DFT는 $[\underline{16}\ \ 9\ \ 1\ \ 0\ \ 1\ \ 9]$이다. 순환 컨볼루션은 두 개의 DFT의 곱셈의 역 DFT로부터 얻어진다.

$$g'_{circ}(x) = g(x) \circledast h_{zeropad}(x) = \mathcal{F}^{-1}\{[16\cdot 4\ \ 9\cdot 3\ \ 1\cdot 1\ \ 0\cdot 0\ \ 1\cdot 1\ \ 9\cdot 3]\} \tag{6.58}$$

$$= \mathcal{F}^{-1}\{[\underline{64}\ \ 27\ \ 1\ \ 0\ \ 1\ \ 27]\} \tag{6.59}$$

$$= [\underline{20}\ \ 15\ \ 6\ \ 2\ \ 6\ \ 15] \tag{6.60}$$

(b) 선형 컨볼루션의 경우, 컨볼루션 커널이 신호 경계를 넘어서 왜곡되지 못하게 입력 신호를 제로 패딩해야 한다. 두 신호가 동일한 길이인지 확인하려면 추가 0을 더해야 한다. 주기성 속성에 따라, 다음과 같다.

$$g_{zeropad}(x) = [0\ \ \underline{6}\ \ 4\ \ 1\ \ 0\ \ 1\ \ 4\ \ 0] = [\underline{6}\ \ 4\ \ 1\ \ 0\ \ 1\ \ 4\ \ 0\ \ 0] \tag{6.61}$$

$$h_{zeropad}(x) = [0\ \ 0\ \ 0\ \ 1\ \ \underline{2}\ \ 1\ \ 0\ \ 0] = [\underline{2}\ \ 1\ \ 0\ \ 0\ \ 0\ \ 0\ \ 0\ \ 1] \tag{6.62}$$

선형 컨볼루션은 다음과 같이 주어진다.

$$g'(x) = g(x) \circledast h(x) = \mathcal{F}^{-1}\{\mathcal{F}\{g_{zeropad}\}\cdot\mathcal{F}\{h_{zeropad}\}\} \tag{6.63}$$

$$= [\underline{15}\ \ 15\ \ 6\ \ 2\ \ 6\ \ 9] \tag{6.64}$$

순방향 및 역방향 DFT는 컴퓨터 없이는 검증하기가 어렵지만, 이미 연구한 표준 공간 영역 기법을 사용하여 최종 결과를 쉽게 계산할 수 있다. g와 h의 순환 컨볼루션은 컨볼루션 커널이 경계에 있을 때, 신호의 처음과 마지막 값을 둘러

쌀 수 있게 한다.

$$g'_{circ}(0) = 1 \cdot 4 + 2 \cdot 6 + 1 \cdot 4 = 20 \tag{6.65}$$

$$g'_{circ}(1) = 1 \cdot 6 + 2 \cdot 4 + 1 \cdot 1 = 15 \tag{6.66}$$

$$g'_{circ}(2) = 1 \cdot 4 + 2 \cdot 1 + 1 \cdot 0 = 6 \tag{6.67}$$

$$g'_{circ}(3) = 1 \cdot 1 + 2 \cdot 0 + 1 \cdot 1 = 2 \tag{6.68}$$

$$g'_{circ}(4) = 1 \cdot 0 + 2 \cdot 1 + 1 \cdot 4 = 6 \tag{6.69}$$

$$g'_{circ}(5) = 1 \cdot 1 + 2 \cdot 4 + 1 \cdot 6 = 15 \tag{6.70}$$

혹은 $g'_{circ}(x) = [\underline{20} \;\; 15 \;\; 6 \;\; 2 \;\; 6 \;\; 15]$이다. g가 제로 패팅이 필요한 것을 제외하고, 같은 방식으로 선형 컨볼루션이 얻어진다.

$$g'(0) = 1 \cdot 0 + 2 \cdot 6 + 1 \cdot 4 = 15 \tag{6.71}$$

$$g'(5) = 1 \cdot 1 + 2 \cdot 4 + 1 \cdot 0 = 9 \tag{6.72}$$

등등.

6.2.5 크기와 위상

종종 푸리에 변환의 실수 및 허수 성분을 **극좌표**(polar coordinates)로 변환하는 것이 편리하다.

$$G(k) = G_{even}(k) + jG_{odd}(k) = |G(k)|e^{j\angle G(k)} \tag{6.73}$$

여기서 $G_{even}(k)$와 $G_{odd}(k)$는 G의 실수와 허수 부분이다. 크기와 위상은 각각 다음과 같다.

$$|G(k)| = \sqrt{G^2_{even}(k) + G^2_{odd}(k)} \tag{6.74}$$

$$\angle G(k) = \tan^{-1}\left(\frac{G_{odd}(k)}{G_{even}(k)}\right) \tag{6.75}$$

필터는 위상이 특징이며, 세 가지 유형이 있다. 지금까지 디지털 필터의 가장 일반적인 유형은 **제로 위상**(zero–phase) 즉, 모든 k에 대해 $\angle G(k) = 0$를 의미한다. 앞에서 보았듯이 원점에 대해 대칭을 이루는 실수 값 컨볼루션 커널은 원점에 대해 대칭인 실수 값 푸리에 변환을 생성하므로 제로 위상 필터이다. 밑줄이 원점을 나타내는 $[1 \;\; \underline{2} \;\; 1]$과 같은 모든 가우시안 필터와 $[1 \;\; -\underline{2} \;\; 1]$과 같은 모든 라플라시안 가우스 필터는 제로 위상이다.

커널이 원점이 아닌 인덱스에 대해 대칭으로 실수 값을 가지면, **선형 위**

상(linear-phase)이다. 예를 들어, [1 2 1]은 선형 위상이다. 신호가 x_0 만큼 쉬프트되면 푸리에 변환에 $e^{-j2\pi kx_0/w}$가 곱해지며, 위상이 k의 선형 함수인 $-2\pi kx_0/w$이므로, 쉬프트 정리에서 쉽게 알 수 있다. 선형 위상 필터는 인과관계 처리가 필요하기 때문에 신호처리에서 일반적이지만, 영상처리에서는 드문 경우이다. 그러나 원점에 대해 홀수 대칭을 갖는 실수 값 컨볼루션 커널은 원점에 대한 홀수 대칭을 가진 허수의 푸리에 변환을 생성한다. 보다 정확하게, 푸리에 변환의 크기는 짝수이고 위상은 모든 곳에서 $\pm\pi/2$이다. 이러한 필터는 일반화된 선형 위상으로 간주되며, 실제적인 모든 목적을 위해 선형 위상으로 처리될 수 있다. [1 0 −1]과 같은 모든 1차 미분 필터가 이 범주에 속한다.

마지막으로, **비선형 위상**(nonlinear-phase) 필터는 구식 아날로그 회로 또는 IIR 필터를 다룰 때 발생한다. 그러나 컨볼루션 (디지털 FIR 필터)을 사용하는 한 이러한 문제가 발생하지 않는다.

6.2.6 이산 주파수 해석

처음에는 분명하지 않을 수 있는 DFT의 한 측면은 이산 주파수를 해석하는 방법이다. 이 어려움을 극복하기 위해 그림 6.4의 왼쪽에 표시된 연속 신호 $g(x) = \cos\frac{2\pi}{8}x$의 간단한 예제를 고려해 보겠다. g가 공간 영역 신호이고 x가 미터로 표시되면 신호의 주파수는 미터당 $\frac{1}{8}$사이클이며, 신호주기 (주파수의 역수 임)는 사이클 당 8미터이다. 사실, 그림에서 알 수 있듯이, 신호는 매 8미터마다 반복되므로 $g(x+8) = g(x)$ 또는 더 일반적으로 $g(x+8n) = g(x)$ (n은 임의의 정수)이다.

이제 연속 신호가 위치 $x = 0, 1, \ldots, 7$에서 샘플링되면, 이산 신호는 그림의 오른쪽에 표시되어 있으며, 여기서 x 단위는 미터가 아닌 샘플이다. 따라서 이산 신호의 주파수는 샘플 당 $\frac{1}{8}$사이클/샘플이며, 신호의 주기는 사이클 당 8샘

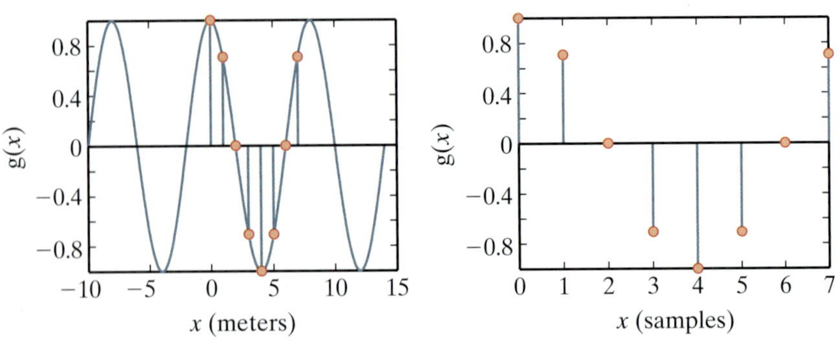

그림 6.4 왼쪽: 연속 공간-영역의 신호 $\cos\frac{2\pi}{8}x$가 $x = 0, 1, \ldots, 7$에서 샘플되어진다. 오른쪽: 샘플링에 의한 이산 신호의 결과. 영역에 대한 단위는 미터로부터 샘플로 바뀐다.

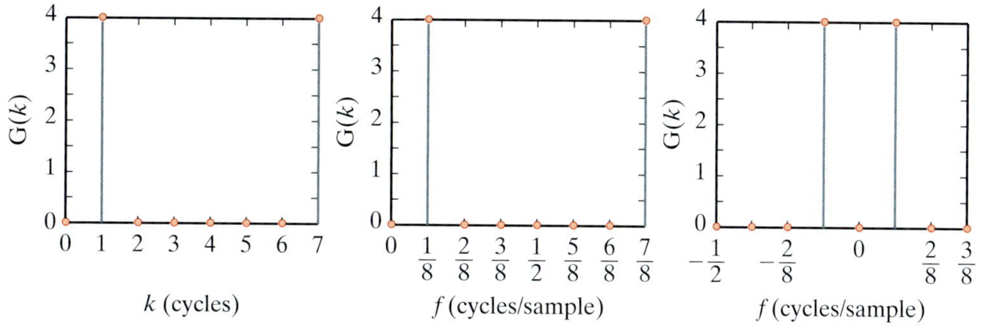

그림 6.5 왼쪽: **그림 6.4**의 오른쪽에 보여진 이산 신호에 대한 DFT. 이산 인덱스 k의 함수로 보여진다. 중간: $f = k/w$의 함수로서 보여진 DFT. 여기서 $w = 8$은 원 이산 신호에서 샘플의 수이다. 오른쪽: 양과 음의 주파수를 보이기 위해 이동된 이산 신호의 DFT.

플이다. 라디안과 마찬가지로 "주기"는 편리한 때마다 무시할 수 있는 무차원 단위이므로, 주기가 8샘플인 반면 주파수는 $\frac{1}{8}$ 역 샘플이다.

플롯의 모양에서 신호가 정확히 코사인 파형의 한 주기임을 알 수 있지만, DFT 계산은 그림의 오른쪽에 있는 8 개의 샘플링된 값, 즉 $1, \frac{1}{\sqrt{2}}, 0, -\frac{1}{\sqrt{2}}, -1, -\frac{1}{\sqrt{2}}, 0, \frac{1}{\sqrt{2}}$이다. 식 (6.13)을 적용하면, 다음과 같다.

$$G(0) = 1e^0 + \frac{1}{\sqrt{2}}e^0 + 0e^0 + \cdots + \frac{1}{\sqrt{2}}e^0 = 0 \tag{6.76}$$

$$G(1) = 1e^0 + \frac{1}{\sqrt{2}}e^{-j2\pi/8} + 0e^{-j4\pi/8} + \cdots + \frac{1}{\sqrt{2}}e^{-j14\pi/8} = 4 \tag{6.77}$$

$$G(2) = 1e^0 + \frac{1}{\sqrt{2}}e^{-j4\pi/8} + 0e^{-j8\pi/8} + \cdots + \frac{1}{\sqrt{2}}e^{-j28\pi/8} = 0 \tag{6.78}$$

$$\vdots \tag{6.79}$$

$$G(7) = 1e^0 + \frac{1}{\sqrt{2}}e^{-j14\pi/8} + 0e^{-j28\pi/8} + \cdots + \frac{1}{\sqrt{2}}e^{-j98\pi/8} = 4 \tag{6.80}$$

이들은 다음으로 요약된다.

$$G(k) = \begin{cases} 4 & \text{if } k = 1 \text{ or } k = 7 \\ 0 & \text{otherwise} \end{cases} \tag{6.81}$$

그림 6.5에 표시된다. $k = 1$에 스파이크가 있고, $k = 7$에 다른 스파이크가 있다. 원래의 연속 신호가 8 미터의 주기를 가지므로, 이산 신호는 8 샘플의 주기를 갖기 때문에 첫 번째 스파이크가 예상된다.

$k = 7$의 스파이크를 이해하려면 주기성에 대한 논의에서 $f = \frac{w-1}{w}$는 $f = -\frac{1}{w}$와 같기 때문에 이 경우 $f = \frac{7}{8}$은 $f = -\frac{1}{8}$과 동일하다. 그러므로 $f = \frac{7}{8}$의

이 추가 주파수는 언뜻보기에는 관계가 없지만, 실제로는 신호에 존재하는 주파수의 음수이다. 사실, $f=\frac{1}{8}$과 $f=-\frac{1}{8}$ 사이의 관계는 복소 지수의 합에서 관찰될 수 있다:

$$\cos 2\pi fx = \frac{1}{2}\left(e^{2\pi fx} + e^{-2\pi fx}\right) \tag{6.82}$$

사인 곡선은 양의 주파수와 음의 주파수를 모두 포함하는 것으로 생각할 수 있다. 이 관계를 시각화하는 한 가지 방법은 그림의 오른쪽에 표시된대로 $k<\frac{1}{2}$의 값 왼쪽에 $k\geq\frac{1}{2}$에 대한 값을 표시하는 것이다.

6.2.7 기저 함수

DFT는 신호 분석의 기본 개념, 즉 **기저 함수**(basis functions)을 보여준다. 기저 함수는 원래 신호와 동일한 영역에서 정의된 스칼라 함수로, 다른 기저 함수와 선형적으로 결합할 때 신호를 생성한다.

$$g(x) = \sum_k \alpha_k \psi_k(x) \tag{6.83}$$

여기서 g는 신호, α_k는 k 번째 스칼라 가중치, $\psi_k(x)$는 g와 동일한 영역에서 정의 된 k 번째 기저 함수이다. 방정식 (6.83)을 행렬 형태로 재 배열하면 다음을 얻는다.

$$\underbrace{\begin{bmatrix} g(0) \\ g(1) \\ \vdots \\ g(w) \end{bmatrix}}_{\mathbf{g}} = \underbrace{\begin{bmatrix} \psi_0(0) & \psi_1(0) & \cdots & \psi_w(0) \\ \psi_0(1) & \psi_1(1) & \cdots & \psi_w(1) \\ \vdots & \vdots & \ddots & \vdots \\ \psi_0(w) & \psi_1(w) & \cdots & \psi_w(w) \end{bmatrix}}_{\boldsymbol{\Psi}} \underbrace{\begin{bmatrix} \alpha_0 \\ \alpha_1 \\ \vdots \\ \alpha_w \end{bmatrix}}_{\boldsymbol{\alpha}} \tag{6.84}$$

즉, $\mathbf{g}=\boldsymbol{\Psi\alpha}$ 혹은 $\boldsymbol{\alpha}=\boldsymbol{\Psi}^{-1}\mathbf{g}$이다. 기저 함수가 $\boldsymbol{\Psi}$의 열, 즉 $\boldsymbol{\Psi}=[\boldsymbol{\psi}_0\ \ \boldsymbol{\psi}_1\ \ \cdots\ \ \boldsymbol{\psi}_w]$에 의해 주어지는 것을 쉽게 알 수 있다. 여기서, $\boldsymbol{\psi}_k \equiv [\psi_k(0)\ \ \psi_k(1)\ \ \cdots\ \ \psi_k(w)]^{\mathsf{T}}$는 벡터 형태의 k 번째 기저 함수이다. $\boldsymbol{\Psi}$가 직교이면 $\boldsymbol{\Psi}^{-1}=\boldsymbol{\Psi}^{\mathsf{T}}$이고, 이 경우 $\boldsymbol{\alpha}=\boldsymbol{\Psi}^{\mathsf{T}}\mathbf{g}$ 및 기저 함수는 $\boldsymbol{\Psi}^{\mathsf{T}}$의 행에 의해 등가적으로 주어진다.

기저 함수의 가장 단순한 집합은 $\{\mathbf{e}_k\}_{k=1}^{w}$이며, 여기서 $\mathbf{e}_k \equiv [0\ \cdots\ 0\ \ 1\ \ 0\ \cdots\ 0]^{\mathsf{T}}$는 k 번째 위치에 1이 있는 0의 벡터이다.

$$\begin{aligned} g(x) &= [g(0)\quad g(1)\quad g(2)\quad \cdots\quad g(w-1)] \\ &= \quad g(0)[1\quad 0\quad 0\quad \cdots\quad 0] \\ &\quad +g(1)[0\quad 1\quad 0\quad \cdots\quad 0] \end{aligned}$$

그림 6.6 표준 카테시안 좌표계에서, 벡터의 투사와 같은 벡터의 요소를 가지고, 좌표축을 따라 단위 벡터는 기저함수처럼 행동한다. x, y축을 따라 기저함수 $\mathbf{e}_0$와 $\mathbf{e}_1$가 보인다.

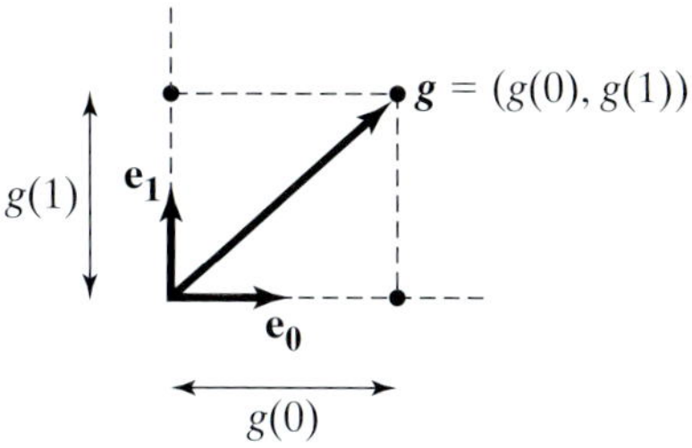

$$
\begin{aligned}
&+g(2)[0 \quad 0 \quad 1 \quad \cdots \quad 0] \\
&\qquad \vdots \\
&+g(w-1)[0 \quad 0 \quad 0 \quad \cdots \quad 1]
\end{aligned}
$$

기저 함수는 다음과 같은 변환을 정의한다.

$$\alpha_k = \sum_{x=0}^{w-1} g(x) e_k(x) \tag{6.85}$$

$$g(x) = \sum_{k=0}^{w-1} \alpha_k e_k(x) \tag{6.86}$$

여기서 $e_k(x)$는 $\mathbf{e}_k$의 x 번째 요소이다.

$\mathbf{e}_k$는 데카르트 공간의 k 번째 축을 따르는 단위 벡터이다. 예를 들어, 신호가 $g(0)$와 $g(1)$의 두 샘플만으로 구성된다고 가정하자. 우리가 신호를 벡터 $\mathbf{g} = [g(0) \quad g(1)]^\mathsf{T}$라고 생각하면, $\mathbf{g} = g(0)[1 \quad 0]^\mathsf{T} + g(1)[0 \quad 1]^\mathsf{T}$를 보는 것은 사소한 일이다. 이 예에서 $\mathbf{e}_0 = [1 \quad 0]^\mathsf{T}$와 $\mathbf{e}_1 = [0 \quad 1]^\mathsf{T}$는 기저 함수이고, $g(0)$과 $g(1)$은 기저 함수의 선형 결합이 원 신호 g를 정확하게 표현하도록 하는 가중치이다. 그림 6.6에서 볼 수 있듯이, 신호는 평면에서 점 $(g(0), g(1))$으로 시각화될 수 있고, $\mathbf{e}_0$와 $\mathbf{e}_1$은 축을 따른 단위 벡터이며, 가중치 $g(0)$와 $g(1)$은 기저 함수 $g(0) = \mathbf{g}^\mathsf{T}\mathbf{e}_0$와 $g(1) = \mathbf{g}^\mathsf{T}\mathbf{e}_1$에 신호를 투영함으로써 얻어진다.

DFT는 거의 동일한 방식으로 작동한다. 순방향 DFT는 신호에서 다양한 주파수의 기여도를 결정하여 신호 분석을 수행하는 반면, 역 DFT는 사인 및 코사인의 가중치 합계로 신호 합성을 수행한다. 서로 다른 주파수의 사인과 코사인은 DFT의 기저 함수이다. 특정 신호의 가중치는 신호에 적용된 DFT의 출력에 의해 주어진다. 단순 단위 축의 경우와 같이 혹은 푸리에 사인 및 코사인의 경우와 같이, 기저 함수는 종종 서로 직교하지만, 이 장의 뒤에서는 비 직교 기저 함수의 예를 보게 될 것이다.

6.2.8 행렬의 곱으로서의 DFT

때때로 DFT를 벡터에 의한 행렬 곱셈으로 생각하는 것이 도움이 된다. 즉, g를 입력 신호를 포함하는 벡터라고 하고, $\mathbf{g}_{\mathcal{F}}$를 주파수 영역 표현을 포함하는 벡터라고 하면, $\mathbf{g}_{\mathcal{F}} = \mathbf{F}_w \mathbf{g}$는 순방향 DFT이고, $\mathbf{g} = \mathbf{F}_w^{-1} \mathbf{g}_{\mathcal{F}}$는 역 DFT이다. 여기서, $\mathbf{F}_w$는 식 (6.13)을 행렬 형태로 재정렬함으로써 얻어진 $w \times w$ 정규화된 DFT 행렬이다.

$$\underbrace{\begin{bmatrix} G(0) \\ G(1) \\ \vdots \\ G(w-1) \end{bmatrix}}_{\mathbf{g}_{\mathcal{F}}} = \underbrace{\frac{1}{\sqrt{w}} \begin{bmatrix} 1 & 1 & 1 & \cdots & 1 \\ 1 & e^{-j2\pi/w} & e^{-j4\pi/w} & \cdots & e^{-j2\pi(w-1)/w} \\ 1 & e^{-j4\pi/w} & e^{-j8\pi/w} & \cdots & e^{-j4\pi(w-1)/w} \\ \vdots & \vdots & \vdots & \ddots & \vdots \\ 1 & e^{-j2\pi(w-1)/w} & e^{-j4\pi(w-1)/w} & \cdots & e^{-j2\pi(w-1)^2/w} \end{bmatrix}}_{\mathbf{F}_w} \underbrace{\begin{bmatrix} g(0) \\ g(1) \\ \vdots \\ g(w-1) \end{bmatrix}}_{\mathbf{g}} \quad \textbf{(6.87)}$$

여기서 ik 번째 요소는 i와 k가 0부터 시작하는 인덱스인 경우, $(1/\sqrt{w})$ $e^{-j2\pi ik/w}$로 주어진다. 기저 함수는 $\mathbf{F}_w^{-1}$의 열에 의해 주어진다. 행렬이 직교하고 대칭이기 때문에 $\mathbf{F}_w^{-1} = \mathbf{F}_w^{\mathsf{T}} = \mathbf{F}_w$, $\mathbf{F}_w$의 열 (또는 행)과 동일하다. 이들 기저 함수는 서로 직교하다. 즉, 만일 $i \neq k$라면 $\mathbf{f}_w^{\mathsf{T}}\ \mathbf{f}_w^{*} = 0$. $\mathbf{f}_i$는 $\mathbf{F}$의 i 번째 열이며, *는 공액복소수이다. 정규화 계수로 인해 모든 기저 함수는 단위 표준(norm)을 갖는다. 즉, 모든 i에 대해 $\|\mathbf{f}_i\|^2 = \mathbf{f}_w^{\mathsf{T}}\ \mathbf{f}_w^{*} = 1$이다.

DFT의 이전 정의에서 순방향 및 역방향 정규화 계수는 곱이 $1/w$인 한 임의로 설정할 수 있다는 점을 상기하자. 여기서 우리는 $\mathbf{F}_w$가 단위 행렬(직교 행렬의 복소수 버전)임을 보장하는 순방향 변환에서는 $1/\sqrt{w}$와 역 변환에서 $1/\sqrt{w}$로 정규화 계수를 균등하게 분배하므로, $\mathbf{F}_w$는 항등 행렬이다. 그 결과 $\mathbf{F}_w^{\mathsf{T}}$ $\mathbf{F}_w^{*} = \mathbf{F}_w^{*}\ \mathbf{F}_w^{\mathsf{T}} = \mathbf{I}_{\{n\times n\}}$이고, 여기서 $\mathbf{I}_{\{n\times n\}}$은 $n \times n$ 항등 행렬이다. 따라서 $\mathbf{F}_w$는 대칭이기 때문에 역의 DFT는 복소 지수의 부호를 제외하고는 순방향 DFT와 정확히 같기 때문에 그 역수는 복소 공액 $\mathbf{F}^{-1} = \mathbf{F}^*$이다.

6.3 2차원 DFT

이제 이산 푸리에 변환의 기반을 확립했으므로, 영상처리에 대한 적용을 논의할 준비가 되었다. 2차원 DFT는 1차원 경우의 자연스러운 확장이다. kx/w가 $k_x x/w + k_y y/h$가 되도록, 두 방향 k_x와 k_y에서 두 개의 주파수로 단일 주파수 k를 간단히 바꾼다. 즉, $g(x, y)$가 영역 $x = 0, 1, \ldots, w-1$ 및 $y = 0, 1, \ldots,$ $h-1$에 대해 정의된 2D 신호 (예: 영상)이면, 순방향 및 역방향 DFT는 다음

알고리즘 6.3 2D DFT(느린 버전)

```
DiscreteFourierTransform2D(I)

Input:  grayscale image I of size width × height
Output: real (G_even) and imaginary (G_odd) components of the 2D DFT of I
1  for k_y ← 0 to height−1 do
2      for k_x ← 0 to width−1 do
3          G_even(k_x, k_y) ← 0
4          G_odd(k_x, k_y) ← 0
5          f_x ← k_x/width
6          f_y ← k_y/height
7          for y ← 0 to height−1 do
8              for x ← 0 to width−1 do
9                  G_even(k_x, k_y) ←+ I(x, y) * cos(2 * π * (f_x * x + f_y * y))
10                 G_odd(k_x, k_y) ←− I(x, y) * sin(2 * π * (f_x * x + f_y * y))
11 return G_even, G_odd
```

과 같이 주어진다.

$$G(k_x, k_y) = \sum_{x=0}^{w-1}\sum_{y=0}^{h-1} g(x, y) e^{-j2\pi\mathbf{x}^{\mathsf{T}}\mathbf{f}} \qquad \text{(forward DFT)} \tag{6.88}$$

$$g(x, y) = \frac{1}{wh}\sum_{k_x=0}^{w-1}\sum_{k_y=0}^{h-1} G(k_x, k_y) e^{j2\pi\mathbf{x}^{\mathsf{T}}\mathbf{f}} \qquad \text{(inverse DFT)} \tag{6.89}$$

여기서 $\mathbf{x} = [x \quad y]^{\mathsf{T}}$와 $\mathbf{f} = [\frac{k_x}{w} \quad \frac{k_y}{h}]^{\mathsf{T}}$이므로 $\mathbf{x}^{\mathsf{T}}\mathbf{f} = [\frac{k_x x}{w} + \frac{k_y y}{h}]$가 된다. 1D 변환과 마찬가지로, 배율 인수 $1/wh$의 위치는 임의적이다.

6.3.1 분리성

2D DFT의 간단한 구현이 알고리즘 6.3에 나와 있다. 주파수 표현 G는 복소 영상이 요소 당 두 개의 숫자(실수 및 허수 성분)로 저장되듯이, 동일한 방식으로 저장된다. 라인 1–2는 이 2D 배열의 모든 요소를 반복하며, 오일러의 수식을 이용하여 라인 9–10에서 요소식 합계를 식 (6.88)에 따라 값을 계산한다. 의사 코드는 매우 비효율적이며, $w \approx h$라고 가정할 때, 점근적으로 실행되는 시간은 $O(w^4)$이다.

속도는 2D DFT가 분리 가능하다는 사실을 이용하여 크게 증가시킬 수 있다. 실제로 이것이 사실인지 확인하려면 방정식 (6.88)을 확장하면 된다. 합계의 지수에 지수의 곱을 대입하고, 곱의 지수가 x 또는 y의 두 변수 중 하나에만 의존한다는 것을 인식하자.

알고리즘 6.4 2D DFT(분리 버전, 여전히 느림)

DiscreteFourierTransform2DSeparable(g)

Input: grayscale image I of size $width \times height$
Output: real (G_{even}) and imaginary (G_{odd}) components of the 2D DFT of I

for $y \leftarrow 0$ **to** $height-1$ **do**
  $Temp_{even}(:, y), Temp_{odd}(:, y) \leftarrow$ DiscreteFourierTransform$(g(0, y), \ldots, g(width-1, y))$
for $x \leftarrow 0$ **to** $width-1$ **do**
  $G_{even}(x, :), G_{odd}(x, :) \leftarrow$ DFTC$(Temp_{even}(x, 0), \ldots, Temp_{even}(x, height-1),$
    $Temp_{odd}(x, 0), \ldots, Temp_{odd}(x, height-1))$
return G_{even}, G_{odd}

$$G(k_x, k_y) = \sum_{x=0}^{w-1} \sum_{y=0}^{h-1} g(x, y) e^{-j2\pi(k_x x/w + k_y y/h)} \tag{6.90}$$

$$= \sum_{x=0}^{w-1} \underbrace{\left(\sum_{y=0}^{h-1} g(x, y) e^{-j2\pi k_y y/h} \right)}_{G_y(x;k_y)} e^{-j2\pi k_x x/w} \tag{6.91}$$

여기서, $G_y(x; k_y)$는 $g(x, y)$의 열 y의 1D DFT이다. 이 방정식에 따르면 2D DFT는 먼저 각 열의 1D DFT를 독립적으로 계산한 다음, 결과 행의 1D DFT를 계산하여 계산할 수 있다.

물론 대칭으로 인해 이 순서는 결과에 영향을 미치지 않고 먼저 행을 처리한 다음, 열을 처리함으로써 순서를 바꿀 수도 있다. 분리 가능한 알고리즘은 알고리즘 6.4에 나와 있다. 먼저 DFT가 영상의 각 행에 대해 계산되어 결

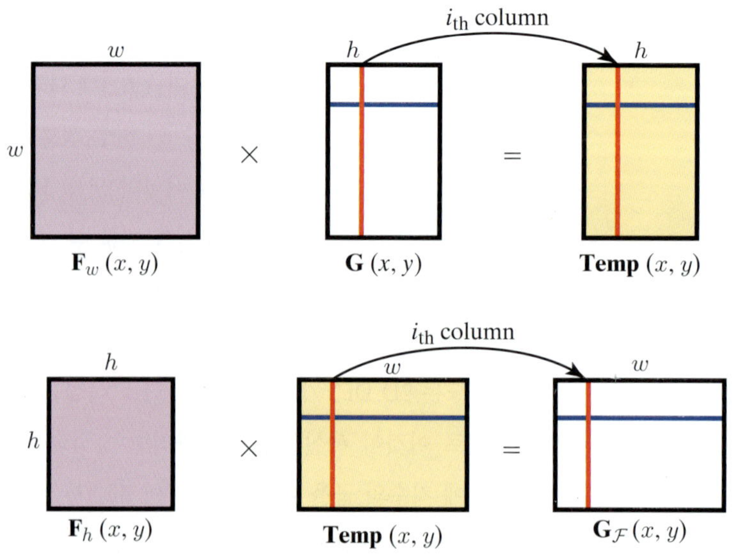

그림 6.7 분리의 원리를 사용하여 행렬의 곱의 쌍으로서 2D DFT. 1D DFT 행렬은 $\mathbf{G}$의 행($\mathbf{G}^{\mathsf{T}}$의 열)을 따라 1D DFT를 계산하기 위해 원 신호(행렬로 취급)의 전치로 곱해진다. 이 결과는 $\mathbf{G}$의 열을 따라 1D DFT를 계산하기 위해 1D DFT 행렬로 미리 곱해져 있다. 2D DFT $\mathbf{G}_{\mathcal{F}}$를 산출한다.

과가 임시 배열의 해당 행에 저장된다. 콜론 연산자는 행의 모든 값을 선택한다. 그런 다음 임시 배열의 각 열에 대해 DFT가 계산된다. 첫 번째 반복에서 모든 입력 값은 실수 값이지만, 두 번째 반복에서는 값이 복잡하므로 앞에서 본 DiscreteFourierTransformComplex 프로시저(DFTC라고 약술 함)를 호출해야 한다. 2D DFT에 대한 이 의사 코드의 실행 시간은 $O(w^3)$이다. 속도를 더 높이려면 실제 구현에서는 FFT를 사용하여 분리 가능한 알고리즘의 1D DFTs를 계산하면 $O(w^2 \log w)$의 실행 시간이 된다.

2D DFT의 분리 가능성은 방정식 (5.38)과 마찬가지로, 행렬 표기법을 사용하여 2D DFT의 컴팩트한 표현을 유도한다.

$$\mathbf{G}_{\mathcal{F}} = \mathbf{F}_h \mathbf{G} \mathbf{F}_w \tag{6.92}$$

여기서 $\mathbf{G}$는 $w \times w$ 행렬로 취급되는 원본 2D 신호(또는 영상)이다. $\mathbf{F}_w$는 식 (6.87)에서 주어진 $w \times w$ 1D DFT 행렬이다. $\mathbf{F}_h$는 동일하게 정의된 $h \times h$ 1D DFT 행렬이지만 식 (6.87)에서 w를 h로 대입한다. $\mathbf{G}_{\mathcal{F}}$는 $\mathbf{G}$의 2D DFT이다. 이 결과는 도출하기 쉽고 그림 6.7에 예시되어 있다. $\mathbf{g}_i^{\mathsf{T}}$를 원래 2D 신호 $g(x, y)$의 i 번째(0부터 시작하는 인덱스)행 $y = i$에 있는 값을 포함하는 $\mathbf{G}$의 i 번째 행이라고 가정하자. 즉, $\mathbf{G}^{\mathsf{T}} = [\mathbf{g}_0 \ \cdots \ \mathbf{g}_{h-1}]$이다. 벡터 $\mathbf{F}_w \mathbf{g}_i$는 수직으로 향한 값의 1D DFT이다. $\mathbf{Temp} \equiv \mathbf{F}_w \mathbf{G}^{\mathsf{T}}$를 임시 행렬($\mathbf{G}^{\mathsf{T}}$와 같은 크기)로 하고, 열이 $\mathbf{G}^{\mathsf{T}}$의 열의 1D DFTs가 되도록 한다. 이 행렬을 전치시키고 $\mathbf{F}_h$로 미리 곱하면, 원래 신호의 수직 방향을 따라 1D DFTs를 계산하여 원하는 결과를 얻는다. $\mathbf{G}_{\mathcal{F}} = \mathbf{F}_h \mathbf{Temp}^{\mathsf{T}} = \mathbf{F}_h (\mathbf{F}_w \mathbf{G}^{\mathsf{T}})^{\mathsf{T}} = \mathbf{F}_h \mathbf{G} \mathbf{F}_w^{\mathsf{T}} = \mathbf{F}_h \mathbf{G} \mathbf{F}_w$이고, 여기서 마지막 등식은 이전에 보았듯이, 1D DFT 행렬의 대칭을 따른다. 원 신호 $\mathbf{G}$가 제곱인 경우, 식 (6.92)는 간단히 $\mathbf{G}_{\mathcal{F}} = \mathbf{F}_w \mathbf{G} \mathbf{F}_w$로 감소한다.

6.3.2 프로젝션-슬라이스 정리

어떤 방향 θ에서 직선에 두 변수의 연속 함수 $g(x, y)$를 투영(projection)하는 것은 직선에 수직인 광선을 따라 함수를 적분함으로써 생기는 1D 함수이다. 우리는 선상에 있는 것들을 제외한 모든 값을 무시함으로써 얻어진 1D 함수와 같이, 방향 θ에서 2차원 연속 함수 $G(f_x, f_y)$를 통해 **슬라이스**를 정의하자. **프로젝션-슬라이스 정리**(projection-slice theorem)는 **푸리에 슬라이스 정리**(Fourier slice theorem)라고도 하며, 원점을 지나는 직선으로의 g 투영의 푸리에 변환은 동일한 방향의 G의 1D 슬라이스와 동일하다($G = \mathcal{F}\{g\}$). 즉, 그림 6.8과 같이 투영의 푸리에 변환은 푸리에 변환의 슬라이스이다.

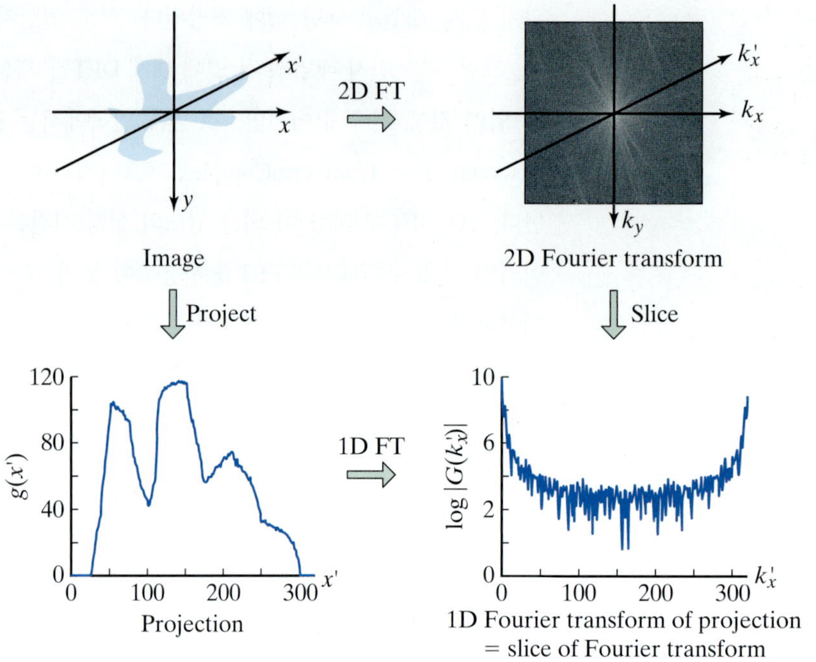

그림 6.8 프로젝션과 슬라이스의 정리

이 정리는 x 축을 따라 수평 슬라이스의 경우에 대해 쉽게 증명된다.

$$G(f_x, 0) = \int_{-\infty}^{\infty}\int_{-\infty}^{\infty} g(x, y) e^{-j2\pi f_x x}\, dx\, dy \tag{6.93}$$

$$= \int_{-\infty}^{\infty} \underbrace{\left[\int_{-\infty}^{\infty} g(x, y) dy\right]}_{g_p(x)} e^{-j2\pi f_x x}\, d \tag{6.94}$$

$$= \mathcal{F}\{g_p(x)\} \tag{6.95}$$

여기서 $g_p(x) = \int g(x, y)$은 g를 x 축에 투영한 것이다. 즉, $f_y = 0$에서의 푸리에 변환을 통한 수평 슬라이스는 원래 신호를 x 축으로 투영한 푸리에 변환과 동일하다. 우리가 (이 절의 뒷부분에서) 영상의 회전이 같은 방향으로 같은 양만큼 푸리에 변환의 회전을 생성한다는 것을 보여준 후, 정리가 어떤 방향을 따라 적용된다는 것은 분명할 것이다. 이 정리는 이산 함수의 경우에도 적용된다. θ가 90도의 정수배가 아닌 경우, 이산화(discretization) 효과는 두 함수를 서로 근사하게 만든다.

프로젝션–슬라이스 정리는 슬라이스 영상에서 대상을 재구성하는 데 중요하다. 슬라이스로 영상화를 **단층 촬영**(tomography)이라고 하며, 영상 슬라이스에서 대상을 복구하는 과정을 **단층 촬영 재구성**(tomographic reconstruction)이라고 한다. 예를 들어, CAT(computed axial tomography) 스캔(계산된 축 방

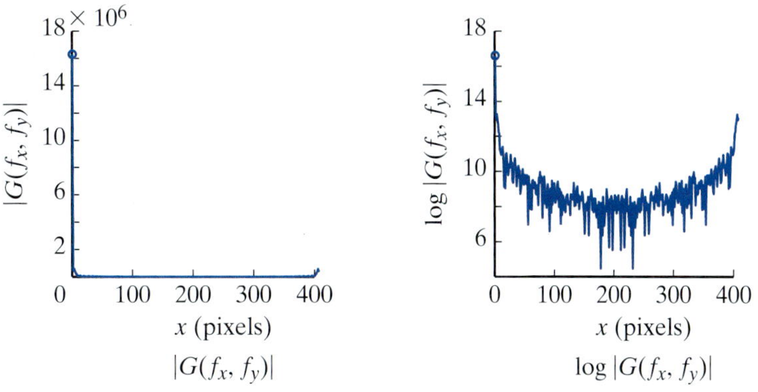

그림 6.9 2D DFT의 크기를 통한 슬라이스(첫 번째 행). 이 첫 행은 작은 원("o")으로서 보여진 DC 성분을 포함한다. 왼쪽: log 없이 나타내면 동적 범위가 너무 커서 거의 모든 주파수가 영 분포로 나타난다. 오른쪽: log를 적용하여 성분의 가시성을 높이기 위해 동적 범위를 줄인다.

향 단층 촬영)은 다양한 방향에서 물체를 통과하는 단면 슬라이스를 수집하여 구성한다. 각 방향에서, 센서는 직선을 따라 물체를 통과하는 빛을 누적하는데, 이는 직선을 따라 검출되는 방사선의 양이 그 직선을 따른 물질의 모든 흡광도의 합과 관련되기 때문에 본질적으로 자연적 통합 프로세스이다. 수학적으로 가능한 모든 직선을 따라 신호를 통합하는 것은 **라돈 변환**(Radon transform)으로 알려져 있으며, 단층 촬영 재구성에 널리 사용된다.

프로젝션-슬라이스 정리에 의해, 센서에 의해 얻어진 슬라이스의 1D 푸리에 변환은 원 신호의 3D 푸리에 변환의 슬라이스와 동일하다. 실제적으로 더 많은 수치적으로 안정된 접근법이 종종 사용되지만, 슬라이스의 결합된 1D 푸리에 변환의 역 삼차원 푸리에 변환을 계산함으로써, 원 신호가 복구될 수 있음을 쉽게 (이론적으로) 알 수 있다.

6.3.3 2D DFT 표시

영상의 2D DFT를 표시하려면, 첫 번째 단계는 크기와 위상을 각각 포함하는 두 개의 2D 배열로 분리하는 것이다. 위상은 디스플레이 범위(일반적으로 0에서

그림 6.10 영상과 2D DFT의 크기와 위상. (동적 범위를 증가하기 위해 크기의 대수(log)가 보여짐) DC 성분은 크기의 좌상단에 있지만 보기가 힘들다.

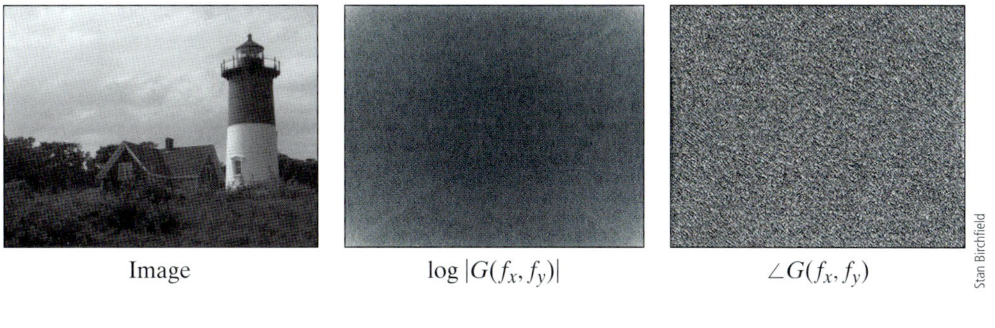

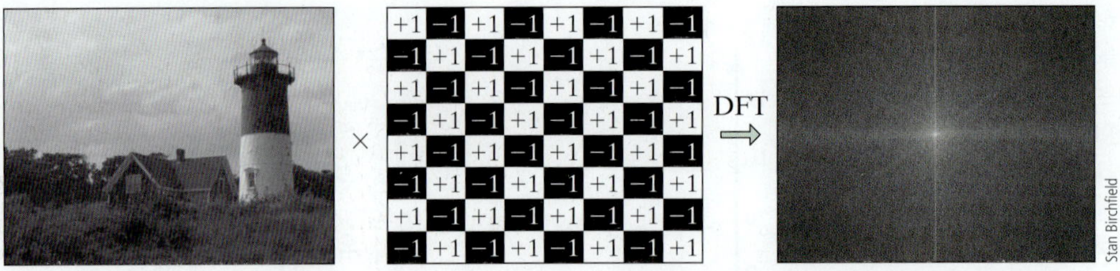

그림 6.11 DFT를 하기 전에 $(-1)^{x+y}$를 곱하면 결과가 이동되어 DC 성분이 중앙에 위치한다. 오른쪽은 곱셈한 영상의 DFT의 크기를 대수적으로 보인 것이다.

255)까지 선형적으로 조정되고 명암도 영상으로 표시된다. 그러나 크기에 대해서는 동일한 절차를 거친 후에도 화면의 왼쪽 위 모서리에 하나의 밝은 화소가 있는 완전히 검은 색 영상이 표시된다. 이 왼쪽 위 화소는 이전에 설명한 1D 상황과 유사한 방식으로 DC 구성 요소를 캡처한다. DC 구성 요소는 일반적으로 그림 6.9와 같이 모두 0 인 것처럼 보이는 다른 값들보다 훨신 크다.

이 문제를 극복하기 위해 그림 6.10과 같이 크기의 대수를 대신 표시하는 것이 일반적이다. 그러나 이 표시는 DC 구성 요소가 왼쪽 위 모서리에 있기 때문에 여전히 DFT 크기의 구조를 드러내지 않는다. 이것을 영상의 중심으로 이동하려면, DFT의 네 사분면을 앞서 설명한 1D의 경우와 비슷한 방식으로 자르고 붙여 넣어야 한다. 즉, DFT를 4개의 사분면으로 나누고, 왼쪽 상단을 A, 오른

그림 6.12 상단: DFT는 입력을 복제된 입력으로 취급하여 복제된 출력을 산출한다. 하단: 이동하여 DFT를 시각화하는 것이 쉽다. 이 경우 DC가 중앙에 위치되어 정보의 손실이 없다. 원 DFT 상에 나타낸 A, B, C, D 사분면이 다른 순서로 이동된 출력에도 나타난다.

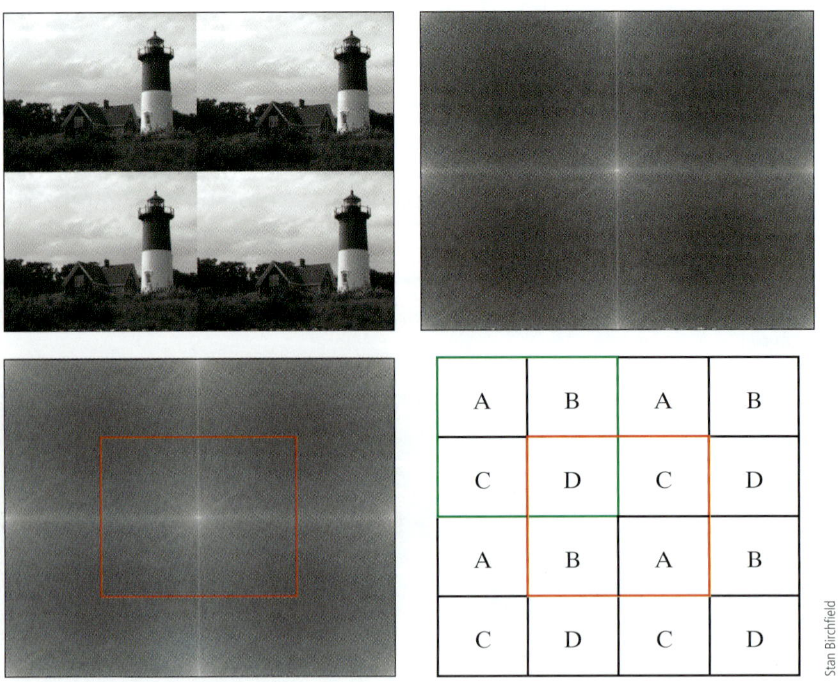

쪽 상단을 B, 왼쪽 하단을 C, 오른쪽 하단을 D로 지정하면, 데이터는 다음과 같아야 한다. 표시 순서가(좌상단에서 우하단으로) D−C−B−A가 되도록 쉬프트 한다.

식 (6.43)으로부터 이것을 행하는 간단한 트릭은 $\mathcal{F}(g(x, y)(-1)^{x+y}) = G(k_x - \frac{w}{2}, k_y - \frac{h}{2})$이므로 DFT를 계산하기 전에 신호의 각 화소 값에 $(-1)^{x+y}$를 단순히 곱하는 것이다. 여기서 $G(k_x, k_y) = \mathcal{F}(g(x, y))$이고, w와 h는 각각 그림 6.11과 같이 너비와 높이이다.

이 절차에 대해 생각해 볼 수 있는 또 다른 방법은 DFT가 신호를 모든 방향으로 영원히 복제된 것처럼 취급한다는 주기성 속성을 기억하는 것이다. 따라서 DFT는 모든 방향으로 복제된다. 이를 설명하기 위해 그림 6.12는 4번 복제된 영상을 보여준다. DFT가 각각의 영상에 개별적으로 적용되면 4사분면 A, B, C 및 D가 있는 4개의 DFTs를 가지며, 각각 A 사분면의 상단 왼쪽 구석에 DC 구성 요소를 포함한다.

DFT가 결합된 영상에 적용될 때, 결과 DFT는 단순히 모든 16사분면의 연결이다. 4개의 중앙 사분면, 즉 D−C−B−A의 정보는 단일 영상의 DFT의 정보와 동일하지만, 우리가 원하는 DC 구성 요소가 중앙에 나타나도록 재구성된다. 표시를 재배치하는 이러한 방식은 수평 및 수직 방향으로 영상의 중간에 있는 값들이 다른 모든 값보다 상당히 큼을 나타낸다. 이것에 대해서는 다음 절에서 더 자세히 설명할 것이다.

6.3.4 선형 영상 변환

6.2.3절에 요약된 1D DFT의 속성, 즉 직선성, 주기성, 쉬프트 정리(우리가 방금 본 중요한 응용), 변조, 직교, Hermitian 대칭, 단일성 등, 2D DFT에도 적용된다. 일반적으로 다른 속성들도 유지되며, 1차원에서 상위 차원으로의 확장은 대개 간단하고 분명하다.

그러한 속성들 중 하나는 다음과 같다. 우리가 푸리에 변환 $G(\mathbf{f})$를 가진 연속적인 신호 $g(\mathbf{x})$를 가지고 있다고 가정하고, 관련 신호 $g(\mathbf{x}')$의 푸리에 변환을 찾고 싶다. 여기서 $\mathbf{x}'$과 $\mathbf{x}$는 선형 변환(linear transform)에 의해 관련된다.

$$\mathbf{x}' = \mathbf{A}\mathbf{x} \tag{6.96}$$

여기서 $\mathbf{A}$는 정사각 행렬이다. 변환된 신호의 푸리에 변환이 다음에 의해 주어진다.

$$g(\mathbf{x}) \overset{\mathcal{F}}{\Longleftrightarrow} G(\mathbf{f}) \tag{6.97}$$

$$g(\mathbf{x}') \overset{\mathcal{F}}{\Longleftrightarrow} \frac{1}{\det(\mathbf{A})} G(\mathbf{f}') \tag{6.98}$$

여기서 $\mathbf{f}' = \mathbf{A}^{-\mathsf{T}}\mathbf{f}$이다. 이 표현은 이산화(discretization) 문제 때문에 DFT에 대해서만 사실이지만, 그럼에도 불구하고 실제로는 아주 중요하다.

예를 들어, 영상의 좌표계가 각도 θ만큼 회전했다고 가정하자. 그러면 $\mathbf{x}' = \mathbf{A}\mathbf{x}$, 여기서 $\mathbf{x} = [x \quad y]^{\mathsf{T}}$와 $\mathbf{f} = [f_x \quad f_y]^{\mathsf{T}}$이다. 그때

$$\mathbf{A} = \mathbf{R}_\theta = \begin{bmatrix} \cos\theta & -\sin\theta \\ \sin\theta & \cos\theta \end{bmatrix} \tag{6.99}$$

그 결과,

$$g(x', y') \overset{\mathcal{F}}{\Longleftrightarrow} G(f_x', f_y') \tag{6.100}$$

여기서 $\mathbf{f}' = \mathbf{A}\mathbf{f} = \mathbf{R}_\theta\mathbf{f}$, 회전행렬로 인하여 $\mathbf{R}_\theta^{-\mathsf{T}} = \mathbf{R}_\theta$ 그리고 $\det(\mathbf{R}_\theta) = 1$이다. 즉, 주파수는 영상과 같은 방향으로 회전한다. 이제 그림 6.12에서 이동된 DFT의 중간에 밝은 수평선과 수직선에 대한 설명이 있다. 이 선은 그림에서 볼 수 있는 왼쪽 및 오른쪽 열 사이뿐만 아니라, 원래 영상의 상단 및 하단 행 사이의 뚜렷한 대조에서 비롯된다. 만일 DFT의 이러한 랩핑 효과가 그렇게 압도적이지 않은 경우, DFT는 영상에서 지배적인 그레디언트 방향을 보다 명확하게 나타낸다.

실제로 나타나는 또 다른 특정 선형 변환은 스케일링이다. 2D에서는 $x' = ax$, $y' = by$ 등의 형식의 스케일링은 다음을 포함한다.

$$\mathbf{A} = \begin{bmatrix} a & 0 \\ 0 & b \end{bmatrix} \tag{6.101}$$

따라서,

$$g(ax, by) \overset{\mathcal{F}}{\Longleftrightarrow} \frac{1}{|ab|} G\left(\frac{f_x}{a}, \frac{f_y}{b}\right) \tag{6.102}$$

즉, 한 영역에서 축소되면 다른 영역이 확장된다.

6.4 주파수 영역 필터링

DFT의 중요한 응용 중 하나는 영상을 필터링하는 것이다. 이전 장에서는 공간 영역 기법을 사용하여 영상을 필터링하는 방법을 살펴 보았으나, 여기서는 주파수 영역 기술을 고려한다. 실제로 이러한 두 가지 접근법은 두 신호의 컨볼루션의 푸리에 변환이 그들의 푸리에 변환의 곱과 동일하다는 **원형 컨볼루션 정리**(circular convolution theorem)로 인해 동일하다. 즉, $g(x, y)$와 $h(x, y)$가 두 개의 신호이고, 만일 $g' = g \otimes h$인 경우, 다음이 성립한다.

$$G'(k_x, k_y) = G(k_x, k_y)H(k_x, k_y) \tag{6.103}$$

여기서 $G' = F(g')$, $G = F(a)$, $H = F(h)$이다. 따라서 원하는 결과를 얻는 다른 방법은 두 개의 푸리에 변환의 곱셈에 대한 역 푸리에 변환을 다음과 같이 계산하는 것이다.

$$g'(x, y) = \mathcal{F}^{-1}\{\mathcal{F}\{g(x, y)\}\mathcal{F}\{h(x, y)\}\} \tag{6.104}$$

제로 패딩(zero-padding)에서 적절한 주의가 취해졌다고 가정한다. 앞에서 설명한 것처럼 이것은 h를 임펄스 응답으로, H를 주파수 응답으로, g를 원래 신호로 가정한 FIR 필터이다.

주파수 영역 접근법을 고려한 두 가지 주된 이유가 있다. 첫째, 주파수 영역에서 필터를 설계하고 분석하는 것이 더 직관적인 경우가 많다. 즉, 필터가 결국 공간 컨볼루션으로 구현되더라도 대개 컨볼루션 커널의 가중치를 사용하는 것보다 주파수 응답을 연구하여 필터의 목적을 이해하는 것이 훨씬 쉽다. 둘째, 곱셈은 컨볼루션보다 계산상 비용이 적기 때문에, 순방향 및 역 푸리에 변환을 계산하는데 필요한 오버헤드에도 불구하고, 주파수 영역 구현은 공간 영역 구현보다 빠를 수 있는 경우가 있다(예를 들어, 커다란 커널). 그러나 이 논의는 영상처리에서보다 신호처리에 더 적용 가능하다는 것을 알아 두자. 왜냐하면 다음 장에서 고려할 다 해상도 분석의 보급으로 인해, 대형 커널이 영상처리에서는 거의 필요하지 않기 때문이다.

공간 또는 주파수 영역에 관계없이 필터링은 주로 두 가지 응용에 사용된다. 즉, 복원 및 향상이다. **복원**(restoration)에서 목표는 영상 품질을 원래 상태(또는 손상 이전에 캡처한 경우 잠재적 상태)에서 저하시키는 잡음의 영향을 제거하는 것이다. 반면에 **향상**(enhancement)은 단순하고 순수한 잡음 없는 영상을 넘어, 영상을 더 유용하게 만드는 기능을 강조하거나 선명하게 한다. 이전 장에서는 가우시안 평활화 및 메디안 필터링과 같은 복원 기법을 살펴 보았으며, 히스토그램 평준화 및 레벨 슬라이싱과 같은 향상 기법도 살펴 보았다. 이 절에서는 저역 통과, 고역 통과 및 대역 통과 필터를 사용하여 주파수 영역 방법을 통해, 이러한 목표를 달성하는 방법을 고려할 것이다.

6.4.1 저주파 통과 필터링

저주파 필터(lowpass filter)는 고주파를 감쇠시키면서 저주파수를 통과시킨다. 영상처리에서 값이 인접한 화소와 비슷한 화소는 상대적으로 변화되지 않고 예리한 전환은 평활화 처리된다. 저주파통과 필터링은 주로 복원을 위해 사용된다. 즉, 신호를 손상시킨 잡음을 제거하는 데 사용된다.

이상적인 저주파 통과 필터

이상적인 저주파 통과 필터(박스 필터라고도 함)는 특정 컷오프 아래의 모든 주파수를 완벽하게 통과시키지만, 컷오프 위의 모든 주파수는 완벽하게 감쇠시킨다. 컷오프 아래의 주파수 집합은 **통과대역**(passband)이라고 하며, 컷오프 위의 주파수 집합은 **정지대역**(stopband)이라고 한다. 필터의 **주파수 응답**은 주파수 f의 복소 함수인 $H(f)$로 표시되어, $H = |H| e^{j\angle H}$이다. 여기서 $|H|$는 크기이고, $\angle H$는 전술 한 바와 같이 위상이다. 위상은 시간 영역 신호처리를 위한 인과 필터(causal filters)의 설계에서 중요한 고려 사항이다. 하지만 컨볼루션 커널이 출력 화소의 중심에 위치할 수 있으므로, 공간 영역에서 쉬프트가 발생하지 않는 영상처리에는 그리 중요하지 않다. 그러므로, 우리는 나머지 논의에 대해 $\angle H = 0$을 가정할 것이고, 우리가 만나는 필터들의 주파수 응답의 크기에만 집중할 것이다. 이상적인 저주파 통과 필터의 크기는 다음과 같다.

$$|H_{ilp}(f)| = \begin{cases} 1 & \text{if } f \leq f_c \\ 0 & \text{otherwise} \end{cases} \tag{6.105}$$

여기서 f_c는 컷오프 주파수이다. 식 (6.105)는 단순화를 위해 1D 연속 경우를 보여 주며, 이산적인 2D 경우의 확장은 간단하다.

$$|H(k_x, k_y)| = \begin{cases} 1 & \text{if } d(k_x, k_y) \leq d_c \\ 0 & \text{otherwise} \end{cases} \tag{6.106}$$

여기서 d_c는 이산적인 컷오프 주파수이다. 그리고 원점에서의 거리는 다음과 같다.

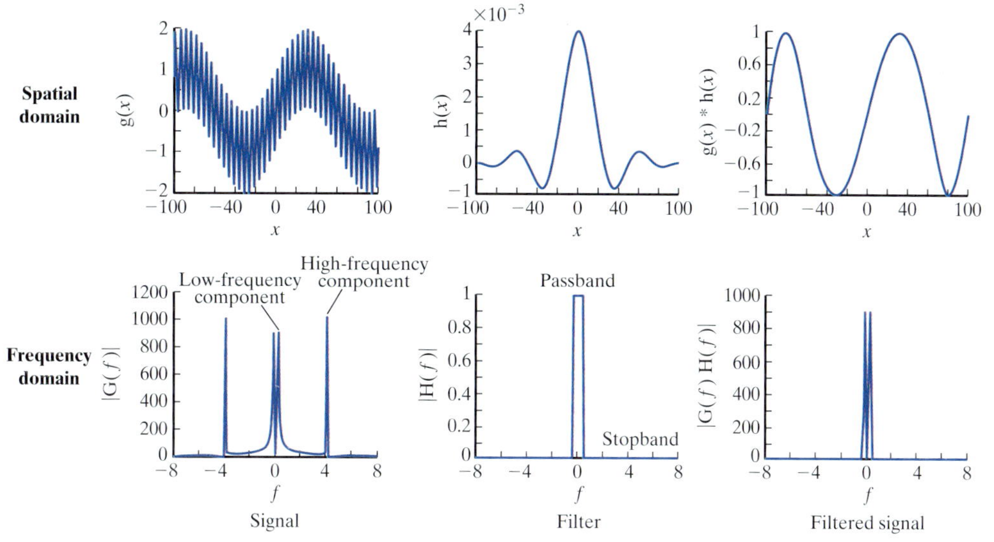

그림 6.13 이상적인 저주파 통과 필터에 의해 필터된 함수 $\sin(f_1 x) + \sin(f_2 x)$. 주파수 영역에서 신호의 퓨리에 변환이 박스 함수에 의해 곱해진다. 동등하게 공간 영역에서 신호는 sinc 함수로 컨볼루션된다. 이 예에서, 필터는 신호로부터 저주파 성분만 남기고 고주파 성분을 성공적으로 제거한다.

$$d(k_x, k_y) = \|[k_x - \tfrac{w}{2}, k_y - \tfrac{h}{2}]\| = \sqrt{\left(k_x - \frac{w}{2}\right)^2 + \left(k_y - \frac{h}{2}\right)^2} \tag{6.107}$$

이상적인 저주파 통과 필터와 연관된 컨볼루션 커널은 역 푸리에 변환에 의해 제공된다.

$$h(x) = \int_{-\infty}^{\infty} H_{ilp}(f) e^{j2\pi fx}\, df = \int_{-f_c}^{f_c} e^{j2\pi fx}\, df \tag{6.108}$$

$$= \frac{1}{j2\pi x}\left(e^{j2\pi f_c x} - e^{-j2\pi f_c x}\right) = \frac{\sin 2\pi f_c x}{\pi x} = 2f_c \operatorname{sinc} 2f_c x \tag{6.109}$$

여기서 $\operatorname{sinc} x \equiv \dfrac{\sin \pi x}{\pi x}$는 정규화된 sinc 함수이다. 수식 (6.105)은 직사각형 함수로 표시되기 때문에 **rect 함수**라고 한다. 따라서, sinc 함수의 푸리에 변환은 rect 함수이고, 그 반대도 마찬가지이다. 이상적인 저주파 통과 필터를 주파수 영역에 적용하려면 신호의 푸리에 변환을 계산한 다음, 컷오프 주파수 위의 모든 주파수에 0을 곱하면 된다. 공간 영역에서 동일한 필터를 적용하려면 sinc 커널로 신호를 컨볼루션 한다.

필터 설계의 기본 원리는 완벽한 필터가 없다는 것이다. 따라서 원하는 성능을 달성하기 위해 다양한 절충안 간의 실질적인 균형을 맞추는 것이 최선의 방법이다. 이 제한의 이유는 공간 및 주파수 영역 모두에서 필터가 유한 범위를 가

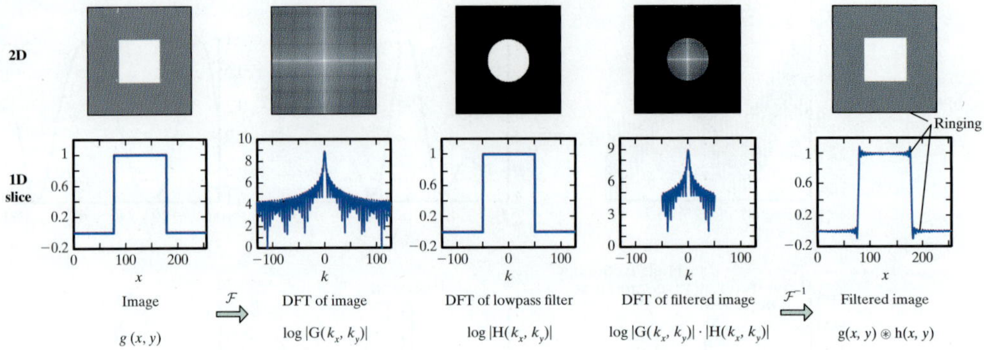

그림 6.14 주파수-영역 필터링 과정. 왼쪽에서 오른쪽: 영상의 DFT는 주파수-영역의 필터에 의해 계산되고 곱해진다. 필터된 영상을 얻기 위해 역 DFT가 뒤따른다. 이 예에서 이상적인 저주파 통과 필터는 출력에서 심한 링잉(ringing)을 유발한다는 점에 주의하라.

질 수 없기 때문이다. 즉, 모든 필터는 공간에서 무한대로, 주파수에서 무한대로, 또는 양 도메인에서 무한히 확장되어야 한다. 다른 말로하면, 필터는 대역제한 및 시간제한 둘 다 될 수 없다. **대역제한 필터**(bandlimited filter)는 모든 $f > f_{max}$에 대해 주파수 영역의 값이 0인 필터이다. 여기서 f_{max}는 일정한 상수이다. **시간제한 필터**(timelimited filter)는 모든 $x > x_{max}$에 대해 시간(또는 공간) 영역에서 값이 0 인 필터이다. 여기서 x_{max}는 상수이다.

예를 들어, 그림 6.13은 1D 신호에 적용되는 이상적인 저주파 통과 필터를 보여준다. 이상적인 저주파 통과 필터를 사용하면 $H(f)$는 유한한 범위를 갖지만 $h(x)$는 무한히 확장된다. 무한 영역을 갖는 커널(예: sinc)으로 신호를 컨볼루션할 수 없기 때문에 공간 영역에서 이상적인 저주파 통과 필터를 실현할 수 없다. sinc 함수의 또 다른 단점은 y 축을 중심으로 진동한다는 것이다. 따라서, 이상적인 저주파 통과 필터조차도 출력 신호에서 **링잉**(ringing)을 야기하기 때문에 완벽한 필터가 아니다.

출력 신호에 입력 신호에 존재하지 않는 진동이 포함되어 있을 때 발생하는 링잉은 점프 불연속성을 가진 함수(예: rect 함수)가 유한 개의 푸리에(Fourier) 계수로 근사화될 때 발생하는 **깁스 현상**(Gibbs phenomenon)과 관련이 있다. 링잉은 일반적으로 신호가 오버 슈트 또는 언더 슈트(undershoot)로 인해 바람직하지 않은 것으로 간주되고, 신호가 최대 또는 최소값으로 클리핑되어 신호 모양이 왜곡될 수 있다. 영상에 저주파 통과 필터를 적용하는 과정을 보여주는 그림 6.14의 예에서 링잉이 분명히 존재한다.

윈도우잉(windowing)

모든 필터는 공간 또는 주파수 영역에서 구현될 수 있다. 즉, 필터를 주파수 영

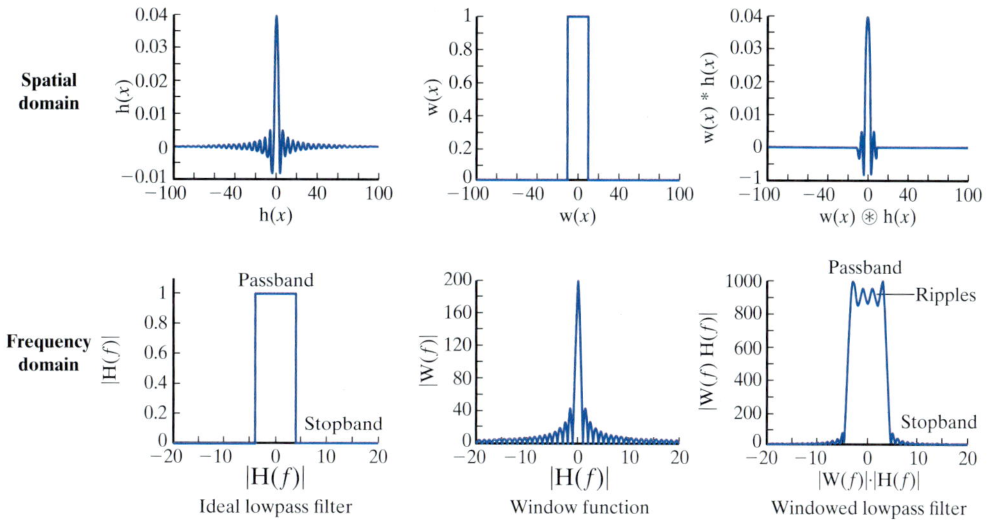

그림 6.15 이상적인 저주파 통과 필터(왼쪽)가 윈도우 함수(중간)로 곱해지면, 결과 필터는 리플을 나타낸다(오른쪽). 하단의 중앙 그림은 sinc 함수의 절대 값을 나타낸다.

역에서 값의 유한 배열(이 경우 공간 영역에서 무한 범위를 가짐) 또는 공간 영역에서 값의 유한 배열로 구현할 수 있다(이 경우 필터는 주파수 영역에서 무한한 범위를 가짐). 어느 쪽이든, 직각 함수나 다양한 종 모양의 곡선과 같이 중심에서 단조롭게 감소하는 음이 아닌 함수인 **윈도우**(window) 함수로 필터를 곱해야 한다.

사각형 윈도우 함수에 의해 sinc 커널을(공간 영역에서) 곱하면 어떻게 되는지 생각해 보자. 공간 영역에서의 곱셈은 주파수 영역에서의 컨볼루션과 동일하므로, 이것은(주파수 영역에서) rect 함수(sinc의 푸리에 변환)를 sinc 함수(rect의 푸리에 변환)와 컨볼루션하는 것과 같다. 그림 6.15에서 알 수 있듯이, 윈도우잉 작업은 필터의 주파수 영역 응답에 **잔물결**(ripples)을 초래한다.

가우시안 저주파 통과 필터

공간 및 주파수 영역에서의 필터의 범위 사이의 기본적인 트레이드 오프는 자연스럽게 **가우시안 저주파 통과 필터**(Gaussian lowpass filter)로 이어지며, 이는 다음과 같이 정의된다.

$$|H_{glp}(f)| = e^{-f/2f_c^2} \tag{6.110}$$

여기서 가우시안의 표준 편차 f_c는 컷오프 주파수의 역할을 한다. 가우시안 필터는 공간 및 주파수 영역 함수의 곱을 최소화하는 모양이라는 점에서 두 영역

Original image $\sigma = 40$ pixels^{-1} $\sigma = 20$ pixels^{-1} $\sigma = 10$ pixels^{-1} $\sigma = 5$ pixels^{-1}

그림 6.16 영상과 주파수-영역에서 다른 분산을 가진 가우시안 저주파 필터의 결과. 상단 행은 영상의 DFT와 각 필터의 주파수 응답의 크기를 나타낸다. 스무딩된 그림들은 영상 DFT와 다양한 필터의 주파수 응답을 곱한 것의 역 DFT의 결과이다. 주파수 영역에서 큰 분산이 작은 스무딩을 나타내고, 작은 분산은 더 많은 스무딩을 나타낸다.

의 범위 사이의 완벽한 균형임을 보여준다. 가우시안의 푸리에 변환은 또 다른 가우시안이며 가우시안은 평균의 양측에서 단조로운 함수이기 때문에 가우시안 필터링은 주파수 영역에서 어떤 잔물결을 발생시키지 않으며, 공간 영역에서 링잉을 일으키지 않는다. 그러나 가우시안의 단점 중 하나는 윈도우 박스 함수의 가파른 **롤-오프**(roll-off)와는 달리 통과 대역에서 정지 대역으로의 매우 완만한 롤-오프이다. 이 두 가지 대안은 underdamped 및 overdamped 제어 시스템과 유사하다. 여기서 신속 응답 시간은 과도 응답 및 링잉과 밀접하게 연결되어 있다. 서로 다른 분산을 갖는 영상에 대한 가우시안 저주파 통과 필터링의 결과가 그림 6.16에 나와 있다.

버터워스 저주파 통과 필터

필터 디자인은 수십 년 동안 신호처리 커뮤니티에서 광범위하게 연구해 온 섬세한 과정이다. 단순한 rect 및 가우시안 필터의 원하지 않는 영향을 극복하기 위해 필터 설계자는 보다 정교한 많은 필터를 제안했다. 가장 일반적인 것 중 하나는 **타원형 필터**(elliptic filter)로, 설계자가 통과 대역 및 정지 대역에서의 리플의 양을 독립적으로 지정할 수 있는 일반적인 유형의 필터이다. 통과 대역 또는 정지 대역에서 리플의 양이 0이 되면, 타원 필터는 **Chebyshev 필터**로 잘 근사화된다. 만일 통과 대역과 정지 대역 모두에서 리플이 0이 되면, 타원 필터는 **버터워스 필터**(Butterworth filter)와 유사하다.

버터워스 필터는 최대 편평한 필터(maximally flat filter)(모든 미분이 존재하고 원점에서 제로이기 때문에)로도 알려져 있으며, 일반적으로 다양한 절충 사이에서 좋은 절충으로 간주되어 신호처리 응용 분야에서 널리 사용된다. 차수 n의 버터워스 저주파 통과 필터의 크기 제곱은 다음과 같이 주어진다.

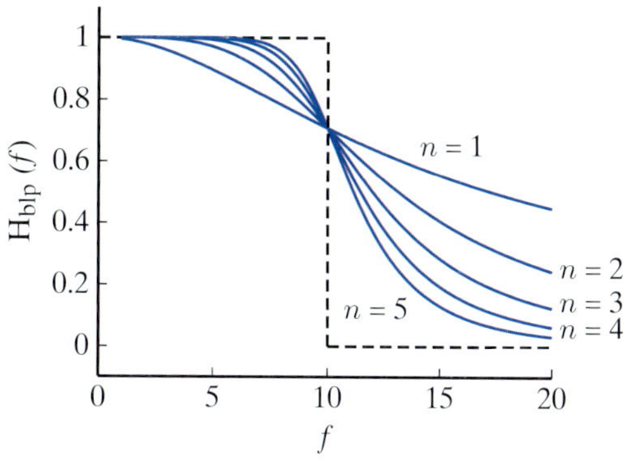

그림 6.17 n = 1에서 n = 5까지 Butterworth 저역 필터의 크기(실선). n이 증가함에 따라, Butterworth 응답은 이상 저역 필터에 근접한다(점선).

$$|H_{blp}(f)|^2 = \frac{1}{1 + (f/f_c)^{2n}} \tag{6.111}$$

이 식의 제곱근을 취하면 필터의 크기가 산출되며, 여기서 n의 값에 대해 컷오프 주파수 $f = f_c$에서 주파수 응답이 $|H_{blp}(f)| = 1/\sqrt{2}$임을 알 수 있다. 타원형 및 Chebyshev 필터와 달리 버터워스 필터는 통과 대역과 정지 대역 모두에서 단조적이다. $n = 2$에 대해 버터워스 롤-오프가 느리게 약화되는 반면 버터워스의 모양은 n차수가 증가함에 따라 그림 6.17과 같이 이상적인 저주파 통과 필터와 유사하다.

종종 제곱이 없는 다음과 같은 방정식을 본다.

$$|H_{sblp}(f)| = \frac{1}{1 + (f/f_c)^{2n}} \tag{6.112}$$

이것은 "sloppy 버터워스"라고 부를 수 있다. sloppy 버터워스는 특히 흥미로운 스펙트럼 특성을 가지지 않는다(따라서 신호 처리 응용에서는 사용되지 않는다). 그러나 그것의 단순성(즉, 제곱근의 결여)때문에 특정 스펙트럼 특성이 함수의 전체 형상보다 덜 중요한 영상처리의 영역에서 다소 일반적인 선택이 된다.

Lanczos 필터

Lanczos 필터 sinc 함수가 다른 sinc 함수의 첫 번째 엽(lobe)과 곱해질 때 결과는 **Lanczos 필터**이다.[4] 영상처리에 널리 사용되는 고품질 필터이다. 특히 다운 샘플링 전에 영상을 부드럽게 만드는 데 적합하다. 그러나 간단한 가우시안 커널에 비해 높은 계산 요구 사항 때문에 실시간 응용에는 적합하지 않다.

---

4 3.8.5절(p. 144).

Lanczos 필터는 주파수 영역만큼 쉽게 공간 영역에서 구현될 수 있지만 이상적인 저주파 통과 필터와 관련하여 보다 쉽게 설명할 수 있기 때문에 이 장에 다룬다.

Lanczos 필터의 세부 사항을 이해하려면, rect 함수의 푸리에 변환이 sinc 함수이고, 그 역도 마찬가지인 점을 기억하자. 보다 구체적으로, τ 및 β가 각각 공간 및 주파수 영역에서의 스케일링 인자라면, 다음과 같은 푸리에 쌍을 갖는다.

$$\operatorname{rect}\left(\frac{x}{\tau}\right) = \begin{cases} 1 & \text{if } |x| \le \frac{\tau}{2} \\ 0 & \text{otherwise} \end{cases} \overset{\mathcal{F}}{\Longleftrightarrow} \tau \operatorname{sinc}(\tau f) = \frac{\sin \pi\tau f}{\pi\tau f} \tag{6.113}$$

$$\beta \operatorname{sinc}(\beta x) = \frac{\sin \pi\beta x}{\pi\beta x} \overset{\mathcal{F}}{\Longleftrightarrow} \operatorname{rect}\left(\frac{f}{\beta}\right) = \begin{cases} 1 & \text{if } |f| \le \frac{\beta}{2} \\ 0 & \text{otherwise} \end{cases} \tag{6.14}$$

Lanczos 컨볼루션 커널은 이상적인 저주파 통과 필터의 작업을 수행하는 커널과 윈도우잉 수행을 수행하는 커널의 결과물이다. 컷오프 주파수가 f_c인 이상적인 저주파 통과 필터의 경우, $\beta = 2f_c$를 가지며, 다음이 된다.

$$w_1(x) = 2f_c \operatorname{sinc}(2f_c x) = 2f_c \frac{\sin 2\pi f_c x}{2\pi f_c x} = \frac{\sin 2\pi f_c x}{\pi x} \tag{6.115}$$

윈도우 함수의 경우, 다른 sinc의 첫 번째 로브(lobe)를 적용한다.

$$w_2(x) = \begin{cases} \operatorname{sinc}\left(\frac{x}{\tilde{w}}\right) = \frac{\sin \pi \frac{x}{\tilde{w}}}{\pi \frac{x}{\tilde{w}}} & \text{if } x = -\tilde{w}, \ldots, \tilde{w} \\ 0 & \text{otherwise} \end{cases} \tag{6.116}$$

여기서 $w = 2\tilde{w} + 1$은 커널의 너비이다. 이 두 값을 곱하면 Lanczos 컨볼루션 커널이 생성된다.

$$h(x) = w_1(x)w_2(x) = \frac{\sin 2\pi f_c x}{\pi x} \cdot \frac{\sin \pi \frac{x}{\tilde{w}}}{\pi \frac{x}{\tilde{w}}} \qquad x = -\tilde{w}, \ldots, \tilde{w} \tag{6.117}$$

커널 크기가 작을수록 신호음이 눈에 띄게 나타나지만, 커널 크기가 클수록 출

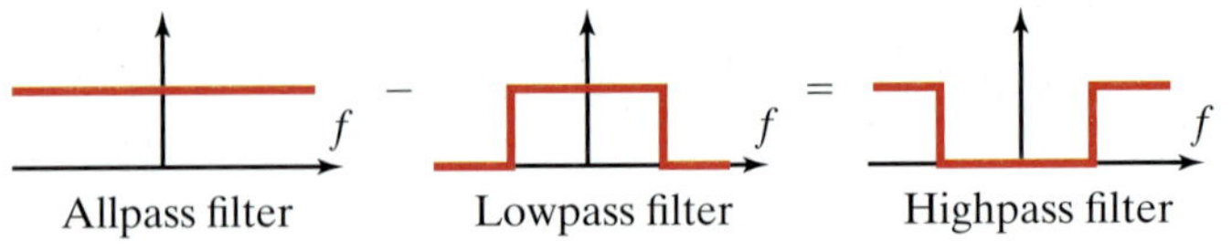

그림 6.18 고주파 통과 필터는 전대역 필터 빼기 저주파 통과 필터

력 품질이 눈에 띄게 향상되지 않으므로 계산이 낭비된다. w의 일반적인 값은 19에서 31 사이이다.

6.4.2 고주파 통과 필터링

주파수 영역에서 **고주파 필터**(highpass filter)의 크기는 전역통과 필터의 크기에서 해당 저주파 통과 필터의 크기를 뺀 것이다. 전역 통과 필터는 모든 주파수를 감쇠시키지 않으므로 모든 값을 1로 유지하며, 다음과 같다.

$$|H_{highpass}(f)| = 1 - |H_{lowpass}(f)| \tag{6.118}$$

이상적인 저주파 통과 필터에 대해서는 그림 6.18에 나와 있다. 이 방정식을 이전 절의 저주파 통과 필터에 적용하면 다음과 같이 나타난다.

$$|H_{ihp}(f)| = \begin{cases} 1 & \text{if } f \geq f_c \\ 0 & \text{otherwise} \end{cases} \quad \text{(ideal highpass filter)} \tag{6.119}$$

$$|H_{bhp}(f)| = 1 - \sqrt{\frac{1}{1 + (f/f_c)^{2n}}} \quad \text{(Butterworth highpass filter)} \tag{6.120}$$

$$|H_{sbhp}(f)| = \frac{1}{1 + (f_c/f)^{2n}} \quad \text{(sloppy Butterworth highpass filter)} \tag{6.121}$$

$$|H_{ghp}(f)| = 1 - e^{-f/2f_c^2} \quad \text{(Gaussian highpass filter)} \tag{6.122}$$

필터가 제로 위상일 때, 필터는 그 크기, $H(f) = |H(f)|$와 동일하고, 따라서 식 (6.118)을 $H_{highpass}(f) = 1 - H_{lowpass}(f)$로 단순화한다. 이것은 고역 커널 h_{hp}와 대응하는 저역 커널 h_{lp}와의 컨볼루션(convolution) 사이의 공간 영역에서 단순한 관계로 연결된다.

그림 6.19 영상, 다른 분산을 가진 주파수-영역의 가우시안 고주파 통과 필터의 결과. 상단 행은 영상의 DFT와 각 필터의 주파수 응답의 크기. 밝은 값은 통과된 주파수를 나타낸다. 어두운 값은 감쇄된 주파수를 나타낸다.

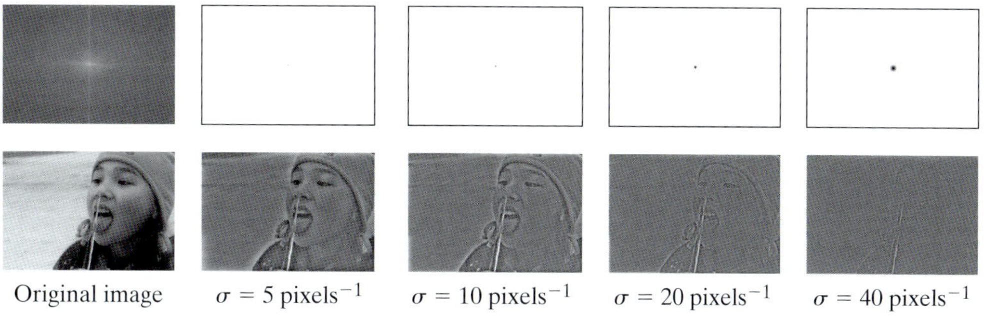

$$g'(x) = g(x) \circledast h_{hp}(f) \tag{6.123}$$
$$= \mathcal{F}^{-1}\{G(f)H_{hp}(f)\} \tag{6.124}$$
$$= \mathcal{F}^{-1}\{G(f)(1 - H_{lp}(f))\} \tag{6.125}$$
$$= \mathcal{F}^{-1}\{G(f)\} - \mathcal{F}^{-1}\{G(f)H_{lp}(f)\} \tag{6.126}$$
$$= g(x) \circledast (\delta(x) - h_{lp}(x)) \tag{6.127}$$
$$= g(x) - g(x) \circledast h_{lp}(x) \tag{6.128}$$

식 (6.127)은 식 (6.125)에 따르고, 식 (6.128)은 식 (6.126)에서 따른다. 식 (6.127)을 유도하기 위해, 디락 델타 함수의 푸리에 변환은 다음과 같다.

$$G(f) = \int \delta(x)e^{-j2\pi fx}\,dx = 1 \tag{6.129}$$

식 (6.8)의 선별 속성(sifting property)으로부터, 전역 통과 필터의 역 푸리에 변환은 델타 함수이다. 서로 다른 분산을 갖는 영상에 대한 가우시안 고주파 통과 필터링의 결과가 그림 6.19에 나와 있다.

6.4.3 대역 통과 필터링

대역 통과 필터(bandpass filter)는 저주파와 고주파를 모두 거부하고, 대신 특정 대역의 주파수만을 통과시킨다. 이상적인 대역 통과 필터는 다음과 같다.

$$|H(f)| = \begin{cases} 1 & \text{if } f_{lo} \le f \le f_{hi} \\ 0 & \text{otherwise} \end{cases} \tag{6.130}$$

여기서 대역 통과는 f_{lo}와 f_{hi} 사이이다.

Laplacian of Gaussian (LoG) 필터

지금까지 가장 일반적인 영상처리 용 대역 통과 필터는 이전 장에서 살펴본 **Laplacian of Gaussian (LoG) 필터**이다.

$$|H(f)| = -f^2 e^{-f/2f_c^2} \tag{6.131}$$

이 표현식은 임의의 함수 g의 n 번째 미분의 푸리에 변환에 대한 잘 알려진 공식을 따른다.

$$\mathcal{F}\left\{\frac{d^n g(x)}{dx^n}\right\} = (jf)^n G(f) \tag{6.132}$$

$\begin{bmatrix}0&1&0\\1&-4&1\\0&1&0\end{bmatrix}$	$\frac{1}{6}\begin{bmatrix}1&4&1\\4&-20&4\\1&4&1\end{bmatrix}$	$\frac{1}{5}\begin{bmatrix}1&3&1\\3&-16&3\\1&3&1\end{bmatrix}$	$\frac{1}{4}\begin{bmatrix}1&2&1\\2&-12&2\\1&2&1\end{bmatrix}$	$\frac{1}{3}\begin{bmatrix}1&1&1\\1&-8&1\\1&1&1\end{bmatrix}$	$\frac{1}{2}\begin{bmatrix}1&0&1\\0&-4&0\\1&0&1\end{bmatrix}$
$\sigma^2 = 0.0$	$\sigma^2 = 0.167$	$\sigma^2 = 0.20$	$\sigma^2 = 0.25$	$\sigma^2 = 0.33$	$\sigma^2 = 0.5$
$\frac{1}{6}\begin{bmatrix}0&1&0\\1&2&1\\0&1&0\end{bmatrix}$	$\frac{1}{36}\begin{bmatrix}1&4&1\\4&16&4\\1&4&1\end{bmatrix}$	$\frac{1}{25}\begin{bmatrix}1&3&1\\3&9&3\\1&3&1\end{bmatrix}$	$\frac{1}{16}\begin{bmatrix}1&2&1\\2&4&2\\1&2&1\end{bmatrix}$	$\frac{1}{9}\begin{bmatrix}1&1&1\\1&1&1\\1&1&1\end{bmatrix}$	$\frac{1}{4}\begin{bmatrix}1&0&1\\0&0&0\\1&0&1\end{bmatrix}$
–	$\frac{1}{6}\begin{bmatrix}1&4&1\end{bmatrix}$	$\frac{1}{5}\begin{bmatrix}1&3&1\end{bmatrix}$	$\frac{1}{4}\begin{bmatrix}1&2&1\end{bmatrix}$	$\frac{1}{3}\begin{bmatrix}1&1&1\end{bmatrix}$	$\frac{1}{2}\begin{bmatrix}1&0&1\end{bmatrix}$
–	$\sigma_s^2 = 0.333$	$\sigma_s^2 = 0.40$	$\sigma_s^2 = 0.5$	$\sigma_s^2 = 0.67$	$\sigma_s^2 = 1.0$
$\eta = 6$	$\eta = 6$	$\eta = 5$	$\eta = 4$	$\eta = 3$	$\eta = 2$

표 6.2 다양한 LoG 커널과 관련된 저주파 통과 커널. 첫 두 행은 표 5.5의 분산에 따른 이산 3 × 3 LoG 커널을 나타낸다. 다음 4개의 행은 해당 3 × 3 저주파 통과 커널 $h_{lowpass}$를 나타낸다. $I \circledast (-LoG) = \eta(I - I \circledast h_{lowpass})$이고, 분리 저주파 통과 커널을 위한 3 × 1 제너레이터이고, 그것의 분산, 관련 스케일 요소 η이다. (첫 열에 있는 3 × 3 저주파 통과 커널은 분리 불가하다.)

g와 G를 가우시안이라 하고, $n = 2$로 하고, $j^2 = -1$이다. LoG 필터는 종종 **Laplacian 필터**라고도 한다.

Laplacian의 대역 통과 성격을 포착하기에는 3가지 요소로는 충분하지 않다는 점은 주목할 가치가 있다. 이전 장에서 우리는 단지 3 × 1 2차 미분 가우시안 커널이 [1 −2 1]임을 지적했다. 이 커널의 DFT는 [−3 0 −3]이며, 이것은 다른 고주파수를 통과시키면서 저주파수 직류 성분을 제거한다. 즉, 3 × 3 LoG 커널은 고주파 통과 필터와 같은 역할을 한다. DFT를 음이 아니(따라서 0 위상)게 유지하기 위해, 일반적으로 DFT가 [3 0 3]인 음의 LoG 커널 [−1 2 −1]를 사용한다. 음의 LoG 커널이 전역 통과 필터와 저주파 통과 필터의 스케일 된 차이인 것을 쉽게 알 수 있다.

$$\underbrace{\begin{bmatrix}-1 & 2 & -1\end{bmatrix}}_{\text{highpass}} = 3\left(\underbrace{\begin{bmatrix}0 & 1 & 0\end{bmatrix}}_{\text{allpass}} - \frac{1}{3}\underbrace{\begin{bmatrix}1 & 1 & 1\end{bmatrix}}_{\text{lowpass}}\right) \tag{6.133}$$

혹은 2D에서

$$\underbrace{\begin{bmatrix}0 & -1 & 0\\ -1 & 4 & -1\\ 0 & -1 & 0\end{bmatrix}}_{\text{highpass}} = \eta\left(\underbrace{\begin{bmatrix}0 & 0 & 0\\ 0 & 1 & 0\\ 0 & 0 & 0\end{bmatrix}}_{\text{allpass}} - \frac{1}{6}\underbrace{\begin{bmatrix}0 & 1 & 0\\ 1 & 2 & 1\\ 0 & 1 & 0\end{bmatrix}}_{\text{lowpass}}\right) \tag{6.134}$$

여기서 $\eta = 6$이다. 전역 통과 필터와 영상의 컨볼루션은 단지 영상 그 자체이므로, 다음 식이 성립한다.

$$I \circledast (-LoG) = \eta(I - I \circledast h_{lowpass}) \tag{6.135}$$

여기서 $h_{lowpass}$는 3×3 저주파 통과 커널이고, η는 연관된 스케일링 계수이다. 표 6.2는 여러 개의 3×3 LoG 커널에 대한 저주파 통과 커널과 그 스케일링 계수를 제공한다.

예제 6.5 다음 저주파 통과 커널이 주어졌다.

$$h_{lowpass}(x, y) = \frac{1}{9}\begin{bmatrix} 1 & 1 & 1 \\ 1 & 1 & 1 \\ 1 & 1 & 1 \end{bmatrix} = \frac{1}{3}\begin{bmatrix} 1 \\ 1 \\ 1 \end{bmatrix} \circledast \frac{1}{3}\begin{bmatrix} 1 & 1 & 1 \end{bmatrix} \quad (6.136)$$

등식 (6.6)을 만족하는 등가 LoG 커널을 찾고, 스케일 인자 η를 찾아라.

풀이 전역 통과 필터와 컨볼루션할 때 영상이 변경되지 않는다. 컨볼루션의 선형성과 결합하면 다음이 된다.

$$I'(x, y) = \eta(I(x, y) - I(x, y) \circledast h_{lowpass}(x, y)) \quad (6.137)$$

$$= \eta\left(I(x, y) \circledast \begin{bmatrix} 0 & 0 & 0 \\ 0 & 1 & 0 \\ 0 & 0 & 0 \end{bmatrix} - I(x, y) \circledast \frac{1}{9}\begin{bmatrix} 1 & 1 & 1 \\ 1 & 1 & 1 \\ 1 & 1 & 1 \end{bmatrix}\right) \quad (6.138)$$

$$= \eta\left(I(x, y) \circledast \left(\begin{bmatrix} 0 & 0 & 0 \\ 0 & 1 & 0 \\ 0 & 0 & 0 \end{bmatrix} - \frac{1}{9}\begin{bmatrix} 1 & 1 & 1 \\ 1 & 1 & 1 \\ 1 & 1 & 1 \end{bmatrix}\right)\right) \quad (6.139)$$

$$= I(x, y) \circledast \frac{\eta}{9}\begin{bmatrix} -1 & -1 & -1 \\ -1 & 8 & -1 \\ -1 & -1 & -1 \end{bmatrix} \quad (6.140)$$

최종 행의 컨볼루션 커널은 표 5.5의 $LoG_{0.33}$ 커널로 $-\eta$를 곱한 것으로 인식되며, 여기서 $\eta = 3$이다. 표 6.2의 마지막 두 번째 열에 결과가 표시된다.

언샤프 마스킹과 하이부스트 필터링

라플라시안은 **선명화**(sharpening)로 알려진 영상을 향상시키는 보편적인 방법이다. 이 접근법은 인간의 시각 시스템의 특성을 이용한다. 즉, 망막의 뉴런은 인접한 밝기 강도를 기반으로 밝기 강도 값을 왜곡한다. 이러한 왜곡은 잘 알려진 **Mach 밴드 착시**(Mach bands illusion)에서 입증된다. 그림 6.20에서 볼 수 있듯이, 인간의 뇌는 밝기 강도 에지 근처에서 과장된 강도 변화를 감지한다. 이 현상을 이용하여 영상 향상에 대한 선명화 방법은 밝기 강도 에지를 과장하여 인공 Mach 밴드를 도입한다.

선명화는 거의 항상 라플라시안 커널로 수행된다. 이것은 공간 또는 주파수

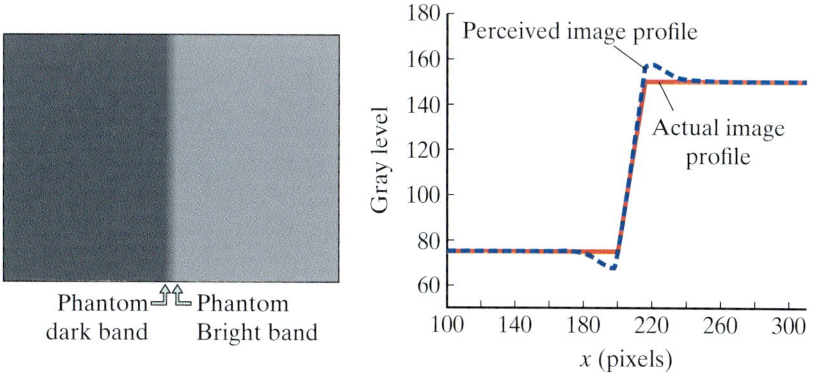

그림 6.20 Mach 밴드 착시. 왼쪽: 영상은 어둔 지역과 밝은 지역으로 구성, 두 사이에 선형 전환이 있다. 인간 시각은 전환의 왼쪽 어두운 밴드와 오른쪽 밝은 밴드에 환각을 일으킨다. 오른쪽: 실제 명암도 함수와 인지 함수.

영역에서 수행될 수 있다. 공간 영역에서는 단순히 영상에서 흐려진 영상 버전을 빼고, 그 결과를 원본 영상에 다시 추가한다. 스케일링 인자 a와 b를 삽입하면 수학적으로 다음과 같이 표현된다.

$$
\begin{aligned}
I'(x,y) &= I(x,y) + (aI(x,y) - b\bar{I}(x,y)) && \text{(6.141)}\\
&= I(x,y) + (aI(x,y) - bI(x,y) \circledast h_{lowpss}) && \text{(6.142)}\\
&= (1+a-b)I(x,y) + bI(x,y) \circledast h_{highpass} && \text{(6.143)}\\
&= (1+a-b)I(x,y) + \frac{b}{\eta}I(x,y) \circledast (-LoG(x,y)) && \text{(6.144)}
\end{aligned}
$$

여기서 $\bar{I}(x,y)$는 흐려진 영상이고, $h_{highpass} = h_{allpass} - h_{lowpass}$는 2D 고주파 통과 커널이며, $-LoG$는 제로 위상의 음수 LoG 커널이며, 마지막 등식은 커널 3 × 3일 때 식(6.135)에서 나온다. 이 기법은 **언샤프 마스킹**(unsharp masking) 또는 **하이 부스트 필터링**(highboost filtering)으로 알려져 있다. 때로는 전자의 이름은 $a = b = 1$인 경우이고, 후자는 $a = b > 1$인 경우이다. 하지만 모든 경우에 높은 주파수를 높이거나 강조하기 때문에 그러한 구분은 불필요하다. 언샤프 마스킹 과정은 그림 6.21에 나와 있다.

그림 6.21 왼쪽에서 오른쪽: 토성의 위성 Dione의 영상, 영상에서 저주파 통과 버전을 뺀 결과, 뺀 결과를 원 영상에 더하여 또렷해진 영상.

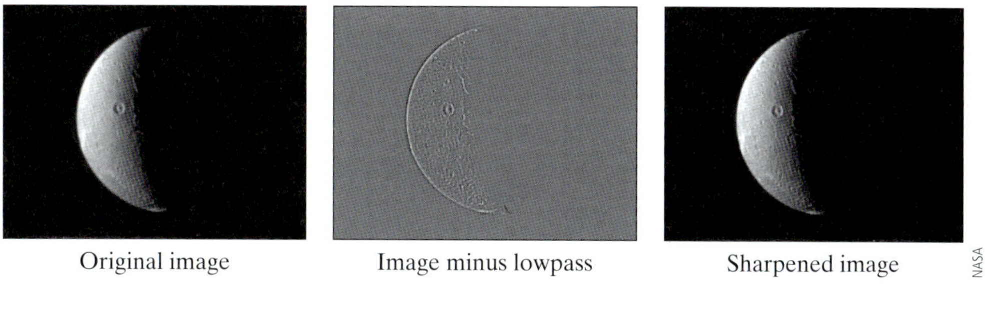

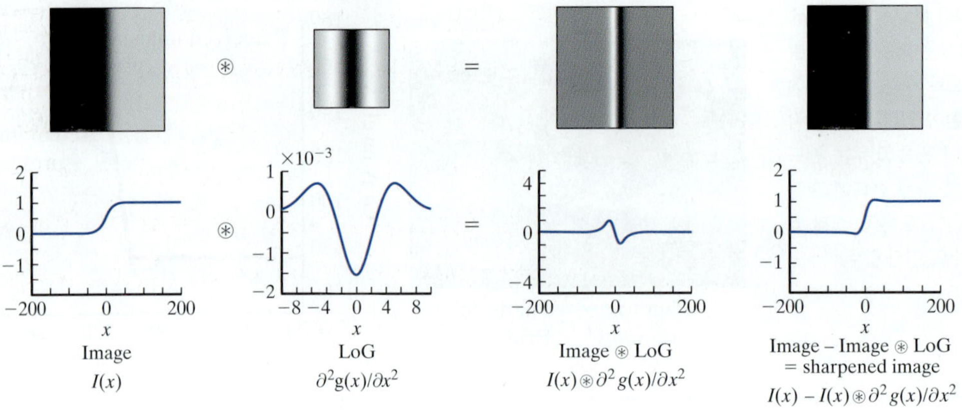

그림 6.22 영상 사프닝(sharpening) 과정: 영상은 LoG와 컨볼루션된다. 결과를 원 영상에서 뺀다. 오른쪽 행의 에지가 왼쪽 행의 에지보다 날카롭게 나타난다.

식 (6.144)의 표현식은 다음 콘볼루션과 같다.

$$I'(x, y) = I(x, y) \circledast h_{USM}(x, y) \tag{6.145}$$

여기서

$$h_{USM} \equiv (1 + a - b)h_{allpass} - \frac{b}{\eta}LoG \tag{6.146}$$

LoG 커널에 대한 다른 선택은 다음과 같은 다른 컨볼루션 커널을 만든다.

$$h_{USM,0.0}(x, y) = \begin{bmatrix} 0 & 0 & 0 \\ 0 & 1 + a - b & 0 \\ 0 & 0 & 0 \end{bmatrix} - \frac{b}{6}\begin{bmatrix} 0 & 1 & 0 \\ 1 & -4 & 1 \\ 0 & 1 & 0 \end{bmatrix} = \frac{b}{6}\begin{bmatrix} 0 & -1 & 0 \\ -1 & \frac{6}{b}(1 + a) - 2 & -1 \\ 0 & -1 & 0 \end{bmatrix}, \text{ or} \tag{6.147}$$

$$h_{USM,0.33}(x, y) = \begin{bmatrix} 0 & 0 & 0 \\ 0 & 1 + a - b & 0 \\ 0 & 0 & 0 \end{bmatrix} - \frac{b}{3}\cdot\frac{1}{3}\begin{bmatrix} 1 & 1 & 1 \\ 1 & -8 & 1 \\ 1 & 1 & 1 \end{bmatrix} = \frac{b}{9}\begin{bmatrix} -1 & -1 & -1 \\ -1 & \frac{9}{b}(1 + a) - 1 & -1 \\ -1 & -1 & -1 \end{bmatrix} \tag{6.148}$$

그림 6.22는 식 (6.148)을 통해 언샤프 마스킹을 사용하여 영상을 선명하게 한 결과를 보여준다.

원형 컨볼루션 정리(convolution theorem) 때문에, 주파수 영역에서의 언샤프 마스킹의 등가 표현은 다음과 같다.

$$I'(x, y) = \mathcal{F}^{-1}\{\mathcal{F}\{I(x, y)\} \cdot H_{USM}(k_x, k_y)\} \tag{6.149}$$

여기서

$$H_{USM}(k_x, k_y) = \mathcal{F}\{h_{USM}\} = (1 + a - b) + bH_{highpass}(K_x, k_y) \quad (6.150)$$

여기서 하이 패스 필터 $H_{highpass}$는 3×3 경우, 스케일된 음수 LoG 커널의 DFT이다. 필터 H_{USM}은 **고주파 강조 필터**(high-frequency-emphasis filter)라고도 한다.

영상을 선명하게 하는 데 사용되는 기술이기 때문에 이상하게 보일 수 있는 "언샤프 마스킹"이라는 이름에 대해 궁금해하는 경우 – 이 용어는 (디지털 시대 이전의) 옛날 사진기술에서 비롯된 것이다. 카메라로 찍은 사진은 "네거티브(negative)"라 불리는 필름에 저장된다. 암실에서 빛은 포지티브 영상을 만들기 위해 네거티브를 통해 비춰지고, 그 다음에 특수 화학 물질을 사용하여 인화되었다. 언샤프 마스킹을 수행하기 위해, 빛은 얇은 유리 조각을 통해 먼저 비춰져 약간 벗어난 포지티브(positive) 영상을 생성한 다음, 원래의 초점이 맞지 않는 네거티브 영상과 정렬되어 노출의 또 다른 라운드를 만든다. 인-포커스 네거티브 및 아웃-포커스 포지티브 영상을 통해 동시에 비치는 빛은 언 샤프 마스크 버전을 생성한다.

6.4.4 동형 필터링

이전 장에서 우리는 2D 영상이 조명 및 반사와 같은 영상의 개별 원인으로 분해되는 본질 영상(intrinsic image)의 개념을 살펴 보았다. **동형 필터링**(homomorphic filtering)은 이 두 가지를 분리하는 간단하고 고전적인 기술이다. 즉, 장면에서 빛이 비치는 것의 기여와 빛을 반사하는 표면으로 인한 기여를 각 화소에 대해 설명하는 모델을 추정한다. 식 (2.11)에서 점 (x, y)에서의 복사도 E는 조명 Λ과 표면 반사율 R의 곱이라는 것을 알았다.

$$E(x, y) = \Lambda(x, y)R(x, y) \quad (6.151)$$

단순성을 위해 파장에 대한 의존성을 무시했다. 두 개의 DFT의 곱과 관련된 수식이 없기 때문에, 양측의 푸리에 변환을 취하는 것은 도움이 되지 않는다.

$$\mathcal{F}\{E(x, y)\} \neq \mathcal{F}\{\Lambda(x, y)\}\mathcal{F}\{R(x, y)\} \quad (6.152)$$

그러나, 우리가 먼저 영상의 로그를 취하면(감마 확장 후, 우리는 복사 조도라고 가정 함), 간단한 관계가 나타난다.

$$\log E(x, y) = \log \Lambda(x, y) + \log R(x, y) \quad (6.153)$$
$$\mathcal{F}\{\log E(x, y)\} = \mathcal{F}\{\log \Lambda(x, y)\} + \mathcal{F}\{\log R(x, y)\} \quad (6.154)$$

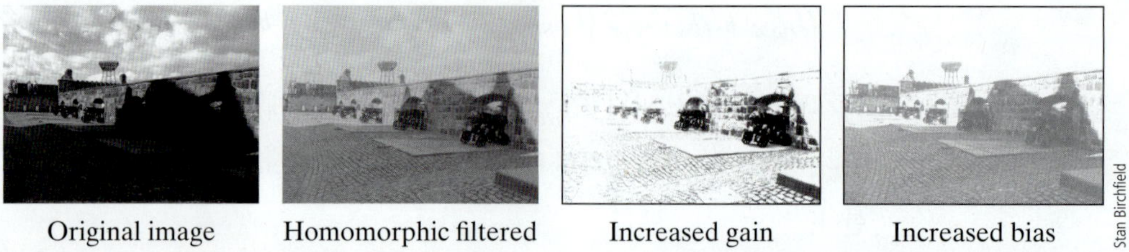

그림 6.23 왼쪽: 심한 그림자를 가진 영상, 빛의 영향을 줄이기 위해 고주파 필터를 사용한 동형 필터링의 결과. 오른쪽: 비교를 위해, 상수를 영상에 곱하고 상수를 영상에 더한 결과. 동형 필터링의 능력은 다른 영상들에서는 볼 수 없는 기관포의 그림자에서 자세함이 나타난다.

일반적으로 조명 함수 Λ은 주로 낮은 주파수를 포함하는 반면, 반사율 함수 *R*은 더 높은 고주파 정보를 포함한다. 동형 필터링(homomorphic filtering)에서는 영상의 대수(logarithm)의 DFT를 계산한 다음, 결과를 저역통과 또는 고역통과 필터를 사용하여 필터링하여 반사율과 조명을 다르게 처리한다. 마지막으로, 결과의 역 DFT의 지수가 계산된다. 그림 6.23은 원본 영상에서 보이지 않는 그림자의 세부 사항을 나타내기 위해 영상의 유사 동형 필터링 결과를 보여준다.

6.5 시간상에서 주파수 지역화

이 장에서 보았 듯이, 푸리에 변환은 1D 또는 2D 신호에서 주파수 정보를 추출하고 이러한 정보를 필터링하는 편리한 기술이다. 그러나 푸리에 변환의 심각한 단점은 신호 내의 주파수의 위치에 대한 정보를 제공하지 않고, 신호의 특정 주파수의 존재를 나타낸다. 즉, 푸리에 변환은 신호에 존재하는 주파수를 나타내지만, 신호가 어디에 위치하는지에 대해서는 알려주지 않는다.

그림 6.24와 같은 악보 표기법이 이 문제를 보는데 도움이 되는 방법을 제공한다. 이러한 표기법은 어떤 음표가 연주되는지 뿐만 아니라, 언제 연주되는지도 포착한다. 원래의 1D 시간 영역 신호는 어떤 의미에서는 이 표기법의 투영이다. 음표가 연주되는 시기를 쉽게 판별할 수는 있지만, 연주되는 음표를 판별하

그림 6.24 악보는 시간상에 주파수를 나타내는 편리한 방법이다. 1D 시간-영역의 신호는 시간 축 상의 악보 투영으로 생각할 수 있다. 1D 주파수-영역 표현은 주파수 축으로의 투영이다.

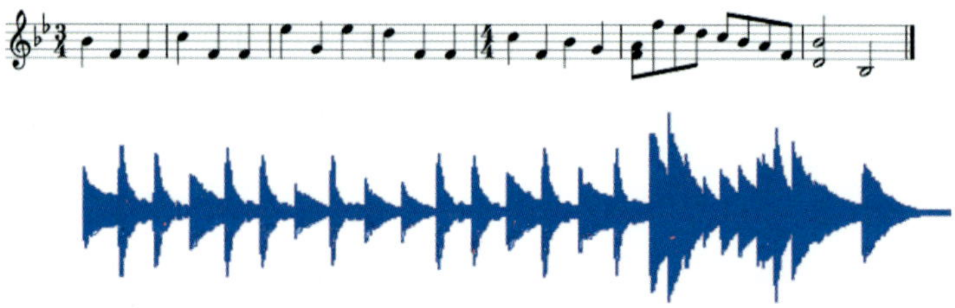

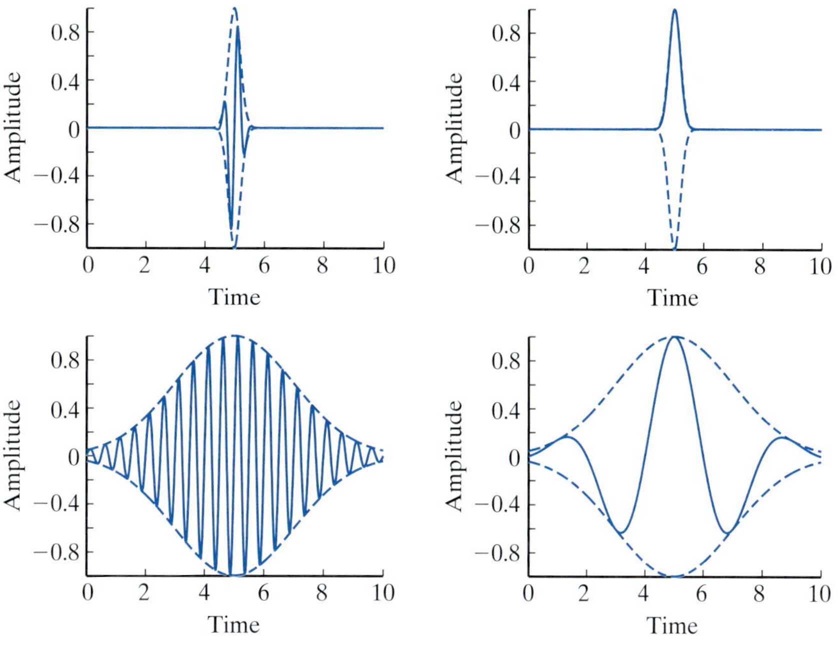

그림 6.25 순수 주파수의 펄스 지속(duration)은 주파수에 의해 결정되어야 한다. 여기 두 개의 다른 윈도우 함수(상단 짧은 지속, 하단 긴 지속)에 의해 변조된 두 개의 신호를 보인다(고주파 왼쪽, 저주파 오른쪽). 오른쪽 상단에서 펄스는 너무 짧아서 주파수가 구분이 안 된다. 반면 왼쪽 하단에서, 펄스는 너무 길어서 정확히 펄스를 위치를 알아내는 것이 어렵다. 왼쪽 상단과 오른쪽 하단에서, 펄스의 폭은 적절하게 선택된다.

기는 쉽지 않다. 반면에 푸리에 변환은 다음과 같이 생각할 수 있다. 이 표기법을 주파수 축 상에 투사로서, 어떤 음표가 연주되는지는 쉽게 결정하지만, 언제 연주되는지를 쉽게 판별할 수 없다. 우리가 원하는 것은 두 가지 유형의 정보를 캡처하는 원본 신호 변환방법이다.

6.5.1 Gabor 제한

이 절충을 더 잘 이해하려면, 플루트와 같은 악기에서 짧은 음표를 연주하고 싶다고 가정하자. 플루트 위에 조심스럽게 손가락을 대고 짧은 시간 동안 마우스피스에 바람을 불어 넣는다. 문제는 얼마나 오래 불어야 하나? 펄스가 너무 짧으면 어떤 음표가 연주되었는지 쉽게 알 수 없지만, 펄스가 너무 길면 음표가 연주된 때를 말하기가 쉽지 않다(펄스가 더이상 나타나지 않기 때문에) 전자의 경우, 펄스는 주파수에서 지역화될 수 없지만, 후자의 경우에는 시간에서 지역화될 수 없다. 이 기본적인 절충은 신호가 주파수와 시간에 동시에 지역화될 수 없다는 **Gabor 제한**(Gabor limit)[5]에서 포착된다.

Gabor 제한은 주파수를 지역화하고 시간을 지역화하는 것의 근본적인 절충안으로 만든다. 우리의 목표가 할 수 있는 최선의 균형을 유지하는 것이라면, 맥박의 지속 시간이 우리가 지역화하려고 하는 빈도와 관련이 있어야 한다는 것을

5 Dennis Gabor(1910−1979) 웨이브릿에 대한 그의 업적에 더하여, 홀로그래피를 발명하여 노벨 물리학상을 받은 것으로 알려져 있다.

분명히 하자. 즉 고주파수 톤은 더 짧은 펄스를 수신해야 하며, 저주파 톤은 그림 6.25에서 설명한 것처럼 더 긴 펄스를 수신해야 한다. 펄스는 톤의 적어도 하나의 주기(또는 주기)를 포착할 수 있을 만큼 길어야하지만, 불필요하게 많은 수의 주기를 포착할 수 있을 만큼 길지 않아야 한다. 주기가 주파수에 반비례하므로, 원하는 펄스 지속 시간 또한 주파수에 반비례해야 함을 알 수 있다.

6.5.2 단시간 푸리에 변환 (STFT)

신호의 시간-지역 주파수를 포착하는 한 가지 접근법은 신호를 가로질러 시간의 각 위치에서 윈도우 함수(예를 들어, 가우시안)를 스라이딩하여 윈도우 신호의 푸리에 변환을 계산하는 것이다. **단시간 푸리에 변환**(STFT, short-time Fourier transform) 또는 **윈도우 푸리에 변환**(windowed Fourier transform)으로 알려진 이러한 접근법은 단일 신호에 대해 많은 푸리에 변환을 계산해야 하기 때문에 계산 비용이 많이 든다. 더 중요한 것은 Gabor 제한의 원리를 위반한다는 것인데, 이 신호는 우리가 캡처하려고 하는 빈도와 반비례 관계가 있는 윈도우 함수로 신호를 곱해야 한다. 즉, 높은 주파수는 좁은 윈도우를 필요로 하고, 낮은 주파수는 넓은 윈도우를 필요로 한다.

그러나 STFT는 주파수를 추출하기 전에 윈도우 함수로 인해 신호를 곱하기 때문에 모든 주파수를 동일한 윈도우 함수에 적용한다. 윈도우 기능은 고주파수에서는 너무 넓고 저주파수에서는 너무 좁을 수 밖에 없다. 우리가 필요로 하는 것은 우리가 신호로부터 추출하려고 하는 주파수에 기초하여 신호에 적용된 윈도우 기능을 적응적으로 조정하는 방법이다. 이 목표는 언뜻보기에 엄청나게 어렵거나 불가능한 것처럼 보일 수 있지만, 실제로는 이를 달성하기 위한 간단하고 계산상 효율적인 방법, 즉 웨이브릿 변환이 있다.

6.6 이산 웨이브릿 변환 (DWT)

웨이브릿 변환의 핵심 아이디어는 주파수 위치를 결정할 때 주파수가 고려되는 방식으로 신호의 주파수 위치를 결정하는 것이다. 푸리에 변환과 마찬가지로, 웨이브릿 변환은 이산 또는 연속일 수 있으며, 무한 지속 기간 또는 유한 지속 기간 신호에 적용될 수 있다. 우리는 **이산 웨이브릿 변환**(DWT)이 이해하기 쉽고 실용적이기 때문에 주로 주목할 것이다. 그러나 대부분의 경우, 아래의 논의는 모든 웨이브릿 버전에 똑같이 적용된다.

푸리에 변환과 마찬가지로, 그 기본 함수는 사인과 코사인이며, 웨이브릿 변환은 또한 신호를 기저 함수에 투영한다. $\psi(x)$로 표시된 **마더 웨이브릿**(mother wavelet)으로 시작하여, 웨이브릿 변환 기저 함수는 마더 웨이브릿을 스케일링하고 쉬프팅함으로써 얻어진다.

$$\psi_{a,b}(x) \equiv \frac{1}{\sqrt{a}}\psi\left(\left\lfloor\frac{x-b}{a}\right\rfloor\right) \tag{6.155}$$

여기서 이동 b는 웨이브릿의 위치를 결정하며, 스케일링(또는 확장) $a>0$이 주파수를 결정한다. $\psi=\psi_{1,0}$을 주목하라. 정규화 $\frac{1}{\sqrt{a}}$는 $\|\psi_{a,b}(x)\|$가 a 또는 b의 영향을 받지 않도록 한다. 이산 신호의 경우, a와 b는 모두 정수이고 floor 연산자는 마더 웨이브릿에 대한 인수가 정수인지 확인하는 데 필요하다. 연속 신호의 경우, floor 연산자를 제거할 수 있고, a와 b는 실수이다.

1D 이산 신호 $g(x)$의 **이산 웨이브릿 변환**(DWT)은 $G(a, b)$ 값들의 2D 배열이다. 여기서 배열의 각 요소는 적절한 웨이브릿 함수와 신호의 요소적 곱의 합이다.

$$G(a,b) \equiv \sum_{x} g(x)\psi_{a,b}(x) \tag{6.156}$$

이 방정식은 1D 함수 $g(x)$를 2D 함수 $G(a, b)$로 대체하기 때문에 웨이브릿 변환이 매우 자연스럽고 중복적이라는 것을 분명히 나타낸다. a와 b가 임의의 정수 값을 취하도록 허용되면, 변환은 원본 신호를 충실히 표현하는 데 필요한 것보다 많은 정보를 포함하고 있기 때문에 **과잉**이다(overcomplete). 웨이브릿 변환의 장점은 이 중복성을 제거할 수 있으며, a와 b를 적절하게 간격을 둠으로써 필수 정보를 모두 보유할 수 있다. 길이 w를 갖는 신호에 대해, 전형적으로 $a=2^j$과 $b=2ak$를 설정하며, 여기서 $j=0, \ldots, \log_2 w-1$이고 $k=0, \ldots, \frac{w}{2a}-1$이다. 그 결과, 연속적인 주파수가 옥타브로 분리되고, 이동은 인접한 웨이브릿을 잘 분리된 상태로 유지한다. 이를 **임계 샘플링**(critical sampling)이라고하며, Gabor 제한에서 말하는 것처럼, 지나치게 중복되지 않는 신호를 정확하게 나타내자는 디자인 목표의 균형을 이루는 **스파스 기저 함수**(sparse basis

j	a	k	b
0	1	0,1,2,3	0,2,4,6
1	2	0,1	0,4
2	4	0	0

표 6.3 8-요소 입력를 위한 완전 웨이브릿 기저를 생성하는 데 필요한 a와 b의 값.

functions)을 제공한다. 임계적으로 샘플링된 웨이브릿 변환은 원래 신호의 정보를 정확하게 보유하므로, 역함수를 계산할 수 있기 때문에 **완전**(complete)이라고 한다.

예를 들어, $w = 8$일 때, 우리는 $j \in \{0, 1, 2\}$을 가지며, k 값은 표 6.3에서와 같이 j에 의존한다. 표의 각 항목은 $w = 8$에 대한 웨이브릿 기저 함수 중 하나를 산출하므로, 7개의 기저 함수(첫 번째 행에 4, 두 번째 행에 2, 아래 행에 1)가 있다. 결과적으로 식 (6.156)을 사용하여 8개 요소의 신호를 기저 함수에 투영하면, 7개의 값만 출력으로 얻어지므로 정보가 손실된다. 따라서 중복 정보를 제거하려는 시도에서 너무 많은 정보를 제거했다. 이 문제는 임계 샘플링이 수행될 때마다 원본 신호의 모든 정보를 보존하는 데 필요한 추가 기저 함수로 보강함으로써 쉽게 수정된다.

일반적으로 **파더 웨이브릿**(또는 스케일링 함수)라고 불리는 이 추가 기저 함수는 $\phi(x)$로 표시되고, 마더 웨이브릿 $\psi(x)$와 유사하다. 흔히, 웨이브릿 변환은 **직교**(orthogonal)이며, 이는 마더 및 파더 웨이브릿이 짝수 배수로 이동될 때 공간에 대한 정규 직교를 형성한다는 것을 의미한다.

$$\sum_x \psi(x-2i)\psi(x-2j) = \sum_x \phi(x-2i)\phi(x-2j) = \begin{cases} 1 & \text{if } i = j \\ 0 & \text{otherwise} \end{cases} \quad \textbf{(6.157)}$$

$$\sum_x \psi(x-2i)\phi(x-2j) = 0 \quad \textbf{(6.158)}$$

여기서 i와 j는 임의의 정수이다. 마더 웨이브릿에 직교인 파더 웨이브릿을 생성하려면, 단순히 값의 순서를 반대로하고 다른 모든 요소를 무효화하면 된다.

$$\phi(x) = (-1)^{x+1}\psi(w-1-x) \quad \textbf{(6.159)}$$

여기서 w는 커널의 길이이며, 짝수이다.

6.6.1 Haar 웨이브릿

가장 단순하고 가장 오래된 웨이브릿 유형은 **Harr 웨이브릿**(Haar wavelets)이다. 연속 영역에서 Harr 마더 웨이브릿은 단순히 반대 부호의 인접한 두 개의

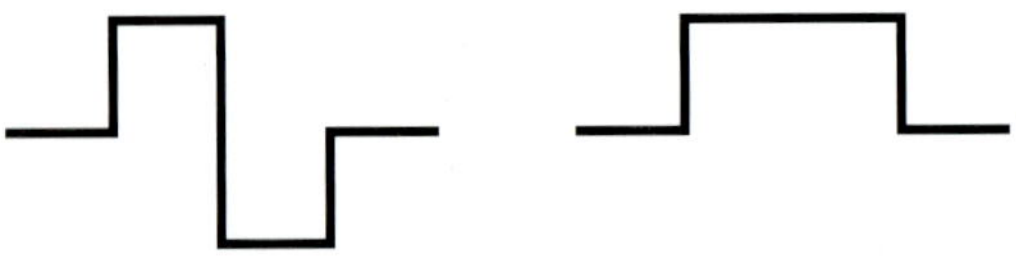

그림 6.26 Harr 기저 함수는 박스카(boxcar) 함수에 근거한다. 마더 웨이브릿(왼쪽)과 파더 웨이브릿(오른쪽)을 보인다.

boxcar 함수이다.

$$\psi(x) = \begin{cases} 1 & \text{if } 0 < x < \frac{1}{2} \\ -1 & \text{if } \frac{1}{2} < x < 1 \\ 0 & \text{otherwise} \end{cases} \tag{6.160}$$

웨이브릿 함수는 그림 6.26과 같이 임계적으로 샘플링 된다. 이산 영역에서 Harr 마더 웨이브릿은 1의 시퀀스이고, 그 다음에는 스케일링과 함께 −1의 시퀀스가 이어진다. Harr 웨이브릿은 웨이브릿 변환에 대해 배우는 가장 쉬운 방법 일뿐만 아니라, 상업적으로 사용 가능한 얼굴 검출기에 사용되는 특징과 같이 널리 사용되는 기술의 기초를 형성한다. 이 인기는 단순한 합과 차이에 의존한 계산 속도에서 비롯된다.

이산 마더 Harr 웨이브릿은 $x = 0$에서 1이고, $x = 1$에서 −1이다. 적절하게 스케일되어 노름은 1이다.

$$\psi(x) \equiv \frac{1}{\sqrt{2}} \begin{cases} 1 & \text{if } x = 0 \\ -1 & \text{if } x = 1 \\ 0 & \text{otherwise} \end{cases} \tag{6.161}$$

Harr 웨이브릿을 이산 배열로 나타내려면, 단순히 0을 무시(암시적으로 양방향으로 배열을 확장함)한다.

$$\phi(x) = \frac{1}{\sqrt{2}} [\underline{1} \quad 1] \quad (\text{father wavelet}) \tag{6.162}$$

$$\psi(x) = \frac{1}{\sqrt{2}} [\underline{1} \quad -1] \quad (\text{mother wavelet}) \tag{6.163}$$

여기서 파더 웨이브릿은 식 (6.159)의 QMF 관계에 의해 얻어진다. ψ는 고역통과 필터처럼 작용한다. 그리고 $\sum_x \psi(x) = 0$. 마찬가지로 ϕ는 저역통과 필터처럼 작용하지만, 저역통과 컨볼루션 커널과는 달리 요소의 합은 1이 아니라, 신호의 에너지가 1이다. 즉, $\sum_x \phi(x) \neq 1$이지만 $\sum_x \phi^2(x) = 1$이다. 결과적으로, 파더 웨이브릿은 영상의 경우, 영상을 밝게하는 전체 신호 레벨을 높이는 효과가 있다. 쿼드러처 미러(quadrature mirror) 관계로 인해 고역통과 필터의 에너지도 1: $\sum_x \psi^2(x) = 1$이 된다.

예제 6.6 이산 Harr 웨이브릿이 (6.159)를 만족하며 직교임을 보여라.

풀이 커널의 길이는 $w=2$이다. 식 (6.163)으로부터 $\psi(0)=-\psi(1)=\frac{1}{\sqrt{2}}$을 얻는다. 방정식 (6.159)에 대입하면 결과는 다음과 같다.

$$\phi(0) = (-1)^1\psi(2-1-0) = -\psi(1) = \frac{1}{\sqrt{2}} \tag{6.164}$$

$$\phi(1) = (-1)^2\psi(2-1-1) = \psi(0) = \frac{1}{\sqrt{2}} \tag{6.165}$$

이것은 실제로 방정식 (6.162)과 일치한다. 방정식 (6.157) – (6.158)이 만족된다는 것을 보여주는 것은 쉽다.

$$\left(\frac{1}{\sqrt{2}}\right)^2 + \left(\frac{1}{\sqrt{2}}\right)^2 = \left(\frac{1}{\sqrt{2}}\right)^2 + \left(-\frac{1}{\sqrt{2}}\right)^2 = 1 \tag{6.165}$$

$$\left(\frac{1}{\sqrt{2}}\right)^2 - \left(-\frac{1}{\sqrt{2}}\right)^2 = 0 \tag{6.166}$$

예제 6.7 수식 (6.161)에 Harr 마더 웨이브릿의 이동되고 스케일된 버전 $\psi_{1,1}$과 $\psi_{2,0}$을 쓰라.

풀이 $b=1$로 설정하면 웨이브릿이 오른쪽으로 1 쉬프트 된다.

$$\psi_{1,1}(x) = \frac{1}{\sqrt{2}}\begin{cases} 1 & \text{if } x=1 \\ -1 & \text{if } x=2 \\ 0 & \text{otherwise} \end{cases} \tag{6.168}$$

$\psi_{1,1}(x)=\psi(x-1)$이기 때문이다. 마찬가지로, $a=2$로 설정하면 웨이브릿의 폭은 2로 확장된다.

$$\psi_{2,0}(x) = \frac{1}{2}\begin{cases} 1 & \text{if } x=0 \\ 1 & \text{if } x=1 \\ -1 & \text{if } x=2 \\ -1 & \text{if } x=3 \\ 0 & \text{otherwise} \end{cases} \tag{6.169}$$

$\psi_{2,0}(x)=\frac{1}{\sqrt{2}}\psi\left(\left\lfloor\frac{x}{2}\right\rfloor\right)$이기 때문이다. 정규화 계수는 신호의 에너지가 일정하게 유지되도록 한다. $\|\psi_{1,0}(x)\|=\|\psi_{1,1}(x)\|=\|\psi_{2,0}(x)\|=1$이다. 결과는 그림 6.27에 표시되어 있다.

이산 Harr 웨이브릿 변환에 대한 기저 함수는 적절하게 스케일된 파더 웨이브릿과 함께 마더 웨이브릿의 스케일되고 이동된 버전이다. 예를 들어, $w=8$을

그림 6.27 예 6.6의 웨이브릿. 왼쪽에서 오른쪽: 이산 Harr 마더 웨이브릿, 이동된 버전, 스케일된 버전.

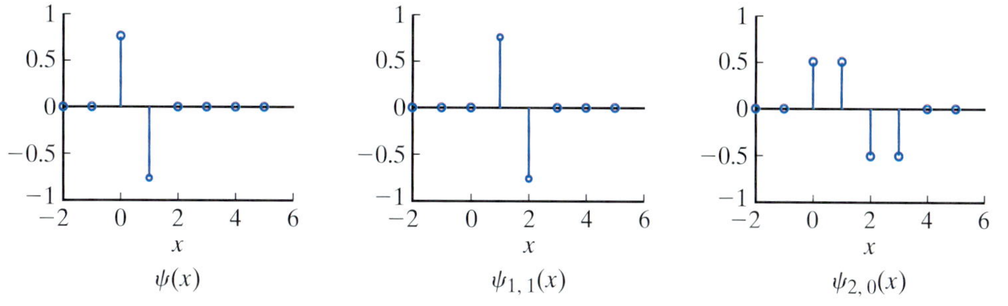

갖는 신호의 경우, 이러한 스케일과 이동은 표 6.3의 값에 의해 주어진다. 단순화를 위해 정규화를 무시하면, 스케일된 파더 웨이브릿($j=2$, $a=4$)는 8개의 1로 구성된다. 그에 대응하는 스케일된 마더 웨이브릿은 4개의 1과 4개의 −1로 구성된다. 다음 스케일($j=1$, $a=2$)에서, 후자의 웨이브릿의 폭은 2의 인수에 의해 감소되므로, 2개의 1과 2의 −1로 구성되며, 나머지 요소는 0으로 채워진다. 이 스케일에서 변환은 스케일 내에서 웨이브릿 함수의 0이 아닌 요소들의 중첩을 피하기 위해 $b=0$ 또는 $b=4$이다.

가장 정밀한 스케일($j=0$, $a=1$)에서 웨이브릿 함수의 0이 아닌 요소들의 폭은 단지 2이며, 이동은 0, 2, 4 및 6이다. 이러한 기저 함수는 표 6.4와 같이 요약될 수 있는데, 여기에서 양의 부호 (+)는 숫자 +1을 나타내고, 음의 부호 (−)는 숫자 −1을 나타낸다. 이러한 기저 함수는 그림 6.28에 표시된다.

j	k	a	b	basis function
2	0	4	0	$\phi_{4,0} = \eta_j\,[+\ +\ +\ +\ +\ +\ +\ +]$
2	0	4	0	$\psi_{4,0} = \eta_j\,[+\ +\ +\ +\ -\ -\ -\ -]$
1	0	2	0	$\psi_{2,0} = \eta_j\,[+\ +\ -\ -\ 0\ 0\ 0\ 0]$
1	1	2	4	$\psi_{2,4} = \eta_j\,[0\ 0\ 0\ 0\ +\ +\ -\ -]$
0	0	1	0	$\psi_{1,0} = \eta_j\,[+\ -\ 0\ 0\ 0\ 0\ 0\ 0]$
0	1	1	2	$\psi_{1,2} = \eta_j\,[0\ 0\ +\ -\ 0\ 0\ 0\ 0]$
0	2	1	4	$\psi_{1,4} = \eta_j\,[0\ 0\ 0\ 0\ +\ -\ 0\ 0]$
0	3	1	6	$\psi_{1,6} = \eta_j\,[0\ 0\ 0\ 0\ 0\ 0\ +\ -]$

표 6.4 8-요소 이산 Harr 웨이브릿의 기저 함수들, 여기서 + 는 +1을 −는 −1을 의미한다. 스케일링 요소는 $\eta_j = 2^{-(j+1)/2} = \frac{1}{\sqrt{2a}}$이고, 이것은 첫 두 개 행에 대해 $\frac{1}{2}$이고, 다음 두 개 행에 대해 $\frac{1}{2\sqrt{2}}$이다. 아래 4개 행에 대해 $\frac{1}{\sqrt{2}}$로 유도한다.

그림 6.28 완전 8–요소 이산 Harr 웨이브릿을 위한 8 기저 함수들.

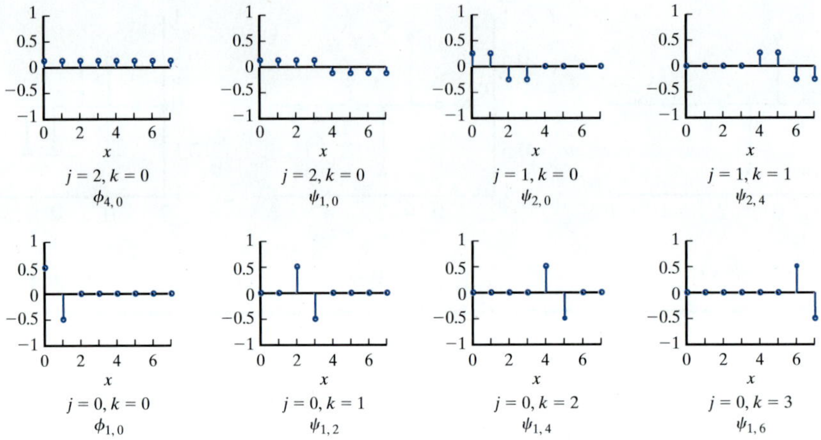

예제 6.8

Harr 웨이브릿을 사용하여 1D 신호 $g(x) = [1\ \ 7\ \ 3\ \ 0\ \ 5\ \ 4\ \ 2\ \ 9]$의 이산 웨이브릿 변환을 계산하라. 단순화를 위해 정규화 과정을 무시하라.

풀이

DWT를 계산하기 위해 단순히 신호와 기저 함수와의 요소별 곱을 합친다. 기저 함수는 +1 또는 −1로만 구성되므로, 이 절차에서 단순히 값을 더하거나 뺄 필요가 있다. $G(0, 0)$이 스케일된 파더 웨이브릿에서 얻은 DC 성분을 나타내도록 하면, 다음과 같이 된다.

$$G(0,0) = 1 + 7 + 3 + 0 + 5 + 4 + 2 + 9 = \boxed{31} \tag{6.170}$$

$$G(4,0) = 1 + 7 + 3 + 0 - 5 - 4 - 2 - 9 = \boxed{-9} \tag{6.171}$$

$$G(2,0) = 1 + 7 - 3 - 0 = \boxed{5} \tag{6.172}$$

$$G(2,4) = 5 + 4 - 2 - 9 = \boxed{-2} \tag{6.173}$$

$$G(1,0) = 1 - 7 = \boxed{-6} \tag{6.174}$$

$$G(1,2) = 3 - 0 = \boxed{3} \tag{6.175}$$

$$G(1,4) = 5 - 4 = \boxed{1} \tag{6.176}$$

$$G(1,6) = 2 - 9 = \boxed{-7} \tag{6.177}$$

최종 웨이브릿 변환은 이 8가지 값으로 구성되며, 관례에 따라 저주파수 구성 요소 다음에 점점 더 높은 주파수의 구성 요소가 정렬된다. $\mathcal{W}\{g\} = [31, -9, 5, -2, -6, 3, 1, -7]$이다. 나중에 보게 되겠지만, 이 변환은 반전 가능하므로 원래 신호는 이 8개의 값에서 쉽게 복구될 수 있다.

6.6.2 행렬곱으로서 DWT

이산 푸리에 변환(DFT)이 행렬 곱셈으로 간주될 수 있음을 보여 주듯이[6] 이산 웨이 브릿 변환(DWT)도 가능하다. 예를 들어, 8 요소 신호의 경우, Harr 웨이 브릿 행렬은 다음과 같다.

$$\begin{bmatrix} G(0) \\ G(1) \\ G(2) \\ G(3) \\ G(4) \\ G(5) \\ G(6) \\ G(7) \end{bmatrix} = \underbrace{\frac{1}{\sqrt{2}} \begin{bmatrix} 1/2 & 1/2 & 1/2 & 1/2 & 1/2 & 1/2 & 1/2 & 1/2 \\ 1/2 & 1/2 & 1/2 & 1/2 & -1/2 & -1/2 & -1/2 & -1/2 \\ 1/\sqrt{2} & 1/\sqrt{2} & -1/\sqrt{2} & -1/\sqrt{2} & 0 & 0 & 0 & 0 \\ 0 & 0 & 0 & 0 & 1/\sqrt{2} & 1/\sqrt{2} & -1/\sqrt{2} & -1/\sqrt{2} \\ 1 & -1 & 0 & 0 & 0 & 0 & 0 & 0 \\ 0 & 0 & 1 & -1 & 0 & 0 & 0 & 0 \\ 0 & 0 & 0 & 0 & 1 & -1 & 0 & 0 \\ 0 & 0 & 0 & 0 & 0 & 0 & 1 & -1 \end{bmatrix}}_{\mathbf{H}_8} \begin{bmatrix} g(0) \\ g(1) \\ g(2) \\ g(3) \\ g(4) \\ g(5) \\ g(6) \\ g(7) \end{bmatrix} \quad (6.178)$$

여기서 식 (6.170)−(6.177)에서와 같이 $G(i)$를 출력의 i번째 요소로 정의한다. 이 행렬이 직교임을 쉽게 확인할 수 있다. 즉, $\mathbf{H}_8\mathbf{H}_8^\mathsf{T} = \mathbf{H}_8^\mathsf{T}\mathbf{H}_8 = \mathbf{I}_{\{8\times 8\}}$이다.

6.6.3 고속 웨이브릿 변환 (FWT)

앞의 예에서, 웨이브릿 함수의 스케일된 버전이 반복적으로 적용되었다. 방정식 (6.170)−(6.177)을 검토하면, 이 접근법은 상당한 양의 중복 계산을 필요로 함을 알 수 있다. **고속 웨이브릿 변환**(fast Wavelet transform, FWT)이라고 하는 훨씬 빠른 방식은 먼저 고주파수와 저주파수 성분을 계산한 다음, 저역 통과 신호를 다운 샘플링하고 신호 길이가 너무 짧아서 계속 진행할 수 없을 때까지 반복한다. 보다 구체적으로, g가 신호이면, ϕ는 저역통과 커널이고, ψ는 고역통과 커널이면, 단일 해상도에서의 계산은 다음과 같이 주어진다.

$$g_{low}(x) = (g \check{\circledast} \phi) \downarrow 2 = \sum_k g(2x+k)\phi(k) \quad (6.179)$$

$$g_{high}(x) = (g \check{\circledast} \psi) \downarrow 2 = \sum_k g(2x+k)\psi(k), \quad (6.180)$$

서브 샘플링 연산자는 $(g\downarrow k)(x) = g(kx)$로 정의된다. 다른 말로하면, 우리는 개념적으로 커널이 뒤집히지 않기 때문에 교차상관을 생각할 수 있다. (따라서, 심볼은 $\check{\circledast}$이다) 신호 g를 커널 ϕ와 ψ와 비교하고, 그 결과를 2로 다운 샘플링하여 저역통과 및 고역통과 신호를 얻는다 – 이것은 방정식 중간에 표시된다. 그

6 6.2.8절(p. 358).

알고리즘 6.5 Harr 기저 함수를 사용해 1D 신호의 이산 웨이브릿 변환 계산

```
FASTWAVELETTRANSFORMHAAR(g[0], ..., g[w − 1])

Input:  real 1D signal g of length w, which is a power of 2
Output: DWT of g (low frequency followed by increasingly higher frequencies)
1 G_lowpass, G_highpass ← HAARONELEVEL(g[0], ..., g[w − 1])
2 if w == 2 then
3     return [G_lowpass  G_highpass]
4 else
5     return [FASTWAVELETTRANSFORMHAAR(G_lowpass)  G_highpass]

HAARONELEVEL(g[0], ..., g[w − 1])

1 for k ← 0 to w/2 − 1 do
2     v_0 ← g[2 * k]
3     v_1 ← g[2 * k + 1]
4     G_lowpass[k] ← v_0 + v_1
5     G_highpass[k] ← v_0 − v_1
6 return G_lowpass, G_highpass
```

러나 실제로는 방정식의 오른쪽에 표시된 대로 매번 두 샘플씩 커널을 이동하면 낭비되는 계산을 피할 수 있다.

한 해상도에 대해 저주파 성분과 고주파 성분이 계산된 후, 저주파 성분은 다음 해상도를 위한 신호로서 사용된다. 즉, 해상도 i에서 방정식 (6.179)-(6.180)은 다음이 된다.

$$g_{low}^{(i+1)}(x) = (g_{low}^{(i)} \check{\circledast} \phi) \downarrow 2 = \sum_k g_{low}^{(i)}(2x+k)\phi(k) \qquad \textbf{(6.181)}$$

$$g_{high}^{(i+1)}(x) = (g_{low}^{(i)} \check{\circledast} \psi) \downarrow 2 = \sum_k g_{low}^{(i)}(2x+k)\psi(k) \qquad \textbf{(6.182)}$$

여기서 $g_{low}^{(0)} \equiv g$는 원 신호이다. 신호가 각 반복마다 2씩 다운 샘플링되므로, 신호의 길이 w가 2의 거듭 제곱이면 이 방법은 간단하다. 그렇지 않은 경우, 제로 패딩이 필요하다. 최종 웨이브릿 변환은 모든 레벨의 고주파 성분을 최저 레벨의 저주파 성분과 함께 벡터로 스태킹함으로써 주어진다.

FWT에 대한 의사코드는 알고리즘 6.5에서 제공되며, 여기서 3행과 5행은 저역통과 성분과 고역통과 성분의 연결을 나타낸다. FFT와는 달리, 방대한 서술로 인해 텍스트에서 설명이 생략되었지만, FWT는 특히 Harr 웨이브릿의 경우에 이해하고 구현하기 쉽다. 사실, 웨이브릿 변환은 공학적인 절충안을 만들 필요가 없는 드문 경우 중 하나이다. 웨이브릿 변환은 푸리에 변환보다 많은 정보

를 제공 할뿐만 아니라, 이를 계산하는 알고리즘은 구현하기가 훨씬 쉽고 빠르게 실행된다. w가 신호의 길이인 경우, FWT는 FFT에 대한 $O(w \log w)$ 점근적 실행 시간과 비교하여 선형 $O(w)$ 시간으로 계산할 수 있다.

예제 6.9 Harr 웨이브릿을 사용하여 고속 웨이브릿 변환(FWT)을 $g^{(0)} = g(x) = [1\ \ 7\ \ 3\ \ 0\ \ 5\ \ 4\ \ 2\ \ 9]$ 신호에 적용한다. 단순화를 위해 정규화를 무시하라.

풀이 정규화를 무시하므로, 단순히 신호의 이웃 요소들의 쌍을 더하고 뺀다.

$$\begin{array}{llll} 1+7=\ 8 & 3+0=3 & 5+4=9 & 2+9=11 \\ 1-7=\boxed{-6} & 3-0=\boxed{3} & 5-4=\boxed{1} & 2-9=\boxed{-7} \end{array}$$

합계에 같은 절차를 반복하라.

$$\begin{array}{ll} 8+3=11 & 9+11=20 \\ 8-3=\boxed{5} & 9-11=\boxed{-2} \end{array}$$

다시 반복,

$$\begin{array}{l} 11+20=\boxed{31} \\ 11-20=\boxed{-9} \end{array}$$

알고리즘 6.5의 규약을 사용하여, 표시된 결과가 역순으로 연결되어 저주파 성분이 먼저 나온다. 결과적인 웨이브릿 변환은 따라서 $\mathcal{W}\{g\} = [31\ \ -9\ \ 5\ \ -2\ \ -6\ \ 3\ \ 1\ \ -7]$이며, 이는 예제 6.8에서 얻은 결과와 정확히 동일하다.

또는 식 (6.181)과 (6.182)를 적용할 수 있다.

$$g^{(1)}(x) = \frac{1}{\sqrt{2}}[1+7\quad 3+0\quad 5+4\quad 2+9] = \frac{1}{\sqrt{2}}[8\quad 3\quad 9\quad 11] \tag{6.183}$$

$$g^{(1)}_{high}(x) = \frac{1}{\sqrt{2}}[1-7\quad 3-0\quad 5-4\quad 2-9] = \frac{1}{\sqrt{2}}\left[\boxed{-6}\ \boxed{3}\ \boxed{1}\ \boxed{-7}\right] \tag{6.184}$$

다음 해상도에서,

$$g^{(2)}(x) = \frac{1}{2}[8+3\quad 9+11] = \frac{1}{2}[11\quad 20] \tag{6.185}$$

$$g^{(2)}_{high}(x) = \frac{1}{2}[8-3\quad 9-11] = \frac{1}{2}\left[\boxed{5}\ \boxed{-2}\right] \tag{6.186}$$

최종 해상도에서,

$$g^{(3)}(x) = \frac{1}{2\sqrt{2}}[11+20] = \frac{1}{2\sqrt{2}}\left[\boxed{31}\right] \quad (6.187)$$

$$g_{high}^{(3)}(x) = \frac{1}{2\sqrt{2}}[11-20] = \frac{1}{2\sqrt{2}}\left[\boxed{-9}\right] \quad (6.188)$$

이것은 스케일링 팩터를 제외하고는 이전과 동일한 결과이다. 정규화 요소가 원본 신호의 에너지를 보존하는지 확인하려면 다음을 보라.

$$1^2+7^2+3^2+0^2+5^2+4^2+2^2+9^2 = 185$$

$$\left(\frac{31}{2\sqrt{2}}\right)^2+\left(\frac{-9}{2\sqrt{2}}\right)^2+\left(\frac{5}{2}\right)^2+\left(\frac{-2}{2}\right)^2+\left(\frac{-6}{\sqrt{2}}\right)^2+\left(\frac{3}{\sqrt{2}}\right)^2+\left(\frac{1}{\sqrt{2}}\right)^2+\left(\frac{-7}{\sqrt{2}}\right)^2 = 185.$$

6.6.4 역 웨이브릿 변환

푸리에 변환이 역함수를 허용하는 것처럼, 웨이브릿 변환도 허용된다. DWT의 경우, 방금 소개된 행렬 공식을 사용하면 쉽게 역함수를 발견할 수 있다. 예를 들어, 순방향 Harr 변환은 다음과 같다.

$$\begin{bmatrix} v_0' \\ v_1' \end{bmatrix} = \frac{1}{\sqrt{2}}\begin{bmatrix} 1 & 1 \\ 1 & -1 \end{bmatrix}\begin{bmatrix} v_0 \\ v_1 \end{bmatrix} \quad (6.189)$$

여기서 $v_0 \equiv g(2x)$이고, $v_1 \equiv g(2x+1)$이고, $v_1' \equiv g_{low}(x)$이며, $v_1' \equiv g_{high}(x)$이다. 행렬이 자신의 역행렬임을 쉽게 알 수 있으므로, 다음과 같다.

$$\begin{bmatrix} v_0 \\ v_1 \end{bmatrix} = \frac{1}{\sqrt{2}}\begin{bmatrix} 1 & 1 \\ 1 & -1 \end{bmatrix}\begin{bmatrix} v_0' \\ v_1' \end{bmatrix} \quad (6.190)$$

푸리에 변환과 마찬가지로 순방향과 역방향 정규화 계수의 특정 값은 곱이 (Haar의 경우) $\frac{1}{\sqrt{2}} \cdot \frac{1}{\sqrt{2}} = \frac{1}{2}$인 한 중요하지 않다. 따라서 정규화 인수를 역변환에 배치하는 것이 일반적으로 더 편리하다.

$$\begin{bmatrix} v_0' \\ v_1' \end{bmatrix} = \begin{bmatrix} 1 & 1 \\ 1 & -1 \end{bmatrix}\begin{bmatrix} v_0 \\ v_1 \end{bmatrix} \quad (6.191)$$

$$\begin{bmatrix} v_0 \\ v_1 \end{bmatrix} = \frac{1}{2}\begin{bmatrix} 1 & 1 \\ 1 & -1 \end{bmatrix}\begin{bmatrix} v_0' \\ v_1' \end{bmatrix} \quad (6.192)$$

v_0, v_1, v_0'과 v_1'의 정의를 상기하고 해상도를 주의하면, 식 (6.192)의 역 Harr 웨이브릿 변환을 다음과 같이 다시 쓸 수 있다.

알고리즘 6.6 Harr 기저 함수를 사용해 1D 신호의 역 DWT 계산

```
FASTINVERSEWAVELETTRANSFORMHAAR(G[0], ..., G[w − 1])

Input:  DWT G of a real 1D signal (low frequency followed by increasingly higher frequencies)
Output: real 1D signal g of length w whose DWT is G
if w == 2 then
    return HAARONELEVELINVERSE(G[0], ..., G[w − 1])
else
    first-half ← G[0], ..., G[w/2 − 1]
    second-half ← G[w/2], ..., G[w]
    return [FASTINVERSEWAVELETTRANSFORMHAAR(first-half)  second-half]

HAARONELEVELINVERSE(G[0], ..., G[w − 1)

for k ← 0 to w/2 − 1 do
    v0 ← G[k]
    v1 ← G[k + w/2]
    g[2 * k] ← (v0 + v1)/2
    g[2 * k + 1] ← (v0 − v1)/2
return g
```

$$g^{(i-1)}(2x) = \frac{1}{2}\left(g_{low}^{(i)}(x) + g_{high}^{(i)}(x)\right) \qquad \textbf{(6.193)}$$

$$g^{(i-1)}(2x+1) = \frac{1}{2}\left(g_{low}^{(i)}(x) - g_{high}^{(i)}(x)\right) \qquad \textbf{(6.194)}$$

알고리즘 6.6에 의사코드가 있다.

예제 6.10

이전 예제에서 우리는 $\mathcal{W}\{[1\ 7\ 3\ 0\ 5\ 4\ 2\ 9]\} = [31\ \ -9\ 5\ \ -2\ \ -6\ 3\ 1\ \ -7]$을 얻었다. 식 (6.191)의 간소화된 정규화를 사용하여, 이 결과를 검증하기 위해 결과에 역 고속 웨이브릿 변환을 적용하라.

풀이

역 웨이브릿 변환의 처음 두 값에 식 (6.192)을 적용하면 다음과 같이 된다.

$$f^{(2)}[2n] = \frac{1}{2}[31 + (-9)] = [11] \qquad \textbf{(6.195)}$$

$$f^{(2)}[2n+1] = \frac{1}{2}[31 - (-9)] = [20] \qquad \textbf{(6.196)}$$

값을 연결하면 $f^{(2)}[n] = [11\ \ 20]$가 된다. 다음 해상도에서, 이 두 값은 다음 두 시퀀스와 결합된다.

$$f^{(1)}[2n] = \frac{1}{2}[11 + 5 \quad 20 + (-2)] = [8 \quad 9] \qquad \textbf{(6.197)}$$

$$f^{(1)}[2n+1] = \frac{1}{2}[11 - 5 \quad 20 - (-2)] = [3 \quad 11] \qquad \textbf{(6.197)}$$

짝수 및 홀수 인덱스에 대해 이 값을 인터리빙하면 $f^{(1)}[n] = [8 \ \ 3 \ \ 9 \ \ 11]$가 된다. 이 4가지 값은 마지막 4가지와 결합된다.

$$f^{(0)}[2n] = \frac{1}{2}[8+(-6) \quad 3+3 \quad 9+1 \quad 11+(-7)] = [1 \quad 3 \quad 5 \quad 2] \tag{6.199}$$

$$f^{(0)}[2n+1] = \frac{1}{2}[8-(-6) \quad 3-3 \quad 9-1 \quad 11-(-7)] = [7 \quad 0 \quad 4 \quad 9] \tag{6.200}$$

다시 이 값을 인터리빙하면 $f^{(0)}[n] = [1 \ \ 7 \ \ 3 \ \ 0 \ \ 5 \ \ 4 \ \ 2 \ \ 9]$가 되어, 우리가 기대하는 것이다.

고속 웨이브릿 변환(FWT)은 여러 해상도에서 신호에 대해 작동한다. 먼저 합과 차이는 원래 해상도에서 계산된다. 그런 다음, 합계를 사용하여 효과적으로 신호를 서브 샘플링하고, 합계와 차이는 원본 샘플의 절반을 포함하는 신호에서 계산된다. 합과 차를 계산하고 다운 샘플링하는 이 과정은 신호가 너무 작아서 계속할 수 없을 때까지 반복한다. 다음 장에서 볼 수 있듯이, FWT와 영상의 잘 알려진 피라미드 분해 사이에는 밀접한 관련이 있다. 신호의 반복적으로 서브 샘플링 된 버전에 연산을 적용하여 각 스케일에서 주파수 정보를 나타낸다. 이러한 알고리즘의 기본 이론은 **다해상도 분석**(MRA, multiresolution analysis)으로 알려져 있으며, 임계적으로 샘플링된 웨이브릿 변환에 적용된다.

6.6.5 Daubechies 웨이브릿

Haar 웨이브릿의 단순성과 대중성에도 불구하고, boxcar 함수의 갑작스런 전환은 일부 어플리케이션에서는 받아들일 수 없는 결과를 만들어 낸다. Haar 웨이브릿의 일반화는 **Daubechies 웨이브릿**이다. 사실 Haar는 Daubechies의 특별한 경우이다. 웨이브릿 패밀리는 전적으로 마더 웨이브릿에 의해 정의되지만, DWT 알고리즘에 의한 계산 효율을 위해서는 파더 웨이브릿(또는 스케일링 함수)이 필요하다는 것을 상기하자. Haar 웨이브릿과 마찬가지로, Daubechies 웨이브릿은 직교하므로, 파더 웨이브릿은 식 (6.159)로부터 결정된다.

Daubechies 웨이브릿의 핵심 아이디어는 정의된 지지 폭(support width)에 대해 가장 많은 수의 **소실 모멘트**(vanishing moment)를 얻는 것이다. 부드러운 신호는 다항식으로 국부적으로 근사 될 수 있으며, 신호의 모멘트는 신호가 다항식에서 x의 제곱과 얼마나 유사한지를 측정한다. 소실 모멘트는 모멘트가 0일 때 발생하며, 신호가 유사하지 않으므로 신호의 하위 다항식 특징이 웨이브릿 변환에 의해 제거되어 상위 차수 특징만 남게 된다. 따라서 소실 모멘트의 수는 웨이브릿의 압축 능력과 관련되므로, Daubechies 웨이브릿은 주어진 계산량(지지 폭)에 대해 최대 압축(어떤 의미에서)을 얻도록 설계된다.

Daubechies 웨이브릿은 2에서 20까지의 짝수인 특정 커널 폭에서 정의된다. Daubechies D2 웨이브릿은 Haar 웨이브릿과 동일하고, D4는 가장 간단한 비 Haar Daubechies 웨이브릿이다. 소실되는 모멘트의 수는 반의 수로 주어지므로, D2에는 1개의 소실 모멘트가 있고(일정한 신호는 0으로 변환), D4에는 2개의 소실 모멘트가 있다(선형으로 경사진 신호는 0으로 변환). 이 커널을 만드는 방법을 논의하는 것은 우리의 범위를 넘어서는 것이지만, 방정식 (6.159)는 웨이브릿 커널로부터 스케일링 커널을 쉽게 결정할 수 있으며, 그 반대의 경우도 마찬가지이다. 특히, 우리는 단순히 값의 순서를 반대로 하고, 다른 모든 요소를 무효화한다. 예를 들어, D2에 대한 스케일링과 웨이브릿 커널은 다음과 같이 주어진다.

$$\phi(x) = \frac{1}{\sqrt{2}}[\underline{1} \quad 1] = [\underline{0.70710678} \quad 0.70710678] \qquad \text{(D2 scaling)} \quad (6.201)$$

$$\psi(x) = \frac{1}{\sqrt{2}}[\underline{1} \quad -1] = [\underline{0.70710678} \quad -0.70710678] \qquad \text{(D2 wavelet)} \quad (6.202)$$

D4에 대한 스케일링과 웨이브릿 커널은 다음과 같다.

$$\phi(x) = \frac{1}{4\sqrt{2}}[\underline{1+\sqrt{3}} \quad 3+\sqrt{3} \quad 3-\sqrt{3} \quad 1-\sqrt{3}] \qquad (6.203)$$

$$\approx [\underline{0.48296291} \quad 0.83651630 \quad 0.22414387 \quad -0.12940952] \qquad \text{(D4 scaling)} \quad (6.204)$$

각 웨이브릿 커널의 요소의 합은 0이고, 각 스케일링 함수의 요소의 합은 $\sqrt{2}$이며, 각 커널의 노름은 1이다. 소실 모멘트를 확인하는 것은 연습문제로 남긴다.

예제 6.11

D4 Daubechies 웨이브릿을 사용하여, 예제 6.9에서 본 $g^{(0)} = g(x)[1 \ 7 \ 3 \ 0 \ 5 \ 4 \ 2 \ 9]$ 신호에 고속 웨이브릿 변환(FWT)을 적용하라. 단순화를 위해 주기성을 가정하라.

풀이

만일 $\phi(x) = [h_0 \ h_1 \ h_2 \ h_3]$라면, $h_0 \approx 0.48$, $h_1 \approx 0.84$, $h_2 \approx 0.22$ 그리고 $h_3 \approx -0.13$이다. 그러면 가장 좋은 해상도의 저역통과 값과 고역통과 값은 다음과 같이 계산된다.

$$\begin{bmatrix} g_{low}^{(1)}(0) \\ g_{low}^{(1)}(1) \\ g_{low}^{(1)}(2) \\ g_{low}^{(1)}(3) \\ g_{high}^{(1)}(0) \\ g_{high}^{(1)}(1) \\ g_{high}^{(1)}(2) \\ g_{high}^{(1)}(3) \end{bmatrix} = \begin{bmatrix} h_0 & h_1 & h_2 & h_3 & 0 & 0 & 0 & 0 \\ 0 & 0 & h_0 & h_1 & h_2 & h_3 & 0 & 0 \\ 0 & 0 & 0 & 0 & h_0 & h_1 & h_2 & h_3 \\ h_2 & h_3 & 0 & 0 & 0 & 0 & h_0 & h_1 \\ h_3 & -h_2 & h_1 & -h_0 & 0 & 0 & 0 & 0 \\ 0 & 0 & h_3 & -h_2 & h_1 & -h_0 & 0 & 0 \\ 0 & 0 & 0 & 0 & h_3 & -h_2 & h_1 & -h_0 \\ h_1 & -h_0 & 0 & 0 & 0 & 0 & h_3 & -h_2 \end{bmatrix} \begin{bmatrix} 1 \\ 7 \\ 3 \\ 0 \\ 5 \\ 4 \\ 2 \\ 9 \end{bmatrix} \approx \begin{bmatrix} 7.011 \\ 2.0520 \\ 5.0445 \\ 7.8128 \\ \boxed{0.8111} \\ \boxed{1.8625} \\ \boxed{-4.2173} \\ \boxed{-4.8203} \end{bmatrix}$$

다음 단계에는 다음과 같다.

$$\begin{bmatrix} g_{low}^{(2)}(0) \\ g_{low}^{(2)}(1) \\ g_{high}^{(2)}(0) \\ g_{high}^{(2)}(1) \end{bmatrix} = \begin{bmatrix} h_0 & h_1 & h_2 & h_3 \\ h_2 & h_3 & h_0 & h_1 \\ h_3 & -h_2 & h_1 & -h_0 \\ h_1 & -h_0 & h_3 & -h_2 \end{bmatrix} \begin{bmatrix} 7.011 \\ 2.0520 \\ 5.0445 \\ 7.8128 \end{bmatrix} \approx \begin{bmatrix} \boxed{5.2222} \\ \boxed{10.2778} \\ \boxed{-0.9208} \\ \boxed{2.4698} \end{bmatrix}$$

이 값을 연결하면 주파수가 증가하는 순서대로 결과가 산출된다. $\mathcal{W}\{g\} = [5.2\ \ 10.3\ \ -0.9\ \ 2.5\ \ 0.8\ \ 1.9\ \ -4.2\ \ -4.8]$이다. 위의 8×8 및 4×4 행렬이 모두 직교하다는 것을 검증하는 것은 쉽다. 이 예제에서 계수가 신호의 주기성을 가정하는 행렬의 에지를 "감싸는" 것을 허용한다(원형 컨볼루션처럼). 이 가정은 경계를 지나 신호를 확장하고, 이동하는 웨이브릿 커널을 수용하기 위해 행렬의 열 수를 증가시킴으로써 제거할 수 있다.

6.6.6 2D 웨이브릿 변환

웨이브릿 변환은 2D로 쉽게 일반화된다. 일반적으로 2D 웨이브릿은 두 개의 1D 웨이브릿의 곱으로 표현될 수 있도록 분리 가능하다. 이 경우 수식 (6.181)−(6.182)은 다음과 같이 확장될 수 있다.

$$g_{LL}^{(i+1)}(x, y) = \sum_{k_x} \sum_{k_y} g_{LL}^{(i)}(2x + k_x, 2y + k_y)\phi(k_x)\phi(k_y) \tag{6.205}$$

$$g_{HL}^{(i+1)}(x,y) = \sum_{k_x} \sum_{k_y} g_{LL}^{(i)}(2x + k_x, 2y + k_y)\psi(k_x)\phi(k_y) \tag{6.206}$$

$$g_{LH}^{(i+1)}(x, y) = \sum_{k_x} \sum_{k_y} g_{LL}^{(i)}(2x + k_x, 2y + k_y)\phi(k_x)\psi(k_y) \tag{6.207}$$

$$g_{HH}^{(i+1)}(x, y) = \sum_{k_x} \sum_{k_y} g_{LL}^{(i)}(2x + k_x, 2y + k_y)\psi(k_x)\psi(k_y) \tag{6.208}$$

여기서, $g_{LL}^{(0)}(x, y) \equiv g(x, y)$이며, $g(x, y)$는 원본 영상이다. 각 반복에서, 웨이브릿을 적용한 후에 신호는 각 방향으로 2만큼 다운 샘플링된다. 이 표기법에서, g_{LL}은 저주파 성분을 양방향으로 포함하고, g_{HL}은 x 방향의 고주파 성분을 포함하지만 y 방향의 저주파수 성분을 포함하고, g_{LH}는 반대이고, g_{HH}는 대각 방향으로 고주파 성분을 포함한다. 다운 샘플된 저주파 버전은 항상 다음 단계의 입력으로 공급된다.

분리 가능성 때문에 식 (6.205)–(6.208)은 계산하기 쉽다. g를 $w \times h$ 영상이라고 하자. 우선, ϕ 및 ψ를 수평 방향으로 영상에 적용하여, 다음을 얻는다.

$$g_L^{(1)}(x, y) \equiv \sum_k g(2x + k, y)\phi(k) \tag{6.209}$$

$$g_H^{(1)}(x, y) \equiv \sum_k g(2x + k, y)\psi(k) \tag{6.210}$$

둘 다의 크기는 $\frac{w}{2} \times h$이다. 그런 다음 ϕ와 ψ를 영상에 수직 방향으로 적용하여, 다음을 얻는다.

$$g_{LL}^{(1)}(x, y) = \sum_k g_L^{(i)}(x, 2y + k)\phi(k) \tag{6.211}$$

$$g_{HL}^{(1)}(x, y) = \sum_k g_H^{(i)}(x, 2y + k)\phi(k) \tag{6.212}$$

$$g_{LH}^{(1)}(x, y) = \sum_k g_L^{(i)}(x, 2y + k)\psi(k) \tag{6.213}$$

$$g_{HH}^{(1)}(x, y) = \sum_k g_H^{(i)}(x, 2y + k)\psi(k) \tag{6.214}$$

4개 모두 크기는 $\frac{w}{2} \times \frac{h}{2}$이다. 즉, 한 번의 반복 작업 후, $w \times h$ 영상이 네 개의 영상으로 대체되었다. 각 영상은 원래 크기의 1/4 크기이다.(물론 순서는 임의적이어서 역전될 수 있다. 즉, 수평보다 먼저 수직이 될 수 있다.) 후속 반복을 위해 $g_{LL}^{(i)}$를 사용하여 이 과정을 반복하면 영상의 2D 웨이브릿 변환이 생성된다. 파더 웨이브릿으로 인해 영상이 밝아지는 것을 방지하기 위해 저역통과 컨볼루션 커널의 정규화 계수가 웨이브릿 정규화 계수 대신 사용된 예는 그림 6.29를 참조하자.

6.6.7 Gabor 웨이브릿

고려할 마지막 웨이브릿은 **Gabor 웨이브릿**이며, 이는 가우시안 윈도우로 곱해진 복잡한 사인 곡선이다. 1D에서, 웨이브릿은 다음에 의해 주어진다.

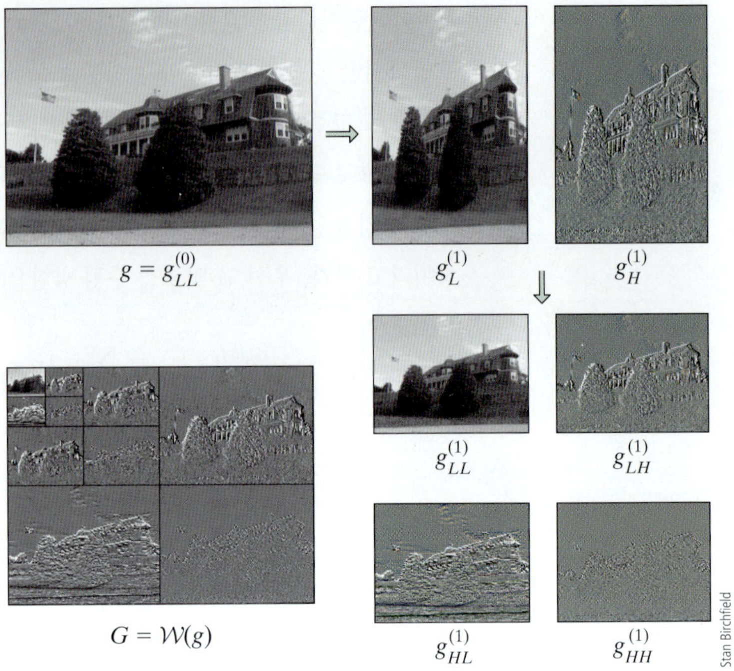

그림 6.29 영상(좌 상단). 영상을 스케일링과 웨이브릿 함수로 컨볼루션하고 다운 샘플링한 결과 $g_L^{(1)}$과 $g_H^{(1)}$(우 상단)이다. $g_L^{(1)}$과 $g_H^{(1)}$ 함께 원 영상과 같은 화소의 수를 가진다. 따라서 같은 정보를 가지고 있다. 과정을 계속하면 웨이브릿 변환의 첫 레벨에 대해 4개의 다운 샘플한 신호를 얻는다(우 하단). 3 레벨 처리 후에 영상의 DWT(좌 하단). 화소의 수는 같고, 변환은 가역적이다.

$$\psi(x) = \underbrace{e^{-\alpha x^2}}_{\text{Gaussian}} \cdot \underbrace{e^{j\omega x}}_{\text{sinusoid}} \tag{6.215}$$

푸리에 변환과 마찬가지로 복소수를 사용하는 것은 수학적으로 편리하다. 개념적으로, Gabor 웨이브릿은 짝수와 홀수 구성 요소로 구성된다. $\psi(x) = \psi_{even}(x) + j\psi_{odd}(x)$, 여기서,

$$\psi_{even}(x) = e^{-\alpha x^2}\cos(\omega x) \tag{6.216}$$

$$\psi_{odd}(x) = e^{-\alpha x^2}\sin(\omega x) \tag{6.217}$$

여기서 $\alpha = 1/(2\sigma^2)$이고, σ는 가우시안 포락선(envelope)의 폭이며,

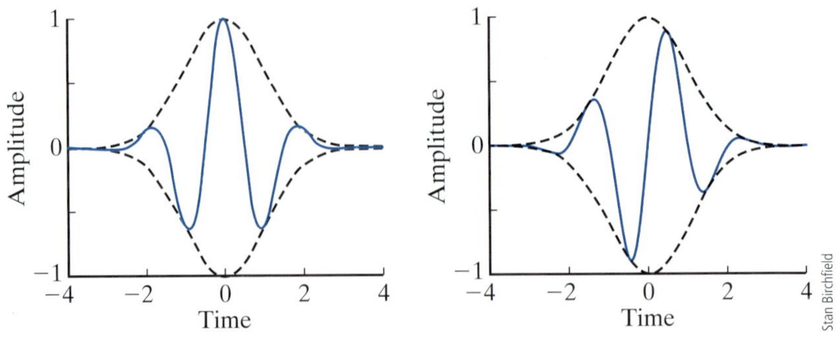

그림 6.30 1D Gabor 웨이브릿, 짝수(좌), 홀수(우) 성분, $\sigma = 1$과 $\tau = 2$를 사용하였다.

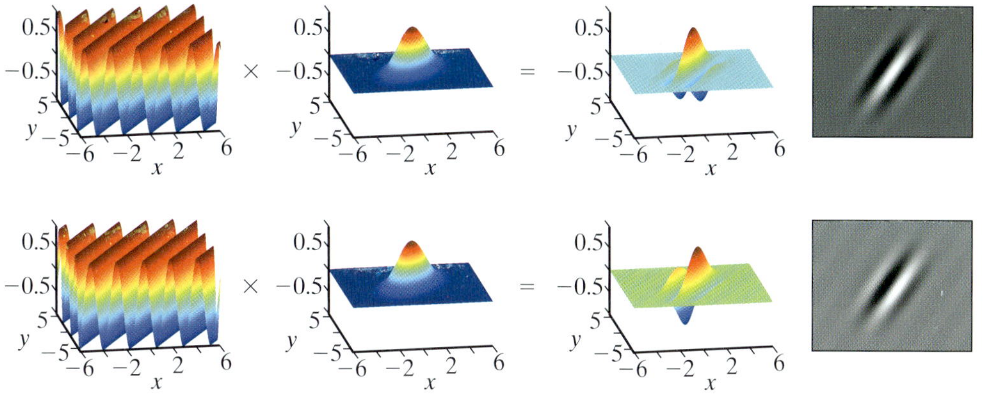

그림 6.31 2D Gabor 웨이브릿은 전파의 방향으로 정렬된 가우시안 윈도우 함수와 평면파 사인을 곱함으로 얻어진다. 짝수(상)와 홀수(하) 성분, 양쪽을 $\sigma = 1$, $\tau = 2$, $\theta = 30°$, $\beta = \alpha/4$로 3D 표현과 영상으로 나타냄.

$\omega = 2\pi f = 2\pi/\tau$는 각 주파수, f는 주파수, τ는 사인 곡선의 주기이다. Gabor 웨이브릿은 공간 및 주파수 영역의 불확실성을 최소화한다는 특성을 가지고 있다.

1D Gabor 웨이브릿이 그림 6.30에 나와 있다. 주 파라미터는 정현파의 주파수 f(또는 동등한 주기 $\tau = 1/f$ 또는 각 주파수 $\omega = 2\pi f$)이다. 2차 파라미터는 $k \equiv \sigma/\tau$이다. 이것은 정현파의 주기에 비례하여 가우시안의 폭을 제어한다. Gabor 제한(그림 6.25 참조)에 대한 논의에서 가우시안 포락선이 너무 넓거나 너무 좁아서는 안된다는 점을 상기하라. 가우시안의 95.45%가 $\pm 2\sigma$ 내에 캡처되고 가우시안이 약 1주기를 포착해야하므로 $k \approx \frac{1}{2}$이므로 $\sigma = \frac{\tau}{2} = \frac{1}{2f}$ 또는 $\alpha = 2f^2$로 설정하는 것이 좋다. 이 비율은 주파수가 1 옥타브만큼 떨어져 있을 때 잘 작동한다. 더 높은 스페이싱을 위해서는 비율이 1.5 옥타브의 간격에 따라 적절하게 감소되어야 한다(예를 들어, $k \approx 0.4$).

Gabor 웨이브릿을 사용하여 1D 신호에 DWT를 적용하기 위해, 앞서 언급한 나이퀴스트 주파수에 따라 관심있는 가장 높은 주파수에서 짝수 및 홀수 구성 요소의 개별 커널이 만들어진다. 높은 주파수는 $\tau > 2$, 일반적으로 최대 섬세 레벨에서 $\tau \approx 3$로 제한한다. 그런 다음, 나머지 원하는 주파수에 대해 개별 커널을 구성하여 원하는 주파수가 될 때까지 주파수를 몇 번씩 줄인다.(인수가 2이면 주파수는 한 옥타브씩 떨어져 있다.) Gabor 웨이브릿은 공간 쉬프트가 주파수 의존적인 것(일반적으로 약 $\tau/2$)을 제외하고는 각 주파수에서 컨볼루션과 같은 연산(요소 단위 곱의 합을 계산)을 수행하여 신호에 적용된다. 이것은 $\psi((x-a)/b)$를 계산하는데, 여기서 매개 변수 a는 공간 쉬프트를 제어하고, b는 주파수 쉬프트를 제어한다. 그 결과는 신호의 완전한 표현(공간과 주파수 간격이 적절하다고 가정)이 된다.

Gabor 웨이브릿은 직교하지 않기 때문에 쉽게 변환할 수 없으므로 압축에서 사용하기에 적합하지 않다. 대신, Gabor 웨이브릿은 신호의 지역적 특징을 검출하기 위해 신호의 다른 위치에서 주파수 정보를 추출하는 데 유용하다.

2D에서, 복소 정현파는 평면파이며, 2D 가우시안 포락선은 각도 θ에 의해 주어진 파동의 방향과 정렬된다. 좌표 변환이 $x' = x \cos\theta - y \sin\theta$이고, $y' = x \sin\theta + y\cos\theta$라면, 2D Gabor 웨이브릿은 다음과 같다.

$$\psi(x, y) = e^{-(\alpha x'^2 + \beta y'^2)} e^{j\omega x'}$$

여기서, $\alpha = 1/(2\sigma^2)$이고, σ는 파동의 방향을 따른 가우시안 포락선의 폭이고, $\omega = 2\pi f = 2\pi/\tau$는 각 주파수이고, f는 주파수이며, τ는 정현파의 주기이다. 일반적으로 $\beta = \alpha/4$를 설정하여, 가우시안이 파의 방향에 직각인 방향으로 두 배 넓게 나타난다. 2D Gabor 웨이브릿이 그림 6.31에 나와 있다.

2D Gabor 웨이브릿은 주파수뿐 아니라 평면에서의 방향에 의해 특징 지어진다. 따라서 공간과 주파수뿐만 아니라 방향에서도 적절한 간격을 선택해야 한다. 그렇지 않으면, 2D Gabor 웨이브릿은 1D Gabor 웨이브릿과 유사한 방식으로 적용된다.

연구에 따르면 포유류의 시각 시스템은 2D Gabor와 비슷한 필터를 적용한다. 즉, 망막 영상으로부터 공간적으로 지역화된 주파수 의존적인 특징을 추출하기 위해 웨이브릿과 유사한 필터를 사용한다. 식 (6.214)의 연속 푸리에 변환은 다음과 같다.

$$\Psi_{\text{Gabor}}(\omega') = \mathcal{F}\{\psi(x)\} = e^{-(\omega' - \omega)^2/\alpha} \tag{6.218}$$

이는 각 주파수 ω에 중심을 둔 가우시안이다. 실제로, 포유 동물의 시각 시스템은 선형 주파수 축이 아닌 대수 주파수 축의 가우시안 모양과 같은 방식으로 정보를 인코딩 한다. 결과적으로 log–Gabor 웨이브릿이 제안되었으며, 다음과 같은 주파수 응답을 갖는다.

$$\Psi_{\text{log-Gabor}}(\omega') = e^{-\frac{(\log \frac{\omega'}{\omega})^2}{2(\log \frac{\zeta}{\omega})^2}} \tag{6.219}$$

여기서 ζ/ω는 주파수 영역에서 가우시안의 폭이 대략 1 옥타브가 되도록 보장하기 위해 선택된다. 선형 주파수 스케일에서 보았을 때, log–Gabor 웨이브릿은 고주파수에서 확장된 테일을 갖는다. 결과적으로, log–Gabor 웨이브릿은 저주파를 과장하는 표준 Gabor 웨이브릿과는 달리 정보를 서로 다른 주파수에 균등하게 분산시킨다. 식 (6.219)의 푸리에 변환의 역함수는 수치적으로 얻을 수 없기 때문에 공간 영역에서 log–Gabor 커널은 수치적으로 얻어야만 한다.

6.7 추가 읽기

푸리에 변환은 푸리에(Fourier), 라그랑주(Lagrange) 그리고 18 세기와 19 세기 초의 다른이들의 업적 덕분이다. FFT 알고리즘은 나중에 Gauss가 1805 년경에 매우 유사한 알고리즘을 발견했음에도 불구하고, Cooley와 Tukey [1965]에 주로 기인한다. Lanczos 필터는 커널이 정수 위치에서 샘플링된 19~51개의 요소를 갖는 Duchon [1979]에 기인한다. 사진 작가(암실에서)를 위한 고전적인 언샤프 마스킹 기술에 대한 자세한 설명은 Bond [1996, 1997]의 일련의 기사에서 제공된다. 또한 Wainwright [2004]의 기사를 참조하라.

웨이브릿은 Haar [1910, 1911]에 의해 처음으로 발명되었다. Daubechies 웨이브릿은 Daubechies [1988]에 의해 처음 제시되었다. 시간–주파수 분석에 대한 Gabor의 기여는 Gabor [1946]에서 찾을 수 있으며, 영상 표현을 위한 Gabor 웨이브릿의 분석은 Lee [1996]에 의한 것이다. 다중 해상도 분석과 피라미드 알고리즘과의 연결은 Mallat [1989]에 기술되어 있다. 또한 Mallat과 Zhong [1992]도 참조하라. Log–Gabor 웨이브릿은 Field [1987]에 기술되어 있다. FBI 지문 압축을 위한 웨이브릿의 사용에 대해서는 Bradley et al. [1993], Bradley와 Brislawn [1994]에서 찾아 볼 수 있다. 책의 공간 제한의 관계로 워터마크의 밀접한 관련 개념을 논의하지는 않았다. 이에 대해 콕스(Cox) et al.의 논문이 있다 [1997].

연습문제

6.1 다음 연속 신호 각각에 대해 주파수를 명시하고 푸리에 변환을 구하시오. (a) $\cos 8\pi t$ (b) $\cos(16t+8)$ (c) $\sin 44t$

6.2 다음을 증명하시오. (a) 짝수 대칭을 지닌 연속적인 신호의 푸리에 변환은 실수이다. (b) 홀수 대칭을 갖는 연속 신호의 푸리에 변환은 허수이다.

6.3 디락 델타 함수와 크로네커 델타의 차이점을 설명하시오.

6.4 나이퀴스트 속도와 나이퀴스트 주파수의 차이점을 설명하시오.

6.5 왜 44.1 kHz가 일반적인 오디오 샘플링 속도인지 설명하시오.

6.6 신호가 1000 Hz에서 샘플링된다고 가정하시오. 다음 각 주파수에 대해 엘리어싱이 일어나는지를 설명하시오. 일어난다면 엘리어싱 주파수는 무엇인가? (a) 300 Hz (b) 600 Hz (c) 1200 Hz

6.7 유한–지속 시간, 이산 신호는 5개의 샘플로 구성된다. 신호의 DFT로 포착

된 이산 주파수를 나열하시오.

6.8 식 (6.16)은 실제로 식 (6.13)의 역함수, 즉 두 식이 푸리에 변환 쌍을 형성한다는 것을 보이시오.

6.9 실제로 식 (6.1)을 직접 구현하는 것이 권장되지 않는 이유를 설명하시오.

6.10 이산 신호 $[\underline{3}\ \ 8\ \ 1\ \ 7]$의 DFT를 손으로 그리고, 기존 소프트웨어 패키지를 사용하여 DFT의 크기와 위상을 계산하시오. 소프트웨어 패키지가 배율인수를 배치하는 위치에 대해 무엇을 추측할 수 있는가?

6.11 $[\underline{1}\ \ 0\ \ \cdots\ \ 0]$의 DFT는 무엇인가?

6.12 다음 신호의 DFT를 계산하시오. 각각의 경우에 DFT가 포착한 주파수의 의미를 설명하시오.

(a) $\cos\frac{2\pi}{8}x,\ x=0,\ \ldots,\ 7$

(b) $\sin\frac{2\pi}{8}x,\ x=0,\ \ldots,\ 7$

(c) $\cos\frac{2\pi}{8}x,\ x=0,\ \ldots,\ 15$

(d) $\cos\frac{2\pi}{16}x,\ x=0,\ \ldots,\ 15$

6.13 역 샘플에서 커널 $[1\ \ \underline{1}\ \ 1]$을 가진 간단한 저역통과 필터의 컷오프 주파수를 찾으시오. 컷오프 주파수는 푸리에 변환이 최대 값의 절반에 도달하는 곳이라고 가정한다.

6.14 4점 DFT의 기저 함수를 플롯하시오.

6.15 32요소 시퀀스의 경우, 다음 양의 주파수에 해당하는 등가의 음수 주파수는 무엇인가?

(a) $\frac{7\pi}{32}$ (b) $\frac{15\pi}{32}$ (c) $\frac{19\pi}{32}$

6.16 순환 컨볼루션 정리를 사용하여, 5 요소 이산 신호를 3 요소 이산 커널로 컨볼루션하고 싶다고 가정 해보자. 얼마나 많은 제로 패딩이 필요한가?

6.17 (a) 다음의 명암도 영상의 2D DFT를 계산하라. (b) 영상에 $(-1)^{x+y}$를 곱하고 계산을 반복하시오. (c) 두 결과는 어떻게 관련이 있는가?

$$\begin{bmatrix} 151 & 222 & 160 & 88 \\ 79 & 24 & 23 & 197 \\ 143 & 78 & 152 & 92 \\ 84 & 123 & 71 & 209 \end{bmatrix}$$

6.18 라돈 변환을 설명하시오.

6.19 이동된 2D DFT가 대개 수평과 수직 축을 따라 큰 값을 가지고, 더하기 기호 모양을 형성하는 이유를 설명하시오.

6.20 영상이 시계 방향으로 30도 회전한다고 가정하자. 2D DFT는 어떻게 바뀌는가?

6.21 필터링을 위한 두 가지 기본 응용을 나열하시오.

6.22 다음 용어를 설명하시오.
(a) 깁스 현상 (b) 울림 (c) 오버 슛 (d) 언더 슈트 (e) 클리핑

6.23 실제로 시간 영역에서 이상적인 저역 통과 필터를 적용하는 것이 불가능하다는 이유를 설명하시오.

6.24 다음 저역 통과 컨볼루션 커널이 주어지면, (주파수 영역에서) 전역 통과(all pass) 필터에서 빼는 방법으로 상응하는 고역 통과 컨볼루션 커널을 계산하시오: $[2\ \ 4\ \ \underline{6}\ \ 4\ \ 2]$.

6.25 예제 6.5에서는 특정 2D LoG 커널이 전역 통과 커널에서 저역 통과 커널을 빼서 얻을 수 있음을 보여주었다.

$$\underbrace{\frac{1}{3}\begin{bmatrix} 1 & 1 & 1 \\ 1 & -8 & 1 \\ 1 & 1 & 1 \end{bmatrix}}_{\text{highpass}} = -3\left(\underbrace{\begin{bmatrix} 0 & 0 & 0 \\ 0 & 1 & 0 \\ 0 & 0 & 0 \end{bmatrix}}_{\text{allpass}} - \underbrace{\frac{1}{9}\begin{bmatrix} 1 & 1 & 1 \\ 1 & 1 & 1 \\ 1 & 1 & 1 \end{bmatrix}}_{\text{lowpass}}\right)$$

이 것은 표 5.2의 다른 LoG 커널과 연습문제 5.29의 LoG 커널에도 적용되는지를 보이시오. 이러한 저역 통과 커널들 중 어느 것이 가우시안이 아닌지를 보이시오.

6.26 언샤프 마스크, 하이부스트 필터링 및 고주파 강조라는 용어 간의 차이점을 설명하시오

6.27 $a = b = 2$ 경우에 대한 두 개의 언샤프 마스킹 커널을 만드시오. 두 커널 중 어느 것을 사용할 것인가?

6.28 동형 필터링의 원리를 설명하시오.

6.29 단시간 푸리에 변환의 주요 단점은 무엇인가?

6.30 마더 웨이브릿 $\psi(x) = \frac{1}{\eta}[2\ \ 4\ \ 6\ \ -1\ \ -3\ \ -5]$이 주어지면, 대응하는 파더 웨이브릿을 계산하기 위해 방정식 (6.159)을 사용하시오. 웨이브릿의 노름이 1임을 보장하는 η의 값은 무엇인가?

6.31 정규화를 고려한 경우, 예제 6.8의 결과는 무엇인가?

6.32 이산 Haar 웨이브릿이 일정한 신호에 에너지를 보존한다는 것을 보이시오.

6.33 마더 웨이브릿이 $\frac{1}{\sqrt{10}}[1\ \ -3]$에 의해 주어진다고 가정하자. 완전한 웨이브릿 변환을 생성하기 위해 임계 샘플링 접근 방식을 채택하면, 표 6.2와 수

식 (6.159)을 사용하여 8-요소 입력에 대한 모든 기저 함수를 작성하시오.

6.34 D4 Daubechies 웨이브릿을 사용하여 FWT를 다음 입력 신호에 적용하시오.

$$g(x) = [5\quad 7\quad 6\quad 4\quad 3\quad 1\quad 8\quad 9]$$

6.35 D2 Daubechies 웨이브릿에 1개의 소멸 모멘트가 있고, D4 Daubechies 웨이브릿에 2개의 소실 모멘트가 있는지 확인하시오. 즉, 일정한 신호 $g(x) = a$에 적용된 D2 또는 D4는 0을 산출함을 보이시오. 선형적으로 기울어진 신호 $g(x) = mx + b$에 적용된 D4는 또한 0을 산출한다는 것을 보이시오.

6.36 이산 Haar 웨이브릿은 $f(x) = [1\quad 7\quad 3\quad 0\quad 5\quad 4\quad 2\quad 9]$의 각 레벨에서 신호의 에너지를 얼마나 잘 보존하고 있는가?

6.37 이 질문은 DWT를 행렬 변환으로 표현하는 것에 관한 것이다.

(a) $\gamma \equiv 1/\sqrt{2}$라고 하면, 식 (6.178) 형태로 8×8 Haar DWT 행렬을 보이시오. 식 (6.189)을 반복하여 적용할 때, 이 행렬을 어떻게 유도할 수 있는지 보이시오.

(b) 식 (6.203)-(6.204)의 D4 Daubechies 웨이브릿에 대해 8×8 행렬을 계산하기 위해 유사한 절차를 적용하라. D4 Daubechies 기저 함수(행렬)가 직교하는지 확인하시오.

6.38 만약 2D 신호 $f(x, y)$가 분리 가능하다면, $F(k_x, k_y)$의 푸리에 변환도 그러함을 보이시오.

6.39 연속 푸리에 변환을 사용하여 수식 (6.98)이 연속 신호에 대해 참임을 증명하시오.

6.40 Haar 웨이브릿을 사용하여 2D 빠른 웨이브릿 변환을 구현하고 명암도 영상에 적용하시오.

6.41 본문에서 언급했듯이, 빠른 웨이브릿 변환은 다해상도 분석(MRA)에 기반한다. 모든 웨이브릿이 다해상도 분석을 허용하는 것은 아니지만, 이들 웨이브릿의 파더 ϕ와 마더 ψ 웨이브릿은 계수 g와 h의 시퀀스에 대해 다음 쌍의 방정식을 만족시킨다.

$$\phi(t) = \sqrt{2}\sum_k h(k)\phi(2t - k) \tag{6.220}$$

$$\psi(t) = \sqrt{2}\sum_k g(k)\phi(2t - k) \tag{6.221}$$

파더 웨이브릿에 대한 정제 방정식(refinement equation)으로 알려진 첫 번째 방정식이 다해상도에서 자기 유사성을 포착하고, 두 번째 방정식은 마더와 파더 웨이브릿 간의 관계를 포착한다. 연속 Haar 웨이브릿이 이 두 방정식을 만족한다는 것을 보이시오. 그리고 해당 시퀀스 g와 h를 찾으시오.

CHAPTER 7

에지와 특징

많은 응용들에서 영상의 밝기 에지(intensity edges)를 감지할 수 있어야 한다. 이 에지는 명암도 함수가 크게 변경되는 영상의 위치를 나타낸다. 유사하게, 영상 내에서 또는 영상들 사이에서 특징점(관심자 또는 모서리라고도 함)을 검출하고 매칭하는 것은 다양한 목적을 위해 유용하다. 이 장에서는 이러한 밀접하게 관련된 문제들에 대해 논의한다.

7.1 다해상도 처리

영상의 흥미로운 속성 중 하나는 객체가 어떤 크기로든 나타날 수 있다는 것이다. 예를 들어, 실제 키가 2 미터인 사람은 카메라에서 물체까지의 거리, 초점거리, 센서 해상도에 따라 높이가 4 또는 400 화소(또는 그 사이 또는 그 이상의 임의의 숫자)인 영역을 영상에서 차지할 수 있다. 반대로, 높이가 10 화소인 영상 영역은 사람, 초고층 건물 또는 작은 버그일 수 있다. 이러한 스케일 정보의 손실은 3D 세계를 2D 영상에 투영함으로써 발생하는 영상처리의 고유한 속성이다.

7.1.1 가우시안 피라미드

스케일 정보의 손실을 처리하는 가장 일반적인 방법 중 하나는 여러 해상도로 영상을 처리하는 것이다. 예를 들어, 영상을 검색하여 모든 인간의 얼굴을 찾고 싶다고 가정하면, 원본 영상에서 특정 크기의 얼굴을 찾은 다음, 각 방향으로 2배만큼 영상을 다운 샘플링하고, 다운 샘플링된 버전에서 동일한 스케일로 얼굴을 찾은 다음, 다시 다운 샘플링하는 식으로 진행한다. 예를 들어, 원본 영상의 40×40 영역을 차지하는 것처럼 보이는 얼굴은 다운 샘플링된 영상에서 20×20 영역, 2회 다운 샘플링된 영상에서는 10×10 영역을 차지한다. 결과적으로 다양한 스케일의 얼굴(따라서 카메라와 다른 거리에 있는 사람들)은 탐지와 다운 샘플링을 교대로 하는 상대적으로 직접적인 절차를 사용하여 감지할 수 있다.

연속되는 각 영상이 이전 영상보다 작기 때문에 영상을 서로 쌓아 올리면 피라미드 모양이 된다. 이러한 이유로 일련의 영상들을 **영상 피라미드**(image pyramid)라고 한다. 엘리어싱의 바람직하지 않은 효과 때문에 영상을 직접 다운 샘플링하는 것은 좋지 않은 생각인 반면, 대신 고주파수를 제거하기 위해 영상을 부드럽게 처리(평활화)해야 한다. 영상을 부드럽게 하는 여러 가지 방법 중에서 가장 많이 사용되는 방법은 가우시안 커널을 사용하여 **가우시안 피라미드**(Gaussian pyramid)를 만드는 것이다. 영상 $I(x, y)$가 주어졌다면, 이것으로 가우시안 피라미드의 0 번째 레벨을 정의하자.

$$I^{(0)}(x, y) \equiv I(x, y) \tag{7.1}$$

가우시안 피라미드에 있는 각각의 연속된 영상을 이전 영상의 다운 샘플링되고 평활화된 버전으로 정의하자.

$$I^{(i+1)}(x, y) \equiv (I^{(i)}(x, y) \circledast Gauss_{\sigma^2}(x, y)) \downarrow 2 \tag{7.2}$$

여기서 $i = 0, 1, \ldots$는 음이 아닌 정수이고, $I \downarrow 2$는 수평과 수직 방향 모두에서 I를 인자 2로 다운 샘플링하는 것을 의미한다. 엘리어싱이 없는 경우, 다운 샘플링은 영상의 평활화된 버전과 다운 샘플링된 평활화 버전 사이의 정보를 잃지 않는다. 다운 샘플링 계수가 2인 예제 가우시안 피라미드가 그림 7.1에 나와 있다.

모든 표준 3×3 가우시안 커널은 실제로 잘 작동한다. 커널 $\frac{1}{4}[1 \quad 2 \quad 1]$의 장점 중에 하나는 영상의 각 화소가 다운 샘플링된 버전에 동일한 양을 제공한다

$I^{(0)}$ $I^{(1)}$ $I^{(2)}$ $I^{(3)}$

그림 7.1 가우시안 피라미드의 4 레벨, $\sigma^2 = 0.5$, 다운샘플링 계수는 2로 해서 얻음.

는 것을 의미하는 **동등 기여도 속성**(equal contribution property)을 만족시키는 것이다. 이를 보려면 1D 신호 f와 가우시안 커널 $[a \quad b \quad a]$, $b \geq a$가 있다고 가정하자.

그러면 평활화된 신호 f'의 원소들은 다음과 같이 주어진다. $f'(1) = af(0) + bf(1) + af(2)$, $f'(2) = af(1) + bf(2) + af(3)$, $f'(3) = af(2) + bf(3) + af(4)$ 등. f'이 2배만큼 다운 샘플링될 때, 모든 다른 요소는 버려진다. 예를 들어, 우리는 짝수 요소를 유지하고 홀수 요소를 버린다. 그러면 $f'(2) = af(1) + bf(2) + af(3)$, $f'(4) = af(3) + bf(4) + af(5)$, $f'(6) = af(5) + bf(6) + af(7)$ 등이 된다. 경계 효과를 무시하면 i가 홀수인 각 샘플 $f(i)$가 $2a$에 기여하고, i가 짝수인 각 샘플 $f(i)$가 b에 기여하는 것을 볼 수 있다. 그러므로, 모든 화소들 사이의 균등한 공헌은 $b = 2a$를 의미한다. 정규화 위해 $b + 2a = 1$이어야 하기 때문에, 이것은 가우시안 커널인 $b = \frac{1}{2}$와 $a = \frac{1}{4}$를 산출한다.

다운 샘플링 인자 2가 편리하지만, 때로는 피라미드의 레벨 사이에서 눈에 띄지 않는 전이를 제공하기 위해, 보다 미세한 양만큼 영상을 다운 샘플링하는 것이 바람직하다. 예를 들어, 매번 $\sqrt[4]{2} \approx 1.19$씩 다운 샘플링하면 연속적인 영상이 다음과 같이 나타난다.

$$I^{(i+1)}(x, y) \equiv (I^{(i)}(x, y) \circledast Gauss_{\sigma'^2}(x, y)) \downarrow \sqrt[4]{2} \tag{7.3}$$

여기서 비-정수분 량만큼 다운 샘플링을 용이하게 하기 위해 어떤 형태의 보간법을 사용해야 한다. 이 경우에, $I^{(1)}$는 각 방향으로 $I^{(0)}$의 $\frac{1}{1.19} \simeq 0.84$이고, $I^{(2)}$는 $\frac{1}{(1.19)^2} \simeq 0.71$ 클 것이고, $I^{(3)}$는 $\frac{1}{(1.19)^3} \simeq 0.59$가 될 것이다. 편리하게, $I^{(4)}$는 각 방향에서 $I^{(0)}$ 절반 크기가 될 것이고, $I^{(8)}$는 $I^{(4)}$ 크기의 절반이 될 것이고, $I^{(12)}$는 $I^{(8)}$ 크기의 절반이 될 것이다. 크기가 절반으로 줄어드는 것은 **옥타브**(octave)로 알려져 있다. 영상들($I^{(0)}$에서 $I^{(3)}$)은 제 1 옥타브에 있

그림 7.2 가우시안 피라미드의 12 레벨, $\sigma^2 = \frac{1}{4}(0.5) = 0.125$, 다운 샘플링 계수는 $\sqrt[4]{2}$로 해서 얻음. $I^{(4)}$는 각 방향에서 $I^{(0)}$의 절반고, $I^{(8)}$은 $I^{(4)}$의 절반이다.

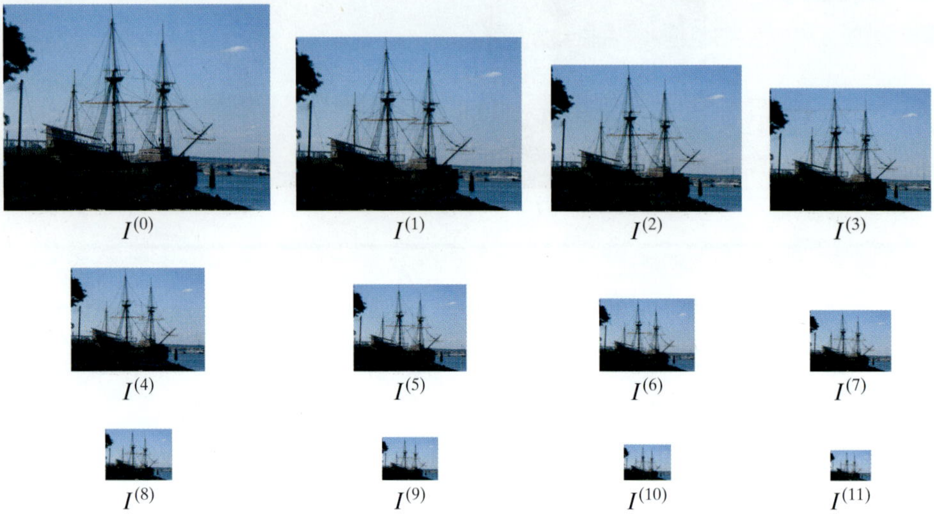

고, $I^{(4)}$에서 $I^{(7)}$는 제 2 옥타브에 있다.

보다 일반적으로, 다운 샘플링 인자가 $\sqrt[n]{2} = 2^{\frac{1}{n}}$이라면, 옥타브 당 n개의 영상이 존재한다. 가우시안으로 반복된 컨볼루션은 분산이 개별 분산의 합인 가우시안을 사용한 단일 컨볼루션과 동일하다. 1 옥타브 사이의 전체적인 평활화가 식 (7.2)의 연속적인 레벨들 사이에서와 동일함을 보장하기 위해서 $\sigma'^2 \equiv \frac{1}{n}\sigma^2$을 정의한다. 다운 샘플링 계수가 $\sqrt[4]{2}$인 가우시안 피라미드의 예가 그림 7.2에 나와 있다.

7.1.2 라플라시안 피라미드

가우시안 피라미드는 저역통과 피라미드이다. 일부 응용의 경우, 특히 관심 지점과 같은 영상 특징을 추출할 때 대역통과 피라미드가 바람직하다. 라플라시안은 대역통과 연산자이므로, 분산이 큰 Laplacian of Gaussian(LoG) 커널로 영상을 컨볼루션하면 **라플라시안 피라미드**(Laplacian pyramid)가 가장 많이 사용되는 대역통과 피라미드가 된다.

$$L^{(i+1)}(x, y) \equiv (I^{(0)}(x, y) \circledast LoG_{(i+1)\sigma^2}(x, y)) \downarrow (i+1)d \qquad \textbf{(7.4)}$$

여기서 d는 연속적인 레벨들 사이의 다운 샘플링의 양이며, 따라서 $(i+1)d$는 $(i+1)^{th}$ 레벨에서의 다운 샘플링의 총량이다. 이 방정식과 방정식 (7.2)의 차이점에 유의하라. 여기에서 레벨 i의 이전 출력을 레벨 $i+1$로 입력하여 영상이 연속적으로 처리되지 않는다. 대신 원본 영상은(더 큰 다운 샘플링 인자로) 연속적으로 더 넓은 LoG 커널로 컨볼루션된다. 매우 비효율적인 계산이다.

고맙게도 더 좋은 방법이 있다. LoG는 두 가우시안 (DoG)의 차이로 잘 근사화됨을 기억하라. 결과적으로 라플라시안 피라미드는 식 (7.2) 또는 (7.3)과 같이 영상을 연속적으로 부드럽게 하고 다운 샘플링하여, 가우시안 피라미드로 계산될 수 있다. 그리고 가우시안 피라미드의 연속 슬라이스가 라플라시안 피라미드를 얻기 위해 서로 빼진다. 그러나 염두에 두어야 할 두 가지 세부 사항이 있다. 먼저, 가우시안 피라미드의 연속 레벨을 빼기 위해, 다운 샘플링 전에 평활화된 버전에서 이전 영상을 빼야한다(이렇게 빼는 두 영상은 같은 크기 임).

$$I_{temp}^{(i+1)}(x,y) \equiv I^{(i)}(x,y) \circledast Gauss_{\sigma_i^2}(x,y) \tag{7.5}$$

$$L^{(i+1)}(x,y) \equiv I_{temp}^{(i+1)}(x,y) - I^{(i)}(x,y) \tag{7.6}$$

$$I^{(i+1)}(x,y) \equiv (I_{temp}^{(i+1)}(x,y)) \downarrow d \tag{7.7}$$

여기서 라플라시안 피라미드의 레벨은 $L^{(1)}$, $L^{(2)}$, $L^{(3)}$ 등으로 주어진다. 둘째, 식 (7.5)의 분산에 대한 첨자가 암시 하듯이, 각 반복에서 가우시안이 동일하지 않을 수 있다. 수식 (5.101)에서 LoG는 일정한 비율 ρ^2로 분산이 관련된 두 가우시안의 차이로 잘 근사되어 짐을 상기하자.

$$Gauss_{\rho^2\sigma^2} - I \circledast Gauss_{\sigma^2} \approx (\rho - 1)\sigma^2 \, LoG_{\sigma^2} \tag{7.8}$$

결과적으로 비율이 일정하게 유지되도록 하기 위해, i 번째 가우시안 평활 영상의 분산은 다음과 같이 설정해야 한다.

$$\sigma_i \equiv \rho^i \sigma_0 \tag{7.9}$$

모든 I에 대해 $\sigma_{i+1}/\sigma_i = \rho$이다. 대안적으로, 라플라시안 피라미드를 구성하는 데 사용되는 가우시안-평활화된 영상이 식 (7.2) 또는 (7.3)에서와 같이 전통적인 가우시안 피라미드로부터 나온 것이라면, 라플라시안 피라미드의 연속 레벨의 분산의 비율은 일정하지 않을 것이다.

비-정수 분량 만큼 다운 샘플링의 혼란을 피하기 위해, 종종 다운 샘플링은 인자가 2의 거듭 제곱일 때만 수행된다. 결과적으로, 각 옥타브 내의 모든 영상은 동일한 크기이지만, 다음 옥타브의 영상은 이전 옥타브의 영상의 절반(각 방향으로)이다. 이전과 같이, n을 옥타브 당 영상 수로 하자. 그러면 $d = \sqrt[n]{2}$이고 각 영상은 $i+1$을 n으로 나눌 수 있는 경우에만 2의 인수로 $I_{temp}^{(i)}$가 다운 샘플

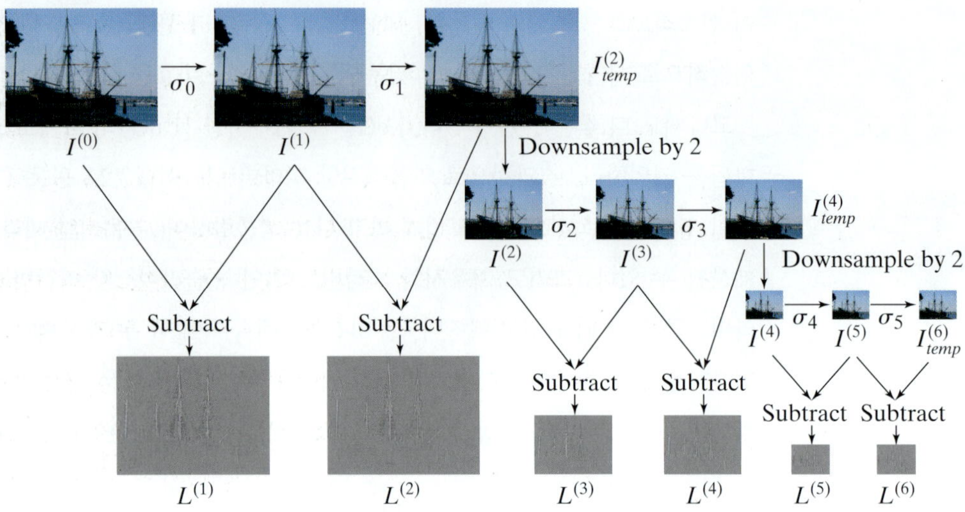

그림 7.3 옥타브 당 $n = 2$의 라플라시안 피라미드 영상. 영상은 연속적으로 가우시안과 컨볼루션된다. 각 옥다브에서 가우시안 피라미드와 닮은 것을 얻기 위해 다운 샘플링 된다. 연속적인 가우시안-스므딩 영상의 차이가 DoG를 만든다. 이것은 LoG의 근사이다. 초기 분산은 $\frac{1}{2}(0.5) = 0.25$이고, 연속 표준편차의 율은 $\rho = \sqrt{2}$이다.

링된다. 예를 들어, $n = 2$이면, $I^{(0)}$와 $I^{(1)}$은 서로 동일한 크기이고, $I^{(2)}$와 $I^{(3)}$은 절반 크기이고, $I^{(4)}$와 $I^{(5)}$는 크기의 1/4이다. 이 절차를 구현하려면 수식 (7.7)을 다음으로 바꾸라.

$$I^{(i+1)}(x,y) \equiv \begin{cases} (I^{(i+1)}_{temp}(x,y)) \downarrow 2 & \text{if } \mathrm{mod}(i+1, n) = 0 \\ (I^{(i+1)}_{temp}(x,y)) & \text{otherwise} \end{cases} \tag{7.10}$$

라플라시안 피라미드의 예가 그림 7.3에 나와 있다. 각 옥타브가 영상 크기에 대한 동일한 분산 순서로 컨볼루션되는지 확인하려면, 분산 비율을 $\rho = 2^{\frac{1}{n}}$로 설정해야 한다. (이 수를 보려면, 다운 샘플링은 영상 $I^{(n)}$ 이후에 발생한다는 것을 의미하며, 이는 $\sigma_n = 2\sigma_0$을 의미하고, 식 (7.9)에서 $\sigma_n = \rho^n \sigma_0$와 결합하면 $\rho^2 = 2^{\frac{2}{n}}$이 나타난다.) 다른 선택도 가능하지만, 초기 분산에 대한 합리적인 선택은 $\sigma_0^2 \equiv \frac{1}{n}(0.5)$이다.

7.1.3 스케일 공간

가우시안 피라미드로 돌아가서, 다운 샘플링 단계가 생략되면, 연속적인 평활화의 과정은 점점 더 흐려지는 동일한 크기의 영상들의 스택을 산출한다. 다운 샘플링의 유일한 목적은 중복 정보의 불필요한 처리를 피하기 위한 것이므로, 가우시안 블러 영상의 스택은 본질적으로 가우시안 피라미드의 정보와 동일한 정보를 포함한다. 이제 이 아이디어를 한 단계 더 발전 시키자. 원본 영상 $I(x, y)$

를 분산을 연속적으로 증가시킨 가우시안 커널과 컨볼루션하여 얻은 영상 패밀리를 고려하자.

$$I(x, y, t) \equiv I(x, y) \circledast Gauss_t(x, y) \qquad \textbf{(7.11)}$$

여기서, $t \geq 0$ 는 평활화의 양을 제어하는 연속 스케일 파라미터이며, $I(x, y, 0) \equiv I(x, y)$이다. x와 y를 연속적인 값으로 처리하면, 결과로 나오는 3D 연속 체적을 영상의 **스케일 공간**(scale space)이라고도 부르며, $t = \sigma^2$은 **스케일 공간 매개 변수**(scale-space parameter)이다. 마찬가지로, 스케일 공간은 원본 영상과 컨볼루션하여 생성된 파생 영상의 단일 매개 변수 패밀리에 원본 영상을 삽입하는 것으로 볼 수 있다. 식 (7.11)은 식 (5.151)과 동일하기 때문에 열방정식(heat equation)[1]의 맥락에서 축척 공간의 개념을 간략하게 언급했다는 것을 상기하자. 가우시안 피라미드 또는 가우시안 흐려진 영상 스택은 단순히 스케일 공간의 샘플 버전이다.

스케일 공간에서 파생된 영상의 패밀리는 그림 7.4와 같이 다양한 수준의 스케일로 원본 영상을 나타낸다. t가 증가하면 영상의 흐림 정도가 증가하고 원본 영상의 보존된 디테일 량이 감소한다. 스케일 공간이 영상을 의미 있게 표현하기 위해서는 **스케일 공간 공리**(scale-space axioms)라고 하는 몇 가지 기본 속성을 만족시키는 것이 중요하다. 이러한 공리 중에는 **인과관계 기준**(causality criterion)이 있는데, 이는 스케일의 더 거친 레벨로 진행할 때 국부 극한의 수가 증가하지 않도록 보장한다. 즉, 최댓값은 평탄화되고 최솟값은 올려진다. 가우시안 커널은 이 결과를 보장하는 유일한 컨볼루션 커널이라는 점에서 고유하다. 따라서 스케일 공간은 대개 가우시안 커널을 사용하여 구성되며 **가우시안 스케일 공간**으로 알려져 있다.

1차원 영상의 경우, 1차 미분의 극값은 2차 미분의 제로-크로싱에 대응한

Elenamiv / Shutterstock.com

그림 7.4 영상의 가우시안 스케일 공간은 연속 3D 볼륨으로 구성된다. 각 슬라이스는 원 영상의 블러링이 증가된 버전이다. 여기 스케일 공간의 샘플 영상들이 있다.

1 5.5.6절 (p. 321)

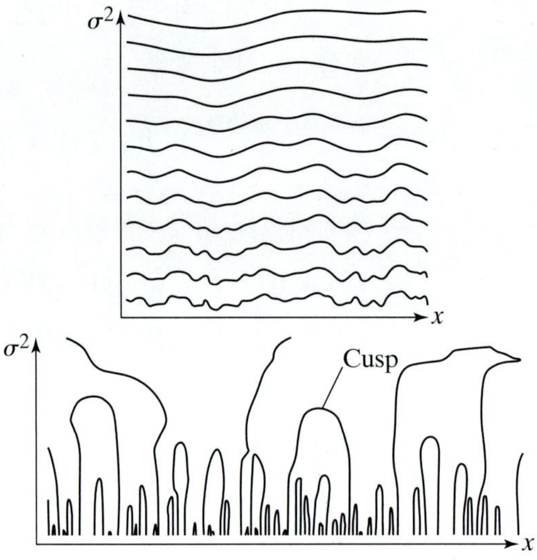

그림 7.5 1D 스케일 공간의 예. 상단: 분산을 증가(위로)시키면서 가우시안 커널로 컨볼루션하여 스무싱된 1D 신호(하단). 하단: 2차 미분의 제로-크로싱은 아래에서 출발과 마침을 하는 커브들을 형성한다. 첨단(cusp)은 의미 있는 영상 구조의 위치와 스케일을 가리킨다.

다. $\partial I/\partial x$의 최대 값은 대개 영상의 흥미로운 위치이다. 즉 객체의 경계를 나타내기 때문에 $\partial^2 I/\partial x^2$의 제로-크로싱은 잠재적으로 흥미로운 위치를 나타낸다. 가우시안 블러링에 의해 도입된 새로운 구조가 없기 때문에, 이 제로-크로싱은 그림 7.5와 같이 원본 영상에서 항상 시작되고 종료되는 스케일 공간의 곡선을 형성한다. 경험적으로, 곡선의 길이와 그것들에 상응하는 영역의 지각 현출(saliency)의 정도와 밀접한 관계가 있다. 따라서, 이러한 접근법은 더 긴 이차미분 제로-크로싱 커브의 첨단(cusp)을 찾음으로써, 스케일 공간 표현으로부터 중요한 영상 구조를 검출하는데 사용될 수 있다. 2D 영상에 대한 확장은 간단한데, 왜냐하면 $\|\nabla I\|$의 극값은 $\nabla^2 I$의 제로-크로싱에 해당하기 때문이다. 이 장의 뒷 부분에서 이 개념을 다시 살펴볼 것이다.[2]

7.2 에지 검출

밝기 에지(intensity edges)는 영상에서 밝기(또는 더 정확하게는 명암도) 함수가 빠르게 변경되는 화소이다. 때로는 이러한 밝기 에지 화소를 화소("picture element")와 유사한 에젤(edgels) ("edge element")라고 한다. 정보 이론적 관점에서 볼 때, 이 화소의 명암도는 이웃의 값에서 예측할 수 없기 때문에 가장 많은 정보를 담고 있는 위치이다. 그림 7.7의 원본 그림과 비교하여 그림 7.6의 선 그림에서 볼 수 있듯이, 밝기 에지는 장면에 대한 놀랍도록 많은 양의 정보를

2 7.4.6절 (p. 430).

D. B. Walther, B. Chai, E. Caddigan, D. M. Beck, and L. Fei-Fei, "Simple line drawings sffice for functional MRI decoding of natural scene categories," Proceedings of the National Academy of Sciences (PNAS), 108(23):9661-9666, 2011.

그림 7.6 명암도 에지는 장면을 잘 나타낸다. 그림에서 장면과 객체는 어려움 없이 일반 사람들이 인식할 수 있다. 원 영상을 위해 그림 7.7로 가라.

D. B. Walther, B. Chai, E. Caddigan, D. M. Beck, and L. Fei-Fei, "Simple line drawings su ce for functional MRI decoding of natural scene categories," Proceedings of the National Academy of Sciences (PNAS), 108(23):9661-9666, 2011.

그림 7.7 그림 7.6에 보여준 그림이 나온 원 영상들.

유지한다. 선 그림만보고 있으면 대부분의 사람이 이 장면을 자연스럽게 인식할 수 있다. 그러한 시연은 밝기 에지가 자연적인, 그리고 인공적인 시야에 중요하다는 것을 시사한다. 사실, 컴퓨터 시각의 초기에는 다면체 물체의 선 영상에 초점을 맞추었지만, 장면에서 오브젝트의 에지만 사용하여 제한된 알고리즘 및 계산 복잡성으로도 실제 세계와의 강력한 상호작용이 가능하다는 것을 보여주었다.

그림 7.8에서 볼 수 있듯이, 4가지 유형의 밝기 에지가 있다. 가장 단순하고 가장 중요한 유형은 밝은 영역이 어두운 영역에 인접해 있을 때 발생하는 **계단 에지**(step edge)이다. **선 에지**(line edge)는 어두운 선(또는 밝은) 배경 앞에 선과 같은 얇은 밝은(또는 어두운) 물체가 있을 때 발생한다. **지붕 에지**(roof edge)에서 변경 사항은 밝기 자체가 아니라 밝기의 미분이다. 마지막으로 밝기가 한 지역을 천천히 바꿀 때, **램프 에지**(ramp edge)가 발생한다.

우리는 주로 계단 에지에 주의를 집중할 것이다. 1D에서 계단 에지는 1차 미분에서 큰 값을 수반하며, 왼쪽에서 오른쪽으로 갈수록 화소가 밝아지면 양수가 되고, 왼쪽에서 오른쪽으로 화소가 어두워지면 음수가 된다. 종종 에지의 방향

그림 7.8 밝기 에지의 4 형태

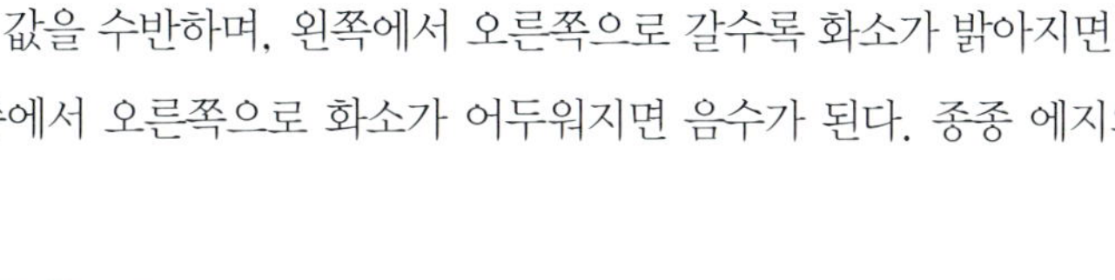

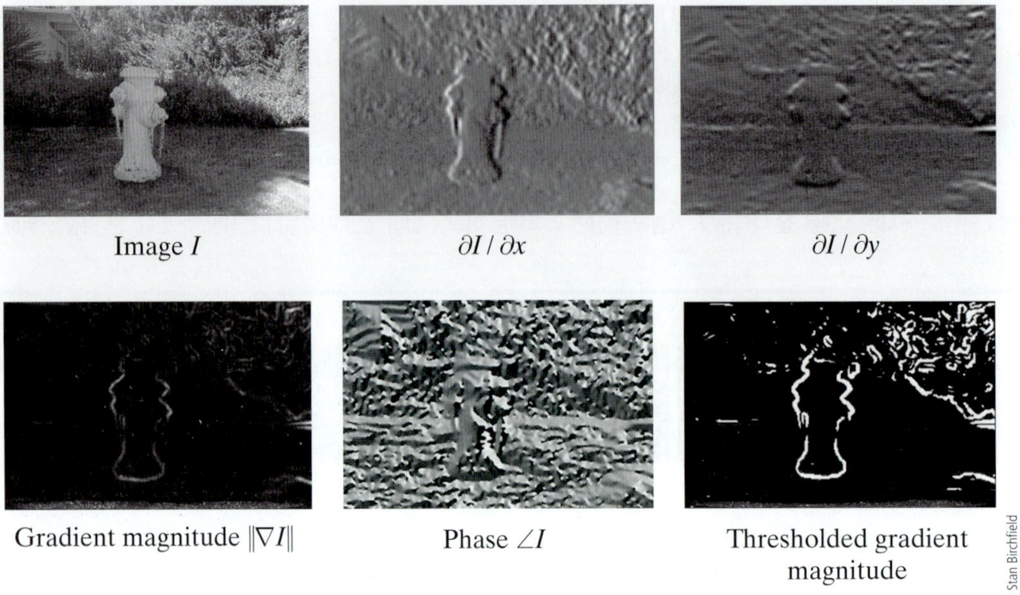

그림 7.9 상단: 영상과 x, y 방향의 편미분. 하단: 임계치화한 그레디언트 크기에 따라 영상의 그레디언트 크기 및 위상.

은 중요하지 않으며, 이 경우 첫 번째 미분의 절대 값(1D에서) 또는 그레디언트의 크기 (2D에서)만 중요하다. 그러므로 영상에서 밝기 에지를 찾는 가장 간단한 방법은 그림 7.9에서 볼 수 있듯이, 그레디언트 크기를 계산하는 것이다. 여기서 그레디언트는 Prewitt, Sobel, Scharr, Roberts 또는 표본화된 가우시안 미분과 같은 이전에 연구한 표준 미분 커널 중 하나를 사용하여 계산할 수 있다. 일부 응용의 경우, 이진 결정이 필요하다. 이 경우 그레디언트 크기가 임계값을 적용받는 반면, 다른 응용들의 경우, 임계값이 아닌 값을 유지하는 것이 좋다.

7.2.1 Canny 에지 검출기

Canny 에지 검출기는 방금 설명한 간단한 접근법과 마찬가지로 그레디언트 크기에 의존하는 명암도 영상의 밝기 에지를 감지하는 고전적인 알고리즘이다. 오늘날에도 Canny는 뛰어난 성능, 계산 효율성 및 구현 용이성으로 인해 널리 사용되는 알고리즘으로 남아 있다. 이 알고리즘은 알고리즘 7.1과 같이 세 단계로 이루어진다. 먼저 크기와 위상을 포함하여 영상의 그레디언트가 계산된다. **비-최대 억제**(non-maximum suppression)라고 하는 다음 단계에서 그레디언트 크기가 그레디언트의 방향(위상으로 표시됨)에서 로컬 최대가 아닌 모든 화소는 0으로 설정된다. 마지막으로 에지 연결(히스테리시스 임계값 또는 이중 임계값이라고도 함)은 많은 지원없이 화소를 버리기 위해 수행된다. 결과는 한 화소 두께의 경계를 따르는 에지 화소는 ON이고 다른 모든 화소는 OFF인 이진 영상

알고리즘 7.1 Canny 알고리즘을 사용하여 영상에서 명암도 에지 탐지

CANNY(I, σ)

Input: grayscale image I, standard deviation σ
Output: set of pixels constituting one-pixel-thick intensity edges

$G_{mag}, G_{phase} \leftarrow$ COMPUTEIMAGEGRADIENT(I, σ)
$G_{localmax} \leftarrow$ NONMAXSUPPRESSION(G_{mag}, G_{phase})
$\tau_{low}, \tau_{high} \leftarrow$ COMPUTETHRESHOLDS$(G_{localmax})$
$I'_{edges} \leftarrow$ EDGELINKING$(G_{localmax}, \tau_{low}, \tau_{high})$
return I'_{edges}

이 생성된다.

비-최대 억제는 그림 7.10에 설명되어 있다. 각 화소의 그레디언트 크기는 그레디언트 벡터의 방향을 따라 두 화소의 그레디언트 크기와 비교된다. 그림과 같이 기울기 방향(위상이라고도 함)은 네 가지 방향 중 하나로 양자화되고 화소는 위상에 따라 왼쪽과 오른쪽의 이웃, 위 또는 아래의 이웃 또는 대각선 중 하나의 이웃과 비교된다. 예를 들어, θ가 양의 x 축에서 시계 방향의 각도이면, $\frac{3\pi}{8} \le \theta < \frac{5\pi}{8}$ 혹은 $\frac{3\pi}{8} \le \theta + \pi < \frac{5\pi}{8}$이고, 여기에서 θ는 위상이며, 화소를 위와 아래의 이웃 화소와 비교하게 한다. 여기서 후자의 테스트는 $-\pi$와 π 사이의 가능한 모든 값을 처리하는 데 필요하다. 화소의 그레디언트 크기가 적어도 두 개의 적절한 이웃 화소의 그레디언트 크기와 같지 않으면, 알고리즘 7.2에 제시된 것처럼 인위적으로 0으로 설정된다.

알고리즘 7.3에서 보듯이, 에지 연결 프로세스는 알고리즘 4.5의 홍수채움(floodfill) 절차와 매우 유사하다.[3] 최대가 아닌 그레디언트 크기 값이 높은 임

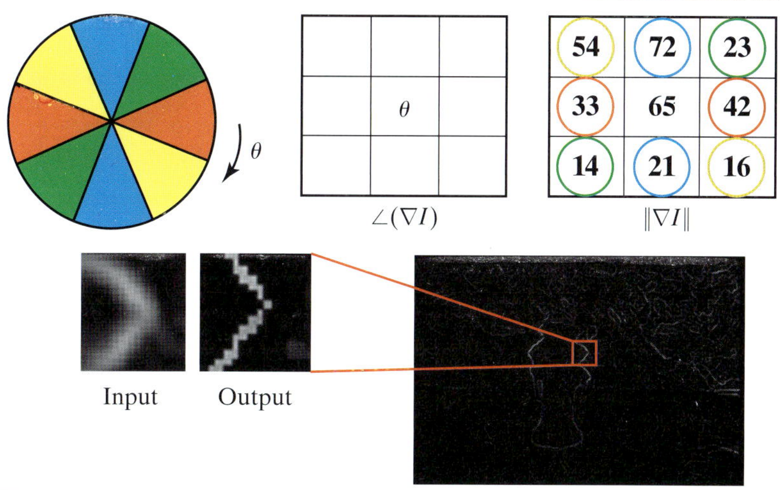

그림 7.10 비-최대 역제(non-maximum suppression). 그레디언트 방향 θ는 4개의 값 중에 하나로 양자화된다. 원의 컬러 쐐기 모양으로 보여준다. 양자화된 위상은 화소를 비교하기 위해 두 이웃을 조절한다. 만일 화소 그레디언트의 크기가 적어도 두 이웃만큼 크지 않다면, 0으로 설정된다. 이것은 삽화에서 보인 것과 같이 에지를 얇게 한다.

3 4.2.2절 (p. 189).

알고리즘 7.2 비-최대 억제(non-maximum suppression) 수행

NonMaxSuppression(G_{mag}, G_{phase})

Input: gradient magnitude and phase
Output: gradient magnitude with all nonlocal maxima set to zero

for $(x, y) \in G_{mag}$ **do** ➤ For each pixel, adjust the phase to ensure that $-\frac{\pi}{8} \le \theta < \frac{7\pi}{8}$.
  $\theta \leftarrow G_{phase}(x, y)$
  if $\theta \ge \frac{7\pi}{8}$ **then** $\theta \leftarrow \theta - \pi$
  if $\theta < -\frac{\pi}{8}$ **then** $\theta \leftarrow \theta + \pi$
  if $-\frac{\pi}{8} \le \theta < \frac{\pi}{8}$ **then** $neigh_1 \leftarrow G_{mag}(x-1, y)$, $neigh_2 \leftarrow G_{mag}(x+1, y)$
  elseif $\frac{\pi}{8} \le \theta < \frac{3\pi}{8}$ **then** $neigh_1 \leftarrow G_{mag}(x-1, y-1)$, $neigh_2 \leftarrow G_{mag}(x+1, y+1)$
  elseif $\frac{3\pi}{8} \le \theta < \frac{5\pi}{8}$ **then** $neigh_1 \leftarrow G_{mag}(x, y-1)$, $neigh_2 \leftarrow G_{mag}(x, y+1)$
  elseif $\frac{5\pi}{8} \le \theta < \frac{7\pi}{8}$ **then** $neigh_1 \leftarrow G_{mag}(x-1, y+1)$, $neigh_2 \leftarrow G_{mag}(x+1, y-1)$
  if $v \ge neigh_1$ AND $v \ge neigh_2$ **then** ➤ If the pixel is a local maximum in the direction of the gradient, then retain the value; otherwise set it to zero.
    $G_{localmax}(x, y) \leftarrow G_{mag}(x, y)$
  else
    $G_{localmax}(x, y) \leftarrow 0$
return $G_{localmax}$

계값 τ_{high}보다 큰 화소는 잠재적인 시드 화소이다. 홍수채움은 이러한 시드 화소에서 수행되며, 화소 값이 낮은 임계값인 τ_{low}보다 큰 경우 계속 확장된다. 임계값은 수동 또는 자동으로 설정할 수 있다. 영상을 자동으로 설정하는 일반적인 방법은 영상의 그레디언트 크기 값을 정렬한 다음, τ_{high}를 화소의 최소한 100%를 에지 화소가 되게 설정한 다음, $\tau_{high} = \beta\tau_{low}$로 설정한다. 여기서 적당

알고리즘 7.3 에지 연결 프로세스

EdgeLinking$(G_{localmax}, \tau_{low}, \tau_{high})$

Input: local gradient magnitude maxima $G_{localmax}$, along with low and high thresholds
Output: binary image I'_{edges} indicating which pixels are along linked edges

for $(x, y) \in G_{localmax}$ **do**
  if $G_{localmax}(x, y) > \tau_{high}$ **then**
    frontier.Push(x, y)
    $I'_{edges}(q) \leftarrow$ ON
while *frontier*. Size > 0 **do**
  $p \leftarrow$ *frontier*. Pop()
  for $q \in \mathcal{N}(p)$ **do**
    if $G_{localmax}(q) > \tau_{low}$ **then**
      frontier.Push(q)
      $I'_{edges}(q) \leftarrow$ ON
return I'_{edges}

그림 7.11 이중 임계치화 혹은 히스테리시스(hysteresis) 임계치화라 불리는 히스테리시스 에지 연결. 낮은 임계치로 그레디언트의 크기를 임계치화하면 너무 많은 에지 화소를 만든다.(왼쪽). 높은 임계치로 임계치화 하면 너무 적은 에지 화소를 얻는다(중간). 히스테리시스 에지 연결은 Canny 에지 탐지자의 출력을 얻기 위해 양쪽의 장점을 결합한다(오른쪽).

한 값은 $\alpha = 0.1$이고, $\beta = 0.2$이다. 이것은 영상에 n 화소가 있고 내림차순으로 정렬이 수행되는 경우, τ_{high}가 목록에서 j 번째 화소의 그레디언트 크기가 되므로 매우 간단하다. 여기서 $j = \text{ROUND}(\alpha n)$이다. 최종 Canny 출력을 산출하는 히스테리시스와 연결되는 에지의 예가 그림 7.11에 나와 있다.

Canny 에지 탐지가 구현되는 편이성에도 불구하고, 알고리즘은 풍부한 이론적 토대로 뒷받침되어 있다. 예를 들어, 위의 설명에서 발생하는 한 가지 질문은 그레디언트를 계산하기 위해 필터를 선택하는 방법 또는 가우시안 미분을 사용하는 경우, 표준 편차에 대해 선택할 값을 지정하는 것이다. 결과적으로, 큰 분산은 더 나은 SNR(signal-to-noise ratio)을 주지만, 분산이 작을수록 에지의 위치가 더 정확해진다. 이 문제는 **지역화 탐지 절충**(localization detection tradeoff)이라는 딜레마이다.

최적의 계단 에지 탐지자를 유도하기 위해 두 가지 기준이 지정된다. 검출기는 긍정 오류(false positive) 및 부정 오류(false negative) 비율이 낮아야하며(즉, 양호한 검출), 검출된 에지는 실제 에지에 가까워야 한다(즉, 양호한 지역성). 이 두 가지 기준을 정량화하려면, 다음과 같이 이상적인 계단 에지에서 참 에지가 주어지게 해야 한다.

$$g(x) = \begin{cases} 0 & \text{if } x < 0 \\ a & \text{if } x \geq 0 \end{cases} \tag{7.12}$$

여기서 a는 에지의 높이이다. 영상의 실제 에지를 참 에지와 잡음이라고 하자. $g(x) + \xi(x)$이고, 여기서 $\xi(x) \sim \mathcal{N}(0, n_0^2)$는 분산이 n_0^2인 제로 평균 가우시안 잡음이다. $f(x)$를 우리가 찾고자 하는 필터의 임펄스 응답이라 하자. 양호한 검출 기준은 신호 대 잡음비(SNR), 즉 참에지에 대한 필터의 응답과 잡음에 대한 필터의 평균 제곱근(root-mean-square) 응답의 비율을 최소화 하고자 한다.

$$SNR = \frac{a}{n_0}\Sigma(f), \quad \text{where} \quad \Sigma(f) \equiv \frac{\left|\int_{-\tilde{w}}^{0} f(x)dx\right|}{\sqrt{\int_{-\tilde{w}}^{\tilde{w}} f^2(x)dx}} \tag{7.13}$$

지역화 기준의 경우, 참 에지의 중심으로부터 표시된 에지의 RMS 거리의 역수가 사용된다. 여기에 인용하기에 너무 복잡한 수학적 유도를 건너 뛰면, 이 기준이 다음과 같이 된다.

$$LOC = \frac{1}{\sqrt{E[x_0^2]}} = \frac{a}{n_0}\Lambda(\dot{f}), \quad \text{where} \quad \Lambda(\dot{f}) \equiv \frac{|\dot{f}(0)|}{\sqrt{\int_{-\tilde{w}}^{\tilde{w}} \dot{f}^2(x)dx}} \tag{7.14}$$

여기서 x_0는 참 에지로부터 검출된 에지의 거리이고, $E[\cdot]$는 기대값이고, $\dot{f} = df/dx$는 f의 미분 값이다. $\sum(f)$와 $\Lambda(\dot{f})$는 필터의 성능을 측정하는 두 가지 척도이며, 이들은 잡음 n_0 또는 실제 에지의 크기 a가 아닌 필터에만 의존한다.

지역화-탐지 절충은 이제 함수의 도메인 스케일링을 통해 쉽게 나타난다. $\dot{f}(x) \equiv f(\frac{x}{\gamma})$이고, 여기서 γ는 스케일링 계수이다. 식 (7.13)과 (7.14)에 대입하면 다음과 같다.

$$\Sigma(f') = \sqrt{\gamma}\Sigma(f) \quad \text{and} \quad \Lambda(\dot{f}') = \frac{1}{\sqrt{\gamma}}\Lambda(\dot{f}) \tag{7.15}$$

즉, 필터를 $(\gamma > 1)$만큼 크게 잡아 늘리면, 보다 넓은 임펄스 응답은 더 큰 SNR을 갖기 때문에 검출 응답이 증가한다. 동시에, 더 큰 필터는 위치 파악 성능을 감소시킨다. 왜냐하면, 에지에서 멀리 떨어진 정보가 통합되기 때문이다. 두 기준을 곱하면 $\sum(f)\Lambda(\dot{f})$, 스케일과 독립적인 성능을 얻을 수 있다. 최적의 1D 계단 에지 검출기는 간단한 차 연산자 또는 박스 필터이다.

$$f(x) = \begin{cases} -1 & \text{if } x < 0 \\ 1 & \text{if } x \geq 0. \end{cases} \tag{7.16}$$

그러나 박스 필터의 문제점은 많은 지역 최대 값들이 감지된다는 것이다. 이 문제를 해결하기 위해, **단일 응답 제약 조건**(single response constraint)이라고하는 세 번째 기준이 도입되었다. 이 개념은 감지기가 각 참 에지 점에 대해 단 하나의 점만 반환해야 한다. 즉, 잡음에 의해 생성된 참 에지 주변의 지역 최대 값의 수를 최소화해야 한다. 이 수치 최적화 문제를 해결하면, 모양이 가우시안의 미분과 거의 같은 신호가 생성된다. 이 추론을 2D로 확장하면, 2D 가우시안의 편미분에서 계산된 그레디언트가 사용되어 에지에서 적절한 1D 방향으로 조정된다.

7.2.2 Marr-Hildreth 연산자

1차와 2차 미분 간에는 밀접한 관계가 있다. 일차 미분 극한은 이차 미분 제로 크로싱(zero crossings)을 동반하기 때문이다. 다시 말하면, $f(x)$가 x의 1D 함수이고, df/dx가 $x = x_0$에서 최대라면, $x = x_0$에서 $d^2f/dx^2 = 0$이다. 함수가 이산적으로 샘플링되기 때문에 2차 미분 값이 정확히 0인 좌표(극히 드문 현상) 대신에 2차 미분 값이 변경되는 좌표, 소위 **제로 크로싱**을 찾는다. 이 로직을 2D로 확장하면, 영상 그레디언트의 최대 값에는 LoG의 제로 크로싱이 수반된다. 따라서 밝기 에지를 계산하기 위해 그레디언트 크기를 사용하는 대신, 그림 7.12와 같이 Laplacian of Gaussian(LoG)의 제로 크로싱을 사용할 수 있다.

이 방법은 Marr-Hildreth 연산자로 알려져 있으며, Canny 에지 검출기보다 몇 년 앞선 것이다. LoG가 텍스쳐 패턴으로서 LoG의 부호와 같은 다른 응용을 여전히 가지고 있지만, 에지 검출기로서의 그것의 사용은 그라데이션 크기로 대체되었기 때문에 주로 역사적인 관심사이다. LoG의 주된 결점은 등방성(isotrofic)이며, 그레디언트 벡터와 반대로 에지를 따라 또한 가로 질러 평활화하는 것을 의미한다. 이것은 Canny 알고리즘에 의해 수행되는 것처럼, 에지 주변 화소를 처리하는 데 사용될 수 있다.

그림 7.12 LoG와 sLoG를 적용한 영상. LoG의 제로 크로싱은 에지를 탐지하는 접근 방법이다. 등방 평활화(isotropic smoothing)의 단점 때문에 널리 사용되지는 않는다.

7.2.3 Frei–Chen 에지 검출

대체로 역사적인 관심사인 에지 검출에 대한 또 다른 접근법은 Frei–Chen의 것이다. 이 접근법에서는 9개의 3 × 3 커널 세트를 사용하여 3 × 3 서브영상의 9차원 공간에 대한 직교 기저(basis)를 제공한다.

$$W_1 = \frac{1}{\sqrt{8}}\begin{bmatrix} -1 & -\sqrt{2} & -1 \\ 0 & 0 & 0 \\ 1 & \sqrt{2} & 1 \end{bmatrix} \quad W_4 = \frac{1}{\sqrt{8}}\begin{bmatrix} \sqrt{2} & -1 & 0 \\ -1 & 0 & 1 \\ 0 & 1 & -\sqrt{2} \end{bmatrix} \quad W_7 = \frac{1}{6}\begin{bmatrix} 1 & -2 & 1 \\ -2 & 4 & -2 \\ 1 & -2 & 1 \end{bmatrix} \tag{7.17}$$

$$W_2 = \frac{1}{\sqrt{8}}\begin{bmatrix} 1 & 0 & -1 \\ \sqrt{2} & 0 & -\sqrt{2} \\ 1 & 0 & -1 \end{bmatrix} \quad W_5 = \frac{1}{2}\begin{bmatrix} 0 & 1 & 0 \\ -1 & 0 & -1 \\ 0 & 1 & 0 \end{bmatrix} \quad W_8 = \frac{1}{6}\begin{bmatrix} -2 & 1 & -2 \\ 1 & 4 & 1 \\ -2 & 1 & -2 \end{bmatrix} \tag{7.18}$$

$$W_3 = \frac{1}{\sqrt{8}}\begin{bmatrix} 0 & -1 & \sqrt{2} \\ 1 & 0 & -1 \\ -\sqrt{2} & 1 & 0 \end{bmatrix} \quad W_6 = \frac{1}{2}\begin{bmatrix} -1 & 0 & 1 \\ 0 & 0 & 0 \\ 1 & 0 & -1 \end{bmatrix} \quad W_9 = \frac{1}{3}\begin{bmatrix} 1 & 1 & 1 \\ 1 & 1 & 1 \\ 1 & 1 & 1 \end{bmatrix} \tag{7.19}$$

화소를 에워 싸는 3 × 3 서브 영상을 재구성하여 얻은 9 요소 벡터를 $\mathbf{b}$라고 하자. 같은 방식으로 커널 $\mathbf{w}_i$를 재구성하여 얻은 9 요소 벡터를 W_i 라고 하자. 처음 4개의 벡터($\mathbf{w}_1$, $\mathbf{w}_2$, $\mathbf{w}_3$, $\mathbf{w}_4$)는 에지 서브 공간의 기저를 형성하고, 다음 4개($\mathbf{w}_5$, $\mathbf{w}_6$, $\mathbf{w}_7$, $\mathbf{w}_8$)는 라인 서브 공간을 위한 기저를 형성한다. 따라서 에지들은 에지 서브 공간으로 벡터 $\mathbf{b}$를 투영하여 에지를 검출한다.

$$\theta_{edge} = \arccos \sqrt{\frac{\sum_{i=1}^{4} (\mathbf{w}_i^{\mathsf{T}}\mathbf{b})^2}{\sum_{i=1}^{9} (\mathbf{w}_i^{\mathsf{T}}\mathbf{b})^2}} \tag{7.20}$$

보다 작은 값은 화소가 에지 점의 이웃 가능성을 나타낸다. 또는 다음의 보다 큰 값은 에지 점을 나타낸다.

$$\frac{\sum_{i=1}^{4} (\mathbf{w}_i^{\mathsf{T}}\mathbf{b})^2}{\mathbf{b}^{\mathsf{T}}\mathbf{b}} \tag{7.21}$$

7.3 다각형을 이용한 밝기 에지 근사

이전 절에서 설명한 것처럼 밝기 에지를 찾았으면, 라인 세그먼트 또는 파라메트릭 커브와 같은 보다 추상적인 표현으로 에지를 근사하는 것이 바람직하다. 이 절에서는 일련의 선분인 다각형에 중점을 둔다. 첫 번째 단계는 정렬되지 않은 점 집합이 아닌 정렬된 점 시퀀스인 에젤(edgels)을 저장하는 것이다. Canny 알고리즘을 약간 수정하면 쉽게 이것을 수행할 수 있다. 다음으로 다각형은 몇 가지 기술 중 하나를 사용하여 점 시퀀스에 맞춰진다.

7.3.1 Douglas-Peucker 알고리즘

다각형을 일련의 점에 맞추기 위한 고전적인 알고리즘은 그림 7.13에 나와 있는 **Douglas-Peucker 알고리즘**(Ramer-Douglas-Peucker 알고리즘이라고도 함)이다. 먼저 앵크-플로터(anchor-floater) 선이라고 하는 직선이 첫 번째 점에서 마지막 점까지 그려진다. 각 중간 점에 대해 선과의 거리가 계산된다. 그러한 모든 거리가 임계값보다 작으면 중간 점을 버린다. 그렇지 않으면 앵커-플로터 선에 대한 최대 거리가 있는 그 점은 유지된다. 이것을 해당 앵커-플로터 선의 임계점이라고 한다. 그런 다음, 순서는 임계점에서 다시 세분화되며, 두 개의 새로운 앵커-플로터 선에 대해 과정이 반복된다. 하나는 시작점에서 임계점까지, 다른 하나는 임계점에서 끝점까지이다. 이 프로세스는 모든 점이 앵커-플로터 라인의 지정된 공차 내에 있을 때까지 반복적으로 계속된다.

7.3.2 최소 면적의 반복적 제거

Douglas-Peucker 알고리즘의 한 가지 단점은 각 앵커-플로터 라인과 관련된 점을 별도로 처리하기 때문에 차선책이라고 볼 수 있다. 각 반복에서 모든 점을 고려하는 전체론적 접근법은 최소 **유효 면적**(effective area)을 갖는 점을 반복적으로 제거하는 것을 포함한다. 여기서 유효 면적은 한 점, 그 앞의 점과 그 다음 점에 의해 형성된 삼각형의 면적이다. 작은 유효 영역을 가진 점들은 전체 폴리 라인의 인식에 거의 영향을 미치지 않으므로, 전체 모양에 큰 영향을 주지 않고 제거할 수 있다. 따라서 이 방법은 모든 점의 유효 면적이 어느 임계값 이상이 될 때까지 과정을 반복하면서, 기하학적 특징을 점차적으로 제거한다.

이 접근법은 어떤 점을 유지할 지를 순차적으로 결정하는 Douglas-Peucker

그림 7.13 Douglas-Peucker 알고리즘은 선분의 점들로부터 앵커-플로터 선(anchor-floater line)(청색선)까지 가장 큰 거리(황색선)를 계산하여 재귀적으로 선분을 나눈다.

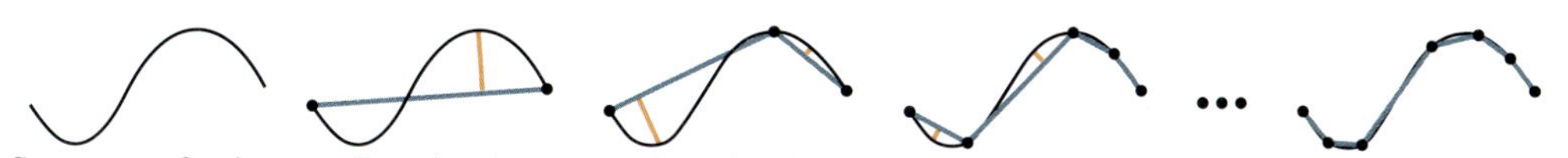

와는 대조적으로 제거할 점을 순차적으로 결정한다는 점에 유의하자. 알고리즘에 대한 한 가지 사소한 확장은 제거된 점을 유효 영역으로 정렬된 목록에 저장해 두었다가, 원래 곡선을 즉시 임의의 해상도로 생성할 수 있다는 것이다.

7.4 특징 검출기

에지 감지기가 그레디언트의 크기가 큰 화소를 발견하는 동안, **특징점 검출기**(feature point detector 혹은 관심 연산자)는 그림 7.14와 같이 명암도 값이 한 방향 이상에서 지역적으로 변하는 화소를 찾는다. 이러한 화소는 흥미롭다. 왜냐하면 그것들은 이웃의 지역 정보만 사용하여 유일하고 다른 화소와 구별되기 때문이다. 이러한 화소를 **특징점**(feature point) 또는 관심 지점이라고 한다. 이러한 특징점은 두 개의 수직선으로 이루어진 모서리에서 놓여 있기 때문에 구석점(corner point)이라고도 한다.

7.4.1 Moravec 관심 연산자

가장 초기의 특징 감지기 중 하나는 **Moravec 관심 연산자**이다. 영상 I에서 화소 $\mathbf{x} = (x, y)$가 주어지고, $\mathcal{R}$을 화소 주위의 작은 이웃에 있는 화소의 집합이라 하자. 영상 패치 $\mathcal{R}$은 임의의 화소 집합일 수 있지만, 화소를 중심으로 하는 정사각형 윈도우, 예를 들어 한 화소 중심의 3×3이다. Moravec 연산자는 화소를 수평으로 소량 이동하고, 원래 명암도 패턴과 이동된 버전 간의 차이를 비교한다. 다음에, 화소를 수직 방향으로 소량 이동시킴으로써 처리를 반복하고, 차이를 같은 방식으로 비교한다. 좀더 정확하게 말하면, 다음 식은 영상 패치와 그것의 이동된 버전 사이의 **제곱 차이**(SSD, sum of squared differences)의 합이다.

그림 7.14 영상(왼쪽), 겹쳐진 특징점(오른쪽). 특징점은 Tomasi-Knade 연산자로 탐지된다. 그러나 유사한 결과가 다른 특징 탐지자로 얻어진다. 특징점은 텍스쳐가 없는 영역 혹은 명암도 에지를 따라 생기지 않는다. 그러나 여러 방향에 그레이 레벨 값의 변화가 있는 곳에 있다.

Stan Birchfield

$$\epsilon_{\mathcal{R}}(\Delta\mathbf{x}) \equiv \sum_{\mathbf{x}\in\mathcal{R}} (I(\mathbf{x}) - I(\mathbf{x}+\Delta\mathbf{x}))^2 \tag{7.22}$$

여기서 $\Delta\mathbf{x} = (\Delta x, \Delta y)$는 이동이다. 두 방향 모두에서 차이가 크다면, 패치는 여러 방향의 명암도를 포함하기 때문에 흥미롭다. Moravec은 윈도우가 왼쪽, 오른쪽, 위, 아래로 이동함에 따라 화소의 **코너성**(cornerness)을 최소 SSD(sum of squared differences)로 정의한다.

$$\text{cornerness} \equiv \min\{\epsilon_{\mathcal{R}}(-1,0), \epsilon_{\mathcal{R}}(1,0), \epsilon_{\mathcal{R}}(0,-1), \epsilon_{\mathcal{R}}(0,1)\}, \quad (\text{Moravec}) \tag{7.23}$$

여기서 코너는(cornerness) 얼마나 지역적으로 흥미로운지를 나타낸다.

정렬된 정사각형, 회전된 정사각형 및 원형의 합성 영상에 적용된 Moravec 연산자의 예가 그림 7.15에 나와 있다. 정렬된 사각형을 조사해 보면, 화소가 세 가지 범주 중 하나에 속하는 것이 분명하다. 1) 장면이 질감이 없는 곳에서는 SSD 값이 높지 않다. 2) 밝기 에지가 있는 경우, 일부 SSD 값은 낮지만 다른 SSD 값은 높다. 3) 코너가 있는 경우 SSD 값이 모두 높다. 따라서 Moravec 관심 연산자는 정렬된 사각형의 모서리를 올바르게 감지한다. 그러나 회전된 사각형의 대각선 모서리와 원의 변을 따라 연산자가 이방성(즉, 회전 불변적이지 않음)을 나타냄이 분명하다.

7.4.2 해리스 코너 검출기

보다 강건한 관심 연산자는 1차 Taylor 시리즈를 사용하여 $I(x+\Delta x)$를 확장하면 유도할 수 있다.

$$I(\mathbf{x}+\Delta\mathbf{x}) \approx I(\mathbf{x}) + (\Delta\mathbf{x})^\mathsf{T}\frac{\partial I}{\partial \mathbf{x}} \tag{7.24}$$

(7.22)에 대입하고, 일부 화소를 다른 화소보다 더 많이 계산되도록 선택적 가중치 함수 $0 \le w(\mathbf{x}) \le 1$을 도입하면, 다음과 같다.

그림 7.15 왼쪽에서 오른쪽: 합성영상, 영상의 왼쪽 위로 이동함에 따른 각 화소의 SSD, Moravec 관심 연산자로 측정된 코너, 높은 코너 값은 모든 대각선 뿐만 아니라 정렬된 사각형의 모서리에서 생긴다.

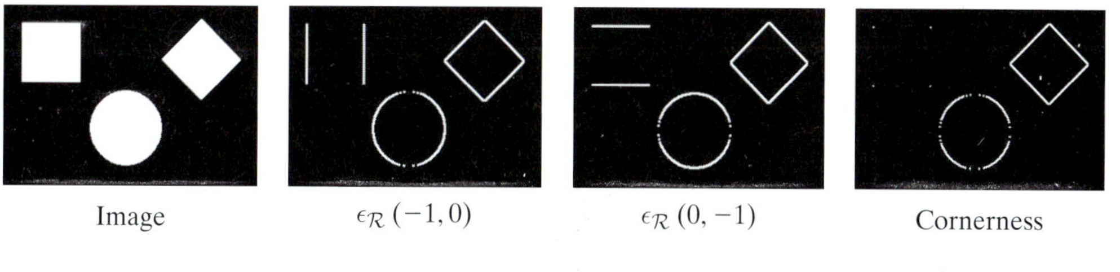

$$\epsilon_{\mathcal{R}}(\Delta\mathbf{x}) \approx \sum_{\mathbf{x}\in\mathcal{R}} w(\mathbf{x})\left((\Delta\mathbf{x})^{\mathsf{T}}\frac{\partial I}{\partial \mathbf{x}}\right)^2 \tag{7.25}$$

$$= \sum_{\mathbf{x}\in\mathcal{R}} w(\mathbf{x})(\Delta\mathbf{x})^{\mathsf{T}}\left(\frac{\partial I}{\partial \mathbf{x}}\right)\left(\frac{\partial I}{\partial \mathbf{x}}\right)^{\mathsf{T}}(\Delta\mathbf{x}) \tag{7.26}$$

$$= (\Delta\mathbf{x})^{\mathsf{T}}\underbrace{\sum_{\mathbf{x}\in\mathcal{R}} w(\mathbf{x})\left(\frac{\partial I}{\partial \mathbf{x}}\right)\left(\frac{\partial I}{\partial \mathbf{x}}\right)^{\mathsf{T}}}_{\mathbf{Z}}(\Delta\mathbf{x}) \tag{7.27}$$

$$= (\Delta\mathbf{x})^{\mathsf{T}}\mathbf{Z}(\Delta\mathbf{x}) \tag{7.28}$$

여기서, $\mathbf{Z}$는 윈도우 내의 화소들의 그레디언트 벡터들의 외적(outer product)들로 구성된 대칭 2×2 매트릭스이다.

$$\mathbf{Z} \equiv \sum_{\mathbf{x}\in\mathcal{R}} w(\mathbf{x})\begin{bmatrix} I_x^2(\mathbf{x}) & I_x(\mathbf{x})I_y(\mathbf{x}) \\ I_x(\mathbf{x})I_y(\mathbf{x}) & I_y^2(\mathbf{x}) \end{bmatrix} = \begin{bmatrix} z_x & z_{xy} \\ z_{xy} & z_y \end{bmatrix} \tag{7.29}$$

여기서 $I_x \equiv \partial I/\partial x$와 $I_y \equiv \partial I/\partial y$는 좌표 축을 따라 영상의 부분 도함수를 나타내므로, 그레디언트는 $\nabla I = \partial I/\partial x = [I_x \quad I_y]^{\mathsf{T}}$이다. 여기에 $z_x = \sum_{\mathbf{x}} w(\mathbf{x}) I_x^2(\mathbf{x})$, $z_y = \sum_{\mathbf{x}} w(\mathbf{x}) I_y^2(\mathbf{x})$ 그리고 $z_{xy} = \sum_{\mathbf{x}} w(\mathbf{x}) I_x(\mathbf{x}) I_y(\mathbf{x})$는 $\mathbf{Z}$의 원소이다. 일반적으로 가중치 함수는 모든 화소를 동일하게 처리하기 위해 균일하거나, 또는 가우시안을 사용하여 윈도우 중앙 근처의 화소를 먼 거리의 화소보다 더 비중있게 표시할 수 있다.

행렬 $\mathbf{Z}$는 1차 도함수에 의해서만 결정되며, 다양한 이름을 갖는다. 어떤 저자들은 **그레디언트 공분산 행렬**(gradient covariance matrix)이라고 부른다. 왜냐하면 $w(\mathbf{x}) = \frac{1}{|\mathcal{R}|}$이고, 평균이 0이면 방정식 (7.29)은 윈도우 안의 화소의 그레디언트 벡터의 공분산 행렬이다. 다른 저자들은 식 (4.145)에 나타난 공분산과 두 번째 모멘트 사이의 연결 때문에 이를 **자기 상관 행렬**(autocorrelation matrix), 구조 텐서 또는 두 번째 모멘트 행렬로 언급한다. 그것은 **헤시안 행렬**(Hessian matrix)이라고도 알려져 있지만, 나중에 볼 수 있듯이 이 용어는 혼란으로 인해 피해야 한다.

이전에 보았 듯이[4], 공분산 행렬은 타원의 주축이 행렬의 고유 값에 포착되도록 데이터에 타원을 맞추기 때문에 이러한 고유치는 공분산 행렬의 구조를 이해하는 데 중요하다. 3개의 경우가 가능하다. 두 개의 고유치가 큰 경우, 화소 값은 다수의 방향으로 변하기 때문에, 화소 영역은 그 주변 환경과 고유하게 구별될 수 있다. 하나의 고유치가 크고 다른 하나가 작으면, 그 지역은 밝기 에지를

---

4 4.4.5절 (p. 225).

가로지른다. 최종적으로 두 고유치가 작은 경우, 영역의 모든 화소에 대해 그레디언트 크기가 작기 때문에 영역의 질감이 채워지지 않는다.

구별 가능한 특징들을 찾기 위해, 그레디언트 공분산 행렬이 2개의 큰 고유치를 포함하는 화소에 대한 검색이 수행된다. 특징 탐지에 가장 널리 사용되는 방법 중 하나는 **해리스 코너 탐지기**(Harris corner detector)이다.[5] 행렬의 트레이스(trace)와 행렬식(determinant)을 사용하여 코너성을 측정한다.

$$\text{cornerness} \equiv \det(\mathbf{Z}) - k\,(\text{trace}(\mathbf{Z}))^2 \qquad (\text{Harris}) \tag{7.30}$$

$$= z_x z_y - z_{xy}^2 - k(z_x + z_y)^2 \tag{7.31}$$

$$= \lambda_1\lambda_2 - k(\lambda_1 + \lambda_2)^2 \tag{7.32}$$

여기서 λ_1과 λ_2는 $\mathbf{Z}$의 고유 값이고, 두 번째 등식은 정사각 행렬의 행렬식이 고유 값의 곱이고, 그 트레이스는 앞에서 살펴본 고유치의 합이라는 사실에서 나온 것이다. 상수 k는 값이 일반적으로 0.04 부근에 있는 작은 계수이다. 두 번째 항은 하나의 매우 큰 고유 값을 가진 점을 선택할 기회를 줄이기 위해 사용된다. 고유 값은 본질적으로 회전에 불변하므로, 해리스 특징 값은 회전에도 크게 변하지 않는다. 사실, 반복적인 연구에 따르면, 해리스의 변형들이 영상 회전, 조명 변형 및 원근 변형이 있는 상태에서 가장 신뢰할 수 있는 감지기의 일부인 것으로 나타났다. 해리스의 또 다른 장점은 제곱근을 계산할 필요가 없으므로, 행렬식/트레이스 비법이 계산을 단순화하고, 고유 값이 명시적으로 계산되지 않으므로, 0으로 나눌 가능성을 또한 없애준다.

7.4.3 Tomasi-Kanade 특징 검출기

해리스의 대안은 최소 고유치를 사용하여 코너성을 측정하는 **Tomasi-Kanade 연산자**(Shi-Tomasi 연산자라고도 함)이다.

$$\text{cornerness} \equiv \min(\{\lambda_1, \lambda_2\}) = \lambda_2 \qquad (\text{Tomasi-Kanade}) \tag{7.33}$$

여기서 최종 등식은 고유 값이 감소하는 순서로 정렬되어 있다고 가정하므로 $\lambda_1 \geq \lambda_2$가 된다. 고유 값은 특성 방정식 $\det(\mathbf{Z} - \lambda \mathbf{I}_{\{2\times 2\}}) = 0$을 풀면 얻어진다.

$$\lambda_2 = \frac{1}{2}\left((z_x + z_y) - \sqrt{(z_x - z_y)^2 + 4z_{xy}^2}\right) \tag{7.34}$$

5 Harris 검출기는 Plessey 연산자로 종종 알려진다. 발견 당시 그를 고용한 회사의 이름을 딴 것이다.

이는 식 (4.146)과 동일하다. Tomasi-Kanade는 해리스보다 더 많은 계산을 요구하며, 일반적으로 약간의 강건성이 떨어지는 것으로 판명되었지만, 이들의 성능 모두 상당히 유사하다. 덜 잘 알려진 대안은 트레이스로 행렬식을 나누는 것이다.

$$\frac{1}{\text{cornerness}} \equiv \frac{\text{trace}(\mathbf{Z})}{\det(\mathbf{Z})} = \frac{\lambda_1 + \lambda_2}{\lambda_1\lambda_2} = \frac{1}{\lambda_1} + \frac{1}{\lambda_2} \qquad (\text{parallel resistors}) \tag{7.35}$$

이것은 전기 회로의 병렬 저항과 같이 고유 값을 처리한다. 두 개의 저항 r_1과 r_2가 병렬로 연결되어있는 경우, 결합된 저항은 r이며, 여기서 $\frac{1}{r} = \frac{1}{r_1} + \frac{1}{r_2}$이다. 결합된 저항이 가장 작은 저항보다 결코 클 수 없음을 보여주기 쉽고, 마찬가지로 코너가 최소 고유치보다 클 수 없다.

$$\frac{\lambda_2}{2} \le \frac{\det(\mathbf{Z})}{\text{trace}(\mathbf{Z})} \le \lambda_2 \tag{7.36}$$

0으로 나누기 오류를 피하려면, 두 개의 고유 값이 모두 임계값보다 작을 때 분모에 작은 숫자를 추가하거나 나누지 말라.

행렬의 행렬식과 함께 λ_1과 λ_2에 대한 해리스, Tomasi-Kanade 및 병렬 저항의 윤곽 플롯이 그림 7.16에 나와 있다. 모든 측정 값은 두 고유 값을 최대화하려고 하기 때문에 모양이 비슷하다. 행렬식의 등고선은 선 $\lambda_2 = 1/\lambda_1$이고, 점근선 $\lambda_1 = 0$과 $\lambda_2 = 0$이다. 그 결과 하나의 큰 고유치가 임의로 작은 고유치를 극복할 수 있다. 해리스는 트레이스의 제곱을 뺀 다음, 고유 값 중 하나가 작은 상황을 제지하여 이 문제를 피한다. Tomasi-Kanade의 점근선은 $\lambda_1 = \lambda_2 = c$이며, 여기서 c는 코너의 값이고 해리스와 병렬 저항의 점근선은 하나의 작은 고유치의 영향을 줄이기 위해 약간 기울어져 있다.

7.4.4 Beaudet 검출기

함수의 **헤시안**(Hessian)은 함수의 2차 편미분을 포함하는 행렬이다. 따라서 화소를 둘러싼 영역의 헤시안은 다음과 같이 주어진다.

$$H \equiv \sum_{\mathbf{x}\in\mathcal{R}} w(\mathbf{x}) \begin{bmatrix} I_{xx}(\mathbf{x}) & I_{xy}(\mathbf{x}) \\ I_{xy}(\mathbf{x}) & I_{yy}(\mathbf{x}) \end{bmatrix} \tag{7.37}$$

여기서 $I_{xx} \equiv \partial^2 I/\partial x^2$, $I_{yy} \equiv \partial^2 I/\partial y^2$ 그리고 $I_{xy} \equiv \partial^2 I/\partial x \partial y$는 2차 미분이다. **Beaudet 검출기**는 2차 미분을 사용하고 헤시안의 행렬식으로 정의된다.

그림 7.16 다양한 코너 척도에 대한 그레디언트 공분산 매트릭스의 두 고유값의 등고선 표현

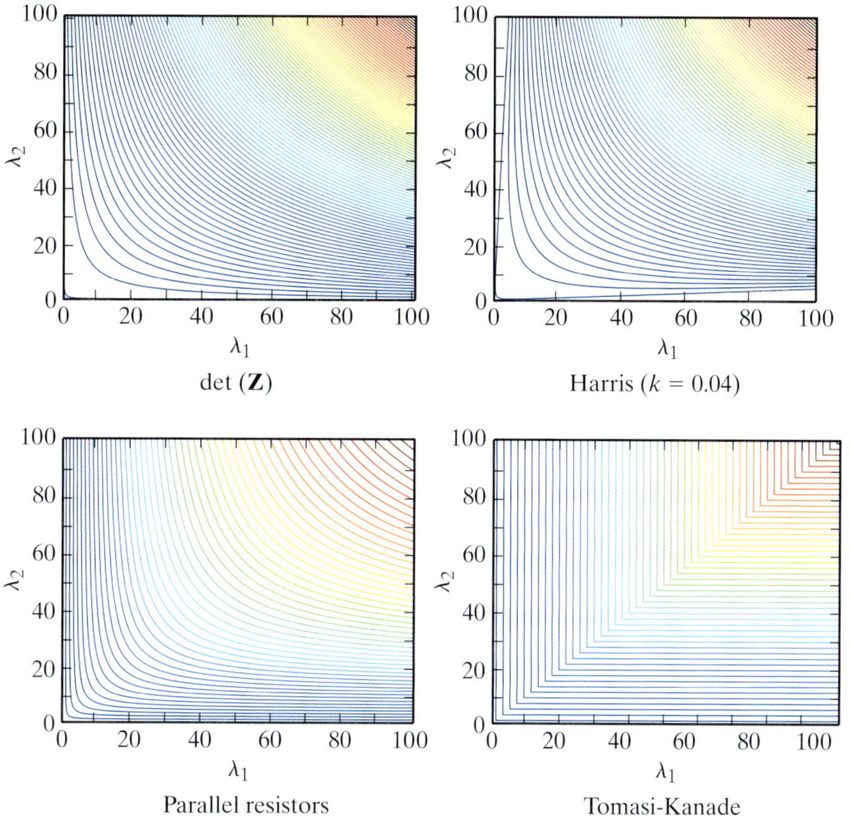

$$\text{cornerness} \equiv I_{xx}I_{yy} - I_{xy}^2 \qquad \text{(Beaudet)} \tag{7.38}$$

Beaudet 측정 값은 신호의 가우시안 곡률과 관련이 있으며, 회전 불변이다. 앞에서 언급했듯이, 식 (7.29)의 두 번째 모멘트 행렬 Z는 때때로 헤시안이라 불린다. 이는 $\frac{1}{2}I^2(X)$의 헤시안에 대한 근사이기 때문이다.

$$\frac{\partial^2}{\partial x^2}\left(\frac{1}{2}I^2(\mathbf{x})\right) = \frac{\partial}{\partial x}\left(I(\mathbf{x})\frac{\partial I(\mathbf{x})}{\partial x}\right) = \left(\frac{\partial I(\mathbf{x})}{\partial x}\right)^2 + \left(I(\mathbf{x})\frac{\partial^2 I(\mathbf{x})}{\partial x^2}\right) \approx I_x^2 \tag{7.39}$$

$$\frac{\partial^2}{\partial y^2}\left(\frac{1}{2}I^2(\mathbf{x})\right) = \frac{\partial}{\partial y}\left(I(\mathbf{x})\frac{\partial I(\mathbf{x})}{\partial y}\right) = \left(\frac{\partial I(\mathbf{x})}{\partial y}\right)^2 + \left(I(\mathbf{x})\frac{\partial^2 I(\mathbf{x})}{\partial y^2}\right) \approx I_y^2 \tag{7.40}$$

$$\frac{\partial^2}{\partial x \partial y}\left(\frac{1}{2}I^2(\mathbf{x})\right) = \frac{\partial}{\partial x}\left(I(\mathbf{x})\frac{\partial I(\mathbf{x})}{\partial y}\right) = \left(\frac{\partial I(\mathbf{x})}{\partial x}\frac{\partial I(\mathbf{x})}{\partial y}\right) + \left(I(\mathbf{x})\frac{\partial^2 I(\mathbf{x})}{\partial x \partial y}\right) \approx I_x I_y \tag{7.41}$$

여기서 근사는 2차 항을 무시한다. 혼란이 생길 수 있으므로, 이 이름을 사용하지 않는다. 헤시안은 2차 미분행렬이고, **Z**는 1차 미분행렬이기 때문이다.

7.4.5 Kitchen-Rosenfeld

고전적인 **Kitchen-Rosenfeld 관심 지점 검출기**는 1차와 2차 미분을 결합하여, 비-최대 억제 그레디언트 크기(nonmaximum-suppressed gradient magnitude)의 가중치를 사용한 밝기 등고선을 따라 최대 곡률을 찾는다.

$$\text{cornerness} \equiv \frac{I_{xx}I_y^2 + I_{yy}I_x^2 - 2I_{xy}I_xI_y}{I_x^2 + I_y^2} \qquad \text{(Kitchen-Rosenfeld)} \quad \textbf{(7.42)}$$

Beaudet과 마찬가지로 Kitchen-Rosenfeld 감지기는 더 이상 널리 사용되지 않는다.

7.4.6 SIFT 특징 검출

해리스(Harris)와 앞서 언급한 다른 변종의 성공에도 불구하고 더욱 대중적인 접근법은 그림 7.17에 설명된 **SIFT 특징 검출기**(Scale Invariant Feature Transform)이다. SIFT의 첫 번째 단계는 영상의 라플라시안 피라미드를 만드는 것이다. s가 특징이 감지되는 옥타브 당 스케일의 수인 경우, 피라미드는 옥타브당 $s+3$ 가우시안을 사용한다. 그림에서 $s=2$이고, 따라서 $2+3=5$ 가우시안들의 차이는 두 개의 스케일이 처리되는 4개의 LoG 근사 영상을 산출한다. 두 번째 단계는 모든 화소와 모든 스케일에 대해 화소가 인접한 26개의 화소 중 로컬 최대 값인지 결정하는 것이다(동일한 영상에서 8, 다음으로 작은 스케일에서 9, 다음으로 큰 스케일에서 9). 마지막 단계는 비 텍스쳐 영역 또는 밝기

그림 7.17 SIFT 특징은 라플라시안 피라미드를 계산하여 탐지된다. 그리고 화소의 26 이웃들 가운데 국부 최대를 찾는다. 그림에서 각 옥다브에 대해, 5 가우시안, 4 LoGs (DoGs에 의해 근사), 그리고 2 스케일(적색 화살표로 지시)이 있다. 남은 2 LoGs는 이웃 계산에 사용된다.

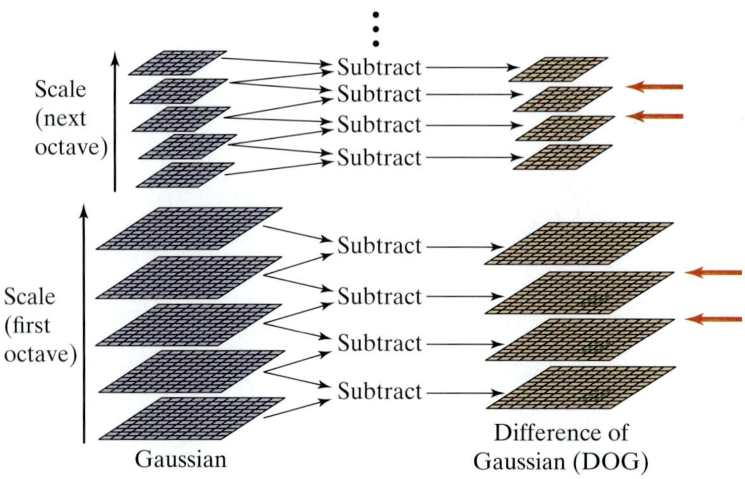

에지를 따라 화소를 버린다.

방금 감지된 스케일 공간의 각 지역 최대 값에 대해, 부동 소수점 좌표 산출 위해 선형 시스템을 반복적으로 풀므로써 위치를 미세 조정할 수 있다. 보다 구체적으로, 스케일 공간 영상에 대해 2차 테일러 급수 확장이 계산된다.

$$I(\mathbf{x} + \Delta\mathbf{x}) \approx I(\mathbf{x}) + \frac{\partial I(\mathbf{x})^{\mathsf{T}}}{\partial \mathbf{x}}(\Delta\mathbf{x}) + \frac{1}{2}(\Delta\mathbf{x})^{\mathsf{T}}\frac{\partial^2 I(\mathbf{x})}{\partial \mathbf{x}^2}(\Delta\mathbf{x}) \tag{7.43}$$

여기서 $\mathbf{x} \equiv [x \quad y \quad \sigma]^2$이다. 이 함수의 미분을 취하여 이를 0으로 설정하면, 다음이 된다.

$$\frac{\partial I(\mathbf{x})^{\mathsf{T}}}{\partial \mathbf{x}} + \frac{\partial^2 I(\mathbf{x})}{\partial \mathbf{x}^2}(\Delta\mathbf{x}) = 0 \tag{7.44}$$

혹은

$$\Delta\mathbf{x} = -\left(\frac{\partial^2 I(\mathbf{x})}{\partial \mathbf{x}^2}\right)^{-1}\frac{\partial I(\mathbf{x})}{\partial \mathbf{x}} \tag{7.45}$$

일단 이 최소화가 안정화되면, 그 점에서의 값은 단순화를 위해 선형 항만을 사용해, Δx의 계산된 값을 식 (7.43)에 대입함으로써 계산될 수 있다.

$$I(\mathbf{x} + \Delta\mathbf{x}) \approx I(\mathbf{x}) + \frac{\partial I(\mathbf{x})^{\mathsf{T}}}{\partial \mathbf{x}}(\Delta\mathbf{x}) \tag{7.46}$$

SIFT 특징 감지기의 인기는 영상의 스케일에 관계없이 특징을 찾기 위해 스케일 공간을 활용하기 때문이다.

7.5 특징 서술자

위에서 설명한 기술들 중 하나를 사용하여 여러 영상에서 특징이 감지되면, 해당 특징이 종종 영상 전체에서 일치한다. 예를 들어 임의의 위치, 방향 및 스케일에서 개체를 포함하는 쿼리 영상과 함께 데이터베이스로부터 알려진 객체 영상이 있다고 가정하자. 두 영상 사이의 특징를 매칭함으로써, 객체가 존재하는지 여부를 추론할 수 있고, 객체가 있는 자세를 추론할 수 있다. 이러한 접근 방식이 작동하려면 자세와 조명의 변화에 영향을 받지 않는 **특징 서술자**(feature descriptors)를 계산하고 매칭시켜야 한다.

7.5.1 SIFT 특징 서술자

제안된 많은 특징 서술자들 중 가장 널리 사용되는 것은 **SIFT**(Scale Invariant Feature Transform) **특징 서술자**이다. SIFT 특징 서술자는 일반적으로 SIFT 특징 검출기와 함께 사용되지만, 반드시 그렇지는 않다. 왜냐하면 서술자는 영상의 어느 곳에서나 적용될 수 있기 때문이다. 알고리즘은 다음과 같이 작동한다. 특징이 SIFT 특징 검출기 또는 다른 수단을 사용하여 검출되면, 첫 번째 단계는 이웃의 크기와 그레디언트 스무딩의 양을 지정하기 위해 특징이 감지된 스케일을 사용하여 특징을 둘러싼 주변의 영상 그레디언트 크기와 방향을 샘플링한다. 지배적인 그레디언트 방향은 앞에서 설명한 것과 비슷한 방식으로 계산되며, 모든 그레디언트 방향은 이 방향에 대해 회전되어 영상 회전에 불변인 계산을 만든다. 그 다음, 그레디언트 크기는 중앙 부근의 화소의 가중치를 증가시키기 위해 단일 가우시안(그 폭은 검출된 특징의 스케일에 의해 결정됨)에 의해 가중된다.

그레디언트 벡터는 여러 가지 가능한 방향 중 하나에 양자화된 다음, 이산 공간 영역에 걸쳐 공간과 스케일에 대한 3D 히스토그램으로 축적된다. 예를 들어, 그림 7.18은 특징을 둘러싼 8×8 이웃에 있는 모든 화소의 그레디언트를 보여준다. 8가지 가능한 방향과 $8 \cdot 8 = 64$ 그라데이션 벡터가 4×4 그리드에 누적된다. 상부 좌측 서브 어레이의 16 화소의 그레디언트 벡터의 방향은 키포인트 서술자 어레이의 상부 좌측 셀과 연관된 히스토그램 빈(bin)들에 누적되고, 상부 우측 하위 배열의 값은 키포인트 설명자 배열의 상부 우측 셀과 연관된 히스토그램 빈에 누적된다. 이런 식으로 계속된다. 각 그레디언트 벡터는 그레디언트 크기에 비례하는 가중치를 사용하여 히스토그램의 적절한 빈(bin)에 대해 투표한다. 여기서 견고한 방식으로 인접 빈에 값을 분산시키기 위해 삼각형 보간법을 사용한다.

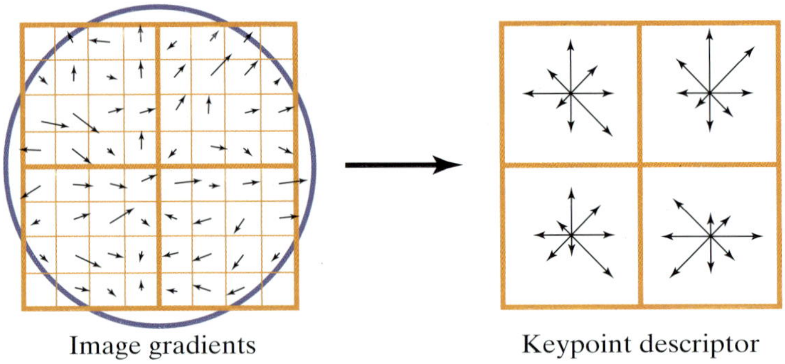

그림 7.18 SIFT 특징 서술자는 위치와 방향에 대해 3D 배열로 특징점의 이웃에서 그레디언트 벡터의 방향을 누적함으로써 계산된다.

그림 7.19 SIFT 특징 매칭 결과. 질의 영상(중간)의 SIFT 특징 서술자는 다양한 포즈와 조건에서 객체를 탐지하기 위해 데이터베이스로부터의 서술자와 심하게 가려진 경우(오른쪽)에도 매칭된다.

그런 다음 3D 히스토그램의 값을 연결하여 특징을 설명하는 벡터를 형성한다. 이 그림은 8 방향과 $2 \cdot 2 = 4$ 서브 어레이를 보여주기 때문에, 이 예제는 32 차원 벡터를 산출하지만 일반적으로 8 방향과 $4 \cdot 4 = 16$ 위치가 있어, 128 차원 벡터가 된다. 조명 불변성을 달성하기 위해 벡터는 L^2 노름으로 나눔으로써 단위 길이로 정규화된다.

그림 7.19는 SIFT 특징 탐지와 서술자의 적용을 보여준다. 왼쪽에는 장난감 개구리와 장난감 기차 영상이 데이터베이스에 있다. 가운데에는 질의 영상이 있다. 오른쪽에는 개별 특징의 결과를 모아서 얻은 감지된 객체와 함께 데이터베이스의 특징과 일치하는 탐지된 특징 점들이 있다. 자세(pose)뿐만 아니라 겹침에 큰 차이가 있음에도 불구하고 객체가 감지된다.

7.5.2 그레디언트 위치 방향 히스토그램 (GLOH)

SIFT 서술자의 확장은 **그레디언트 위치 방향 히스토그램**(GLOH, gradient location and orientation histogram)이다. SIFT와 마찬가지로 영상의 그레디언트가 계산되고 그 그레디언트 방향이 히스토그램에 누적된다. 그러나 직사각형의 화소 격자를 사용하는 대신 로그-폴라(log-polar) 격자를 사용하여 그림 7.20과 같이 2개의 고리 형태와 8개의 방향, 그리고 중앙의 빈 한 개를 추가로 17개의 공간 저장소를 지정한다. 16개의 양자화된 그레디언트 방향으로 히스토그램은 $17 \cdot 16 = 272$ 빈을 포함하며, 큰 패치 영상 데이터베이스에 적용된 PCA[6]을 사용하여 128 요소 벡터로 축소된다. 회전, 크기 및 시점 변경을 가진 영상을 매칭할 때, GLOH 특징 서술자가 SIFT 서술자보다 약간 더 뚜렷한 것으로 나타났다.

6 12.3.5절 (p. 739).

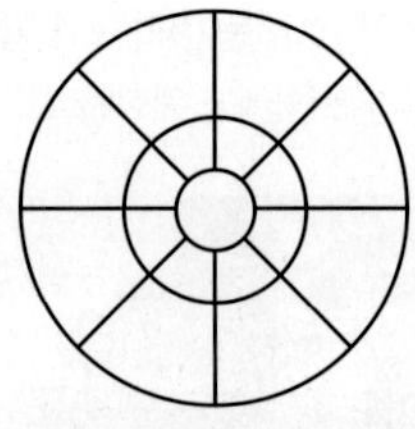

그림 7.20 GLOH 특징 서술자는 log-polar 그리드에서 그레디언트 방향 샘플링을 포함한다.

7.5.3 모양 컨텍스트(shape context)

이진 영상을 위해 특별히 설계된 밀접하게 관련된 서술자는 **모양 컨텍스트**(shape context)이다. 그림 7.21에서 볼 수 있듯이, 물체의 경계에 있는 점의 모양 컨텍스트는 GLOH와 비슷한 로그-폴라 격자에 배열된 공간 위치에 대한 2D 히스토그램으로 계산된다. 단, 중심은 또한 쐐기 모양으로 분할된다. 5개의 반지름과 12개의 각도로, 결과 히스토그램은 60개의 빈을 포함한다. 히스토그램의 각 빈에는 빈으로 정의된 영역 내의 에지 점들의 합계가 포함된다. 그레디언트 방향은 사용되지 않으며, 모든 에지 점들은 히스토그램에 똑같이 기여한다. 모양 컨텍스트는 이진 모양 매칭에 성공적으로 사용되었다.

7.5.4 방향 그레디언트 히스토그램(HOG)

또 다른 인기있는 영상 서술자는 **방향 그레디언트 히스토그램**(HOG, histogram of oriented gradients)이다. 이것은 그레디언트 방향의 연결 히스토그램 벡터이다. SIFT 특징 서술자는 또한 그레디언트 방향의 연결된 히스토그램의 벡터이기 때문, 어떤 의미에서는 HOG로 간주될 수 있다. 그러나 HOG라는 용어는 일반적으로 특징점이 아닌 영상의 고밀도 직사각형 영역에 대해 계산된 서술자에 대해 사용된다.

그림 7.21 모양 컨텍스트(shape context)은 이진 영역의 모양을 log-polar 그리드에서 에지 화소의 수를 계산하여 캡쳐한다. 왼쪽에서 오른쪽: 이진 모양, log-polar 그리드, 특정 지점에서 결과 히스토그램.

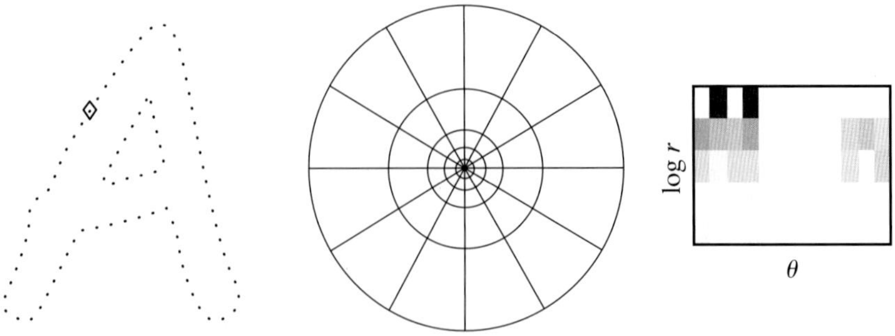

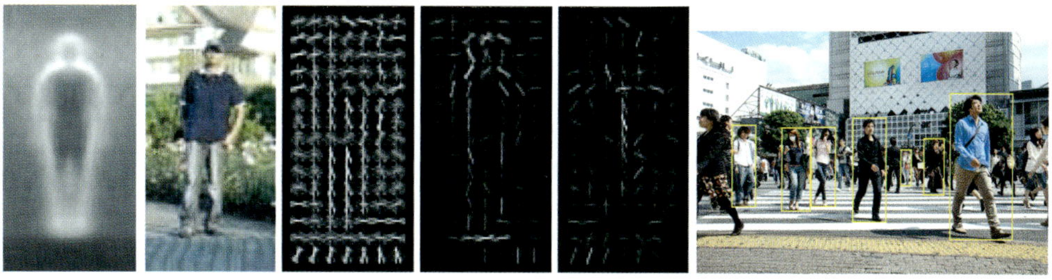

그림 7.22 방향성 그레디언트의 히스토그램(HOG)은 보행자 탐지에 널리 사용된다.

HOG 서술자는 보행자 감지의 맥락에서 개발되었다. 64 × 128 직사각형 윈도우가 영상을 가로 질러 슬라이딩 되며, 각 위치에서 윈도우의 HOG 서술자가 계산되고 평가되어 보행자가 윈도우에 있는지 여부를 결정한다. 이 윈도우은 $8 \cdot 8 = 64$ 화소로 구성된 비 중첩 셀의 조밀한 배열로 나누어진다. 각 셀 내에서 그레디언트 방향의 히스토그램은 각 화소가 그 방향에 대한 가중 투표를 할 수 있게 함으로써 계산된다. 여기서 그 가중치는 그레디언트 크기에 의해 주어지며, 방향은 9가지 가능성(0°에서 180° 방향이 사용된 경우, 즉 그레디언트의 부호는 무시됨) 또는 18가지 가능성(0°에서 360° 방향이 사용된 경우)으로 양자화된다. 셀은 겹치는 블록으로 그룹화되며, 각 블록에는 $2 \cdot 2 = 4$ 인접 셀이 들어있다.

조명 불변성을 제공하기 위해, 블록 내의 셀의 히스토그램을 연결하여 벡터를 형성하고, 벡터는 L^2노름으로 나눔으로써 정규화된다. 블록이 겹쳐지기 때문에 각 셀의 히스토그램은 여러 번 사용되어 블록이 속한 블록의 벡터를 만든다. 다른 컴퓨터비전 알고리즘과 마찬가지로 이 방법의 많은 변형은 셀의 모양, 정규화의 방식 등을 변경하여 가능하지만, 여기에 제시된 서술은 일반적인 변형 중 하나이다. HOG 기술자는 밀도가 높은 특성으로 인해 윈도우의 미묘한 변형을 포착할 수 있어, 보행자 및 기타 모양 기반 객체 클래스를 탐지하는 작업에서 큰 성공을 거두었다.

7.6 추가 읽기

Laplacian 피라미드는 Burt와 Adelson [1983]에 의한 것이며, 여기서 균등한 기여 특성에 대한 설명이 또한 발견될 수 있다. Mallat [1989]는 웨이브렛, 다해상도 분석 및 피라미드 알고리즘을 연결하는 고전적인 논문이다. 스케일공간은 Witkin [1983]에 의한 논문에서 소개되었다. 가우시안과 Laplacian 피라미드에 대한 자세한 논의와 스케일 공간과의 관계는 Lindeberg [1994]에서 발견된다. Lindeberg [1993]에서 스케일 공간에 대해 보다 심층적으로 다루고 있다. 인과관계의 기준과 영상의 심층 구조에 대한 개념은 Koessink [1984]에 기인한다. Babaud et al. [1986]은 스케일 공간을 구성하기 위한 가우시안 커널의 유일성을 보여준다. 특징 탐지에 대한 스케일 공간의 적용은 Canny [1986], Mallat와 Zhong [1992], Lindeberg [1998a], Lindeberg [1998b]에서 찾을 수 있다.

모든 사람들은 밝기 에지와 예측 가능성 및 중복성의 개념을 연결하는 Attneave [1954]의 멋진 초기 논문을 읽어야 한다. 다면체 물체의 선 그리기 영상을 해석하는 초기 작업은 Roberts [1963], Huffman [1971], Clowes [1971]에 의한 것이다. Marr-Hildreth 에지 검출기가 Marr과 Hildreth [1980]에 의해 제안되었다. 이것은 Canny [1986]의 고전 작품으로 대체되었다. Canny의 논문은 밀도가 높지만 신중하게 읽을 수 있는 인내심 있는 사람들에게 몇 가지 진짜 보석을 담고 있다. 가우시안 라플라시안 (Laplacian of Gaussian)의 표시는 Nishihara [1984]가 사용했다. 책의 지면이 철저한 논의를 허용하지는 않았지만, 에지 검출기는 Pratt의 성능 지수를 사용하여 경험적으로 비교되었으며, Abdou와 Pratt [1979]와 Bowyer와 Phillips [1998]의 접근법을 참조하라. 에지 검출에 대한 보다 최근의 접근법은 마틴 Martin et al.의 경계 검출기의 확률(Pb)을 참조하라 [2004].

Douglas-Peucker 라인 피팅 알고리즘은 Douglas와 Peucker [1973]에 기인한 것이지만, Ramer [1972]의 독립적인 연구가 약간 앞섰기 때문에 이름은 Ramer-Douglas-Peucker이다. Hershberger와 Snoeyink [1992]는 최악의 경우 실행 시간이 $O(n \log n)$인 Douglas-Peucker의 속도 향상을 제안하는 반면, Douglas-Peucker는 $O(n^2)$이다. 가장 작은 면적을 반복적으로 제거하는 알고리즘은 Visvalingam과 Whyatt [1992]에 의한 것이다.

Moravec의 관심 연산자는 Moravec [1977]에서 유래된다. Beaudet [1978], Kitchen과 Rosenfeld [1982]의 고전적인 연산자는 주로 역사적인 관심이였고, 최근의 접근법들로 대체되었다. Harris와 Stephens [1988]에서 여전히 널리 사용되는 해리스 특징 탐지기가 제시된다. Tomasi-Kanade 탐지기는 Shi-Tomasi의 대체 이름을 설명하는 Shi와 Tomasi [1994]의 논문에서 더 널리 알려져 있지만, Tomasi와 Kanade [1991]에 의해 처음으로 기술되었다. 2차 모멘트 행렬은 점 특징 추적을 위한 Gauss-Newton 최소화의 맥락에서 Baker와 Matthews [2004]에서 헤시안(Hessian)이라고 불리지만, 헤시안이라는 용어는 일반적으로 Bay et al.[2008]에서와 같이 2차 미분 곱의 행렬을 위해 예약되어 있다. Schmid et al. [2000], Mikolajczyk와 Schmid [2005]과 같은 서로 다른 특성 검출기를 비교하기 위해 널리 인용된 몇 가지 연구가 수행되었다. Harris (또는 그 변형)가 가장 반복적이라고 대부분 결론지었다. 또 다른 흥미로운 연구는 Kenney et al. [2005]인데, 이것은 Tomasi-Kanade가 특정 공리 집합에 따라 최고의 특징 탐지기라는 결론을 내렸다.

SIFT 특징 검출기와 서술자는 Lowe [2004]에 의해 소개되었고, GLOH 서술자는 Mikolajczyk와 Schmid [2005]에서 나온 것이며, 모양 컨텍스트는 Belongie et al. [2002], HOG는 Dalal과 Triggs [2005]에 소개 되었다.

수년 동안 다른 여러 가지 특징 감지기 또는 서술자가 등장했다. Bay et al. [2008]의 SURF, FAST는 Rosten과 Drummond [2006], DAISY는 Tola et al. [2010]에서 나온 것이다. 역사적인 관심사의 다른 일은 Hubel과 Wiesel [1962], Olshausen과 Field [1996]에 의한 인간 시각 시스템에서 수용 필드, Koenderink와 van Doorn [1987]의 지역 제트(local jets)의 발견이다. 또 다른 관련 업적은 Ozuysal et al. [2007]에 의한 빠른 키포인트 인식이다.

텍스처에 대해 자세하게 논의할 지면이 없었지만, 역사적 맥락에서 Julez [1981], Julesz와 Bergen [1983]의 텍스톤(texton)에 대한 고전적 작업을 참고해야 한다. 텍스쳐에 대한 또 다른 고전적인 작업은 Laws [1980]의 작업이다. 조종 가능한 필터는 Freeman과 Adelson [1991]에 의해 소개되었다. 텍스쳐 합성을 위한 매우 간단하고 효과적인 알고리즘은 Efros와 Leung [1999]의 잘 알려진 연구에서 찾을 수 있다. 시각적 질감에 대한 추가 정보는 Tuceryan과 Jain [1993]의 개요에서 찾을 수 있다.

연습문제

7.1 원 영상의 면적(즉, 화소 수)이 a이고, 다운 샘플링 인자는 $\sqrt[n]{2}$이다.

(a) 가우시안 피라미드의 다음 레벨의 영역을 계산하시오. $I^{(1)}$, $I^{(2)}$, $I^{(5)}$, $I^{(6)}$

(b) 다음 관계가 성립하는지 확인하시오.

$$\frac{I^{(1)}\text{의 면적}}{I^{(2)}\text{의 면적}}=\frac{I^{(5)}\text{의 면적}}{I^{(6)}\text{의 면적}}$$

7.2 다운 샘플링 인자가 2라고 가정할 때, 동일한 기여 특성을 만족시키는 5 요소 대칭 커널의 패밀리를 계산하시오. 이 커널들 중 파스칼의 삼각형에 유사한 커널이 있는가?

7.3 옥타브 당 $n=3$개의 영상으로 가우시안 피라미드를 만들고 싶다고 가정해 보자.

(a) 다운 샘플링 인자는 무엇인가?

(b) 옥타브 사이의 전반적인 평활화가 $\sigma^2=1.2$가 되도록 σ'^2를 선택하는 방법은 무엇인가?

7.4 옥타브 당 $n=5$개의 영상을 가진 라플라스 피라미드를 만들고 싶다고 가정해 보자.

(a) 각 옥타브가 영상 크기에 비례하여 동일한 분산 순서로 컨볼루션됨을 보장하기 위해 분산 비율 σ는 무엇이 되어야 하는가?

(b) 피라미드 레벨 1, 2, 3 (즉, σ_0^2, σ_1^2, σ_2^2)에 어떤 분산을 적용해야 하는가?

7.5 인과관계 기준이 왜 스케일 공간을 계산하는 데 중요한지 설명하시오.

7.6 4가지 유형의 밝기 에지를 나열하시오.

7.7 Canny 에지 검출기가 두 직선의 교차점에서 실패하는 이유를 설명하시오.

7.8 다음의 그레디언트 크기 및 위상 영상에 대해 비-최대 억제(non-maximal suppression)를 수행하시오. (내부 3 × 3 배열에 대한 결과만 계산하시오.)

3	3	3	3	3
3	10	9	5	3
3	20	8	7	3
3	5	30	10	3
3	3	3	3	3

magnitude

0	0	0	0	0
0	0	$-\frac{4\pi}{8}$	0	0
0	$\frac{10\pi}{8}$	$\frac{6\pi}{8}$	0	0
0	$\frac{4\pi}{8}$	0	$\frac{2\pi}{8}$	0
0	0	0	0	0

phase

7.9 지역화-탐지의 절충을 설명하시오.

7.10 Marr-Hildreth 연산자가 왜 왜곡 검출기인가?

7.11 Frei-Chen 커널을 1D 벡터에 쌓아서 직교 세트를 형성하는지 확인하시오.

7.12 계단 에지를 검출하는 방법을 살펴보았다. 능선(ridge) 에지 탐지 방법에 대해 설명하십시오.

7.13 Douglas-Peucker 알고리즘을 사용하여 폴리 라인을 다음 점들의 시퀀스에 맞춘다. 임계값을 1.5로 설정하시오. 여기서 1은 눈금에서 사각형의 길이다. 알고리즘의 각 단계 후에 출력을 표시하시오.

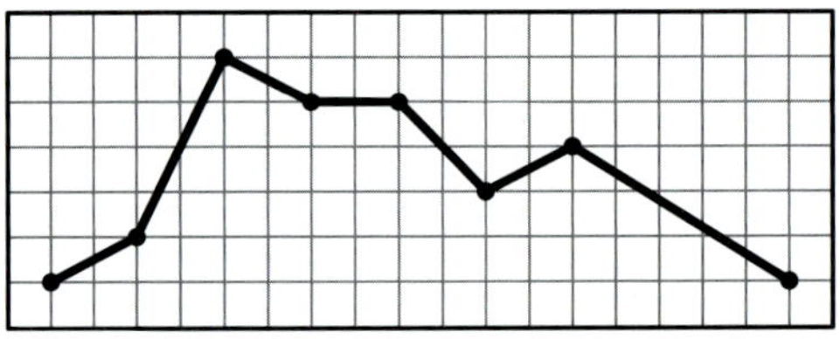

7.14 해리스 코너 검출기는 Moravec의 관심 연산자보다 어떻게 더 좋은가?

7.15 영상의 화소에 대해 해리스 코너 측정 값을 계산한 후, 비-최대 억제를 수행하려는 이유를 설명하시오. 해리스에 적용하기 위해 알고리즘 7.2의 비-최대 억제 절차를 어떻게 수정하겠는가?

7.16 2 × 2 그레디언트 공분산 행렬의 고유 값에 대한 닫힌 형식 표현식을 도출하시오.

7.17 2 × 2 공분산 행렬의 궤적이 그것의 고유 값의 합이고, 행렬의 행렬식이 그들의 곱임을 증명하시오. 어떤 2 × 2 행렬에 대해서도 마찬가지인가?

7.18 다음의 방향 미분을 감안할 때, 중앙 화소의 해리스와 Tomasi-Kanade 코너 측정 값을 계산하시오. 3 × 3 윈도우와 윈도우의 모든 화소에 대해 균일한

가중치를 가정하자.

$$I_x = \begin{bmatrix} -5 & -9 & 5 \\ 7 & 3 & -8 \\ -6 & 9 & 3 \end{bmatrix} \qquad I_y = \begin{bmatrix} 2 & -7 & -6 \\ -1 & 8 & 9 \\ -5 & 2 & 3 \end{bmatrix}$$

7.19 함수의 헤시안은 무엇인가? 그레디언트 공분산 행렬을 언급하기 위해 헤시안이라는 용어를 사용하는 것이 잠재적으로 혼란스러운 이유는 무엇인가?

7.20 참 또는 거짓: SIFT(Scale Invariant Feature Transform)는 변형, 회전 및 크기에 영향을 주지 않는다.

7.21 특징 감지기와 특징 서술자의 차이점을 설명하시오.

7.22 영상에서 희소한 특징점의 탐지를 구현하시오. 해리스 코너 탐지기 또는 Tomasi–Kanade 방법을 사용하여 최소 고유 값을 임계값으로 설정하여 그레디언트 공분산 행렬을 구성하기 위한 작은 3 × 3 윈도우를 사용하여 영상의 모든 화소에 대한 "코너성" 측정을 계산하시오. 그런 다음, 비–최대 억제를 수행하여 3 × 3 근방에서 국부 최대값이 아닌 모든 화소에 대해 "코너네스"를 0으로 설정한다(4 또는 8 이웃 사용). Canny와는 달리, 이 비–최대 억제는 이웃이 화소에 상대적으로 놓이는 방향에 대해서는 신경쓰지 않고, 대신 이웃에 있는 모든 화소를 한번에 고려한다. 특정 사이에 최소 거리를 두거나 각 8 × 8 영상 블록에 하나 이상의 특정을 허용하지 않을 수도 있다.

7.23 Canny 에지 탐지기를 구현하시오. 코드는 단일 스케일 매개 변수(σ)를 입력으로 받아 들여야 한다. 코드에 대한 세 가지 단계가 있어야 한다. 그레디언트 추정, 비–최대 억제 및 히스테리시스를 통한 임계값(즉, 이중 임계값). 그레디언트 추정을 위해, 평활화된 영상의 유한 차분을 계산하기 보다는 가우시안의 도함수(즉, 분리 가능한 속성을 사용하여 구현된 2D 가우시안 미분과 컨볼루션)로 영상을 컨볼루션 한다. 영상 테두리에 대해 걱정하지 마시오. 가장 간단한 해결책은 단순히 영상을 확장하는 대신 컨볼루션 결과의 테두리 화소를 0으로 설정하는 것이다. 영상 통계를 기반으로 임계값을 자동으로 계산하시오. 최종 결과 외에 중간 결과(예: 두 x– 및 y– 그레디언트 구성요소, 그레디언트 크기 및 각도, 임계치 적용 전의 에지)를 표시하시오.

CHAPTER 8

압축(compression)

본장에서는 영상 압축에 대해서 알아본다. 압축의 목적은 요구되는 비트보다 더 적은 비트를 이용하여 영상을 표현하여 저장 용량과 전송 시간을 줄이는 것이다. 압축에는 두 가지 기본적인 접근 방법이 있는데, 원본 영상의 정보를 전혀 잃지 않는 무손실 압축(lossless compression)과 영상이 이상하게 보이지지 않도록 근사화하는 손실 압축(lossy compression) 방법이 있다. 압축이라는 주제는 영상과 비디오의 방대한 크기, 달성할 수 있는 큰 압축 비율 그리고 소비자들의 점점 더 많은 데이터에 대한 끊임없는 욕구 덕분에 존재한다.

8.1 기본 원리

영상과 비디오가 방대한 기억공간을 차지한다는 것은 놀라운 것이 아니다. 예를 들어, 5메가화소(megapixel)의 카메라에 의하여 획득된 압축되지 않은 영상은 5 × 10^6 화소 × 24 비트 / 8 비트 = 15 메가바이트(megabytes)가 필요하다. 만약 하루에 평균 10 장의 사진을 10 년간 찍는다면, 15 메가바이트 × 10 장의 사진 × 3652.5 일 = 548 기가바이트(gigabytes)의 영상 데이터가 축적될 것이다. 마찬가지로 압축되지 않은 2 시간짜리 HDTV 영화는 120 분 × 60 초 × 30 프레임 × 1920 가로 × 1280 세로 × 3 바이트 = 1.6 × 10^{12} 바이트 또는 거의

2 테라바이트(terabytes)가 요구된다. 따라서 1000 개의 영화 컬렉션에는 2 페타바이트(petabytes)가 필요하다. 전형적인 영상 공유 웹사이트에서는 매일 수억장의 영상들이 업로드되고, 해마다 몇 엑사바이트(exabytes)의 영상에 이른다. 이 숫자는 믿기 어려울 정도이며, 비록 가정이나 서버에 원시 영상과 비디오의 대량의 컬렉션을 저장하는 것에 대해서 생각해 볼 수 있을 정도로 메모리의 가격이 충분히 저렴한 시점에 도달하기 시작하였지만, 제한된 전송 속도와 모바일 장치에 이러한 데이터를 저장하려는 욕구, 그리고 급격하게 증가하는 콘텐츠 생산 비율로 인하여 데이터 압축과 압축 해제에 대한 필요성이 있다.

그림 8.1에 압축/압축 해제 시스템의 개요를 보인다. 영상을 더 작은 스트림으로 변환하는 **압축기**(compressor)에 보낸다. 그리고 새롭게 생성된 스트림은 디스크에 파일 형태로 저장이 되거나, 네트워크를 통해서 전송되어 **압축 해제기**(decompressor)에 의하여 원본 영상을 복원한다. 압축기와 압축 해제기는 종종 코더(coder)와 디코더(decoder)로 알려져 있고, 시스템의 소프트웨어 부분에서는 이것을 전체적으로 **코텍**(codec)이라 한다.

압축 해제기가 원본 영상을 복원할 때, 압축하는 두 가지 유형 때문에 중요한 구별을 해야 한다. **무손실 압축**(lossless compression)에서는 복원된 영상은 정확하게 원본 영상과 일치하기 때문에 정보의 손실이 없다. 무손실 압축 기술은 텍스트, 영상, 주소 데이터베이스, 혹은 실행 파일과 같은 모든 유형의 데이터에 적용할 수 있다. 반면에 **손실 압축**(lossy comression)에 의하여 복원된 영상은 단지 원 영상과 비슷하다. 손실 압축 기술은 오디오 신호, 사진 영상, 혹은 일부 다른 유형의 센서에 의하여 캡처된 신호와 같은 실세계 측정으로부터 발생하는 데이터에 적용할 수 있다. 이러한 데이터에서는 데이터의 특정 측면들이 다른 것들 보다 더 중요한데, 그 이유는 신호의 잡음과 인간 지각 시스템이 데이터의 미묘한 특성을 구분할 수 없기 때문이다. 이와 같은 지각 불균형을 고려하여, 잘 설계된 손실 압축 알고리즘에 의하여 손실된 정보는 복원된 영상을 보는 사람에게 거의 보이지 않을 것이다.

압축 이면에 있어 핵심 아이디어는 **데이터**(data)와 **정보**(information)의 구

그림 8.1 일반적인 압축/압축 해제 시스템. 먼저 영상이 압축되고 압축된 영상은 저장되거나 전송된다. 그리고 원래 영상(손실이 없는 압축의 경우) 또는 근사 영상(손실 압축의 경우)으로 압축 해제된다.

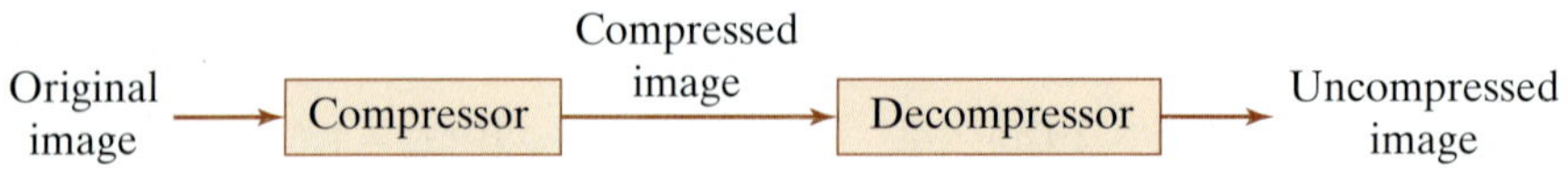

분이다. 데이터는 컴퓨터에 저장된 비트이고, 자체적으로 가져온 것이기 때문에 고유한 의미를 담고 있지 않다. 반면에 정보는 데이터에 의해 전달되는 메시지나 데이터로부터 추론될 수 있는 의미로 생각할 수 있다. 이 구별은 다음의 예제에서 명확해진다.

예제 8.1 다른 사람과 숫자 3.14159265358979323846264338 32…를 공유하기를 원한다고 가정했을 때, 데이터는 무엇이며 정보는 무엇인가?

풀이 만약 이 숫자를 일련의 숫자로서 보낸다면 문자 그대로 영원히 걸릴 것이다. 다른 한편으로는 그리스 문자 π가 그 숫자를 나타내는 것으로 수신자와 동의했다면, 단지 작은 수의 비트를 보낼 수 있다. 이 문맥에서 정보는 원의 둘레와 지름의 비율이며, 데이터는 끝없는 숫자의 문자열이거나 단일의 그리스 문자이다. 분명히 후자는 전자보다 정보를 보다 효율적으로 인코딩한다.

압축 과정의 효율성에서 중요한 특징은 압축 비율(compression ratio)이며, 이 **압축 비율**은 원본 영상을 저장하는데 사용되는 비트 수와 압축 영상을 저장하는데 사용되는 비트 수의 비율로 정의된다.

$$\text{compression ratio} \equiv \frac{\text{number of bits in uncompressed image}}{\text{number of bits in compressed image}} \tag{8.1}$$

대부분의 경우, 압축 비율은 1보다 크며, 일반적으로 데이터 유형에 따라 5:1(읽기 5대1), 10:1 또는 100:1 정도이다.

압축은 종종 정보를 전송하거나 저장하는데 사용되는 데이터에는 **중복성**(redundancy)이 있다는 사실을 고려한다. 결과적으로 같은 양의 정보를 적은 데이터로 표현할 수 있다. 중복성은 데이터의 "낭비된 공간"이라고 생각할 수 있으며, 이것은 정보를 저장하거나 전송하는데 사용되는 데이터의 불필요한 반복을 의미한다. 중복성이 없다면 데이터 압축은 불가능하다. 압축 비율은 **상대 중복성**(relative redundancy)에 의하여 제한되는데, 비압축 신호에 사용되는 비트 수와 정보를 표현하는데 필요한 비트 수 사이의 차이로 정의되며, 다음과 같이 정규화된다.

$$\text{relative redundancy} \equiv \frac{\text{number of bits used} - \text{number of bits needed}}{\text{number of bits used}} \tag{8.2}$$

다음과 같이 유도된다.

$$\text{relative redundancy} \geq 1 - \frac{1}{\text{compression ratio}} \tag{8.3}$$

예를 들면, 만약 데이터의 90%가 관련이 없는 경우, 상대 중복성는 90%이거나 0.90이다. 이런 경우, 압축률은 정보 손실 없이는 10:1보다 클 수 없다.

8.1.1 영상에서의 중복성

중복성에는 세 가지 원인이 있다. 먼저, **코딩 중복성**(coding redundancy)은 모든 비트 패턴(일반적으로 심볼이라고 함)이 똑같이 발생하지 않는다는 사실과 관련이 있다. 예를 들면, 영어 문장에서 문자 “E”는 문자 “Q”보다 훨씬 자주 발생한다. 따라서 모든 문자를 표현하기 위해서 같은 비트 수를 사용하는 것은 비트를 비효율적으로 사용하는 것이다. 따라서 효율적인 코딩 체계는 자주 발생하는 문자에는 더 적은 비트를 할당하고, 덜 자주 나타나는 문자에는 더 많은 비트를 할당한다. 유사하게도 영상의 그레이 레벨 히스토그램이 평평하지 않다면, 모든 화소 값이 똑같이 발생하지 않는다. 예를 들면, 어두운 영상의 경우, 작은 값을 가지는 화소가 큰 값을 가지는 화소보다 자주 발생할 가능성이 높다. 따라서 자주 발생하는 값에는 적은 비트로 표현하고, 그렇지 않은 값에는 많은 비트로 표현하여 보다 효율적으로 영상을 표현할 수 있다.

중복성의 두 번째 유형은 **인터픽셀 중복성**(interpixel redundancy)으로서 화소 사이의 상관 관계와 관련이 있다. 만일 화소가 같은 영상에 있다면 그것은 **공간 중복성**(spatial redundancy)으로 알려져 있고, 반면에 그것이 비디오 시퀀스의 인접 프레임에 있다면 **시간 중복성**(temporal redundancy)으로 알려져 있다. 공간 중복성을 이해하기 위해 영상 행을 따라 분리된 화소 쌍 간의 상관 관계는 다음과 같이 계산된다.

$$\text{corr}(\delta) = \frac{1}{width'} \sum_{x=0}^{width'-1} I(x, y)I(x+\delta, y) \tag{8.4}$$

여기서, $width' \equiv width - \delta$이다. 일반적인 사진의 경우 표준화된 값 $\frac{\text{corr}(1)}{\text{corr}(0)}$는 0.90과 0.98 사이의 값으로, 이는 인접한 화소가 일반적으로 높은 상관 관계가 있음을 의미한다. 즉, 현재 화소의 값으로부터 다음 화소의 값(또는 적어도 좋은 근사 값)을 예측하는 것은 쉽다. 예를 들어 다음 영상에서,

$$\begin{bmatrix} 33 & 33 & 34 & 33 \\ 33 & 62 & 62 & 62 \\ 62 & 62 & 145 & 145 \\ 145 & 146 & 145 & 145 \end{bmatrix} \tag{8.5}$$

각 화소의 값이 이전 화소의 값과 동일하다는 것을 단순히 예측한다면(행 우선 순위로 간주), 시간의 50% 이상은 맞을 것이다. 또한 예상 값과 실제 값의 차이는 거의 항상 32 미만이므로 전체 8 비트 대신 화소 당 5 비트 미만(평균)이 필요하다.

마지막으로, 모든 오류가 인간 관찰자의 눈에 띄는 것은 아니라는 사실을 나타내는 **심리적 중복성**(psychovisual redundancy)이 있다. 처음 두 가지 형태의 중복성은 무손실 압축 기술에 의해 사용되지만, 이 마지막 형태는 손실 압축에 필요하다. 예를 들어, 다음과 같은 그레이 스케일 영상을 고려하자.

$$\begin{bmatrix} 32 & 33 & 254 & 255 \\ 33 & 32 & 255 & 254 \\ 33 & 33 & 255 & 254 \\ 32 & 33 & 255 & 255 \end{bmatrix} \tag{8.6}$$

이 값이 영상으로 표시되면 눈은 왼쪽의 작은 값과 오른쪽의 큰 값 사이의 선명한 강도의 에지를 그린다. 왼쪽의 32와 33, 오른쪽의 254와 255 사이의 상대적으로 작은 차이는 전혀 눈에 띄지 않는다. 따라서 값이 32인 모든 화소를 33으로 변경하고 값이 254인 화소를 모두 255로 설정하면, 결과 영상에 인코딩할 비트 수가 더 적어진다(두 개의 그레이 레벨만 사용되므로). 값을 영상으로 보았을 때 그 차이는 전혀 발견되지 않는다. 손실 압축은 이러한 무의미한 차이를 이용하여 무손실 압축만 사용하는 것보다 더 큰 압축 비율을 산출한다.

8.1.2 그래픽 그림 대 사진

손실 압축과 무손실 압축의 차이를 고려할 때, 대략 두 가지 유형의 영상이 있음을 명심해야 한다. 카메라로 캡처한 사진(photographs)에는 연속적인 범위의 색상(또는 그레이 레벨)이 포함되어있어 인접한 화소가 일반적으로 비슷한 값을 갖더라도 동일한 값을 갖는 경우는 거의 없다. 반면에 그래픽 그림(graphic drawings)은 제한된 색상 팔레트를 사용하는 경우가 많으며 종종 인접한 화소가 동일한 값을 갖는 큰 단일 색상 영역을 포함한다.

무손실 압축은 코딩 및 화소 간 중복성에 의존한다. 사진에는 이러한 영상이 거의 포함되어 있지 않으므로 무손실 압축은 이러한 유형의 영상에서 놀라운 결과를 산출하지 못한다. (압축 비율은 거의 2:1을 초과하지 않는다.) 그러나 그래픽 영상에 적용하면 무손실 압축은 종종 20:1 또는 심지어 100:1의 압축 비율을 산출하며 막대한 비용을 절감한다. 따라서 일반적으로 그래픽 영상은 무손실 기술을 사용하여 압축해야 한다.

한편, 손실 압축은 무손실 기술만으로 가능한 것보다 더 많은 것을 압축하기 위해 사진에 있는 심리적 중복을 활용한다. 원하는 출력 품질에 따라 손실 압축 비율은 일반적으로 영상의 경우 10:1이며, 비디오의 경우 100:1이다. 따라서 손실 압축은 일반적으로 사진과 비디오에 적용되어야 한다. 정보가 손실되지 않도록 보장해야 하는 경우(예: 의료 또는 우주 영상) 무손실 압축을 사진에 적용할 수도 있지만, 그래픽 영상에 손실 압축을 거의 적용해서는 안 된다. 왜냐하면 압축 비율은 실제로 무손실 압축보다 손실이 더 나빠질 뿐만 아니라, 손실 압축은 출력에 바람직하지 않은 눈에 띄는 결과를 초래하기 때문이다. 그래픽 영상에 심리적 중복성이 포함되어 있지는 않지만 인간의 시각 시스템이 그래픽 그림에서 발생하는 날카로운 모서리를 확실히 감지할 수 있으며, 손실이 많은 압축은 이러한 에지를 의도하지 않은 결과로 흐리게 만든다. 이 두 가지 유형의 영상

그림 8.2 그레이 스케일 사진(위)과 이진 그래픽 그림(중간). 비압축 8 비트/화소 영상, 모두 400kB의 데이터를 포함한다. 무손실 압축으로 각각 235kB 및 3kB가 필요하다. 손실 압축(이 경우 JPEG)의 품질이 떨어지면 크기가 감소한다. 그러나 그래픽 영상의 품질을 크게 낮추더라도 무손실 압축만큼 파일 크기가 줄어들지 않는다. 맨 아래 줄에는 그래픽의 밝은 선 중 하나의 가로 그레이 레벨 프로파일이 표시되어 손실 압축으로 인한 성능 저하를 보여준다. 손실 압축의 인공물이 여기에 표시된 낮은 해상도의 영상에서는 눈에 띄지 않더라도 신호가 크게 저하되어 아무런 이점도 없다.

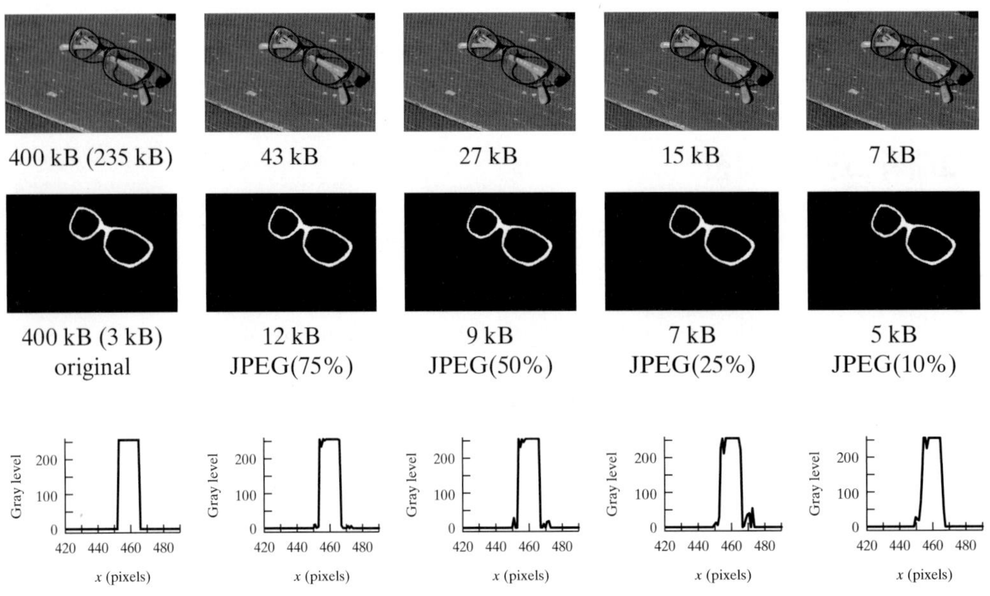

의 예와 손실 압축의 효과가 그림 8.2에 나와 있다.

8.1.3 정보 이론

무손실 압축에 기반을 둔 수학 분야는 **정보 이론**으로 알려져 있다. 이 이론은 특정 양의 정보를 인코딩하는데 필요한 데이터 양의 이론적인 하한을 결정하는 방법과 같은 질문에 답하는데 필요한 도구를 제공한다. 이러한 질문에 대답하기 위한 중요한 양은 **엔트로피**(entropy)이다. 이 용어는 열역학적 시스템의 무질서의 척도로서 전에 만난 적이 있을 것이다. 시스템이 고도로 정렬되면 엔트로피는 낮지만, 무질서할 때 엔트로피가 높으며, 자연은 언제나 후자 쪽으로 향하게 된다. 마찬가지로, 정보 이론에서 엔트로피는 데이터 스트림에서 예측 불가능한 양을 설명하는데 사용된다. 고도로 정렬된(예측 가능한) 데이터 스트림은 엔트로피가 낮고, 조직화되지 않은 스트림은 높은 엔트로피를 갖는다. 그리고 최대 엔트로피는 무작위 열역학 시스템에 의해 얻어지듯이 정보 이론에서 최대 엔트로피는 무작위 데이터 스트림에 의해 얻어진다.

엔트로피는 "의미" 또는 "유용한 내용"이라는 개념을 전혀 다루지 않는다는 점에 유의해야 한다. 결과적으로 엔트로피가 스트림에서 정보의 양을 캡처한다고 할 때 우리는 매우 좁은 의미에서 "정보"라는 용어를 사용하고 있다. 넓은 의미에서 이 용어는 정의하기 어렵고 양을 정하기 어렵다. 예를 들어, 훌륭한 강사의 고품질 강의를 듣는 경우, 프레젠테이션에 많은 양의 정보가 포함되어 있다고 말할 수 있다. 반면 구성 요소가 듣고 싶은 핵심 문구를 단순히 반복하는 정치인의 부실한 대화는 유용한 정보를 거의 포함하지 않을 수 있다. 강연 및 정치적 연설 모두가 마이크에 의해 포착된 오디오 파형을 바이트 시퀀스로 디지털화함으로써 인코딩되는 경우, 유용한 내용의 양이 그것들 사이에서 매우 다르더라도, 두 시퀀스 모두 엔트로피의 동일하거나 유사한 양을 포함할 수 있다. 그렇지만, 이 제한에도 불구하고 엔트로피는 우리가 정보 측정에서 직관적으로 기대하는 많은 특성을 포착하는 간단한 측정법이므로 스트림의 엔트로피는 스트림의 정보량 측정치로 널리 사용된다.

단일 무작위 변수의 엔트로피

엔트로피는 공식적으로 다음과 같은 방식으로 정의된다. **무작위 변수**(random variable) X가 몇 가지 가능한 결과, $x \in \mathcal{X}$ 중 하나를 취할 수 있다고 가정하자. 이 때 확률은 $p(x)$로 주어진다. 예를 들어, 동전에는 두 가지 가능한 결과가 있으므로 집합 $\mathcal{X}$에는 두 개의 요소 인 $\mathcal{X} = \{\text{Heads}, \text{Tails}\}$이 포함된다. 확률 변수의 두 가지 가능성은 $\mathcal{X}$ = HEADS 또는 $\mathcal{X}$ = TAILS이다. 그리고 이 과제의 확률은 각각 $p(\text{Heads})$와 $p(\text{Tails})$이다. X의 엔트로피는 확률의 대수의 가중 평균의 음수로 주어진다.

$$H(X) = -\sum_{x \in \mathcal{X}} p(x) \log p(x) \tag{8.7}$$

여기서, 확률은 가중치이고, H는 엔트로피의 표준 기호이다. 이 공식을 이해하려면 개별 결과의 정보 내용을 결과의 예측 불가능성 또는 결과가 발생했을 때의 놀람의 양으로 생각하는 것이 도움이 된다. 가능성이 큰 결과는 덜 놀랄만한 반면, 덜 가능성 있는 결과는 더 놀라운 결과이므로 $p(x)$가 감소하면 단일 결과 x의 정보 내용 $\log \frac{1}{p(x)} = -\log\, p(x)$가 증가하고, 그 반대의 경우도 마찬가지이다. 결과가 확실하게 발생할 확률은 1이므로 정보 내용은 0이다. 수식 (8.7)의 값 $-p(x)\, \log\, p(x)$는 그 결과가 발생할 확률에 의해 가중된 결과의 정보 내용이며, 합계는 모든 가능한 결과에 대해 취해진다. 다음 예제는 이를 명확하게 보여준다.

예제 8.2

다음의 무작위 변수 각각의 엔트로피는 무엇인가?

(a) 양쪽에 헤드(heads)가 있는 불공정한 동전 던지기?

(b) 표준의 공정한 동전 던지기?

(c) 공정한 4 면체 주사위(삼각형 모양의 받침대를 가진 피라미드) 굴리기?

(d) 표준의 공정한 6 면체 주사위 굴리기?

풀이

먼저, 수식 (8.7)의 수식을 사용하지 않고 직관에 기반을 둔 답변을 제안해 보겠다.

(a) 확률은 $p(\text{HEADS}) = 1$과 $p(\text{TAILS}) = 0$이다. 동전이 던져졌을 때마다 항상 헤드가 보일 것이다. 결과적으로 동전 던지기에는 예측할 수 있으므로 놀랄 일도 없다. 따라서 헤드의 정보 내용은 0이다. 테일의 정보 내용은 무한하지만(테일이 던지기의 결과로 표시되는 것을 보면 놀랄 것이다!) 확률은 0이므로 전반적인 정보 내용은 0이다.

(b) 공정한 동전이 던져졌을 때 $p(\text{HEADS}) = p(\text{TAILS}) = 1/2$이므로 어느 결과가 발생할 것인지 예측하기 어렵다. 그러나 결과는 헤드 또는 테일 중 하나가 되며, 이 두 상태는 데이터의 단일 비트("2 진수")에 저장될 수 있다. 그러므로 공정한 동전 던지기의 정보는 1 비트이다.

(c) 특정 측면의 확률은 1/4이므로 단일굴리기의 결과를 저장하려면 2 비트가 필요하다.

(d) 특정 측면의 확률은 1/6이다. 직관적으로 결과에 불확실성이 더 많기 때문에 4 면체 주사위보다 정보 내용이 약간 더 많을 것으로 기대한다.

당연히 수식 (8.7)을 적용하면 같은 해답을 얻을 수 있다.

(a) 2−헤드 동전 던지기의 엔트로피:

$$H(X) = -0 \log_2 0 - 1 \log_2 1 = 0 \text{ 비트} \tag{8.8}$$

(b) 공정한 동전 던지기의 엔트로피:

$$H(X) = -0.5 \log_2 \frac{1}{2} - 0.5 \log_2 \frac{1}{2} = 1 \text{ 비트} \tag{8.9}$$

(c) 공정한 4 면체 주사위 굴리기의 엔트로피:

$$H(X) = 4\left(-0.25 \log_2 \frac{1}{4}\right) = 2 \text{ 비트} \tag{8.10}$$

(d) 공정한 6면 주사위 굴리기의 엔트로피:

$$H(X) = 6\left(-\frac{1}{6} \log_2 \frac{1}{6}\right) \approx 2.585 \text{ 비트} \tag{8.11}$$

여기서, $0 \log 0 = 0$은 0으로 사용되었고, 대수의 베이스(base)는 기대되는 답의 단위로 변화시킨다. 여기서는 베이스가 2가 사용되었으므로 결과는 비트 단위이다.

위의 4 가지 경우 중, 3 가지 경우에 모든 결과가 똑같이 발생할 수 있기 때문에 무작위 변수의 확률 질량 함수(probability mass function)는 일정하다. 이것은 최대 엔트로피(maximum entropy)의 경우이다. 확률 질량 함수가 덜 균일하면 엔트로피(따라서 정보량)가 감소한다.

예제 8.3 부당하게 가중치를 부여한 동전의 던지기와 관련된 무작위 변수의 엔트로피를 p(Heads) = 1/4, p(Tails) = 3/4를 가지고 계산하라.

풀이 가능한 2가지 결과 각각의 정보 내용은,

$$\text{헤드 결과의 정보 내용} = -log_2 \frac{1}{4} = 2 \text{ 비트} \tag{8.12}$$

$$\text{테일 결과 정보 내용} = -log_2 \frac{3}{4} \approx 0.415 \text{ 비트} \tag{8.13}$$

이 결과는 헤드 결과보다 훨씬 더 예측 가능한 테일 결과가 정보 내용이 적다는 것을 알려준다. 매번 테일을 추측한다면 75 %가 될 것이기 때문이다. 그러나 동전 던지기에서 헤드가 나올 때마다 헤드 이벤트가 더 드물기 때문에 우리는 놀란다. 동전 던지기의 엔트로피는 개별 결과의 정보 내용의 가중치 평균이나 혹은 다음과 같이 주어진다.

$$H(X) = -\frac{1}{4}\log_2\frac{1}{4} - \frac{3}{4}\log_2\frac{3}{4} \approx 0.25(2) + 0.75(0.415) \approx 0.811 \text{ 비트} \quad \textbf{(8.14)}$$

결과에 더 많은 예측 가능성이 있기 때문에 편차의 결과로 동전 던지기의 정보 내용이 감소되었음을 알 수 있다.

i.i.d 무작위 변수의 시퀀스의 엔트로피

우리가 일련의 동전 던지기 또는 주사위 굴림과 같은 일련의 실험에 관심이 있다면 어떨까? 이 시나리오와 다음 절에서 다루는 두 가지 시나리오가 일반적이다. 첫 번째 시나리오에서 개별 실험은 독립적이며 동일하게 분포되어(independent and identically distributed: i.i.d), 각 실험의 결과는 다른 모든 실험과 독립적이며 다른 결과의 확률은 모든 실험에서 동일하게 유지된다는 것을 의미한다(즉, 확률 질량 함수는 변하지 않는다). i.i.d. 변수의 간단한 예제는 일련의 동전 뒤집기의 결과이다. 각 뒤집기의 결과는 다른 모든 뒤집기와 독립적이며 동전의 속성은 변경되지 않는다. n i.i.d. 실험의 시퀀스(sequence)의 엔트로피는 단순히 $nH(X)$이며, 여기서, $H(X)$는 개별 실험의 엔트로피이다.

예제 8.4

위의 불공정하게 가중치가 적용된 동전을 10회 던지기의 시퀀스의 엔트로피를 각 던지기에 대해 $p(\text{Heads}) = 1/4$ 및 $p(\text{Tails}) = 3/4$의 분포로 계산하라. 던지기의 결과가 서로 독립적이라고 가정한다.

풀이

실험은 i.i.d이므로 엔트로피는 각 던지기에 대해 동일하다. 위의 예에서 $H(X) \approx 0.811$이다. 그러므로 간단히 실험의 수를 각 실험의 엔트로피로 곱하면 시퀀스의 엔트로피를 얻을 수 있다.

$$H(X_{1:10}) = 10H(X_i) = 10(0.811) = 8.11 \text{ 비트} \quad \textbf{(8.15)}$$

정보 이론의 근본적인 결과는 **샤논의 소스 코딩 정리**[1](Shannon's source coding theorem)인데, 이는 시퀀스의 최적 인코딩이 엔트로피에 의해 한정된다

1 클로드샤논(1916–2001)은 "정보이론의 아버지"로 알려져 있다.

는 것을 말한다. 다시 말해서, 임의의 확률 질량 함수에 따라 생성된 확률 변수의 i.i.d. 결과인 것으로 가정된 일련의 심볼(symbols)이 주어지면, 심볼 당 평균 코드 워드 길이는 단일 실험의 엔트로피보다 작을 수 있다. 이 가정은 주어진 가정 하에 주어진 데이터 스트림을 무손실로 압축할 수 있는지에 대한 이론적인 한계를 제공하기 때문에 이 정리가 중요하다.

무작위 변수의 정지 시퀀스의 엔트로피

두 번째 시나리오에서, 실험 시퀀스는 고정 랜덤 프로세스의 결과로 가정된다. 즉, 랜덤 변수 시퀀스의 임의의 서브 세트의 조인트 확률 분포가 시간 인덱스의 변화에 대해 변하지 않는다. 예를 들어, 정적 과정에서 $p(X_i, X_{i+1})$는 i의 값에 관계없이 동일하다. i.i.d. 확률 변수의 과정은 항상 정적이기 때문에 정적 상태의 확률 변수는 반드시 서로 독립적일 필요가 없으므로 정적 상태는 독립성의 일반화로 간주될 수 있다. 1차 **마르코프 체인**(Markov chain)은 직전의 변수가 주어진 조건부 확률이 이전의 모든 변수가 주어지는 조건부 확률과 동일한 확률 변수의 시퀀스이다.

$$p(X_i|X_{i-1}) = p(X_i|X_1, X_2, \ \ldots, X_{i-1}) \tag{8.16}$$

다시 말해, 바로 앞의 결과(이 경우 X_{i-1})의 값이 알려지면, 현재 결과(이 경우 X_i)를 예측하기 위해 알아야할 모든 것 또한 알려진다. 마르코프 체인의 가정은 엔트로피 계산을 단순화하기 때문에 정적 프로세스를 연구할 때 특히 유용하다. 또한, 정적 과정의 경우, $p(X_i \mid X_{i-1})$는 i의 값에 관계없이 동일하다.

확률론적 과정(stochastic process)의 엔트로피 속도는 시퀀스의 엔트로피가 시퀀스의 길이에 따라 어떻게 증가하는지를 포착한다. 고정 마르코프 확률론적 과정의 엔트로피 율(entropy rate)은 단순히 조건부 엔트로피 $H(X_i \mid X_{i-1})$이다. 여기서, 조건부 엔트로피는 조건부 확률이 확률과 관련이 있는 것과 동일한 방식으로 엔트로피와 관련된다는 것을 알 수 있다. 마르코프 체인이 정적 분포 μ와 천이 행렬(transition matrix) $\mathbf{P}$를 갖는 경우, 엔트로피 율은 다음에 의해 주어진다.

$$H(X_{1:n}) = H(X_i|H_{i-1}) = -\sum_{i,j} \mu_i p(j|i) \log p(j|i) \tag{8.17}$$

여기서, $X_{1:n}$은 n개의 타임 스텝(time steps)을 갖는 랜덤 프로세스를 의미하고, μ_i는 μ의 요소이며, $p(j \mid i)$는 $\mathbf{P}$의 요소이다. 정적된 프로세스의 심볼 당 최소 기대 코드 워드(code word) 길이는 프로세스의 엔트로피 율에 의해 주어짐을 알 수 있다. 여기서, 중요한 단어는 "기대된다"는 말이다. i.i.d. 프로세스의 경우처럼 정적된 프로세스의 압축에 대한 이론적인 한계는 없지만, 우리는 평균적으로 최소 코드 워드 길이가 엔트로피 율에 의해 주어질 것을 기대할 수 있다. 따라서 정적 프로세스의 엔트로피와 i.i.d. 프로세스의 각 변수의 엔트로피는 실제적인 관점에서 볼 때 다소간 동등한 것으로 간주될 수 있다. 왜냐하면 둘 모두 현실적으로 달성할 수 있는 압축 양을 정량화할 수 있는 방법을 제공하기 때문이다.

예제 8.5 이진 랜덤 프로세스가 다음 비트가 이전 비트와 동일한 90% 시간과 같은 비트 스트림을 출력한다고 가정하면, 이 과정의 엔트로피 속도는 얼마인가?

풀이 이것은 고정 마르코프 랜덤 프로세스이다. 일반적인 시퀀스가 다음과 같다.

$$0000000000011111111110000000000111111111\ \ldots$$

여기서, 각 0s 또는 1s의 실행 길이는 평균 10 이다. 분명히 이것은 각 비트가 이전 비트에 크게 의존하기 때문에 i.i.d. 프로세스가 아니다. 그러나 전반적으로 0은 1일 가능성이 높기 때문에 고정 분포는 일정하다. $\mu_0 = \mu_1 = 1/2$ 이다. 천이 행렬은 $p(0|0) = p(1|1) = 0.9$ 및 $p(0|1) = p(1|0) = 0.1$에 의해 주어진다. 따라서 위의 수식에서 우리는 다음을 얻는다.

$$H(X_{1:n}) = -\frac{1}{2}(0.9)\log_2 0.9 - \frac{1}{2}(0.9)\log_2 0.9 - \frac{1}{2}(0.1)\log_2 0.1 - \frac{1}{2}(0.1)\log_2 0.1 \tag{8.18}$$

$$= -0.9\log_2 0.9 - 0.1\log_2 0.1 \approx 0.47 \text{ 비트} \tag{8.19}$$

따라서, 이 스트림을 약 2 배 압축할 것으로 예상할 수 있다.

8.2 무손실 압축

이제 정보 이론의 기본 원리를 살펴보았으므로 이러한 원칙에 기반한 무손실 압축 알고리즘을 살펴보자.

8.2.1 허프만 코딩

영상을 보는 한 가지 방법은 i.i.d. 프로세스로 생각하는 것이다. 즉, 일련의 화소 값은 많은 수의 실험 결과로 간주되며, 각 실험은 확률 분포에 따라 화소 값을 그린다. 예를 들어, 그레이 스케일 영상의 경우, 각 바이트는 불균등하게 가중된 256 면의 주사위 출력으로 취급되며, 각 그레이 레벨의 확률이 확률 질량 함수(probability mass function)에 의해 주어진다.

예제 8.6 다음 4×4 영상의 확률 질량 함수는 무엇인가? 단순화를 위해 화소 당 3 비트만을 가정하므로 $ngray = 8$ 이다.

$$\begin{bmatrix} 7 & 3 & 2 & 0 \\ 0 & 2 & 3 & 1 \\ 7 & 2 & 3 & 3 \\ 2 & 3 & 5 & 4 \end{bmatrix}$$

풀이 부가적인 정보 없이, 확률 질량 함수에 대한 최상의 근사는 정규화된 그레이 레벨 히스토그램을 계산함으로써, 즉 각 그레이 레벨 발생의 백분율을 계수함으로써 획득된다. 그레이 레벨 0은 2회 발생하고, 그레이 레벨 1은 1회, 그레이 레벨 2는 4회 등등으로 발생한다. 이것은 다음 확률 질량 함수로 이어진다.

$$p(0) = \frac{2}{16} \quad p(1) = \frac{1}{16} \quad p(2) = \frac{4}{16} \quad p(3) = \frac{5}{16} \quad p(4) = \frac{1}{16} \quad p(5) = \frac{1}{16} \quad p(6) = \frac{0}{16} \quad p(7) = \frac{2}{16}$$

무작위 변수의 **소스 코드**(source code) ϕ는 값(또는 기호)에서 비트 문자열인 **코드 워드**(code word)로의 매핑이다. 예를 들어, 위의 압축되지 않은 영상은 일반적으로 다음의 매핑으로 표시된다.

$$\begin{aligned} \varphi(0) &= 000 \\ \varphi(1) &= 001 \\ \varphi(2) &= 010 \\ \varphi(3) &= 011 \\ \varphi(4) &= 100 \\ \varphi(5) &= 101 \\ \varphi(6) &= 110 \\ \varphi(7) &= 111 \end{aligned}$$

이것은 영상을 저장하기 위해 화소 당 3 비트를 필요로 한다. 총 16 화소를 사용하면 위의 압축되지 않은 영상은 48 비트 시퀀스로 저장된다.

$$\underbrace{111}_{7}\,\underbrace{011}_{3}\,\underbrace{010}_{2}\,\underbrace{000}_{0}\,\underbrace{000}_{0}\,\underbrace{010}_{2}\,\underbrace{011}_{3}\,\underbrace{001}_{1}\,\underbrace{111}_{7}\,\underbrace{010}_{2}\,\underbrace{011}_{3}\,\underbrace{011}_{3}\,\underbrace{010}_{2}\,\underbrace{011}_{3}\,\underbrace{101}_{5}\,\underbrace{100}_{4}$$

여기서, 화소의 행우선(row-major ordering) 순서를 가정했다.

예제 8.7 예제 8.6에서 영상의 엔트로피를 계산하라.

풀이 엔트로피는 이미 계산된 확률을 사용하여 수식 (8.7)에 의해 제공된다.

$$\begin{aligned}\text{entropy} = & -\frac{2}{16}\log_2\frac{2}{16}-\frac{1}{16}\log_2\frac{1}{16}-\frac{4}{16}\log_2\frac{4}{16}-\frac{5}{16}\log_2\frac{5}{16} \\ & -\frac{1}{16}\log_2\frac{1}{16}-\frac{1}{16}\log_2\frac{1}{16}-\frac{0}{16}\log_2\frac{0}{16}-\frac{2}{16}\log_2\frac{2}{16} \\ \approx & \ 2.52 \text{ bits per pixel.}\end{aligned}$$

Shannon의 소스 코딩 정리(Shannon's source coding theorem)에 따르면, 이 결과는 i.i.d. 가정을 기반으로 하는 알고리즘의 가능한 최소 코드 워드 길이를 제공한다.

그 심볼에 관계없이 각 화소에 동일한 수의 비트를 할당하는 대신에, 더 빈번한 심볼에 더 짧은 코드 워드를 할당하고 덜 빈번한 심볼에 더 긴 코드 워드를 할당함으로써 데이터 압축을 달성할 수 있다. 이를 **가변 길이 코드**(variable-length code)라고 한다. 위의 예에서 심볼 3은 가장 일반적인 코드 워드이므로 가장 짧은 코드 워드로 나타내야 한다. 기호 6은 가장 보편적이지 않기 때문에 가장 긴 코드 워드로 나타내야 한다. 코드 워드 길이는 코드 워드의 비트 수이고, 예상 코드 워드 길이는 코드 워드 길이의 가중 평균이며, 확률 질량 함수에 의해 주어진 가중치를 갖는다.

$$\text{expected codeword length} = \sum_{x\in\mathcal{X}}|\varphi(x)|p(x) \tag{8.20}$$

여기서, $|\phi(x)|$는 코드 워드 $\phi(x)$의 길이이다.

허프만 코딩(Huffman coding)은 최소 예상 코드 워드 길이로 코드 세트를 생성하는 간단한 알고리즘이다. 즉, 기호는 확률 질량 함수에 따라 독립적으로 생성된다는 가정 하에 각각의 심볼이 다른 심볼들과 별도로 코딩된다는 제약 조건에서는 허프만 코딩이 최적이다. 허프만 알고리즘은 각 심볼을 리프 노드(leaf node)로 시작하여 2 개의 최하위 노드를 반복적으로 결합함으로써 이진 트리를 형성하며, 노드의 확률은 노드의 확률과 자식의 모든 확률을 더한 값이다.

그림 8.3은 위의 예제 영상에 적용된 알고리즘을 보여준다. 첫 번째 반복에서, 가장 가능성이 적은 두 개의 심볼은 $\frac{0}{16}$ 및 $\frac{1}{16}$의 확률을 갖는다. 여기에서 우리는 동점이 있을 수 있다는 것을 알고, 우리의 결정에 의하여 그 동점이 깨뜨려질 수 있다. 따라서 허프만 코드는 고유한 것을 보장하지 않는다. 이 경우, 우리는

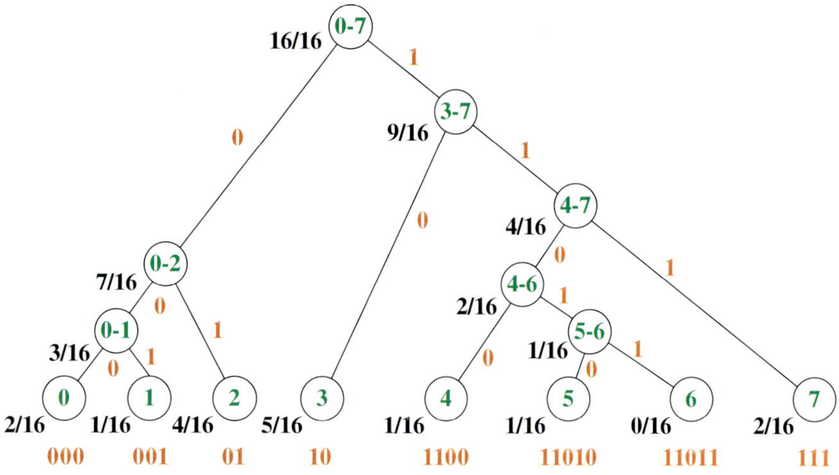

그림 8.3 예제 8.6의 영상에서 허프만 알고리즘을 보여주는 그림이다. 8개의 심볼은 리프 노드이며, 그 값은 초록색이다. 가장 가능성이 적은 두 기호를 연속적으로 결합하여 최적의 코드를 생성하는 트리 구조에 도달한다. 마지막 코드 워드는 맨 아래에 빨간색으로 표시된다.

기호 5와 6을 조합하여(다소 임의적으로) 결합 확률 $\frac{1}{16}$을 선택한다. 다음 반복에서, 가장 가능성이 적은 두 기호는 모두 $\frac{1}{16}$의 확률을 가진다. 하지만 다시 기호는 기호 4와 기호 5−6을 병합하여 결합은 임의로 끊어진다. 이 절차는 모든 노드가 단일 루트 아래에 병합될 때까지 반복된다. 이진 레이블 0과 1은 각 비-리프(non-leaf) 노드에서 진행되는 두 가지 분기에 할당되고 각 심볼의 코드 워드는 이러한 레이블의 연결에 의해 제공된다. 희귀한 심볼(rarest symbols)이 가장 긴 코드 워드를 수신하는 동안 가장 가능성 있는 심볼은 가장 짧은 코드 워드를 수신한다. 이것은 간단한 예임을 명심하라. 실제 구현에서, 노드는 임의의 주어진 반복에 대해 2 개의 가장 가능성이 적은 심볼을 용이하게 결정할 수 있도록 우선순위 큐에 저장될 것이다. 또한 트리의 분기는 일반적으로 서로 교차한다. 조합된 노드가 여기서처럼 리프 노드의 인접한 범위로 보장되지 않기 때문이다.

이 허프만 코드를 사용하면 압축된 영상은 42 비트 시퀀스로 저장된다.

$$\underbrace{111}_{7}\ \underbrace{10}_{3}\ \underbrace{01}_{2}\ \underbrace{000}_{0}\underbrace{000}_{0}\ \underbrace{01}_{2}\ \underbrace{10}_{3}\ \underbrace{001}_{1}\underbrace{111}_{7}\ \underbrace{01}_{2}\ \underbrace{10}_{3}\ \underbrace{10}_{3}\ \underbrace{01}_{2}\ \underbrace{10}_{3}\ \underbrace{11010}_{5}\ \underbrace{1100}_{4}$$

이 특정 예에서, 이론상의 한계에 가깝게 평균적으로 화소 당 42/16 ≈ 2.62 비트만 사용 되더라도, 적은 양의 절약은 거의 가치가 없다. 그러나 실제로, 허프만 코딩은 확률 질량 함수가 이것보다 덜 균일할 때 상당량의 압축을 생성할 수 있다.

허프만 코딩은 **프리픽스 코드**(prefix code)로 알려진 것을 산출한다. 프리픽스 코드에서 어떤 코드 워드도 다른 코드 워드의 접두어가 아니다. 압축된 영상의 압축을 풀려면 비트 스트림을 한 번에 한 비트 씩 스캔하면 된다. 비트 시퀀스가 코드북(codebook) 내의 코드 워드와 일치하는 누적된 심볼이 출력되면, 대응하는 심볼이 출력된다. 예를 들어 첫 번째 비트가 1이라고 가정한다. 다음 비트가 0이면 코드 워드가 10임을 나타내며 기호 3을 나타낸다. 그러나 다음 비트가 또 다른 1이면 시퀀스는 11이며, 이는 코드 워드가 아니며 계속 비트를 가져와야 함을 나타낸다.

허프만 코딩은 일반적으로 미가공 영상(raw image) 화소 값에 적용되지 않지만, 그럼에도 불구하고 다른 유형의 압축의 결과 값을 압축하는 수단으로 널리 사용된다. 예를 들어, JPEG 압축과 팩스 기계에서 사용되는 CCITT 인코딩은 모두 수정된 허프만 알고리즘을 런 길이 인코딩(run-length encoding) 결과에 적용한다. 허프만 코딩은 파일 압축 프로그램인 PKZIP, gzip 및 ZIP뿐만 아니라 허프만 코딩이 사전 압축 예측 필터의 출력에 적용되는 PNG 영상 파일에 의해 사용되는 Deflate 알고리즘에서도 사용된다. 자세한 내용은 이번 장의 뒷부분에 나와 있다.

8.2.2 Lempel-Ziv 인코딩

우리는 소스가 i.i.d.이고 확률 분포가 알려지면, 허프만 코딩이 최적임을 안다. 그렇다면 왜 다른 것이 필요한가? 먼저, 허프만 코딩은 압축된 비트 스트림과 함께 전송되는 추가 배포(또는 코드북 또는 이진 트리 등)가 필요하다. 이 오버헤드는 압축으로 얻은 절약 효과를 저하시킨다. 둘째, 확률 분포가 알려지지 않았거나 소스가 i.i.d.가 아닌 경우가 종종 있다. 셋째, 허프만 코딩은 소스를 두 번 처리해야 한다. 한 번은 확률 분포(코드북이 생성)를 만들고 다른 시간은 인코딩을 수행해야 한다.

허프만 코딩의 마지막 단점은 고정된 블록 크기를 가정한다는 것이다. 예를 들어, 예제 8.6에서 비트의 각 트리플(triplet)은 화소로 처리되어 인코딩되므로 화소 당 2.52 비트의 엔트로피가 발생한다. 그러나 블록 크기가 다르면 엔트로피에 대한 값이 달라지며, 일반적으로 블록 크기가 커짐에 따라 엔트로피가 낮아지므로 이론적인 압축률은 높아지지만 큰 코드북으로 인해 오버 헤드가 커진다. 다음 예제에서 이를 보여준다.

예제 8.8 블록 크기가 1, 2, 3 및 4 비트인 예제 8.6의 영상 엔트로피를 계산하라.

풀이 행-우선 순서(row-major order)로 압축되지 않은 영상은 다음 비트 스트림으로 표시된다.

$$111011010000000010011001111010011011010011101100$$

이 비트 스트림은 24개의 1과 24개의 0을 포함한다. 1 비트의 블록 크기를 사용하면, 확률 질량 함수는 $p(0)=p(1)=24/48=0.5$로 주어진다. 엔트로피는 블록 당 1 비트 또는 입력 화소 당 3 비트이다. 압축을 할 수가 없다. 2 비트 블록의 비트 스트림으로 간주되는 영상은 다음과 같다.

11 10 11 01 00 00 00 00 10 01 10 01 11 10 10 01 10 11 01 00 11 10 11 00

$p(00)=6/24$, $p(01)=5/24$, $p(10)=7/24$, $p(11)=6/24$의 확률 질량 함수를 유도한다. 따라서 수식 (8.7)로부터 엔트로피는 다음과 같다.

$$\text{entropy} = -\frac{1}{4}\log_2\frac{1}{4} - \frac{5}{24}\log_2\frac{5}{24} - \frac{7}{24}\log_2\frac{7}{24} - \frac{1}{4}\log_2\frac{1}{4} \approx 1.99 \text{ bits per block} \quad \textbf{(8.21)}$$

또는 2.98 비트/화소로, 이는 1 비트 블록으로 얻은 것보다 약간 더 좋다. 3 비트 블록은 예제 8.7에서 다루었으며, 화소 당 2.52 비트의 엔트로피를 제공하여 상당한 개선이 있었다. 4 비트 블록의 비트 스트림으로 간주되는 영상은 다음과 같다.

1110 1101 0000 0000 1001 1001 1110 1001 1011 0100 1110 1100

다음의 확률 질량 함수로 이어진다.

$$\begin{array}{llll} p(0000)=2/12 & p(0100)=1/12 & p(1000)=0/12 & p(1100)=1/12 \\ p(0001)=0/12 & p(0101)=0/12 & p(1001)=3/12 & p(1101)=1/12 \\ p(0010)=0/12 & p(0110)=0/12 & p(1010)=0/12 & p(1110)=3/12 \\ p(0011)=0/12 & p(0111)=0/12 & p(1011)=1/12 & p(1111)=0/12 \end{array}$$

수식 (8.7)로부터 다음의 엔트로피를 얻는다.

$$\text{entropy} = -4\left(\frac{1}{12}\log_2\frac{1}{12}\right) - \frac{1}{6}\log_2\frac{1}{6} - 2\left(\frac{3}{12}\log_2\frac{3}{12}\right) \approx 2.64 \text{ bits per block} \quad \textbf{(8.22)}$$

number of bits per block	entropy per pixel
1	3.00 bits
2	2.98 bits
3	2.52 bits
4	1.32 bits

또는 화소 당 1.32 비트를 사용하여 더 많은 압축을 가능하게 한다. 요약하면, 이 예제에서 엔트로피는 블록 크기에 따라 크게 다르다.

이러한 한계를 극복하기 위해, 소스의 확률 질량 분포에 의존하지 않는 코딩 절차를 가리키는 **범용 소스 코딩**(universal source coding)에 주의를 돌린다. **Lempel-Ziv**로 알려진 보편적인 데이터 압축에 대한 하나의 보편적인 절차는, 구현하기 쉽고 점진적으로(시퀀스의 길이가 무한대로 변함에 따라) 소스 엔트로피에 접근하는 압축 속도를 달성한다. 입력 프로세스가 i.i.d.라고 가정하는 대신 허프만 코딩과 마찬가지로 Lempel-Ziv은 입력이 정적이라고 가정한다. 사실 Lempel-Ziv는 시퀀스를 압축하기 위해 화소 간 중복성을 활용한다. 허프만 코딩과 마찬가지로, Lempel-Ziv의 변종은 Deflate 알고리즘에 사용되며, 이는 나중에 설명하는 것처럼 인기 있는 PNG 영상 파일 형식에 사용된다.

Lempel-Ziv의 핵심 아이디어는 전에 등장한 하위 시퀀스를 찾는 것이다. 예를 들어, 입력이 예제 8.8의 비트 스트림이라고 가정하자.

$$111011010000000010011001111010011011010011101100$$

이제 비트가 왼쪽에서 오른쪽으로 스캔되고 쉼표가 우리가 이전에 만나지 않은 하위 시퀀스를 만날 때마다 삽입된다고 가정하자. 따라서 첫 번째 1은 새로운 것이므로 우리는 그 뒤에 쉼표를 붙인다. 그러나 두 번째 1은 이전에 발생했으므로 세 번째 1 이후까지 쉼표를 추가하지 않는다. 하위 시퀀스 11은 새로운 것이기 때문이다. 이 절차를 계속하면 다음과 같이 된다.

$$1, 11, 0, 110, 10, 00, 000, 001, 0011, 00111, 101, 00110, 1101, 001110, 1100$$

전체 스트림을 처리한 후에만 코드북을 작성하는 허프만 코딩과는 달리, Lempel-Ziv은 데이터가 압축되면 즉석에서 **사전**(dictionary)이라고도 하는 코드북을 작성한다. 사전 항목은 (색인, 비트) 쌍으로 구성되며, 색인은 접두어가 들어있는 사전 항목의 색인이고, 비트는 이 항목에 해당하는 부속 순서를 얻기 위해 접두사에 추가되는 비트이다. $dict[i]$가 i 번째 사전 항목을 참조하도록 하고, $dict[0]$이 빈 부분 순서를 참조한다고 가정하면 입력은 다음과 같이 표현될 수 있다.

$$\underbrace{(0,1)}_{dict[1]}, \underbrace{(1,1)}_{dict[2]}, \underbrace{(0,0)}_{dict[3]}, \underbrace{(2,0)}_{dict[4]}, \underbrace{(1,0)}_{dict[5]}, \underbrace{(3,0)}_{dict[6]}, \underbrace{(6,0)}_{dict[7]}, \underbrace{(6,1)}_{dict[8]}, \underbrace{(8,1)}_{dict[9]}, \underbrace{(9,1)}_{dict[10]}, \underbrace{(5,1)}_{dict[11]}, \underbrace{(9,0)}_{dict[12]}, \underbrace{(4,1)}_{dict[13]}, \underbrace{(10,0)}_{dict[14]}, \underbrace{(4,0)}_{dict[15]}$$

여기서, 사전은 그림 8.4에 나와 있다. 1의 첫 번째 서브 시퀀스는 사전 항목 (0,1)으로 표시되는데 왜냐하면 빈 시퀀스에 1이 추가되기 때문이다. $dict[1]$에 의해 주어진 시퀀스에 1이 추가되기 때문에 11의 다음 서브 시퀀스는 (1,1)

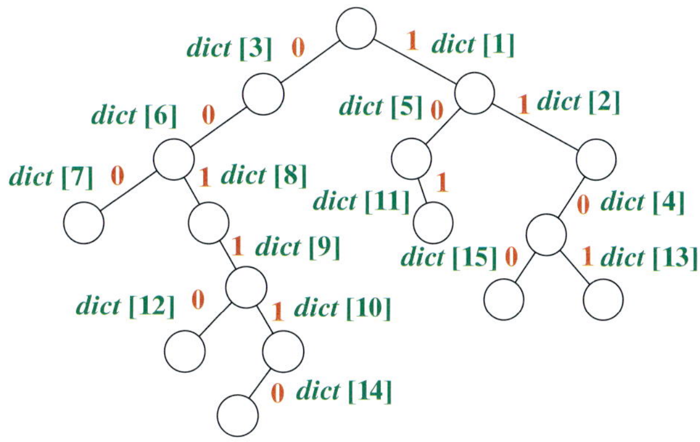

그림 8.4 예제 8.8의 비트 스트림에서 Lempel-Ziv 알고리즘에 의해 생성된 사전의 예. 각 사전 항목은 상위의 하위 시퀀스에 추가된 비트(빨간색)로 구성된 하위 시퀀스를 캡처한다. 하위 시퀀스는 트리에서 연속적으로 더 긴 하위 시퀀스로 이어진다. 예를 들어, *dict* [14]의 서브 시퀀스는 0011100이며, 이는 *dict* [10]에 추가된다.

로 표시된다. 이 프로세스는 1100의 마지막 서브 시퀀스로 계속되며, 서브 시퀀스 11인 *dict*[2]에 0이 추가된 *dict*[4]에 0이 추가되므로 (4,0)로 표시된다.

사전에 16개의 항목이 있다고 가정하면, 각 항목에는 5 비트(색인의 경우 4 비트, 추가된 비트의 경우 1 비트가 필요하다). 따라서 원래의 48 비트 시퀀스는 $5 \cdot 15 = 75$ 비트의 시퀀스로 변환되어 Lempel-Ziv이 압축을 잘하지 못하는 것처럼 보일 수 있다. 그러나 실제로는 긴 입력 시퀀스에서 Lempel-Ziv의 압축 기능이 중요하며 위에서 언급한 것처럼 소스의 엔트로피에 접근한다. 성능을 더 향상시키는데 사용할 수 있는 이 간단한 예제에서는 생략된 많은 구현 세부 사항이 있음을 명심해야 한다.

8.2.3 Lempel-Ziv-Welch 알고리즘

Lempel-Ziv의 한 변형은 LZW(Lempel-Ziv-Welch) 알고리즘이며, 데이터가 압축될 때 즉시 사전을 작성한다. LZW 뒤에 있는 비결은 각 사전 항목에 추가된 비트가 필요 없다는 것이다. 따라서 LZW의 사전 항목은 이전 사전 항목의 색인만으로 구성된다. 특허받은 LZW 알고리즘은 GIF 영상 파일 형식에 사용되지만, GIF가 대체로 PNG로 대체되어 더 이상 널리 사용되지 않는다. 실제로 PNG는 "PNG가 GIF가 아니다."라는 약어로, Lempel-Ziv의 더 단순한 버전으로 되돌아 와서 LZW의 특허 제한을 피하기 위해 의도적으로 개발되었다.

LZW 인코딩은 다음과 같이 작동한다. 초기 알파벳 크기가 결정되고, 사전은 알파벳의 각 기호에 대해 초기화된다. 우리는 이전 절의 Lempel-Ziv 예제에서처럼 입력이 한 번에 한 비트씩 스캔된다는 일반성을 잃지 않고, 알파벳에 두 개의 항목이 있도록 가정한다. $\mathcal{X} = \{0, 1\}$ 그리고 사전 *dict*[0] = 0 및 *dict*[1] = 1로 초기화된다. 입력된 비트를 사전 색인과 혼동하지 않기 위해 입력 비트를 나타내기 위해 $A \equiv 0$ 및 $B \equiv 1$ 문자를 도입하여 $\mathcal{X} = \{A, B\}$가 되게 하고,

알고리즘 8.1 Lempel–Ziv–Welch 압축/인코딩

```
LEMPELZIVWELCHENCODE(f, 𝒜)
Input:  1D array f of symbols from an alphabet 𝒜
Output: Bitstream representing the compressed array
for i ← 0 to |𝒜| − 1 do                        ➤ Initialize dictionary to contain all symbols.
    dict[i] ← a_i                                ➤ a_i is i^th symbol of 𝒜.
next-index ← |𝒜|
match ← ∅                                        ➤ Initialize longest matching string.
repeat
    a ← read next value from input array
    match' ← CONCATENATE(match, a)
    if dict[i] == match' for some i then         ➤ match' is in dictionary,
        match ← match'                           so continue to build longest matching string.
    else                                         ➤ Longest matching string has been found,
        output i for which dict[i] == match      so output index of match, and
        dict[next-index] ← match'                add match' to dictionary.
        next-index ←+ 1                          ➤ Increment next-index, and
        match ← a                                reset longest matching string.
```

사전은 $dict[0] = A$와 $dict[1] = B$로 초기화 한다. 입력을 스캔할 때 사전을 검색하여 사전에서 입력과 일치하는 가장 긴 하위 시퀀스를 찾는다. 그러한 일치가 발견되지 않으면, 전의 사전 엔트리의 인덱스(즉, 가장 최근의 비트가 없는 서브 시퀀스에 대응하는 인덱스)가 출력되고, (가장 최근의 비트를 갖는) 시퀀스가 사전에 추가된다. 예를 들어, AAB가 $dict[3]$에 의해 사전에 표현되었지만, AABA가 아직 사전에 없다고 가정하자. AABA가 발생하면 3이 출력되고, 마지막 입력 후에 AABA가 사전에 추가된다. 알고리즘 8.1에 제시된 것처럼 전체 입력이 스캔될 때까지 이 프로세스는 계속된다.

예제 8.9

우리가 A로 시작하는 3 비트 시퀀스를 가지고 있다고 가정하자. 네 가지 가능한 입력 시퀀스 모두에서 LZW의 출력은 무엇인가?

풀이

사전은 두 개의 항목으로만 초기화되므로, 두 번째 비트가 발생하면 사전에는 일치하는 항목이 없다. 이 시점에서 LZW는 0을 출력하고(첫 번째 비트는 A이므로) AX가 사전에 추가된다. 여기서, X는 두 번째 비트이다. 4개의 가능한 입력 시퀀스는 다음과 같으며, 각 입력에 멈춤 코드(stop code) (#로 표시)가 추가된다.

- A,AA,#. 첫 번째 2 비트에서 $dict[2] = AA$이다. 세 번째 A가 발생하면 하위 시퀀스 AA가 사전에 있으므로 멈춤 코드가 발생할 때까지 아무 것도 출력

되지 않는다. 이 시점에서 부분 시퀀스는 분명히 사전에 없는 AA#이고, 2는 마지막 심볼을 제외하고 모두 출력된다. 따라서 출력은 02 이다.

- A,A,B,#. 첫 번째 2 비트에서 $dict[2] = AA$이다. B의 세 번째 비트가 발생하면, 하위 시퀀스 AB가 사전에 없으므로 0이 출력된다. 멈춤 코드가 발생하면 B#은 사전에 없으므로 B에 대해 1이 출력된다. 따라서 출력은 001이다.
- A,B,A,#. 처음 2 비트에서 $dict[2] = AB$이다. A의 세 번째 비트가 발생하면, 하위 시퀀스 BA가 사전에 없으므로 1이 출력된다. 멈춤 코드가 발생하면 최종 A에 대해 0이 출력된다. 따라서 출력은 010 이다.
- A,B,B,#. 처음 2 비트에서 $dict[2] = AB$이다. B의 세 번째 비트가 발생하면, 하위 시퀀스 BB가 사전에 없으므로 1이 출력된다. 멈춤 코드가 발생하면 1이 최종 B에 대해 출력된다. 따라서 출력은 011 이다.

요약

LZW가 좀 더 기본적인 Lempel–Ziv 알고리즘에 의해 사용된 추가 비트를 폐기했음에도 불구하고, 출력이 고유하지는 않다.

$$\begin{aligned} AAA &\Rightarrow 02 \\ AAB &\Rightarrow 001 \\ ABA &\Rightarrow 010 \\ ABB &\Rightarrow 011 \end{aligned}$$

알고리즘 8.2에서 의사 코드가 주어진 LZW 디코딩은 다음과 같이 작동한다. 인코더와 디코더는 사전에 알파벳 크기에 동의해야 하며, 사전은 인코더와 완전히 동일한 방식으로 알파벳의 각 기호에 대해 초기화된다. 입력 스트림은 사전 색인으로만 구성되므로 디코더는 인코더가 수행한 것과 똑같은 방식으로 사전을 작성해야 한다. 첫 번째 값은 사전에 유효한 인덱스로 보장되므로 해당 심볼이 즉시 출력되고, 디코더는 해당 심볼로 가장 큰 일치하는 서브 시퀀스를 작성하기 시작한다. 입력이 스캔될 때 두 번째 값부터 두 가지 상황이 가능하다. 발견된 인덱스가 사전에 이미 존재하면 그 엔트리에 대응하는 서브 시퀀스가 출력되고 사전으로부터 서브 시퀀스의 제 1 비트가 부가된 엔트리가 가장 긴 매칭 스트링에 대응하는 것이 사전에 추가된다. 다른 한편, 인덱스가 아직 사전에 없다면, 가장 긴 매칭 서브 시퀀스에 대응하는 사전에 엔트리가 추가되고, 가장 긴 매칭 서브 시퀀스의 첫 번째 비트가 첨부된다. 그 후에 이 사전 항목이 출력된다. 이 결정의 이유는 인코더가 아직 사전에 없는 인덱스를 출력할 수 있는 유일한 상황은 현재 서브 시퀀스가 시작과 동일한 심볼로 끝나는 경우이다. 다음 예

알고리즘 8.2 Lempel-Ziv-Welch 압축 풀기/디코딩

```
LempelZivWelchDecode(f′, 𝒜)

Input:  Compressed bitstream f′ containing the indices of dictionary entries
Output: Original uncompressed 1D array of symbols

for i ← 0 to |𝒜| − 1 do                                   ➤ Initialize dictionary to contain all symbols.
    dict[i] ← a_i                                           ➤ a_i is i^th symbol of 𝒜.
next-index ← |𝒜|
k ← read next value from bitstream
output dict[k]
match ← val ← dict[k]
repeat
    k ← read next value from bitstream
    if k < next-index then                                  ➤ dict[k] exists, so
        val ← dict[k]                                       get val from dictionary, and
        dict[next-index] ← Concatenate(match, val[0])       add new match to dictionary.
    else                                                    ➤ dict[k] does not yet exist, so
        dict[next-index] ← Concatenate(match, match[0])     add new match to dictionary, and
        val ← dict[k]                                       get val; note k == next-index.
    next-index ←+ 1                                         ➤ Increment next-index.
    output val
    match ← val
```

제는 아마도 비직관적인 원리(nonintuitive principle)를 설명하는데 도움이 될 것이다.

예제 8.10 이전 예제의 스트림을 디코딩하시오.

풀이 사전은 두 항목으로 이전과 같이 초기화된다. 만난 첫 번째 인덱스는 0이므로 A가 출력되고, A도 가장 긴 매칭 문자열이 된다. 네 개의 스트림은 다음과 같다.

- 02. 2가 나왔을 때, *dict*[2]가 존재하지 않으므로 우리는 그것에 상응하는 하위 시퀀스를 찾기 위한 사전을 찾을 수 없다. 그러나 우리는 엔코더가 엔트리 *dict*[2] $=$ AX를 추가했음을 알고 있다. 여기서, X는 미지의 것이다. 두 번째 심볼이 B라면, 세 번째 심볼은 BX와 같은 하위 시퀀스를 발생시켰을 것이다. 확실히 사전에는 없으므로 1이 두 번째 색인으로 출력되었을 것이다. 따라서 두 번째 심보은 A이어야 하고, 따라서 *dict*[2] $=$ AA여야 한다.
- 001. 이 색인들은 모두 초기 디렉토리에 있으며, 따라서 원래 시퀀스는 AAB를 찾기 위해 사전을 살펴봄으로써 쉽게 복구된다.
- 010. 유사하게, 원래의 시퀀스는 사전으로부터 ABA로서 쉽게 발견된다.
- 011. 마찬가지로, 원래 시퀀스는 사전에서 ABB로서 쉽게 발견된다.

요약

$$
\begin{aligned}
02 &\Rightarrow AAA \\
001 &\Rightarrow AAB \\
010 &\Rightarrow ABA \\
011 &\Rightarrow ABB
\end{aligned}
$$

LZW 알고리즘의 메커니즘을 더 잘 이해하기 위해, 보다 철저한 예제를 고려해 보겠다.

예제 8.11 Lempel−Ziv−Welch를 사용하여 다음 4×4 영상을 인코딩하라. 단순화를 위해 화소 당 1 비트, 즉 ngray = 2를 가정하고 3 비트 사전을 사용하라.

$$
\begin{bmatrix} 0 & 0 & 0 & 1 \\ 0 & 0 & 1 & 0 \\ 0 & 1 & 0 & 1 \\ 0 & 1 & 0 & 1 \end{bmatrix}
$$

풀이 앞에서와 같이 화소 값을 사전 색인과 혼동하지 않으려면, $A \equiv 0$ 및 $B \equiv 1$을 지정하여 행 우선 순서의 영상이 *AAABAABAABABABAB*에 의해 주어지도록 한다. 처음에 사전은 다음과 같다.

$$
dict[0] = A\ \ dict[1] = B\ \ dict[2] = ?\ \ dict[3] = ?\ \ dict[4] = ?\ \ dict[5] = ?
$$
$$
dict[6] = ?\ \ dict[7] = ?
$$

데이터를 순차적으로 처리하면 아래의 표와 같이 결과가 나타난다. 즉, LZW 압축의 출력은 0213547이며, 입력을 인코딩한다.

$$
\underbrace{0}_{A}\ \underbrace{2}_{AA}\ \underbrace{1}_{B}\ \underbrace{3}_{AAB}\ \underbrace{5}_{AABA}\ \underbrace{4}_{BA}\ \underbrace{7}_{BAB}
$$

우리는 단지 8개의 사전 항목을 허용했기 때문에 가장 간단한 접근법은 색인 당 3 비트를 사용하여 다음과 같은 비트 스트림을 생성하는 것이다.

$$
\underbrace{000}_{A}\ \underbrace{010}_{AA}\ \underbrace{001}_{B}\ \underbrace{011}_{AAB}\ \underbrace{101}_{AABA}\ \underbrace{100}_{BA}\ \underbrace{111}_{BAB}
$$

21 비트가 필요하다. 압축되지 않은 영상은 16 비트만 필요하기 때문에 이것은 거의 절약되지 않는다. 그러나 입력이 길어질수록 사전은 결국 입력 구조에 적응하고, LZW는 입력의 엔트로피에 점근적으로 접근(asymptotically approach)하도록 표시될 수 있다.

데이터를 순차적으로 처리하면 다음고 같다.

match	*a*	*match'*	in dictionary?	dictionary	output	comment
				$dict[0] \leftarrow A$ $dict[1] \leftarrow B$		initialization
Ø	A	A	Yes			
A	A	AA	No	$dict[2] \leftarrow AA$	0	$dict[0] == \text{A}$
A	A	AA	Yes			
AA	B	AAB	No	$dict[3] \leftarrow AAB$	2	$dict[2] == \text{AA}$
B	A	BA	No	$dict[4] \leftarrow BA$	1	$dict[1] == \text{B}$
A	A	AA	Yes			
AA	B	AAB	Yes			
AAB	A	AABA	No	$dict[5] \leftarrow AABA$	3	$dict[3] == \text{AAB}$
			Yes			
A	A	AA	Yes			
AA	B	AAB	Yes			
AAB	A	AABA	No			
AABA	B	AABAB	No	$dict[6] \leftarrow AABAB$	5	$dict[5] == \text{AABA}$
B	A	BA	Yes			
BA	B	BAB	No	$dict[7] \leftarrow BAB$	4	$dict[4] == \text{BA}$
B	A	BA	Yes			
BA	B	BAB	Yes			
BAB	#	BAB#	No		7	$dict[7] == \text{BAB}$

예제 8.12

Lempel−Ziv−Welch를 사용하여 이전 예제의 비트 스트림 0213547을 디코딩하라.

풀이

인코더와 디코더는 심볼 당 1 비트와 사전 엔트리 당 3 비트가 있음을 미리 합의했다고 가정하자. 사전도 같은 방식으로 초기화된다. 순차적으로 데이터를 처리하면 아래의 표와 같이 된다.

match	*k*	*dict*[*k*] exists?	*val*	dictionary	output	comment
				$dict[0] \leftarrow A$		initialization
				$dict[1] \leftarrow B$		
	0	Yes	A		A	$dict[0] = A$
A	2	No	AA	$dict[2] \leftarrow AA$	AA	
AA	1	Yes	B	$dict[3] \leftarrow AAB$	B	$dict[1] = B$
B	3	Yes	AAB	$dict[4] \leftarrow BA$	AAB	$dict[3] = AAB$
AAB	5	No	AABA	$dict[5] \leftarrow AABA$	AABA	
AABA	4	Yes	BA	$dict[6] \leftarrow AABAB$	BA	$dict[4] = BA$
BA	7	No	BAB	$dict[7] \leftarrow BAB$	BAB	

예제 8.11에서는 7개의 색인과 색인 당 3 개의 비트가 있으므로 16 비트 입력이 21 비트 출력으로 변환되었다. 다시 말하면 LZW가 실제로 데이터를 압축하

는 기능을 보여주는 간단한 예제를 고안하는 것은 어렵다. 그럼에도 불구하고, Lempel–Ziv에 관한 위의 논의에서 언급했듯이, 입력 길이가 무한대로 향하기 때문에 LZW는 점진적으로 최적의 압축을 달성하고, 일반적으로 크기가 지정된 입력의 경우 LZW는 다른 알고리즘과 상당히 경쟁적이다. 여기서, 논의되지는 않았지만, 압축된 시퀀스에서 낭비되는 비트를 줄이는 중요한 방법은 색인의 수가 증가함에 따라 각 색인을 전송하기 위한 비트 수를 점진적으로 증가시키는 것이다. 즉 처음에는 색인에 대해 1 비트만 출력되고, 사전 항목 *dict*[2]가 추가되면 이진수로 2를 나타내는데 2 비트가 필요하기 때문에, 모든 색인에 대해 2 비트가 출력된다.

실제 구현에서 요구되는 또 다른 중요 쟁점은 사전이 꽉 차있을 때 해야 할 일에 관한 것이다. 하나의 접근법은 그 일이 발생했을 때, 사전을 플러시(flush)하고 다시 구축하기 시작하는 것이다. 또 다른 접근법은 사전이 시간이 지남에 따라 입력에 적응할 수 있도록 최소로 사용된 항목을 대체하는 것이다. 사실, 영상 통계(image statistics)는 영상의 다른 부분에 따라 크게 다를 수 있기 때문에, 적응 접근 방법(adaptive approach)은 지금까지 연구한 모든 압축 알고리즘에 유용하다.

8.2.4 산술 코딩

또 다른 압축 기술은 **산술 코딩**(arithmetic coding)이라고 알려져 있다. 입력의 개별 심볼을 코딩하려고 시도하는 대신, 산술 코딩은 0과 1 사이의 단일 실수로 변환하여 전체 시퀀스를 한 번에 인코딩한다. 인코더는 입력 심볼의 확률 질량 함수를 계산한 다음, 값을 연속적으로 더하여 누적 질량 함수로 변환한다. 누적 질량 함수는 0에서 시작하여 1에서 끝나는 단조 함수(monotonic function)이므로 0과 1 사이의 간격을 기호에 해당하는 하위 간격으로 나누는데 사용할 수 있다. 인코더는 첫 번째 심볼을 읽고 어느 하위 간격에 해당하는지 결정한다. 그런 다음이 하위 간격을 원래 간격으로 나눈 것과 같은 방식으로 나누고, 시퀀스의 다음 심볼로 프로세스를 반복한다. 이러한 방식으로 간격을 계속 분할함으로써, 결국 엔코더는 전체 시퀀스와 연관된 하위 간격에 도달한다. 그런 다음, 이 실수를 고유 숫자로 디코딩할 수 있도록 충분한 자리 숫자로 이진수를 표시한다. 이 이진수는 시퀀스의 코드이다. 언뜻 보기에는 명확하지 않지만 산술 코딩은 허프만 코딩의 일반화로 볼 수 있다. 이는 코딩 과정에서 전체 시퀀스가 고려되므로 2의 제곱으로부터 크게 벗어나는 확률을 보다 잘 처리할 수 있다. 실제로, 허프만 및 산술 코딩은 확률 질량 함수의 확률이 2의 멱(powers)(예를 들어, 1/2

또는 1/4)일 때 서로 밀접하게 대응한다. 그럼에도 불구하고, 산술 코딩은 여러 영상 파일 포맷에 포함되어 있지만 다른 방법만큼 널리 사용되지 않는다.

8.2.5 런-길이 인코딩

가장 단순하고 오래된 무손실 압축 알고리즘 중 하나는 **런-길이 인코딩**(run-length encoding, RLE)이다. 아이디어는 n개의 연속적인 동일한 기호 x를 쌍 (n, x)으로 인코딩하는 것이다. 영상은 길이-값 쌍 시퀀스로 인코딩된다. 런-길이 인코딩은 인접한 화소가 거의 동일하지 않은 사진에서는 잘 수행되지 않지만, 동일한 색상의 화소로 구성된 큰 섹션이 포함된 선 도면이나 그래픽 영상에서 매우 효과적으로 사용할 수 있다. 또한 RLE는 이 장의 뒷부분에서 보듯이 영상 블록을 먼저 변환하고 양자화 한 후에 JPEG 계수에 적용된다.

런-길이 인코딩은 특히 이진(흑백) 영상에 효과적이므로 팩스 기계용 CCITT 압축 표준에서 사용된다. 화소 당 오직 두 가지 색상만 있으면 이웃하는 화소가 동일할 확률이 높다. 또한 가능한 두 가지 값만 있으면 길이와 값보다는 길이만 저장하면 충분하다. 어떤 값이 먼저 발생하는지 합의된 협약이 있는 한, 다른 모든 값은 인접한 실행 간에 번갈아 가며(다른 경우에는 단일 실행으로 결합되었을 것임) 가정하여 결정할 수 있다. 하나의 규칙은 각 행의 첫 번째 값을 지정하는 것으로 행들이 다른 값(앞서 언급한 적응 형식)으로 시작할 수 있도록 한다. 또 다른 규칙은 모든 행이 특정 색(예: 흰색)으로 시작한 다음, 행의 첫 번째 실행 길이를 0으로 가정하는 것이다.

예제 8.13 이진 영상에서 다음 비트 행의 런-길이 인코딩을 계산하라.

000001111100000001111111000000110000000111111111

풀이 행은 5개 0들, 5개 1들, 7개 0들, 7개 1들 등으로 구성된다. 결과 RLE는 다음과 같은 길이-값 쌍의 순서이다.

(5, 0), (5, 1), (7, 0), (7, 1), (6, 0), (2, 1), (7, 0), (9, 1)

행이 값 1로 시작한다는 규칙을 채택하면, 길이가 다음과 같은 순서로 이어진다.

0, 5, 5, 7, 7, 6, 2, 7, 9

길이 당 4 비트가 필요하다고 가정하면, 원래의 48 비트 시퀀스가 36 비트로 압축된다.

런-길이 인코딩의 결과에 허프만 코딩과 같은 가변-길이 코딩(variable-length coding) 방식을 적용함으로써 더 큰 압축을 달성하는 것이 일반적이다.

8.2.6 예측 코딩

또 다른 간단하지만 효과적인 압축 방법은 인코더와 디코더가 동일한 필터를 사용하여 이전 값을 기반으로 다음 값을 예측하는 **예측 코딩**(predictive coding)이다. 필터가 영상처리를 정확하게 모델링한다면, 예측 오차(즉, 예측된 값과 실제의 값 사이의 차이)는 작아질 것이다. 예측 코딩은 일반적으로 허프만 코딩과 같은 엔트로피 기반 스키마(scheme)를 사용하여 인코딩된 차이를 생성하는 사전 필터(prefilter)로 사용된다. 이 차이 처리(differencing process)는 인접한 화소 사이의 통계적 종속성(statistical dependencies)을 줄이고 일반적으로 원래 값보다 낮은 엔트로피 신호를 생성한다.

f_i가 1D 입력 신호(예를 들어, 영상 스캔 라인)의 i번째 실제 값이고, $\hat{f}_i$가 i번째 예측 값인 경우, 가장 간단한 접근법은 화소의 값이 이전 화소의 값과 동일하다고 예측하는 것이다.

$$\hat{f}_i = f_{i-1} \tag{8.23}$$

예측 오차는 인접 화소 값 사이의 차이이다.

$$\epsilon_i \equiv f_i - \hat{f}_i = f_i - f_{i-1} \tag{8.24}$$

이것을 **모방자 예측자**(copycat predictor)라고 부르며, 그 예측 오류는 영상을 커널[1 −1]과 컨볼루션한 결과와 동일하다. 근본적으로 어떤 장면의 사진이라도 그림 8.5의 히스토그램과 같은 모양의 모방자 예측 오류가 발생한다는 것은 놀라운 사실이다. 수학적으로, 이 함수는 라플라스 분포(Laplace distribution)

그림 8.5 세계의 질서 정연한 특성으로 인하여 사진의 이웃한 화소는 서로 관련성이 높다. 왼쪽에는 영상과 그레이 레벨 히스토그램이 있다. 오른쪽에는 [1 − 1] 커널과 영상을 컨볼루션하여 계산된 차이와 히스토그램이 있다. 라플라스 분포의 모양을 따르는 후자의 히스토그램은 훨씬 작은 표준 편차와 엔트로피를 가지고 있다.

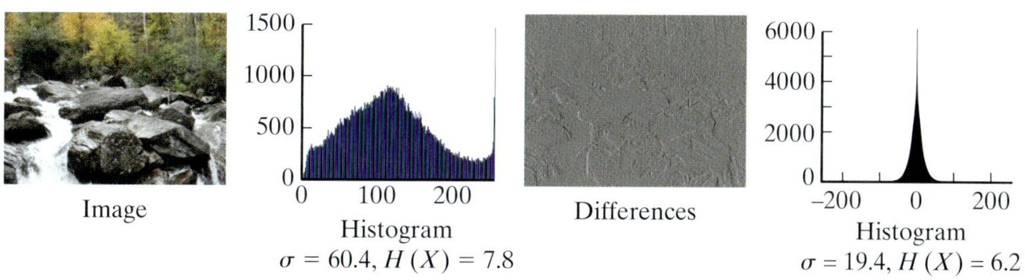

로 모델링될 수 있으며, 아래와 같이 이중 지수 분포(double exponential distribution)라고 알려져 있다.

$$\psi(x) = \frac{1}{x\sqrt{2}} e^{-\frac{|x|\sqrt{2}}{\sigma}} \quad \textbf{(8.25)}$$

라플라스 분포는 가우시안 분포의 둥근 형태와 비교하여 높은 첨도(kurtosis)를 가지므로 분포가 급격하게 정점을 찍고 작은 꼬리와 평균으로부터 급격한 감소를 가진다. 결과적으로, 모방자 예측 오류의 표준 편차 및 엔트로피는 원래 신호의 표준 편차 및 엔트로피보다 상당히 작다. 고도로 텍스처된 장면조차도 약간의 감소를 가져오지만, 텍스처가 적은 장면을 사용하면 종종 2:1의 순서로 더 크게 감소할 수 있다.

예제 8.14

최소 그레이 레벨에서 최대 그레이 레벨까지 1D 경사로의 그레이 레벨 값으로 구성된 행이 있는 8 비트 그레이 스케일 영상을 고려하자.

0, 1, 2, 3, 4, 5, 6, 7, 8, 9, ..., 255

수식 (8.23)에 설명된 간단한 예측 필터 결과의 엔트로피뿐만 아니라 원본 영상의 행의 엔트로피를 계산하라.

풀이

256개의 기호 알파벳과 평평한 확률 질량 함수(각 값이 정확히 한 번 나타나므로)는 엔트로피가 화소 당 8 비트에서 최대이다. 간단한 예측 필터는 영상을 예측 오류 시퀀스로 변환한다.

1, 1, 1, 1, 1, 1, 1, 1, 1, 1, 1, ..., 1

이는 화소 당 0 비트의 엔트로피를 갖는다. 분명히 이것은 극단적인 예이며 행의 첫 번째 값을 전송하는 것과 관련된 약간의 오버 헤드가 있을 것이다. 그럼에도 불구하고 엔트로피를 줄이기 위해 예측 필터를 사용하는 효과를 보여준다.

2D에서 화소의 예측은 일반적으로 동일한 행의 이전 화소뿐만 아니라 이전 행의 화소에도 기반을 둔다. 예측된 화소 $p \equiv I(x, y)$으로부터 왼쪽, 위쪽 및 왼쪽 위 대각선의 화소 값으로 각각 $\ell \equiv I(x-1, y)$, $u \equiv I(x, y-1)$ 그리고 $d \equiv I(x-1, y-1)$라고 하자. 영상이 왼쪽에서 오른쪽 및 위쪽으로 스캔됨에 따라 이웃하는 3개의 화소 모두, 화소 p보다 먼저 발생한다. **평면 예측자**(planar predictor)라 불리는 특히 유용한 예측 인자는 ℓ, u 및 d 값을 화소의 “높이”로

처리하고, $\hat{p} = \ell + u - d$ 또는 아래의 수식으로 유도되는 세 개의 3D 점$(x-1, y, \ell)$, $(x, y-1, u)$ 그리고 $(x-1, y-1, d)$을 통해 평면을 맞춘다.

$$\underbrace{\hat{I}_{planar}(x, y)}_{\hat{p}} \equiv \underbrace{I(x-1, y)}_{\ell} + \underbrace{I(x, y-1)}_{u} - \underbrace{I(x-1, y-1)}_{d} \tag{8.26}$$

이 결과를 보려면, 처음 두 점 사이의 중간점이 $(x-\frac{1}{2}, y-\frac{1}{2}, \frac{1}{2}(\ell+u))$이므로 $\hat{p} = d + 2(\frac{1}{2}(\ell+u) - d) = \ell + u - d$가 된다. 또는 수평 그래디언트가 $u-d$고, 수직 그래디언트가 $\ell - d$이므로 평면형 예측기는 열과 행 모두에 대해 그래디언트가 동일하다고 가정하는 값을 산출한다. $\ell + (u-d) = u + (\ell - d)$이다. 어느 쪽이든, 평면 예측자에 대한 예측 오차는 다음과 같다.

$$\epsilon(x, y) \equiv \underbrace{I(x, y)}_{p} - \underbrace{\hat{I}_{planar}(x, y)}_{\hat{p}} = p - \ell - u + d = (p - \ell) - (u - d) \tag{8.27}$$

이는 인접한 두 행(또는 열)에 대한 모방 추정자(copycat predictors)에 대한 예측 오류 간의 차이이다. 평면 예측자의 가장 보편적인 변형은 평면 예측에 가장 근접한 화소(세 이웃 중)의 값을 출력하는 **파이스 예측기**(Paeth predictor)이다. 즉, $\hat{p}$을 평면 예측의 출력이라고 하면 다음 수식과 같다.

$$\hat{I}_{Paeth}(x, y) \equiv \begin{cases} \ell & \text{if } |\hat{p} - \ell| \le |\hat{p} - u| \text{ and } |\hat{p} - \ell| \le |\hat{p} - d| \\ u & \text{if } |\hat{p} - u| \le |\hat{p} - d| \\ d & \text{otherwise} \end{cases} \tag{8.28}$$

우선순위가 ℓ 먼저, 그 다음에 u 및 마지막으로 d가 순서대로 결정된다. 파이스 예측기는 모방자와 평면 예측자의 조합으로 생각할 수 있는데, 왜냐하면 출력은 항상 이웃 중 하나(모방자 같은)의 값이기 때문에 이웃 선택은 평면(평면과 유사)에 따라 결정되기 때문이다. 파이스 예측기의 근거는 적어도 경우에 따라 평면 예측자보다 작은 어휘를 필요로 하므로 엔트로피가 낮다는 것이다. 예를 들어, 화소 당 8 비트 영상을 사용하면 파이스 예측기의 출력은 항상 0에서 255 사이의 숫자가 되지만, 평면 예측기는 −255와 510 사이의 값을 생성할 수 있다(참고: $0 + 0 - 255 = -255$ 및 $255 + 255 - 0 = 510$). 가능한 출력의 거의 3 배이다. 반면, 평면 예측기는 일반적으로 0에 가까운 오류를 생성해야하므로 평면 또는 파이스 예측기가 전반적으로 더 나은지 여부는 입력에 따라 다르다. 또 다른 변형은 **LOCO-I**(low complexity lossless compression for images) 알고리즘으로, 다음과 같이 정의된다.

$$\hat{I}_{Loco}(x,y) \equiv \begin{cases} \min(\ell, u) & \text{if } d \geq \max(\ell, u) \\ \max(\ell, u) & \text{if } d \leq \min(\ell, u) \\ \hat{p} & \text{otherwise} \end{cases} \quad \textbf{(8.29)}$$

LOCO-I는 화소의 왼쪽에 수직 방향의 밝기 에지가 있으면 u를 선택하거나, 화소 위에 수평 방향의 밝기 에지가 있으면 L을 선택하는 경향이 있는 기본 에지 감지기(primitive edge detector)로 생각할 수 있다. 이러한 에지가 없으면 평면 예측기에서 값을 선택한다. LOCO-I 예측기는 간단한 연산만으로 실행 속도가 빠르고, 에지 검출의 특성에도 불구하고 양호한 압축 성능을 나타내 보이고 있다.

예측 코딩이 손실 압축에도 사용될 수 있다는 점을 언급해야 한다. 즉, 예측 값과 실제 값의 차이가 너무 작아서 인간 시각 시스템에서 구별할 수 없는 경우, 차이를 양자화하여 심리적 중복을 활용할 수 있다. 하나의 그러한 기술은 **차분 펄스 코드 변조**(differential pulse-code modulation, DPCM)로 알려져 있는데, 두 가지 종류가 있다. 하나의 유형의 DPCM은 인접한 양자화된 샘플 간의 차이를 계산하고, 다른 유형의 DPCM은 디코더의 로컬 모델의 출력에 대한 양자화된 차이를 계산한다.

8.2.7 예제: PNG 압축

이제 이러한 원칙이 실제 PNG 영상 파일 형식 뒤에 있는 실제 무손실 압축 스키마에서 어떻게 작동하는지 고려해 보겠다. 이 토론에서는 파일 형식 자체의 특성에 대한 간략한 언급과 함께 주로 압축 구현에 중점을 둔다. PNG 파일에는 일련의 청크(chunks)가 뒤따르는 PNG 서명이 포함된다. 각 청크에는 비트 심도(bit depth), 영상 유형(그레이 스케일, 트루 컬러 RGB 또는 인덱싱된 색상), 영상 크기, 알파 채널의 존재 여부 또는 행의 인터레이스 여부와 같은 영상 데이터 또는 메타 정보가 포함된다. 개념적으로 압축된 데이터 스트림은 청크 경계에 관계없이 모든 영상 데이터 청크를 단일 바이트 스트림으로 연결한 것이다.

인코더는 영상이 왼쪽에서 오른쪽으로, 위에서 아래로 스캔됨에 따라, 영상 화소 데이터에 두 가지 연산을 적용한다. 먼저, 미가공 화소 값(raw pixel values)은 미가공 화소 값과 5개의 가능한 예측 필터 중 하나의 차이를 전송함으로써 필터링 된다. 1) 좌측 화소 값, ℓ, 2) 위의 화소 값, u, 3)이 둘의 평균, $\lfloor(\ell + u)/2\rfloor$, 4) 파이스 예측기, 또는 5) 예측이 발생하지 않는다는 것을 의미하는 값은 0이고 미가공 화소 값은 변경되지 않고 전송된다. 이러한 필터는 화소 자체가 아니라 바이트로 적용되므로 다른 색상 채널(알파 채널은 물론)이 별도로 처리되며, 화소 당 16 비트 그레이 스케일 영상의 두 바이트도 별도로 처리된다. 영상의 화소 당 비트 수가 8 비트보다 작으면 필터링 단계가 여러 화소에서 작동하므로 당연히 효율성이 떨어진다. 지정된 행의 첫 번째 화소 왼쪽 바이트 또는 첫 번째 행 위의 바이트는 0인 것처럼 처리된다.

필터링은 적응적으로 적용된다. 즉, 영상 행의 모든 화소가 동일한 필터를 사용하지만 각 행은 다른 행과 독립적으로 다른 필터를 사용할 수 있다. 필터 유형을 나타내는 바이트가 각 행 앞에 추가된다. 인코더는 원하는 방식으로 필터를 자유롭게 선택할 수 있지만, 일반적으로 일종의 검색이 수행되어 각 행에 가장 적합한 필터를 식별한다.

두 번째 작업에서 필터링된 화소 값은 데이터를 1D 바이트 스트림으로 처리하는 디플레이트(deflate) 알고리즘에 의해 압축된다. 디플레이트는 스트림을 일련의 블록들로 분해하는데, 여기서, 각 블록은 압축되지 않은 데이터(즉, 필터링된 화소 값) 또는 압축된 데이터를 포함한다. 압축되지 않은 블록의 최대 크기는 65,535 바이트로 제한되지만 압축된 블록의 크기에는 제한이 없다. 압축에는 Lempel-Ziv 알고리즘과 허프만(Huffman) 코딩이 결합되어 있다. Lempel-Ziv는 바이트 스트림을 스캔하는데 사용되며 이전에 발생한 가장 최근의 특정 바이트 수 내에서 중복된 바이트 시퀀스를 찾는다. 복제된 시퀀스의 최대 길이는 258 바이트이고, 복제된 시퀀스 간의 최대 거리는 32,768 바이트이다.(중복은 블록 경계를 확장하는 것이 허용되며, 이는 청크 경계와 아무런 관련이 없다.) (길이와 거리) 쌍은 중복되지 않은 시퀀스의 "리터럴" 값과 함께 두 개의 허프만 트리에 저장되며, 그 중 하나는 리터럴과 길이 모두에 대한 코드를 보유하고 다른 하나는 거리에 대한 코드를 보유한다. 고정된 허프만 코드를 사용하는 것이 가능하지만, 대부분의 블록은 동적 허프만 코딩을 사용하는데, 허프만 트리가 각 블록에 대해 결정되고 블록과 함께 전송된다. 디플레이트 알고리즘의 결과는 "zlib 데이터 스트림"이라고 한다.

따라서 인기 있는 영상 압축 스키마인 PNG는 필터링, 파이스 예측기, 허프만 코딩 및 Lempel-Ziv를 비롯하여 논의한 여러 알고리즘의 측면을 결합한 것이다. 이러한 기술의 강점을 이용하여 단일 기술만 사용하는 경우보다 높은 압축률을 얻을 수 있다.

8.3 손실 압축

우리는 이제 **손실 압축**(lossy compression)기술에 주의를 돌린다. 손실 압축은 무손실 압축만으로 가능한 것 이상의 영상의 정보량을 줄이기 위해, 영상 데이터의 심리적 중복성을 활용한다. 그러나 이전에 언급했듯이 손실 압축은 자연스러운 장면의 사진에 가장 적합하다. 영역 간 경계가 날카로운 선 그리기 또는 그래픽 영상의 경우, 손실 압축은 무손실 압축보다 실제로 더 나쁜(작은) 압축률을 달성하면서 눈에 띄는 아티팩트(artifacts)를 생성한다.

8.3.1 손실 압축의 품질 측정

손실 압축의 경우, 영상 $I(x, y)$는 압축 해제될 때 원본 영상이 아니라, 원본 영상에 대한 근사치 $\hat{I}(x, y)$를 생성하는 작은 수의 비트로 변환된다. 아마도 근사에서 오류를 측정하는 가장 간단한 방법은 평균 제곱 오류(mean squared error, MSE)이다.

$$\text{mean squared error} = \frac{1}{width \cdot height} \sum_{x=0}^{width-1} \sum_{y=0}^{height-1} \left(I(x, y) - \hat{I}(x, y)\right)^2 \quad \textbf{(8.30)}$$

이것은 **왜곡 함수**(또는 왜곡 측정)로 알려져 있다. 분명히 평균 제곱 오차는 인식을 고려하지 않기 때문에 사람의 시각 시스템에 의해 감지되는 왜곡을 정확하게 측정하지 못한다.

손실 압축의 품질을 다루는 정보 이론의 한 부분을 **비율 왜곡 이론**(rate distortion theory)이라고 한다. 비율 왜곡 이론은 다음과 같은 두 가지 질문에 대한 답을 제시한다. 1) 주어진 압축 비율에 대해 달성할 수 있는 가장 좋은 근사 값은 무엇이며, 반대로 2) 주어진 근사 값에 대해 달성할 수 있는 최상의 압축비는 얼마인가? 우리는 비율 왜곡 이론을 상세하게 다루지는 않겠지만 일반적으로 압축이 클수록 근사치는 나빠진다. 일반적인 손실 압축 알고리즘은 눈에 띄는 화질 손실 없이 정지 영상의 경우 10 : 1, 비디오의 경우 100 : 1의 압축 비율을 얻을 수 있다. 즉, 이러한 경우 원본 영상과 근사가 사람 관찰자에게 동일하게 보인다. 그럼에도 불구하고 아티팩트가 존재하며 영상을 확대할 때 이러한 아티팩트가 표시된다. 영상이 반복적으로 압축되고 압축 해제되면(아마도 일부 편집을 통해), 이러한 생성물은 **세대 손실**(generation loss)이라는 결과를 초래하므로 편집할 영상 또는 비디오에 손실 압축을 사용하면 안 된다.

8.3.2 변환 코딩

인간의 시각 시스템은 작은 영역(예를 들어, 강도 에지)에 대한 큰 변화보다는 큰 영역에 걸친 작은 강도의 변화에 보다 민감하다. 즉, 영상의 고주파 성분의 정확도를 감소시킴으로써 야기되는 왜곡은 저주파 성분의 정확성을 감소시킴으로써 야기되는 왜곡보다 인간 관측자에게 훨씬 덜 눈에 띈다. 이 관찰은 영상이 인식될 때 신호의 정보를 더 잘 캡처하는 다른 영역으로 변환되는 **변환 코딩**(transform coding)을 유도한다. 이러한 이유로 변환 코딩은 **지각 코딩**(perceptual coding)이라고도 한다. 일반적으로 다른 도메인은 주파수 도메인의 일부 버전이기 때문에 더 많은 비트가 저주파 구성 요소에 사용될 수 있으며, 적은 비트가 고주파 구성 요소에 사용된다.

변환 코딩은 전체 영상에 한 번에 적용될 수도 있지만, 일반적으로 영상은 먼저 겹치지 않는 블록으로 분할되고 변환 코딩이 각 블록에 개별적으로 적용된다. 이 방법은 **블록 변환 코딩**(block transform coding)이라고도 하며, 손실 영상 압축을 수행하는 가장 일반적인 방법이다. 계산상의 이유로 블록은 일반적으로 모두 동일한 크기이며, 크기는 2의 제곱이며 가장 일반적인 크기는 8×8과 16×16이다. 블록 크기가 클수록 압축의 기회가 많아지지만 더 많은 계산이 필요하고 적응이 어려워진다.

그림 8.6에서 볼 수 있듯이 블록의 변환 코딩에는 세 단계가 포함된다. 먼저, 직교 변환(orthogonal transform)이 영상에 적용되어 원래 화소 값을 다른 도메인(예를 들어, 주파수 도메인)의 계수로 변환한다. 각 블록을 새로운 도메인으로 변환한 후에는 계수의 대부분이 작아질 것이므로 원본 도메인으로 다시 변환할 때 영상의 지각 품질(perceptual quality)을 크게 떨어뜨리지 않고도 양자화하거나 0으로 설정할 수 있다. 따라서 **비트 할당**(bit allocation)이라고 하는 두 번째 단계는 스칼라 양자화를 이러한 계수에 적용하여 신호를 나타내는데 필요

그림 8.6 변환 코딩은 일반적으로 영상을 압축하는 3 단계: 직교 변환, 비트 할당, 그리고 엔트로피 코딩을 포함한다. 영상의 압축을 풀려면 단계가 반대로 되지만 비트 할당 중에 정보가 손실되므로 결과는 원본 영상의 근사치이다.

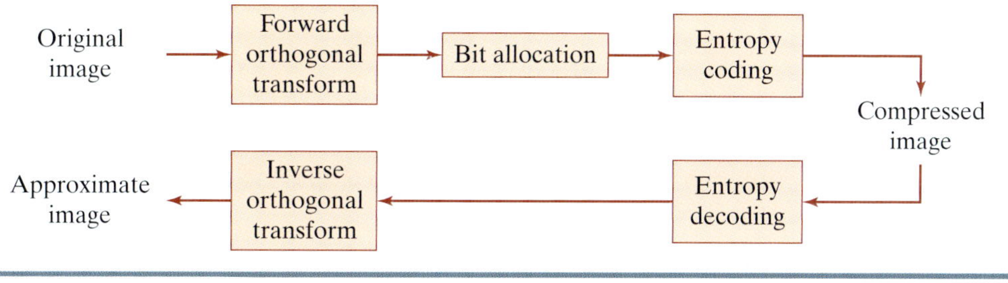

한 비트 수를 줄인다.(이것은 실제로 정보가 손실되는 단계이다.) 최종적으로, 양자화된 계수는 허프만 코딩과 같은 무손실 엔트로피 코딩 방식을 사용하여 더욱 압축된다. 두 번째 단계는 매우 간단하고, 엔트로피 코딩은 앞에서 자세히 논의했으므로 주로 직교 변환 자체에 초점을 맞출 것이다.

n 값의 1D 배열 $g(x)$를 가정하고, $\mathbf{F}$를 이들 값을 주파수와 비슷한 도메인으로 변환하는 직교 열(orthonormal columns)을 갖는 $n \times n$ 행렬이라고 가정하면, $\mathbf{g}' = \mathbf{F}\mathbf{g}$는 $\mathbf{F}$에 따른 $\mathbf{g}$의 **직교 선형 변환**(orthogonal linear transform)이고, 여기서, $\mathbf{g}$는 벡터에 쌓인 g 의 값을 포함한다. 역 절차(inverse procedure)를 적용하여 원본 신호를 정확하게 복구할 수 있다. $\mathbf{g} = \mathbf{F}^{-1}\mathbf{g}'$에서 $\mathbf{F}$는 단위 행렬이므로 역수는 복소 공액(complex conjugate)의 전치이다. $\mathbf{F}^{-1} = (\mathbf{F}^*)^{\mathsf{T}}$이다. $\mathbf{g}'$가 $\mathbf{F}^{-1}$의 열에 의해 주어진 기본 함수의 선형 조합(linear combination)이라는 것을 쉽게 알 수 있다.

$$\mathbf{g} = \mathbf{F}^{-1}\,\mathbf{g}' = \begin{bmatrix}\mathbf{b}_0 & \cdots & \mathbf{b}_{n-1}\end{bmatrix}\begin{bmatrix} g'_0 \\ \vdots \\ g'_{n-1}\end{bmatrix} = \sum_{i=0}^{n-1} g'_i \mathbf{b}_i \tag{8.31}$$

여기서, $\mathbf{b}_i$는 $\mathbf{F}^{-1}$의 i 번째 열이고, g'_i는 $\mathbf{g}'$의 i 번째 요소이다. 즉, 값 g'_i는 계수로 해석될 수 있으며, 기저 벡터(basis vector) $\mathbf{b}_i$, $i = 0, \ldots, n-1$을 곱하면 초기 신호를 재구성할 수 있다. $\mathbf{F}$는 단위이므로 각 기저 벡터는 단위 표준을 갖는다. $\|\mathbf{b}_i\| = 1$이므로, 각 계수에 의한 재구성에 기여하는 에너지의 양은 그 계수에 의해 주어진다. 결과적으로, 계수에 대한 작은 변화는 재구성에 대한 작은 변화를 초래한다. 따라서 원래의 신호는 작은 계수를 0으로 설정하고, 나머지 계수는 제한된 자릿수로 잘라서 근사할 수 있다.

$$\mathbf{g} \approx \sum_{i=0}^{n-1} \varphi_\tau(g'_i)\mathbf{b}_i \tag{8.32}$$

여기서, ϕ_τ는 임계 값 τ 이하의 모든 값을 0으로 설정하고 나머지 값의 표현은 잘라 버리는 함수이다.

$$\varphi_\tau(v) = \begin{cases} \textsc{Truncate}(v) & \text{if } |v| \geq \tau \\ 0 & \text{otherwise} \end{cases} \tag{8.33}$$

이전에 보았듯이[2] 접근법은 자연스럽게 2D로 확장되었다. $n \times n$ 영상 블록

2 6.3.1절

$G(x, y)$ 값이 있다고 가정하고 $\mathbf{F}$를 위에서 본 단위(unitary) $n \times n$ 행렬이라고 가정한다. 그런 다음, $\mathbf{G}' = \mathbf{FGF}^\mathsf{T}$는 직교 선형 변환이다. 여기서, $\mathbf{G}$는 $n \times n$ 행렬 형태의 $\mathbf{G}$이고, $\mathbf{G}'$은 $n \times n$ 배열의(가능하면 복소수) 계수이다. 근사 재구성은 다음과 같다.

$$\mathbf{G} \approx \sum_{x=0}^{n-1} \sum_{y=0}^{n-1} \varphi_\tau(G'_{x,y}) \mathbf{B}_{x,y} \tag{8.34}$$

여기서, $G'_{x,y}$는 $\mathbf{G}'$의 (x, y) 번째 요소이고, 기저 함수(basis functions) $\mathbf{B}_{x,y} = \mathbf{b}_x \mathbf{b}_y^\mathsf{T}$는 $\mathbf{F}$의 기저 함수의 외적(outer products)에 의해 주어진다. 절차는 다음의 예제를 통해 가장 잘 설명된다.

예제 8.15

다음과 같은 간단한 직교 변환을 사용하여 화소 값 $\mathbf{g} = [94 \;\; 95 \;\; 96 \;\; 97]^\mathsf{T}$의 다음 1D 배열에서 변환 코딩의 처음 두 단계를 수행하라.

$$\mathbf{F} = \begin{bmatrix} 1 & 0 & 0 & 0 \\ 0 & 1 & 0 & 0 \\ 0 & 0 & \frac{1}{\sqrt{2}} & \frac{1}{\sqrt{2}} \\ 0 & 0 & -\frac{1}{\sqrt{2}} & \frac{1}{\sqrt{2}} \end{bmatrix}$$

풀이

$\mathbf{F}$가 직교하는지는 전치 행렬을 곱하면 4×4 항등 행렬(identity matrix)을 산출하는지로 쉽게 확인할 수 있다. 값을 새 도메인으로 변환하려면 $\mathbf{F}$에 $\mathbf{g}$를 곱하면 된다.

$$\mathbf{g}' = \mathbf{Fg} = \begin{bmatrix} 1 & 0 & 0 & 0 \\ 0 & 1 & 0 & 0 \\ 0 & 0 & 0.7071 & 0.7071 \\ 0 & 0 & -0.7071 & 0.7071 \end{bmatrix} \begin{bmatrix} 94 \\ 95 \\ 96 \\ 97 \end{bmatrix} = \begin{bmatrix} 94.0 \\ 95.0 \\ 136.4716 \\ 0.7071 \end{bmatrix}$$

완벽한 재구성은 역변환을 적용함으로써 얻어진다.

$$\mathbf{g} = \mathbf{F}^{-1}\mathbf{g}' = \begin{bmatrix} 1 & 0 & 0 & 0 \\ 0 & 1 & 0 & 0 \\ 0 & 0 & 0.7071 & -0.7071 \\ 0 & 0 & 0.7071 & 0.7071 \end{bmatrix} \begin{bmatrix} 94.0 \\ 95.0 \\ 136.4716 \\ 0.7071 \end{bmatrix}$$

$$= 94.0 \begin{bmatrix} 1 \\ 0 \\ 0 \\ 0 \end{bmatrix} + 95.0 \begin{bmatrix} 0 \\ 1 \\ 0 \\ 0 \end{bmatrix} + 136.4716 \begin{bmatrix} 0 \\ 0 \\ 0.7071 \\ 0.7071 \end{bmatrix} + 0.7071 \begin{bmatrix} 0 \\ 0 \\ -0.7071 \\ 0.7071 \end{bmatrix} = \begin{bmatrix} 94.0 \\ 95.0 \\ 96.0 \\ 97.0 \end{bmatrix}$$

94.0, 95.0, 136.4716 및 0.7071의 네 가지 계수 중 마지막 계수는 다른 계수보

다 훨씬 작으므로 재구성에 크게 기여하지 않는다. 유사하게, 유효 자릿수에 관한 직접적인 논증에 의해, 세 번째 계수의 자릿수의 중요성이 감소된다. 결과적으로 우리는 네 번째 계수를 완전히 0으로 설정할 수 있으며, 재구성에 큰 영향을 미치지 않고 세 번째 계수를 대략 136으로 잘라낼 수 있다. 이러한 변화에 따라 근사 재구성은 다음에 의하여 주어진다.

$$\mathbf{g} \approx \mathbf{F}^{-1}\varphi_\tau(\mathbf{g}') = 94.0\begin{bmatrix}1\\0\\0\\0\end{bmatrix} + 95.0\begin{bmatrix}0\\1\\0\\0\end{bmatrix} + 136.0\begin{bmatrix}0\\0\\0.7071\\0.7071\end{bmatrix} = \begin{bmatrix}94.0\\95.0\\96.1665\\96.1665\end{bmatrix}$$

가장 가까운 정수로 반올림하면 근사 신호 $[94 \quad 95 \quad 96 \quad 96]^\mathsf{T}$가 산출된다. 재구성은 단지 $\frac{1}{4}(1)^2 = 0.25$의 평균 제곱 오차를 갖는다.

이 예제는 4개의 화소 값을 갖는 1D 영상이 단지 3개의 값(절단된 계수)을 갖는 상이한 도메인에서 어떻게 표현될 수 있는지를 예시하고, 작은 평균 제곱 오차를 갖는 재구성을 산출한다. 계산을 단순화하기 위해, 간단한 행렬 **F**를 사용했지만 실제 세계에서 변환 코딩 시스템을 설계할 때 가장 중요한 결정 중 하나는 사용할 직교 변환이다. 다양한 대안들이 다음 몇 개의 절들에서 제시된다.

8.3.3 이산 푸리에 변환

아마도 가장 친숙한 직교 변환은 **이산 푸리에 변환**(discrete Fourier transform, DFT)이며, 6장에서 폭넓게 공부했다. $n \times n$ 영상 블록의 경우, 순방향 및 역방향 DFT는 다음과 같이 주어진다.

$$G'_{\mathcal{F}}(k_x, k_y) = \frac{1}{n}\sum_{x=0}^{n-1}\sum_{y=0}^{n-1} G(x, y)e^{-j2\pi\mathbf{x}^\mathsf{T}\mathbf{f}} \tag{8.35}$$

$$G(x, y) = \frac{1}{n}\sum_{k_x=0}^{n-1}\sum_{k_y=0}^{n-1} G'_{\mathcal{F}}(k_x, k_y)e^{j2\pi\mathbf{x}^\mathsf{T}\mathbf{f}} \tag{8.36}$$

여기서, $\mathbf{x} = [x \quad y]^\mathsf{T}$ 및 $\mathbf{f} = \frac{1}{n}[k_x \quad k_y]^\mathsf{T}$이고, 그래서 $\mathbf{x}^\mathsf{T}\mathbf{f} = \frac{1}{n}(k_x x + k_y y)$이다. 정규화를 순방향 변환과 역 변환 사이에 균등하게 분배하도록 여기에서 선택했다. 행렬 표기법에서 수식 (6.92)로부터 우리는 다음을 얻는다.

$$\mathbf{G}'_{\mathcal{F}} = \mathbf{F}_n\,\mathbf{G}\mathbf{F}_n \tag{8.37}$$

여기서, $\mathbf{F}_n$은 정규화된 $n \times n$ 1D DFT 행렬이고, 기저 함수는 $\mathbf{F}_n$의 열의 외적

에 의해 주어진 2D 복소 지수(complex exponentials)이다.

예제 8.16 2×2 영상 블록의 DFT에 대한 기저 함수는 무엇인가?

풀이 수식 (6.87)로부터, 2 요소를 갖는 신호에 대한 1D DFT 행렬은 다음에 의해 주어진다는 것을 쉽게 알 수 있다.

$$\mathbf{F}_2 = \frac{1}{\sqrt{2}}\begin{bmatrix} 1 & 1 \\ 1 & -1 \end{bmatrix} \tag{8.38}$$

이 행렬은 고유한 역함수, 즉 $\mathbf{F}_2^{-1} = \mathbf{F}_2$이므로 2D 기저 함수는 행렬의 열의 외적에 의해 제공된다.

$$\mathbf{B}_{0,0} = \mathbf{b}_0\mathbf{b}_0^\mathsf{T} = \frac{1}{2}\begin{bmatrix} 1 \\ 1 \end{bmatrix}\begin{bmatrix} 1 & 1 \end{bmatrix} = \frac{1}{2}\begin{bmatrix} 1 & 1 \\ 1 & 1 \end{bmatrix} \quad \mathbf{B}_{0,1} = \mathbf{b}_0\mathbf{b}_1^\mathsf{T} = \frac{1}{2}\begin{bmatrix} 1 \\ 1 \end{bmatrix}\begin{bmatrix} 1 & -1 \end{bmatrix} = \frac{1}{2}\begin{bmatrix} 1 & -1 \\ 1 & -1 \end{bmatrix}$$

$$\mathbf{B}_{1,0} = \mathbf{b}_1\mathbf{b}_0^\mathsf{T} = \frac{1}{2}\begin{bmatrix} 1 \\ -1 \end{bmatrix}\begin{bmatrix} 1 & 1 \end{bmatrix} = \frac{1}{2}\begin{bmatrix} 1 & 1 \\ -1 & -1 \end{bmatrix} \quad \mathbf{B}_{1,1} = \mathbf{b}_1\mathbf{b}_1^\mathsf{T} = \frac{1}{2}\begin{bmatrix} 1 \\ -1 \end{bmatrix}\begin{bmatrix} 1 & -1 \end{bmatrix} = \frac{1}{2}\begin{bmatrix} 1 & -1 \\ -1 & 1 \end{bmatrix}$$

DFT는 실제로 이산 주파수를 캡처하는 좋은 특성을 가지고 있다. 그러나 DFT는 입력 신호의 모든 실제 값이 출력에서 복잡한 값으로 변환되기 때문에 낭비이다. 아래에서 볼 수 있듯이 DCT는 DFT의 고유한 단점을 극복한다.

8.3.4 월시–하다마드 변환

DFT에 대한 대안은 **월시–하다마드 변환**(Walsh–Hadamard transform, WHT)이며, $n \times n$ 영상 블록의 순방향 및 역변환은 다음에 의하여 주어진다.

$$G'_{\mathcal{H}}(k_x, k_y) = \frac{1}{n}\sum_{x=0}^{n-1}\sum_{y=0}^{n-1} G(x, y)(-1)^{\phi(\mathbf{x},\mathbf{f})} \tag{8.39}$$

$$G(x, y) = \frac{1}{n}\sum_{u=0}^{n-1}\sum_{v=0}^{n-1} G'_{\mathcal{H}}(k_x, k_y)(-1)^{\phi(\mathbf{x},\mathbf{f})} \tag{8.40}$$

여기서, $\mathbf{x}$와 $\mathbf{f}$는 이전과 같이 정의된다.

$$\phi(\mathbf{x}, \mathbf{f}) \equiv \sum_{i=0}^{m-1} b_i(x)b_i(k_x) + b_i(y)b_i(k_y) \tag{8.41}$$

여기서, $n = 2^m$이고, $b_i(z) \in \{0, 1\}$은 임의의 정수 z에 대한 z의 이진 표현에서 i 번째 비트이다.

$$z = \sum_{i=0}^{m-1} 2^i b_i(z) = 2^{m-1} b_{m-1}(z) + \cdots + 2b_1(z) + b_0(z) \tag{8.42}$$

행렬 형태에서, 월시-하다마드 변환은 다음과 같이 표현된다.

$$\mathbf{G}'_{\mathcal{H}} = \mathbf{H}_m \mathbf{G} \mathbf{H}_m \tag{8.43}$$

여기서, $\mathbf{H}_m$은 1D 변환에 사용된 $n \times n$ **하다마드 행렬**(Hadamard matrix)이며 다음과 같이 재귀적으로 정의된다.

$$\mathbf{H}_m \equiv \frac{1}{\sqrt{2}} \begin{bmatrix} \mathbf{H}_{m-1} & \mathbf{H}_{m-1} \\ \mathbf{H}_{m-1} & -\mathbf{H}_{m-1} \end{bmatrix} \tag{8.44}$$

하다마드 행렬은 +1 또는 −1인 요소의(배율 인수를 제외하고) 구성되는 특별히 간단한 형식을 가지고 있음에 유의해야 한다. 또한, 행렬은 대칭적이며 그 자체의 역함수, 즉, $\mathbf{H}_m = \mathbf{H}_m^{\mathsf{T}}$ 및 $\mathbf{H}_m \mathbf{H}_m = \mathbf{I}_n$이고, 여기서, $\mathbf{I}_{\{n \times n\}}$은 $n \times n$ 항등 행렬이므로 순방향 및 역변환은 동일하다. 월시-하다마드 변환은 푸리에 변환의 더 단순한 버전으로 생각할 수 있다. 이 변환에는 배율인수(scaling factor)에서 벗어난 합계와 차이만 포함되기 때문이다.

예제 8.17 $m = 0$, 1, 2 및 3에 대한 1D 하다마드 행렬을 계산하라.

풀이 간결함을 위해 하다마드 행렬의 원소를 + 또는 − 기호로 나타내어 각각 +1 또는 −1을 나타낸다. 1×1 행렬은 $\mathbf{H}_0 = +$로 주어진다. 재귀적 정의를 적용하면 2×2 행렬이 다음과 같이 된다.

$$\mathbf{H}_1 = \frac{1}{\sqrt{2}} \begin{bmatrix} + & + \\ + & - \end{bmatrix}$$

이는 정규화된 DFT 행렬과 정확히 동일하다. 4×4 행렬은 아래의 수식이다.

$$\mathbf{H}_2 = \frac{1}{2} \begin{bmatrix} + & + & + & + \\ + & - & + & - \\ + & + & - & - \\ + & - & - & + \end{bmatrix}$$

8×8 행렬은 다음의 수식이다.

$$\mathbf{H}_3 = \frac{1}{2\sqrt{2}}\begin{bmatrix} + & + & + & + & + & + & + & + \\ + & - & + & - & + & - & + & - \\ + & + & - & - & + & + & - & - \\ + & - & - & + & + & - & - & + \\ + & + & + & + & - & - & - & - \\ + & - & + & - & - & + & - & + \\ + & + & - & - & - & - & + & + \\ + & - & - & + & - & + & + & - \end{bmatrix}$$

위의 행렬을 살펴보면, 하드마드 행렬의 대체 정의(alternate definition)가 (x, y) 번째 요소(왼쪽 위 요소에서 시작하는 0부터 시작하는 인덱싱)를 다음과 같이 지정하는지 확인하기 쉽다.

$$\mathbf{H}_m(x, y) = \frac{1}{2^{(m/2)}}(-1)^{\mathbf{b}_x^{\mathrm{T}}\mathbf{b}_y} \tag{8.45}$$

여기서, 지수는 x와 y의 이진 표현의 내적이다.

$$\mathbf{b}_z \equiv [b_{m-1}(z) \quad \cdots \quad b_2(z) \quad b_1(z) \quad b_0(z)]^{\mathrm{T}} \tag{8.46}$$

여기서, $z \in (x, y)$이다.

1D 월시-하다마드 변환의 기저 함수는 하다마드 행렬의 행(또는 행렬이 대칭이므로 행과 동일 함)이다. **월시 함수**(Walsh functions)로 알려진 이러한 기저 함수에는 고유한 특성이 있다. 예제 8.17의 행렬을 살펴보면, 각 행에 대해 부호 전이(sign transitions)의 수, 즉 +에서 − 또는 −에서 + 로의 전이가 해당 행에 고유하다는 것을 알 수 있다. 즉, 모든 행에서의 전이 횟수는 집합 {0, 1, ..., $n-1$}을 구성한다. 예를 들어 $\mathbf{H}_1$의 첫 번째 행에는 0개의 전이가 있고, 두 번째 행에는 1개의 전이가 있다. 이들은 {0, 1}의 숫자이다. 유사하게, $\mathbf{H}_2$의 경우 전이는(위에서 아래로) 0, 3, 1 및 2이다. 이들은 {0, 1, 2, 3}의 숫자이다. $\mathbf{H}_3$의 경우(위에서 아래로) 0, 7, 3, 4, 1, 6, 2, 5이다. 이것들은 집합 {0, ..., 7}의 숫자이다. 등등.

전이 횟수는 **순차**(sequency)라고 한다. 행이 기호 변경 횟수가 늘어나도록 행이 재정렬되면 이전 예제의 재귀적으로 정의된 행렬과 달리 순차 정렬 하다마드(Sequency-ordered Hadamard) 행렬을 가지게 된다. 순차 정렬은 월시 정렬(Walsh ordering)이라고도 알려져 있으며, 순차 정렬 하드마드 행렬은 월시 행렬(Walsh matrix)이라고도 한다. 순차 정렬된 행렬은 대칭임에 유의해야 한다.

예제 8.18 $m = 3$에 대한 순차 정렬 1D 하다마드 행렬을 계산하라.

풀이 앞의 예제에서 $\mathbf{H}_3$의 행을 재정렬하면 다음과 같이 된다.

$$(\text{순차정렬})\ \mathbf{H}_3 = \frac{1}{2\sqrt{2}}\begin{bmatrix} + & + & + & + & + & + & + & + \\ + & + & + & + & - & - & - & - \\ + & + & - & - & - & - & + & + \\ + & + & - & - & + & + & - & - \\ + & - & - & + & + & - & - & + \\ + & - & - & + & - & + & + & - \\ + & - & + & - & - & + & - & + \\ + & - & + & - & + & - & + & - \end{bmatrix}$$

2D 기저 함수는 월시 함수의 외적에 의해 주어진다. 푸리에 변환과 마찬가지로 $n \times n$ 영상 블록의 경우, n 1D 기저 함수가 있으므로 n^2 2D 기저 함수가 있다. 예를 들어, 4×4 영상 블록의 경우, 1D 변환 행렬은 4×4 크기이므로 4개의 1D 기저 함수와 16개의 2D 기저 함수가 있다.

예제 8.19 아래의 4×4 영상에 대해 16개의 2D 월시–하다마드 기저 함수를 계산하라. 단순화를 위해 배율 인수(scaling factor)를 무시한다.

풀이 기저 함수는 $\mathbf{H}_2$ 열의 외적(outer products)에 의해 주어지며 그림 8.7에 나와 있다.

$$\mathbf{B}_{0,0} = \begin{bmatrix} + & + & + & + \\ + & + & + & + \\ + & + & + & + \\ + & + & + & + \end{bmatrix} \quad \mathbf{B}_{0,1} = \begin{bmatrix} + & - & + & - \\ + & - & + & - \\ + & - & + & - \\ + & - & + & - \end{bmatrix} \quad \mathbf{B}_{0,2} = \begin{bmatrix} + & + & - & - \\ + & + & - & - \\ + & + & - & - \\ + & + & - & - \end{bmatrix} \quad \mathbf{B}_{0,3} = \begin{bmatrix} + & - & - & + \\ + & - & - & + \\ + & - & - & + \\ + & - & - & + \end{bmatrix}$$

$$\mathbf{B}_{1,0} = \begin{bmatrix} + & + & + & + \\ - & - & - & - \\ + & + & + & + \\ - & - & - & - \end{bmatrix} \quad \mathbf{B}_{1,1} = \begin{bmatrix} + & - & + & - \\ - & + & - & + \\ + & - & + & - \\ - & + & - & + \end{bmatrix} \quad \mathbf{B}_{1,2} = \begin{bmatrix} + & + & - & - \\ - & - & + & + \\ + & + & - & - \\ - & - & + & + \end{bmatrix} \quad \mathbf{B}_{1,3} = \begin{bmatrix} + & - & - & + \\ - & + & + & - \\ + & - & - & + \\ - & + & + & - \end{bmatrix}$$

$$\mathbf{B}_{2,0} = \begin{bmatrix} + & + & + & + \\ + & + & + & + \\ - & - & - & - \\ - & - & - & - \end{bmatrix} \quad \mathbf{B}_{2,1} = \begin{bmatrix} + & - & + & - \\ + & - & + & - \\ - & + & - & + \\ - & + & - & + \end{bmatrix} \quad \mathbf{B}_{2,2} = \begin{bmatrix} + & + & - & - \\ + & + & - & - \\ - & - & + & + \\ - & - & + & + \end{bmatrix} \quad \mathbf{B}_{2,3} = \begin{bmatrix} + & - & - & + \\ + & - & - & + \\ - & + & + & - \\ - & + & + & - \end{bmatrix}$$

$$\mathbf{B}_{3,0} = \begin{bmatrix} + & + & + & + \\ - & - & - & - \\ - & - & - & - \\ + & + & + & + \end{bmatrix} \quad \mathbf{B}_{3,1} = \begin{bmatrix} + & - & + & - \\ - & + & - & + \\ - & + & - & + \\ + & - & + & - \end{bmatrix} \quad \mathbf{B}_{3,2} = \begin{bmatrix} + & + & - & - \\ - & - & + & + \\ - & - & + & + \\ + & + & - & - \end{bmatrix} \quad \mathbf{B}_{3,3} = \begin{bmatrix} + & - & - & + \\ - & + & + & - \\ - & + & + & - \\ + & - & - & + \end{bmatrix}$$

WHT가 일반적으로 DFT보다 우수한 압축을 달성하지만(적어도 32×32 미만의 블록 크기에 대해서는) 다음에 설명하는 DCT 만큼 효과적이지 않다. 또한 실제 이산 주파수에 해당하는 계수를 계산하지 않는다.

그림 8.7 4 × 4 영상을 위한 16개의 2D 월시-하다마드 기저 함수.

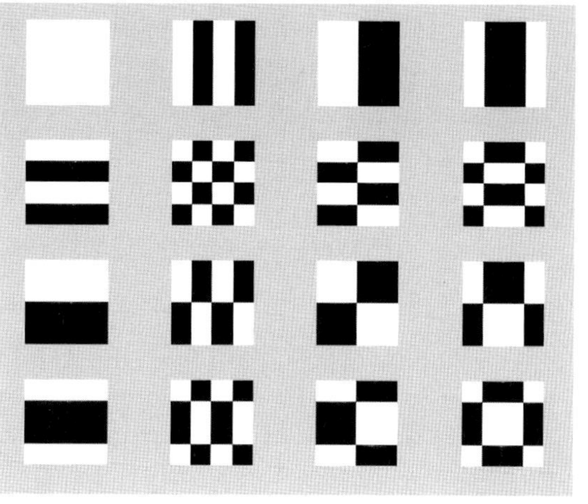

8.3.5 이산 코사인 변환

지금까지 가장 널리 사용되는 직교 변환은 **이산 코사인 변환**(discrete cosine transform, DCT)이며, $n \times n$ 영상 블록의 순방향 및 역변환은 다음과 같이 주어진다.

$$G'_{\mathcal{DC}}(k_x, k_y) = \sum_{x=0}^{n-1} \sum_{y=0}^{n-1} \eta(k_x)\eta(k_y)G(x, y) \cos\left(\frac{(2x+1)\pi k_x}{2n}\right) \cos\left(\frac{(2y+1)\pi k_y}{2n}\right) \quad \textbf{(8.47)}$$

$$G(x, y) = \sum_{k_x=0}^{n-1} \sum_{k_y=0}^{n-1} \eta(k_x)\eta(k_y)G'_{\mathcal{DC}}(k_x, k_y) \cos\left(\frac{(2x+1)\pi k_x}{2n}\right) \cos\left(\frac{(2y+1)\pi k_y}{2n}\right) \quad \textbf{(8.48)}$$

여기서,

$$\eta(k) \equiv \begin{cases} \frac{1}{\sqrt{n}} & \text{if } k = 0 \\ \sqrt{\frac{2}{n}} & \text{otherwise} \end{cases} \quad \textbf{(8.49)}$$

행렬 형태에서, $n \times n$ 영상 블록 G의 2D DFT는 $\mathbf{G}'_{\mathcal{DC}} = \mathbf{C}_n\mathbf{G}\mathbf{C}_n^{\mathsf{T}}$에 의해 주어지며, 여기서, $\mathbf{C}_n$은 $n \times n$ 1D 정규화된 DCT 행렬이다. 이것이 전치가 반드시 대칭적이지 않은 첫 번째 변환이다($\mathbf{C}_n \neq \mathbf{C}_n^{\mathsf{T}}$, $n > 2$). 수식 (8.47)-(8.48)을 검토함으로써 볼 수 있는 것과 같이 순방향 및 역변환이 동일한 형태를 갖는다는 사실은 행렬의 역행렬이 그 전치와 동일함을 의미한다. $\mathbf{C}_n^{-1} = \mathbf{C}_n^{\mathsf{T}}$이다.

DCT의 인기는 DFT의 근본적인 한계를 극복할 수 있는 능력에 있다. 즉, DFT는 실제 값을 복잡한 값으로 변환하기 때문에 저장되는 데이터가 두 배 필요하다. 이 제한을 살펴볼 수 있는 두 가지 방법이 있는데, 그 중 하나는 왜

DCT가 더 적은 계수로 동일한 정보를 저장할 수 있는지 설명한다. 먼저, 공간 영역에서 n개의 실수 요소를 갖는 신호가 주파수 영역에서 n개의 복소수 요소를 갖는 DFT를 산출한다는 것을 상기하자. 즉, DFT는 n개의 스칼라를 $2n$개의 스칼라로 변환하여 필요로 하는 표현의 양을 두 배로 만든다. 분명히 $2n$ 스칼라에는 원래의 n 스칼라와 동일한 정보가 포함되어 있으므로 표현에 엄청난 중복이 있다. 이러한 비효율성의 이유는 DFT가 공간 영역에서 복소수 신호를 처리하도록 설계되었기 때문이며, 신호가 실수일 때는 특별한 이득이 없다.

예제 8.20 $n=2$ 및 $n=4$에 대해 1D 정규화된 DCT 행렬을 계산하라.

풀이 1D 포워드 DCT는 아래의 수식에 의해 주어진다.

$$g'_{DC}(k) = \eta(k) \sum_{x=0}^{n-1} g(x) \cos\left(\frac{(2x+1)\pi k}{2n}\right) \tag{8.50}$$

또는 행렬 형태로, $\mathbf{g}'_{DC} = \mathbf{C}_n\mathbf{g}$이다. 수식 (6.87)에서와 같이, $\mathbf{C}_n$의 열에 공간 영역 신호 $\mathbf{g}$의 요소를 곱하여 주파수 영역 신호 $\mathbf{g}'_{DC}$의 행을 생성한다. 그러므로 $n=2$에 대해, 열을 따라 $x=0$, 1을 대체하고, 정규화되지 않은 1D DCT 행렬을 산출하기 위해 행을 따라 수식 (8.50)에 $k=0$, 1을 대체한다.

$$\begin{bmatrix} 1 & 1 \\ \cos\frac{\pi}{4} & \cos\frac{3\pi}{4} \end{bmatrix} \approx \begin{bmatrix} 1 & 1 \\ 0.7071 & -0.7071 \end{bmatrix}$$

첫 번째 행 $[1\ 1]$의 유클리드 놈(Euclidean norm)은 $\sqrt{2}=\sqrt{n}$이고, 두 번째 행 $[0.7071\ \ -0.7071]$의 놈은 $1=\sqrt{n/2}$이며, 이는 $\eta(0)=1/\sqrt{n}$이고, $\eta(1)=\sqrt{2/n}$이다. 적절한 정규화를 하면 다음을 얻는다.

$$\mathbf{C}_2 = \frac{1}{\sqrt{2}}\begin{bmatrix} 1 & 1 \\ 1 & -1 \end{bmatrix}$$

이는 2×2 정규화 DFT 및 하다마드 행렬과 동일하다. $n=4$인 경우 열을 따라 $x=0, 1, 2, 3$으로 대체하고, 비선형 1D DCT 행렬을 얻기 위해 행을 따라 $k=0, 1, 2, 3$으로 대체한다.

$$\begin{bmatrix} 1 & 1 & 1 & 1 \\ \cos\frac{\pi}{8} & \cos\frac{3\pi}{8} & \cos\frac{5\pi}{8} & \cos\frac{7\pi}{8} \\ \cos\frac{\pi}{4} & \cos\frac{3\pi}{4} & \cos\frac{5\pi}{4} & \cos\frac{7\pi}{4} \\ \cos\frac{3\pi}{8} & \cos\frac{9\pi}{8} & \cos\frac{15\pi}{8} & \cos\frac{21\pi}{8} \end{bmatrix} \approx \begin{bmatrix} 1 & 1 & 1 & 1 \\ 0.9239 & 0.3827 & -0.3827 & -0.9239 \\ 0.7071 & -0.7071 & -0.7071 & 0.7071 \\ 0.3827 & -0.9239 & 0.9239 & -0.3827 \end{bmatrix}$$

첫 번째 행에 $\eta(0) = 1/\sqrt{n} = 1/2$을 곱하고 $\eta(k) = \sqrt{2/n} = 1/\sqrt{2}$, $k \neq 0$으로 다른 행을 곱하면 다음과 같이 된다.

$$\mathbf{C}_4 \approx \frac{1}{2}\begin{bmatrix} 1 & 1 & 1 & 1 \\ 1.3066 & 0.5412 & -0.5412 & -1.3066 \\ 1 & -1 & -1 & 1 \\ 0.5412 & -1.3066 & 1.3066 & -0.5412 \end{bmatrix}$$

행이 직교 정규인 행렬이다. $\mathbf{I}_{\{n \times n\}}$가 $n \times n$ 항등 행렬인 경우, $\mathbf{C}_2\mathbf{C}_2^{\mathrm{T}} = \mathbf{I}_{\{2 \times 2\}}$ 및 $\mathbf{C}_4\mathbf{C}_4^{\mathrm{T}} = \mathbf{I}_{\{4 \times 4\}}$가 전술한 바와 같이 검증하는 것이 쉽다.

한계를 보는 또 다른 방법은 고유한 주기성으로 인해 DFT의 경계 효과에 주목하는 것이다. DFT는 들어오는 신호를 주기적으로 처리하고 실제로 신호의 시작을 끝으로 붙이며 그 반대의 경우도 가능하다. 그러나 신호의 시작은 그것들이 넓은 범위로 공간적으로 분리되어 있기 때문에 그것의 끝과 관련이 없다. 따라서 신호가 이런 방식으로 연결될 때 불연속이 형성되며 이러한 불연속으로 인해 앞서 논의한[3] 깁스 현상(Gibbs phenomenon)이 발생한다. 따라서 DFT가 비정상적으로 큰 계수를 고주파에 사용하여 이 모양을 정확하게 보존하는데 사용한다. 모양이 중요하지 않은데 그 이유는 원시 신호를 맹목적으로 DFT에 공급했기 때문에 아티팩트가 발생하기 때문이다. 따라서 불연속성은 DFT 계수의 원래 신호 포착 능력에 큰 비효율성을 초래한다.

실수의 DFT, 즉 짝수-대칭(even-symmetric) 신호가 실수 짝수-대칭(real and even-symmetric)이므로, 이미 실수인 신호를 짝수-대칭 신호로 변환하면 불연속성이 없어지고, 허수의 구성 요소를 모두 버릴 수 있다. 그러나 어떻게 신호를 짝수-대칭으로 만들 수 있는가? 예를 들어 $g(0) = a$, $g(1) = b$, $g(2) = c$ 및 $g(3) = d$의 4 가지 값을 가진 신호가 있다고 가정하면, 신호는 $[\underline{a}\ \ b\ \ c\ \ d]$이고, 여기서, 밑줄은 $x = 0$에서 원점을 나타낸다. 두 가지 접근법이 떠오른다.

1. 첫 번째 선택은 첫 번째 값과 마지막 값을 제외한 모든 값을 마지막 값을 중심으로 반사하여 복제하는 것이다. 이 예제에서 이 접근법은 6개의 값으로 이어지고 $[\underline{a}\ \ b\ \ c\ \ d\ \ c\ \ b]$이고, 명확성을 위해 새로운 값을 빨간색으로 표시했다. 대칭을 보려면 대칭 신호를 명시적으로 복제하는 것이 좋다.

3 6.4.1절

$$\cdots \ \underline{a} \ b \ c \ d \ d \ c \ b \ a \ \underline{a} \ b \ c \ d \ d \ c \ b \ a \ \cdots$$
$$\uparrow \qquad \uparrow \qquad \uparrow \qquad \uparrow \qquad \uparrow$$

여기서, 화살표는 신호가 짝수 대칭인 값을 나타낸다. 어느 화살표에서 시작하든 왼쪽 또는 오른쪽으로 이동해도 같은 값을 만나게 된다.

2. 두 번째 선택은 마지막 값을 중심으로 반사하여 모든 값을 복제하는 것이다. 우리의 예를 계속하면, 이 접근법은 8가지 값으로 이어진다. $[\underline{a} \ b \ c \ d \ d \ c \ b \ a]$이고, 복제된 신호는 다음과 같다.

$$\cdots \ \underline{a} \ b \ c \ d \ d \ c \ b \ a \ \underline{a} \ b \ c \ d \ d \ c \ b \ a \ \cdots$$
$$\uparrow \qquad \uparrow \qquad \uparrow \qquad \uparrow \qquad \uparrow$$

여기서, 대칭이란 두 값 사이의 중간 지점을 의미한다.

이산 코사인 변환(**DCT-I**)의 첫 번째 버전으로 알려진 첫 번째 선택에는 두 가지 단점이 있다. 하나는 복제된 신호에 두 번 나타나는 값과 다른 값은 한 번만 나타나기 때문에 모든 값을 똑같이 처리하지 않는다. 두 번째로, 원래 신호의 길이가 2의 거듭 제곱인 경우에도 대칭 신호의 길이는 더 이상 2의 거듭 제곱이 아니다. 고속 푸리에 변환(FFT), 고속 월시-하다마드 변환 및 고속 코사인 변환(FCT)과 같은 효율적으로 변환을 계산하는 모든 최신 알고리즘은 2의 거듭 제곱 길이를 갖는 신호에 의존하므로 해당 제약 조건을 위반한다. 이것은 효율적인 구현에 어려움을 초래한다.

두 번째 선택은 대칭의 위치가 잘못되어 전혀 작동하지 않을 수도 있다. 즉, DFT가 실수 값의 주파수 영역 표현을 산출하기 위해서는 $g(1)$이 $g(n-1)$이고, $g(2)$가 $g(n-2)$와 쌍을 이루도록 하기 위해 대칭이 원점을 중심으로 해야 한다. 오일러의 공식(Euler's formula)에 따라 복소수 지수를 쌍으로 만들어 코사인을 형성할 수 있다. 앞의 대칭 신호는 사용하지 않지만 약간의 수정으로 **DCT-II**라고 하는 이산 코사인 변환의 두 번째 버전을 산출한다. 이것은 수식 (8.50) 및 수식 (8.47)에 표시된 것이다. 수정은 위의 예에서 각 값 사이에 0을 삽입하는 것이다. 16개의 값을 유도한다. $[\underline{0} \ a \ 0 \ b \ 0 \ c \ 0 \ d \ 0 \ d \ 0 \ c \ 0 \ b \ 0 \ a]$이다. 이 프로세스를 **제로-지핑**(zero-zipping)이라고 한다. 명확하게 하기 위해, 복제된 제로-지핑 대칭 신호는 다음과 같다.

$$\cdots \ 0 \ b \ 0 \ a \ \underline{0} \ a \ 0 \ b \ 0 \ c \ 0 \ d \ 0 \ d \ 0 \ c \ 0 \ b \ 0 \ a \ \underline{0} \ a \ 0 \ b \ \cdots$$
$$\uparrow \qquad \uparrow \qquad \uparrow$$

대칭은 원점에 대한 것이고, 제로-지핑 대칭 신호는 원래의 4배 길이라는 것이 명백하다. 이 제로-지핑 대칭 신호의 DFT는 우리가 버려야할 여분의 값들과 함께 배율 인수(scale factor)까지 수식 (8.50)에 주어진 DCT와 동일한 결과를 산출한다. 이를 보려면 간결함을 위해, $\varepsilon_n(z) \equiv e^{-j2\pi/n}$을 정의하고 $\varepsilon_n(n-2) = \varepsilon_n(-z)$를 참고하라. 원 신호는 길이 $n = 4$이고, 복제된 신호의 길이는 $\breve{n} = 4n = 16$이다. $\breve{g}$를 복제된 신호라고하면 DFT를 적용하면 다음과 같이 된다.

$$
\begin{aligned}
g'_{\mathcal{F}}(k) &= \sum_{x=0}^{\breve{n}-1} \breve{g}(x)\varepsilon_{\breve{n}}(kx) \\
&= \breve{g}(1)\varepsilon_{\breve{n}}(k) + \breve{g}(3)\varepsilon_{\breve{n}}(3k) + \breve{g}(5)\varepsilon_{\breve{n}}(5k) + \cdots + \breve{g}(15)\varepsilon_{\breve{n}}(15k) \\
&= a\varepsilon_{\breve{n}}(k) + b\varepsilon_{\breve{n}}(3k) + c\varepsilon_{\breve{n}}(5k) + d\varepsilon_{\breve{n}}(7k) + d\varepsilon_{\breve{n}}(9k) + c\varepsilon_{\breve{n}}(11k) + b\varepsilon_{\breve{n}}(13k) + a\varepsilon_{\breve{n}}(15k) \\
&= 2a\cos 2\pi\frac{k}{4n} + 2b\cos 2\pi\frac{3k}{4n} + 2c\cos 2\pi\frac{5k}{4n} + 2d\cos 2\pi\frac{7k}{4n} \\
&= 2\sum_{x=0}^{n-1} g(x)\cos\frac{(2x+1)\pi k}{2n}
\end{aligned}
$$

여기서, $\varepsilon_{\breve{n}}(z) + \varepsilon_{\breve{n}}(\breve{n} - z) = 2\cos\frac{2\pi z}{\breve{n}} = 2\cos\frac{\pi z}{2n}$를 단순화하기 위해 오일러 공식을 사용했다. 정규화 인수를 제외하고, 이 마지막 수식은 수식 (8.50)의 DCT 수식과 동일하다. 복제된 신호는 16개의 값을 가지므로 DFT의 값은 16개이다. 그러나 나머지 4개의 값을 파생시킬 수 있기 때문에 처음 4개의 값만 저장해야 한다는 것을 쉽게 알 수 있다. 요약하면, 길이 n의 신호를 DCT-II로 계산하는 것은 제로-지핑 대칭 신호의 DFT를 계산한 다음, 처음 n개의 값만 유지하는 것과 동일하다.

8.3.6 카루넨-뢰브 변환

이전의 모든 변환은 영상 독립적이므로 어떤 영상이 압축되더라도 기저 함수는 동일하다. 당연히 영상에 의존하는 방식으로 기저 함수를 선택하면 더 나은 결과를 얻을 수 있다. 이를 수행하는 가장 간단한 방법은 **카루넨-뢰브 변환**(Karhunen-Loéve transform, KLT)을 사용하는 것이다. KLT는 영상의 통계 모델, 즉 각 화소의 평균 값과 화소 간의 선형 관계를 캡처하는 공분산 행렬을 필요로 한다. 이 평균 영상 및 공분산 행렬은 일반적으로 동일한 장면 또는 유사한 장면에서 촬영된 영상의 앙상블로부터 계산되며, 공분산 행렬의 고유 벡터는 기저 함수를 산출한다.

수학적으로, 길이 n의 1D 신호 $\mathbf{g}$에 대해, 변환은 $\mathbf{g}' \equiv \mathbf{P}^{\mathsf{T}}(\mathbf{g} - \mu)$로 정의되며, 여기서, μ은 평균 벡터이고, $\mathbf{P}$는 공분산 행렬 $\mathbf{C}$의 고유 벡터인 열이 있는

$n \times n$ 직교 행렬이다. 이것은 직교 변환이기 때문에 역변환이 가능하므로 원래 벡터 $\mathbf{g}$는 $\mathbf{g} = \mathbf{P}\mathbf{g}' + \mu$에 의해 변환된 벡터 $\mathbf{g}'$에서 복구될 수 있다. 즉, 이전의 변환에서 보았듯이, $\mathbf{g}'$은 기저 벡터가 곱해진 계수로 생각할 수 있다. 여기서, 기저 벡터는 $\mathbf{P}$의 열, 즉 $\mathbf{C}$의 고유 벡터이다.

다른 변환과 달리 KLT에는 계수를 자르는 원칙적인 방법이 있다. 고유 값은 상관 관계가 없는 데이터의 분산을 포착하기 때문에 가장 중요한 고유 벡터는 가장 큰 고유 값과 관련된 값이다. 따라서 $\mathbf{P}$의 열이 연관된 고유 값에 따라 감소하는 순서로 정렬된다고 가정하면, 손실 압축은 $\mathbf{P}$의 첫 번째 k 열을 제외한 모든 것을 폐기하여 $n \times k$ 행렬 $\mathbf{P}_k$, $k < n$를 생성함으로써 달성될 수 있다. 그러면 원래 점 $\mathbf{g}$는 공식 $\mathbf{g} \approx \mathbf{P}_k \mathbf{a}'_{\mathbf{g}} + \mu$을 사용하여 k 차원 벡터 $\mathbf{a}'_{\mathbf{g}} \equiv \mathbf{P}_k^{\mathsf{T}}(\mathbf{g} - n)$에 의해 근사될 수 있다. 이 접근법은 주어진 수의 계수에 대해 가장 낮은 평균 제곱 오차를 달성하는 선형 변환이거나 특정의 평균 제곱 오차에 대한 계수의 수를 동등하게 최소화한다는 점에서 최적의 변환(optimal transform)을 산출한다. 그러나 KLT는 단일 영상과 관련하여 최적은 아니지만 μ 및 $\mathbf{C}$로 정의된 분포에 따라 영상을 그릴 때 평균적으로 최적화된다. 불행하게도, 실제로 통계 모델이 알려진 상황은 거의 없다.

그럼에도 불구하고, KLT와 DCT 사이에 예기치 않은 연결이 있어, 후자의 광범위한 채택을 정당화하는데 도움이 된다. 각 화소에 대해 $\mu = 0$이고 $E[g(x)\,g(x)] = \sigma^2 = 1$이 되도록 제로 평균(zero-mean) 단위 분산 분포(unit-variance distribution)에서 화소 값을 이끌어 낸 1D 영상이 있다고 가정한다. 여기서, $E[\cdot]$는 예상 값이다. 영상이 상수 상관 계수(constant correlation coefficient) ρ를 갖는 1 차 마르코프 프로세스에 따라 생성되었다고 가정하면, $0 \le \rho < 1$이면 $E[g(x)g(x+1) = \rho$이고, $E[g(x)g(x+1)] = \sigma^2$ 등이다. 이 경우, 공분산 행렬은 다음과 같은 토플리츠 행렬(Toeplitz matrix)이다.

$$\mathbf{C}_{Markov} = \begin{bmatrix} 1 & \rho & \rho^2 & \cdots & \rho^{n-1} \\ \rho & 1 & \rho & \cdots & \rho^{n-2} \\ \rho^2 & \rho & 1 & \cdots & \rho^{n-3} \\ \vdots & & & \ddots & \vdots \\ \rho^{n-1} & \rho^{n-2} & \rho^{n-3} & \cdots & 1 \end{bmatrix} \tag{8.51}$$

ρ에 대한 다양한 값의 경우, 이 행렬의 고유 벡터는 DCT의 기저 함수와 매우 유사하게 보일 수 있다. KLT가 최적 선형 변환(optimal linear transform)이기 때문에, DCT는 (또한 여기에 제시된 가정에 따라) 거의 최적의 방식으로 수행한다.

8.3.7 예: JPEG 압축

가장 널리 사용되는 손실 영상 압축 포맷은 양자화된 DCT 계수의 엔트로피 인코딩을 기반으로 하는 **JPEG**(Joint Photographic Experts Group의 이름이 지정됨)이다. JPEG는 1~4개의 구성 요소가 있는 단일 영상에서 작동한다. 그레이스케일 영상에는 1개의 구성 요소가 포함되는 반면, RGB 영상에는 3개의 구성 요소가 포함된다. 표준 자체는 색 공간에 대해서는 아무런 언급이 없지만, 일반적으로 RGB 영상은 먼저 색차(chrominance) 정보와 휘도(luminance)를 구분하는 다른 색 공간으로 변환되어 한 개의 휘도 구성 요소와 두 개의 색차 구성 요소를 생성한다. JPEG 영상의 구성 요소는 모두 같은 크기이거나 정수로 서브샘플링된다. 예를 들어, 인간의 눈은 휘도보다 색차의 공간 변화에 덜 민감하기 때문에, 색차 성분은 수평 및 수직 모두 2의 계수에 의해 다운 샘플링되는 것이 일반적이다.

이 절에서는 주로 그림 8.8에 나와 있는 JPEG 사양 중 가장 많이 사용되는 변형인 **베이스 라인 프로세스**(baseline process)에 중점을 둔다. 베이스 라인 프로세스에서 영상은 겹치지 않는다. 8×8 블록의 샘플이 독립적으로 처리된다. 샘플은 구성 요소 당 화소 값이며 구성 요소의 크기가 8로 나눌 수 없는 경우 샘플의 마지막 행 및(또는) 열이 필요에 따라 복제된다. DCT는 각 8×8 블록(데이터 단위라고도 함)에서 계산되어 원본 데이터를 64개의 주파수 도메인 계수로 변환한다. 그러나 DCT 계산의 동적 범위를 줄이기 위해 샘플은 각 샘플에서 $\frac{ngray}{2}$ 값을 빼서 첫 번째 레벨을 부호가 있는 표현으로 이동한다. 여기서, $ngray$는 각 샘플에 대해 가능한 값의 수이다. 베이스 라인 프로세스의 경우 샘플 값은 구성 요소 당 8 비트로 제한되므로 $ngray = 256$이므로 각 샘플에서 128을 빼서 DCT가 적용될 때까지 -128에서 $+127$ 범위의 레벨 이동 값을 산출한다. 수식 (8.47)에 $n = 8$을 대입하고 u 및 v를 주파수 지수로 하면 순방향 **레벨 시프트**된 DCT에 대해 다음 수식이 산출된다.

그림 8.8 JPEG 압축 개요.

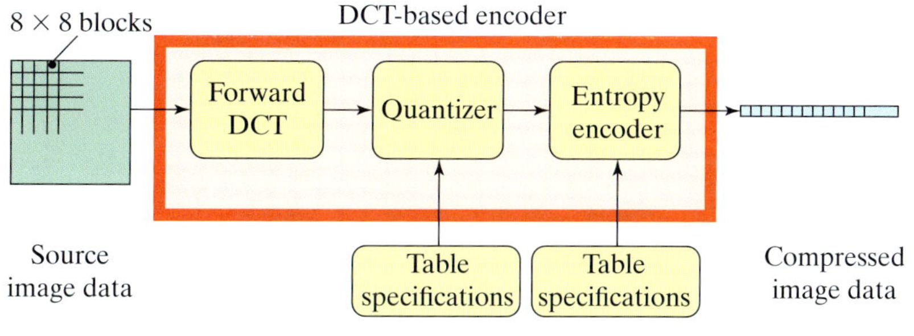

그림 8.9 휘도 및 색차의 JPEG 양자화 표를 참조.

$$\begin{bmatrix} 16 & 11 & 10 & 16 & 24 & 40 & 51 & 61 \\ 12 & 12 & 14 & 19 & 26 & 58 & 60 & 55 \\ 14 & 13 & 16 & 24 & 40 & 57 & 69 & 56 \\ 14 & 17 & 22 & 29 & 51 & 87 & 80 & 62 \\ 18 & 22 & 37 & 56 & 68 & 109 & 103 & 77 \\ 24 & 35 & 55 & 64 & 81 & 104 & 113 & 92 \\ 49 & 64 & 78 & 87 & 103 & 121 & 120 & 101 \\ 72 & 92 & 95 & 98 & 112 & 100 & 103 & 99 \end{bmatrix} \quad \begin{bmatrix} 17 & 18 & 24 & 47 & 99 & 99 & 99 & 99 \\ 18 & 21 & 26 & 66 & 99 & 99 & 99 & 99 \\ 24 & 26 & 56 & 99 & 99 & 99 & 99 & 99 \\ 47 & 66 & 99 & 99 & 99 & 99 & 99 & 99 \\ 99 & 99 & 99 & 99 & 99 & 99 & 99 & 99 \\ 99 & 99 & 99 & 99 & 99 & 99 & 99 & 99 \\ 99 & 99 & 99 & 99 & 99 & 99 & 99 & 99 \\ 99 & 99 & 99 & 99 & 99 & 99 & 99 & 99 \end{bmatrix}$$

Luminance table, $Q^{\ell}_{ref}(u,v)$ Chrominance table, $Q^{c}_{ref}(u,v)$

$$G'_{DC}(u,v) = \frac{1}{4}\eta'(u,v)\sum_{x=0}^{7}\sum_{y=0}^{7}(G(x,y)-128)\cos\left(\frac{(2x+1)\pi u}{16}\right)\cos\left(\frac{(2y+1)\pi v}{16}\right) \quad \textbf{(8.52)}$$

여기서,

$$\eta'(u,v) \equiv \begin{cases} \frac{1}{2} & \text{if } u=0 \text{ and } v=0 \\ 1 & \text{otherwise} \end{cases} \quad \textbf{(8.53)}$$

손실 압축은 64 DCT 계수를 **양자화 테이블**(quantization table)의 해당 값으로 나눈 다음, 가장 가까운 정수로 반올림하여 수행된다.

$$G'_{quantized}(u,v) = \text{Round}\left(\frac{G'_{DC}(u,v)}{Q(u,v)}\right) \quad \textbf{(8.54)}$$

여기서, $Q(u,v)$는 양자화 테이블의 엔트리이다(베이스 라인 프로세스에서 양자화된 값은 11 비트의 정밀도로 저장된다). 인코더는 임의의 양자화 테이블을 자유롭게 사용할 수 있지만, 그림 8.9에 나와 있는 휘도 및 색차에 대한 참조 양자화 테이블이 널리 사용된다. 전형적으로, 압축된 영상의 품질은 품질 계수 q에 의해 제어되며, 여기서, $1 \le q \le 100$이며, 이 경우 다음과 같다.

$$Q(u,v) = \text{Clamp}(s(q)\cdot Q_{ref}(u,v), 1, 255) \quad \textbf{(8.55)}$$

여기서, $\text{Clamp}(z,a,b) \equiv \min(\max(z,a),b)$이고, Q_{ref}는 필요에 따라 휘도 Q^{ℓ}_{ref} 또는 색차 Q^{c}_{ref}이며, 가장 널리 사용되는 스케일링 정의는 다음에 의해 주어진다.

$$s(q) \equiv \begin{cases} 50/q & \text{if } q \le 50 \\ 2 - q/50 & \text{if } q > 50 \end{cases} \quad \textbf{(8.56)}$$

양자화 테이블의 값이 작을수록 더 많은 정보가 유지되는 반면, 값이 클수

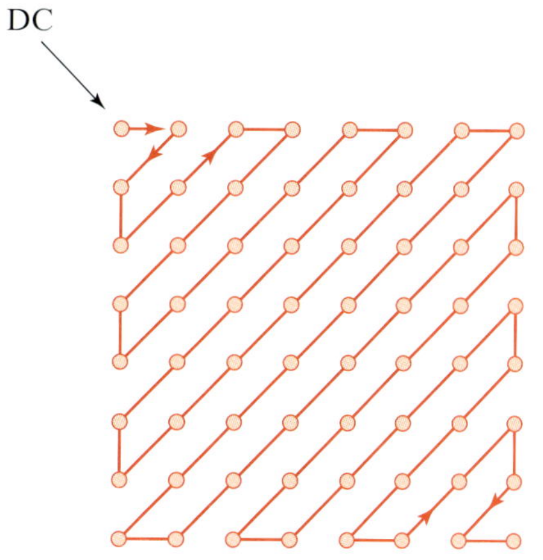

그림 8.10 JPEG 컴포넌트의 지그재그 스캐닝은 저주파 성분에서 고주파 성분으로 진행된다.

록 더 많은 정보가 손실된다. 예를 들어, DCT 계수가 128이면 5의 양자화 제수(quantization divisor)는 Round(128/5) = 26이 되고, 200의 제수는 Round(128/200) = 0이 된다. $q = 50$은 기준 양자화 테이블을 사용하고, $q = 100$은 양자화 테이블을 모두 1로 설정하고, $q = 1$은 양자화 테이블에서 매우 큰 값을 유도한다는 것을 쉽게 알 수 있다. 기준 양자화 테이블은 그 값이 2로 나누어 질 때, 즉 $s = \frac{1}{2}$이면, 압축은 본질적으로 지각 손실(perceptual loss)을 발생시키지 않도록, 즉 압축된 영상과 원본 영상이 동일하게 보이도록 설계된다. 이것은 $q = 75$일 때 발생하며, 이 값을 초과하여 q을 늘릴 정당한 이유는 거의 없다. 구현시 정수 전용 산술 연산을 사용하는 경우, $s(q)$에 대한 수식에 100을 곱한다. 즉 $s(q) = 5000/q$ 및 $s(q) = 200 - 2q$이면 $s(q) \cdot Q_{ref}$는 1000으로 나눠서 클램핑(clamping)하기 전에 반올림된다.

각 블록은 그림 8.10과 같이 **지그재그**(zigzag) 방식으로 스캔되어 64개의 양자화된 DCT 계수를 대략적으로 최저 주파수에서 최고 주파수로 정렬한다. 이전 장에서 보았듯이, 왼쪽 상단 값인 $G'_{qruantized}(0,0)$는 DC("직류") 계수이며, 절대 최저 주파수(absolute lowest frequency)를 캡처한다. 이 모든 주파수 성분 중 가장 낮은 주파수가 영상 전체에서 천천히 변하기 때문에 주변 블록의 DC 성분 사이에 높은 공간적 상관관계가 있으므로 DPCM 예측 코딩 절차를 적용하여 데이터 블록의 양을 줄이기 위해 이전 블록의 DC 계수를 뺀다. 현재 블록의 것부터 AC("교류")라고도 하는 나머지 63 개 계수는 많은 0을 포함하므로 쌍을 생성(skip, value)하기 위해 RLE(run-length encoded)되며, skip은 0의 수이고, value은 다음 0이 아닌 값이며, (0, 0)은 블록 끝(end-of-block, EOB)을 나타낸다.

엔트로피 코딩의 경우, 블록은 **최소 코딩 단위**(minimum coded units, MCU)

로 그룹화 된다. 그레이 스케일 영상의 경우, 영상을 통한 스캔은 하나뿐이므로 각 블록은 MCU이다. 그러나 컬러 영상의 경우, 선택할 수 있다. 인코더가 영상을 세 번 스캔하면 각 구성 요소에 대해 한 번씩 각 블록이 MCU(그레이 스케일과 유사)가 되며, 압축된 결과 데이터는 비 삽입(noninterleaved)된다. 반면 엔코더가 영상을 한 번만 스캔하면 MCU는 함께 움직이는 모든 구성 요소에서 가장 작은 수의 블록으로 구성되며, 압축된 결과 데이터는 삽입(interleaved)된다. 예를 들어, 색차 성분이 각 방향으로 2씩 다운 샘플링되면, 4개의 휘도 블록은 2개의 색차 성분 각각으로부터 1 블록과 동일한 화소에 대응하므로 각 MCU는 원래 영상의 16 × 16 어레이로부터의 정보를 포함한다. 이 세 가지 가능성은 다음과 같이 설명된다.

$$\underbrace{\underbrace{Y_{00}}_{MCU_1}\ \underbrace{Y_{01}}_{MCU_2}\ \underbrace{Y_{02}}_{MCU_3}\ \underbrace{Y_{03}}_{MCU_4}\ \underbrace{Y_{04}}_{MCU_5}\ \underbrace{Y_{05}}_{MCU_6}\ \cdots}_{scan} \qquad \text{(grayscale)}$$

$$\underbrace{\underbrace{Y_{00}}_{MCU_1}\ \underbrace{Y_{01}}_{MCU_2}\ \underbrace{Y_{02}}_{MCU_3}\ \cdots}_{scan_1}\ \underbrace{\underbrace{C^{(1)}_{00}}_{MCU_1}\ \underbrace{C^{(1)}_{01}}_{MCU_2}\ \underbrace{C^{(1)}_{02}}_{MCU_3}\ \cdots}_{scan_2}\ \underbrace{\underbrace{C^{(2)}_{00}}_{MCU_1}\ \underbrace{C^{(2)}_{01}}_{MCU_2}\ \underbrace{C^{(2)}_{02}}_{MCU_3}\ \cdots}_{scan_3} \qquad \text{(color noninterleaved)}$$

$$\underbrace{\underbrace{Y_{00}Y_{01}Y_{10}Y_{11}C^{(1)}_{00}C^{(2)}_{00}}_{MCU_1}\ \underbrace{Y_{02}Y_{03}Y_{12}Y_{13}C^{(1)}_{01}C^{(2)}_{01}}_{MCU_2}\ \underbrace{Y_{04}Y_{05}Y_{14}Y_{15}C^{(1)}_{02}C^{(2)}_{02}}_{MCU_3}\ \ldots,}_{scan} \qquad \text{(color interleaved)}$$

여기서, Y_{ij}는 ij 번째 휘도 블록에 대한 DPCM 값과 RLE 쌍을 포함하고, 마찬가지로 $C^{(1)}$과 $C^{(2)}$는 색차 블록에 대한 DPCM 값과 RLE 쌍을 캡처한다. MCU는 허프만 인코딩을 사용하여 엔트로피 코딩된다.

JPEG 비트 스트림은 첫 번째 바이트가 FF이고, 두 번째 바이트가 0이 아닌 마커 세그먼트(marker segments)와 마커로 구분된 엔트로피 코딩된 데이터 세그먼트를 포함하는 교환 형식에 따라 구성된다. 이 마커는 비트 스트림의 구조적 부분을 식별하고 전체 영상을 디코딩할 필요 없이 정보를 검색할 수 있게 한다. 프레임은 최대 4개의 양자화 테이블에서 시작하여 프레임 헤더와 스캔이 이어진다. 프레임 헤더는 다른 정보 중에서 영상의 크기, 스캔의 서브 샘플링 요소 및 각 스캔에 사용되는 양자화 테이블을 지정한다. 각 스캔은 하나 이상의 허프만 테이블로 시작하여 그 스캔에 대한 스캔 헤더와 엔트로피 코딩된 데이터 세그먼트가 뒤따른다. 스캔 헤더는 스캔에 포함된 구성 요소, 스캔의 다른 구성 요소에서 사용되는 허프만 테이블 및 기타 정보를 지정한다. 일반적으로 각 스캔은 구성 요소 당 두 개의 허프만 테이블, 즉 DPCM 값의 DC 허프만 테이블과

RLE 쌍의 AC 허프만 테이블을 사용한다. 각각의 엔트로피 코딩된 데이터 세그먼트는 허프만 코딩 MCU를 포함하며 마커와의 모호함을 피하기 위해 모든 바이트 FF 바로 다음에 00(바이트 스터핑(stuffing)으로 알려진 프로세스)이 온다.

놀랍게도 압축된 비트 스트림의 형식을 지정하는 JPEG 교환 형식은 파일 형식 자체를 지정하지 않는다. 가장 일반적인 파일 형식은 JFIF(JPEG file interchange format)와 최신 Exif(exchangeable image file format)이다. 기술적으로 말하자면 이 두 가지 형식이 있지만 실제로 대부분의 디지털 카메라는 Exif 메타 데이터가 첨부된 JFIF 파일을 출력하므로 일반적으로 두 가지를 구별할 필요가 없다. 메타 데이터에는 카메라 제조업체 및 모델과 같이 사진을 촬영한 조건에 대한 추가 정보가 들어있다. 초점 거리, 카메라의 노출 시간, 사진 촬영 당시 카메라의 시간과 GPS(global positioning system) 좌표이다. JFIF/Exif 파일은 APPI 마커(바이트 FFE1)가 뒤에 오는 JFIF 정보를 나타내기 위해 애플리케이션 별 APP0 마커(바이트 FFE0)가 뒤따르는 "영상 시작"(SOI) 마커(바이트 FFD8) Exif 메타 데이터를 나타낸다. JPEG 자체는 색 공간을 지정하지 않지만 일반적으로 JFIF/Exif 파일은 CCIR Rec. 601을 사용하여 YCbCr로 변환된 원래 RGB 색 공간의 ICC 색상 프로파일을 저장하여 색차 성분에서 휘도를 분리한다. 다양한 품질 수준의 영상에 JPEG 압축을 적용한 결과는 그림 8.11과 같다.

8.3.8 웨이브릿 기반 압축

JPEG 압축 형식이 확정된지 8년 후 같은 위원회에서 JPEG 2000이라는 대체품을 제안했다. DCT를 사용하는 대신 JPEG 2000은 이산 웨이브릿 변환(discrete wavelet transform, DWT)을 기반으로 한다. JPEG에 비해 JPEG 2000의 주된

그림 8.11 다양한 품질의 JPEG 압축 결과 영상. 각 영상 아래에는 화소 당 평균 비트 수와 압축률이 표시된다. $q = 75$에서는 압축된 영상과 원본 사이에 눈에 띄는 차이가 없다. $q = 40$인 경우, 배경 화소에 대한 사소한 변경만이 발견될 수 있다. $q = 10$ 및 $q = 5$ 압축은 아티팩트가 명백하다.

Original image	$q = 75$	$q = 40$	$q = 10$	$q = 5$
24 bpp	1.1 bpp	0.6 bpp	0.2 bpp	0.1 bpp
1:1	21:1	39:1	104:1	177:1

장점은 DWT가 자연스럽게 DCT보다 유연한 영상의 다중 해상도 표현을 제공한다는 것이다. 특히 JPEG 2000은 **프로그레시브 디코딩**(progressive decoding)을 지원하므로 디코더는 전체 비트 스트림이 수신되기 전에 대략적인 영상을 생성한 다음 더 많은 비트를 수신할 때 영상의 충실도를 점차적으로 향상시킨다. 이는 인터넷 응용 프로그램에서 중요한 기능이다. 안타깝게도 JPEG 2000은 널리 사용되지 않았다. 그 이유는 주로 인코더/디코더의 복잡성이 증가했기 때문이며, 압축 비율의 완만한 증가와 JPEG이 이미 널리 보급된 사실에 기인한다.

JPEG 2000은 **CDF 9/7 웨이브릿**을 사용한다. 이 웨이브릿에는 9개의 계수와 7개의 소실 모멘트(vanishing moments)가 있다. 10개의 계수와 $\frac{10}{2}=5$ 소실 모멘트를 갖는 전통적인 Daubechies D10 웨이브릿과 비교할 때, CDF 9/7은 더 적은 계수로 더 많은 소실점을 달성한다. CDF 9/7 분석 저역 통과 및 고역 통과 커널(lowpass and highpass kernels)은 각각 다음과 같다.

$$\phi \approx [0.037828 \quad -0.023849 \quad -0.110624 \quad 0.377403 \quad \underline{0.852699} \quad 0.377403 \quad -0.110624 \quad -0.023849 \quad 0.037828]$$
$$\psi \approx [0 \quad 0.064539 \quad -0.040689 \quad -0.418092 \quad \underline{0.788486} \quad -0.418092 \quad -0.040689 \quad 0.064539 \quad 0]$$

CDF 9/7 웨이브릿은 JPEG 2000 사양의 일부일 뿐만 아니라, FBI(federal bureau of investigation)에서도 지문 영상을 저장하는데 널리 사용된다. 위의 커널에서는 $|\phi|^2 = 1.0404$이며 이는 1이 아니다. 이것은 CDF 9/7이 에너지 보존이 아니므로 직각이 아님을 의미한다. 대신 그것은 **쌍 직교**(biorthogonal)이다. 수식 (6.158)을 만족하는 직교 웨이브릿과 비교할 때, 쌍 직교 웨이브릿은 다음을 만족한다.

$$\sum_x \phi(x-2i)\tilde{\psi}(x-2j) = \sum_x \tilde{\phi}(x-2i)\psi(x-2j) = 0 \tag{8.57}$$

여기서, $\tilde{\psi}$와 $\tilde{\phi}$는 합성 저역 고역 통과 커널(synthesis lowpass highpass kernels)이며, 이 경우 다른 모든 요소의 부호를 변경하여 주어진다(식 (8.57)이 만족되도록 원점 이동).

$$\tilde{\phi} \approx [0 \quad -0.064539 \quad -0.040689 \quad 0.418092 \quad 0.788486 \quad \underline{0.418092} \quad -0.040689 \quad -0.064539 \quad 0]$$
$$\tilde{\psi} \approx [0.037828 \quad 0.023849 \quad -0.110624 \quad -0.377403 \quad 0.852699 \quad \underline{-0.377403} \quad -0.110624 \quad 0.023849 \quad 0.037828]$$

직교도(orthogonality)와 쌍직교도(biorthogonality)의 비교는 그림 8.12에 표시된다. 쌍직교 웨이브릿은 저역 통과 및 고역 통과 커널의 자기 상관에서 직교 웨이브릿을 근사하지만 분석 및 합성 커널은 다르다. 결과적으로, 쌍직교도는

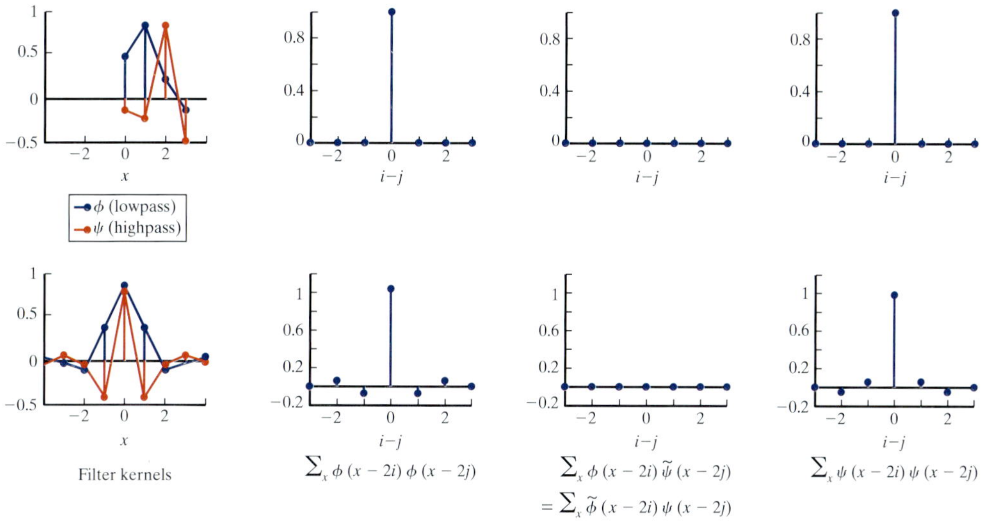

그림 8.12 Daubechies D4의 직교도 속성(상단)과 CDF 9/7(하단) 웨이브릿의 쌍직교도 속성. D4의 경우 분석 및 합성 필터는 동일하지만, CDF 9/7의 경우 필터가 다르다. 또한 CDF 9/7은 자체의 저역 및 고역의 내적이 거의 크로네커 델타(Kronecker delta)에 근사한다는 사실에서 알 수 있듯이 에너지 보존이 아니다.

직교성의 몇 가지 장점을 유지하지만 에너지 보존 속성을 완화한다.

왜 쌍직교도는 그렇게 중요한가? 이전 논의에서 더비쉬(Daubechies) D2–20 웨이브릿은 소실되는 순간의 수를 최대화하도록 설계되었기 때문에 압축시 특히 뛰어나다는 것을 알고 있다. 그러나 웨이브릿 변환이 신호에 적용될 때, 결과 계수의 수는 원래 신호보다 크다. 예를 들어 길이가 1D인 1D 신호가 길이가 w인 웨이브릿 커널과 컨볼루션되면 결과는 원래의 n보다 큰 $n + w - 1$ 값의 배열이 된다. 이 단점은 순환 컨볼루션을 사용하여 완화할 수 있지만 그렇게 하면 자체 문제가 발생한다. 즉 신호가 주기적이지 않은 경우(일반적으로 그렇지 않은 경우) 순환 컨볼루션은 경계에서 바람직하지 않은 아티팩트를 발생시킨다. 이 문제를 해결하려면 DCT에서와 마찬가지로 신호를 대칭으로 복제해야 한다. 그러나 n 요소 입력의 경우 DCT는 n개의 고유한 계수만 생성하고 DCT 자체는 대칭이기 때문에 나머지 $3n$개의 계수는 모두 중복된다. 대조적으로, 더비쉬 D2–20 웨이브릿은 대칭적이지 않으므로 출력에는 중복성이 없다. 결과적으로 계수의 수는 선형 컨볼루션보다 훨씬 더 커서 먼저 필터 사용으로 인한 압축 이점을 줄인다.

문제를 다시 말하면, 압축을 위한 이상적인 웨이브릿 함수는 직교하고 대칭일 것이다. 직교 변환은 에너지를 보존하는 반면, 대칭 필터는 불필요한 계수를 사용하지 않고 경계 효과를 올바르게 처리한다(대칭 필터는 선형 위상을 갖기 때문에). 그러나 밝혀진 바와 같이, 유일하게 콤팩트하게 지원된 직교 선형 위상 웨이브릿은 하르(Haar) 웨이브릿이며, 앞서 언급했듯이, 그것의 가혹한 에지 때문에 자체 단점이 있다. 따라서 이 두 가지 요구 사항 중 하나가 타협되어야 하며, 압축을 달성하기 위해 대칭이 절대적으로 필요하기 때문에 직교성이 타협되어야 한다. 쌍직교도는 근본적인 에너지 보존과 함께 대칭 필터를 달성하기 위해 할 수 있는 최선의 방법이며 동시에 기본 기능의 축간 분리를 유지하는 것이다.

8.4 비디오 압축

지금까지 우리는 영상 압축에 집중 해왔다. 여기에는 3가지 유형의 중복성이 다양한 방법으로 이용되었다. 비디오의 경우 네 번째 유형의 중복이 있다. 시간적 중복성(temporal redundancy)은 인접한 영상 프레임들의 대응하는 화소들 사이의 높은 상관 관계를 지칭한다. 하나의 영상 내의 화소 값들이 동일한 영상 프레임 내의 인접한 화소들뿐만 아니라, 근처의 프레임들 내의 화소들로부터 예측될 수 있게 하는 것이다. 아래에서는 비디오 압축에 대한 두 가지 공통적인 접근 방식을 간략하게 살펴본다.

8.4.1 M-JPEG 압축

가장 간단한 비디오 압축 방식은 **모션 JPEG**(M-JPEG) 방식으로 비디오 시퀀스의 각 영상 프레임을 그대로 JPEG 압축(앞서 언급한 것과 똑같은 방식과 형식을 사용하여)하는 것이다. M-JPEG은 프레임 내에서만 압축을 수행하기 때문에(프레임 내 압축) 일반적으로 10 : 1의 순서로 JPEG 자체보다 높은 압축률을 얻을 수 없다. M-JPEG의 가장 큰 장점은 단순성 외에도 시간 차원에서 세대 손실을 겪지 않는다는 것이다. 결과적으로 M-JPEG는 비디오 편집을 위한 사실상의 표준이다.

8.4.2 MPEG 압축

또 다른 인기 있는 비디오 표준은 M-JPEG 같은 인트라 프레임(intraframe) 압축뿐만 아니라 프레임 간의 압축(프레임 간 압축)을 수행하는 **MPEG**(moving picture experts group)이다. 결과적으로 MPEG은 시간 중복성을 활용하여 100:1 이상의 압축률을 달성할 수 있다. JPEG 및 M-JPEG와 마찬가지로 MPEG은 영상을 8×8 블록으로 분할하고, 서브 샘플링된 색차 구성 요소에서 작동하여 4 블록의 휘도 데이터와 2 블록의 서브 샘플링된 색차 데이터를 포함하는 16 × 16 매크로 블록을 생성한다. 비디오 시퀀스의 영상 프레임은 세 가지 방법 중 하나로 처리된다. 인트라 프레임 압축만 적용되므로 **I-프레임**이라고 하는 일부 영상 프레임은 JPEG를 사용하여 압축된다. 이러한 프레임은 다른 모든 프레임과 독립적으로 디코딩될 수 있으므로 키 프레임의 역할을 한다. 일반적으로 I-프레임은 초당 약 두 번 발생한다. **P-프레임**이라고 하는 다른 프레임은 인트라 프레임 압축뿐만 아니라 이전 프레임(I- 또는 다른 P-프레임) 간의 차이점을 저장할 수 있다. 이 차이는 모션 추정, 즉 시간 중복성을 이용하는 예측을 돕기 위해 연속적인 프레임들 사이의 대응을 결정하기 위해 각 매크로 블록에 대한 모션 벡터의 계산에 의존한다. P-프레임은 이전 프레임에만 기반하여 디코딩될 수 있기 때문에 비디오 시퀀스의 인과 관계 처리로 충분하다. 역방향 예측을 지원하기 때문에 **B-프레임**이라고 하는 세 번째 유형의 프레임은 프레임 내 압축과 마찬가지로 자신과 바로 앞 뒤의 프레임 간의 차이를 저장할 수 있다. 분명히 B-프레임은 다음 앵커 프레임(I-프레임 또는 P-프레임)이 디코딩될 때까지 디코딩될 수 없으므로 디코딩 프로세스를 비인과적인 것으로 만들고 디코더에 대한 버퍼링 절차를 복잡하게 만든다.

지난 몇 년 동안 몇 가지 MPEG 형식이 개발되었으며, 각 MPEG 형식은 이전 형식을 기반으로 한다. **MPEG-1**(Rec. H.261이라고도 함)은 일반적으로 약 320 × 240 영상의 상대적으로 저해상도 비디오에 적용되며 비트 속도는 초당 2 메가 비트 미만이다. **MPEG-2**(Rec. H.262)는 인터레이스 비디오(interlaced video)를 지원하므로 영상 해상도를 효과적으로 배가시킨다. 대부분의 DVD(원래 "digital video disc", 현재 "digital versatile disc") 비디오는 MPEG-2 형식으로 저장된다. **MPEG-4**(Rec. H.264)는 MPEG-2보다 코딩 효율을 향상 시키지만 멀티 뷰(예: 스테레오) 비디오와 같은 고급 개념을 지원하여 다양한 "부품(parts)" 및 "레벨(levels)"을 갖춘 진화한 복잡한 표준이다. 블루-레이(Blu-ray) 디스크는 원래 MPEG-2만 지원했지만 현재 일부 MPEG-4 버전도 지원한다. 이 표준은 비디오 인코딩뿐만 아니라 현재의 범위를 벗어나는 오디오 인코딩을 지정한다. 예를 들어, 널리 사용되는 MP3 오디오 포맷은 MPEG-3가 아니라 MPEG-1 또는 MPEG-2의 오디오 레이어 III이다.

8.5 추가 읽기

정보 이론의 원리는 그의 독창적인 출판물로 시작된 일련의 영향력 있는 논문에서 Shannon[1948]에 의해 쓰였다. 이 분야에 대한 훌륭한 소개는 Cover와 Thomas [1991]의 모든 교과서에서 찾을 수 있다. Huffman 코딩은 Huffman [1952]에 의해 도입되었다. LZ77이라고도 알려진 Lempel–Ziv 알고리즘은 Ziv와 Lempel [1977]에 의해 도입되었다. 같은 저자들은 다음 해에 Ziv와 Lempel [1978]에서 연구를 확장했으며, LZ78 알고리즘은 Lempel–Ziv–Welch(LZW) 알고리즘을 구성하기 위해 Welch [1984]에 의해 확장되었다. 1987년에 만들어진 GIF(graphic interchange format) 영상 파일 형식은 LZW를 기반으로 되었다. PNG(portable network graphics) 영상 파일 형식은 1996년에 만들어졌으며, 이후 만료된 GIF의 특허 제한을 피하기 위해 LZ77을 기반으로 한다.

Paeth 알고리즘은 Paeth [1991]에 의해 제시되었다. LOCO–I 알고리즘은 Weinberger et al. [2000]에 의한 것이다. 변환 코딩에 대한 좋은 개요는 Goyal [2001]에서 찾을 수 있다. DCT는 원래 Ahmed [1974]에 의해 기술되었으며, 그 역사는 수년 후에 그 주 저자인 Ahmed [1991]에 의해 관련되었다. 최근 영상 품질 평가를 위한 MSE 개선 방안에 대해서는 Wang et al. [2004]의 구조적 유사성(structural similarity, SSIM) 지수와 Sheikh et al. [2005]의 연구를 참조하면 된다.

JPEG 표준은 1992년 ITU–T Rec. T.81로 발표되었다. LOCO–I 알고리즘을 기반으로 한 무손실 JPEG–LS(ITU–T Rec. T.87)는 1998년에 발표되었다. JPEG 2000은 2000년에 ISO/IEC 15444 (2002년 ITU–T Rec. T.800로 다시 출판됨)로 출판되었다. Cohen–Daubechies–Feauveau (CDF) 웨이브릿은 Cohen et al. [1992]에 의해 발표되었고, JPEG 2000에서 사용된 Daubechies 9/7 웨이브릿은 Usevitch [2001], Unser와 Blu [2003]에 설명되어 있다. MPEG–1(ITU–T Rec. H.261)은 1988년에 발표되어 1993년에 수정되었다. MPEG–2(ITU–T Rec. H.262)는 1995년에 출시되어 최근 2013년에 수정되었다. MPEG–4(ITU–T Rec. H.264)는 2003년에 발표되었고, 2014년 최근에 수정되었다.

연습문제

8.1 데이터와 정보의 차이점을 설명하시오.

8.2 중복성의 세 가지 원인을 나열하시오.

8.3 무손실 압축과 손실 압축의 차이점은 무엇인가? 무손실 압축이 더 적합한 영상 유형은 무엇인가? 실제로 손실 압축은 이 유형의 영상에 사용되어서는 안 된다. 손실 압축이 더 적합한 영상 유형은 무엇인가?

8.4 500 × 500 8 비트/화소 그레이 스케일 영상이 50,000 비트로 압축되었다고 가정하자. 압축 비율을 계산하시오.

8.5 다음 분포를 가진 불공정 6 면체 주사위를 굴리는 것과 관련된 확률 변수의 엔트로피는 무엇인가?

$$p(1) = \frac{1}{16}, p(2) = \frac{1}{8}, p(3) = \frac{3}{16}, p(4) = \frac{1}{4}, p(5) = \frac{1}{16}, p(6) = \frac{5}{16}$$

8.6 Shannon의 소스 코드 정리는 무작위 변수의 i.i.d. 시퀀스 또는 고정 시퀀스에 적용되는가?

8.7 아래 영상을 고려하자.

$$\begin{bmatrix} 5 & 1 & 3 & 2 \\ 4 & 1 & 3 & 4 \\ 0 & 3 & 3 & 6 \\ 7 & 6 & 1 & 7 \end{bmatrix}$$

(a) 화소 당 3 비트라고 가정할 때, 확률 질량 함수(probability mass function)는 무엇인가?
(b) 압축되지 않은 영상을 나타내는 비트 시퀀스를 쓰라. 얼마나 많은 비트가 필요한가?
(c) 허프만 코드북을 생성하라.
(d) 허프만 코드북을 적용하여 영상을 압축하라.
(e) 코드북 자체의 크기를 무시하고, 이 방법으로 어떤 압축률을 얻을 수 있는가?

8.8 앞의 문제에서 1, 2, 3 및 4 비트의 블록 크기를 사용하여 영상의 엔트로피를 계산하라.

8.9 프리픽스(prefix) 코드가 의미하는 바를 설명하라.

8.10 Lempel–Ziv 알고리즘을 사용하여, 다음 데이터 시퀀스를 부호화하라.

$$ABAABABABBABBABABAABBABBAAABBA$$

8.11 화소 당 1 비트 및 3 비트 딕셔너리(dictionary)을 가정하여, Lempel–Ziv–Welch를 사용하여 다음 4 × 4 영상을 인코딩하여 행 우선 순서로 화소를 처리하라. 혼란을 피하기 위해 $A = 0$과 $B = 1$을 사용하라.

$$\begin{bmatrix} 0 & 1 & 0 & 1 \\ 1 & 0 & 1 & 1 \\ 0 & 0 & 1 & 1 \\ 0 & 1 & 0 & 0 \end{bmatrix}$$

8.12 RLE 인코딩을 사용하여, 다음 시퀀스를 인코딩하라. 각 시퀀스에 대해 RLE를 사용해야하는지 여부를 설명하라.

(a) *AAAABBBBBBAAACCCCCCCCBBB*

(b) *ABCBDAABCDADC*A

8.13 라플라스 분포는 어떻게 가우스 분포와 다른가?

8.14 (a) 평면 예측자 (b) Paeth 예측자 (c) LOCO−I 알고리즘을 사용하여 다음 영상에서 오른쪽 아래 화소를 계산하라.

$$\begin{bmatrix} 25 & 26 \\ 32 & ? \end{bmatrix}$$

8.15 LOCO−I 예측자는 ℓ, u 및 $\hat{p}$의 세 가지 값의 중앙 값을 계산하기 때문에 MED(Median Edge Detector)라고도 한다. 이것이 사실임을 보여라.

8.16 왜 PNG 파일 형식이 발명 되었는가? 무손실 압축 또는 손실 압축을 수행하는가? PNG에서 사용되는 압축 기술은 무엇인가?

8.17 Golomb 코딩과 관련된 Rice 코딩은 이 장에서 언급되지 않은 압축 방법이다. 온라인을 검색하여 이러한 접근 방식의 적절한 시기와 사용되는 곳을 알아보고 조사 결과를 설명하라.

8.18 두 번째 영상이 첫 번째 영상의 근사치라고 가정하고, 평균 제곱 오류(mean squared error)를 계산하시오.

$$\begin{bmatrix} 0 & 2 & 7 & 3 \\ 3 & 5 & 4 & 1 \\ 1 & 8 & 0 & 6 \\ 9 & 7 & 5 & 3 \end{bmatrix} \quad \begin{bmatrix} 4 & 0 & 5 & 1 \\ 2 & 8 & 3 & 7 \\ 8 & 9 & 2 & 6 \\ 3 & 0 & 8 & 4 \end{bmatrix}$$

8.19 아래에 대해서 8×8 1D 직교 선형 변환(orthogonal linear transform)을 쓰라.

(a) 이산 푸리에 변환(Discrete Fourier transform, DFT)

(b) 월시−하다마드 변환(Walsh−Hadamard transform, WHT)

(c) 이산 코사인 변환(Discrete cosine transform, DCT)

8.20 앞 문제의 각 변환을 다음 그레이 스케일 영상에 적용하라.

$$\begin{bmatrix} 6 & 5 & 9 & 6 & 1 & 0 & 3 & 2 \\ 2 & 1 & 3 & 5 & 1 & 3 & 7 & 8 \\ 8 & 1 & 2 & 9 & 5 & 2 & 7 & 5 \\ 3 & 3 & 3 & 3 & 8 & 8 & 7 & 10 \\ 5 & 8 & 6 & 8 & 9 & 3 & 5 & 1 \\ 7 & 3 & 5 & 8 & 1 & 5 & 1 & 4 \\ 9 & 8 & 4 & 4 & 6 & 2 & 2 & 1 \\ 10 & 2 & 8 & 6 & 5 & 6 & 9 & 10 \end{bmatrix}$$

8.21 [0 8 6 9 1 4 3 8]의 DCT는 어떤 시퀀스의 DFT의 처음 8개 값과 동일한가?

8.22 DCT–II에서 복제된 신호의 DFT 값 중 $\check{n} - n$이 첫 번째 값에서 결정될 수 있음을 보여라. 여기서, $\check{n} = 4n$이고, n은 원래 신호의 길이이다.

8.23 $\rho = 0$, 0.5 및 0.75에 대한 수식 (8.51)의 고유 벡터를 계산하고, $n = 4$를 사용하여 DCT 기반 함수와 비교하라. ρ의 어떤 값이 기저 함수와 가장 유사한 고유 벡터인가?

8.24 Karhunen–Leneve 변환(KLT)을 사용하여 하나의 영상을 압축할 수 있는가? 그 이유는 무엇인가?

8.25 JPEG 압축은 JPEG 2000 압축과 어떻게 다른가?

8.26 문제 8.20에서 계산된 DCT 계수에 $q = 50$의 품질로 그림 8.9의 광도에 대한 참조 JPEG 양자화 표를 적용하고, 그 결과를 지그재그로 나타내시오.

8.27 MPEG 압축에서 I–, P– 및 B– 프레임의 차이점을 설명하시오.

8.28 MPEG와 M–JPEG는 어떻게 다른가? 각 장단점을 나열하시오.

8.29 스테가노 그래피(steganographic)란 무엇인가? (필요한 경우 온라인으로 검색하시오.) 영상에 대한 간단한 스테가노 그래피 방법을 설명하시오. 손실 압축의 경우에도 작동하는 스테가노 그래피 방법을 개발하는 것이 얼마나 실현 가능하다고 생각하는지 설명하시오.

8.30 DCT와 WHT 모두를 위한 변환 코딩을 구현하시오. 그런 다음 x%의 계수를 잘라내는 성능을 비교하기 위해 사진을 압축하시오. 여기서 x는 당신이 선택한 값이다.

8.31 품질 값(quality values) $q = 5$, 10, 20, 40, 60, 75 및 100에 대해 JPEG를 사용하여 선택한 사진을 압축하시오. 압축된 영상과 원본의 차이점을 알 수 없는 값은 무엇인가? 각각에 대한 MSE를 계산하시오.

8.32 앞 연습 문제를 선으로 그린 영상으로 반복하시오. 결과를 확대하여 성능 저하를 보다 자세히 조사하여 보시오.

CHAPTER 9

컬러(color)

이전 장에서 우리는 그레이 스케일 영상 처리에 많은 관심을 기울였다. 영상의 그레이 스케일(또는 휘도(luminance)) 부분이 대부분의 정보를 포함한다는 사실에 의해 정당화된 접근법이다. 실제로 일반적인 비디오 스트림의 75 % 이상이 휘도에만 사용된다. 우리는 오래된 흑백 영화를 보거나 어두운 환경에서 기능하는데 어려움이 없다. 그럼에도 불구하고 컬러(color)가 우리의 시각적 경험을 크게 향상시키고, 그렇지 않으면 훨씬 어려울 수 있는 작업을 쉽게 수행할 수 있는 중요한 정보를 제공한다는 것이 명백하다. 이제는 컬러 카메라가 일반화되어 일반적으로 센서 자체에서 화소 당 3 개의 값을 제공한다. 많은 응용에서 이러한 다양한 컬러 채널을 추가 분석 없이 간단하게 3 개의 별도 스트림으로 처리할 수 있지만 다른 응용에서서는 이러한 값을 적절히 활용하기 위해 대상을 보다 철저하게 이해해야 한다. 그러므로 더 깊이 컬러를 이해하기 위해 이 장에서 컬러 과학과 비디오 공학이라는 두 가지 이질적이고 때로는 상충되는 분야를 살펴보자. 전자의 엄격함과 후자에 의한 실제적인 절충 사이의 미묘한 상호 작용은 그것이 결합될 때 때때로 그 의미가 뚜렷하지 않을 수 있다.

9.1 컬러의 물리학과 심리학

우리는 물리학과 심리학을 모두 고려하여 탐험을 시작한다.

9.1.1 무지개와 컬러 휠

앞서 설명했듯이,[1] 태양이나 다른 광원에서 나오는 빛은 일반적으로 다른 파장의 혼합을 포함하는 전자기파이다. 아이작 뉴턴(Isaac Newton)이 18 세기 초에 광학에 관한 그의 연구를 발표했을 때, 그는 우리가 보통 백색으로 생각하는 빛이 실제로는 무지개 색에 해당하는 다양한 파장으로 구성된다는 것을 처음으로 시연했다. 무지개는 한쪽 끝은 빨간색이고 다른 끝은 보라색이다. 이 색상 범위를 가시 **스펙트럼**(spectrum)이라고 하며, 무지개의 순수한 색상을 **스펙트럼 컬러**이라고 한다.

뉴턴은 또한 **컬러 휠**(또는 컬러 서클)로 알려진 원을 색으로 배열한 최초의 사람이었다. 무지개에서 서로 가장 멀리 떨어져있는 빨강과 보라색이 컬러 휠에서 인접하도록 무지개의 색상을 감싸는 것으로 나타낸다. 그림 9.1에서 볼 수 있듯이 **물리적**(psychological)인 세계에 존재하는 색과 마음의 **심리적**(physical)인 세계에 존재하는 색의 차이를 볼 수 있다. 물리적으로 스펙트럼 색상은 파장에 의해 매개 변수화된 직선에 놓여 있다는 의미에서 선형이다. 그러나 심리적으로 스펙트럼 색상은 스펙트럼의 두 끝을 연결하여 가장 잘 모델링된 방식으로 감지된다는 점에서 원형이다. 예를 들어, 녹색은 두 개의 인접한 색상인 파란색과 노란색 (■ = ■ + ■)의 혼합이고, 주노란색은 두 개의 인접한 색상인 빨간색과 노란색 (■ = ■ + ■)

그림 9.1 무지개의 스펙트럼 색상은 물리적으로 직선(왼쪽) 또는 심리적으로 원(오른쪽)으로 모델링된다.

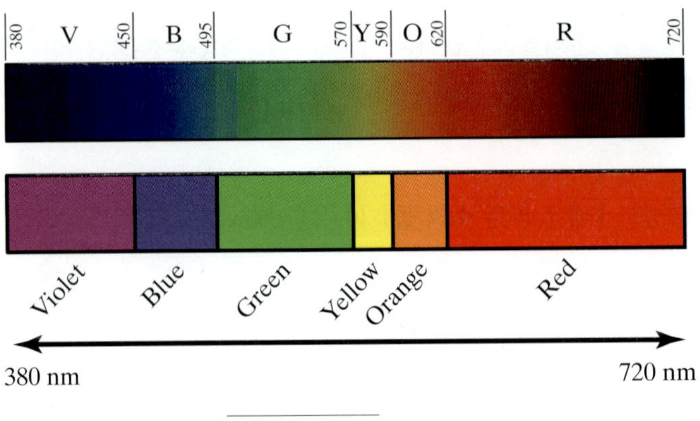

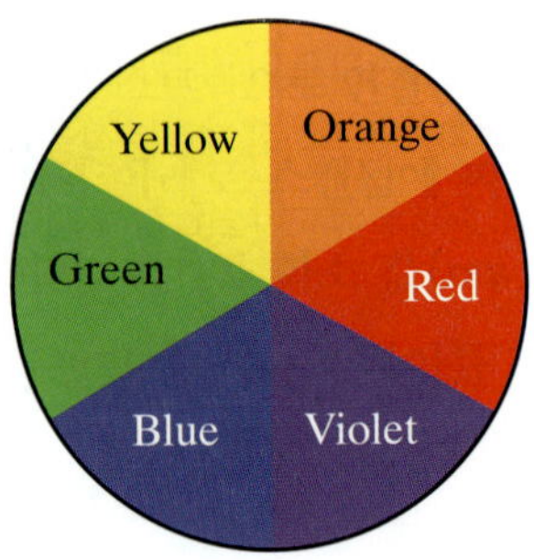

1 2.2.1절

의 혼합이다. 진한 자주색은 두 개의 인접한 색인 빨간색과 파란색(■ = ■ + ■)의 혼합물이다. 빨간색과 파란색은 물리적 관점에서 볼 때, 스펙트럼의 거의 반대편에 있기 때문에 서로 공통점이 거의 없다. 컬러 휠은 휠의 반대편에 보색을 식별하는 등 예술에서 널리 사용된다. 그러나 이 장에서의 초점은 다양한 컬러들 사이의 관계를 정량적으로 이해하기 위해서 미학보다는 기초 과학에 맞출 것이다.

9.1.2 스펙트럼 전력 분포

물리적인 세계로 돌아가서 **스펙트럼 전력 분포**(spectral power distribution, SPD)는 그림 9.2와 같이 빛의 각 파장에서 광 출력의 양을 나타낸다. SPD는 연속 함수이지만 일반적으로 불연속 간격으로 측정되며(**분광 방사계**(spectroradiometer)라는 도구를 사용하여) 값의 벡터를 산출한다. 이 벡터의 길이는 양자화 간격과 가시 스펙트럼의 정의에 의해 결정된다. 우리의 목적을 위해, 우리는 SPD가 가시 스펙트럼에 대략적으로 해당하는 380nm에서 720nm까지의 10nm 대역의 값을 캡처하는 35 차원 벡터로 적절히 표현될 수 있다고 가정한다.

SPD는 **중첩**(superposition)의 원리를 따른다. 즉, 두 개의 조명을 함께 비춘 결과인 SPD는 두 개의 개별 조명의 SPD 합계와 같다. $t_1(\lambda)$, $t_2(\lambda)$ 및 $t_{combined}(\lambda)$을 각각 제 1, 제 2 및 결합된 광에 대한 파장 λ에서의 SPD의 대응하는 요소로 하면 다음과 같다.

$$t_{combined}(\lambda) = t_1(\lambda) + t_2(\lambda) \tag{9.1}$$

중첩 원리는 각 구성 요소에 대해 각 파장에서의 전력을 개별적으로 측정하여 스펙트럼 구성 요소가 함께 혼합될 때 발생하는 SPD를 예측할 수 있게 한다.

빛이 불투명한 표면에 닿으면 빛의 일부가 표면에 흡수되고 나머지는 반사된

그림 9.2 광원의 SPD(왼쪽)는 반사광의 SPD를 생성하기 위해 표면의 반사율과 상호 작용한다(오른쪽).

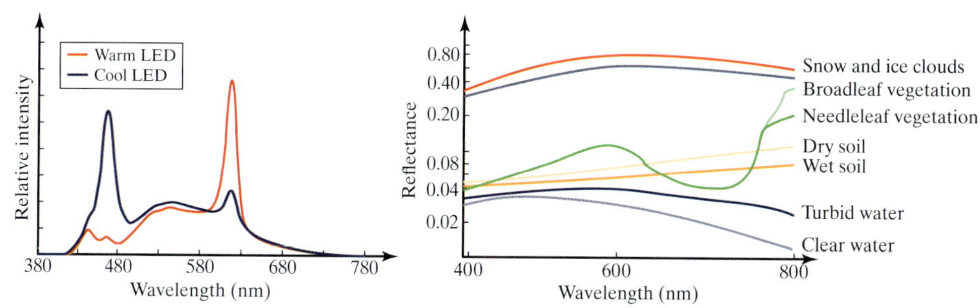

다. 예를 들어, 빨간색 물체는 더 긴 파장을 반사하는 반면 파란색 물체는 더 짧은 파장을 반사한다. 표면에서 반사되는 빛의 SPD는 입사 SPD에서 흡수되는 스펙트럼을 뺀 값 또는 입사광의 SPD와 표면 반사 스펙트럼의 대략 요소적 곱과 같다. 즉, 우리가 $t_{incident}(\lambda)$, $t_{reflected}(\lambda)$, $t_{absorbed}(\lambda)$가 사건, 반사 및 흡수된 SPD 벡터의 해당 요소가 되면 다음과 같다.

$$t_{reflected}(\lambda) = t_{incident}(\lambda) - t_{absorbed}(\lambda) \tag{9.2}$$

$$\approx t_{incident}(\lambda) \cdot \rho_{surface}(\lambda) \tag{9.3}$$

여기서, $\rho_{surface}(\lambda) \approx 1 - t_{absorbed}(\lambda) / t_{incident}(\lambda)$이다. 센서에 의해 측정된 SPD는 광원의 SPD와 장면 표면의 반사 스펙트럼의 상호 작용을 포착한다.

9.1.3 가산 및 감산 컬러

수식 (9.1)에서 광원은 장면(scene)에 빛을 더하기 때문에 더 많은 빛이 비치고 장면이 밝아지고, 혼합된 모든 컬러가 흰색이 된다. 이러한 이유로 빛을 혼합하여 생성되는 컬러를 설명하는 컬러 모델을 **가산 컬러 모델**(additive color model)이라고 한다. 대조적으로, 수식 (9.2)에 따르면 표면(surface)은 장면에서 빛을 빼기 때문에 더 많은 잉크 또는 페인트 안료가 표면에 혼합되고 장면이 어두워지며, 함께 혼합되는 모든 컬러가 검정색이 된다. 따라서 잉크 또는 페인트 혼합으로 인해 발생하는 컬러를 설명하는 컬러 모델은 **감산 컬러 모델**(subtractive color model)이라고 한다. 그림 9.3에서 볼 수 있듯이, 가산 및 감산형 컬러 모델 모두의 컬러 휠은 동일한 순서로 동일한 컬러를 포함한다. 추가 컬러의 경우, 휠에는 빨간색 (■), 녹색 (■) 및 파란색 (■)의 기본 컬러가 포함되며, 노란색, 시안색 및 마젠타색의 혼합 컬러가 그 사이에 있다. 감산 컬러의 경우, 휠은 시안색 (■), 마젠타색 (■) 및 노란색 (■)의 기본 컬러를 포함

그림 9.3. 가산 컬러 모델(additive color model)(왼쪽)에서는 모든 컬러를 혼합하면 흰색이 나오지만, 감산 컬러 모델(subtractive color model)(오른쪽)에서는 모든 컬러를 혼합하면 검정색이 된다. 둘 다 컬러 모델은 동일한 컬러를 동일한 순서로 포함하지만, 가산 모델은 선형이지만 감산 모델은 매우 비선형이다.

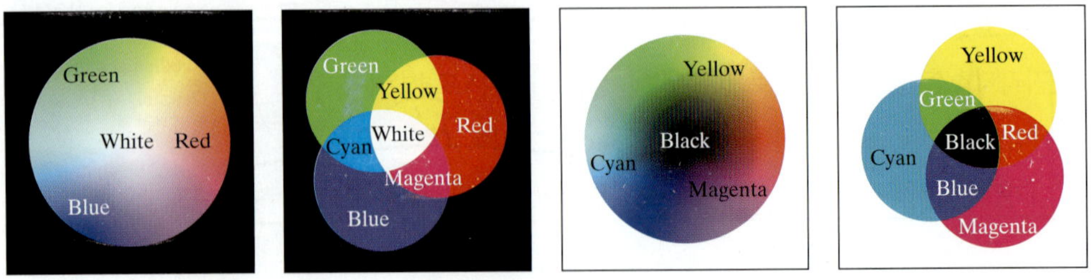

하며 그 사이에 파란색, 빨간색 및 녹색의 혼합 컬러가 있다.

조명과 안료의 중요한 차이점은 혼합 조명은 수식 (9.1)과 같이 중첩의 원리를 사용하여 수학적으로 모델링하기 쉽다. 즉, 물리적 세계의 빛은 스펙트럼 컬러가 선상에 있다는 의미(위에서 언급한 것)뿐만 아니라 중첩의 원리에 따르는 선형 시스템의 수학적 의미에서도 선형이다. 반면에 안료와 잉크는 수학적으로 모델링하기가 훨씬 어려운 방식으로 서로 상호 작용한다. 그러므로 감산 컬러 모델은 매우 비선형적이며, 이것이 우리가 수식 (9.3)의 근사 기호를 사용하여 다른 페인트의 반사율에 한 페인트의 반사율을 단순히 더하는 것이 두 반사체의 혼합 반사율을 산출한다는 생각을 억제하는 이유이다. 이 장에서는 주로 선형 광의 가산 컬러 모델에 주의를 집중할 것이다.

9.2 삼색

인간의 시각 시스템은 **삼색**(trichromacy)으로 알려진 현상을 3 차원으로 인식한다. 이러한 차원은 우리가 사는 3D 세계를 말하는 것이 아니라, 인간의 컬러 인식(human color perception)을 모델링하는 컬러 공간에 필요한 세 축을 의미한다. 이 절에서는 3 가지 유형의 원뿔 감광체(cone photoreceptors)를 포함하는 인간의 망막과 관련된 **생리적**(physiological) 관점과 3가지 독립적인 주요 컬러를 사용하는 컬러 매칭 실험에 의해 삼중 극성을 발견할 수 있는 **정신 시각**(psychovisual)의 관점에서 알아본다.

9.2.1 스펙트럼 감도 함수

시력의 과정은 빛이 광수용체(photoreceptors)의 표면에 입사되는 빛의 양을 측정하는 망막의 광수용체에 부딪칠 때 시작된다. 광수용체는 모든 파장에 똑같이 민감하지 않고, 오히려 일부 파장을 다른 파장보다 더 효율적으로 측정한다. $s(\lambda)$로 표시되는 **스펙트럼 감도 함수**(spectral sensitivity function, SSF)는 각 가시 파장 λ에 대해 빛을 감지할 때 광수용체의 상대 효율을 나타낸다. 선형 시스템을 가정하면 광수용체의 출력은 $s(\lambda)$로 표시된 SSF로 가중치화된 $t(\lambda)$로 표시되는 입사 SPD의 모든 파장에 대한 적분 $\int s(\lambda)\,t(\lambda)\,d\lambda$로 볼 수 있다. 이산 근사법을 사용하면 이 출력은 광수용체의 SSF를 포착하는 벡터와 입사광의 SPD를 포착하는 벡터 $\mathbf{t}$ 사이의 내부 곱이 된다. $\mathbf{s}^{\mathsf{T}}\mathbf{t}$이다. 앞에서 언급했듯이 이들이 35 차원 벡터로 표현된다고 가정하면 $\mathbf{s}, \mathbf{t} \in \mathbb{R}^{35}$이다.

인간의 망막이 두 가지 유형의 광수용체(막대 및 원뿔, rods and cones)를 포함하고 있지만, 컬러 시야(color vision)는 정상적인 광 레벨(명 시야, photopic vision)에서 발생하는 감각 경험을 말하며, 원뿔의 반응이 우세하며 막대의 반응은 무시되었다. 인간의 망막은 S−, M−, L− 원뿔로 적절하게 알려진 3가지 종류의 원뿔을 가지며, 이들은 각각 단파장, 중파장 및 장파장의 빛에 반응하기 때문이다. 이 세 가지 유형의 원뿔의 SSF는 인간의 망막에 대한 과학자에 의해 신중하게 측정되어 그림 2.2와 같이 나타난다. **원뿔 기본**(cone fundamentals)이라고도 하는 이러한 SSF는 $\mathbf{s}_S$, $\mathbf{s}_M$ 및 $\mathbf{s}_L$로 표시된다. 이들을 빨간색, 녹색 및 파란색 원뿔이라고 부르는 것이 전체적으로 적절하지 않은 이유는 분명하다. 이 그림에서 L−원뿔 SSF 피크가 M−원뿔의 피크와 매우 비슷하기 때문에 실제로 전혀 빨간색이 아니다.

이들 벡터를 행렬 $\mathbf{S}^{\mathsf{T}} \equiv [\mathbf{s}_L \;\; \mathbf{s}_M \;\; \mathbf{s}_S]$에 쌓아서 $\mathbf{S}$가 3 × 35가 되도록 하면, 인간 시각 시스템의 사진 영상화 과정(photopic imaging process)은 수학적으로 다음으로 표현될 수 있다.

$$\mathbf{v} = \mathbf{S}\mathbf{t} \tag{9.4}$$

여기서, $\mathbf{s}_S$, $\mathbf{s}_M$, $\mathbf{s}_L$, $\mathbf{t} \in \mathbb{R}^{35}$이고, $\mathbf{t}$는 센서에 입사하는 SPD이고, 출력 $\mathbf{v} \in \mathbb{R}^3$은 3개의 원뿔 유형에 의해 감지된 광자 수의 측정치를 포함한다. 따라서 망막 상의 단일 위치의 컬러 영상 프로세스는 대략 35 차원 공간의 점으로부터 3D 공간 내의 점으로의 투영으로 볼 수 있다. 이 수식은 인간의 영상처리가 선형임을 가정한다. 이는 광수용체 및 렌즈의 비선형성을 고려한 경우에만 해당된다.

9.2.2 컬러 매칭 함수

원뿔의 SSF가 삼중 효과에 대한 낮은 단계의 생리적 근거(low−level physiological basis)를 설명하지만, 정신 시각 실험을 수행하면 추가적인 통찰

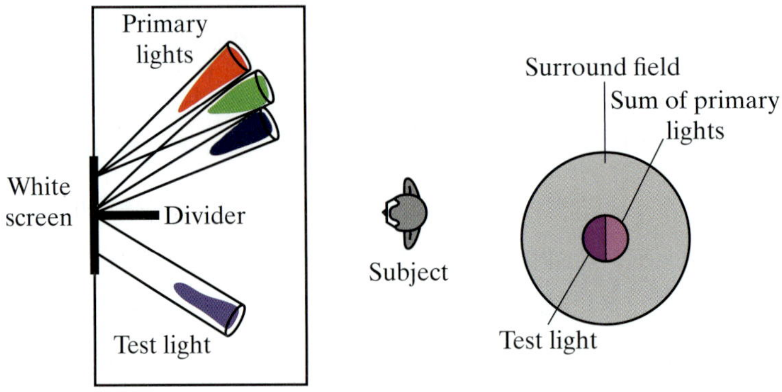

그림 9.4 컬러 매칭 실험에서, 어두운 방의 작은 구경을 통해 보았을 때, 그 조합이 테스트 조명과 시각적으로 일치하도록 3 원색의 강도를 지정하도록 요구 받는다.

Based on B. A. Wandell. Foundations of Vision. Sunderland, Mass.: Sinauer Associates, Inc., 1995.

력을 얻을 수 있다. **컬러 매칭 실험**(color matching experiment)에서 사람(관찰자라고 함)은 그림 9.4와 같이 벽을 마주 보는 어두운 방에 배치된다. SPD가 있는 테스트 조명이 벽의 한쪽 면에 반짝이는 반면 벽의 다른 면에는 몇 가지 기본 조명이 섞여서 빛난다. 관측자는 불투명한 장벽에 있는 작은 원형 구멍을 통해 벽을 관측하므로 관측자의 시야에서 구멍이 작은 부분(예: 2°)을 뒤덮는다. 얇은 불투명한 구분선이 왼쪽과 오른쪽을 분리하기 위해 벽에서 관찰자 쪽으로 뻗어 있다. 결과적으로, 관찰자는 두 개의 반쪽(테스트 조명을 보여주는 한 쪽과 기본 조명의 혼합을 보여주는 다른 쪽)이 있는 원을 본다. 관찰자는 원의 양면이 동일해질 때까지 기본 조명의 강도를 제어하도록 요청받는다.

정상적인(색맹이 아닌) 관찰자의 경우, 모든 테스트 조명을 맞추기 위해 정확히 3 개의 기본 조명(보통 빨간색, 녹색 및 파란색)이 필요하다. **삼자극치**(tristimulus value)로 알려진 세 개의 빛의 강도는 그것들에 의해 방출되는 힘을 제어한다. (관찰자가 세 개의 노브(knobs)를 돌려 기본 조명의 강도를 제어하는 것을 상상해 보는 것이 도움이 될 수 있으며, 삼자극치는 노브의 위치이다.) 수학적 관계는 다음에 의해 주어진다.

$$\mathbf{t} \cong u_r\mathbf{p}_r + u_g\mathbf{p}_g + u_b\mathbf{p}_b \tag{9.5}$$

$\mathbf{p}_i \in \mathbb{R}^{35}$는 i번째 기본 조명의 SPD이고, $i \in \{r, g, b\}$이고, u_i는 i번째 세기이고, 기호 $\cong$는 양쪽의 두 SPD가 동일하게 보이는 것을 의미한다. 다른 말로하면, 컬러 감각에서 차원성의 상실로 인해 삼자극치의 주어진 삼중 항은 무한한 수의 가능한 SPD에서 발생할 수 있다. 두 개의 SPDs $\mathbf{t}$ 및 $\mathbf{t}'$은 그들 자신이 동일하지 않지만, 그럼에도 불구하고 동일하게 보이면(즉, 그들의 삼자극치가 동일할 때) **메타머**(metamers)라고 불리며, 이는 $\mathbf{t} \neq \mathbf{t}'$이지만 $\mathbf{t} \cong \mathbf{t}'$이다.

수식 (9.5)가 참이될 때, 두 가지 주의 사항이 필요하다. 첫째, 기본 조명은 서로 독립적이어야 한다. 즉, 다른 기본 조명과 혼합하여 매칭할 수 있는 기본 조명은 없다.

$$\mathbf{p}_i \ncong \alpha\mathbf{p}_j + \beta\mathbf{p}_k \tag{9.6}$$

즉, i, j, k의 모든 조합과 모든 스칼라 α와 β에 대해서이다. 둘째, 부정적인 가중치가 허용되어야 한다. 이는 실험에서 테스트 조명과 동일한 측면으로 대응하는 기본 조명을 이동시킴으로써 달성된다. 예,

$$\mathbf{t} + u_r\mathbf{p}_r \cong u_g\mathbf{p}_g + u_b\mathbf{p}_b \tag{9.7}$$

그림 9.5 특정 RGB 원색 세트를 사용하는 컬러 매칭 기능(실선). 중첩된 원은 그림 2.2에 표시된 원뿔 SSF에서 선형 3 × 3 변환에 의해 얻어진다. 변환된 원뿔 SSF는 CMF와 매우 일치한다.

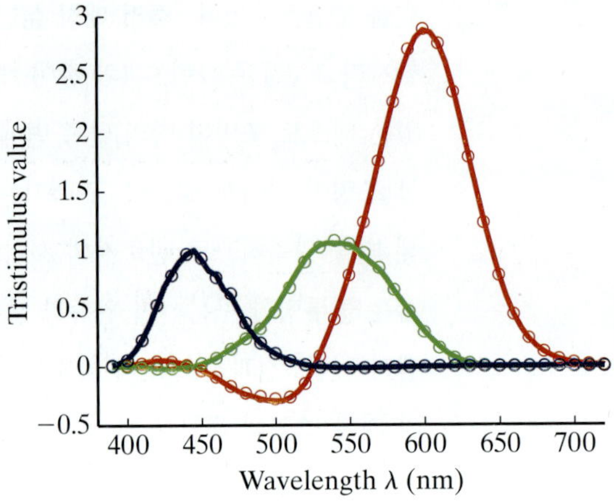

물리적으로 실현 가능한 모든 원색(primaries) 세트의 경우, 가능한 모든 테스트 조명을 일치시키기 위해 음수 값을 허용해야 한다. 이것은 중요한 의미이며 이후에 그 의미가 탐구될 것이다.

일련의 단색(monochromatic) 테스트 조명을 사용하여 컬러 매치 실험을 수행하면 주어진 기본 조명 세트의 **컬러 매칭 함수**(color matching functions, CMF)을 측정할 수 있다. 단색 광은 단일 파장, 즉 순수한 스펙트럼 컬러를 비추는 빛이다. 일련의 실험에서 얻은 삼자극치를 3 × 35 행렬 C로 쌓아 올릴 수 있다. 행렬의 각 열은 다른 파장의 삼자극치를 포함하고, 행렬의 행은 기본 조명에 대한 CMF를 포함한다. 전형적인 빨간색, 녹색 및 파란색 기본 조명을 사용하여 그림 9.5의 CMF에서 일부 값이 음수이다. 빨간색은 445 ~ 525 nm에서 음수, 녹색은 390 ~ 440 nm에서 음수, 파란색은 530 ~ 640 nm까지 음수이다. 또한 그림에는 3 × 3 선형 변환을 적용한 후의 원뿔 SSF가 나와 있어 두 개념의 긴밀한 일치를 보여준다. 이러한 선형 변환에 대해서는 다음 절에서 자세히 설명한다.

SSF와 CMF가 모두 3 × 35 행렬로 표현되더라도 구별을 분명히 하는 것이 중요하다. SSF는 원뿔(또는 카메라의 물리적 측정)의 생리적 측정에 의해 얻어지며, CMF는 인간 관측자의 정신 시각 측정에 의해 얻어진다. SSF의 모든 값은 음수가 아니지만, 물리적으로 실현 가능한 CMF 세트에는 음수 값이 포함되어야 한다. 그럼에도 SSF와 CMF는 별개의 기원과 특성에도 불구하고, 센서의 SPD 인시던트(incident)를 볼 수 있는 컬러를 수치로 나타내는 세 가지 값으로 변환한다는 점에서 유사한 목적을 수행한다. 그림 9.5의 오버레이(overlay)는 이 연결을 강조한다.

9.2.3 그라스만 법칙

물리적인 빛이 중첩의 원리에 따르는 것처럼, 삼자극치도 그렇게 한다. 좀 더 구체적으로 말하면, $\mathbf{u} = [u_r \;\; u_g \;\; u_b]^\mathsf{T}$는 테스트 조명을 SPD $\mathbf{t}$와 맞추기 위해 필요한 3개의 원색의 가중치이고, 가중치 $\mathbf{u}' = [u_r' \;\; u_g' \;\; u_b']^\mathsf{T}$가 다른 테스트 조명 $\mathbf{t}'$과 일치하면, 2개의 개별 테스트 조명의 가중치 조합에 의해 형성된 테스트 조명 $\alpha\mathbf{t} + \beta\mathbf{t}'$은 α 및 β가 스칼라인 $\alpha\mathbf{u} + \beta\mathbf{u}$의 동일한 가중치 조합에 의해 매칭된다. **그라스만의 법칙**(Grassmann's Law)[2]으로 알려진 이 결과는 다음으로 다시 표시할 수 있다.

$$\alpha\mathbf{t} + \beta\mathbf{t}' \cong (\alpha u_r + \beta u_r')\mathbf{p}_r + (\alpha u_g + \beta u_g')\mathbf{p}_g + (\alpha u_b + \beta u_b')\mathbf{p}_b \tag{9.8}$$

할 때는 언제나 다음이다.

$$\mathbf{t} \cong u_r\mathbf{p}_r + u_g\mathbf{p}_g + u_b\mathbf{p}_b \tag{9.9}$$

$$\mathbf{t}' \cong u_r'\mathbf{p}_r + u_g'\mathbf{p}_g + u_b'\mathbf{p}_b \tag{9.10}$$

그라스만의 법칙은 컬러 매칭이 선형이라는 것을 암시한다.

$$\mathbf{u} = \mathbf{C}\mathbf{t} \tag{9.11}$$

여기서, $\mathbf{t} \in \mathbb{R}^{35}$는 테스트 조명의 SPD이고, $\mathbf{C}$는 행이 3 원색의 CMF인 동일한 3×35 행렬이며, $\mathbf{u} \in \mathbb{R}^3$은 삼자극치이다. 이 수식은 단색 광을 대체하여 $\mathbf{t}$가 단일 원소를 제외한 모든 위치에 0을 포함하므로 $\mathbf{u}$에서 $\mathbf{C}$의 열을 선택할 수 있으므로 쉽게 볼 수 있다. 선형성(linearity)에 의해 임의의 테스트 조명은 스케일된 단색 광의 선형 조합으로서 기록될 수 있다. SSF와 마찬가지로 CMF의 선형성은 전체 휘도 레벨, 색채 적응, 시야각 또는 주변 배경을 안전하게 무시할 수 있도록 시각 조건을 신중하게 제어한다고 가정한다. 또한 그라스만의 법칙은 컬러 매칭이 더 이상 선형적이지 않은 매우 밝거나 희미한 조건에서는 유지되지 않는다.

두 개의 테스트 조명 $\mathbf{t}$와 $\mathbf{t}'$과 함께 CMF $\mathbf{C}$가 있는 주어진 원색들에 대해 테스트 조명의 삼자극치는 $\mathbf{u} = \mathbf{C}\mathbf{t}$와 $\mathbf{u}' = \mathbf{C}\mathbf{t}'$로 주어진다. 또한, $\mathbf{t}$와 $\mathbf{t}'$이 메타머인 경우, 그것들의 삼자극치 값은 동일하며 다음 수식으로 이어진다.

$$\mathbf{u} = \mathbf{C}\mathbf{t} = \mathbf{C}\mathbf{t}' = \mathbf{u}' \tag{9.12}$$

2 헤르만 그라스만(Hermann Grassmann, 1809–1877)은 독일의 언어학자, 수학자였다.

우리가 볼 수 있듯이, 그라스만의 법칙에 의해 암시된 컬러 매칭의 선형성은 임의의 CMF 쌍이 3×3 선형 변환에 의해 관련되기 때문에 독립 원색들에 대한 메타머인 두 개의 SPD가 모든 독립 원색들에 대한 메타머임을 의미한다. 즉, 메타머의 개념은 원색의 선택을 초월하며, **t**와 **t**′이 메타머라면, CMF **C**의 임의의 세트에 대하여 수식 (9.12)가 성립한다.

이제 그림 9.5에 중첩된 CMF의 3×3 선형 근사를 계산하는데 필요한 수학적 기법을 갖게 된다. 수식 (9.4)와 (9.11)을 결합하면 센서 값의 선형 변환으로 삼자극치를 표현할 수 있다. $\mathbf{u} \approx \mathbf{CS}^{+}\mathbf{v}$이고, 여기서, $\mathbf{S}^{+}$은 **S**의 무어-펜로즈(Moore-Penrose) 의사 반전(pseudoinverse)이다. 이 결과를 모든 스펙트럼 컬러에 적용하면 $\mathbf{C} \approx (\mathbf{CS}^{+})\mathbf{S}$가 되며, 이는 $\mathbf{CS}^{+}$로 3×3 변환을 나타낸다. 측정된 CMF와 추정된 CMF 간의 긴밀한 일치는 절대로 보장되는 것이 아니라, 다만 원뿔에 흡수된 광자가 뇌의 지각 신호로 변환되는 방식 때문에 발생한다는 점에 유의해야 한다. 또한, 그림 2.2에 표시된 SSF가 주의 깊게 구성되어 눈에서 각막 및 불활성 안료의 스펙트럼 흡수와 같은 중요한 세부 사항을 고려했기 때문에 긴밀한 일치가 있었다.

9.2.4 발광 효율 함수

컬러매칭 실험의 변형은 관찰자에게 한 컬러가 다른 컬러보다 밝거나 어두운지를 묻는 것이다. 이러한 실험은 임의의 색상으로 수행하기가 어렵다. 빨간색이 파란색보다 더 어두운지 여부를 판단하려고 한다고 상상해 보라. 따라서 실험은 근처의 파장을 갖는 한 쌍의 스펙트럼 컬러를 사용하고, 두 광의 상대적인 파워를 기록함으로써 수행된다. 전체 범위의 가시 파장에 대해 이 실험을 반복함으로써, **발광 효율 함수**(luminous efficiency function, LEF)가 얻어진다. **포토픽 LEF**(photopic LEF)는 막대의 포화로 인해 원뿔이 우세한 정상 광 레벨에 해당하는 반면, **스코토픽 LEF**(scotopic LEF)는 원뿔의 민감도 부족으로 막대가 지배하는 낮은 광 레벨에 해당한다.

두 함수는 그림 9.6에 그려져 있다. 스코토픽 LEF는 막대 SSF(그림에 표시되지 않음)와 밀접하게 일치하며, 포토픽 LEF는 원뿔 SSF들의 가중치 조합으로 잘 근사될 수 있다. $\mathbf{s} \approx \mathbf{S}^{\mathsf{T}}\mathbf{w}$이고, 여기서, $\mathbf{s} \in \mathbb{R}^{35}$는 포토픽 LEF이며, $\mathbf{S}^{\mathsf{T}}$는 원뿔 SSF이고, $\mathbf{w} \in \mathbb{R}^{3}$은 경험적으로 결정된 세 가지 가중치이다. CIE 1931 *XYZ* 공간의 두 번째 삼자극치는 비교를 위해 그림에 표시되어 있다. 자세한 내용은 다음 절에서 설명한다.

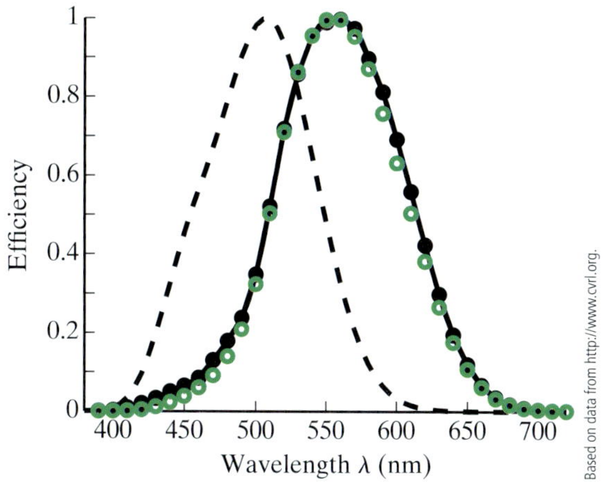

그림 9.6 그림 2.9의 포토픽(검정색) 및 스코토픽(점선 검정색)의 발광 효율 함수(LEFs). 포토픽 LEF에 대한 근사는 원뿔 SSF(검은 색 동그라미)와 CIE 1931 XYZ 공간(녹색 원)의 Y 축을 선형의 가중치로 조합하여 나타낸다.

9.2.5 심리적 원색

계속하기 전에 잠재적으로 빠져있는 의심을 해결하는 것이 도움이 될 수 있다. 즉, 우리는 삼색의 원칙에서 3가지 기본 컬러가 있음을 보았다. 그러나 이 컬러는 무엇이며, 그 이유는 무엇인가? 초등학교에서는 대부분 페인트를 섞어서 3가지(빼기) 기본 색상이 빨간색 (■), 파란색 (■) 및 노란색 (■)이며, 녹색은 파란색과 노란색을 혼합하여 나타낸다(■ = ■ + ■). 그런 다음 나이가 들어감에 따라 카메라, TV 및 컴퓨터 모니터에 사용되는 3가지(더하기) 기본 컬러가 실제로 빨간색 (■), 녹색 (■) 및 파란색 (■)임을 알게 된다. 노란색은 녹색과 빨간색의 혼합물이다(■ = ■ + ■). 빨강과 파랑 두 경우 모두 나타나기 때문에 이것은 매우 이상하게 보인다. 그러나 노란색과 초록은 다르다. 더욱이 녹색은 파란색과 노란색의 조합처럼 보일지라도 노란색은 녹색과 빨간색의 혼합물처럼 보이지 않는다. 아마도 프린터 잉크에 사용되는 3가지 빼기 기본 컬러가 시안 (■), 마젠타 (■) 및 노란색 (■)이라는 점을 알면 어떤 편안함을 얻을 수 있다. 그러나 시안 색과 마젠타 색은 순수한 색상이 아닌, 순수한 색상인 파란색과 빨간색의 희석된 버전으로 보인다.

이러한 명백한 불일치를 어떻게 우리가 이해할 수 있을까? 컬러 시야의 **삼색성 이론**(trichromatic theory, Young–Helmholtz theory이라고도 알려져 있음)이 강력하다는 것에 논쟁은 없다. 이 장의 대부분의 내용은 그것에 기반하고 있다. 하지만 컬러 시야의 모든 알려진 현상을 설명하지는 않는다. 예를 들어, 빨강과 파랑(보라색 ■), 빨강과 노랑(오렌지 ■), 파란색과 녹색(청록색 ■의 변형) 또는 노란색과 녹색(연두색 ■의 변형)으로 나타내는 컬러가 있다. 그러나 심리적으로 노란색적 파란색 또는 파란색적 노란색(■ ■)

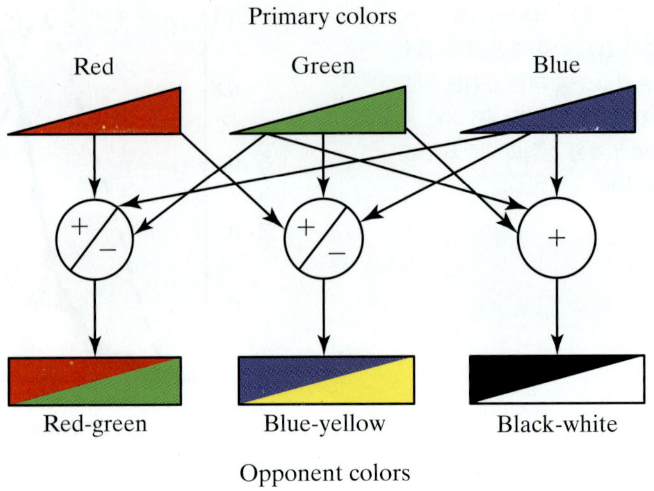

그림 9.7 상대 컬러 처리는 빨간색-녹색, 파란색-노란색 및 검정색/흰색 축을 따라 값을 생성하는 L-, M- 및 S-원뿔 출력 사이의 차이를 계산한다.

을 인식하는 것은 불가능하다. 파란색과 노란색이 녹색(빼기)으로 만들어지기 때문에 필연적으로 녹색 색조가 적용된다. 같은 방법으로, 우리는 빨강과 녹색(■ ■)의 조합을 인식할 수 없다. 이 조합은 불가피하게 노란색을 띠며, 빨강과 녹색은 노란색을 띄기 때문이다. 즉, "빨간색적 파란색"(보라색 ■) 또는 "녹색적 노란색"(연두색 ■) 또는 "빨간색적 노란색"(오렌지 ■) 또는 "녹색적 파란색"(청록색 ■)에 대해 이야기하는 것이 합리적이다. 그러나 "빨간색적 녹색"이나 "파란색적 노란색"은 아니다. 후자는 **불가능한 컬러**(impossible colors)로 알려져 있다.

이러한 현상을 설명하기 위해, 헤링(Hering)이라는 과학자[3]는 인간의 시각 시스템이 그림 9.7에서 설명된 세 축을 따라 컬러 간의 차이를 감지한다는 **상대 과정 이론**(opponent process theory)을 제안했다. 반세기 이상 동안 삼색 이론(trichromatic theory)의 옹호론자들과 상대 프로세스 이론의 지지자들 사이에서 격렬한 논쟁이 벌어졌다. 결국 이 논쟁은 두 이론이 모두 사실이라는 것을 실험적으로 입증함으로써 해결되었다. 망막의 광 수용체는 세 가지 구성 요소에 따라 빛을 측정한다. 시각적 파이프 라인(pipeline)에 있는 셀은 구성 요소 컬러 신호를 빨강/녹색, 파랑/노랑 및 검정/흰색의 상대적 양을 캡처하는 상대 색상 신호로 나중에 변환한다. 이것은 왜 두 이론이 우리의 심리적 컬러 경험의 다양한 측면을 설명하는데 성공했는지 설명한다.

다른 말로하면, 가장 낮은 레벨(가색(additive color)의 경우: 빨강, 초록, 파랑, 감색(subtractive color)의 경우: 시안, 마젠타 및 노랑)에는 3가지 기본

3 에발트 헤링(1834-1918)은 1892년 상대 과정 이론을 제안했다.

그림 9.8 여섯 가지 심리적 원색: 빨간색, 녹색, 파란색, 노란색, 검정색, 흰색.

컬러가 있지만, 그림 9.8과 같이 사실상 여섯 개의 **심리적 원색**(psychological primaries)이 있다. 이 색상은 빨간색 (■), 녹색 (■), 파란색 (■), 노란색 (■), 검정색 (■) 및 흰색 (□)이다. 이러한 맥락에서 우리는 물리적 영상 시스템에서 혼합된 SPD로 일차적인 것을 언급하는 것이 아니라, 인간에게 순수한 것으로 보이는 컬러를 언급한다.

예를 들어, 우리가 무지개의 모든 컬러를 혼합하여 흰색 빛을 얻음을 지적으로 확신한다고 해도, 흰색은 여전히 순수한 것처럼 보인다. 유사하게, 우리는 비록 이론적으로 적어도 검정색이 모든 다른 착색된 페인트 안료를 섞음으로써 얻어질 수 있음을 알지만, 검정색은 여전히 순수한 것처럼 보인다. 사실 프린터가 4개의 잉크를 포함하는 이유이다(3개의 감색 원색에 검정색을 추가한 것). 순수한 검정색이 달성되는 방식으로 원색을 혼합하는 것은 매우 어렵기 때문이다. 그리고 우리가 과학에서 녹색 (■)이 파란색 (■)과 노란색 (■) 페인트를 섞음으로써 얻어질 수 있음을 알았을 때조차도, 녹색은 여전히 우리에게 어떤 면에서는 순수한 것처럼 보인다. 노란색 (■) 광이 빨간색 (■) 광과 녹색 (■) 광을 결합함으로써 발생한다는 많은 증거가 제시되어도 두 가지 컬러와 관계가 없는 순수한 컬러로 본다.

9.3 컬러 지정

수년 동안 컬러 과학자들은 명확한 커뮤니케이션을 하기 위해 컬러를 정확하게 지정하는 여러 가지 방법을 제안했다. 이 모델의 목표는 색맹 및 채도 적응에 직면했을 때 최대한 제한된 수의 컬러 이름에서 수백만 가지의 인식 가능한 컬러까지 정확하게 매핑하는 것이다. 이 절에서는 이러한 모델 중 몇 가지를 고려하여 유비쿼터스(ubiquitous) CIE XYZ 컬러 공간을 완성한다.

9.3.1 색상, 채도 및 명도

빨간색, 녹색 및 파란색 값은 카메라 및 디스플레이의 자연스러운 표현이지만, 이러한 값은 컬러를 설명하기에 어색하다. 이름이 "노란색"이 아닌 16진수 값 FFFF00으로 컬러를 설명하는 것은 비직관적 일뿐만 아니라 이러한 값은 사용된 1차 원색 및 관련된 감마 보정의 영향을 받기 때문에 또한 부적합하다. 컬러를 표현하는 보다 자연스러운 방법은 **색상**(hue), **채도**(chroma) 및 **명도**(lightness)이다. 색상은 지배적으로 지각된 컬러, 즉 컬러가 **고유 색상**(unique hues) 중 하나와 유사한 정도이다. 예를 들어 비회색 심리 원색(빨간색, 녹색, 파란색 및 노란색)과 유사한 점이다. 채도는 컬러의 순도, 즉 컬러와 중성 회색의 차이 정도이다. 이것은 포화도(saturation)와 밀접한 관련이 있다. 명도(또는 값)는 비선형 변환된 휘도로 어떤 의미에서는 컬러의 밝기를 캡처한다.

그림 9.3에서 원의 임의의 컬러에 대해 색상은 원 주위의 각도, 채도는 원 중심으로부터의 거리, 밝기는 페이지에서 높이(원에 수직인 흑백의 축)이다. 예를 들어, 밝은 순수한 파란색은 파란색 색상(확실히), 높은 채도 및 높은 명도를 갖는다. 어두운 오렌지색은 노란색과 빨간색, 높은 채도 및 낮은 명도 사이의 색상을 가지며, 밝은 분홍색은 빨간색의 색상, 낮은 채도(흰색과 혼합되기 때문에) 및 높은 명도를 갖는다. 다음 아래 절에서는 이러한 현상을 정량화하는 다양한 방법을 고려한다.

9.3.2 문셀 컬러 시스템

컬러를 정량화하려는 가장 초기의 시도는 1905년에 처음 발표되었고 현재 사용 중인 **문셀 컬러 시스템**(Munsell color system)[4]이었지만, 나중에 설명할 CIE 시스템으로 대체되었다. 물체의 컬러는 적절한 광원을 사용하고 주변 조건을 제어하면서 *Munsell Book of color*의 많은 샘플과 비교하여 얻어진다. 컬러는 색상(hue), 값(value) 및 채도(chroma)에 따라 지정된다. 색상은 10 단계로 나뉘며 각 단계는 총 100개의 정수 색상에 대해 10개의 하위 단계로 세분된다. 10 단계는 5가지 주요 색상(빨간색, 노란색, 녹색, 파란색 및 자주색)과 중간 색상 5가지를 포함한다. 색상은 단계를 식별하는 문자(들) 및 단계의 중간을 나타내는 5와 함께 하위 단계를 식별하는 번호로 주어진다. 색상에 0(가장 어두운)에서 10(가장 밝은)까지의 값과 채도(이론적 상한은 없지만 0에서 약 20까지)

4 알프레드 H.문셀(1858–1918)은 미국의 화가 겸 미술 교사로서 아이들에게 색을 가르쳤고, 문셀 컬러 회사를 설립했다.

의 값이 온다. 그런 다음, 색상 값 및 채도를 이 순서로 나열하여 컬러를 지정한다. 예를 들어, 안전 조끼에 사용되는 밝은 오렌지색은 5YR 6/15이며, 여기서, 5YR은 노란색-빨간색(YR) 색상(즉, 노란색과 빨간색 색상의 중간)의 중간(5)을 의미하고, 6/는 중간 명도, 15는 높은 포화 상태를 의미한다. 문셀 컬러 시스템의 지속성은 이를 고안할 때 수행된 신중한 실험 때문이다.

9.3.3 자연 컬러 시스템

다른 접근 방법인 **자연 컬러 시스템**(natural color system, NCS)는 1930년대 스웨덴에서 개발되었으며, 여러 유럽 국가에서 여전히 사용되고 있다. 문셀 및 CIE 시스템과 달리 NCS는 컬러 경험에 대한 논리적인 설명을 강조하고, 헤링(Hering)의 컬러 상대 모델을 기반으로 한다. NCS 시스템은 정점들이 여섯 개의 심리적 원색들인 두 개의 정사각형 피라미드 내에 컬러가 있는 것으로 시각화한다. 피라미드의 위쪽과 아래쪽은 흰색과 검정색을 나타내고, 4개의 기본 방향은 빨간색, 녹색, 파란색 및 노란색을 나타낸다. 컬러는 **흑색도**(blackness, 컬러가 얼마나 어둡나), **색도**(chromaticness, 컬러가 얼마나 강하나) 및 인접한 두 컬러 사이의 비율로 지정된다. 예를 들어, 특정 노란색은 5%의 어둠(darkness), 80%의 색도 및 90%의 노란색과 10%의 빨간색을 나타내는 NCS 0580-Y10R이다. 컬러의 **백색도**(whiteness)는 백색도, 흑색도 및 색도가 100%가 되도록 정의된다. 이 경우, 백색도는 100 − 5 − 80 = 15%가 된다.

9.3.4 ISCC-NBS 시스템

또한 1930년대에 개발되었고 컬러의 논리적 이름을 강조하는 **ISCC-NBS 컬러 지정 시스템**(ISCC-NBS system of color designation)이다. ISCC-NBS 시스템은 10 개의 색상 이름(예: 분홍색, 빨간색, 주황색 및 갈색)과 3 개의 중간 컬러(검정색, 흰색 및 회색)을 포함하는 13가지 기본 컬러 범주를 기반으로 한다. 중급 범주는 "붉은색의 주황색"과 "보라색의 분홍색"과 같은 이름을 조합하여 얻을 수 있다. 카테고리는 "vivid", "brilliant"또는 "dark"와 같은 수정자를 사용하여 더 세분화 된다. 간행물 *Color: Universal Language and Dictionary of Names*는 문셀과 같은 다른 시스템에 참조된 수백 가지 컬러를 설명하기 위한 언어와 사전을 모두 포함한다.

9.3.5 CIE 색도도

앞서 설명한 시스템들의 이점과 용도에도 불구하고 컬러를 정량화하는데 가

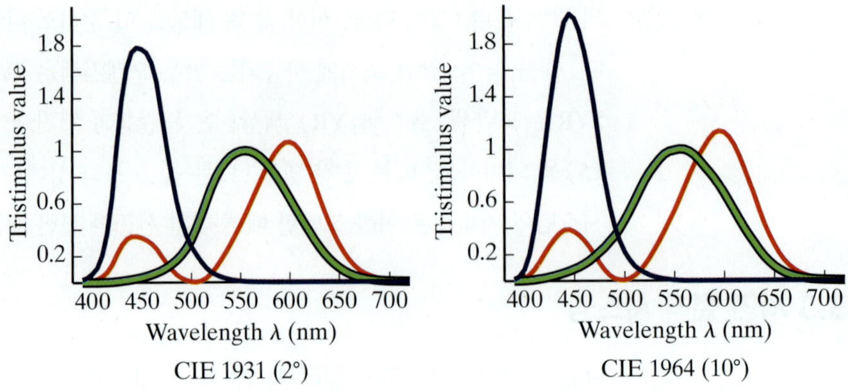

그림 9.9 CIE 1931 *XYZ*(왼쪽) 및 CIE 1964 *XYZ*(오른쪽)에 대한 컬러 매칭 함수(CMF). *X*(빨간색), *Y*(녹색) 및 *Z*(파란색)에 대한 CMF가 표시된다. *Y* CMF의 검정색 외곽선은 LEF (luminous efficiency function)에 근사하도록 설계되어 있음을 강조한다.

Based on data from http://www.cvrl.org.

장 영향력 있고 널리 사용되는 모델은 **CIE 1931 XYZ 컬러 공간**(CIE 1931 *XYZ* color space)과 함께 **CIE 1964 XYZ 컬러 공간**(CIE 1964 *XYZ* color space)이다. 이 모델은 1931년과 1964년 **국제 조명 위원회**(commission internationale de l'Éclairage, CIE)에서 채택되었다. CIE 1931 *XYZ* 공간은 관찰자의 시야가 차단되어 망막의 내부 2° 만 사용되도록 Wright와 Guild가 1920년대에 실시한 컬러 매칭 실험을 기반으로 한다. 반면에 CIE 1964 *XYZ* 공간은 1950년대에 Stiles와 Burch, Speranskaya가 10° 시야를 사용하여 수행한 실험을 기반으로 한다. 따라서 결과 CMF는 때로는 **CIE 1931 2° 표준 비색계 관측기**(CIE 1931 2° standard colorimetric observer) 및 **CIE 1964 10° 보색 표준 비색계 관측기**(CIE 1964 10° supplementary standard colorimetric observer)라고도 한다. 더 넓은 시야를 필요로 하는 상황에서는 1964 표준이 권장되지만, 여전히 가장 널리 사용되는 1931 표준에 주로 초점을 맞출 것이다. 실제로 한정어를 사용하지 않고 CIE *XYZ*라는 용어를 사용한다면, CIE 1931 *XYZ*를 언급한 것이다.

다음 절에서 볼 수 있듯이, 그라스만(Grassmann)의 법칙 때문에 모든 CMF는 3 × 3 선형 변환을 통해 서로 관련된다. 따라서 각 CIE *XYZ* 시스템은 *RGB* 값을 *XYZ* 값으로 변환하는 3 × 3 변환 행렬과 각 경우에 *RGB*를 정의하는데 사용되는 원색으로 완전히 지정된다. 나중에 설명할 이 행렬은 *RGB* 공간에서 얻어진 CMF를 *XYZ* 공간에 해당하는 CMF로 변환할 수 있게 해준다. 그 결과는 그림 9.9와 같다. 이 CMF의 두 가지 특징은 주목할 가치가 있다. 첫째, 각각의 공간은 가운데 좌표 *Y*가 명암 효율 함수(luminous efficiency function, LEF)와 비슷하도록 설계되었다(그림 9.6). 둘째, 모든 값은 모든 곳에서 음수가 아니다. 물론, 이 음이 아닌 의미는 *XYZ* 공간에 해당하는 원색들은 물리적으로 실현 가능하다는 것을 의미하지만, *XYZ* 공간은 수학적으로 특히 편리하게 작동한다.

휘도(luminance)를 색차(chrominance)와 분리하기 위해 **정규화된 좌표**를

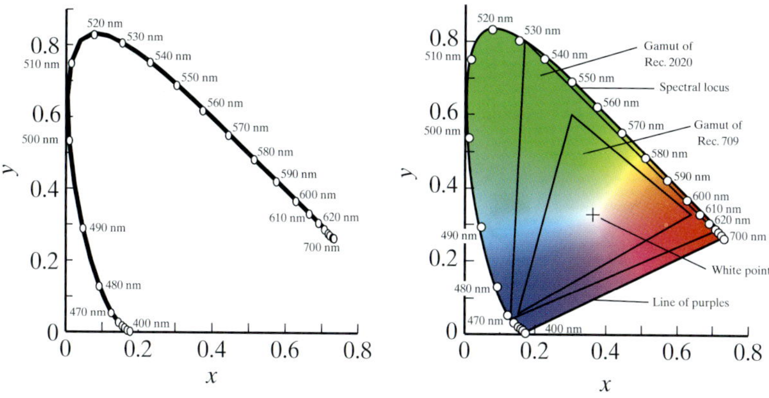

그림 9.10 CIE 1931 색도도(chromaticity diagram). 왼쪽: 순수한 파장의 (x, y) 색도 좌표만 보여주는 엄격한 다이어그램이고, 오른쪽: 더 나은 시각화를 위해 대략적인 컬러가 채워진 다이어그램과 라벨로 표시된 다이어그램의 다른 부분으로 구성된 다이어그램이다.

Based on data from http://www.cvrl.org.

세 개의 XYZ 값의 합으로 나누어 구한다.

$$x \equiv \frac{X}{X+Y+Z} \tag{9.13}$$

$$y \equiv \frac{Y}{X+Y+Z} \tag{9.14}$$

$$z \equiv \frac{Z}{X+Y+Z} \tag{9.15}$$

$x + y + z = 1$이기 때문에 이들 3개의 정규화된 값은 독립적이지 않으므로 2개만 필요한다. z를 버리면 CIE 색도(chromaticity) 좌표 (x, y)를 산출한다.

모든 가시 파장에 대한 **CIE 색도 좌표**(CIE chromaticity coordinates)를 그리면 그림 9.10의 혀 모양 곡선이 나타난다. 이 그림은 **CIE 색도도**(CIE chromaticity diagram)로 알려져 있으며, 인간의 컬러 감각을 정량화하기 위한 가장 중요한 시각화 도구일 것이다. 장면에서 어떤 컬러가 주어지면, 삼자극치는 CIE 1931 RGB 원색들을 사용하여 측정할 수 있다. 적절한 3×3 변환을 적용하여 XYZ 좌표를 산출할 수 있으며, 다이어그램에 그려진 (x, y) 색도 좌표를 얻기 위해 정규화 된다. 이 방법으로 가능한 모든 컬러를 다이어그램의 한 지점에 매핑할 수 있다. 우리가 필요로 하는 것은 컬러의 SPD이기 때문에 다이어그램에 컬러를 그리기 위해 실제 컬러 매칭 실험을 실행할 필요가 없다. 즉, CIE XYZ 공간에 대한 CMF를 $\tilde{C}$라고 하면 쉽게 구할 수 있으며, XYZ 좌표는 $[X \;\; Y \;\; Z]^{\mathsf{T}} = \tilde{\mathbf{C}}\mathbf{t}$로 간단히 구할 수 있다. 여기서, $\mathbf{t}$는 컬러의 SPD이고, 정규화는 좌표 (x, y)를 산출한다.

색도 좌표 (x, y)는 컬러의 과학적 측정인 **비색계**(colorimetry)에 대한 모든 현대적인 접근 방식의 기초이다. 엄밀히 말하면 CIE 색도도는 컬러 자체가 아닌 컬러의 (x, y) 좌표로만 이루어지므로 컬러가 채워진 다이어그램을 그리는 것은 오해의 소지가 있다. 그럼에도 불구하고 시각화를 위해 그림에서와 같이 대략적인 컬러로 다이어그램을 색칠하는 것이 좋다. 이 다이어그램은 컬러 인식과 재생산에 대한 몇 가지 사실을 명확하게 보여준다. 먼저, 다이어그램은 컬러 휠과 매우 흡사하다. **스펙트럼 궤적**(spectral locus)은 순수한 파장의 색도 좌표를 따르고 **자주색 선**(line of purples)은 빨간색과 보라색을 연결한다. 모든 보이는 컬러가 이 혀 모양의 영역 안에 있다. 자주색의 선상에 있는 컬러는 비스펙트럼 컬러(nonspectral colors)이다. 예를 들어, 마젠타는 무지개 컬러가 아니다.

두 번째로, 다이어그램은 주어진 장치에 의해 표시될 수 있는 컬러를 명확하게 보여준다. 대부분의 디스플레이에는 3개의 원색 조명(빨간색, 녹색 및 파란색)이 포함되어 있으며, 이 조명은 SPD를 기반으로 삼각형을 형성하기 위해 다이어그램에 표시될 수 있다. 장치에서 표시할 수 있는 컬러는 이 세 가지 조명을 가중치로 조합한 것이다. 가중치가 음수가 아니어야 하므로 이러한 컬러는 꼭짓점이 세 개 조명의 색도 좌표인 삼각형 내에 있어야 한다. 이 삼각형의 컬러 집합은 장치의 **영역**(gamut)으로 알려져 있으며, 일반적으로 영역이 클수록 좋다. 다이어그램에서 빨간색, 녹색 및 파란색이 가장 큰 영역과 가장 넓은 영역을 갖는 삼각형을 생성하기 때문에 보통 원색으로 선택되는 이유이다. 또한 Rec. 2020은 Rec. 709보다 훨씬 큰 영역을 가지고 있다.

마지막으로 물리적으로 구현 가능한 장치가 모든 컬러를 생성할 수 없는 이유는 이 다이어그램에서 분명하다. 일부 컬러는 항상 이 삼각형 바깥에 놓이기 때문이다(또는 제한된 수의 원색 조명에 의해 정의된 다각형 밖에서, 좌표 영역의 볼록한 선체에 의해 주어진 영역). 다이어그램은 가산과 감산의 컬러 공간에 적용할 수 있지만, 임의의 감산 장치(예를 들어, 잉크 기반 프린터)의 영역은 페인트 및 안료와 관련된 비선형성 때문에 삼각형이 아니라 오히려 임의의 형상 영역이 될 것이다.

흰색 점(white point)은 기준 흰색으로 사용된 컬러의 색도(chromaticity)이다. 조명 또는 광원의 컬러는 상대적 SPD, 즉 빛의 전체 강도는 관련이 없으므로 임의의 양으로 표준화한 후의 SPD에 의해 특징 지워진다. 광원의 흰색 점은 광원 아래에서 보이는 흰색 물체의 색도 좌표로 나타낸다. 광원은 일반적으로 흑체 방사체(blackbody radiators)로 모델링되며, 이 경우 색도 좌표는 절대 온도에 따라 고유하게 결정된다. **흑체 궤적**(blackbody locus)은 흑체원(blackbody source)의 온도가 상승함에 따라 (x, y) 좌표로 추적되는 경로이다. 1963년에 CIE는 “D”계열의 표준 광원을 채택했으며, 아래 첨자는 광원의 **상관 컬러 온도**(correlated color temperature, CCT)의 처음 두 자리를 나타낸다. 흰색 점의 선택은 응용 분야에 따라 다르지만 가장 일반적인 것은 D_{65}이며, 이는 6504K의 CCT를 갖는 평균 일광(average daylight)을 나타내며, 색도 좌표 $(x, y) = (0.3127, 0.3290)$을 갖는다.

실내 조명의 경우, 텅스텐 백열 전구 또는 형광 램프 또는 점점 더 많은 LED에 해당하는 흰색 점이 사용되는 경우가 있다. 그래픽 아트 산업은 CCT가 5003K이고, 색도 좌표 $(x, y) = (0.3457, 0.3585)$인 D_{50}을 사용한다. 흰색 점에 대한 또 다른 정의는 **CIE 표준 광원 E**(CIE standard illuminant E) 또는 **동등 에너지 흰색**(equal energy white)으로 불리는 모든 파장에서 동일한 에너지를 포함하는 광원을 사용한다. CIE CMF는 각 곡선 아래에서 동일한 면적을 갖도록 설계되었기 때문에, 광원 E의 색도 좌표는 $(x, y) = (1/3, 1/3)$이다. 대안으로, 주어진 원색 집합에 대해, 3 개의 모든 원색을 동일한 출력으로 설정함으로써 결정된 흰색 점을 정의할 수 있는데, 이는 영역(gamut)을 정의하는 삼각형의 중심에서 발견된다.

색도도는 색상, 채도 및 명도가 컬러를 구두로 설명하는 자연스러운 방법이라는 것을 보여준다. 어떤 컬러 (x, y) 색도 좌표가 주어지면, 컬러의 색상은 컬러에서 흰색 점을 통과하는 선을 그린 다음, 이 선과 스펙트럼 궤적의 교차점을 찾아냄으로써 결정될 수 있다. 이런 이유에서 색상은 "주 파장(dominant wavelength)"이라고도 한다. 일부 컬러의 경우, 선이 스펙트럼 궤적을 교차하지 않고 오히려 자주색 선을 가로 지르지만, 실제 파장이 없는 경우도 있다. 컬러의 채도는 흰색 점까지의 거리와 관련되어 있으므로 스펙트럼 점(또는 자주색의 선)에 있는 컬러는 완전히 채워지지만 흰색 점은 완전히 불포화 상태이다. 명도는 세 번째 좌표이다. 그러나 여기에 설명된 매핑은 xy 공간이 지각적으로 균일하지 않기 때문에 비공식적인 것으로 간주되어야 하며, 나중에 더 자세히 고려하려고 한다.

9.4 선형 컬러 변환

이 절에서는 그라스만의 법칙(Grassmann's Law)이 두 가지 CMF 간에 또는 원색이 실제 또는 비물리적으로 실현 가능한지 여부에 관계없이 일부 원색 집합에 대한 삼자극치로 정의된 두 개의 선형 컬러 공간 사이에서 3×3 선형 변환을 유도하는 방법을 보여준다. 이 결과를 사용하여, 화이트 밸런싱(white balancing)의 중요한 단계를 포함하여 카메라와 디스플레이 사이의 캘리브레이션 절차를 설명한다.

9.4.1 CMF 간 변환

우리는 컬러 매칭 함수(color matching functions, CMF)가 선택된 원색에 의존한다는 것을 알았다. 즉, 두 개의 다른 원색 집합이 두 개의 CMF 집합으로 연결된다. CMF는 (그라스만의 법칙으로 인해) 선형 함수이기 때문에 두 집합의 원색에 대한 CMF가 3 × 3 선형 변환과 관련이 있다는 것은 놀랄만한 것이 아니다. 보다 구체적으로, 원색 $\mathbf{P}_{\{35\times3\}} = [\mathbf{p}_r\ \ \mathbf{p}_g\ \ \mathbf{p}_b]$ 및 $\mathbf{P}'_{\{35\times3\}} = [\mathbf{p}'_r\ \ \mathbf{p}'_g\ \ \mathbf{p}'_b]$에 각각 대응하는 컬러 매칭 함수 $\mathbf{C}_{\{3\times35\}}$ 및 $\mathbf{C}'_{\{3\times35\}}$ 간의 변환은 하나의 CMF 집합과 다른 원색 집합으로 구성되는 3 × 3 행렬 $\mathbf{M} \equiv \mathbf{C}'\mathbf{P}$에 의하여 주어진다.

$$\mathbf{C}' = \underbrace{\mathbf{C}'\mathbf{P}}_{\mathbf{M}}\mathbf{C} \tag{9.16}$$

이 결과를 보려면 $\mathbf{t} \in \mathbb{R}^{35}$를 실험 광의 SPD라고 하자. 원색 $\mathbf{P}$를 사용하는 t와 일치하는 삼자극치가 $\mathbf{u} \in \mathbb{R}^3$로 주어졌다고 가정하자. 유사하게, 우리가 $\mathbf{P}'$을 동일한 실험 광과 일치시키는 삼자극치로 두면 수식 (9.11)에서 다음을 얻는다.

$$\mathbf{u} = \mathbf{C}\mathbf{t} \tag{9.17}$$

$$\mathbf{u}' = \mathbf{C}'\mathbf{t} \tag{9.18}$$

첫 번째 원색의 강도가 $\mathbf{u}$로 지정된 삼자극치로 설정되면, 결과 SPD는 $\mathbf{P}\mathbf{u}$이다. 제 2 원색의 강도가 $\mathbf{u}'$에 의해 지정된 삼자극치로 설정되면, 결과 SPD는 $\mathbf{P}'\mathbf{u}'$이다. 두 경우 모두 결과 SPD는 실험 광과 동일하게 보인다. 즉, $\mathbf{t}$, $\mathbf{P}\mathbf{u}$ 및 $\mathbf{P}'\mathbf{u}'$는 메타머(metamers)이며, 수식 (9.12)에서 다음을 의미한다.

$$\mathbf{C}\mathbf{t} = \mathbf{C}\mathbf{P}\mathbf{u} = \mathbf{C}\mathbf{P}'\mathbf{u}' \tag{9.19}$$

$$\mathbf{C}'\mathbf{t} = \mathbf{C}'\mathbf{P}\mathbf{u} = \mathbf{C}'\mathbf{P}'\mathbf{u}' \tag{9.20}$$

여기서, 우리는 어떤 CMF가 사용되더라도 메타머가 메타머라는 것을 주목해야 한다. 수식 (9.18)을 수식 (9.20)으로 대입하면 다음이 된다.

$$\mathbf{u}' = \mathbf{C}'\mathbf{t} = \underbrace{\mathbf{C}'\mathbf{P}}_{\mathbf{M}}\mathbf{u} \tag{9.21}$$

$\mathbf{M} \equiv \mathbf{C}'\mathbf{P}$는 두 컬러 공간의 삼자극치를 나타내는 3 × 3 행렬임을 알 수 있다. 유사하게 수식 (9.17)을 수식 (9.20)에 대입하면 다음이 산출된다.

$$\mathbf{C}'\mathbf{t} = \mathbf{C}'\mathbf{P}\mathbf{u} = \underbrace{\mathbf{C}'\mathbf{P}}_{\mathbf{M}}\mathbf{C}\mathbf{t} \tag{9.22}$$

이 수식은 모든 실험 광 $\mathbf{t}$에 적용되므로 원하는 결과를 얻을 수 있다. $\mathbf{C}' = (\mathbf{C}'\mathbf{P})\mathbf{C} = \mathbf{MC}$이다. 유도에서 수식 (9.19)을 사용하지는 않았지만 수식 (9.19)와 수식 (9.20)은 $\mathbf{M}$에 의한 간단한 곱셈과 관련이 있음을 알 수 있다.

9.4.2 카메라와 디스플레이 간의 변환

컬러 카메라가 들어오는 빛을 감지하면 각 화소는 빨간색, 녹색 및 파란색 채널에 대한 값을 산출한다. 이 값들 각각은 어떤 컬러 공간에서 삼자극치(tristimulus value)로 생각할 수 있다. 컴퓨터 모니터와 같은 디스플레이 장치가 빛을 생성할 때, 3개의 입력 값에 따라 각 화소에 대해 빨간색, 녹색 및 파란색 원색의 선형 조합을 생성함으로써 이를 수행한다. 카메라로 포착된 3가지 값이 디스플레이를 구동하는데 필요한 3가지 값인 경우, 더 이상의 논의가 필요하지 않는다. 그러나 카메라와 디스플레이는 일반적으로 서로 다른 컬러 공간에서 작동한다. 하지만 충실한 재현을 보장하려면 카메라 컬러 공간의 삼자극치를 디스플레이 컬러 공간의 3가지 값으로 변환해야 한다.

보다 정확하게, 다음에 따라 RGB 값을 캡처하는 카메라가 있다고 가정하자.

$$\mathbf{v}_c = \mathbf{S}\mathbf{t} \tag{9.23}$$

여기서, $\mathbf{S}_{\{3\times35\}}$는 이전에 고려된 인간 원뿔(human cones)의 감지와 유사하게 화소의 SSF를 포함하고, $\mathbf{t} \in \mathbb{R}^{35}$는 실험 광이다. 이제 우리가 원색 $\mathbf{P}_{\{35\times3\}}$가 있는 디스플레이를 가지고 있어서 디스플레이가 값 $\mathbf{v}_d$에 의해 구동될 때, 결과 SPD가 $\mathbf{P}\mathbf{v}_d$가 된다고 가정하자. 가능하다면 들어오는 삼자극치를 출력 값에 매핑하는 3×3 선형 변환 $\mathbf{M}_{cd}$를 찾는다. $\mathbf{v}_d = \mathbf{M}_{cd}\mathbf{v}_c$이다.

정확한 컬러 재현을 위해, 우리는 디스플레이의 출력 $\mathbf{P}\mathbf{v}_d$와 원본 SPD $\mathbf{t}$이 메타머(metamers)가 되기를 원한다.

$$\mathbf{C}\mathbf{t} = \mathbf{C}\mathbf{P}\mathbf{v}_d = \mathbf{C}\mathbf{P}\mathbf{M}_{cd}\mathbf{v}_c = \mathbf{C}\mathbf{P}\mathbf{M}_{cd}\mathbf{S}\mathbf{t} \tag{9.24}$$

여기서, $\mathbf{C}_{\{3\times35\}}$에는 디스플레이 원색에 해당하는 CMF가 포함된다. 이 관계는 모든 테스트 광 $\mathbf{t}$에 대해 참이어야하므로 다음을 의미한다.

$$\mathbf{C} = \underbrace{\mathbf{C}\mathbf{P}}_{3\times3}\mathbf{M}_{cd}\mathbf{S} \tag{9.25}$$

혹은 **CP**가 다음과 같이 반전 가능하다.

$$\mathbf{M}_{cd}\mathbf{S} = (\mathbf{CP})^{-1}\mathbf{C} \tag{9.26}$$

이것은 카메라의 SSF **S**, 디스플레이의 원색 **P** 및 원색에 대응하는 CMF **C**가 주어지면 알려지지 않은 변환 $\mathbf{M}_{cd}$의 표준 선형 수식이다.

수식 (9.26)에 주목할 때 중요한 점은 임의의 3 × 35 행렬 **S**와 오른쪽의 임의의 3 × 35 행렬 $(\mathbf{CP})^{-1}\mathbf{C}$에 대해 3 × 3 선형 변환이 존재한다는 보장이 없다는 것이다. 즉, 임의의 카메라가 감지한 3가지 값이 어떤 컬러 공간의 삼자극치와도 관계가 있어야하는 이유는 없다. 그럼에도 불구하고, 카메라는 일반적으로 화소 앞에 있는 3개의 컬러 필터의 SSF가 인간 원뿔의 SSF와 충분히 유사하여 3개의 감지된 값이 선형 변환을 사용하여 삼자극치와 대략 관련될 수 있도록 설계된다. 이 요구 사항은 일부 $\mathbf{M}_{\{3\times3\}}$ 및 일부 컬러 공간 **C**에 대해 $\mathbf{S} = \mathbf{MC}$가 **루터 조건**(Luther condition)[5]으로 알려져 있다. 그라스만의 법칙에 따라 모든 CMF가 선형 변환과 관련되어 있기 때문에 **C**는 임의의 컬러 공간이 될 수 있다. 또는 등가적으로 우리는 $\mathbf{S} = \mathbf{M}\tilde{\mathbf{S}}$(물론 다른 **M**을 산출 함)을 요구할 수 있다. $\tilde{\mathbf{S}}$가 원추 SSF이다. 이는 적절히 측정된다면 원뿔 SSF는 그림 9.5에서 보았듯이 선형 변환을 통해 CMF와 관련되기 때문이다.

실제로 **S**, **P**, 그리고 **C**를 측정하는 것은 상당히 지루하고 오류가 발생하기 쉽기 때문에 수식 (9.26)을 푸는 것은 $\mathbf{M}_{cd}$를 얻는 일반적인 방법이 아니다. 대신, 카메라와 디스플레이는 CIE *XYZ*에 대한 선형 변환을 찾기 위해 개별적으로 조정된다. 컬러 카메라를 보정하기 위해, 표준 광원 하에서 CIE *XYZ* 좌표가 알려진 물체를 촬영한다. RGB 값은 카메라에 의해 캡처되고, 데이터에 선형 맞춤이 수행되어 최상의 3 × 3 카메라 변환 $\mathbf{M}_c$를 찾는다.

$$\begin{bmatrix} X_1 & X_2 & & X_n \\ Y_1 & Y_2 & \cdots & Y_n \\ Z_1 & Z_2 & & Z_n \end{bmatrix} = \mathbf{M}_c \begin{bmatrix} R_1 & R_2 & & R_n \\ G_1 & G_2 & \cdots & G_n \\ B_1 & B_2 & & B_n \end{bmatrix} \tag{9.27}$$

여기서, n은 측정 횟수이다. 업계에서 널리 사용되는 보정 대상은 **맥베스 컬러 첵커**(Macbeth ColorChecker) 컬러 변환 차트(color-rendition chart)이다. 이 차트는 그림 9.11과 같이 4 × 6 배열로 배치된 24개의 정사각형 패치로 구성된다. 각 패치는 인간의 피부, 단풍, 푸른 하늘, 치커리 꽃(chicory flower) 등과

5 로버트 루터(Robert Luthert, 1868–1945)는 독일의 화학자이고, 루터 조건은 맥스웰-이브스(Maxwell-Ives) 기준으로 알려져 있다.

그림 9.11 맥베스 컬러 첵커(Macbeth Color Checker) 컬러 변환 차트.

같은 자연적으로 발생하는 표면과 유사한 표면 반사 기능은 물론 가산 및 감산 원색 및 회색 범위를 가지고 있다. 카메라가 보정되면, 감지된 RGB 값을 다음의 수식을 사용하여 *XYZ*로 변환할 수 있다.

$$\begin{bmatrix} X \\ Y \\ Z \end{bmatrix} = \mathbf{M}_c \begin{bmatrix} R_c \\ G_c \\ B_c \end{bmatrix} \tag{9.28}$$

여기서, R_c, G_c 및 B_c는 주어진 화소에서 카메라로 얻은 3가지 원시 컬러 값이다. 이전에 우리가 보았던 것을 생각해 보면, 행렬은 $\mathbf{M}c = \tilde{\mathbf{C}}\mathbf{S}^{+}$이고, 여기서, $\tilde{\mathbf{C}}$는 *XYZ* 공간에 대한 CMF를 포함하고(그림 9.5), $\mathbf{S}$는 카메라의 세 가지 색상 필터의 SSF를 포함한다.

유사하게, R_d, G_d 및 B_d가 디스플레이의 컬러 채널(예를 들어, 컴퓨터 모니터)에 전송된 3가지의 값이라면, 디스플레이 되는 *XYZ* 좌표는 상이한 3 × 3 디스플레이 변환 $\mathbf{M}_d$에 의해 주어진다.

$$\begin{bmatrix} X \\ Y \\ Z \end{bmatrix} = \mathbf{M}_d \begin{bmatrix} R_d \\ G_d \\ B_d \end{bmatrix} \tag{9.29}$$

디스플레이(예를 들어, 컴퓨터 모니터)를 보정하기 위해, 전형적으로는 **비색계**(colorimeter)가 어떤 수의 알려진 컬러 값에 대한 출력을 측정하는데 사용된다. 비색계는 분광 방사 측정기(spectroradiometer)와 유사하지만, 측정 방법은 투과율 스펙트럼이 CIE CMF와 일치하는 3개의 필터로 필터링된 광대역 스펙트럼 에너지를 측정한다. 이런 식으로 비색계는 어떤 빛에 대해서도 *XYZ* 삼자극치를 출력한다. 예를 들어, 3개의 원색이 모두 켜져 있으면 비색계는 $\mathbf{M}_d$의 열을 나타낸다. 또한 그 이전의 $\mathbf{M}_d = \tilde{\mathbf{C}}\mathbf{P}$를 기억하라.

일단 카메라와 디스플레이가 보정되면 *XYZ* 삼자극치를 일치시키길 원하기 때문에, 3 × 3 변환은 $\mathbf{M}_{cd} \equiv \mathbf{M}_d^{-1}\mathbf{M}_c$로 표현될 수 있다.

$$\begin{bmatrix} R_d \\ G_d \\ B_d \end{bmatrix} = \underbrace{\mathbf{M}_d^{-1}\mathbf{M}_c}_{\mathbf{M}_{cd}} \begin{bmatrix} R_c \\ G_c \\ B_c \end{bmatrix} \tag{9.30}$$

이 결과는 $\mathbf{M}_{cd} = \underbrace{(\tilde{\mathbf{C}}\mathbf{P})}_{\mathbf{M}_d}{}^{-1}\underbrace{\tilde{\mathbf{C}}\mathbf{S}^{+}}_{\mathbf{M}_c}$ 이고, 수식 (9.26)의 결과와 동일하다는 점에 유의하라.

9.4.3 화이트 밸런싱

이전 절의 변환은 실험 광을 디스플레이에서 방출된 광과 일치시키는 것에 기반을 둔다. 그러나 실제로는 카메라가 광원(illuminant)에서 나오는 빛을 반사하는 불투명한 물체를 보게 된다. 다른 광원 하에서는 카메라의 3개 센서에 의해 생성된 값이 달라진다. 그러나 우리는 감지된 컬러를 동일하게 유지하고자 한다. 인간의 시각 시스템은 놀랍고 아직 완전히 이해되지는 않았지만, 서로 다른 관찰 조건에 적응할 수 있는 능력, **채도 적응**(chromatic adaptation) 또는 **컬러 불변성**(color constancy)으로 알려진 현상을 가지고 있다. 밝은 햇빛, 흐린 주광, 백열 전구 또는 형광등 빛 아래에서 볼 때, 같은 물체는 일반적으로 3개의 원뿔(cones)에서 생성된 감각이 동일하지 않더라도 동일하게 감지된다.

화이트 밸런스의 목표는 광원에 따라 카메라에서 생성된 값을 조정하여 중성 컬러(회색)가 중립을 유지하고, 광원이 바뀌더라도 다른 모든 컬러가 그대로 유지되도록 하는 것이다. 이 결과를 보장하는 간단한 수학적 관계는 없지만 실제로는 일부 컬러 공간에서 대각선 크기 조정이 잘 작동한다. 이 접근법은 특정 컬러 공간으로의 3×3 변환, 대각선 크기 조절, 마지막으로 역변환이 필요하다. 즉 이 변환 후에 $[R_c \;\; G_c \;\; B_c]^T$를 카메라 출력으로 재정의 하면 $[R'_c \;\; G'_c \;\; B'_c]^T$가 변환 전의 원시 입력이며, 다음의 수식을 얻는다.

$$\begin{bmatrix} R_c \\ G_c \\ B_c \end{bmatrix} = \mathbf{M}_w^{-1} \begin{bmatrix} \alpha_r & 0 & 0 \\ 0 & \alpha_g & 0 \\ 0 & 0 & \alpha_b \end{bmatrix} \mathbf{M}_w \begin{bmatrix} R'_c \\ G'_c \\ B'_c \end{bmatrix} \tag{9.31}$$

여기서, 대각선 스케일링은 α_r, α_g 및 α_b에 의해 캡처되고, $\mathbf{M}_w$의 선택은 컬러 공간을 결정한다. **폰 크리스**(von Kries)의 방법으로 알려진 실제적으로 잘 작동하는 한 가지 방법은 $\mathbf{M}_w$를 선택하여 원추형 SSF에 의해 정의된 컬러 공간으로 변환하는 것이다. 한 가지 잘 작동되지 않는 방법은 $\mathbf{M}_w$를 선택하여 CIE XYZ로 변환하는 것이다. 이 방법은 "잘못된 폰 크리스 방법(wrong von Kries method)"이라고도 한다. 실제로, 최상의 변환은 좁은 원추형 공간, 즉 센서가 원추형 SSF 보다 훨씬 좁게 집중된 컬러 공간에 해당하는 것으로 밝혀졌다. 이러한 스펙트럼적으로 예리한 방법은 광범위하게 사용되는 **브래드포드 변환**(Bradford transform) 및 **샤프 변환**(Sharp transform)을 포함한다.

9.4.4 ICC 프로파일

실제로, 다양한 장치의 컬러 공간 사이의 변환 문제는 프린터가 비선형적이고 감산 공간에서 작동한다는 것과 모든 장치의 관찰 조건이 반드시 동일하지 않음에 따라 더욱 복잡해진다. 예를 들어, 컴퓨터 모니터는 비교적 밝은 환경에서 보는 경향이 있지만 영화는 어두운 환경에서 주로 본다. 따라서 모니터에 흰색 물체를 표시할 때 세 가지 원색의 출력을 최대화해야 할 수도 있지만 이 옵션을 사용하면 반사 하이라이트를 표시할 추가 밝기가 없다. 한편, 영화를 디스플레이할 때, 사람의 눈이 어두운 환경에 적응할 것이므로, 반사된 하이라이트가 더 큰 강도로 디스플레이될 수 있기 때문에, 원색의 전체 강도보다 작은 흰색을 디스플레이하는 것이 가능할 수 있다. **렌더링 인텐트**(rendering intent)는 출력 장치가 영역을 벗어나는 값, 즉 장치에서 표시할 수 없는 값에 매핑되는 컬러를 처리하는 방법을 제어하는 사양을 나타낸다.

2004년 이래로 장치의 컬러 속성을 지정하는 현재 표준은 **국제 컬러 컨소시엄**(international color consortium, ICC)이 정한 **ICC 프로파일**이다. 세 가지 유형의 장치는 입력 장치(예: 카메라 또는 스캐너), 디스플레이 장치(예: 컴퓨터 모니터) 및 출력 장치(예: 프린터)와 같은 ICC 프로필을 가질 수 있다. 제조업체는 ICC 프로파일과 함께 출하되도록 장치를 신중하게 조정한다. 이러한 방식으로, 다양한 입출력 장치가 서로 연결될 수 있고, 정확한 컬러 재현을 용이하게 한다. ICC 프로파일은 장치의 컬러 공간 값을 CIE 1931 *XYZ* 또는 CIELAB(나중에 정의 됨)의 표준 컬러 공간 두 개 중 하나로 변환하도록 지정한다. 여기서, 변환은 3×3 행렬 또는 서로 다른 파장의 값을 갖는 룩업 테이블(lookup table , LUT)이다. 프로파일은 기준 관찰 조건 및 표준 광원(D_{50})에 대응한다. 각 프로파일에는 절대 색도, 상대 색도, 지각 또는 포화도의 네 가지 렌더링 인텐트 중 하나가 포함된다. 처음 두 가지는 각각 컬러 영역 내 절대 비색계(colorimetry) 또는 흰색 점에 대한 컬러 영역 내 비색계를 유지한다. 후자의 두 가지는 컬러 영역을 벗어난 컬러를 보다 잘 처리하고, 전 범위의 컬러를 유지하는 지각적 인텐트 및 컴퓨터 그래픽을 표시하기 위한 포화된 컬러를 보존하는 포화도 인텐트를 포함하여 컬러 영역 내 비색계를 조정시킨다.

9.4.5 CAM과 CAT

3 차원을 사용하여 컬러 지각을 적절하게 기술할 수 있다. 이 결론은 제한된 시야, 비문맥 및 특정 적응 상태로 신중하게 제어되는 관찰 환경에서 수행되는 컬러 매칭 실험에 의해 뒷받침된다. 그러나 실제 조명 환경에서는 다양한 조명 레벨과 더 넓은 시야로 보다 복잡한 모델이 필요하다. 이러한 모델은 **컬러 외관 모델**(color appearance model, CAM)으로 알려져 있으며, 가장 최근 표준은 CIECAM02이다. CAM에서 컬러 표현에 대한 시각적 인식은 6가지 차원으로 정의된다. 3가지에는 물체 속성(명도(lightness), 채도(chroma) 및 색상(hue))을 설명하는 3과 조명 환경(밝기(brightness), 색채(colorfulness) 및 포화도(saturation))을 설명하는 3이 있다. 실제로 색채, 채도 및 포화도가 모두 상호 관련되어 있으므로 일부는 컬러 모양을 설명하는 데에 5 차원으로 충분할 수 있다고 제안했다. CAM은 흰색 점을 적용하여 컬러의 불변성을 측정하는 것을 목표로 하는 **채도 적응 변환**(chromatic adaptation transform, CAT)을 포함하며, 방금 언급한 6가지 값을 계산하기 위한 수식도 포함한다.

9.5 컬러 공간

이제 컬러 감각과 표현의 기본 원리를 살펴보았으므로, 이 절에서는 보다 일반적으로 사용되는 여러 컬러 공간과 그 사이의 변환을 살펴보자.

9.5.1 *RGB*와 *R′G′B′*

카메라와 디스플레이에 가장 자연스러운 컬러 공간은 *RGB*이다. 카메라의 경우, *RGB*라는 용어는 화소의 광 검출기 위에 놓인 필터의 SSF의 피크가 대략 빨간색, 녹색 및 파란색에 해당한다는 사실을 의미한다. 디스플레이의 경우, 이 용어는 사용된 3 개의 기본 색이 빨간색, 녹색 및 파란색처럼 보임을 나타낸다. 그라스만의 법칙이 적용되는 선형 조명 공간의 값과 감마 압축의 결과인 비선형 값을 신중하게 구분하기 위해, *RGB*를 사용하여 전자를 참조하고 *R′G′B′*은 후자를 참조한다. 컬러 영상이 포함된 파일에서 화소 값을 로드하면 화소 값이 원시 형식(raw format)으로 저장되어 있지 않으면, 선형 *RGB*가 아닌 비선형 *R′G′B′*를 액세스할 가능성이 커다.

값은 어떤 컬러 공간이 사용되는지에 따라 다르므로 *RGB* 값은 컬러를 고유하게 정의하지 않는다는 점에 유의해야 한다. *RGB* 공간은 원색과 흰색 점(비선형

$R'G'B'$의 경우, 감마 압축에 사용되는 전달 함수와 함께)에 의해 고유하게 정의된다. 3개의 원색 및 흰색 점의 선형 XYZ 삼자극치가 주어지면, 선형 RGB에서 XYZ로의 변환은 다음과 같다.

$$\begin{bmatrix} X \\ Y \\ Z \end{bmatrix} = \underbrace{\begin{bmatrix} X_r & X_g & X_b \\ Y_r & Y_g & Y_b \\ Z_r & Z_g & Z_b \end{bmatrix}}_{\text{primaries}} \begin{bmatrix} A_r & 0 & 0 \\ 0 & A_g & 0 \\ 0 & 0 & A_b \end{bmatrix} \begin{bmatrix} R \\ G \\ B \end{bmatrix} \tag{9.32}$$

여기서, 스케일링 계수 A_r, A_g 및 A_b는 다음을 해결함으로써 주어진다.

$$\underbrace{\begin{bmatrix} X_r & X_g & X_b \\ Y_r & Y_g & Y_b \\ Z_r & Z_g & Z_b \end{bmatrix}}_{\text{primaries}} \begin{bmatrix} A_r \\ A_g \\ A_b \end{bmatrix} = \underbrace{\begin{bmatrix} X_w \\ Y_w \\ Z_w \end{bmatrix}}_{\text{white point}} \tag{9.33}$$

실제로 원색의 전체 강도는 사용할 수 없다. 대신 우리는 색도(chromaticity) 좌표(x_r, y_r), (x_g, y_g) 및 (x_b, y_b)에만 액세스할 수 있다. $\mathbf{F} \equiv diag(Y_r, Y_g, Y_b)$인 수식 (9.32)와 (9.33)의 원색을 포함하는 행렬 바로 뒤에 $\mathbf{F}^{-1}\mathbf{F}$를 삽입하면 다음이 산출된다.

$$\begin{bmatrix} X \\ Y \\ Z \end{bmatrix} = \begin{bmatrix} X_r & X_g & X_b \\ Y_r & Y_g & Y_b \\ Z_r & Z_g & Z_b \end{bmatrix} \begin{bmatrix} Y_r^{-1} & 0 & 0 \\ 0 & Y_g^{-1} & 0 \\ 0 & 0 & Y_b^{-1} \end{bmatrix} \begin{bmatrix} Y_r & 0 & 0 \\ 0 & Y_g & 0 \\ 0 & 0 & Y_b \end{bmatrix} \begin{bmatrix} A_r & 0 & 0 \\ 0 & A_g & 0 \\ 0 & 0 & A_b \end{bmatrix} \begin{bmatrix} R \\ G \\ B \end{bmatrix} \tag{9.34}$$

$$\begin{bmatrix} X_r & X_g & X_b \\ Y_r & Y_g & Y_b \\ Z_r & Z_g & Z_b \end{bmatrix} \begin{bmatrix} Y_r^{-1} & 0 & 0 \\ 0 & Y_g^{-1} & 0 \\ 0 & 0 & Y_b^{-1} \end{bmatrix} \begin{bmatrix} Y_r & 0 & 0 \\ 0 & Y_g & 0 \\ 0 & 0 & Y_b \end{bmatrix} \begin{bmatrix} A_r \\ A_g \\ A_b \end{bmatrix} = \begin{bmatrix} X_w \\ Y_w \\ Z_w \end{bmatrix} \tag{9.35}$$

이는 우리가 사용할 수 있는 다음의 수식을 유도한다.

$$\begin{bmatrix} X \\ Y \\ Z \end{bmatrix} = \begin{bmatrix} x_r/y_r & x_g/y_g & x_b/y_b \\ 1 & 1 & 1 \\ z_r/y_r & z_g/y_g & z_b/y_b \end{bmatrix} \begin{bmatrix} \alpha_r & 0 & 0 \\ 0 & \alpha_g & 0 \\ 0 & 0 & \alpha_b \end{bmatrix} \begin{bmatrix} R \\ G \\ B \end{bmatrix} \tag{9.36}$$

$$\begin{bmatrix} x_r/y_r & x_g/y_g & x_b/y_b \\ 1 & 1 & 1 \\ z_r/y_r & z_g/y_g & z_b/y_b \end{bmatrix} \begin{bmatrix} \alpha_r \\ \alpha_g \\ \alpha_b \end{bmatrix} = \begin{bmatrix} X_w \\ Y_w \\ Z_w \end{bmatrix} \tag{9.37}$$

$x_r \equiv X_r/S_r$, $y_r \equiv X_r/S_r$ 및 $\alpha_r \equiv A_r/Y_r$, 여기서, $S_r \equiv X_r + Y_r + Z_r$이므로 $X_r/Y_r = x_rS_r/y_rS_r = x_r/y_r$가 되며, 다른 컬러 채널에서도 마찬가지이다.

R, G, B의 값이 0에서 1까지이고 Y와 유사하다고 가정하고, 3개의 모든 원색 $(R = G = B = 1)$의 최대 강도가 최대값 휘도$(Y = 1)$이면, $\alpha_r + \alpha_g + \alpha_b = 1$이라는 추가적인 제한을 가진다.

이 모든 것을 종합하면, 원색과 흰색 점의 색도가 주어지면, α_r, α_g, α_b에 대해 수식 (9.37)을 풀 수 있다. 일단 이러한 값들이 발견되면, (X_w, Y_w, Z_w)의 스케일링 효과를 제거하기 위해 $\alpha_r + \alpha_g + \alpha_b = 1$이라는 제약 조건을 적용한다. 그런 다음 이러한 정규화된 값은 수식 (9.36)에 다시 연결되어 (R, G, B)에서 (X, Y, Z)로 변환된다.

몇 가지 잘 알려진 비디오 및 영상 표준의 색도 및 흰색 점이 표 9.1에 나열되어 있다.(비선형 전달 함수는 이전 장에서 다루었다.[6]) 1953년 채택된 미국과 일본의 아날로그 컬러 텔레비전 방송은 2009년 디지털 비디오로 대체되기까지 **국가 TV 시스템 위원회**(national television system committee, NTSC)로 알려져 있다. NTSC의 원색은 당시 사용된 형광체 기술에 해당하며, 광원은 현재 사용되지 않는 CIE 표준 광원 C이다. 다음 10년 동안 형광체 기술이 크게 향상되어 1966년 유럽 표준 PAL(phase alternating line) 표준이 표준화되었을 때, 원색들은 오늘날 사용되는 것과 매우 비슷하게 변경되었다. 이러한 NTSC 및 PAL 표준의 색도 좌표와 흰색 점은 1982년 디지털 비디오로 인터레이스(interlace)된 아날로그 비디오 신호를 인코딩하기 위해 채택된 두 가지 버전의 Rec. 601[7]에 의해 상속되었다.

예제 9.1

표 9.1에 나와 있는 NTSC 원색과 흰색 점을 사용하여 RGB와 CIE XYZ 사이의 3×3 행렬 변환을 계산하라.

풀이

표의 첫 번째 행부터는 빨간색 채널에 대해 $x_r/y_r = 0.67/0.33 = 2.03$ 및 $z_r/y_r = (1 - x_r - y_r)/y_r = (1 - 0.67 - 0.33)/0.33 = 0$을 갖는다. 다른 컬러 채널을 반복하면, 계수를 풀기 위해 수식 (9.37)을 사용한다.

$$\begin{bmatrix} \alpha_r \\ \alpha_g \\ \alpha_b \end{bmatrix} = \begin{bmatrix} 2.0303 & 0.2958 & 1.75 \\ 1 & 1 & 1 \\ 0 & 0.1127 & 9.75 \end{bmatrix}^{-1} \begin{bmatrix} 0.310 \\ 0.316 \\ 0.374 \end{bmatrix} = \begin{bmatrix} 0.0945 \\ 0.1853 \\ 0.0362 \end{bmatrix} \Rightarrow \begin{bmatrix} 0.2990 \\ 0.5864 \\ 0.1146 \end{bmatrix} \quad (9.38)$$

최종 값은 정규화에 의해 얻어지므로 $\alpha_r + \alpha_g + \alpha_b = 1$이 된다. 이 값을 다시 수식 (9.36)에 대입하면 원하는 결과를 얻을 수 있다.

---

6 2.3.2절 (p. 52)

7 공식적으로 ITU-R Recommendation BT.601, 일반적으로 CCIR 601.

표 9.1 여러 비디오 및 영상 표준의 원색 및 흰색 점의 (x, y) 색도 좌표. NTSC 및 PAL은 원래 북미 및 유럽의 아날로그 비디오 신호로 더 이상 널리 사용되지 않는다. Rec. 709는 HDTV에서 사용되는 현대 표준이며, sRGB는 데스크톱 컴퓨팅의 표준이며, Rec. 2020은 UHDTV에서 사용되는 최신 표준이다.

	red	green	blue	white point	
NTSC	(0.67, 0.33)	(0.21, 0.71)	(0.14, 0.08)	(0.310, 0.316)	CIE C
PAL	(0.64, 0.33)	(0.29, 0.60)	(0.15, 0.06)	(0.3127, 0.3290)	CIE D_{65}
Rec. 709, sRGB	(0.640, 0.330)	(0.300, 0.600)	(0.150, 0.060)	(0.3127, 0.3290)	CIE D_{65}
Rec. 2020	(0.708, 0.292)	(0.170, 0.797)	(0.131, 0.046)	(0.3127, 0.3290)	CIE D_{65}

$$\begin{bmatrix} X^C \\ Y^C \\ Z^C \end{bmatrix} = \begin{bmatrix} 2.0303 & 0.2958 & 1.75 \\ 1 & 1 & 1 \\ 0 & 0.1127 & 9.75 \end{bmatrix} \begin{bmatrix} 0.2990 & 0 & 0 \\ 0 & 0.5864 & 0 \\ 0 & 0 & 0.1146 \end{bmatrix} \begin{bmatrix} R^C_{NTSC} \\ G^C_{NTSC} \\ B^C_{NTSC} \end{bmatrix} \tag{9.39}$$

$$= \underbrace{\begin{bmatrix} 0.6070 & 0.1734 & 0.2006 \\ 0.2990 & 0.5864 & 0.1146 \\ -0.0000 & 0.0661 & 1.1175 \end{bmatrix}}_{\mathbf{M}^C_{NTSC}} \begin{bmatrix} R^C_{NTSC} \\ G^C_{NTSC} \\ B^C_{NTSC} \end{bmatrix} \tag{9.40}$$

여기서, 사용되는 흰색 점(이 경우 CIE 표준 광원 C)을 나타내는 위 첨자와 RGB 원색(이 경우 NTSC에서 지정한 것)의 선택을 나타내는 첨자를 도입했다. 표기 $\mathbf{M}^a_b$는 흰색 점 a를 사용하여 b의 원색으로부터의 변환을 나타낸다. 이 결과에 대해 특히 흥미로운 것은 중간 행이며, 휘도(luminance)는 다음과 같이 주어진다.

$$Y^C = 0.299R^C_{601} + 0.587G^C_{601} + 0.114B^C_{601} \tag{9.41}$$

여기서, 우리는 Rec. 601이 채택한 숫자이기 때문에 아래 첨자를 601로 변경했다. 이 수식은 RGB를 그레이 스케일로 변환하는데 사용되는 잘 알려진 **3-6-1 규칙**(3-6-1 rule)의 기초이다. 이에 대해서는 나중에 자세히 살펴보자.

오늘날 거의 모든 장치에서 사용되는 현대 비디오 및 영상 표준은 서로 다른 색도 및 흰색 점을 공유하며 전송 기능만 다르다. **Rec. 709**[8]는 1990년에 고화질 TV(high-definition television, HDTV) 표준 및 스튜디오 비디오 및 방송 TV에 채택되었다. **sRGB** 표준은 개인용 데스크톱 컴퓨터, 모니터, 프린터 및 인터넷의 표준으로 PC 제조업체를 선도함으로써 1996년에 개발되었으며 LCD 모니터, 디지털 카메라 및 스캐너에서도 사용된다. **Rec. 2020**은 초 고화질 TV(ultra-high-definition television, UHDTV)의 표준으로 2012년에 채택되었

8 공식적으로 ITU-R Recommendation BT.709.

다. 일반적으로 내장된 컬러 프로파일이나 추가 정보가 없는 경우, 채널당 8 비트 정지 영상이 sRGB 컬러 공간에 있고 비디오는 Rec. 709에 있다고 가정한다.

Rec. 709 표준(또는 선형 컬러 공간이 동일하므로 sRGB)에 대해 위의 절차를 반복하면 다음의 수식이 산출된다.

$$\begin{bmatrix} X^{D65} \\ Y^{D65} \\ Z^{D65} \end{bmatrix} = \underbrace{\begin{bmatrix} 0.4124 & 0.3576 & 0.1805 \\ 0.2126 & 0.7152 & 0.0722 \\ 0.0193 & 0.1192 & 0.9505 \end{bmatrix}}_{\mathbf{M}_{709}^{D65}} \begin{bmatrix} R_{709}^{D65} \\ G_{709}^{D65} \\ B_{709}^{D65} \end{bmatrix} \quad (9.42)$$

따라서, 보다 현대적인 컬러 공간은 휘도(luminance) 계산을 위한 **2–7–1 규칙**(2–7–1 rule)으로 이어진다.

$$Y^{D65} = 0.2126 R_{709}^{D65} + 0.7152 G_{709}^{D65} + 0.0722 B_{709}^{D65} \quad (9.43)$$

수식 (9.40)과 (9.42) 둘 다에서 중간 행의 합이 1로 되고, 행렬의 각 열에는 해당 기본 행의 삼자극치가 포함된다. 따라서 0.607/(0.607 + 0.299) = 0.67, 0.1734/(0.1734 + 0.5864 + 0.0661) = 0.21, 0.2006/(0.2006 + 0.1146 + 1.1175) = 0.14 등이다. 물론 *XYZ*에서 *RGB*로의 변환은 단순히 행렬의 역함수와 같다.

하나의 *RGB* 공간에서 다른 공간으로 변환할 때, *RGB* 값을 표준 기준 좌표계(예: CIE *XYZ*)로 변환한 다음, 기준 좌표계에서 다른 *RGB* 공간으로 변환하는 것이 일반적이다. 즉, 전체 변환은 하나의 3 × 3 행렬에 다른 행렬의 역수를 곱하는 것을 포함하지만, 흰색 점이 다르면 추가 행렬을 도입해야하므로 주의해야 한다. 예를 들어, 위의 행렬은 NTSC와 Rec. 709를 CIE *XYZ*로 변환하지만 서로 다른 흰색 점을 사용하기 때문에 두 변환 간의 변환은 실제로 $(\mathbf{M}_{709}^{D65})^{-1} \mathbf{N}_{C}^{D65} \mathbf{M}_{NTSC}^{C}$이다. 여기서, $\mathbf{N}_{b}^{a}$는 두 개의 흰색 점 a 및 b 간의 변환이다. 이것은 매우 중요하다. Rec. 709 및 sRGB는 D_{65}를 사용하므로 컬러 공간 변환에 사용되는 ICC 프로파일은 D_{50}을 대신 사용하기 때문이다.

예제 9.2 D_{65}와 D_{50} 사이의 3 × 3 행렬 변환을 계산하라.

풀이 예제 9.1과 마찬가지로 D_{50}에 대해 다음과 같이 표시한다.

$$\begin{bmatrix} \alpha_r \\ \alpha_g \\ \alpha_b \end{bmatrix} = \begin{bmatrix} 2.0303 & 0.2958 & 1.75 \\ 1 & 1 & 1 \\ 0 & 0.1127 & 9.75 \end{bmatrix}^{-1} \begin{bmatrix} 0.3457 \\ 0.3585 \\ 0.2958 \end{bmatrix} = \begin{bmatrix} 0.1148 \\ 0.2158 \\ 0.0278 \end{bmatrix} \Rightarrow \begin{bmatrix} 0.3203 \\ 0.6020 \\ 0.0777 \end{bmatrix} \quad (9.44)$$

그래서,

$$\begin{bmatrix} X^{D50} \\ Y^{D50} \\ Z^{D50} \end{bmatrix} = \begin{bmatrix} 2.0303 & 0.2958 & 1.75 \\ 1 & 1 & 1 \\ 0 & 0.1127 & 9.75 \end{bmatrix} \begin{bmatrix} 0.3203 & 0 & 0 \\ 0 & 0.6020 & 0 \\ 0 & 0 & 0.0777 \end{bmatrix} \begin{bmatrix} R^{D50}_{NTSC} \\ G^{D50}_{NTSC} \\ B^{D50}_{NTSC} \end{bmatrix} \tag{9.45}$$

$$= \underbrace{\begin{bmatrix} 0.6503 & 0.1781 & 0.1359 \\ 0.3203 & 0.6020 & 0.0777 \\ -0.0000 & 0.0678 & 0.7573 \end{bmatrix}}_{\mathbf{M}^{D50}_{NTSC}} \begin{bmatrix} R^{D50}_{NTSC} \\ G^{D50}_{NTSC} \\ B^{D50}_{NTSC} \end{bmatrix} \tag{9.46}$$

D_{65}도 비슷하다.

$$\begin{bmatrix} \alpha_r \\ \alpha_g \\ \alpha_b \end{bmatrix} = \begin{bmatrix} 2.0303 & 0.2958 & 1.75 \\ 1 & 1 & 1 \\ 0 & 0.1127 & 9.75 \end{bmatrix}^{-1} \begin{bmatrix} 0.3127 \\ 0.3290 \\ 0.3583 \end{bmatrix} = \begin{bmatrix} 0.0953 \\ 0.1993 \\ 0.0344 \end{bmatrix} \Rightarrow \begin{bmatrix} 0.2897 \\ 0.6056 \\ 0.1047 \end{bmatrix} \tag{9.47}$$

그래서,

$$\begin{bmatrix} X^{D65} \\ Y^{D65} \\ Z^{D65} \end{bmatrix} = \begin{bmatrix} 2.0303 & 0.2958 & 1.75 \\ 1 & 1 & 1 \\ 0 & 0.1127 & 9.75 \end{bmatrix} \begin{bmatrix} 0.2897 & 0 & 0 \\ 0 & 0.6056 & 0 \\ 0 & 0 & 0.1047 \end{bmatrix} \begin{bmatrix} R^{D65}_{NTSC} \\ G^{D65}_{NTSC} \\ B^{D65}_{NTSC} \end{bmatrix} \tag{9.48}$$

$$= \underbrace{\begin{bmatrix} 0.5881 & 0.1791 & 0.1832 \\ 0.2897 & 0.6056 & 0.1047 \\ -0.0000 & 0.0682 & 1.0208 \end{bmatrix}}_{\mathbf{M}^{D65}_{NTSC}} \begin{bmatrix} R^{D65}_{NTSC} \\ G^{D65}_{NTSC} \\ B^{D65}_{NTSC} \end{bmatrix} \tag{9.49}$$

D_{65}에서 D_{50}으로의 변환은 다음 수식에 의해 주어진다.

$$\begin{bmatrix} {}^{601}_{255}Y' \\ C_B \\ C_R \end{bmatrix} \equiv \begin{bmatrix} 0 \\ 128 \\ 128 \end{bmatrix} + \begin{bmatrix} 0.299 & 0.587 & 0.114 \\ -0.1687 & -0.3313 & 0.5 \\ 0.5 & -0.4187 & -0.0813 \end{bmatrix} \begin{bmatrix} {}_{255}R' \\ {}_{255}G' \\ {}_{255}B' \end{bmatrix} \tag{9.50}$$

9.5.2 $Y'P_BP_R$

종종 밝기의 인식과 관련된 **휘도**(luminance)를 컬러의 개념(예: 색상 및 채도)과 연관시키는 매개 변수를 도착하는 **색차**(chrominance)와 분리하는 것이 바람직하다. 이러한 분리는 3개의 *RGB* 센서 값을 휘도가 하나의 축으로 기술되고, 색차가 나머지 두 축에 의해 기술되는 컬러 공간으로 변환함으로써 수행된다. 여기서, 알 수 있듯이 *RGB*/*R'G'B'*을 제외한 거의 모든 컬러 공간은 이러한 분리를 기반으로 한다.(이 분리를 명시적으로 유지하지는 않지만, *XYZ* 공간은 그럼에도 불구하고 휘도 값 *Y*를 색도 좌표 *x* 및 *y*와 연결하여 *xyY* 컬러 공간을

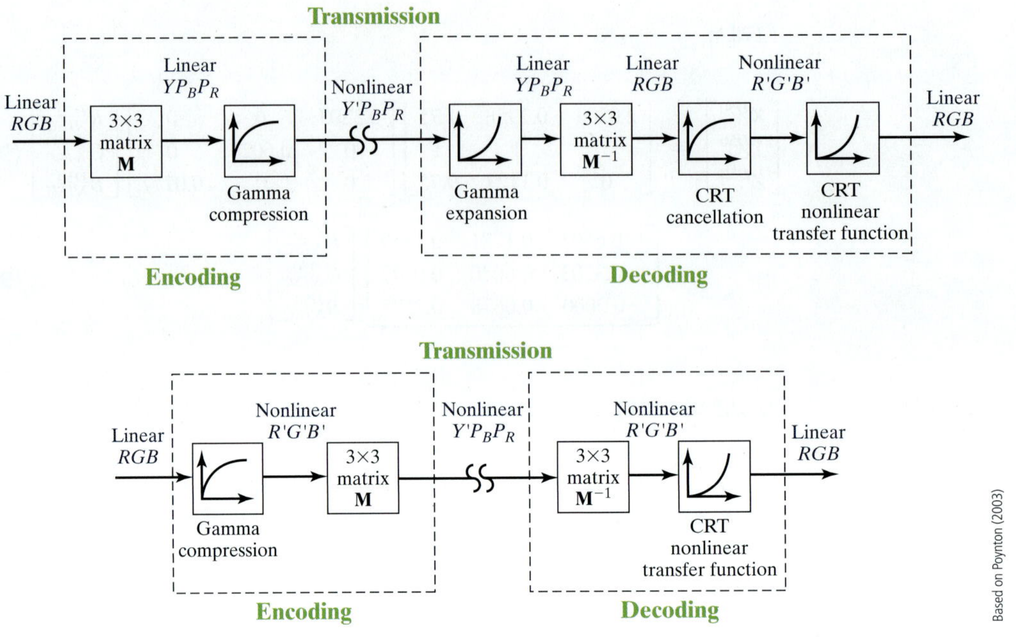

그림 9.12 이론적으로 올바른 아날로그 *RGB* 전송 방법(맨 위)과 1950년대에 개발된 공학 근사(하단). 근사화는 선형 3차원 변환과 비선형 감마 압축 또는 확장의 순서를 바꿔 다이어그램의 두 블록을 취소하여 디코딩을 단순화한다.

생성함으로써 변형될 수 있다.)

우리가 고려해야할 첫 번째 컬러 공간은 $Y'P_BP_R$이며, 아날로그 비디오 신호를 전송하는데 때때로 사용된다. 단일 따옴표(′)는 값 Y'이 컬러 과학에서 사용된 광도가 아님을 나타낸다. 실제로 감마 보정된 휘도가 아닌 비디오 엔지니어가 **루마**(luma)로 알고 있는 비선형 양은 감마 보정된 3개의 $R'G'B'$ 값의 가중 평균으로 계산된다. $Y' = \alpha_r R' + \alpha_g G' + \alpha_b B'$이다. Rec. 601 및 Rec. 709의 경우, 이는 다음과 같은 정의로 이어진다.

$$^{601}Y' \equiv 0.299R' + 0.587G' + 0.114B' \quad (9.51)$$

$$^{709}Y' \equiv 0.2126R' + 0.7152G' + 0.0722B' \quad (9.52)$$

선행 위 첨자는 루마를 계산하는데 사용된 계수를 나타내며, 원색 및 흰색 점의 정확한 선택은 중요하지 않으므로 후행 위/아래 첨자가 삭제되었다.

수식 (9.41)과 (9.43)의 비색계(colorimetric) 표현의 중간 행과 비교할 때, 가장 중요한 차이점은 감마 보정된 $R'G'B'$ 공간에서 위의 수식 (9.51)−(9.52)가 작동한다는 것이다. 더 이상 어떤 비색계의 장면으로 수정되지 않는다. 루마를 비색계가 아닌 방법으로 정의하는 이유를 이해하려면, 결정이 내려진 역사적 맥락을 고려해야 한다. 그림 9.12에서 보듯이, 아날로그 비디오 전송 시에 *RGB*

값을 전송하는 올바른 방법은 엔코더에서 3 × 3 변환을 사용하여 휘도 Y(및 색차)로 변환한 다음에 감마 압축을 적용한다. 휘도 Y 대신 휘도 Y'을 전송함으로써 잡음의 지각 효과를 감소시킨다. 그런 다음 디코더는 휘도를 복구하기 위해 감마 확장을 적용한 다음, 역 3 × 3 변환을 적용하여 선형 RGB 값을 산출한다. 지금까지는 그런대로 잘 되었다. 그러나 1950년대에 널리 보급된 CRT(cathode ray tube) 디스플레이는 본질적으로 입력 전압에 비선형 변환 함수를 적용하기 때문에 감마 압축과 유사한 비선형 함수를 삽입하여 이 효과를 없애야 했다. 따라서 디코딩 프로세스를 단순화하기 위해, 비디오 엔지니어는 감마 및 선형 변환 블록의 순서를 바꿔 다이어그램의 두 블록을 서로 상쇄하므로 불필요하게 렌더링했다. 이 공학적 절충은 구현의 단순성을 위해 비색계 정확도를 희생시켰다. 이러한 절충안은 오늘날의 기술에서는 필요하지 않지만, 이 결정의 효과는 널리 사용되는 비디오 표준에 대한 영향으로 인해 여전히 우리와 함께한다.

비선형 색차 성분인 P_B와 P_R은 파란색과 빨간색 채널에 대해 계산된 컬러 차이이다. 녹색은 루마(luma)와 가장 유사하다.

$$P_B \equiv \frac{1}{2}\cdot\frac{B' - Y'}{1 - \alpha_b} = \frac{-\alpha_r R' - \alpha_g G' + (1 - \alpha_b)B'}{2(1 - \alpha_b)} \tag{9.53}$$

$$P_R \equiv \frac{1}{2}\cdot\frac{R' - Y'}{1 - \alpha_r} = \frac{(1 - \alpha_r)R' - \alpha_g G' - \alpha_b B'}{2(1 - \alpha_r)} \tag{9.54}$$

스케일링 계수는 P_B와 P_R이 20.5에서 10.5 사이인 것을 보장하는 반면, Y'은 0에서 1 사이이다. Rec. 601 계수를 사용하면, $R'G'B'$에서 ${}^{601}Y'P_BP_R$로 변환된다.

$$\begin{bmatrix} {}^{601}Y' \\ P_B \\ P_R \end{bmatrix} = \begin{bmatrix} 1 & 0 & 0 \\ 0 & 1/(2\cdot 0.886) & 0 \\ 0 & 0 & 1/(2\cdot 0.701) \end{bmatrix} \begin{bmatrix} 0.299 & 0.587 & 0.114 \\ -0.299 & -0.587 & 0.886 \\ 0.701 & -0.587 & -0.114 \end{bmatrix} \begin{bmatrix} R' \\ G' \\ B' \end{bmatrix} \tag{9.55}$$

$$= \begin{bmatrix} 0.299 & 0.587 & 0.114 \\ -0.1687 & -0.3313 & 0.5 \\ 0.5 & -0.4187 & -0.0813 \end{bmatrix} \begin{bmatrix} R' \\ G' \\ B' \end{bmatrix} \tag{9.56}$$

마찬가지로 Rec. 709 계수를 사용하면 다음과 같다.

$$\begin{bmatrix} {}^{709}Y' \\ P_B \\ P_R \end{bmatrix} = \begin{bmatrix} 0.2126 & 0.7152 & 0.0722 \\ -0.1146 & -0.3854 & 0.5 \\ 0.5 & -0.4542 & -0.0458 \end{bmatrix} \begin{bmatrix} R' \\ G' \\ B' \end{bmatrix} \tag{9.57}$$

두 경우 모두 첫 번째 행의 합은 1이고, 두 번째 및 세 번째 행의 합은 0이다. $R'G'B'$ 로의 변환은 각각의 경우에 단순히 행렬을 반전시킴으로써 얻어진다.

9.5.3 $Y'C_BC_R$

아날로그 신호에 사용되는 $Y'P_BP_R$보다 더 일반적인 것은 디지털 신호에 사용되는 $Y'C_BC_R$이다. 후자는 전자의 스케일링 및 오프셋 버전이다.

$$\begin{bmatrix} {}_{219}Y' \\ C_B \\ C_R \end{bmatrix} \equiv \begin{bmatrix} 16 \\ 128 \\ 128 \end{bmatrix} + \begin{bmatrix} 219Y' \\ 224P_B \\ 224P_R \end{bmatrix} \tag{9.58}$$

여기서, 선행 첨자 (219)는 휘도의 스케일링을 나타낸다. 왼쪽의 ${}_{219}Y'$, C_B 및 C_R은 각각 8비트 내에 들어간다. $16 \le {}_{219}Y' \le 235$ 및 $16 \le C_B$, $C_R \le 240$이다. 처음에는 256가지 값의 전체 범위가 사용되지 않는 것이 이상하게 보일 수 있지만, 클리핑을 발행시키지 않으면서 필터링을 할 때 약간의 언더슈트(undershoot)나 오버슛(overshoot)을 허용하려면 이 여분의 풋룸(footroom, 16 미만)과 헤드룸(headroom, 루마의 경우 235 이상 또는 비선형 색차의 경우 240)이 필요하다.

$$\begin{bmatrix} {}^{601}_{219}Y' \\ C_B \\ C_R \end{bmatrix} = \begin{bmatrix} 16 \\ 128 \\ 128 \end{bmatrix} + \frac{1}{255}\begin{bmatrix} 65.4810 & 128.5530 & 24.9660 \\ -37.7968 & -74.2032 & 112.0000 \\ 112.0000 & -93.7860 & -18.2140 \end{bmatrix}\begin{bmatrix} {}_{255}R' \\ {}_{255}G' \\ {}_{255}B' \end{bmatrix} \tag{9.59}$$

여기서, ${}_{255}R'$, ${}_{255}G'$ 및 ${}_{255}B'$이 각각 8 비트, 즉 $0 \le {}_{255}R'$, ${}_{255}G'$, ${}_{255}B' \le 255$로 저장될 때, 수식이 적용되도록 1/255의 스케일링 계수를 추가한다.

JPEG 용 JFIF 형식은 Rec. 601을 사용하며, 헤드룸 또는 풋룸이 없으므로 Y', C_B 및 C_R은 0에서 255까지의 전체 범위를 포함한다. R', G' 및 B'의 범위는 0에서 255까지이며, 변환은 수식 (9.56)에 오프셋을 더하여 구할 수 있다.

$$\begin{bmatrix} {}^{601}_{255}Y' \\ C_B \\ C_R \end{bmatrix} \equiv \begin{bmatrix} 0 \\ 128 \\ 128 \end{bmatrix} + \begin{bmatrix} 0.299 & 0.587 & 0.114 \\ -0.1687 & -0.3313 & 0.5 \\ 0.5 & -0.4187 & -0.0813 \end{bmatrix}\begin{bmatrix} {}_{255}R' \\ {}_{255}G' \\ {}_{255}B' \end{bmatrix} \tag{9.60}$$

$R'G'B'$ 로의 변환은 이 수식을 단순히 반전시킴으로써 수행된다. 그러나 헤드룸과 풋룸이 있는 경우, 영상의 처리가 발생하면 16 이하 또는 235 이상(Y'의 경우) 또는 240 이상(C_B 또는 C_R의 경우)의 값이 유효하지 않을 수 있으므로 반전에 주의해야 한다. 이러한 값을 클램핑하면 결과에 바람직하지 않은 시각적

왜곡이 발생할 수 있다.

$Y'P_BP_R$과 마찬가지로 $Y'C_BC_R$은 절대 컬러 공간이 아니라, *RGB* 정보를 인코딩하는 방법이다. 표시되는 실제 컬러는 사용된 *RGB* 원색, 흰색 점 및 비선형 전달 함수에 따라 다르다. $Y'C_BC_R$로 표시된 값은 이러한 양을 알고 있거나 ICC 프로파일을 사용하는 경우에만 예측 가능하다.

9.5.4 *Y'UV*

원래 *Y'UV*라는 용어는 PAL 아날로그 비디오 신호의 전송에 사용된 컬러 공간을 나타내었다. 원래의 스케일링 계수는 최대 *U* 및 *V* 값을 0.5가 아닌 각각 0.436 및 0.615로 설정한다. 수식 (9.53)과 (9.54)로부터 다음의 수식이 나온다.

$$^{601}Y' \equiv \alpha_r R' + \alpha_g G' + \alpha_b B' = 0.299R' + 0.587G' + 0.114B \quad \textbf{(9.61)}$$

$$U \equiv 0.436 \cdot \frac{B' - Y'}{1 - \alpha_b} = 0.4921(B' - Y') \quad \textbf{(9.62)}$$

$$V \equiv 0.615 \cdot \frac{R' - Y'}{1 - \alpha_r} = 0.8773(R' - Y') \quad \textbf{(9.63)}$$

놀랍게도 PAL은 PAL 원색과 NTSC 원색이 다르더라도 Rec. 601 계수를 사용하여 수식 (9.51)과 같이 루마로 변환한다.

디지털 비디오의 출현 이후, *Y'UV*라는 용어는 보다 모호한 의미를 가지므로 보다 구체적인 $Y'C_BC_R$을 선호하여 이것을 일반적으로 피한다. 흔히 *Y'UV*는 단순히 $Y'C_BC_R$의 일부 축소 버전을 의미하며, 값을 올바르게 해석하기 위해서는 스케일링 계수를 알아야한다. 일반적으로 사용되는 정의 중 하나는 수식 (9.59)의 헤드룸/풋룸 버전으로, 정수 전용 계산으로 근사값을 구할 수 있다.

$$\begin{bmatrix} {}^{601}_{219}Y' \\ U \\ V \end{bmatrix} \approx \begin{bmatrix} 16 \\ 128 \\ 128 \end{bmatrix} + \frac{1}{256}\begin{bmatrix} 66 & 129 & 25 \\ -38 & -74 & 112 \\ 112 & -94 & -18 \end{bmatrix}\begin{bmatrix} {}_{255}R' \\ {}_{255}G' \\ {}_{255}B' \end{bmatrix} \quad \textbf{(9.64)}$$

역변환은 다음과 같이 주어진다.

$$\begin{bmatrix} {}_{255}R' \\ {}_{255}G' \\ {}_{255}B' \end{bmatrix} \approx \frac{1}{256}\begin{bmatrix} 298 & 0 & 409 \\ 298 & -100 & -208 \\ 298 & 516 & 0 \end{bmatrix}\left(\begin{bmatrix} {}^{601}_{219}Y' \\ U \\ V \end{bmatrix} - \begin{bmatrix} 16 \\ 128 \\ 128 \end{bmatrix}\right) \quad \textbf{(9.65)}$$

9.5.5 *Y′IQ*

*Y′UV*는 아날로그 PAL에서 사용된 컬러 공간이었듯이, 원래 아날로그 NTSC에서 사용된 컬러 공간은 *Y′IQ*였다. *Y′IQ*는 색차 축이 33도 회전된 *Y′UV*이며 다음과 같이 바뀌었다.

$$\begin{bmatrix} {}^{601}Y' \\ I \\ Q \end{bmatrix} \equiv \begin{bmatrix} 1 & 0 & 0 \\ 0 & -\sin(33^\circ) & \cos(33^\circ) \\ 0 & \cos(33^\circ) & \sin(33^\circ) \end{bmatrix} \begin{bmatrix} {}^{601}Y' \\ U \\ V \end{bmatrix} \tag{9.66}$$

그러나 NTSC조차도 1970년대 초, *Y′IQ*를 *Y′UV*로 전환했기 때문에 *Y′IQ*는 오랫동안 쓸모가 없어졌다.

9.5.6 *R′G′B′*에서 그레이 스케일로 변환

실제로 발생하는 문제, 즉 *R′G′B′* 영상을 그레이 스케일로 올바르게 변환하는 방법을 고려해 보자. 기존의 지식은 수식 (9.51)의 3−6−1 규칙을 항상 사용해야 한다.

$$gray = 0.299R' + 0.587G' + 0.114B' \tag{9.67}$$

이것은 영상 처리와 컴퓨터 비전 소프트웨어에서 자주 볼 수 있는 변형이다. 그러나 위의 분석에서 보았듯이, 이 변환은 선형 *RGB* 공간에서 파생된 계수를 비선형 *R′G′B′* 공간에 적용하기 때문에 비색계(colorimatric)의 의미에서 정확하지 않다. 또한, 더 이상 사용되지 않는 원색 색도와 쓸모없는 흰색 점을 기반으로 한다. 대조적으로, *R′G′B′*을 그레이 스케일로 변환하는 적절한 방법은 역비선형 전달 함수(감마 확장)를 적용하여 선형 *RGB* 값을 산출한 다음, 수식 (9.52)의 Rec. 709 계수를 적용하여 적절한 비선형 전달 함수(감마 압축)를 적용하는 것이다. 감마를 무시함으로써 발생할 수 있는 잠재적 오류를 쉽게 파악할 수 있는 방법은 완전히 파란색 영상($R' = G' = 0$, 모든 화소에 대해 $B' = 255$)에 수식 (9.67)을 적용하는 것이다. 결과는 회색 $gray = 29$이며 원래보다 현저하게 어두워진다.

그런데, 현재 사용 중인 특정 응용 프로그램이 비색계 충실도(colorimatric fidelity)를 필요로 하지 않는 한, 이 모든 문제를 해결할 필요가 없다. 3−6−1 규칙이 여전히 널리 사용되고 있는 이유 중 하나는 실제로 잘 작동한다는 것이다. 그러나 이전에 보았듯이[9] 실제로 세 가지 구성 요소의 합리적으로 가중 평균을 사용하면 시각적으로 용인할 수 있다. 따라서 많은 응용 프로그램에서 수식 (3.37)에서 소개한 것과 같은 간단한 변환 방법이 가능하다. 다음의 수식은 부동 소수점 곱셈 또는 나눗셈 없이 비트 쉬프트로만 구현할 수 있다. 이전에 논의했듯이 그레이 스케일에서 $R'G'B'$ 로의 역변환은 쉽다. 단순히 값을 세 번 복제하면 된다.

$$gray = \frac{1}{4}(R' + 2G' + B') \tag{9.68}$$

9.5.7 상대 컬러

인간 시각 시스템에 의한 효과적인 사용 때문에, **상대 컬러**(opponent color) 공간은 종종 영상처리 응용 프로그램에 유용하다. 하나의 자연스러운 접근법은 사람의 시각 시스템에서와 같이 두 개의 컬러 차원 c_1과 c_2를 각각 파란색 빼기 노란색과 빨간색 빼기 녹색으로 정의하는 것이다.

$$c_1 \equiv \text{blue} - \text{yellow} = B' - \frac{1}{2}(R' + G') \tag{9.69}$$

$$c_2 \equiv \text{red} - \text{green} = R' - G' \tag{9.70}$$

계속해서,

$$\begin{bmatrix} Y' \\ c_1 \\ c_2 \end{bmatrix} \equiv \begin{bmatrix} \alpha_r & \alpha_g & \alpha_b \\ -\frac{1}{2} & -\frac{1}{2} & 1 \\ 1 & -1 & 0 \end{bmatrix} \begin{bmatrix} R' \\ G' \\ B' \end{bmatrix} \tag{9.71}$$

여기서, Y'은 루마(luma)이며, 단순화를 위해 $\alpha_r = \alpha_g = \alpha_b = \frac{1}{3}$을 설정하거나, 루마 계수의 표준 집합 중 하나를 사용한다.

핸버리 변환(Hanbury transformation)이라고 부를 수 있는 대안은 다음과 같이 c_1과 c_2를 정의하는 것이다.

$$\begin{bmatrix} Y' \\ c_1 \\ c_2 \end{bmatrix} \equiv \begin{bmatrix} \alpha_r & \alpha_g & \alpha_b \\ 1 & -\frac{1}{2} & -\frac{1}{2} \\ 0 & \frac{\sqrt{3}}{2} & -\frac{\sqrt{3}}{2} \end{bmatrix} \begin{bmatrix} R' \\ G' \\ B' \end{bmatrix} \tag{9.72}$$

$R'G'B'$ 컬러 큐브의 모서리를 $c_1 - c_2$ 색도 평면의 육각형으로 매핑한다는 이점이 있다. 이 개념은 다음에 자세히 설명한다.

9 3.4.1절 (p. 114)

9.5.8 *HSV*와 *HSL*

그림 9.13에 보이는 $R'G'B'$ 컬러 큐브를 고려해보자. 이 큐브의 8개 꼭짓점은 흑백과 함께 3개의 가산 및 감산 원색(빨간색, 녹색, 파란색, 시안, 마젠타 및 노란색)에 해당한다. 검은색은 (0, 0, 0), 흰색은 (1, 1, 1), 빨간색, 녹색, 파란색은 각각 (1, 0, 0), (0, 1, 0), (0, 0, 1)이다. R', G' 및 B' 축은 오른쪽 좌표계를 형성한다. 또한 그림에 흰색과 검은색 정점을 연결하는 회색선이 설명 목적으로 $p = (0.8, 0.6, 0.4)$의 임의 점과 함께 표시된다. 선형 광도를 사용하여 *RGB* 컬러 큐브를 정의할 수도 있지만, 일반적으로 지각 균일성을 보존하는 것이 바람직하기 때문에(경우에 따라) 그렇게 하는 것이 거의 불가능하다. 그러므로 여기는 $R'G'B'$를 선택한다.

$R'G'B'$ 컬러 큐브의 흥미로운 속성은 각 가산 원색(빨간색, 녹색 또는 파란색)에 대해 가산 원색이 아닌 다른 세 개의 정점과 연결하는 면이 정확히 하나 있다는 것이다. 따라서 빨간색 면은 빨간색과 마젠타, 노란색 및 흰색으로 빨간색을 연결한다. 녹색 면은 시안, 노란색 및 흰색으로 녹색을 연결한다. 파란색 면은 시안, 마젠타 및 흰색으로 파란색을 연결한다. 입방체가 R' 축에 대해 45도 회전한 다음 원래 G' 축 ($\hat{\theta} \approx -35.26$도 미만인 경우)에 대해 $\hat{\theta}$만큼 다시 회전하면 검정색 정점에서 정육면체의 바로 위에 흰색 정점이 균형을 이룬다. 위에서 직교 투영으로 볼 때, 큐브는 6개의 꼭지점이 3개의 가산과 3개의 감산 원색인 정육각형의 모양을 채택하며, 회색 축은 페이지에서 나오고 육각형의 중심을 관통한다. 그림 9.3과 비교하면, 이 육각형이 약간 다른 모양을 가진 우리가 오래 동안 사용해온 컬러 휠(color wheel)이라는 것을 알 수 있다. 수학적으로

그림 9.13 왼쪽: $R'G'B'$ 컬러 큐브, 빨간색, 녹색 및 파란색 면이 색상으로 표시된다. 회색조 선과 그 하위 큐브와 함께 $\mathbf{p} = (0.8, 0.6, 0.4)$에 임의의 점도 표시된다. 중간: 흰색이 검은색 위에 오도록 회전 후, 큐브의 위에서 아래로 보기. 오른쪽: 모든(R', G', B') 컬러가 회색선에 직각으로 평행하게 투영되는 2D 육각형. 육각형은 6 개의 섹터(0에서 5까지 번호가 매겨짐)로 나누어지며, 각 점은 R', G', B'의 상대적 순서에 따라 특정 섹터에 속한다.

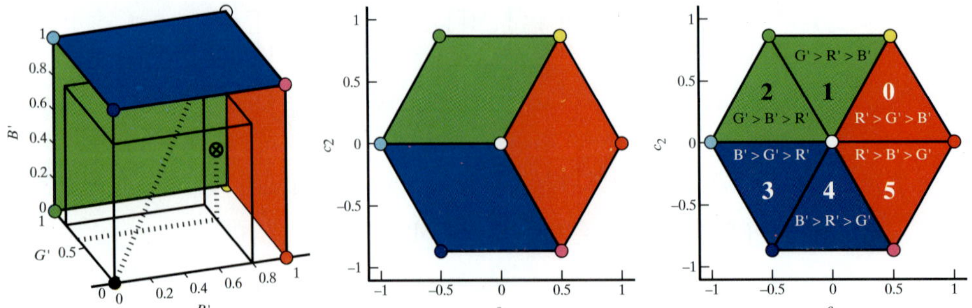

$R'G'B'$에서 컬러 차이 축 c_1 및 c_2 로의 변환은 회전 행렬을 연결하여 비선형 색도 및 루마 축의 적절한 스케일링 계수와 함께 얻는다.

$$\begin{bmatrix} c_1 \\ c_2 \\ Y' \end{bmatrix} = \begin{bmatrix} \sqrt{\frac{3}{2}} & 0 & 0 \\ 0 & \sqrt{\frac{3}{2}} & 0 \\ 0 & 0 & \frac{1}{3}\sqrt{3} \end{bmatrix} \begin{bmatrix} \cos\hat{\theta} & 0 & \sin\hat{\theta} \\ 0 & 1 & 0 \\ -\sin\hat{\theta} & 0 & \cos\hat{\theta} \end{bmatrix} \begin{bmatrix} 1 & 0 & 0 \\ 0 & \cos 45^\circ & -\sin 45^\circ \\ 0 & \sin 45^\circ & \cos 45^\circ \end{bmatrix} \begin{bmatrix} R' \\ G' \\ B' \end{bmatrix} \tag{9.73}$$

$$= \begin{bmatrix} 1 & -\frac{1}{2} & -\frac{1}{2} \\ 0 & \frac{\sqrt{3}}{2} & -\frac{\sqrt{3}}{2} \\ \frac{1}{3} & \frac{1}{3} & \frac{1}{3} \end{bmatrix} \begin{bmatrix} R' \\ G' \\ B' \end{bmatrix} \tag{9.74}$$

이는 단순히 $\alpha_r = \alpha_g = \alpha_b = \frac{1}{3}$인 핸버리 변환과 행의 재정렬이다. 이 변환은 빨간색($R' = 1$, $G' = B' = 0$)에서 $(c_1, c_2) = (1, 0)$로, 녹색($G' = 1$, $R' = B' = 0$)에서 $(-\frac{1}{2}, \frac{\sqrt{3}}{2})$으로, 파란색($B' = 1$, $R' = G' = 0$)에서 $(-\frac{1}{2}, -\frac{\sqrt{3}}{2})$으로 맵핑한다.

육각형은 자연스럽게 6개의 동일한 크기의 섹터로 나누어지고, 점은 $R'G'B$ 및 B'의 상대 값에 따라 하나 또는 다른 섹터로 나누어진다. 관례에 따라 색상(hue)은 빨간색 축에 대해 반 시계 방향으로 정의되므로 $R' \geq G' \geq B'$ (0 ~ 60도 사이의 색상)인 섹터 0, 섹터 1에는 $G' \geq R' \geq B'$ (60 ~ 120도 사이의 색상) 등이 있다. R'은 섹터 0과 5의 최댓값이고 G′은 섹터 1과 2의 최댓값이며 B'은 섹터 3과 4의 최댓값이다. 이러한 관계는 3D 컬러 큐브의 컬러가 지정된 면 또는 2D 육각형의 원색 컬러는 이등분하는 선에서 볼 수 있다.

입방체 내의 특정 지점에 위치한 임의의 주어진 컬러 (R', G', B')에 대해, 점은 검은색으로 고정된 **서브 큐브**(subcube) 내에 놓이고, 각 변의 길이는 $V_{max} = \max(R', G', B')$이고 그림 9.13의 왼쪽에 나와 있다. 이 서브 큐브는 앞에서 언급한 전체 육각형 내의 더 작은 육각형으로 페이지에 직교적으로 투영된다. 명확하게 하기 위해, 우리는 더 작은 육각형을 **서브 육각형**(sub–hexagon)으로 언급할 것이다. 서브 육각형의 크기는 V_{max}에 달려 있는데, $V_{max} = 1$이면 완전한 육각형이 되고, $V_{max} = 0$ 일 때 점이 생긴다. 이 모든 서브 육각형을 서로 쌓으면 **헥스콘**(hexcone)이라는 육각형 기반의 피라미드가 된다(그림 9.14 참조).

이러한 사전 준비를 통해 문셀 컬러 시스템(Munsell color system)의 맥락에서 이전에 언급한 색상(hue), 채도(chroma), 포화도(saturation) 및 값(value)의 개념을 정량화할 수 있다. *HSV* 및 *HSL* 컬러 공간은 1970년대에 컴퓨터 그래픽 응용으로 개발되었다. 특히, $R'G'B'$ 값을 직접 지정하는 것보다 더

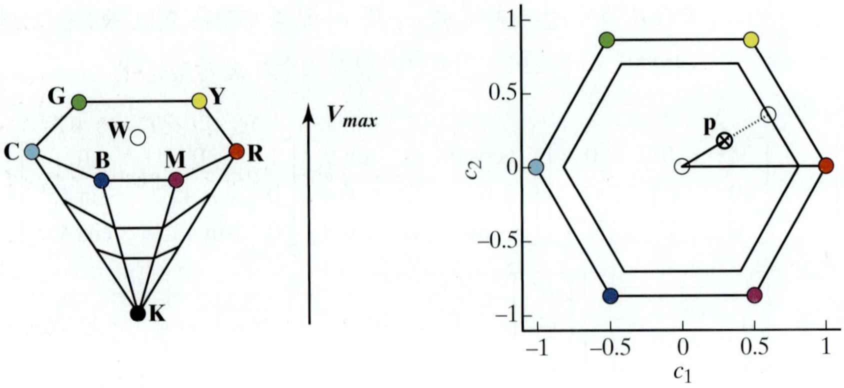

그림 9.14 왼쪽: V_{max}의 각 값과 관련된 서브 육각형을 쌓아서 얻은 헥스콘(hexcone). 오른쪽: 점 p = (0.8, 0.6, 0.4)는 섹터 0에 있는 (c_1, c_2) ≈ (0.3, 0.2)에서 비선형 색도 평면으로 투사된다. 길이가 0.8인 스포크(spokes)가 있는 서버 육각형은 완전한 육각형 안에 나타나고, 육각형과의 p에 대한 광선의 교차점은 ≈ (0.6, 0.35)로 표시된다. 어느 점에서나 색상은 빨간색 축에 대한 반시계 방향의 각도이고, 채도는 중심에서 점까지의 거리이며, 포화도는 p를 통과하는 광선을 따라 중심에서부터 육각형까지의 거리로 정규화된 채도이다.

직관적인 방식으로 컬러를 선택할 수 있게 해주는 "컬러 선택기(color picker)"는 사용자 인터페이스에 널리 사용된다. 또한 영상처리 및 컴퓨터 비전 응용에서 루마를 비선형 색차와 분리하고 의미있는 컬러 차이를 어느 정도 촉진하는 축을 따라 컬러의 값을 배치하기 때문에 일반적으로 영상처리 및 컴퓨터 비전 응용에 사용된다.

시간이 지남에 따라 관련 기술이 모두 다르지만 유사한 이름으로 진행되는 이러한 원칙에 따라 컬러 공간을 정의할 때 선택의 혼란이 있다. 따라서 *HSV*(hue−saturation−value), *HSL*(hue−saturation−lightness), *HSI*(hue−saturation−intensity), *HSB*(hue−saturation−brightness) 등이 있다. 이러한 경우의 대부분은 용어가 정확하게 사용되지 않았기 때문에 오해의 소지가 있으며, 공간 간의 차이점이 반드시 이름에 반영된 것은 아니다. 예를 들어, *HSV*에서 용어 "값(value)"은 표준 방식으로 사용되지 않으며, *HSL*은 "명도(lightness)"를 사용하지 않는다. *HSI*는 보통 실제 선형 "강도(intensity)"를 나타내지 않으며, *HSB*는 실제 주관적인 개념인 "밝기(brightness)"를 반영하지 않는다. 비슷하게, *HSV*의 "색상(hue)"는 *HSL*의 색상과 약간 다르다.

이러한 혼동을 피하기 위해 *HSV*와 *HSL*의 공식을 공식적인 정의로 간주하여, 이 둘 사이의 적절한 구별을 유지하도록 주의해야 한다. 사실 *HSV*는 정사영 투영을 기반으로 하는 반면, *HSL*은 원근 투영을 기반으로 한다는 점에서 가장 큰 차이점이 있다. 이 선택은 기본적으로 포화도에 영향을 미친다. 포화도는 우리가 보여주는 것처럼 실제 측정할 수 있는 최상의 양은 아니다.

HSV

HSV 컬러 공간은 회색 선에 평행한 방향을 따라 직교 투영과 관련된 **헥스콘 모델**(hexcone model)을 기반으로 한다. 값 V는 단순히 원뿔 내의 높이, 즉 V_{max}이며, 포화도 및 색상은 V_{max}로 지정된 서브 정육각형 내에 정의된다. 포화도 S는 동일한 광선을 따라 중심에서 서브 육각형의 바깥 가장자리까지의 거리이다. 즉, $S=0$은 회색 음영이고, $S=1$은 컬러가 서브 정육각형 가장자리에 있으므로 순수하게 포화되었음을 의미한다. $V_{min} \equiv \min(R', G', B')$을 정의하면, 두 컬러를 포함하는 항(term)의 합과 컬러를 희석하는 회색 음영을 나타내는 항으로 모든 컬러를 나눌 수 있다. 예를 들어, $R' \geq G' \geq B'$이면, $V_\delta \equiv V_{max} - V_{min}$인 $(R', G', B') = (V_\delta, G' - V_{min}, 0) + (V_{min}, V_{min}, V_{min})$이다. 포화도는 V_δ / V_{max}에 의해 주어진다. 색상은 섹터 번호에 추가된 육각형의 바깥 쪽 테두리에 평행한 방향을 따라 주어진 섹터 내에서의 비례 길이인 H로 근사된다. 이 정의는 0에서 6 사이의 대략적인 색상을 산출하며, 간단한 변환 계수로 원하는 대로 0에서 1 또는 0°와 360° 범위로 변환할 수 있다.

$R'G'B'$에서 HSV로의 변환은 컬러 큐브의 한 점에서 헥스콘(hexcone) 내의 해당 좌표를 계산한 다음, 정규화하여 포화도를 계산하는 것과 관련이 있다. $0 \leq R', G', B' \leq 1$을 가정하면, 변환은 다음 수식에 의해 주어진다.

$$V \equiv V_{max} \tag{9.75}$$

$$S \equiv V_\delta / V_{max} \tag{9.76}$$

$$H \equiv 60° \cdot \begin{cases} (G' - B')/V_\delta + 0 & \text{if } R' = V_{max} & \text{(red sectors 0 and 5)} \\ (B' - R')/V_\delta + 2 & \text{if } G' = V_{max} & \text{(green sectors 1 and 2)} \\ (R' - G')/V_\delta + 4 & \text{if } B' = V_{max}, & \text{(blue sectors 3 and 4)} \end{cases} \tag{9.77}$$

여기서, $0 \leq S, V \leq 1$이다. H의 정의에서 분수의 범위는 −1에서 1까지이므로 0, 2 및 4의 중심 값에 더해지면 −1에서 5까지의 결과가 생성된다. 따라서 화소가 섹터 5에 있으면 결과 각도가 −60°와 0° 사이가 되므로 $0° \leq H < 360°$이 되도록 하려면 $H < 0°$ 인 경우, 위 결과에 360 °를 간단히 더해준다. $S=0$ 인 경우, 색상은 0으로 나누기 때문에 정의되지 않는다.

$\varsigma \equiv H/60$을 정의하면, $R'G'B'$로의 역변환은 다음 수식에 의해 주어진다.

$$(R', G', B') = \begin{cases} (V, V_3, V_1) & \text{if } \lfloor \varsigma \rfloor = 0 \quad (\text{sector } 0) \\ (V_2, V, V_1) & \text{if } \lfloor \varsigma \rfloor = 1 \quad (\text{sector } 1) \\ (V_1, V, V_3) & \text{if } \lfloor \varsigma \rfloor = 2 \quad (\text{sector } 2) \\ (V_1, V_2, V) & \text{if } \lfloor \varsigma \rfloor = 3 \quad (\text{sector } 3) \\ (V_3, V_1, V) & \text{if } \lfloor \varsigma \rfloor = 4 \quad (\text{sector } 4) \\ (V, V_1, V_2) & \text{if } \lfloor \varsigma \rfloor = 5, \quad (\text{sector } 5) \end{cases} \tag{9.78}$$

여기서,

$$V_1 \equiv V(1 - S) \tag{9.79}$$

$$V_2 \equiv V(1 - \alpha S) \tag{9.80}$$

$$V_3 \equiv V(1 - (1 - \alpha)S) \tag{9.81}$$

그리고 $\alpha \equiv \varsigma - |\varsigma|$이다.

포화도 $S = V_\delta / V_{max}$는 채도(chroma)를 최대 채도로 나눈 값으로 기하학적으로 해석할 수 있다. 여기서, 채도는 육각형 중심에서 점까지의 거리로 정의되며 다음과 같이 계산된다.

$$C \equiv \sqrt{c_1^2 + c_2^2} = \sqrt{R'^2 + G'^2 + B'^2 - R'G' - R'B' - G'B'} \tag{9.82}$$

특정 값 V_{max} 및 대략적인 색상 H에 대한 최대 채도는 점을 통과하는 광선을 따라 육각형 중심으로부터 서브 육각형으로의 거리에 의해 주어지며, 이는 다음으로 나타낼 수 있다.

$$C_{max} = CV_{max}/V_\delta \tag{9.83}$$

정규화된 채도로 포화도를 유도한다. $S = C/C_{max} = V_\delta / V_{max}$이고, 이는 수식 (9.76)과 동일하다.

육각형 내의 정확한 색상 각을 원하면 다음으로 표시된다.

$$\tan \overline{H} = \frac{c_2}{c_1} = \frac{\sqrt{3}(G' - B')}{2R' - G' - B'} \tag{9.84}$$

여기서, Atan2는 결과 각도가 정확한 사분면에 있는지 확인해야 하며, 초과 막대는 색상이 30°의 배수일 때마다 항상 일치하지만 H와는 항상 같지 않음을 나타낸다. 전체 $R'G'B'$ 큐브에서 수식 (9.77)의 H와 수식 (9.84)의 $\overline{H}$ 사이의 최대 불일치는 1.2° 미만이다.

HSL

HSL 컬러 공간은 컬러 큐브의 빨간색, 녹색 및 파란색 정점을 통과하는 $R' + G' + B' = 1$ 평면에 점(R', G', B')이 투시적으로 투영되는 **삼각형 모델**(triangle model)을 기반으로 한다. 이 투영법은 그림 9.15와 같이 검은 꼭짓점과 점을 지나는 선과 평면의 교차점을 산출한다. 큐브의 어떤 점이라도 이 평면에 투영하면 빨간색, 녹색 및 파란색 정점으로 정의된 삼각형 내에 놓인다. 회색 선은 중심에 있는 삼각형과 교차한다. 색상은 빨간색 축에 대해 반시계 방향의 각도이고, 포화도는 중심에서 투시 투영된 점을 통과하는 광선을 따라 중심에서 삼각형의 가장자리까지의 거리로 정규화된 투시 지점까지의 중심이다. $0 \le R', G', B' \le 1$이라고 가정하면, $R'G'B'$에서 HSL 로의 변환은 다음에 의해 주어진다.

$$\bar{L} \equiv \frac{1}{3}(R' + G' + B') \tag{9.85}$$

$$\bar{S} \equiv 1 - \frac{V_{min}}{\bar{L}} \tag{9.86}$$

$$\bar{H} \equiv \tan^{-1}\frac{\sqrt{3}(G' - B')}{2R' - G' - B'} \tag{9.87}$$

여기서, 오버바(overbars)는 명확성을 위해 사용된다. $\bar{H}$는 수식 (9.84)과 동일한 정확한 각도이다. $\bar{S}$는 삼각형 모델의 포화도이며, 이는 헥스콘 모델의 포화도와는 완전히 다르다. $\bar{L}$의 오버바는 이것이 진정한 명도(lightness)도 휘도(luminance)도 아니라, 계수가 $\alpha_r = \alpha_g = \alpha_b = \frac{1}{3}$인 루마(luma)라는 것을 상기시켜 준다. $R'G'B'$로의 전환은 섹터에 따라 다르다.

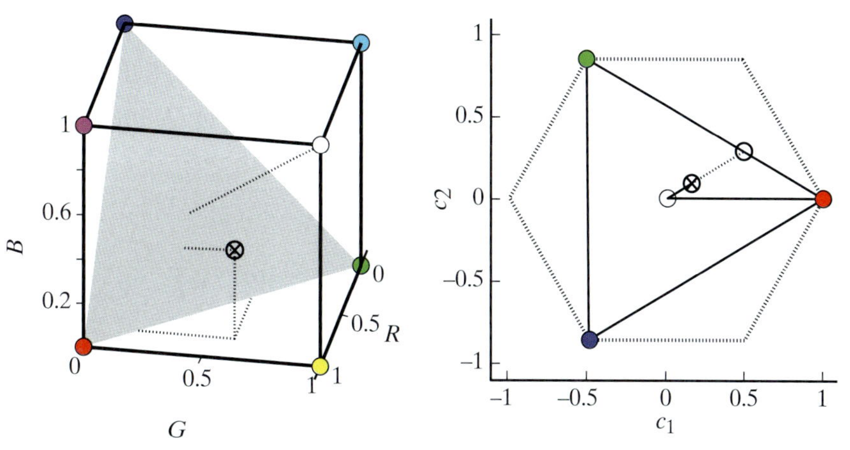

그림 9.15 왼쪽: HSL 컬러 공간에서 $R'G'B'$ 컬러 큐브의 한 점이 $R' + G' + B' = 1$에 의해 정의된 평면에 투영되며 모든 투영은 원점을 통과한다. 오른쪽: 평면과 큐브의 교차점으로 정의된 삼각형의 하향식 보기(흰색이 검정 바로 위에 있음). 참조용으로 전체 육각형이 표시된다.

$$(R', G', B') = \begin{cases} (\overline{V}_2, \overline{V}_3, V_{min}) & \text{if } 0° \le \overline{H} < 120° \quad (\text{sectors 0 and 1}) \\ (V_{min}, \overline{V}_2, \overline{V}_3) & \text{if } 120° \le \overline{H} < 240° \quad (\text{sectors 2 and 3}) \\ (\overline{V}_3, V_{min}, \overline{V}_2) & \text{if } 240° \le \overline{H} < 360° \quad (\text{sectors 4 and 5}) \end{cases} \quad \textbf{(9.88)}$$

여기서,

$$V_{min} = \overline{L}(1 - \overline{S}) \quad \textbf{(9.89)}$$

$$\overline{V}_2 \equiv \overline{L}\left(1 + \overline{S}\frac{\cos(\overline{H} - h)}{\cos(60° + h - \overline{H})}\right) \quad \textbf{(9.90)}$$

$$\overline{V}_3 \equiv 3\overline{L} - (V_{min} + \overline{V}_2) \quad \textbf{(9.91)}$$

그리고 $h \equiv 120° \cdot \lfloor \overline{H}/120° \rfloor$이다.

포화도의 정의를 이해하기 위해, 점 (R', G', B')은 $\frac{1}{D}(R', G', B')$의 평면에 투영된다. 여기서, $D \equiv R' + G' + B' = 3\overline{L}$이므로 $(R' + G' + B')/D = 1$이다. 수식 (9.74)의 핸버리(Hanbury) 변환에 의해 (c_1, c_2)가 (R', G', B')의 투영 좌표를 $c_1 - c_2$ 평면으로 참조하게 하고, $(\overline{c}_1, \overline{c}_2)$를 $\frac{1}{D}(R', G', B')$의 투영은 다음과 같다.

$$\begin{bmatrix} \overline{c}_1 \\ \overline{c}_2 \end{bmatrix} = \frac{1}{D}\begin{bmatrix} c_1 \\ c_2 \end{bmatrix} \quad \textbf{(9.92)}$$

두 점은 원점으로부터의 광선을 따라 간단한 스케일링으로 서로 관련되어 있으므로, 두 점이 같은 색상(hue), 즉 $\tan^{-1}\frac{c_1}{c_2} = \tan^{-1}\frac{\overline{c}_1}{\overline{c}_2}$ 을 공유한다. 이 투시 투영으로 인한 채도(chroma)는 다음과 같다.

$$\overline{C} \equiv \sqrt{\overline{c}_1^2 + \overline{c}_2^2} = \frac{1}{D}\sqrt{c_1^2 + c_2^2} = \frac{C}{D} \quad \textbf{(9.93)}$$

여기서, C는 수식 (9.82)에 정의된 직교 투영법의 채도이다.

이전과 같이 포화도(saturation)는 정규화된 채도이다. $\overline{S} = \frac{\overline{C}}{\overline{C}_{max}}$ 이고, 여기서, $\overline{C}_{max}$는 삼각형 중심에서 광선과 삼각형의 교차점까지의 거리이며 다음으로 계산된다.

$$\overline{C}_{max} = \frac{C}{3(\overline{L} - V_{min})} \quad \textbf{(9.94)}$$

수식 (9.86)에서와 같이 $\overline{S} = \frac{3(\overline{L} - V_{min})}{3\overline{L}} = 1 - \frac{V_{min}}{\overline{L}}$ 이 된다.

때로는 색상에 대한 정의가 다음과 같이 표시된다.

$$\overline{H} \equiv \begin{cases} \theta & \text{if } B' \leq G' \\ 360^\circ - \theta & \text{otherwise} \end{cases} \tag{9.95}$$

여기서,

$$\theta \equiv \cos^{-1}\left(\frac{\frac{1}{2}[(R' - G') + (R' - B')]}{\sqrt{(R' - G')^2 + (R' - B')(G' - B')}}\right) \tag{9.96}$$

또는 삼각법의 $\cos^{-1}\theta = 90^\circ - \tan^{-1}(\theta/\sqrt{1-\theta^2})$을 사용하는 등가물이다. 간단한 대수 조작은 수식 (9.95)과 그 역 탄젠트 등가가, 훨씬 더 컴팩트한 수식 (9.87)과 동일함을 보여준다.

완전성을 위해 우리는 HSL의 최초 공식은 $\alpha_r + \alpha_g + \alpha_b = 1$인 수식 (9.85)에서 임의의 계수 α_r, α_g 및 α_b를 허용한다. 그러나 $\alpha_r = \alpha_g = \alpha_b = \frac{1}{3}$이라는 제약 조건을 완화한다는 것은 "회색선"이 더 이상 선이 아니라 곡선이 됨을 의미한다. 이는 대부분의 응용에서 실질적인 이점 없이 수학을 매우 복잡하게 만든다.

포화도 대신 채도 사용하기

실제로, 포화도(saturation)는 컬러의 순도를 잡아 내지 못한다. *HSV*와 *HSL*은 모두 컴퓨터 그래픽과 사용자 인터페이스의 컨텍스트(context)에 맞게 고안되었다. 사용자 인터페이스는 사용자에게 표시되는 양(포화도)이 항상 0에서 1 사이의 범위에 있는 것이 합리적이다. 그러나 영상처리 및 분석을 위해서는 양이 컬러 순도의 개념을 포착하는 것이 더 중요하다. 포화도가 이를 수행하지 않는지 확인하려면, 컬러$(R', G', B') = (0.01, 0, 0)$을 고려하자. 값의 범위는 0에서 1까지이다. 화면에서 이러한 컬러는 검은 색과 무색으로 간주되지만, *HSV*와 *HSL* 모두에서 포화도는 완전히 포화된 것처럼 1이다. 이 문제를 극복하기 위해, 정규화를 제거하여 얻은 채도를 사용하여 *HCV* 또는 *HCL*이라고 하는 컬러 공간을 사용하는 것이 좋다. 채도에 대한 네 가지 선택 사항이 있는데, 그 중 하나를 사용할 수 있다. 각각 수식 (9.82) 및 (9.93)의 실제 거리 C 및 $\overline{C}$, 또는 *HSV*의 경우 $C' \equiv V_\delta$ 또는 *HSL*의 경우 $\overline{C}' \equiv 1 - V_{min}$을 근사 값으로 사용한다. 그림 9.16은 실제 영상의 포화도 대 채도의 예를 보여준다.

9.5.9 CIE XYZ, L*u*v* 및 L*a*b*

많은 응용 분야에서 두 가지 컬러의 차이를 측정할 수 있기를 원한다. 분명히 그러한 차이는 단지 작을 때만 의미가 있다. 왜냐하면 예를 들어, 파란색이 노란

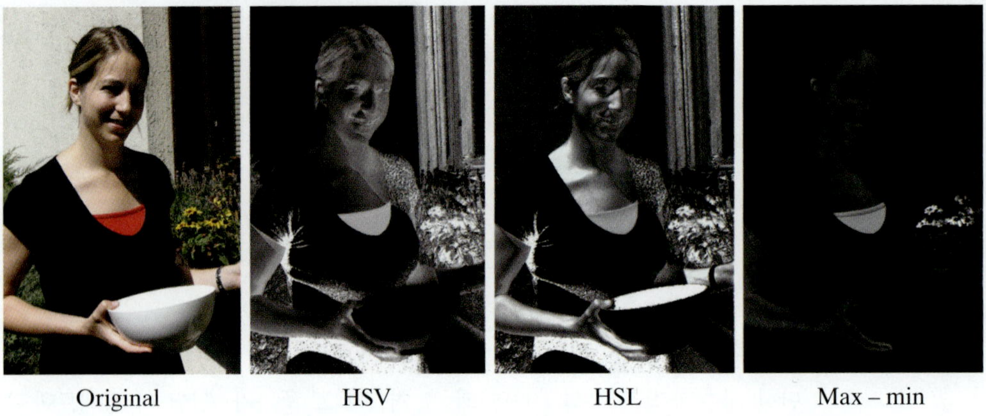

그림 9.16 포화도 대 채도. 채도는 포화도 보다 색상의 순수함에 대한 직관적인 개념을 보다 일관되게 포착한다.

색처럼 보이는 것 보다, 빨간색이 더 녹색으로 보이는지 여부를 묻는 것은 의미가 없기 때문이다. 그럼에도 불구하고 작은 차이가 있더라도 컬러 공간을 선택하는 것이 중요하다. 특히, *RGB* 또는 *R'G'B'* 공간에서 이러한 차이를 수행하여 의미 있는 결과를 얻을 것으로 기대할 수는 없다. CIE *XYZ*가 동일한 한계를 가지는지 확인하려면, 그림 9.10에서 녹색은 노란색보다 훨씬 큰 영역을 차지하므로 서로 매우 멀리 떨어져 있는 두 컬러 사이의 거리(예: 빨간색과 노란색)는 매우 비슷하게 보이는 두 컬러 사이의 거리와 같을 수 있다(예: 두 가지 유형의 녹색). 정량적으로, 2개의 컬러 패치(patches)가 동일한 조명하에 관찰자에게 제시되는 컬러 매칭 실험의 변형을 수행함으로써 그러한 결과가 얻어질 수 있으며, 관찰자에게 2개의 패치가 동일한 컬러인지 여부를 묻는다. 두 컬러를 구별할 수 있는 임계값을 JND(Just-Notable Difference)라고 하며, JND 영역의 윤곽선이 CIE 색도 다이어그램에 그려지면 **맥아담 타원**(MacAdam ellipses)이라고 하는 타원으로 나타난다.

지각적으로 균일한 컬러 공간에서 JND 윤곽은 원이므로 컬러 공간의 유클리드 거리가 컬러 간의 지각상의 차이를 포착한다. 이러한 아이디어에 대한 근사를 달성하는 한 가지 방법은 투영 변환을 *XYZ* 좌표에 적용하는 것이다.

$$u' \equiv \frac{4X}{X + 15Y + 3Z} = \frac{4x}{3 - 2x + 12y} \qquad (9.97)$$

$$v' \equiv \frac{9Y}{X + 15Y + 3Z} = \frac{9y}{3 - 2x + 12y} \qquad (9.98)$$

여기서, (u', v')는 **CIE 1976 균등 컬러 공간**(uniform color space, UCS)를 정

의한다. 양 u'와 v'은 1960 CIE u와 v 값에 대한 CIE 1976 후속을 나타내며, $u = u'$, $v = \frac{2}{3}v'$과 관련이 있다.

CIE 1976 UCS는 **CIE 1976 $L^*u^*v^*$ 컬러 공간**(CIELUV)에서 사용된다. XYZ에서 $L^*u^*v^*$로의 변환은 상대 휘도에 비선형 전달 함수를 적용한 다음, u' 및 v'의 쉬프트 버전을 곱하여 제공된다.

$$L^* \equiv 116 f(Y/Y_n) - 16 \tag{9.99}$$

$$u^* \equiv 13L^*(u' - u'_n) \tag{9.100}$$

$$v^* \equiv 13L^*(v' - v'_n) \tag{9.101}$$

상대 휘도는 CIE 휘도 Y를 기준 흰색(reference white)의 휘도 Y_n으로 나눔으로써 얻어지고, 비선형 전달 함수 f는 대부분의 값에 대한 큐브 루트로서 정의되고, 함수와 그것의 미분은 교차점에서 연속적이기 위해 저 강도(low intensity)에서의 선형 기울기를 가진다.

$$f(t) \equiv \begin{cases} t^{1/3} & \text{if } 0.008856 \le t \le 1 \\ 7.787t + 16/116 & \text{if } 0 \le t < 0.008856 \end{cases} \tag{9.102}$$

값 u'_n 및 v'_n은 기준 흰색의 u' 및 v'이며, 삼자극치는 각각 X_n, Y_n 및 Z_n으로 표시된다. $L^*u^*v^*$에서 u'와 v'의 이동은 심리 운동 실험(psychovisual experiments)에 근거가 없으므로, 미분된 흰색 점과는 거리가 먼 시나리오에서 잘 수행할 것으로 기대할 이유가 없다. CIE “명도(lightness)”라고 알려진 0에서 100까지의 양 L^*은 스티븐스의 힘 법칙(Stevens' Power Law)[10]을 고려하여 설계된 휘도에 대한 인간의 지각 응답(human perceptual response)에 대한 표준 근사치이다. 범위가 다르다는 점을 제외하면 문셀(Munsell) 값을 자세히 모델링한 것이다.

CIELUV의 대안으로는 **CIE 1976 $L^*a^*b^*$ 색상 공간**(CIELAB)이 있다. CIELAB은 또한 지각적으로 균일하도록 설계되었다. CIELUV에서와 같이 투영변환을 사용하는 대신 CIELAB은 상대 컬러와 비슷한 컬러 차이를 사용한다.

$$L^* \equiv 116f(Y/Y_n) - 16 \tag{9.103}$$

$$a^* \equiv 500\,(f(X/X_n) - f(Y/Y_n)) \tag{9.104}$$

$$b^* \equiv 200\,(f(Y/Y_n) - f(Z/Z_n)) \tag{9.105}$$

---

10 2.3.2절

여기서, f는 수식 (9.102)에서 정의된다. a^* 축은 빨간색–녹색 상대 컬러와 대략적으로 일치하고, b^* 축은 파란색–노란색 상대 컬러와 일치한다. 당시 위원회(1976년)는 채도에 대한 두 가지 대안(두 가지 표준을 따름) 사이에 동의하지 않았지만, 수년 동안 일반적으로 $L^*a^*b^*$가 더 정확한 모델이라는 점에 동의했다. $L^*a^*b^*$는 지각적으로 균일한 컬러 공간이 필요할 때의 표준접근 방식이다. 그럼에도 불구하고 수식 (9.31)과 비교하여 $L^*a^*b^*$ 자체가 "잘못된 폰 크리스(wrong von Kries)" 방법을 기반으로 하기 때문에 결함이 있다는 점에 유의해야 한다. L–, M– 및 S– 원뿔의 공간이 아닌 *XYZ* 공간에서 스케일링이 (잘못) 수행된다.

$L^*u^*v^*$ 공간에서의 총 색차(color difference) $\sqrt{(L_1^* - L_2^*)^2 + (u_1^* - u_2^*)^2 + (v_1^* - v_2^*)^2}$는 대략 지각적으로 균일하다. 즉, 차이가 작은 두 컬러는 지각적으로 구별되지 않는 반면, 차이가 큰 두 컬러는 눈에 띄게 다르다. 유사하게, $L^*a^*b^*$에서 총 색차는 $\sqrt{(L_1^* - L_2^*)^2 + (a_1^* - a_2^*)^2 + (b_1^* - b_2^*)^2}$에 의해 주어진다. CIE94 및 CIEDE2000과 같은 보다 최근의 공식에는 지각 표준화를 개선하기 위한 추가 정규화 및 용어가 포함된다.

9.5.10 *CMYK*

우리가 고려해야할 최종 컬러 공간은 *CMYK*(시안–마젠타–노란색–검정색)이다. 우리가 언급한 다른 모든 컬러 공간과 달리 *CMYK*는 인쇄에 사용되는 감산 컬러 공간이다. 이론상으로는 간단히 *RGB*의 가산적 역(additive inverse)이다.

$$\begin{bmatrix} C \\ M \\ Y \end{bmatrix} = 1 - \begin{bmatrix} R \\ G \\ B \end{bmatrix} \tag{9.106}$$

순수한 빨간색($R = 1,\ G = B = 0$)은 마젠타와 노란색의 혼합이며, 컬러 휠과 색도(chromaticity) 다이어그램에서 분명히 드러나는 관계이다. 그러나 실제로 언급했듯이 페인트 안료와 잉크는 고도로 비선형이므로 감산 컬러 공간(subtractive color spaces)은 수학적으로 특성화하기가 훨씬 어렵다. 시안, 마젠타 및 노란색이 인쇄의 기본 컬러라고 종종 말하지만, 실제로는 경제적으로 필요로 하는 근사치이다. 저렴한 프린터는 이 세 가지 컬러의 혼합을 사용하여 다양한 컬러를 충실하게 재현할 수 있지만, 이러한 프린터(삼각형이 아닌 불규칙한 모양)의 컬러 범위는 디스플레이의 범위보다 훨씬 작다. 결과적으로 하이-엔드 프린터(high-end printers)는 세 가지 기본 컬러(예: 오렌지색 및 녹색)을 사용하고, 페인트 상점(paint stores)의 페인트 혼합기는 일반적으로 12개 이상의 컬러를 결합한다.

9.6 추가 읽기

이 장의 자료는 컬러 과학(비색계), 비디오 공학 및 영상처리의 교차점에 있다. Wyszecki와 Stiles [1982]의 고전이나 Lee [2005]의 최근 저서와 같은 컬러 과학에 관한 많은 책이 있다. Harold [2001], Brainard와 Stockman [2009]는 컬러 외관에 대한 간단한 소개를 하고, 다른 접근하기 쉬운 프레젠테이션은 Fairchild [2011]에서 찾을 수 있다. 이러한 작품에는 CIE 색도 다이어그램, CIE 컬러 공간, CAM 및 CATs, SSFs와 CMFs의 차이, 포화도, 채도 및 색상이 포함된다. 도움이 되는 설명은 Wandell [1995]과 Palmer [1999]에서 찾을 수 있는데, 심리적 관점에서 쓴 것이다. 프리프레스 및 인쇄 산업을 겨냥한 입문 프리젠테이션은 Green [1999]을 참조하라. 그리고 물론 그것을 시작한 책은 Newton [1704]의 고전적인 작품이다.

컬러 매칭에 대한 초기 작업은 Grassmann [1854]에 의한 것이다. Grassmann은 자신의 상세한 컬러 매칭 실험을 수행한 Maxwell [1860]에게 영향을 미치며 metamers에 대한 초기 설명을 제공했다. CIE 1931 CMFs는 Wright [1929]와 Guild [1931]에 의해 독립적으로 수행된 2° 실험을 기반으로 한다. 그러나 이러한 실험은 CMFs를 직접 측정하지 않았으므로 CIE 1931 CMFs는 CIE 1924 photopic LEF가 CMFs의 선형 조합이라는 가정에 의해 얻어져야만 했다. 이는 CMFs의 선형 조합이었기 때문에 CIE 1924 LEF 곡선은 작은 파장(파란색) 영역에서 눈에 띄는 오류가 있기 때문에 추정 CMFs에 오류가 있다. Stockman과 Sharpe [1999]에 의해 설명되었듯이, Judd [1951]와 Vos [1978]가 나중에 수정함으로써 이 문제가 완화된다. CIE 1964 CMFs는 Stiles와 Burch [1959]가 제시한 10° 실험 결과와 Speranskaya [1959]가 제시한 실험 결과를 기준으로 한다. 원뿔 SSFs는 Svaetichin [1956]에 의해 처음 측정되었다. 그림 9.5에 있는 CMF는 Stiles와 Burch [1955]의 2° 실험에서 나온 것이다. 그림 2.2의 원뿔 SSFs는 Stockman과 Sharpe [2000]에서 나온 것으로 Stiles와 Burch [1959]의 10° 데이터를 기반으로 한다. CMFs, SSFs 및 CIE 색도 다이어그램에 대한 데이터는 온라인에서 찾을 수 있다.[11]

이 장의 자료 중 일부는 Poynton [2003]의 비디오 엔지니어링 통찰력에 의존한다. 이 작업에서 독자는 카메라와 디스플레이 간의 변환, 화이트 밸런싱의 수학, 휘도(luminance)와 루마(luma)의 구분 등을 찾을 수 있다. 루마의 원점을 설명하는 그림 9.12의 다이어그램은 해당 작업에 적용되며 표기법 ${}^{601}_{255}Y'$ 도 거기에서 찾을 수 있다. 루마와 휘도의 두 용어의 차이는 1993년 SMPTE에서 채택된 엔지니어링 지침 EG 28에서 명확하게 설명되었다. 공식적인 Rec. 601, Rec. 709 및 Rec. 2020 사양

11 컬러비전 연구실, http://www.cvrl.org

은 온라인에서 찾을 수 있다.[12] "잘못된 폰 크리스" 라는 용어는 Terstiege [1972] 때문이다.

Munsell 컬러 시스템은 Munsell의 고전 서적 [1905, 1915]에서 처음 설명되었다. 소위 Hanbury 변환은 Hanbury [2008]에서 나온 것이다. 브래드 포드 변환은 Lam [1985]에 의한 반면, Sharp 변환은 Finlayson과 Süsstrunk [2000]에서 찾을 수 있다. Macbeth ColorChecker는 McCamy 등 [1976]의 연구이다. Alvy Ray Smith는 HSV와 HSL의 선구자이며, 여기에 제시된 수식은 Smith [1978]의 원작에서 나온 것이다. 특히, 우리의 HSL 모델은 스미스의 원래 HSL 모델과 동일하다(루마 계수에 대한 제한은 제외). 이것은 또한 Gonzalez와 Woods [2008]에서 HSI 라는 모델과 동일하다. 컬러 분포의 차이를 측정하려면, Rubner et al. [1998]이 설명한대로 지구의 이동 거리(the earth mover's distance)를 참조하라.

연습문제

9.1 다음 용어 각각을 정의하고, 서로 어떻게 관련되어 있는지 설명하시오.

(a) 스펙트럼 전력 분포(spectral power distribution, SPD)

(b) 스펙트럼 감도 기능(spectral sensitivity function, SSF)

(c) 컬러 매칭 기능(color matching function, CMF)

(d) 발광 효율 기능(luminous efficiency function, LEF)

9.2 3 개의 단색 광원 A, B 및 C의 스펙트럼 전력 분포(SPD)는 아래 그림과 같다.

(a) 광 A는 어떤 컬러를 띠는가? B? C?

(b) 광 B와 C가 함께 빛난다면 어떤 컬러가 나오겠는가?

(c) 아래 표는 알 수없는 표면에서 빛이 다른 조합으로 빛날 때 측정된 반사 출력을 보여준다. 표면은 어떤 컬러인가? 당신의 대답에 대해서 설명하시오.

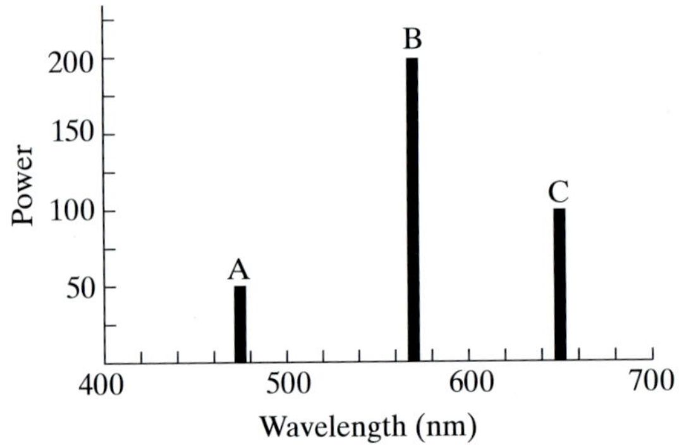

incident light	A	B	C	A + B	A + C	B + C
reflected power	40	80	10	100	30	70

9.3 무지개와 컬러 휠 사이의 관계를 설명하시오.

12 http://www.itu.int

9.4 막대(rods)에 SSF를 산정할 수 있는가? 원뿔(cones)에 대한 LEF를 계산할 수 있는가? 그 이유는 무엇인가?

9.5 additive와 subtractive 컬러 모델을 비교하고 대조하시오.

9.6 메타머(metamer) 란 무엇인가?

9.7 플롯(plot)에 음수 값이 있으면 SPD, SSF, LEF 또는 CMF와 같은 가능성을 모두 나열하시오. 음수 값이 없는 플롯에 대해서도 수행하시오.

9.8 인접한 스펙트럼 밴드를 결합함으로써, 3 × 35 원뿔 기본 행렬은 다음 3 × 7 행렬로 단순화된 형태로 표현될 수 있다.

$$\mathbf{S} = \begin{bmatrix} \mathbf{s}_L^{\mathsf{T}} \\ \mathbf{s}_M^{\mathsf{T}} \\ \mathbf{s}_S^{\mathsf{T}} \end{bmatrix} = \begin{bmatrix} 0.0134 & 0.0858 & 0.4985 & 0.9598 & 0.6523 & 0.1059 & 0.0037 \\ 0.0174 & 0.1472 & 0.6548 & 0.8497 & 0.2173 & 0.0100 & 0.0002 \\ 0.3751 & 0.7165 & 0.0758 & 0.0013 & 0.0000 & 0 & 0 \end{bmatrix}$$

여기서, 첫 번째 열은 멀티밴드 380−430 nm을 캡처하고, 두 번째 열은 430−480 nm을 캡처한 후, 마지막 열은 670−720 nm를 캡처한다.

(a) 실험 광 $\mathbf{t} = [8\ 9\ 1\ 9\ 6\ 2\ 3]^{\mathsf{T}}$에 대한 3 개의 원뿔의 출력은 얼마인가?

(b) 이 실험 광의 메타머를 구하시오.

9.9 주어진 원색 집합에 대하여, 특정한 실험 광 $\mathbf{t}$가 삼자극치(tristimulus) $u_r = 1.0,\ u_g = 0.5,\ u_b = 0.7$과 일치한다고 가정하자. Grassman의 법칙이 적용된다고 가정하면, 실험 광의 강도가 두 배가되었을 때의 삼자극치는 어떻게 되는가?

9.10 CMF 집합에 음수 값이 없는 경우, 이 값이 사용된 원색에 대해 무엇을 말해 주는가?

9.11 인접한 스펙트럼 대역을 결합함으로써, CIE 1931 XYZ에 대한 CMF는 다음 3 × 7 행렬에 의해 단순화된 형태로 표현될 수 있다.

$$\tilde{\mathbf{C}} = \begin{bmatrix} 0.0523 & 0.2843 & 0.0419 & 0.4864 & 0.9633 & 0.2932 & 0.0150 \\ 0.0016 & 0.0505 & 0.4120 & 0.9547 & 0.5982 & 0.1145 & 0.0055 \\ 0.2515 & 1.5581 & 0.3137 & 0.0131 & 0.0007 & 0.0000 & 0 \end{bmatrix}$$

수식 9.8의 원뿔 기본을 사용하여 원불 출력을 삼자극치로 변환하는 3 × 3 행렬을 계산하시오.

9.12 CIE XYZ 공간의 Y가 휘도와 어떻게 관련되는지 설명하시오.

9.13 삼색성 이론(trichromatic theory)에 대한 라이벌을 명명하여 보시오.

9.14 채도(chroma)와 포화도(saturation)의 차이를 설명하여 보시오.

9.15 아래의 각 이름에 대해 표현되는 컬러를 나타내는 일상적인 이름을 제공하시오. 또한 사용 중인 컬러 시스템을 열거하시오.

(a) 10R 3/6

(b) 2Y 8/16

(c) NCS 4055–R95B

(d) NCS 0580–Y10R

9.16 Wright와 Guild에서 CIE 1931 CMF를 온라인으로 검색하시오.[13] 데이터를 플롯하고 그림 9.9와 일치하는지 확인하시오. Stiles와 Burch의 CIE 1964 CMF에 대해서도 반복하여 확인하시오.

9.17 (a) 원색이 고정되어 있거나 (b) 원색이 매칭되는 컬러에 따라 선택될 수 있다면, 단지 두개의 단색의 선형 조합으로 모든 컬러를 매칭시킬 수 있는가? 왜 CIE 색도 다이어그램을 사용하지는 혹은 사용하지 않는지 설명하시오.

9.18 다음에 대하여 답하시오.

(a) 표준 광원 D_{75}의 근사 상관 색 온도(correlated color temperature, CCT)는 얼마인가?

(b) CCT가 증가함에 따라 주 파장이 증가하거나 감소하는가? (힌트: 그림 2.39의 플랑크의 법칙(Plank's Law)을 상기하자.)

(c) Wien의 변위 법칙을 사용하여 D_{75}의 주 파장을 계산하시오.

9.19 Macbeth ColorChecker 컬러 변환 차트(color–rendition chart)의 세 가지 컬러는 “blue flower”, “moderate red” 및 “foliage”이고, CIE 1931 xyY 좌표가 각각 (0.2651, 0.2400, 24.27), (0.4533, 0.3058, 19.77) 및 (0.3372, 0.4220, 13.29)이다. 이 컬러가 (0.35, 0.40, 0.92), (0.85, 0.42, 0.31) 및 (0.27, 0.81, 0.33)의 RGB 값을 각각 생성한다고 가정을 하자. 카메라에 의해 감지된 RGB 삼중항(RGB triplet)을 XYZ 컬러 공간으로 변환하기 위한 3 × 3 변환 행렬 $\mathbf{M}_c^{-1}$을 계산하시오. RGB 값은 감마–압축인가? 그 이유는 무엇인가?

9.20 ICC 프로파일이 유용한 이유를 설명하시오.

9.21 컬러 매칭 실험에서 나온 CMF는 사용된 기본 조명에 의존 하는가? 당신의 대답을 설명하시오.

9.22 Macbeth ColorChecker 컬러–변환 차트를 사용하여 보정된 카메라로 동일한 장면을 찍은 사진이 여전히 똑같은 것처럼 보이지 않는 몇 가지 이유를 설명하시오.

9.23 화이트 밸런싱이란 무엇이며, 왜 중요한지 설명하시오?

9.24 표 9.1에 제공된 Rec 2020의 매개 변수를 사용하여,

(a) RGB와 CIE XYZ 사이의 3 × 3 행렬 변환을 계산하시오.

---

13 http://www.cur.org

(b) 루마 계수(luma coefficients)는 무엇인가?

(c) 블랙 레벨이 코드 64로 정의되고, 명목 피크 레벨이 코드 940인 샘플 당 10 비트를 사용하여 $R'G'B'$에서 $Y'P_BP_R$로 변환하는 3 × 3 행렬을 계산하시오. (10 비트 채도 값은 유사하게 8 비트 값에서 4 배로 스케일 된다.)

(d) $R'G'B'$에서 $Y'C_BC_R$로의 변환은 무엇인가?

9.25 감마 보정된 컬러 $(R', G', B') = (20, 40, 200)$을 (a) HSV 컬러 공간 및 (b) HSL 컬러 공간으로 변환하시오. 또한, (c) 채도 및 최대 채도를 계산하시오.

9.26 HSV 컬러의 값 $H = 120°$, $S = 0.7$, $V = 0.7$에서 $R'G'B'$ 공간으로 컬러를 변환하시오.

9.27 휘도(luminance) $Y = 0.4$와 색도(chromaticity) 좌표 $(x, y) = (0.25, 0.4)$를 갖는 컬러를 아래와 같이 변환하시오.

(a) CIE 1976 $L^*u^*v^*$ 컬러 공간, $Y_n = 0.54$, $u'_n = 0.2009$ 및 $v'_n = 0.4610$

(b) CIE 1976 $L^*a^*b^*$ 컬러 공간, $X_n = 0.3$, $Z_n = 0.66$

9.28 $R'G'B'$에서 CIE XYZ로 변환하기 위해 $R'G'B'$ 공간에 대해 알아야 할 것은 무엇인가?

9.29 몇몇 저명한 첨단기술 회사 ("loft"와 "frugal")는 로고에 빨간색, 녹색, 파란색 및 노란색을 사용한다. 기본 컬러에 대해 알고 있는 것을 토대로 이 조합이 매력적이라고 생각하는 이유를 설명하시오.

9.30 퍼플(purple), 바이올렛(violet), 마젠타, 핑크의 차이점을 설명하시오.

9.31 시얀(cyan), 마젠타(magenta) 및 노란색(yellow) 기본 조명을 사용하는 컴퓨터 모니터를 친구가 만들고 싶다고 가정 해보자. 이것이 가능한가? 결과는 어떻게 될 것인가?

9.32 컬러 매칭은 항상 선형인가? 그 이유는 무엇인가?

9.33 CIE 색도(chromaticity) 다이아그램에서, 왜 CMF가 항상 어떤 음의 값을 갖는지 설명하시오.

9.34 포토픽(photopic)과 스코토픽(scotopic) LEF의 차이점은 무엇인가?

9.35 컬러의 순도를 포착할 때, 채도(chroma)가 포화도(saturation) 보다 나은 이유를 설명하시오.

9.36 ICC 프로파일에는 어떤 표준 광원(standard illuminant)이 사용되는가?

9.37 $(R', G', B') = (0, 0, 255)$를 (a) luma ${}^{601}Y'$ (b) luma ${}^{709}Y'$ (c) 수식 (9.68)을 사용하여 그레이 스케일 그리고 (d) 감마 확장으로 변환하고, Rec. 709를 사용하여 휘도와 감마 압축을 수행하라. 이 숫자들로 어떤 결론을 지을 수 있겠는가?

9.38 컬러 사이의 거리를 계산할 때, 어떤 컬러 공간이 권장 되는가?

9.39 수식 (9.77)은 Smith [1978]에서 발견된 수식과 동일하다는 것을 보이시오.

$$H \equiv 60° \cdot \begin{cases} 5 + b & \text{if } G' \le B' \le R' & \triangleright \text{ sector 0} \\ 1 - g & \text{if } B' \le G' \le R' & \triangleright \text{ sector 1} \\ 1 + r & \text{if } B' \le R' \le G' & \triangleright \text{ sector 2} \\ 3 - b & \text{if } R' \le B' \le G' & \triangleright \text{ sector 3} \\ 3 + g & \text{if } R' \le G' \le B' & \triangleright \text{ sector 4} \\ 5 - r & \text{if } G' \le R' \le B' & \triangleright \text{ sector 5} \end{cases} \tag{9.107}$$

여기서,

$$r \equiv \frac{V - R'}{V - V_{min}} \qquad g \equiv \frac{V - G'}{V - V_{min}} \qquad b \equiv \frac{V - B'}{V - V_{min}}$$

9.40 $R'G'B'$ 큐브에서 점 (R', G', B')과 $(R' + x, G' + x, B' + x)$는 임의의 오프셋 x에 대해 회색 선에 평행한 선을 따라 위치한다. 직교 투영으로 인해 HSV에서 두 점 모두 육각형의 동일한 위치에 투영되므로 동일한 색상(hue), 채도(chroma) 및 포화도(saturation)을 갖는다. 이 값을 수식 (9.82)로 대체하여 채도에 대한 이 문장을 검증하시오.

9.41 수식 (9.87)은 수식 (9.95)–(9.96)과 동일하다는 것을 보이시오.

CHAPTER 10

세그먼테이션

이전 장들에서 영상처리의 주요 문제를 다루었으므로, 이 책의 나머지 부분은 영상 분석의 주요 문제에 초점을 맞춘다. 첫 번째로 세그먼테이션은 컬러나 텍스처와 같은 저급 로컬 속성을 기반으로 영상의 화소를 그룹화하여 각 영역에 서로 비슷한 화소가 포함되도록 하는 상향식 프로세스이다. 세그먼테이션은 두 영역의 문제, 즉 각 영역의 화소 모델을 결정하고 각 화소를 최적 모델에 할당하는 두 가지 하위 문제를 포함한다. 모델은 사전에 알려지지 않았고 분류된 학습 데이터가 없으므로 세그먼테이션은 비지도 학습(unsupervised learning)의 문제이다. 일반적으로 목표는 "객체(object)"에 대한 객관적인 정의가 없다는 것을 명심해야 하지만 장면에서 동일한 객체의 투영인 화소를 그룹화 하는 것이다. 예를 들어, 사람이 배경에서 세그먼테이션되어야 하는지(머리와 몸을 하나의 대상으로 유지) 또는 머리를 몸체와 분리하여(두 개의 대상) 세그먼테이션할지 여부는 특정 작업을 기준으로만 결정될 수 있다.

세그먼테이션 문제에는 두 가지 면이 있다. 어떤 경우에는 밀도가 높은 데이터, 예를 들어 영상의 화소를 세그먼테이션하는 것을 원한다. 이 경우 모델은 컬러나 질감의 균질성에 대한 개념을 고려하여 상당히 단순한 경향이 있다. 다른 경우에서 목표는 영상에서 감지된 특징점과 같은 희소한 데이터를 클러스터링하는 것이다. 이 경우 모델은 선 또는 평면의 수식과 같이 더 복잡해지는 경향이 있다. 이 두 가지 유형의 문제 간에 근본적으로 다른 것은 없지만 실제로는 여러 가지 기법이 한 유형의 문제에 대해 다른 유형보다 더 잘 적용되는 경향이 있다. 이 장에서는 영상 세그먼테이션에 중점을 두고, 다음 장에서는 더 복잡한 모델을 희소 데이터에 적용하는 방법에 대해 설명한다.

10.1 임계치

세그먼테이션 문제의 가장 단순한 변형은 **전경/배경 세그먼테이션**이다. 이전에 우리는 임계치(thresholding)가 전경 화소가 1인 반면 배경 화소는 0 값을 갖는 이진 영상을 생성한다는 것을 알았다. 논리적으로 이 값은 각각 ON 또는 OFF로 간주할 수 있다. 임계치의 가장 어려운 부분은 수동 또는 자동으로 적절한 임계치를 결정하는 것이다. 이 절에서는 임계치를 자동으로 결정하기 위한 몇 가지 잘 알려진 방법을 논의한다.

10.1.1 전역 임계치

τ를 단일 **전역 임계치**(global threshold)라 하자. 일단 τ가 결정되면, 모든 화소에 똑같은 방법으로 적용된다.

$$I'(x, y) = \begin{cases} \text{ON} & \text{if } I(x, y) > \tau \\ \text{OFF} & \text{otherwise} \end{cases} \tag{10.1}$$

임계치를 자동으로 결정하는 대부분의 알고리즘은 그레이 레벨 히스토그램 검사에 의존한다. 일반적으로 전경 화소에 해당하는 하나의 피크와 그 사이에 계곡이 있는 백그라운드 화소에 해당하는 또 다른 피크가 있다. 목표는 백그라운드에서 전경을 가장 잘 분리하기 위해 계곡의 최소 근처에서 그레이 레벨을 찾는 것이다.

두 가지 간단하고 광범위하게 사용되는 전역 임계치 기술은 Ridler-Calvard 알고리즘과 오츠(Otsu)의 방법으로 알려져 있다. 둘 다 이 절에서 설명한다. 실제 구현에서, 이러한 알고리즘을 적용하기 전에 영상을 전처리하는 것이 유리할 수 있다. 예를 들어 가우시안으로 컨볼루션하여 영상을 먼저 평활화하여 히스토그램 피크를 보다 특이하게 만드는 것, 또는 전경 오브젝트가 큰 배경에 비해 작을 때 히스토그램 피크의 크기에서 발생하는 비대칭성을 감소시키기 위해 강도 에지를 먼저 계산하고, 에지 근처의 화소에만 알고리즘을 적용하는 단계를 포함한다. 그럼에도 불구하고 설명을 단순화하기 위해 전처리 없이 기본 알고리즘을 설명한다.

Ridler-Calvard 알고리즘

그림 10.1은 그레이 레벨 히스토그램과 함께 이전에 보았던 배경에 과일 영상을 재현한다. 히스토그램은 배경에 있는 화소로 인해 왼쪽에 하나의 커다란 잘

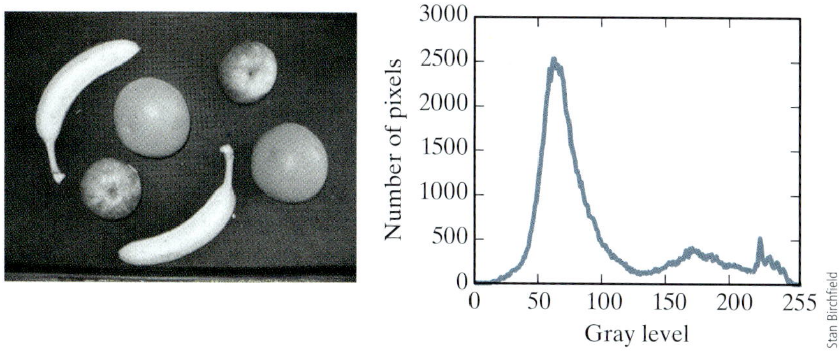

그림 10.1 왼쪽: 어두운 배경(컨베이어 벨트)에 있는 몇 가지 유형의 객체(과일)의 그레이 스케일 영상. 오른쪽: 영상의 그레이 레벨 막대 그래프이다.

정의된 모드를 가지고 있으며, 주로 전경 화소로 인해 훨씬 넓고 변화가 있는 다른 모드가 있다. 따라서 좋은 임계치는 히스토그램의 두 가지 모드를 분리하거나 동등하게 두 언덕 사이의 계곡에 위치하는 것이다(이 경우 대략 그레이 레벨 130). 이것을 달성하기 위한 간단한 반복 알고리즘은 **Ridler-Calvard 알고리즘**이다. τ를 임계치라고 하고, $\mu_{\blacktriangleleft}$는 그레이 레벨이 τ보다 작거나 같은 모든 화소의 평균 그레이 레벨이고, $\mu_{\triangleright}$는 그레이 레벨이 τ보다 큰 모든 화소의 평균 그레이 레벨이다. 배경이 전경보다 어두우면 $\mu_{\blacktriangleleft}$는 배경 화소의 평균이고, $\mu_{\triangleright}$는 전경 화소의 평균이다.

그레이 레벨 ℓ에 대한 그레이 레벨 히스토그램의 값을 $h[\ell]$, $\ell = 0, \ldots, \zeta - 1$이라고 하면, 여기서 $\zeta \equiv \text{ngray} = 256$은 그레이 레벨의 수이다. 우리의 앞선 논의를 상기하면서[1] 다음의 수식을 보자.

$$\mu_{\blacktriangleleft} = \frac{m_1[\tau]}{m_0[\tau]} \quad \text{and} \quad \mu_{\triangleright} = \frac{m_1[\zeta - 1] - m_1[\tau]}{m_0[\zeta - 1] - m_0[\tau]} \tag{10.2}$$

여기서,

$$m_0[\tau] = \sum_{\ell=0}^{\tau} h[\ell] \quad \text{and} \quad m_1[\tau] = \sum_{\ell=0}^{\tau} \ell h[\ell] \tag{10.3}$$

히스토그램 h의 그레이 레벨 0에서부터 τ까지의 각각 제로 번째와 첫 번째 순간이다. m_0는 $m_0[\zeta - 1]$이 영상의 화소 수가 되도록 스케일된 누적 정규화된 막대 그래프 $\bar{c}$이다.

Ridler-Calvard 알고리즘은 임계치의 현재 추정을 기반으로 반복적으로 두 가지 평균을 계산한 다음, 임계치를 두 평균의 평균으로 설정한다. 알고리즘

1 4.4.1절 (p. 214)

알고리즘 10.1 Ridler–Calvard 알고리즘을 사용하여 영상 임계치 계산

RIDLER-CALVARD(I)

Input: grayscale image I
Output: threshold value τ

1 $h \leftarrow$ COMPUTEHISTOGRAM(I)
2 $m_0[0] \leftarrow h[0]$
3 $m_1[0] \leftarrow 0$
4 **for** $k \leftarrow 1$ **to** $\zeta - 1$ **do**
5 $\quad m_0[k] \leftarrow m_0[k-1] + h[k]$
6 $\quad m_1[k] \leftarrow m_1[k-1] + k * h[k]$
7 $\tau \leftarrow \zeta/2$ ➤ reasonable initial value, but not important
8 **repeat**
9 $\quad \mu_{◀} \leftarrow m_1[\tau]/m_0[\tau]$
10 $\quad \mu_{▷} \leftarrow (m_1[\zeta - 1] - m_1[\tau])/(m_0[\zeta - 1] - m_0[\tau])$
11 $\quad \tau \leftarrow$ ROUND $(\frac{1}{2}(\mu_{◀} + \mu_{▷}))$
12 **until** τ does not change
13 **return** τ

10.1에 나와 있는 이 고전적인 알고리즘은 히스토그램을 계산하기 위해 영상을 한번 통과시킨 다음, 히스토그램을 통과하여 배열 m_0 및 m_1을 계산한 후, 일정 시간 작업(constant–time operation)으로 구성된 작은 횟수의 반복을 한다. (라인 1에서 정규화된 히스토그램은 라인 9 및 라인 10의 세그먼테이션이 스케일링 인자를 취소하기 때문에 정규 히스토그램대신 사용될 수 있다.)

다음 장에서 볼 수 있듯이 Ridler–Calvard는 단순히 그레이 레벨 히스토그램에 적용되는 k–means 알고리즘이다. 반복 알고리즘은 일반적으로 좋은 시작점을 필요로 하며 k–means도 예외는 아니다. Ridler–Calvard는 연산이 1차원이기 때문에 실제적으로 모든 초기 값이 동일한 솔루션으로 수렴되므로 강력하다. 그림 10.2는 τ에 대한 끔찍한 초기 값에도 불구하고 좋은 해결책을 얻는 알고리즘의 예이다.

Ridler–Calvard 알고리즘은 전경 및 배경의 그레이 레벨이 동등한 표준 편차를 갖는 가우시안으로 분포된다고 가정한다. 이러한 경우, 최적의 결정 경계는 두 분포가 교차하는 곳에서 발생한다.

$$\frac{1}{\sqrt{2\pi\sigma^2}} \exp\left\{-\frac{(\tau - \mu_{◀})^2}{2\sigma^2}\right\} = \frac{1}{\sqrt{2\pi\sigma^2}} \exp\left\{-\frac{(\tau - \mu_{▷})^2}{2\sigma^2}\right\} \quad (10.4)$$

여기서, $\mu_{◀}$ 및 $\mu_{▷}$는 2개의 화소 그룹의 평균 그레이 레벨이다. 이 수식을 τ에

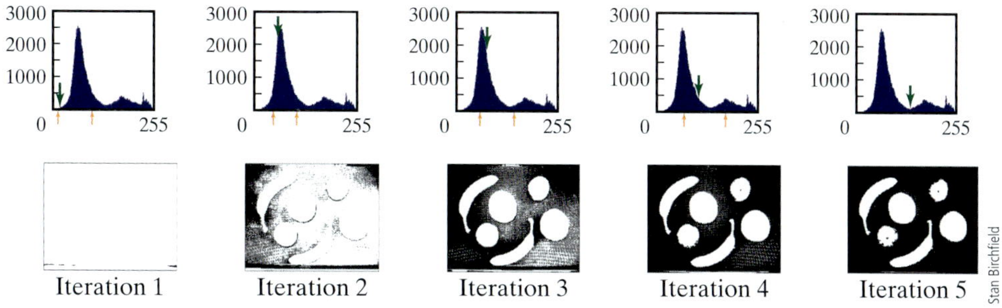

그림 10.2 그림 10.1의 영상에 적용된 Ridler-Calvard 알고리즘의 단계별 예. 실제 솔루션과는 거리가 먼 초기 임계치를 사용하더라도 알고리즘은 단지 5 번의 반복으로 수렴한다. 맨 위 줄에는 히스토그램이 표시된다. 아래쪽을 가리키는 녹색 화살표는 각 반복에서 임계치를 나타내며 위쪽을 가리키는 금색 화살표는 두 가지 평균을 나타낸다. 맨 아래 행은 해당 반복에 대한 임계치를 사용하여 영상을 임계화한 결과를 표시한다.

대해 풀면 다음과 같이 나온다.

$$\tau = \frac{(\mu_{\blacktriangleleft} + \mu_{\triangleright})}{2} \tag{10.5}$$

이것은 알고리즘 라인 11에 나타난다. 이 도출은 잡음이 많은 실제 데이터를 처리하는 알고리즘의 설계 및 분석에서 중요한 점을 보여준다. 즉, 이러한 알고리즘은 처리중인 데이터에 대해 가정이 명시적으로 알려졌는지 아닌지에 관계없이 처리 중인 데이터에 대한 통계적 가정을 만든다. 그러한 가정을 규정함으로써 알고리즘을 모델에서 분리할 수 있다. 즉, 근본적인 통계적 가정을 이해하면 계산에 포함된 특정 단계를 계산이 달성하는 목표와 분리할 수 있다. 이 구별을 명확히 하면 종종 문제에 대한 새로운 통찰력이 생기므로, 알고리즘을 평가하고 잠재적 개선을 제안하는 것이 더 쉽다. Ridler-Calvard의 경우, 분석 결과 알고리즘은 전경과 배경의 분산이 동일하다고 가정한다.

오츠의 방법

이 가정을 완화하고 두 영역의 분산이 서로 다른 경우 **오츠**(Otsu)의 방법을 사용한다. 오츠의 방법의 목표는 클래스 내 분산을 최소화하는 임계치 τ를 찾는 것인데, 이는 두 화소 그룹의 분산의 가중 합으로 정의된다.

$$\sigma_w^2(\tau) \equiv p_{\blacktriangleleft}(\tau)\sigma_{\blacktriangleleft}^2(\tau) + p_{\triangleright}(\tau)\sigma_{\triangleright}^2(\tau) \tag{10.6}$$

여기서, τ는 미지의 임계치이고, $p_{\blacktriangleleft}(\tau)$는 그레이 레벨이 τ보다 작거나 같은 화소의 비율이고, $\mu_{\blacktriangleleft}(\tau)$ 및 $\sigma_{\blacktriangleleft}^2(\tau)$는 각각 그레이 레벨의 평균 및 분산이다. 전경 영역에 대한 이와 유사한 양은 다음과 같이 주어진다.

$$p_{\blacktriangleleft}(\tau) = \sum_{\ell=0}^{\tau} \bar{h}[\ell] = \frac{m_0[\tau]}{m_0[\zeta - 1]} \qquad p_{\triangleright}(\tau) = \sum_{\ell=\tau+1}^{\zeta-1} \bar{h}[\ell] = \frac{m_0[\zeta - 1] - m_0[\tau]}{m_0[\zeta - 1]} \tag{10.7}$$

$$\mu_{\blacktriangleleft}(\tau) = \frac{\sum_{\ell=0}^{\tau} \ell\bar{h}[\ell]}{\sum_{\ell=0}^{\tau} \bar{h}[\ell]} = \frac{m_1[\tau]}{m_0[\tau]} \qquad \mu_{\triangleright}(\tau) = \frac{\sum_{\ell=\tau+1}^{\zeta-1} \ell\bar{h}[\ell]}{\sum_{\ell=\tau+1}^{\zeta-1} \bar{h}[\ell]} = \frac{m_1[\zeta - 1] - m_1[\tau]}{m_0[\zeta - 1] - m_0[\tau]} \tag{10.8}$$

$$\sigma^2_{\blacktriangleleft}(\tau) = \frac{\sum_{\ell=0}^{\tau} \bar{h}[\ell](\ell - \mu_{\blacktriangleleft}(\tau))^2}{\sum_{\ell=0}^{\tau} \bar{h}[\ell]} \qquad \sigma^2_{\triangleright}(\tau) = \frac{\sum_{\ell=\tau+1}^{\zeta-1} \bar{h}[\ell](\ell - \mu_{\triangleright}(\tau))^2}{\sum_{\ell=\tau+1}^{\zeta-1} \bar{h}[\ell]} \tag{10.9}$$

여기서, $\bar{h}$는 정규화된 그레이 레벨 히스토그램이다. τ의 모든 값에 대해 $p_{\blacktriangleleft}(\tau) + p_{\triangleright}(\tau) = 1$이고, 모든 화소의 평균 그레이 레벨은 $\mu = m_1[\zeta - 1]/m_0[\zeta - 1]$로 주어진다.

클래스 간 분산(between-class variance)을 다음과 같이 정의하면,

$$\sigma^2_b(\tau) \equiv p_{\blacktriangleleft}(\tau)(\mu_{\blacktriangleleft}(\tau) - \mu)^2 + p_{\triangleright}(\tau)(\mu_{\triangleright}(\tau) - \mu)^2 \tag{10.10}$$

클래스 내와 클래스 간 분산의 합은 단순히 σ^2의 정의를 확장하여, 모든 화소 값의 전체 분산이라고 나타낼 수 있다.

$$
\begin{aligned}
r^2 &= \sum_{\ell=0}^{\zeta-1} \bar{h}[\ell](\ell - \mu)^2 && (10.11)\\
&= \sum_{\ell=0}^{\tau} \bar{h}[\ell](\ell - \mu_{\blacktriangleleft} + \mu_{\blacktriangleleft} - \mu)^2 + \sum_{\ell=\tau+1}^{\zeta-1} \bar{h}[\ell](\ell - \mu_{\triangleright} + \mu_{\triangleright} - \mu)^2 && (10.12)\\
&= \sum_{\ell=0}^{\tau} \bar{h}[\ell]\left((\ell - \mu_{\blacktriangleleft})^2 + \cancelto{0}{2(\ell - \mu_{\blacktriangleleft})(\mu_{\blacktriangleleft} - \mu)} + (\mu_{\blacktriangleleft} - \mu)^2\right)\\
&\quad + \sum_{\ell=\tau+1}^{\zeta-1} \bar{h}[\ell]\left((\ell - \mu_{\triangleright})^2 + \cancelto{0}{2(\ell - \mu_{\triangleright})(\mu_{\triangleright} - \mu)} + (\mu_{\triangleright} - \mu)^2\right) && (10.13)\\
&= p_{\blacktriangleleft}(\tau)\sigma^2_{\blacktriangleleft}(\tau) + p_{\blacktriangleleft}(\tau)(\mu_{\blacktriangleleft} - \mu)^2 + p_{\triangleright}(\tau)\sigma^2_{\triangleright}(\tau) + p_{\triangleright}(\tau)(\mu_{\triangleright} - \mu)^2 && (10.14)\\
&= \sigma^2_w(\tau) + \sigma^2_b(\tau) && (10.15)
\end{aligned}
$$

여기서, $\mu_{\blacktriangleleft}$와 $\mu_{\triangleright}$의 τ에 대한 의존성은 혼란을 피하기 위해 생략되었고, 중간 항은 0이 된다는 증거는 연습문제로 남겨두었다.

총 분산 σ^2는 임계치 τ에 의존하지 않기 때문에, σ^2_w를 최소화하는 것은 σ^2_b를 최대화하는 것과 동일하다. 후자의 장점은 2차 특성(분산)보다는 1차 특성(평균)에만 의존하므로 계산하기가 더 쉽다는 것이다. 수식 (10.10)에 $p_{\blacktriangleleft}(\tau)$,

$\mu_{\blacktriangleleft}(\tau)$, $p_{\triangleright}(\tau)$, $\mu_{\triangleright}(\tau)$의 수식을 대입하고 단순화하면 다음과 같다.

$$\sigma_b^2(\tau) = \frac{(m_1[\tau] - \mu m_0[\tau])^2}{m_0[\tau](m_0[\zeta - 1] - m_0[\tau])} \tag{10.16}$$

작은 수의 가능한 임계치(대개 단지 256)가 있기 때문에, 오츠의 방법은 τ에 대한 모든 가능한 값을 반복하여 $\sigma_b^2(\tau)$의 양을 최대화하는 값을 찾는다. 임계치 τ에 의해 산출된 결과의 품질은 다음과 같은 분리 가능성의 척도에 의해 주어진다.

$$\eta(\tau) = \frac{\sigma_b^2(\tau)}{\sigma^2} \tag{10.17}$$

알고리즘 10.2에 나와 있는 오츠의 방법은 Ridler–Calvard와 동일한 사전 계산으로 시작되며, 라인 7과 10의 나누기가 정규화를 취소하기 때문에 표준 히스토그램 또는 정규화된 히스토그램으로 수행할 수도 있다.

Ridler–Calvard와 마찬가지로, 오츠의 방법은 영상을 통과한 다음 히스토그램을 한번 통과해야 한다. 두 알고리즘의 주요 차이점은 오츠의 방법이 시작 지점에서 솔루션에 반복적으로 수렴하는 대신 히스토그램을 통해 다른 패스를 통

알고리즘 10.2 오츠의 방법을 사용하여 영상 임계치 계산

OTSU(I)

Input: grayscale image I
Output: threshold value τ

1 $h \leftarrow$ COMPUTEHISTOGRAM(I)
2 $m_0[0] \leftarrow h[\ell]$
3 $m_1[0] \leftarrow \ell * h[\ell]$
4 **for** $\ell \leftarrow 1$ **to** $\zeta - 1$ **do**
5 $\quad m_0[\ell] \leftarrow m_0[\ell - 1] + h[\ell]$
6 $\quad m_1[\ell] \leftarrow m_1[\ell - 1] + \ell * h[\ell]$
7 $\mu \leftarrow m_1[\zeta - 1]/m_0[\zeta - 1]$
8 $\hat{\sigma}_b^2 \leftarrow 0$
9 **for** $\ell \leftarrow 0$ **to** $\zeta - 1$ **do**
10 $\quad \sigma_b^2 \leftarrow (m_1[\ell] - \mu m_0[\ell])^2/(m_0[\ell] * (m_0[\zeta - 1] - m_0[\ell]))$
11 $\quad$ **if** $\sigma_b^2 > \hat{\sigma}_b^2$ **then**
12 $\quad\quad \hat{\sigma}_b^2 \leftarrow \sigma_b^2$
13 $\quad\quad \tau \leftarrow \ell$
14 **return** τ

그림 10.3 왼쪽에서 오른쪽: 입력 영상, Ridler–Calvard 알고리즘의 출력 및 오츠 방법의 출력. 이 특정 영상에서 출력은 거의 구별할 수 없다.

해 가능한 모든 $\zeta = 256$ 임계치에 대해 철저한 검색을 수행한다는 것이다. 그림 10.3은 과일 영상에 대한 Ridler–Calvard와 오츠의 방법의 결과를 비교한 것이다.

10.1.2 적응형 임계치

Ridler–Calvard 알고리즘 및 오츠의 방법과 같은 전역 임계치 기술은 영상 잡음 특성이 영상에서 다를 때 잘 수행되지 않는다. 예를 들어 강한 조명 조건은 영상의 한 부분에서 하이라이트를 만들고, 다른 부분에서는 그림자를 생성할 수 있이다. 이러한 어려움을 극복하기 위해 영상의 임의의 주어진 화소에서 사용되는 임계치가 화소 근처의 로컬 통계 특성을 기반으로 하는 **적응형 임계치**(adaptive thresholding) 기술이 필요하다.

$$I'(x, y) = \begin{cases} \text{ON} & \text{if } I(x, y) > \tau(x, y) \\ \text{OFF} & \text{otherwise} \end{cases} \qquad \textbf{(10.18)}$$

여기서, $\tau(x, y)$는 임계치가 화소의 함수로서 변화함을 나타낸다. 그림 10.4는 조명 변화가 강한 영상과 적응형 임계치의 결과를 보여준다.

적응형 임계치를 수행하는 한 가지 방법은 영상을 블록으로 세그먼테이션하고, 각 블록에서 Ridler–Calvard 또는 오츠의 방법과 같은 전역 임계치 알고리즘을 실행하여 해당 블록에 대한 임계치를 결정하는 것이다. 실제로 Chow–Kaneko라고 하는 고전적인 기법 중 하나는 영상을 겹치는 블록으로 나누고, 각 블록에 대해 히스토그램을 조사하여 블록의 임계치를 결정하는 것이다. 이 임계치들 사이의 보간은 전체 영상에 대해 정의된 임계 함수를 산출한다. 대안으로, 전처리 단계가 적용될 수 있는데, 예를 들어 흰색 탑–햇(white top–hat, WTH) 변환과 이어지는 전역 임계치가 있다.

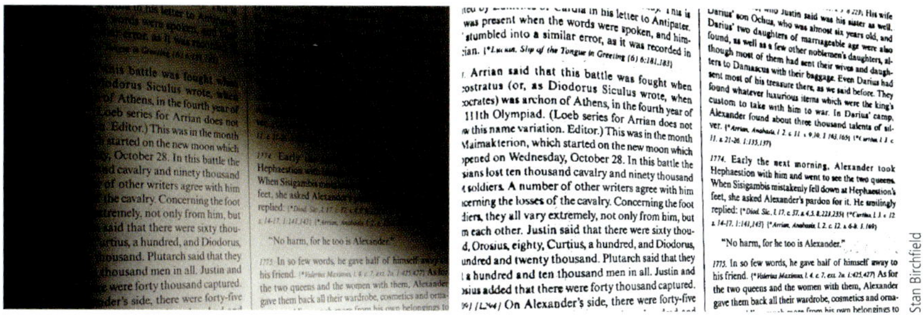

그림 10.4 적응형 임계치의 예.

대체 접근법은 각 화소를 주변 인근의 통계와 비교한다. 이를 수행하는 가장 간단한 방법은 영상을 평활화 커널(예: 가우시안)으로 컨볼루션한 다음 임계치를 다음과 같이 정하는 것이다.

$$\tau(x, y) = t \cdot \mu(x, y) \quad (10.19)$$

여기서, $0 \le t \le 1$은 스칼라이고 $\mu(x, y)$는 이웃의 평균이므로, 각 화소는 평균의 100t % 이상인 경우 켜짐(ON)으로 설정된다. 예를 들어, t를 0.8로 설정하면 인접 평균이 128인 화소는 $0.8 \times 128 = 102$보다 작거나 같은 경우에만 꺼짐(OFF)으로 설정된다. 그림 10.4와 같은 텍스트 문서를 처리할 때, 알고리즘은 화소를 꺼짐으로 선언하는데 보수적이어야 하지만, 화소를 켜짐으로 선언하는 데는 관대해야한다. 즉, t는 작아야 한다.

평균은 가우시안인 $\mu(x, y) \equiv I(x, y) \circledast G(x, y)$ 또는 박스 필터인 $\mu(x, y) \equiv (x, y) \circledast B(x, y)$에 의하여 계산될 수 있다. 그리고 후자는 적분 영상을 사용하여 효율적으로 계산될 수 있다. 대안적으로, 이웃에 대한 메디안(median) 연산 또는 다른 연산이 사용될 수 있다.

Niblack의 방법은 이웃에 있는 화소 값의 평균 및 표준 편차를 모두 고려하여 다음 단계로 이 아이디어를 사용한다. 임계치는 다음에 의해 주어진다.

$$\tau(x, y) = \mu(x, y) - k \cdot \sigma(x, y) \quad (10.20)$$

여기서, $\sigma(x, y)$는 표준 편차이고, k는 $k = 0.2$의 권장 값을 갖는 스칼라이다. 유의한 편차가 있는 영역(예: 배경 페이지에 텍스트가 있는 영역)에서는 임계치를 낮추어 가짜 꺼짐 화소 수를 줄이지만, 균질 영역(예: 텍스트가 없는 배경 페이지)에서는 임계치 $\mu(x, y)$에 가깝기 때문에 잡음에 취약하다. **Sauvola의 방법**은 표준 편차에 동적 범위를 가중함으로써 이러한 단점을 극복한다.

$$\tau(x, y) = \mu(x, y) \cdot \left[1 - k \cdot \left(1 - \frac{\sigma(x, y)}{r} \right) \right] \tag{10.21}$$

여기서, k는 0.2와 0.5 사이이며, $r \equiv \frac{\zeta}{2} = 128$은 8 비트 영상의 최대 표준 편차이다. 이 수식은 지역 표준 편차를 기반으로 한 적응형 t를 갖는 수식 (10.19)과 동일하다는 점에 유의하라. 높은 대비 영역에서 $\sigma(x, y)$는 r에 가깝다. 이 경우 임계치는 단지 평균이다. 낮은 대비 영역에서 임계치는 대비의 감소에 기초한 양만큼 감소되고($\sigma(x, y) \le r$, k가 곱해진 인자는 항상 음이 아님), 최소 $\mu(x, y) \cdot (1 - k)$이다. 예를 들어, $k = 0.2$이면 임계치는 $\mu(x, y)$와 $0.8\mu(x, y)$ 사이에서 달라진다.

10.1.3 히스테리시스 임계치

히스테리시스 임계치(hysteresis thresholding)의 개념은 낮은 임계치 τ_{low}와 높은 임계치 τ_{high}를 사용한다. 그림 10.5와 같이 어떤 화소가 상위 임계치보다 높거나 낮은 임계치보다 높고, 상위 임계치보다 높은 다른 화소에 연결된 경우, 모든 화소에 레이블이 켜짐으로 지정된다. 많은 경우 히스테리시스 임계치 설정은 단일 임계치보다 강력한 결과를 얻을 수 있다. 히스테리시스라는 항은 화소의 출력이 즉각적으로 알려지지 않고 초기 연산(즉, 높은 임계치)가 먼저 수행되어야 한다는 것을 나타낸다. 히스테리시스 임계치는 **이중 임계치**(double thresholding)이라고도 한다.

$\tau_{low}(x, y)$와 $\tau_{high}(x, y)$가 원래의 화소 값이 각각 낮은 임계치 또는 높은 임계치보다 높은 화소를 가진 이진 영상이라면, 히스테리시스 임계치는 형태학적 재구성을 위한 표기법을 사용하여 압축적으로 다음과 같이 팽창(dilation)에 의하여 표현될 수 있다.

$$I' = T_{high} \oplus^{*}_{T_{low}} B \tag{10.22}$$

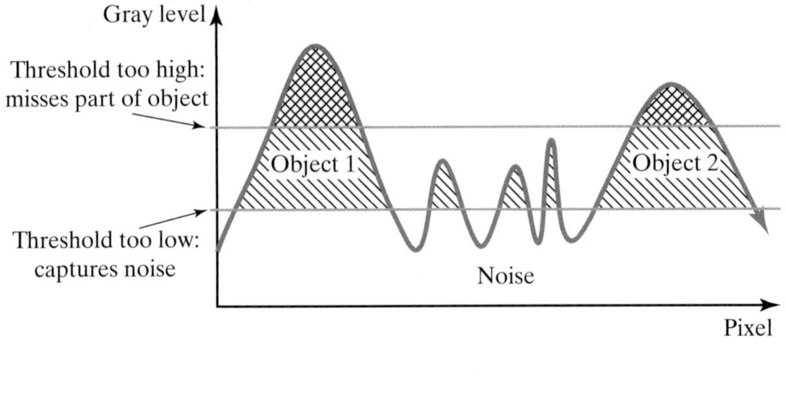

그림 10.5 이중 임계치라고도 하는 히스테리시스 임계치를 보여준다.

알고리즘 10.3 영상에 히스테리시스 임계치 실행

```
HYSTERESISTHRESHOLD(I, τ_low, τ_high)

Input:  grayscale image I, along with low and high thresholds
Output: binary image I' from hysteresis thresholding
for (x, y) ∈ I do
    T_low(x, y) ← 1 if I(x, y) > τ_low else 0
    I'(x, y) ← OFF
for (x, y) ∈ I do
    if I(x, y) > τ_high then
        FLOODFILLSEPARATEOUTPUT(T_low, I', (x, y), ON)
return I'
```

여기서, B는 B_4 또는 B_8이고, I'은 출력 히스테리시스 임계치 영상이다. 의사코드는 알고리즘 10.3에 주어지며, 계산 효율성을 위해 팽창대신 플러드필(floodfill)이 사용된다. 이전과 같이 이 알고리즘은 낮은 임계치와 높은 임계치가 이미 다른 수단을 통해 결정되었다고 가정한다. 히스테리시스 임계치의 예가 그림 10.6에 나와 있다.

10.1.4 다단계 임계치

지금까지 고려된 모든 기술은 단 두 개의 레이블로 영상을 출력한다. 그러나 때때로 그레이 레벨 히스토그램에는 피크 사이에 구별되는 계곡이 있는 여러 개의 피크가 있으며, 각 피크에 다른 출력 값을 할당하는 것이 좋다. 이를 **다단계 임계치**(multilevel thresholding)이라고 한다. 예를 들어, 세 가지 다른 출력 값을 산출하기 위해 두 개의 임계치를 적용하고자 할 수 있다.

$$I'(x, y) = \begin{cases} v_1 & \text{if } I(x, y) \leq \tau_1 \\ v_3 & \text{if } I(x, y) > \tau_2 \\ v_2 & \text{otherwise} \end{cases} \tag{10.23}$$

여기서, $\tau_1 < \tau_2$이다. 오츠의 방법을 여러 수준으로 확장하여 **다단계 오츠 방법**을 만드는 것은 간단하다. 수식 (10.10)을 3 단계로 확장하면 다음이 산출된다.

$$\sigma_b^2 = p_1 (\mu_1 - \mu)^2 + p_2 (\mu_2 - \mu)^2 + p_3 (\mu_3 - \mu)^2 \tag{10.24}$$

여기서, τ_1 및 τ_2에 대한 변수의 의존성은 명료성을 위해 생략되었다. 의존성을 포함하여 이러한 변수는 다음으로 정의된다.

그림 10.6 히스테리시스 임계치의 예.

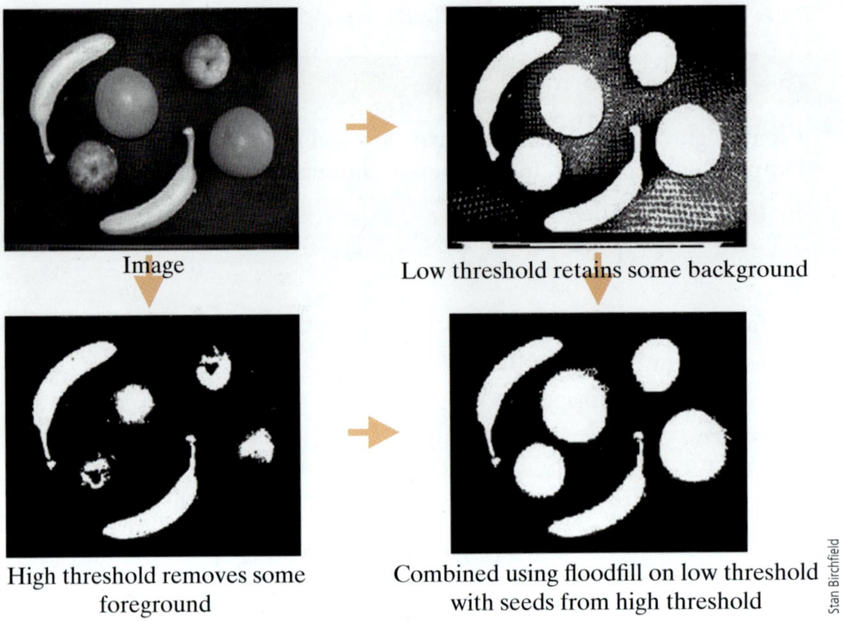

$$
\begin{aligned}
p_1(\tau_1) &= \sum_{\ell=0}^{\tau_1} \bar{h}[\ell] & \mu_1(\tau_1) &= \frac{1}{p_1(\tau_1)} \sum_{\ell=0}^{\tau_1} \ell\bar{h}[\ell] \\
p_2(\tau_2) &= \sum_{\ell=\tau_1+1}^{\tau_2} \bar{h}[\ell] & \mu_2(\tau_2) &= \frac{1}{p_2(\tau_2)} \sum_{\ell=\tau_1+1}^{\tau_2} \ell\bar{h}[\ell] \qquad (10.25) \\
p_3(\tau_1, \tau_2) &= 1 - p_1(\tau_1) - p_2(\tau_2) & \mu_3(\tau_1, \tau_2) &= \frac{1}{p_3(\tau_1, \tau_2)} \sum_{\ell=\tau_2+1}^{\zeta-1} \ell\bar{h}[\ell]
\end{aligned}
$$

여기서, $\mu = \sum_{\ell=0}^{\zeta-1} \ell\bar{h}[\ell]$은 어느 한 임계치에 의존하지 않는다는 것을 알 수 있다. 다단계 오츠 방법을 구현하는 가장 직접적인 방법은 모든 가능한 임계치 조합을 철저하게 검색하는 것이다. 실제로, 다단계 임계치가 세 개 이상의 값(두 개의 임계치)에 사용되는 경우는 드물기 때문에 그러한 처리는 현대 처리 능력을 고려할 때 비합리적이지 않다. 독자가 중복 계산을 제거하는 보다 효율적인 구현 방법을 설명하는 것은 연습문제로 남겨두었다.

10.2 변형 가능한 모델

우리가 방금 본 바와 같이, 임계치는 화소 단위로 배경에서 전경을 세그먼테이션하며 각 화소의 결과는 다른 화소와 다소 독립적이다. 보다 강력한 접근 방법은 주변 화소 간에 유사한 결과를 적용하여 출력물이 원활하도록 하는 것이다. 이 접근법은 여러 전경 오브젝트에 적용할 수 있지만 설명을 단순화하기 위해 배경에 단일 전경 오브젝트의 경우를 고려하고, **변형 가능한 모델**(deformable model)은 영상 데이터를 사용하여 전경 오브젝트에 맞춘다. 이 절에서는 변형 가능한 모델을 사용하는 두 가지 유형의 접근법, 즉 능동 윤곽선 및 레벨 집합을 고려한다.

10.2.1 능동 윤곽선(스네이크)

능동 윤곽선(active contour, **스네이크**(snake)라고도 함)은 영상의 일부 구조를 매개 변수 곡선으로 나타내는 2D 변형 가능 모델이다. $0 \leq s \leq 1$을 곡선을 따라 위치를 결정하는 스칼라 매개 변수라고하면, 연속적인 윤곽선은 $\mathbf{c}(s) = (x(s), y(s))$로 표현된다. 그림 10.7에서 볼 수 있듯이 곡선은 열린 상태, $\mathbf{c}(0) \neq \mathbf{c}(1)$ 또는 닫힌 상태, $\mathbf{c}(0) = \mathbf{c}(1)$일 수 있다. 메커니즘은 두 경우 모두 거의 동일하지만, 닫힌 윤곽선이 월드(world)의 일부 오브젝트에 해당하는 영상의 한 영역을 묶음으로써 세그먼테이션 작업을 수행하므로 주로 후자의 경우에 집중한다.

일부 초기 조건이 주어지면 윤곽선은 자동으로 변형되어 시스템의 에너지를 최소화한다. 여기서, 에너지는 내부 에너지 항 E_{int} 및 외부 에너지 항 E_{ext}로 구성된다. 이 두 항으로, 연속 스네이크의 에너지는 다음에 의해 주어진다.

$$E_{\mathbf{c}} = \int_0^1 E(\mathbf{c}(s))\, ds = \int_0^1 \left(E_{ext}(\mathbf{c}(s)) + E_{int}(\mathbf{c}(s))\right) ds \qquad (10.26)$$

외부 에너지는 윤곽선을 영상 데이터와 정렬하려고 시도하고, 윤곽선을 따라 각 위치의 그레이 레벨의 함수로 평가된다.

$$E_{ext}(x, y) = g(I(x, y)) \qquad (10.27)$$

여기서, $g(\cdot)$는 다음 중 하나와 같이 영상 그레디언트(gradient) 크기의 단조 증가가 아닌 함수이다.

그림 10.7 윤곽선은 열린 상태 (왼쪽) 또는 닫힌 상태 (오른쪽)일 수 있다. 스네이크라고도 하는 능동 윤곽선은 곡선의 내부 부드러움뿐만 아니라 영상 데이터를 고려한 에너지 기능을 최소화하는 방식으로 진화한다.

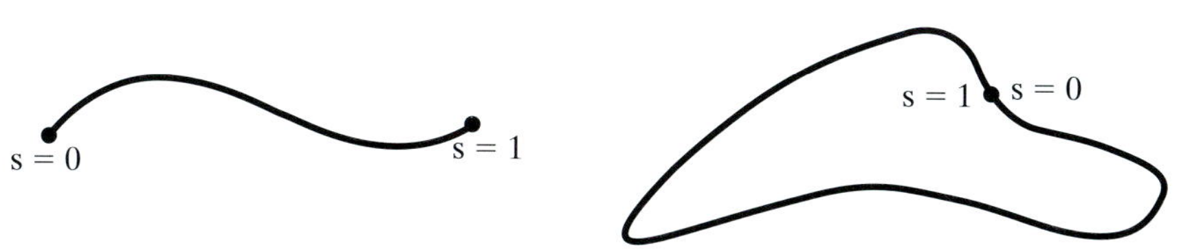

$$g(I(x, y)) \equiv \begin{cases} -\|\nabla I(x, y)\|^2, \text{ or} \\ 1/(\|\nabla I(x, y)\|^2 + \epsilon), \text{ or} \\ \exp(-\|\nabla I(x, y)\|^2) \end{cases} \quad (10.28)$$

여기서, ε는 0으로 나누는 것을 피하기 위한 작은 상수이다. 그런 함수는 스네이크가 물체를 감싸고 있는 가장 가까운 스텝 엣지(step edge)에 스냅(snap)하게 한다. 대안은 영상의 어두운 위치를 찾는 $g(x, y) \equiv I(x, y)$ 또는 영상에서 밝은 위치를 찾는 $g(x, y) \equiv -I(x, y)$와 같은 라인 에지 모델을 사용하는 것이다. 이 외부 에너지 항은 인력 또는 반발력을 나타내는 마우스 클릭과 같이 사용자가 제공한 추가 정보를 통합할 수도 있다.

내부 에너지(또는 매끄러움)는 형상의 내부 일관성을 유지하려고 한다. 컴퓨터 비전 문제는 데이터의 모호함으로 인해 종종 제약이 부족하므로, 이 모호성을 극복하기 위해 하나 이상의 정규화 평활화 조건이 필요하다. 일반적으로 **탄성**(elasticity)과 **강성**(stiffness) 두 가지 항이 스네이크의 평활화를 지배한다.

$$E_{int}(\mathbf{c}(s)) = \underbrace{\frac{1}{2}\alpha \left\| \frac{d\mathbf{c}(s)}{ds} \right\|^2}_{\text{elasticity}} + \underbrace{\frac{1}{2}\beta \left\| \frac{d^2\mathbf{c}(s)}{ds^2} \right\|^2}_{\text{stiffness}} \quad (10.29)$$

여기서, α와 β는 상수로 표시되었지만 s에 의존할 수 있으며, 미분은 아래와 같이 주어진다.

$$\frac{d\mathbf{c}}{ds} \equiv \lim_{\Delta s \to 0} \frac{\mathbf{c}(s + \Delta s) - \mathbf{c}(s)}{\Delta s} = \lim_{\Delta s \to 0} \frac{\Delta \mathbf{c}}{\Delta s} \quad (10.30)$$

여기서, $\Delta\mathbf{c}$는 그림 10.8과 같이 윤곽선을 따른 접선 벡터이다. 탄성은 일차 항이며, 스네이크가 막(스트레칭 벌룬(balloon) 또는 탄성 밴드)처럼 행동하게 하여, 윤곽선을 따라 장력을 조절한다. 강성은 2차 항이며, 스네이크가 얇은 금속판(금속선)처럼 작동하도록 하여 β가 윤곽선의 강성을 제어한다. 강성 항은 굽힘을 방해하지만 탄성 항은 스트레칭을 방해한다.

탄성과 강성에 기인한 행동을 더 잘 이해하기 위해 몇 가지 예가 그림 10.9에

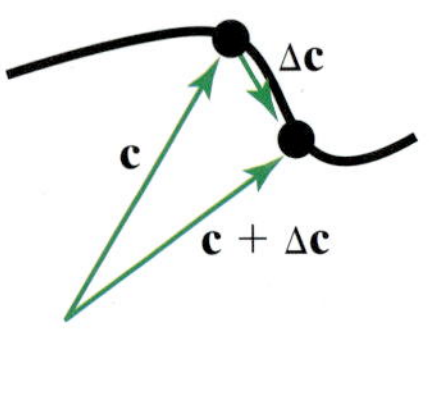

그림 10.8 스네이크의 등고선 상의 가까운 점 사이의 벡터로서의 Δc의 정의.

그림 10.9 탄성과 강성의 조건에 의한 스네이크 모양에 미치는 영향.

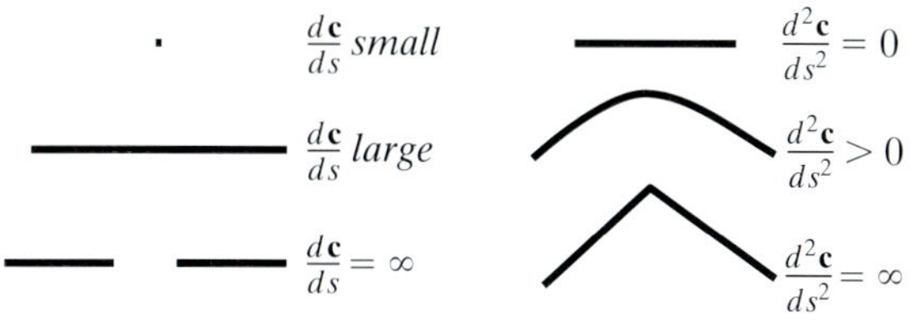

나와 있다. 1차 탄성 항은 윤곽선을 따라 점들을 서로 가깝게 끌어 당겨서 탄성 에너지 패널티가 곡선의 길이와 관련되도록 한다. 곡선을 늘리면 탄성 에너지가 증가하고, 밴드를 끊으면 무한 탄성 에너지가 발생하고, 최소화 탄성 에너지는 곡선을 한 점으로 축소시킨다. 마찬가지로, 2차 강성 항은 굽힘에 저항하기 때문에 주름을 형성하면 무한 강성 에너지가 발생한다. 열린 윤곽선의 경우, 강성 에너지를 최소화하면 곡선이 직선의 모양을 갖게 되는 반면, 닫힌 윤곽선의 경우, 강성 에너지를 최소화하면 곡선이 원의 모양으로 성형된다.

수식 (10.29)에서와 같은 에너지 기능을 볼 때, 종종 제곱의 주목적은 결과가 음이 아닌지 확인하기 위한 것이므로 양의 제곱을 절대 값으로 대체하는 것이 타당하다. 그러나 스네이크의 경우, $\|d\mathbf{c}/ds\|^2$의 제곱은 의도적이며 중요하다. 그것은 절대 값으로 대체될 수 없다. 그 이유는 이 제곱이 그 항으로 인해 점들을 서로 멀어 지도록 힘을 제공하여 두 점 사이에 대략 동일한 간격을 만들어 내기 때문이다. 절대 값에는 그러한 힘이 없다. 이것을 보려면 $|\delta_{12}|+|\delta_{23}|=|\delta_{13}|$에 대해 $\delta_{12}^2+\delta_{23}^2 \geq \delta_{13}^2$이다. 여기서, $|\delta_{ij}|$은 i 번째 점과 j 번째 점 사이의 거리이다. 예를 들어, 1D의 경우 $x=0$, 1, 2에 3 개의 점이 있어 동등한 간격을 유지한다고 가정한다. 그러면 $\delta_{12}=\delta_{23}=1$이고, $\|d\mathbf{c}/ds\|^2$는 $1^2+1^2=2$이며, $\|d\mathbf{c}/ds\|$은 $1+1=2$가 된다. 그러나 이제 점을 $x=0$, 1.5, 2로 이동하면 더 이상 균등하게 간격을 두지 않으므로 $\delta_{12}=1.5$이고, $\delta_{23}=0.5$이므로 $\|d\mathbf{c}/ds\|^2$는 $(1.5)^2+(0.5)^2=2.5$, 그러나 $\|d\mathbf{c}/ds\|$은 $1.5+0.5=2$를 산출한다. 따라서 우리는 제곱이 같은 간격을 두지 않을 때 더 높은 에너지를 발생시킨다는 것을 알지만, 절댓값은 그러한 구별을 하지 않는다.

계산상의 이유로, 윤곽선은 일반적으로 n점의 시퀀스로 이산적으로 표현된다. $\mathbf{v}=\langle \mathbf{v}_0, \mathbf{v}_1, \ldots, \mathbf{v}_{n-1} \rangle$ 여기서, $\mathbf{v}_i=(x_i, y_i)$이고, $i=0, \ldots, n-1$이다. 이 점들은 B-스플라인 또는 다른 매개변수 곡선 표현의 제어점을 나타낼 수 있지만, 가장 간단한 방법은 점을 꼭짓점으로 하는 다각형으로 윤곽선을 처리하는 것이다. 이것은 **부표-로프**(buoy-rope) 또는 **표식-문자열**(marker-string) 표현으로 알려져 있으며, 점은 부표(또는 표식)이고 인접점 사이의 연결은 표식을 연결하는 로프(또는 문자열)이다. 이 해석을 통해, 데이터 항은 각 점에서 간단히 계산되며 미분은 이산 근사치로 대체된다.

$$E_{ext}(\mathbf{v}) = \sum_{i=0}^{n-1} g(I(x_i, y_i)) \tag{10.31}$$

$$E_{int}(\mathbf{v}) = \frac{1}{2}\sum_{i=0}^{n-1} \alpha\|\mathbf{v}_{i+1} - \mathbf{v}_i\|^2 + \beta\|\mathbf{v}_{i+1} - 2\mathbf{v}_i + \mathbf{v}_{i-1}\|^2 \tag{10.32}$$

여기서, 인덱스는 암시적인 모듈로 n을 포함하므로 $\mathbf{v}_n = \mathbf{v}_0$ 등이 된다. 총 에너지는 $E_v = E_{ext}(\mathbf{v}) + E_{int}(\mathbf{v})$로 주어진다.

개념적으로, 스네이크 에너지는 반복적인 방식으로 최소화되며, 각 반복은 알고리즘 10.4에서처럼 현재 윤곽선 추정치를 중심으로 철저한 지역 검색을 수행한다. 즉 n개의 점 각각에 대해 점의 모든 8-이웃을 검색하여 이들 중 어느 것이 더 적은 에너지를 산출하는지 확인한다. 점들이 서로 연결되어 있기 때문에, 우리는 그것들을 독립적으로 취급할 수는 없지만 그림 10.10에서 보는 바와 같이 9^n개의 모든 가능성을 고려해야 한다. 물론 이 개념적 알고리즘은 점 수에 지수적으로 계산 시간이 필요하기 때문에 비용이 많이 소요된다.

효율적인 계산을 가능하게 하기 위해, 이산 에너지 함수는 윤곽선을 마르코프 체인(Markov chain)으로 공식화한다. 왜냐하면 9개의 위치 중 하나의 위치에 있는 확률이 바로 이웃에 주어진 다른 모든 점들과 조건적으로 독립적이기 때문이다. $\beta = 0$이면 윤곽선은 1차 마르코프 체인이므로, $\mathbf{v}_{i-1}$과 $\mathbf{v}_{i+1}$의 위치를 알고

알고리즘 10.4 능동 윤곽선 최소화(비용-억제 버전)

SNAKE-CONCEPTUAL$(I, \mathbf{v})$

Input: grayscale image I
initial sequence of vertices $\mathbf{v}_0, \ldots, \mathbf{v}_{n-1}$ outlining the foreground region
Output: refined sequence of vertices

$\hat{\mathbf{v}} \leftarrow \langle \mathbf{v}_0, \ldots, \mathbf{v}_{n-1} \rangle$ ➤ Initialize foreground contour
repeat
  $diff \leftarrow 0$
  for $\mathbf{v} \in \mathcal{N}(\hat{\mathbf{v}})$ **do** ➤ For each contour near the current one,
    if $E(\mathbf{v}) < E(\hat{\mathbf{v}})$ **then** if its energy is less,
      $diff \leftarrow \text{MAX}(diff, E(\hat{\mathbf{v}}) - E(v))$ then store the difference,
      $\hat{\mathbf{v}} \leftarrow \mathbf{v}$ and store the contour.
until $diff = 0$ ➤ Terminate when the minimization converges.
return $\hat{\mathbf{v}}$

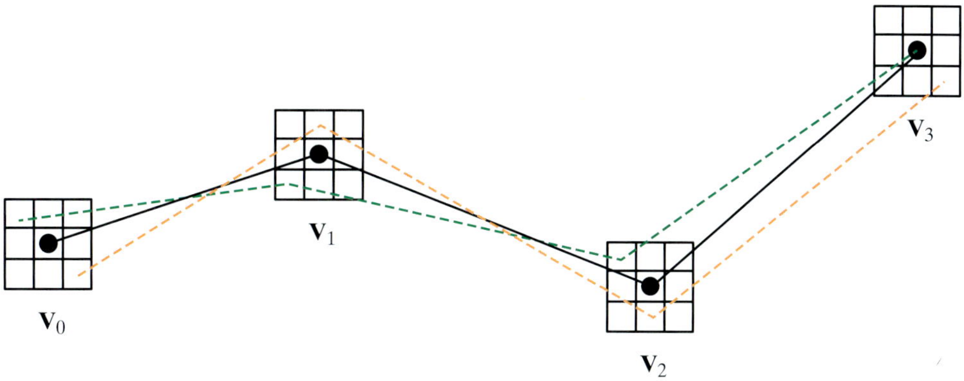

그림 10.10 스네이크 최소화의 한번 반복은 현재 추정치의 가능한 9^n 가지 가능한 변형을 검색한다. 보이는 것은 n = 4인 경우로서, 실선의 검은 선으로 현재 추정값을, 점선으로는 9^4 가지 가능성 중 2 가지에 대한 간단한 예이다.

있는 경우 $\mathbf{v}_i$ 이동으로 인한 에너지 변화는 다른 모든 점과는 독립적이다. 데이터 항은 그 자체에만 의존하고 그것의 평활화 항은 고정된 바로 이전 및 다음 이웃에만 의존한다. $\beta \neq 0$이면 윤곽선은 2차 마코프 체인이며, 이동 $\mathbf{v}_i$의 효과는 $\mathbf{v}_{i-2}$, $\mathbf{v}_{i-1}$, $\mathbf{v}_{i+1}$ 및 $\mathbf{v}_{i+2}$가 주어진 다른 모든 점과는 독립적이다.

마르코프 속성의 결과로, 연산에서의 중복성을 이용하여 모든 9^n 가능성을 철저히 검색하는 효율적인 알고리즘이 있다. 알고리즘은 **동적 프로그래밍**(dynamic programming)으로 알려진 일반적인 패러다임에 속하며, 특정 알고리즘은 **비터비 알고리즘**(Viterbi algorithm)이라고 한다. 우리는 $\beta = 0$인 간단한 경우에 대해 비터비 알고리즘을 자세히 설명하고, $\beta \neq 0$인 경우까지 이를 확장하는 방법을 간략하게 설명한다. 브루트-힘 지수(brute-force exponential) 검색은 엄청난 $O(9^n)$ 계산을 필요로 하지만, 비터비 알고리즘은 단지 $O(9^2 n)$ 시간으로 정확히 똑같은 해를 산출한다. 이것은 점들의 수에 선형이기 때문에 상당한 절약이다.

1 차 항 최소화, 열린 윤곽선

간단히 하기 위해, $\beta = 0$이고 윤곽선이 열려 있다고 가정하여, $\mathbf{v}_0$가 첫 번째 점이되도록 하라. 철저한 검색을 수행하려면, $\mathbf{v}_0$ 위치에 대한 9 가지 가능성을 모두 고려한 다음 $\mathbf{v}_0$에 대한 9 가지 가능성 각각에 대해 $\mathbf{v}_1$에 대한 모든 9 가지 가능성을 고려한다. 이 접근법은 동일한 값이 여러 번 계산되는 중복 계산으로 이어지는 것을 쉽게 볼 수 있다. 비터비 알고리즘은 중간 결과를 우리가 Φ라고 부를 2D 배열에 저장함으로써 이러한 낭비를 피한다.

Φ 배열에는 그림 10.11과 같이 9개의 행과 n개의 열이 있다. i가 열이고 j가

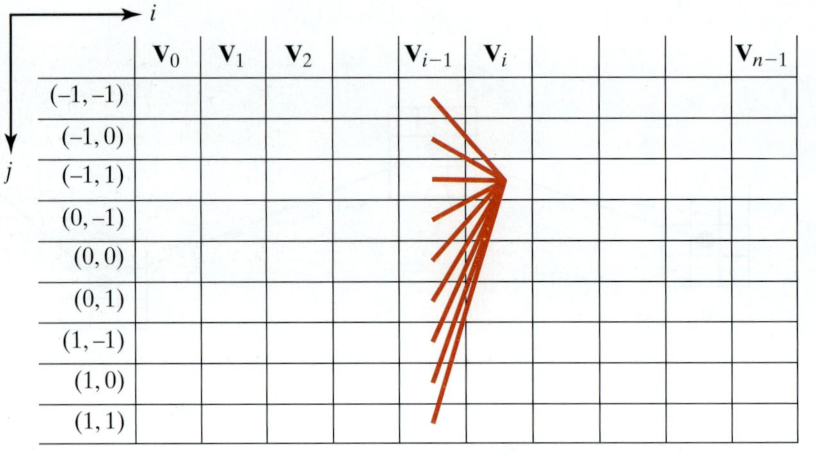

그림 10.11 효과적인 스네이크 최소화를 위해 비트비 알고리즘에서 사용되는 배열. 각 엔트리는 위치 j에서 $\mathbf{v}_i$로 끝나는 스네이크의 에너지인 $\Phi_{i,j}$를 유지한다.

행인 각 항목 $\phi_{i,j}$는 마지막 (i 번째) 지점이 j만큼 현재 위치에서 이동되었다는 가정 하에 스네이크의 첫 번째 $i+1$ 지점의 총 에너지를 저장한다. 예를 들어 $\phi_{1,4}$는 $\mathbf{v}_1$이 $j=4$만큼 쉬프트되었다고 가정하고, $\mathbf{v}_0$와 $\mathbf{v}_1$로 구성된 스네이크의 총 에너지를 저장한다. 0에서 8까지의 값 j는 단순히 2D 쉬프트 (δ_x, δ_y)의 1D 인코딩이다.

$$\delta_x \equiv \lfloor j/3 \rfloor - 1 \tag{10.33}$$

$$\delta_y \equiv (j \bmod 3) - 1 \tag{10.34}$$

예를 들어, $j=0$은 $(\delta_x, \delta_y) = (-1, -1)$, $j=4$는 $(\delta_x, \delta_y) = (0,0)$을 나타내며, $j=8$은 $(\delta_x, \delta_y) = (1,1)$을 나타낸다. $\mathbf{v}_i^{(j)} \equiv \mathbf{v}_i + (\delta_x, \delta_y)$는 i 번째 점의 j 번째 이동을 나타낸다. 여기서, $\mathbf{v}_i$는 i 번째 점의 현재 위치이다.

비터비 알고리즘은 두 단계로 진행된다. 첫 번째 단계에서 배열은 왼쪽 열에서 오른쪽 열까지 채워지며 이전 열의 값을 사용한다. 첫 번째 열은 데이터 항을 포함하므로 모든 j에 대해 다음이 된다.

$$\phi_{0,j} = E_{ext}(\mathbf{v}_0^{(j)}) \tag{10.35}$$

두 번째 열에서 시작하여 각 행에 저장된 에너지는 이전 행의 모든 9 가지 가능성에 대한 에너지의 최소값을 더한 행의 데이터 항이다.

$$\phi_{i,j} = E_{ext}(\mathbf{v}_i^{(j)}) + \min_{j'=0,\ldots,8} \left\{ \phi_{i-1,j'} + \frac{1}{2}\alpha \left\| \mathbf{v}_{i-1}^{(j')} - \mathbf{v}_i^{(j)} \right\|^2 \right\} \tag{10.36}$$

배열이 채워지면 알고리즘의 두 번째 단계는 마지막 열의 최소 항목부터 시작하

알고리즘 10.5 1차 항 최소화, 열린 능동 윤곽선(1회 반복)

SNAKE-OPENITER(I, v)

Input: grayscale image I
initial (open) sequence of vertices defining the foreground $\mathbf{v}_0, \ldots, \mathbf{v}_{n-1}$

Output: refined sequence of vertices after one iteration

1 ➤ Fill 2D array
2 **for** $j \leftarrow 0$ **to** 8 **do** ➤ Fill first column using only data terms.
3 $\quad \phi_{0,j} \leftarrow E_{ext}(\mathbf{v}_0^{(j)})$
4 **for** $i \leftarrow 1$ **to** $n-1$ **do** ➤ For each remaining column,
5 $\quad$ **for** $j \leftarrow 0$ **to** 8 **do** look at all rows of the previous column,
6 $\quad\quad \hat{\varphi} \leftarrow \infty$ and find the row j_{prev}
7 $\quad\quad$ **for** $j' \leftarrow 0$ **to** 8 **do** that yields the minimum energy, $\hat{\phi}$.
8 $\quad\quad\quad \varphi \leftarrow \phi_{i-1,j'} + \frac{1}{2}\alpha \left\| \mathbf{v}_{i-1}^{(j')} - \mathbf{v}_i^{(j)} \right\|^2$
9 $\quad\quad\quad$ **if** $\varphi < \hat{\varphi}$ **then**
10 $\quad\quad\quad\quad \hat{\varphi} \leftarrow \varphi$
11 $\quad\quad\quad\quad j_{prev} \leftarrow j'$
12 $\quad\quad \phi_{i,j} \leftarrow E_{ext}(\mathbf{v}_i^{(j)}) + \hat{\varphi}$ ➤ Store the results in the Φ and Π arrays.
13 $\quad\quad \pi_{i,j} \leftarrow j_{prev}$
14 ➤ Traverse 2D array
15 $\hat{\varphi} \leftarrow \infty$
16 **for** $j' \leftarrow 0$ **to** 8 **do** ➤ In the last column, find the row j with the minimum value.
17 $\quad$ **if** $\phi_{n-1,j'} < \hat{\varphi}$ **then**
18 $\quad\quad \hat{\varphi} \leftarrow \phi_{n-1,j'}$
19 $\quad\quad j \leftarrow j'$
20 $\mathbf{v} \leftarrow \langle \mathbf{v}_{n-1}^{(j)} \rangle$ ➤ Store the new coordinates of the final vertex.
21 **for** $i \leftarrow n-1$ **to** 1 **step** -1 **do** ➤ For each previous vertex,
22 $\quad j \leftarrow \pi_{i,j}$ find the row j from which it came, and
23 $\quad \mathbf{v} \leftarrow \langle \mathbf{v}_{i-1}^{(j)} \mathbf{v} \rangle$ store the new coordinates.
24 **return v**

여 오른쪽에서 왼쪽으로 배열을 탐색하는 것이다. i 번째 열의 항목 $\phi_{i,j}$가 주어지면 이전 열의 항목은 다음에 의하여 제공된다.

$$j_{prev} = \arg \min_{j'=0,\ldots,8} \left\{ \phi_{i-1,j'} + \frac{1}{2}\alpha \left\| \mathbf{v}_{i-1}^{(j')} - \mathbf{v}_i^{(j)} \right\|^2 \right\} \qquad \textbf{(10.37)}$$

계산상의 이유로 j_{prev}의 이러한 값을 알고리즘의 첫 번째 단계에서 Π라고 하는 두 번째 배열에 저장하면, 두 번째 단계에서는 간단히 $j_{prev} = \pi_{i,j}$를 선택하기만 하면 된다.

의사코드는 알고리즘 10.5에 제공된다. 라인 2–13은 알고리즘의 첫 번째 단계, 즉 Φ 배열(효율성을 위해 Π 배열은 물론)를 채우기 위해 구현된다. 라인 15–23은 알고리즘의 두 번째 단계, 즉 오른쪽에서 왼쪽으로 배열을 가로 지르는 것을 구현한다.

1차 항 최소화, 닫힌 윤곽선

열린 윤곽선을 사용하면 앞의 절차에 따라 현재 스네이크의 모든 9^n 로컬 섭동(perturbation)의 전역 최솟값을 찾을 수 있다. 그러나 닫힌 윤곽선에서는 최소화를 수행하는 방법이 명확하지 않다. 우선, 이전 계산은 데이터 항, 즉 스네이크에서 첫 번째 점과 마지막 점인 $\frac{1}{2}\alpha \| \mathbf{v}_{n-1} - \mathbf{v}_0 \|$ 간의 연결이 누락되었다. 이 항은 첫 번째 열이 다르게 취급되는 것처럼 마지막 열을 다르게 처리하기 위해 라인 13 바로 뒤에 알고리즘 10.5에 소량의 코드를 삽입하여 쉽게 추가할 수 있다. 그러나 결과 프로시저가 전체 최솟값을 찾지 못할 수도 있으며, 실제로 곡선의 시작과 끝 부분에서 항상 준최적(suboptimal)의 결과를 생성한다.

이 문제의 가장 간단한 해결 방법은 알고리즘 10.6에서처럼 열린 곡선(open-curve) 알고리즘을 두 번 실행하는 것이다. 어떤 실행도 최적의 결과를 보장하지는 않지만 실제로는 처음과 끝에서 멀리 떨어진 지점은 마지막 계산에 여분의 계산을 추가하여 발생하는 근사에 영향을 받지 않는다. 결과적으로, 첫 번째 실행 후 중간 지점이 최적의 위치에 있다고 가정하는 것이 타당하다. 따라서 두 번째 실행은 첫 번째 실행에 의해 결정된 위치에서 중간 지점을 시멘트(cement)로 만들고 나머지 지점에서 다시 최소화를 실행한다. 라인 2와 4에서 프로시저를 호출한 후 (′)에 주목하라. 이 두 호출에서 프로시저를 약간 변경해야 함을 나타낸다. 특정 변경 사항은 독자의 연습문제로 남겨둔다.

알고리즘 10.6 1차 항 최소화, 닫힌 능동 윤곽선

```
SNAKE-CLOSED(I, v)
Input:  grayscale image I
        initial (closed) sequence of vertices defining the foreground v_0, ..., v_{n-1}
Output: refined sequence of vertices
1  while not converged do
2      ⟨v_0, ..., v_{n-1}⟩ ← SNAKE-OPENITER'(I, ⟨v_0 ..., v_{n-1}⟩)
3  while not converged do
4      ⟨v_{n/2}, ..., v_{n-1}, v_0, ..., v_{n/2-1}⟩ ← SNAKE-OPENITER'(I, ⟨v_{n/2}, ..., v_{n-1}, v_0, ..., v_{n/2-1}⟩)
5  return ⟨v_0, ..., v_{n-1}⟩
```

2차 항 윤곽선 최소화

$\beta \neq 0$일 때 시스템은 2차이다. 왜냐하면 각 점은 직계 이웃뿐만 아니라 직계 이웃의 직계 이웃에게 주어진 다른 모든 점에 조건부로 종속되기 때문이다. 2차 시스템은 동일한 비터비 알고리즘을 사용하지만 $9^2 = 81$ 행 및 n 열의 2D 배열을 사용하여 최소화된다. 각 열은 한 쌍의 인접한 점에 대한 81개의 가능한 위치에 해당한다. 열 i는 $\mathbf{v}_{i-1}$ 및 $\mathbf{v}_i$의 위치를 나타내고, 열 $i-1$은 $\mathbf{v}_{i-2}$ 및 $\mathbf{v}_{i-1}$의 위치를 나타내므로 $\mathbf{v}_{i-1}$이 두 위치에 모두 표시되므로 배열에 중복이 있다.

결과적으로 특정 항목 $\phi_{i,k}$에 대해 이전 열의 81가지 가능성 중 9가지 항목만 해당 항목과 일치한다. 즉, $\pi_{i,k}$, k는 집합 $\{k' : k' \diamond k\}$로 제한되며, 여기서, $k' \diamond k$는 k와 k'이 서로 일치함을 의미한다. (집합의 카디널리티(cardinality)는 9이다.) 계산은 열 번호 k 및 k'로부터 위치 j, j' 및 j''가 얻어질 수 있는 곳을 포함한다. 그렇지 않은 경우 계산은 1차 사례와 동일하며, 닫힌 윤곽선의 경우 두 번째 실행이 중간점의 위치를 접합하여 두 번 실행된다.

$$\phi_{i,k} = E_{ext}(\mathbf{v}_i^{(j)}) + \min_{\substack{k'=0,\ldots,80 \\ \text{s.t. } k' \diamond k}} \left\{ \phi_{i-1,k'} + \frac{1}{2}\alpha \left\| \mathbf{v}_{i-1}^{(j')} - \mathbf{v}_i^{(j)} \right\|^2 + \frac{1}{2}\beta \left\| \mathbf{v}_{i-2}^{(j'')} - 2\mathbf{v}_{i-1}^{(j')} + \mathbf{v}_i^{(j)} \right\|^2 \right\} \quad \textbf{(10.38)}$$

변이의 미적분을 이용한 최소화

스네이크를 업데이트하는 또 다른 방법은 **변이의 미적분**(calculus of variations)을 사용하는 것이다. 미적분학에서 x가 함수 $y = (x)$의 국소 최솟값이라면 x에서 $\frac{df}{dx} = 0$이다. 즉, 함수의 지역 최솟값을 찾으려면 함수의 미분을 계산하여 0으로 설정하고 x에 대해 계산하면 된다. 유사하게 변이의 미적분학에서, 우리는 미분을 취하여 제로로 설정하고 미지의 것을 풀어낸다. 차이점은 함수 $f(x)$ 대신에 변이의 미적분은 함수 $\int_a^b f(x, q(x), q'(x))\,dx$를 최소화하려고 시도한다. 여기서, x는 독립 변수(일반적으로 시간 또는 공간)이고, q는 종속 변수이며 그 값은 x에 의존하고, $q' \equiv \frac{dq}{dx}$는 독립 변수에 대한 함수 $q(x)$의 미분이고, a와 b는 상수이다. 0 으로 설정된 미분의 표현식은 **오일러-라그랑주**(Euler-Lagrange) 수식으로 알려져 있다.

$$\frac{\partial f}{\partial q} - \frac{d}{dx}\left(\frac{\partial f}{\partial \dot{q}}\right) = 0 \quad \textbf{(10.39)}$$

즉, 이 수식을 x에 대해 풀면 함수 $\int_a^b f(x, q(x), q'(x))\,dx$가 최소인 x의 값을 산출한다.

더 일반적으로, m개의 독립 변수와 n개의 종속 변수가 있다고 가정하자. x_1, ..., x_m을 독립 변수로, q_1, ..., q_n을 종속 변수라고하면 함수는 다음과 같다.

$$\int_{a_1}^{b_1} \cdots \int_{a_m}^{b_m} f\left(x_1, \ldots, x_m, q_1, \ldots, q_n, \frac{\partial q_1}{\partial x_1}, \ldots, \frac{\partial q_n}{\partial x_1}, \ldots, \frac{\partial q_1}{\partial x_m}, \frac{\partial q_n}{\partial x_m}\right) dx_1 \cdots dx_m \quad \textbf{(10.40)}$$

이것은 다음과 같은 오일러-라그랑주 수식을 만족하는 로컬 최소값에 있다.

$$\frac{\partial f}{\partial q_k} - \sum_{i=1}^{m} \frac{\partial}{\partial x_i}\left(\frac{\partial f}{\partial\left(\frac{\partial q_k}{\partial x_i}\right)}\right) = 0, \qquad k = 1, \ldots, n \qquad \textbf{(10.41)}$$

n개의 수식이 있고, 각 수식에는 $m+1$개의 항이 들어 있다. 만일 $m = n = 1$이면, 이 수식은 수식 (10.39)로 감소한다. 마찬가지로, 함수에 $\int_b^a f(x, q, \dot{q}, \ddot{q}, \ldots)\, dx$와 같이 더 높은 미분이 포함된 경우, 다음 수식에서 로컬 최소값이 발생한다.

$$\frac{\partial f}{\partial q} - \frac{d}{dx}\left(\frac{\partial f}{\partial \dot{q}}\right) + \frac{d^2}{dx^2}\left(\frac{\partial f}{\partial \ddot{q}}\right) - \cdots = 0 \qquad \textbf{(10.42)}$$

문제의 미적분학을 적용하면 $\mathbf{c}$는 s의 함수이고, $\mathbf{c}$는 s의 1차 및 2차 미분에 의존한다. 우리의 목표는 가능한 모든 함수 $\mathbf{c}(s)$를 검색하여 수식 (10.26)에서 에너지 함수 $E_{\mathbf{c}}$를 최소화하는 것이다. 이 문제를 해결하려면, 다음 오일러-라그랑주 수식을 풀어야한다.

$$\frac{\partial E}{\partial \mathbf{c}} - \frac{d}{ds}\left(\frac{\partial E}{\partial \dot{\mathbf{c}}}\right) + \frac{d^2}{ds^2}\left(\frac{\partial E}{\partial \ddot{\mathbf{c}}}\right) = 0 \qquad \textbf{(10.43)}$$

여기서, s는 독립 변수이고, $\mathbf{c}$는 종속 변수를 포함하고(x와 y는 s에 의존하기 때문), E는 $E(c(\mathbf{s})) = E_{ext} + E_{int}(\mathbf{c})$, $\dot{\mathbf{c}} \equiv d\mathbf{c}/ds$, 그리고 $\ddot{\mathbf{c}} \equiv d^2\mathbf{c}/ds^2$를 나타낸다. E_{int}는 $\mathbf{c}$에 직접 의존하지 않기 때문에, $\partial E/\partial \mathbf{c} = \partial E_{ext}/\partial \mathbf{c} = \nabla E_{ext}$를 가진다. 마찬가지로 E_{ext}는 $\dot{\mathbf{c}}$ 혹은 $\ddot{\mathbf{c}}$에 직접 의존하지 않기 때문에 $\partial E/\partial \dot{\mathbf{c}} = \partial \mathbf{E}_{int}/\partial \dot{\mathbf{c}} = \alpha \dot{\mathbf{c}}$와 $\partial E/\partial \ddot{\mathbf{c}} = \partial \mathbf{E}_{int}/\partial \ddot{\mathbf{c}} = \beta \ddot{\mathbf{c}}$이다. 수식 (10.43)에 대입하면 풀어야할 최종 수식이 산출된다.

$$\nabla E_{ext}(\mathbf{c}) - \alpha \frac{d^2\mathbf{c}}{d\mathbf{s}^2} + \beta \frac{d^4\mathbf{c}}{d\mathbf{s}^4} = 0 \qquad \textbf{(10.44)}$$

유한 차분으로 미분을 근사하면 다음이 된다.

$$\nabla E_{ext}(\mathbf{v}_i) + \alpha(\mathbf{v}_i - \mathbf{v}_{i-1}) - \alpha(\mathbf{v}_{i+1} - \mathbf{v}_i) + \beta(\mathbf{v}_{i-2} - 2\mathbf{v}_{i-1} + \mathbf{v}_i) \\ - 2\beta(\mathbf{v}_{i-1} - 2\mathbf{v}_i + \mathbf{v}_{i+1}) + \beta(\mathbf{v}_i - 2\mathbf{v}_{i+1} + \mathbf{v}_{i+2}) = 0 \tag{10.45}$$

이 수식은 힘이 완벽하게 균형을 이루었을 때 제로와 같기 때문에 왼쪽과 0의 편차는 불균형의 양을 나타내고, 왼쪽의 부호는 불균형의 방향을 나타낸다. 결과적으로 우변을 $-\lambda\Delta\mathbf{v}_i$로 설정한다. 여기서, λ은 단계 크기이고, $\Delta\mathbf{v}_i$는 반복 사이의 $\mathbf{v}_i$의 변경이다.

정점 당 하나씩 수식 (10.45)에서 n 수식을 스택(stacking)하면, 풀어야할 전체 시스템이 다음과 같은 행렬 형식으로 다시 쓸 수 있다.

$$\begin{aligned} \mathbf{A}\mathbf{x}^{(k)} - \mathbf{f}_x(\mathbf{x}^{(k-1)}, \mathbf{y}^{(k-1)}) &= -\lambda(\mathbf{x}^{(k)} - \mathbf{x}^{(k-1)}) \\ \mathbf{A}\mathbf{y}^{(k)} - \mathbf{f}_y(\mathbf{x}^{(k-1)}, \mathbf{y}^{(k-1)}) &= -\lambda(\mathbf{y}^{(k)} - \mathbf{y}^{(k-1)}) \end{aligned} \tag{10.46}$$

여기서, $\mathbf{x} \equiv [x_0 \ \cdots \ x_{n-1}]^\top$, $\mathbf{y} \equiv [y_0 \ \cdots \ y_{n-1}]^\top$, $\mathbf{v}_i = [x_i \ \ y_i]^\top$이고, 위 첨자는 반복수를 나타낸다. 그리고 A는 수식 (10.45)의 α와 β 항으로 구성된 $n \times n$ 5각형 줄무늬 행렬이고, $\mathbf{f}_x(\mathbf{x}, \mathbf{y})$와 $\mathbf{f}_y(\mathbf{x}, \mathbf{y})$는 모든 점에서 평가된 힘 $-\nabla E_{ext}(\mathbf{v})$의 x와 y 성분이며 벡터에 쌓여 있다. $\mathbf{f}_x$와 $\mathbf{f}_y$는 이전 반복에서 추정된 좌표를 사용하여 계산된다. 왜냐하면 그것이 우리에게 제공되는 유일한 선택이기 때문이다. (완료될 때까지 현재 반복에서 추정치를 사용할 수 없다.) 결과적으로, 이 방법은 외부 힘에 대해 명시적(explicit)이라고 한다. 그러나 **A**는 상수 행렬이기 때문에 이전 반복 또는 현재 반복의 추정치를 자유롭게 곱할 수 있다. 후자는 더 나은 수렴 특성을 산출하기 때문에 선택된다. 이러한 이유로, 이 방법은 내적 힘과 관련하여 암묵적(implicit)이다. 수식 (10.46)의 전체 시스템이 암묵적 접근과 명시적 접근을 결합하기 때문에, 그것은 반암묵적(semi-implicit)이라고 말한다. 시스템은 수렴될 때까지 반복적으로 풀어낸다.

10.2.2 그레디언트 벡터 흐름

이전 절의 능동 윤곽선 또는 스네이크에는 여러 가지 단점이 있다. 하나의 명백한 단점은 탄성 항이 외형을 축소시키는 경향이 있는 수축력을 발휘한다는 점이다. 결과적으로, 닫힌 윤곽선의 경우, 스네이크가 정착되어야 하는 영상 영역보다 큰 곡선으로 초기화되도록 주의를 기울여야 한다. 이 효과에 대응하기 위한 한 가지 방법은 스네이크를 확장시키는 경향이 있는 외향 힘을 가하는 추가 항을 도입하는 것이다. 결과 수식을 **풍선**(balloon)이라고 하며, 수축 및 팽창력을 조합하여 하이브리드 스네이크(hybrid snake)−풍선 모델(balloon model)을 달성하려는 다양한 시도가 있었다. 이러한 접근 방식이 중간 정도의 성공을 거두었음에도 불구하고 풍선이 있거나 없는 스네이크는 초기 조건에 매우 민감한 경향이 있다.

보다 나은 해결책은 힘 $\nabla F \equiv -\nabla E_{ext}$를 **그레디언트 벡터 흐름**(gradient vector flow, GVF)으로 대체하는 것이다. (x, y)는 영상 평면에서의 좌표이다. 벡터 필드의 두 가지 기본 연산자는 발산(divergence)과 컬(curl)이다. Helmholtz 정리에 따르면, 정적 벡터장(static vector field)은 발산이 제로가 되는 솔레노이드 장(solenoid field)과 모든 곳에 컬이 0 인 비회전 장(irrotational field)으로 분해될 수 있다. $-\nabla E_{ext}$(전통적인 스네이크에서 사용 된)에서 발생하는 힘 필드는 정적인 비회전 필드라는 것을 알 수 있다. GVF 필드는 솔레노이드 구성 요소를 도입함으로써 이 개념을 일반화한다. 이것은 GVF 스네이크가 초기 위치에 덜 민감하여 표준 스네이크의 초기화 문제를 극복할 수 있을 뿐만 아니라, 기존 스네이크를 피할 수 있는 기능인 움푹 들어간 부분을 채울 수 있다.

이러한 개념을 보다 구체적으로 만들기 위해 GVF 스네이크가 실제로 어떻게 작동하는지 고려해 보자. GVF 스네이크가 두 단계로 해결된다. 첫 번째 단계, 즉 g를 추정하는 단계는 다음과 같은 에너지 함수를 해결하는 것을 포함한다.

$$\mathcal{E} = \iint \mu(U_x^2 + U_y^2 + V_x^2 + V_y^2) + \|\nabla F\|^2 \|\mathbf{g} - \nabla F\|^2 \, dx \, dy \qquad \textbf{(10.47)}$$

여기서, μ은 평활화와 데이터 항의 상대적 중요성을 관리하는 스칼라이고, 좌표 (x, y)는 간략화를 위해 생략되었다. 평활화 항은 $U_x \equiv \partial U / \partial x$ 등을 포함하고 데이터 항은 $\mathbf{g}$와 힘 ∇F를 일치시키려고 하지만, 화소 근처의 영상 정보량인 $\| \nabla F \|^2$에 의하여 가중화된다. 즉, 영상 내에(예를 들어, 강도 에지 근처에) 정보가 있는 경우, 데이터 항은 더 많은 가중치가 부여되는 반면, 평활화 항은 정보가 적은 영역(예를 들어, 비텍스처 영역)에서 우세하다.

수식 (10.47)의 오일러−라그랑주 수식은 다음으로 이어진다.

$$\mu \nabla^2 U - (U - f_x)(f_x^2 + f_y^2) = 0 \qquad \textbf{(10.48)}$$

$$\mu \nabla^2 V - (V - f_y)(f_x^2 + f_y^2) = 0 \qquad \textbf{(10.49)}$$

여기서, $f_x \equiv \partial F / \partial x$ 및 $f_y \equiv \partial F / \partial y$로, 수식 (10.46)의 벡터양과 유사하지만 여기서는 특정 화소에서 계산되기 때문에 스칼라이다. 오른쪽 면을 $-\lambda \Delta U$와 $-\lambda \Delta V$로 설정하고, 라플라시안의 표준 근사를 사용하면 다음과 같이 된다.

$$\mu(\bar{U}^{(k-1)} - U^{(k-1)}) - (U^{(k-1)} - f_x)b = -\lambda(U^{(k)} - U^{(k-1)}) \quad (10.50)$$

$$\mu(\bar{V}^{(k-1)} - V^{(k-1)}) - (V^{(k-1)} - f_x)b = -\lambda(V^{(k)} - V^{(k-1)}) \quad (10.51)$$

여기서,

$$\bar{U}(x, y) \equiv \frac{1}{4}(U(x-1, y) + U(x+1, y) + U(x, y-1) + U(x, y+1)) \quad (10.52)$$

$$\bar{V}(x, y) \equiv \frac{1}{4}(V(x-1, y) + V(x+1, y) + V(x, y-1) + V(x, y+1)) \quad (10.53)$$

$b \equiv f_x^2 + f_y^2$이며, 위 첨자는 반복 횟수를 나타낸다. 항을 재정렬하면 다음이 산출된다.

$$U^{(k)} = -\frac{1}{\lambda}(\mu\bar{U}^{(k-1)} + (-b - \lambda - \mu)U^{(k-1)} + f_x b) \quad (10.54)$$

$$V^{(k)} = -\frac{1}{\lambda}(\mu\bar{V}^{(k-1)} + (-b - \lambda - \mu)V^{(k-1)} + f_y b) \quad (10.55)$$

이들 수식이 각 화소 (x, y)에 적용 가능하다는 것을 인식하면, 이들은 반복적으로 풀어서 모든 화소에 대해 U와 V를 결정할 수 있고, 따라서 $\mathbf{g}$를 결정할 수 있다.

두 번째 단계에서 $\mathbf{g}$는 스네이크를 푸는데 있어 외력으로 사용된다. 즉, 일단 $\mathbf{g}$가 결정되면, 수식 (10.44)의 $-\nabla E_{ext}$ 대신에 다음을 산출할 수 있다.

$$-\mathbf{g}(\mathbf{v}) - \alpha\frac{d^2\mathbf{v}}{d\mathbf{s}^2} + \beta\frac{d^4\mathbf{v}}{d\mathbf{s}^4} = 0 \quad (10.56)$$

위와 비슷한 이유로, 다음을 반복적으로 풀어냄으로써 스네이크를 발견할 수 있다.

$$\begin{aligned} \mathbf{A}\mathbf{x}^{(k)} - \mathbf{g}_x(\mathbf{x}^{(k-1)}, \mathbf{y}^{(k-1)}) &= -\lambda(\mathbf{x}^{(k)} - \mathbf{x}^{(k-1)}) \\ \mathbf{A}\mathbf{y}^{(k)} - \mathbf{g}_y(\mathbf{x}^{(k-1)}, \mathbf{y}^{(k-1)}) &= -\lambda(\mathbf{y}^{(k)} - \mathbf{y}^{(k-1)}) \end{aligned} \quad (10.57)$$

여기서, $\mathbf{g}_x \equiv \partial\mathbf{g}/\partial x$ 및 $\mathbf{g}_y \equiv \partial\mathbf{g}/\partial y$이다. GVF 스네이크의 예가 그림 10.12에 나와 있다.

10.2.3 레벨 설정 방법

컴퓨터 비전 분야에 대한 스네이크의 영향에도 불구하고, 스네이크에는 몇 가지

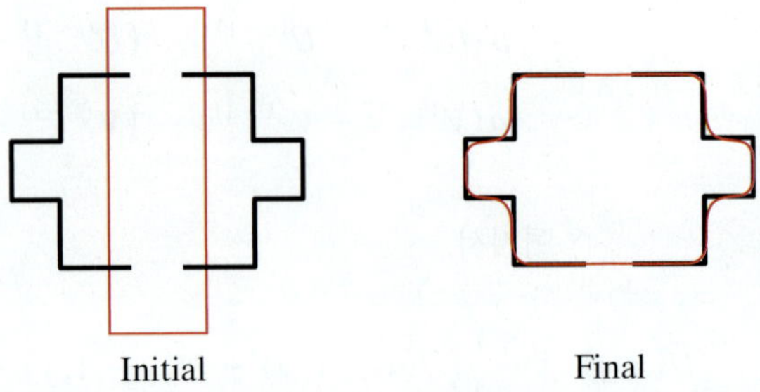

그림 10.12 GVF 스네이크의 예. 전통적인 스네이크와는 달리, GVF 스네이크는 오브젝트의 내부 또는 외부(또는 여기에 표시된 두 가지의 조합)로 초기화할 수 있으며 오목한 부분을 처리한다.

Based on C. Xu and J. L. Prince, "Snakes, Shapes, and Gradient Vector Flow," IEEE Transactions on Image Processing, 7(3):359–369, March 1998.

근본적인 한계가 있다. 첫째, 스네이크가 일련의 점들로 매개 변수화 되었으므로 스네이크 최소화는 결과가 선택한 매개 변수화에 따라 달라지는 바람직하지 않은 속성을 갖는다. 둘째로, 스네이크는 하나의 윤곽선이 두 개로 나뉘거나 두 개의 윤곽선이 하나로 합쳐지는 것과 같이 위상학적 변화를 다루지 않는다. 이러한 단점을 해소하기 위해 여러 해 동안 여러 시도가 있었지만, 결과적으로 나타나는 행동은 경험적 특성의 방법들로 인해 매우 취약하다. 마찬가지로 스네이크를 최소화할 때 윤곽선이 교차하지 않도록 주의해야 한다. 이는 더 이상 잘 정의된 영역을 포함하지 않는 곡선이 된다. 마지막으로 스네이크를 2D보다 더 높은 차원으로 확장하는 것은 쉽지 않다.

레벨 설정 표현(기하학적 능동 윤곽선이라고도 함)은 명시적으로가 아니라 암묵적으로 곡선(curve)을 나타내어 이러한 제한을 극복한다. 곡선을 직접 수정하는 대신 레벨 집합 방법(level set method)은 편미분 수식(partial differential equation, PDE)에 따라 암묵적 함수를 전개한 다음, 곡선을 부수적으로 수정한다. 레벨 설정 방법은 위상 변화를 자연스럽게 처리하여 필요에 따라 곡선을 세그먼테이션하거나 병합할 수 있다. 곡선을 명시적으로 저장하지 않으므로 매개 변수가 없으며 자연스럽게 더 높은 차원으로 확장된다. 이러한 장점 외에도 레벨 설정 방법은 쉽게 구현할 수 있다.

이전과 같이 영상 평면에서 닫힌 곡선을 $\mathbf{c}(s) = (x(s),\ y(s)),\ 0 \le s \le 1$이라고 하자. 이제 곡선을 자체보다 한 차원 높은 차원에 포함하자. 즉, 두 변수의 함수인 **암묵적 함수**(implicit function) $\Phi(x, y)$를 정의하여 Φ의 0 번째 레벨 설정이 곡선 $\mathbf{c}$가 되도록 한다. (함수의 레벨 설정은 해당 점에서 계산된 함수가 일정하도록 점 집합이라는 것을 상기하라.[2]) 말하자면, s의 일부 값에 대해 $\mathbf{c}(s) = (x, y)$인 경우에만 $\Phi(x, y) = 0$이다. 관례에 따라, 곡선 내부에는 $\Phi(\cdot) > 0$을, 곡선 외부에는 $\Phi(\cdot) < 0$을 사용한다.

2 4.4.5절 (p. 225)

그림 10.13 곡선은 암묵적 함수의 0 번째 레벨 설정이다. 암묵적인 함수가 진화함에 따라 곡선도 커진다. 레벨 설정 방법은 본질적으로 토폴로지 변경 사항을 처리한다.

이제 곡선이 초기 곡선부터 시간이 지남에 따라 진화한다고 가정하자. 어떤 시간 $t \geq 0$에서 $\mathbf{c}(s,t)$가 곡선 $\mathbf{c}(s)$가 되도록 $\mathbf{c}(s,t)$를 곡선 집합으로 정의하자. 표현이 비모수 적이기 때문에, 우리는 어느 시점에서든 곡선에 수직인 모션에만 관심이 있다. 곡선에 접하는 동작은 스네이크의 경우, 윤곽선을 따른 점의 위치와 같은 매개 변수화에만 영향을 준다. 결과적으로, 시간 경과에 따른 곡선의 변화(알고리즘이 진행됨에 따라)는 법선 벡터에 비례한다.

$$\frac{\partial \mathbf{c}(s,t)}{\partial t} = g(I(s)) \cdot \mathbf{n}(s) \tag{10.58}$$

여기서, $\mathbf{n}(s)$는 s에서 곡선에 대한 내부 법선 벡터이고, $g(I(s))$는 윤곽선이 움직이는 속도를 지정하는 영상의 함수이다. 보통 g는 수식 (10.27)에서와 같이 영상 그레디언트 크기의 비증가 함수이다. 윤곽선이 강도 에지에서 멀어지면 윤곽선이 더 높은 속도로 이동하고, 윤곽선이 강도 에지와 정렬되면 느린 속도로 이동한다. $g(\cdot) > 0$이면 윤곽선이 축소되는 반면, $g(\cdot) < 0$이면 윤곽선이 확장된다.

수식 (10.58)의 명시적인 공식에 따라 곡선을 어떻게 전개할지는 분명하지 않지만, 다음 수식에 따라 암묵적 함수를 진화시키는 것은 그림 10.13과 동일하다.

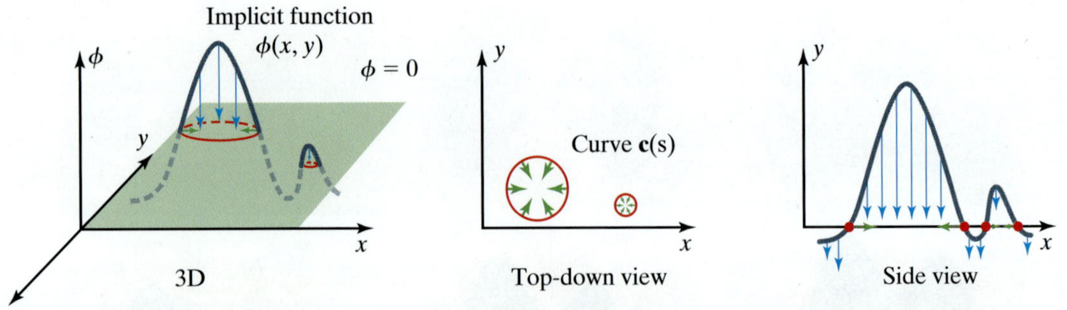

그림 10.14 곡선은 암묵적 함수의 0번째 레벨 설정이다. 암묵적 함수가 아래 또는 위로 움직이면 곡선은 안쪽 또는 바깥쪽으로 이동한다. 여기서 내재적인 함수가 아래로 내려가서 곡선이 안쪽으로 움직인다(축소). 수평(녹색) 화살표는 암묵적 함수의 수직 변경(파란색 화살표)에 의해 곡선에 유도된 동작을 나타낸다.

$$-\frac{\partial\Phi(x, y, t)}{\partial t} = g(I(x, y)) \cdot \|\nabla\Phi(x, y, t)\| \tag{10.59}$$

이는 **해밀턴-자코비 수식**(Hamilton-Jacobi equation)과 닮았다. 구현에서, Φ는 영상과 같은 직사각형 격자를 통해 정의된다. 그 결과, "의사 시간(pseudo-time)"이라고 생각할 수 있는 t로 지정된 반복에 대해 $\Phi(x, y)$는 모든 화소 좌표에 대해 정의된다. $\Phi(x, y)$의 값을 아래 또는 위로 움직이면 그림 10.14와 같이 곡선이 안쪽 또는 바깥쪽으로 각각 이동한다.

수식 (10.58)과 수식 (10.59)이 수학적으로 동일하다는 것을 보여주는 것은 간단하다. $\frac{d\Phi}{dt}$의 1 차 테일러급수 근사는 다음을 산출한다.

$$\frac{d\Phi}{dt} \approx \frac{\partial\Phi}{\partial x}\frac{dx}{dt} + \frac{\partial\Phi}{\partial y}\frac{dy}{dt} + \frac{\partial\Phi}{\partial t} \tag{10.60}$$

이제 곡선을 따라 $\Phi(x, y, t) = 0$이므로, 곡선을 따라 $\frac{d\Phi}{dt} = 0$인 경우가 분명하기 때문에 시간에 따른 Φ의 변화와 윤곽선 점의 움직임 사이의 관계가 생성된다.

$$-\frac{\partial\Phi(x, y, t)}{\partial t} = (\nabla\Phi(x, y, t))^{\mathsf{T}}\left(\frac{\partial\mathbf{c}(s, t)}{\partial t}\right) \tag{10.61}$$

왜냐하면 $\mathbf{c} = [x \quad y]^{\mathsf{T}}$이고, $\nabla\Phi = \left[\frac{\partial\Phi}{\partial x} \quad \frac{\partial\Phi}{\partial y}\right]^{\mathsf{T}}$이기 때문이다. 수식 (10.58)을 수식 (10.61)에 대입하면 다음이 산출된다.

$$-\frac{\partial\Phi(x, y, t)}{\partial t} = g(I(x, y)) \cdot (\nabla\Phi(x, y, t))^{\mathsf{T}} n(s) \tag{10.62}$$

곡선에 수직인 모션만 중요하기 때문에 우리가 원하는 것에 더 가깝다. (x, y)가 s에 있는 윤곽선을 따라 점에 해당하는 좌표인 경우 $I(s)$와 $I(x, y)$는 동일하다. 내부 법선을 계산하려면, 곡선을 따라 $\Phi(\cdot) = 0$이므로 곡선을 따라 $\Phi_s \equiv \frac{\partial \Phi}{\partial s} = 0$이 된다. 미분의 사슬 규칙에 의해, 이것은 다음으로 이어진다.

$$\frac{\partial \Phi}{\partial s} = \frac{\partial \Phi}{\partial x}\frac{\partial x}{\partial s} + \frac{\partial \Phi}{\partial y}\frac{\partial y}{\partial s} = (\nabla \Phi)^{\mathsf{T}} \mathbf{c}_s = 0 \tag{10.63}$$

여기서, $\mathbf{c}_s \equiv \frac{\partial \mathbf{c}}{\partial s}$이다. 이 수식은 그레디언트 벡터 $\Phi(x, y, t)$가 곡선을 따라 접선 벡터에 수직임을 나타낸다. 결과적으로, 곡선에 대한 단위 길이 내부 법선 벡터는 $\mathbf{n} = \frac{\nabla \Phi}{\|\nabla \Phi\|}$에 의해 주어지며, 여기서, 곡선 내에서 $\Phi(\cdot) > 0$은 음수 부호가 없음을 나타낸다. 수식 (10.62)에 $\mathbf{n}$의 이 정의를 대입하면 다음이 산출된다.

$$-\frac{\partial \Phi(x, y, t)}{\partial t} = g(I(x, y)) \cdot (\nabla \Phi)^{\mathsf{T}} \left(\frac{\nabla \Phi}{\|\nabla \Phi\|} \right) = g(I(x, y)) \cdot \frac{\|\nabla \Phi\|^2}{\|\nabla \Phi\|} = g(I(x, y)) \cdot \|\nabla \Phi\| \tag{10.64}$$

이는 수식 (10.59)와 동일하다.

레벨 설정 방법을 구현하는 것은 간단하다(알고리즘 10.7 참조). 가장 간단한 접근법에서 암묵적 함수는 영상의 바깥 쪽 경계를 따라 −1로 초기화하고, 다

알고리즘 10.7 레벨 설정 방법을 사용하여 윤곽선 전개

```
LEVELSETMETHOD(I)

Input:  grayscale image I
Output: 2D array Φ in which foreground object pixels are indicated by Φ(x, y) > 0

G_I ← GRADIENTMAGNITUDE(I)                               ▷ Compute gradient magnitude of image.
for (x, y) ∈ I do                                        ▷ Initialize Φ to −1 along image border, +1 everywhere else.
    val ← −1 if (x = 0 or x = width − 1 or y = 0 or y = height − 1) else +1
    Φ_prev(x, y) ← Φ(x, y) ← val
speed ← ∞
while speed > τ do                                       ▷ While contour is moving at sufficient speed,
    G_Φ ← GRADIENTMAGNITUDE(Φ)                              compute gradient magnitude of Φ,
    for (x, y) ∈ I do                                       then for each pixel,
        Φ(x, y) ←+ G_I(x, y) * G_Φ(x, y)                    update Φ using Equation (10.59),
        C(x, y) ← TRUE if Φ(x, y) > 0 or FALSE otherwise    and threshold Φ.
    Φ ← SIGNEDCHAMFERDISTANCE(C)                         ▷ Reinitialize Φ using signed chamfer distance.
    speed ← max(|Φ − Φ_prev|)                            ▷ Set the speed to the maximum distance moved by any pixel,
    Φ_prev ← Φ                                              and store a copy of Φ for the next iteration.
return Φ
```

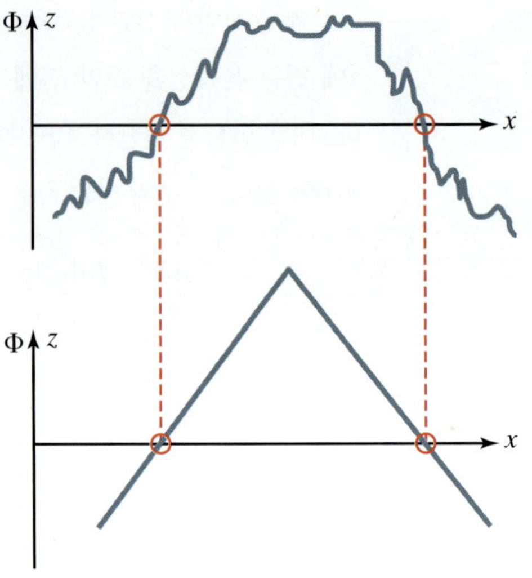

그림 10.15 부호가 첨부된 거리 함수를 사용한 레벨 집합 재초기화. 윤곽선은 변경되지 않지만 암시적 함수는 재초기화 후에 보다 잘 작동한다.

른 곳은 +1로 초기화한다. 그러면 0 레벨 윤곽선은 거의 전체 영상을 포함한다. 영상의 그레디언트 크기가 계산되고, 곡선의 움직임이 임계치 아래로 느려질 때까지 Φ는 수식 (10.59)을 사용하여 반복적으로 업데이트된다. 구현의 유일한 트릭은 Φ을 매번 다시 초기화하여 윤곽선에 대한 거리 함수가 되도록 하는 것이다. 이 재초기화(reinitialization)의 이유는 그 미분을 통해 알 수 있듯이 수식 (10.59)이 윤곽선을 따라 수학적으로만 유효하다는 것이다. 결과적으로 외형과는 거리가 먼 암묵적인 함수는 꼬임 및 기타 바람직하지 않은 특성을 나타낼 수 있다. 의사코드에서 Φ는 매 반복마다 다시 초기화되지만 실제 구현에서는 일반적으로 필요하지 않다. 다른 접근법은 거리 함수로부터 Φ의 편향을 불리하게 하는 에너지 함수에 추가적인 항을 포함시킴으로써 재초기화를 완전히 피하는 것이다.

재초기화는 영상의 모든 화소에 대해 Φ의 값을 업데이트하는 많은 계산을 수행한다. 그러나 윤곽선으로부터 멀리 떨어져있는 화소는 중요하지 않다. 왜냐하면 수식 (10.59)은 유효하지 않으므로 그 값은 윤곽선 계산에 영향을 미치지 않는다. 이러한 관찰은 Φ가 윤곽선 주변의 협대역 내에 있는 화소에 대해서만 업데이트되고 유지되는 **협대역 방법**(narrow band method)을 유도한다. 이와 관련하여 속도의 부호가 변하지 않으면 윤곽선은 항상 축소되거나 항상 확장된다. 이 경우 윤곽선은 알고리즘 실행 과정에서 각 화소를 정확히 한번 교차한다. 이렇게 하면 **빠른 매칭 방법**(fast marching method)이 생긴다. 이 방법은 각 화소에 대해 윤곽선이 해당 화소를 교차하는 시간을 계산한다.

많은 자연 현상에서 곡선이 움직이는 속도는 그 지점의 곡률에 비례한다. 예로는 화재의 정면 전파이다. 화재로 인해 잔디가 타오르기 때문에 화재가 풀에 발생할 때, 오랫동안 볼록한 부분이 주변 온도에 의해 둘러싸여서 더 천천히 연소되는 반면, 잔디가 화재로 오목하게 확장되면 엄청난 열량으로 둘러싸이게 된다. 그러므로 더 빨리 태울 것이다. 마찬가지로, 고무 시트(rubber sheet) 또는 풍선은 곡률이 가장 큰 곳에서 더 많은 힘을 발휘한다. 곡률을 포함시킴으로써, 수식 (10.58) 및 (10.59)는 **평균 곡률 운동**(mean curvature motion)을 설명하는 수식이 된다.

$$\frac{\partial \mathbf{c}(s,t)}{\partial t} = g(I(s)) \cdot \kappa(s) \cdot \mathbf{n}(s) \tag{10.65}$$

$$-\frac{\partial \Phi(x,y,t)}{\partial t} = g(I(x,y)) \cdot \kappa(x,y) \cdot \|\nabla\Phi(x,y,t)\| \tag{10.66}$$

여기서, $\kappa(\cdot) = \text{div}(\nabla\Phi/\|\nabla\Phi\|) + \varepsilon$는 곡률이며, 암묵적 함수의 정규화된 그레디언트와 속도가 항상 0 이 아닌 상태를 유지하는 작은 상수로 정의된다. 데카르트 좌표에서 벡터 필드 $A(x,y) \equiv [\,a(x,y) \quad b(x,y)\,]^\mathsf{T}$의 발산은 다음으로 정의된다.

$$\text{div}(A) = \nabla \cdot A = \frac{\partial a}{\partial x} + \frac{\partial b}{\partial y} \tag{10.67}$$

그레디언트의 발산 $\nabla A \equiv \begin{bmatrix} \frac{\partial A}{\partial x} & \frac{\partial A}{\partial y} \end{bmatrix}^\mathsf{T}$은 리플라시안(Laplacian)이다.

$$\nabla \cdot \nabla A = \frac{\partial^2 A}{\partial x^2} + \frac{\partial^2 A}{\partial y^2} = A_{xx} + A_{yy} = \nabla^2 A \tag{10.68}$$

여기서, $A_{xx} \equiv \partial^2 A/\partial x^2$ 및 $A_{yy} \equiv \partial^2 A/\partial y^2$이다. 벡터의 정규화를 포함시키면 수학은 좀 더 복잡해지지만, 그럼에도 불구하고 구현에 더 적합한 표현식에 도달하게 된다.

$$\begin{aligned}
\kappa(x,y) &= \text{div}\left(\frac{\nabla\Phi}{\|\nabla\Phi\|}\right) = \nabla \cdot \left(\frac{\nabla\Phi}{\|\nabla\Phi\|}\right) = \nabla \cdot \frac{[\Phi_x \quad \Phi_y]^\mathsf{T}}{\sqrt{\Phi_x^2 + \Phi_y^2}} = \frac{\partial}{\partial x}\left(\frac{\Phi_x}{\sqrt{\Phi_x^2 + \Phi_y^2}}\right) + \frac{\partial}{\partial y}\left(\frac{\Phi_y}{\sqrt{\Phi_x^2 + \Phi_y^2}}\right) \\
&= \frac{\Phi_{xx}}{(\Phi_x^2 + \Phi_y^2)^{\frac{1}{2}}} - \frac{\Phi_x(\Phi_x\Phi_{xx} + \Phi_y\Phi_{xy})}{(\Phi_x^2 + \Phi_y^2)^{\frac{3}{2}}} + \frac{\Phi_{yy}}{(\Phi_x^2 + \Phi_y^2)^{\frac{1}{2}}} - \frac{\Phi_y(\Phi_x\Phi_{xy} + \Phi_y\Phi_{yy})}{(\Phi_x^2 + \Phi_y^2)^{\frac{3}{2}}} \\
&= \frac{\Phi_{xx}\Phi_y^2 - 2\Phi_x\Phi_y\Phi_{xy} + \Phi_{yy}\Phi_x^2}{(\Phi_x^2 + \Phi_y^2)^{\frac{3}{2}}}
\end{aligned} \tag{10.69}$$

여기서, $\Phi_x \equiv \partial\Phi/\partial x$, $\Phi_y \equiv \partial\Phi/\partial y$, $\Phi_{xx} \equiv \partial^2\Phi/\partial x^2$, $\Phi_{yy} \equiv \partial^2\Phi/\partial y^2$, $\Phi_{xy} \equiv \partial^2\Phi/\partial x\partial y$이며, 단순화를 위해 ε를 무시한다.

10.2.4 측지학적 능동 윤곽선

방금 살펴본 바와 같이 레벨 설정 방법은 에너지 최소화보다는 곡선 진화(curve evolution)를 기반으로 한다. 곡선 진화의 속도는 영상 그레디언트의 크기와 관련되므로 영상 그레디언트가 0 일 때 이상적으로 속도가 0이 된다. 그러나 실제로는 그레디언트 크기가 잡음으로 인해 실제로 0에 도달하지 않으므로 레벨 설정 방법은 실제로 수렴하지 않는다. 대신 커브는 강도 에지에 도달할 때 속도가 느려지고 강도 에지를 통과한 후 다시 속도를 높인다. 즉 알고리즘이 만일 계속 진행되도록 허용하는 경우이다. 이러한 일이 발생하지 않도록 휴리스틱 멈춤 조건이(heuristic stopping conditions) 종종 도입된다. 이러한 경험적 방법은 접근법의 수학적 순도를 떨어뜨리고, 세심한 조정이 필요하다.

이 단점에 대한 보편적인 해결책은 에너지 최소화와 곡선 진화를 연결하는 **측지학적 능동 윤곽선**(geodesic active contour)이다. 수식 (10.26), (10.27) 및 (10.29)을 결합하면, 고전적인 스네이크 에너지는 다음에 의해 주어진다.

$$E(\mathbf{c}) = \frac{1}{2}\alpha \int_0^1 \left\| \frac{d\mathbf{c}(s)}{ds} \right\|^2 ds + \int_0^1 g(I(s))ds \qquad \textbf{(10.70)}$$

여기서, 단순화를 위해 $\beta = 0$으로 가정하고, $g(\cdot)$는 I의 기울기의 크기에만 의존한다. 이 에너지 함수를 최소화하는 윤곽선 $\mathbf{c}$는 다음을 최소화한다는 것을 나타낼 수 있다.

$$E_{geod}(\mathbf{c}) = \int_0^1 g(I(s)) \left\| \frac{d\mathbf{c}(s)}{ds} \right\| ds \qquad \textbf{(10.71)}$$

에너지 보존의 가정 하에서, $\frac{1}{2}\alpha\|d\mathbf{c}(s)/ds\|^2 + g(I(s)) = 0$이다.

유클리드 공간에서 두 점 사이의 최단 거리는 그것들을 연결하는 직선을 따른다. 따라서 윤곽선의 유클리드 길이는 $\int \|d\mathbf{c}/ds\| ds$에 의해 주어지며, 간단히 미분을 적분한다. 이 양을 수식 (10.71)과 비교하면 후자는 곡선의 길이를 계산할 때 가중치 $g(\cdot)$가 적용된다는 것을 알 수 있다. 이 가중치는 계산을 통해 **측지선**(geodesic)의 길이를 산출하며, 여기서 측지선은 리만(Riemannian) 다양체의 두 점 사이의 최소 길이 곡선으로 정의된다. 측지학 아이디어 뒤에 어떤 직감을 얻으려면, 지구 표면의 두 점을 고려하라. 그들 사이의 최단 거리는 직선이

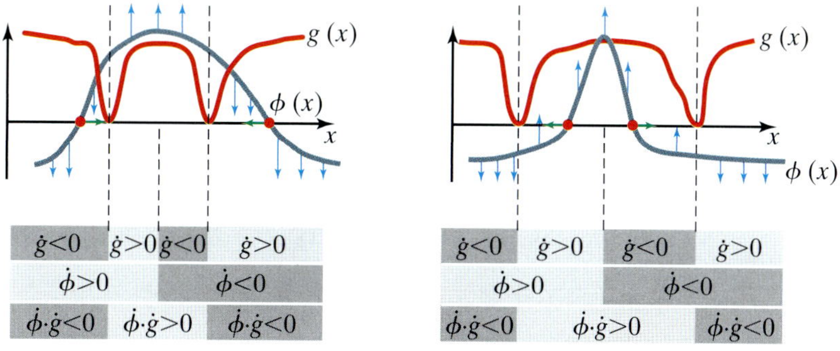

그림 10.16 수식 (10.73)의 추가 항 $(\nabla g)^{\mathsf{T}} \nabla\Phi$은 곡선 진화가 강도 에지에서 멈추도록 한다. 여기에 1D 슬라이스가 표시된다. $g(x)$는 영상의 그레디언트의 크기의 역수이므로 $g(x)=0$은 (오브젝트의 경계에서) 강도 에지가 있는 곳에서 발생한다. 왼쪽: Φ는 오브젝트를 감싸고 있으므로 축소해야 한다. 다이어그램을 보면, 윤곽선에서 $\frac{\partial\Phi}{\partial x}\cdot\frac{\partial g}{\partial x}<0$ 인 것은 분명하고, 실제로 윤곽선이 축소된다. 오른쪽: Φ는 오브젝트로 둘러싸여 있으므로 확장해야 한다. 다이어그램을 보면, 윤곽선에서 $\frac{\partial\Phi}{\partial x}\cdot\frac{\partial g}{\partial x}>0$ 인 것은 분명하고, 실제로 윤곽선이 확장된다. 수식 (10.72)의 추가 항에 대한 인수는 유사하다.

아니라 그들을 연결하는 큰 원을 따라 있는 호이다. 유사한 방식으로, 측지학적 능동 윤곽선 프레임 워크는 최소 가중치 길이의 곡선을 찾는 것과 경계 검출을 동일시한다.

수식 최소화 (10.71)는 다음과 같은 PDEs 중 하나를 해결한다.

$$\frac{\partial \mathbf{c}(s,t)}{\partial t} = g(I(s))\cdot\kappa(s)\cdot\mathbf{n}(s) - (\nabla g(I(s)))^{\mathsf{T}}\mathbf{n}(s)\cdot\mathbf{n}(s) \tag{10.72}$$

$$\frac{-\partial \Phi(x,y,t)}{\partial t} = g(I(x,y))\cdot\kappa(x,y)\cdot\|\nabla\Phi(x,y,t)\| - (\nabla g(I(x,y)))^{\mathsf{T}}\nabla\Phi(x,y,t) \tag{10.73}$$

수식 (10.72)와 수식 (10.65)을 비교하면, $-((\nabla g)^{\mathsf{T}}\mathbf{n})\mathbf{n}$이라는 추가 항을 주목하라. 마찬가지로 수식 (10.73)을 수식 (10.66)과 비교하면, 추가 항 $(\nabla g)^{\mathsf{T}}\nabla\Phi$가 있다. 두 경우 모두 추가 항은 그림 10.16과 같이 곡선이 접근하는 방향에 관계없이 강도 에지로 곡선을 끌어당긴다. 결과적으로, 측지학적 능동 윤곽선 접근법이 실제로 위에서 언급한 수렴 문제를 해결한다는 것이 분명하다.

10.2.5 챈–베스 알고리즘

이제 **챈–베스 레벨 설정 알고리즘**(Chan–Vese level set algorithm)을 알아보자. 이 장에 제시된 이전의 모든 능동 윤곽선 및 기하학적 윤곽선 방법은 윤곽선을 오브젝트의 경계로 안내하기 위해 강도 에지에 의존했다. 그러나 강도 에지는 주어진 영상의 작은 비율을 구성하여 관심 유역을 작게 만든다. 결과적으로 초기 윤곽선이 에지에서 멀리 떨어져 있으면 강도 에지에만 의존하는 기법은 제대로 작동하는 것이 어렵다. 반면에 영역(region)은 강도 에지보다 훨씬 크다. 따라서 영상 영역을 기반으로 하는 기술은 훨씬 더 큰 관심 유역을 가지고 있다. 챈-베스 알고리즘은 특히 측지학적인 능동 윤곽선과 같이 윤곽선이 경계 내부(또는 부분적으로 내부 및 외부)에서 초기화될 때 작동하며 넓은 관심 유역을 가지고 있다.

챈-베스는 강도 에지를 사용하는 대신, 전경 화소와 배경 화소의 확률을 맞춘다. 전경 화소는 윤곽선 안에 있고 배경 화소는 윤곽선 밖에 있다. (챈-베스는 닫힌 윤곽선을 가정한다.) 전경 및 배경의 외형에 대한 모든 모델을 사용할 수 있지만, 가장 기본적인 공식은 전경 영역이 대략 그레이 레벨 v_i인 화소로 구성되는 반면, 배경 영역은 대략 그레이 레벨 v_o인 화소로 구성된다고 가정한다. 이 경우, 챈-베스 에너지의 최소화는 다음에 의해 주어진다.

$$E(\mathbf{c}) = \lambda_\ell E_\ell(\mathbf{c}) + \lambda_a E_a(\omega) + \lambda_i E_i(\mathbf{c}) + \lambda_o E_o(\mathbf{c}) \tag{10.74}$$

이것은 윤곽선의 길이, 윤곽선으로 둘러싸인 영역, 내부 영역과 값 v_i의 유사성 및 외부 영역의 값 v_o에 대한 유사도를 관리하는 네 가지 항의 가중치 합계이다.

$$E_\ell(\mathbf{c}) = \int_\Omega \|\nabla h(\Phi(x,y))\|\, dx\, dy \qquad \text{(length)} \tag{10.75}$$

$$E_a(\mathbf{c}) = \int_\Omega h(\Phi(x,y))\, dx\, dy \qquad \text{(area)} \tag{10.76}$$

$$E_i(\mathbf{c}) = \int_\Omega |I(x,y) - v_i|^2 h(\Phi(x,y))\, dx\, dy \qquad \text{(inside)} \tag{10.77}$$

$$E_o(\mathbf{c}) = \int_\Omega |I(x,y) - v_o|^2 (1 - h(\Phi(x,y)))\, dx\, dy \qquad \text{(outside)} \tag{10.78}$$

여기서, Ω는 영상의 도메인이며, $h(\cdot)$는 $z \geq 0$이면 $h(z)=1$로 정의되고, 다른 경우는 $h(z)=0$으로 정의된 **헤비사이드 함수**(Heaviside function)로 알려진 임계치 연산자이다. 결과적으로, $h(\Phi(x,y))$는 윤곽선 내부에서 1이고, 윤곽선 외부에서는 0이다. $H(x,y)=h(\Phi(x,y))$와 같은 H를 2D 함수로 정의하면, $\|\nabla H(\mathbf{x})\|$는 윤곽선을 따라 커지고 다른 곳에서는 0이다.

한편, 챈-베스 에너지 함수는 고전 **멈포드-샤**(Mumford-Shah) 에너지 함수와 밀접한 관련이 있다. 멈포드-샤 에너지 함수는 각 영역에서 잡음 신호를 재구성하면서 영상을 최소 길이 곡선에 따라 여러 영역으로 세그먼테이션하도록 설계되었다.

$$E(\hat{I}, \mathbf{c}) = \iint_\Omega (\hat{I}(x,y) - I(x,y))^2\, dx\, dy + \lambda_s \iint_{\Omega\setminus\mathbf{c}} \|\nabla \hat{I}(x,y)\|^2\, dx\, dy + \lambda_\ell \int_\mathbf{c} \left\| \frac{d\mathbf{c}(s)}{ds} \right\|^2 ds \tag{10.79}$$

여기서, I는 원본 잡음 신호, $\hat{I}$는 재구성된 신호, 두 번째 항은 재구성의 평활화를 강요하며, 세 번째 항은 곡선의 길이를 최소화한다. **최소 파티션 문제**(minimal partition problem)로 알려진 이 문제의 단순화된 버전은 재구성된 신호가 단편적 상수(piecewise-constant), 즉 각 영역 내에서 상수일 때 발생한다. 따라서 챈-베스는 내부 영역과 외부 영역을 분리하는 단 하나의 윤곽선만 있는 최소 세그먼테이션 문제의 특수한 경우에 대한 솔루션으로 간주된다.

수식 (10.74)의 챈-베스 에너지는 다음 형태의 반복을 사용하여 최소화된다.

$$\Delta\Phi(\mathbf{x}) = -h_\Phi(\Phi(\mathbf{x}))\left[\lambda_a + \lambda_i|I(\mathbf{x}) - v_i|^2 - \lambda_o|I(\mathbf{x}) - v_o|^2 - \lambda_\ell \cdot \mathrm{div}\left(\frac{\nabla\Phi(\mathbf{x})}{\|\nabla\Phi(\mathbf{x})\|}\right)\right] \quad (10.80)$$

여기서, $\nabla\Phi(\mathbf{x})$는 반복 사이의 $\mathbf{x} \equiv (x, y)$에서의 화소에 대한 Φ 값의 변화이고, v_i 및 v_o는 각각 내부 및 외부 영역의 그레이 레벨의 평균으로서 계산된다.

$$v_i = \frac{\iint_\Omega I(x, y)h(\Phi(x, y))\,dx\,dy}{\iint_\Omega h(\Phi(x, y))\,dx\,dy} \quad (10.81)$$

$$v_o = \frac{\iint_\Omega I(x, y)(1 - h(\Phi(x, y)))\,dx\,dy}{\iint_\Omega (1 - h(\Phi(x, y)))\,dx\,dy} \quad (10.82)$$

$h_{\Box}(\Phi(\mathbf{x})) \equiv \partial h(\Phi(\mathbf{x}))/\partial\Phi(\mathbf{x})$는 이론적으로 델타 함수이다. 왜냐하면 그것은 단계 함수의 미분이기 때문이다. 그러나 실제로는 $h(\cdot)$를 다음과 같은 **정규화된 헤비사이드 함수**(또는 소프트 임계치 연산자)로 근사한다.

$$h(z) \approx \frac{1}{2}\left(1 + \frac{2}{\pi}\arctan\left(\frac{z}{a}\right)\right) \quad (10.83)$$

그 미분은 다음에 의해 주어진다.

$$h_z(z) = \frac{1}{\pi} \cdot \frac{a}{a^2 + z^2} \quad (10.84)$$

여기서, a는 전환의 폭을 제어한다. 편의를 위해 보통 $a = 1$로 설정하여, 다음으로 이어진다.

$$h_\Phi(\Phi(\mathbf{x})) = \frac{1}{\pi} \cdot \frac{1}{1 + (\Phi(\mathbf{x}))^2} \quad (10.85)$$

알고리즘 10.8 챈–베스 레벨 설정 방법을 사용하여 윤곽선을 전개

```
ChanVeseLevelSetMethod(I)

Input:  grayscale image I
Output: 2D array Φ in which foreground object pixels are indicated by Φ(x, y) > 0

Φ_prev ← Φ ← InitializeImplicitFunction()
speed ← ∞
while speed > τ do                                          ➤ While contour is moving at sufficient speed,
    v_i ← MeanGrayLevelInsideContour(I, Φ)                    compute the mean gray levels
    v_o ← MeanGrayLevelInsideContour(I, −Φ)                   of the inner and outer regions.
    for (x, y) ∈ I do                                       ➤ For each pixel,
        h_z ← 1/(π * (1 + Φ(x, y) * Φ(x, y)))                 compute
        φ_x ← Φ(x, y) − Φ(x − 1, y)                           the first
        φ_y ← Φ(x, y) − Φ(x, y − 1)                           and
        φ_xx ← Φ(x + 1, y) − 2Φ(x, y) + Φ(x − 1, y)           second
        φ_yy ← Φ(x, y + 1) − 2Φ(x, y) + Φ(x, y − 1)           derivatives
        φ_xy ← Φ(x, y − 1) + Φ(x − 1, y) − Φ(x − 1, y − 1) − Φ(x, y)   in order to
        num ← φ_xx * φ_y * φ_y − 2 * φ_x * φ_y * φ_xy + φ_yy * φ_x * φ_x   compute the
        den ← Pow(φ_x * φ_x + φ_y * φ_y, 1.5)                 curvature
        κ ← num/den                                           using Equation (10.69).
        d_i ← (I(x, y) − v_i) * (I(x, y) − v_i)             ➤ Compute the differences between
        d_o ← (I(x, y) − v_o) * (I(x, y) − v_o)               the actual and expected gray levels.
        Φ(x, y) ←_− h_z * (λ_a + λ_i * d_i − λ_o * d_o − λ_ℓ * κ)   ➤ Update Φ using Equation (10.80),
        C(x, y) ← TRUE if Φ(x, y) > 0 or FALSE otherwise      and threshold Φ.
    Φ ← SignedChamferDistance(C)                            ➤ Reinitialize Φ using signed chamfer distance.
    speed ← max(|Φ − Φ_prev|)                               ➤ Set the speed to the maximum distance moved by any pixel.
    Φ_prev ← Φ                                              ➤ Store a copy of Φ for the next iteration.
return Φ
```

```
MeanGrayLevelInsideContour(I, Φ)

Input:  grayscale image I, implicit function Φ
Output: mean gray level inside contour specified by Φ

sum ← 0
n ← 0
for (x, y) ∈ Φ do
    if Φ(x, y) > 0 then
        sum ←_+ I(x, y)
        n ←_+ 1
return sum/n
```

알고리즘 10.8에 나와 있는 의사코드는 영상의 강도 그레디언트를 사용하지 않고, 영상 화소를 윤곽선 내부 및 외부의 평균 그레이 레벨과 비교한다는 점을 제외하고는 표준 레벨 설정 방법과 동일한 기본 패턴을 따른다. 라인 8–15는 이전에 고려한[3] 비집중식 커널을 적용하여 수식 (10.69)에서 곡률을 계산하는데 사용된다. 챈–베스는 초기 윤곽선에 민감하지 않으므로 초기화는 초기화 함수(InitializeImplicitFunction)에 의해 수행된다. (구현은 현재 문제에 따라 달라진다.) 챈–베스는 컬러 히스토그램을 사용하는 등 코드를 약간만 수정하여 내부 영역과 외부 영역의 모양 모델을 쉽게 확장할 수 있다.

수식 (10.80)을 도출하기 위해 수식 (10.74)의 에너지를 다음으로 다시 쓰자.

$$E(\mathbf{c}) = E(\Phi) = \int_\Omega F(\mathbf{x}, \Phi, \Phi_x, \Phi_y)\, d\mathbf{x} \tag{10.86}$$

여기서,

$$\begin{aligned} F(\mathbf{x}, \Phi, \Phi_x, \Phi_y) \equiv \lambda_\ell \|\nabla H(\mathbf{x})\| + \lambda_a h(\Phi(\mathbf{x})) + \lambda_i |I(\mathbf{x}) - \mathbf{v_i}|^{\mathbf{2}} \mathbf{h}(\Phi(\mathbf{x})) \\ + \lambda_o |I(\mathbf{x}) - v_o|^2 [1 - h(\Phi(\mathbf{x}))] \end{aligned} \tag{10.87}$$

x와 y는 독립 변수이고, Φ는 종속 변수이며, 오일러–라그랑주 수식은 다음으로 주어진다.

$$\frac{\partial F}{\partial \Phi} - \frac{\partial}{\partial x}\left(\frac{\partial F}{\partial \Phi_x}\right) + \frac{\partial}{\partial y}\left(\frac{\partial F}{\partial \Phi_y}\right) = 0 \tag{10.88}$$

여기서, Φ에 대한 편미분은 다음이다.

$$\frac{\partial F}{\partial \Phi} = \lambda_a h_\Phi(\Phi(\mathbf{x})) + \lambda_i |I(\mathbf{x}) - v_i|^2 h_\Phi(\Phi(\mathbf{x})) - \lambda_o |I(\mathbf{x}) - v_o|^2 h_\Phi(\Phi(\mathbf{x})) \tag{10.89}$$

$$= h_\Phi(\Phi(\mathbf{x}))(\lambda_a + \lambda_i |I(\mathbf{x}) - v_i|^2 - \lambda_o |I(\mathbf{x}) - v_o|^2) \tag{10.90}$$

여기서, $h_\Phi \equiv \partial h(\Phi)/\partial\Phi$는 델타 함수이다. 다른 미분들은 다음과 같다.

$$\begin{aligned} \frac{\partial F}{\partial \Phi_x} &= \frac{\partial}{\partial \Phi_x}(\lambda_\ell \|\nabla H(\mathbf{x})\|) = \lambda_\ell h_\Phi(\Phi(\mathbf{x})) \frac{\partial}{\partial \Phi_x}(\|\nabla \Phi(\mathbf{x})\|) = \lambda_\ell h_\Phi(\Phi(\mathbf{x})) \frac{\partial}{\partial \Phi_x}(\Phi_x^2(\mathbf{x}) + \Phi_y^2(\mathbf{x}))^{\frac{1}{2}} \\ &= \lambda_\ell h_\Phi(\Phi(\mathbf{x})) \frac{1}{2}(\Phi_x^2(\mathbf{x}) + \Phi_y^2(\mathbf{x}))^{-\frac{1}{2}}(2\Phi_x(\mathbf{x})) = \lambda_\ell h_\Phi(\Phi(\mathbf{x})) \frac{\Phi_x(\mathbf{x})}{\|\nabla \Phi(\mathbf{x})\|} \end{aligned} \tag{10.91}$$

---

3 5.4절 (p. 297)

$$\frac{\partial F}{\partial \Phi_y} = \lambda_\ell h_\Phi(\Phi(\mathbf{x}))\frac{\Phi_y(\mathbf{x})}{\|\nabla\Phi(\mathbf{x})\|} \tag{10.92}$$

여기서, 우리는 $H(\mathbf{x})$의 기울기가 다음으로 표현될 수 있다는 사실을 사용했다.

$$\nabla H(\mathbf{x}) = \begin{bmatrix}\frac{\partial h(\Phi)}{\partial x} & \frac{\partial h(\Phi)}{\partial y}\end{bmatrix}^\mathsf{T} = \begin{bmatrix}\frac{\partial h(\Phi)}{\partial \Phi}\frac{\partial \Phi}{\partial x} & \frac{\partial h(\Phi)}{\partial \Phi}\frac{\partial \Phi}{\partial y}\end{bmatrix}^\mathsf{T} = h_\Phi(\Phi)[\Phi_x \quad \Phi_y]^\mathsf{T} = h_\Phi(\Phi)\cdot\nabla\Phi \tag{10.93}$$

so that $\|\nabla H(\mathbf{x})\| = h_\Phi(\Phi)\cdot\|\nabla\Phi\|$.

이 미분을 수식 (10.88)에 적용하면 다음이 된다.

$$\begin{aligned} 0 &= h_\Phi(\Phi(\mathbf{x}))[\lambda_a + \lambda_i|I(\mathbf{x}) - v_i|^2 - \lambda_o|I(\mathbf{x}) - v_o|^2] - \frac{\partial}{\partial x}\left(\lambda_\ell h_\Phi(\Phi(\mathbf{x}))\frac{\Phi_x(\mathbf{x})}{\|\nabla\Phi(\mathbf{x})\|}\right) \\ &\quad - \frac{\partial}{\partial y}\left(\lambda_\ell h_\Phi(\Phi(\mathbf{x}))\frac{\Phi_y(\mathbf{x})}{\|\nabla\Phi(\mathbf{x})\|}\right) \\ &= h_\Phi(\Phi(\mathbf{x}))\left[\lambda_a + \lambda_i|I(\mathbf{x}) - v_i|^2 - \lambda_o|I(\mathbf{x}) - v_o|^2] - \lambda_\ell\cdot\operatorname{div}\left(\frac{\nabla\Phi(\mathbf{x})}{\|\nabla\Phi(\mathbf{x})\|}\right)\right] \end{aligned} \tag{10.94}$$

Φ에 대해 이 수식을 직접 풀 수 있다면, 위에 나온 에너지 함수를 최소화하는 Φ에 대한 답을 얻을 수 있다. 그러나 이것은 비선형 수식이기 때문에 대신에 Φ를 풀기 위해 그레디언트 디센트(descent) 방식을 채택하여 오른쪽에 있는 값을 실제 솔루션에서 벗어난 것으로 간주한다. 윤곽선 내부에서 $\Phi(\cdot) > 0$ 이라는 조건을 감안할 때, v_i가 포함된 항에서 양수 값은 암묵적 함수의 0 레벨 설정(zero

그림 10.17 챈–베스 알고리즘의 흐름도. 일차 미분은 ΔΦ의 정규화된 그레디언트의 발산을 계산하기 위해 취해진다. 알고리즘의 핵심은 Φ를 업데이트하기 위해, ΔΦ를 계산하는 것이다. 그런 다음 ΔΦ가 이전 반복의 Φ에 추가되어 현재 반복의 F를 얻은 다음, Φ를 다시 초기화한다.

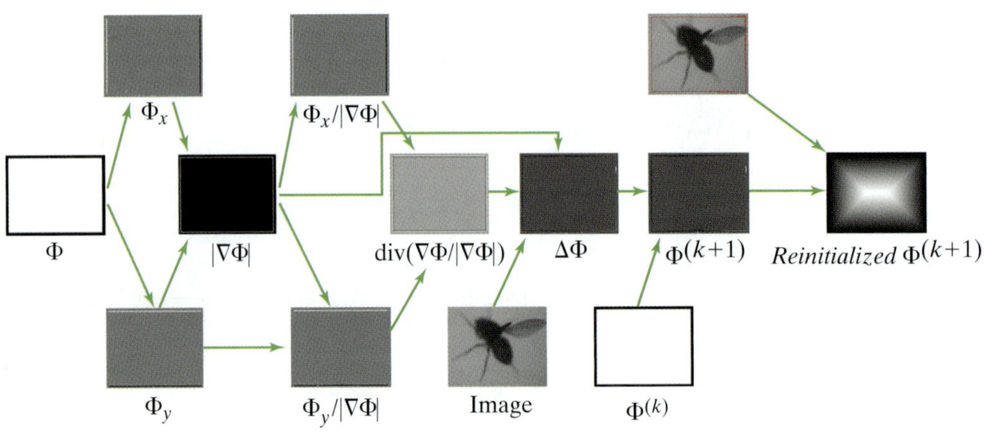

Image from Rick Blob, Clemson, and Jeff Walker, University of Southern Maine. Results are author's.

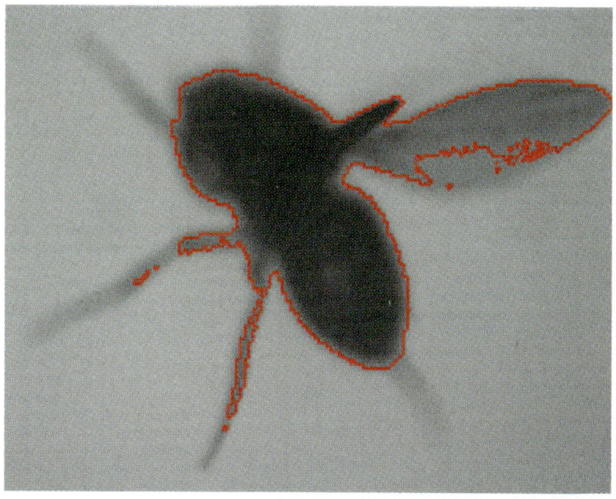

그림 10.18 그레이 스케일 영상 상의 챈-베스 알고리즘의 결과.

Image from Rick Blob, Clemson, and Jeff Walker, University of Southern Maine. Results are author's.

level set)이 윤곽선 외부에 있음을 나타낸다. 이 경우 Φ을 줄여야하므로, 수식(10.80)의 음수 부호로 된다. 챈-베스 알고리즘의 흐름도는 그림 10.17에, 알고리즘의 결과는 그림 10.18에 나와 있다.

10.3 영상 세그먼테이션

지금까지 단지 두 영역, 즉 전경과 배경을 세그먼테이션하는 단순화 경우를 고려했다. 이제 우리는 영상 세그먼테이션의 일반적인 경우에 주목한다. 목표는 영상을 임의의 수의 분리된 영역으로 나누는 것이다. 그림 10.19와 같이 각 영역의 화소를 살펴보면 컬러, 질감 또는 동작의 유사성과 같은 시각적 속성을 공유한다. 자동 세그먼테이션을 위한 많은 인기 알고리즘을 고려하기 전에, 심리학에서의 영역 세그먼테이션을 수행하는 인간 시각에 대해 설명하려는 영향력 있는 움직임을 먼저 생각해 보자.

그림 10.19 영상 세그먼테이션은 영상을 임의의 수의 영역으로 조각하는 것을 포함한다. 이 그림은 영역간 경계, 정수로 표시된 각 영역의 레이블(일부 레이블만 표시), 각 영역의 임의 컬러 또는 각 영역의 평균 RGB 컬러와 같은 세그먼테이션 알고리즘을 표시하는 두 가지 다른 방법이다.

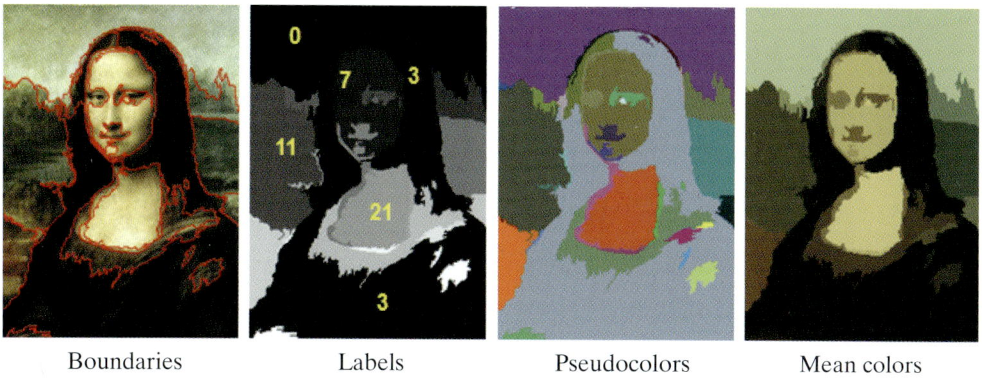

Leonardo da Vinci, c.1504. Musée du Louvre, Paris, France.

그림 10.20 뮐러-라이어 환상, 카니사 삼각형 및 아이데사와의 뾰족한 영역.

10.3.1 형태 심리학

그림 10.20에서 잘 알려진 뮐러-라이어(Müller-Lyer)의 환상을 살펴보자. 두 개의 수평선이 정확히 같은 길이이지만, 하나는 다른 하나보다 길게 나타난다. 그 이유는 인간 시각 시스템(human visual system)이 수평선과 대각선을 그룹화하여 단일 단위로 나타나게 하고, 시스템에서 낮은 수준으로 인식이 수행되어 병합을 "실행 취소(undo)"할 수 없기 때문이다. 시청자가 아무리 열심히 노력하더라도 두 개의 수평선이 실제로 동일한지 알아보기 위해 선을 분리할 수 없다. 유사하게, 유명한 카니사(Kanisza) 삼각형에서, 삼각형이 아니라 오히려 얇은 선과 누락된 조각이 있는 원이 포함되어 있지만 흰색 삼각형이 감지된다. 이 조각들은 특정 방식으로 정렬되어 있기 때문에, 우리의 시각 시스템은 3개의 원과 얇은 삼각형을 가린 흰색 삼각형을 인지한다. 비슷하게, 그림에서 콘의 특정 배치는 우리로 하여금 내재된 구체를 인지하게 한다.

1920년대 맥스 베르하이머(Max Wertheimer)가 이끄는 독일 심리학자 그룹은 이러한 현상을 연구했다. 그들의 질문은 "어떻게 시각 시스템이 우리에게 시각적 경험을 주기 위해 망막의 밝기 패턴을 일관된 대상으로 구성할 수 있는가?" 이었다. 그들의 대답은 지각 시스템이 단순히 들어오는 감각 정보를 수집하고 결합하여 세계의 모습을 나타내지 않고, 대신 적극적으로 구성한다는 것이다. 그들이 말한 기본 원리는 **프래그난츠의 법칙**(law of Prägnanz)으로 알려져 있다. 프래그난츠는 모든 자극 패턴이 결과 구조가 가능한 한 단순한 방식으로 보인다고 말한다. 즉, 이 법칙은 오캄(Occam)의 면도날이 지각에 적용된 것으로 생각할 수 있다. 왜냐하면 그것은 가장 간단하고 안정적인 해석을 선호하기 때문이다. 시간의 원자론적 견해에 반하는 것으로, 이 과학자들은 시각적 인식을 이해하는 열쇠로 그룹화를 강조한 **심리학의 게슈탈트 학파**(gestalt school of psychology)를 만들었다. 그들은 게슈탈트 큐왈리태트(Qualität)라는 항을 사용하여 개별적인 빛의 감각을 전체적으로 인식하게 하는 일련의 내부 관계를 나타낸다. 좀 더 잘 알려진 게슈탈트 요인 중 일부는 그림 10.21에 나와 있다.

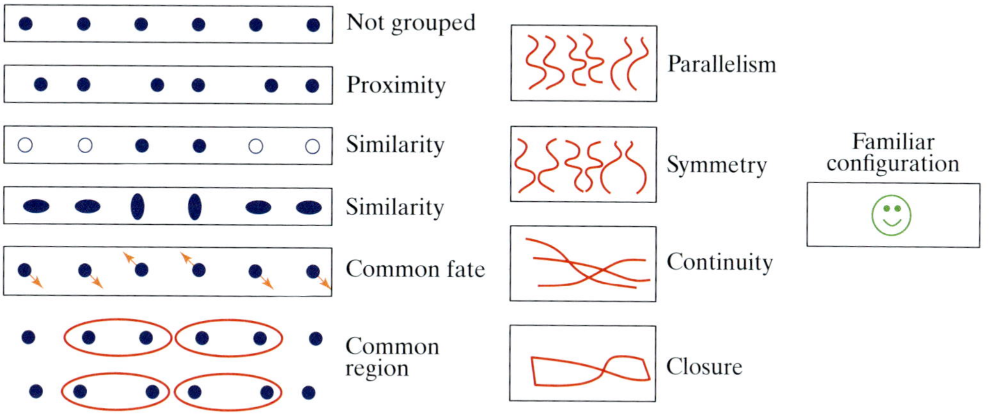

그림 10.21 다양한 형태의 게슈탈트 관계.

게슈탈트 심리학이 경험에 대한 설득력 있는 설명을 제공한다는 사실에도 불구하고, 특정 알고리즘으로 쉽게 전환되는 것은 무리가 있다. 즉, 비주얼 시스템이 화소를(일부 불가사의한 과정을 통해) 개별적으로 처리하는 것이 아니라 함께 그룹화하는 것은 그러한 그룹화가 어떻게 이루어지는지에 대한 정보가 없는 한 컴퓨터 비전 전문가에게 큰 도움이 되지 않는다. 화소를 그룹화하는 방법을 알면, 그룹화 프로세스 자체가 다른 옵션이 없기 때문에 화소를 하나의 단위로 취급하는 점과 개별 화소로 취급하는 것의 차이는 별로 없다. 따라서 게슈탈트 접근법이 세그먼테이션에 영감을 줄 수 있지만, 다른 곳에서는 특정 알고리즘을 찾아야한다.

10.3.2 분할과 병합

모든 화소가 정확히 하나의 영역에 있도록 영상 I의 세그먼테이션을 영역 R_1, …, $\mathcal{R}_n$의 집합으로 정의한다.

$$I = \bigcup_{i=1}^{n} \mathcal{R}_i \qquad \text{(covers entire image)} \qquad (10.95)$$

$$\mathcal{R}_i \cap \mathcal{R}_j = \emptyset \quad \text{for all} \quad i \neq j \qquad \text{(non-overlapping)} \qquad (10.96)$$

여기서, 각 영역은 화소 집합이며, 추가적으로 각 영역의 화소가 연결되어 있다고 가정한다.

세그먼테이션 문제에 대한 고전적 관점에서, 술어 $h(\mathcal{R}_i)$는 한 지역의 **동질성**(homogeneity)을 측정한다. 즉, 영역 $\mathcal{R}_i$의 모든 화소가 동질성 기준을 충족하면 $h(\mathcal{R}_i)$는 true를 반환하고, 그렇지 않으면 false를 반환한다. 따라서 영상의 적절한 세그먼테이션은 두 가지 기준을 충족시킨다.

$$h(\mathcal{R}_i) \;=\; \text{TRUE for all } i \qquad \text{(each region is homogeneous)} \qquad \textbf{(10.97)}$$

$$h(\mathcal{R}_i \cup \mathcal{R}_j) \;=\; \text{FALSE for all adjacent } \mathcal{R}_i, \mathcal{R}_j, i \neq j \qquad \text{(adjacent regions are different)} \qquad \textbf{(10.98)}$$

영상 세그먼테이션 알고리즘은 일반적으로 두 가지 범주 중 하나에 속한다. 일부 알고리즘은 각 화소에서 별도의 영역으로 시작한 다음, 인접한 영역이 서로 비슷할 때마다 재귀적으로 병합한다. 이러한 알고리즘을 **병합**(merging) 알고리즘이라고 한다. 계산의 각 단계에서 수식 (10.97)이 충족되며 알고리즘의 목표는 수식 (10.98)이 만족될 때까지 병합을 계속 수행하는 것이다. 다른 알고리즘은 **분할**(splitting) 알고리즘으로 알려져 있다. 분할 알고리즘은 전체 영상을 단일 영역으로 시작한 다음, 영역이 불균일할 때마다 반복적으로 영역을 분할하기 때문이다. 이러한 알고리즘을 사용하면 계산의 각 단계마다 수식 (10.98)이 충족되며, 알고리즘의 목표는 수식 (10.97)이 만족될 때까지 계속 분할하는 것이다. 병합은 응집 클러스터링(agglomerative clustering)이라고도 하며, 분할은 분열 클러스터링(divisive clustering)이라고 한다.

고전적인 **분할 및 병합**(split-and-merge) 알고리즘은 이 두 가지 아이디어를 결합한다. 먼저 각 영역이 동질성 테스트를 통과할 때까지 영상이 반복적으로 분할된다. 이 분할을 용이하게 하기 위해 **쿼드 트리**(quad-tree) 데이터 구조가 사용된다. 쿼드 트리는 각 리프가 아닌 노드에 정확하게 네 개의 자식이 있는 트리이다. 분할 계산은 다음과 같이 작동한다. 먼저 전체 영상(나무의 뿌리를 형성)이 동질성에 대해 테스트된다. 테스트에 실패하면(가장 지루한 영상을 제외하고는 모든 작업에서 확실히 수행할 것이다.) 중간을 4개의 똑같은 크기의 영역으로 수직 및 수평으로 분할되고, 프로세스가 4개의 영역 각각에 대해 반복적으로 모든 지역이 균질해질 때까지 반복된다.

분할이 완료되면 병합 프로세스가 시작된다. 병합을 수행하는 방법에는 여러 가지가 있지만, 하나의 접근법은 고전 연결 구성 요소 알고리즘의 변형을 포함한다[4]. 왼쪽에서 오른쪽, 위에서 아래로 영상을 스캔하고, 인접한 영역에 해당하는 영역에 대해 동질성 테스트를 수행하여 병합할지 여부를 결정한다. 그러나 기존의 연결 구성 요소 알고리즘과는 달리(알고리즘이 그에 따라 수정되는 한) 스캔 순서는 임의적이다. 병합을 위해 영상을 스캔하는 순서는 영역의 속성이 변경되기 때문에 결과에 영향을 준다. 그림 10.22에는 그레이 스케일 영상에 적

4 4.2.3절 (p. 193)

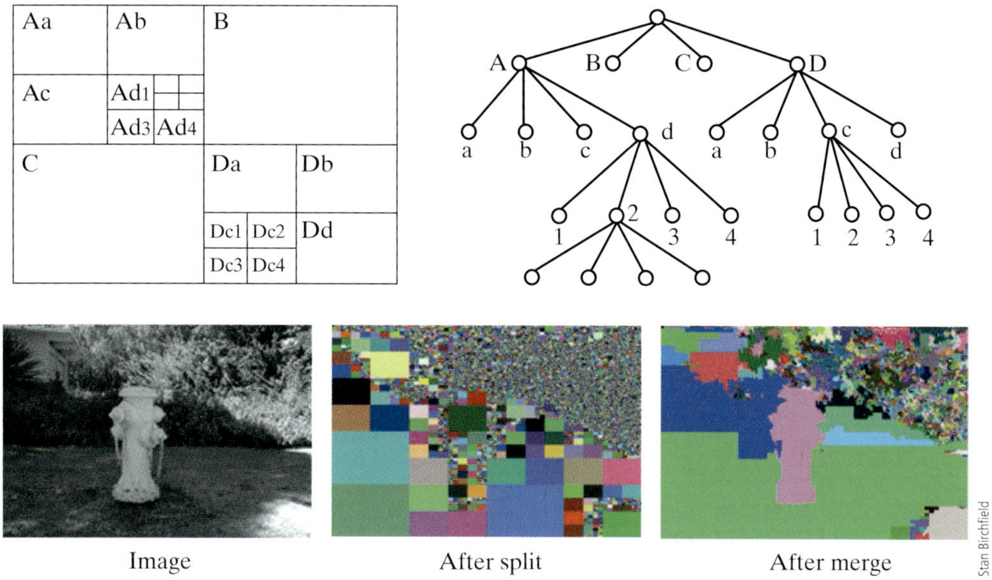

그림 10.22 상단: 분할에 사용된 쿼드 트리 데이터 구조. 하단: 그레이 스케일 영상에 적용된 분할 및 병합 알고리즘. 알고리즘은 소화전과 대부분의 지면을 찾을 수 있지만, 질감이 있는 배경을 과다하게 세그먼테이션(oversegments)한다.

용된 분할 및 병합 알고리즘의 예가 나와 있다.

10.3.3 영역 확장

분할 및 병합이 좋은 생각처럼 들리지만 실제적으로 보다 효과적인 기법은 응집 클러스터링(agglomerative clustering)을 적용하는 것이다. 영상 세그먼테이션의 컨텍스트(context)에서는 **영역 확장**(region growing)이라고 한다. 영역이 커지면 각 화소가 개별 영역으로 초기화되고 유사하게 보이는 인접 영역이 연속적으로 병합된다. 단일 영역을 확장하기 위한 의사코드는 알고리즘 10.9에 표시된다. 독자는 알고리즘 4.6의 플러드필(floodfill) 알고리즘과 이 절차가 유사하다는 것을 인식해야 한다. 플러드필은 동일한 값을 갖는 경우에만 화소를 병합하는 반면, 영역 확장은 비슷한 값을 갖는 화소를 병합한다. 플러드필과 마찬가지로 영역 확장은 초기 시드 화소(seed pixel) $\mathbf{p} = (x, y)$로 시작한다. 프론티어(frontier)라고 불리는 스택은 확장하는 동안 영역의 경계에 있는 화소를 추적하는데 사용된다. 매 반복마다 화소가 프론티어에서 튀어나와 이웃들이 검사된다. 각 이웃에 대해 모습이 영역의 모델과 비슷하면, 해당 이웃이 영역에 추가되고 모델이 업데이트된다. 프론티어가 비워질 때까지 프로세스가 계속된다.

세 개의 라인은 기본 플러드필과 절차를 구분한다. 라인 1은 모델을 초기화하고, 라인 7은 화소가 모델과 비슷한지(시드 화소와 동일하지는 않음) 비교하

알고리즘 10.9 단일 영역에 대해 영역 확장

```
GROWSINGLEREGION(I,O,p,new-label)

Input:  Image I, output image O, seed pixel p, and new label new-label
Output: Pixels in O are set
1   model.INITIALIZE( I(p) )
2   frontier.PUSH(p)
3   O(p) ← new-label
4   while frontier.SIZE > 0 do
5       p ← frontier. POP()
6       for q ∈ N(p) do
7       if model.ISSIMILAR( I(q) ) AND O(q) ≠ new-label then
8           frontier.PUSH(q)
9           O(q) ← new-label
10          model.UPDATE( I(q) )

MODEL.INITIALIZE(VAL)

1   model.s ← val
2   model.s̃ ← val * val
3   model.n ← 1
4   model.τ² ← 2.5 * 2.5                ➤ example threshold to capture ±2.5σ

MODEL.ISSIMILAR(VAL)

1   μ ← model.s/model.n
2   σ² ← model.s̃/model.n − model.μ * model.μ
3   d² ← (val-model.μ) * (val-model.μ)
4   return d² ≤ model.τ² * σ²

MODEL.UPDATE(VAL)

1   model.s ←+ val
2   model.s̃ ←+ val * val
3   model.n ←+ 1
```

고, 라인 10은 모델을 업데이트한다. 이들 라인의 구현은 선택한 모델에 따라 다르다. 간단하고 자연스럽고 효과적인 선택은 가우시안 모델이다. 영역의 화소 값의 평균 및 분산을 유지함으로써, 우리는 그 값에서 가우시안을 평가하여 화소와 모델의 유사성을 측정할 수 있다. 보다 구체적으로, 그레이 스케일 영상의 평균 및 분산은 다음에 의해 주어진다.

$$\mu = \frac{1}{n}\sum_{i=1}^{n} I(\mathbf{p}_i) \tag{10.99}$$

$$\sigma^2 = \frac{1}{n}\sum_{i=1}^{n}(I(\mathbf{p}_i) - \mu)^2 \tag{10.100}$$

여기서, $\mathbf{p}_1$, $\mathbf{p}_2$, …, $\mathbf{p}_n$은 영역의 화소이다. 화소 $\mathbf{q}$의 비유사도(dissimilarity)는 표준 편차를 기준으로한 평균으로부터의 거리에 의해 측정된다. 즉, $d(\mathbf{q}; I, \mu, \sigma) = |I(\mathbf{q}) - \mu|/\sigma$이다. 독자는 이것이 단순히 1차원에서의 마할라노비스 거리(Mahalanobis distance)라는 것을 알 수 있다. 이 화소는 $d(\mathbf{q}; I, \mu, \sigma) < \tau$인 경우, 모델과 유사하다고 간주된다. 여기서, τ는 상수 임계치이다. 가우시안의 장점 중 하나는 임계치를 선택하는 자연스럽고 직관적인 방법이다. 보통 $2.0 < \tau < 3.0$이며, $\tau = 2.0$은 가우시안의 $\pm 2\sigma$ 또는 곡선 아래 영역의 95 %를 캡처하는 반면, $\tau = 3.0$은 가우시안의 $\pm 3\sigma$ 또는 곡선 아래의 영역의 99.7 %를 캡처한다. 가우시안을 사용하는 또 다른 장점은 단순히 값 $s_n \equiv \sum_{i=1}^{n} I(\mathbf{p}_i)$과 실행중인 제곱합 $\tilde{s}_n \equiv \sum_{i=1}^{n} I^2(\mathbf{p}_i)$의 누적 합계를 유지함으로써 평균과 분산을 쉽게 업데이트할 수 있다는 것이다. $\mu = s_n/n$ 및 $\sigma^2 = \tilde{s}_n/n - \mu^2$임을 쉽게 나타낼 수 있다. 제곱근을 계산할 필요가 없도록 함수 IsSimilar는 $d < \tau$가 $d^2 < \tau^2$ 또는 $(I(\mathbf{q}) - \mu) < t^2\sigma^2$와 동일하다는 사실을 이용한다. IsSimilar는 여기에 쓰여 있듯이 $n = 1$일 때마다 항상 σ^2를 0으로 설정한다. 분산은 단일 값에서 추정할 수 없기 때문이다. 이렇게 하면 병합이 발생하지 않는다. 또한 분산 추정은 작은 집합에 대해서는 정확하지 않다. 결과적으로 실제 구현에서 이 간단한 의사코드는 n이 작은 경우, 병합을 권장하도록 약간 수정해야 한다.

이 기본 절차를 컬러 영상 또는 화소 당 값 벡터를 사용하는 다른 영상으로 쉽게 확장할 수 있다. 벡터 값을 갖는 영상의 경우, 평균 벡터는 다른 채널의 평균을 쌓아서 계산되며, 공분산 행렬은 비슷하게 계산된다. 유사 함수는 마할라노비스 거리를 다변수 가우시안과 함께 사용한다. 흔히 완전한 공분산 행렬은 필요하지 않으며, 공분산 행렬을 대각선으로 가정하면 공분산을 무시하고 차원에 따른 분산만 사용하면 좋은 결과를 얻을 수 있다.

영상의 연결된 구성 요소를 반복적으로 플러드필을 적용하여 계산할 수 있으므로, 전체 영상을 세그먼트할 수 있으며, 영역 확장 절차(region growing procedure)를 반복적으로 적용하여 모든 화소에 레이블을 적용할 수 있다. 결과 알고리즘은 알고리즘 10.10에 나와 있다. 여기서 GrowSingleRegion 함수는 모든 화소에 레이블이 지정될 때까지 반복적으로 호출된다. 각각의 반복에서, 다음 시드 화소는 영상을 순차적으로 스캐닝하거나(강도 에지에서 증가하는 절차

알고리즘 10.10 영역 확장에 의한 영상 세그먼테이션

```
REGIONGROW(I)

Input:  image I
Output: label image L

label ← 0
for (x, y) ∈ I do
    L(x, y) ← UNLABELED
for (x, y) ∈ I do
    if L(x, y) = UNLABELED then
        GROWSINGLEREGION(I, L, (x, y), label)
        label ←+ 1
return L
```

를 시작하는 것을 피하기 위해) 값이 인접한 레이블이 지정되지 않은 화소를 선택하여 선택될 수 있다. 단순성에도 불구하고, 영역 확장은 효과적인 세그먼테이션 기법이다. 그림 10.23은 예제 영상의 각 영역에 대해 가우시안 RGB 모델을 사용하여 영역을 확장한 결과를 보여준다. 여기에서 설명한 것처럼 일반적으로 잡음의 영향을 줄이기 위해 최소 영역 크기를 적용하는 것이 좋다.

10.3.4 계층적 클러스터링 체계

영상 세그먼테이션은 많은 경험적 영역에서 발생하는 일반적인 문제인 데이터 클러스터링의 특정 응용으로 볼 수 있다. 데이터 클러스터링에 대한 한 가지 일반적인 접근법은 **계층적 클러스터링 체계**(hierarchical clustering scheme, HCS)이다. HCS는 각 데이터 점에 대한 꼭짓점을 포함하는 완전히 연결된 그래프에서 작동한다. 에지의 가중치는 일부 특징 공간에서 계산된 데이터 점 간의 거리이다. 이 절차는 각 데이터 점을 자체 클러스터에 할당하고, 다음 두 단계를 반복적으로 적용하여 시작하는 응집 클러스터링 접근법(agglomerative clustering

그림 10.23 왼쪽: RGB 영상. 오른쪽: 영역 확장에 의해 발견된 영역, 의사컬러화 됨.

P. Chockalingam, N. Pradeep, and S. T. Birchfield. Adaptive fragmentsbased tracking of non-rigid objects using level sets. In Proceedings of the International Conference on Computer Vision, Oct. 2009.

approach)을 따른다. 먼저 두 개의 가장 가까운 클러스터가 병합되고, 두 번째로 나머지 클러스터에서 새 클러스터까지의 가중치가 업데이트된다. 이 간단한 절차는 모든 클러스터가 병합될 때까지 클러스터를 연속적으로 병합한다. 결과가 정확하게 세그먼테이션되지는 않지만 이 절차는 여러 가지 인기 있는 세그먼테이션 알고리즘과 매우 흡사하여 HCS를 다양한 관련 문제를 고려하는데 유용한 프레임 워크로 만든다.

그림 10.24는 이 절차를 5개의 데이터 요소 집합에 적용하여 얻은 HCS의 간단한 예를 보여준다. 최소 거리는 꼭짓점 **a**와 **b** 사이에 있기 때문에 이 두 점이 먼저 병합된다. 그런 다음, 꼭짓점 **c**와 **d** 사이의 거리가 최소이므로 다음에 병합된다. 나머지 거리 중에서, 최소는 **e**와 클러스터 {**c**, **d**} 사이에 있다. 마지막으로 클러스터 {**a**, **b**}와 {**c**, **d**, **e**}가 병합된다. 결과는 원래 그래프의 각 꼭짓점에 대해 리프 노드가 있는 이진 트리처럼 보이는 **덴드로그램**(dendrogram)으로 볼 수 있는 계층적 클러스터링 체계이다. 덩어리의 각 쌍의 병합 중에 발생하는 거리가 수직 축을 따라 표시되도록 덴드로그램이 그려진다.

독자는 두 가지 단계가 있다고 말했을 때, 이 예에서 HCS 절차의 한 단계만 사용된 이유가 궁금할 수 있다. 우리가 가중치를 업데이트할 필요가 없는 이유는 이 특정 그래프의 가중치가 **울트라메트릭 부등식**(ultrametric inequality)을 만족시키기 때문이다. $\mathcal{A}$와 $\mathcal{B}$를 프로시저의 특정 반복에서 병합될 그래프의 두 클러스터라고 하고, $\psi(\mathcal{A}, \mathcal{B})$가 이들 사이의 거리를 표시하도록 하자. 그런 다음 그래프의 다른 모든 클러스터 $\mathcal{C}$에 대해 $\mathcal{A}$와 $\mathcal{B}$가 병합되면 프로시저를 계속 진행할 수 있도록 $\mathcal{C}$와 새 클러스터 $\{\mathcal{A}, \mathcal{B}\}$ 사이의 거리를 정의해야 한다. 위의 간단한 예제에서와 같이 $\psi(\mathcal{A}, \mathcal{C}) = \psi(\mathcal{B}, \mathcal{C})$라면 선택이 명확하다는 것을 알

그림 10.24 왼쪽: a ~ e로 표시된 5 개의 데이터 점의 예로서, 점 사이의 거리(일부 특징 공간에서)를 나타내는 에지 가중치가 있는 그래프로 표시된다. 중간 열: 처음에는 각 데이터 요소를 별도의 클러스터로 간주하여 HCS 프로시저를 순차적으로 반복하면 모든 클러스터가 병합될 때까지 가장 가까운 두 클러스터가 병합된다. 가중치는 울트라메트릭 부등식(ultrametric inequality)을 충족하므로 가중치를 업데이트할 필요가 없다. 오른쪽: 덴드로그램(dendrogram)은 가로 축에 원래 데이터 점이 있고, 세로 축을 따라 병합에 사용된 거리를 사용하여 계층적 클러스터링을 시각화하는 방법이다.

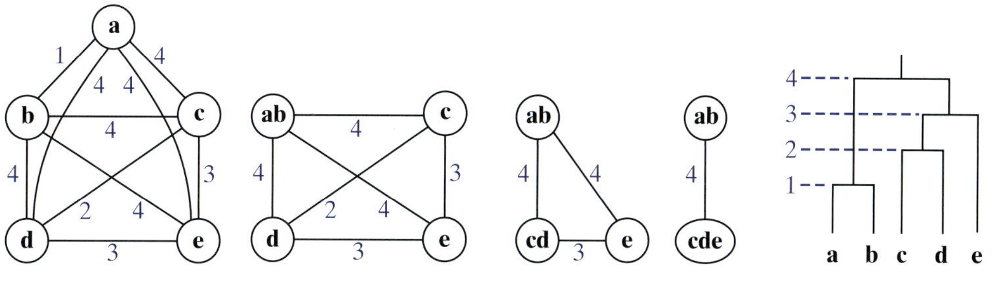

수 있다. 즉 $\psi(\{\mathcal{A}, \mathcal{B}\}, \mathcal{C}) = \psi(\mathcal{A}, \mathcal{C}) = \psi(\mathcal{B}, \mathcal{C})$이다. 이것은 각 클러스터 트리플렛(triplet)에 대해 거리 함수가 울트라메터릭 부등식, 즉 다음을 만족할 때 발생한다.

$$\psi(\mathcal{A}, \mathcal{B}) \le \max(\psi(\mathcal{A}, \mathcal{C}), \psi(\mathcal{B}, \mathcal{C})) \quad \text{for all } \mathcal{A}, \mathcal{B}, \text{and } \mathcal{C}. \quad \text{(ultrametric inequality)} \quad \textbf{(10.101)}$$

거리 함수는 비차항(nonnegativity), 대칭 및 삼각형 부등식의 특성을 충족하는 경우, 메트릭이다. 거리 함수가 이 세 가지 특성뿐만 아니라, 울트라메터릭 부등식을 만족한다면 **울트라메트릭**(ultrametric)이다.

울트라메터릭 부등식은 삼각형 부등식을 의미하지만, 그 반대는 아니다. 또한 3개의 거리가 울트라메터릭 부등식을 만족하면, 두 개의 거리가 동일하고 세 번째 거리가 두 개의 거리보다 크지 않다는 것을 쉽게 알 수 있다. 예를 들어, 거리 {3, 4, 4} 집합은 울트라메트릭 특성을 충족하지만, 집합 {3, 4, 5}는 그렇지 않다. (즉, $3 \le \max(4, 4)$ 및 $4 \le \max(3,4)$, $5 \nleq \max(3, 4)$) {3, 4, 4}의 경우, 거리 3으로 분리된 두 클러스터가 병합되므로 $\psi(\mathcal{A}, \mathcal{B}) = \psi(\mathcal{B}, \mathcal{C}) = 4$가 된다. 보다 일반적으로, 울트라메트릭 부등식을 만족하는 거리 함수를 사용하여 모든 쌍 사이에 거리를 정의한 집합이 있다면, 그리고 $\mathcal{A}$와 $\mathcal{B}$를 가장 가까운 클러스터라고하면, 즉 모든 클러스터 $\mathcal{X}$와 $\mathcal{Y}$에 대해 $\psi(\mathcal{A}, \mathcal{B}) < \psi(\mathcal{X}, \mathcal{Y})$이면, 임의의 클러스터 $\mathcal{Z}$에 대해 $\psi(\mathcal{A}, \mathcal{Z}) = \psi(\mathcal{B}, \mathcal{Z})$임을 알 수 있다. 같은 경우, 위의 예제 그래프의 모든 가중치는 새로운 클러스터의 모든 꼭짓점에서 다른 모든 클러스터까지의 거리가 동일하기 때문에 울트라메트릭 부등식을 충족시킨다. 예를 들어, {**c**, **d**}와 **e**를 병합할 때, {**c**, **d**}와 {**a**, **b**} 사이의 거리는 **e**와 {**a**, **b**} 사이의 거리와 같으므로 {**c**, **d**, **e**}와 {**a**, **b**} 사이의 거리를 쉽게 결정할 수 있다.

그러나 실제 상황에서 거리 함수는 울트라메트릭이 아니므로, 두 클러스터 $\mathcal{A}$와 $\mathcal{B}$ 사이의 거리를 정의하는 방법을 결정해야 한다. 세 가지 가장 일반적인 방법은 두 집합의 가장 가까운 점, 두 집합의 가장 먼 점 또는 두 집합의 중심을 여기에 나열된 것과 같이 비교하는 것이다.

$$\psi(\mathcal{A}, \mathcal{B}) = \min\{\psi(a, b), a \in \mathcal{A}, b \in \mathcal{B}\} \quad \text{(single-link clustering)} \quad \textbf{(10.102)}$$

$$\psi(\mathcal{A}, \mathcal{B}) = \max\{\psi(a, b), a \in \mathcal{A}, b \in \mathcal{B}\} \quad \text{(complete-link clustering)} \quad \textbf{(10.103)}$$

$$\psi(\mathcal{A}, \mathcal{B}) = \frac{1}{|\mathcal{A}||\mathcal{B}|} \sum_{a \in \mathcal{A}, b \in \mathcal{B}} \psi(a, b) \quad \text{(group-average clustering)} \quad \textbf{(10.104)}$$

이러한 클러스터링 선택 사항은 그림 10.25에 나와 있다. 이전 절의 영역 확장

그림 10.25 두 집합의 점 사이의 세 가지 일반적인 클러스터링 선택 사항은 두 집합의 점 사이의 최소 거리(단일 링크 클러스터링), 최대 거리(전체 링크) 및 중심 간의 거리(그룹 평균) 이다.

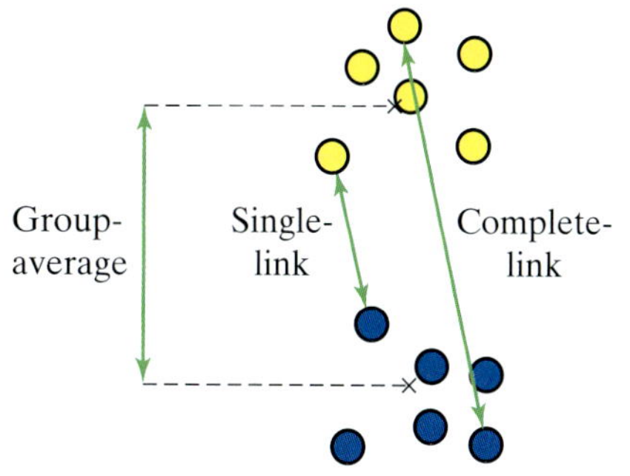

접근법은 표준 편차에 비례하는 평균 거리를 계산하기 위한 약간의 수정과 함께 그룹 평균 클러스터링을 사용함에 유의하라. 그림 10.26은 단일 링크 및 완전 링크 클러스터링을 사용하는 HCS의 보다 현실적인 예를 보여준다. 단일 링크 클러스터링의 경우, 병합에 사용되는 에지들이 그래프의 최소 스패닝 트리(spanning tree)를 형성한다. 이 관찰의 중요성은 Felzenszwalb–Huttenlocher 알고리즘을 고려할 때 나중에 설명할 것이다[5].

그림 10.26 위: 울트라메트릭 부등식을 만족시키지 못하는 가중치를 갖는 5 개의 데이터 점의 보다 현실적인 예. 단일 링크(중간) 및 전체 링크(아래) 클러스터링 접근법에 대한 반복을 보여준다.

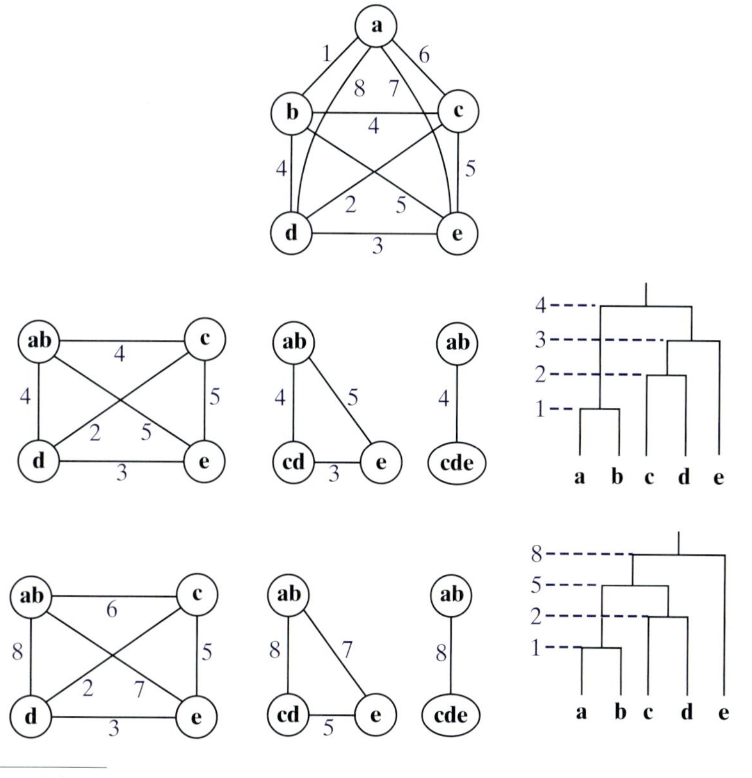

5 10.4.1절 (p. 611)

10.3.5 워터세드 방법

비가 언덕이나 산의 측면에 떨어지면 물이 아래쪽 계곡으로 흐른다. 물이 땅에 흡수되거나 증발되지 않는 한, 가장 가까운 시내로 흘러 들어가고, 근처의 강과 합류하여 마침내(전형적으로) 바다로 배출된다. 그림 10.27에서 보듯이, **유역 분지**(catchment basin) 또는 **배수 분지**(drainage basin)는 이 지역의 모든 지표수가 결국 낮은 지점에서 단일 지점으로 흐르게 되는 토지의 한 영역이다. 인접한 배수 분지를 분리하는 융기 부분은 **능선**(ridgeline) 또는 **배수 분할**(drainage divide)로 알려져 있다. 언덕이 많은 나라에서는 이 능선이 범위 내에서 산봉우리를 연결하는 반면 상대적으로 평평한 지역에서는 능선을 찾기가 더 어렵다. **대륙 분할**(continental divide)은 두 개의 유역을 구분하는 능선으로, 각각 서로 다른 바다로 흘러간다. 예를 들어, 미국의 로키 산맥에 떨어지는 비는 대륙붕의 어느 쪽에 상륙하느냐에 따라 대서양 또는 태평양으로 흐를 수 있다.

이러한 지형 개념은 자연스럽게 영역 확장과 에지 탐지의 아이디어를 결합한 **워터세드 세그먼테이션**(watershed segmentation)로 알려진 영상 세그먼테이션 방식으로 이어진다. 세그먼테이션에 대한 워터세드 접근법은 **세그먼테이션 함수**(segmentation function)에 의해 표시된 지형의 유역 분지를 계산함으로써 원본 영상의 세그먼테이션된 영역을 결정하며, 이는 영역 내부에서 작은 값을 산출하지만 영역 사이의 경계를 따라 큰 값을 산출하는 함수(영상과 동일한 도메인에서 정의됨)이다. 이 세그먼테이션 함수는 산(큰 값)이 지역 간 경계를 나타내고, 지형(작은 값)이 지역 내부(interiors)를 나타내는 지역(또는 **지형 표면**)의 표면으로 간주된다. 세그먼테이션 함수의 일반적인 선택은 영상의 그레디언트 크기, 경계 검출기의 출력, 대략적인 영역 중심의 거리 함수 또는 영역의 경계를 강조하는 다른 표현을 포함한다.

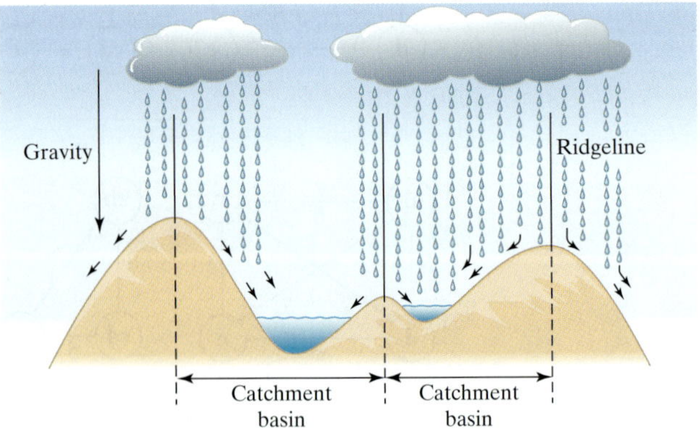

그림 10.27 워터세드(watershed) 세그먼테이션에서, 세그먼테이션 함수는 지형 표면으로 해석된다. 세그먼테이션 함수에 대한 가장 일반적인 선택은 그레디언트 크기 영상이다.

워터세드 접근의 두 가지 형태가 있다. **급락**(tobogganing)이라고 알려진 한 가지는 각 화소(빗방울로 상상)에서 지역 최소값까지의 하류 경로(downstream path)를 찾는다. 이 기술의 단점은 디지털 영상의 이산화(discretization) 효과가 안정되어 있을 때, 지역 정보만 사용하여 하향 방향을 결정하는 것을 불가능하게 한다는 것이다. 결과적으로 화소(빗방울)가 그레데이션 하강 경로를 따라 가면 갇히게 된다.

보다 일반적인 접근 방법은 **침수**(immersion)라고 알려져 있다. 이 접근법에서 세그멘테이션 함수는 각 지역 최소값에서 천공되어 천천히 물속에 잠기는 강체 3D 구조로 상상한다. 세그먼테이션 함수가 아래로 밀리면 물은 천공된 구멍을 통해 흘러서 유역을 채우고, 각 구멍에는 물이 흘러 들어가는 구멍에 따라 고유한 라벨(label)이 지정된다. 인접한 유역에서 수위가 그들 사이의 능선에 도달하면 두 개의 물이 섞이는 것을 방지하기 위해 능선에서 무한한 높이의 댐을 건축하는 것을 상상한다(고유한 라벨을 혼동하게 만든다). 전체 세그먼테이션 함수가 잠기면 표면의 모든 점에 고유 라벨이 주어지며, 이것은 점을 포함하는 영역의 ID를 나타낸다.

워트세드 세그먼테이션에 대한 침수 접근법에 대한 약간의 직감을 얻기 위해, 그림 10.28은 단 6개의 단계(즉, 세그먼테이션 함수의 각 화소는 0에서 5까지의 값을 가진다)을 포함하는 세그먼테이션 함수의 윤곽선과 알고리즘의 각 단계 후의 출력을 함께 보여준다. 첫 번째 단계에서는 단계 0을 고려한다

그림 10.28 6 단계 (0–5)의 세그먼테이션 함수에 대한 침수 기반 워터세드 세그먼테이션의 단계별 결과. 다른 색상은 세 가지 다른 지역의 고유한 레이블을 나타낸다. 세그먼테이션 함수의 윤곽선이 숫자로 표시되어 화소의 레벨을 나타낸다.

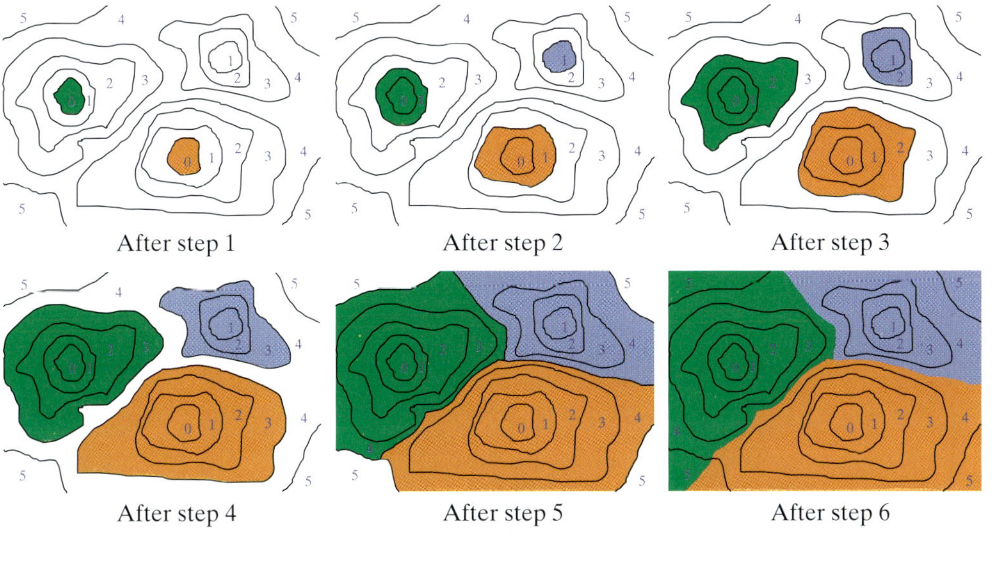

(즉 세그먼테이션 함수 값이 0인 모든 화소). 두 개의 영역이 있으며, 플러드필(floodfill) 절차는 별도의 라벨(서로 다른 색으로 표시됨)을 사용하여 두 영역에 적용된다. 두 번째 단계에서는 단계 1을 고려한다. 영역 중 하나는 연결이 끊어지므로 플러드필 절차에는 세 번째 라벨(다른 색으로 표시됨)이 적용된다. 동시에 두 개의 기존 영역은 연결되어 있는 단계 1 화소를 포함하도록 확장된다. 세 번째와 네 번째 단계에서, 기존 지역은 단계 2와 3을 동화시킴으로써 계속 증가한다. 다섯 번째 단계에서, 지역은 단계 4를 사용하여 계속 증가하지만 서로 충돌하여 조기 종료된다. 여섯 번째 단계에서, 모서리 부분이 방해없이 확장한다. 이 예에서 우리는 침수 접근법이 각 단계를 순차적으로 고려하는 것을 볼 수 있다. 각 단계에서 인접한 모든 화소 그룹에 대해 세 가지 가능성이 있다. 즉, 기존의 모든 영역에서 연결이 끊어지거나, 정확히 하나의 기존 영역에 연결되거나, 둘 이상의 영역에 연결되어 있다. 첫 번째 경우는 플러드필 절차에 의해 처리되는 반면, 후자의 두 경우는 기존 영역을 너비 우선 방식(breadth-first manner)으로 확장하여, 필요한 경우 영역이 도중에 만나는지 확인한다. 각 단계에서 기존의 각 유역 분지의 **측지학적 영향 영역**(geodesic influence zone)을 결정한다. 이는 분지와 인접하고 다른 분지보다 해당 분지에 더 가까운 라벨이 없는 화소 집합이다.

표준 워터세드 접근 방식의 문제점 중 하나는 세그먼테이션 함수에서 잡음에 매우 취약하다는 점이다. 즉, 함수에서 작은 주름은 지역 최소값을 만든다. 이것은 지역 최소값을 포함하는(아마도 매우 작은) 유역 분지에 대한 고유 라벨을 생성한다. 이는 **과도한 세그먼테이션**(oversegmentation)로 이어지고 표준 알고리즘의 오류는 일반적으로 매우 심각하다. **마커 기반 워터세드**(marker-based watershed) 세그먼테이션으로 알려진 이 문제에 대한 가장 일반적인 해결책은, 먼저 독립 절차를 사용하여 화소에서 지역 최소값이 중요한 위치(**마커**라고 함)를 나타내는 이진 영상을 생성하는 것이다. 세그먼테이션 함수는 마커에서 천공될 수 있도록 허용되어, 최종 세그먼테이션의 영역의 수(즉, 고유 라벨의 수)는 마커의 수와 동일해진다.

최종 마커 기반 침수 워터세드 알고리즘은 알고리즘 10.11에 자세히 나와 있다. 라인 1은 세그먼테이션 함수로서 영상의 그레디언트 크기를 계산하지만, 여기서는 다른 적절한 계산이 대체될 수 있다. 세그먼테이션 함수는 가능한 값들의 이산 집합이 있도록 양자화 된다(이 경우 Round를 사용). 효율성을 높이기 위해, 이 접근 방식은 pixellist라는 데이터 구조를 사용한다. 이 구조는 고정 크기의 동적 크기 배열이다. 즉, pixellist[k]는 세그먼테이션 함수가 k 값을 갖는

알고리즘 10.11 마커 기반 침수 워터세드 알고리즘

```
WatershedByImmersion(I, M)

Input:  grayscale image I, binary image M of the same size as I indicating markers
Output: label image L
   ➤ Initialize data structures
 1  G ← Round(GradientMagnitude(I))                      ➤ Compute gradient magnitude.
 2  for each value k ← 0 to n_grad − 1 do                ➤ Clear the pixel list associated with each
 3      pixellist [k].Clear()                              possible gradient magnitude value.
 4  for each pixel p ∈ G do                              ➤ Precompute pixel lists by storing coordinates of all
 5      pixellist [G(p)].PushBack(p)                       pixels, arranged by gradient magnitude value.
 6      L(p) ← UNLABELED                                 ➤ All pixels are initially unlabeled.
 7  next-label ← 0
 8  frontier.Clear()
   ➤ Flood topological surface one value at a time
 9  for each value k ← 0 to n_grad − 1 do
      ➤ Grow existing catchment basins by one pixel, creating initial frontier
10      for each pixel p in pixellist[k] do
11          if L(p) == UNLABELED and there exists a neighbor q of p
              such that G(q) < k and L(q) ≠ UNLABELED then
12              L(p) ← L(q)                              ➤ p is in an existing catchment basin, so copy label
13              frontier.PushBack(p)                       from neighbor q, and push p onto frontier.
      ➤ Continue to grow existing basins one pixel thick each iteration by expanding frontier
14      while frontier.Size > 0 do
15          p ← frontier.PopFront()
16          if there exists a neighbor q of p such that G(q) ≤ k and L(q) == UNLABELED then
17              L(q) ← L(p)                              ➤ q is not labeled, so copy label
18              frontier.PushBack(q)                       from neighbor p, and push q onto frontier.
      ➤ Create new catchment basins
19      for each pixel p in pixellist[k] do
20          if L(p) == UNLABELED and M(p) == ON then     ➤ p is still unlabeled, and a marker
21              FloodFill(L, p, next-label)                exists at p, so floodfill starting at p,
22              next-label ←+ 1                            and increment next-label.
23  return L
```

모든 화소의 좌표 리스트이다. 라인 2-8은 출력 및 프론티어(frontier)와 함께 이 데이터 구조를 초기화한다. 초기화 후에 세그먼테이션 함수의 각 가능한 값이 차례로 고려되고 세 단계가 수행된다. 첫째, 현존하는 유역 분지는 한 화소씩 확장하여 프론티어를 초기화한다. 둘째로, 현재 수준의 모든 인접 화소가 동화될 때까지 기존 유역 분지를 확장시키기 위해 프론티어를 확장한다. 마지막으로, 마커가 있는 경우, 아직 라벨이 지정되지 않은 현재 수준의 모든 화소에 새 라벨이 채워진다. 프론티어는 너비 우선 검색을 수행하는 FIFO(first-in first-out) 대기열이므로 다른 지역이 동일한 비율로 증가할 수 있으므로 필요할 때 중간에서 만날 수 있다.

신중한 독자는 마커가 미리 알려지기 때문에 라인 19–22의 새로운 유역 분지 생성이 루프에서 빠져 나와 라인 9 앞에 배치될 수 있음을 발견할 수 있다. 이 관찰은 실제로 사실이며, 마커 기반의 실제 구현은 그렇게 해야 한다. 그럼에도 불구하고 코드는 모든 화소 p에 대해 $M(p) =$ ON 이면 마커 기반이 아닌 워터세드 알고리즘을 구현하기 위해 알고리즘 10.11에 표시된 방식으로 구성되었다. 두 경우 사이의 다른 미묘한 차이 중 하나는 라인 16의 테스트 $G(q) \leq k$는 마커 기반이 아닌 경우, $G(q) = k$로 쓰일 수 있다. 왜냐하면 $G(q) < k$ 인 모든 화소는 이미 라벨이 붙어있기 때문이다. 그러나 마커 기반의 경우에는 마커가 없는 지역 최소값이 채워지도록 하기 위해 보다 작은 기호가 필요하며, 마커가 아닌 경우에는 보다 작은 기호가 없어도 된다.

위에 주어진 알고리즘은 일반적으로 제공되는 것의 단순화된 버전이다. **빈센트–소일**(Vincent–Soille)로 알려진 가장 일반적인 알고리즘은 유역 분지 사이에 댐을 건설하는 것과 관련이 있다. 즉, 두 개의 유역 분지가 서로 닿는 지점까지 확장하면 다른 유역 분지로 물이 흘러 들어가는 것을 방지하기 위해 댐이 만들어진다. 화소가 분류되었는지 단순히 확인함으로써 댐을 만들 필요를 점검할 수 있어서 알고리즘을 상당히 단순화했다. 결과적으로, 알고리즘 10.11은 **댐이 없는 빈센트–소일 알고리즘**으로 간주될 수 있다. 그러나 알고리즘은 영역 간의 경계를 명시적으로 찾지 않는다. 단지 화소에 라벨을 붙인다. 경계가 필요한 경우, 결과 라벨 영상을 차별화하여 추정할 수 있다. 최악의 경우, 실제 경계 화소가 두 개의 유역 분지에서 등거리에 있을 때 발생하며, 이 접근법은 경계 위치에 1 화소 오류를 발생시킨다. 간단한 수정으로 이 오류가 제거된다.

그림 10.29에는 10단계(level) (0–9)의 5×5 영상에 마커가 없는 침수 알고리즘의 예가 나와 있다. 먼저, 화소 리스트가 생성되고, 라벨 영상의 각 화소는 UNLABELED로 설정된다. 단계 0을 고려하면, 유역 분지가 없으므로 아무 것도 할 수 없으며 화소를 값 0으로 채울 수 있다. 단계 1에서는 두 개의 화소가 라벨이 있는 화소에 인접해 있으므로 경계에 배치되는 반면, 다른 두 화소에는 새로운 유역 분지가 생성된다. 단계 2에서는 모든 4개의 화소가 프론티어에 배치되고, 모든 화소에 라벨이 지정될 때까지 프로세스가 계속된다.

마커 기반 워터세드 알고리즘을 구현할 때, 모든 전경 오브젝트에 대한 마커뿐만 아니라 배경 마커도 생성하는 것이 중요하다. 전경 오브젝트를 찾는 일반적인 방법은 임계치이다. 배경 개체를 찾으려면, 거리 영상에서 전경 오브젝트

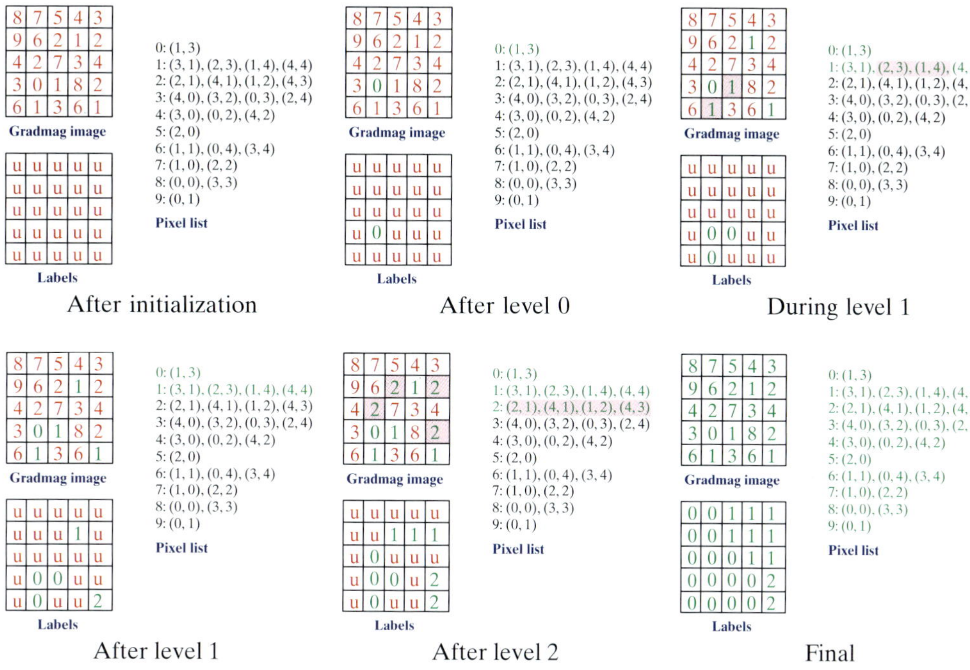

그림 10.29 10 단계 (0–9)의 단순한 5 × 5 영상에 대한 마커 기반이 아닌 침수 워터세드의 예. 알고리즘의 여러 단계를 거친 결과가 표시되고 그 다음에 최종 결과가 표시된다. (연결이 임의로 깨졌으므로 다른 해결책도 가능하다.) 각 단계에서 현재 값보다 작거나 같은 값으로 화소 리스트의 화소 좌표가 채색되고 경계에 있는 화소는 음영 처리된다.

에 마커 기반이 아닌 워터세드를 실행한 다음, 결과의 에지를 계산하기만 하면 된다. (에지를 계산하려면 값이 인접 화소와 다른 화소를 찾아야 한다.) 전경 얼룩(blobs)으로 논리적 OR된 이러한 에지는 마커 기반 알고리즘에 공급되는 마커를 구성한다. 이 종단 간 절차에 대한 의사코드는 알고리즘 10.12에 제공되며, 해당 순서도는 그림 10.30에 나와 있다. 언급해야할 세부 사항 중 하나는 실제 구현에서는 라인 5의 논리적 OR가 배경 마커가 전경 마커를 터치하도록 하

알고리즘 10.12 영상의 종단 간 워터세드 세그먼테이션

```
WATERSHEDWITHTHRESHOLDING(I, τ)

Input:  grayscale image I, threshold τ
Output: label image L

1  T ← NOT THRESHOLD(I, τ)              ➤ Invert the thresholded image.
2  D ← CHAMFER(T)                       ➤ Compute distance image to dark regions.
3  W ← WATERSHEDBYIMMERSION(D, ON)      ➤ Run non-marker-based watershed.
4  E ← EDGEDETECTION(W)                 ➤ Detect region boundaries in watershed output.
5  M ← T OR E                           ➤ Construct marker image by combining foreground and background.
6  return WATERSHEDBYIMMERSION(I, M)    ➤ Run marker-based watershed.
```

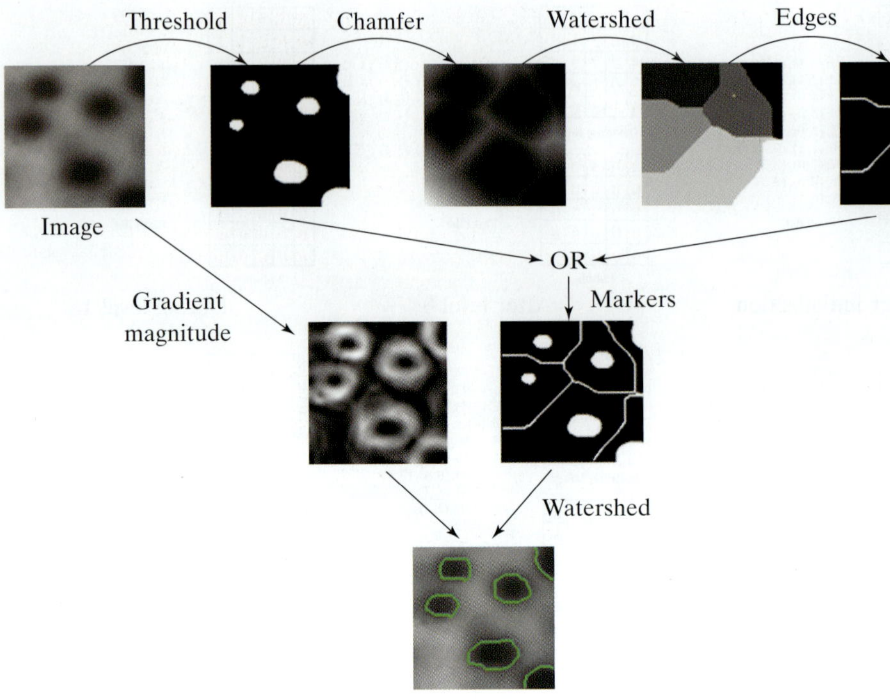

그림 10.30 종단 간 워터세드 절차의 흐름도.

는 것을 방지해야 한다. 이 잠재적인 문제를 극복하는 직접적인 방법은 마커 영상을 각 화소가 마커, 전경 마커 또는 배경 마커를 나타내는 값을 갖는 3 차 영상(tertiary image)으로 만드는 것이다. 그래서 프러드필이 발생하면 전경과 배경 사이에 출혈이 없다. 이 확장은 독자를 위한 연습문제로 남겨 두었다.

10.3.6 민-쉬프트 세그먼테이션

민-쉬프트 필터(mean-shift filter)는 영역 내에서 평활화하여 만화 같은 영상을 생성하는 에지 보존 평활화(edge-preserving smoothing)에 대한 접근법임을 기억하라[6]. 만화 같은 결과 영상은 세그먼테이션 알고리즘의 결과와 거의 동일하게 보인다. 이는 민-쉬프트 필터를 먼저 실행한 다음, 결과에 몇 가지 후처리 단계를 적용하는 **민-쉬프트 세그먼테이션 알고리즘**을 유도한다. 알고리즘은 우수한 결과를 달성하지만 계산 비용이 많이 든다. 보통 알고리즘은 거리가 대략 지각적으로 정확한 $L^*u^*v^*$ 또는 $L^*a^*b^*$와 같은 컬러 공간을 사용하여 컬러 영상에 적용된다. 일반적으로 두 개의 후 처리 단계가 적용된다. 즉, 공간 좌표와 범위에서 근접한 두 화소가 병합되고, 마지막으로 작은 영역이 인접한 큰

6 5.5.5절 (p. 317)

그림 10.31 광대 영상의 민-쉬프트 세그먼테이션 알고리즘 결과.

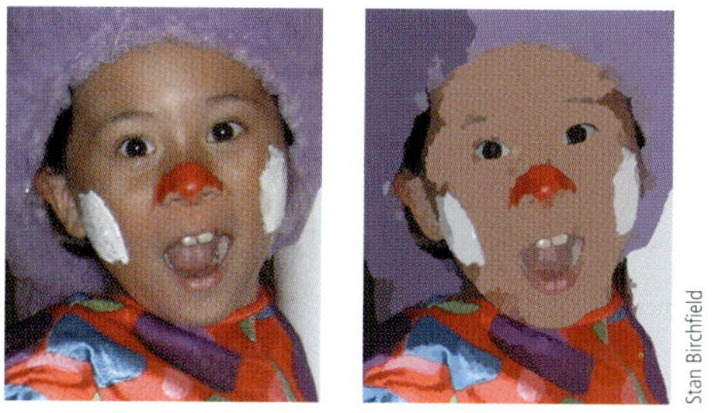

영역과 병합된다. 민-쉬프트 세그먼테이션 알고리즘은 세그먼테이션과 에지 보존 평활화 사이의 밀접한 연결을 나타내므로, 다른 모든 에지 보존 평활화 알고리즘을 동일한 방식으로 사용할 수 있다. 그림 10.31에서는 영상의 민-쉬프트 세그먼테이션 결과를 보여준다.

10.4 그래프 기반 방법

이제 우리는 그래프 기반의 영상 세그먼테이션 방법에 주목한다. 이 알고리즘은 화소를 나타내는 꼭짓점, 이웃하는 화소 간의 연결을 나타내는 에지 및 이웃 화소 사이의 비유사성(또는 알고리즘에 따라 유사성)을 나타내는 에지의 가중치를 사용하여 영상을 그래프로 보는 속성을 모두 공유한다. 우리는 인기 있는 Felzenszwalb–Huttenlocher 알고리즘으로 시작하여, 정규화된 컷(normalized cut), $s-t$ 컷 및 의미론적 세그먼테이션(semantic segmentation)을 살펴본다.

10.4.1 Felzenszwalb–Huttenlocher(FH) 알고리즘

오늘날 가장 널리 사용되는 영상 세그먼테이션 알고리즘 중 하나는 계산 효율, 구현 용이성 및 좋은 결과로 인해 **Felzenszwalb–Huttenlocher(FH) 알고리즘**이다. FH 알고리즘은 흔히 **그래프 기반 세그먼테이션**(graph–based segmentation)로 알려져 있지만, 다른 많은 그래프 기반 세그먼테이션 알고리즘이 존재하기 때문에 이 이름은 그다지 적합하지 않으며, 종종 서로 공통점이 거의 없다. FH 알고리즘은 그래프의 모든 꼭짓점을 연결하는 최소 가중치(에지의 가중치 합이 최소가 되는 것을 의미)의 에지 집합인 그래프의 **최소 스패닝 트리**(minimum spanning tree, MST)를 계산하는 것과 밀접하게 관련된다. 그 집합에는 사이클이 포함되지 않는다(따라서 트리이다). 그래프의 MST를 찾는 가장 일반적으로 사용되는 두 가지 방법 중 하나는 **Kruskal의 알고리즘**이다. 그러므로 먼저 Kruskal의 알고리즘을 기술한 다음, Kruskal의 알고리즘을 FH 알고리즘으로 바꾸는 수정에 대해 설명한다.

Kruskal 알고리즘의 메커니즘은 간단하다. 먼저 에지가 가중치에 따라 비감소 순서(nondecreasing order)로 정렬된다. 그런 다음 에지는 가장 작은 가중치의 에지부터 순서대로 하나씩 고려된다. 각 에지에 대해 에지의 양쪽 끝의 두 꼭짓점이 다른 영역에 있으면 두 영역이 병합된다. 이 절차는 모든 꼭짓점이 같은 영역에 위치할 때까지 계속된다. 왜 이 접근 방식이 효과가 있을까? 스패닝 트리(spanning tree)를 만들기 위해서는 결국 두 개의 꼭짓점을 병합해야 하며, 에지가 이미 정렬되어 있기 때문에 현재 에지를 사용하여 병합하는 것보다 더 좋을 수는 없다. 그럼에도 불구하고 Kruskal의 알고리즘은 최적인 그리디 알고리즘(greedy algorithm, 로컬에서 의사 결정을 내리는 것을 의미)의 한 예이다.

알고리즘 10.13 Kruskal의 최소 스패닝 트리(minimum spanning tree, MST) 알고리즘

```
KRUSKALMST(I)

Input:  image I
Output: minimum spanning tree T

INITIALIZE(width * height)
E ← CONSTRUCTWEIGHTEDEDGES(I)
⟨e1, ..., en⟩ ← SORTASCENDINGBYWEIGHT(E)
T ← ϕ
for (u, v) ← e1 to en do
    if FINDSET(u) ≠ FINDSET(v) then
        T ← T ∪ {(u,v)}
        MERGE(u,v)
return T

INITIALIZE(N)

for i ← 0 to n − 1 do
    equiv[i] ← i

FINDSET(U)

if u = equiv[u] then
    return u
else
    equiv[u] ← FINDSET(equiv[u])
    return equiv[u]

MERGE(U,V)

a ← MIN(FINDSET(u),FINDSET(v))
b ← MAX(FINDSET(u),FINDSET(v))
equiv[b] ← a
```

Kruskal의 MST 알고리즘에 대한 의사코드는 알고리즘 10.13에 나와 있다. 기존의 연결 구성 요소 알고리즘[7]과 마찬가지로 이 방법은 분리 집합(disjoint-set) 데이터 구조("equivalence table"에 대해, 여기서는 equiv라고 부른다.)를 사용한다. 분리 집합 데이터 구조를 초기화한 후, ConstructWeightedEdges 프로시저는 인접 화소들 사이의 비유사성을 측정함으로써 그래프에 대한 가중치 에지의 리스트를 생성한다. 일반적으로 4-이웃 연결성을 사용하고 일부 컬러 공간에서 유클리드 거리를 사용하여 화소를 비교한다. 그런 다음 에지가 가중치에 따라 오름차순으로 정렬되므로 가장 비슷한 모양의 화소가 목록의 앞에 나타난다. 각 에지 $e_i = (u, v)$가 차례로 고려되고 에지의 두 꼭짓점(화소)이 검사된다. 그것들이 분리된 영역에 있다면 병합된다. 그렇지 않으면 그것들은 이미 같은 지역에 있으므로 아무 것도 할 필요가 없다. 보조 프로시저는 다음과 같다. Initialize는 각 노드를 별도의 집합으로 바꾸고, FindSet은 집합의 "루트 노드"를 반환하고, Merge는 두 집합을 병합한다. 이 두 번째는 연결된 구성 요소의 GetEquivalentLabel 및 SetEquivalence 프로시저와 완전히 동일하다.

그림 10.32 그레이 레벨이 갈색으로 표시된 3 × 3 영상에 적용된 Kruskal의 알고리즘. 영상 옆에는 네 개의 이웃 연결성을 사용하여 에지 가중치가 인접 화소 사이의 그레이 레벨의 절대 차이인 그래프가 표시된다. 나머지 그래프는 알고리즘이 단계적으로 진행함에 따라 그래프의 최소 스패닝 트리(minimum spanning tree)를 계산하기 위해, 추가된 에지(오렌지)를 보여준다. 마지막에서 두 번째 단계(8 단계)는 영상을 강제로 세그먼테이션 한다.

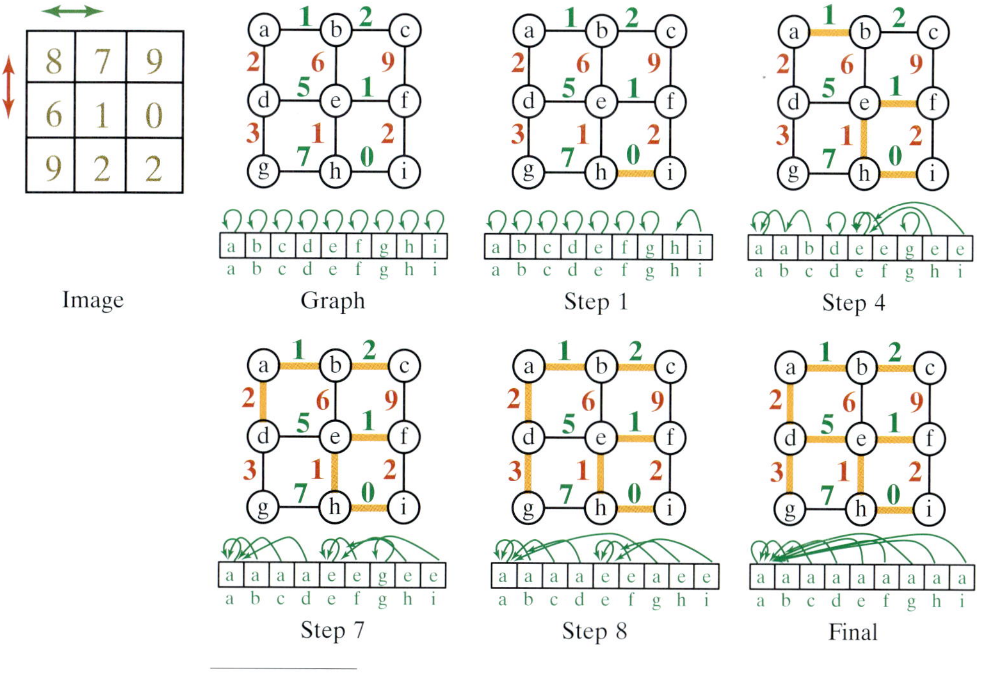

7 4.2.3절 (p. 193)

그림 10.32에서는 단순한 3 × 3 영상에 Kruskal 알고리즘을 적용한 예를 보여주고 있는데, 편의상 화소를 $a \sim i$로 표시한다. 에지 가중치는 축소되지 않은 순서로 정렬된 다음, 한 번에 하나씩 고려된다. 첫 번째 에지는 (h, i)이며, 가중치는 0이다. h와 i는 서로 다른 영역에 있으므로 에지가 트리에 추가되고 화소가 병합된다. (a, b), (e, f), (e, h) 사이에 두 번째 위치를 위한 3–방향 타이(three–way tie)가 있으며, 모두 가중치가 1이다. 이 경우, 세 가지가 모두 트리에 추가되므로 타이는 중요하지 않다. 마찬가지로, 가중치 2의 경우, 결과에 영향을 주지 않고 임의로 연결을 끊을 수 있다. 그러나 FindSet(f) = FindSet(i) = e로 인해, 알려진 사이클을 생성하기 때문에 edge(f, i)를 트리에 추가할 수 없다. 최종 MST는 edge(d, e)가 트리에 추가된 후에 발견되며, 그 지점에서 모든 화소가 트리에 걸쳐 있기 때문이다. Kruskal의 알고리즘은 인접하지 않은 화소간 거리를 무한대로 가정하고, 단일 링크 클러스터링을 사용하는 HCS 절차에서 찾은 것과 정확히 동일한 계층적 클러스터링을 찾는다.

이 예에서 최종 결과 바로 전에 어떤 일이 발생하는지 고려하는 것은 흥미롭다. 즉, (d, g)의 끝에서 두 번째 에지가 추가된 후에 트리가 두 개인 숲(forest)이 있다. 하나의 트리는 영상의 오른쪽 아래 모서리에 있는 화소를 작은 그레이 레벨로 스패닝(spanning)하고, 다른 트리는 큰 그레이 레벨로 스패닝한다. 따라서 Kruskal의 알고리즘이 결국 모든 화소를 단일 영역으로 병합하기는 하지만, 초기에 그것이 끝나면 영상이 세그먼테이션된다는 것을 알 수 있다.

이 관찰에서 영감을 얻어서, Felzenszwalb–Huttenlocher(FH)는 Kruskal의 알고리즘을 간단히 수정하여 세그먼테이션의 목표를 달성한다. 두 화소가 다른 영역에 있을 때 자동으로 병합하는 대신, 화소가 다른 영역에 있고 유사하게 보이는 경우에만 두 화소가 병합된다. 결과적으로 이 수정된 알고리즘은 단일 MST가 아니라, MSTs의 숲인 영역당 하나의 트리를 찾는다. 의사코드는 알고리즘 10.14에서 제공되며, 기본적인 알고리즘 구조가 Kruskal의 MST 알고리즘의 구조와 동일하다는 것은 분명하다. 단, MSTs 자체는 신경 쓰지 않기 때문에 더 이상 변수 T를 추적하지 않아도 된다. 분리 집합 데이터 구조는 등가 테이블뿐만 아니라 영역의 최대 에지 가중치와 영역의 화소 수를 포함한다. 병합할 때, 가중치 w는 지금까지 고려한 가중치보다 항상 커야한다(오름차순 정렬). 따라서 라인 4의 MAX of MERGE은 불필요하다(그러나 아무런 해가 없다).

IsSimilar 프로시저는 단일 매개 변수 k를 사용하여, edge(u, v)의 가중치 $w(u, v)$와 화소 u' 및 v'가 포함된 영역을 비교한다. 이 매개 변수를 사용하여

알고리즘 10.14 Felzenszwalb–Huttenlocher 최소 스패닝 트리 기반 세그먼테이션

```
FELZENSZWALBHUTTENLOCHERSEGMENTATION(I, k)

Input:  image I, scalar parameter k
Output: label image L

INITIALIZE(width * height)
I' ← SMOOTH(I)
E ← CONSTRUCT EDGES(I')
⟨e1, ..., en⟩ ← SORTASCENDINGBYWEIGHT(E)
for (u, v) ← e1 to en do
    u' ← FINDSET(u)
    v' ← FINDSET(v)
    if u' ≠ v' and ISSIMILAR(w(u, v), u', v'; k) then
        MERGE(u', v', w(u, v))
for (x, y) ∈ I do
    L(x, y) ← FINDSET(y * width + x)
return L

INITIALIZE(N)

for i ← 0 to n − 1 do
    equiv[i] ← i
    max-edge-weight[i] ← 0
    num-pixels[i] ← 1

FINDSET(U)

if u == equiv[u] then
    return u
else
    equiv[u] ← FINDSET(equiv[u])
    return equiv[u]

MERGE(U,V,W)

a ← MIN(FINDSET(u), FINDSET(v))
b ← MAX(FINDSET(u), FINDSET(v))
equiv[b] ← a
max-edge-weight[a] ← MAX(w, max-edge-weight[a], max-edge-weight[b])
num-pixels[a] ← num-pixels[a] + num-pixels[b]

ISSIMILAR(W,U,V;K)

return w < MIN(max-edge-weight[u] + k/ num-pixels[u], max-edge-weight[v] + k/
    num-pixels[v])
```

영역 $\mathcal{R}$의 임계치는 다음으로 지정된다.

$$\tau(\mathcal{R}) = \frac{k}{|\mathcal{R}|} \tag{10.105}$$

여기서, $|\mathcal{R}|$는 영역의 크기로 영역의 화소 수를 의미한다. 영역의 내부 변화는 MST의 에지의 최대 가중치로 나타낸다.

$$v(\mathcal{R}) = \max_{e \in MST(\mathcal{R},E)} w(e) \tag{10.106}$$

따라서 두 영역 $\mathcal{R}_1$과 $\mathcal{R}_2$는 이들 사이의 가중치 w가 다음을 만족하면 병합된다.

$$w < \min(v(\mathcal{R}_1) + \tau(\mathcal{R}_1), v(\mathcal{R}_2) + \tau(\mathcal{R}_2)) \tag{10.107}$$

위 수식은 IsSimilar의 라인 1이다. IsSimilar의 가장 작은 이웃 클러스터링(smallest neighbor clustering)에서 사용하는 클러스터링 스키마는, 인접하지 않은 화소간 거리가 무한대로 설정된 때의 단일 링크 클러스터링과 동일하다. 단일 링크 클러스터링과 마찬가지로 이 선택은 단일 영역 내에서 모양이 많은 양의 드리프트(drift)를 허용하므로 영상을 세그먼테이션하지 않는 경향이 있다. 이 절차가 작동하려면 나누기가 부동 소수점 나누기여야 한다. 그렇지 않으면 영역이 k보다 커지면 $k/num-pixels < 1$인 값이 0으로 절단되고, k는 실제로 최대 영역 크기가 되므로 병합이 더 이상 발생하지 않는다. 결과적으로, 화소 값을 부동 소수점으로 변환하고 동일한 이웃하는 화소 사이에 약간의 차이를 도입하기 위해 영상을 먼저 평활화 해야 한다. 따라서 각 화소에 대해 부동 소수점 값을 생성하는 라인 2의 영상을 평활화하는 것은 알고리즘의 선택적 단계가 아니다.

FH 알고리즘은 표준 접근 방식의 한계점을 극복한 우아한 영역 확장 버전으로 볼 수 있다. 영역 확장은 효과적인 기술이지만, 1) 어떤 병합 기준을 사용해야 하는가? 2) 시작 화소는 어떻게 선택해야 하는가? 3) 그 영역에 인접한 여러 화소 중 어느 것이 다음에 고려되어야 하는가?와 같은 몇 가지 중요한 질문에 답하지 않는다. 화소가 "비슷하게 보인다고"할 때, 우리가 의미하는 것을 정의하는 병합 기준은 세 가지 측면을 포함한다. 사용된 값(예를 들어, 그레이 스케일, 컬러, 텍스쳐, 스테레오, 모션 등), 사용된 거리 메트릭(예: 유클리드 또는 맨해튼) 및 클러스터링 유형(단일-링크 대 전체-링크 대 그룹-평균). 이러한 결정은 대부분 응용 분야에 따라 다르며 알고리즘 수준에서 해결할 수 있는 방법은 많지 않다. 그러나 알고리즘의 결과는 시작 화소의 선택과 다음에 고

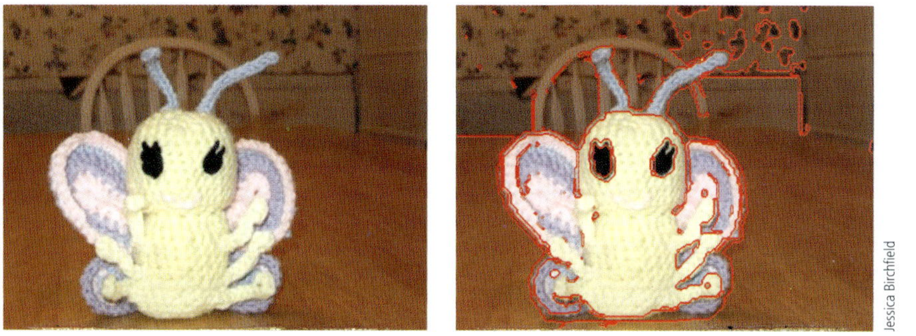

그림 10.33 경계로 표시된 니트 나비의 영상에 대한 Felzenszwalb-Huttenlocher 세그먼테이션 알고리즘의 결과(빨간색).

려해야할 인접 화소 선택에 크게 의존하기 때문에 다른 두 가지 질문은 근본적으로 중요하다. 더욱이 영역 확장 기술의 심각한 단점은 한번에 하나의 지역만 확장하는 것이고, 이는 나중 지역보다 일찍 바이어스(bias)된다. 따라서 FH 알고리즘은 비록 그리드 방식(greedy manner)으로 지역을 확장하지만, 공정하고 균형 잡힌 방식으로 동시에 영역을 확장시키는 영역 확장의 개선된 버전으로 간주될 수 있다. 영상에 대한 FH 알고리즘의 결과는 그림 10.33과 같다.

FH 알고리즘은 최소 이웃 클러스터링에 국한되며, 다른 클러스터링 기법은 엄청난 계산 비용을 초래한다. 반대로 영역 확장은 다양한 옵션을 사용할 수 있다. 알고리즘 10.9에서 영역 확장하는 우리의 버전은 그룹 평균 클러스터링(group-average clustering)을 사용하고 있으며, 여기서, 하나의 클러스터는 확장되는 영역이고, 두 번째 클러스터는 영역에 추가될 단일 화소로 구성된다. 이 알고리즘을 수정하여 단일 링크 클러스터링을 사용하는 것이 쉽다. 여기서 인접하지 않은 두 화소간 거리는 무한대로 정의되지만, 완전 링크 클러스터링은 화소를 영역의 모든 화소와 비교해야하기 때문에 대부분의 응용에서 비용이 많이 들게 된다. 그러나 가장 좋은 결과는 일반적으로 단일 링크 또는 그룹 평균 클러스터링을 사용하여 달성된다. 전자 클러스터링은 영역 내에서 모양이 임의로 드리프트 되는 반면, 후자는 주어진 영역의 유사성이 압축된 상태에서 데이터 중심 경계를 적용한다.

10.4.2 정규화된 커트

우리가 방금 보았듯이 각 꼭짓점이 하나의 화소를 나타내도록 그래프가 구성되었다고 가정하되, 에지에 할당된 가중치는 비유사도가 아닌 인접 화소 간의 유사도를 기반으로 한다. 비유사성을 유사성으로 바꾸는 쉬운 방법은 지수 함수를 사용하는 것이다. $s(\mathbf{p}, \mathbf{q})$는 화소 $\mathbf{p}$와 $\mathbf{q}$ 사이의 유사도이고, $s(\mathbf{p}, \mathbf{q}) = \exp\{-d(\mathbf{p}, \mathbf{q})^2\}$는 그들의 비유사성이다. 우리가 지금까지 고려한 알고리즘(영역 확장, 워터세드, 평균 이동 및 Felzenszwalb–Huttenlocher 포함)은 반복적으로 영역을 병합하기 때문에 응집 클러스터링의 예이다. 우리는 반복적으로 영상을 분할하기 때문에 분할된 클러스터링에 기반을 둔 접근법을 설명한다.

임의의 가중치 그래프는 그 **가중치 인접 행렬**(weighted adjacency matrix)로 나타낼 수 있는데, 이는 에지의 가중치를 포함하는 $n \times n$ 행렬이다. 여기서, n은 그래프의 꼭짓점 수(즉, 영상의 화소)이다. 즉, 행렬의 ij 번째 항목은 i 번째와 j 번째 꼭짓점 사이의 에지의 가중치이다. 화소 i와 j 사이의 가중치를 $w(i, j)$ 라 하자. 행렬의 모든 원소에 대해 $w_{ij} = w(i, j)$가 되도록 $\mathbf{W}$를 가중치가 있는 인접 행렬로 정의한다. 가중치는 일반적으로 컬러나 텍스처와 같은 일부 기능 공간에서 거리와 공간 거리를 결합하여 화소 간의 유사성을 포착한다. 예,

$$w(i,j) \equiv \exp\left(-\frac{\|\mathbf{x}_i - \mathbf{x}_j\|^2}{2\sigma_s^2}\right)\exp\left(-\frac{\|I(\mathbf{x}_i) - I(\mathbf{x}_j)\|^2}{2\sigma_v^2}\right) \qquad \textbf{(10.108)}$$

여기서, $\mathbf{x}_i$는 i 번째 화소의 (x, y) 좌표를 포함하고, $I(\mathbf{x}_i)$는 화소의 영상 값이며, σ_s 및 σ_v는 각각 예상되는 공간 및 값 차이를 제어한다. 이 가중치는 화소 간의 유사성과 관련이 있으므로 $\mathbf{W}$는 **유사도 행렬**(affinity matrix)이라고도 한다. 영역 확장 기반 방법과는 달리, 이 접근법에서 화소 이웃은 4– 또는 8– 이웃과 같은 원하는 방식으로 정의될 수 있으며, 또는 지정된 반경 내에서 모든 화소(또는 임의의 하위 집합)를 취할 수 있다.

스펙트럼 그래프 이론(spectral graph theory)에서, 그래프의 다양한 특성은 그것의 유사도 행렬의 고유 벡터(eigenvectors)와 고유 값(eigenvalues) 또는 그것으로부터 유도된 행렬의 연구에 의해 밝혀진다. 이러한 유도된 행렬 중 하나는 **가중치 디그리 행렬 D**(weighted degree matrix D)이며, 여기서, ij 번째 요소는 다음으로 정의된다.

$$d_{ij} = \begin{cases} d_i & \text{if } i = j \\ 0 & \text{otherwise} \end{cases} \qquad \textbf{(10.109)}$$

여기서, $d_i = \sum_j w(i, j)$이다. 당연히 $\mathbf{D}$는 대각선이고, 대각선의 각 요소는 해당 행(또는 $\mathbf{W}$가 대칭이므로 열)의 모든 가중치의 합계이다. 다른 유도된 행렬은 다음과 같다.

$$\mathbf{L} \equiv \mathbf{D} - \mathbf{W} \qquad \text{(Laplacian matrix)} \tag{10.110}$$

$$\tilde{\mathbf{W}} \equiv \mathbf{D}^{-\frac{1}{2}}\mathbf{W}\mathbf{D}^{-\frac{1}{2}} \qquad \text{(normalized affinity matrix)} \tag{10.111}$$

$$\tilde{\mathbf{L}} \equiv \mathbf{D}^{-\frac{1}{2}}\mathbf{L}\mathbf{D}^{-\frac{1}{2}} = \mathbf{I}_{\{n\times n\}} - \tilde{\mathbf{W}} \qquad \text{(normalized Laplacian matrix)} \tag{10.112}$$

여기서, $\mathbf{I}_{\{n\times n\}}$은 $n \times n$ 항등 행렬이다. 정규화된 라플라시안 행렬은 대칭 정규화 라플라시안 행렬(symmetric normalized Laplacian matrix)이라고도 한다.

라플라시안 행렬 $\mathbf{L}$은 항상 양의 준결정성(positive semidefinite)이며, 이는 모든 고유 값이 음수가 아님을 나타낸다. 또한 $\mathbf{L}$의 최소 고유 값이 항상 0 이고, 해당 고유 벡터는 모든 것들의 벡터(1로 표시됨)이며, 다음과 같이 쉽게 표시될 수 있다.

$$\mathbf{L1} = (\mathbf{D} - \mathbf{W})\mathbf{1} = \mathbf{D1} - \mathbf{W1} = \mathbf{0} = 0\mathbf{1} \tag{10.113}$$

$\mathbf{W1}$은 단순히 $\mathbf{W}$의 행을 합산하므로 $\mathbf{D1}$과 $\mathbf{W1}$은 동일하다. 이 작은 고유 값을 $\lambda_0 = 0$으로 표시한다. 우리가 λ_1로 표시할 수 있는 두 번째로 작은 고유 값(또는 동등하게 가장 작은 0이 아닌 고유 값)은 **스펙트럼 갭**(spectral gap) 또는 **피들러 값**(Fiedler value)으로 알려져 있다. 제로(zero) 고유 값의 수는 그래프의 구성 요소 수와 같으므로 **대수적 연결**(algebraic connectivity)이라고도 알려져 있다. 그래프에 잡음이 있는 경우, λ_1은 그래프가 얼마나 잘 연결되어 있는지를 나타낸다. 그래프에 여러 구성 요소가 있는 경우, 라플라시안 행렬(행과 열 순서를 변경한 후)은 블록 대각선이며 각 블록은 개별 구성 요소의 라플라시안을 나타낸다. 결과적으로 그래프가 노이지(noisy)할 때, λ_1과 연관된 고유 벡터는 어떤 꼭짓점이 가장 지배적인 구성 요소에 속할 것인지를 나타낸다.

이 분석은 **정규화된 컷 알고리즘**(normalized cuts algorithm)으로 알려진 영상 세그먼테이션 알고리즘으로 자연스럽게 이어진다. 이 알고리즘에서, 영상의 유사도 행렬이 계산되고, 정규화된 라플라시안 행렬의 두 번째로 작은 고유 값과 연관된 고유 벡터가 계산되고 임계치화 된다. 고유 벡터의 대응하는 요소에서 값이 임계치 값보다 큰 화소는 지배적인 구성 요소의 일부로 간주되어 이와 같이 분류된다. 영상 내의 나머지 화소들의 유사도 행렬이 계산되고, 새로운 표준화된 라플라시안 행렬의 두 번째로 작은 고유 값과 연관된 고유 벡터가 계산되어, 다음 우세 컴포넌트를 산출하기 위해 임계치화 된다. 이 과정은 원하는 수의 영역이 발견될 때까지 반복된다. 각 반복에서 임계치는 값 0을 선택하거나, 또는 고유 벡터 내의 모든 값의 중앙값을 선택함으로써, 또는 동일한 수의 값을 확인하고 두 영역 사이의 정규화된 컷을 최소화하는 것을 선택하여 결정한다. 후

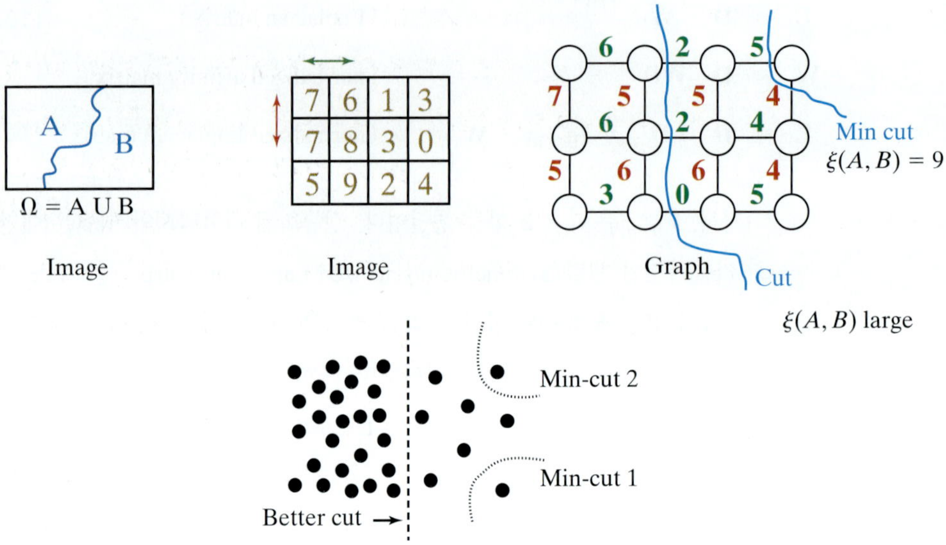

Based on J. Shi and J. Malik. Normalized cuts and image segmentation. IEEE Transactions on Pattern Analysis and Machine Intelligence, 22(8):888-905, Aug. 2000.

그림 10.34 영상을 두 영역으로 나누기 위해, 정규화된 컷 알고리즘은 각 화소를 꼭짓점으로하고 인접한 화소의 각 쌍을 모서리로 그린 그래프를 공식화 한다(단순화를 위해, 여기에 4 인접 연결이 표시된다.). 에지 가중치는 인접한 화소 사이의 유사도를 나타낸다(여기서는 큰 상수에서 강도의 절대 차를 뺀 값으로 계산된다.). 원하는 컷은 영상 중간에 있지만 영상이 커질수록 이 컷의 비용은 증가하지만 코너 컷은 상대적으로 작은 값으로 유지된다. 이것은 정규화의 필요성을 보여준다.

자의 방법이 권장된다.

정규화된 컷 알고리즘을 더 잘 이해하려면, 그림 10.34의 다이어그램과 예제를 고려하라. Ω를 영상의 화소 집합(그래프의 꼭짓점 집합과 동일하게)이라고 가정하자. 우리의 목표는 $\mathcal{A}$의 꼭짓점과 $\mathcal{B}$의 꼭짓점을 연결하는 에지를 제거하여 $\mathcal{A} \cup \mathrm{B} = \Omega$ 및 $\mathcal{A} \cap \mathcal{B} \neq 0$인 꼭짓점 집합 $\mathcal{A}$와 $\mathcal{B}$가 포함된 두 개의 분리된 하위 그래프로 그래프를 세그먼테이션하는 것이다. 그래프의 컷은 두 개의 하위 그래프로 나뉘는 에지의 집합이며, 컷의 비용은 컷의 에지의 가중치의 합이다. 어떤 2개의 임의의 부분 집합 $\mathcal{U}$와 $\mathcal{V}$(반드시 분리되지 않아도 됨)에 대해서, 두 집합의 꼭짓점 사이의 가중치의 합으로 정의하자.

$$\xi(\mathcal{U}, \mathcal{V}) = \sum_{u \in \mathcal{U},\, v \in \mathcal{V}} w(u, v) \tag{10.114}$$

분명히, $\xi(\mathcal{A}, \mathcal{B})$는 $\mathcal{A}$와 $\mathcal{B}$ 사이의 컷 비용이다. 최소 비용으로 컷을 찾는 것만으로 그림 10.34와 같이 사소한 세분화가 이루어지며, 작은 꼭짓점 집합을 분리하는 것이 유리하기 때문이다. 결과적으로, $\mathcal{A}$와 $\mathcal{B}$ 사이의 정규화된 컷은 다음으로 정의된다.

$$\mathrm{Ncut}(\mathcal{A}, \mathcal{B}) = \frac{\xi(\mathcal{A}, \mathcal{B})}{\xi(\mathcal{A}, \Omega)} + \frac{\xi(\mathcal{A}, \mathcal{B})}{\xi(\mathcal{B}, \Omega)} \tag{10.115}$$

여기서, 행렬은 $\xi(\mathcal{A}, \mathcal{B}) = \xi(\mathcal{B}, \mathcal{A})$가 되도록 대칭이라고 가정한다.

모든 하위 그래프 $\mathcal{U}$, $\mathcal{V}$ 및 $\mathcal{W}$에 대해 다음 관계식이 유지된다는 것을 쉽게 알 수 있다.

$$\xi(\mathcal{U}, \mathcal{V} \cup \mathcal{W}) = \xi(\mathcal{U}, \mathcal{V}) + \xi(\mathcal{U}, \mathcal{W}) \tag{10.116}$$

다음을 따른다.

$$\xi(\mathcal{A}, \Omega) = \xi(\mathcal{A}, \mathcal{A} \cup \mathcal{B}) = \xi(\mathcal{A}, \mathcal{A}) + \xi(\mathcal{A}, \mathcal{B}) \tag{10.117}$$

즉, $\xi(\mathcal{A}, \Omega) + \xi(\mathcal{B}, \Omega) = \xi(\Omega, \Omega)$는 두 분모의 합이 일정하다는 것을 의미한다. 따라서 수식 (10.115)의 상황은 $x = \frac{1}{2}$일 때 최소화되는 $\frac{1}{x} + \frac{1}{1-x}$의 합을 최소화하는 것과 유사하다. 결과적으로 최소의 정규화된 컷을 생성하는 컷을 발견하면 좋은 세그먼테이션으로 나타난다. 왜냐하면, 분모가 $|A|$ 및 $|B|$가 너무 작아지는 것을 방지해 두 하위 그래프의 크기가 균형을 이루도록 한다. 수식 (10.117)과 $\xi(\mathcal{B}, \Omega)$에 대한 비슷한 수식을 사용하면 정규화된 컷을 다음으로 다시 작성할 수 있다.

$$\text{Ncut}(\mathcal{A}, \mathcal{B}) = \frac{\xi(\mathcal{A}, \Omega) - \xi(\mathcal{A}, \mathcal{A})}{\xi(\mathcal{A}, \Omega)} + \frac{\xi(\mathcal{B}, \Omega) - \xi(\mathcal{B}, \mathcal{B})}{\xi(\mathcal{B}, \Omega)} \tag{10.118}$$

$$= 2 - \left[\frac{\xi(\mathcal{A}, \mathcal{A})}{\xi(\mathcal{A}, \Omega)} + \frac{\xi(\mathcal{B}, \mathcal{B})}{\xi(\mathcal{B}, \Omega)}\right] \tag{10.119}$$

정규화된 컷을 최소화하는 컷을 찾는 것은 개별 최적화 문제이다. 이 특정 문제는 NP-하드(NP-hard)로 나타낼 수 있다. 즉, 합리적인 시간 내에 실제 크기의 입력에 대한 정확한 솔루션을 찾을 수 없다. 대신, 우리는 근사치로 해결해야 한다. 두 번째로 작은 고유 값과 연관된 고유 벡터를 계산하는 위에 요약된 알고리즘은 이산 문제의 연속 버전에 대한 해답이다. 이산 제약 조건(discrete constraints)을 무시하여 얻은 연속 해는 이산 해(discrete solution)에 대한 어떤 관계도 가진다는 보장은 없지만, 실제로는 서로 밀접한 관련이 있는 경향이 있다.

이산 문제와 연속 문제의 연결을 확인하려면 영상의 각 화소에 대한 이진 값을 가진 인디케이터 벡터(indicator vector)로 $\mathbf{a} \equiv [a_0 \;\; a_1 \;\; \dots \;\; a_{|\Omega|-1}]^\mathsf{T}$를 정의하고, 화소 i가 $\mathcal{A}$에 있는 경우에만 $a_i = 1$이 되고, 화소 i가 $\mathcal{B}$에 있는 경우에만 $a_i = 0$이 된다. 그리고 다음을 따른다.

$$\text{Ncut}(\mathcal{A},\mathcal{B}) = \frac{\xi(\mathcal{A},\mathcal{B})}{\xi(\mathcal{A},\Omega)} + \frac{\xi(\mathcal{B},\mathcal{A})}{\xi(\mathcal{B},\Omega)} \tag{10.120}$$

$$= \frac{\sum_{i\in\mathcal{A},j\notin\mathcal{A}} w_{ij}}{\sum_{i\in\mathcal{A}}\sum_j w_{ij}} + \frac{\sum_{i\notin\mathcal{A},j\in\mathcal{A}} w_{ij}}{\sum_i \sum_{j\notin\mathcal{A}} w_{ij}} \tag{10.121}$$

$$= \frac{\mathbf{a}^\mathsf{T}(\mathbf{D}-\mathbf{W})\mathbf{a}}{\mathbf{a}^\mathsf{T}\mathbf{D}\mathbf{a}} + \frac{(\mathbf{1}-\mathbf{a})^\mathsf{T}(\mathbf{D}-\mathbf{W})(\mathbf{1}-\mathbf{a})}{(\mathbf{1}-\mathbf{a})^\mathsf{T}\mathbf{D}(\mathbf{1}-\mathbf{a})} \tag{10.122}$$

$$= \frac{\mathbf{a}^\mathsf{T}(\mathbf{D}-\mathbf{W})\mathbf{a}}{\mathbf{a}^\mathsf{T}\mathbf{D}\mathbf{a}} + \frac{\mathbf{a}^\mathsf{T}(\mathbf{D}-\mathbf{W})\mathbf{a}}{(\mathbf{1}-\mathbf{a})^\mathsf{T}\mathbf{D}(\mathbf{1}-\mathbf{a})} \tag{10.123}$$

두 번째 줄부터 세 번째 줄까지의 연결은 $\mathbf{a}^\mathsf{T}\mathbf{W}\mathbf{a} = \sum_{i\in\mathcal{A}}\sum_{j\in\mathcal{A}} w_{ij}$와 $\mathbf{a}^\mathsf{T}\mathbf{D}\mathbf{a} = \sum_{i\in\mathcal{A}}\sum_j w_{ij}$이다. 즉, $\mathbf{a}^\mathsf{T}\mathbf{W}\mathbf{a}$는 $\mathcal{A}$의 화소 사이의 가중치의 합계를 쓰는 간결한 방법이며, $\mathbf{a}^\mathsf{T}\mathbf{D}\mathbf{a}$는 $\mathcal{A}$의 화소와 다른 화소의 가중치의 합이다. 이 값을 합치면 $\mathcal{A}$의 화소에서 $\mathcal{A}$의 화소가 아닌 화소까지의 가중치 합계에 대한 간단한 공식이 나타난다.

$$\mathbf{a}^\mathsf{T}(\mathbf{D}-\mathbf{W})\mathbf{a} = \mathbf{a}^\mathsf{T}(\mathbf{D}-\mathbf{W})\mathbf{a} = (1-\mathbf{a})^\mathsf{T}(\mathbf{D}-\mathbf{W})(1-\mathbf{a}) = \sum_{i\in\mathcal{A}}\sum_{j\notin\mathcal{A}} w_{ij} \tag{10.124}$$

$\mathbf{W}$가 대칭이기 때문에 중간 표현식은 $\sum_{i\notin\mathcal{A}}\sum_{j\in\mathcal{A}} w_{ij} = \sum_{i\in\mathcal{A}}\sum_{j\notin\mathcal{A}} w_{ij}$에 따른다.

이제 벡터 $\mathbf{y} \equiv \mathbf{a} - b(1-\mathbf{a})$를 정의하자.

$$b \equiv \frac{\sum_{i\in\mathcal{A}\, d_i}}{\sum_{i\notin\mathcal{A}\, d_i}} = \frac{\mathbf{a}^\mathsf{T}\mathbf{D}\mathbf{a}}{(\mathbf{1}-\mathbf{a})^\mathsf{T}\mathbf{D}(\mathbf{1}-\mathbf{a})} \tag{10.125}$$

화소 i가 $\mathcal{A}$에 있는 경우에만 $y_i = 1$이 되고, 화소 i가 $\mathcal{B}$에 있는 경우에만 $y_i = -b$가 된다. 벡터 $\mathbf{y}$는 각 요소가 1 또는 $-b$가 되도록 분명하게 구속된다. 약간의 노력으로, 만약 $\mathbf{a}$가 수식 (10.123)에서 정규화된 컷을 최소화하는 지표 벡터인 경우, $\mathbf{y} = \mathbf{a} - b(\mathbf{1}-\mathbf{a})$에 의해 얻어진 벡터 $\mathbf{y}$는 일반화된 레일리 지수(generalized Rayleigh quotient)를 최소화하는 벡터 $\mathbf{y}$와 동일하다.

$$\min_{\mathbf{a}} \text{Ncut}(\mathcal{A},\mathcal{B}) = \min_{\mathbf{y}} \frac{\mathbf{y}^\mathsf{T}(\mathbf{D}-\mathbf{W})\mathbf{y}}{\mathbf{y}^\mathsf{T}\mathbf{D}\mathbf{y}} \tag{10.126}$$

$$= \min_{\mathbf{z}} \frac{\mathbf{z}^\mathsf{T}\mathbf{D}^{-\frac{1}{2}}(\mathbf{D}-\mathbf{W})\mathbf{D}^{-\frac{1}{2}}\mathbf{z}}{\mathbf{z}^\mathsf{T}\mathbf{z},} \tag{10.127}$$

여기서, 우리는 $\mathbf{z} \equiv \mathbf{D}^{\frac{1}{2}}\mathbf{y}$를 정의했다. 솔루션에서 두 가지 제약 조건이 충족되어야 한다. 첫째, 모든 i에 대해 $y_i \in \{1, -b\}$이다. 왜냐하면 각 화소를 정확히 두 영역 중 하나에 할당하는 이산 솔루션을 찾고 있기 때문이다. 둘째, $\mathbf{y}$의 정의로부터 $\mathbf{y}^\mathsf{T}\mathbf{D1} = 0$이다.

$$\mathbf{y}^\mathsf{T}\mathbf{D1} = (\mathbf{a} - b(\mathbf{1} - \mathbf{a}))^\mathsf{T}\mathbf{D1} = \mathbf{a}^\mathsf{T}\mathbf{D1} - b(\mathbf{1} - \mathbf{a})^\mathsf{T}\mathbf{D1} = \sum_{i \in \mathcal{A}} d_i - b\sum_{i \notin \mathcal{A}} d_i = \sum_{i \in \mathcal{A}} d_i - \sum_{i \in \mathcal{A}} d_i = 0 \quad (10.128)$$

이 개별 문제는 NP-하드 이지만, 첫 번째 제약 조건을 완화하고 대신 $\mathbf{y}$가 실수 값을 취하도록 허용하면, 최소화된 몫은 $\mathbf{y}$를 포함하는 일반화된 고유 값 문제 또는 등가적으로 $\mathbf{z}$를 포함하는 표준 고유 값 문제를 해결함으로써 발견된다.

$$(\mathbf{D} - \mathbf{W})\mathbf{y} = \lambda\mathbf{D}\mathbf{y} \quad (10.129)$$

$$\mathbf{D}^{-\frac{1}{2}}(\mathbf{D} - \mathbf{W})\mathbf{D}^{-\frac{1}{2}}\mathbf{z} = \lambda\mathbf{z} \quad (10.130)$$

우리가 전에 보았듯이, $\mathbf{z}_0 = \mathbf{D}^{\frac{1}{2}}\mathbf{1}$이 $\mathbf{D}^{-\frac{1}{2}}(\mathbf{D} - \mathbf{W})\mathbf{D}^{-\frac{1}{2}}\mathbf{z}_0 = \mathbf{D}^{-\frac{1}{2}}(\mathbf{D} - \mathbf{W})\mathbf{1} = \mathbf{0} = 0\mathbf{1}$이기 때문에 $\lambda_0 = 0$의 고유 값을 갖는 수식 (10.130)의 고유 벡터임을 쉽게 알 수 있다. 이제 우리는 행렬 $\mathbf{D}^{-\frac{1}{2}}(\mathbf{D} - \mathbf{W})\mathbf{D}^{-\frac{1}{2}}$가 양의 준결정성(positive semidefinite)이기 때문에 이것이 가장 작은 고유 값이라는 것을 안다. 이 때문에 음의 고유 값이 없다. 따라서 가장 작은 고유 값와 연관된 고유 벡터는 그다지 흥미롭지 않다. 그러나 행렬은 실수이고 대칭이기 때문에 모든 고유 벡터는 상호 직교하므로 $\mathbf{z}_1^\mathsf{T} z_0 = \mathbf{y}_1^\mathsf{T}\mathbf{D1} = 0$ 이다. 여기서, $\mathbf{z}_1$은 두 번째로 작은 고유 값 λ_1과 연관된 고유 벡터이다. 따라서 위의 두 번째 제약 조건은 자동으로 충족되어 우리가 찾고 있는 솔루션을 생성한다.

$$\mathbf{y}_1 = \arg \min_{\mathbf{y}:\mathbf{y}^\mathsf{T}\mathbf{D1}} \frac{\mathbf{y}^\mathsf{T}(\mathbf{D} - \mathbf{W})\mathbf{y}}{\mathbf{y}^\mathsf{T}\mathbf{D}\mathbf{y}} \quad (10.131)$$

요약하면, 정규화된 컷 알고리즘의 한 반복은 데이터에서 **W**와 **D**를 생성한 다음, 두 번째로 작은 고유 값 λ_1과 연관된 고유 벡터 $\mathbf{z}_1$에 대한 수식 (10.130)의 고유 값 문제를 해결한다. 이 결과는 $\mathbf{y}_1 = \mathbf{D}^{-\frac{1}{2}}\mathbf{z}_1$로 변환된다. 결과 벡터에 값 1과 $-b$만 포함하면 완료된다. 그러나 실제로는 $\mathbf{y}_1$이 임계치이어야 하며 큰 값은 $\mathcal{A}$에 속하는 화소를 나타내고 작은 값은 $\mathcal{B}$에 속하는 화소를 나타낸다. 원하는 영역이 모두 발견될 때까지 이 과정을 반복하여 추가 세그먼테이션을 찾는다.

정규화된 컷 알고리즘의 한 번의 반복 과정은 알고리즘 10.15에 나와 있다.

먼저, 표준 편차 σ_s 및 σ_v를 갖는 공간 및 값 가우시안들과 함께, 일부 이웃 $\mathcal{N}$을 사용하여 유사도 행렬 $\mathbf{W}$가 계산된다. 위에서 언급했듯이 정규화된 컷 알고리즘의 한 가지 흥미로운 특징은 인접하지 않은 화소를 포함한 모든 이웃 함수를 사용할 수 있다는 것이다. $\mathbf{W}$에서 우리는 $\mathbf{D}$, $\mathbf{D}^{-\frac{1}{2}}$, 그리고 정규화된 라플라시안을 계산한다. 여기에서 라인 3은 행렬 곱셈을 수행한다. 알고리즘의 가장 어려운 부분은 두 번째로 작은 고유 값과 관련된 고유 벡터를 계산하는 라인 4이다. 정규화된 라플라시안은 대개 큰 행렬이기 때문에 모든 고유 벡터와 고유 값을 계산하는데 계산상 많은 비용이 든다. 이들 중 대부분은 필요하지 않으므로 더 빠른 방법은 예를 들어 **Lanczos 방법**을 사용하여 부분 집합만 계산하는 것이다. 결과는 벡터 $\mathbf{y}_1$로 변환되며 최종 결과를 산출하기 위해 임계치가 적용된다. 임계치는 여러 가지 방법 중 하나로 결정된다. 여기서는 가능한 모든 임계치를 검색한다. 예를 들어 양자화 수준에서 $\mathbf{y}_1$의 최소 및 최대 요소 사이의 모든 값을

알고리즘 10.15 정규화된 컷 세그먼테이션(한 번의 반복)

```
NormalizedCutsSegmentation-OneIteration(I)

Input:  image I
Output: binary image L
 1  W ← ConstructAffinityMatrix(I)
 2  D, D_isr ← ConstructDiagonalSumMatrixAndSquareroot(W)
 3  L_norm ← D_isr * (D − W) * D_isr
 4  z_1 ← ComputeSecondSmallestEigenvector(L_norm)
 5  y_1 ← D_isr * z_1
 6  τ ← FindBestThreshold(y_1, W)
 7  for (x, y) ∈ I do
 8      i ← y * width + x
 9      L(x, y) ← (y_1(i) > τ)
10  return L
```

```
ConstructAffinityMatrix(I)

1  W ← Zeros(n,n)                      ▶ Let n be the number of pixels, i.e., width * height.
2  for (x, y) ∈ I do                   ▶ Construct the affinity matrix by computing, for each pixel,
3      for (x', y') ∈ N(x, y) do                                 the affinity between it and every
4          i ← y * width + x                                   other pixel in some neighborhood N.
5          i' ← y' * width + x'
6          affinity ← Exp(−((x − x')² + (y − y')²)/(2 * σ_s²) * Exp(−‖I(x, y) − I(x', y')‖²)/(2*σ_v²)
7          W(i, i') ←+ affinity             ▶ Add the affinity to both sides of the diagonal
8          W(i', i) ←+ affinity             to ensure that the matrix remains symmetric.
9  return W
```

ConstructDiagonalSumMatrixAndSquareRoot(W)

```
D_isr ← D ← Zeros(n, n)
for i ← 0 to n − 1 do
    D(i, i) ← W(i, 0) + W(i, 1) + ··· + W(i, n − 1)
    D_isr(i, i) ← 1/ Sqrt(D(i,i))
return D, D_isr
```

FindBestThreshold(y₁, W)

```
min-cut-cost ← ∞
for τ ∈ 𝒯 do
    a ← Threshold(y₁, τ)
    cut-cost ← ComputeCutCost(W, a)
    if cut-cost < min-cut-cost then
        τ_best ← τ
        min-cut-cost ← cut-cost
return τ_best
```

➤ Find the best threshold by iterating through all the possible thresholds in some set $\mathcal{T}$, computing the cost of the cut defined by each thresholded vector, and retaining the threshold that yields the minimum cost.

ComputeCutCost(W, a)

```
cost ← 0
for (i, j) ∈ W do
    if a(i) ≠ a(j) then
        cost ←+ W(i, j)
return cost
```

➤ Compute the cost of the cut of the graph by summing the weights of all the edges that connect two pixels in different regions.

시도한다(일반적으로 10 개의 임계치이면 충분하다). 여기에 표시된 절차를 수행하면 정규화된 컷이 특정 제한을 초과할 때까지 세그먼테이션화로 인해 생성된 두 영역이 반복적으로 처리되어 영상이 더 분할된다.

10.4.3 최소 s-t 컷

우리가 고려한 마지막 몇 가지 알고리즘은 영상이 균질성의 일부 기준에 따라 여러 영역으로 분할되는 일반적인 영상 세그먼테이션에 적용할 수 있다. 이 절에서는 전경/배경 세그먼테이션의 문제를 다시 고찰한다. 그 목표는 영상을 적어도 두 가지 영역으로 나누는 것이다(적어도 대략적으로). 이 문제에 대한 하나의 강력하고 대중적인 접근 방식은 **대화형 세그먼테이션**(interactive segmentation)의 패러다임을 따르며 사용자는 정보를 수동으로 시스템에 지정한다. 예를 들어, 사용자는 그래픽 사용자 인터페이스에서 마우스를 영상 위로 가져 와서 드래그하여 전경에 속한 일부 화소와 배경에 속한 다른 화소를 지정한다. 일반적으로 배경에서 전경을 깨끗하고 효과적으로 세그먼테이션할 수 있을 정도로 각 카테고리에 대한 대표적인 외형 모델을 작성하려면, 두 가지 카테고리 각각에 대한 영상의 단지 약간의 스트로크(strokes)가 필요하다. 모든 모델을 사용할 수 있지만 컬러 히스토그램은 다양한 장면에서 충분함이 입증되었다.

인터랙티브한 전경/배경 세그먼테이션을 위한 가장 인기 있고 강력한 기술은 아마도 **그래프 컷 세그먼테이션**(graph cuts segmentation)으로 알려져 있다. 다른 유형의 그래프 컷(예를 들어, 최소 스패닝 트리 기반 접근법 또는 정규화된 컷 알고리즘)을 포함하는 다른 방법과 적절히 구별하기 위해 이를 **최소 s−t 컷 세그먼테이션**으로서 언급할 것이다. $\mathcal{G} = (\mathcal{V}, \mathcal{E}, w)$를 가중 그래프라 하면, $\mathcal{V}$는 꼭짓점 집합, $\mathcal{E}$는 에지 집합, w는 모든 에지에 대해 음수가 아닌 실제 값을 반환하는 가중치 함수이다. 두 개의 꼭짓점이 특수하다고 가정하고, 하나는 "소스"(s라고 함)이고, 다른 하나는 "싱크"(t라고 함) 이다. 그래프를 두 개의 하위 그래프 $\mathcal{S}$와 $\mathcal{T}$로 분리하는 컷은 $s \in \mathcal{S}$와 $t \in \mathcal{T}$인 $s-t$ 컷으로 알려져 있다. 어떤 그래프 컷과 마찬가지로, $s-t$ 컷의 비용은 두 집합 사이의 에지의 합으로 주어진다.

$$c(\mathcal{S}, \mathcal{T}) \equiv \sum_{u \in \mathcal{S},\, v \in \mathcal{T},\, (u, v) \in \mathcal{E}} w(u, v) \tag{10.132}$$

목표는 **최소 s−t 컷**(여러 컷이 동일한 비용을 가질 수 있기 때문에 고유하지 않을 수 있음)을 찾는 것이다. 이전에 알려진 모델이 없는 화소를 클러스터링하는 상향식 절차인 정규화된 컷과는 달리 두 가지 다른 영역(일반적으로 전경 및 배경)에 대한 두 모델이 제공되는 경우, 최소 $s-t$ 컷 세그먼테이션이 적용된다.

우리는 에지를 에지의 가중치에 비례하는 횡단면을 갖는 빈 파이프로 생각하자. 따라서 에지의 가중치를 그 **용량**(capacity)으로 본다. 호스(hose)가 공급원에 연결되어 있고 물이 ON 되어 있다. 물은 공급원에서 파이프를 통과하여 싱크(sink)를 통과한다. 소스와 싱크를 제외한 모든 꼭짓점에 대해 꼭짓점으로 흐르는 물의 양은 그것에서 나온 물의 양과 같다. 이 속성을 **흐름 보존**(flow conservation)이라고 한다. 그래프를 통해 물의 흐름 속도가 일정하게 유지된다고 가정하자. 그런 다음 호스에서 유입되는 물의 양을 늘리면 싱크에서 나오는 물의 양이 그래프의 용량에 도달할 때까지 증가한다. 그래프가 그 용량에 도달하면, 그래프를 통해 흐를 수 있는 물의 양이 증가하지 않는다.

가중치 그래프를 통해 흐를 수 있는 최대 물의 양을 결정하는 것을 **최대 흐름 문제**(maximum flow problem)라고 한다. **최대 흐름 민-컷**(max−flow min−cut) 정리에 따르면 소스에서 싱크까지 그래프를 통과하는 최대 흐름은 소스를 싱크에서 분리하는 모든 가능한 컷 중에서 최소 비용과 같다. 즉, 최대 흐름은 최소 $s-t$ 컷의 비용이다. 파이프를 통해 흐르는 물의 유추로 돌아가서, 그래프가 용량에 도달하면 모든 **포화된 에지**(saturated edges), 즉 용량에 도달한 모든 에지를 제거하여 소스를 싱크에서 완전히 분리할 수 있다. 모든 에지를 제거하면 그래프가 두 개의 하위 그래프로 나뉘며, 하나는 s를 포함하고 다른 하나는 t를 포함한다. 이 포화된 에지 집합은 최소 $s-t$ 컷(고유하다고 가정)이거나 모든 최소 $s-t$ 컷(둘 이상이 있는 경우)을 포함한다.

영상 세그먼테이션에 대한 적용은 다음과 같다. I를 영상이라 하자. 전경 화소의 경우 $L(\mathbf{x}) = \text{ON}$, 배경 화소의 경우 $L(\mathbf{x}) = \text{OFF}$로 세분화 알고리즘의 결과인 이진 라벨링을 L이라고 한다. 여기서, $\mathbf{x} \equiv (x, y)$는 화소이다. 그런 다음, 우리가 능동 윤곽선(스네이크)을 가지고 이전에 보았던 것과 비슷하게 우리의 목표는 데이터 항과 평활화 항으로 구성된 에너지 기능을 최소화하는 라벨 L을 찾는 것이다.

$$E(L) = \psi_{\text{const}} + \underbrace{\sum_{\mathbf{x}\in\mathcal{V}} \psi_{\mathbf{x}}(L(\mathbf{x}))}_{\text{data}} + \lambda \underbrace{\sum_{(\mathbf{x},\mathbf{x}')\in\mathcal{E}} \psi_{\mathbf{x},\mathbf{x}'}(L(\mathbf{x}), L(\mathbf{x}'))}_{\text{smoothness}} \tag{10.133}$$

여기서, λ은 두 항의 상대적인 중요성을 포착하는 스케일링 인자이며, ψ_{const}는 에너지가 음이 아닌지 확인하는데 사용될 수 있는 상수이다(일반적으로 필요하지는 않지만).

함수 $\psi_{\text{x}}(L(\mathbf{x}))$는 $I(\mathbf{x})$가 $L(\mathbf{x})$와 연관된 모델과 얼마나 잘 일치 하는지를 나타내는 값을 반환하고, $\psi_{\mathbf{x},\mathbf{x}'}(L(\mathbf{x}), L(\mathbf{x}'))$은 서로 다른 라벨을 갖는 이웃 화소 $\mathbf{x}$ 및 $\mathbf{x}'$에 대한 패널티 함수이다. 예를 들어 특정 값을 중심으로 전경과 배경을 가우시안으로 모델링할 수 있다.

$$\psi_{\mathbf{x}}(\ell) = \begin{cases} \exp(-(I(\mathbf{x}) - \mu_F)^2/2\sigma_F^2) & \text{if } \ell = \text{ON} \\ \exp(-(I(x) - \mu_B)^2/2\sigma_B^2) & \text{if } \ell = \text{OFF} \end{cases} \tag{10.134}$$

여기서, μ_F와 μ_B는 전경 분포와 배경 분포의 명목상의 값(nominal values)이다. Potts 모델로 알려진 가장 간단한 패널티 함수는 실제 라벨 자체와 상관없이 라벨이 다른 두 인접 화소에 일정한 패널티를 할당하는 것이다.

$$\psi_{\mathbf{x},\mathbf{x}'}(\ell, \ell') = \begin{cases} 1 & \text{if } \ell \neq \ell' \text{ and } \mathbf{x}' \in \mathcal{N}(\mathbf{x}) \\ 0 & \text{otherwise} \end{cases} \tag{10.135}$$

수식 (10.133)은 영상을 (1차) **마르코프 랜덤 필드**(Markov random field,

MRF)로 취급한다. 이것은 확률론적으로 볼 때, 주어진 화소의 값은 이웃을 감안할 때 다른 모든 화소와 조건적으로 독립적이기 때문이다. 다시 말하면, $\ell_i \equiv L(\mathbf{x}_i)$이라고 하면, 모든 화소 라벨의 결합 확률 밀도 함수(probability density function, PDF)는 $p(L) = p(\ell_0, \ell_1, \ldots, \ell_{n-1})$이다. 각 화소의 라벨이 조건부로 다른 모든 화소와 독립적이라고 가정하면, 이웃, 즉 $p(\ell_i | \ell_{n-1}, \ell_{n-2}, \ldots, \ell_0) = p(\ell_{i-1} | \mathcal{N}(\ell_i))$이면, PDF를 단일 화소 또는 화소 쌍에 따라 요인의 곱으로 PDF를 나눌 수 있다.

$$p(L) = \prod_i p(\ell_i) \prod_{i,i':\, i' \in \mathcal{N}(i)} p(\ell_i | \ell_{i'}) \tag{10.136}$$

곱의 대수는 대수의 합이고, 대수 함수가 단조 증가하기 때문에, 확률 $p(L)$은 다음과 같은 음의 대수 확률을 최소화하는 것과 동일하다.

$$-\log p(L) = -\sum_i \log p(\ell_i) - \sum_{i,i':\, i' \in \mathcal{N}(i)} \log p(\ell_i | \ell_{i'}) \tag{10.137}$$

확률 함수가 $p(\ell) = \exp(-\psi_{\mathbf{x}}(\ell))$와 $p(\ell, \ell') = \exp(-\psi_{\mathbf{x},\mathbf{x}'}(\ell, \ell'))$의 형태를 취한다고 가정하면, 수식 (10.137)과 (10.133)의 연결이 분명하다. 그래프에서 노드와 에지의 집합(cliques)에 정의된 양의 함수를 인수 분해하는 확률 함수를 **깁스 분포**(Gibbs distribution)라고 한다. 깁스 분포와 MRF 사이의 연결, 즉 깁스 분포가 MRF로 정확하게 나타낼 수 있다는 것은 **해머슬리-클리포드 정리**(Hammersley-Clifford theorem)에 의해 설명된다.

수식 (10.133)을 최소화하기 위해, 우리는 $n+2$개의 꼭짓점이 있는 그래프를 만든다. 여기서, n은 영상의 화소 수이다. 각 화소는 소스 및 싱크 용으로 생성된 두 개의 꼭짓점 외에도 꼭짓점으로 표시된다. 각 화소는 두 화소 사이의 값의 차이에 비례하는 가중치를 가진 모든 인접 화소에 연결된다. 이러한 에지를 n-링크라고 한다("이웃"의 경우). 각 화소는 화소와 반대 모델 간의 차이와 관련된 에지를 가진 소스 및 싱크에도 모두 연결된다(즉, 화소를 소스와 연결하는 에지의 가중치는 화소와 화소 사이의 비유사성과 관련된다. 싱크와 관련된 모델 및 그 반대의 경우). 이러한 에지를 t-링크("터미널"의 경우)라고 한다. 일단 그래프가 구성되면, 최대 흐름을 계산하기 위한 표준 알고리즘을 사용할 수 있다. 이러한 알고리즘에는 두 가지 기본 기능이 있다. 보강 경로를 기반으로 한 Ford-Fulkerson 방법과 Goldberg-Tarjan 스타일 푸시-리라벨(push-relabel) 방법이다. 컴퓨터 비전에는 추가 경로를 기반으로 하는 Boykov-Kolmogorov

알고리즘이 있으며, 이는 그래프가 영상의 화소를 나타낼 때 그래프의 직사각형 격자 구조를 이용하기 때문에 매우 효율적이다. 어떤 알고리즘이 사용되든지 그래프의 최대 흐름이 발견되면, 포화된 에지는 그래프를 집합 $\mathcal{S}$와 $\mathcal{T}$로 나눈 다음, 각 화소에 꼭짓점이 $\mathcal{S}$인지 $\mathcal{T}$인지에 따라 전경 또는 배경이 지정된다.

$E(\cdot)$는 이진 벡터를 실수로 매핑하기 때문에(즉, 행우선 순서로 스캔하여 L을 벡터로 처리하는 경우) $E(\cdot)$를 **의사-부울 함수**(pseudo-boolean function)라고 한다. 가능한 최소 의사-부울 함수에 대한 그래프의 최소 $s-t$ 컷이 수식 (10.133)의 최소값을 산출한다는 것을 당연시하지 말아야 한다. 사실 이 접근법은 함수가 **서브 모듈러**(submodular)인 경우에만 작동한다. 즉, 모든 쌍의 항 $\psi_{\mathbf{x},\mathbf{x}'}$이 다음 부등식을 만족한다는 것을 의미한다.

$$\psi_{\mathbf{x},\mathbf{x}'}(\text{OFF, OFF}) + \psi_{\mathbf{x},\mathbf{x}'}(\text{ON, ON}) \leq \psi_{\mathbf{x},\mathbf{x}'}(\text{OFF, ON}) + \psi_{\mathbf{x},\mathbf{x}'}(\text{ON, OFF}) \tag{10.138}$$

서브 모듈러 함수의 전역 최소값은 적절하게 구성된 그래프에서 최소 $s-t$ 컷으로서 다항식 시간으로 계산될 수 있음을 알 수 있다. Potts 모델은 항상 다음 내용으로 인해 서브 모듈러 함수로 된다.

$$0 + 0 \leq 1 + 1 \tag{10.139}$$

실제로, 영상 세그먼테이션의 문제에 대해 거의 모든 페널티 기능은 서브 모듈러 기능을 유도하지만, 비서브 모듈러(non-submodular) 기능은 초해상도와 같은 컴퓨터 비전의 다른 문제에서 발생한다. 단항 및 이항 항만을 포함하는 에너지 함수의 경우 그래프 컷 기술을 설명했지만, 개념은 자연스럽게 고차 항을 포함하도록 확장될 수 있으며, 이에 따라 서브 모듈러의 정의가 그에 따라 조정될 수 있다.

최소 $s-t$ 컷을 계산하여 이진 세그먼테이션을 수행하기 위한 의사코드는 알고리즘 10.16에 제공된다. 가중 그래프는 $n+2$ 꼭짓점으로 구성되며, 여기서, n은 영상의 화소 수이다. 각 에지는 t-링크 또는 n-링크 이다. t-링크는 화소를 소스 및 싱크 꼭짓점에 연결하는 반면, n-링크는 인접 화소에 화소를 연결한다. t-링크의 가중치는 GetDistanceToModel에 의해 결정되며, 우리는 어떤 형태의 모델(appearance model)이 선택되더라도 존재한다고 가정한다. 여기서, Potts 모델 대신에, n-링크의 가중치는 화소가 유사한 값을 가질 때 커지도록 지정되어, 유사하게 보이는 화소 사이의 컷을 줄인다. 에지 가중치를 에지 자체에 포함시켰기 때문에 표기법의 약간의 남용에 유의하라. 그래프가 구축되면 ComputeMinSTCut을 호출한다. 이것은 경로의 증가 또는 푸시-리라벨

알고리즘 10.16 $s-t$ 그래프 컷을 사용하여 이진 라벨링 계산

BinaryGraphcut(*I*, *model0*, *model1*)

Input: image *I*, and two appearance models, *model0* and *model1*
Output: binary image *L* assigning each pixel in *I* to one of the two models

```
n ← width * height
s ← n
t ← n + 1
𝒱 ← {0, ..., n − 1, s, t}
ℰ_t ← CreateTLinks(I, model0, model1, s, t)
ℰ_n ← CreateNLinks(I)
ℰ = ℰ_n ∪ ℰ_t
𝒮, 𝒯 ← ComputeMinSTCut(𝒱, ℰ, s, t)
return AssignBinaryLabeling(𝒮, 𝒯, s, t)
```

CreateTLinks(*I*, *model0*, *model1*, *s*, *t*)

```
ℰ_t ← ∅
for (x, y) ∈ I do
      d_0 ← GetDistanceToModel(I(x,y), model0)
      d_1 ← GetDistanceToModel(I(x,y), model1)
      i ← y * width + x
      ℰ_t ← ℰ_t ∪ (i, s, d_0) ∪ (i, t, d_1)
return ℰ_t
```

CreateNLinks(*I*)

```
ℰ_n ← ∅
for (x, y) ∈ I do
      for (x′, y′) ∈ 𝒩(x, y) do
            d ← exp(−‖I(x, y) − I(x′, y′)‖²/2σ²)
            i ← y * width + x
            i′ ← y′ * width + x′
            ℰ_n ← ℰ ∪ (i, i′, λd)
return ℰ_n
```

AssignBinaryLabeling(𝒮, 𝒯, *s*, *t*)

```
for i ∈ 𝒮 do
      if i ≠ s then
            y ← ⌊i/width⌋
            x ← i − y * width
            L(x, y) ← ON
for i ∈ 𝒯 do
      if i ≠ t then
            y ← ⌊i/width⌋
            x ← i − y * width
            L(x, y) ← OFF
return L
```

(push-relabel)에 기초하여 그래프의 최소 $s-t$ 컷을 계산하기 위한 임의의 기존 절차일 수 있다. 컷이 발견되면, s에 연결된 화소에 라벨 ON이 할당되고, t에 연결된 화소에는 라벨 OFF가 할당된다. 이 라벨링은 반대로 보일 수 있지만 모델 0까지의 거리가 작은 경우, 최소 컷은 화소를 모델 0에서 분리할 가능성이 있으며 그 반대도 마찬가지이다. t-링크 가중치에 모델과의 관련성(모델과의 거리가 아닌)이 포함되도록 코드를 변경하면, s에 연결된 화소에 라벨 ON이 할당되고, t에 연결된 화소에는 라벨 OFF이 지정된다.

이 절차에 기반을 둔 전경/배경 세그먼테이션을 위한 널리 사용되는 기술은 **그랩 컷**(GrabCut)으로 알려져 있다. 그랩 컷에서 사용자는 테두리 상자를 그려서 영상 영역을 선택한다. 그런 다음, 두 개의 컬러 히스토그램 모델(histogram models)이 생성된다. 하나는 상자 안의 화소를 사용하고, 다른 하나는 상자 외부의 화소를 사용한다. 이 두 모델을 사용하면 영상 화소로 구성된 그래프의 최소 $s-t$ 컷이 발견된다. 새로운 컬러 히스토그램은 최소 컷으로 인한 할당을 사용하여 생성되며, 수렴될 때까지 프로세스가 반복된다. 전경이 배경에서 분리되면, 원래 배경에서 잘라내고 새 배경으로 합성할 수 있다. **로토스코핑**(rotoscoping)으로 알려진 이 기술은 보다 정교한 녹색 스크린(green-screening) 버전으로 볼 수 있다.

10.4.4 시맨틱 세그먼테이션

최소 $s-t$ 컷을 사용하는 이진 세그먼테이션에 대한 자연스러운 확장은 다중 컷을 사용한 다중 라벨 세그먼테이션이다. 다중 경로(multiway) 컷에는 m개의 라벨, $m \geq 2$가 있으며, 목표는 각 화소를 라벨 중 하나에 할당하는 것이다. 이 문제를 해결하기 위해 영상의 각 화소에 대한 꼭짓점과 각 가능한 라벨에 대한 꼭짓점을 포함하는 그래프가 구성된다. 최소 $s-t$ 컷 그래프와 마찬가지로, 이 확장 그래프에서 t-링크는 각 화소를 가능한 각 라벨과 연결하고, n-링크는 인접 화소와 화소를 연결한다. 다중 경로 컷은 최소 $s-t$ 컷 알고리즘을 기반으로 하는 반복적인 절차에 의해 발견된다.

다중 경로 컷 문제를 푸는 두 가지 알고리즘이 일반적이다. **α-β 스왑**($\alpha-\beta$ swap)에서 각 라벨 쌍이 차례로 고려되며, 현재 두 라벨 중 하나에 할당된 화소만 사용하여 적절한 그래프가 구성된다. 최소 $s-t$ 컷 알고리즘을 적용하여 이러한 화소 중 어느 것이 라벨을 전환해야 하는지 결정한다. 이 과정은 수렴될 때까지 반복된다. **α-확장**(α-expansion)에서 각 라벨을 차례로 고려하고 영상의 모든 화소를 사용하여 적절한 그래프를 만든다. 고려해야 할 라벨을 위해 현재

P. Kohli, L. Ladick y, and P. H. S. Torr. Robust higher order potentials for enforcing label consistency. International Journal of Computer Vision, 82(3):302-324, May 2009.

그림 10.35 의미론적 세그먼테이션(semantic segmentation)에서, 영상의 화소들은 미리 결정된 범주 집합에 따라 그룹화되고 분류된다.

라벨을 포기해야 하는 화소를 결정하기 위해 최소 $s-t$ 컷 알고리즘이 적용된다. 두 가지 접근법을 비교하면 α-확장은 2차보다는 라벨 수가 선형이기 때문에 계산 효율이 높다. 또한 발견된 최소값이 전역 최소의 일정한 인수 내에 있을 것이라는 보장이 제공되는 반면, α-β 스왑 알고리즘에서는 그러한 보장이 제공되지 않는다. 그럼에도 불구하고 두 가지 방법 모두 실무에서 우수한 결과를 산출하며, 종종 전체 최소값과 시각적으로 구별할 수 없는 결과를 산출한다.

다중 경로 컷의 보편적인 적용은 **시맨틱 세그먼테이션**(semantic segmentation)의 문제이다. 시맨틱 세그먼테이션에서 목표는 영상의 각 화소에 트리, 자동차, 도로, 건물 또는 하늘과 같이 그것이 속한 객체의 범주를 나타내는 라벨을 지정하는 것이다. 분류자들(Classifiers)은 나중에 논의될[8] 기술들을 사용하여 각 카테고리에 대해 사전에 훈련되고, 영상 그래프의 다중 경로 컷은 α-확장과 같은 기술을 사용하여 발견된다. 이러한 기술을 사용한 인상적인 결과는 상당히 복잡한 영상에서 달성되었다. 일반적으로 그러한 접근법은 명시적 모델을 산출하지 않으므로, 특정 카테고리에 속하는 화소의 확률을 계산할 수 없다. 대신 화소와 다양한 카테고리 사이의 (불)일치 또는 거리가 결정되어, **조건부 무작위 필드**(conditional random field, CRF)로 연결된다. 계산적으로 MRF와 CRF는 대부분 구별할 수 없으며, 주된 차이점은 명시적 모델이 제공되는지, 아니면 단지 의사 결정 경계인지 여부이다. 후자는 또한 데이터에 기초하여 이전의 평활화 항을 허용한다. MRF와 CRF의 차이점은 생성 모델(generative model)과 차별 모델(discriminative model) 사이의 구분과 유사하며, 12장에서 더 자세히 설명한다.

8 12장 (p. 701)

10.5 추가 읽기

영상 임계치를 수행하는 알고리즘은 많이 있다. 전역 임계치를 결정하기 위한 반복 알고리즘은 Ridler와 Calvard [1978]에 의한 반면, Otsu [1979]는 배경과 전경에 대해 다른 분산을 허용하는 접근법을 개발했다. Otsu의 방법을 다단계 임계치로 효율적으로 확장하는 것은 Reddi et al. [1984] 및 Liao et al. [2001]에 있다. 적응형 임계치에 대한 Chow–Kaneko 방법은 Chow와 Kaneko [1972]에 의해 기술되었다. 원래 Niblack 방법은 Niblack [1986, pp. 115–116]에서 찾을 수 있으며, Sauvola의 확장은 Sauvola와 Pietikainen [2000]의 논문에 있다. 적분 영상을 이용한 Sauvola의 방법을 효율적으로 구현하는 방법은 Shafait et al. [2008]에 있다. Bradley와 Roth [2007]는 적분 영상을 이용한 적응형 임계치화에 대한 또 다른 접근법을 제시하고, Blayvas et al. [2006] 임계치 표면을 결정하는 보다 정교한 기법을 제시했다. 다른 인기 있는 접근법은 Pal과 Pal [1989]의 알고리즘과 같이 화소를 둘러싼 로컬 엔트로피를 사용한다. 몇몇 저자는 다양한 임계치 수행 알고리즘을 평가하기 위해 체계적인 연구를 수행했다. –Sahoo et al. [1988], Rosin과 Ioannidis [2003], Sezgin과 Sankur [2004] 및 Stathis et al. [2008]– 그러나 확실한 승자는 아직 나오지 않았다. 히스테리시스(Hysteresis) 또는 더블 임계치 수행은 Canny [1986]의 연구에서 시작되었다.

스네이크 또는 능동 윤곽선은 Kass et al. [1988] 처음 개발했고, 변형의 미적분을 사용하여 스네이크 에너지를 최소화했다. 동적 프로그래밍을 사용하는 다른 방법은 Amini et al. [1990]에 의해 제안되었다. 그레디언트 벡터 흐름(gradient vector flow, GVF) 스네이크는 Xu와 Prince [1997], Xu와 Prince [1998] 및 Xu et al. [1999]에 의해 소개되었다. 레벨 설정 방법은 Osher와 Sethian [1988]의 연구에서 시작되었으며, Sethian [1999]에 의해 자세하게 다루어진다. 협 대역 방법은 Adalsteinsson과 Sethian [1995]에 의해 처음으로 기술되었다. 측지학적 능동 윤곽선은 Caselles et al. [1993], Caselles et al. [1997] 및 Malladi et al. [1995]에 의해 소개되었다. 레벨 집합 재초기화를 피하는 대중적인 접근법은 Li et al. [2005]이다. Chan–Vese 레벨 설정 방법은 Chan과 Vese [2001]에 의한 것이며, Mumford와 Shah [1985, 1989]에서 설명한 Mumford–Shah 기능과 관련이 있다. 객체 추적에 대한 능동 윤곽선의 적용에 대해서는 Paragios와 Deriche [2000] 및 Yilmaz et al. [2004]이다. Mortensen과 Barrett [1995]는 우리가 논의할 공간이 없었던 지적인 가위(Intelligent scissors)를 소개했다.

고전적인 split–and–merge 알고리즘은 Horowitz와 Pavlidis [1976]에 의하여 기인한다. Hierarchical clustering schemes(HCS)와 ultrametrics는 Johnson [1967]의 고전적 작업을 추적할 수 있으며, 최근에 Arbeláez [2006]에 의해 관심이 살아남을 보았다. 게슈탈트 심리학에 대한 고전적 작업은 Wertheimer [1938]의 것으로서, 지각적 그룹화와 시각이 시각적 인식의 열쇠라고 주장한다. 평균 이동 알고리즘은 Fukunaga와 Hostetler [1975]에 의해 소개되었다. 평균 이동에 대한 관심은 Cheng [1995]의 연구와 Comaniciu

와 Meer [2002]의 연구에 의해 다시 나타났는데, 후자는 세그먼테이션과 불연속 보존을 모두 처리한다.

워터세드 접근법은 Beucher와 Lantuàoul [1979]에 의해 소개되었다. 후속 연구는 Meyer와 Beucher [1990], Beucher와 Meyer [1992]의 논문에서 찾을 수 있다. 여기에 제시된 워터세드 알고리즘은 Vincent와 Soille [1991]에 의해 단순화된 dam-less 버전의 원래 알고리즘으로, Soille [2003]에서도 설명되어 있다. 영상 포리스트 변환(image foresting transform)과 Falcão et al. [2004]에 의한 워터세드 접근법과의 연결은 읽을 만한 가치가 있다. 영역 확장에 대한 영향력 있는 접근법은 Adams와 Bischof [1994]에 기술되어 있으며, variable-order 표면 피팅과 결합된 영역 확장은 Besl과 Jain [1988]에서 발견할 수 있다. 영역 확장과 스네이크를 결합한 또 다른 영향력 있는 접근법은 Zhu와 Yuille [1996]의 접근법 이다.

그래프의 최소 컷을 기반으로 한 영상 세그먼테이션은 Wu와 Leahy [1993]이며, 작은 화소 집합을 선호하는 최소 커팅(표준화 없이)의 경향을 주목했다. 정규화된 컷 알고리즘은 Shi와 Malik [2000]에 의해 개발되었으며, 세그먼테이션을 위한 고유 벡터의 사용에 대한 추가 분석은 정규화의 중요성이 표시된 Weiss [1999]에서 발견된다. Ng et al. [2001]는 두 번째로 작은 고유 값와 연관된 고유 벡터를 사용하여 반복적으로 그래프를 두 부분 세그먼테이션하는 대신, 여러 고유 벡터를 사용하여 그래프를 여러 영역으로 동시에 세그먼테이션하는 고급 알고리즘을 제시한다. 일반 가중 커널 k-means objective와 정규화된 cut, ratio cut 및 ratio association과 같은 다양한 그래프 클러스터링 오브젝티브(clustering objectives) 간의 동등성은 Dhillon et. al [2007]에 있다. 여기서 고유 벡터를 필요로 하지 않는 빠른 알고리즘이 제시된다. Fiedler 값은 Fiedler [1973]에서 주어진다.

영상 라벨링 문제를 해결하는 초기 작업은 Geman과 Geman [1984]에서 시뮬레이션된 어닐링(annealing, 매우 느린 알고리즘)을 사용하여 마르코프 랜덤 필드(Markov random field, MRF)의 비용을 최소화 한다. 그래프 컷, 즉 최소 $s-t$ 컷을 이진 영상 라벨링 문제를 해결하는데 적용하는 것은 Greig et al. [1989]에 있다. Roy와 Cox [1998]는 특정 그래프의 최소 $s-t$ 컷을 발견함으로써 몇몇 다중 라벨 MRF의 전체 에너지가 최소화될 수 있음을 보여 주었다. 불행히도 이러한 기법을 적용할 수 있는 그래프는 불연속성을 보장하지 않기 때문에 실제로 유용하지는 않는다. 얼마 지나지 않아, Boykov et al. [2001]은 $\alpha-\beta$ 스왑과 α-확장 알고리즘을 제안했는데, 이는 지역 간 불연속성을 보존하기 때문에 매우 유용하다. Lafferty et al. [2001]의 연구를 바탕으로 Kumar와 Hebert [2006]에 의해 CRF(Conditional Random Field)가 컴퓨터 비전에 도입되었다.

이진 그래프 컷에 의해 어떤 에너지 함수가 최소화될 수 있는지에 대한 분석은 이러한 함수가 서브 모듈화 되어야 한다는 결론을 가지고 Kolmogorov와 Zabih [2004]에서 발견할 수 있다. 의사 부울 함수에 대한 자세한 설명은 Boros와 Hammer [2002]에서 찾을 수 있다. 표준 그래프 컷 알고리즘은 Cormen et al. [1990]에서 발견된다. 영상 그래프의 격자 구조를 이용하는 효율적인 Boykov-Kolmogorov 알고리즘은 Boykov와 Kolmogorov [2004]에 기술되어 있다. Boykov와 Jolly [2001] 및 Boykov와 Funka-Lea [2006]는 그래프 컷을 사용하여 더 높은 차원에서 대화형 세그먼테이션과 세그먼테이션을 제시한다. 상호 작용하는 GrabCut 세그먼테이션 알고리즘은 Rother et al. [2004]에 의해 기술되어 있다. 비-서브 모듈화 함수(non-submodular functions)가 발생하는 해상도(superresolution)와 같은 응용의 경우, Rother et al. [2007]을 참조하라.

흥미로운 최근의 발전은 다양한 다운스트림 알고리즘(downstream algorithms)을 위해 Ren과 Malik [2003]에 의해 소개된 슈퍼화소(superpixels)라고 하는 하나 이상의 세그먼테이션 알고리즘에서 출력되는 화소 클러스터를 사용하는 것이다. Gabor 필터를 사용한 텍스처 세그먼테이션에 대한 영향력 있는 접근 방법은 Jain과 Farrokhnia [1991]를 참조하라. 세그먼테이션 알고리즘의 성능을 평가하는 방법을 논의할 공간이 없었다. 이와 관련하여, 한 가지 영향력 있는 연구는 Davies–Bouldin 색인(Davies–Bouldin index, DBI)를 설명하는 Davies와 Bouldin [1979]이며, 클러스터링 체계의 성능을 측정하기 위한 것이다. 기본 아이디어는 다른 클러스터에 대한 최대 비율의 모든 클러스터에 대한 평균을 계산하는 것이다. 여기서 비율은 클러스터 간의 거리에 대한 표준 편차의 합이다. Martin et al. [2001]에 의해 기술된 Berkeley 세그먼테이션 데이터베이스, Carson et al. [2002]의 Blobworld 표현, Arbeláez et al. [2011]의 계층적 세그먼테이션 접근법이다. 시멘틱 세그먼테이션에 대한 대표적인 접근 방법은 Kohli et al. [2009]의 연구를 참조하라.

연습문제

10.1 세그먼테이션(segmentation)은 기계 학습의 어느 지점에 해당 하는가?

10.2 수식 (10.4)에서 수식 (10.5)을 도출하시오.

10.3 수식 (10.13)의 중간 항이 0이 된다는 것을 보이시오.

10.4 수식 (10.16)에서 클래스 간 분산에 대한 수식을 유도하시오.

10.5 때때로 다음과 같은 재귀 관계를 사용하여 오츠의 방법(Otsu's method)을 제시한다.

$$\mu_{\blacktriangleleft}(\tau+1) = \frac{p_{\blacktriangleleft}(\tau)\mu_{\blacktriangleleft}(\tau) + (\tau+1)\bar{h}[\tau+1]}{p_{\blacktriangleleft}(\tau+1)} \qquad \mu_{\triangleright}(\tau+1) = \frac{p_{\blacktriangleleft}(\tau)\mu_{\blacktriangleleft}(\tau) + (\tau+1)\bar{h}[\tau+1]}{p_{\blacktriangleleft}(\tau+1)}$$

그레이 레벨은 $\tau = 0$에서 $\tau = \zeta - 1$까지 스캔되고, 각각의 그레이 레벨에 대해 이들 수식은 이전에 계산된 방법에 기초하여 2 개의 모집단의 평균을 계산하는 데 사용된다.

(a) 수식 (10.7)과 (10.8)로부터 이 재귀 관계를 유도하시오.

(b) 이 재귀 관계가 왜 이 장에서 제시된 원래의 알고리즘보다 더 빨리 평가되지 않는지 설명하시오.

10.6 (a) RidlerCalvard 알고리즘과 (b) 오츠의 방법을 사용하여 다음의 그레이 스케일 영상에 대한 최적 임계치를 계산하시오.

$$\begin{bmatrix} 6 & 5 & 8 & 7 \\ 4 & 2 & 3 & 8 \\ 1 & 8 & 6 & 1 \end{bmatrix}$$

10.7 앞 문제의 동일한 영상에서 3×3 슬라이딩 윈도우를 사용하는 다음의 적응형 임계치 알고리즘(adaptive thresholding algorithms)을 사용하여 임계치를 계산하시오.

(a) 수식 (10.19) (b) Niblack의 방법 (c) Sauvola의 방법

단순화를 위해, 가운데 두 화소에 대한 결과만 표시하고, 박스 필터를 사용하여 $t = 0.8$, $k = 0.2$ 및 $r = 4$로 설정하시오.

10.8 다단계 오츠 방법에서 중복 계산을 제거하시오.

10.9 세그먼테이션의 중요한 개념을 나타내기 위해서, 다음의 영상에서 낮은 임계치 3 및 높은 임계치 7 (즉, $I(x, y) > 3$ 및 $I(x, y) > 7$)의 히스테리시스 임계치(hysteresis thresholding)을 수행하시오.

$$\begin{bmatrix}
4\,6\,0\,3\,2\,6\,2\,2\,0\,4\,4\,1\,0\,3\,6\,1\,2\,1\,4\,4\,0\,0\,6\,5\,2\,5\,7\,5\,1\,2\,2\,6 \\
4\,2\,6\,9\,7\,2\,8\,7\,9\,3\,2\,8\,8\,7\,0\,7\,5\,5\,1\,1\,8\,7\,1\,3\,8\,1\,5\,1\,7\,6\,7\,2 \\
2\,8\,2\,1\,1\,1\,7\,1\,2\,0\,9\,2\,0\,2\,2\,2\,6\,1\,0\,6\,0\,3\,6\,2\,6\,2\,7\,5\,1\,6\,1\,6 \\
3\,8\,1\,8\,5\,2\,8\,8\,1\,6\,0\,9\,7\,1\,6\,1\,6\,3\,1\,7\,7\,7\,9\,0\,5\,3\,4\,5\,0\,7\,1\,4 \\
3\,6\,2\,2\,8\,2\,5\,3\,0\,6\,0\,3\,0\,8\,1\,3\,8\,1\,1\,7\,0\,1\,9\,2\,8\,3\,2\,6\,3\,9\,2\,6 \\
6\,0\,6\,9\,7\,0\,7\,6\,7\,1\,5\,8\,6\,2\,7\,2\,8\,1\,1\,6\,1\,1\,8\,2\,8\,6\,7\,0\,3\,6\,2\,5 \\
7\,7\,3\,2\,2\,6\,1\,2\,3\,6\,0\,3\,3\,6\,6\,6\,0\,5\,5\,1\,5\,5\,3\,6\,3\,1\,1\,6\,6\,2\,6\,4
\end{bmatrix}$$

10.10 팽창에 의한 모폴로지 재구성 (수식 10.22)을 앞 문제의 영상에 적용하고 결과를 비교하시오.

10.11 알고리즘 7.3과 알고리즘 10.3은 모두 플러드필(floodfill) 알고리즘을 기반으로 하며 매우 유사하다. (a) 두 알고리즘 간에 출력에 차이가 있는가? (b) 알고리즘이 다르게 작성된 다른 이유를 생각해 볼 수 있는가?

10.12 Ridler–Calvard와 오츠의 방법은 화소 간의 공간적 관계를 무시한다. 이 정보를 사용하는 보다 정교한 알고리즘은 로컬 엔트로피 임계치(local entropy thresholding, LET) 이다. 이러한 정보가 적절한 임계치를 결정하는데 중요한 역할을 하는 간단한 예제 영상을 그려보시오.

10.13 일반적으로 데이터 항과 평활화 항의 합이 제시될 때, 그들 사이의 상대적 가중치를 결정하는 스칼라가 있다. 수식 (10.26)에 스칼라가 없는 이유를

설명하시오.

10.14 영상의 밝은 얼룩의 그레이 레벨은 평균 204와 분산 92.6의 가우시안 분포를 따른다. 화소의 95.45 %가 세그먼테이션되는 임계치를 찾으시오.

10.15 이산 스네이크의 세 연속 점이 $\mathbf{v}_{i-1} = (100,48)$, $\mathbf{v}_i = (107,39)$, $\mathbf{v}_{i+1} = (111,44)$에 의해 주어진 좌표를 갖는다고 가정하자. i 번째 지점에서 (a) $d\mathbf{c}/ds$와 (b) $d^2\mathbf{c}/ds^2$의 이산 근사치(discrete approximation)를 계산하시오.

10.16 1 차 닫힌 스네이크를 위한 최소화 루틴을 구현하라. 상당히 어두운 배경에 단일 밝은 전경 오브젝트의 영상에서 코드를 실행하라. 알고리즘의 출력이 초기 조건에 얼마나 민감한가? 이제 노름(norm)을 제곱하는 대신에 평활화 항에 대한 노름을 계산하는 코드를 수정하라. 출력에서 어떤 차이가 있는가?

10.17 본문에서 언급했듯이, 알고리즘 10.6이 작동하려면 알고리즘 10.5가 첫 번째와 마지막 꼭지점 사이의 평활화 항을 포함하도록 수정되어야하며, 알고리즘 10.6의 라인 4의 호출은 중간 꼭지점을 묶어야 한다. 알고리즘 10.6이 실제로 작동하도록 의사코드를 적절히 수정하시오.

10.18 알고리즘 10.6 대신에 스네이크를 반으로 접어서 주름(crease) 점으로부터 순서대로 짝을 지을 수 있다. 예를 들어, 6점이 있는 스네이크가 접혀서 $\mathbf{v}_0$ 및 $\mathbf{v}_3$이 주름 점이되고, 쌍이 $\mathbf{v}_1$ 및 $\mathbf{v}_5$뿐 아니라 $\mathbf{v}_2$ 및 $\mathbf{v}_4$가 될 수 있다. 1차 스네이크의 경우, 81개의 행과 (대략) $n/2$개의 열로 테이블이 만들어지며 각 열은 각 쌍의 점을 나타낸다. 테이블은 왼쪽에서 오른쪽으로 채워지고 이전처럼 오른쪽에서 왼쪽으로 이동한다. 이러한 접근법은 추가 계산을 희생시키면서 전역 최소값을 찾도록 보장한다. n이 짝수라는 단순한 가정을 만드는 절차의 의사코드를 작성하시오.

10.19 영상에서 이중 임계치를 수행한 다음 연결된 구성 요소를 수행하는 것이 목표라고 가정하자. 알고리즘 10.3의 이중 임계치 절차를 수정하여 글로벌 카운터를 FloodfillSeparate Output의 마지막 매개 변수로 보내 단일 단계로 수행할 수 있음을 보여준다. 간단한 예제에 대한 의사코드를 작성하시오.

10.20 2 차 스네이크 최소화를 위한 의사코드를 작성하시오.

10.21 function과 functional 차이점을 설명하시오.

10.22 단순한 스윙 진자 운동 수식을 풀기 위해 오일러-라그랑주 수식을 사용한다고 가정해 보자. 얼마나 많은 독립 변수와 얼마나 많은 종속 변수가 있는가? 답을 바탕으로 오일러-라그랑주 수식의 수와 각 수식의 용어 수를 알아보시오.

10.23 수식 (10.46)의 A 행렬을 작성하시오.

10.24 전통 스네이크에 비해 GVF 스네이크의 몇 가지 장점을 열거하시오.

10.25 오일러-라그랑주 수식을 수식 (10.47)에 적용하여 수식 (10.48)-(10.49)를 유도하시오.

10.26 1D 함수 $e^{-\frac{x^2}{100}} - \frac{1}{2}$을 스케치하고, 플롯에 0번째 단계 집합을 표시하시오.

10.27 수식 (10.59)을 사용하여 등고선을 전개하는 방법을 설명하시오.

10.28 Chan-Vese 단계 설정 메소드를 구현하고, 어두운 배경에 밝은 전경이 포함된 영상 (또는 그 반대)에 코드를 실행하시오.

10.29 좁은 밴드와 빠른 매칭 방법을 설명하시오.

10.30 영상 세그먼테이션 알고리즘의 출력을 시각화하는 4가지 방법을 기술하시오.

10.31 게슈탈트 심리학(gestalt psychology)을 간략히 설명하고, 적어도 5가지 게슈탈트 요소를 열거하시오.

10.32 응집 클러스터링(agglomerative clustering)과 분할 클러스터링(divisive clustering)의 차이점은 무엇인가? 다음 알고리즘 각각에 대해 응집 접근인지 또는 분할 접근인지 열거하시오. (a) 지역 성장(region growing) (b) 워터세드(watershed) (c) 평균 쉬프트 분할(mean shift segmentation) (d) Felzenszwalb Huttenlocher (e) 정규화된 절단(normalized cuts) (f) 최소 $s-t$ 절단(minimum $s-t$ cut).

10.33 RGB 컬러 공간에서 가우시안 모델을 사용하여 영역 성장 알고리즘을 구현하라. 밝은 영역이 있는 영상에서 코드를 실행하고, 성공한 부분과 실패한 부분을 확인하시오.

10.34 울트라 메트릭 불평등(ultrametric inequality)은 삼각형 불평등(triangle inequality)을 의미함을 보이시오.

10.35 우리는 (10.3.4절의 표기법에 따라) 클러스터 $\mathcal{A}$, $\mathcal{B}$, $\mathcal{C}$, $\mathcal{D}$로 라벨링하는 4개의 점을 가지고 있다고 가정하자. 첫 번째 두 점 사이의 거리를 $\psi(\mathcal{A}, \mathcal{B}) = 0.4$로 하고, 나머지 두 점 사이의 거리를 $\psi(\mathcal{C}, \mathcal{D}) = 0.8$이라고 하자. 거리 함수가 울트라 메트릭 불평등을 만족시키기 위해서는 다른 거리인 $\psi(\mathcal{A}, \mathcal{C})$, $\psi(\mathcal{A}, \mathcal{D})$, $\psi(\mathcal{B}, \mathcal{C})$ 및 $\psi(\mathcal{B}, \mathcal{D})$에 대해서 무엇을 알아야 하는가?

10.36 $x = 10$의 1D 점과 평균 $\mu = 7$ 및 분산 $\sigma^2 = 2.5$인 가우시안 분포 사이의 마하라노비스 거리(Mahalanobis distance)를 계산하시오.

10.37 단일 링크 클러스터링을 가정하고, 그림 10.32의 그래프에 해당하는 덴드로그램(dendrogram)을 그리시오.

10.38 터보건(tobogganing)의 가장 큰 단점을 설명하시오.

10.39 백그라운드 마커가 실수로 전경 마커와 병합되는 것을 방지하기 위해, 3

차 마커 영상으로 알고리즘 10.11과 예 10.29를 수정하시오.

10.40 간소화된 Vincent–Soille 알고리즘을 구현하고, 원하는 그레이 스케일 영상으로 실행하시오.

10.41 워터세드(watershed) 알고리즘으로 좋은 결과를 얻기 위해, 마커가 필요한 이유를 설명하시오.

10.42 우리는 워터세드 알고리즘이 대개 댐으로 제시되었지만, 그것이 알고리즘이 잘 수행되는데 필요가 없음을 보아왔다. 그럼에도 불구하고 가능한 한 최상의 정확도를 요구하는 응용에 댐을 사용할 때, 얻을 수 있는 잠재적 이점 중 하나를 설명하시오.

10.43 평균 쉬프트 필터링과 평균 쉬프트 세그먼테이션의 관계를 기술하시오.

10.44 다음 그래프에서 최소 스패닝 트리(spanning tree)를 그리시오.

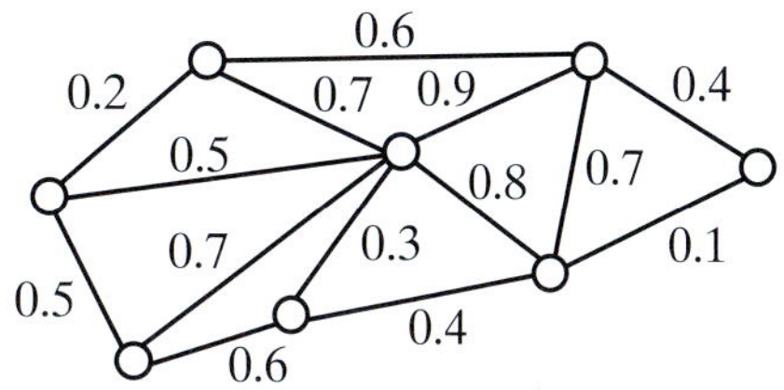

10.45 Felzenswalb–Huttenlocher 세그먼테이션 알고리즘을 구현하고, 원하는 컬러 영상으로 실행하시오.

10.46 인접 행렬(adjacency matrix)과 친화 행렬(affinity matrix)의 차이점을 설명하시오.

10.47 문제 10.44의 그래프를 사용하여 (a) 가중치 인접 행렬(weighted adjacency matrix) (b) 가중치 행렬(weighted degree matrix) (c) 라플라시안 행렬(Laplacian matrix) (d) 정규화된 친화 행렬(normalized affinity matrix) (e) 정규화된 라플라시안 행렬(normalized Laplacian matrix)을 구성하시오. 또한 (f) Fiedler 값을 계산하시오. 노드를 시계 방향으로 맨 위 노드부터 순서대로 정렬하고 가운데에 있는 노드로 끝이 난다.

10.48 정규화된 컷 방법(normalized cuts method)의 첫 번째 반복을 적용하여 이전 질문에서 그래프를 세그먼테이션하고 임계치로 0을 사용한다. 이 컷의 비용은 어떻게 되는가? 직접 더 나은 세그먼테이션을 찾을 수 있는지 확인하여 결과의 품질을 평가하시오.

10.49 (a) max–flow min–cut theorem과 (b) Hammersley–Clifford 정리는 어떤 것인가? 이러한 정리가 영상 세그먼테이션에 적용될 수 있으려면 어떤 유형의 추가 정보가 사용 가능해야 하는가?

10.50 에지 가중치가 non-submodular 함수로 이어지는 간단한 그래프를 구성하시오.

10.51 다방향 컷 문제(multiway cut problem)를 해결하기 위한 두 개의 그래프 기반 알고리즘을 지정하시오.

CHAPTER 11

모델 피팅

이전 장에서는 영상 세그먼테이션 문제에 대한 다양한 접근법을 살펴보았다. 이 알고리즘은 대부분 이산 격자로 배열된 고밀도 2D 화소 배열로 구성된 데이터에 적용되었다. 그러나 보다 일반적으로 클러스터링이라고도 하는 세그먼테이션의 문제는 조밀하거나 희소한 데이터 집합에도 적용될 수 있다. 예를 들어, 주어진 2D 또는 3D 점 집합을 클러스터링할 수 있다. 이러한 문제는 닭과 달걀의 문제(chicken-and-egg problems)로 알려져 있다. 어떤 점들이 합쳐졌는지 알면 그 점들에 모델을 적용할 수 있다. 또는 모든 모델들의 매개 변수를 알고 있다면, 어떤 모델이 각 데이터 요소를 가장 잘 설명하는지 결정할 수 있다. 그러나 두 가지 하위 문제를 동시에 해결하는 것은 어려운 과제이다. 더욱이, 우리는 종종 얼마나 많은 모델들이 있는지를 모르고, 어떤 점들은 어떤 모델에도 속하지 않을 수 있다(즉, 이상치 이다). 이 장에서는 여러 모델을 데이터에 맞추는 하위 문제에 주로 초점을 맞춘다. 그리고, 동시에 모델을 피팅하고 데이터 요소를 클러스터링 하는 전체 문제는 이 장의 마지막에서 고려한다.

11.1 라인과 평면 피팅

우리는 실제적으로 자주 발생하는 문제 즉, 라인 또는 평면을 데이터 요소 집합에 맞추는 문제로 논의를 시작한다.

11.1.1 일반 최소 제곱

2D 평면에 점 집합이 있다고 가정하고, 점들에 가장 잘 맞는 라인의 매개 변수를 찾고자 한다. $\{(x_i, y_i)\}_{i=1}^n$을 n 점의 좌표 집합이라 하자. 지금은 라인에 대한 기울기-절편 표현을 가정해 보자. $y = mx + k$이고, 여기서, m은 라인의 기울기, k는 y 절편이다. 즉 y 축과 교차한 y의 값이다. 우리의 목표는 두 개의 미지수를 가진 n개의 선형 수식의 다음 시스템을 만족하는 매개 변수 m 및 k를 찾는 것이다.

$$
\begin{aligned}
mx_1 + k &= y_1 && \text{(11.1)}\\
mx_2 + k &= y_2 && \text{(11.2)}\\
&\vdots && \text{(11.3)}\\
mx_n + k &= y_n && \text{(11.4)}
\end{aligned}
$$

$n = 2$이면, 두 개의 수식과 두 개의 미지수가 있다. 두 점을 통과하는 라인의 매개 변수를 찾아서 미지수를 정확하게 풀 수 있다. 그러나 대개 $n > 2$일 때, 선형 수식의 과도한 시스템으로 이어지게 되는데, 이 경우 점 좌표가 나오는 측정의 잡음으로 인해 모든 점을 정확하게 통과하는 라인을 찾을 수 없다. 대신에, 우리는 어떤 점에서 "최상의(best)" 적합한 점을 찾는다.

이와 같은 수식 시스템을 풀기 위해 미지수를 벡터 $\mathbf{x} = [m \quad k]^\mathsf{T}$에 쌓은 다음 다른 값을 행렬 $\mathbf{A}$와 벡터 $\mathbf{b}$로 재배치한다.

$$
\underbrace{\begin{bmatrix} x_1 & 1 \\ x_2 & 1 \\ \vdots & \\ x_n & 1 \end{bmatrix}}_{\mathbf{A}_{\{n\times 2\}}}
\underbrace{\begin{bmatrix} m \\ k \end{bmatrix}}_{\mathbf{x}_{\{2\times 1\}}}
=
\underbrace{\begin{bmatrix} y_1 \\ y_2 \\ \vdots \\ y_n \end{bmatrix}}_{\mathbf{b}_{\{n\times 1\}}}
\quad \text{(11.5)}
$$

또는 $\mathbf{Ax} = \mathbf{b}$이다. 이 행렬 수식이 위의 n 스칼라 수식과 동일하다는 것을 쉽게 알 수 있다.

물론 $\mathbf{A}$는 정사각 행렬이 아니기 때문에 역행렬을 취할 수 없다. 대신, 수식의 양변에 $\mathbf{A}^\mathsf{T}$의 전치를 곱하여 **정규 수식**(normal equations)을 얻는다.

$$
\mathbf{A}^\mathsf{T}\mathbf{Ax} = \mathbf{A}^\mathsf{T}\mathbf{b} \quad \text{(11.6)}
$$

실제 응용에서 2×2 행렬 $\mathbf{A}^\mathsf{T}\mathbf{A}$는 거의 확실하게 반전 가능하다. (단 하나의 유일한 상황은 모든 점이 동일할 때이다.) 따라서 수식의 양변에 원하는 해를 풀기위해 $\mathbf{A}^\mathsf{T}\mathbf{A}$의 역수를 곱할 수 있다.

$$\mathbf{x} = (\mathbf{A}^\top \mathbf{A})^{-1}\mathbf{A}^\top \mathbf{b} \tag{11.7}$$

이 방법은 **선형 최소 제곱**(linear least squares) 또는 **일반 최소 제곱**(ordinary least squares)으로 알려져 있다. 적용할 수 있는 경우, 일반 최소 제곱은 초기 추측이 필요 없는 한정된 수의 알고리즘 단계에서 해를 찾기 때문에 사용하기 쉽다. 해가 "최상의" 해라는 것이 어떤 의미인지 궁금할 것이다. i 번째 **잔차**(residual)는 i 번째 수식의 왼쪽과 오른쪽 사이의 차이이다. $r_i \equiv mx_i + k - y_i$이다. 모든 점이 라인에 정확하게 맞으면 모든 잔차가 0이 된다. 수식 (11.7)을 풀어서 나오는 값 $\mathbf{x}$는 제곱된 잔차의 합을 최소화한다는 것을 알 수 있다. $\sum_{i=1}^{n} r_i^2 = \sum_{i=1}^{n} (mx_i + k - y_i)^2 = \|\mathbf{Ax} - \mathbf{b}\|^2$이다. 바꾸어 말하면,

$$(\mathbf{A}^\top \mathbf{A})^{-1}\mathbf{A}^\top \mathbf{b} = \arg\min_{\mathbf{x}} \|\mathbf{Ax} - \mathbf{b}\|^2 \tag{11.8}$$

$\mathbf{a} \equiv [x_1 \quad \cdots \quad x_n]^\top$와 $\mathbf{1} \equiv [1 \quad \cdots \quad 1]^\top$를 정의하면, $\mathbf{A} = [\mathbf{a} \quad \mathbf{1}]$이므로, 이로부터 행렬 $\mathbf{A}^\top\mathbf{A}$ 및 벡터 $\mathbf{A}^\top\mathbf{b}$가 다음에 의해 계산될 수 있다는 것을 알 수 있다.

$$\mathbf{A}^\top\mathbf{A} = \begin{bmatrix} \mathbf{a}^\top\mathbf{a} & \mathbf{a}^\top\mathbf{1} \\ \mathbf{a}^\top\mathbf{1} & n \end{bmatrix} \qquad \mathbf{A}^\top\mathbf{b} = \begin{bmatrix} \mathbf{a}^\top\mathbf{b} \\ \mathbf{b}^\top\mathbf{1} \end{bmatrix} \tag{11.9}$$

$\mathbf{a}^\top\mathbf{a} = \sum_{i=1}^{n} x_i^2$, $\mathbf{a}^\top\mathbf{1} = \sum_{i=1}^{n} x_i$, $\mathbf{a}^\top\mathbf{b} = \sum_{i=1}^{n} x_i y_i$, $\mathbf{b}^\top\mathbf{1} = \sum_{i=1}^{n} y_i$ 및 $\mathbf{1}^\top\mathbf{1} = n$이기 때문이다. 역함수는 다음에 의해 주어진다.

$$(\mathbf{A}^\top\mathbf{A})^{-1} = \frac{1}{n(\mathbf{a}^\top\mathbf{a}) - (\mathbf{a}^\top\mathbf{1})^2} \begin{bmatrix} n & -\mathbf{a}^\top\mathbf{1} \\ -\mathbf{a}^\top\mathbf{1} & \mathbf{a}^\top\mathbf{a} \end{bmatrix} \tag{11.10}$$

우리는 수식 (11.7)에서 다음을 얻는다.

$$\begin{aligned} \mathbf{x} &= \frac{1}{n(\mathbf{a}^\top\mathbf{a}) - (\mathbf{a}^\top\mathbf{1})^2} \begin{bmatrix} n & -\mathbf{a}^\top\mathbf{1} \\ -\mathbf{a}^\top\mathbf{1} & \mathbf{a}^\top\mathbf{a} \end{bmatrix} \begin{bmatrix} \mathbf{a}^\top\mathbf{b} \\ \mathbf{b}^\top\mathbf{1} \end{bmatrix} \\ &= \frac{1}{n(\mathbf{a}^\top\mathbf{a}) - (\mathbf{a}^\top\mathbf{1})^2} \begin{bmatrix} n(\mathbf{a}^\top\mathbf{b}) - (\mathbf{a}^\top\mathbf{1})(\mathbf{b}^\top\mathbf{1}) \\ -(\mathbf{a}^\top\mathbf{1})(\mathbf{a}^\top\mathbf{b}) + (\mathbf{a}^\top\mathbf{a})(\mathbf{b}^\top\mathbf{1}) \end{bmatrix} \end{aligned} \tag{11.11}$$

라인을 2D 점 집합에 피팅하는 간단한 경우에 대한 일반 최소 제곱에 대한 의사코드는 알고리즘 11.1에 나와 있다. 2 × 2 행렬을 사용하면 역행렬을 계산할 때 계산 오버헤드가 거의 없으며, 의사코드에 제공된 해를 사용할 수 있다. 그러나 더 큰 행렬의 경우, 역행렬을 계산하는 비용을 피하는 것이 가장 좋다. 계산적으로 보다 효과적인 접근법은 수식 (11.6)의 양측에서 **가우스-조르단 제거**

알고리즘 11.1 2D 라인 피팅을 위한 일반 최소 제곱

OrdinaryLeastSquares $(\{(x_i, y_i)\}_{i=1}^n)$

Input: set of n points $\{(x_i, y_i)\}_{i=1}^n$ in the plane
Output: slope m and y-intercept k of the line $y = mx + k$ that minimizes the sum-of-squared vertical residuals $\sum_{i=1}^n (mx_i + k - y_i)^2$

$s_a \leftarrow s_b \leftarrow s_{aa} \leftarrow s_{bb} \leftarrow s_{ab} \leftarrow 0$
for $i \leftarrow 1$ **to** n **do**
    $s_a \leftarrow_+ x_i$ ➤ Compute $\mathbf{a}^\top\mathbf{1}$.
    $s_b \leftarrow_+ y_i$ ➤ Compute $\mathbf{b}^\top\mathbf{1}$.
    $s_{aa} \leftarrow_+ x_i * x_i$ ➤ Compute $\mathbf{a}^\top\mathbf{a}$.
    $s_{bb} \leftarrow_+ y_i * y_i$ ➤ Compute $\mathbf{b}^\top\mathbf{b}$.
    $s_{ab} \leftarrow_+ x_i * y_i$ ➤ Compute $\mathbf{a}^\top\mathbf{b}$.
$den \leftarrow n * s_{aa} - s_a * s_a$ ➤ Compute denominator $den = n(\mathbf{a}^\top\mathbf{a}) - (\mathbf{a}^\top\mathbf{1})^2$.
$m \leftarrow (n * s_{ab} - s_a * s_b) / den$ ➤ Compute $(n(\mathbf{a}^\top\mathbf{b}) - (\mathbf{a}^\top\mathbf{1})(\mathbf{b}^\top\mathbf{1}))/den$.
$k \leftarrow (s_b * s_{aa} - s_a * s_{ab}) / den$ ➤ Compute $(-(\mathbf{a}^\top\mathbf{1})(\mathbf{a}^\top\mathbf{b}) + (\mathbf{a}^\top\mathbf{a})(\mathbf{b}^\top\mathbf{1}))/den$.
return m, k

(Gauss–Jordan elimination)를 수행하는 것이다. 또는 수식이 $\mathbf{b}$의 다른 값으로 여러번 풀리면 Cholesky 분해, QR 인수 분해 또는 SVD 인수 분해를 사용하여 행렬 $\mathbf{A}^\top\mathbf{A}$를 먼저 계산하는 것이 더 적합할 수 있다. 후자에 대해서는 나중에 자세히 설명한다. 점 집합에 적용된 일반 최소 제곱의 두 가지 예가 그림 11.1에 나와 있다.

11.1.2 정규화

위에 요약된 해와 관련된 한 가지 문제점은 x 값이 클 때 발생한다. 예를 들어 x의 값이 예로서 100이라는 오더(order)로 있고, 10개의 점이 있다고 가정하자. 그러면 행렬 $\mathbf{A}^\top\mathbf{A}$는 다음과 같이 보인다.

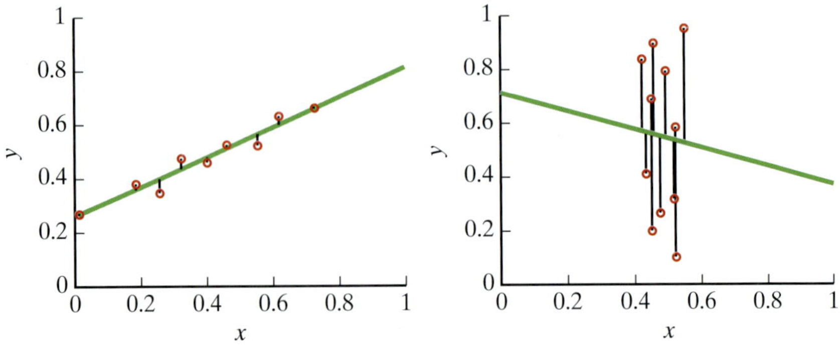

그림 11.1 일반 최소 제곱법을 사용하여 점 집합에 라인을 맞춘 결과. 이 접근법은 수직 거리의 제곱의 합을 최소화한다. 비수직 라인(왼쪽)의 경우, 이 기법은 비교적 잘 작동하지만 수직 라인(오른쪽)의 경우에는 그렇지 않다.

$$\mathbf{A}^{\mathsf{T}}\mathbf{A} \approx \begin{bmatrix} 100{,}000 & 1000 \\ 1000 & 1 \end{bmatrix} \tag{11.12}$$

이러한 행렬은 비공식적으로 적어도 매우 큰 값과 매우 작은 값을 모두 포함하기 때문에 **나쁜 조건**(ill-conditioned)에 있다. 조건이 좋지 않은 행렬은 수치적으로 불안정하기 때문에 나쁜 결과를 낳는다. 이는 입력의 작은 양의 오류로 인해 출력에 큰 오류가 발생할 수 있음을 의미한다. 부적절한 행렬은 다른 미지수를 불균등하게 다루면서 균형이 맞지 않는다. 이것은 사용되는 단위들을 상상해 쉽게 이해할 수 있다. 예를 들어, 킬로미터 단위로 m을 계산하지만 마이크로미터 단위로 k를 계산한다고 가정해 보자. k에서 ± 1의 차수에 대한 오차는 중요하지 않을 수 있지만, m에서 ± 1의 오차는 1 km = 10^9 μm이기 때문에 해의 타당성에 엄청난 영향을 미친다.

나쁜 조건 문제는 서로 다른 미지수의 오차가 균형을 이루도록 축을 먼저 스케일링하여 좌표를 **정규화**(normalizing)하면 극복할 수 있다. 그러나 현재 당면한 문제에서 정규화에 대한 보다 간단한 해법이 가능하다. 즉 모든 입력 점을 중심점이 되도록 이동시킨다. 이동 이후에, y-절편 k는 0으로 보장되어 변수들 중 하나를 제거한다. 보다 구체적으로 먼저 점의 평균을 다음과 같이 계산한다.

$$\bar{\mathbf{x}} \equiv \begin{bmatrix} \bar{x} \\ \bar{y} \end{bmatrix} = \frac{1}{n}\sum_{i=1}^{n}\begin{bmatrix} x_i \\ y_i \end{bmatrix} \tag{11.13}$$

그런 다음 각 점의 중심 좌표를 얻기 위해 평균을 뺀다.

$$[\tilde{x}_i \quad \tilde{y}_i]^{\mathsf{T}} \equiv [x_i - \bar{x} \quad y_i - \bar{y}]^{\mathsf{T}} \tag{11.14}$$

중심 좌표를 통과하는 최적의 라인은 원점을 통과하여 다음으로 이어진다.

$$\underbrace{\begin{bmatrix} \tilde{x}_1 \\ \tilde{x}_2 \\ \vdots \\ \tilde{x}_n \end{bmatrix}}_{\tilde{\mathbf{a}}} m = \underbrace{\begin{bmatrix} \tilde{y}_1 \\ \tilde{y}_2 \\ \vdots \\ \tilde{y}_n \end{bmatrix}}_{\tilde{\mathbf{b}}} \tag{11.15}$$

그의 해결책은 다음에 의해 주어진다.

$$m = \frac{\tilde{\mathbf{a}}^{\mathsf{T}}\tilde{\mathbf{b}}}{\tilde{\mathbf{a}}^{\mathsf{T}}\tilde{\mathbf{a}}} = \frac{\tilde{\mathbf{a}}^{\mathsf{T}}\tilde{\mathbf{b}}}{\|\tilde{\mathbf{a}}\|^2} \tag{11.16}$$

알고리즘 11.2 정규화가 있는 2D 라인 피팅을 위한 일반 최소 제곱

ORDINARYLEASTSQUARES-NORMALIZED($\{(x_i, y_i)\}_{i=1}^{n}$)

Input: set of n points $\{(x_i, y_i)\}_{i=1}^{n}$ in the plane

Output: slope m and y-intercept k of the line $y = mx + k$ that minimizes the sum-of-squared vertical residuals $\sum_{i=1}^{n}(mx_i + k - y_i)^2$

```
x̄ ← ȳ ← 0
for i ← 1 to n do                                  ➤ Compute means.
    x̄ ←+ x_i
    ȳ ←+ y_i
x̄ ← x̄ / n
ȳ ← ȳ / n
s_aa ← s_ab ← 0
for i ← 1 to n do
    s_aa ←+ (x_i − x̄) * (x_i − x̄)                  ➤ Compute ãᵀã.
    s_ab ←+ (x_i − x̄) * (y_i − ȳ)                  ➤ Compute ãᵀb̃.
m ← s_ab / s_aa                                    ➤ Compute m = (ãᵀb̃)/(ãᵀã).
k ← ȳ − m * x̄                                      ➤ Compute k = ȳ − mx̄.
return m, k
```

일단 m이 계산되면, 중심이 라인 상에 있을 것이므로, 점-기울기 형태를 사용하여 k를 찾을 수 있다.

$$y - \bar{y} = m(x - \bar{x}) \tag{11.17}$$

$$y = mx + \bar{y} - m\bar{x} \tag{11.18}$$

$k = \bar{y} - m\bar{x}$로 이어진다. 이 정규화된 버전의 의사코드는 알고리즘 11.2에 나와 있으며 간단하다.

11.1.3 총 최소 제곱

일반 최소 제곱법의 한 가지 단점은 최소화하는 오류는 각 데이터 점에서 라인까지의 수직 거리이며, 라인의 기울기의 절대 값이 증가함에 따라 잡음에 민감하게 된다. 물론, 라인이 수직 일 때, 경사 절편 표시는 사용할 수 없다.

총 최소 제곱(total least squares)이라고 하는 보다 견고한 접근 방법은 각 점에서 라인까지의 수직 거리를 최소화하는 것이다. 이 방법의 경우, 라인은 세 개의 매개 변수 a, b 및 c를 사용하여 표시되므로 $ax + by + c = 0$이 된다. 수식에 대한 해는 다른 해를 산출하기 위해 0 이 아닌 스칼라로 곱해질 수 있기 때문에 이것을 **균질 수식**(homogeneous equation)이라고 한다. 즉, a, b, c가 라인

을 나타내는 계수라면, αa, αb, αc는 $\alpha \neq 0$에 대해 동일한 라인을 나타낸다.

이 표현은 3개의 매개 변수를 사용하기 때문에 라인은 2 자유도 밖에 없으므로 제한 $\|\mathbf{n}\| = 1$을 부가한다. 여기서, $\mathbf{n} \equiv [a \quad b]^\mathsf{T}$는 라인의 법선 벡터이다. 이 제약 조건에서, 이 법선 벡터를 따라 원점에서 라인까지의 거리는 $|c|$로 주어지며, 법선은 라인에서 원점($c > 0$인 경우) 또는 원점에서 라인($c < 0$인 경우)을 가리킨다. 점 (x, y)과 라인으로부터의 거리는 $|ax_i + by_i + c|$로 주어지므로 우리의 목표는 제곱 거리의 합 $\sum_{i=1}^{n}(ax_i + by_i + c)^2$를 최소화하는 것이다. 이전처럼 점의 중심을 $\overline{\mathbf{x}} \equiv \frac{1}{n}\sum_{i=1}^{n}[x_i \quad y_i]^\mathsf{T}$로 정의하자. 공분산 행렬을 $\mathbf{C} \equiv \frac{1}{n}\sum_{i=1}^{n}[x_i - \overline{x} \quad y_i - \overline{y}]^\mathsf{T}\,[x_i - \overline{x} \quad y_i - \overline{y}]$로 정의하면, n이 가장 작은 고유치와 연관된 $\mathbf{C}$의 고유 벡터임을 쉽게 나타낼 수 있으며, $c = -\overline{\mathbf{x}}^\mathsf{T}\mathbf{n}$이다. 의사코드는 알고리즘 11.3에 나와 있다.

$\mathbf{n}$에 대한 해를 도출하기 위해 먼저 n개의 수식을 작성해야 한다.

$$ax_1 + by_1 + c = 0 \tag{11.19}$$

$$ax_2 + by_2 + c = 0 \tag{11.20}$$

$$\vdots \tag{11.21}$$

$$ax_n + by_n + c = 0 \tag{11.22}$$

이 수식을 행렬로 표시하고 미지수를 꺼내면 다음이 된다.

알고리즘 11.3 2D 라인 피팅을 위한 총 최소 제곱

TotalLeastSquares$(\{(x_i, y_i)\}_{i=1}^{n})$

Input: set of n points $\{(x_i, y_i)\}_{i=1}^{n}$ in the plane
Output: parameters a, b, and c of the line $ax + by + c$, where $\sqrt{a^2 + b^2} = 1$ and $c < 0$, that minimizes the sum-of-squared perpendicular residuals $\sum_{i=1}^{n}(ax_i + by_i + c)^2$

```
[x̄  ȳ] ← (1/n) Σ_{i=1}^{n} [x_i  y_i]                      ➤ Compute the mean of the points.
C ← (1/n) Σ_{i=1}^{n} [x_i − x̄  y_i − ȳ]ᵀ [x_i − x̄  y_i − ȳ]   ➤ Construct covariance matrix.
v_1, v_2, λ_1, λ_2 ← Eigen(C)   ➤ Compute eigenvectors and associated eigenvalues, where λ_1 ≥ λ_2.
[a  b]ᵀ ← v_2   ➤ The eigenvector associated with the smallest eigenvalue yields the normal.
Set c ← − x̄ᵀn, where x̄ᵀ = [x̄  ȳ] and n = [a  b]ᵀ   ➤ Compute the perpendicular
if c > 0 then                                           distance to the line.
    [a  b  c]ᵀ ← − [a  b  c]ᵀ                     ➤ Enforce convention (not necessary).
return a, b, c
```

$$\underbrace{\begin{bmatrix} x_1 & y_1 & 1 \\ x_2 & y_2 & 1 \\ \vdots \\ x_n & y_n & 1 \end{bmatrix}}_{\mathbf{A}_{\{n\times3\}}} \underbrace{\begin{bmatrix} a \\ b \\ c \end{bmatrix}}_{\mathbf{x}_{\{3\times1\}}} = \underbrace{\begin{bmatrix} 0 \\ 0 \\ \vdots \\ 0 \end{bmatrix}}_{\mathbf{b}_{\{n\times1\}}} \tag{11.23}$$

여기서, 행렬 $\mathbf{A}$는 이전과 다르다. 수식의 양변에 $\mathbf{A}^\mathsf{T}$를 곱하면 다음이 된다.

$$\mathbf{A}^\mathsf{T}\mathbf{A}\mathbf{x} = \mathbf{0} \tag{11.24}$$

여기서, 우리는 문제를 겪는다. 이 수식은 균질이기 때문에(오른쪽에 모두 제로), 이전에 사용한 것과 같은 접근법을 사용할 수 없다. 이는 단순히 $\mathbf{x} = (\mathbf{A}^\mathsf{T}\mathbf{A})^{-1}\mathbf{0} = \mathbf{0}$인 모든 0의 벡터가 나오기 때문이다. 대신, 균질 수식의 경우에는 추가적인 제약을 가해야 한다. 즉 미지의 벡터의 노름(norm)은 1, 혹은 $\|\mathbf{x}\| = 1$이다.

이전과 마찬가지로, 변수 c는 평균을 빼서 다음을 얻음으로써 제거된다.

$$a\tilde{x}_1 + b\tilde{y}_1 = 0 \tag{11.25}$$

$$a\tilde{x}_2 + b\tilde{y}_2 = 0 \tag{11.26}$$

$$\vdots \tag{11.27}$$

$$a\tilde{x}_n + b\tilde{y}_n = 0 \tag{11.28}$$

이 수식을 행렬로 표시하고, 미지수를 꺼내면 다음이 된다.

$$\underbrace{\begin{bmatrix} \tilde{x}_1 & \tilde{y}_1 \\ \tilde{x}_2 & \tilde{y}_2 \\ \vdots \\ \tilde{x}_n & \tilde{y}_n \end{bmatrix}}_{\tilde{\mathbf{A}}_{\{n\times2\}}} \underbrace{\begin{bmatrix} a \\ b \end{bmatrix}}_{\mathbf{n}_{\{2\times1\}}} = \underbrace{\begin{bmatrix} 0 \\ 0 \\ \vdots \\ 0 \end{bmatrix}}_{\mathbf{0}_{\{n\times1\}}} \tag{11.29}$$

수식의 양변에 $\tilde{\mathbf{A}}^\mathsf{T}$를 곱하면 다음이 된다.

$$\tilde{\mathbf{A}}^\mathsf{T}\tilde{\mathbf{A}}\mathbf{n} = \mathbf{0} \tag{11.30}$$

즉, 우리의 목표는 다음과 같은 제한을 최소화하는 것이다.

$$\min_{\|\mathbf{n}\|=1} \|\tilde{\mathbf{A}}^\mathsf{T}\tilde{\mathbf{A}}\mathbf{n}\| \tag{11.31}$$

공분산 행렬은 $\mathbf{C} = \frac{1}{n}\tilde{\mathbf{A}}^\mathsf{T}\tilde{\mathbf{A}}$와 동일하다는 것을 쉽게 알 수 있다. 우리가 이미 보

았 듯이 **C**는[1] 실수이고 대칭이기 때문에 그 고유 값은 실수이고, 그것의 고유 벡터는 서로 직교한다. **C**의 고유 벡터 $\mathbf{v}_1$, $\mathbf{v}_2$ 및 고유 값 λ_1, λ_2가 계산되면, 모든 $i = 1, 2$에 대해 $\mathbf{C}\mathbf{v}_i = \lambda_i \mathbf{v}_i$가 계산된다. 고유 벡터를 행렬 $\mathbf{P} = [\mathbf{v}_1 \ \ \mathbf{v}_2]$에 표시하고, 대각 행렬 $\Lambda = \text{diag}(\lambda_1, \lambda_2)$에 대한 고유 값을 수식 $\mathbf{CP} = \mathbf{P}\Lambda$로 만든다. 다시 정렬하면, 행렬은 대각 행렬과 두 개의 직교 행렬의 곱으로 나타난다. **P**는 $\mathbf{P}^\mathsf{T}\mathbf{P} = \mathbf{I}_{\{n \times n\}}$을 의미하는 직교 행렬이므로 $\mathbf{C} = \mathbf{P}\Lambda\mathbf{P}^\mathsf{T}$이다.

수식 (11.31)을 대입하면 다음과 같이 나타난다.

$$\min_{\|\mathbf{n}\|=1} \|\mathbf{P}\Lambda\mathbf{P}^\mathsf{T}\mathbf{n}\| = \min_{\|\mathbf{n}\|=1} \|\Lambda\mathbf{P}^\mathsf{T}\mathbf{n}\| \tag{11.32}$$

여기서, 수식이 균질이기 때문에 $\frac{1}{n}$의 스칼라 인자를 무시하고, 두 번째 수식은 첫 번째 수식을 $\mathbf{P}^\mathsf{T}$에 의해 왼쪽으로 곱하는 것으로부터 발생한다. 이제는 **P**가 직각이기 때문에 단위 벡터 **n**에 회전(가능한 반사)을 수행하기 때문에 결과도 단위 노름이 된다. 즉 $\|\mathbf{P}^\mathsf{T}\mathbf{n}\| = 1$이다. 입력 벡터의 모든 에너지가 대각 행렬의 가장 작은 값에 해당하는 행에 집중되어 있을 때, 단위 벡터로 대각 행렬을 곱한 결과로 발생하는 가장 작은 벡터가 발생한다는 것은 분명하다. 즉 $\mathbf{n}' \equiv [n'_x \ \ n'_y]^\mathsf{T} \equiv \mathbf{P}^\mathsf{T}\mathbf{n}$이라면, 수식 (11.32)를 최소화하는 것은 제약 조건 $(n'_x)^2 + (n'_y)^2 = 1$로 $(\lambda_1 n'_x)^2 + (\lambda_2 n'_y)^2$를 최소화하는 것과 같다. 고유 값이 감소하는 순서로 정렬되는 규칙을 채택하면, 이 최소 값은 $n'_x = 0$ 및 $n'_y = 1$ 또는 $\mathbf{P}^\mathsf{T}\mathbf{n} = [0 \ \ 1]^\mathsf{T}$일 때 발생한다. 따라서 $\mathbf{n} = \mathbf{P}[0 \ \ 1]^\mathsf{T}$는 **P**의 오른쪽 열 또는 $\mathbf{v}_2$이다.

이 문제를 보는 또 다른 방법은 제약된 최적화 문제임을 알아채는 것이다. 제약된 최적화 문제를 해결하는 일반적인 방법은 **라그랑지 승수**(Lagrange multipliers)를 사용하는 것이다. 우리는 제약 조건 $\mathbf{n}^\mathsf{T}\mathbf{n} = 1$에 따라, $\|\mathbf{A}\mathbf{n}\|^2 = \mathbf{n}^\mathsf{T}\tilde{\mathbf{A}}^\mathsf{T}\tilde{\mathbf{A}}\mathbf{n}$을 최소화하기를 원한다. 라그랑지 승수 기법을 적용하기 위해, 제약 조건은 0 과 같도록 다시 쓰이고, 우리의 경우 $\mathbf{n}^\mathsf{T}\mathbf{n} - 1 = 0$이 된다. 그런 다음, **라그랑지안**(Lagrangian)은 최소화된 양으로부터 제약 조건 $\mathbf{n}^\mathsf{T}\tilde{\mathbf{A}}^\mathsf{T}\tilde{\mathbf{A}}^\mathsf{T}\mathbf{n} - \lambda(\mathbf{n}^\mathsf{T}\mathbf{n} - 1)$의 왼쪽 부분의 스칼라 배수를 뺀 값으로 정의된다. 여기서, (알 수없는) 스칼라 인자 λ은 **라그랑지 승수**(Lagrange multiplier)라 불린다. 우리는 이 수식을 0 으로 설정하고, **n**에 대해 미분을 취하여 $\tilde{\mathbf{A}}^\mathsf{T}\tilde{\mathbf{A}}\mathbf{n} - \lambda\mathbf{n} = \mathbf{0}$ 또는 $\tilde{\mathbf{A}}^\mathsf{T}\tilde{\mathbf{A}}\mathbf{n} = \lambda\mathbf{n}$을 산출함으로써 λ을 풀 수 있다. 이 수식은 λ이 $\tilde{\mathbf{A}}^\mathsf{T}\tilde{\mathbf{A}}$의 고유 값이고, **n**이 해당 고유 벡터임을 보여준다.

---

1 4.4.5절 (p. 225)

11.1.4 평면 피팅

3D 점 집합에 평면을 맞추는 절차는 2D 점 집합에 라인을 맞추는 절차와 동일하다. 평면은 균질 수식 $ax+by+cz+d=0$의 4개 매개 변수로 표현된다. 평면의 법선은 $\mathbf{n} \equiv [a \quad b \quad c]^\mathsf{T}$로 주어지며, 여기서, $\|\mathbf{n}\|=1$이고, $|d|$는 원점에서 평면까지의 거리이다. 점 (x, y, z)에서 평면까지의 거리는 $|ax+by+cz+d|$에 의해 주어지므로, 우리의 목표는 제곱 거리 $\sum_{i=1}^{n}(ax+by+cz+d)^2$의 합을 최소화하는 것이다. 앞에서와 같이, 점의 중심을 $\overline{\mathbf{x}} \equiv \frac{1}{n}\sum_{i=1}^{n}[x_i \quad y_i \quad z_i]^\mathsf{T}$로 정의하자. 모든 점들이 중심에 의해 이동되면, $[\tilde{x}_i \quad \tilde{y}_i \quad \tilde{z}_i]=[x_i-\overline{x} \quad y_i-\overline{y} \quad z_i-\overline{z}]$이고, 모든 좌표 $[\tilde{x}_i \quad \tilde{y}_i \quad \tilde{z}_i]$는 행렬 $\tilde{\mathbf{A}}$의 열이 된다. 그리고 공분산 행렬은 $\mathbf{C}=\frac{1}{n}\tilde{\mathbf{A}}^\mathsf{T}\tilde{\mathbf{A}}$로 주어진다. 결과는 이전과 동일하다. $\mathbf{n}$은 단위 노름으로 정규화된 최소 고유 값과 연관된 $\mathbf{C}$의 고유 벡터이며, $d=-\overline{\mathbf{x}}^\mathsf{T}\mathbf{n}$이다.

11.1.5 특이 값 분해

고유 값과 고유 벡터의 정의로부터, 모든 정사각형 행렬 $\mathbf{A}$가 세 개의 행렬의 곱으로 분해되거나 분해될 수 있다는 것을 쉽게 알 수 있다.

$$\mathbf{A} = \mathbf{P}\Lambda\mathbf{P}^{-1} \tag{11.33}$$

여기서, Λ은 $\mathbf{A}$의 고유 값으로 구성된 대각선 행렬이고, $\mathbf{P}$의 열은 고유 벡터이다. $\mathbf{A}$가 실수이고 대칭(또는 복합 및 은둔)인 경우, 모든 고유 값은 실수이고, 고유 값에 해당하는 모든 고유 벡터는 직교한다. 이전에 보았듯이[2], $\mathbf{P}$가 직교하거나 직교하도록 구성되어 $\mathbf{A}=\mathbf{P}\Lambda\mathbf{P}^\mathsf{T}$를 산출한다는 것을 의미한다. 이 절에서 이 아이디어는 임의의 행렬에 적용할 수 있는 인수 분해 기술인 **특이 값 분해**

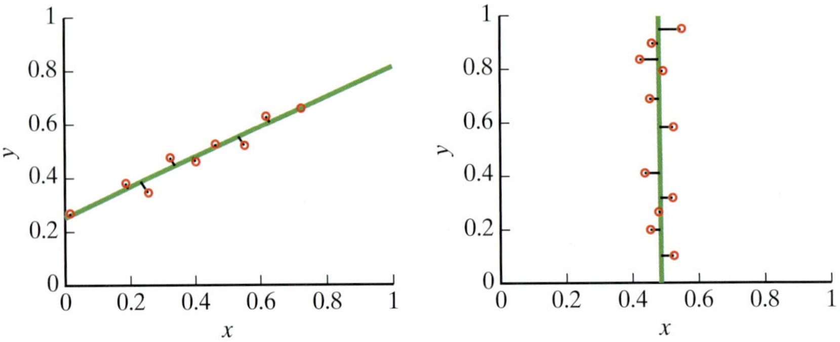

그림 11.2 총 최소 제곱을 사용하여 그림 11.1과 같은 점 집합에 선을 맞춘 결과. 이 접근법은 수직 거리의 제곱의 합을 최소화한다. 이 기술은 비수직선(왼쪽)과 수직선(오른쪽) 모두에 적합하다.

2 4.4.4절 (p. 220)

(singular value decomposition, SVD)를 도입하여 일반화된다. SVD는 광범위한 중요성과 적용 가능성으로 인해, 자세한 논의가 필요하다.

SVD는 다음과 같이 정의된다. 임의의 실수 $m \times n$ 행렬 $\mathbf{A}$는 직교 행렬 $\mathbf{U}$, 대각 행렬 Σ 및 다른 직교 행렬 $\mathbf{V}$의 곱으로서 분해될 수 있다.

$$\mathbf{A}_{\{m\times n\}} = \mathbf{U}_{\{m\times m\}}\,\Sigma_{\{m\times n\}}\,\mathbf{V}^{\mathsf{T}}_{\{n\times n\}} \tag{11.34}$$

$\mathbf{U}$와 $\mathbf{V}$는 직교 행렬이기 때문에, $\mathbf{U}\mathbf{U}^{\mathsf{T}} = \mathbf{U}^{\mathsf{T}}\mathbf{U} = \mathbf{I}_{\{m\times m\}}$이고, $\mathbf{V}\mathbf{V}^{\mathsf{T}} = \mathbf{V}^{\mathsf{T}}\mathbf{V} = \mathbf{I}_{\{n\times n\}}$이다. 행렬 $\Sigma = diag(\sigma_1, \sigma_2, \cdots, \sigma_n)$는 엔트리가 증가하지 않는 순서로 정렬된 대각 행렬이다. $\sigma_1 \geq \sigma_2 \geq \cdots \geq \sigma_n \geq 0$이고, 여기서, $p \equiv \min(m, n)$이다. $\mathbf{U}$의 열은 **왼쪽 특이 벡터**(left singular vectors)라고 부르며, $\mathbf{V}$의 열은 **오른쪽 특이 벡터**(right singular vectors)이며, σ_i의 값은 $\mathbf{A}$의 **특이 값**(singular values)이다. 수식 (11.34)이 수학적으로는 특이 값에 왼쪽 및 오른쪽 특이 벡터의 외적을 곱한 합과 동일하다.

$$\mathbf{A} = \sum_{i=1}^{p} \sigma_i \mathbf{u}_i \mathbf{v}_i^{\mathsf{T}} \tag{11.35}$$

이것은 **SVD 확장**(SVD expansion)이라고 불리는데, 여기서, $\mathbf{u}_i$는 $\mathbf{U}$의 i 번째 열이고, $\mathbf{v}_i$는 $\mathbf{V}$의 i 번째 열이다.

특이 값이 유일한 경우, 모든 왼쪽 특이 벡터의 첫 번째 0이 아닌 항목을 양수로 설정하는 관례를 따르는 경우, 특이 벡터도 고유하다. 그렇지 않은 경우, 왼쪽 특이 벡터 $\mathbf{u}_i$와 이에 해당하는 오른쪽 특이 벡터 $\mathbf{v}_i$의 부호 반전으로 인해, $\mathbf{U}\Sigma\mathbf{V}^{\mathsf{T}}$가 변경되지 않으므로 부호가 모호하다. 반복된 특이 값의 경우, 특이 벡터는 더 이상 고유하지 않다. 따라서 반복된 특이 값에 대응하는 부분 공간을 스팬(span)하는 모든 직교 벡터가 수행된다.

특이 벡터는 일반화된 고유 벡터로 생각할 수 있고, 특이 값은 일반화된 고유 값이다. 특이 벡터가 고유 벡터처럼 작용하는 동안, 특이 값이 고유 값처럼 작동하는지 확인하려면, 다음 사항에 유의하여야 한다.

$$\mathbf{A}\mathbf{v}_i = \mathbf{U}\Sigma(\mathbf{V}^{\mathsf{T}}\mathbf{v}_i) = \mathbf{U}\Sigma\mathbf{e}_i = \sigma_i\mathbf{U}\mathbf{e}_i = \sigma_i\mathbf{u}_i \tag{11.36}$$

$$\mathbf{A}^{\mathsf{T}}\mathbf{u}_i = \mathbf{V}\Sigma^{\mathsf{T}}(\mathbf{U}^{\mathsf{T}}\mathbf{u}_i) = \mathbf{V}\Sigma^{\mathsf{T}}\mathbf{e}_i = \sigma_i\mathbf{V}\mathbf{e}_i = \sigma_i\mathbf{v}_i \tag{11.37}$$

여기서, $\mathbf{e}_i = [0 \ \cdots \ 0 \ 1 \ 0 \ \cdots \ 0]^{\mathsf{T}}$는 i 번째 요소에 1을 갖는 표준 기본 벡터이다. 이 수식은 단순성으로 인해 SVD를 사용하여 속성을 증명할 수 있는 용이

성을 보여준다. 이 경우, 트릭(trick)은 $\mathbf{u}_i$가 i 번째 열을 제외하고 $\mathbf{U}$의 모든 열과 직각을 이루며, $\mathbf{v}_i$ 및 $\mathbf{V}$도 마찬가지이다.

$m \times m$ 행렬 $\mathbf{AA}^\mathsf{T}$와 $n \times n$ **그라미안**(Gramian) $\mathbf{A}^\mathsf{T}\mathbf{A}$에 유사한 원리를 적용하면, 왼쪽 및 오른쪽 특이 벡터가 각각 이 두 행렬의 고유 벡터임을 알 수 있다.

$$\mathbf{A}\mathbf{A}^\mathsf{T}\mathbf{u}_i = (\mathbf{U}\Sigma\mathbf{V}^\mathsf{T})(\mathbf{V}\Sigma^\mathsf{T}\mathbf{U}^\mathsf{T})\mathbf{u}_i = \mathbf{U}\Sigma\Sigma^\mathsf{T}\mathbf{e}_i = \sigma_i^2\mathbf{U}\mathbf{e}_i = \sigma_i^2\mathbf{u}_i \quad (11.38)$$

$$\mathbf{A}^\mathsf{T}\mathbf{A}\,\mathbf{v}_i = (\mathbf{V}\Sigma^\mathsf{T}\mathbf{U}^\mathsf{T})(\mathbf{U}\Sigma\mathbf{V}^\mathsf{T})\mathbf{v}_i = \mathbf{V}\Sigma^\mathsf{T}\Sigma\mathbf{e}_i = \sigma_i^2\mathbf{V}\mathbf{e}_i = \sigma_i^2\mathbf{v}_i \quad (11.39)$$

첫 번째 p 고유치는 특이 값의 제곱이다. 특별한 경우에, 행렬 $\mathbf{A}$는 대칭적이다. 즉, $\mathbf{A} = \mathbf{A}^\mathsf{T}$이고, 그러면 왼쪽과 오른쪽 특이 벡터가 서로 동일하고 $\mathbf{A}$의 고유 벡터를 나타내며, 특이 값이 $\mathbf{A}$의 고유 값이다.

SVD를 사용하면 행렬 구조를 쉽게 알 수 있다. $\mathbf{A}$의 랭크, 널 공간, 범위 및 **Frobenius 노름**(Frobenius norm)이 다음과 같은 방법으로 SVD와 관련된다는 것을 보여주는 것은 어렵지 않다. 여기서, Frobenius 노름은 행렬 요소로 구성된 벡터의 유클리드 노름이다.

$$\begin{aligned}
\text{rank}(\mathbf{A}) &= r \\
\text{null}(\mathbf{A}) &= \text{span}\,\{\mathbf{v}_{r+1}, \ldots, \mathbf{v}_n\} \\
\text{range}(\mathbf{A}) &= \text{span}\,\{\mathbf{u}_1, \ldots, \mathbf{u}_r\} \\
\|\mathbf{A}\|_F &\equiv \sqrt{\sum_{i=1}^{m}\sum_{j=1}^{n} a_{ij}^2} = \sqrt{\sum_{i=1}^{r}\sigma_i^2}
\end{aligned}$$

여기서, r은 $\Sigma = \text{diag}(\sigma_1, \sigma_2, \cdots, \sigma_r, 0, \cdots, 0)$가 되도록 0이 아닌 특이 값의 수이고, a_{ij}는 $\mathbf{A}$의 ij 번째 요소이다. 모든 특이 값이 0이 아니면 $r = p$, 그렇지 않으면 $\sigma_r > 0$이지만 $\sigma_{r+1} = 0$이다.

분명히 랭크가 r인 행렬에 대해, $\mathbf{V}$의 최종 $n - r$ 열뿐만 아니라 $\mathbf{U}$의 최종 $m - r$열은 필요하지 않다. 이 값에는 0으로 설정된 특이 값이 곱해지기 때문에 필요하지 않다. $\sigma_i = 0$이다. 이러한 관찰은 불필요한 요소가 제거된 **콤팩트 버전**(compact version)의 SVD로 자연스럽게 이어진다.

$$\mathbf{A} = \underbrace{[\mathbf{u}_1 \;\; \mathbf{u}_2 \;\; \cdots \;\; \mathbf{u}_r]}_{\mathbf{U}_r} \underbrace{\begin{bmatrix} \sigma_1 & & & \\ & \sigma_2 & & \\ & & \ddots & \\ & & & \sigma_r \end{bmatrix}}_{\Sigma_r} \underbrace{\begin{bmatrix} \mathbf{v}_1^\mathsf{T} \\ \mathbf{v}_2^\mathsf{T} \\ \vdots \\ \mathbf{v}_r^\mathsf{T} \end{bmatrix}}_{\mathbf{V}_r^\mathsf{T}} \quad (11.40)$$

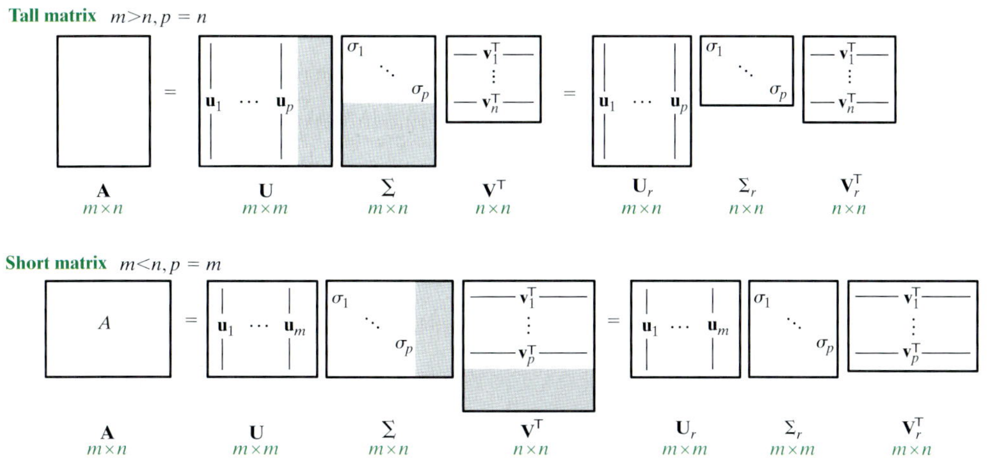

그림 11.3 **A**가 정사각형이 아닌 경우, **A**가 크거나 짧은 지에 따라 SVD의 Σ에 0열 또는 행이 있다(회색으로 표시). 이 0은 **U**열 또는 **V**열의 각각으로 곱하기 때문에 이러한 열 또는 행은 중요하지 않으므로 SVD의 콤팩터 버전이 된다.

즉, SVD의 콤팩트 버전에서, $\mathbf{A}=\mathbf{U}_r\Sigma_r\mathbf{V}_r^\mathsf{T}$인데, 여기서, $\mathbf{U}_r$는 $\mathbf{U}$의 첫 번째 열을 포함하고, Σ_r은 첫 번째 r 개의 특이 값을 포함하고, $\mathbf{V}_r$은 $\mathbf{V}$의 첫 번째 r 열을 포함한다. **A**가 $m \times n$인 경우, $\mathbf{U}_r$는 $m \times n$이고, Σ_r은 $r \times r$이며, $\mathbf{V}_r$은 $n \times r$이다(따라서 $\mathbf{V}_r^\mathsf{T}$는 $r \times n$이다). **A**가 키가 큰 행렬($m > n$)이면 $\mathbf{V}_r=\mathbf{V}$이고, **A**가 짧은 행렬($m < n$)이면 $\mathbf{U}_r=\mathbf{U}$이다(그림 11.3 참조). 콤팩터 버전은 계산 및 저장에 있어 효율적이며, 종종 소프트웨어 패키지에 의해 반환되는 버전이다. 정사각형인 풀 랭크(full rank) 행렬에 대해서는 두 버전이 동일하다.

우리는 SVD에 대한 몇 가지 추가 사용을 간략하게 언급한다. 첫째, 정사각형 행렬 $\mathbf{A}_{\{n\times n\}}$가 풀 랭크이면, 즉 $\sigma_i > 0$, $i=1, \ldots, n$인 경우에만 비특이(nonsingular) 이다. 그러나 실제적으로 행렬은 수학적으로 풀 랭크가 될 수 있고, 동시에 역행렬의 계산은 수치적으로 불안정한 결과를 낳는다. 예를 들어, 수식 (11.12)의 부적절한 행렬은 기술적으로 말하면 역변환 가능하고, 특이에 "근접한"것이지만 역은 계산되어서는 안 된다. SVD는 이 직관을 수치화하는 간단하고 효과적인 방법을 제공한다. 임의의 주어진 행렬 **A**에 대하여, 제 1 특이 값과 마지막 0이 아닌 특이 값의 비 $c \equiv \frac{\sigma_1}{\sigma_p} \geq 1$을 **조건 번호**(condition number)라고 부른다. $c \approx 1$이면 A가 좋은 조건(well-conditioned)이지만, c가 크면 **A**가 나쁜 조건(ill-conditioned)이다. 보다 구체적으로, 만일, $\frac{1}{c}$가 머신(machine)의 부동 소수점 정밀도와 비슷하면, 그렇게 하려고하면 행렬이 수치상으로 불안정한 결과를 초래할 수 있기 때문에 행렬을 반전시켜서는 안 된다.

두 번째로, 행렬 **A**의 Moore-Penrose **의사역**(pseudoinverse)은 $\Sigma^+=\text{diag}(\frac{1}{\sigma_1}, \frac{2}{\sigma_2}, \ldots, \frac{1}{\sigma_r}, 0, \ldots, 0)$인 $\mathbf{A}^+=\mathbf{V}\Sigma^+\mathbf{U}^\mathsf{T}$로 정의된다. 즉, Σ의

0이 아닌 각각의 특이 값은 Σ^+를 얻기 위해 반전되며, 0의 특이 값은 홀로 남는다. $\mathbf{V}^\top\mathbf{V} = \mathbf{I}$, $\mathbf{U}\mathbf{U}^\top = \mathbf{I}$, $\Sigma\Sigma^+ = \mathbf{I}$이므로 $\mathbf{A}\mathbf{A}^+ = \mathbf{U}\Sigma\mathbf{V}^\top\mathbf{V}\Sigma^+\mathbf{U}^\top = \mathbf{U}\Sigma\Sigma^+\mathbf{U}^\top = \mathbf{U}\mathbf{U}^\top = \mathbf{I}$ 임을 쉽게 알 수 있다. 행렬 $\mathbf{A}$가 정사각형이고 풀 랭크(그리고 역행렬 가능)이면, $\Sigma^+ = \Sigma^{-1}$이기 때문에 $A^+ = A^{-1}$ 이다. 문제 $\mathbf{A}\mathbf{x} = \mathbf{b}$에 대한 최소 제곱 해 $(\mathbf{A}^\top\mathbf{A})^{-1}\mathbf{A}^\top\mathbf{b}$는 A^+b와 같음을 알 수 있다. 이것은 정사각형이 아닌 행렬의 경우에 대한 $\mathbf{A}^{-1}\mathbf{b}$의 일반화이다. 타이(tie)의 경우, 계산 $\mathbf{A}^+\mathbf{b}$는 최소 노름을 가지는 $\|\mathbf{A}\mathbf{x} - \mathbf{b}\|$를 최소화하는 모든 벡터 중에서 산출된다.

셋째, 균등 수식 $\mathbf{A}\mathbf{x} = \mathbf{0}$에 대한 최소 제곱 해는 $\mathbf{A}$의 오른쪽 특이 벡터, 즉 $\mathbf{v}_n$에 의해 주어진다. 또는 등가적으로 수식 (11.39)에서 가장 작은 고유 값과 관련된 $\mathbf{A}^\top\mathbf{A}$의 고유 벡터이다.

$$\arg\min_{\|\mathbf{x}\|=1} \|\mathbf{A}\mathbf{x}\|^2 = \arg\min_{\|\mathbf{x}\|=1} \|\mathbf{U}\Sigma\mathbf{V}^\top\mathbf{x}\|^2 = \mathbf{V}(\arg\min_{\|\mathbf{y}\|=1} \|\Sigma\mathbf{y}\|^2) = \mathbf{V}\mathbf{e}_n = \mathbf{v}_n \quad (11.41)$$

여기서, $\mathbf{e}_n \equiv [0 \quad 0 \quad \cdots \quad 0 \quad 1]^\top$이다. 첫 번째 수식은 SVD의 정의를 사용하고, 세 번째 수식은 특이 값이 증가하지 않는 순서로 정렬된다는 사실을 사용하며, 최종 수식은 $\mathbf{V}$의 마지막 열을 선택하기만 한다. 두 번째 수식을 보려면 입력의 길이를 변경하지 않고 $\mathbf{U}$ 및 $\mathbf{V}$가 회전(및 가능한 반사)을 수행한다. $\mathbf{V}^\top\mathbf{V} = \mathbf{I}$이므로, $\|\mathbf{V}\mathbf{x}\|^2 = (\mathbf{V}\mathbf{x})^\top(\mathbf{V}\mathbf{x}) = \mathbf{x}^\top\mathbf{V}^\top\mathbf{V}\mathbf{x} = \mathbf{x}^\top\mathbf{x} = \|\mathbf{x}\|^2$이고, 마찬가지로 $\|\mathbf{U}\mathbf{x}\|^2$이다. 따라서 $\mathbf{y} \equiv \mathbf{V}^\top\mathbf{x}$를 정의하면, 문제는 $\|\mathbf{U}\Sigma\mathbf{y}\|^2 = (\mathbf{y}^\top\mathbf{S}^\top\mathbf{U}^\top)(\mathbf{U}\Sigma\mathbf{y}) = \mathbf{y}^\top\mathbf{S}^\top\mathbf{S}\mathbf{y} = \|\Sigma\mathbf{y}\|^2$, 제약 조건 $\|\mathbf{y}\| = 1$에 따라 최소화된다. 여기서, $\mathbf{x} = \mathbf{V}\mathbf{y}$임을 알 수 있다.

마지막으로, SVD는 가장 가까운 행렬(Frobenius 노름 sense에서)을 특정 랭크의 $\mathbf{A} = \mathbf{U}\Sigma\mathbf{V}^\top$로 찾는 쉬운 방법을 제공한다. 즉, 랭크 $(\mathbf{A}) = r$이면 행렬 $\mathbf{A}'$은 랭크 $(\mathbf{A}') = r' < r$이고, $\|\mathbf{A} - \mathbf{A}'\|_F$로 최소화되어 $\mathbf{A}' = \mathbf{U}\Sigma'\mathbf{V}^\top$로 주어진다. 여기서, $\Sigma' = \mathrm{diag}(\sigma_1, \sigma_2, \cdots, \sigma_{r'}, 0, \cdots, 0)$은 Σ의 첫 번째 r' 특이 값을 유지하는 대각선 행렬이다. 이것은 단순히 작은 특이 값을 0으로 설정하여 행렬에 대한 **랭크 제약 조건**(rank constraint)을 적용하는 간단한 절차를 제공한다.

11.2 곡선 피팅

앞 절의 닫힌 형태 최소 제곱(closed-form least squares) 알고리즘은 미지수에서 최소화할 오차가 2차인 경우에만 적용할 수 있다. 이러한 오류 함수는 포물선 모양을 띠고 있다. 즉, 오류를 전역적으로 최소화하고 알고리즘을 혼동시킬 수 있는 로컬 미니마(local minima)가 없는 볼록 함수이다. 결과적으로 문제는 단일 단계에서 해결될 수 있다. 예를 들어, 라인에 대한 직각 거리 $\sum_{i=1}^{n}(ax_i + by_i + c)^2$의 합은 미지수에서 2차이다. 미지수에 대해 이 오차를 미분하는 것은 미지수에서 선형인 수식을 산출하며, 이러한 수식은 폐쇄형 방법을 사용하여 해결할 수 있다.

곡선은 라인보다 고차 함수이므로 곡선에 대한 수직 거리의 합은 일반적으로 2차가 아니다. 결과적으로, 이러한 기하학적 오차 함수는 반복 비선형 방법을 제외하고는 최소화될 수 없다. 그럼에도 불구하고, 대개 기하학적 오차를 대수 오차로 근사하여 좋은 결과를 얻을 수 있다. 대수 오차는 대개 2차이다. 이 절에서는 실제로 발생하는 몇 가지 곡선을 다룬다. 즉 원과 타원이다.

11.2.1 원 피팅

원의 수식을 생각해보자.

$$(x - h)^2 + (y - k)^2 = r^2 \tag{11.42}$$

여기서, (h, k)는 원의 중심이고, r은 반경이다. 점 (x_i, y_i)에서 원까지의 수직(또는 반경) 거리는 원의 중심까지의 거리와 반지름의 절대 차이로 주어진다. $d_i \equiv |r_i - r|$이고, 여기서, $r_i \equiv \sqrt{(x_i - h)^2 + (y_i - k)^2}$이다. 해의 **기하학적 오차**(geometric error)를 제곱된 수직 거리의 합으로 정의 해보자.

$$\begin{aligned}\varepsilon_{geom}(h, k, r) &\equiv \sum_{i=1}^{n} d_i^2 = \sum_{i=1}^{n}(r_i - r)^2 \\ &= \sum_{i=1}^{n}\left(\sqrt{(x_i - h)^2 + (y_i - k)^2} - r\right)^2 \qquad \text{(geometric error)}\end{aligned} \tag{11.43}$$

폐쇄형 해가 없으므로 이 비 2차 수식(nonquadratic equation)을 최소화하기 위해 최소 제곱을 적용할 수 없다. 이 기하학적 오차를 최소화하는 유일한 방법은 반복 비선형 최소화이다.

그러나 기하학적 오차를 최소화하는 대신 **대수적 오차**(algebraic error)를 최소화한다면 폐쇄형 해가 존재한다.

$$\begin{aligned}\varepsilon_{alg}(h, k, r) &\equiv \sum_{i=1}^{n} \delta_i^2 = \sum_{i=1}^{n}(r_i^2 - r^2)^2 \\ &= \sum_{i=1}^{n}\left((x_i - h)^2 + (y_i - k)^2 - r^2\right)^2 \qquad \text{(algebraic error)}\end{aligned} \tag{11.44}$$

여기서, $\delta_i \equiv (x_i - h)^2 + (y_i - k)^2 - r^2$는 수식 (11.42)의 양변이 다른 양(amount)이다. 일반적으로 대수 오차를 최소화하여 얻은 원은 기하학적 오차를 최소화하여 얻은 원에 가까운 근사이다. 후자를 원해도, 전자는 후자의 반복 최소화 과정의 시작점이 된다.

대수적 오차를 최소화하기 위해 수식 (11.42)을 다음으로 다시 작성한다.

$$x^2 + y^2 + ax + by + c = 0 \tag{11.45}$$

여기서, $a \equiv -2h$, $b \equiv -2k$ 및 $c \equiv h^2 + k^2 - r^2$이다. 그런 다음, 측정 수식을 행렬로 나타내면 다음이 산출된다.

$$\underbrace{\begin{bmatrix} x_1 & y_1 & 1 \\ x_2 & y_2 & 1 \\ & \vdots & \\ x_n & y_n & 1 \end{bmatrix}}_{\breve{\mathbf{A}}} \begin{bmatrix} a \\ b \\ c \end{bmatrix} = -\underbrace{\begin{bmatrix} x_1^2 + y_1^2 \\ x_2^2 + y_2^2 \\ \vdots \\ x_n^2 + y_n^2 \end{bmatrix}}_{\breve{\boldsymbol{\rho}}} \tag{11.46}$$

혹은,

$$\begin{bmatrix} a \\ b \\ c \end{bmatrix} = -(\breve{\mathbf{A}}^\mathsf{T}\breve{\mathbf{A}})^{-1}\breve{\mathbf{A}}^\mathsf{T}\breve{\boldsymbol{\rho}} \tag{11.47}$$

a, b, c가 계산되면, 간단히 $h = -\frac{a}{2}$, $k = -\frac{b}{2}$, $r = \sqrt{h^2 + k^2 - c}$로 설정한다. **Kåsa 방법**(Kåsa method)으로 알려진 이 절차는, 알고리즘 11.4에서와 같이 간단하다.

알고리즘 11.4 점의 집합에 대한 원의 최소 제곱합(대수 오류) – Kåsa 방법

FitCircle-Kåsa($\{(x_i, y_i)\}_{i=1}^n$)

Input: set of n points $\{(x_i, y_i)\}_{i=1}^n$ in the plane
Output: center (h, k) and radius r of circle that minimizes the algebraic error $\sum_{i=1}^n ((x_i - h)^2 + (y_i - k)^2 - r^2)^2$

```
Construct Ă and ρ̆ as shown in Equation (11.46)
Solve Equation (11.47) for a, b, and c
h ← −a/2
k ← −b/2
r ← Sqrt (h * h + k * k − c)
return h, k, r
```

수식 (11.46)을 간략히 살펴보면, x_i와 y_i의 값이 클 경우(영상이 있는 경우), 일반적으로 행렬 $\breve{\mathbf{A}}$가 나쁜 조건으로 나타난다. 좌표를 정규화하려면, 먼저 중심 좌표 $(\bar{x}, \bar{y})$를 빼서 $(\tilde{x}, \tilde{y}) \equiv (x-\bar{x}, y-\bar{y})$로 모든 점을 이동한다. 이동된 좌표계에서 원의 수식은 다음과 같다.

$$\tilde{x}^2 + \tilde{y}^2 + \tilde{a}\tilde{x} + \tilde{b}\tilde{y} + \tilde{c} = 0 \tag{11.48}$$

여기서, $\tilde{a} \equiv -2\tilde{h}$, $\tilde{b} \equiv -2\tilde{k}$, $\tilde{c} \equiv \tilde{h}^2 + \tilde{h}^2 - r^2$이며, $(\tilde{h}, \tilde{k})$는 이동된 좌표계에서 원의 중심이다. (반지름은 변하지 않는다.) 이 해에 대한 흥미로운 점은 측정 수식을 행렬로 표시한 다음, 행렬의 전치에 의해 왼쪽에 곱하면 다음이 산출된다.

$$\begin{bmatrix} \tilde{x}_1 & \tilde{x}_2 & \cdots & \tilde{x}_n \\ \tilde{y}_1 & \tilde{y}_2 & \cdots & \tilde{y}_n \\ 1 & 1 & \cdots & 1 \end{bmatrix} \begin{bmatrix} \tilde{x}_1 & \tilde{y}_1 & 1 \\ \tilde{x}_2 & \tilde{y}_2 & 1 \\ & \vdots & \\ \tilde{x}_n & \tilde{y}_n & 1 \end{bmatrix} \begin{bmatrix} \tilde{a} \\ \tilde{b} \\ \tilde{c} \end{bmatrix} = - \begin{bmatrix} \tilde{x}_1 & \tilde{x}_2 & \cdots & \tilde{x}_n \\ \tilde{y}_1 & \tilde{y}_2 & \cdots & \tilde{y}_n \\ 1 & 1 & \cdots & 1 \end{bmatrix} \begin{bmatrix} \tilde{x}_1^2 + \tilde{y}_1^2 \\ \tilde{x}_2^2 + \tilde{y}_2^2 \\ \vdots \\ \tilde{x}_n^2 + \tilde{y}_n^2 \end{bmatrix} \tag{11.49}$$

이는 다음으로 단순화된다.

$$\sum_{i=1}^{n} \begin{bmatrix} \tilde{x}_i^2 & \tilde{x}_i\tilde{y}_i & 0 \\ \tilde{x}_i\tilde{y}_i & \tilde{y}_i^2 & 0 \\ 0 & 0 & 1 \end{bmatrix} \begin{bmatrix} \tilde{a} \\ \tilde{b} \\ \tilde{c} \end{bmatrix} = - \sum_{i=1}^{n} \begin{bmatrix} \tilde{x}_i^3 + \tilde{x}_i\tilde{y}_i^2 \\ \tilde{x}_i^2\tilde{y}_i + \tilde{y}_i^3 \\ \tilde{x}_i^2 + \tilde{y}_i^2 \end{bmatrix} \tag{11.50}$$

여기서, 행렬의 마지막 행과 열에 0 원소가 생기는데, 그 이유는 $\sum_{i=1}^{n} \tilde{x}_i = \sum_{i=1}^{n} \tilde{y}_i = 0$이기 때문이다. 이 0 때문에 매개 변수 $\tilde{c}$는 $\tilde{a}$ 및 $\tilde{b}$에서 분리되므로 별도로 해결할 수 있다. 몇 가지 사소한 대입을 사용하면, 다음 선형 시스템을 해결하여 이동된 중심이 계산된다.

$$\underbrace{\begin{bmatrix} \tilde{x}_1 & \tilde{y}_1 \\ \tilde{x}_2 & \tilde{y}_2 \\ \vdots & \vdots \\ \tilde{x}_n & \tilde{y}_n \end{bmatrix}}_{\tilde{\mathbf{A}}} \begin{bmatrix} \tilde{h} \\ \tilde{k} \end{bmatrix} = \frac{1}{2} \underbrace{\begin{bmatrix} \tilde{x}_1^2 + \tilde{y}_1^2 \\ \tilde{x}_2^2 + \tilde{y}_2^2 \\ \vdots \\ \tilde{x}_n^2 + \tilde{y}_n^2 \end{bmatrix}}_{\tilde{\boldsymbol{\rho}}} \tag{11.51}$$

혹은,

$$\begin{bmatrix} \tilde{h} \\ \tilde{k} \end{bmatrix} = \frac{1}{2} (\tilde{\mathbf{A}}^\mathsf{T}\tilde{\mathbf{A}})^{-1} \tilde{\mathbf{A}}^\mathsf{T} \tilde{\boldsymbol{\rho}} \tag{11.52}$$

이동된 중심이 계산되면, $h = \tilde{h} + \bar{x}$ 및 $k = \tilde{k} + \bar{y}$를 설정하여 원래 좌표계의 중

알고리즘 11.5 점의 집합에 대한 원의 최소 제곱 피팅(대수 오류) – 정규화된 Kåsa 방법

FITCIRCLE-NORMALIZEDKÅSA $(\{(x_i, y_i)\}_{i=1}^n)$

Input: set of n points $\{(x_i, y_i)\}_{i=1}^n$ in the plane
Output: center (h, k) and radius r of circle that minimizes the algebraic error $\sum_{i=1}^n ((x_i - h)^2 + (y_i - k)^2 - r^2)^2$

Compute centroid $(\bar{x}, \bar{y}) \leftarrow \frac{1}{n}\sum_{i=1}^n (x_i, y_i)$
Compute shifted points $(\tilde{x}_i, \tilde{y}_i) \leftarrow (x_i - \bar{x}, y_i - \bar{y})$ for all i
Construct $\tilde{\mathbf{A}}$ and $\tilde{\boldsymbol{\rho}}$ as shown in Equation (11.51)
Solve Equation (11.52) for $\tilde{h}$ and $\tilde{k}$
$(h, k) \leftarrow (\tilde{h} + \bar{x}, \tilde{k} + \bar{y})$
Compute r using Equation (11.53)
return h, k, r

심을 찾는다. 수식 (11.50)으로부터 우리는 $\tilde{c} = -\frac{1}{n}\sum_{i=1}^n (\tilde{x}_i^2 + \tilde{y}_i^2)$를 볼 수 있으며, 따라서 반경은 다음으로 주어진다.

$$r = \sqrt{\tilde{h}^2 + \tilde{k}^2 - \tilde{c}} = \sqrt{\frac{1}{n}\sum_{i=1}^{n}(x_i - h)^2 + (y_i - k)^2} \qquad \textbf{(11.53)}$$

이것의 미분은 연습문제로 남겨둔다. 알고리즘 11.5에서는 **정규화된 Kåsa 방법**(normalized Kåsa method)이라고 부르는 이 기법의 의사코드가 제공된다. 이 접근법은 수치적으로 장점을 갖는 3 × 3 선형 시스템보다는 2 × 2를 해결하는 것을 포함한다. 원 피팅의 예가 그림 11.4에 나와 있다.

11.2.2 원추 곡선 피팅

일반적인 **2D 원추 곡선**(conic section)의 수식은 다음의 균등 수식에 의해 주어진다.

그림 11.4 알고리즘 11.5를 사용하여 점 집합에 원을 피팅하는 세 가지 결과 예. (알고리즘 11.4에서는 이러한 데이터에 대해 눈에 띄는 결과가 산출되지 않는다.)

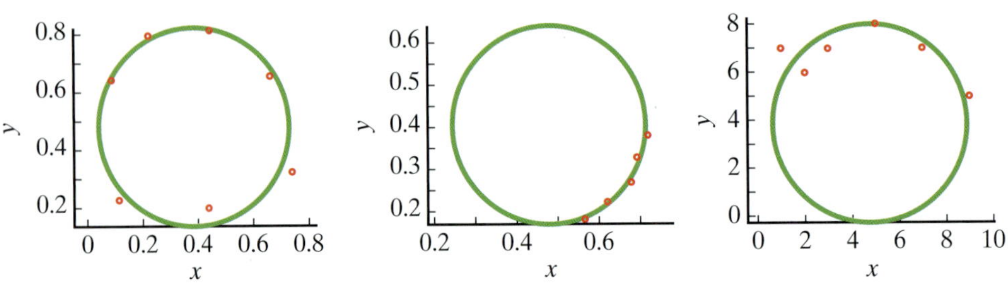

$$ax^2 + bxy + cy^2 + dx + ey + f = 0 \tag{11.54}$$

여기서, a, b, c, d, e 및 f는 원추 곡선을 설명하는 매개 변수이고, 다음의 행렬 형태이다.

$$[x \quad y \quad 1] \underbrace{\begin{bmatrix} 2a & b & d \\ b & 2c & e \\ d & e & 2f \end{bmatrix}}_{\mathbf{C}} \begin{bmatrix} x \\ y \\ 1 \end{bmatrix} = 0 \tag{11.55}$$

앞에서와 같이 이 수식은 동질적이므로 수식을 변경하지 않고, 모든 매개 변수에 동일한 0이 아닌 스칼라를 곱할 수 있다. 즉, $\mathbf{C}$와 $\alpha\mathbf{C}$는 동일한 원추 곡선을 나타낸다. 여기서, $\alpha \neq 0$은 임의의 비율 요소이다.

원추 곡선이 무한 이중 원통형 원뿔과 평면의 교차점으로 만들어진다는 점을 기하에서 생각해 볼 수 있다. $\det(\mathbf{C}) = 0$인 경우, 원추 곡선은 축퇴되며 점, 라인 또는 라인 쌍의 모양을 취한다. 그렇지 않으면, 원추 곡선은 **판별식** $b^2 - 4ac$에 의해 결정되는 세 가지 가능한 모양 중 하나를 취한다.

$$\text{Conic section is} \begin{cases} \text{an ellipse} & \text{if } b^2 - 4ac < 0 \\ \text{a parabola} & \text{if } b^2 - 4ac = 0 \\ \text{a hyperbola} & \text{if } b^2 - 4ac > 0 \end{cases} \tag{11.56}$$

또한, 타원이 진짜가 되기 위해서는 c와 $\det(\mathbf{C})$가 반대 기호, 즉 $\operatorname{sgn}(c) \neq \operatorname{sgn}(\det(\mathbf{C}))$을 가져야 한다. 그렇지 않으면 타원이 허수이다. $a = c$ 및 $b = 0$인 경우, 타원은 원임을 유의하라.

원추 곡선의 기하학적 오차를 최소화하는 것은 원에 대한 것보다 훨씬 어렵다. 왜냐하면 우리가 해를 해결한 후에야 곡선의 모양을 알 수 있기 때문이다. 그럼에도 불구하고, 대수적 오차 $\sum_{i=1}^{n}(ex_i^2 + bx_iy_i + cy_i^2 + dx_i + ey_i + f)^2$를 최소화하는 것은 간단하다. 수식을 서로 겹침으로써, 대수적 오차는 $\|\mathbf{Da}\|^2 = \mathbf{a}^\mathsf{T}\mathbf{D}^\mathsf{T}\mathbf{Da}$로 주어지며, 여기서, $\mathbf{D}$와 $\mathbf{a}$ 다음과 같이 정의된다.

$$\underbrace{\begin{bmatrix} x_1^2 & x_1y_1 & y_1^2 & x_1 & y_1 & 1 \\ x_2^2 & x_2y_2 & y_2^2 & x_2 & y_2 & 1 \\ & & \vdots & & & \\ x_n^2 & x_ny_n & y_n^2 & x_n & y_n & 1 \end{bmatrix}}_{\mathbf{D}} \underbrace{\begin{bmatrix} a \\ b \\ c \\ d \\ e \\ f \end{bmatrix}}_{\mathbf{a}} = \mathbf{0}_{\{n \times 6\}} \tag{11.57}$$

알고리즘 11.6 점의 집합에 대한 원추 곡선의 최소 제곱 피팅(대수 오차)

FITCONICSECTION $(\{(x_i, y_i)\}_{i=1}^{n})$

Input: set of n points $\{(x_i, y_i)\}_{i=1}^{n}$ in the plane

Output: parameters a, b, c, d, e, and f describing conic section that minimizes the algebraic error $\sum_{i=1}^{n}(ax_i^2 + bx_iy_i + cy_i^2 + dx_i + ey_i + f)^2$

1 Construct the $n \times 6$ measurement matrix $\mathbf{D}$ as shown in Equation (11.57)
2 Compute the 6×6 scatter matrix $\mathbf{S} \leftarrow \mathbf{D}^\mathsf{T}\mathbf{D}$
3 Set $[a \quad b \quad c \quad d \quad e \quad f]^\mathsf{T}$ to the eigenvector associated with the smallest eigenvalue of $\mathbf{S}$
4 **return** a, b, c, d, e, and f

전체 최소 제곱의 경우에 보았듯이, $\mathbf{D}$의 오른쪽 특이 벡터를 선택함으로써 $\|\mathbf{Da}\|^2$를 최소화한다. 위에서 설명한 바와 같이, 우리는 $\mathbf{S} \equiv \mathbf{D}^\mathsf{T}\mathbf{D}$를 정의할 수 있으며, 최소 고유 값과 연관된 $\mathbf{S}$의 고유 벡터를 선택함으로써 $\|\mathbf{Sa}\|^2 = \mathbf{A}^\mathsf{T}\mathbf{S}^\mathsf{T}\mathbf{Sa}$를 최소화할 수 있다. 의사코드는 알고리즘 11.6에 나와 있지만, 보다 강건한 결과를 위해 먼저 좌표를 정규화해야 한다.

11.2.3 타원 피팅

원추 곡선을 피팅하는 것은 쉽지만, 원추 곡선의 모양이 너무 일반적이기 때문에 그러한 절차는 별로 실용적이지 않다. 지금까지 가장 유용한 원추 곡선은 타원이며, 이는 영상 평면에 원을 투영하는 것과 같이 실제로 발생한다. 타원의 대수적 오차를 최소화하기 위해, 방금 본 $\mathbf{D}$와 $\mathbf{S} = \mathbf{D}^\mathsf{T}\mathbf{D}$ 행렬을 사용한다. 타원을 설명하는 제약 조건은 $b^2 - 4ac < 0$으로 주어지며, 스케일은 중요하지 않으므로 부등호 제약 조건(inequality constraint)에서 등호 제약 조건(equality constraint)으로 변경할 수 있다. $b^2 - 4ac = -1$, 여기서, -1은 다소 임의적으로 선택된다(음수라면 가능). 행렬 형태에서, 이 등호 제약은 제약 $\mathbf{a}^\mathsf{T}\mathbf{Ea} = 1$로 나타낼 수 있다. 여기서, $\mathbf{E}$는 다음과 같다.

$$\mathbf{E} \equiv \begin{bmatrix} 0 & 0 & 2 & 0 & 0 & 0 \\ 0 & -1 & 0 & 0 & 0 & 0 \\ 2 & 0 & 0 & 0 & 0 & 0 \\ 0 & 0 & 0 & 0 & 0 & 0 \\ 0 & 0 & 0 & 0 & 0 & 0 \\ 0 & 0 & 0 & 0 & 0 & 0 \end{bmatrix} \tag{11.58}$$

그러므로 우리의 문제는 제약 조건 $\mathbf{a}^\mathsf{T}\mathbf{Ea} = 1$에 따라 $\|\mathbf{Da}\|^2 = \mathbf{a}^\mathsf{T}\mathbf{D}^\mathsf{T}\mathbf{Da}$를 최소화하는 것이다. 라그랑주 승수를 사용하여 최소화할 수량의 미분을 취하고, 제

알고리즘 11.7 타원의 점 집합에 대한 최소 제곱합(대수 오류)

$\text{FitEllipse}(\{(x_i, y_i)\}_{i=1}^n)$

Input: set of n points $\{(x_i, y_i)\}_{i=1}^n$ in the plane
Output: parameters a, b, c, d, e, and f describing ellipse that minimizes the algebraic error $\sum_{i=1}^n (ax_i^2 + bx_iy_i + cy_i^2 + dx_i + ey_i + f)^2$ subject to the constraint that $4ac - b^2 = 1$

Construct the $n \times 6$ measurement matrix $\mathbf{D}$ as shown in Equation (11.57)
Compute the 6×6 scatter matrix $\mathbf{S} \leftarrow \mathbf{D}^\mathsf{T}\mathbf{D}$
Construct the ellipse constraint matrix $\mathbf{E}$ as shown in Equation (11.58)
Solve the generalized eigensystem $\mathbf{Sa} = \lambda\mathbf{Ea}$ in Equation (11.59) for λ_i and $\mathbf{a}_i$, $i = 1, \ldots, 6$
Find $k \in \{1, \ldots, 6\}$ such that $\lambda_k > 0$ ➤ Note: There is only one positive eigenvalue.
Set $[a \quad b \quad c \quad d \quad e \quad f]^\mathsf{T} \leftarrow \mathbf{a}_k$
return a, b, c, d, e, and f

약 조건의 미분을 뺀 다음 미지의 라그랑주 승수 λ을 곱한 다음, 결과를 0으로 설정한다. 이것은 $2\mathbf{D}^\mathsf{T}\mathbf{Da} - 2\lambda\mathbf{Ea} = 0$, 또는 $\mathbf{Sa} = \lambda\mathbf{Ea}$를 산출한다. 문제는 다음과 같이 설명할 수 있다.

$$\text{Solve} \quad \mathbf{Sa} = \lambda\mathbf{Ea} \tag{11.59}$$

$$\text{such that} \quad \mathbf{a}^\mathsf{T}\mathbf{Ea} = 1 \tag{11.60}$$

수식 (11.59)에서 일반화된 고유 시스템을 풀면, 6개의 일반화된 고유치 벡터 쌍$(\lambda_i, \mathbf{a}_i)$을 얻을 수 있다. 여기서, $i = 1, \ldots, 6$이다. 양수 고유 값과 연관된 고유 벡터는 알고리즘 11.7의 의사코드에 나타난 것처럼 원하는 결과 $\mathbf{a}$를 산출한다. 이 해를 이해하기 위해, λ_i와 $\mathbf{a}_i$는 수식 (11.59)를 만족하는 일반화된 고유 값-고유 벡터 쌍 중 하나가 된다. 수식 (11.59)로부터 수식 (11.60)에 $\mathbf{Ea} = \frac{1}{\lambda}\mathbf{Sa}$를 연결하면, $1 = \mathbf{a}_i^\mathsf{T}\mathbf{Ea}_i = \frac{1}{\lambda}\mathbf{a}_i^\mathsf{T}\mathbf{Sa}$가 된다. $\mathbf{S}$는 양정치(positive definite)이므로 $\mathbf{a}_i^\mathsf{T}\mathbf{Sa}_i > 0$이다. 따라서 이 수식은 $\lambda > 0$일 때만 참일 수 있다. 일반화된 고유 값 중 하나가 양의 값을 가질 수 있음을 보여줌으로써 모호하지 않은 해결책을 제시한다. 이 후자의 진리는 $\mathbf{E}$의 고유 값이 $\{2, -1, -2, 0, 0, 0\}$이므로 정확히 하나가 양수가 되어 발생한다. 수식 (11.59)의 일반화된 고유 값은 $\mathbf{S}$가 양의 값이고, $\mathbf{E}$가 대칭이기 때문에 $\mathbf{E}$의 고유 값과 같은 부호를 갖는다. 타원을 점 집합에 피팅하는 예가 그림 11.5에 나와 있다.

11.2.4 채워진 타원 피팅

타원의 둘레를 따르는 한 집합의 점들 대신에 우리는 타원과 같은 이진 영상 영역을 가지고 있다고 가정하자. 한 가지 접근법은 경계 화소를 계산한 다음 이전

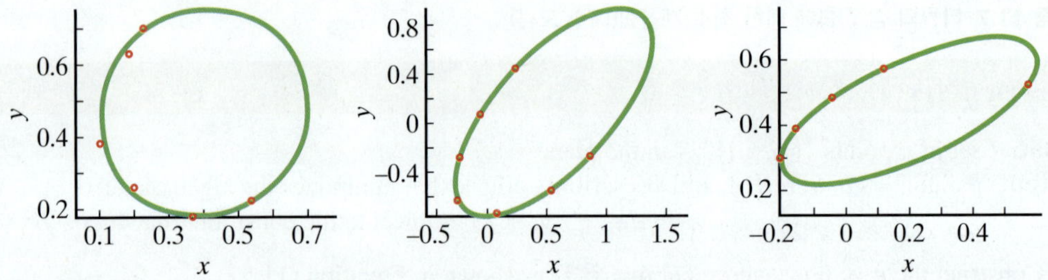

그림 11.5 알고리즘 11.7을 사용하여 타원을 점 집합에 피팅하는 세 가지 예제이다.

절차를 적용하고, 이산화 효과가 중요하지 않길 바라는 것이다. 이러한 접근 방식은 많은 응용에서 만족스럽지만 내부의 화소를 포함하여 모든 화소를 사용하면 보다 강력한 결과를 얻을 수 있다. 먼저 영역의 정규 및 중앙 모멘트를 계산한다. 그런 다음 최적 피팅 타원에 대한 논의에서 특히 수식 (4.144)에서 다음 관계가 성립된다.

$$a = \frac{\mu_{02}}{\eta\mu_{00}} \tag{11.61}$$

$$b = \frac{-2\mu_{11}}{\eta\mu_{00}} \tag{11.62}$$

$$c = \frac{\mu_{20}}{\eta\mu_{00}} \tag{11.63}$$

여기서, $\eta = 4(\mu_{20}\mu_{02} - \mu_{11}^2)/\mu_{00}^2$, 중심은 $(\overline{x}, \overline{y}) = (\frac{m_{10}}{\mu_{00}}, \frac{m_{01}}{\mu_{00}})$이고, $\mu_{00} = m_{00}$이다.

이러한 매개 변수 a, b 및 c는 원점에 중심이 있는 타원을 획득한다. 그 모양은 수식 $ax^2 + bxy + cy^2 = 1$로 설명된다. 어떤 (h, k)만큼 전체 타원을 이동시키면, 타원에 대한 일반적인 표현이 다음과 같이 된다.

$$a(x-h)^2 + b(x-h)(y-k) + c(y-k)^2 - 1 = 0 \tag{11.64}$$

$$ax^2 + bxy + cy^2 + \underbrace{(-2ah - bk)}_{d}x + \underbrace{(-2ck - bh)}_{e}y + \underbrace{(ah^2 + bhk + ck^2 - 1)}_{f} = 0 \tag{11.65}$$

중심 $(\frac{m_{10}}{\mu_{00}}, \frac{m_{01}}{\mu_{00}})$으로 (h, k)를 설정하면, 다른 매개 변수에 대한 수식이 다음과 같이 산출된다.

$$d = -2ah - bk = \frac{-\mu_{02}m_{10} + \mu_{11}m_{01}}{2(\mu_{20}\mu_{02} - \mu_{11}^2)} \tag{11.66}$$

$$e = -2ck - bh = \frac{-\mu_{20}m_{01} + \mu_{11}m_{10}}{2(\mu_{20}\mu_{02} - \mu_{11}^2)} \tag{11.67}$$

알고리즘 11.8 타원을 이진 영상 영역에 피팅

```
FITELLIPSETOFILLEDREGION(I)

Input:  binary image I with I(x, y) = 1 inside the region and 0 outside
Output: parameters a, b, c, d, e, and f describing the ellipse

Compute the 0th-, 1st-, and 2nd-order regular moments of I
Compute the 0th-, 1st-, and 2nd-order central moments of I
Compute a, b, and c using Equations (11.61)–(11.63)
Compute d, e, and f using Equations (11.66)–(11.68)
return a, b, c, d, e, and f
```

$$f = ah^2 + bhk + ck^2 - 1 = \frac{\mu_{02}m_{10}^2 - 2\mu_{11}m_{10}m_{01} + \mu_{20}m_{01}^2 - 4\mu_{00}(\mu_{20}\mu_{02} - \mu_{11}^2)}{4\mu_{00}(\mu_{20}\mu_{02} - \mu_{11}^2)} \quad (11.68)$$

알고리즘 11.8에서 볼 수 있듯이, 정규 모멘트와 중심 모멘트를 사용하여 타원을 이진 영역에 맞추는 직접 접근법을 얻을 수 있다. 이 알고리즘의 결과를 보여주는 예가 그림 11.6에 나와 있다.

11.2.5 채워진 정사각형 피팅

너비 w의 정사각형(square)을 고려해 볼 때, 정사각형 내에서 $I(x, y) = 1$이 되고 바깥쪽은 0 이 되는 이진 영상을 가정하자. 만일 정사각형이 축에 맞추어져 있다고 추측한다면, 연속 영역에서 어느 축을 따라 2차 중심 모멘트가 다음으로 주어진다.

$$\mu_{20} = \mu_{02} = \int_{-\frac{w}{2}}^{\frac{w}{2}} \int_{-\frac{w}{2}}^{\frac{w}{2}} x^2\,dx\,dy = \frac{x^3 y}{3}\bigg|_{-\frac{w}{2}}^{\frac{w}{2}}\bigg|_{-\frac{w}{2}}^{\frac{w}{2}} = \frac{2}{3}\left(\frac{w}{2}\right)^3 w = \frac{w^4}{12} \quad (11.69)$$

따라서, 너비는 두 모멘트 중 하나를 사용하여 계산할 수 있다.

그림 11.6 알고리즘 11.8을 사용하여 타원을 이진 영역에 피팅하는 세 가지 예제이다.

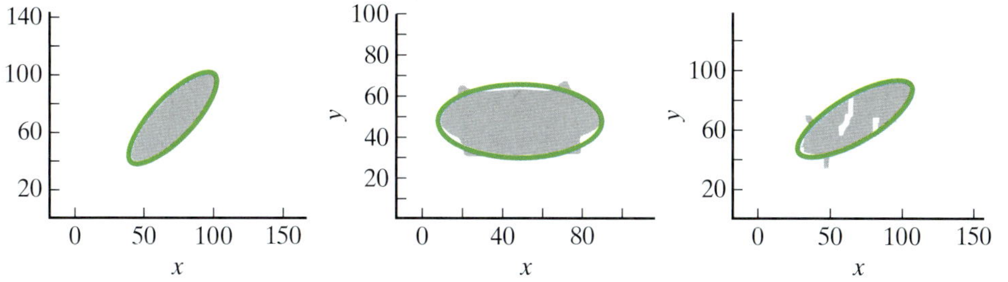

알고리즘 11.9 정사각형에서 이진 영상 영역에 피팅

FITSQUARETOFILLEDREGION(I)

Input: binary image I with $I(x, y) = 1$ inside the region and 0 outside
Output: width w and orientation θ describing square

Compute gradient of I
Compute histogram of the orientation of the pixels in the gradient image
Find the two dominant peaks separated by 90° to get the orientation θ
Compute the centroid of the region using the 0th- and 1st-order regular moments
Compute the 2nd-order central moment along the axis specified by θ using Equation (11.71)
Compute the 2nd-order central moment along the axis specified by $\theta + \frac{\pi}{2}$ using Equation (11.71)
Compute the width w using Equation (11.72)
return w, θ

$$w = (12\mu_{20})^{\frac{1}{4}} = (12\mu_{02})^{\frac{1}{4}} \tag{11.70}$$

또는 잡음이 있는 경우, 이 둘의 평균을 사용한다. 그러나 정사각형이 축과 정렬되어 있을 때만 작동한다. 그것이 일정 각도에 있다면, 우리는 먼저 방위각을 찾아야 한다. 정사각형에 가장 잘 맞는 타원은 방향이 없는 원이므로 모멘트는 이 용도로 사용되지 않는다. 대신 그레디언트 영상의 방향에 대한 히스토그램을 계산할 수 있다. 두 개의 피크가 방향을 산출한다. 방위 θ가 결정되면, θ로 정의된 축을 따른 2 차 중심 모멘트가 다음에 의해 계산된다.

$$\mu_\theta = \int ((x - \bar{x}) \cos\theta - (y - \bar{y}) \sin\theta)^2 \, dx \, dy \tag{11.71}$$

$\theta = 0$이면 $\mu_\theta = \mu_{20}$이고, $\theta = \frac{\pi}{2}$이면 $\mu_\theta = \mu_{02}$이다. 너비는 두 직각 방향의 값의 평균으로 계산된다.

$$w = \frac{1}{2}\left((12\mu_\theta)^{\frac{1}{4}} + (12\mu_{\theta+\frac{\pi}{2}})^{\frac{1}{4}} \right) \tag{11.72}$$

이 절차의 의사코드는 알고리즘 11.9에 나와 있다.

11.2.6 채워진 직사각형 피팅

x 축과 y 축으로 향한 직사각형(rectangle) 모양의 채워진 영역이 있다고 가정하자. 길이 ℓ을 x 축을 따른 길이로, 너비 w를 y 축을 따른 너비로 정의하자. 그런 다음 정사각형과 비슷한 절차를 사용한다.

$$\mu_{20} = \int_{-\frac{w}{2}}^{\frac{w}{2}} \int_{-\frac{\ell}{2}}^{\frac{\ell}{2}} x^2 \, dx \, dy = \frac{x^3 y}{3} \Bigg|_{-\frac{\ell}{2}}^{\frac{\ell}{2}} \Bigg|_{-\frac{w}{2}}^{\frac{w}{2}} = \frac{2}{3}\left(\frac{\ell}{2}\right)^3 w = \frac{w\ell^3}{12} \quad (11.73)$$

$$\mu_{02} = \int_{-\frac{w}{2}}^{\frac{w}{2}} \int_{-\frac{\ell}{2}}^{\frac{\ell}{2}} y^2 \, dx \, dy = \frac{x y^3}{3} \Bigg|_{-\frac{\ell}{2}}^{\frac{\ell}{2}} \Bigg|_{-\frac{w}{2}}^{\frac{w}{2}} = \frac{2}{3}\left(\frac{w}{2}\right)^3 \ell = \frac{w^3\ell}{12} \quad (11.74)$$

이러한 두 수식을 곱하고 나누어서 결합하면 다음을 산출한다.

$$\frac{\mu_{20}}{\mu_{02}} = \frac{\ell^2}{w^2} \qquad \mu_{20}\mu_{02} = \frac{w^4\ell^4}{144} \quad (11.75)$$

비선형 수식이긴 하지만, 바로 대입하여 미지수에 대해 풀면 원하는 결과를 얻을 수 있다.

$$w = \left(\frac{144\,\mu_{02}^3}{\mu_{20}}\right)^{\frac{1}{8}} \qquad \ell = \left(\frac{144\mu_{20}^3}{\mu_{02}}\right)^{\frac{1}{8}} \quad (11.76)$$

직사각형은 정사각형보다 맞추기 쉽다. 중요한 가로 세로 비가 있으면 모멘트를 사용하여 가장 잘 맞는 타원의 주축을 찾을 수 있기 때문이다. 주축의 방향 θ가 알려지면, 직교 축을 따라 값이 구별된다는 점을 제외하고는 길이와 너비가 정사각형의 길이와 너비와 비슷한 방식으로 결정된다. $\ell > w$라고 가정하면, 길이 ℓ은 주축을 따르므로 길이와 너비는 다음으로 표시된다.

$$\ell = \left(\frac{144\mu_{\theta}^3}{\mu_{\theta+\frac{\pi}{2}}}\right)^{\frac{1}{8}} \qquad w = \left(\frac{144\mu_{\theta+\frac{\pi}{2}}^3}{\mu_{\theta}}\right)^{\frac{1}{8}} \quad (11.77)$$

의사코드는 알고리즘 11.10에서 제공된다.

알고리즘 11.10 직사각형을 이진 영상 영역에 피팅

FITRECTANGLETOFILLEDREGION(I)

Input: binary image I with $I(x, y) = 1$ inside the region and 0 outside
Output: length ℓ, width w, and orientation θ describing rectangle

```
Compute the 0th-, 1st-, and 2nd-order regular moments of I
Compute the 0th-, 1st-, and 2nd-order central moments of I
Compute the orientation θ using the approach of the best-fitting ellipse
Compute the 2nd-order central moment along the axis specified by θ using Equation (11.71)
Compute the 2nd-order central moment along the axis specified by θ + π/2 using Equation (11.71)
Compute the length ℓ and width w using Equation (11.77)
return ℓ, w, θ
```

11.2.7 3D 기하학 모델 피팅

3D 모델을 적용하는 것은 2D 모델에서 방금 본 절차에 대한 자연스러운 확장이다. 주어진 점의 집합 $\{(x_i, y_i, z_i)\}_{i=1}^n$이 주어지면, 중심은 $\bar{\mathbf{x}} \equiv \frac{1}{n}\sum_{i=1}^{n}[x_i \quad y_i \quad z_i]^\mathsf{T}$로 주어진다. 그러면 3×3 공분산 행렬은 $\mathbf{C} \equiv \frac{1}{n}\sum_{i=1}^{n} = 1[x_i - \bar{x} \quad y_i - \bar{y} \quad z_i - \bar{z}]^\mathsf{T}$ $[x_i - \bar{x} \quad y_i - \bar{y} \quad z_i - \bar{z}]$이다. 데이터의 주축은 $\mathbf{C}$의 고유 벡터에 의해 주어지며, 고유 값의 제곱근은 축을 따라 데이터의 범위와 관련된다. 구체(sphere)를 맞추는 절차는 원을 맞추기 위한 절차와 타원체를 맞추는 절차와 마찬가지로 간단하다. 입방체는 정사각형이고 직육면체는 직사각형과 같다. 실린더의 경우, 회전축은 다른 두 고유 값과 가장 다른 고유 값과 연관된 고유 벡터로 발견된다. 그 후 길이는 회전축을 포함하는 평면에 투영된 데이터에 사각형을 피팅하여 결정되며, 지름은 회전축에 수직인 평면에 투영된 데이터에 원을 피팅하여 결정된다.

11.3 점 클라우드 모델 피팅

때로는 타원이나 직사각형과 같은 매개 변수의 모델 대신, 객체(object)의 모양을 종종 **점 클라우드**(point cloud)라고 하는 별개의 점 집합으로 모델링한다. 이 경우 우리의 임무는 잡음 입력 점 집합과 모델 점 집합 사이의 최적 정렬을 찾는 것이다. 이 절에서는 이 문제를 해결하기 위한 두 가지 잘 알려진 기술을 다룬다. 우리는 3D에서 방법을 설명할 것이지만, 2D에서 똑같이 잘 작동한다.

11.3.1 Procrustes 분석

우리가 3D 점들 $\{(x_i, y_i, z_i)\}_{i=1}^n$과 또 다른 3D 점들의 집합 $\{(x_i', y_i', z_i')\}_{i=1}^n$을 가지고 있다고 가정하자. 따라서 점 $\mathbf{x}_i = (x_i, y_i, z_i)$는 $(x_i, y_i, z_i) \leftrightarrow (x_i', y_i', z_i')$로 표시된 $\mathbf{x}_i' = (x_i', y_i', z_i')$ 점에 해당한다. 이 집합 중 하나는 미리 알려진 모델로 간주되는 반면, 다른 집합은 현재 센서 데이터에서 발생한다. 점 집합이 알려지지 않은 변환, 회전 및 크기 조정과 관련이 있다고 가정하면, 우리는 하나의 점 집합을 늘리고, 이동하고, 회전시킬 때 결과가 한 다른 점 집합에 가능한 가깝게 일치하는 변환을 찾고 싶다. 즉, 우리의 목표는 다음과 같은 제곱 오차의 합을 최소화하는 s, $\mathbf{t}$ 및 $\mathbf{R}$을 찾는 것이다.

$$\min_{s,\mathbf{t},\mathbf{R}} \sum_{i=1}^{n} \|(s\mathbf{R}\mathbf{x}_i + \mathbf{t}) - \mathbf{x}_i'\|^2 \tag{11.78}$$

이 변환을 찾는 것을 **Procrustes 분석**이라고 한다.

위의 최소 제곱 문제에 대한 해는 다음과 같이 계산될 수 있다. 먼저 우리가 했던 것처럼 $\overline{\mathbf{x}}$ 및 $\overline{\mathbf{x}}'$의 중심을 정의하자. 그런 다음, 첫 번째 점 집합의 분산 $\sigma^2 \equiv \frac{1}{n}\sum_{i=1}^{n} \|\mathbf{x}_i - \overline{\mathbf{x}}\|^2$를 정의하고, 집합들 사이의 공분산은 $\mathbf{C} \equiv \frac{1}{n}\sum_{i=1}^{n} (\mathbf{x}'_i - \overline{\mathbf{x}}')(\mathbf{x}_i - \overline{\mathbf{x}})^\top = \tilde{\mathbf{B}}^\top\tilde{\mathbf{A}}$이다.

$$\tilde{\mathbf{A}} \equiv \begin{bmatrix} \tilde{x}_1 & \tilde{y}_1 & \tilde{z}_1 \\ \tilde{x}_2 & \tilde{y}_2 & \tilde{z}_2 \\ & \vdots & \\ \tilde{x}_n & \tilde{y}_n & \tilde{z}_n \end{bmatrix} \qquad \tilde{\mathbf{B}} \equiv \begin{bmatrix} \tilde{x}'_1 & \tilde{y}'_1 & \tilde{z}'_1 \\ \tilde{x}'_2 & \tilde{y}'_2 & \tilde{z}'_2 \\ & \vdots & \\ \tilde{x}'_n & \tilde{y}'_n & \tilde{z}'_n \end{bmatrix} \tag{11.79}$$

여기서, $\tilde{x}_i \equiv x_i - \overline{x}_i$, $\tilde{x}'_i \equiv x'_i - \overline{x}'_i$ 등이다. ρ과 ρ'을 대응하는 중심에 대한 점들의 제곱 평균 제곱근 거리라 하자.

$$\rho = \sqrt{\frac{1}{n}\sum_{i=1}^{n} \|\mathbf{x}_i - \overline{\mathbf{x}}\|^2} \qquad \rho' = \sqrt{\frac{1}{n}\sum_{i=1}^{n} \|\mathbf{x}'_i - \overline{\mathbf{x}}'\|^2} \tag{11.80}$$

그런 다음 변환 매개 변수가 다음으로 주어진다.

$$\mathbf{R} = \mathbf{U}\mathbf{S}\mathbf{V}^\top \tag{11.81}$$

$$s = \frac{1}{\sigma^2}\mathrm{tr}(\Sigma\mathbf{S}) = \frac{\rho'}{\rho} \tag{11.82}$$

$$\mathbf{t} = \overline{\mathbf{x}}' - s\mathbf{R}\overline{\mathbf{x}} \tag{11.83}$$

$\mathbf{U}\Sigma\mathbf{V}^\top = \mathbf{C}$는 공분산 행렬의 SVD이고, $\mathrm{tr}(\cdot)$은 행렬의 트레이스(즉, 그것의 대각 요소들의 합)이고, 행렬 $\mathbf{S}$는 다음으로서 정의된다.

$$\mathbf{S} = \begin{bmatrix} 1 & 0 & 0 \\ 0 & 1 & 0 \\ 0 & 0 & 1 \end{bmatrix} \text{ if } \det(\mathbf{C}) \geq 0, \quad \text{or} \quad \mathbf{S} = \begin{bmatrix} 1 & 0 & 0 \\ 0 & 1 & 0 \\ 0 & 0 & -1 \end{bmatrix} \text{ otherwise} \tag{11.84}$$

따라서, $\mathbf{R}$은 유효한 회전 행렬(valid rotation matrix), 즉 $\det(\mathbf{R}) = \det(\mathbf{U}\mathbf{S}\mathbf{V}^\top) = \det(\mathbf{S}) \cdot \det(\mathbf{U}\mathbf{V}^\top) = 1$이다. 특이 값은 모두 음이 아니므로, $\det(\mathbf{S}) > 0$이므로 $\mathrm{sgn}(\det(\mathbf{C})) = \mathrm{sgn}(\det(\mathbf{U}\mathbf{V}^\top))$이다. (대신에 반사를 허용하고 싶다면 $\mathbf{C}$의 행렬식을 고려하지 않고 간단하게 $\mathbf{R} = \mathbf{U}\mathbf{V}^\top$를 설정하자. 이 경우 $\det(\mathbf{R}) = -1$이 가능하다.) 이 절차는 알고리즘 11.11에 나와 있으며, 2D 또는 다른 차원에 쉽게 적용할 수 있다.

변수의 변화를 통해 수식 (11.78)이 다음과 동일하다는 것을 알기가 어렵지

알고리즘 11.11 두 점 집합을 알려진 대응 관계로 정렬하는 Procrustes 분석

ProcrustesAnalysis $(\{(x_i, y_i, z_i)\}_{i=1}^{n}, \{(x_i', y_i', z_i')\}_{i=1}^{n})$

Input: two point sets with correspondence $(x_i, y_i, z_i) \leftrightarrow (x_i', y_i', z_i')$
Output: transformation parameters s, $\mathbf{R}$, and $\mathbf{t}$ that minimizes $\sum_{i=1}^{n} \|(s\mathbf{R}\mathbf{x}_i + \mathbf{t}) - \mathbf{x}_i'\|^2$

$\bar{\mathbf{x}} \equiv [\bar{x} \;\; \bar{y} \;\; \bar{z}]^\mathsf{T} \leftarrow \frac{1}{n}\sum_{i=1}^{n} [x_i \;\; y_i \;\; z_i]^\mathsf{T}$ ➤ Compute mean of first point set.
$\bar{\mathbf{x}}' \equiv [\bar{x}' \;\; \bar{y}' \;\; \bar{z}']^\mathsf{T} \leftarrow \frac{1}{n}\sum_{i=1}^{n} [x_i' \;\; y_i' \;\; z_i']^\mathsf{T}$ ➤ Compute mean of second point set.
$\sigma^2 \leftarrow \frac{1}{n}\sum_{i=1}^{n} \|\mathbf{x}_i - \bar{\mathbf{x}}\|^2$ ➤ Compute variance of first point set.
$\mathbf{C} \leftarrow \frac{1}{n}\sum_{i=1}^{n} (\mathbf{x}_i' - \bar{\mathbf{x}}')(\mathbf{x}_i - \bar{\mathbf{x}})^\mathsf{T}$ ➤ Compute covariance matrix.
$\mathbf{U}, \Sigma, \mathbf{V}^\mathsf{T} = \textsc{Svd}(\mathbf{C})$ ➤ Compute the singular value decomposition.
if *allow-reflection* **or** $\det(\mathbf{C}) \geq 0$ **then** ➤ If reflection is allowed or **R** is already a rotation, then use the identity matrix;
　　$\mathbf{S} \leftarrow \mathrm{diag}(1, 1, 1)$
else otherwise restrict **R** to be a rotation matrix by ensuring that $det(\mathbf{R}) = 1$.
　　$\mathbf{S} \leftarrow \mathrm{diag}(1, 1, -1)$
$\mathbf{R} \leftarrow \mathbf{U}\mathbf{S}\mathbf{V}^\mathsf{T}$ ➤ Compute rotation matrix.
$s \leftarrow \frac{1}{\sigma^2}\mathrm{tr}(\Sigma\mathbf{S})$ ➤ Compute scaling.
$\mathbf{t} \leftarrow \bar{\mathbf{x}}' - s\mathbf{R}\bar{\mathbf{x}}$ ➤ Compute translation vector.
return s, $\mathbf{R}$, and $\mathbf{t}$

않다.

$$\min_{\mathbf{R}} \sum_{i=1}^{n} \left\| \mathbf{R}\left(\frac{\mathbf{x}_i - \bar{\mathbf{x}}}{\rho}\right) - \left(\frac{\mathbf{x}_i' - \bar{\mathbf{x}}'}{\rho'}\right) \right\|^2 \tag{11.85}$$

여기서, 회전 행렬은 이동되고, 크기 조정된 데이터를 정의하여 계산된다.

$$\breve{\mathbf{x}}_i \equiv \begin{bmatrix} \breve{x}_i \\ \breve{y}_i \\ \breve{z}_i \end{bmatrix} \equiv \frac{(\mathbf{x}_i - \mu)}{\rho} \qquad \breve{\mathbf{x}}_i' \equiv \begin{bmatrix} \breve{x}_i' \\ \breve{y}_i' \\ \breve{z}_i' \end{bmatrix} \equiv \frac{(\mathbf{x}_i' - \mu')}{\rho'} \tag{11.86}$$

행렬 $\breve{\mathbf{A}}$와 $\breve{\mathbf{B}}$는 다음으로 정의된다.

$$\breve{\mathbf{A}} \equiv \begin{bmatrix} \breve{x}_1 & \breve{y}_1 & \breve{z}_1 \\ \breve{x}_2 & \breve{y}_2 & \breve{z}_2 \\ & \vdots & \\ \breve{x}_n & \breve{y}_n & \breve{z}_n \end{bmatrix} = \frac{1}{\rho}\tilde{\mathbf{A}} \quad \breve{B} \equiv \begin{bmatrix} \breve{x}_1' & \breve{y}_1' & \breve{z}_1' \\ \breve{x}_2' & \breve{y}_2' & \breve{z}_2' \\ & \vdots & \\ x_n' & y_n' & z_n' \end{bmatrix} = \frac{1}{\rho'}\tilde{\mathbf{B}} \tag{11.87}$$

이로부터 3 × 3 크기 조정된 공분산 행렬은 $\breve{\mathbf{C}} \equiv \frac{1}{n}\breve{\mathbf{B}}^\mathsf{T}\breve{\mathbf{A}} = \frac{1}{\rho\rho'}\mathbf{C}$로 계산된다. 이 행렬의 특이 값 분해, $\breve{\mathbf{C}} = \mathbf{U}\Sigma\mathbf{V}^\mathsf{T}$는 원하는 회전 행렬 $\mathbf{R} = \mathbf{U}\mathbf{S}\mathbf{V}^\mathsf{T}$을 산출한다. 여기서, $\mathbf{S}$는 이전과 같이 정의된다. 이것은 알고리즘 11.12에 나타난

알고리즘 11.12 Procrustes 분석을 통해 두 점 집합을 일치시키기(대체 버전)

ProcrustesAnalysis$(\{(x_i, y_i, z_i)\}_{i=1}^n, \{(x_i', y_i', z_i')\}_{i=1}^n)$

Input: two point sets with correspondence $(x_i, y_i, z_i) \leftrightarrow (x_i', y_i', z_i')$
Output: transformation parameters s, $\mathbf{R}$, and $\mathbf{t}$ that minimizes $\sum_{i=1}^n \|(s\mathbf{R}\mathbf{x}_i + \mathbf{t}) - \mathbf{x}_i'\|^2$

$\bar{\mathbf{x}} \equiv [\bar{x} \quad \bar{y} \quad \bar{z}]^\mathsf{T} \leftarrow \frac{1}{n}\sum_{i=1}^n [x_i \quad y_i \quad z_i]^\mathsf{T}$ ➤ Compute mean of first point set.
$\bar{\mathbf{x}}' \equiv [\bar{x}' \quad \bar{y}' \quad \bar{z}']^\mathsf{T} \leftarrow \frac{1}{n}\sum_{i=1}^n [x_i' \quad y_i' \quad z_i']^\mathsf{T}$ ➤ Compute mean of second point set.
$\rho \leftarrow \sqrt{\frac{1}{n}\sum_{i=1}^n \|\mathbf{x}_i - \bar{\mathbf{x}}\|^2}$ ➤ Compute scale of first point set.
$\rho' \leftarrow \sqrt{\frac{1}{n}\sum_{i=1}^n \|\mathbf{x}_i' - \bar{\mathbf{x}}'\|^2}$ ➤ Compute scale of second point set.
$\breve{C} \leftarrow \frac{1}{n}\sum_{i=1}^n (\frac{\mathbf{x}_i' - \bar{\mathbf{x}}'}{\rho'}) * (\frac{\mathbf{x}_i - \bar{\mathbf{x}}}{\rho})^\mathsf{T}$ ➤ Compute covariance matrix of shifted, scaled data.
$\mathbf{U}, \breve{\Sigma}, \mathbf{V}^\mathsf{T} = \text{Svd}(\breve{\mathbf{C}})$ ➤ Compute the singular value decomposition.
if *allow-reflection* **or** $\det(\breve{\mathbf{C}}) \geq 0$ **then** ➤ If reflection is allowed or **R** is already a rotation, then use the identity matrix;
  $\mathbf{S} \leftarrow \text{diag}(1,1,1)$
else otherwise restrict **R** to be a rotation matrix by ensuring that $det(\mathbf{R}) = 1$.
  $\mathbf{S} \leftarrow \text{diag}(1, 1, -1)$
$\mathbf{R} \leftarrow \mathbf{U}\mathbf{S}\mathbf{V}^\mathsf{T}$ ➤ Compute rotation matrix.
$s \leftarrow \frac{1}{\rho\rho'}$ ➤ Compute scaling.
$\mathbf{t} \leftarrow \bar{\mathbf{x}}' - s\,\mathbf{R}\,\bar{\mathbf{x}}$ ➤ Compute translation vector.
return s, $\mathbf{R}$, and $\mathbf{t}$

것처럼 점을 이동하고 크기를 조정한 다음, 회전 행렬을 계산하는 대체 절차(alternate procedure)로 이어진다.

11.3.2 반복 최근접 점

종종 우리는 두 점 집합을 부여 받지만 그들 사이의 일치성을 알지 못하며, 실제로 두 집합은 다른 수의 점을 포함할 수 있다. 이러한 경우의 변환을 추정하기 위해 **반복 최근접 점**(iterative closest point, ICP) 알고리즘이 사용된다. 알고리즘이 반복될 때마다 한 집합의 모든 점에 대해 다른 집합의 가장 가까운 점을 찾아서 자동으로 일치시킨다. 이 임시 일치(temporary correspondence)를 사용하여 Procrustes 분석을 적용하여, 집합 간에 최적의 변환 매개 변수를 찾는다. 변환은 두 집합을 정렬에 가깝게 하기 위해 한 점 집합에 적용되며, 해가 수렴할 때까지 프로세스가 반복된다.

절차는 알고리즘 11.13에 나와 있다. 먼저, 초기 변환 매개 변수가 항등 변환(identity transformation, 코드에 표시된 대로) 또는 일부 추가 정보를 사용하

알고리즘 11.13 불일치 두 점 집합을 정렬하는 반복 최근접 점(Iterative closest point, ICP)

IterativeClosestPoint($\{\mathbf{x}_i\}_{i=1}^n, \{\mathbf{x}'_i\}_{i=1}^m$)

Input: two point sets without correspondence
Output: transformation parameters s, $\mathbf{R}$, and $\mathbf{t}$

1 $s \leftarrow 1, \mathbf{t} \leftarrow \mathbf{0}, \mathbf{R} \leftarrow \mathbf{I}$ ➤ Initialize transformation.
2 **repeat** until convergence
3   **for** $i \leftarrow 1$ to n **do** ➤ For each point (assuming $n \leq m$), apply transformation and find closest point in other set.
4         $\mathbf{x}''_i \leftarrow s\,\mathbf{R}\,\mathbf{x}_i + \mathbf{t}$
5         $c[i] \leftarrow \arg\min_j \|\mathbf{x}''_i - \mathbf{x}'_j\|$
6     $s', \mathbf{R}', \mathbf{t}' \leftarrow$ Procrustes($\{\mathbf{x}''_i\}_{i=1}^n, \{\mathbf{x}'_{c[i]}\}_{i=1}^n$) ➤ Compute local transformation
7     $s \leftarrow s's$ and update parameters by composing them
8     $\mathbf{R} \leftarrow \mathbf{R}'\mathbf{R}$ with the local transformation parameters.
9     $\mathbf{t} \leftarrow s'\,\mathbf{R}'\,\mathbf{t} + \mathbf{t}'$
10 **return** s, $\mathbf{R}$, and $\mathbf{t}$

여 결정된다. 그런 다음 수렴될 때까지 반복되는 루프 내에서 첫 번째 집합의 각 점이 매개 변수에 따라 변형되고, 다른 집합의 가장 가까운 점이 발견된다. 그런 다음 Procrustes를 적용하여 두 지점 집합 간의 로컬 변환을 찾으면 매개 변수가 업데이트된다. $s^{(j)}$, $\mathbf{R}^{(j)}$, $\mathbf{t}^{(j)}$가 하나의 반복에서 매개 변수이면, $s^{(j-1)}$, $\mathbf{R}^{(j-1)}$, $\mathbf{t}^{(j-1)}$이 이전 반복으로부터의 매개 변수라면, 두 집합의 매개 변수는 다음으로 구성된다.

$$\mathbf{x}^{(j+1)} = s^{(j)}\mathbf{R}^{(j)}\mathbf{x}^{(j)} + \mathbf{t}^{(j)} \tag{11.88}$$

$$= s^{(j)}\mathbf{R}^{(j)}\left(s^{(j-1)}\mathbf{R}^{(j-1)}\mathbf{x}^{(j-1)} + \mathbf{t}^{(j-1)}\right) + \mathbf{t}^{(j)} \tag{11.89}$$

$$= \underbrace{s^{(j)}s^{(j-1)}}_{s}\underbrace{\mathbf{R}^{(j)}\mathbf{R}^{(j-1)}}_{\mathbf{R}}\mathbf{x}^{(j-1)} + \underbrace{s^{(j)}\mathbf{R}^{(j)}\mathbf{t}^{(j-1)} + \mathbf{t}^{(j)}}_{\mathbf{t}} \tag{11.90}$$

이것은 라인 7–9에 나와 있다.

점 집합을 정렬하는 문맥에서 알고리즘을 설명했지만, ICP는 2D 또는 3D 곡선(curves) 또는 표면(surfaces)을 정렬하는데 사용할 수 있는 범용 알고리즘이다. 알고리즘은 평균–제곱 거리 측정 기준(mean–squared distance metric)의 가장 가까운 로컬 최소 값으로 수렴하도록 보장된다. 방금 제시한 의사코드는 점 간의 거리를 계산하기 때문에 **점–대–점 오차 측정 기준**(point–to–point error metric)을 사용한다. 카메라에서 발생하는 점 집합을 정렬하는데 널리 사용되는 알고리즘의 변형은 점과 다른 평면 사이의 거리를 계산하는 **점–대–평면 오차 측정 기준**(point–to–plane error metric)을 사용하는 것이다. Procrustes

를 사용하여 닫힌 상태에서 점-대-점(point-to-point)을 최소화할 수 있지만, 점-대-점을 최소화하려면 Levenberg-Marquardt와 같은 비선형 최소화 접근(nonlinear minimization approach)이 필요하다. 그러나 점-대-평면의 각 반복이 더 비싸지만, 실제로는 더 빠르게 수렴하는 경향이 있다.

11.4 잡음에 대한 견고성

지금까지 설명한 최소 제곱 접근법(least squares approaches)은 데이터가 모두 동일한 양의 잡음으로 손상되고, 잡음이 정상적으로 작동하면 잘 작동한다. 보다 구체적으로, 최소 제곱 알고리즘은 데이터가 독립적으로 동일하게 분포된(independent, identically distributed, i.i.d.) 가우시안 잡음에 의해 손상될 때, 최대 우도 추정(maximum likelihood estimate, MLE)을 생성한다. i.i.d. 잡음의 경우, 각 데이터 점은 일정한 분산을 갖는 가우시안 분포에서 가져온 양만큼 실제 값에서 벗어난다. 그러나 실제로는 일부 점들은 다른 점들보다 더 많이 손상되는 경우가 종종 있다. 먼저, 우리는 대부분의 데이터가 좋지만, 작은 비율이 이상치(outliers)인 경우를 조사할 것이다. 다음, 대부분의 데이터가 이상치이고, 작은 비율만 좋을 때 어떤 일이 발생하는지 고려할 것이다. 그러나 이러한 경우를 고려하기 전에 추정과 관련하여 몇 가지 기본 개념을 알아야 한다.

11.4.1 최대 우도 추정자

우리가 수량의 주어진 샘플을 가지고 수량을 추정하고 싶다고 가정하자. 간단히 하기 위해, 우리는 1D의 경우를 고려할 것이나, 이것은 더 높은 차원으로 쉽게 일반화될 수 있다. x을 추정할 양이라고 하고, $\{x_i\}_{i=1}^{n}$을 얻은 n개의 샘플이라고 하자. 베이즈(Bayes)의 규칙에서 조건부 확률은 다음과 같다.

$$p(x|x_1, \ldots, x_n) = \frac{p(x_1, \ldots, x_n|x)p(x)}{p(x_1, \ldots, x_n)} \quad (11.91)$$

목표는 모든 데이터가 주어질 때, 수량이 특정 값이 될 확률인 사후 확률이라고 하는 왼쪽을 최대화하는 것이다. 즉, 우리의 목표는 **최대 사후 추정**(maximum a posteriori(MAP), estimate)을 찾는 것이다.

$$\hat{x} = \arg\max_x p(x|x_1, \ldots, x_n) = \arg\max_x p(x_1, \ldots, x_n|x)p(x) \quad (11.92)$$

여기서, 우리는 분모, $p(x_1, \ldots, x_n)$를 자유롭게 무시할 수 있는데, 그 이유는 결과에 영향을 미치지 않는 고정된 크기 조정 상수이기 때문이다. 가장 오른쪽에 있는 요소 $p(x)$는 **선행**(선험적) 확률이라고 한다. 데이터를 전혀 고려하지 않고 수량이 특정 값일 확률이다. 흔히 사전 확률은 균일하며($p(x) = 1$이며), 이 경우, MAP 추정은 **최대 우도 추정**(maximum likelihood estimate, MLE)으로 이어진다.

$$\hat{x} = \arg\max_x p(x_1, \ldots, x_n | x) \tag{11.93}$$

샘플이 독립적인 경우, 이는 개별 조건부 확률의 곱과 동일하다.

$$\hat{x} = \arg\max_x \prod_{i=1}^{n} p(x_i | x) \tag{11.94}$$

잡음이 가우시안이라고 가정하면, 즉, $x_i = x + \xi$이고, 여기서, $\xi \sim \mathcal{N}(0, \sigma^2)$이면 다음이 된다.

$$\hat{x} = \arg\max_x \prod_{i=1}^{n} e^{-\frac{(x - x_i)^2}{2\sigma^2}} \tag{11.95}$$

대수가 단조 증가하기 때문에 이것은 로그를 최대화하거나 동일하게 **음의 로그 우도**(negative log likelihood)를 최소화하는 것과 동일하다.

$$\hat{x} = \arg\min_x \sum_{i=1}^{n} \frac{(x - x_i)^2}{2\sigma^2} \tag{11.96}$$

모든 분산이 동일하면, 이것은 다음과 같다.

$$\hat{x} = \arg\min_x \sum_{i=1}^{n} (x - x_i)^2 \tag{11.97}$$

우리는 이제 매우 흥미로운 결과에 도달했다. 수식 (11.97)은 **제곱 차 합계**(sum of squared differences, SSD) (또는 평균 제곱 오차, mean squared error (MSE))를 최소화하는 것은 변수의 MLE이며, 일정한 분산을 갖는 i.i.d. 부가적인 가우시안 잡음(i.i.d. additive Gaussian noise)에 의해 손상되어졌다는 것을 의미한다. 1D에서 이 추정은 단지 다음의 평균이다.

$$x = \frac{1}{n}\sum_{i=1}^{n} x_i \quad (11.98)$$

수식 (11.97)을 미분하여 결과를 0으로 설정하면, 다음과 같이 나타낼 수 있다.

$$\sum_{i=1}^{n}(x - x_i) = 0 \quad (11.99)$$

x에 대한 해답이다. 즉, 이 장에서 살펴본 모든 최소 제곱 방법은 i.i.d. 부가적인 가우시안 잡음에 의해 데이터가 손상되었다고 간주했다. 일부 응용 프로그램에서는 이것이 유효한 가정이지만 영상 데이터로 작업할 때 상황이 더 복잡해지는 경우가 종종 있다.

비슷한 미분에 의해, 우리는 잡음이 이중 지수(double exponential)를 따르는 경우, MLE 추정자를 다음과 같이 나타낼 수 있다.

$$x = \arg\max_{x} \prod_{i=1}^{n} e^{-\frac{|x - x_i|}{2\sigma^2}} \quad (11.100)$$

$$= \arg\min_{x} \sum_{i=1}^{n} |x - x_i| \quad (11.101)$$

따라서, **절대 차 합계**(sum of absolute differences, SAD)을 최소화하는 것은 독립된 가산 지수의 이중 지수 잡음에 의해 샘플이 손상된 변수의 MLE이다. 1D에서 이 추정은 단지 중간 값이다.

$$x = \text{med}\{x_1, \ldots, x_n\} \quad (11.102)$$

11.4.2 일반화된 최소 제곱

우리는 잡음이 가우시안임을 알면 가장 좋은 추정자(즉, 우도를 최대화하는 것)가 제곱된 나머지의 합을 최소화하는 것임을 알았다. 이제 문제를 해결해 보겠다. 어떤 유형의 잡음이 시스템에 추가되는지는 알지 못하지만 선형 추정자로 제한하려고 한다. 이제부터는 이러한 기술이 모든 차원에 적용 가능하다는 것을 강조하기 위해, $\mathbf{x}_i$를 사용하여 i 번째 데이터 점을 참조한다. 그리고 혼동을 피하기 위해, $\boldsymbol{\theta}$를 사용하여 모델의 알려지지 않은 매개 변수를 참조 한다. 밝혀진 바와 같이, $\mathbf{A}\boldsymbol{\theta} = \mathbf{b}$에 대한 **최상의 선형 비편향 추정자**(best linear unbiased estimator, BLUE)는 다음에 대한 해이다.

$$\mathbf{C}^{-1}\mathbf{A}\boldsymbol{\theta} = \mathbf{C}^{-1}\mathbf{b} \quad (11.103)$$

또는 $\boldsymbol{\theta} = (\mathbf{A}^\top\mathbf{C}^{-1}\mathbf{A})^{-1}\mathbf{A}^\top\mathbf{C}^{-1}\mathbf{b}$이다. 여기서, $\mathbf{C}$는 데이터의 공분산 행렬이다. 다시 말해, 특정 잡음 분포를 알지 못하더라도 공분산 행렬에 접근할 수 있다면 수식 (11.103)을 사용하여 알 수 없는 벡터 $\boldsymbol{\theta}$의 최상의 선형 비편향 추정자를 찾을 수 있다. 이 기술은 **일반화된 최소 제곱**(generalized least squares)으로 알려져 있다.

11.4.3 반복적 재가중치 최소 제곱

$\mathbf{C}$가 항등 행렬 일 때, 일반화된 최소 제곱의 특별한 경우가 발생한다. 이 경우 수식 (11.103)은 일반 최소 제곱으로 감소한다. $\boldsymbol{\theta} = (\mathbf{A}^\top\mathbf{A})^{-1}\mathbf{A}^\top\mathbf{b}$이다. 사실 일반화된 최소 제곱법은 최소 제곱을 보는 새로운 방법을 제공한다. 최소 제곱은 i.i.d. 가우시안 잡음의 가정 하에 MLE를 발생시킬 뿐만 아니라, **가우스-마코브 정리**(Gauss-Markov theorem)에 따라, 또한 일정한 분산을 가진 무관계(uncorrelated, 반드시 독립적인 것은 아님) 제로 평균(zero-mean, 반드시 가우시안은 아님) 잡음의 가정 하에 최상의 선형 비편향 추정자이다.

일반화된 최소 제곱의 또 다른 특수한 경우는 $\mathbf{C}$가 대각선일 때(따라서 잡음이 상관되지 않지만) 항등 행렬일 필요는 없다. 모든 샘플에 대한 잡음이 균등한 분산을 가질 때, 잡음이 균질(homoskedastic)임을 말한다. 분명히 일반화된 최소 제곱은 균질 잡음을 가정한다. 반면에, 샘플의 분산이 동일하지 않다면, 잡음은 이분산성(heteroskedastic)이다. 잡음이 이분산성일 때, 대각선의 일부 값은 다른 값보다 클 것이다. 큰 값은 큰 분산을 나타내므로 신뢰할 수 없는 데이터 샘플을 나타내고, 작은 값은 작은 분산을 나타내므로 신뢰할 수 있는 데이터 샘플을 나타낸다. 신뢰할 수 있는 샘플에 더 많은 가중치를 부여하기 위해, 표준 접근법은 가중치 행렬 $\mathbf{W} \equiv \mathbf{C}^{-1}$을 사용하여 다음으로 이어진다.

$$\mathbf{W}\mathbf{A}\boldsymbol{\theta} = \mathbf{W}\mathbf{b} \tag{11.104}$$

여기서,

$$\mathbf{W} = \begin{bmatrix} \frac{1}{\sigma_1^2} & 0 & 0 \\ 0 & \ddots & 0 \\ 0 & 0 & \frac{1}{\sigma_n^2} \end{bmatrix} \tag{11.105}$$

여기서, $\sigma_1, \ldots, \sigma_n$은 분산이다. 이 문제는 **가중치 최소 제곱**(weighted least squares)으로 알려져 있으며, 그 해는 $\boldsymbol{\theta} = (\mathbf{A}^\top\mathbf{W}\mathbf{A})^{-1}\mathbf{A}^\top\mathbf{W}\mathbf{b}$이다. 의사코드는 알고리즘 11.14에 제공된다.

알고리즘 11.14 가중치 최소 제곱

WeightedLeastSquares $(\{(\mathbf{x}_i, w_i)\}_{i=1}^n)$

Input: set of n points $\{\mathbf{x}_i\}_{i=1}^n$ in the plane, with associated weights w_i, $i = 1, \ldots n$
Output: parameters $\boldsymbol{\theta}$ of the model that best fits the data

Construct diagonal matrix $\mathbf{W} = diag(w_1, \ldots, w_n)$
Construct matrix $\mathbf{A}$ from the points
Construct vector $\mathbf{b}$ from the points
Solve $\boldsymbol{\theta} = (\mathbf{A}^\mathsf{T}\mathbf{W}\mathbf{A})^{-1}\mathbf{A}^\mathsf{T}\mathbf{W}\mathbf{b}$
return $\boldsymbol{\theta}$

실제로, 우리는 미리 다른 데이터 점의 분산을 거의 알지 못한다. 데이터의 대부분은 편차가 적은 합법적인 소스이며, 다른 데이터는 큰 편차를 갖는 이상치이다. 하나의 이상치는 최소 제곱의 최소화를 쉽게 손상시킬 수 있다. 결과적으로 가중치가 적용된 최소 제곱을 사용해야 하지만 가중치를 즉각 예측해야 한다. 이것은 반복적 **재가중치 최소 제곱**(iteratively reweighted least squares, IRLS)의 방법으로 이어진다. IRLS에서는 사전 정보가 없으면 모든 가중치가 1로 초기화된다. 그런 다음 가중치가 적용된 최소 제곱을 수행하여 적합 모델의 매개 변수를 결정한다. 모델이 맞으면, 각 데이터 점에서 모델까지의 거리가 계산된다. 다음 반복에서 작은 거리의 점은 큰 거리의 점보다 높은 가중치를 받는다. 이 과정은 수렴될 때까지 반복된다. 잡음이 초기 추정을 망칠 정도로 심각하지 않으면, 이 접근법은 매우 견고한 결과를 유도한다. 의사코드는 알고리즘 11.15에 제공된다.

알고리즘 11.15 반복적 재가중치 최소 제곱

IterativelyReweightedLeastSquares$(\{\mathbf{x}_i\}_{i=1}^n)$

Input: set of n points $\{\mathbf{x}_i\}_{i=1}^n$
Output: parameters $\boldsymbol{\theta}$ of the model that best fits the data

Initialize weights to uniform, $w_i \leftarrow 1, i = 1, \ldots, n$
while not convergence **do**
    Construct diagonal matrix $\mathbf{W} = diag(w_1, \ldots, w_n)$
    $\boldsymbol{\theta} \leftarrow$ WeightedLeastSquares$(\{(\mathbf{x}_i, w_i)\}_{i=1}^n)$
    Compute residuals $r_i, i = 1, \ldots, n$
    Recompute weights using residuals $w_i \leftarrow e^{-r_i^2}, i = 1, \ldots, n$
return $\boldsymbol{\theta}$

11.4.4 M-추정자

우리는 IRLS가 표준 최소 제곱을 부패시킬 수 있는 데이터의 이상치를 처리할 수 있다는 것을 보았다. r_i를 i 번째 데이터 요소의 잔차(residual)라고 하자. 최소 제곱은 $\sum_{i=1}^{n} r_i^2$를 최소화하는 반면, 가중치 최소 제곱은 $\sum_{i=1}^{n} w_i r_i^2$를 최소화한다. 여기서, $w_i = \frac{1}{\sigma_i^2}$는 i 번째 데이터 점의 가중치이다. 한 가지 의문점이 남아 있다. 즉, 분산이 알려지지 않은 경우, 원칙적으로 가중치를 선택하는 방법에 대한 것이다. **절단**(truncation, 또는 트리밍(trimming))이라고 알려진 한 접근법은 이상치를 완전히 버리는 것과 관련이 있다. 즉, 일단 데이터 샘플이 피팅 함수로부터 너무 멀다고 결정되면, 최소화 프로세스에서 전혀 고려되지 않는다. **윈저라이징**(Winsorizing, 또는 클램핑(clamping))으로 알려진 대체 방법은 이상치의 영향을 제한한다. 우리가 이상치의 영향을 제한하기를 원할 때 이들을 모두 무시하면, 절차가 지역 최소로 떨어질 수 있어서 이 방법은 실제로 가짜 결과를 산출한다.

IRLS 가중치를 결정하기 위해 데이터를 윈저라이즈(Winsorize)하는 가장 보편적인 방법 중 하나는 **M-추정자**(M-estimator)를 사용하는 것이다. M-추정자는 잔차의 일부 함수, $\sum_{i=1}^{n} \rho(r_i)$을 최소화함으로써 이상치의 영향을 감소시킨다. 여기서, ρ은 제로에서 단일 전역 최소 값을 가지며 국소 최소치를 갖지 않는 대칭 함수이다. 이상치의 영향을 줄이기 위해, 함수는 항상 최소 제곱에 의해 사용되는 함수보다 작거나 같도록 선택된다. 모든 x에 대해 $\rho(x) \leq x^2$이다. $\boldsymbol{\theta} \equiv [\theta_1 \quad \cdots \quad \theta_m]^\mathsf{T}$는 추정할 매개 변수의 벡터를 나타낸다. 그러면 다음일 때, $\sum_{i=1}^{n} \rho(r_i)$의 최소 값이 달성된다.

$$\sum_{i=1}^{n} \frac{\partial \rho(r_i)}{\partial \theta_j} = \sum_{i=1}^{n} \underbrace{\frac{\partial \rho(r_i)}{\partial r_i}}_{\psi(r_i)} \frac{\partial r_i}{\partial \theta_j} = 0, \qquad j = 1, \ldots, m \tag{11.106}$$

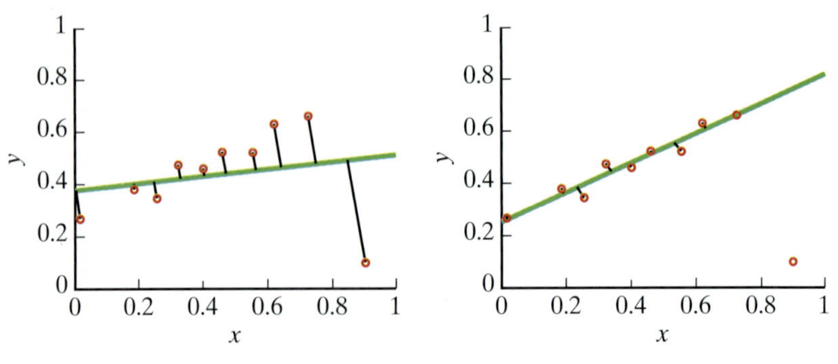

그림 11.7 단일 이상치가 최소 제곱의 결과를 심각하게 손상시킬 수 있는 경우, 이상치의 영향을 줄이기 위해 데이터 표본을 재가중치할 필요가 있다. 전체 최소 제곱(왼쪽)과 반복적으로 재조정된 최소 제곱(오른쪽)의 결과가 표시된다.

여기서, $\psi(z) \equiv d\rho(z)/dz$는 **영향 함수**(influence fuznction)라고 불린다. **가중치 함수**(weight function)를 다음으로 정의한다.

$$w(z) \equiv \frac{\psi(z)}{z} \tag{11.107}$$

수식 (11.106)을 대입하면 다음이 된다.

$$\sum_{i=1}^{n} w(r_i) r_i \frac{\partial r_i}{\partial \theta_j} = 0. \qquad j = 1, \ldots, m \tag{11.108}$$

이 결과는 $w_i = w(r_i)$가 일정하다고 가정하고, 매개 변수 벡터에 대하여 우리가 다음을 미분할 때 얻은 것과 정확히 일치한다.

$$\sum_{i=1}^{n} w_i r_i^2 = 0 \tag{11.109}$$

즉, $\sum_{i=1}^{n} \rho(r_i)$를 최소화하는 θ의 M-추정자는 IRLS를 수식 (11.109)에 적용한 결과와 동일하며, 여기서, $w(r_i)$는 이전 반복의 잔차에서 계산된다. 이는 모델 피팅에 대한 새로운 강력한 기술로 이어진다. 즉, 각 반복에서 M-추정자 함수를 사용하여 IRLS를 적용하여 이상치의 영향을 줄인다.

이 접근 방법을 사용하려면 크기 조정(scale)을 올바르게 하는 것이 중요하다. 크기 조정이 너무 크면 아무것도 이상치로 간주되지 않는다. 크기 조정이 너무 작으면 좋은 데이터도 거부된다. 크기 조정을 추정하는 일반적인 방법은 잔차의 중앙 값을 사용하는 것이다. 가우시안 분포의 **사분위수 범위**(interquartile range)는 중간 50 %이며, $\pm 0.6745\sigma$ 사이에 있다. 그러므로 0.6745σ는 사분위수 범위의 1/2이며, 이는 중간 값 절대 편차(median absolute deviation, MAD)와 동일하다. 우리가 데이터의 절반이 인라이어(inliers)라고 가정한다면, 이것은 다음과 같은 크기 조정의 추정으로 이어진다.

$$s = \frac{\text{med}_i |r_i|}{0.6745} = 1.48258\ \text{med}_i |r_i| \tag{11.110}$$

i 번째 가중치는 다음으로 설정된다.

$$w_i = \frac{\psi\left(\frac{r_i}{s}\right)}{\left(\frac{r_i}{s}\right)} = \frac{s}{r_i}\psi\left(\frac{r_i}{s}\right) \tag{11.111}$$

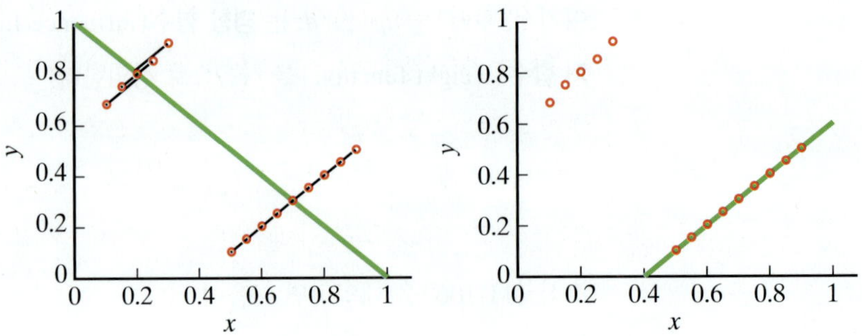

그림 11.8 이상치를 버리는 동안의 반복 최소 제곱(왼쪽)은 이상치를 완전히 무시하기 때문에 항상 참된 해에 수렴하지 않을 수도 있다. 반면 M-추정자(오른쪽)는 이상치가 (거의) 일정한 패널티를 낳기 때문에 대부분의 합의에 이를 수 있다.

수많은 M-추정자가 수년에 걸쳐 제안되었다. 가장 인기 있는 것은 **Geman-McClure 오류 함수**(Geman-McClure error function)이다.

$$\rho(z) \equiv \frac{1}{2} \cdot \frac{z^2}{z^2 + \tau^2} \tag{11.112}$$

여기서, τ는 고정 매개 변수이고, $\frac{1}{2}$ 크기 조정 계수는 선택적이지만 미분을 단순화하는데 도움이 된다. $z \ll \tau$일 때, $\rho(z)$는 z^2와 같은 모양을 가지며, 데이터 점은 표준 최소 제곱 추정자(standard least squares estimator, 인라이어로 취급)으로 처리되는 것처럼 처리된다. $z \gg \tau$일 때, 페널티가 본질적으로 일정하게 되도록 $\rho(z)$가 평평해진다(즉, 데이터 값은 이상치로서 취급된다). Geman-McClure 오류 기능의 한 가지 장점은 단순함 외에도 두 번 미분이 가능하다는 것이다.

다른 잘 알려진 M-추정자 기능은 표 11.1에 나와 있다. 여기에는 **후버 손**

표 11.1 몇 가지 잘 알려진 M-추정자. 영향 함수 $\psi(z)$는 $\rho(z)$를 미분함으로써 얻어지는 반면, 가중치 함수 $w(z)$는 영향 함수를 z로 나눈 것이다.

name	$\rho(z)$	$\psi(z)$	$w(z)$	
L^2	$\frac{1}{2}z^2$	z	1	
L^1	$\lvert z\rvert$	$\operatorname{sgn}(z)$	$\frac{1}{\lvert z\rvert}$	
Geman-McClure	$\frac{1}{2}\frac{z^2}{z^2+\tau^2}$	$\frac{z\tau^2}{(z^2+\tau^2)^2}$	$\frac{\tau^2}{(z^2+\tau^2)^2}$	
Huber	$\begin{cases}\frac{1}{2}z^2\\ \tau(\lvert z\rvert - \frac{\tau}{2})\end{cases}$	$\begin{cases}z\\ \tau\operatorname{sgn}(z)\end{cases}$	$\begin{cases}1\\ \frac{\tau}{\lvert z\rvert}\end{cases}$	if $\lvert z\rvert \le \tau$ otherwise
Tukey	$\begin{cases}\frac{\tau^2}{6}(1-(1-\frac{z^2}{\tau^2})^3)\\ \frac{\tau^2}{6}\end{cases}$	$\begin{cases}z(1-\frac{z^2}{\tau^2})^2\\ 0\end{cases}$	$\begin{cases}(1-\frac{z^2}{\tau^2})^2\\ 0\end{cases}$	if $\lvert z\rvert \le \tau$ otherwise
Truncated quadratic	$\begin{cases}\frac{1}{2}z^2\\ \frac{1}{2}\tau^2\end{cases}$	$\begin{cases}z\\ 0\end{cases}$	$\begin{cases}1\\ 0\end{cases}$	if $\lvert z\rvert \le \tau$ otherwise
Cauchy-Lorentz	$\log(1+\frac{1}{2}\frac{z^2}{\tau^2})$	$\frac{z}{\tau^2+\frac{1}{2}z^2}$	$\frac{1}{\tau^2+\frac{1}{2}z^2}$	

실 함수(Huber loss function)과 **터키의 이중가중치 함수**(Tukey's biweight function)가 포함된다. 이 함수들은 자주 마주 치지만, 역사적인 이유로 주로 제공된다. 후버는 $\psi(z) = \min(\max(z, -\tau), \tau)$ 때문에 **미니맥스**(minimax)로 알려져 있다. **코시-로렌츠 추정자**(Cauchy-Lorentz estimator)는 코시 또는 로렌츠 또는 로렌시안(Lorentzian)이라고도 한다. 이것의 가중치 함수가 코시-로렌츠 분포의 크기 조정된 버전이라는 사실로부터 그 이름을 받았다.

이러한 M-추정자의 도표와 그 영향 함수는 그림 11.9에 나와 있다. 오류가 증가함에 따라 영향 함수가 0에 가까워지면(즉, $z \to \infty$와 같이 $\psi(z) \to 0$), 추정자는 **재감소**(redescending)하는 것으로 알려져 있다. Geman-McClure, 터키, 잘려진 이차 수식(truncated quadratic), 코시-로렌츠가 모두 재감소된다는 점에 유의하라. 재감소를 하는 추정자는 포화 속성을 가지고 있다. 왜냐하면 이상치가 얼마나 나쁜지에 상관없이 이상치의 영향이 본질적으로 일정하기 때문이다. 영향 함수는 데이터 점이 해에 미치는 영향을 파악한다. L^2 표준을 사용하면 이상치의 영향이 선형적으로 바운드 없이 증가하므로 L^2가 이상치에 너무

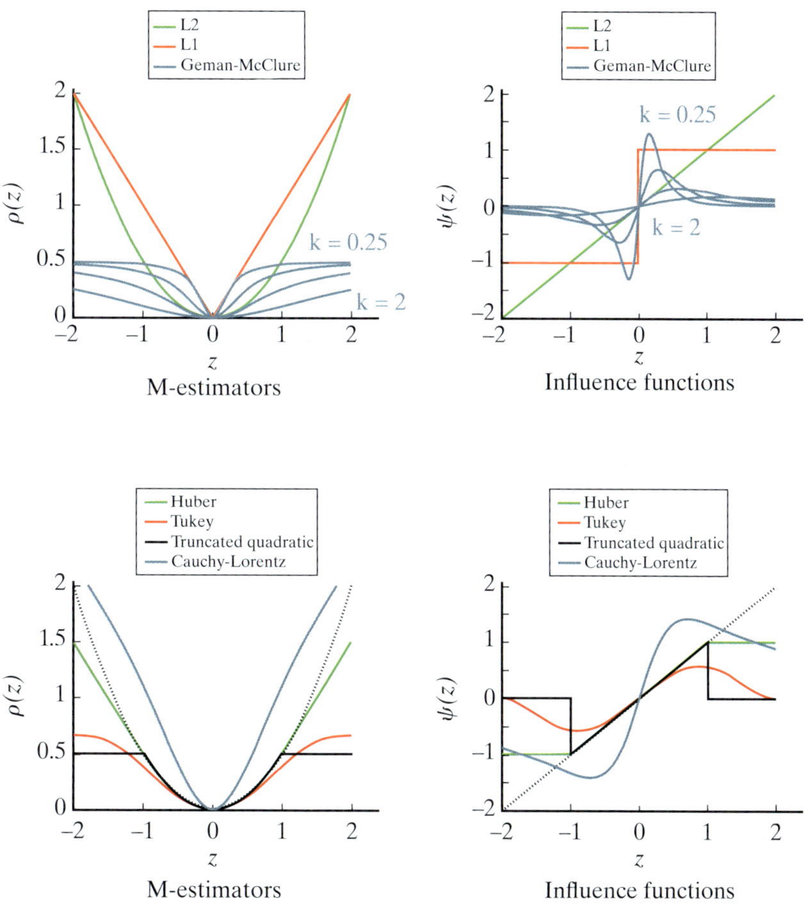

그림 11.9 상단: 다른 매개 변수 값 $\tau \in \{0.25, 0.5, 1, 2\}$인 L^2, L^1 및 Geman-McClure를 포함한 인기 있는 M-추정자 및 영향 함수. 하단: 다른 M-추정자, L^2는 비교를 위해 점선으로 표시됨. 매개 변수 값은 $\tau = 1$ (후버 및 잘려진 이차 수식), $\tau = 2$ (터키) 및 $\tau = 0.5$ (코시-로렌츠)이다. Geman-McClure, 터키, 잘려진 이차 수식, 코시-로렌츠는 모두 재감소된다. 왜냐하면 $\psi(z) \to 0$은 $z \to \infty$이기 때문이다.

민감하다. L^1-노름(norm)에서 $\psi(r_i) = \text{sgn}(r_i)$이므로 원점의 오른쪽에 있는 모든 데이터는 양의 가중치를 갖지만, 원점의 왼쪽에 있는 모든 데이터는 음의 가중치를 갖는다. 이 경우 데이터는 추정을 이동하는 방향에 대해 본질적으로 투표한다. 각 데이터 요소는 아무리 멀리 떨어져도 정확히 한번 투표를 한다. 이것은 L^1이(1D에서) 중간 값으로 유도하는 이유를 설명한다. 영향이 없는 데이터 요소가 여전히 해에 영향을 주기 때문에 여기에서 "영향"이라는 용어는 약간 오도된 것이다. 그러나 그 효과는 데이터 요소의 특정 값에 의존하지 않는다. 데이터 점이 아무런 영향을 미치지 않으면 위에서 언급한 잘림과 같이 데이터 점을 완전히 버려야한다.

추정자를 특성화하는 두 가지 방법은 **브레이크다운 점**(breakdown point)과 **효율성**(efficiency)이다. 브레이크다운 점은 해를 임의로 나쁘게 만들지 않는, 임의의 나쁠 수 있는 데이터의 수이다. 최소 자승법은 0%의 브레이크다운 점을 가지며, 하나의 나쁜 이상치 조차도 다양한 방법으로 해를 방해할 수 있기 때문이다. 중간 값은 50%의 브레이크다운 점을 가진다. 효율성은 이론적으로 달성할 수 있는 최저 분산과 실제 분산의 비율이다. 강인한 추정자가 효율성 > 90%를 달성하는 것은 드문 일이 아니다.

M-추정자가 있는 IRLS의 의사코드는 알고리즘 11.16에 나와 있다. IRLS의 맥락에서 M-추정자를 제시하고 있지만, IRLS는 M-추정자를 사용하는 몇 가지 방법 중 하나 일뿐이다. 다른 인기 있는 방법은 경사 하강법(gradient descent)과 같은 비선형 최소화를 사용하여 수식 (11.108)을 직접 적용하는 것이다.

알고리즘 11.16 M-추정자를 사용하여 반복적으로 재가중치된 최소 제곱(IRLS)

IRLS-WITHMESTIMATOR ($\{\mathbf{x}_i\}_{i=1}^n$)

Input: set of n points $\{\mathbf{x}_i\}_{i=1}^n$
Output: parameters $\boldsymbol{\theta}$ of the model that best fits the data

Initialize weights to uniform, $w_i \leftarrow 1, i = 1, \ldots, n$
while not convergence **do**
  Construct diagonal matrix $\mathbf{W} = diag(w_1, \ldots, w_n)$
  $\boldsymbol{\theta} \leftarrow$ WEIGHTEDLEASTSQUARES($\{(\mathbf{x}_i, w_i)\}_{i=1}^n$)
  Compute residuals $r_i, i = 1, \ldots, n$
  Estimate scale $s \leftarrow 1.5\ \text{med}_i |r_i|$
  Recompute weights $w_i \leftarrow \frac{s}{r_i}\psi(\frac{r_i}{s}), i = 1, \ldots, n$
return $\boldsymbol{\theta}$

11.4.5 무작위 표본 일치(RANSAC)

이전 절의 견고한 추정자를 포함하여 전통적인 기술들은 오류가 평균화되기 때문에 더 많은 데이터가 사용될 때 추정이 개선된다는 평활화 가정(smoothing assumption)에 의존한다. 이 가정은 일반적으로 가우시안이거나 적어도 정상적으로 작동하는 측정 오류(measurement errors)를 처리할 때 유효하다. 그러나 많은 컴퓨터 비전 문제에는 분류 오류(classification errors)라고 하는 또 다른 유형의 오류가 있다. 이 오류는 이전에 보았듯이 추정자의 결과를 크게 손상시킬 수 있는 이상치를 발생시킨다. 방금 고려된 견고한 추정자는 일부 이상치를 처리할 수 있지만, 50% 이하의 브레이크다운 점을 갖는다. 결과적으로 데이터의 절반 이상이 손상된 경우, 좋은 해결책을 찾지 못할 것으로 예상된다.

이전 장에서 세그먼테이션 알고리즘이 데이터 분할(split) 또는 병합(merge) 여부에 따라 크게 두 가지 범주로 나눌 수 있음을 상기하자. 같은 방식으로, 지금까지 제시된 모든 추정자는 모든 데이터로 시작하고 데이터를 인라이어와 이상치로 재분류하기 때문에 스플리터(splitters)로 간주 될 수 있다. 대체 방법은 추정자가 가장 적은 양의 데이터로 시작한 다음, 병합하여 결과를 늘리는 것이다. 우리는 이제 이상치에 의해 압도된 데이터로 작업하도록 설계되었기 때문에 50%보다 훨씬 큰 브레이크 점을 달성하기 위해, 병합의 패러다임을 따르는 두 가지 추정자를 논의하고자 한다. 이들 중 첫 번째는 **무작위 표본 일치**(random sample consensus, RANSAC)로 알려져 있다. RANSAC은 가설과 테스트 패러다임(hypothesize-and-test paradigm)을 따르는 반복적이고 비결정적 알고리즘(nondeterministic algorithm)이다. 첫째, 최소한의 표본 집합이 초기 집합에서 무작위로 선택되어 인라이어의 가설화된 집합(hypothesized set)을 형성한다. 최소 샘플 집합에는 고려중인 특정 모델을 맞추기 위해 필요한 최소 점 수(라인의 경우 2점, 평면의 경우 3점 등)가 포함된다. 그런 다음, 이 최소 집합이 단지 인라이어만을 포함한다는 가정하에 모델이 적합된다. 마지막으로 모델의 품질을 테스트한다. 이 세 단계는 좋은 모델이 발견되거나 최대 반복 횟수에 도달할 때까지 반복된다. 단일 모델을 찾는 일반적인 절차에 대한 의사코드는 알고리즘 11.17에 나와 있다. 이전 반복에 이미 적용된 데이터를 제외하고, 여러 모델을 데이터에 맞추기 위해 반복적으로 프로시저를 호출하는 방법을 쉽게 알 수 있다.

RANSAC의 원래 버전에서는 알고리즘에 세 개의 매개 변수가 필요하다. 첫째, 고정된 임계 값을 사용하여 어떤 점이 인라이어인지를 결정하고, 모델의 품

알고리즘 11.17 무작위 표본 일치(RANSAC)

RANSAC($\{\mathbf{x}_i\}_{i=1}^n$)

Input: set of n points $\mathcal{P} \equiv \{\mathbf{x}_i\}_{i=1}^n$
Output: parameters $\boldsymbol{\theta}$ of the model that best fits the data

repeat
    Randomly select minimal subset $\mathcal{S} \subset \mathcal{P}$ of points
    Fit model $\boldsymbol{\theta}'$ to subset $\mathcal{S}$
    Find all points in $\mathcal{P}$ that fit $\boldsymbol{\theta}'$ with residue less than threshold (inliers)
    Compute quality of model $\boldsymbol{\theta}'$
    If this is the best model seen so far, then store $\boldsymbol{\theta} \leftarrow \boldsymbol{\theta}'$
until a good model has been found, or the maximum number of iterations has been reached
return $\boldsymbol{\theta}$

질은 단순히 이러한 인라이어의 수이다. 이 임계 값은 종종 데이터를 생성하는 시스템이나 시행착오를 통해 알 수 있다. 두 번째 매개 변수인 모델을 선언하는 데 필요한 최소 값의 인라이어는 일반적으로 해결되는 특정 문제에 대해 알면 결정된다.

세 번째 매개변수는 시도 할 최대 반복 횟수이다. 이 매개 변수에 대한 합리적인 값을 도출하기 위해, $0 \leq \varepsilon \leq 1$을 이상치가 되는 점의 추정된 부분이라고 하고, m을 최소 샘플의 크기라고 하자(라인을 맞추기 위해 $m = 2$). 확률 p의 인라이어만 있는 집합을 찾으려면 적어도 k개의 집합을 처리해야 한다. k를 계산하기 위해 다음을 고려하라. 인라이어인 점의 확률은 $1 - \varepsilon$에 의해 주어지므로, $(1 - \varepsilon)^m$은 m 점의 무작위 집합이 모두 인라이어가 될 확률이고, $1 - (1 - \varepsilon)^m$은 적어도 하나의 이상치를 포함하고 있는 m 개의 점들의 무작위 집합의 확률이다. 그러므로 $(1 - (1 - \varepsilon)^m)^k$는 적어도 하나의 이상치를 포함하는 k 개의 임의의 집합의 확률이고, $1 - (1 - (1 - \varepsilon)^m)^k$는 적어도 하나 k 개의 무작위 집합 중 하나가 이상치 프리(outlierfree)인 확률이다. 이를 p로 설정하면 $1 - (1 - (1 - \varepsilon)^m)^k = p$가 된다. 재배치하면 다음이 산출된다.

$$k = \frac{\log(1 - p)}{\log(1 - (1 - \epsilon)^m)} \approx 2(1 - \epsilon)^{-m} \tag{11.113}$$

여기서, 근사($p = 95\%$에 해당)는 독자를 위한 연습문제로 남겨둔다. 표 11.2는 ε와 m의 다른 값에 대한 대략적인 수치를 보여준다($p \approx 95\%$ 포함).

원래 RANSAC 알고리즘에는 여러 가지 변형이 있다. **로컬 최적화 RANSAC**(Locally optimized RANSAC, Lo-RANSAC)라고 하는 하나의 접근법은 일

ϵ \ m	2	3	5	8
0.2	3	4	8	16
0.5	10	20	100	800
0.8	70	400	9000	10^6

표 11.2 m(모델을 추정하는데 필요한 매개 변수의 수)의 다른 값 및 ε(이상치의 비율)에 필요한 RANSAC 반복의 대략적인 수 k.

단 인라이어가 발견되면 모든 인라이어를 사용하여 모델 매개 변수를 다시 적합한다. 또 다른 변형은 임계 값에 대한 종속성을 줄이기 위해 M−추정자가 모델 품질을 평가하는데 사용되는 **M−추정자 SAC**(M−setimator SAC, MSAC)이다. 즉, 원래의 RANSAC 구현은 품질을 $\sum_{i=1}^{n} \rho(r_i)$로 측정한다.

$$\rho(z) = \begin{cases} 0 & \text{if } z \le \tau \quad (\text{inlier}) \\ 1 & \text{otherwise} \quad (\text{outlier}) \end{cases} \tag{11.114}$$

여기서, τ는 데이터 점이 인라이어인지 여부를 결정하기 위한 임계 값이다. MSAC는 이 오류 함수를 위에서 고려한 M−추정자들 중 하나로 대체한다. 대안으로, 임계 값에 대한 의존성은 **최대 우도 추정 SAC**(Maximum−likelihood estimation SAC, MLESAC)에서와 같이 최대 우도 추정을 사용함으로써 감소될 수 있다. 마지막으로, 계산의 가장 비싼 부분은 현재 모델로 모든 데이터 요소를 테스트하는 것이므로, 일부 변형은 데이터의 하위 집합만 테스트할 것을 제안한다. 두 문자어의 혼란을 단순화하기 위해 RANSAC이라는 용어는 알고리즘 11.17의 패턴에 맞는 어떤 알고리즘을 언급하는 것이다. 따라서 Lo−RANSAC은 로컬 최적화가 있는 RANSAC으로, MSAC는 M−추정자가 있는 RANSAC 등으로 알려져 있다.

11.4.6 허프 변환

RANSAC의 하나의 대안은 변환뿐만 아니라 매개 변수화된 모양을 찾는 알고리즘을 포함하고 있는 **허프 변환**(Hough transform)이다. 허프 변환의 핵심 원리는 데이터가 매개 변수의 공간 내에서 개별 가능성에 대해 투표하도록 허용하는 것이다. 최대 투표 수를 선택하면 데이터를 가장 잘 설명하는 모양의 매개 변수를 산출한다. RANSAC과 마찬가지로 이 절차를 여러 번 반복하여 모양의 여러 인스턴스를 감지할 수 있다.

이것이 어떻게 작동하는지 보기 위해, 영상에서 라인을 감지하는 가장 간단한 경우를 생각해 보자. 잠시 동안 우리가 이전에 했던 것처럼 기울기 m과 y−절편

k에 의해 라인을 매개 변수화해 보자. 그러면 다음과 같이 행 수식이 나온다.

$$y = \underbrace{m}_{\text{slope}} x + \underbrace{k}_{y-\text{intercept}} \tag{11.115}$$

이 수식을 해석하는 전통적인 방법은 m과 k가 상수이기 때문에 y의 값은 주어진 x 값에 대해 계산될 수 있다. 그러나 x와 y를 어떤 데이터 점에서 나오는 상수로 보는 경우, 수식을 사용하여 주어진 m 값에 대해 k를 계산할 수 있다(또는 그 반대). 이는 수식을 다시 정리하면 다음과 같다.

$$k = \underbrace{-x}_{\text{slope}} m + \underbrace{y}_{y-\text{intercept}} \tag{11.116}$$

여기서, $-x$는 기울기의 역할을 하고 y는 y-절편의 역할을 한다. 점들의 집합 $\{(x_i, y_i)\}_{i=1}^n$이 주어 졌다고 가정하자. 각 점(x_i, y_i)은 x_i를 x로, y_i를 y로 대체하여 수식 (11.116)에 의해 정의된 **매개 변수 공간**(parameter space)에서 라인을 정의한다. 따라서 두 점을 연결하는 라인은 매개 변수 공간에서 두 라인의 교차점에 의해 제공된다. 시스템에 잡음이 없으면 라인 상에 있는 모든 점도 동일한 점에서 교차하는 매개 변수 공간의 라인을 발생시킨다. 잡음이 있을 때 라인은 정확히 교차하지 않고 오히려 서로를 지나칠 것이다.

잡음이 있는 데이터가 주어진 라인의 매개 변수를 검출하기 위해, 매개 변수 공간은 셀의 직사각형 격자로 이산화되고, 각 데이터 점은 대응하는 라인이 통과하는 모든 셀에 대해 투표한다. 투표를 보유하는 데이터 구조를 **누적기**(accumulator)라고 하며, 이는 값의 2D 배열이다. 모든 데이터가 투표된 후, 가장 큰 값을 가진 셀에 대해 전체 누적기가 검색되고, 해당 셀에 해당하는 매개 변수가 원하는 라인을 생성한다.

우리가 이미 보았듯이 라인의 기울기-절편 형태는 심각한 결점이 있다. 라인에 대한 더 나은 매개 변수화는 헤시안 정규형(Hessian normal form)이다.

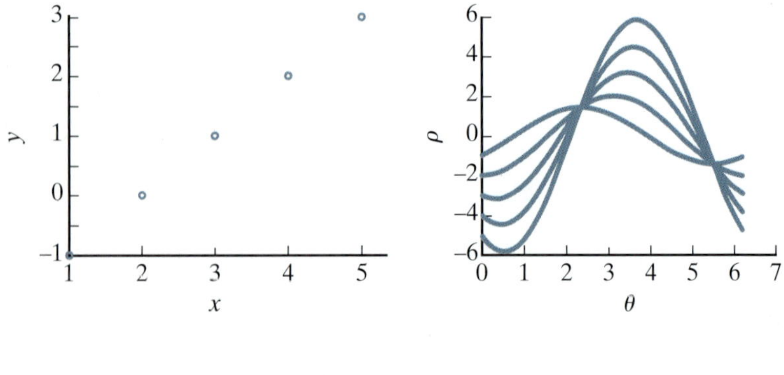

그림 11.10 허프 변환은 매개 변수 공간에서 투표를 사용하는 모델을 나타낸다. 평면에서 5점(왼쪽)과 매개 변수 공간에서 결과 곡선(오른쪽)이 표시된다. 이 커브들의 교차점은 라인의 매개 변수: $\theta = \frac{3\pi}{4}$와 $\rho = \sqrt{2}$을 산출한다.

$$x\cos\theta + y\sin\theta + \rho = 0 \tag{11.117}$$

여기서, 라인의 법선은 $[\cos\theta \quad \sin\theta]^{\mathsf{T}}$이고, 라인의 기울기는 $-\cot\theta$로 주어지며, 그리고 $|\rho|$는 라인에서 원점까지의 수직 거리이다. 각 점 (x, y)은 θ 및 ρ로 설명된 매개 변수 공간에서 정현파 라인을 생성한다. 두 점은 두 개의 곡선을 만들고, 두 점을 결합하여 결정된 직선은 여러 점의 경우 그림 11.10에 표시된 것처럼 두 곡선의 교차점으로 표시된다. 절차는 다음과 같이 수정된다. 각각의 점 (x, y)에 대하여, 각 가능한 각도 $0 \le \theta < \pi$을 합리적 크기의 빈(bins) (예를 들어, 각각 10도)으로 양자화한다. 각 각도에 대해 ρ은 매개 변수 공간에서 점 (θ, ρ)을 산출하기 위해 계산되고, 해당 누적기 셀이 증가된다. 피크는 이전과 같은 방식으로 발견된다. ρ은 음수일 수 있고, (θ, ρ) 및 $(\theta + \pi, -\rho)$는 같은 라인에 해당되므로 $\theta \ge \pi$을 고려할 필요가 없다.

허프 변환의 한 가지 어려움은 누적기의 적절한 이산화 크기를 선택하는 것이다. 이산화가 너무 거친 경우, 누적기의 최대 셀은 실제 해와 거의 유사하지 않으며, 여러 모양이 실수로 병합된다. 반면, 이산화가 너무 미세하면, 누적기 셀이 너무 작아서 데이터의 잡음로 인해 정보가 인접한 셀로 확산되어 원하는 해에 단일 피크가 발생할 가능성이 줄어 든다. 하나의 접근법은 거친 이산화를 사용하는 것이지만, 각 데이터 점이 $2d$번 투표하도록 허용하는데 여기서, d는 차원의 수이다. 각 차원에서 데이터 점은 선형 보간법을 사용하여 두 개의 인접 빈에 대해 투표하여 두 개의 투표에 대한 상대적 가중치를 결정한다. 모든 투표가 계산되면, 추정을 더 세밀하게 만들기 위해 충분한 투표를 사용하여 각 빈에서 기하학적 검증 절차를 실행할 수 있다.

실제 구현에서는 염두에 두어야 할 몇 가지 세부 사항이 있다. 첫째, 모든 (x, y) 좌표가 원점이 영상 중심에 있는 좌표계로 먼저 변환되면, 더 좋은 결과가 얻어진다. 즉 다음 수식과 같다.

$$\underbrace{\left(x - \frac{width}{2}\right)}_{x'}\cos\theta + \underbrace{\left(y - \frac{height}{2}\right)}_{y'}\sin\theta + \underbrace{\rho + \frac{width}{2}\cos\theta + \frac{height}{2}\sin\theta}_{\rho'} = 0 \tag{11.118}$$

둘째, 점을 찾는 계산에서 자유로운 그레디언트 벡터 정보의 크기와 방향을 사용하여 결과를 향상시킬 수 있다. 동일한 투표를 갖는 각각의 화소 대신에, 그 화소에서의 그레디언트 크기에 비례하여 투표하게 한다. 그 크기가 임계 값보다 작은 화소는 무시한다. 또한, 각도는 θ를 직접 결정하는데 사용될 수 있거나, 또는 각도가 실제 각도의 어떤 양(즉, +20 이내) 내에 있다고 가정하면, 그레디

알고리즘 11.18 라인을 검출하기 위한 허프 변환

HOUGHLINE(I)

Input: grayscale image I of size *width* by *height*
Output: angle θ and distance ρ describing the most prominent line in the image

$G_{mag}, G_{phase} \leftarrow$ COMPUTEIMAGEGRADIENT(I)
for $(x, y) \in I$ **do**
  $x' \leftarrow x - width/2$
  $y' \leftarrow y - height/2$
  $\hat{\theta} \leftarrow G_{phase}(x,y)$
  for $\theta \leftarrow \hat{\theta} - \theta_\delta$ **to** $\hat{\theta} + \theta_\delta$ **do**
    $\rho' \leftarrow -x' \cos\theta - y' \sin\theta$
    $A(\text{Quantize}(\rho'), \text{Quantize}(\theta)) \leftarrow_{+} g(G_{mag}(x, y))$
$\rho', \theta \leftarrow$ FINDMAX(A)
$\rho \leftarrow \rho - \frac{width}{2} \cos\theta - \frac{height}{2} \sin\theta$
return ρ, θ

언트 각 주변의 작은 윈도우 내의 누적기 셀은 전체 사인 곡선을 따라 모든 셀보다는 오히려 증가된다. 원하는 마지막 단계는 라인 세그먼트를 생성하기 위해 라인의 끝점을 감지하는 것이다. 이 단계는 독자를 위한 연습문제로 남겨 둔다. 알고리즘 11.18에 제공된 단일 라인을 탐지하기 위한 의사코드는 A를 누적기로 사용하고 그레디언트 크기 값을 투표로 매핑하는 함수 g를 사용한다. 그러한 함수 중 가장 간단한 것은 그레디언트 크기가 특정 값을 초과하는 모든 화소가 단일 표를 던지도록 허용하는 임계 값이다. 물론, 피크가 발견되면 배열에 비최대 억제(nonmaximal suppression)를 적용하여 여러 라인을 탐지하는 절차를 반복할 수 있다.

허프 변환은 원과 같은 다른 매개 변수화된 모양을 쉽게 감지하도록 수정된다. 반지름이 이미 알려진 경우 누적기는 원의 중심에 대해 양자화된 (x_c, y_c) 위치의 2D 배열이다. 반지름이 r인 (x_c, y_c)를 중심으로하는 원의 수식으로 $(x - x_c)^2 + (y - y_c)^2 = r^2$를 사용하면, 각 (x, y) 데이터 점은 (x, y)에 중심을 두고 반경 r을 갖는 매개 변수 공간에서 원을 정의한다. 이 원을 따라 누적기 셀을 증가시킴으로써 데이터는 원의 위치에 대해 투표할 수 있다. 이전과 마찬가지로 그레디언트 방향을 사용하면 매개 변수 공간에서 전체 원을 따라 펼쳐지는 대신 감지된 방향 근처에서 투표를 집중시킬 수 있다. 이 절차는 3D 누적기를 사용하여 반지름을 알 수 없는 경우까지 쉽게 확장된다.

영상에서 원의 템플릿을 슬라이딩하고, 템플릿에서 원의 둘레를 따라 그레디

언트 크기 값을 합산하여 가장 높은 정수로 위치를 선택하면 원을 쉽게 감지할 수 있다. 사실, 이러한 계산은 허프 변환을 계산하는 것과 동일하다. 허프 변환과 템플릿 기반 접근 방식 간의 밀접한 연관성을 감안할 때, 허프 변환을 확장하여 임의의 모양을 처리할 수 있다는 것은 놀라운 일이 아니다. **일반화된 허프 변환**(generalized Hough transform)으로 알려진 결과 알고리즘은 2D 이진 템플릿으로서 모양을 표시하고 엔트리가 에지의 방향으로 주어진 참조 위치에 대한 오프셋 목록인 테이블을 사용한다.

마지막으로 허프 변환의 표준 구현은 다차원 배열을 사용하여 누산기를 나타낸다. 이러한 접근 방식의 단점은 대부분의 셀이 비어있는 상태이므로 메모리를 낭비하고 메모리 스왑으로 인한 비효율적인 실행 시간을 초래한다는 것이다. 더욱이, 미리 빈의 범위를 결정하는 것은 종종 어렵다. 이러한 한계를 극복하기 위한 일반적인 방법 중 하나는 의사 랜덤 해시 함수를 사용하여, 충돌을 쉽게 감지할 수 있는 1D 해시 테이블에 투표를 삽입하는 것이다.

11.5 다중 모델 피팅

이 장에서 지금까지 고려한 방법들 중 어떤 것이라도 다중 모델들을 찾기 위해 되풀이 될 수 있지만, 일부 알고리즘은 본질적으로 여러 모델들의 존재를 가정한다. 이제 우리는 두 가지 알고리즘을 고려할 것이다.

11.5.1 K-Means 클러스터링

이전 장에서는 다양한 클러스터링 방법을 살펴보았다. 지금까지 과학적 응용에서 오늘날 가장 많이 사용되는 클러스터링 알고리즘은 **Lloyd의 알고리즘**이다. 이것은 제곱 오차 기준을 최소화하는 데이터 파티션을 찾기 위한 그리디 등산 전략(greedy hill-climbing strategy)을 추구한다. Lloyd 알고리즘은 **k-means 클러스터링 문제**를 해결하기 위해 설계되었다. $\mathbb{R}^d$에 정수 k와 n개의 데이터 점 집합이 있으면 $\mathbb{R}^d$에서 각 데이터 점에서 가장 가까운 중심까지의 평균 제곱 거리를 최소화하는 k점(중심이라고 함)을 찾는다. k-means 클러스터링은 NP-하드(NP-hard)이다. 하지만 Lloyd의 알고리즘은 구현하기가 쉽고 빠르게 실행되며 실제로는 제대로 초기화되면 좋은 로컬 최소 값으로 수렴한다. Lloyd의 알고리즘은 너무 대중적이어서 k-means와 동의어가 되어 **k-means 알고리즘**이라고도 한다.

각 중심 $\mathbf{c}_j \in \mathbb{R}^d$에 대해, $\mathbf{c}_j$가 가장 가까운 중심인 모든 데이터 점의 집합으로

알고리즘 11.19 데이터 집합에서 클러스터를 찾는 K-means 알고리즘(Lloyd의 알고리즘)

```
K-MEANSCLUSTERING ({x_i}_{i=1}^n)

Input:  set of n points {x_i}_{i=1}^n
Output: cluster centers c_j, j = 1, ..., k fitting the data

1 Initialize c_j, j = 1, ..., k
2 repeat
3     for i ← 1 to n do
4         δ_i ← arg min_j ||x_i − c_j||           ➤ Assign point to closest cluster.
5     for j ← 1 to k do
6         c_j ← average of all x_i whose δ_i = j  ➤ Move cluster center to centroid.
7 until convergence
8 return c_j, j = 1, ..., k
```

서의 클러스터를 나타낸다. 이 집합은 $\mathbf{c}_j$의 Voronoi 셀에 있다. 중심의 최적 배치가 연관된 클러스터의 중심에 있다는 것을 보는 것은 어렵지 않다. 결과적으로 Lloyd의 알고리즘은 수렴할 때까지 두 단계로 번갈아 가며 진행된다. 첫째, 모든 중심 점이 해당 클러스터의 중심으로 이동하고, 두 번째로 모든 점이 가장 가까운 중심 점과 연결된 클러스터에 할당된다. 의사코드는 알고리즘 11.19에 제공된다.

Lloyd의 알고리즘은 간단하고 유연하며 복잡한 모델을 클러스터에 맞게 쉽게 확장할 수 있다. 알고리즘 11.20 은 여러 모델을 일련의 데이터에 맞게 확장한 알고리즘을 보여준다. 의사코드에 단지 두 가지 작은 변화가 있어야 한다. 라인 4에서 각 점은 이전 알고리즘에서 사용된 유클리드 거리를 일반화하는 거리 함수 d를 사용하여 가장 가까운 모델에 할당된다. 라인 6에서, 모델 매개변수는 그 특정 모델에 현재 할당된 점들이 주어진 매개변수의 확률을 최대화함으로써 업데이트된다. 예를 들어, 이 의사코드는 특정한 수의 직선을 데이터 집합에 맞추는데 사용될 수 있다. 라인 4는 각 점을 가장 가까운 직선에 지정하고, 라인 6은 현재 할당된 점을 사용하여 각 직선에 대해 최소 제곱 피팅(least-squares fitting)을 수행한다.

모든 점이 일반적인 위치에 있다고 가정하면(즉, 두 점에서 등거리가 없는 점) Lloyd의 알고리즘은 지역 최소 값으로 수렴된다는 보장이 있다. 그러나 이것은 그리디 알고리즘(greedy algorithm)이기 때문에 이 최소 값은 전체 최소 값이 아닐 수도 있다. 지역 최소 값에 갇히지 않으려면 클러스터 센터 초기화에 주의를 기울여야 한다. 표준 접근법은 모든 클러스터를 무작위로 초기화하는 것이다. k-means++로 알려진 더 나은 접근법은 첫 번째 중심을 무작위로 선택

알고리즘 11.20 모델을 데이터 집합에 맞추기 위한 K–means 알고리즘(Lloyd의 알고리즘)

K-MEANSFITTING $(\{\mathbf{x}_i\}_{i=1}^{n})$

Input: set of n points $\{\mathbf{x}_i\}_{i=1}^{n}$
Output: parameters $\theta_j, j = 1, \ldots, k$ of the models that best fit the data

Initialize $\theta_j, j = 1, \ldots, k$
repeat
  for $i \leftarrow 1$ **to** n **do**
    $\delta_i \leftarrow \arg\min_j d(\mathbf{x}_i, \boldsymbol{\theta}_j)$ ➤ Assign point to cluster.
  for $j \leftarrow 1$ **to** k **do**
    $\boldsymbol{\theta}_j \leftarrow \arg\max_{\boldsymbol{\theta}} p(\boldsymbol{\theta}|\{\mathbf{x}_i\})$ for all $\mathbf{x}_i$ whose $\delta_i = j$ ➤ Fit cluster model.
until convergence
return $\boldsymbol{\theta}_j, j = 1, \ldots, k$

한 다음, 가장 가까운 중심에 대한 제곱 거리에 비례하는 확률로 데이터 점에서 후속 중심을 무작위로 선택하는 것이다. 즉, 먼저 임의로 점을 $\mathbf{c}_1$로 선택한다. 그러면 $\mathbf{x}_i$를 $\|\mathbf{x}_i - \mathbf{c}_1\|^2$로 선택할 확률로 PDF가 생성되고, 이 PDF에 따라 임의로 점을 $\mathbf{c}_2$로 선택한다. 그런 다음, 값이 $\min(\|\mathbf{x}_i - \mathbf{c}_1\|^2, \|\mathbf{x}_i - \mathbf{c}_2\|^2)$인 PDF가 $\mathbf{c}_3$이 될 점을 선택하는 식으로 생성된다.

계산 비용이 문제가 되지 않는다면, **전역 k–means**(global k–means)라고 불리는 결정론적 방법을 사용하여 초기화 문제를 극복할 수 있다. 이 방법에서 중심들은 다음과 같이 한 번에 하나씩 중심을 점차적으로 추가하여 최적화된다. $m = 1, \ldots, k$라고 하고, m의 각 값에 대해 Lloyd의 알고리즘을 이전 반복에서 발견된 동일한 위치에서 초기 $m-1$ 클러스터 중심들과 위치 $\mathbf{x}_i$, $i = 1, \ldots, n$에 있는 m번째 클러스터 중심으로 n번 실행한다. 예를 들어, $m = 1$인 경우, 모든 데이터의 중심으로 $\mathbf{c}_1^{(1)}$이 선택된다. 다음으로 $m = 2$일 때, 초기 조건 $\mathbf{c}_1 = \mathbf{c}_1^{(1)}$ 및 $\mathbf{c}_2 = \mathbf{x}_i$, $i = 1, \ldots, n$으로 시작하여 Lloyd 알고리즘이 n번 실행된다.

이러한 n개의 결과 중 최상의 것은 다음 반복에서 사용되는 최상의 센터 쌍 $\mathbf{c}_1^{(2)}$ 및 $\mathbf{c}_2^{(2)}$를 산출한다. 그런 다음 $m = 3$인 경우, 초기 조건 $\mathbf{c}_1 = \mathbf{c}_1^{(2)}$, $\mathbf{c}_2 = \mathbf{c}_2^{(2)}$ 및 $\mathbf{c}_3 = \mathbf{x}_i$, $i = 1, \ldots, n$으로 시작하여 Lloyd의 알고리즘이 n번 실행된다. 이 결과 중 최상의 결과는 다음 반복에서 사용되는 센터 $\mathbf{c}_1^{(3)}$, $\mathbf{c}_2^{(3)}$ 및 $\mathbf{c}_3^{(3)}$의 최상의 트리플(triplet)을 생성한다.

11.5.2 기대–최대화

Lloyd의 k–means 알고리즘은 각 데이터 점에 대해 그것이 속한 클러스터(또는 모델)를 나타내는 **숨겨진 변수**(hidden variables)를 사용한다. **잠재 변수**(latent variables)라고도 하는 이러한 숨겨진 변수는 일종의 치킨-에그(chicken-and-egg) 문제를 일으킨다. 숨겨진 변수의 값을 알고 있다면 모델의 매개 변수를 쉽게 결정할 수 있으며, 모델의 매개 변수를 알고 있다면 해당 모델에 대한 데이터 할당 가능성을 쉽게 결정할 수 있다(숨겨진 변수). 이 상태는 알고리즘 11.5.1의 2단계 알고리즘으로 자연스럽게 이어지며, 할당의 계산 사이를 번갈아 수행한다. 그리고 알고리즘을 사용하여 매개 변수를 알고 있다고 가정하고 할당된 매개 변수를 업데이트한다. 이 두 단계는 다음과 같이 요약 할 수 있다.

$$\delta_i \leftarrow \arg \max_{j=1,\ldots,k} p(\delta_i = j|\boldsymbol{\theta}_1, \ldots, \boldsymbol{\theta}_k), \quad i = 1, \ldots, n \tag{11.119}$$

$$\boldsymbol{\theta}_j \leftarrow \arg \max_{\boldsymbol{\theta}} p_j(\boldsymbol{\theta}|\mathbf{x}_1, \ldots, \mathbf{x}_n, \delta_1, \ldots, \delta_n), \quad j = 1, \ldots, k \tag{11.120}$$

여기서, 첫 번째 라인에서 $p(\cdot)$는 i 번째 데이터 점이 j 번째 모델에 속할 확률이고, 두 번째 라인 $p_j(\cdot)$는 할당이 주어지면 j 번째 모델에 대한 매개 변수가 θ일 확률이다.

k-means는 데이터 점에 **하드 할당**(hard assignments)을 사용한다. 즉, 각 데이터 점은 알고리즘 반복 동안 정확히 하나의 모델에 속한다. 자연적인 일반화는 각 데이터 점이 특정 확률로 각 모델에 속하는 소위 **소프트 할당**(soft assignments)을 허용한다. 이 k-means의 소프트 할당 일반화는 **기대-최대화**(expectation-maximization, EM) 알고리즘으로 알려져 있다. k-means와 마찬가지로 EM의 두 단계는 모델 매개 변수 ("E-step"이라고 함)가 주어진 소프트 할당을 계산하고, 숨겨진 변수가 주어진 우도(likelihood)를 최대화하여 모델 매개 변수를 얻는다.

E-step:

$$\pi_{ij} \leftarrow p(\delta_i = j|\boldsymbol{\theta}_1, \ldots, \boldsymbol{\theta}_k), \quad i = 1, \ldots, n, \quad j = 1, \ldots, k \tag{11.121}$$

M-step:

$$\boldsymbol{\theta}_j \leftarrow \arg \max_{\boldsymbol{\theta}} p_j(\boldsymbol{\theta}|\mathbf{x}_1, \ldots, \mathbf{x}_n, \pi_{11}, \ldots, \pi_{nk}), \quad i = 1, \ldots, n, \quad j = 1, \ldots, k \tag{11.122}$$

여기서, 수식 (11.119)-(11.120)과의 유사성은 명백하다.

EM 알고리즘은 일반적으로 **혼합 모델**(mixture models)과 가장 관련이 있다. 각 모델은 특정 데이터 요소를 유도하는 가능성을 설명하는 확률 밀도 함수(PDF)를 지정한다. 전체 PDF는 개별 PDF의 합계(또는 혼합)로서 각 PDF를 선택할 확률에 의해 가중치가 적용된다.

$$p(\mathbf{x}_i) = \sum_{i=1}^{k} p(\mathbf{x}_i|\boldsymbol{\theta}_j)\pi_j \tag{11.123}$$

여기서, π_j는 j 번째 모델을 선택하는 선험적 확률(priori probability)이고, $p(\mathbf{x}_i|\boldsymbol{\theta}_j)$는 j 번째 모델로부터 데이터 점 $\mathbf{x}_i$를 생성할 확률이다. 다시 말하면, 무작위 데이터 점을 생성하기 위해, 우리는 먼저 $\pi_1, \ldots, \pi_k$에 의해 지정된 PDF를 사용하여 1에서 k 까지의 숫자를 무작위로 선택한다. 그런 다음 j 번째 모델을 선택하면, 해당 모델에서 임의의 데이터 요소가 생성된다.

가장 일반적인 혼합 모델은 개별 모델이 가우시안 분포를 따르는 **가우시안 혼합 모델**(Gaussian mixture model, GMM)이다. 이 경우, 모델은 평균 및 공분산 행렬 $\boldsymbol{\theta}_j = (\boldsymbol{\mu}_j, \boldsymbol{\Sigma}_j)$를 포함하고, $\boldsymbol{\theta}_j$가 주어진 $\mathbf{x}_i$의 조건부 확률은 다변수 가우시안의 형태를 가정한다.

$$p(\mathbf{x}_i|\boldsymbol{\theta}_j) = \frac{1}{(2\pi)^{\frac{d}{2}}|\boldsymbol{\Sigma}_j|^{\frac{1}{2}}} \exp\left(-\frac{1}{2}(\mathbf{x}_i - \boldsymbol{\mu}_j)^{\mathsf{T}}\boldsymbol{\Sigma}_j^{-1}(\mathbf{x}_i - \boldsymbol{\mu}_j)\right) \tag{11.124}$$

GMM의 경우, E− 및 M−steps는 다음과 같다.

E−step:

$$\pi_{ij} \leftarrow \frac{\pi_j \exp(-\frac{1}{2}(\mathbf{x}_i - \boldsymbol{\mu}_j)^{\mathsf{T}}\boldsymbol{\Sigma}_j^{-1}(\mathbf{x}_i - \boldsymbol{\mu}_j))}{\sum_{j'=1}^{k}\pi_{j'} \exp(-\frac{1}{2}(\mathbf{x}_i - \boldsymbol{\mu}_{j'})^{\mathsf{T}}\boldsymbol{\Sigma}_{j'}^{-1}(\mathbf{x}_i - \boldsymbol{\mu}_{j'}))}, \quad \begin{matrix} i = 1, \ldots, n \\ j = 1, \ldots, k \end{matrix} \tag{11.125}$$

M−step:

$$\pi_j \leftarrow \frac{1}{n}\sum_{i=1}^{n}\pi_{ij}, \quad j = 1, \ldots, k \tag{11.126}$$

$$\boldsymbol{\mu}_j \leftarrow \frac{\sum_{i=1}^{n}\pi_{ij}\mathbf{x}_i}{\sum_{i=1}^{n}\pi_{ij}}, \quad j = 1, \ldots, k \tag{11.127}$$

$$\boldsymbol{\Sigma}_j \leftarrow \frac{\sum_{i=1}^{n}\pi_{ij}(\mathbf{x}_i - \boldsymbol{\mu}_j)(\mathbf{x}_i - \boldsymbol{\mu}_j)^{\mathsf{T}}}{\sum_{i=1}^{n}\pi_{ij}}, \quad j = 1, \ldots, k \tag{11.128}$$

수식 (11.121) 및 (11.122)에서 이 수식을 도출하는 것이 쉽지는 않지만, 상당히 직관적이다. 수식 (11.125)에서, $\mathbf{x}_i$가 j 번째 모델로부터 유도된 확률 π_{ij}는 j 번째 가우시안의 평균 및 공분산을 사용하여 값 $\mathbf{x}_i$를 생성할 확률에 의해 주어진다. 수식 (11.126)에서, j 번째 모델을 선험적으로 선택할 확률은 $\sum_i \pi_j = 1$이 되도록 정규화된 모든 데이터 점의 개별 확률의 합이다. 수식 (11.127)–(11.128)에서 평균 및 공분산은 표준 방식으로 계산되며, 각 데이터 점의 기여도는 데이터 점이 특정 모델과 일치할 확률에 비례한다. 이 수식을 간단한 예제에 적용해 보겠다.

예제 11.1

c_1과 c_2를 중심으로 한 두 개의 클러스터와 $x_1 = 3$, $x_2 = 5$, $x_3 = 8$의 세 점으로 구성된 간단한 1D 데이터 집합의 클러스터링 문제를 고려하자. 초기 중심을 $c_1 = 0$ 및 $c_2 = 12$ 라하고, 이 데이터에 k–means 및 EM 알고리즘을 적용해 보자.

풀이

먼저, 수식 (11.119)–(11.120)을 사용하여 k–means를 적용해 보자. 첫 번째 단계에서 우리는 3과 5가 0에 가깝고, 8은 12에 가깝기 때문에 $\delta_1 \leftarrow 1$, $\delta_2 \leftarrow 1$, $\delta_3 \leftarrow 2$를 할당한다. 즉, $|3-0| < |3-12|$, $|5-0| < |5-12|$ 및 $|8-0| > |8-12|$이다. 두 번째 단계에서는 x_1과 x_2가 c_1에 할당되고, x_3가 c_2에 할당되므로 $c_1 = \frac{1}{2}(3+5) = 4$ 및 $c_2 = 8$으로 센터를 업데이트한다. 한 번의 반복으로 수렴에 도달한다.

수식 (11.125)–(11.128)을 사용하여 EM을 적용한다. 평균과 공분산을 $\mu_1 = c_1 = 0$, $\mu_2 = c_2 = 12$, $\sigma_1^2 = \sigma_2^2 = 16$으로 초기화한다. 첫 번째 단계(E–step)에서 수식 (11.125)의 분자를 기반으로 확률을 대입한다.

$$\pi_{11} \leftarrow \exp\left(-\frac{1}{2\sigma_1^2}|3-0|^2\right) \approx 0.755, \quad \pi_{12} \leftarrow \exp\left(-\frac{1}{2\sigma_2^2}|3-12|^2\right) \approx 0.080 \quad \textbf{(11.129)}$$

$$\pi_{21} \leftarrow \exp\left(-\frac{1}{2\sigma_1^2}|5-0|^2\right) \approx 0.458, \quad \pi_{22} \leftarrow \exp\left(-\frac{1}{2\sigma_2^2}|5-12|^2\right) \approx 0.216 \quad \textbf{(11.130)}$$

$$\pi_{31} \leftarrow \exp\left(-\frac{1}{2\sigma_1^2}|8-0|^2\right) \approx 0.135, \quad \pi_{32} \leftarrow \exp\left(-\frac{1}{2\sigma_2^2}|8-12|^2\right) \approx 0.607 \quad \textbf{(11.131)}$$

그리고 분모로 나누어 정규화한다.

$$\pi_{11} \leftarrow \frac{0.755}{0.755 + 0.080} = 0.904, \quad \pi_{12} \leftarrow \frac{0.080}{0.755 + 0.080} = 0.096 \quad \textbf{(11.132)}$$

$$\pi_{21} \leftarrow \frac{0.458}{0.458 + 0.216} = 0.680, \quad \pi_{22} \leftarrow \frac{0.216}{0.458 + 0.216} = 0.320 \quad \textbf{(11.133)}$$

$$\pi_{31} \leftarrow \frac{0.135}{0.135 + 0.607} = 0.182, \quad \pi_{32} \leftarrow \frac{0.607}{0.135 + 0.607} = 0.818 \quad \textbf{(11.134)}$$

이 숫자들로부터 우리는 x_1과 x_2가 첫 번째 모델에 속할 확률이 높지만, x_3은 두 번째 모델에 속하는 경향이 있음을 알 수 있다. 두 번째 단계 (M–step)에서는 다음과 같이 할당한다.

$$\pi_1 \leftarrow \frac{1}{3}(0.904 + 0.680 + 0.182) = 0.589 \quad (11.135)$$

$$\pi_2 \leftarrow \frac{1}{3}(0.096 + 0.320 + 0.818) = 0.411 \quad (11.136)$$

그리고,

$$\mu_1 \leftarrow \frac{0.904(3) + 0.680(5) + 0.182(8)}{0.904 + 0.680 + 0.182} = 4.3 \quad (11.137)$$

$$\mu_2 \leftarrow \frac{0.096(3) + 0.320(5) + 0.818(8)}{0.096 + 0.320 + 0.818} = 6.8 \quad (11.138)$$

분산도 마찬가지로 다음과 같이 할당한다.

$$\sigma_1^2 \leftarrow \frac{0.904(3-4.3)^2 + 0.680(5-4.3)^2 + 0.182(8-4.3)^2}{0.904 + 0.680 + 0.182} = 2.46 \quad (11.139)$$

$$\sigma_2^2 \leftarrow \frac{0.096(3-4.3)^2 + 0.320(5-4.3)^2 + 0.818(8-4.3)^2}{0.096 + 0.320 + 0.818} = 2.91 \quad (11.140)$$

이것은 첫 번째 반복을 끝낸다. 이 반복의 결과와 다음 두 반복의 결과가 그림 11.11에 나와 있다. 초기 분산이 너무 높기 때문에 중간 데이터 점은 k-means에서와 같이 첫 번째 모델과만 연관되는 것이 아니라, 두 모델 간에 거의 동일하게 연관된다.

방금 제시한 EM 알고리즘은 실제로는 단순화된 형태이다. 그럼에도 불구하고 방금 제시된 형태가 가장 널리 사용되는 변형이다. EM에 대한 더 자세한 논의는 꽤 많은 수학적 정교함을 필요로 한다. 왜냐하면 이것이 위에 설명된 좌표 상승 접근법(coordinate ascent approach)이 사실상 하한 경계 극대화(lower-bound maximization)의 한 형태이고, EM이 항상 우도 함수의 지역 최대 값에 도달하도록 보장된다는 것을 보여주어야 하기 때문이다. 이 추가적인 수학

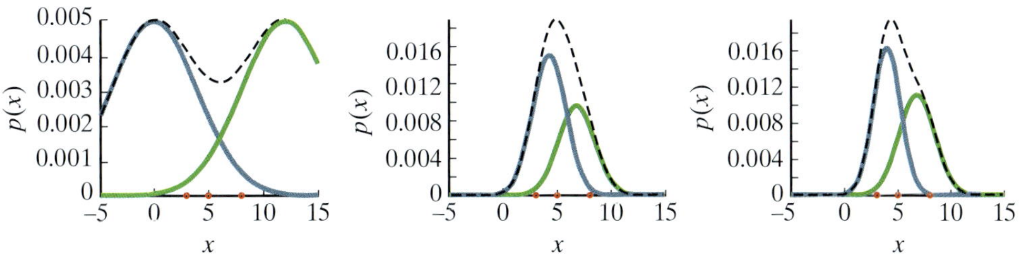

그림 11.11 데이터 점(빨간색 원), 첫 번째 가우시안 모델(파란색 곡선), 두 번째 가우시안 모델(녹색 곡선) 및 결합된 PDF(검정색 점선 곡선)를 보여주는 예제 11.5.2의 EM 알고리즘의 처음 세 반복.

은 또한 E−step이 실제 우도 함수에 대한 단단한 하한 근사(tight lower−bound approximation)를 실제로 만들어 내고, M−step이 그 단단한 하한 근사의 국부 최대 값을 찾는다는 것을 나타낸다. 하한 근사는 E−step의 이름을 설명하는 할당 확률의 PDF와 관련하여 전체 데이터 로그 우도(complete−data log likelihood)에 대한 기대치이다. EM 알고리즘의 대안은 일반화된 EM 알고리즘이며, 각 알고리즘은 각 반복에서 함수를 최대화하지 않고 오히려 우도만을 증가시킨다.

11.6 추가 읽기

대수 거리를 최소화하여 원을 맞추는 간단한 알고리즘은 Kåsa [1976]가 제안했다. 기하학적 거리를 최소화하기 위한 많은 방법이 수년에 걸쳐 제안되어 왔는데, 예를 들어 Crawford [1983], Gander et al. [1994], Chernov와 Lesort [2005] 등이 있다. 대수 거리를 최소화하기 위한 일부 폐쇄형 솔루션은 Kåsa가 사용하는 3가지 매개 변수가 아니라, 4가지 매개 변수를 사용한다(이 방법은 잡음에 보다 민감하다). 예를 들어, 이 책의 그림 11.4c는 Gander et al. [1994]의 그림 2.1에 표시된 것과 동일한 데이터에서 성공적으로 작업하는 Kåsa 방법을 보여 주며, 4−매개 변수 버전은 잡음 결과를 산출한다. 타원을 맞추기위한 일반화된 고유치 접근법은 Fitzgibbon et al. [1999], Bookstein [1979]과 Taubin [1991]의 방법과 관련이 있다. Pratt 방법, Taubin 방법 및 hyperaccurate fit 방법으로 알려진 보다 정교한 대수 기술에 대한 통일된 견해는 Al−Sharadqah와 Chernov [2009]의 연구를 참조하라.

Procrustes 분석에 대한 SVD 접근법은 원래 Schönemann [1966]과 Kabsch [1976]에 기인하며, 컴퓨터 비전에 대한 대중성은 Arun et al. [1987]의 연구를 개선한 Umayama [1991] 때문이다. Horn [1987]에서 볼 수 있는 쿼터니온(quaternions) 기반의 점 구름을 정렬하기 위한 대체 접근법은 대체로 SVD 방법으로 대체되기 전에 수년 동안 인기가 있었다. 본질적으로 동일한 결과를 얻는 4가지 알고리즘의 비교를 위해, Eggert et al. [1997]을 참조하라. ICP를 묘사하는 고전적인 논문은 Besl과 McKay [1992]의 논문이며, Besl과 McKay [1992]는 점−대−점 오차 측정법을 사용한다. Chen과 Medioni [1992]는 점−대−면 오차 측정법을 사용하여 거의 동일한 알고리즘을 제안했다. 독자적으로 발견된 ICP의 또 다른 변형은 이상치 배제를 처리하고, 가장 가까운 지점을 찾기 위해 k−d 트리를 사용하는 Zhang [1994]에 설명되어 있다. Rusinkiewicz와 Levoy [2001]는 ICP의 변형을 기술한다.

M−추정자(M−estimators)는 Huber [1964]에 의해 소개되었고, 그의 책 Huber [1981]에서 아주 자세하게 설명되었다. 영향 함수에 특히 중점을 둔 M−추정자를 논의하는 또 다른 잘 알려진 책은 Hampel et al. [1986]의 책이다. 견고한 추정의 분야에서 Tukey의 영향은 Tukey [1960]에 있

다. Geman-McClure 추정자는 Geman과 McClure [1987]에 의한 것이다. 우리는 최소 제곱 중앙값(least median of squares, LMedS)을 논의할 공간이 없었다. 이것은 또한 50%의 브레이크다운을 달성하지만 상대적으로 낮은 효율을 갖는 또 다른 견고한 기술이다. 자세한 내용은 Rousseeuw [1984], Rousseeuw와 Leroy [1987]를 참조하라.

RANSAC는 Fischler와 Bolles [1981]의 고전적인 논문에서 소개되었으며, MSAC와 MLESAC는 Torr와 Zisserman [2000]에 기술되어 있고, Lo-ANSAC은 Chum et al. [2003]에서 소개되었다. 허프 변환은 Duda와 Hart [1972]에 의해 처음으로 기술되었으며, Hough [1959]의 초기 작업에 기초하여 "일반화된 허프 변환"이라고 불렀다. 허프 변환은 나중에 O'Gorman과 Clowes [1976]에서 그레디언트 방향을 사용하도록 확장되었으며, Ballard [1981]에 의해 더 일반화되었다. 허프 변형의 역사는 Hart [2009]에 의해 제시되었다.

k-means에 대한 Lloyd의 알고리즘은 1957년 수학 과학 연구소에서 처음 발표되었지만, Lloyd [1982]는 수년 후에야 발표했다. 근본적으로 Lloyd와 같은 알고리즘을 제시하는 다른 초기 작업은 Forgy [1965]의 작업이다. MacQueen [1967]은 이 문제를 대중화하고 k-means라는 이름을 만들었다. 글로벌 k-means는 Likas et al. [2003], k-means++는 Arthur와 Vassilvitskii [2007]에 의해 기술되었다. Lloyd 알고리즘의 효율적인 변형에 대해서는 Kanungo et al. [2002]의 필터링 알고리즘을 참조하라. 클러스터링 기법에 대한 잘 알려진 조사는 Xu와 Wunsch [2005]의 조사이다. EM 알고리즘은 Dempster et al. [1977]의 고전적 작업에 나와 있으며, 이것은 도전적인 읽기이다.

연습문제

11.1 xy 평면에 다음과 같은 점이 있다고 가정하자. (0.08,1.16), (1.46,2.38), (2.67,3.91), (3.19,4.80) 및 (4.49,5.25).

(a) 수식 (11.5)에서 정의된 행렬 **A**와 벡터 **b**를 작성하시오.

(b) 정규 수식을 쓰시오.

(c) **A**의 조건 수를 계산하시오.

(d) 알고리즘 11.1을 사용하여 일반화된 최소 제곱에서 가장 잘 맞는 라인의 기울기와 y 절편을 계산하시오.

(e) 알고리즘 11.2를 사용하여 (d)를 반복하시오.

(f) (d)와 (e)의 잔차를 계산하시오.

11.2 3개의 좌표에서 첫 번째 자리에 10^{20}을 곱한 후 앞 문제를 반복하시오. 즉, 첫 번째 점은 $(0.08 \cdot 10^{20}, 1.16)$ 이다. 앞 문제의 결과와 어떻게 비교되는가?

11.3 최소 제곱 문제 $\mathbf{Ax} = \mathbf{b}$를 고려해 보자. 여기서,

$$\mathbf{A} = \begin{bmatrix} 0.7094 & 0.2760 \\ 0.7547 & 0.6797 \end{bmatrix} \quad \text{and} \quad \mathbf{b} = \begin{bmatrix} 0.6551 \\ 0.1626 \end{bmatrix}$$

(a) 이 행렬 수식이 나타내는 두 개의 스칼라 수식을 쓰시오.
(b) Gauss–Jordan 제거를 사용하여 이 문제를 해결하시오. 즉, 수식 중 하나를 스칼라로 곱하고, 수식을 뺀 다음 변수 중 하나를 제거하고, 다시 대체하시오.
(c) 행렬 **A**를 반전시키고, 그 결과에 **b**를 곱하여 문제를 푸시오.
(d) (b)와 (c) 중에서 어느 것이 더 적은 계산을 포함하는가?
(e) (d)의 결과를 더 큰 수식 시스템으로 일반화하시오. 즉, 두 가지 접근 방식의 계산 복잡도는 얼마인가?

11.4 xy 평면에 다음과 같은 점이 있다고 가정하자. (2.64, 0.33), (2.94, 1.31), (3.27, 2.09), (3.47, 3.30) 및 (3.43, 4.36).
(a) 알고리즘 11.2를 사용하여 일반화된 최소 제곱 센스(least squares sense)에서 최적 피팅 라인의 기울기와 y 절편을 계산하시오.
(b) 알고리즘 11.3을 사용하여 최적 피팅 라인의 매개 변수를 계산하시오.
(c) (a)와 (b)의 결과를 비교하시오. 어떤 알고리즘이 더 나은 결과를 가져오며, 그 이유는 무엇 때문인가?

11.5 이론에 따르면 모든 데이터 점 $\mathbf{x}_i$에 대해 $\mathbf{x}_i^{\mathsf{T}}\mathbf{B}\mathbf{x}_i = 0$인 문제가 있다고 가정해 보자. 이제 다음의 잡음이 많은 데이터 점 (0.53, 0.22), (0.64, 0.21), (0.64, 0.79), (0.94, 0.26) 및 (0.77, 0.42)을 수집하였다고 가정하자. 이것을 최소 제곱 문제와 같이 수식화하고, 2×2 행렬 **B**의 요소를 구하시오.

11.6 다음 행렬 각각의 조건 수(condition number)를 계산하시오. 시스템의 부동 소수점 정밀도가 0.01이라고 가정할 경우, 각 행렬의 상태가 좋지 않은지 여부를 나타내시오.

(a) $\begin{bmatrix} 11.9 & 29.7 \\ 29.7 & 90.8 \end{bmatrix}$

(b) $\begin{bmatrix} 50.6 & -0.4 \\ -0.4 & 50.5 \end{bmatrix}$

(c) $\begin{bmatrix} 508.1 & 499.3 \\ 499.3 & 494.2 \end{bmatrix}$

(d) $\begin{bmatrix} 7.4 & 3.8 \\ 3.8 & 4.5 \end{bmatrix}$

11.7 다음 각각에 대해 x와 y가 변수라고 가정할 때, 동차(homogeneous) 수식인지 여부를 서술하시오.
(a) $5x + 4y = 6$
(b) $2x + 13y - 8 = 0$
(c) $-22y = 44$
(d) $6.3x + 14.6y = -8.1y$

11.8 어떤 행렬이 고유 벡터 $[0.6483 \quad 0.6424 \quad 0.4088]^{\mathsf{T}}$, $[0.4177 \quad 0.3520 \quad 20.8377]^{\mathsf{T}}$ 및 $[0.2166 \quad 20.7404 \quad 0.6363]^{\mathsf{T}}$ 그리고 고유 값 1.6213, 0.0614 및 20.2756을 갖는다. 이것은 어떤 행렬인가?

11.9 다음을 증명하시오.

(a) 임의의 벡터 $\mathbf{x}$에 대한 $\|\mathbf{x}\|^2 = \mathbf{x}^{\mathsf{T}}\mathbf{x}$, 그리고

(b) 임의의 행렬 $\mathbf{A}$와 벡터 $\mathbf{x}$에 대한 $\|\mathbf{Ax}\|^2 = \mathbf{x}^{\mathsf{T}}\mathbf{A}^{\mathsf{T}}\mathbf{Ax}$.

11.10 대각선 행렬 $\mathbf{\Lambda} = diag(\lambda_1, \ldots, \lambda_n)$이 주어지면, $\|\mathbf{\Lambda x}\|$가 최소화됨을 보이시오 ($\|\mathbf{x}\| = 1$이라는 제약이 있음). $\mathbf{x} = \mathbf{e}_i$, 여기서 $\mathbf{e}_i$는 i 번째 요소의 1을 제외한 모든 0의 벡터이다. 그리고 모든 j에 대해서 $\|\lambda_i\| = \|\lambda_j\|$이다.

11.11 평면을 다음 점에 피팅하시오.

$\{(1.16, 2.07, 3.23), (2.20, 2.80, 3.43), (2.81, 3.89, 3.23), (4.21, 5.02, 3.84)\}$

11.12 8행 6열의 행렬이 주어졌다.

(a) 행렬이 크거나 짧은가?

(b) 표준 버전의 SVD를 사용하여 $\mathbf{U}$, $\mathbf{\Sigma}$ 및 $\mathbf{V}$ 차원을 지정하시오.

(c) SVD의 컴팩트 버전을 사용하여 $\mathbf{U}_r$, $\mathbf{\Sigma}_r$ 및 $\mathbf{V}_r$의 차원을 지정하시오.

(d) 행렬의 특이점(singular)은 몇 개인가?

(e) 행렬이 6 행과 8 열을 가졌으면, (a)-(d)의 답은 어떻게 바뀌는가?

11.13 행렬의 SVD를 다음과 같이 가정하자.

$$\mathbf{U} = \begin{bmatrix} 0.862 & -0.506 & 0.018 \\ 0.331 & 0.537 & -0.776 \\ 0.383 & 0.675 & 0.630 \end{bmatrix} \quad \mathbf{\Sigma} = \begin{bmatrix} 1.034 & 0 \\ 0 & 0.457 \\ 0 & 0 \end{bmatrix} \quad \mathbf{V} = \begin{bmatrix} 0.942 & -0.335 \\ 0.335 & 0.942 \end{bmatrix}$$

(a) SVD의 컴팩트 버전을 작성하시오.

(b) 행렬은 어떻게 되는가? (힌트: 행렬 $\mathbf{V}$를 전치하는 것을 잊지 말자.) 표준 버전과 컴팩트 버전에서 동일한 결과를 얻는지 확인하시오.

11.14 앞 문제에서 행렬의 Moore-Penrose pseudoinverse를 쓰시오.

11.15 문제 11.13에서 행렬 $\mathbf{U}$의 Frobenius norm을 계산하시오.

11.16 기하와 대수 오차(geometric and algebraic error)의 차이점을 설명하시오. 각각의 장점은 무엇인가?

11.17 (a) 알고리즘 11.4와 (b) 알고리즘 11.5를 사용하여 다음 점 집합에 원을 피팅하시오. 그리고 그 결과를 비교하시오.

$\{(351.4, 916.7), (199.3, 750.1), (144.0, 431.3), (307.6, 124.3), (667.1, 162.3), (856.0, 384.5)\}$

11.18 언뜻 보기에 수식 (11.53)의 좌변과 우변이 동등하다는 것이 분명하지 않을 수 있다.

(a) 수식 (11.53)의 우변을 좌변으로부터 유도하시오.

(b) 오른쪽은 제곱 반경(squared radius)에 대한 수식 (11.44)의 대수적 오차를 구하고, 그 결과를 0으로 설정하여 얻을 수 있음을 보이시오.

11.19 원 피팅 문제를 수식화하는 또 다른 방법은 수식 $a(x_i^2 + y_i^2) + bx_i + cy_i + d = 0$에 해당하는 $\sum_{i=1}^{n}(ax_i^2 + ay_i^2 + bx_i + cy_i + d)^2$을 최소화하는 매개변수 a, b, c 및 d를 찾는 것이다.

(a) 결과가 원이라는 것을 보장하기 위해, 충족되어야하는 제약은 무엇인가? (힌트: 반경이 0보다 큰지 확인하고, 축퇴(degeneracy)를 피하라.)

(b) (정규화되지 않은) Kåsa 방법은 이러한 제약이 충족된다는 것을 보증하는가?

(c) 정규화된 Kåsa 방법은 어떠한가?

11.20 원의 쉬프트 대수 오차(shifted algebraic error)의 미분을 수행하시오.

$$\sum_{i=1}^{n}((\tilde{x}_i - \tilde{h})^2 + (\tilde{y}_i - \tilde{k})^2 - r^2)^2 \quad \textbf{(11.143)}$$

$\tilde{h}$와 $\tilde{k}$에 관하여, 결과를 0으로 설정하여 수식 (11.51)의 대체 유도를 제공한다. (힌트: $\sum_{i=1}^{n}\tilde{x}_i = \sum_{i=1}^{n}\tilde{y}_i = 0$을 상기하라.)

11.21 다음 원뿔 곡선 섹션 각각에 대해 타원, 포물선 또는 쌍곡선인지 여부를 지정하고, 타원인 경우, 실수인지 또는 허수인지와 원인지 여부를 열거하시오.

(a) $3x^2 + 5y^2 + 24x - 10y + 45 = 0$

(b) $3x^2 + 6xy + 3y^2 + 5x + 8y - 22 = 0$

(c) $4x^2 + 4y^2 - 32x - 82y + 17 = 0$

(d) $5x^2 + 8xy + 3y^2 - 9x - 21y - 44 = 0$

(e) $2x^2 + 1xy + 4y^2 - 4x - 24y + 40 = 0$

11.22 알고리즘 11.7을 사용하여 타원을 다음 점 집합에 피팅하시오.

$$\{(611.8, 606.7), (418.2, 764.6), (252.3, 826.0), (160.1, 761.7), (349.1, 317.3), (634.8, 206.1)\}$$

11.23 (246.8, 217.0)에 중심이 있는 이진 영상 영역이 $\mu_{00} = 60536.0$, $\mu_{20} = 886013794.4$, $\mu_{02} = 586810479.4$, $\mu_{11} = 2632045701.7$인 2차 중앙 모멘트를 가진다고 가정하자. 알고리즘 11.2.4를 사용하여 이 영역에 타원을 피팅하고, 4.4.5 절의 원리를 사용하여 타원을 스케치하시오.

11.24 수식 (4.132)을 사용하여 아래의 (a) 정렬된 정사각형(aligned square)과 (b) 오리엔트된 정사각형(oriented square)의 주축을 계산하시오.

$$(a)\ \begin{bmatrix} 0 & 0 & 0 & 0 & 0 \\ 0 & 1 & 1 & 1 & 0 \\ 0 & 1 & 1 & 1 & 0 \\ 0 & 1 & 1 & 1 & 0 \\ 0 & 0 & 0 & 0 & 0 \end{bmatrix} \qquad (b)\ \begin{bmatrix} 0 & 0 & 1 & 0 & 0 \\ 0 & 1 & 1 & 1 & 0 \\ 1 & 1 & 1 & 1 & 1 \\ 0 & 1 & 1 & 1 & 0 \\ 0 & 0 & 1 & 0 & 0 \end{bmatrix}$$

결과에서 무엇을 발견할 수 있는가?

11.25 Procrustes 분석을 사용하여 (a) 스케일링 있는 것과 (b) 스케일링 없는 양쪽에 대해서 다음 점 집합을 정렬하시오.

first set: $\{(56.5, 940.1), (107.1, 867.0), (171.7, 767.5), (65.7, 793.9), (157.8, 913.7)\}$
second set: $\{(729.3, 530.7), (743.1, 314.3), (743.2, 118.4), (591.0, 343.6), (869.8, 346.5)\}$

반사(reflection)를 허용하면 어떤 차이가 있는가?

11.26 2D에서 Procrustes 분석에 의해 발견된 회전 행렬이 다음임을 증명하시오.

$$\mathbf{R} = \begin{bmatrix} \cos\theta & -\sin\theta \\ \sin\theta & \cos\theta \end{bmatrix} \tag{11.161}$$

여기서, 각도 는 다음을 만족하는 각도이다.

$$\tan\theta = \frac{\sum_{i=1}^{n} x_i y_i' - x_i' y_i}{\sum_{i=1}^{n} x_i' x_i + y_i' y_i} \tag{11.162}$$

(힌트: 두 번째 점 집합과 첫 번째 집합에서 변환된 점 사이의 제곱 거리의 합으로 오류를 수식화한 다음, θ와 관련하여 미분을 취하여 0으로 설정한다.)

11.27 ICP가 Procrustes 분석과 어떤 관련이 있는지 설명하시오.

11.28 언제 MAP 추정자(estimator)가 MLE 추정자가 되는가?

11.29 실수 라인(real number line)에 점으로 시각화된 스칼라 집합이 있다고 가정하자.

(a) 그 자체와 모든 스칼라 사이의 차의 제곱 합을 최소화하는 값은 무엇인가? 해답이 어떻게 되는지 설명하시오.

(b) 그 자체와 모든 스칼라 사이의 절대적인 차이의 합을 최소화하는 값은 무엇인가? 스칼라 수가 균등한 상황에 특히 주의를 기우려 설명하시오.

11.30 호모 스케다스틱(homoskedastic)과 헤테로 스케다스틱(hetero-skedastic) 소음의 차이점을 설명하시오.

11.31 잘라내기(truncation)가 Winsorizing과 어떤 관련이 있는가?

11.32 (a) M-추정자인 $\rho(z)=(1-e^{-z})\sin z$가 리디센드(redescend) 중인가? (b) $\rho(z)=(1-e^{-z}\sin z)$은 어떠한가? 각각의 경우에 대한 답을 설명하시오.

11.33 2D 라인 피팅을 위해 RANSAC를 구현하고, 데이터 점의 50 % 이상이 손상된 경우에도 기술이 성공적으로 라인을 발견함을 보이시오.

11.34 알려진 반경의 원을 탐지하기 위해 알고리즘 11.18의 의사코드를 수정하시오. 알 수 없는 반경을 처리하기 위해 접근 방법을 확장하는 방법을 설명하시오.

11.35 Ridler-Calvard 알고리즘이 k-means 클러스터링의 1D 버전이라는 것을 설명하시오.

11.36 k-means와 가장 일반적으로 사용되는 EM과의 관계는 무엇인가?

CHAPTER 12

분류(classification)

분류란 영상 또는 영상 영역에 라벨(label)을 지정하는 과정이다. 라벨은 예를 들어 영상 영역에 얼굴이 포함되어 있는지 또는 자동차가 들어 있는지 여부를 나타낼 수 있다. 라벨은 그 사람의 신원이나 자동차의 종류를 나타낼 수 있다. 분류는 라벨이 지정되지 않은 데이터에 라벨을 올바르게 할당하기 위해 수동으로 라벨이 지정된 트레이닝 데이터에서 결정 경계를 학습하는 과정을 포함한다. 이 장에서 우리는 지도 학습(supervised learning)이나 패턴 인식(pattern recognition)이라고 알려진 분류와 관련된 다양한 알고리즘과 원칙을 다룬다. 먼저 트레이닝 오류(training error)와 테스트 오류(test error)의 차이, 분류 시스템을 평가하는 다양한 방법과 같은 몇 가지 기본 원칙을 설명한다. 그런 다음, 일반적 통계 패턴 인식과 베이지안 결정 이론을 살펴본다. 마지막으로 분류를 수행하기 위해 널리 사용되는 생성 및 판별 방법(generative and discriminative methods)을 설명한다.

12.1 기본 사항

우리는 분류 문제의 근본적인 개념을 논의함으로써 시작한다. 예를 들어, 트레이닝 데이터를 사용하여 카테고리 간 결정 경계를 학습하는 전반적인 프로세스, 테스트 데이터를 사용하여 분류기의 성능을 평가하는 방법 그리고 모델의 복잡성과 특징 수 및 일반화 기능 간의 기본적인 상쇄 관계(trade-off)에 대해 설명한다.

12.1.1 탐지, 인식 및 검증

분류 문제는 세 가지 기본 형식으로 나뉜다. **탐지**(detection) 문제에서 목표는 영상에서 특정 클래스의 모든 인스턴스를 찾는 것이다. 예를 들어, 얼굴 탐지는 사람의 얼굴이 보이는 모든 위치를 찾기 위해 영상을 검색하는 것과 관련된다. **인식**(recognition) 문제에서 영상 영역은 특정 클래스의 항목을 포함하지만 항목의 신원은 알 수 없다는 것이 알려져 있다. 이러한 유형의 문제의 보편적인 예로 얼굴 인식의 경우를 들 수 있다. 여기서 목표는 탐지된 사람의 얼굴을 식별하는 것이다. 마지막으로, **검증**(verification)은 가정된 신원이 제공되는 인식의 특수한 경우이며, 목표는 신원을 확인하거나 거부하는 것이다. 얼굴 검증 시스템의 예로는 입구에 설치된 카메라로 찍은 사진을 사용하여, 입구에 신분증을 제시하는 직원이 자신이 주장하는 사람인지 여부를 결정하는 시스템이 있다.

탐지, 인식 또는 검증용으로 설계된 모든 분류 시스템은 동일한 기본 단계를 포함하며, 동일한 기본 기계류에 의존한다. 모든 경우에 유한 수의 개별 카테고리가 가능성을 나타낸다. 우리는 이것을 $w_1, \ldots, w_N$으로 표현할 것이다. 탐지 및 검증의 경우, 관심 항목이 존재하거나 존재하지 않거나, 신원이 정확하거나 그렇지 않거나 이기 때문에 단지 두 개의 카테고리($N=2$)가 있다. 한편, 인식에는 "알 수 없는" 또는 인식할 수 없는 인스턴스를 나타내는 추가 카테고리뿐만 아니라, 클래스의 다른 인스턴스 각각에 대한 카테고리가 필요하다.

분류 시스템의 개요는 그림 12.1과 같다. 데이터는 수집되어 인간 교사에 의해 수동으로 분류되고, 데이터는 트레이닝 집합과 테스트 집합로 분리된다. 첫 번째 단계는 영상 화소를 특징 벡터 $\mathbf{x}$로 변환하는 것이다. 가장 간단한 변환은 영상 영역의 원시 화소 값을 벡터에 쌓는 것이다. 그러나 조명, 포즈 및 구조의 변경에 대한 더 나은 불변성을 달성하기 위해, 대부분의 실제 시스템은 먼저 영상을 사전 처리하여 원시 화소 값을 별도의 **특징 공간**(feature space)으로 변환

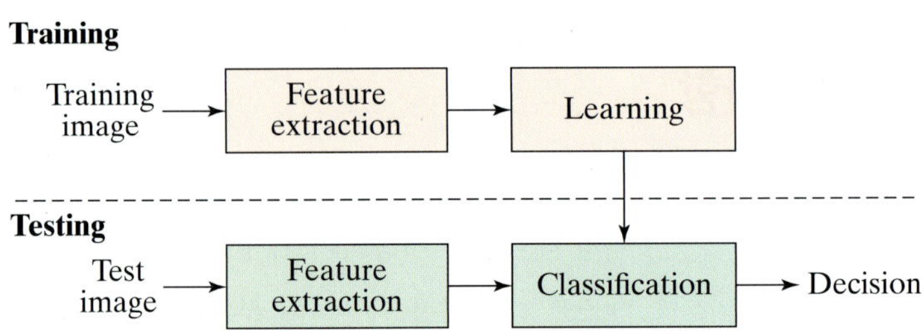

그림 12.1 분류 시스템의 개요.

한다. 예를 들어 얼굴 탐지의 경우 대칭, 뺨의 밝은 점, 눈 근처의 어두운 점 등을 추정하는 특징을 사용할 수 있다. 이러한 특징은 일반적으로 직사각형 화소 창에서의 강도로 계산되지만, 분할이 이미 수행된 경우 객체 모양과 관련된 특징을 사용할 수도 있다.

변환이 결정되면 트레이닝 데이터를 사용하여, 매핑 $f: \mathbf{x} \mapsto \omega$을 학습한다. 여기서, $\mathbf{x}$는 특징 벡터이고 ω는 카테고리이다. 트레이닝 과정에서 f의 매개 변수는 두 가지 목표를 충족시키기 위해 결정된다. 첫째, 트레이닝 집합의 분류 오류는 낮아야 한다. 즉, 대부분의 경우, $f(\mathbf{x})$는 트레이닝 집합의 모든 특징 벡터에 대해 $\mathbf{x}$에 수동으로 할당된 라벨과 동일한 카테고리를 반환해야 한다. 두 번째로, 알고리즘에 의해 한 번도 보지 못한 데이터에 대해 분류 에러가 낮아야 한다. 즉, 매핑 f가 테스트 집합로 잘 **일반화**(generalize)되어야 한다. 마지막으로, 일단 분류기가 트레이닝되고 평가되면 분류기를 필요로 하는 특정 응용에 대해 라벨이 지정되지 않은 영상에 적용할 수 있어야 한다.

12.1.2 분류기, 판별 함수 및 결정 경계

비디오 카메라가 컨베이어 벨트를 내려다보고 있다고 가정하고, 벨트를 타고 내려오는 객체를 구별할 수 있는 시스템을 개발하려고 한다. 단순화를 위해 신발과 모자 등 두 가지 유형의 객체만 있다고 가정하고, 한 번에 하나의 객체만 볼 수 있도록 잘 분리되어 있으므로 세분화가 쉽다. 객체가 카메라의 시야에 들어오면 카메라가 사진을 촬영하고, 시스템이 영상을 분석하여 객체가 신발인지 모자인지를 결정한다. 이를 수행하기 위해, 시스템은 먼저 영상에서 특징을 추출한 다음, 이전에 트레이닝된 분류기에 이러한 특징을 공급한다.

ω_1은 "신발" 카테고리를 나타내고, ω_2는 "모자"를 나타낸다. 분류기를 표현하는 가장 자연스러운 방법 중 하나는 **판별 함수**(discriminant functions)를 사용하는 것이다. 각 카테고리 ω_i에 대해, $g_i(\mathbf{x})$로 표현된 판별 함수는 특징 벡터 $\mathbf{x}$가 그 카테고리에 속할 확률을 포착한다. **분류기**(classifier)는 i 번째 판별 함수가 다른 판별 함수보다 큰 값을 산출하면 특징 $\mathbf{x}$를 카테고리 ω_i에 할당한다.

$$f(\mathbf{x}) = \omega_i \quad \text{if } g_i(\mathbf{x}) > g_j(\mathbf{x}) \ \text{ for all } j \neq i \tag{12.1}$$

위의 예에서처럼 두 개의 카테고리만 있는 경우, 다음의 수식으로 축소된다.

$$f(\mathbf{x}) = \begin{cases} \omega_1 & \text{if } g_1(\mathbf{x}) > g_2(\mathbf{x}) \\ \omega_2 & \text{otherwise} \end{cases} \tag{12.2}$$

이 수식은 **이분법**(dichotomizer)로 알려져 있다. 이분법의 경우, 수식 (12.2)가 다음의 수식으로 단순화되도록 단일 판별 함수 $g(\mathbf{x}) \equiv g_1(\mathbf{x}) - g_2(\mathbf{x})$를 다음과 같이 정의하는 것이 일반적이다.

$$f(\mathbf{x}) = \begin{cases} \omega_1 & \text{if } g(\mathbf{x}) > 0 \\ \omega_2 & \text{otherwise} \end{cases} \tag{12.3}$$

이 시나리오는 그림 12.2에 나와 있으며, 여기서 간단히 하기 위해 $\mathbf{x} = [x_1 \ \ x_2]^\mathsf{T}$가 되도록 두 개의 차원만 포함한다고 가정한다. 특징 벡터 차원은 영역의 길이 및 너비, 영역의 강도 및 편심과 같은 영상에서 파생된 모든 속성일 수 있다. 특징 벡터는 **특징 공간**(feature space)에 그려지며, 학습 알고리즘은 **결정 경계**(decision boundary 또는 결정 표면(decision surface))를 학습하여 데이터 점을 두 카테고리로부터 분리한다. 특징 공간에서 결정 경계의 양쪽에 있는 두 영역을 **결정 영역**(decision region)이라고 한다. 이 경우, 임의의 $\mathbf{x}$에 대해 $g_1(\mathbf{x}) = g_2(\mathbf{x})$이고, 판별 함수 $g(\mathbf{x})$는 단순히 결정 경계까지의 부호 거리이며, 따라서 분류기 f는 결정 경계 아래의 임의의 점을 하나의 카테고리, 결정 경계 위의 모든 점은 다른 카테고리에 맵핑된다.

12.1.3 오류, 손실 및 위험

실세계 분류기는 실수나 **오류**(errors)를 범한다. 위의 예에서 모자가 "신발"이라고 표시되거나, 신발이 "모자"로 표시되면 오류가 발생한다. 예를 들어, 그림 12.2에서 잘못된 결정 영역에 있는 것으로서 선 위에 적색 "x"가 있고, 선 아래에 청색 "o"가 있다. **손실 함수**(loss function)는 특정 입력에 대한 특정 결정을 내리는 분류기의 비용을 나타낸다. 보다 정확하게, 손실 함수 L은 실제 출력과

그림 12.2 두 카테고리와 2D 특징 벡터를 사용한 분류 문제. 왼쪽: 특정 카테고리의 데이터 점을 특징 공간으로 표시한 것이다. 중간: 다른 카테고리의 트레이닝 데이터 점이 동일한 특징 공간에 표시된 것이다. 오른쪽: 학습된 의사 결정 경계 및 의사 결정 영역과 함께 트레이닝 데이터 점을 함께 표시한 것이다.

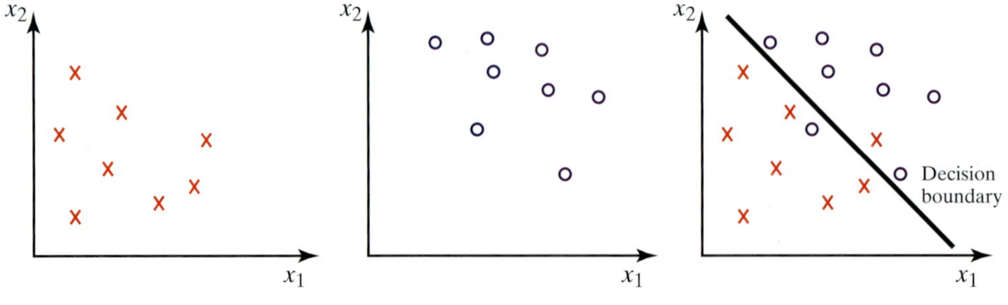

원하는 출력을 실수 값으로 매핑한다. 가장 일반적으로 사용되는 손실 함수는 **제로-원 손실 함수**이다. 이 함수는 다음의 수식과 같이 모든 오류에 대해 1의 비용을 할당하고, 모든 성공적인 분류에 대해 0의 비용을 할당한다.

$$L(\omega, \hat{\omega}) = \begin{cases} 0 & \text{if } \omega = \hat{\omega} \\ 1 & \text{if } \omega \neq \hat{\omega} \end{cases} \tag{12.4}$$

여기서, $\hat{\omega}$는 올바른 라벨이다. 제로-원 손실 함수를 사용하면 오류에만 초점을 맞춤으로써 분류 기준의 성능을 결정할 수 있다.

분류기 및 특정 결정과 관련된 **위험**(risk)은 결정을 내릴 확률과 결정과 관련된 비용의 곱이다. 예를 들어, 특정 분류 기준에 대해 ω_1을 ω_2 유형 항목에 할당할 위험은 실수로 ω_2 유형 항목에 ω_1을 할당할 확률과 실수로 ω_1을 ω_2 유형 항목에 할당하는 것과 관련된 손실의 곱이다. 분류기의 **총 위험**(total risk)은 손실 함수의 기대치(expectation)이다. 이 예에서는 ω_1을 ω_2 유형 항목에 할당할 위험이 있으며, ω_2 유형을 ω_1 유형 항목에 할당할 위험이 있다. 그러나 입력과 출력의 공동 분배가 알려지지 않았기 때문에 총 위험은 측정할 수 없는 경우가 많다. 예를 들어, 모든 가능한 모자 집합 및 가능한 모든 신발에 대해 특정 길이 측정을 얻는 정확한 확률을 알 수 없다. 결과적으로, 우리는 트레이닝 집합의 평균 손실인 **경험적 위험**(empirical risk)을 측정하기 위해 다음과 같이 종종 결정한다.

$$\frac{1}{n}\sum_{i=1}^{n} L(\omega_i, \hat{\omega}_i) \tag{12.5}$$

여기서, n은 트레이닝 집합의 샘플 수이다. **구조적 위험**(structural risk)은 경험적 위험과 결정 경계의 복잡성에 불이익을 줄 수 있는 추가적인 정규화 항으로 아래에서 자세히 설명한다.

12.1.4 트레이닝 오류, 테스트 오류 및 참 오류

분류기는 트레이닝 집합에 대해 학습된 다음, 테스트 집합에서 평가된다. 트레이닝 집합의 오류는 **트레이닝 오류**(training error)이며, 테스트 집합의 오류는 **테스트 오류**(test error)이다. 훌륭한 분류기는 트레이닝 집합에서 잘 수행 할뿐만 아니라, 테스트 집합에도 잘 적용된다. 즉, 우리는 낮은 트레이닝 오류뿐만 아니라(실제로, 더 중요한 것은) 낮은 테스트 오류를 원한다.

트레이닝과 테스트 집합은 모두 동일한 기본 확률 분포의 샘플을 포함하는 것으로 간주할 수 있다. 예를 들어, 모자는 신발보다 가능성이 높으며, 큰 모자는 작은 모자보다 가능성이 높다. 이러한 특성은 두 집합에서 모두 나타나지만 정확히 동일한 비율을 가질 필요는 없다. 즉, 트레이닝 집합에서 신발과 모자의 비율은 일반적으로 테스트 집합에서 신발과 모자의 비율과 다를 것이며, 무한한 세계에서 실제 비율과 다를 것이다.

우리가 수백만 개의 모자와 신발을 다룰 수 있다면 그러한 불일치는 실제로 적을 것이다. 그러나 실제로는 기본 분포를 정확하게 나타내기에 충분한 크기의 데이터 집합을 수집하는 것이 종종 어렵다. 예를 들어, 얼굴 검출기의 사람 얼굴 집합을 정확하게 캡처하려면 수십억 명의 실제 얼굴 영상(세계 사람들의 수를 기준으로)를 캡처해야 할뿐만 아니라, 조명 조건, 거리, 나이, 얼굴 표정, 머리 스타일, 배경, 카메라 노출 및 게인(gain) 등을 가진 사실상 무한한 수의 영상도 포함해야 된다. 결과적으로 이러한 문제를 위해, 샘플 오류(유한 트레이닝 또는 테스트 집합을 사용하여 얻음)와 **참 오류**(true error)가 항상 일치하지 않는다. 참 오류는 기본 분포로부터 무작위로 추출한 샘플을 잘못 분류할 수 있는 오류이다.

따라서 한정된 수의 샘플에 대한 분류기의 오류인 ϵ_{train}이 주어지면 분류기의 정확성을 평가하기 위해, 두 가지 질문에 답할 필요가 있다. 첫째, 아직 보이지 않은 미래의 샘플에 대한 분류기의 오류는 무엇인가? 이 질문에 대한 답은 쉽다. 추가 정보가 없는 경우, 참 오류 ϵ_{train}에 대한 최선의 추정은 다음과 같이 단순히 트레이닝 오류이다.

$$\epsilon_{true} \approx \epsilon_{train} \tag{12.6}$$

둘째, 가능한 오류의 추정이 얼마나 정확한가? 이 질문에 대한 대답은 다음 수식에 의해 주어진다.

$$\epsilon_{true} = \epsilon_{train} \pm \eta\sqrt{\frac{\epsilon_{train}(1 - \epsilon_{train})}{n}} \tag{12.7}$$

여기서, η은 트레이닝 집합의 샘플 수이고, 스칼라 η는 불확실성 추정에 대한 원하는 신뢰 구간에 따라 달라진다. 예를 들어, 90% 신뢰도에 대한 $\eta = 1.64$이고, 95% 신뢰도에 대한 $\eta = 1.96$이며, 99% 신뢰도에 대한 $\eta = 2.58$이다. 수식 (12.7)은 많은 수의 샘플이 수집되었을 때, 즉 $n \geq \frac{5}{\epsilon_{train}(1 - \epsilon_{train})}$일 때만 통계적으로 유효하다. 예를 들어, $\epsilon_{train} = 0.1$ 일 때, 이 수식을 사용하려면 최소한 50개의 샘플이 필요하다.

예제 12.1 1D에서 이진 분류 문제가 있다고 가정하자. 트레이닝 데이터는 10개의 객체에 대해 수집되며, 6개는 모자이고 4개는 신발이다. 모자 길이는 21, 24, 26, 27, 29, 31이다. 신발의 길이는 30, 33, 34 및 35이다. 길이가 30보다 작으면 모자를 출력하고, 다른 경우에는 신발을 분류하는 분류기를 트레이닝했다고 가정하자. 이 분류기의 참 오류는 얼마인가?

풀이 모자 중 하나만 잘못 분류되었기 때문에 트레이닝 오류는 $\epsilon_{train} = 0.1$ 또는 10%이다. 추가 정보가 없으면 참 오류에 대한 최적 추정치는 0.1 이다. 그러나 참 오류가 이 숫자와 정확히 일치하지는 않는다. 오히려 표본 수가 50 이상이고, 95% 신뢰도를 가진다면 $1.96\sqrt{\frac{(0.1)(0.9)}{10}} = 0.186$이므로 실제 오류는 0과 0.286 사이라고 말할 수 있다. 왜냐하면 오류가 음수가 될 수 없기 때문이다.

12.1.5 바이어스–분산 트레이드 오프, 과대적합 및 오캄의 레이저

트레이닝 집합의 성능을 향상시키고 테스트 집합의 성능을 향상시키는 것 사이에는 고유한 트레이드 오프(trade–off)가 있다. 이 말이 언뜻 보기에 직관적이지 않은 경우, 그림 12.3의 예를 참고하라. 간단한 모델(이 경우 선)은 두 카테고리를 분리하는 합리적인 작업을 수행하지만 오류가 발생한다. 모델의 복잡성이 증가하면 트레이닝 데이터에 대한 이 오류를 임의로 감소시킬 수 있다. 심지어 오류가 0이 될 수도 있다. 그러나 그렇게 하는 위험은 특정 트레이닝 집합에 **과대적합**(overfitting)될 가능성이 있기 때문에 향후 입력 샘플뿐만 아니라 테스트 집합에서 알고리즘이 제대로 수행되지 않을 수 있다.

이와 관련하여 두 가지 중요한 개념은 **바이어스**(bias, 샘플 오류와 참 오류 간의 예상 불일치)와 **분산**(variance, 트레이닝 집합이 기본 분포로부터 리샘플 추출될 때 학습된 모형의 오류의 예상 변화)이다. 트레이닝 오류는 일반적으로 분류기의 정확성에 대해 지나치게 낙관적인 척도를 제시하기 때문에 0이 아닌 바이어스를 나타낸다. 반면에 테스트 오류는 트레이닝 및 테스트 집합이 독립적으로 샘플링되기 때문에 일반적으로 0 바이어스를 나타낸다. 그러나 0 바이어스의 경우에도, 측정된 오류는 한정된 수의 샘플로 인한 참 오류와 다르기 때문에 0이 아닌 분산이 있을 것이다.

수학적으로, 제곱 오류(squared error)의 바이어스 분산 분해는 다음과 같이 표현될 수 있다.

$$E[(f(x) - \omega)^2] = (\underbrace{E[f(x) - \tilde{f}(x)]}_{bias})^2 + E[\underbrace{(f(x) - E[f(x)])^2}_{variance}] + E[\omega^2] \tag{12.8}$$

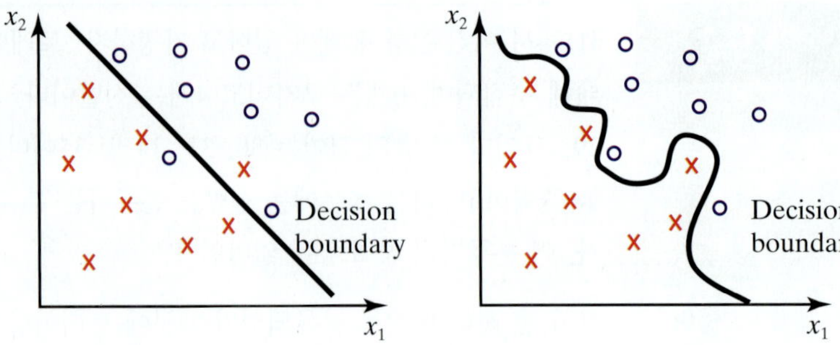

그림 12.3 낮은 차원 모델(왼쪽)은 트레이닝 집합에 대한 잘못된 분류로 이어지는 반면, 고차원 모델(오른쪽)은 오분류 빈도를 줄인다. 그러나 고차원 모델은 트레이닝 집합에 지나치게 맞추는 경향이 있으므로 일반화 성능이 저하된다.

여기서, $\tilde{f}$는 참 분류기(무한 데이터가 주어지는 경우), $E[\omega^2]$는 **줄일 수 없는 오류**(irreducible error, 데이터가 완벽하게 분리 가능하지 않기 때문에 발생), $E[\cdot]$는 기대 값이다. 이 수식을 유도하는 것은 간단하기 때문에 독자의 연습문제로 남긴다. 이 수식에서 바이어스는 모델의 가정을 간소화하여 발생하는 오류로 생각할 수 있지만, 분산은 다른 트레이닝 집합에 적응하는 모델의 유연성이다. 일반적으로 더 복잡한 모델은 바이어스는 낮지만 분산은 높고, 반면에 단순한 모델은 바이어스는 높지만 분산은 낮다. 이것은 **바이어스–분산 트레이드 오프**(bias–variance trade–off)로 알려져 있다. 예를 들어, 그림 12.3의 복잡한 모델은 바이어스가 낮고(좋음), 이 경우에는 다양한 트레이닝 집합(선형 모델은 데이터에 적응할 수 있는 유연성이 많지 않다.)에 대한 선형 모델의 안정성이 선호될 수 있다. 즉, 높은 분산이 트레이닝 데이터를 맞추는데 바람직하지만, 종종 과대적합(overfitting)으로 이어진다. 철학적으로, 이것은 **오캄의 레이저**(Occam's Razor)[1]로 알려진 원리이다. 이 원리는 좀 더 복잡한 모델보다 더 단순한 모델을 선호해야 한다고 주장한다.

예제 12.2

앞의 예제와 같은 트레이닝 데이터를 사용하여, 길이가 30보다 작거나 31과 32를 포함하거나 하면 모자를, 그렇지 않으면 신발을 출력하는 분류기를 트레이닝한다고 가정하자. 이 분류 기준이 이전 분류보다 더 좋을까 혹은 더 나쁠까?

풀이

보다 복잡한 모델을 허용함으로써 트레이닝 오류를 0으로 줄일 수 있었다. 그러나 이 접근 방식의 문제점은 트레이닝 데이터가 기본 배포의 완벽한 샘플링이 아니라는 것이다. 우리가 다른 트레이닝 집합을 수집한다면 그것은 다를 수 있다. 예를 들어, 다른 날에 우리가 10 개의 객체를 측정했는데, 5개가 모자가 되고, 5개가 신발이 된다고 가정하자. 모자의 길이는 22, 23, 25, 27, 28, 29 이다. 신발의 길이는 30, 31, 32, 34, 36 이다. 이 데이터 집합에서 첫 번째 분류기는

1 William of Ockham (c. AD 1287 – 1347)은 영국의 중세 수도사, 철학자, 신학자로서 흑사병이 그 나라에 닿기 직전에 죽었다고 한다.

오류를 발생시키지 않지만 두 번째 분류기는 첫 번째 트레이닝 데이터 집합과 적합하므로 0.2 또는 20% 오류를 산출한다. 즉, 간단한 임계 값을 가진 모델은 복잡한 모델보다 기본 분포의 다른 샘플링으로 일반화할 가능성이 더 크다.

12.1.6 홀드아웃 방법 및 교차-검증

분류기의 성능을 평가하는 가장 직접적인 방법은 일부 데이터를 수집하고, 데이터에 수동으로 라벨을 지정한 다음, 데이터를 두 개의 겹치지 않는 집합로 분할하는 것이다. 하나의 집합(트레이닝 집합)은 분류기를 트레이닝시키는 데 사용되는 반면, 다른 집합(테스트 집합)은 이를 평가하는 데 사용된다. 이것을 **홀드아웃 방법**(holdout method)이라고 하며, 트레이닝을 위해 2/3개의 데이터를 사용하고, 테스트를 위해 1/3의 데이터를 사용하는 것이 좋다.

홀드아웃 방법은 합리적인 방법이지만 여러 단점이 있다. 첫째, 트레이닝 과정에서 모든 라벨된 데이터를 활용할 수 있기를 바라기 때문에, 수동으로 데이터를 라벨링하는 것은 매우 힘들고 시간이 오래 걸린다. 그렇지 않으면 트레이닝된 모델은 모든 데이터에 액세스할 수 없기 때문에 학습 모델의 성능이 좋지 않을 수 있다. 둘째, 평가의 결과는 데이터의 특정 분할에 크게 의존한다. 어떤 이유로 분할이 나빠지면 그에 따라 결과가 왜곡될 수 있다.

이러한 단점을 수정한 한 가지 접근 방법을 **랜덤 서브 샘플링**(random subsampling)이라고 한다. 랜덤 서브 샘플링에서 홀드아웃 방법이 반복되고, 매번 무작위로 샘플링되어 트레이닝 및 테스트 집합을 형성한다. 각 반복에서 새로운 모델이 트레이닝 집합에서 학습되고, 테스트 집합에서 평가된다. 모든 반복에 대한 오류는 평균화되어 분류기의 최종 평가를 산출한다. 랜덤 서브 샘플링을 사용하면 테스트 집합의 크기와 반복 횟수를 독립적으로 선택할 수 있다.

동일한 목적을 달성하기 위한 보다 체계적인 접근법은 **k-배 교차 검증**(k-fold cross validation)이다. 이 접근법에서 모든 라벨된 데이터는 모든 데이터 샘플이 정확히 집합 중 하나에 있도록 k개의 중복되지 않는 집합으로 나눈다. 집합 중 하나는 테스트 집합로 선택되고, 다른 $k-1$ 집합는 트레이닝 집합로 사용되어 분류기의 오류를 계산한다. 이것은 하나의 반복이다. 이 과정은 각 반복마다 차례로 선택된 다른 집합을 사용하여 k번 반복된다. 분류기의 성능은 k개의 결과의 평균에 의해 주어진다.

k 값이 클수록 더 많은 계산을 하여 결과에 편차가 줄어든다. $k = 5$ 및 $k = 10$이 흔한 값(각각 5배 교차 검증 또는 10배 교차 검증)이다. **leave-one-out 교**

차 검증(leave-one-out cross validation: LOOCV)로 알려진 $k = n$일 때(즉, k가 데이터 샘플의 수인 경우) 특별한 경우가 발생한다. LOOCV에서 하나의 샘플을 제외한 모든 데이터는 테스트에 사용된 격리된 샘플과 함께 트레이닝에 사용된다. 이 과정은 데이터 집합의 모든 샘플에 대해 반복되고, n개의 결과가 평균된다. LOOCV의 장점은 모든 데이터 샘플을 정확히 동일하게 취급하므로 결과가 결정적이라는 것이다(대조적으로, k-배 교차 검증의 결과는 선택한 특정 분할에 따라 다르다). LOOCV의 단점은 n 모델을 학습해야 하기 때문에 트레이닝 시간이 늘어난다는 점이다. 일부 모델(예: 선형 회귀)의 경우, 이 추가 비용은 완화될 수 있다.

분류기를 평가하는 것 외에도 분류기 매개 변수를 조정하는 것이 종종 필요하다. 예를 들어, 의사 결정 트리에서 가장 가까운 이웃 수 또는 노드 수를 선택하거나 역전파(backpropagation)의 중지 지점(stopping point)을 선택해야 할 수 있다. 이 경우 데이터는 세 가지 방식으로 나뉜다. 한 집합의 데이터는 트레이닝에 사용되고, 두 번째 집합은 매개 변수 조정에 사용되고, 세 번째 집합은 테스트 용으로 사용된다. 먼저 트레이닝 집합을 사용하여 분류기를 트레이닝시킨 다음, 검증 집합을 사용하여 매개 변수를 조정하고, 마지막으로 테스트 집합을 사용하여 분류기를 평가한다. 이 세 집합의 일반적인 경험 기준은 각각 50%, 25% 및 25%이다. 이 개념을 교차 검증과 결합하는 것은 간단한다.

12.1.7 모델 선택 및 정규화

바이어스-분산 트레이드 오프의 결과로, 중요한 결정은 모델에 대한 적절한 복잡성을 결정하는 것이다. 모델의 매개 변수가 너무 적으면, 모델이 학습 데이터를 조정할 수 없으므로 오류가 높다. 반면에 모델에 매개 변수가 너무 많으면, 모델이 트레이닝 데이터에 잘 맞을지라도 테스트 데이터에 잘 일반화되지 않는다. 이 문제를 **모델 선택**(model selection)이라고 한다.

모델 선택 문제에 대한 가장 일반적인 솔루션은 **정규화**(regularization)라고 알려져 있으며, 이것은 트레이닝 오류뿐만 아니라 다양한 방법으로 복잡성을 측정할 수 있는 모델의 복잡성에 비례하는 트레이닝 오류와 정규화 항의 합을 최소화한다. 예를 들어, **최소 설명 길이**(minimum description length, MDL) **원칙**은 모델을 탐색하여 데이터와 모델이 함께 최소 비트 수로 표현될 수 있도록 데이터를 설명한다. 또한 **Akaike 정보 기준**(Akaike information criterion, AIC)은 다음으로 정의된다.

$$AIC \equiv -2 \ln \alpha + 2m \tag{12.9}$$

여기서, α는 모델에서 데이터에 대해 얻은 최대 우도(maximum likelihood)이고, m은 모델의 매개 변수의 수이다. 밀접한 관련이 있는 **베이지안 정보 기준**(bayesian information criterion, BIC)은 다음과 같다.

$$BIC \equiv -2 \ln \alpha + m \ln n \tag{12.10}$$

여기서, n은 데이터 집합의 샘플 수이다. 합리적인 크기의 데이터 집합의 경우, $m \ln n > 2m$이므로 BIC는 AIC보다 단순한 모델을 선호한다. 이는 모델의 복잡성을 더욱 가중시키기 때문이다.

정규화에 대한 또 다른 접근법은 학습 오류와 분류기 공간의 **Vapnik-Chervonenkis(VC) 차원**만을 사용하여 분류기의 참 오류를 추정하는 것이다. 앞서 언급했듯이 참 오류는 모든 가능한 입력을 포함하는 무한 테스트 집합에서 테스트 오류로 간주될 수 있다. $1-\eta$의 확률로 특정 분류기의 참 오류는 다음의 수식과 같이 분류기의 트레이닝 오류와 **VC 신뢰도**(VC confidence)를 넘지 않는다는 것을 알 수 있다.

$$\text{true error} \le \text{training error} + \underbrace{\sqrt{\frac{(\log\frac{2n}{h}+1)h - \log\frac{\eta}{4}}{n}}}_{\text{VC confidence}} \tag{12.11}$$

여기서, n은 학습 데이터 집합의 크기이고, h는 특정 유형의 모든 가능한 분류기를 포함하는 **분류기 공간**(classifier space)의 VC 차원이다. 예를 들어, 분류기 공간은 기울기와 y-절편에 의해 특징 지워지는 평면 내의 모든 비수직선들의 집합일 수 있고, 이 공간 내의 특정 분류기는 $y = 2x + 3$일 수 있다. VC 차원은 공간 내의 모델의 복잡성과 관련이 있다. h 값이 클수록 더 복잡한 모델을 포함하는 공간을 나타낸다. 결과적으로 수식 (12.11)은 **구조적 위험 최소화**(structural risk minimization)라고 알려진 프로세스에서 모델의 복잡성과 일반화 오류의 경계 사이의 올바른 균형을 선택하는 데 사용할 수 있다.

VC 차원의 개념을 이해하려면 **조각**(shattering)의 개념을 파악하는 것이 중요하다. 분류기 공간은 가능한 모든 라벨에 대해 모든 점에 올바른 라벨을 할당하는 분류기가 있는 경우, 데이터 집합을 조각낸다고 말할 수 있다. 분류기 공간의 VC 차원은 공간에 의해 조각나도록 정렬될 수 있는 최대 수의 점이다. 예를 들어, d-차원 공간에서의 선형 분류기의 VC 차원은 $d+1$이다. 이것은 직선이 평면에서 3점을 조각낼 수 있기 때문에 $d=2$의 경우에 쉽게 나타낼 수 있지만,

4점을 조각낼 수는 없다. 즉, $2^3=8$개의 가능한 이진 라벨링이 할당되더라도, 평면에서 이 점들을 서로 정확하게 구분하는 선이 존재하기 때문에 3개의 데이터 점의 정렬이 존재한다. 그러나 모든 라벨은 직선으로 구분할 수 있는 평면에 4점의 정렬은 없다(일반적인 위치에 있다고 가정하면, 3개가 동일 직선 상에 있지 않음을 의미).

12.1.8 차원의 저주와 피킹 현상

d을 특징 공간의 차원이라 하고, $\mathbf{x} \in \mathbb{R}^d$ 라고 하자. 특징 벡터의 크기가 커질수록 학습 알고리즘이 작동해야 하는 공간이 기하급수적으로 증가한다. 예를 들어, 분류기를 간단한 룩업 테이블(lookup table)로 가정하고 공간이 각 차원에 대해 동일한 크기의 c개의 간격으로 분할되었다고 가정하면, 테이블에는 c^d 요소가 필요하다(즉, $d=1$의 경우 c 요소, $d=2$의 경우 c^2 요소, $d=3$의 경우 c^3 요소, 등등). 따라서 d가 합리적인 크기로 커짐에 따라 공간을 정확하게 표현하기에 충분한 트레이닝 샘플을 수집하는 것이 거의 불가능해지므로, 항목이 없는 표의 많은 요소로 이어진다. 이것은 **차원의 저주**(curse of dimensionality)로 알려져 있다. 어떤 유형의 분류기도 차원 수가 지수 함수인 크기의 공간에서 학습해야하기 때문에 룩업 테이블에만 국한되지 않고 실제 세계의 문제에 대해 특히 학습이 어려워진다.

차원의 저주의 한 결과는 분류기에 더 많은 특징을 추가하면 종종 정확도가 떨어진다. **피킹 현상**(peaking phenomenon)으로 알려진 이 동작은 정보가 많을수록 정확도가 높아질 것이라는 점에서 직관적이지 못하다. 실제로 충분한 트레이닝 데이터를 수집할 수 있다면 더 많은 정보가 더 나은 정확성을 제공한다. 그러나 특징 벡터의 차원을 증가시키면 충분한 트레이닝 데이터를 수집하는 것이 훨씬 더 어려워지므로 학습 알고리즘에서 실제 기본 분포를 거의 나타내지 않는 데이터를 사용할 수 있게 되어 정확도가 떨어진다. 피킹 현상을 완화하기 위한 한 가지 방법은 **특징 선택**(feature selection)으로 알려진 과정으로서 정확도에 대한 영향에 따라 특징을 신중하게 선택하는 것이다.

12.1.9 분류 결과 평가

많은 이진 분류 문제에 두 카테고리(categories) 간에 고유한 불균형이 있다. 예를 들어, 의사를 방문하는 환자가 특정 질병을 앓고 있는지 여부를 결정할 수 있다. 건강한 사람들의 숫자가 아픈 사람들의 숫자를 훨씬 초과하기 때문에 이 두 카테고리는 서로 바꿔 쓸 수 없다(전염병이 발생하더라도 병든 사람의 수가 크게 늘어날 때도 여전히 두 가지 카테고리 간에 의미있는 차이가 남아있기 때문에 다르게 다룰 필요가 있다).

이 경우 한 카테고리는 **양성**(positive)으로 간주되는 반면, 다른 카테고리는 **음성**(negative)으로 간주된다. 이 이름은 특정 속성이 바람직한지 여부를 나타내지 않고 특정 속성이 존재하는지 여부를 나타낸다. 따라서 예를 들어 질병에 걸린 환자는 양성 사례로 간주되는 반면, 건강한 환자는 음성 사례로 간주된다. 이 구별은 이진 분류기 출력을 위한 다음의 네 가지 가능성을 제공한다.

- **참 양성**(true positive, TP)은 분류기가 양의 예(positive example)에 양의 라벨을 할당할 때 발생한다(예: 병든 사람이 아프다고 정확하게 말한 경우).
- **참 음성**(true negative, TN)은 분류기가 음의 예(negative example)에 음의 라벨을 지정할 때 발생한다(예: 건강한 사람이 건강하다고 올바르게 표시한 경우).
- **거짓 양성**(false positive, FP)은 분류기가 음의 예에 양의 라벨을 지정할 때 발생한다(예: 건강한 사람이 아프다고 잘못 말함). 거짓 경보, 잘못된 탐지 또는 유형 I 오류(Type I error)라고도 한다.
- **거짓 음성**(false negative, FN)은 분류가 긍정적인 예에 음의 라벨을 지정할 때 발생한다(예: 아픈 사람이 건강하다고 잘못 말한 것). 거짓 해고 또는 유형 II 오류(Type II error)라고도 한다.

데이터 집합에 대해 분류기의 성능을 획득하는 자연스러운 방법은 행이 실제 카테고리에 해당하고, 열이 분류기의 출력에 해당하는 **혼동 행렬**(confusion matrix)을 사용하는 것이다. 예를 들어 우리가 100명으로 구성된 데이터 집합이 있고, 그 중 90명이 건강이 좋고, 10명이 아프다고 가정하자. 분류기가 건강한 사람들 18명을 병에 걸린 사람으로, 아픈 사람 9명을 병에 걸렸다고 가정하자. TP가 true positive의 수를 말하는 경우, $TP = 9$, $TN = 72$, $FP = 18$ 및 $FN = 1$이 된다. $TP + TN + FP + FN = 100$은 데이터 집합의 총 인원수이다. 결과, 혼동 행렬은 표 12.1에 나와 있으며, 관습에 따라 항목은 확률을 산출하기 위해 데이터 집합의 크기로 정규화 된다.

혼동 행렬의 항목에 기반을 둔 다양한 성능 측정 값이 표 12.2에 나열되어 있

	test positive (disease detected)	test negative (not detected)
actual positive (sick person)	0.09 (TP)	0.01 (FN)
actual negative (healthy person)	0.18 (FP)	0.72 (TN)

표 12.1 혼돈 행렬 예제

Name	Formula	Alternate names
true positive rate (*TPR*)	$\frac{TP}{TP + FN}$	recall, sensitivity, hit rate
false negative rate (*FNR*)	$\frac{FN}{TP + FN}$	miss rate
true negative rate (*TNR*)	$\frac{TN}{FP + TN}$	specificity
false positive rate (*FPR*)	$\frac{FP}{FP + TN}$	false alarm rate, fallout
precision	$\frac{TP}{TP + FP}$	positive predictive value
accuracy	$\frac{TP + TN}{TP + TN + FP + FN}$	

표 12.2 이진 분류기의 성능 측정치. TPR과 FNR은 상호 보완적이다. TPR + FNR = 1이고, TNR과 FPR에 대해서도 같다. TNR + FPR = 1이다.

다. **참 양성 비율**(true positive rate, TPR)은 양성으로 표시되는 양성 사례의 비율이며, $TP/(TP+FN)$이다. **참 음성 비율**(true negative rate, TNR)은 음성으로 표시된 음성 사례의 비율이며, $TN/(FP+TN)$이다. 이 두 측정 값은 각각 **민감도**(sensitivity)와 **특이도**(specificity)이라고도 알려져 있으며, 이상적인 분류기는 각각 100%를 달성한다. 주로 영상 검색 시스템에 적용되는 성능을 측정하는 또 다른 방법은 관련성이 있는 탐지된 항목의 비율과 탐지된 관련 항목의 비율인 **정밀도**(precision)와 **재현율**(recall)을 사용하는 것이다. 이것들 역시 100%이어야 한다. TPR, 민감도 및 재현율은 동의어이다.

관련 척도(measure)는 정밀도와 재현율의 조화 평균으로 정의되는 다음의 **F-척도**(F_1 점수라고도 함)이다.

$$\text{F-measure} \equiv \frac{2}{\frac{1}{\text{precision}} + \frac{1}{\text{recall}}} = \frac{2 \cdot \text{precision} \cdot \text{recall}}{\text{precision} + \text{recall}} = \frac{TP}{2\,TP + FP + FN} \tag{12.12}$$

밀접하게 관련되어 있는 **Jaccard 계수**(Jaccard coefficient)는 실제 양의 집합 A(혼돈 행렬의 첫 번째 행에 있는 표본)과 검출된 양의 집합 B(혼돈 행렬의 첫 번째 열에 있는 표본)의 합집합에 대한 교집합으로 정의된다.

$$\text{Jaccard coefficient} \equiv \frac{\mathcal{A} \cap \mathcal{B}}{\mathcal{A} \cup \mathcal{B}} = \frac{TP}{TP + FP + FN} \tag{12.13}$$

많은 분류기들은 민감도와 특이도 간의 균형을 결정하는 매개 변수가 포함되어 있다. 예를 들어, 임계 값을 상상해보자. 임계 값 보다 큰 수는 양으로 표시되고, 임계 값 보다 작은 수는 음으로 표시된다. 임계 값이 증가함에 따라 분류기는 더 많은 참 양성(true positives)을 생성하지만 또한 거짓 양성(false positives)도 많이 생성한다. 임계 값이 감소함에 따라 분류기는 더 적은 양의

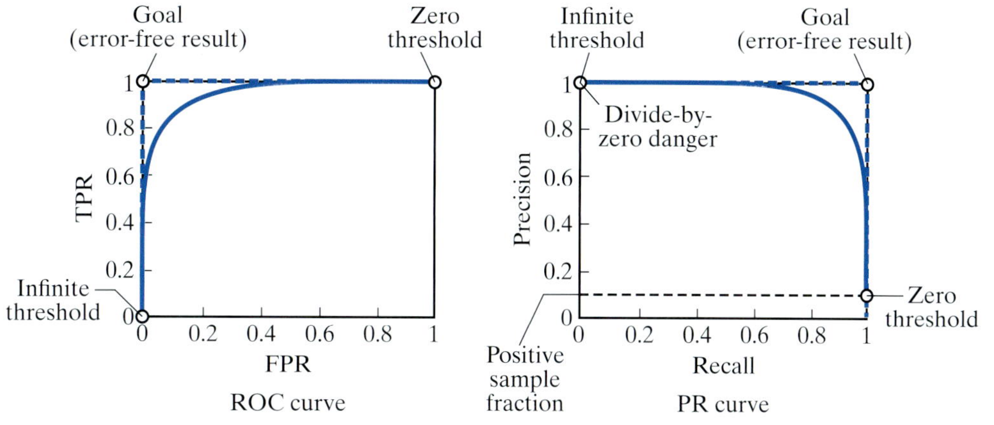

그림 12.4 분류기의 성능은 종종 ROC 곡선(왼쪽) 또는 PR 곡선(오른쪽)을 통해 시각화된다. 오류가 없는 분류기는 파란 파선을 따라 곡선을 생성한다.

참 양성을 생성하지만 거짓 양성도 적다. 분류기의 성능을 평가하기 위해서는 임계 값의 특정 선택에 대한 민감도와 특이도를 측정하는 것만으로는 충분하지 않다. 오히려 민감도와 특이도 공간을 통해 곡선을 생성해야 한다. 이 곡선의 각 점은 임계 값의 특정 값에 대한 민감도와 특이도를 나타내는 숫자 쌍이다.

그림 12.4와 같이 두 가지 유형의 곡선이 일반적이다. **수신기 작동 특성**(receiver operating characteristic, ROC) **곡선**은 TPR 대 FPR을 나타내며, 이상적인 곡선은 $FPR = 0$ 및 $TPR = 1$인 왼쪽 위 모서리를 통과하는 곡선이다. **정밀도-재현율**(precision-recall, PR) **곡선**은 정밀도와 재현율(또는 TPR)을 나타내며, 이상적인 곡선은 정밀도와 재현율이 모두 1인 오른쪽 위 모서리를 통과한다. ROC 곡선과 PR 곡선은 밀접하게 관련되어 있지만, 후자는 왜곡되거나 불균형한 데이터 집합에 더 적합하다. **왜곡된 데이터 집합**(skewed dataset)은 위에서 언급한 이진 분류 문제의 불균형과 마찬가지로 한 카테고리의 항목 수가 다른 카테고리의 항목 수를 훨씬 초과하는 데이터 집합이다. 왜곡된 데이터 집합의 경우, PR 곡선은 ROC 곡선에 의해 숨겨진 분류기의 성능에 대한 세부 정보를 나타낼 수 있다. 이 현상을 이해하려면 사람의 데이터 집합을 상상해보면 된다. 단지 일부분만 아플 뿐이다. 이 경우, 참 음성(true negatives)의 수가 참 양성(true positives)의 수 또는 $TN >> TP$를 훨씬 초과한다. FPR의 정규화 인수에는 $FP + TN$이 포함되어 있기 때문에 FP의 큰 변화는 매우 큰 TN 값에 의해 가려질 수 있으므로 ROC 곡선에서 거짓 양성(false positive)의 영향을 숨긴다. 대조적으로, PR 커브는 검사된 양성의 총 수에 의해 정상화되는 정밀도를 사용하기 때문에 그러한 효과는 명백하다.

ROC 곡선의 또 다른 문제점은 컴퓨터비전 문제에서 종종 참 음성(true

negatives)의 수를 정의하는 것이 극히 어렵다는 것이다. 예를 들어, 영상에 얼굴을 감지하는 분류기가 있다고 가정하자. 대부분의 경우, 영상에서 감지되는 실제 얼굴의 수인 *TP*를 정의하는 것은 상당히 간단하다. 그러나 *TN*의 값은 무엇인가? 대부분의 검출 알고리즘은 **슬라이딩 윈도우**(sliding window) 방식을 채택하는데, 윈도우 방식은 영상을 가로 질러 슬라이딩되며 각 위치에서 분류기가 실행된다. *TN*이 얼굴이 없고 탐지기가 작동하지 않은 위치의 수로 정의된 경우, *TN*은 실제로 매우 큰 숫자가될 것이고 정규화 인수는 *FPR*에 대해 매우 작은 값을 산출한다. 거짓 양성(false positive)은 사용자가 받아들일 수 없는 수준으로 상승한다. 이러한 이유로, *FPR*은 영상 당 거짓 양성의 수로 보고되거나, 0과 1 사이의 값이 될 수는 없지만 유사한 척도로 종종 보고된다.

분류기들은 그들의 곡선을 비교하여 비교된다. 일반적으로 이 작업은 두 가지 방법 중 하나로 수행된다. **동일 오류율**(equal error rate, EER)은 $FPR = FNR$ 또는 $TPR = TNR$인 ROC 곡선 상의 점으로 정의된다. 이 점은 ROC 곡선과 왼쪽 상단에서 오른쪽 하단 모서리까지 그려진 대각선의 교차 점이다. 두 개의 ROC 곡선은 EER을 비교하여 비교할 수 있다. 다른 한편으로는 보다 강건한 방법은 **곡선 아래의 면적**(area under the curve, AUC)을 계산하는 것인데, 큰 숫자는 더 나은 분류기를 나타낸다.

12.2 통계적 패턴 인식

이제 분류의 기본 개념을 고려했으므로 문제를 해결하기 위한 다양한 기법을 살펴보겠다. 패턴 인식에는 두 가지 기본접근 방식이 있다. **구문(또는 구조적) 패턴 인식**(syntactic (or structural) pattern recognition)에서 객체는 형식 문법 또는 그래프의 노드와 관련된 기호 문자열로 표현된다. 예를 들어, 각각에서 검출된 대상의 그래프를 비교함으로써 2개의 영상이 정합될 수 있다. 반면 **통계 패턴 인식**(statistical pattern recognition)에서는 객체가 특징 벡터로 표시되고 통계 분석이 적용되어 카테고리 간의 결정 경계를 학습한다. 우리는 훨씬 더 대중적인 방식인 후자에 집중한다.

12.2.1 베이즈 규칙

우리는 확률과 통계로부터 기초 결과를 상기시키는 것으로 시작한다. 한 사람이 보드에 다트를 던지면 모든 다트는 보드의 어딘가에 도착할 것이다. Ω을 보드 상의 모든 위치 집합이라 하고, $\mathbf{r} \in \Omega$를 특정 다트 위치라고 하자. 이제 그림

그림 12.5 하나의 조건부 확률 $p(\mathcal{A}|\mathcal{B})$와 그 역 조건부 확률 $p(\mathcal{B}|\mathcal{A})$를 관련시키는 베이즈의 규칙은 $\mathcal{A}$와 $\mathcal{B}$가 중복되는 다트 보드 Ω에 던져지는 다트를 고려하여 이해할 수 있다.

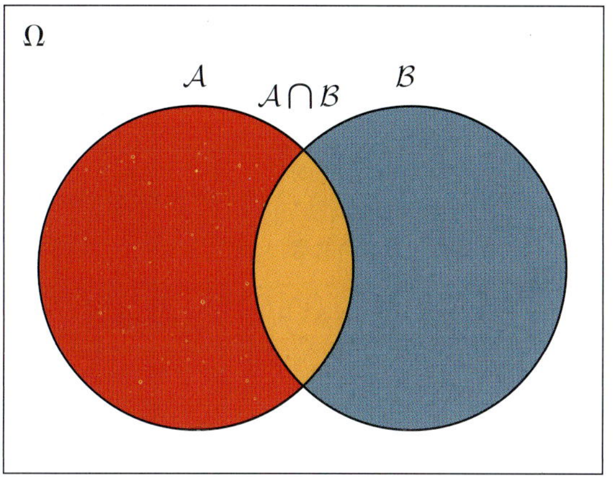

12.5와 같이 보드에 $\mathcal{A}$와 $\mathcal{B}$로 표시된 두 개의 겹치는 영역이 그려져 있다고 가정하자. 영역 $\mathcal{A}$에서 다트가 땅에 떨어질 확률을 $p(\mathbf{r} \in \mathcal{A})$, 영역 $\mathcal{B}$에서 땅에 떨어질 확률을 $p(\mathbf{r} \in \mathcal{B})$라고 하자. 표기법의 약간의 남용으로, 우리는 이것들을 간단히 $p(\mathcal{A})$와 $p(\mathcal{B})$라고 부를 것이다. 특정 다트가 $\mathcal{B}$ 영역에 도착했다는 것을 알면 $\mathcal{A}$ 영역에 도착할 확률을 조건부 확률 $p(\mathcal{A}|\mathcal{B})$라고 한다. 그림에서 $p(\mathcal{A}|\mathcal{B}) = p(\mathcal{A} \cap \mathcal{B})/p(\mathcal{B})$와 마찬가지로 $p(\mathcal{B}|\mathcal{A}) = p(\mathcal{A} \cap \mathcal{B})/p(\mathcal{A})$를 쉽게 알 수 있다. 이 두 수식을 결합하면 다음의 수식과 같이 잘 알려진 **베이즈 규칙**(Bayes' rule)이 된다.

$$p(\mathcal{A}|\mathcal{B}) = \frac{p(\mathcal{B}|\mathcal{A})p(\mathcal{A})}{p(\mathcal{B})} \tag{12.14}$$

베이즈 규칙은 불가능한 문제를 풀 수 있는 문제로 변환할 수 있기 때문에 중요하다. 문제의 의미가 무엇인지 확인하려면 문제를 약간 변경하자. Ω가 임의의 두 영역 사이에 교차가 없도록 모든 분리된 영역 $\Omega_1, \ldots, \Omega_N$으로 나누어 졌다고 가정해 보자. 모든 $i \neq j$에 대해, $\Omega_i \cap \Omega_j = 0$이다. 우리는 또한 Ω의 각 점이 어떤 영역에 있다고 가정하여, 그것의 합집합 이 전체 공간을 포함하도록 한다. $\bigcup_{i=1}^{N} \Omega_i = \Omega$이다. 점들은 인스턴스(instances)로, 영역은 카테고리(categories)로 부르자. Ω_i가 카테고리 ω_i에 있는 모든 인스턴스를 포함하는 집합이다. 각 인스턴스는 카테고리 중 하나에 속하기 때문에 다음의 수식이 성립한다.

$$\sum_{i=1}^{N} p(\mathbf{r} \in \Omega_i) = 1 \quad \forall \mathbf{r} \in \Omega \tag{12.15}$$

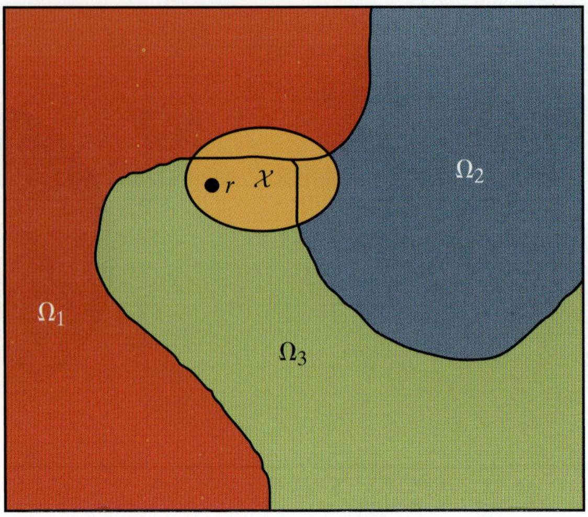

그림 12.6 다트 보드가 N개의 분리된 영역 $\Omega_1, \ldots, \Omega_N$으로 나뉘어진 베이즈 규칙의 또 다른 관점. (이 그림에서 $N = 3$) 노란색으로 표시된 영역 $\mathcal{X}$는 하나 이상의 영역과 겹치며, 특정 특징 측정을 수행한 모든 인스턴스를 포함한다. 목표는 인스턴스가 $\mathcal{X}$에 있는 경우, 인스턴스 x가 속한 영역을 결정하는 것이다.

이제 특정 인스턴스에 접근하여 해당 인스턴스가 속한 카테고리를 알고 싶다고 가정한다. 인스턴스와 연관된 일부 속성(property) 또는 특징(feature)을 측정할 수 있다고 가정하자. $\mathcal{X}$를 그림 12.6과 같이 얻은 특정 측정치 $\mathbf{x}$를 산출하는 모든 인스턴스의 집합이라고 하자. Ω_i가 영역 $\mathcal{A}$의 역할을 하고, $\mathcal{X}$가 영역 $\mathcal{B}$의 역할을 하게함으로써 베이즈의 규칙은 다음 수식을 산출한다.

$$p(\mathbf{r} \in \Omega_i | \mathbf{r} \in \mathcal{X}) = \frac{p(\mathbf{r} \in \mathcal{X} | \mathbf{r} \in \Omega_i) p(\mathbf{r} \in \Omega_i)}{p(\mathbf{r} \in \mathcal{X})} \tag{12.16}$$

앞에서와 같이 표기법을 단순화하고 ω_i가 영역 Ω_i와 관련된 카테고리를 가리키도록 하고, $\mathbf{x}$가 $\mathcal{X}$의 요소와 관련된 특징을 가리키도록 하여 수식을 다음과 같이 다시 작성할 수 있다.

$$p(\omega_i | \mathbf{x}) = \frac{p(\mathbf{x} | \omega_i) p(\omega_i)}{p(\mathbf{x})} \tag{12.17}$$

또는 말로 표현하자면,

$$\text{posterior} = \frac{\text{likelihood} \cdot \text{prior}}{\text{evidence}} \tag{12.18}$$

베이즈 규칙의 힘은 **사후**(posterior) $p(\omega_i | \mathbf{x})$를 계산하는 어려운 문제를 **우도**(likelihood) $p(\mathbf{x} | \omega_i)$를 계산하는 보다 쉬운 문제로 변형시키는 능력에 있다. 이 두 용어의 구별을 이해하는 것이 중요하다. 사후는 우리가 해결하려고 하는 문제, 즉 인스턴스에 대한 정보가 주어진 인스턴스의 가장 가능성 있는 카테고

리를 찾기 위해 문제를 포착한다. 대조적으로, 우도는 알려진 카테고리의 인스턴스에서 특정 기능 $\mathbf{x}$를 얻을 확률을 지정한다. 이런 식으로 베이즈 규칙은 인과적 추론(우도 계산)을 수행함으로써 진단적 추론(사후 계산)을 수행하게 한다.

사전(prior)은 데이터에 액세스하지 않고 특정 결과의 확률을 가진다. 때로는 "사후, posterior"라는 용어 대신에 "a posteriori"라는 용어를 사용한다. 비슷하게 "사전, prior" 대신에 "a priori"를 같은 뜻으로 사용할 수 있다. 사후는 데이터를 고려한 후의 확률이기 때문에 사실 사후 확률이다. 반면에 사전은 데이터에 의존하지 않기 때문에 사전 확률이다. 고려해야 할 마지막 용어인 **증거**(evidence)는 특정 측정 값을 얻을 확률이다. 그러나 이미 측정이 이루어졌기 때문에 가능한 모든 카테고리에 대한 증거가 동일하므로, 베이즈 규칙에 대한 간단한 표현으로 이어지는 중요하지 않은 스케일링 인자로 간주된다.

$$\underbrace{p(\omega_i|\mathbf{x})}_{\text{posterior}} \propto \underbrace{p(\mathbf{x}|\omega_i)}_{\text{likelihood}}\ \underbrace{p(\omega_i)}_{\text{prior}} \tag{12.19}$$

여기서, 등호는 비례 부호(proportional sign)로 대체되었다.

우리의 목표는 주어진 데이터의 적절한 카테고리를 추론하는 것이므로, 가장 확실한 해결책은 사후에 대한 최대 값을 산출하는 카테고리를 선택하는 것이다. **최대 사후**(maximum a posteriori, MAP) 추정으로 알려진 이 접근법은 다음과 같은 카테고리 $\hat{\omega}_i$를 선택한다.

$$\hat{\omega}_i = \arg\max_{\omega_i} p(\mathbf{x}|\omega_i)p(\omega_i) \tag{12.20}$$

여기서, arg max는 수식을 최대화하는 인수를 반환한다. 균일한 사전(prior)의 경우에, $p(\omega_i)$는 모든 i에 대해 동일하다. 따라서 MAP 추정은 **최대 우도**(maximum likelihood, ML) 추정으로 감소한다.

$$\hat{\omega}_i = \arg\max_{\omega_i} p(\mathbf{x}|\omega_i) \tag{12.21}$$

12.2.2 베이지안 결정 이론

베이지안 결정 이론(Bayesian decision theory)은 베이즈 규칙에 기초한 분류에 대한 통계적 접근법이다. 이 접근법에서 우리는 모든 i에 대해 **클래스 조건부 확률 밀도**(class-conditional probability density) $p(\mathbf{x}|\omega_i)$를 추정하기 위해 트레이닝 집합을 사용한다. 나중에 이 작업을 수행하는 다양한 방법에 대해 논의

할 예정이다. 하지만 모든 트레이닝 데이터가 수동으로 라벨이 지정되었기 때문에 ω_i로 라벨링된 트레이닝 집합의 모든 샘플을 가져 와서 각 샘플의 특징을 계산한 다음, 밀도를 추정하는 방식으로 특징들을 집계할 수 있다. 즉, 클래스 조건부 밀도는 카테고리 ω_i에서 특징 $\mathbf{x}$가 얼마나 자주 발생 하는지를 포착한다.

물론 우리가 원하는 것은 **사후 밀도**(posterior density), $p(\omega_i \mid \mathbf{x})$이다. 즉, 측정된 특징 $\mathbf{x}$가 주어진 경우, 사후 밀도는 특징이 카테고리 ω_i에서 샘플로부터 얻어질 확률을 산출한다. 사후 밀도의 합은 1이라는 것이 분명해야 한다.

$$\sum_{j=1}^{N} p(\omega_j|\mathbf{x}) = 1 \tag{12.22}$$

여기서, N은 카테고리의 수이다. 물론 베이즈 규칙은 두 양과 관련이 있다.

$$p(\omega_i|\mathbf{x}) = \frac{p(\mathbf{x}|\omega_i)p(\omega_i)}{p(\mathbf{x})} \tag{12.23}$$

수식 (12.23)을 수식 (12.22)에 대입하면 클래스-조건부 밀도(class-conditional densities)에 대한 관계가 도출된다.

$$\sum_{j=1}^{N} p(\mathbf{x}|\omega_j)p(\omega_j) = p(\mathbf{x}) \tag{12.24}$$

따라서 수식 (12.23)의 사후는 다음으로 쓰일 수 있다.

$$p(\omega_i|\mathbf{x}) = \frac{p(\mathbf{x}|\omega_i)p(\omega_i)}{\sum_{j=1}^{N} p(\mathbf{x}|\omega_j)p(\omega_j)} \tag{12.25}$$

이진의 경우에, 수식 (12.22) 및 (12.24)는 단순히 다음과 같다.

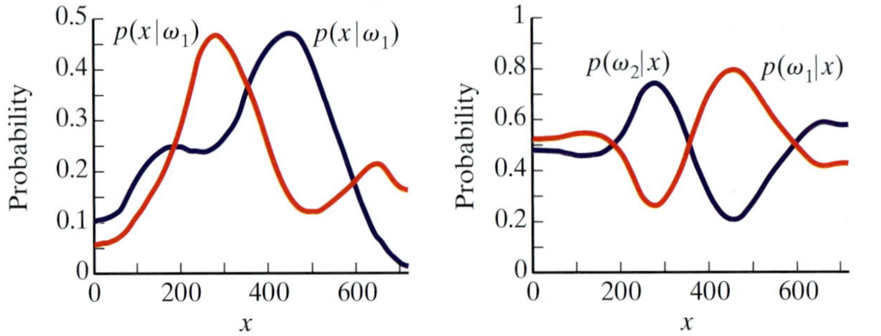

그림 12.7 이진 분류 문제에 대한 클래스 조건부 밀도(왼쪽)와 사후 밀도(오른쪽)의 예. 전자는 항상 모든 입력에 대해 1로 통합되고, 후자는 항상 각 입력에 대해 1로 합산된다.

$$p(\omega_1|\mathbf{x}) + p(\omega_2|\mathbf{x}) = 1 \tag{12.26}$$

$$p(\mathbf{x}|\omega_1)p(\omega_1) + p(\mathbf{x}|\omega_2)p(\omega_2) = p(\mathbf{x}) \tag{12.27}$$

이 두 종류의 밀도는 그림 12.7에 1 차원 특징이 있는 간단한 예가 나와 있다.

실제 라벨이 ω_j일 때, 라벨 ω_i를 선택하는 것과 관련하여 $L(\omega_i|\omega_j)$를 손실(loss)이라고 가정하면 **조건적 위험**(conditional risk)은 다음으로 정의된다.

$$R(\omega_i|\mathbf{x}) = \sum_{j=1}^{N} L(\omega_i|\omega_j)p(\omega_j|\mathbf{x}) \tag{12.28}$$

$f: \mathbf{x} \mapsto \omega$를 의사 결정 규칙(또는 분류기)이라면, 의사 결정 규칙과 관련된 예상 손실인 **전반적 위험**(overall risk)은 다음에 의해 주어진다.

$$R = \int R(f(\mathbf{x})|\mathbf{x})p(\mathbf{x})\, d\mathbf{x} \tag{12.29}$$

적분은 전체 특징 공간에 대해 계산된다. 분명히, f가 가능한 모든 $\mathbf{x}$에 대해 $R(f(\mathbf{x})|\mathbf{x})$에 대해 가능한 가장 작은 값을 산출하도록 선택되면, 전체 위험이 최소화된다. 이것은 다음 **베이즈 결정 규칙**(Bayes decision rule)을 유도한다.

$$f(\mathbf{x}) = \arg\min_{\omega_i} R(\omega_i|\mathbf{x}) \tag{12.30}$$

즉, 각 입력 $\mathbf{x}$에 대해 f는 조건부 위험을 최소화하는 카테고리를 선택한다. 이 최소한의 전반적인 위험은 **베이즈 위험**(Bayes risk)으로 알려져 있으며 달성할 수 있는 최상의 결과이다.

이진의 경우에 수식 (12.30)의 베이즈 결정 규칙은 다음으로 단순화된다.

$$f(\mathbf{x}) = \begin{cases} \omega_1 & \text{if } R(\omega_1|\mathbf{x}) \leq R(\omega_2|\mathbf{x}) \\ \omega_2 & \text{otherwise} \end{cases} \tag{12.31}$$

식 (12.28)에서 다음과 동등하다.

$$f(\mathbf{x}) = \begin{cases} \omega_1 & \text{if } \frac{p(\omega_1|\mathbf{x})}{p(\omega_2|\mathbf{x})} \geq \frac{L(\omega_1|\omega_2)}{L(\omega_2|\omega_1)} \\ \omega_2 & \text{otherwise} \end{cases} \tag{12.32}$$

여기서, 우리는 $L(\omega_1|\omega_1) = L(\omega_2|\omega_2) = 0$으로 가정했는데, 정확한 응답을 처벌하는 것은 바람직하지 않기 때문이다. 베이즈의 규칙을 적용하면 다음과 같다.

$$f(\mathbf{x}) = \begin{cases} \omega_1 & \text{if } \frac{p(\mathbf{x}|\omega_1)}{p(\mathbf{x}|\omega_2)} \geq \tau \\ \omega_2 & \text{otherwise} \end{cases} \tag{12.33}$$

여기서, $\frac{p(\mathbf{x}|\omega_1)}{p(\mathbf{x}|\omega_2)}$는 **우도 비**(likelihood ratio)이다.

$$\tau \equiv \frac{L(\omega_1|\omega_2)p(\omega_2)}{L(\omega_2|\omega_1)p(\omega_1)} \tag{12.34}$$

여기서, τ는 임계 값이다. ω_1이 양의 카테고리(positive category)로 취급되면 임계 값이 증가함에 따라 분류기는 더 적은 거짓 양성(false positive)과 더 적은 참 양성(true positive)을 산출한다. 임계 값이 감소함에 따라, 분류기는 더 낮은 거짓 음성(false negatives)과 더 낮은 참 음성(true negatives)을 산출할 것이다. 이것은 앞서 언급한 ROC 및 PR 곡선에 의해 나타난 트레이드 오프이다.

컴퓨터 비전에서 제로–원 손실 함수(zero–one loss function)는 항상 사용되며, 이 경우 수식 (12.28)은 다음으로 감소한다.

$$R(\omega_i|\mathbf{x}) = \sum_{j \neq i} p(\omega_j|\mathbf{x}) = 1 - p(\omega_i|\mathbf{x}) \tag{12.35}$$

베이즈 의사 결정 규칙은 오류 확률을 최소화하거나 오히려 사후 확률을 최대화한다.

$$f(\mathbf{x}) = \arg\max_{\omega_i} p(\omega_i|\mathbf{x}) \tag{12.36}$$

이는 **최소 오류율 분류**(minimum error rate classification) 또는 최대 사후(maximum a posteriori, MAP) 분류로서 알려져 있다. 이 경우 결정 경계는 사

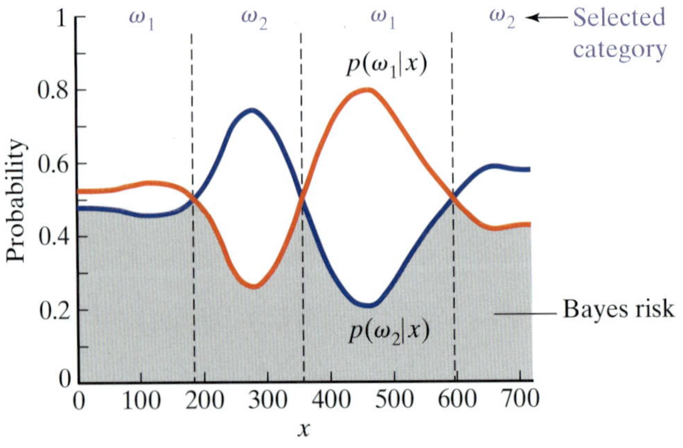

그림 12.8 제로–원 손실 함수를 사용하면 의사 결정 경계(수직 파선)는 사후 교차점이 교차하는 지점에서 발생하며, 베이즈 위험은 음영 처리된 영역 또는 x 값에 대한 모든 사후 최상의 값 중 최소 값으로 생성된 곡선 아래 영역이다.

후 교차점이 있는 곳에서 발생하며, 베이즈 위험은 그림 12.8과 같이 입력 특징의 모든 값에 대한 모든 사후 상위 중 최소 값으로 생성된 곡선 아래 영역이다. 이진의 경우에, $L(\omega_2|\omega_1) = L(\omega_1|\omega_2) = 1$이고, 베이즈 결정 규칙은 최대 사후를 갖는 카테고리를 선택하는 것으로 감소한다.

$$f(\mathbf{x}) = \begin{cases} \omega_1 & \text{if } p(\omega_1|\mathbf{x}) \geq p(\omega_2|\mathbf{x}) \\ \omega_2 & \text{otherwise} \end{cases} \quad (12.37)$$

또한, 사전(prior)이 동일할 때, $p(\omega_1) = p(\omega_2)$이므로 다음에 대한 규칙이 더 단순해진다.

$$f(\mathbf{x}) = \begin{cases} \omega_1 & \text{if } p(\mathbf{x}|\omega_1) \geq p(\mathbf{x}|\omega_2) \\ \omega_2 & \text{otherwise} \end{cases} \quad (12.38)$$

우도 비율이 1보다 크면 ω_1이 선택되고, 그렇지 않으면 ω_2가 선택된다.

요약하면, 베이지안 분류기를 학습하는 일반적인 접근법은 트레이닝 집합을 수집하고, 트레이닝 집합에 라벨을 붙이고, 트레이닝 집합 내의 샘플에 특징을 계산하고, 이들 특징을 사용하여 클래스-조건부 밀도를 추정하는 것이다. 그런 다음, 사전(prior)은 트레이닝 집합(일반적으로 모집단을 대표하는 것으로 여겨지는 경우) 내에서 라벨의 분포 또는 다른 방법을 통해 추정된다. 그러한 정보가 없으면 사전은 1 로 설정된다. 제로-원 손실 함수가 거의 항상 사용되기 때문에 베이지안 분류기가 학습된 후에는 새 샘플에 적용할 수 있다. 샘플을 추출하고 베이즈의 규칙을 사용하여 각 카테고리의 사후를 추정한 다음, 최대 사후를 산출하는 카테고리를 선택한다.

12.2.3 매개 변수 대 비매개 변수 표현

확률 분포를 나타내는 두 가지 기본 방법이 있다. **매개 변수**(parametric) 표현은 다항식의 계수 또는 가우시안의 평균 벡터 및 공분산 행렬과 같은 소수의 매개 변수를 사용하여 분석식을 사용한다. 한편, **비매개 변수**(nonparametric) 표현은 데이터에 대한 히스토그램 또는 단순히 원시 데이터와 같은 데이터 중심 접근 방식을 사용한다. 이 절에서는 매개 변수와 비매개 변수 표현의 차이를 설명할뿐만 아니라 클래스 조건부 밀도, 사후 분포 및 우도 비율의 사용에 대한 작업 지식을 제공하기 위해 간단한 분류 문제의 예를 제시한다. 첫째, 비매개 변수 방법은 그레이 레벨 히스토그램을 사용하여 표시되며, 그런 다음 매개 변수 가우시안 밀도를 사용하여 문제를 다시 검토한다.

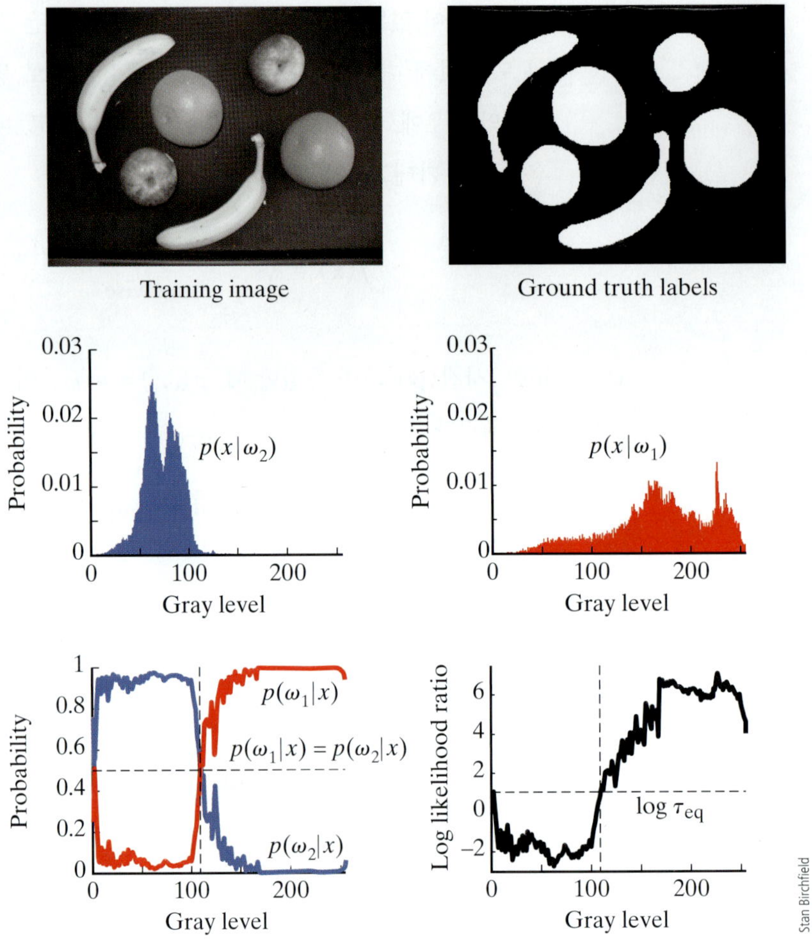

그림 12.9 상단: 실측 이진 라벨의 영상. 중간: 두 카테고리의 클래스 조건 밀도가 논리적으로 그레이 레벨 막대 그래프로 나타난다. 하단: 사후 및 로그 가능성 비율. 두 가지 카테고리는 그레이 레벨 110 근처에서 동일한 확률을 갖는다.

이전에 사용한 그림 12.9의 왼쪽 상단에 표시된 영상을 고려하자. 일반적으로 전경 객체는 배경보다 밝기 때문에 전경 객체의 화소는 배경보다 높은 그레이 레벨을 기대한다. 전경이나 배경의 일부가 될 가능성이 있는지 여부를 화소의 그레이 레벨만을 기준으로 결정하는 분류기를 개발하려고 한다고 가정하자.

첫 번째 단계는 화소를 두 카테고리 중 하나에 속한 것으로 수동으로 라벨링하고, 결과를 그림의 오른쪽 상단에 표시하는 것이다. 이 영상을 트레이닝 영상으로 처리하여 클래스 조건부 밀도를 구성한다. 여기서, ω_1은 전경을 나타내고, ω_2는 배경을 나타낸다. 두 카테고리 각각에 대해, 정규화된 막대그래프는 실측(ground truth)에서 특정 라벨을 가진 모든 화소의 그레이 레벨로 구성된다. 그 결과 클래스-조건부 밀도인 두 개의 정규화된 히스토그램 $\bar{h}_1$과 $\bar{h}_2$가 그림 12.9의 중간에 표시된다.

사전(priors)를 계산하려면 각 카테고리의 화소 수를 계산하고 적절한 정규화를 수행하자. h_1과 h_2를 정규화되지 않은 두 개의 히스토그램이라고 하면 사전은 다음으로 계산된다.

$$p(\omega_1) = \frac{\sum_i h_1[i]}{\sum_i h_1[i] + \sum_i h_2[i]} = 0.26 \quad (\text{foreground prior}) \qquad (12.39)$$

$$p(\omega_2) = \frac{\sum_i h_2[i]}{\sum_i h_1[i] + \sum_i h_2[i]} = 0.74 \quad (\text{background prior}) \qquad (12.40)$$

여기서, $i=0, \ldots, 255$이다. $p(\omega_1) + p(\omega_2) = 1$이다. 이것은 사전을 계산하는 한 가지 방법일 뿐이다. 트레이닝 데이터 집합이 기본 분포를 충분히 나타낼 수 없다고 믿는다면 두 사전은 단순히 0.5로 설정할 수 있다. 예를 들어 과일 한 개만 들어있는 영상에서 알고리즘을 나중에 실행하려는 경우, 이 특정 절차의 이전 단계는 분류기를 기울여 더 많은 화소를 전경으로 라벨링한다.

임의의 특정 그레이 레벨 i에 대한 사후 확률은 수식 12.25에서와 같이 i에서 평가된 클래스-조건부 밀도를 사전에 곱하고 적절히 정규화함으로써 계산된다.

$$post_1[i] = \frac{\bar{h}_1[i]\, p(\omega_1)}{\bar{h}_1[i]\, p(\omega_1) + \bar{h}_2[i]\, p(\omega_2)} \quad (\text{foreground posterior}) \qquad (12.41)$$

$$post_2[i] = \frac{\bar{h}_2[i]\, p(\omega_2)}{\bar{h}_1[i]\, p(\omega_1) + \bar{h}_2[i]\, p(\omega_2)} \quad (\text{background posterior}) \qquad (12.42)$$

다시, $post_1[i] + post_2[i] = 1$은 모든 i에 대해 나타낸다. 이는 그림의 왼쪽 하단에서 분명하다.

우도 비율은 클래스-조건부 밀도의 비율을 취하여 계산된다. 대수를 적용하면 비율이 차이로 변환되어 **로그-우도 비율**(log-likelihood ratio)이 산출된다.

$$log\text{-}like[i] = \log \frac{\bar{h}_1[i]}{\bar{h}_2[i]} = \log \bar{h}_1[i] - \log \bar{h}_2[i] \quad (\text{log-likelihood ratio}) \qquad (12.43)$$

디스플레이 목적을 위한 더 자연스러운 동적 범위가 된다. 로그-우도는 그림의 오른쪽 하단에 표시된다.

사후(posteriors)는 $p(\omega_1 | \mathbf{x}) = p(\omega_2 | \mathbf{x}) = 0.5$, 또는 우도 비율 측면에서 교차한다.

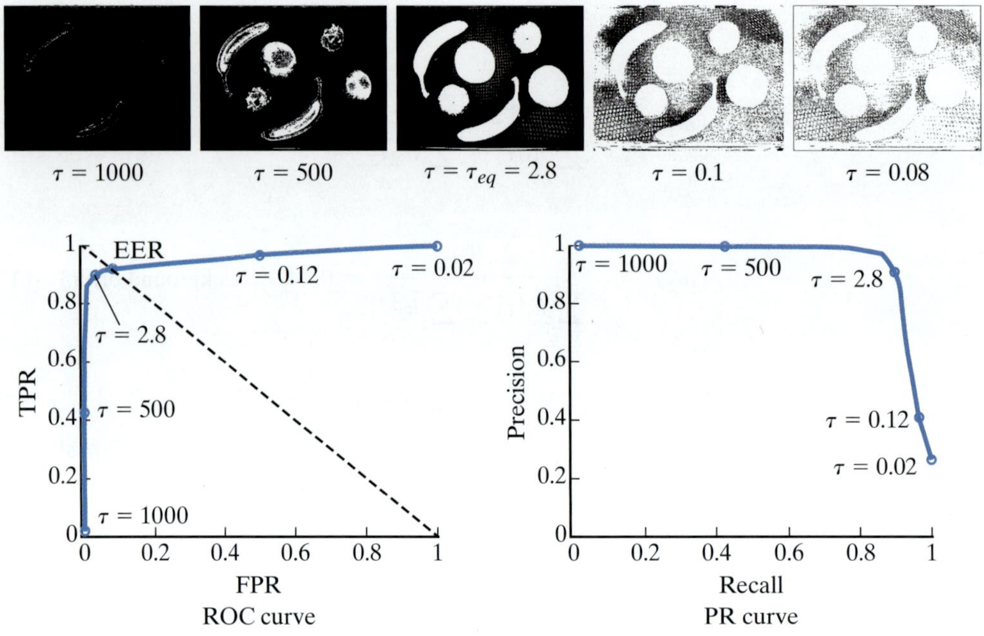

그림 12.10 상단: 우도 비율 τ에 대해 5개의 다른 값을 사용하는 분류 결과. τ가 감소함에 따라, 분류기는 더 많은 양성(거짓과 참 모두)을 산출한다. 하단: 분류기에 대한 수신자 작동 특성(ROC) 및 정밀도-재현율(PR) 곡선. 전자의 경우 동일 오류율(EER)로 표시된다.

$$\frac{p(\mathbf{x}|\omega_1)}{p(\mathbf{x}|\omega_2)} = \frac{p(\omega_2)}{p(\omega_1)} = \frac{0.74}{0.26} = 2.8 \equiv \tau_{eq} \tag{12.44}$$

그림에서 수평선은 $\log(2.8) = 1.0$(자연 로그 사용)이고, 수직선은 그레이 레벨 110 근처에 있다. 분포가 다르면 더 많은 수직선이 있을 수 있지만, 하나의 수평선만 있을 것이다.

임계 값 τ가 변화함에 따라, 수식 (12.33)에서와 같이 분류기는 다른 결과를 산출하는데, 그 중 5개가 그림 12.10에 나와 있다. ω_1을 긍정의 카테고리로, ω_2를 부정의 카테고리로 지정하면, τ가 감소하면 더 많은 참 양성(true positives) 및 거짓 양성(false positives)이 더 많이 발생한다. 분류기의 성능은 그림에 표시된 ROC 및 PR 곡선에 표시된다. 실제 응용에서는 분류기의 성능을 나타내는 데 사용된 곡선을 생성하기 위해 별도의 테스트 영상을 사용하고자 하지만, 설명을 위해 트레이닝 영상으로 충분한다.

지금까지 우리는 클래스-조건부 밀도를 모델링하기 위해, 그레이 레벨 히스토그램의 비매개 변수 접근 방식을 사용했다. 다른 방법은 히스토그램의 평균과 분산을 계산하여 가우시안 분포로 이러한 밀도를 근사화하는 것이다.

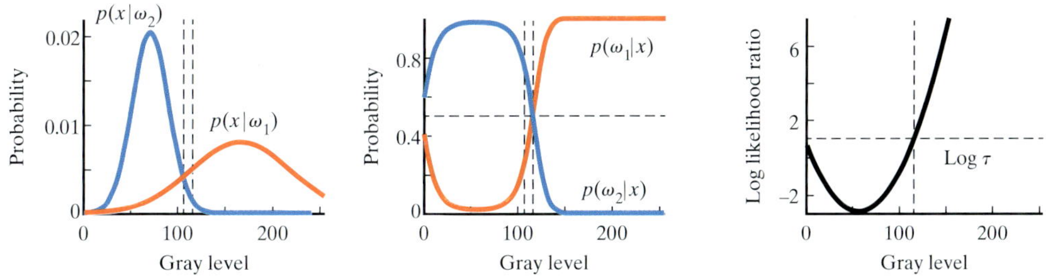

그림 12.11 밀도가 매개 변수 가우시안으로 근사될 때의 분류기에 해당하는 그림. 사후는 그레이 레벨 116 근처에서 똑같이 발생하는 반면, 클래스 조건부 밀도는 그레이 레벨 107 근처에서 교차한다(사전 조건을 고려하지 않기 때문에).

$$\mu_1 = \sum_i \bar{h}_1[i]i \qquad \sigma_1^2 = \sum_i \bar{h}_1[i](i - \mu_1)^2 \tag{12.45}$$

$$\mu_2 = \sum_i \bar{h}_2[i]i \qquad \sigma_2^2 = \sum_i \bar{h}_2[i](i - \mu_2)^2 \tag{12.46}$$

가우시안 분포를 사용한 클래스 조건부 밀도, 사후(posteriors) 및 로그-우도(log-likelihood) 비율은 모두 그림 12.11과 같다. 클래스-조건부 밀도는 그레이 레벨 107 근처에서 교차하는 반면, 사후와 로그-우도는 그레이 레벨 116 근처에서 교차한다. $p(\omega_1) < p(\omega_2)$는 화소가 분류기에 의해 배경($\omega_2$)으로 표시될 가능성을 높이기 위해, 임계 값을 오른쪽으로 약간 이동(즉, 임계 값을 증가시킴)하게 한다.

12.2.4 가우시안 밀도

가장 대중적인 매개 변수 밀도, 즉, 가우시안을 고려한 매개 변수 접근법에 대한 논의를 계속한다. 그것이 하나의 변수의 함수일 때, 가우시안은 다음과 같은 형태를 가진다.

$$p(x|\omega_i) = \frac{1}{\sqrt{2\pi\sigma}} e^{-\frac{(x-\mu_i)^2}{2\sigma_i^2}} \tag{12.47}$$

여기서, μ_i와 σ_i는 각각 평균과 분산이고, x는 스칼라이다. 그것이 여러 변수의 함수일 때, 그것은 다변수 가우시안이다.

$$p(\mathbf{x}|\omega_i) = \frac{1}{(2\pi)^{\frac{d}{2}}|\mathbf{\Sigma}|^{\frac{1}{2}}} e^{-\frac{1}{2}(\mathbf{x}-\boldsymbol{\mu}_i)^{\mathsf{T}}\mathbf{\Sigma}_i^{-1}(\mathbf{x}-\boldsymbol{\mu}_i)} \tag{12.48}$$

여기서, $\boldsymbol{\mu}_i$와 $\mathbf{\Sigma}_i$는 각각 평균 벡터와 공분산 행렬이고, $\mathbf{x} \in \mathbb{R}^d$이다. 이 절의 나

머지 부분에서는 스칼라 가우시안이 특별한 경우이기 때문에 다변수 가우시안을 사용한다.

사후 분포에 대한 판별 함수는 중요한 값의 순서일 뿐이므로 그 분포의 단조 증가 함수로 선택될 수 있다. 편의를 위해 자연 대수를 적용하고 베이즈 규칙을 호출한다.

$$g_i(\mathbf{x}) \equiv \log p(\omega_i|\mathbf{x}) = \log p(\mathbf{x}|\omega_i)p(\omega_i) = \log p(\mathbf{x}|\omega_i) + \log p(\omega_i) \quad \textbf{(12.49)}$$

수식 (12.48)을 대체하고, 선행 상수 $(2\pi)^{-d/2}$를 무시하면 다음의 수식이 산출된다.

$$g_i(\mathbf{x}) \equiv -\frac{1}{2}\log|\mathbf{\Sigma}_i| - \frac{1}{2}(\mathbf{x} - \boldsymbol{\mu}_i)^\mathsf{T} \mathbf{\Sigma}_i^{-1}(\mathbf{x} - \boldsymbol{\mu}_i) + \log p(\omega_i) \quad \textbf{(12.50)}$$

따라서, 가우시안을 사용한 분류는 간단하다. 수식 (12.50)의 판별 함수에 대해 가장 큰 값을 산출하는 카테고리를 선택하기만 하면 된다. 그러나 결정 수식을 분석적으로 설명하는 것은 쉽지 않다. 왜냐하면 수식은 일반적으로 다양한 형식을 취할 수 있는 과다 쿼트릭(hyperquadric)을 설명하기 때문이다.

특별한 경우는 모든 가우시안 밀도가 동일한 공분산 행렬을 공유할 때, 즉 모든 i에 대해 $\mathbf{\Sigma}_i = \mathbf{\Sigma}$일 때 발생한다. 이 경우 수식 (12.50)의 주요 항을 삭제하여 다음으로 유도할 수 있다.

$$g_i(\mathbf{x}) \equiv -\frac{1}{2}(\mathbf{x} - \boldsymbol{\mu}_i)^\mathsf{T} \mathbf{\Sigma}^{-1}(\mathbf{x} - \boldsymbol{\mu}_i) + \log p(\omega_i) \quad \textbf{(12.51)}$$

$$= -\frac{1}{2}(\mathbf{x}^\mathsf{T}\mathbf{\Sigma}^{-1}\mathbf{x} - 2\boldsymbol{\mu}_i^\mathsf{T} \mathbf{\Sigma}^{-1}\mathbf{x} + \boldsymbol{\mu}_i^\mathsf{T} \mathbf{\Sigma}^{-1}\boldsymbol{\mu}_i) + \log p(\omega_i) \quad \textbf{(12.52)}$$

여기서, $\mathbf{x}^\mathsf{T}\mathbf{\Sigma}^{-1}\mathbf{x}$는 카테고리 i에 의존하지 않으므로, 이 항을 삭제할 수 있으므로 판별 함수가 선형임을 알 수 있다.

$$g_i(\mathbf{x}) \equiv \mathbf{w}_i^\mathsf{T}\mathbf{x} + \beta_i \quad \textbf{(12.53)}$$

여기서,

$$\mathbf{w}_i \equiv \mathbf{\Sigma}^{-1}\boldsymbol{\mu}_i \quad \textbf{(12.54)}$$

$$\beta_i \equiv -\frac{1}{2}\boldsymbol{\mu}_i^\mathsf{T}\mathbf{\Sigma}^{-1}\boldsymbol{\mu}_i + \log p(\omega_i) \quad \textbf{(12.55)}$$

선형 판별 함수를 사용하면 인접한 두 영역 사이의 결정 경계는 다음에 의해 정의된 초평면이다.

$$\mathbf{w}^{\mathsf{T}}(\mathbf{x} - \mathbf{c}) = 0 \tag{12.56}$$

여기서,

$$\mathbf{w} \equiv \mathbf{\Sigma}^{-1}(\boldsymbol{\mu}_i - \boldsymbol{\mu}_j) \tag{12.57}$$

$$\mathbf{c} \equiv \frac{1}{2}(\boldsymbol{\mu}_i + \boldsymbol{\mu}_j) + \frac{\boldsymbol{\mu}_i - \boldsymbol{\mu}_j}{(\boldsymbol{\mu}_i - \boldsymbol{\mu}_j)^{\mathsf{T}} \mathbf{\Sigma}^{-1}(\boldsymbol{\mu}_i - \boldsymbol{\mu}_j)} \log \frac{p(\omega_i)}{p(\omega_j)} \tag{12.58}$$

수식 (12.58)에서 초평면이 점 $\mathbf{c}$에서 평균을 결합하는 선과 교차하고 또한 점 $\mathbf{c}$가 사전(priory)이 같을 때 평균의 중간에 있음이 분명하다(만약 사전이 동일하지 않다면, $\mathbf{c}$는 더 많은 분포의 평균으로부터 멀리 옮겨진다). 또한, 사전이 동등한 경우, 마할라노비스 거리(Mahalanobis distance)[2]를 사용하여 평균이 가장 가까운 카테고리를 선택하여 결정을 내릴 수 있다.

모든 가우시안 밀도의 모든 분산이 동일할 때, 즉 모든 i에 대해 $\mathbf{\Sigma}_i = \sigma^2 \mathbf{I}_{\{d\times d\}}$일 때, 더욱 특별한 경우가 발생한다. 이 경우, 수식 (12.51)은 다음으로 단순화된다.

$$g_i(\mathbf{x}) \equiv -\frac{1}{2\sigma^2}\|\mathbf{x} - \boldsymbol{\mu}_i\|^2 + \log p(\omega_i) \tag{12.59}$$

앞에서와 같이 판별 함수는 선형이며, $g_i(\mathbf{x}) \equiv \mathbf{w}_i^{\mathsf{T}}\mathbf{x} + \beta_i$이다. 여기서,

$$\mathbf{w}_i \equiv \frac{1}{\sigma^2}\boldsymbol{\mu}_i \tag{12.60}$$

$$\beta_i \equiv -\frac{1}{2\sigma^2}\|\boldsymbol{\mu}_i\|^2 + \log p(\omega_i) \tag{12.61}$$

선형 판별 함수를 사용하면 두 인접한 영역 사이의 결정 경계는 $\mathbf{w}^{\mathsf{T}}(\mathbf{x} - \mathbf{c}) = 0$으로 정의되는 초평면이다. 여기서,

$$\mathbf{w} \equiv \boldsymbol{\mu}_i - \boldsymbol{\mu}_j \tag{12.62}$$

$$\mathbf{c} \equiv \frac{1}{2}(\boldsymbol{\mu}_i + \boldsymbol{\mu}_j) + \frac{\sigma^2(\boldsymbol{\mu}_i - \boldsymbol{\mu}_j)}{\|\boldsymbol{\mu}_i - \boldsymbol{\mu}_j\|^2} \log \frac{p(\omega_i)}{p(\omega_j)} \tag{12.63}$$

이 초평면은 점 $\mathbf{c}$에서 평균을 결합하는 선에 수직이다. 이전과 마찬가지로 사전이 같으면 $\mathbf{c}$가 평균 값 중간에 오고, 유클리드 거리를 사용하여 평균이 가장 가까운 카테고리를 선택하여 결정할 수 있다.

2 4.3.1절 (p. 202)

12.3 생성 방법

분류 방법은 두 가지 종류 중 하나이다.

- **생성 방법**(generative methods)은 클래스-조건부 밀도를 학습(learning)하여 각 카테고리에 대한 생성 모델을 생성한 다음, 측정된 데이터가 이 모델에 얼마나 잘 맞는지 판단한다. 각 카테고리의 확률 밀도에 대한 명시적 모델을 제공함으로써 이러한 유형의 접근 방식이 보다 유연해지고 분포를 샘플링하여 합성 데이터를 생성할 수 있다.
- **차별 방법**(discriminative methods)은 기본 밀도를 모델링하지 않고 명시적으로 결정 경계를 직접 포착하는 차별적인 모델을 구성한다. 우리는 이 절의 생성적인 방법을 계속 탐구하고, 다음 절에 차별적인 방법을 계속 연구한다.

12.3.1 히스토그램

가장 일반적이고 가장 단순한 비매개 변수(nonparametric)인 생성 모델 중 하나가 히스토그램이다. 히스토그램의 주요 이점 중 하나는 히스토그램이 계산됨에 따라 데이터를 고려하지 않을 수 있다는 것이다. 따라서 필요한 메모리 양은 데이터 양보다는 히스토그램 크기와 관련이 있다. 그럼에도 불구하고 히스토그램의 특히 심각한 단점은 필요한 메모리 양이 차원 수에서 지수 함수이므로 d가 3보다 훨씬 클 때 히스토그램이 실용적이지 않고, $d > 5$일 때 확실히 실행 불가능하다는 것이다. 차원의 저주이다.(히스토그램은 그레이 레벨뿐만 아니라 모든 유형의 데이터에서 계산할 수 있음을 상기하자.)

이것이 실제로 작동하는 방식을 보려면 히스토그램의 실제 적용, 즉 RGB 컬러 영상에서 피부색 화소를 감지하는 것, 즉 영상에서 인간의 피부를 포함하는 화소를 자동으로 결정하는 방법을 고려하자. 이 문제를 단순화하여 화소의 색만을 기준으로 각 화소를 독립적으로 결정하므로 특징 벡터 $\mathbf{x}$가 화소의 RGB 값이 된다. 분류기를 트레이닝시키기 위해, 다양한 장면의 많은 수의 영상이 수집되고, 이들 영상 내의 화소는 인간 피부 색의 카테고리에 속하는지 아닌지에 따라 수동으로 라벨링된다.

이러한 분류된 화소들로부터, 두 클래스 중 하나의 클래스 조건 밀도를 각각 포함하는 2개의 정규화된 히스토그램을 사용하여 사전 $p(\omega_1)$와 우도 $p(\mathbf{x}|\omega_1)$가 추정된다. 우도는 정규화된 막대 그래프의 해당 빈에서 값을 조회하여 얻을 수 있다.

$$p((r,g,b)|\omega_1) \approx \bar{h}_{skin}(r,g,b) = \frac{n_{skin}^{(r,g,b)}}{n_{skin}} \quad (12.64)$$

$$p((r,g,b)|\omega_2) \approx \bar{h}_{nonskin}(r,g,b) = \frac{n_{nonskin}^{(r,g,b)}}{n_{nonskin}} \quad (12.65)$$

여기서, (r, g, b)는 RGB 트리플릿(triplet)이다. $\bar{h}_i(r, g, b)$는 트리플릿에서 평가된 i 번째 정규화된 히스토그램이다. $n_i^{(r,g,b)}$는 특정한 RGB 값을 갖는 i 번째 카테고리의 화소 수이다. $n_i = \sum_{(r,g,b)} n_i^{(r,g,b)}$는 i 번째 카테고리의 총 화소 수이며, $i = 1$은 "피부(skin)"를 나타내고, $i = 2$는 "비피부(nonskin)"를 나타낸다. 트레이닝 집합에 포함시키기 위해 선택된 화소가 라벨이 없는 데이터에서 발생할 수 있는 화소를 대표한다고 가정하면, 사전(priors)은 두 카테고리의 인스턴스 비율을 사용하여 추정할 수 있다.

$$p(\omega_1) \approx \frac{n_{skin}}{n_{skin} + n_{nonskin}} \quad \text{and} \quad p(\omega_2) \approx \frac{n_{nonskin}}{n_{skin} + n_{nonskin}} \quad (12.66)$$

24 비트 컬러 영상의 경우, 적색에 대해 256개의 가능한 값, 녹색에 대해 256개의 가능한 값 및 청색에 대해 256개의 가능한 값이 있다. 결과적으로, 임의의 주어진 화소에 대해 $256^3 = 16,777,216$개의 가능한 색상이 있다. 그러나 실제로는 많은 수의 항목이 있는 히스토그램에는 두 가지 단점이 있다. 첫째, 필요한 메모리 양이 많아서 계산 성능에 부정적인 영향을 미친다. 둘째, 제한된 양의 트레이닝 데이터로 많은 빈(bin)들이 화소를 포함하지 않는다. 이러한 비어 있는 빈은 인접 빈에 많은 화소가 있어도 해당 색상이 희박하다는 잘못된 생각을 하게 된다. 따라서 값은 일반적으로 더 작은 수의 빈으로 양자화된다. 예를 들어, 적색, 녹색 및 청색 치수 각각을 8개의 등간격(equally-spaced)으로 나누면 $8^3 = 512$ 크기의 막대가 있는 막대 그래프를 만들 수 있다. 같은 녹색 값과 청색 값을 가진 화소도 적색 값이 0−31, 32−63, 64−95, …, 224−255 범위 내에 있는지 여부에 따라 다른 빈에 배치된다.

그림 12.12는 히스토그램 기반 피부 색 검출기의 여러 영상에 대한 출력을 보여준다. 녹색−마젠타 축을 따라 히스토그램을 투영하고, 등분선(즉, 동일한 확률의 등고선)을 표시하여 얻은 피부 및 비피부 히스토그램의 시각화를 보여준다. 피부 색 화소에는 청색보다 적색이 많이 포함되어 있고, 피부 색이 아닌 화소는 그레이 선을 따라 균등하게 분포되어 있다. 또한 그림에는 16^3 개의 셀을 가진 막대 그래프의 ROC 곡선이 나와 있다. 더 작은 히스토그램은 더 적은 메모리를 필요로 한다는 이점을 가질 뿐만 아니라, 데이터의 더 나은 평활화로 인

그림 12.12 왼쪽 위: 녹색-마젠타 축을 따라 투영한 후 등분선으로 그려지는 피부 및 비피부 색 모델. 피부 색은 녹색 또는 청색보다 더 붉은 색으로 나타나는 경향이 있지만, 비피부 색은 그레이 선 주위에 균등하게 분포되어 있다. 오른쪽 상단: 163개 빈을 사용하여 막대 그래프 기반 피부 색 검출기의 ROC 곡선. 아래: 여러 영상의 피부 색 검출기 결과.

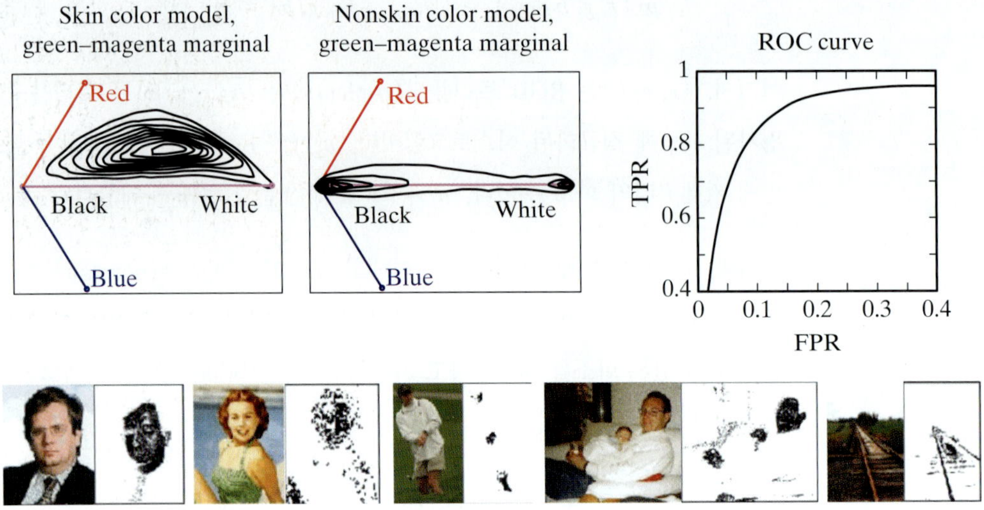

M. J. Jones and J. M. Rehg. Statistical color models with application to skin detection. International Journal of Computer Vision, 46(1):81-96, Jan. 2002.

해 실제로는 256^3 히스토그램(표시되지 않음)보다 성능이 우수하다.

12.3.2 커널 밀도 추정

히스토그램이 생성될 때 모든 데이터를 버리는 히스토그램과 달리 **메모리 기반 학습 방법**(memory-based learning methods, 나태 학습(lazy learning) 방법이라고도 함)은 트레이닝 데이터를 전혀 처리하지 않고, 쿼리(query)가 들어올 때까지 저장한다. 메모리 기반 학습의 가장 보편적인 두 가지 형태는 이 절에서 다룰 **커널 밀도 추정**(kernel density estimation, KDE)과 다음 절에서 다룰 최근접 이웃(nearest neighbors)이다. 히스토그램과 마찬가지로 이 두 기법은 모두 비매개 변수이다.

특정 레이블 ω_j를 갖는 n_j개의 트레이닝 데이터 샘플 $\mathbf{x}_1, \ldots, \mathbf{x}_{n_j} \in \mathbb{R}^d$가 있다고 가정하자. 커널 밀도 추정의 접근법은 각 데이터 샘플의 중심에 커널 함수를 배치하고, 이 라벨의 확률 밀도는 모든 커널 함수의 정규화된 합계이다.

$$p(\mathbf{x}|\omega_j) \approx \frac{1}{n_j} \sum_{i=1}^{n_j} \frac{1}{h^d} \varphi\left(\frac{\mathbf{x} - \mathbf{x}_i}{h}\right) \tag{12.67}$$

여기서, h는 커널 $\varphi(\cdot)$의 대역폭이고, 이것은 통상적으로 데이터 샘플의 수이다. 예를 들어, $h = h_0 / \sqrt{n_j}$이고, 여기서, h_0는 상수이다. 커널 함수 자체는 박스 윈도우 함수(box window function) 또는 등방성 가우시안(isotropic

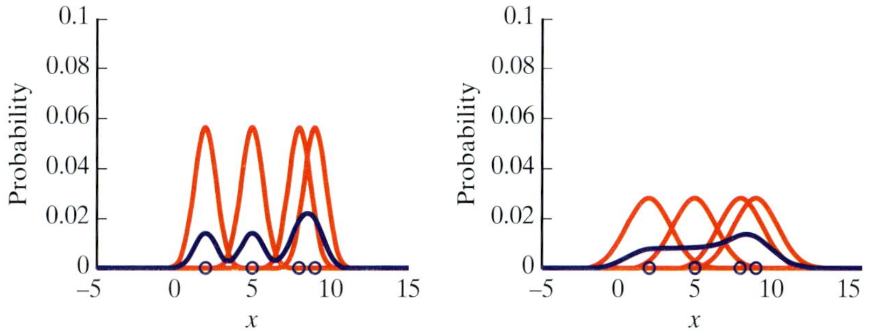

그림 12.13 4 개의 샘플로 구성된 1D 트레이닝 집합의 가우시안 커널 밀도 추정. 커널 밀도(적색 곡선)는 각 데이터 샘플의 중앙에 위치하는 반면, 전체 밀도(청색 곡선)는 커널 밀도를 합산한 다음 정규화하여 구한다. 커널의 폭은 $\sigma^2 = 0.5$(왼쪽) 및 $\sigma^2 = 2$(오른쪽)와 같이 결과에 중요한 영향을 미친다.

Gaussian)과 같은 원점에서 대칭으로 단조 감소하는 함수가 될 수 있으며, 후자가 가장 일반적이다. $\varphi(\mathbf{x}) = \frac{1}{(\sqrt{2\pi})^d} \exp(-\|\mathbf{x}\|^2/2$이고, 이것은 다음으로 이어진다.

$$p(\mathbf{x}|\omega_j) \approx \frac{1}{n_j}\sum_{i=1}^{n_j} \frac{1}{(h\sqrt{2\pi})^d} \exp\left(-\frac{\|\mathbf{x} - \mathbf{x}_i\|^2}{2h^2}\right) \tag{12.68}$$

예를 들어 그림 12.13과 같이 1D 트레이닝 집합 $x_1 = 2$, $x_2 = 5$, $x_3 = 8$, $x_4 = 9$를 고려하자. 확률 밀도는 트레이닝 샘플에 개별 **커널 밀도**(kernel densities)를 더한 다음, 정규화하여 밀도가 1로 통합되도록 한다. 커널 함수(또는 커널 밀도)의 분산이 작으면 결과 밀도가 각 개별 데이터 샘플을 따르고, 반면 분산이 클 때 결과 밀도는 개별 데이터 샘플보다 부드럽게 나타난다.

커널 밀도 추정은 **Parzen 윈도우**(Parzen window) 방법이라고도 한다. 접근법을 도출하기 위해, $p_v(\mathbf{x}|\omega_j)$는 특정 데이터 샘플 $\mathbf{x}$가 볼륨이 v인 특정 영역 $\mathcal{R}$ 내에 위치할 확률이라 하자. 실제 확률 밀도 $p(\mathbf{x}|\omega_j)$가 평탄하게 변하고, 그 영역이 밀도가 영역 내에서 거의 일정하다고 여겨질 만큼 충분히 작다면, 우리는 다음을 얻는다.

$$p_v(\mathbf{x}|\omega_j) = \int_{\mathcal{R}} p(\mathbf{x}'|\omega_j)d\mathbf{x}' \approx p(\mathbf{x}|\omega_j)v \tag{12.69}$$

n_j가 라벨 ω_j를 갖는 데이터 샘플의 수인 경우, 볼륨 내의 예상 샘플 수 $\mathrm{E}[k_j]$는 다음에 의해 주어진다.

$$E[k_j] = p_v(\mathbf{x}|\omega_j)n_j \approx p(\mathbf{x}|\omega_j)vn_j \tag{12.70}$$

그러므로 확률은 $p_v(\mathbf{x}|\omega_j) = k_j/n_j$에서 피크를 나타낸다. 따라서 k_j 샘플이 볼

륨 내에 있으면 확률 밀도는 다음으로 추정할 수 있다.

$$p(\mathbf{x}|\omega_j) \approx \frac{k_j}{vn_j} \quad \textbf{(12.71)}$$

만약 $\mathbf{x}$가 원점에 중심을 둔 단위 하이퍼 큐브 안에 있다면, 1을 반환하는 박스 커널 함수를 φ라고 하자.

$$\varphi(\mathbf{x}) \equiv \begin{cases} 1 & \text{if } \|\mathbf{x}\|_\infty \leq \frac{1}{2} \\ 0 & \text{otherwise} \end{cases} \quad \textbf{(12.72)}$$

여기서, $\|\mathbf{x}\|_\infty$이 벡터의 최대 요소이며, 길이가 h인 하이퍼 큐브(hypercube)에 속하는 샘플의 수는 다음과 같다.

$$k_j = \sum_{i=1}^{n_j} \varphi\left(\frac{\mathbf{x} - \mathbf{x}_i}{h}\right) \quad \textbf{(12.73)}$$

하이퍼 큐브의 부피는 $v = h^d$이다. 수식 (12.71)에 대입하면 다음의 수식이 산출된다.

$$p(\mathbf{x}|\omega_j) \approx \frac{1}{n_j}\sum_{i=1}^{n_j} \frac{1}{h^d}\varphi\left(\frac{\mathbf{x} - \mathbf{x}_i}{h}\right) \quad \textbf{(12.74)}$$

그리고, 수식 (12.67)은 φ가 하이퍼 큐브라는 제약 조건을 완화하고 대칭적이고, 단조 감소하는 함수가 될 수 있게 함으로써 이 수식으로부터 얻어진다.

Parzen 윈도우와 히스토그램 사이에는 긴밀한 연결이 있다. h를 임의의 특정 차원에 따른 히스토그램 빈의 폭이라 하고, $\mathbf{b}_\mathbf{x}$를 $\mathbf{x}$가 속하는 히스토그램 빈의 중심이라 하자. 그런 다음, $\mathbf{b}_\mathbf{x}$와 연관된 빈 값은 빈 내에 있는 샘플 수이다. $\sum_{i=1}^{n_j} \varphi((\mathbf{x} - \mathbf{b}_\mathbf{x})/h)$이다. 여기서, φ는 위와 동일한 하이퍼 큐브이다. 정규화된 히스토그램은 다음과 같이 $\mathbf{x}$에 대한 밀도를 근사화한다.

$$p(\mathbf{x}|\omega_j) \approx \frac{1}{n_j}\sum_{i=1}^{n_j} \varphi\left(\frac{\mathbf{x} - \mathbf{b}_\mathbf{x}}{h}\right) \quad \textbf{(12.75)}$$

두 접근법 사이의 유사성은 명백해야 한다. 두 경우 모두, 스케일된 단위 박스에 속하는 샘플이 계산된다. 차이점은 박스 중심이 히스토그램에서는 고정되어 있는 반면, Parzen 윈도우 박스는 데이터 샘플의 중앙에 위치한다는 것이다. 히스토그램은 데이터를 고정 빈으로 양자화하기 위해, 일부 연산을 먼저 수행한 후

밀도를 평가하기 위해 간단한 조회가 필요하다. 반면에 Parzen 윈도우는 단순히 원시 데이터를 저장하지만 밀도를 평가하려면 저장된 모든 데이터를 합산해야 한다. 히스토그램 빈의 크기는 공간의 차원과 관련되는 반면, Parzen 윈도우 표현의 크기는 데이터 샘플의 수와 관련된다. 또한, 차원의 저주가 히스토그램의 크기에 직접적으로 영향을 미치지만, 필요한 샘플 수가 차원 수에 따라 기하급수적으로 증가하기 때문에 Parzen 윈도우 방식에 영향을 간접적으로 미친다.

수식 (12.74)의 h^d에 의한 정규화는 밀도가 1로 통합되도록 하기 위해 필요하다. 이러한 정규화는 모든 히스토그램 빈에 포함된 샘플의 총 수가 h의 값에 관계없이 n이므로 히스토그램에 필요하지 않다. 그러나 Parzen 윈도우의 경우, h을 높이면 카운트된 샘플 수를 늘리는 것을 의미한다.

커널 밀도 추정 또는 Parzen 윈도우는 **지역 가중 평균**(locally weighted averaging, LWA)과 밀접한 관계가 있다. $\mathbf{x}_i$를 라벨 $\ell(\mathbf{x}_i)$를 갖는 트레이닝 데이터 샘플로 재정의하고, $n = n_1 + \cdots + n_N$을 모든 카테고리의 전체 트레이닝 데이터 샘플 수로하고, $a = b$이면 $\delta(a, b) = 1$ 또는 $a \neq b$인 경우 0 이다. 그런 다음 LWA는 다음과 같이 계산된다.

$$p(\omega_j|\mathbf{x}) = \frac{\sum_{i=1}^{n} \exp\left(-\frac{\|\mathbf{x} - \mathbf{x}_i\|^2}{2h^2}\right) \delta(\ell(\mathbf{x}_i), \omega_j)}{\sum_{i=1}^{n} \exp\left(-\frac{\|\mathbf{x} - \mathbf{x}_i\|^2}{2h^2}\right)} \tag{12.76}$$

이는 분자가 수식 (12.68)의 exp(·) 수식과 동일하기 때문에 수식 (12.68)과 거의 동일하며 분모는 단순히 적절한 정규화를 보장한다. 그러나 수식 (12.68)은 클래스-조건부 밀도인 반면, 수식 (12.76)은 사후(posterior)임을 유의해야 한다.

12.3.3 최근접 이웃

가장 간단하고 놀랍도록 강력한 분류기 중 하나는 가장 가까운 트레이닝 샘플에 해당하는 카테고리를 선택하는 **최근접 이웃 분류기**(nearest-neighbor(NN) classifier)이다.

$$f(\mathbf{x}) = \ell(\mathbf{x}_{\hat{i}}), \quad \text{where} \quad \hat{i} = \arg\min_i \|\mathbf{x} - \mathbf{x}_i\| \tag{12.77}$$

여기서, $\ell(\mathbf{x}_{\hat{i}})$는 데이터 샘플 $\mathbf{x}_{\hat{i}}$에 할당된 라벨이고, $\mathbf{x}_{\hat{i}}$는 쿼리 $\mathbf{x}$의 **최근접 이웃**(nearest neighbor)이다. 수식 (12.77)은 **최근접 이웃 규칙**(nearest-neighbor rule)으로 알려져 있다. 커널 밀도 추정과 마찬가지로, 최근접 분류기는 미리 처리하지 않고 모든 학습 데이터를 저장하기 때문에 메모리 기반 학습(memory-based learning) 방법이다. 단일 트레이닝 표본에 의존하기 때문에 **1-최근접 이웃**(1-nearest-neighbor) 분류기라고도 한다.

보다 일반적으로, ***k*-최근접 이웃**(*k*-nearest neighbors, kNN)은 ***k*-최근접 이웃 규칙**(*k*-nearest-neighbor rule)을 구현하며, 이 규칙은 질의에 대한 k 개의 가장 가까운 이웃들의 다수와 관련된 카테고리를 선택함으로써 보다 견고한 결과를 얻는다. 일반적으로 k는 $k = k_0\sqrt{n}$이 되도록 설정된다. 여기서, k_0는 상수이다. 이 규칙은 수식 (12.71)과 베이즈 규칙을 적용하여 볼 수 있다.

$$p(\omega_j|\mathbf{x}) = \frac{p(\mathbf{x}|\omega_j)p(\omega_j)}{p(\mathbf{x})} = \frac{p(\mathbf{x}|\omega_j)p(\omega_j)}{\sum_{j'=1}^{N} p(\mathbf{x}|\omega_{j'})p(\omega_{j'})} \approx \frac{\frac{k_j}{vn_j} \cdot \frac{n_j}{n}}{(k_1 + \cdots + k_N) \cdot \frac{1}{vn}} = \frac{k_j \cdot \frac{1}{vn}}{k \cdot \frac{1}{vn}} = \frac{k_j}{k} \quad \textbf{(12.78)}$$

여기서, k는 볼륨 v 내의 모든 라벨의 샘플 수이다. 이 수식으로부터 우리는 ω_j의 사후 확률(posteriori probability)은 단순히 그 라벨을 가진 샘플들의 비율이라는 것을 알 수 있다. 따라서 가장 자주 나타나는 카테고리를 선택하면 최소 오류율이 달성된다. 자연스러운 확장은 샘플에 가중치를 할당하는 것이다(예: 쿼리의 반대 거리 사용). 일부 샘플은 다른 샘플보다 더 많은 투표를 허용한다.

k-최근접 이웃과 Parzen 윈도우 방법 사이에는 긴밀한 연결이 있다. 둘 다 비매개 변수 접근법(nonparametric approaches)이다. Parzen 윈도우를 사용하면 커널의 대역폭(따라서 볼륨 v)은 주어진 n에 대해 고정되어 있으므로 밀도를 추정하는데 사용되는 데이터 샘플의 수는 데이터 샘플의 로컬 밀도에 따라 특성 공간 전체에서 달라진다. 대조적으로, kNN에서 데이터 샘플의 수는 주어진 n에 대해 고정되어 있으며 커널 대역폭(따라서 볼륨 v)은 데이터 샘플의 로컬 밀도에 따라 특성 공간 전체에서 변한다. 두 경우 모두 n이 무한대로 갈수록 볼륨은 극도로 작아지고 무한한 수의 샘플을 포함한다. 따라서 kNN은 베이즈 오류율(Bayes error rate)에 접근할 수 있다. 사실, n이 무한대에 가까워짐에 따라, 1-NN의 오류율은 베이지안 분류기(Bayesian classifier)의 오류율의 두 배보다 나쁘지 않다는 것을 알 수 있다.

트레이닝 샘플은 **프로토 타입**(prototypes)으로 알려져 있다. 결과적으로 NN과 kNN은 $\mathbf{x}$의 카테고리를 결정하기 위해 최근접 프로토 타입을 사용하여 쿼리 $\mathbf{x}$를 모든 프로토 타입과 비교한다. 프로토 타입은 컴퓨터 시각 초기부터 분류에 대한 대중적인 접근 방식이었다. 이는 적절한 카테고리를 결정하기 위해 관

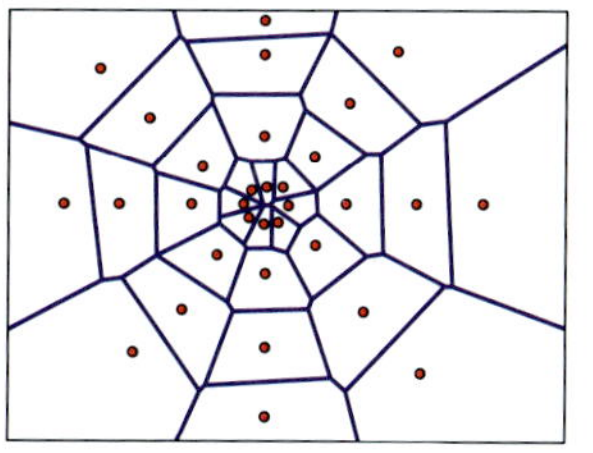

그림 12.14 최근접 이웃들은 각각의 가능한 특징을 가장 가까운 프로토 타입에 할당한다. 이것은 특징 공간의 보로노이 테셀레이션으로 나타낼 수 있다. 이 2D 예제에서 프로토 타입은 작은 적색 점들이고, 보로노이 테셀레이션은 청색 선들이다.

심 객체의 2D 템플릿 집합에 **템플릿 매칭**(template matching, 예: 교차 상관)을 수행하여 수행된다. 연구에 따르면 인간의 시각 체계(human visual system)는 유사한 접근법을 사용하는 것으로 나타났다. 예를 들어 주로 언어와 문화에 독립적인 **초점 색상**(focal colors)이라고 하는 작은 프로토 타입 색상(prototype colors) 집합과 비교하여 색상을 분류한다. 이러한 프로토 타입은 결정 경계(decision boundaries)를 따르는 색보다 훨씬 효과적이다. 프로토 타입은 그림 12.14에서 볼 수 있듯이 특정 프로토 타입에 가장 가까운 모든 특징 값이 프로토 타입으로 조각된 셀 내에 있는 특징 공간의 **보로노이 테셀레이션**(Voronoi tesselation)을 발생시킨다. 쿼리가 보로노이 테셀레이션의 경계를 넘어 이동할 때 최근접 이웃 집합이 변경되어 밀도 기울기의 불연속성이 발생한다.

최근접 접근법에 대한 단점은 트레이닝 데이터를 저장하는데 필요한 많은 양의 메모리와 쿼리를 모든 트레이닝 데이터와 비교하는 계산상의 복잡성을 포함한다. 기본 알고리즘은 모든 탐색을 통해 선형 검색(linear search)을 수행하는 것이다. 각각 쿼리를 비교한다. 최근접 이웃의 부담을 줄이기 위해, 세 가지 일반적인 접근법이 고안되었다. **부분 거리**(partial distance)라고 불리는 첫 번째 접근 방식에서는 쿼리와 각 트레이닝 샘플 간의 차이가 일부 차원만 사용하여 계산되고 거리가 특정 값을 초과하면 이를 버린다. **공간 분할**(space partitioning)이라고 하는 두 번째 방법에서는 $k-d$ 트리($k-d$ tree)와 같은 검색 트리를 사용하여 검색 속도를 높인다. 마지막으로, 트레이닝 집합은 최근접 이웃(즉, 보로노이 테셀레이션의 인접한 셀)이 모두 동일한 카테고리인 샘플을 제거함으로써 **가지치기**(pruned)를 할 수 있는데, 그 샘플들은 결정 경계선에서 멀리 떨어져 있기 때문이다.

12.3.4 나이브 베이즈

앞서 언급했듯이, 차원의 저주는 더 높은 차원의 특징 공간에 히스토그램을 사용하는 것을 불가능하게 만든다. 일반적으로 3D를 넘어선 히스토그램으로는 모델링하기가 어렵다. 5D를 넘어서는 것은 불가능하다. 이러한 큰 히스토그램

H. Schneiderman and T. Kanade. A statistical method for 3D object detection applied to faces and cars. In Proceedings of the IEEE Conference on Computer Vision and Pattern Recognition (CVPR), June 2000.

그림 12.15 웨이브릿 특징과 함께 나이브 베이즈 분류기를 사용하는 뷰-불변(view-invariant) 얼굴 검출기의 결과.

은 너무 많은 메모리를 필요로 할뿐만 아니라, 캐싱 문제(caching issues)로 인해 테이블 조회가 매우 느릴 수 있다. 또한 높은 차원성으로 충분한 트레이닝 데이터를 얻는 것이 어렵기 때문에 큰 히스토그램의 대다수의 빈은 제로(zero)가 되어 기본 분포의 표현이 좋지 않다. 한 연구에서 웹 검색 크롤링(crawl)을 통해 얻은 영상에서 10억 개가 넘는 화소를 조사했으며, 가능한 RGB 색상의 77% 이상을 결코 발견하지 못했다. 많은 제로가 있었다.

고차원 특징 공간에서 분포를 모델링하기 위해 히스토그램을 사용하는 한 가지 트릭은 특징 벡터의 다른 요소 간에 독립성을 가정하는 것이다. 즉, $x^{(i)}$를 특징 벡터의 i 번째 요소라고 하면, $\mathbf{x} = [x^{(1)} \quad x^{(2)} \quad \cdots \quad x^{(d)}]^{\mathsf{T}}$이므로 이 가정은 다음과 같다.

$$p(\mathbf{x}|\omega_j) = p(x^{(1)}, x^{(2)}, \cdots, x^{(d)}|\omega_j) = \prod_{i=1}^{d} p(x^{(i)}|\omega_j) \tag{12.79}$$

나이브 베이즈(Naive Bayes)로 알려진 이 접근 방법은 사실상 d 차원 분포를 d 개별 축으로 투영하여 d 1D 분포를 산출한다. 결과적으로, 원래의 d 차원 히스토그램은 d 1D 히스토그램으로 대체된다. 작은 확률을 곱하면 수치가 불안정해질 수 있기 때문에 일반적으로 곱셈을 합계로 변환하는 로그 우도(log likelihoods)를 사용하는 것이 좋다.

$$\log p(\mathbf{x}|\omega_j) = \log \prod_{i=1}^{d} p(x^{(i)}|\omega_j) = \sum_{i=1}^{d} \log p(x^{(i)}|\omega_j) \tag{12.80}$$

그림 12.15는 얼굴의 방향에도 불구하고(즉, 카메라를 마주 보든, 옆으로 향하고 있든), 얼굴을 탐지하기 위한 잘 알려진 나이브 베이즈 분류기의 결과를 보여준다.

12.3.5 주성분 분석 (PCA)

우리는 이제 **차원 감소**(dimensionality reduction)로 알려진 중요한 원칙에 도달하게 되었다. 차원의 저주로 인해 필요한 추가 메모리, 필요한 추가 계산, 필요한 많은 수의 트레이닝 샘플 및 성능 저하가 발생하기 때문에 특징 공간에 너무 많은 차원을 갖는 것은 바람직하지 않다. 따라서 중요한 차원을 덜 중요한 차원과 구별하고, 가능한 경우 후자를 버릴 수 있어야 한다.

차원 감소에 대한 대중적인 접근법은 **주성분 분석**(principal components analysis, PCA)이다. PCA의 기본 아이디어는 다변수 가우시안(multivariate Gaussian) 데이터를 근사화한 다음, 다른 차원의 가우시안 분산을 사용하여 해당 차원의 중요성을 판별하고 분산이 낮은 차원을 버리는 것이다. 공분산 행렬(covariance matrix)이 새로운 축과 데이터를 가장 잘 정렬하도록 특징 공간을 회전시키고, 공분산 행렬의 고유 값(eigenvalues)의 제곱근이 가우시안 축의 길이에 비례한다는 최적합 타원에 대한 이전 토론을 상기 해보라[3]. 따라서 고유값은 어떤 차원을 유지해야 하는지, 어떤 차원을 폐기해야 하는지를 나타낸다. PCA는 이전에 보았던 동일한 직교화 절차와 고유치에 관한 관찰을 기반으로한 차원 감소 단계를 사용한다.

PCA의 세부 사항은 다음과 같다. 우리가 d 차원 공간에 n개의 점 집합을 가지고 있다고 가정하자. $\mathbf{x}_i \in \mathbb{R}^d$, $i = 1, \ldots, n$이다. 평균 벡터(mean vector)와 공분산 행렬(covariance matrix)은 중심점의 정규화된 외적과 점의 평균으로 각각 계산된다.

$$\mu \;=\; E[\mathbf{x}] = \frac{1}{n}\sum_{i=1}^{n}\mathbf{x}_i \tag{12.81}$$

$$\mathbf{C} \;=\; E[(\mathbf{x}-\mu)(\mathbf{x}-\mu)^{\mathsf{T}}] = \frac{1}{n}\sum_{i=1}^{n}(\mathbf{x}_i-\mu)(\mathbf{x}_i-\mu)^{\mathsf{T}} = \frac{1}{n}\mathbf{A}\mathbf{A}^{\mathsf{T}} \tag{12.82}$$

여기서, $E[\cdot]$는 기대치이고, $\mathbf{A}$는 다음으로 정의된다.

$$\mathbf{A} \equiv [\mathbf{x}_1 \quad \mathbf{x}_2 \quad \cdots \quad \mathbf{x}_n] - \boldsymbol{\mu}\mathbf{1}^{\mathsf{T}}_{\{n\times 1\}} \tag{12.83}$$

여기서, $1_{\{n\times 1\}}$은 n개의 1의 벡터이다.

$\mathbf{C}$는 실수이고 대칭이기 때문에, 그것의 고유치는 실수이고 그것의 고유 벡터는 서로 직교이다. $\mathbf{v}_1, \ldots, \mathbf{v}_d$를 고유 벡터라고 하고, $\lambda_1, \ldots, \lambda_d$를 편의상 $\lambda_1 >$

3 4.4.4절 및 4.4.5절

$\lambda_2 > \ldots > \lambda_d$ 순서로 정렬한다. 고유 벡터의 정의로부터 모든 $i = 1, \ldots, d$에 대해 $\mathbf{Cv}_i = \lambda_i \mathbf{v}_i$를 상기하자. 고유 벡터를 행렬 $\mathbf{P} = [\mathbf{v}_1 \cdots \mathbf{v}_d]$에 적재하고, 대각 행렬 $\mathbf{\Lambda} = \mathrm{diag}(\lambda_1, \ldots, \lambda_d)$에 대한 고유치를 따라서 수식 (4.141)에서 보았던 수식 $\mathbf{CP} = \mathbf{P\Lambda}$을 산출한다. $\mathbf{P}$는 직교 행렬이고, $\mathbf{P}^{-1} = \mathbf{P}^{\mathsf{T}}$이므로 공분산 행렬을 대각 행렬과 두 개의 직교 행렬의 곱으로 분해할 수 있다. $\mathbf{C} = \mathbf{P\Lambda P}^{\mathsf{T}}$이다.

이제 데이터의 직교변환을 정의하겠다.

$$\mathbf{x}' \equiv \mathbf{P}^{\mathsf{T}}(\mathbf{x} - \boldsymbol{\mu}) \tag{12.84}$$

역변환과 함께,

$$\mathbf{x} = \mathbf{Px}' + \boldsymbol{\mu} \tag{12.85}$$

여기서, $\mathbf{x} \in \mathbb{R}^d$ 및 $\mathbf{x}' \in \mathbb{R}^d$이다. $\mathbf{x}'$의 평균이 0 이고, $\mathbf{x}'$의 공분산 행렬이 대각선임을 쉽게 나타낼 수 있다.

$$\boldsymbol{\mu}_{\mathbf{x}'} = \frac{1}{n}\sum_{i=1}^{n}\mathbf{y}_i = \frac{1}{n}\sum_{i=1}^{n}\mathbf{P}^{\mathsf{T}}(\mathbf{x}_i - \boldsymbol{\mu}) = \mathbf{P}^{\mathsf{T}}\left(\frac{1}{n}\sum_{i=1}^{n}\mathbf{x}_i - \frac{1}{n}\sum_{i=1}^{n}\boldsymbol{\mu}\right) = \mathbf{P}^{\mathsf{T}}(\boldsymbol{\mu} - \boldsymbol{\mu}) = \mathbf{0}_{\{d\times 1\}} \tag{12.86}$$

$$\mathbf{C}_{\mathbf{x}'} = \frac{1}{n}\sum_{i=1}^{n}\mathbf{y}_i\mathbf{y}_i^{\mathsf{T}} = \mathbf{P}^{\mathsf{T}}\left[\frac{1}{n}\sum_{i=1}^{n}(\mathbf{x}_i - \boldsymbol{\mu})(\mathbf{x}_i - \boldsymbol{\mu})^{\mathsf{T}}\right]\mathbf{P} = \mathbf{P}^{\mathsf{T}}\mathbf{CP} = \mathbf{\Lambda} \tag{12.87}$$

여기서, $0_{\{d\times 1\}}$은 d개의 0의 벡터이다.

$\mathbf{x}'$의 공분산 행렬이 대각이기 때문에, 변환된 데이터는 새로운 축을 따라 비상관된다. 즉 위의 PCA의 직교화 단계는 데이터를 다변수 가우시안으로 근사하여 고유 벡터가 가우시안에 포착된 하이퍼니 타원체(hyperellipsoid)의 축과 정렬되도록 한다. 한편, 고유치는 다른 축을 따라 가우시안의 분산을 포착한다. 따라서 λ_i가 작으면 i 번째 축에서 데이터가 크게 벗어나지 않는다. 이 경우 $\mathbf{x}'$의 i 번째 요소는 원본 데이터를 충실히 재생산하는데 그다지 중요하지 않다. 데이터의 전체 분산은 $\mathbf{C}$의 분산의 합으로 주어지며, 이는 고유 값의 합과 같다. $\sum_{i=1}^{d}\lambda_i$이다. $\mathbf{x}'$의 첫 번째 k 요소에 의해 포착된 전체 분산의 비율은 다음에 의해 주어진다.

$$\text{captured variance}(k) = \frac{\sum_{i=1}^{k}\lambda_i}{\sum_{i=1}^{d}\lambda_i} \tag{12.88}$$

유지할 차원 수를 결정하기 위해, 고유 값 플롯(plot)에서 소위 "무릎(knee)"

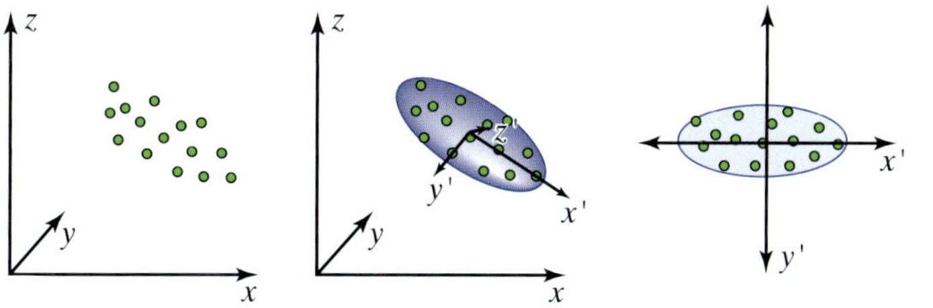

그림 12.16 왼쪽: 주성분 분석(PCA)의 첫 번째 단계는 데이터의 주요 축과 좌표 축을 효과적으로 정렬하는 데이터를 다변수 가우시안에 맞춘다. 오른쪽: PCA의 두 번째 단계는 분산이 가장 작은 차원을 삭제하여 공간의 차원을 줄인다. 이 모형 예제에서 모든 점은 3D 공간의 2D 부분 공간(플랫 디스크, flat disk)에 놓이게 되므로 축이 정렬되면 세 번째 차원은 필요하지 않는다.

을 찾거나(스크리 테스트(scree test)라고 함) 카이저 기준(Kaiser criterion)과 같은 많은 접근법을 사용할 수 있다(고유 값이 1보다 큰 차원만 유지함).

$\mathbf{P}_k$가 $\mathbf{P}$의 첫 번째 k 열이 되도록 하자. 그러면 $\mathbf{P}_k$가 $\mathbf{C}$의 첫 번째 k 고유 벡터를 포함한다. 여기서, $k < d$이다. 그러면 다음과 같은 변환을 정의할 수 있다.

$$\mathbf{a} \equiv \mathbf{P}_k^{\mathsf{T}}(\mathbf{x} - \mu) \tag{12.89}$$

그리고 역변환,

$$\mathbf{x} \approx \mathbf{P}_k \mathbf{a} + \mu \tag{12.90}$$

여기서, $\mathbf{a} \in \mathbb{R}^k$는 k 차원 벡터이다. 이 수식은 $\mathbb{R}^d$에서 $\mathbb{R}^k$ 로의 데이터 축소로 인해 정보가 손실되어 역변환이 원래 점만 근사화한다는 점을 제외하고는 수식

그림 12.17 손 모양 데이터베이스의 점 분산 모델(point distribution model). 상단: 18 가지의 트레이닝 형태 중 10 가지. 중간: 왼쪽에서 오른쪽으로, 먼저 평균 손 모양, 평균 모양에 겹쳐진 트레이닝 영상의 점 좌표의 산점도(모든 3 번째 점만 의사가 표시됨), 정렬된 고유 값(청색)의 플롯 및 캡처된 분산(적색). 대부분의 분산은 처음 몇 개의 고유 벡터에 의해 포착된다는 점에 유의하자. 아래: 처음 네 고유 벡터의 효과. $i = 1, \ldots, 4$에 대해 $\mu \pm 2\sigma_i \mathbf{v}_i$(각각 흑색, 적색 및 녹색)가 표시된다. 여기서, $\sigma_i = \sqrt{\lambda_i}$ 이다.

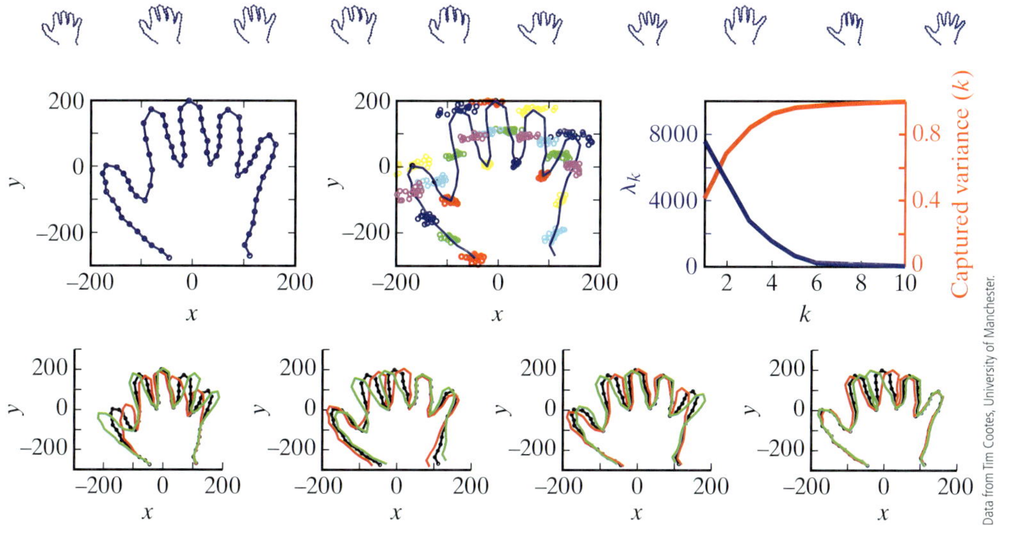

(12.84) 및 (12.85)와 유사하다. 수식 (12.88)에 의해 주어진 분산의 비율이 충분히 크도록 k를 선택하는 한, d 차원 점 $\mathbf{x}$의 정보는 k 차원 점 $\mathbf{a}$에 의해 잘 근사화된다. 일반적인 데이터 집합의 경우, 95 % 정도의 분산을 단지 몇 개의 고유 값으로 포착할 수 있으므로, 저장 및 계산 량을 줄이고 잡음에 대한 민감도를 낮출 수 있다.

PCA의 한 가지 전형적인 사용법은 **점 분산 모델**(point distribution model, PDM)이다. 점 분산 모델은 트레이닝 집합 사이에서 모양의 통계적 변화를 포착한다. m 점으로 표시된 2D 모양을 고려하자. (x, y) 좌표를 벡터에 쌓아 올리면, 모양은 d 차원 벡터로 나타낼 수 있다. 여기서, $d = 2m$이다. 그런 다음 모양의 각 인스턴스는 d 차원 공간의 한 점이고, 모든 n개의 학습 예제는 수식 (12.83)에 정의된 $d \times n$ 중심의 행렬 $\mathbf{A}$에 압축식으로 저장할 수 있다. 그림 12.17은 각각 $m = 72$ 점을 포함하는 18 개의 손 모양의 데이터베이스의 PDM을 보여준다. 예비 단계로서, 모든 형상은 먼저 그 평균이 원점에 오도록 정렬된다. 즉, 모든 $i = 1, \ldots, n$에 대해 $\sum_{k=1}^{m} \mathbf{x}_i^{(k)} = \mathbf{0}_{\{2\times 1\}}$이다. 여기서, $\mathbf{x}_i^{(k)}$는 i 번째 모양에서 k 번째 점이다. 그러면 평균 형상은 수식 (12.81)에 따라 계산되고, 공분산 행렬은 수식 (12.82)를 사용하여 계산된다. 이 데이터 집합에서 처음 5개의 고유치는 수식 (12.88)을 사용하여 계산된 데이터의 분산의 96 %를 포착한다. 상이한 고유 벡터들은 상이한 손가락들의 상관된 위글링(wiggling)을 포착한다.

PCA의 또 다른 고전적 응용은 얼굴의 그레이 영상을 조작하는 것이다. 얼굴의 영상은 재구성된 고유 벡터를 **고유 얼굴**(eigenfaces)이라고 한다. 이 기술은 실제로 사용하기에는 효과적이지 않지만 현장에서 널리 영향을 미치므로 주의

그림 12.18 위쪽: 10개의 얼굴 트레이닝 영상. 아래쪽: 평균 얼굴 및 상위 4개의 고유 얼굴. 전체 분산의 75%를 함께 캡처한다.

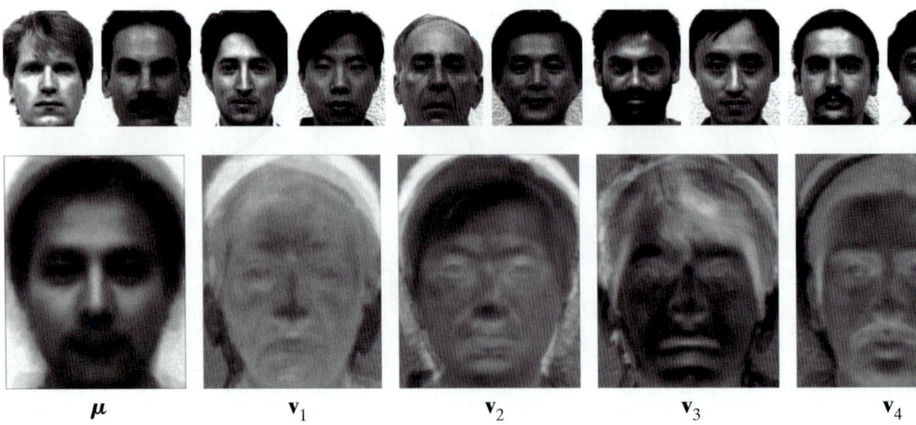

P. Belhumeur, J. Hespanha, D. Kriegman, "Eigenfaces vs. Fisherfaces: Recognition Using Class Specific Linear Projection," IEEE Transactions on Pattern Analysis and Machine Intelligence, July 1997, pp. 711-720.

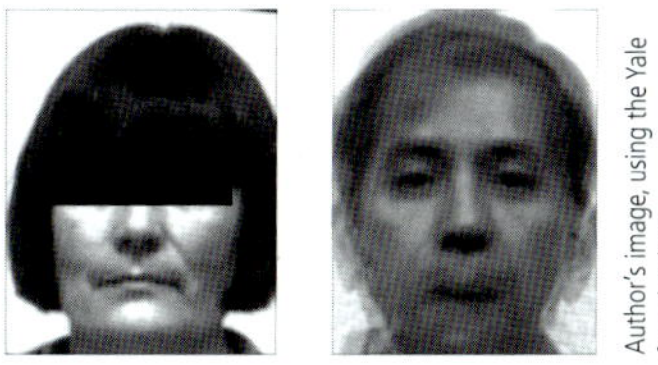

그림 12.19 왼쪽: 트레이닝 데이터베이스에 없는 얼굴 영상. 일부 화소는 가림(occlusion)을 시뮬레이트하기 위해 변경되었다. 오른쪽: 4개의 가장 중요한 고유 얼굴이 있는 부분 공간으로 영상을 투영한다.

를 기울여야 한다. 이전의 토론에서[4] 영상은 벡터로 볼 수 있다는 것을 상기하자. 즉, 영상의 열을 서로의 위에 쌓아서 수직 벡터를 만들 수 있으므로 $w \times h$ 영상이 wh 차원 공간의 한 점으로 간주된다. 그림 12.18은 160 × 200 크기의 10개의 얼굴 영상을 보여 주며, 가능한 주요 얼굴 특징을 정렬하도록 이동 및 크기가 조정되었다. 그러므로 각 영상은 $160 \cdot 200 = 32000$ 차원 공간에 있는 점이며, 실제로는 꽤 크다. 위의 절차를 이 데이터 집합에 적용하면, 변형된 고유 벡터는 인간 얼굴의 변형의 주된 방향을 보여준다.

$d \times d$인 $\mathbf{P}$의 열은 원래의 d 차원 공간에 걸쳐있는 직교 기반을 형성한다. 유사하게, $d \times k$인 $\mathbf{P}_k$의 열은 k 차원 부분 공간에 걸친 직교 기반을 형성한다. 수식 (12.89)과 (12.90)을 결합하면 모든 쿼리 점(query point) $\mathbf{x}$에 대한 부분 공간에서 가장 가까운 점에 대한 표현식이 생성된다.

$$\mathbf{x}_{closest} \approx \mathbf{P}_k(\mathbf{P}_k^{\mathsf{T}}(\mathbf{x} - \boldsymbol{\mu})) + \boldsymbol{\mu} \tag{12.91}$$

여기서, 괄호는 엄청난 곱셈 $\mathbf{P}_k\mathbf{P}_k{}^{\mathsf{T}}$(우리의 경우 32000 × 32000)가 결코 발생하지 않도록 한다. 그림 12.19는 가림(occlusion)을 시뮬레이트하는 마스크된 얼굴 영상에 부분 공간에서 가장 가까운 영상을 보여준다(이 얼굴은 트레이닝 데이터베이스의 일부가 아니다).

마찬가지로 현재 데이터 $\mathbf{x}$가 주어지면 수식 (12.89)를 사용하여 데이터를 설명하는데 가장 적합한 모델 매개 변수를 계산할 수 있다. 그 다음 데이터에서 영상 특성을 측정하여 결정된 예상 변화 $\boldsymbol{\delta}_{\mathbf{x}}$가 주어지면, 데이터를 설명하는 매개 변수에서 $\boldsymbol{\delta}_{\mathbf{a}}$가 최상의 변화가 된다.

$$\boldsymbol{\delta}_{\mathbf{a}} = \mathbf{P}_k^{\mathsf{T}}\boldsymbol{\delta}_{\mathbf{x}} \tag{12.92}$$

수식 (12.90)에서 볼 수 있다.

$$\mathbf{x} + \boldsymbol{\delta}_{\mathbf{x}} \approx \mathbf{P}_k(\mathbf{a} + \boldsymbol{\delta}_{\mathbf{a}}) + \boldsymbol{\mu} \tag{12.93}$$

$$\boldsymbol{\delta}_{\mathbf{x}} \approx \mathbf{P}_k\boldsymbol{\delta}_{\mathbf{a}} \tag{12.94}$$

4 1.4.3절 (p. 16)

그림 12.20 AAM(active appearance model)은 PCA를 사용하여 조인트 모양–외형 공간(joint shape–appearance space)의 변화를 포착한다. 왼쪽은 얼굴 영상에 AAM을 적용한 결과이다. 가운데와 오른쪽에는 상위 4개의 고유 벡터의 효과가 있으며, 각 세 쌍 중 중간에 평균이 표시되었다.

여기서, 수식 (12.92)는 수식 (12.94)을 풀 때의 최소 제곱 결과이다. 매개 변수는 항상 각 방향에서 $\pm 2.5\sigma_i$ (98.76 % 신뢰도)로 묶인 하이퍼 타원체(hyperellipsoid) 내에 있어야 한다. 여기서, $\sigma_i\sqrt{\lambda_i}$이다. 따라서 수식 (12.92)을 사용하여 매개 변수의 변화를 계산한 후에 이 하이퍼 타원체 외부에 있는 매개 변수의 모든 요소를 적절하게 조정해야 한다.

이 후자의 절차는 **능동 형상 모델**(active shape models, ASMs)에 의해 사용되는데, 이것은 우리가 전에 보았던[5] 능동 윤곽 모델(active contour model)의 확장으로 생각할 수 있다. 트레이닝 중에 PDM을 사용하여 객체 모양의 유연한 모델을 만든다. 그런 다음 영상의 객체 모양을 설명하는 모양 및 포즈 매개 변수에 대한 초기 예상치가 제공되면 이러한 매개 변수가 간단한 반복 프로시저에서 업데이트된다. 여기서 포즈(pose, 보통 이동, 회전 및 크기변환)가 Procrustes 분석(Procrustes analysis)을 사용하여 업데이트되어 현재 추정된 모양을 모델 모양과 가장 잘 맞춘다. 그 후 점 좌표계($\boldsymbol{\delta}_{\mathbf{x}}$)의 이동은 등고선에 수직인 광선을 따라 강한 세기 기울기를 검색하여 계산된 다음, 이 이동은 수식 (12.92)을 사용하여 형상 매개 변수의 변화로 변환된다. 확장은 결합된 모양과 그레이 레벨 외형 모델(graylevel appearance model, 효과적으로 PDM과 고유 얼굴의 아이디어를 결합 함)을 사용하여 모델을 영상에 맞게 포즈, 모양 변형 및 그레이 레벨 변형을 검색하는 것이다. **능동 외형 모델**(active appearance models, AAMs)이라고 하는 이 기술은 그림 12.20에서와 같이 ID, 표현식 및 포즈의 변형을 통해 얼굴을 모델링하는 데 사용되었다.

하나의 세부 사항이 남아 있다. 때로는 공분산 행렬 **C**가 너무 커서 고유 값 및 고유 벡터가 합리적인 시간 내에 계산되지 않거나 전혀 계산되지 않는다(위

5 10.2.1절 (p. 567)

의 고유 얼굴 예제에서는 32000 × 32000 이다). 선형 대수학에서 우리는 두 행렬의 합계의 랭크(rank)가 그들의 랭크의 합계보다 크지 않다는 것을 안다. 즉, **A**와 **B**가 행렬이라면 $\text{rank}(\mathbf{A}+\mathbf{B}) = \text{rank}(\mathbf{A}) + \text{rank}(\mathbf{B})$이다. 결과적으로, 수식 (12.82)의 각각의 외적은 rank 1을 갖기 때문에, **C**의 랭크는 $\text{rank}(\mathbf{C}) \le \max(n, d)$에 의해 한정된다. $n < d$인 경우, 여기의 예제($n = 10$ 및 $d = 32000$)와 마찬가지로 C의 순위는 n보다 크지 않다. 따라서 $d \times d$ 행렬 $\mathbf{C} = \frac{1}{n}\mathbf{A}\mathbf{A}^\top$의 고유 벡터를 계산하는 대신, 훨씬 더 작은 $n \times n$ **정규화된 Gramian**(normalized Gramian) $\tilde{\mathbf{C}} = \frac{1}{n}\mathbf{A}^\top\mathbf{A}$의 고유 벡터를 계산할 수 있다. 그런 다음 원래 행렬 **C**의 n개의 고유 벡터는 $\mathbf{v}_i = \mathbf{A}\tilde{\mathbf{v}}_i$로 주어지며, 여기서, $\tilde{\mathbf{v}}_i$는 고유 벡터 정의로 시작하여 쉽게 볼 수 있는 $\tilde{\mathbf{C}}$의 i 번째 고유 벡터이다.

$$\underbrace{\frac{1}{n}\mathbf{A}^\top\mathbf{A}}_{\tilde{\mathbf{C}}}\ \tilde{\mathbf{v}}_i = \tilde{\lambda}_i\tilde{\mathbf{v}}_i \tag{12.95}$$

A에 의해 미리 곱하기,

$$\underbrace{\frac{1}{n}\mathbf{A}\mathbf{A}^\top}_{\mathbf{C}}\ \underbrace{\mathbf{A}\tilde{\mathbf{v}}_i}_{\mathbf{v}_i} = \tilde{\lambda}_i \underbrace{\mathbf{A}\tilde{\mathbf{v}}_i}_{\mathbf{v}_i} \tag{12.96}$$,

결과 벡터가 적절한 단위-표준 고유 벡터(unit-norm eigenvectors)가 되도록 정규화할 필요가 있음에 유의하자.

12.4 판별 방법

확률 분포를 명시적으로 모델링하는 대신(이전 절에서 설명한 생성 방법에서처럼) 의사 결정 경계를 직접 학습할 수 있다. 결국, 결정 경계가 분류기의 정확성을 좌우하는 것이므로, 주로 이러한 결정 경계에 주의를 집중하는 것이 좋다. 앞에서 설명한 것처럼 이를 수행하는 알고리즘을 **판별 방법**(discriminative methods)이라고 한다. 이 절에서 우리는 지도 학습(supervised learning)에 더 널리 사용되는 판별 접근 방법(discriminative approaches) 중 몇 가지를 설명한다.

12.4.1 선형 판별 함수

판별 함수는 데이터 점이 특정 카테고리와 얼마나 잘 일치하는지 나타내는 데 사용된다. 판별 접근 방법의 특별한 경우는 판별 함수가 선형일 때 발생하는데, 이 경우 함수는 다음의 수식에 의해 주어진다.

$$g_i(\mathbf{x}) = \mathbf{w}_i^{\mathsf{T}}\mathbf{x} + b_i \tag{12.97}$$

여기서, $\mathbf{x} \in \mathbb{R}^d$는 특징 공간의 점이다. 언뜻 보기에는 선형 판별 함수가 실제 응용에 너무 제한적으로 보일 수 있지만, 실제로 두 가지 영리한 확장 중 하나를 통해 임의로 복잡한 결정 경계를 모델링할 수 있으므로 자세히 연구할 가치가 있다. 이러한 확장(커널 트릭(kernel trick)이라고도 함) 중 하나는 서포트 벡터 머신(support vector machines, SVM)으로 이어지고, 다른 하나(다중 판별 함수 결합)는 인공 신경망(artificial neural networks, ANN)으로 연결된다. 둘 다 오늘날 시장에서 가장 강력한 분류기 중 일부이다.

논의를 단순화하기 위해, 분류기가 이분기(dichotomizer 즉, 단지 2개의 카테고리가 있는)인 경우에 초점을 맞추어, 판별 함수가 다음에 의해 주어지도록 한다.

$$g(\mathbf{x}) \equiv g_1(\mathbf{x}) - g_2(\mathbf{x}) = \mathbf{w}^{\mathsf{T}}\mathbf{x} + b \tag{12.98}$$

다음 결정 경계가 산출된다.

$$\mathbf{w}^{\mathsf{T}}\mathbf{x} + b = 0 \tag{12.99}$$

이는 벡터 $\mathbf{w} \equiv \mathbf{w}_1 - \mathbf{w}_2 \in \mathbb{R}^d$ 및 스칼라 $b \equiv b_1 - b_2 \in \mathbb{R}$에 의해 매개 변수화된 $\mathbb{R}^d$의 초평면을 서술한다. b 값을 바이어스라고 한다.

벡터 $\mathbf{w}$가 초평면에 직교(수직)한다는 것은 쉽게 알 수 있다. 우리가 $\mathbf{x}_1$과 $\mathbf{x}_2$를 초평면의 두 점이라면, $\mathbf{w}^{\mathsf{T}}\mathbf{x}_1 + b = \mathbf{w}^{\mathsf{T}}\mathbf{x}_2 + b = 0$이고 $\mathbf{w}^{\mathsf{T}}(\mathbf{x}_1 - \mathbf{x}_2) = 0$이 된다. 이것은 $\mathbf{w}$가 벡터 $\mathbf{x}_1 - \mathbf{x}_2$와 직교함을 의미하고, 후자는 초평면에 있기 때문에 $\mathbf{w}$는 초평면과 직교함을 증명한다. 비슷하게, $\|\mathbf{w}\| = 1$이면, $|b|$는 원점

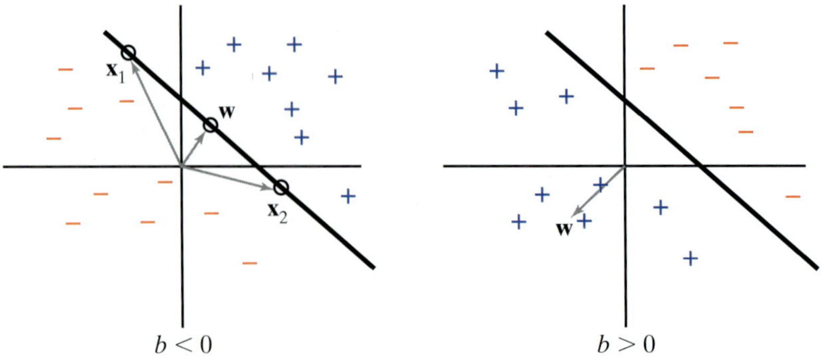

그림 12.21 선형 판별 함수에 대한 우리의 관례에 따라 벡터 $\mathbf{w}$는 원점에서 공간의 양의 방향을 가리킨다. 왼쪽: 벡터 $\mathbf{w}$는 결정 경계를 가리키고 있으므로 $b < 0$이다. 오른쪽: 벡터 $\mathbf{w}$는 결정 경계에서 멀어지므로 $b > 0$이다.

에서 초평면까지의 거리이다. a를 우리가 알 수 없는 거리이라고 하자. 만일 $\|\mathbf{w}\|=1$이면, $\mathbf{x}=a\mathbf{w}$ 또는 $\mathbf{x}=-a\mathbf{w}$($\mathbf{w}$의 방향에 따라 다름)는 $\mathbf{w}$를 따라 광선(ray)이 초평면과 교차하는 부분이다. 이 점은 초평면 상에 있어야하므로 수식 (12.99)에서 $\pm a\mathbf{w}^\mathsf{T}\mathbf{w}+b=0$ 또는 $\pm a\|\mathbf{w}\|^2+b=0$ 또는 $a=|b|$를 갖는다.

이러한 매개 변수를 그래픽으로 더 잘 이해하려면, 2D 선형 판별 함수($d=2$)를 보여주는 그림 12.21을 고려하자. 수식 (12.99)는 균질(homogeneous)이기 때문에, $\mathbf{w}$와 b에 동일한 0이 아닌 스칼라 상수가 곱해져도 초평면은 변하지 않는다. 그럼에도 불구하고 $\mathbf{w}$의 스케일은 결정 경계(초평면)를 정의하는데 중요하지 않지만, 판별 함수를 정의하기 위해 중요하다. 필요하다면 $\mathbf{w}$와 b에 -1을 곱하여 $\mathbf{w}$가 항상 양수 트레이닝 샘플을 향하도록 규칙을 채택한다. $\mathbf{w}$가 이런 식으로 방향을 잡을 때(그리고 $\|\mathbf{w}\|=1$) 원점에서 초평면에 도달하기 위해 $\mathbf{w}$를 따라 이동한 거리는 $-b$이다. 결과적으로 $\mathbf{w}$가 초평면을 가리키면(그림의 왼쪽에서와 같이) $b<0$ 인 반면, $\mathbf{w}$가 초평면으로부터 멀어지면(그림의 오른쪽에서와 같이), $b>0$이 된다.

스케일링은 임의적이기 때문에, $\|\mathbf{w}\|=1$인 관례를 받아들이는 것이 일반성을 잃지 않는다고 할 수 있다. 그러나 이 제한을 부과하지 않을 것이다. 아래의 논의에서 w는 다양한 계산에서 조작되기 때문에, 벡터가 반드시 단위 표준을 가질 필요가 없다. 대신, 우리는 단위 표준 벡터를 나타낼 때, 명시적으로 $\mathbf{w}/\|\mathbf{w}\|$를 쓸 것이다. $\delta(\mathbf{x})$를 점 $\mathbf{x}$에서 초평면까지의 부호 있는 거리로 두면, 다음을 쉽게 알 수 있다.

$$\delta(\mathbf{x}) \equiv \frac{\mathbf{w}^\mathsf{T}\mathbf{x}+b}{\|\mathbf{w}\|}=\frac{g(\mathbf{x})}{\|\mathbf{w}\|} \qquad \text{(signed distance)} \qquad (12.100)$$

이 수식을 도출하기 위해 $\mathbf{x}'$을 초평면의 임의의 점이라고 하자. 그런 다음 벡터 $\mathbf{x}-\mathbf{x}'$은 $\mathbf{x}$에서 초평면을 가리킨다. 따라서 이 벡터를 단위 벡터에 투영한다. $\mathbf{w}/\|\mathbf{w}\|$은 부호 있는 거리 $\mathrm{w}^\mathsf{T}(\mathbf{x}-\mathbf{x}')/\|\mathbf{w}\|$를 산출한다. 이제 초평면의 임의의 점 $\mathbf{x}'$에 대해 수식 (12.99)에서 $\mathbf{w}^\mathsf{T}\mathbf{x}'=-b$를 얻는다. 따라서 부호있는 거리는 $(\mathbf{w}^\mathsf{T}\mathbf{x}-\mathbf{w}^\mathsf{T}\mathbf{x}')/\|\mathbf{w}\|=(\mathbf{w}^\mathsf{T}\mathbf{x}+b)/\|\mathbf{w}\|$이다.

12.4.2 피셔의 선형 판별

판별 함수 분석(discriminant function analysis, DFA)은 어떤 연속 변수가 이산 카테고리를 구별하는지를 결정하는 것과 관련이 있다. DFA에 대해 가장 널리 사용되는 접근법 중 하나는 **피셔의 선형 판별**(Fisher's linear discriminant, FLD)로 알려져 있으며, 수식 (12.98)에서와 같이 최상의 선형 판별 함수를 학습하는 기술이다. n개의 데이터 샘플 $\mathbf{x}_1, \ldots, \mathbf{x}_n \in \mathcal{D} \subset \mathbb{R}^d$ 및 두 개의 카테고리 ω_1 및 ω_2가 있다고 가정하자. 서브 집합 $\mathcal{D}_1 \subset \mathbb{R}$가 ω_1로 라벨링된 n_1 샘플을 포함하는 반면, 서브 집합 $\mathcal{D}_2 \subset \mathbb{R}$는 ω_2로 라벨링된 n_2 샘플을 포함한다고 하자. 여기서, $n_1 + n_2 = n$이고, $\mathrm{D} = \mathcal{D}_1 \cup \mathcal{D}_2$ 및 $\mathcal{D}_1 \cap \mathcal{D}_2 = \emptyset$이다. 우리의 목표는 $\mathbf{w}$에 $\mathbf{x}$를 투영하여 카테고리를 잘 분리하도록 벡터 $\mathbf{w}$를 찾는 것이다. 이 투영을 $y = \mathbf{w}^\mathsf{T}\mathbf{x}$로 정의하자. 여기에서 $y \in \mathcal{Y} \subset \mathbb{R}$이고, $\mathcal{Y} = \mathcal{Y}_1 \cup \mathcal{Y}_2$ 및 $\mathcal{Y}_1 \cap \mathcal{Y}_2 = 0$이다. $\mathbf{w}$가 결정된 후에 효과적인 분류기를 생성하도록 바이어스 b에 대한 값이 선택된다.

j 번째 카테고리의 **표본 평균**(sample mean), 즉 $j = 1, 2$가 다음으로 정의된다.

$$\boldsymbol{\mu}_j \equiv \frac{1}{n_j} \sum_{\mathbf{x} \in \mathcal{D}_j} \mathbf{x} \tag{12.101}$$

투영된 표본 평균(projected sample mean)이 다음과 같이 되도록 하라.

$$\tilde{\mu}_j \equiv \frac{1}{n_j} \sum_{y \in \mathcal{Y}_j} y = \frac{1}{n_j} \sum_{y \in \mathcal{Y}_j} \mathbf{w}^\mathsf{T}\mathbf{x} = \mathbf{w}^\mathsf{T}\boldsymbol{\mu}_j \tag{12.102}$$

이것은 단순히 표본 평균을 투영한 것이다. 또한 **산포**(scatter)를 다음으로 정의하라.

$$\tilde{s}_j^2 \equiv \sum_{y \in \mathcal{Y}_j} (y - \tilde{\mu}_j)^2 \tag{12.103}$$

이것은 분산의 n_j 배에 해당하며, **전체 클래스 내 산포**(total within-class scatter)을 $\tilde{s} \equiv \tilde{s}_1^2 + \tilde{s}_2^2$로 정의한다. 이제 투영된 샘플 평균의 거리는 다음에 의해 주어진다.

$$|\tilde{\mu}_1 - \tilde{\mu}_2| = \|\mathbf{w}^\mathsf{T}(\boldsymbol{\mu}_1 - \boldsymbol{\mu}_2)\| \tag{12.104}$$

이 거리는 각 클래스의 표준 편차에 비하여 상대적으로 커야 한다. 즉 피셔의 선형 판별기는 다음을 최대화하기 위해 $\mathbf{w}$를 선택한다.

$$\xi(\mathbf{w}) \equiv \frac{|\tilde{\mu}_1 - \tilde{\mu}_2|}{\tilde{s}_1^2 + \tilde{s}_2^2} \tag{12.105}$$

이 양을 최대화하는 데 필요한 계산을 유도하려면 j 번째 카테고리의 **산포 행렬**(scatter matrix)을 다음으로 정의하자.

$$\mathbf{S}_j \equiv \sum_{\mathbf{x} \in \mathcal{D}_j} (\mathbf{x} - \boldsymbol{\mu}_j)(\mathbf{x} - \boldsymbol{\mu}_j)^\mathsf{T} \tag{12.106}$$

클래스 내 산포 행렬(within-class scatter matrix)을 $\mathbf{S}_w \equiv \mathbf{S}_1 + \mathbf{S}_2$로 정의한다. 그러면 수식 (12.103)에서,

$$\tilde{s}_j^2 = \sum_{\mathbf{x} \in \mathcal{D}_j} (\mathbf{w}^\mathsf{T}\mathbf{x} - \mathbf{w}^\mathsf{T}\boldsymbol{\mu}_j)^2 = \sum_{\mathbf{x} \in \mathcal{D}_j} \mathbf{w}^\mathsf{T}(\mathbf{x} - \boldsymbol{\mu}_j)(\mathbf{x} - \boldsymbol{\mu}_j)^\mathsf{T}\mathbf{w} = \mathbf{w}^\mathsf{T}\mathbf{S}_j\,\mathbf{w} \tag{12.107}$$

$$(\tilde{\mu}_1 - \tilde{\mu}_2)^2 = (\mathbf{w}^\mathsf{T}\boldsymbol{\mu}_1 - \mathbf{w}^\mathsf{T}\boldsymbol{\mu}_2)^2 = \mathbf{w}^\mathsf{T}(\boldsymbol{\mu}_1 - \boldsymbol{\mu}_2)(\boldsymbol{\mu}_1 - \boldsymbol{\mu}_2)^\mathsf{T}\mathbf{w} = \mathbf{w}^\mathsf{T}\mathbf{S}_B\mathbf{w} \tag{12.108}$$

그러므로 $\tilde{s}^2 = \tilde{s}_1^2 + \tilde{s}_2^2 = \mathbf{w}^\mathsf{T}\mathbf{S}_w\mathbf{w}$이다. 마찬가지로, $\mathbf{S}_B \equiv (\boldsymbol{\mu}_1 - \boldsymbol{\mu}_2)(\boldsymbol{\mu}_1 - \boldsymbol{\mu}_2)^\mathsf{T}$는 **클래스 간의 산포 행렬**(between-class scatter matrix)이다. 수식 (12.107)과 수식 (12.108)을 수식 (12.105)에 대입하면 다음이 산출된다.

$$\xi(\mathbf{w}) = \frac{\mathbf{w}^\mathsf{T}\mathbf{S}_B\mathbf{w}}{\mathbf{w}^\mathsf{T}\mathbf{S}_w\mathbf{w}} \tag{12.109}$$

이전에 보았듯이[6], 이것은 일반화된 레일리 지수(Rayleigh quotient)이고, $\xi(\mathbf{w})$를 최대화하는 벡터 $\mathbf{w}$는 다음과 같은 일반화된 고유치 문제를 만족시킨다.

$$\mathbf{S}_B\mathbf{w} = \lambda\mathbf{S}_w\mathbf{w} \tag{12.110}$$

$\mathbf{S}_B$의 랭크(rank)가 1이기 때문에 단지 하나의 해답을 가지고 있다. 특징 공간에 차원이 있는 것보다 더 많은 트레이닝 샘플이 있다고 가정하면, 즉 $n > d$이고 데이터가 변질되지 않는다고 가정하면, $\mathbf{S}_w$는 비특이점(nonsingular)이다. 이 경우 우리는 다음을 가진다.

$$\mathbf{S}_w^{-1}\mathbf{S}_B\mathbf{w} = \lambda\mathbf{w} \tag{12.111}$$

$\mathbf{S}_B$의 정의를 대체하면 다음이 산출된다.

$$\mathbf{S}_w^{-1}(\boldsymbol{\mu}_1 - \boldsymbol{\mu}_2)\underbrace{(\boldsymbol{\mu}_1 - \boldsymbol{\mu}_2)^\mathsf{T}\mathbf{w}}_{\text{scalar}} = \lambda\mathbf{w} \tag{12.112}$$

내적(inner product)이 스칼라임을 인식하면, $\mathbf{w}$가 $\mathbf{S}_w^{-1}(\boldsymbol{\mu}_1 - \boldsymbol{\mu}_2)$와 평행하다는

6 10.4.2절

알고리즘 12.1 이진 라벨 데이터 집합에 대한 피셔의 선형 판별 계산

FISHERLINEARDISCRIMINANT $(\{(\mathbf{x}_i, y_i)\}_{i=1}^{n})$

Input: set of n labeled data points $\{(\mathbf{x}_i, y_i)\}_{i=1}^{n}$, where
$\mathbf{x}_i \in \mathbb{R}^d$ is the ith data point
$y_i \in \{-1, +1\}$ is the binary label of the ith data point, so that
$\mathbf{x}_i \in \mathcal{D}_1$ if $y_i = +1$, or $\mathbf{x}_i \in \mathcal{D}_2$ if $y_i = -1$.
Output: parameters $\mathbf{w}$ and b of a linear discriminant function to separate the data

$\boldsymbol{\mu}_1 \leftarrow \left(\sum_{\mathbf{x} \in D_1} \mathbf{x}\right) / |\mathcal{D}_1|$ ➤ Compute sample means using Equation (12.101),
$\boldsymbol{\mu}_2 \leftarrow \left(\sum_{\mathbf{x} \in D_2} \mathbf{x}\right) / |\mathcal{D}_2|$ where $|\mathcal{D}_i|$ is the cardinality of the ith set.
$\mathbf{S}_1 \leftarrow \sum_{\mathbf{x} \in D_1} (\mathbf{x} - \boldsymbol{\mu}_1)(\mathbf{x} - \boldsymbol{\mu}_1)^{\mathsf{T}}$ ➤ Compute the scatter matrices using Equation (12.106).
$\mathbf{S}_2 \leftarrow \sum_{\mathbf{x} \in D_2} (\mathbf{x} - \boldsymbol{\mu}_2)(\mathbf{x} - \boldsymbol{\mu}_2)^{\mathsf{T}}$
$\mathbf{S}_w \leftarrow \mathbf{S}_1 + \mathbf{S}_2$ ➤ Compute the within-class scatter matrix.
$\mathbf{w} \leftarrow \mathbf{S}_w^{-1}(\boldsymbol{\mu}_1 - \boldsymbol{\mu}_2)$ ➤ Compute the vector **w** using Equation (12.109).
$\mathbf{w} \leftarrow \mathbf{w} / \|\mathbf{w}\|$
$b \leftarrow -\frac{1}{2}\mathbf{w}^{\mathsf{T}}(\boldsymbol{\mu}_1 + \boldsymbol{\mu}_2)$ ➤ Set b to be halfway between the projected means (or some other suitable value).
return $\mathbf{w}, b$

결론이 도출된다.

$$\mathbf{w} \propto \mathbf{S}_w^{-1}(\boldsymbol{\mu}_1 - \boldsymbol{\mu}_2) \tag{12.113}$$

따라서, 단위 벡터를 얻으려면 다음을 설정하라.

$$\mathbf{w} = \frac{\mathbf{S}_w^{-1}(\boldsymbol{\mu}_1 - \boldsymbol{\mu}_2)}{\|\mathbf{S}_w^{-1}(\boldsymbol{\mu}_1 - \boldsymbol{\mu}_2)\|} \tag{12.114}$$

적절한 바이어스를 선택하는 것은 투영된 데이터의 분산과 손실 함수에 따라 달라진다. 편차가 동일하다면 제로-원 손실 함수를 사용하여 b을 투영된 샘플 평균의 중간 지점으로 간단히 설정하라.

$$b = -\frac{1}{2}\mathbf{w}^{\mathsf{T}}(\boldsymbol{\mu}_1 + \boldsymbol{\mu}_2) \tag{12.115}$$

음수 부호는 위에서 언급한 관례에서 발생한다. 피셔의 선형 판별을 위한 의사 코드는 알고리즘 12.1에서 제공된다.

12.4.3 퍼셉트론

역사적으로 선형 분류기는 **퍼셉트론**(perceptron)이라고도 한다. 수식 (12.3)에서 선형 판별 함수 $g(\mathbf{x}) = \mathbf{w}^\mathsf{T}\mathbf{x} + b$를 수식 (12.98)의 분류기 $f(x)$와 결합하면, 퍼셉트론이 선형 결합기와 하드 리미터(또는 임계 값)를 적용한다는 것을 알 수 있다.

$$y = f(\mathbf{x}) = h(\mathbf{w}^\mathsf{T}\mathbf{x} + b) \tag{12.116}$$

여기서, y는 퍼셉트론의 출력이고, 임계 값(Heaviside) 함수는 $z \geq 0$이면 $h(z) = 1$로 정의되고, 그렇지 않으면 0으로 정의된다. 이 수식은 내적을 확장하여 다음으로 작성할 수 있다.

$$y = h\left(\sum_{k=1}^{d} w^{(k)}x^{(k)} + b\right) \tag{12.117}$$

여기서, $\mathbf{x} \equiv [\,x^{(1)}\;\; x^{(2)}\;\; \ldots\;\; x^{(\mathrm{d})}\,]^\mathsf{T}$이고, $\mathbf{w} = [\,w^{(1)}\;\; w^{(2)}\;\; \ldots\;\; w^{(\mathrm{d})}\,]^\mathsf{T}$이다. 단일 퍼셉트론이 그림 12.22에 나와 있다.

퍼셉트론 학습 알고리즘(perceptron learning algorithm)은 간단하다. y_i를 트레이닝 집합의 i 번째 데이터 점의 실제 값(ground truth)의 이진 라벨이라고 하자. i 번째 점이 양수 트레이닝 샘플이면 $y_i = +1$이고, 점에서 결정 경계까지의 부호 거리(signed distance)는 양수 여야 한다. 반면에 점이 음의 트레이닝 샘플이면 $y_i = -1$이며, 점에서 결정 경계까지의 부호 거리가 음이어야 한다. 따라서 δ_i를 이 부호 거리라고 하면, y_i와 δ_i는 $y_i\delta_i < 0$에 의해 수학적으로 포착된 다른 부호를 가진다면 잘못 분류된 것이다. 수식 (12.100)에서 부호 거리에 대한 수식을 적용하면, 다음의 수식의 경우, i 번째 지점이 잘못 분류된다.

$$\frac{y_i(\mathbf{w}^\mathsf{T}\mathbf{x}_i + b)}{\|\mathbf{w}\|} < 0 \tag{12.118}$$

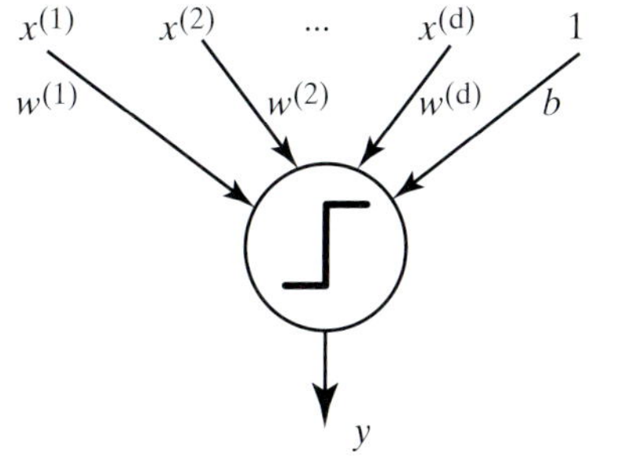

그림 12.22 단일 퍼셉트론은 입력 벡터의 개별 요소에 개별 가중치를 곱하고, 바이어스를 추가한 다음 임계 값 함수를 적용한다. $y = h(w^{(1)}x^{(1)} + w^{(2)}x^{(2)} + \ldots + w^{(d)}x^{(d)} + b)$이다.

이는 분모가 양의 값을 가질 것이기 때문에 다음의 테스트와 동등하다.

$$y_i(\mathbf{w}^\mathsf{T}\mathbf{x}_i + b) < 0 \tag{12.119}$$

퍼셉트론 학습 알고리즘은 트레이닝 샘플을 통해 반복하고, 각 잘못 분류된 샘플 $\mathbf{x}_i$에 대해 초평면 매개 변수가 다음과 같이 업데이트된다.

$$\mathbf{w}^{(k+1)} = \mathbf{w}^{(k)} + y_i\mathbf{x}_i \tag{12.120}$$

$$b^{(k+1)} = b^{(k)} + y_i \tag{12.121}$$

여기서, k는 반복 숫자이다. 즉, 양수 트레이닝 샘플($y_i = +1$)의 경우, $\mathbf{x}$를 $\mathbf{w}$에 더하고 b을 1 씩 증가시킨다. 음수 트레이닝 샘플 ($y_i = -1$)의 경우, $\mathbf{x}$를 $\mathbf{w}$에 빼고 b을 1 씩 감소시킨다. 데이터가 선형적으로 분리 가능한 경우, 이 간단한 알고리즘은 한정된 수의 단계에서 두 카테고리를 구분하는 결정 경계로 수렴된다는 것을 알 수 있다. 각 반복은 확장된 입력 샘플 $\tilde{\mathbf{x}} \equiv [\mathbf{x}_i^\mathsf{T} \; 1]^\mathsf{T}$ 방향으로 또는 멀어지는 방향으로 회전함으로써 확장 벡터 $\tilde{\mathrm{w}} \equiv [\mathbf{w}^\mathsf{T} \; b]^\mathsf{T}$를 효과적으로 업데이트하여 수식(12.119)에서 $y_i\tilde{\mathbf{w}}^\mathsf{T}\tilde{\mathbf{x}}_i$의 값을 증가시킨다. 다소 기적적으로 벡터 $\mathbf{w}$가 매번 변경되는 양(**학습률**(learning rate))은 매 반복마다 자동으로 감소하므로 수렴이 발생한다.

퍼셉트론 학습 알고리즘이 수렴되도록 보장되지만(데이터가 선형으로 분리 가능한 경우) 필요한 반복 횟수에는 상한이 없다. 수렴을 가속화하는 한 가지 방법은 각 업데이트를 오류 양(error amount)으로 가중치를 적용하는 것이다.

$$\mathbf{w}^{(k+1)} = \mathbf{w}^{(k)} + \alpha_i y_i\mathbf{x}_i \tag{12.122}$$

$$b^{(k+1)} = b^{(k)} + \alpha_i y_i \tag{12.123}$$

여기서, $\alpha_i \equiv \frac{1}{\|\tilde{\mathbf{x}}_i\|^2}(-y_i((\mathbf{w}^{(k)})^\mathsf{T}\mathbf{x}_i + b) + \epsilon)$는 학습률이며, $\epsilon > 0$은 작은 양수이다. $\alpha_i > 0$임을 유의하자. 이 가속화된 학습을 통해, i 번째 샘플이 확장된 벡터 $\tilde{\mathbf{w}}^{(k+1)} = \tilde{\mathbf{w}}^{(k)} + \alpha_i y_i \tilde{\mathbf{x}}_i$을 사용하여 단지 하나의 반복 후에 정확하게 분류되는 것을 쉽게 볼 수 있다. 표기법을 단순화하기 위해 $\tilde{\mathbf{w}}$는 $\tilde{\mathbf{w}}^{(k)}$을 나타낸다.

$$y_i(\tilde{\mathbf{w}}^{(k+1)})^\mathsf{T}\tilde{\mathbf{x}}_i = y_i(\tilde{\mathbf{w}} + \alpha_i y_i\tilde{\mathbf{x}}_i)^\mathsf{T}\,\tilde{\mathbf{x}}_i \tag{12.124}$$

$$= y_i\tilde{\mathbf{w}}^\mathsf{T}\tilde{\mathbf{x}}_i + y_i\left(\frac{1}{\|\tilde{\mathbf{x}}_i\|^2}(-y_i\tilde{\mathbf{w}}^\mathsf{T}\tilde{\mathbf{x}}_i + \epsilon)\right) y_i\tilde{\mathbf{x}}_i^\mathsf{T}\tilde{\mathbf{x}}_i \tag{12.125}$$

$$= y_i\tilde{\mathbf{w}}^\mathsf{T}\tilde{\mathbf{x}}_i - y_i\tilde{\mathbf{w}}^\mathsf{T}\tilde{\mathbf{x}}_i + \epsilon \tag{12.126}$$

$$= \epsilon \tag{12.127}$$

따라서, $y_i(\tilde{\mathbf{w}}^{(k+1)})^\top \tilde{\mathbf{x}}_i > 0$이고, 이는 점이 업데이트 후에 정확하게 분류됨을 의미한다.

가속화된 퍼셉트론 학습 알고리즘의 의사코드는 알고리즘 12.2에 나와 있다. $\mathbf{w}$와 b는 어떤 것으로 초기화될 수 있지만, 합당한 선택은 두 샘플 서브 집합 $\mathcal{D}_1$과 $\mathcal{D}_2$의 평균을 계산한 다음, $\mathbf{w}$를 평균들 사이의 차이로 그리고 b는 서브 집합의 크기 차이로 설정한다.

$$\mathbf{w}_{init} = \frac{1}{|\mathcal{D}_1|}\sum_{\mathbf{x}\in\mathcal{D}_1}\mathbf{x} - \frac{1}{|\mathcal{D}_2|}\sum_{\mathbf{x}\in\mathcal{D}_2}\mathbf{x} \quad (12.128)$$

$$b_{init} = |\mathcal{D}_1| - |\mathcal{D}_2| \quad (12.129)$$

모든 입력 점이 정확하게 분류되면 알고리즘이 수렴된다.

퍼셉트론 학습 알고리즘의 한 가지 단점은 데이터가 선형으로 분리 가능하지 않으면 알고리즘이 의미 있는 해로 수렴된다는 보장이 없다는 것이다. 이 문제는 퍼셉트론 학습 알고리즘을 실행하여 지금까지 최상의 초평면 매개 변수(포켓에 보관된 것처럼)를 유지하는 소위 **포켓 알고리즘**(pocket algorithm)으로 해결된다. 궁극적으로, 수렴이 결정되면(예를 들어, 지정된 수의 반복이 매개 변수에서 현저한 변화를 일으키지 않은 경우), 최상의 매개 변수가 반환된다. 어

알고리즘 12.2 퍼셉트론 학습 알고리즘(가속화된 학습률)

PerceptronLearningAlgorithm($\{(\mathbf{x}_i, y_i)\}_{i=1}^n$)

Input: set of n labeled data points $\{(\mathbf{x}_i, y_i)\}_{i=1}^n$
$\mathbf{x}_i \in \mathbb{R}^d$ is the ith data point
$y_i \in \{-1, +1\}$ is the binary label of the ith data point
$\mathbf{x}_i \in \mathcal{D}_1$ if $y_i = +1$, or $\mathbf{x}_i \in \mathcal{D}_2$ if $y_i = -1$.
Output: parameters $\mathbf{w}$ and b of a perceptron to separate the data (assuming the data are linearly separable)

$\mathbf{w} \leftarrow \left(\sum_{\mathbf{x}\in\mathcal{D}_1}\mathbf{x}\right)/|\mathcal{D}_1| - \left(\sum_{\mathbf{x}\in\mathcal{D}_2}\mathbf{x}\right)/|\mathcal{D}_2|$ ➤ Initialize the parameters.
$b \leftarrow |\mathcal{D}_1| - |\mathcal{D}_2|$
while not converged **do** ➤ Until all points are correctly classified,
  Randomly shuffle data points $\{(\mathbf{x}_i, y_i)\}_{i=1}^n$ shuffle the points (optional).
  for $i \leftarrow 1$ **to** n **do** ➤ For each data sample,
    if $y_i(\mathbf{w}^\top\mathbf{x}_i + b) < 0$ **then** if the sample is misclassified, then
      $\alpha_i \leftarrow (-y_i(\mathbf{w}^\top\mathbf{x}_i + b) + \epsilon)/(\|\mathbf{x}_i\|^2 + 1)$ determine the learning rate,
      $\mathbf{w} \leftarrow \mathbf{w} + \alpha_i y_i \mathbf{x}_i$ and update the hyperplane
      $b \leftarrow b + \alpha_i y_i$ parameters.
return $\mathbf{w}, b$

알고리즘 12.3 포켓 퍼셉트론 학습 알고리즘

PocketPerceptronLearningAlgorithm$(\{(\mathbf{x}_i, y_i)\}_{i=1}^n)$

Input: set of n labeled data points
Output: parameters of perceptron that tries to separate data (even if not linearly separable)

Initialize $\mathbf{w}$ and b similar to before
$h \leftarrow 0$ ➤ number of consecutive successfully tested vectors
while not converged **do**
  Randomly shuffle data points $\{(\mathbf{x}_i, y_i)\}_{i=1}^n$ ➤ (optional)
  for $i \leftarrow 1$ **to** n **do**
    if $y_i(\mathbf{w}^\mathsf{T}\mathbf{x}_i + b) < 0$ **then** $\mathbf{w} \leftarrow \mathbf{w} + y_i\mathbf{x}_i$, $b \leftarrow b + y_i$, $h \leftarrow 0$
    else $h \leftarrow_+ 1$
      if $h > h^*$ **then** $\mathbf{w}^* \leftarrow \mathbf{w}$, $b^* \leftarrow b$
return $\mathbf{w}^*$, b^*

떤 매개 변수가 가장 적합한지를 판별하는 여러 가지 방법이 있지만 간단한 접근법은 오분류된 샘플을 만나지 않은 연속적인 반복 횟수를 세는 것이다. 포켓 알고리즘의 의사코드는 알고리즘 12.3에 나와 있으며, 간결성을 위해 가속 학습률은 포함하지 않았다. 이들 알고리즘 중 어느 것도 잘못된 분류 샘플에 대해서만 트레이닝하기 때문에 정량적인 의미에서 최상의 분류기를 반환하지는 않는다. 다음 절에서는 최상의 분리 초평면을 찾는 더 좋은 방법을 살펴볼 것이다.

12.4.4 최대 마진 분류기

선형 분리 가능한 데이터의 경우로 되돌아가면, 이전 하위 절의 퍼셉트론 학습 알고리즘은 그러한 분리 초평면이 존재할 때 두 개의 카테고리의 데이터를 분리하는 초평면을 찾을 수 있다. 그러나 가능한 모든 분리형 초평면 중에서 최상의 초평면을 찾을 수는 없다. 이 하위 절에서 우리는 최적의 분리 초평면을 찾는 문제, 즉 두 카테고리의 데이터 샘플간 분리를 최대화하는 문제에 대해 논의한다. 이 분리는 **마진**(margin)으로 알려져 있으며, 따라서 이러한 접근법은 **최대 마진 분류기**(maximum-margin classifier)로 알려져 있다. 이 하위 절의 자료는 다음 하위 절의 SVM(support vector machine)에 대한 기초 지식을 제공한다.

점 $\mathbf{x}_i$가 정확하게 분류되면 수식 (12.118)과 마찬가지로 분리 초평면까지의 거리(부호없는 거리)는 다음에 의해 주어진다.

$$\gamma_i \equiv y_i\delta_i = \frac{y_i(\mathbf{w}^\mathsf{T}\mathbf{x}_i + b)}{\|\mathbf{w}\|} > 0 \tag{12.130}$$

이것은 y_i로 라벨링된 점 $\mathbf{x}_i$에 대한 분류기의 **기하학적 마진**(geometric margin)으로 알려져 있다. 라벨링된 점의 집합 $\{(\mathbf{x}_i,\ y_i)\}_{i=1}^{n}$에 대한 분류기의 기하학적 마진은 모든 점의 기하학적 마진의 최소 값이다.

$$\gamma \equiv \min_i \gamma_i = \min_i \frac{y_i(\mathbf{w}^\mathsf{T}\mathbf{x}_i + b)}{\|\mathbf{w}\|} \tag{12.131}$$

그러나 우리는 분리된 초평면을 찾지 않고 대신 최적의 분리 초평면을 찾고자한다. 즉, 우리는 각 점 $\mathbf{x}_i$ $y_i\delta_i > \gamma$에 대해 가장 큰 값 $\gamma \geq 0$을 찾고자 한다. 분명히, γ의 값이 클수록 양수와 음수 데이터 샘플 간의 간격이 넓어지므로 분류 데이터가 더 우수하기 때문에, 트레이닝 데이터가 테스트 데이터를 대표한다고 가정하면, 분류기가 테스트 데이터에서 잘 작동한다고 믿을만한 이유가 있다. 값 γ는 최적의 분류기의 기하학적 마진이다.

최적의 분리 초평면을 찾는 것은 기하학적 마진을 최대화하는 $\mathbf{w}$와 b를 찾는 것이다.

$$\max_{\mathbf{w},b} \quad \gamma \tag{12.132}$$

$$\text{subject to} \quad \frac{y_i(\mathbf{w}^\mathsf{T}\mathbf{x}_i + b)}{\|\mathbf{w}\|} \geq \gamma \quad \text{for all } i = 1, \ldots, n \tag{12.133}$$

$\mathbf{w}$와 b는 양의 스케일링 요소에 유일하다는 것을 상기하자. 즉, $\mathbf{w}$와 b에 같은 양수를 곱하면 분리 초평면과 기하학적 마진은 변경되지 않는다. 결과적으로 우리는 원하는 대로 무엇이든 자유롭게 설정할 수 있다. 편의를 위해 $\|\mathbf{w}\| = 1/\gamma$으로 설정하면, γ를 최대화하는 것은 $\|\mathbf{w}\|$를 최소화하는 것과 동일하거나 $\frac{1}{2}\|\mathbf{w}\|^2$를 동일하게 최소화하는 것과 같다. 위의 문제는 보다 쉽게 해결할 수 있는 것으로 바꾼다.

$$\min_{\mathbf{w},b} \quad \frac{1}{2}\|\mathbf{w}\|^2 \tag{12.134}$$

$$\text{subject to} \quad y_i(\mathbf{w}^\mathsf{T}\mathbf{x}_i + b) \geq 1 \quad \text{for all } i = 1, \ldots, n \tag{12.135}$$

이것은 상용 이차 프로그래밍 소프트웨어를 사용하여 해결할 수 있는 볼록한 이차 목적 함수와 선형 제약을 가지는 최적화 문제(optimization problem)이다.

12.4.5 서포트 벡터 머신

서포트 벡터 머신(support vector machine, SVM)은 최대 마진 분류기와 밀접

한 관련이 있다. 이전 하위 절의 접근법으로부터 SVM을 유도하기 위해서는 세 가지 확장이 필요하다. 첫째, 원시 문제(primal problem)는 이중 문제(dual problem)로 변형된다. 둘째, 데이터가 선형으로 분리되지 않는 경우를 다루기 위해 여유 변수(slackness variables)가 도입되었다. 마지막으로, 소위 커널 트릭은 입력 데이터 점을 분리 가능성이 더 높은 새로운 공간으로 변환하는데 사용된다. 이 세 가지 확장을 차례로 살펴보겠다.

최적의 분리된 초평면에 대한 이중 접근법

이중성 원리에 따르면 최적화 문제는 두 가지 관점 중 하나에서 볼 수 있다. 이들 중 하나는 **원시 문제**(primal problem)로, 다른 하나는 **이중 문제**(dual problem)로 알려져 있다. 아래에서 볼 수 있듯이, 수식 (12.134)와 (12.136)의 원시 문제를 푸는 것은 다음 이중 문제를 푸는 것과 같다.

$$\max_{\alpha_i} \quad \sum_{i=1}^{n} \alpha_i - \frac{1}{2}\sum_{i=1}^{n}\sum_{j=1}^{n} \alpha_i\alpha_j y_i y_j \mathbf{x}_i^{\mathsf{T}}\mathbf{x}_j \tag{12.136}$$

$$\text{subject to} \quad \alpha_i \geq 0 \quad \text{for all } i = 1, \ldots, n \tag{12.137}$$

$$\text{and} \quad \sum_{i=1}^{n} \alpha_i y_i = 0 \tag{12.138}$$

그러므로 선형적으로 분리 가능한 트레이닝 데이터를 위한 최대 마진 분리 초평면을 찾으려면 $\alpha_1, \ldots, \alpha_n$에 대해 수식 (12.136)-(12.138)을 간단히 구한 다음, 법선 벡터를 입력 벡터의 가중치 조합으로 계산하라.

$$\mathbf{w} = \sum_{i=1}^{n} \alpha_i y_i \mathbf{x}_i \tag{12.139}$$

스칼라 바이어스는 다음으로 나타낸다.

$$b = \frac{1}{2}\left(\min_{\mathbf{x}\in\mathcal{D}_1} \mathbf{w}^{\mathsf{T}}\mathbf{x} + \max_{\mathbf{x}\in\mathcal{D}_2} \mathbf{w}^{\mathsf{T}}\mathbf{x}\right) \tag{12.140}$$

수식 (12.139)로부터, $\alpha_i = 0$에 대한 입력 샘플은 초평면 매개 변수에 영향을 미치지 않는다. 이것들은 초평면으로부터 너무 멀어서 쉽게 올바르게 분류되는 점들이다. 따라서 초평면 법선은 $\alpha_i > 0$인 입력 샘플인 **서포트 벡터**(support vectors)의 선형 조합이다. $\mathcal{S}$를 서포트 벡터의 집합이라 하면, SVM을 트레이닝한 후, 쿼리 점(query point) $\mathbf{x}$는 초평면 법선으로의 투영 부호에 따라 양수 또는 음수로 분류된다.

$$y = \text{sgn}(\mathbf{w}^\top \mathbf{x} + b) = \text{sgn}\left(\sum_{i=1}^{n} \alpha_i y_i \mathbf{x}^\top \mathbf{x}_i + b\right) = \text{sgn}\left(\sum_{\mathbf{x}' \in \mathcal{S}} \alpha_i y_i \mathbf{x}^\top \mathbf{x}' + b\right) \quad (12.141)$$

서포트 벡터의 수는 일반적으로 트레이닝 샘플의 작은 부분이므로 계산상 효율적이다.

원시 문제에서 이중 문제를 도출하기 위해, 우리는 **라그랑지 승수**(Lagrange multipliers) 기법을 사용한다. 동등 제약 조건 $g(\mathbf{x})=0$에 따라 함수 $f(\mathbf{x})$를 최소화(또는 최대화)하려 한다고 가정하자. 라그랑지 승수 접근법의 핵심 통찰력은 솔루션 $\mathbf{x}^*$에서 두 함수의 그레디언트 벡터가 평행하다는 것이다. 일부 스칼라 λ에 대해 $\nabla f(\mathbf{x}^*) \propto \nabla g(\mathbf{x}^*)$이다. 또는 $\nabla f(\mathbf{x}^*) + \lambda \nabla(\mathbf{x}^*) = 0$이다. 이 서술의 증거는 표준 미적분 텍스트에서 찾을 수 있지만 직관적인 설명으로 만족해야 한다. 당신이 언덕에서 하이킹(hiking)을 한다고 가정하고 가능한 한 가장 높은 고도에 도달하는 것이 목표이지만, 언덕에서 새겨진 특정한 길을 따라 머물러 있어야 한다. 따라서 고도가 높아질 때까지 계속 걷고 있지만 증가가 멈추면 하이킹은 중단된다. $f(\mathbf{x})$를 고도 함수(elevation function)라고 하고, $g(\mathbf{x})$를 0 수준 집합이 경로를 정의하는 암시적 함수(implicit function)로 둔다. 정지한 곳에서 오르막을 가리키는 고도 함수의 그레디언트 ∇f는 경로와 직각을 이룬다. 이것은 경로에 접하는 구성 요소가 없는 것이다. 그렇지 않으면 경로를 따라 하이킹을 계속했을 것이다. 경로의 그레디언트 ∇g는 항상 경로와 직각이므로 두 벡터 ∇f와 ∇g는 하이킹을 중단한 곳에서 서로 평행해야 한다. 따라서 벡터가 평행하면 로컬 고정점(최대, 최소 또는 안장점(saddle point))에 있어야 한다. 결과적으로, 평행한 벡터는 당신이 서있는 곳이 극치가 되는 필요 조건(그러나 충분하지 않음)이다. 그것이 실제로 원하는 해인지 여부는 f의 모양에 달려 있다.

라그랑지 승수의 기법을 다음 최적화 문제에 적용해 보자.

$$\min \quad f(\mathbf{x}) \quad (12.142)$$

$$\text{subject to} \quad g_i(\mathbf{x}) = 0 \quad \text{for all } i = 1, \ldots, n \quad (12.143)$$

여기서, min은 f의 모양에 따라 max로 대체될 수 있다. 위와 비슷한 이유에 의해 여러 제약 조건의 경우, $\nabla f(\mathbf{x})$는 $\nabla g_1(\mathbf{x})$, ..., $\nabla g_n(\mathbf{x})$의 선형 조합과 평행하다. 따라서 일부 스칼라 λ_1, ..., λ_n에 대해서,

$$\nabla f(\mathbf{x}) + \lambda_1 \nabla g_1(\mathbf{x}) + \cdots + \lambda_n \nabla g_n(\mathbf{x}) = \nabla f(\mathbf{x}) + \sum_{i=1}^{n} \lambda_i \nabla g_i(\mathbf{x}) = \mathbf{0} \quad (12.144)$$

최적화 문제를 풀기 위해 **라그랑지안**(Lagrangian 또는 라그랑지 함수)을 생성한다.

$$\psi(\mathbf{x}) \equiv f(\mathbf{x}) + \sum_i \lambda_i g_i(\mathbf{x}) \quad (12.145)$$

미분을 취해 결과를 0으로 설정하라.

$$\nabla \psi(\mathbf{x}) = \nabla f(\mathbf{x}) + \sum_i \lambda_i \nabla g_i(\mathbf{x}) = \mathbf{0} \quad (12.146)$$

$\mathbf{x} < \mathbb{R}^n$이면, 수식 (12.143)과 함께 이 수식은 $2n$개의 미지수 $\lambda_1, \ldots, \lambda_n$ 및 $\mathbf{x}$의 n개 요소에 대해 $2n$ 수식을 제공한다.

라그랑지 승수는 부등 제약 조건을 처리하도록 일반화될 수 있다. 다음을 최적화하려고 한다고 가정 해보자.

$$\begin{aligned} &\min && f(\mathbf{x}) && && (12.147) \\ &\text{subject to} && g_i(\mathbf{x}) = 0 && \text{for all } i = 1, \ldots, n && (12.148) \\ &\text{and} && h_j(\mathbf{x}) \le 0 && \text{for all } j = 1, \ldots, n && (12.149) \end{aligned}$$

위와 마찬가지로 라그랑지안을 다음으로 정의한다.

$$\psi(x) \equiv f(\mathbf{x}) + \sum_i \lambda_i g_i(\mathbf{x}) + \sum_j \alpha_j h_j(\mathbf{x}) \quad (12.150)$$

여기서, $\alpha_1, \ldots, \alpha_n$은 스칼라이고, 우리는 $3n$ 미지수에서 $3n$ 수식을 산출하는 이전처럼 미분을 0으로 설정한다. 이 접근법이 작동하려면 **Karush–Kuhn–Tucker**(KKT) 조건이 충족되어야 한다. 이러한 조건은 우리의 목적에 너무 기술적이지만, 우리는 특히 두 가지 KKT 조건에 주의를 기울일 것이다.

$$\begin{aligned} \alpha_j &\ge 0 && \text{(non-negativity, or dual feasibility)} && (12.151) \\ \alpha_j h_j(\mathbf{x}^*) &= 0 && \text{(complementary slackness)} && (12.152) \end{aligned}$$

첫 번째 조건은 명백하며, 두 번째 조건의 중요성은 아래에서 명백해질 것이다.

이제 이 수식을 수식 (12.134)–(12.135)의 최적화 문제에 적용해 보겠다. 다음과 같이 다시 작성하자.

$$\min_{\mathbf{w},b} \quad \frac{1}{2}\|\mathbf{w}\|^2 \tag{12.153}$$

$$\text{subject to} \quad 1 - y_i(\mathbf{w}^\mathsf{T}\mathbf{x}_i + b) \le 0 \quad \text{for all } i = 1, \ldots, n \tag{12.154}$$

따라서, 차별화된 목적 함수는 다음에 의해 주어진다.

$$\psi(\mathbf{w}, b) \equiv \frac{1}{2}\|\mathbf{w}\|^2 + \sum_{i=1}^{n} \alpha_i (1 - y_i(\mathbf{w}^\mathsf{T}\mathbf{x}_i + b)) \tag{12.155}$$

미분을 취하면 다음이 된다.

$$\frac{\partial \psi(\mathbf{w}, b)}{\partial \mathbf{w}} = \mathbf{w} - \sum_{i=1}^{n} \alpha_i y_i \mathbf{x}_i = \mathbf{0} \tag{12.156}$$

$$\frac{\partial \psi(\mathbf{w}, b)}{\partial b} = -\sum_{i=1}^{n} \alpha_i y_i = 0 \tag{12.157}$$

재배치는 두 가지 중요한 수식을 산출한다.

$$\mathbf{w} = \sum_{i=1}^{n} \alpha_i y_i \mathbf{x}_i \tag{12.158}$$

$$0 = \sum_{i=1}^{n} \alpha_i y_i \tag{12.159}$$

첫 번째 수식은 수식 (12.120)의 퍼셉트론과 관련하여 보았듯이 최적화 문제에 대한 해는 입력 벡터의 가중치 합이라고 말한다. 두 번째 수식은 검정자료(ground truth) 라벨에 의해 가중된 곱셈기의 합이 0이라고 말한다. 수식 (12.158)을 수식 (12.155)에 대입하면 다음이 산출된다.

$$\psi(\mathbf{w}, b) = \frac{1}{2}\mathbf{w}^\mathsf{T}\mathbf{w} + \sum_{i=1}^{n} \alpha_i - \sum_{i=1}^{n} \alpha_i y_i \mathbf{w}^\mathsf{T}\mathbf{x}_i - \sum_{i=1}^{n} \alpha_i y_i b \tag{12.160}$$

$$= \frac{1}{2}\sum_{i=1}^{n}\sum_{j=1}^{n} \alpha_i \alpha_j y_i y_j \mathbf{x}_i^\mathsf{T}\mathbf{x}_j + \sum_{i=1}^{n} \alpha_i - \sum_{i=1}^{n}\sum_{j=1}^{n} \alpha_i \alpha_j y_i y_j \mathbf{x}_i^\mathsf{T}\mathbf{x}_j - \sum_{i=1}^{n} \alpha_i y_i b \tag{12.161}$$

$$= -\frac{1}{2}\sum_{i=1}^{n}\sum_{j=1}^{n} \alpha_i \alpha_j y_i y_j \mathbf{x}_i^\mathsf{T}\mathbf{x}_j + \sum_{i=1}^{n} \alpha_i - b\sum_{i=1}^{n} \alpha_i y_i \tag{12.162}$$

$$= -\frac{1}{2}\sum_{i=1}^{n}\sum_{j=1}^{n} \alpha_i \alpha_j y_i y_j \mathbf{x}_i^\mathsf{T}\mathbf{x}_j + \sum_{i=1}^{n} \alpha_i \tag{12.163}$$

여기서, 수식 (12.159)은 최종 수식에서 사용된다. 수식 (12.163), (12.151)

및 (12.159)을 결합하면 수식 (12.136)-(12.138)에서 이중 문제가 생성된다.

수식 (12.137)-(12.138)의 제약 조건을 무시하면, 수식 (12.136)의 이중 문제는 α_i, $i=1, \ldots, n$에 대한 미지의 값에 볼록(convex)하다. 결과적으로 함수 $\psi(\mathbf{w}, b)$는 이 값을 벡터 $\boldsymbol{\alpha} \equiv [\alpha_1\ \alpha_2\ \cdots\ \alpha_n]^\mathsf{T}$에 쌓아서 쉽게 볼 수 있는 이차 성능 표면(quadratic performance surface)이다.

$$\psi(\mathbf{w}, b) = \boldsymbol{\alpha}^\mathsf{T} \underbrace{\begin{bmatrix} y_1^2\mathbf{x}_1^\mathsf{T}\mathbf{x}_1 & y_1y_2\mathbf{x}_1^\mathsf{T}\mathbf{x}_2 & \cdots & y_1y_n\mathbf{x}_1^\mathsf{T}\mathbf{x}_n \\ \vdots & & \ddots & \vdots \\ y_1y_n\mathbf{x}_1^\mathsf{T}\mathbf{x}_n & y_2y_n\mathbf{x}_2^\mathsf{T}\mathbf{x}_n & \cdots & y_n^2\mathbf{x}_n^\mathsf{T}\mathbf{x}_n \end{bmatrix}}_{\mathbf{H}} \boldsymbol{\alpha} - \mathbf{1}_{\{n\times 1\}}^\mathsf{T}\boldsymbol{\alpha} \tag{12.164}$$

여기서, $\mathbf{1}_{\{n\times 1\}}$은 n개의 1의 벡터이다. $\boldsymbol{\alpha}$에 대해 편미분을 취하고, 결과를 0으로 설정하면, $\mathbf{H}\boldsymbol{\alpha} = \mathbf{1}_{\{n\times 1\}}$ 또는 $\boldsymbol{\alpha} = \mathbf{H}^{-1}1_{\{n\times 1\}}$이 된다. 여기서, $\mathbf{H}$는 위의 수식에서 대칭 양의 반한정(semidefinite) 행렬이다. 제약이 없다면, 최적화 문제를 이러한 방식으로 한 단계씩 간단히 풀 수 있다. 그러나 제약 조건을 사용하면, 확률적 경사하강(gradient descent)을 수행하는 것이 더 효율적이며, 이는 함수의 볼록한 형상이 최소화됨으로써 국부적인 최소치가 없다는 사실에 의해 더 쉽게 만들어진다.

슬랙 변수 소개

모든 흥미로운 실제 상황에서 데이터는 선형으로 분리될 수 없으므로 일부 데이터는 초평면의 위치에 관계없이 잘못 분류된다. 결과적으로 수식 (12.154)은 모든 데이터 샘플에 적용되지 않는다. 이러한 경우에 의미있는 결과를 얻기 위해, 데이터 표본 $\mathbf{x}_i$가 올바르게 분류되면 $\xi_i = 0$이고, 표본이 잘못 분류되면 $\xi_i > 0$인 **슬랙 변수**(slack variables) ξ_i, $i=1, \ldots, n$을 소개한다. 수식 (12.153)-(12.154)는 잘못된 분류에 불이익을 줄 수 있도록 수정된다. 그러면 다음과 같은 원시 문제가 야기된다.

$$\min_{\mathbf{w}, b, \xi} \quad \frac{1}{2}\|\mathbf{w}\|^2 + c\sum_{i=1}^{n}\xi_i \tag{12.165}$$

$$\text{subject to} \quad 1 - y_i(\mathbf{w}^\mathsf{T}\mathbf{x}_i + b) \le \xi_i \quad \text{for all } i = 1, \ldots, n \tag{12.166}$$

$$\text{and} \quad \xi_i \ge 0 \quad \text{for all } i = 1, \ldots, n \tag{12.167}$$

여기서, c는 오분류 페널티를 지배하는 상수이다. 라그랑지/KKT 접근법을 적용하면 이 원시 문제는 이중 문제로 변환될 수 있다.

$$\begin{array}{lll} \max\limits_{\alpha_i} & \sum\limits_{i=1}^{n}\alpha_i - \frac{1}{2}\sum\limits_{i=1}^{n}\sum\limits_{j=1}^{n}\alpha_i\alpha_j y_i y_j \mathbf{x}_i^{\mathsf{T}}\mathbf{x}_j & \text{(12.168)} \\ \text{subject to} & 0 \le \alpha_i \le c \quad \text{for all } i = 1, \ldots, n & \text{(12.169)} \\ \text{and} & \sum\limits_{i=1}^{n}\alpha_i y_i = 0 & \text{(12.170)} \end{array}$$

수식 (12.136)-(12.138)과 동일하며, 승수에 대한 최대 제한 조건을 제외하고는 이전과 같이 $\alpha_i = 0$ 인 입력은 올바르게 분류되고 결과에 영향을 미치지 않는다. 그러나 $\alpha_i = c$에 대한 입력은 잘못 분류되어 결과에 미치는 영향이 제한적이다. 수식 (12.152)의 보완적 슬랙니스 상태(complementary slackness condition)로부터, 각 입력에 대해 $\alpha_i = 0$(정확하게 분류됨을 나타냄) 또는 수식 (12.166)의 부등식이 동일함을 유의해야 한다(따라서 슬랙니스 변수는 오분류의 양을 나타낸다).

커널 트릭

두 벡터 $\mathbf{x}_i$와 $\mathbf{x}_j$가 주어지면 그것들 사이의 유클리드 내적은 유클리드 공간에서 벡터의 특성인 $\mathbf{x}_i{}^{\mathsf{T}}\mathbf{x}_j$이며, 이는 내적이 벡터 간의 각도를 측정하기 때문이다. SVM에 대한 흥미로운 사실은 데이터가 자체적으로 액세스되는 것이 아니라 내적에 의해서만 액세스된다는 것이다. 즉, 트레이닝 샘플과 다른 트레이닝 샘플 사이의 모든 내적을 계산하고 나중에 트레이닝 샘플과 향후 쿼리간의 내적을 계산할 경우, 데이터 자체는 완전히 폐기될 수 있으며, 분류기는 방해받지 않고 실행된다. 이 사실은 수식 (12.164) 및 (12.168)의 트레이닝에서 볼 수 있으며, 수식 (12.141)의 런타임에서 볼 수 있다.

결과적으로, 유클리드 내적은 SVM 트레이닝 또는 런타임 알고리즘을 전혀 변경하지 않고 다른 적절한 매핑으로 대체될 수 있다. "적합(suitable)"을 정의하기 위해, 우리는 $K : \mathbb{R}^d \times \mathbb{R}^d \to \mathbb{R}$을 연속적이고 대칭적이며, 양의 확정적으로 매핑해야 하는 **Mercer의 정리**(Mercer's theorem)를 의지한다. 이러한 매핑을 **Mercer 커널**(Mercer kernel)이라고 한다. 그러나 실제로는 유사성에 대한 직관적인 개념을 포착하는 모든 매핑이 작동하는 경향이 있으며 이러한 매핑은 단순히 커널이라고 한다. 그러므로 **커널 트릭**(kernel trick)은 입력 벡터들 사이의 유클리드 내적 $\mathbf{x}_i{}^{\mathsf{T}}\mathbf{x}_j$를 커널 $K(\mathbf{x}_i, \mathbf{x}_j)$로 대체할 수 있다는 사실을 의미한다. 보다 일반적인 커널 중 하나가 가우시안 커널(Gaussian kernel)이다.

$$K(\mathbf{x}_i, \mathbf{x}_j) = \exp\left(-\frac{1}{2}\mathbf{x}_i^{\mathsf{T}}\mathbf{\Sigma}^{-1}\mathbf{x}_j\right) \tag{12.171}$$

여기서, $\mathbf{\Sigma}$는 다차원 가우시안의 공분산 행렬이며, 전체 크기 조정은 중요하지 않으므로 정규화 인수는 생략된다.

커널 트릭의 힘은 초평면의 차원이 충분히 높으면, 고차원 공간의 초평면이 저차원 공간에서 임의의 결정 경계를 나타낼 수 있다는 것이다. 결과적으로 커널을 사용하여 고차원 공간에 데이터를 투영한 다음, SVM은 이 고차원 공간에서 선형 결정 경계를 적용하여 원래 입력 공간의 복잡한 결정 경계와 동일하게 만든다. 가우시안 커널은 입력 데이터를 무한 차원 공간에 투영하므로 SVM이 왜 분류를 위한 강력한 도구인지 명확하게 알 수 있다.

SVM을 트레이닝하는 한 가지 방법은 확률적 그레디언트 상승을 사용하는 것이다. 이 방법은 한 번에 하나의 승수를 업데이트한다. 널리 채택된 또 다른 접근법은 **순차 최소 최적화**(sequential minimal optimization, SMO) 알고리즘으로 한 번에 가중치 쌍을 업데이트한다. SMO의 단순화된 버전은 알고리즘 12.4에 나와 있다. 이 코드는 실제 구현에 대해 충분히 상세하지는 않지만, 접근 방식의 기본 취지를 전달해야하므로 전체 알고리즘을 더 쉽게 이해할 수 있게 한다.

SVM은 학습 기법과 마찬가지로 모든 유형의 특징 벡터를 입력으로 사용할 수 있다. **시각 단어 주머니**(bag of visual words)으로 알려진 인기를 얻은 한 가지 방법은 영상을 문서처럼 취급하고, 영상 특징을 단어와 같이 처리하는 것이다. 문서를 분류하기 위해 공통적인 접근 방법은 코드 워드에 대해 문서의 단어들로 투표하게 함으로써 프로토 타입 단어의 미리 정의된 어휘 또는 코드 워드의 스파스 히스토그램(sparse histogram, 단어 주머니)을 작성하는 것이다(어휘는 일반적으로 특징들을 프로토 타입으로 그룹 짓기 위해, k-means와 같은 기술을 대규모 트레이닝 집합에 적용하여 생성한다). 그런 다음, 이 히스토그램을 학습 알고리즘에 제공하여 문서 유형을 결정한다. 유사한 방식으로 시각적 특징을 영상에서 추출한 다음, 이전에 학습한 시각적 코드워드(visual codewords) 집합에 매핑하여 코드워드에 스파스 히스토그램을 형성할 수 있다. 이 히스토그램은 SVM 또는 다른 학습 알고리즘에 공급된다.

12.4.6 신경 네트워크

이전에 보았 듯이 단일 퍼셉트론의 결정 경계는 초평면이다. 데이터가 선형으로 분리될 때, 이 모양이 충분하지만 많은 실제 상황에서 보다 복잡한 결정 경계가 필요하다. 예를 들어 그림 12.23은 데이터가 선형으로 분리되지 않는 xor 문제의 고전적인 예를 보여준다. 따라서 퍼셉트론은 제대로 수행되지 않는다. 이전 하위 절에서 우리는 이 제한을 극복하는 한 가지 방법, 즉 데이터가 선형으로 분

알고리즘 12.4 SVM 트레이닝을 위한 SMO 알고리즘 단순화

SIMPLIFIEDSMO $(\{(\mathbf{x}_i, y_i)\}_{i=1}^n, c)$

Input: set of n labeled data points $\{(\mathbf{x}_i, y_i)\}_{i=1}^n$
$\mathbf{x}_i \in \mathbb{R}^d$ is the ith data point
$y_i \in \{-1, +1\}$ is the binary label of the ith data point
weight c governing the misclassification penalty
Output: parameters $\mathbf{w}$ and b of the maximum-margin classifier

$\alpha_i \leftarrow 0$ for $i = 1, \ldots, n$
$b \leftarrow 0$
while not converged **do**
    for $i \leftarrow 1$ **to** n **do**
        $\delta_i \leftarrow \left(\sum_{k=1}^n \alpha_k y_k K(\mathbf{x}_i, \mathbf{x}_k) + b\right) - y_i$
        if $(\delta_i y_i < -\epsilon$ and $\alpha_i < c)$ or $(\delta_i y_i > \epsilon$ and $\alpha_i > 0)$ **then**
            Select $j \neq i$ at random
            $\delta_j = \left(\sum_{k=1}^n \alpha_k y_k K(\mathbf{x}_j, \mathbf{x}_k) + b\right) - y_j$
            if $y_i == y_j$ **then**
                $v_{low} \leftarrow \max(0, \alpha_i + \alpha_j - c), \quad v_{high} \leftarrow \min(c, \alpha_i + \alpha_j)$
            else
                $v_{low} \leftarrow \max(0, \alpha_j - \alpha_i), \quad v_{high} \leftarrow \min(c, c + \alpha_j - \alpha_i)$
            $\eta \leftarrow 2K(\mathbf{x}_i, \mathbf{x}_j) - K(\mathbf{x}_i, \mathbf{x}_i) - K(\mathbf{x}_j, \mathbf{x}_j)$
            $\alpha_j' \leftarrow \max(v_{low}, \min(v_{high}, \alpha_j - y_j(\delta_i - \delta_j)/\eta))$
            $\alpha_i' \leftarrow \alpha_i + y_i y_j(\alpha_j - \alpha_j')$
            $b_1 \leftarrow b - \delta_i - y_i(\alpha_i' - \alpha_i)K(\mathbf{x}_i, \mathbf{x}_i) - y_j(\alpha_j' - \alpha_j)K(\mathbf{x}_i, \mathbf{x}_j)$
            $b_2 \leftarrow b - \delta_j - y_i(\alpha_i' - \alpha_i)K(\mathbf{x}_i, \mathbf{x}_j) - y_j(\alpha_j' - \alpha_j)K(\mathbf{x}_j, \mathbf{x}_j)$
            if $v_{low} \neq v_{high}$ and $\eta < 0$ and $|\alpha_j - \alpha_j'| > \epsilon$ **then**
                $\alpha_i \leftarrow \alpha_i' \quad \alpha_j \leftarrow \alpha_j'$
                $$b \leftarrow \begin{cases} b_1 & \text{if } 0 < \alpha_i < c \\ b_2 & \text{if } 0 < \alpha_j < c \\ (b_1 + b_2)/2 & \text{otherwise} \end{cases}$$
$\mathbf{w} \leftarrow \sum_{i=1}^n \alpha_i y_i \mathbf{x}_i$
return $\mathbf{w}$, b

리 가능한 고차원 공간으로 데이터를 매핑하는 것을 보았다. 이 방법은 커널 트릭으로 알려져 있다. 이 하위 절에서 우리는 대체 접근법을 고려한다. 즉, 여러 개의 퍼셉트론을 **인공 신경 네트워크**(artificial neural network, ANN)으로 결합하는 것이다.

종종 신경 네트워크라고 불리는 인공 신경 네트워크는 뇌의 신경 세포 네트워

그림 12.23 선형 분리가 가능한 and와 or 문제와는 달리 고전적인 xor 문제는 선형으로 분리되지 않는다. 첫 번째 두 경우에는 초평면(이 경우 선)을 사용하여 데이터를 분리할 수 있지만, 마지막 경우에는 초평면이 잘 수행되지 않는다.

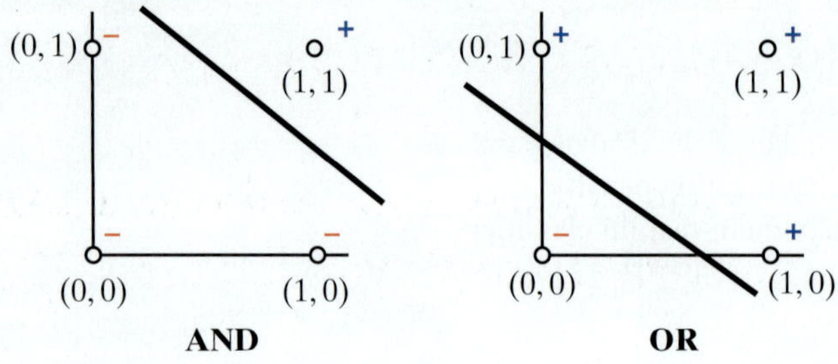

크를 모방하기 때문에 생물학적으로 영감을 얻은 계산 모델로 생각할 수 있다. 그러나 뇌가 어떻게 작동하는지에 대한 많은 세부 사항이 그러한 모델에 포함되어 있지 않다는 것을 명심하라. 예를 들어, 전통적인 신경 네트워크는 생물학적 신호의 시간적 측면을 무시한다.

퍼셉트론 간의 연결 유형에 따라 그림 12.24와 같이 여러 가지 유형의 신경 네트워크가 가능하다. 고전적이고 전통적인 아키텍처(그리고 가장 보편적인)는 정보가 입력에서 출력으로 단일 방향으로 흐르는 **피드포워드 신경 네트워크**(feedforward neural network)이다. 즉, 퍼셉트론이 그래프에서 노드로 간주되고, 에지가 일부 퍼셉트론의 입력을 다른 것의 출력으로 연결하는 경우, 그러한 네트워크에는 사이클이 없다. 피드포워드 네트워크의 대안은 **반복적인 신경 네트워크**(recurrent neural network)이며, 일부 퍼셉트론의 출력은 파이프라인 초기 퍼셉트론의 입력으로 피드백되어 그래프에 사이클을 생성한다. 일반적으로 10 ~ 30 층 또는 그 이상의 층을 포함하는 **딥 신경 네트워크**(deep neural

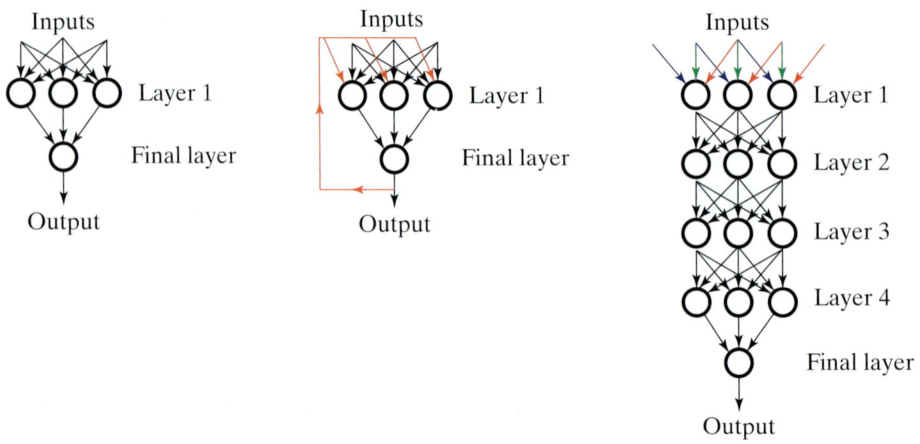

그림 12.24 다른 신경 네트워크 구조. 왼쪽부터: 2층 피드포워드 네트워크, 2층 반복 네트워크, 4층 컨볼루션 네트워크. 후자의 경우, 색상을 공유하는 첫 번째 층의 에지는 동일한 가중치를 가진다.

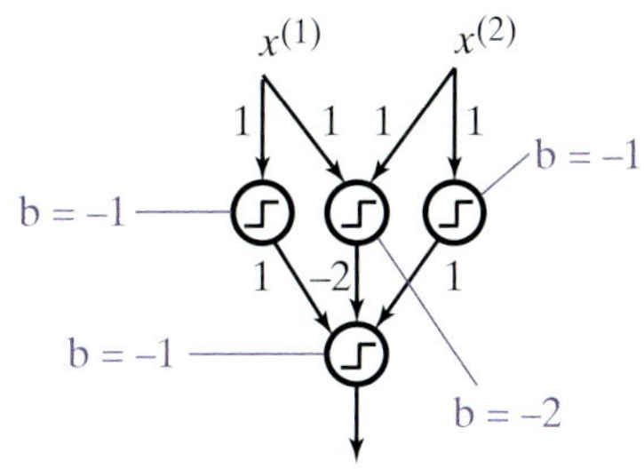

그림 12.25 xor 문제를 해결하는 간단한 2층 피드포워드 신경 네트워크(다중 층 퍼셉트론).

networks)는 많은 도전적인 문제에 대한 최첨단 결과를 얻을 수 있는 것으로 나타났으므로 연구 커뮤니티에서 관심이 부활하고 있다. 마지막으로, **컨볼루션 신경 네트워크**(convolutional neural networks)는 초기 퍼셉트론의 가중치를 묶어서 초기 층은 본질적으로 영상에서 컨볼루션과 유사한 특징을 추출하는 법을 배운다. 실제로 딥 네트워크와 컨볼루션 네트워크는 일반적으로 피드포워드 네트워크이지만 필수는 아니다.

피드포워드 네트워크(feedfoward network)의 가장 일반적인 배열은 **다층 퍼셉트론**(multilayer perceptron, MLP)이다. 그림에서와 같이 퍼셉트론은 일련의 층으로 구성된다. 표시되지 않은 **입력 층**(input layer)은 단순히 입력을 통과시키지만, **출력 층**(output layer)은 최종 결과를 산출한다. 나머지 층은 **숨겨진 층**(hidden layers)이라고 한다. 커널 트릭이 있는 서포트 벡터 머신(SVM)이 모든 데이터 집합을 분리하는 이론이 가능한 것처럼, 완전히 연결된 2층 피드포워드 신경 네트워크는 모든 데이터 집합을 분리할 수 있다. 예를 들어, 그림 12.25는 xor 문제를 해결하는 다음과 같은 출력을 계산하는 네트워크를 보여준다.

$$y = h(h(x^{(1)} - 1) - 2h(x^{(1)} + x^{(2)} - 2) + h(x^{(2)} - 1) - 1) \quad (12.172)$$

여기서, $h(\cdot)$는 임계 값 함수이다. 이 출력이 실제로 원하는 동작을 생성하는지 확인하는 것은 쉽다.

피드포워드 신경 네트워크를 트레이닝하는 가장 일반적인 방법은 **역전파 알고리즘**(backpropagation algorithm)이다. 이 알고리즘에서는 출력의 오류(예측 값과 검증 값 간의 차이)가 네트워크를 통해 역방향으로 전파되어 출력 및 숨겨진 층의 가중치를 경사 하강 방식(gradient descent fashion)으로 업데이트 한다. 이 알고리즘이 작동하려면 임계 값 함수가 미분 가능해야 한다. 결과적으로 신경 네트워크는 일반적으로 하드 임계 값(hard threshold)을 사용하지 않고, **시그모이드 함수**(sigmoid function, "S" 모양이기 때문에)라고 하는 소프트 임계 값(soft threshold)을 사용한다. 일반적인 시그모이드 함수는 로지스틱 함수

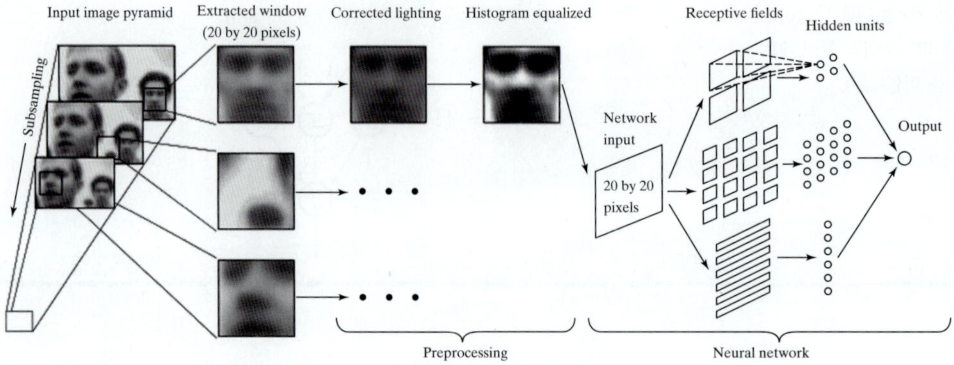

그림 12.26 Rowley-Baluja-Kanade 신경 네트워크 얼굴 검출기는 조명 보정된 20 × 20 그레이 창에 피드포워드 신경 네트워크를 적용하여 영상의 얼굴을 탐지한다.

(logistic function)이다.

$$h(z) = \frac{1}{1 + e^{-z}} \tag{12.173}$$

$z \rightarrow -\infty$이면 $h(z) \rightarrow 0$에 접근하고, $z \rightarrow +\infty$이면 $h(z) \rightarrow 1$에 접근한다. 보다 최근에는 생물학적으로 영감을 받은 정류기를 사용하는 **정류된 선형 유닛**(rectified linear unit, ReLU)을 사용하여 향상된 결과를 얻는 것으로 밝혀졌다.

$$h(z) = \max(z, 0) \tag{12.174}$$

시그모이드 함수와 달리 ReLUs는 사라지는 그레디언트 문제를 겪지 않으며, 이 함수의 그레디언트는 z의 큰 값에 대해서도 일정하게 유지되기 때문에, 이는 트레이닝 시간을 줄이는 데 중요하다. 다른 장점으로는 양수의 경우, 출력이 입력의 스케일된 버전이므로 영상의 게인(gain)에 일정량의 불변성이 도입되고 많은 유닛이 값 0을 출력하므로 모델에 희소성이 발생한다.

그림 12.26에는 역사적으로 중요한 신경 네트워크의 다이어그램이 나와 있다. 20년 전에 도입된 최초의 널리 사용되는 얼굴 검출기였던 이 시스템에서 영상은 모든 위치와 스케일에서 스캔되고 각 장소에서 영상 명암도 값의 20 × 20 윈도우가 얼굴 검출기로 공급된다. 전처리는 조명 변화 및 낮은 대비를 보정하기 위해 명암도 값을 정규화한 다음, 윈도우를 다층 피드포워드 신경 네트워크에 공급하고, 그것의 숨겨진 층은 인간의 얼굴의 독특한 구조를 이용하기 위해 직접 제작되었다. 트레이닝은 역전파(backpropagation)을 사용한다. 오류 확산을 줄이기 위해, **부트 스트랩 알고리즘**(bootstrap algorithm)을 사용하여 거짓 양성(false positive)을 트레이닝 프로세스로 다시 제공한다. 알고리즘은 연속적

인 다운 샘플링에 의해 획득된 영상 피라미드를 처리함으로써 다중 스케일에서 얼굴을 검출한다. 중재 함수(arbitration function)는 근처의 위치와 스케일에서 신경 네트워크에 의해 출력되는 오버 랩하는 직사각형으로부터 최종 결과를 생성한다. 이 역사적인 얼굴 검출기와 현대의 얼굴 검출기의 정확성에는 차이가 없다는 점에 유의해야 한다. 다만 계산 효율과 평면-외 회전(out-of-plane rotation)을 처리하는 과정은 별개이다. 따라서 학습자가 발견한 가장 중요한 측면은 분류 및/또는 트레이닝에 사용된 특정 알고리즘보다는 추출된 특징과 트레이닝 데이터이다.

12.4.7 랜덤 포리스트

실제 데이터에서 분류기가 실수를 범하는 것은 피할 수 없는 일이다. 정확성을 향상시키는 한 가지 방법은 여러 분류기를 트레이닝시킨 다음, 분류기를 병렬로 실행시키고 투표를 실시하여 과반수 투표로 결과를 결정하는 것이다. "앙상블(ensemble)"은 모음 또는 그룹이므로 분류기 그룹을 트레이닝시키는 이러한 접근법을 **앙상블 학습**(ensemble learning)이라고 한다.

앙상블 학습에는 두 가지 기본 접근법이 있다. Bagging("부트 스트랩 집합용")은 학습 데이터를 반복적으로 재샘플링하여(교체로) 여러 가지 분류기를 학습하는 과정을 말하며, 트레이닝 중에 각 샘플 집합을 다른 분류기에게 제공한다. 원본 트레이닝 데이터의 샘플은 여러번 샘플링될 수도 있고, 전혀 샘플링되지 않을 수도 있지만, 모든 샘플링된 집합은 동일한 기본 분포에 대한 근사치이다. 이러한 대체 샘플링은 **부트 스트래핑**(bootstrapping)이라고 하며, 따라서 부트 스트랩 집합(bootstrap aggregating)이라는 이름을 사용한다.

배깅(bagging)의 가장 보편적인 사용은 **의사결정 트리**(decision tree) 모음인 **랜덤 포리스트**(random forests)이다. 의사결정 트리는 트리의 각 분기가 나머지 입력 벡터의 단일 요소를 피벗(pivoting)하는 일련의 결정이며, 각 리프(leaf)는 가능한 결과에 대해 단일 결과 또는 확률 분포를 할당한다. 트레이닝하는 동안 트리의 각 단계에서 입력 벡터를 검색하여 트레이닝 라벨에 따라 데이터를 분리하는 가장 좋은 작업을 수행하는 요소를 찾는다. 이 재귀적 학습 과정은 CART("분류 및 회귀 트리, classification and regression trees")로 알려져 있다. 의사결정 트리는 **불안정한 분류기**(unstable classifier)의 한 예이며, 이는 트레이닝 데이터 집합의 작은 변화가 분류기의 성능에 큰 영향을 줄 수 있음을 의미한다. 불안정한 분류기는 서로 다른 분류기가 높은 상관관계가 아닌 한, 약간 다른 데이터 집합에서 트레이닝된 여러 인스턴스의 결과를 집계함으로써 상당히 이익을 얻는 것으로 알려져 있다. 이 동작을 달성하기 위해 트리(trees)는 동일한 특징에 따라 데이터를 분할하는 것을 학습하지 못하도록 함께 트레이닝된다. 의사결정 트리와 랜덤 포리스트는 SVM과 신경 네트워크의 대안이며, 블랙박스 특성으로 인해 더 불투명한 후자의 방법보다 쉽게 해석할 수 있는 이점이 있다.

앙상블 학습에 대한 다른 대중적인 접근 방식을 **부스팅**(boosting)이라고 한다. 부스팅은 트레이닝 과정에서 두 가지 질문 즉, 특징 벡터의 다른 요소가 얼마나 중요한지와 어떤 트레이닝 샘플을 분류하기가 가장 어려운지에 대한 두 가지 질문에 답하려고 한다. 가장 보편적인 부스팅 알고리즘은 **아다부스트**(AdaBoost)로 알려져 있다. 아다부스트는 초기에 균일한 분포를 적용하여 모든 트레이닝 샘플에 동등하게 가중치를 부여한다. 일 회의 트레이닝 라운드 후에, 분류기는 일정 수준의 정확도로 데이터를 분류하는 것을 배우고, **약한 분류기**(weak classifier)로 알려진 결과를 얻는다. 두 번째 트레이닝 라운드에서, 분류기에게는 모든 트레이닝 데이터가 다시 공급되지만, 이번에는 잘못 분류된 샘플의 가중치가 높아져 또 다른 약한 분류기 결과가 된다. 이 과정은 트레이닝 샘플을 재보정하고 또 다른 약한 분류기를 생성할 때마다 몇 차례의 반복을 계속한다. 마지막으로 모든 약한 분류기는 결과의 가중 평균을 사용하여 **강력한 분류기**(strong classifier)로 결합된다. 부스팅의 효과는 각 약한 분류기가 임의의 것보다 적어도 조금 더 나은 결과를 생성하면, 약한 분류기의 선형 조합이 더 나은 결과를 산출한다는 사실에서 기인한다.

12.4.8 주의 캐스케이드

새로운 입력에 의사결정 트리를 적용하는 데는 일련의 테스트 수행과 각 테스트의 결과는 이후 테스트를 위해 트리의 분기(branch) 결정을 포함한다. 의사결정 트리를 사용하여 테스트가 수행된다. 테스트의 결과에 따라 트리의 왼쪽 또는 오른쪽 분기가 취해지고 결정이 내려질 때까지 프로세스가 반복된다. 이 방법에서는 트리의 전체 깊이를 순회할 때까지 최종 결과를 알지 못하며, 각 테스트에는 일반적으로 거의 동일한 계산량이 필요하다.

이 접근법의 약간의 변형은 **축퇴 의사결정 트리**(degenerate decision tree)이다. 트리의 각 레벨에서 하나의 분기만이 추가 테스트로 이어지는 반면, 다른 분기는 결정에서 종료된다. 목표가 **드문 이벤트 감지**(rare event detection)인 경우, 축퇴 의사결정 트리 형태를 취하는데, 긍정적인 응답은 더 많은 고려를 하고 부정적인 응답은 즉시 종료된다. 다시 말하면, **주의 캐스케이드**(attentional cascade)에서 각 테스트는 "이 입력이 객체인가?"라는 질문을 한다. 응답이 부

그림 12.27 비올라-죤스(Viola-Jones) 얼굴 탐지기는 적분 영상(왼쪽)을 사용하여 계산된 Haar-like 특징과 실시간으로 영상의 얼굴을 찾기 위해(오른쪽) 많은 양의 입력 윈도우을 빠르게 버리는 주의 캐스케이드 아키텍처(중간)를 결합한다.

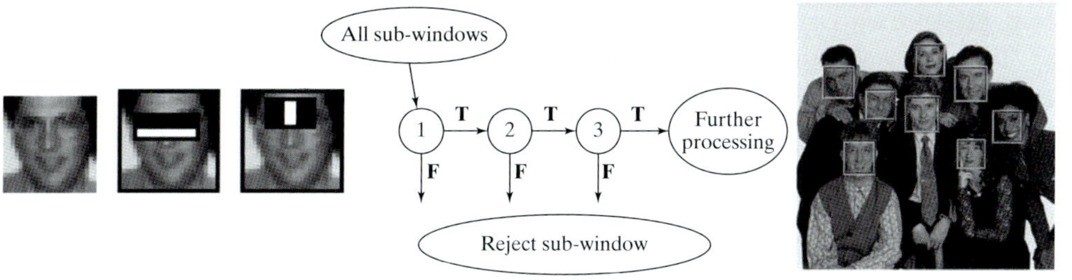

정적이면 대답은 명확한 "아니오"로 간주될 수 있으며, 탐지기는 부정적인 응답으로 종료된다. 응답이 긍정적이면 응답은 잠정적인 "어쩌면"으로 간주될 수 있다. 그리고 부정적인 응답이 발생하거나 전체 테스트 시퀀스가 통과될 때까지 추가 테스트가 수행되며 이 경우 긍정적인 응답이 생성된다.

현재까지 가장 성공적인 얼굴 탐지기는 그림 12.27에 나와 있는 **비올라-죤스 얼굴 탐지기**(Viola-Jones face detector)이며, 실제 얼굴 탐지기는 이 알고리즘을 기반으로 한다고 가정하는 것이 안전하다. 다른 탐지기보다 더 높은 정확도를 생성하지 않기 때문이 아니라, 탐지기의 성능이 우수하기 때문이다. 비올라-죤스는 두 가지 트릭을 사용하여 실시간 성능을 얻는다. 첫째, 적분 영상(integral image)을 사용하여 신속하게 계산되는 Haar-like 영상 특징을 사용한다. 적분 영상을 생성하기 위한 초기 전처리 이후에, 모든 특징은 어느 위치에서나 소수의 룩업(lookups)으로 계산될 수 있으므로, 영상을 다운 샘플링하여 시간을 낭비하지 않아도 여러 배율에서 검색할 수 있다. 두 번째로, 문제가 되는 영상 위치를 빠르게 삭제하는 주의 캐스케이드 아키텍처(attentional cascade architecture)를 사용한다. 원래의 구현에서, 일련의 테스트를 수행하는데 필요한 수만 가지의 가능한 영상 특징들 중에서 작은 단계만으로 32 단계의 캐스케이드가 사용되었다. 트레이닝 중 판별 특징이 발견되고, 거짓 음성(false negatives)의 수가 적으면 거짓 양성(false positive)이 많을 수 있도록 임계치가 설정된다. 이런 방식으로 테스트가 부정적인 응답을 생성할 때 높은 신뢰도로 신뢰될 수 있다. 유사한 접근법이 보행자와 같은 다른 유형의 물체를 탐지하는데 에도 사용되었다.

12.4.9 변형 가능한 부품 기반 모델

객체를 하나의 견고한 구조로 표현하는 대신, 서로에 대한 상대적인 위치가 어

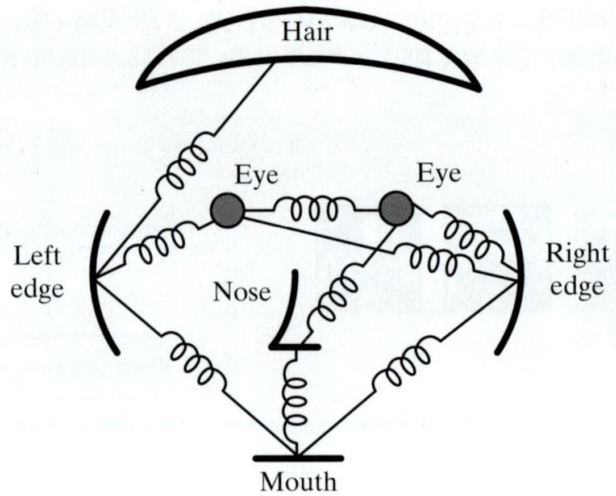

M. A. Fischler and R. A. Elschlager. The representation and matching of pictorial structures. IEEE Transactions on Computers, 22(1):67-92, Jan. 1973.

그림 12.28 그림 구조(pictorial structure) 또는 변형 가능한 부품 모델(deformable parts model)은 객체가 스프링으로 연결되어 있는 부품 컬렉션인 객체를 나타낸다. 여기에는 두 개의 눈, 두 개의 귀, 코, 입, 머리카락으로 구성된 얼굴의 고전적인 모델이 있다.

느 정도 움직일 수 있는 견고한 부품의 모음으로 표현할 수도 있다. 예를 들어, 사람의 얼굴은 한 쌍의 눈, 한 쌍의 귀, 코, 입으로 묘사될 수 있으며, 그림 12.28과 같이 개별 부분마다 약간 다를 수 있는 일부 예상 공간 관계가 있을 수 있다. 비슷하게 사람의 몸은 머리, 몸통, 한 쌍의 팔, 한 쌍의 다리로 묘사될 수 있다.

객체의 고전적인 **그림 구조**(pictorial structure) 표현은 부품 사이에 스프링과 같은 연결이 있는 변형 가능한 구성의 부품 모음으로 구성된다. 표현은 정점이 부품이고, 에지가 부품 간의 연결인 무방향 그래프(undirected graph)를 사용한다. 계산상의 이유로 그래프는 일반적으로 사이클을 포함하는 것이 금지되어 있으므로 실제로는 트리이다. 비터비 알고리즘(Viterbi algorithm)을 기반으로 한 효율적인 알고리즘을 사용하여, 부품 위치의 공간을 검색하여 부품 모델과 영상 데이터를 일치시키면서 동시에 이상적인 위치에 비해 부품 위치 간의 변형을 최소화하는 전역 에너지 함수(global energy function)를 최소화할 수 있다.

그림 구조는 **변형 가능한 부품 모델**(deformable part model, DPM)의 한 유형이다. DPM에서 그래프는 물체의 확률 모델을 캡처한다. 이 모델에서 정점의 단항 에너지 항은 부품 위치의 가능성을 측정하고, 스프링의 이진 에너지 항은 상대 위치에 대한 기하학적 사전 조건을 제공한다. 영상에서 객체를 찾는 것은 확률적 그래픽 모델(probabilistic graphical model)에 따라 객체의 최대 우도 구성을 찾는 것과 같다. 변형 가능 비용(deformation costs)에 대한 일정한 제약으로, 이러한 비용은 일반화된 거리 변환을 사용하여 효율적으로 계산될 수 있으며, 부품 수와 가능한 위치의 수에 있어서 선형인 시간에서 에너지 함수의 전역 최소 값을 계산할 수 있는 알고리즘이 된다.

DPM은 다양한 객체 인식 문제에 성공적으로 적용되었다. 예를 들어, 잘 알

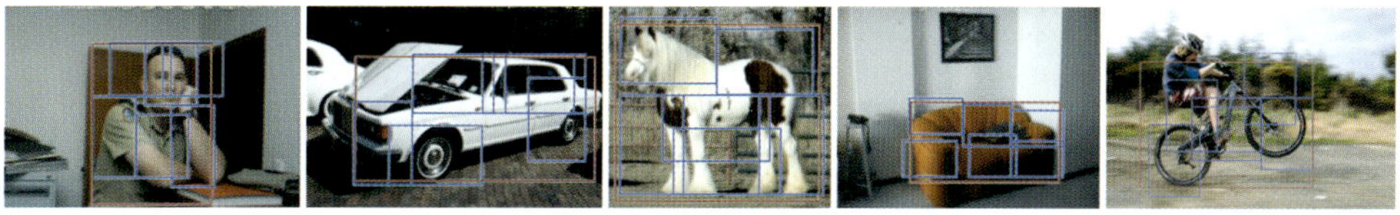

P. Felzenszwalb, R. Girshick, D. McAllester, and D. Ramanan. Object detection with discriminatively trained part based models. IEEE Transactions on Pattern Analysis and Machine Intelligence, 32(9): 1627-1645, Sept. 2010, http://arxiv.org/pdf/1311.2524v5.pdf.

그림 12.29 다중 카테고리 객체 분류(multicategory object classification)의 어려운 문제에 대한, 잘 알려진 변형 가능한 부품 모델 기반 시스템(deformable part model-based system)의 결과

려진 DPM 시스템의 결과가 그림 12.29에 나와 있다. 이 시스템에서, 객체는 전체 객체의 저해상도 표현에 대응하는 루트 노드와 관련하여 위치된 부품의 별(star) 구성에 의해 표현된다. 고정된 수의 부품이 루트 위치 주변의 높은 에너지 함량의 위치에 배치되고, 루트의 모양과 함께 각 부품의 모양이 차수-감소 HOG 특징(dimensionally-reduced HOG features)을 사용하여 캡처된다. 정면에서 보았을 때와 측면에서 볼 때 자전거의 영상과 같이 외관에 커다란 내부 카테고리 변형을 다루기 위해 혼합 모델에서 DPM 컬렉션이 각 객체 카테고리를 위해 사용된다. DPM을 기반으로 한 시스템은 인상적인 결과를 얻었지만, 일부 연구에 따르면 그 성공은 주로 변형 가능한 부품 자체보다는 내부 카테고리 변형을 모델링하기 위한 하위 카테고리 사용에 있다. 따라서 객체 인식 작업에서 DPM이 얼마나 훌륭한 성능을 발휘할 수 있는지에 관해 질문을 던지게 된다.

12.4.10 딥 러닝

지금까지 살펴본 것처럼 분류에 대한 전통적인 접근법(traditional approach)은 영상에서 특징을 추출한 다음, 기계 학습 알고리즘(machine learning algorithm)에 이러한 특징을 제공하는 것이다. 예를 들어 SIFT 특징, HOG 특징 또는 시각적 단어 주머니(bag of visual words)를 영상에서 추출하여 SVM 또는 기존의 2 층 신경 네트워크(two-layer neural network)으로 보낼 수 있다. 이러한 접근 방식은 더 나은 용어가 부족하여 **쉘로우 러닝**(shallow learning)이라고 할 수 있다. 거의 20년 동안, 1990년대 중반부터 이 쉘로우 러닝 방법은 최첨단 기술이었으며, 실시간 얼굴 및 보행자 감지와 같은 성공적인 상업 시스템을 가능하게 했다. 그러나 초기 성공 후 얼마 지나지 않아 이러한 시스템의 정확성이 정체기에 달하면서, 수년간 연구 공동체는 이 패러다임을 사용하여 다양한 도전 과제에 대한 정확성을 크게 향상시키기 위해 노력했다. 수작업에 의한 특징은 강도 에지 및 블롭스(blobs) 같은 낮은 수준(low-level)의 속성을 캡처하지만, 커브 및 부분과 같은 중간 수준(mid-level)의 특징을 손으로 구성하는

그림 12.30 딥 러닝(deep learning)은 현재 여러 가지 중요한 컴퓨터 비전 문제뿐만 아니라, 다중 카테고리 객체 탐지를 위한 선도적인 접근 방식이다.

Left to right: apiguide/Shutterstock.com, tommaso79/Shutterstock.com, Tyler Olson/Shutterstock.com, Oleg Shishkunov/Shutterstock.com, RidvanArda/Shutterstock.com, Lapina/Shutterstock.com, results courtesy of Ross Girshick.

것은 매우 어렵다.

2012 ImageNet 대회에서 **딥 러닝**(deep learning) 접근법을 사용하여 크게 향상된 결과를 얻었다. 그 이후로 딥 러닝은 컴퓨터 비전 커뮤니티를 이끌어 왔으며, 전통적인 접근 방식과 비교했을 때 다양한 문제에 대해 우수한 결과를 보여주었다. 다중 카테고리 분류에 대한 몇 가지 예가 그림 12.30에 나와 있다. 딥 러닝에 대한 합의된 정의는 없지만 일반적으로 많은 정보 처리 단계로 구성된 기계 학습 모델을 의미한다. 딥 러닝은 다양한 기술을 포괄하는 보다 일반적인 용어이지만 컴퓨터 비전의 경우, 딥 신경 네트워크(deep neural networks, DNN) 및 특히 딥 컨볼루션 신경 네트워크(deep convolutional neural networks, CNN)를 통해 거의 모든 성공이 이루어졌다.

일반적으로 구성되어 있듯이, 딥 신경 네트워크는 여러 개의 컨볼루션 및 풀링 층(pooling layer)이 교대로 반복되고, 그 다음에는 여러 개의 완전히 연결된 층(fully connected layers)이 구성된다. 컨볼루션 신경 네트워크에서와 같이, 각 컨볼루션 층에서의 가중치는 함께 연결되어 변환 불변성을 용이하게 한다. 각 풀링 층은 지역 수용 필드(local receptive field)와 같이 작동하여 공간적으로 인접한 지역에 대한 정보를 집계한다. 풀링 층의 출력 수가 입력 수보다 적기 때문에 풀링 층은 집계뿐만 아니라 다운 샘플링을 수행하므로 여러 해상도에서 처리가 용이하다. 풀링의 가장 일반적인 형태는 근처에 있는 모든 입력의 최대 값을 계산하는 것이다(**최대 풀링**(max pooling)이라고 함). 최종 풀링 층의 결과는 여러 층이 있는 기존의 완전히 연결된 피드포워드 신경 네트워크(feedforward neural network)에 공급된다.

딥 신경 네트워크의 과제 중 하나는 이러한 차원 높은 모델을 트레이닝하는 방법이다. 딥 네트워크에는 수천 또는 수억 개의 매개 변수가 쉽게 포함될 수 있으므로 두 가지 문제가 발생 한다. 첫 번째 문제는 과대적합(overfitting)이다. 충분히 라벨된 트레이닝 데이터가 없다면, 트레이닝 프로세스는 데이터에 과적합하는 모델을 산출하기 쉽다. **드롭아웃**(dropout)이라고 하는 이 문제에 대한 일반적인 해결책은 트레이닝 중에 네트워크에서 숨겨진 유닛(hidden unit)

을 임의로 일시적으로 제거하는 것이다. 드롭아웃은 효과적으로 트레이닝 프로세스가 광범위한 가중치 공유를 통해 다양한 씬 네트워크 아키텍처(thinned network architectures)를 검색함으로써 많은 가중치가 0에 가까워 희박한 네트워크를 만들 수 있게 한다. 두 번째 문제는 모든 매개 변수를 검색하는데 필요한 트레이닝 시간이다. 트레이닝 시간은 GPU(graphical processing units)와 같은 최신 하드웨어를 사용하고, 응답이 포화 상태가 아닌 활성화 함수(activation functions, 예: ReLUs)을 사용하여 줄어진다. 그럼에도 불구하고, 트레이닝은 전형적으로 표준 역전파(standard backpropagation) 및/또는 확률적 경사 하강(stochastic gradient descent)를 사용하여 프로세스의 속도를 높이고, 로컬 미니마(local minima)를 피하기 위해 많은 양의 라벨이 없는 데이터를 사용하여 네트워크 가중치를 사전 트레이닝(일부 상황에서는 최소)한다.

12.5 추가 읽기

이 장에서 기초 자료에 대한 보다 심층적인 취급은 Duda et al. [2001]의 고전적 패턴 인식 서적에서 찾을 수 있다. Jain et al. [2000]의 조사 보고서와 마찬가지로 Bishop [2006]의 우수한 연구도 도움이 된다. 바이어스-분산 트레이드오프는 Mitchell [1997]에 의해 잘 설명되어있다. 교차 검증을 위한 좋은 자원은 Kohavi [1995]의 논문이다. Precision-recall 곡선은 Abdou와 Pratt [1979]에 의한 에지 탐지기를 평가할 때 처음 사용되었다. ROC 곡선은 Bowyer와 Phillips [1998], Rowley et al. [1998]의 연구를 통해 컴퓨터 비전에서 인기를 얻었다. PR과 ROC 곡선의 비교는 Davis와 Goadrich [2006]에서 찾을 수 있다. 차원의 저주와 피킹 현상은 Trunk [1979]에 의해 초기 논문에 기술되어 있다. Akaike Information Criterion은 Akaike [1974]에 기반을 둔 반면, Bayesian Information Criterion은 Schwarz [1978]에 기인한다. 구문적 패턴 인식을 다루는 몇 안 되는 논문 중, 더 잘 알려진 것 중 하나가 Luo와 Hancock [2001]의 것이다.

VC 차원은 Vapnik과 Chervonenkis [1971]에 의해 제안된 반면, SVM은 Cortes와 Vapnik [1995]에 의해 소개되었다. SVM에 대한 다른 좋은 설명은 Vapnik [1995], Burges [1998], Boyd와 Vandenberghe [2004]의 연구에서 찾을 수 있다. SMO 알고리즘은 Platt [1998]에 의한 것이다. 분류 트리와 CART 알고리즘, Bagging, Random forest는 Breiman et al. [1984], Breiman [1996], Breiman [2001]의 연구에서 각각 발견된다. Adaboost 알고리즘은 Freund와 Schapire [1999]에 의해 설명된다. Lamdan과 Wolfson [1988]의 연구에서 모델의 데이터베이스를 효율적으로 인덱싱하는 기하학적 해싱을 찾을 수 있다.

Jones와 Rehg [2002]의 피부 색 탐지에는 수십억 개의 화소를 사용하여 만들어진 색상 히스토그램이 사용되었고, 이전에 Swain과 Ballard [1991]에서 객체를 감지하는데 색상을 사용하는 작업이 있었다. 지역 가중치 학습은 Atkeson et al. [1997]

에 기인한다. Parzen 윈도우와 커널 밀도 추정은 Parzen [1962]의 연구에서 찾을 수 있다. 최근접 이웃들에 대한 최근의 내용은 Boiman et al. [2008]에 의해 제공되었고, 이웃 요소 분석이라고 불리는 최근접 이웃에 대한 개선은 Goldberger et al. [2004]에서 발견할 수 있다. 최근접 이웃에 대한 심리적 근거는 초점 색으로 발견할 수 있는데, 이는 Berlin과 Kay [1969]에 의해 기술되고, Palmer의 저서 [1999]에서 논의된다. Naive Bayes는 Schneiderman과 Kanade [2000]에 의해 뷰 불변 얼굴 검출(view-invariant face detection)과 자동차 검출에 사용되었다. 분류기 출력을 곱하는 것보다는 합산하는 것의 이점을 보여주는 잘 알려진 연구는 Kittler et al. [1998]의 연구 결과이다. 스크리(scree) 테스트는 Cattell [1966]에 의한 것이고, Kaiser 기준은 Kaiser [1960] 때문이다.

Eigenface는 Turk와 Pentland [1991]에 의해 소개되었는데, Kirby와 Sirovich [1990]가 PCA를 사용하여 얼굴을 표현하는 작업에서 동기를 부여받았다. 이후의 확장에는 Belhumeur et al. [1997]의 Fisherfaces와 He et al. [2005]의 Laplacianfaces가 있으며, 전자는 Fisher의 선형 판별에 기초한 것으로 Fisher [1936]의 연구에서 소개되었다. 고유 벡터는 Murase와 Nayar [1995]의 작업에서 3D 객체를 나타내는 데 사용되었다. 점 분포 모델과 능동 형상 모델은 Cootes et al. [1995]에 기인하는 반면, 능동 외형 모델은 Cootes et a.l [2001]에 기인한다. 퍼셉트론 학습 알고리즘은 Rosenblatt [1958]의 연구에서 추적할 수 있으며, Gallant [1990]는 포켓 알고리즘을 제안했다. 1960년대의 유망한 초기 시작 이후, 신경 네트워크 연구는 소위 "AI 겨울(AI winter)"을 초래한 Minsky와 Papert [1969]의 책이 출판된 결과로 중단되었다. 이 연구는 역전파(backpropagation) 알고리즘을 도입한 Rumelhart et al. [1986]의 연구로 되살아났다.

최초의 성공적인 얼굴 검출기는 Rowley et al. [1998]에서 기술된 Rowley-Baluja- Kanade 알고리즘과 Sung과 Poggio [1998]의 동시적이지만 잘 알려지지 않은 접근 방식이었다. 전자는 도전적인 현실 세계의 문제를 해결할 수 있는 능력을 보여주는 방식으로 현장 학습에 기계 학습을 도입한 컴퓨터 비전의 역사에서 중추적인 논문이다. Viola-Jones 얼굴 검출기는 Viola와 Jones [2004]에서 제공되며, Jones와 Viola [2003]에서 다중 시점 얼굴 검출과 Viola et al. [2005]에서 보행자 검출에 대한 후속 작업이 제공된다. 다중 시각 얼굴 검출에 대한 다른 연구는 Wu et al. [2004]의 연구이며, 보행자 검출에 대한 다른 연구는 Dalal와 Triggs [2005], Enzweiler와 Gavrila [2009]의 연구이다. 후자는 자동차에서 상업적 용도로 사용된다. 보행자의 탐지 및 추적을 결합한 인상적인 작업은 Wu와 Nevatia [2007]의 작업이다. 얼굴 탐지에 대한 철저하지만 다소 구식인 조사는 Yang et al. [2002]에서 찾을 수 있다. 공간 제한으로 인해 우리는 얼굴 인식에 관해 논의할 수 없었지만, 역사적으로 중요한 몇 개의 논문은 Brunelli와 Poggio [1993], Wiskott et al. [1997], Phillips et al. [2000]뿐만 아니라 최근의 Taigman et al. [2014]이다.

최근의 딥 러닝에 대한 관심의 폭발과 특히 딥 컨볼루션 신경 네트워크를 촉발시킨 논문은 Krizhevsky et al. [2012]의 논문이다. 딥 러닝에 대한 좋은 개요는 Deng과 Yu [2013]의 연구에서 찾을 수 있으며, 이는 주로 음성 응용 프로그램에 중점을 둔다. 정류된 선형 유닛(ReLUs)은 Nair와 Hinton [2010]의 연구에 기인하며, 드롭아웃의 목적은 Srivastava et al. [2014]에 의해 설명된다. 부품 기반 분류에 관심이 있는 사람들은 Fischler와 Elschlager [1973]의 초기 연구뿐만 아니라, Felzenszwalb와 Huttenlocher [2005], Felzenszwalb et al. [2010]의 최근 논문을 참고해야 한다. Divvala et al. [2012]는 변형 가능 부품의 상대적 중요성, 잠재 차별적 학습 및 하위 카테고리를 DPM의 정확도로 분석한다.

연습문제

12.1 분류(classification)는 기계 학습의 어느 지점에 해당하는가?

12.2 분류 문제의 세 가지 유형을 나열하고, 각각을 간략하게 설명하시오.

12.3 일반화(generalization)의 중요성을 설명하시오.

12.4 분광기(dichotomizer)를 정의하시오.

12.5 검사 시스템이 99.99 %의 양호한 부품을 올바르게 감지하지만, 결함 부품의 98 %만 감지한다고 가정하자. 좋은 부품에 잘못된 라벨을 붙이는 비용은 사람이 부품을 수동으로 검사하는데 5분의 추가 시간이 소요된다고 가정하자. 그러나 나쁜 부품을 잘못 표시하는데 드는 비용은 조립 라인에서 문제를 해결하기 위해 평균 3시간의 추가 시간이 소요된다. 시스템의 총 위험은 어떻게 되는가? 어떤 유형의 오류가 전체 위험을 지배하는가?

12.6 당신은 어떤 분류자를 개발하는 일을 하는 팀원이기 때문에, 일부 데이터를 수집하고 수동으로 분류할 수 있다. 테스트 데이터에서 트레이닝 데이터를 분리하는 방법에 대한 두 가지 옵션은 무엇인가? 각 장단점은 무엇인가? 어떤 상황에서도 이 두 데이터 집합으로 절대적으로 할 수 없는 것은 무엇인가?

12.7 크로스 밸리데이션(cross-validation)의 가장 보편적인 접근 방법은 무엇인가?

12.8 바이어스-분산(bias-variance) 트레이드오프에 대해 간략하게 설명하시오.

12.9 수식 (12.8)을 유도하시오.

12.10 합리적인 크기의 데이터 집합이 있고, Akaike 및 Bayesian 정보 기준(Akaike and Bayesian information criteria, AIC 및 BIC)을 모두 계산한다고 가정하자. 어느 쪽이 더 커 보이겠는가?

12.11 구조적 위험 최소화(structural risk minimization)의 개념을 간단히 설명하시오.

12.12 2D에서 포물선 모양(parabola-shaped)의 결정 경계(어떤 방향으로든)를 가진 분류자의 VC 차원은 무엇인가?

12.13 차원의 저주(curse of dimensionality), 피킹 현상(peaking phenomenon)

및 특징 선택(feature selection)이 모두 어떻게 관련되어 있는지 설명하시오.

12.14 2D 특징을 사용하여 다음과 같은 트레이닝 데이터에 대해 이진 분류 문제가 있다고 가정하자.

category	set of 2D features (x_1, x_2)
ω_1	$\{(-12, 3)\}$
ω_2	$\{(10, 5), (-5, 5), (9, 6), (13, 0)\}$

트레이닝 과정에서 반환된 차별 함수(discrimination functions)는 다음과 같다고 가정하자.

$$
\begin{aligned}
g_1(x) &= 0.4x_1 + 0.5x_2 - 10 \\
g_2(x) &= 0.5x_1 + 0.3x_2 - 9
\end{aligned}
$$

분류의 정확도를 계산하시오.

12.15 145개의 테스트 객체가 컨베이어 벨트의 감지 구역에 도착한다고 가정하자. 이 중 95개는 바나나이다. 분류자를 이러한 객체에 적용하면, 바나나 중 16개가 잘못 표시되고, 다른 객체 중 3개는 바나나로 잘못 표시된다.

(a) TPR, TNR, FPR 및 FNR을 계산하고, 혼동 행렬(confusion matrix)을 구성하시오.

(b) 민감도(sensitivity), 특이도(specificity) 및 정확도(accuracy)를 계산하시오.

(c) F 측정(F−measure)과 Jaccard 계수(Jaccard coefficient)를 계산하시오.

12.16 아래의 두 가지 분류 기준의 수신자 작동 특성(receiver operating characteristic, ROC) 곡선이 주어지면, (a) 동일 오류율(equal error rate, EER)과 (b) 곡선 아래 면적(area under the curve, AUC)을 사용하여 더 우수한 분류기를 찾으시오.

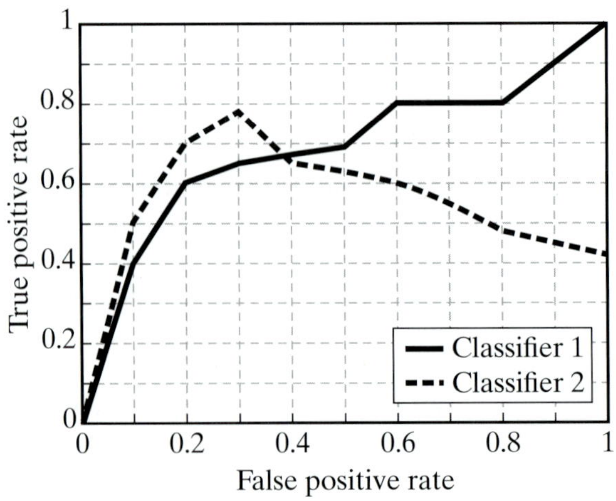

12.17 정밀도–재현율(precision–recal, PR) 곡선이 수신기 ROC 곡선보다 언제 선호되는가?

12.18 특정 지역의 인구가 남성 51 %이고, 남성의 42 %가 안경을 쓰고, 여성의 52 %가 안경을 쓰고 있다고 가정하자. 한 사람이 설문 조사를 위해 무작위로 선택되고, 그 사람이 선택되면 그 사람이 안경을 쓰는 것을 나중에 알게 된다. 베이즈 규칙(Bayes' rule)을 사용하여 선택한 사람이 남성일 확률을 계산하시오.

12.19 다음과 같이 3가지 카테고리 ω_1, ω_2 및 ω_3의 가우시안 밀도의 평균 및 공분산 행렬이 주어진다.

$$\boldsymbol{\mu}_1 = \begin{bmatrix} -1 \\ 1 \end{bmatrix} \quad \boldsymbol{\mu}_2 = \begin{bmatrix} 3 \\ 4 \end{bmatrix} \quad \boldsymbol{\mu}_3 = \begin{bmatrix} 6 \\ 9 \end{bmatrix} \quad \boldsymbol{\Sigma}_1 = \boldsymbol{\Sigma}_2 = \boldsymbol{\Sigma}_3 = \begin{bmatrix} 10 & 0 \\ 0 & 10 \end{bmatrix}$$

그리고 $p(\omega_1) = 0.5$, $p(\omega_2) = p(\omega_3) = 0.25$인 사전 확률(prior probabilities)이 주어졌을 때, 각 카테고리에 대한 판별 함수(discriminant functions)를 찾고, 처음 두 카테고리 사이의 결정 경계(decision boundary)를 계산하시오.

12.20 베이즈 규칙은 가우시안 분포로 제한되어 있는가? 그 이유는 무엇인가?

12.21 최대 우도(maximum likelihood, ML) 추정과 최대 사후(maximum a posteriori, MAP) 추정은 언제 같은가?

12.22 참 혹은 거짓? 도메인의 모든 값에 대해 해당 값에서 계산된 모든 클래스 조건부 밀도(class–conditional densities)의 합계는 1이다.

12.23 확률 분포(probability distribution)를 나타내기 위해, 매개 변수(parametric) 방법과 비매개 변수(nonparametric) 방법을 하나씩 말하시오.

12.24 두 개의 가우시안 밀도(Gaussian densities)가 초평면으로 분리되는 경우는 언제인가?

12.25 분류를 위한 생성 방법(generative method)과 차별 방법(discriminative method)의 차이점을 설명하시오.

12.26 x축을 따라 다음과 같은 일련의 1D 트레이닝 데이터가 제공된다고 가정하자. {7, 12, 13, 15, 16}. 윈도우 함수로 분산 1을 갖는 가우시안 함수를 사용하여 $x = 15$에서 Parzen 확률 밀도 함수(probability density function, pdf) 추정을 찾으시오.

12.27 Parzen 윈도우가 지역 가중 평균(locally weighted averaging, LWA)과 어떻게 관련되는지 설명하시오.

12.28 12.3.1절에 따라 영상의 데이터 집합을 수집하고, 페인트 프로그램을 사용하여 대부분의 화소를 빨간색이거나 빨간색 아닌 것으로 분류하라(모호한 화소는 라벨이 지정되지 않은 상태로 두고, 트레이닝으로 사용하지 않는 것이 가

장 좋다). 클래스 조건부 밀도의 양과 음의 히스토그램을 작성한 프로그램을 작성하라. 그리고 이 모델을 사용하여 쿼리 영상(query image)의 모든 빨간색 화소를 찾으시오.

12.29 최근접 이웃 분류의 몇 가지 강점과 약점을 열거하시오.

12.30 가우시안 가정(Gaussian assumption)을 사용하여, 무게와 둘레를 포함하여 측정된 특징에 따라 과일 조각이 사과인지 자두인지를 분류하는 Naive Bayes 분류자를 구성하시오. 트레이닝 데이터 집합은 아래에 제공된다.

category	weight (g)	perimeter (cm)
apple	450	10.5
apple	332	9.6
apple	289	8.2
apple	265	8.3
apple	306	8.5
plum	320	9.0
plum	235	8.1
plum	226	8.1
plum	308	8.7
plum	266	8.3

무게가 220 g이고, 둘레가 8.2 cm인 테스트 샘플에 분류기를 적용하시오.

12.31 3D 공간에서 다음과 같은 10 개의 샘플 집합이 주어지면, PCA의 단계에 따라 직각으로 변형된 데이터의 고유 값을 계산한다. 캡처된 분산의 분율(fraction)의 임계 값이 95 %로 가정하면, 데이터의 차원을 줄일 수 있는지 여부를 보이시오.

$$\{(7,4,5),(6,5,4),(8,4,1),(2,6,9),(3,6,6),(5,7,3),(3,5,9),(2,8,6),(1,7,5),(8,5,2)\}$$

12.32 스크리 테스트(scree test) 란 무엇인가?

12.33 능동 형상 모델(active shape models, ASM)과 능동 외형 모델(active appearance models, AAM)이 어떻게 관련되어 있는지 설명하시오.

12.34 다음의 2D 데이터 집합에 대해 Fisher 선형 판별(Fisher's linear discriminant, FLD)을 사용하여 선형 판별 함수(linear discriminant function)를 계산하시오.

$$\mathcal{D}_1 = \{(5,3),(2,6),(3,5),(3,6),(4,7)\}$$
$$\mathcal{D}_2 = \{(7,9),(6,7),(9,5),(8,8),(10,8)\}$$

단순화를 위해, 투영된 평균의 중간 지점으로 바이어스를 설정하시오.

12.35 알고리즘 (12.2)에서 가속 학습률(accelerated learning rate)을 갖는 퍼셉트론 학습 알고리즘(perceptron learning algorithm)과 알고리즘 (12.3)의 포켓 퍼셉트론 학습 알고리즘(pocket perceptron learning algorithm)을 구현하시오. 각 알고리즘을 앞 문제의 데이터 집합에 적용하시오.

12.36 제약 $x^2 + 2y^2 = 8$로 함수 $f(x, y) = 8x^2 + 200y^4$의 최대 값과 최소 값을 찾기 위해 라그랑주 승수를 사용하시오.

12.37 (a) 최대 마진 분류기(maximum margin classifier)를 SVM(support vector machine)으로 바꾸는 핵심 아이디어는 무엇인가? (b) 커널 트릭(kernel trick)을 설명하시오.

12.38 다음 신경 네트워크는 어떤 논리 연산을 수행하는가? 각 분기의 가중치는 화살표 근처에 표시되고, 임계 값은 표시된 것과 같다. 뉴런은 입력 값이 임계 값을 통과하면 '참'을 출력하고, 그렇지 않으면 '거짓'을 출력한다.

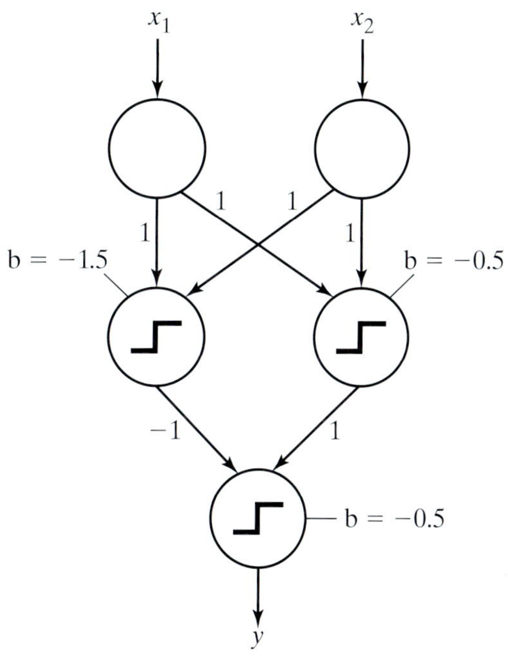

12.39 로지스틱 함수(logistic function)와 정류된 선형 유닛(rectified linear unit, ReLU)의 응답을 플로트하시오. 후자의 장점 중 일부를 열거하시오.

12.40 bagging과 boosting의 개념과 서로의 관계에 대해 간략히 설명하시오.

12.41 "yes", "no" 또는 "maybe"으로 잎(leaf) 노드를 라벨링하는 퇴화된 결정 트리(degenerate decision tree)를 그리시오.

12.42 스프링과 같은 연결 부분이 포함된 모델은 무엇인가?

12.43 딥 신경 네트워크(deep neural network)의 주요 구성 요소를 스케치하시

오. 최대 풀링(max pooling) 및 드롭아웃(dropout)의 원리를 포함하여 이 접근법이 어떻게 작동하는지를 높은 수준에서 설명하시오.

12.44 자신의 얼굴 검출기를 구현하시오. 인터넷에서 수백 개의 얼굴 영상을 수집하고, 영상을 클릭하여 얼굴 주위에 직사각형을 정의하여 손으로 라벨을 붙이시오(모든 직사각형의 종횡비가 동일한지 확인하라). 그런 다음 얼굴이 없는 수백 개의 영상을 수집하시오. 직사각형에 대한 특징 벡터를 생성하기 위해 전처리를 수행하는 코드를 작성하고(자신이 직접 구현 또는 온라인에서 발견한 코드를 사용하여), 특징 벡터를 원하는 기계 학습 알고리즘에 전달하여 각 가설에 대한 점수를 계산하는 슬라이딩 윈도우 검색을 수행하시오. 트레이닝 집합과 별도의 테스트 데이터에 대한 검출기의 정확성을 ROC 또는 PR 곡선에서 결과를 플로팅하여 보시오. 그런 다음 이 실습에서 배운 것을 작성하여 보시오.

CHAPTER 13

스트레오와 모션

이전 장에서는 단일 영상을 처리하는 다양한 방법을 고려했다. 이 장에서는 한 장면의 여러 영상을 동시에 영상을 캡처하는 카메라 배열이나, 정지 또는 움직이는 장면의 영상 시퀀스를 캡처하는 단일 비디오 카메라에서 사용할 수 있는 상황을 고려한다. 두 경우 모두 목적은 영상 사이의 해당 화소를 찾아내어 스테레오 일치(stereo correspondence) 또는 광학 흐름(optical flow)을 얻는 것이다. 이 두 가지 기본 문제를 논의한 후에 장의 나머지에서는 투영 기하학(projective geometry), 카메라 보정 및 다중 보기의 기하학을 포함한 3D 정보를 생성하기 위해 이러한 일치를 사용하는 기하학적 원리를 다룬다. 이러한 개념은 여러 영상에서 모션을 이해하고 깊이를 추측하기(3D 기하학) 위한 가장 일반적인 기술의 핵심이다.

13.1 인간 입체시

유클리드(Euclid)[1] 이래로 인간 시각 시스템(human visual system)의 깊이 인식은 동일한 대상에 대한 두 가지 다른 영상을 동시에 보는 것으로 알려졌다. 깊이는 두 영상의 **망막 불일치**(retinal disparity)에 의해 감지되며, 이는 동일한 장

1 Euclid(c. 300 BC)는 "기하학의 아버지"로 알려진 그리스의 수학자이다.

면의 점에 대한 두 투영의 망막 위치의 수평 차이이다[2]. 스테레오 비전 또는 **입체시**(stereopsis)는 서로 다른 영상 장치가 동시에 촬영한 장면의 여러 영상에서 월드(world)에 대한 3D 정보를 복구하는 과정을 말한다. 추가 센서 입력을 사용하여 스테레오는 영상 처리의 기본인 차원의 손실을 극복한다. 스테레오는 "솔리드(solid)"라는 그리스 단어에서 유래한다. 뇌가 음향 공간을 보다 풍부하게 표현하기 위해 약간 다른 청각 입력을 융합하는 스테레오 사운드 시스템과 마찬가지로, 스테레오 비전은 약간 다른 시각 입력을 융합시켜 주변 장면을 확실하게 표현한다.

예를 들어 그림 13.1의 한 쌍의 스테레오 영상을 생각해 보자. 이 영상들을 융합시키기 위해서는 두개의 영상이 겹쳐질 때까지 눈의 긴장을 풀고, 조각상의 헤드의 사본 두 개를 정렬에 집중하고 단일 3D 지각이 나타날 때까지 참을성 있게 기다리자[3]. 그 결과 3D 지각은 때로 **사이크로피언 영상**(Cyclopean image, 유명한 외눈박이 괴물)이라고 불린다. 왜냐하면 융합된 영상은 당신의 머리 중심에 추가 센서로부터 비롯된 것으로 보이기 때문이다. 긴장을 푼 눈으로 볼 때, 영상 사이의 간격은 두 눈 사이의 거리(약 63 mm)인 **동공 사이 간격**(interpupillary distance, IPD)보다 커지 않아야한다. 스테레오 영상을 융합시키는 이 과정은 1830년대에 입체경이 도입되고 다양한 형태로 등장한 이래로

그림 13.1 한 쌍의 스테레오 영상. 융합하려면 눈의 긴장을 풀고 종이를 보고 두 영상을 결합하여 서로 맞춘다. 처음에는 약간의 시간이 걸릴 수 있으므로 오래 참아야 한다. 영상을 융합하는데 어려움이 있는 경우, 각 눈이 하나의 영상만 볼 수 있도록 영상 사이에 세로 구분선(예: 마분지 조각)을 배치하는 것이 좋다.

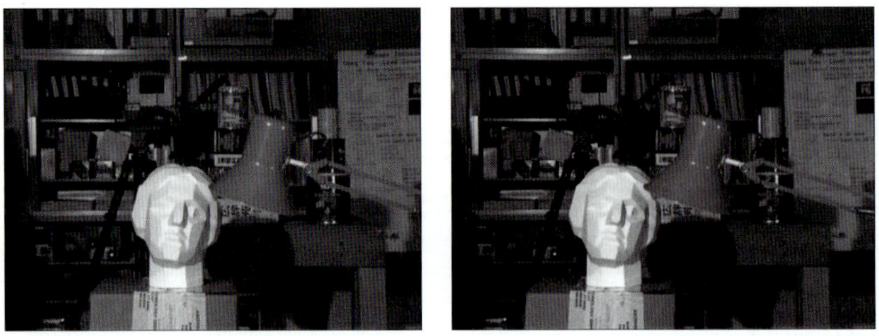

Computer Vision Lab of University of Tsukuba

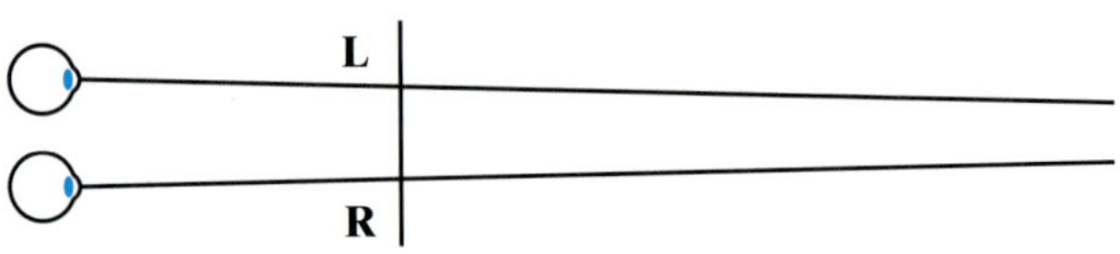

2 그림 2.5 (p. 30)

3 일부 사람들은 입체 맹(stereoblindness)로 인해 영상을 융합할 수 없다.

그림 13.2 동일한 쌍의 스테레오 영상이 교차 눈으로 볼 수 있도록 표시된다.

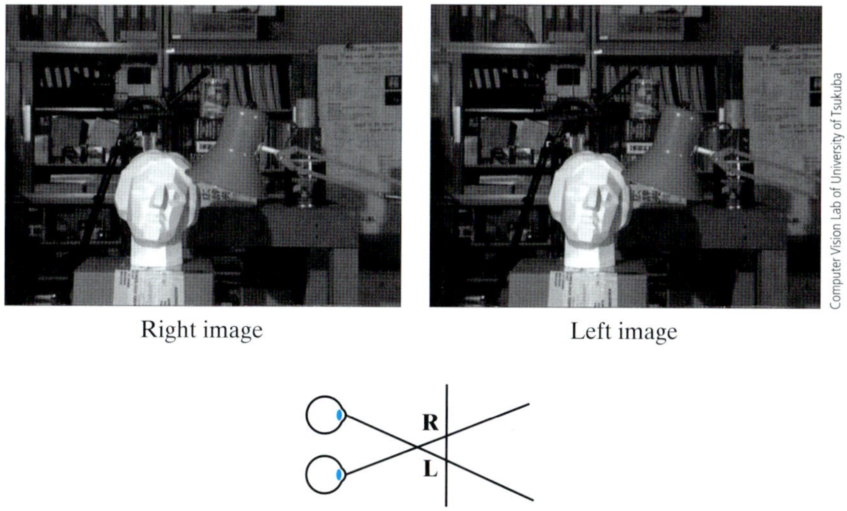

아동 및 성인의 인기 있는 취미였으며, 최근에는 1990년대에 자동 입체 로고의 출현과 함께 다양한 형태로 다시 나타났다.

많은 사람들이 그림 13.2와 같이 위치가 반전된 한 쌍의 스테레오 영상을 융합하는 것이 더 쉽다고 생각한다. 이런 경우 눈을 편안하게 하여 페이지 너머를 보지 말고 눈을 교차시켜 고정 점이 페이지 앞에 오도록 해야 한다. 이 방법으로 오른쪽 눈은 왼쪽 영상을 보지만 왼쪽 눈은 오른쪽 영상을 본다. 교차 눈금 디스플레이를 사용하면 영상 간 간격이 눈동자 간 거리에 의해 제한되지 않으므로, 영상이 훨씬 더 멀리 떨어져 있고 훨씬 더 큰 해상도로 융합될 수 있다.

스테레오만이 깊이 인식에 기여하는 유일한 신호는 아니다. 실제로, 몇 미터가 넘는 망막 불일치는 너무 작아서 감지할 수 없으며, 깊이 인식의 대부분은 상대 크기, 원근법, 객체 중첩, 대비, 조명, 음영, 질감 등과 같은 다른 신호(cues)에서 발생한다. 이러한 요소는 단일 영상에서도 3D 정보를 유추할 수 있는 이유를 설명해준다. 그럼에도 불구하고, 그림 13.3에 예시된 **랜덤 도트 스테레오그램**(random dot stereogram)은 이들 다른 요소가 없는 경우에도 양안 융합(binocular fusion)이 발생한다는 것을 확실하게 보여준다. 랜덤 도트 스테레오그램은 임의의 미리 정의된 형태로 흑백 도트(black-and-white dots)의 랜

그림 13.3 랜덤 도트 스테레오그램(random dot stereogram). 눈을 감으면 큰 광장 뒤에 작은 사각형이 나타난다. 퓨즈(fuse)를 교차하면 앞면에 나타난다. 시각적 시스템이 모든 화소를 적절하게 분할할 수 없기 때문에 고립된 도트들 중 일부는 잘못된 불일치로 보일 수 있다.

덤 패턴을 쉬프트하여 2 개의 영상을 형성한 다음, 동일한 패턴의 도트로 패턴을 둘러싸는 것에 의해 형성된다. 다른 시각적 신호들이 사용 가능할 때 틀림없이 사용되지만, 다른 시각적 신호가 없을 때 인간의 시각적 시스템이 그러한 랜덤 도트 스테레오그램을 결합하는 능력은 양안 융합이 시각적 시스템에서 별개의 과정임을 증명한다.

13.2 스테레오 영상 매칭

랜덤 도트 스테레오그램에서 깊이를 추론하는 데에 인간 시각 시스템이 성공하면 자연스럽게 두 영상의 화소를 매칭시켜 깊이를 자동으로 추론하는 방법에 대해 의문이 생긴다. 이를 **일치 문제**(correspondence problem)라고 한다. 즉, 한 영상의 각 점에 대해 다른 영상의 해당 점을 결정하는 것이다. 일치를 해결하기 위한 몇 가지 접근 방법을 이 절에서 다룬다.

13.2.1 일치

두 화소가 동일한 물리적 장면 요소의 시선을 따라 투영된 경우, 두 화소가 **일치**(correspond)한다고 한다. 두 점 사이의 일치가 설정되면, 두 점의 좌표를 비교하여 두 점 사이의 **불일치**(disparity)에 도달할 수 있다. 두 점 사이의 불일치는 좌표의 차이로 정의된다. 간단하게 하기 위해, 두 카메라가 **교정**(rectified)되었다고 가정해 보자. 이것은 두 카메라의 영상 면이 동일 평면에 있고, 투영 중심을 연결하는 선이 두 영상의 스캔라인(scanlines)에 평행하다는 것을 의미한다. 바꾸어 말하면, 카메라 위치는 스캔라인에 평행 이동에 의해서 이루어진다. 그림 13.4와 같이 카메라가 교정되면 불일치는 왼쪽 영상의 한 점의 x 좌표에서 오른쪽 영상의 해당 점의 x 좌표를 뺀 값으로 정의된다. 수식 (2.1)로부터, 불일치가 깊이에 반비례함을 보여준다.

$$d = x_L - x_R = f\frac{x_w + b}{z_w} - f\frac{x_w}{z_w} = \frac{fb}{z_w} \tag{13.1}$$

여기서, b는 **베이스 라인**(baseline)이라고 불리는 두 개의 초점 사이의 거리이다. x_w는 오른쪽 초점에서 월드 점까지의 수평 오프셋이다. z_w는 초점으로부터 광축을 따라 점까지의 깊이 또는 거리이다. 결과적으로, 제로(zero) 불일치는 무한 거리에 떨어져 있는 점(예, 하늘의 별)을 나타내고, 불일치 증가는 깊이를 감소시키는 것을 의미한다. 불일치는 항상 음이 아님을 주의하라. $d = x_L -$

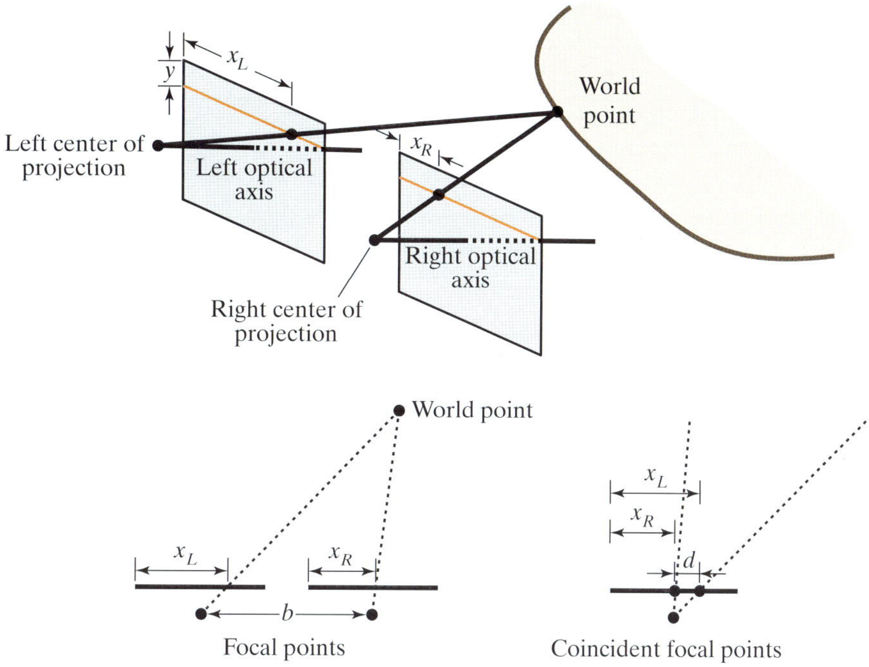

그림 13.4 교정된 스테레오 기하학(rectified stereo geometry). 위쪽: 월드 점은 왼쪽 영상의 점(x_L, y)과 오른쪽 영상의 (x_R, y)에 영상화 된다. 각 영상과 정렬된 좌표계는 왼쪽 위 모서리에 배치된다. 왼쪽 하단: 2D에서 본 동일한 장면. 오른쪽 하단: 두 개의 영상 광선을 단일(가상) 센서에 겹치게 하면, 두 좌표 사이의 거리 $x_L - x_R$은 불일치 d이다.

$x_R \geq 0$이다.

왼쪽 영상에서 점 (x_L, y_L)이 주어지면, 오른쪽 영상에서 해당 점 (x_R, y_R)은 어디에 있는가? 언뜻 보기에 해당 지점이 영상의 어느 곳에나 있을 수 있다. 그러나 실제로, 그것은 **에피폴라 라인**(epipolar line)이라 불리는 라인을 따라 존재해야 한다. 이러한 제한을 **에피폴라 제약**(epipolar constraint)이라고 한다. 에피폴라 제약이 양안 카메라의 모든 구성에 적용 가능하지만, 교정된 영상의 경우, 해당 지점이 동일한 스캔라인 $y_L = y_R$을 따라 위치해야 한다는 단순한 제약이 따른다. 왜냐하면 스캔라인은 에피폴라 선이기 때문이다. 그림 13.1에서 그림 13.3까지의 영상을 다시 보면, 대응하는 점들은 항상 같은 스캔라인에 있다는 것을 알 수 있다.

일치 문제를 보다 잘 시각화하기 위해, 한쪽 얼굴을 포함하는 반사된 왼쪽 영상과 인접한 얼굴을 포함하는 오른쪽 영상을 가진 입방체를 정의하고, 두 영상의 왼쪽 경계가 입방체에서 에지를 공유하도록 하자(그림 13.5 참조). **매칭 공간**(matching space)이라고 불리는 직육면체는 일반적으로 화소 해상도에서 정의된 개별 그리드(grid)로 나누어지며, 그리드의 각 셀은 셀의 행과 열로 인덱싱된 두 화소가 서로 일치하는지 여부를 나타낸다. 셀의 1은 화소가 일치함을 의미하고, 0은 해당 화소가 일치하지 않음을 의미한다. 한 쌍의 스캔라인에 대한 매칭 공간을 통한 슬라이스가 또한 그림에 도시되어 있는데, 여기서 원점은

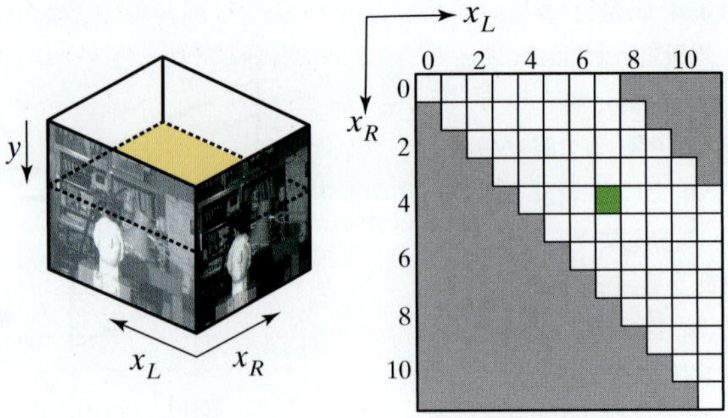

그림 13.5 왼쪽: 교정된 스테레오 영상 쌍의 매칭 공간. 오른쪽: 매칭 공간을 가로지르는 수평 슬라이스 이다(페이지로 들어가는 y 축은 표시되지 않는다.). 매칭 공간에서 각 이산 셀은 주어진 화소 쌍 (x_L, y)와 (x_R, y)가 서로 일치하는지 여부를 나타낸다. 여기서, 녹색 셀은 화소 $x_L = 7$과 화소 $x_R = 4$ 사이의 매칭을 나타내므로 불일치는 $d = 3$이다. 오른쪽 구성의 음영 영역으로 인한 경계가 정해진 최대 불일치는 $d_{max} = 7$이다.

좌측 상부 코너에 배치되고, 각 열(column)은 좌측 스캔라인에서 화소의 x 좌표를 나타내고, 각각의 행(row)은 x 우측 스캔라인의 화소의 좌표를 나타낸다. 두 영상 간의 일치를 통해 매칭 공간의 매칭을 가로 축(왼쪽 불일치 맵의 경우) 또는 세로 축(오른쪽 불일치 맵의 경우)에 투영하여 **불일치 맵**(disparity map)을 구성할 수 있다. 가려진 화소에는 인접한 두 개의 값 중에 작은 값이 할당된다.

교정 시스템(rectified system)에서, 대상이 두 영상 면에 평행하다면 **전방 평행**(frontoparallel)이라고 하며, 이 경우 깊이와 그에 따른 불일치는 일정하다. 이제 주어진 셀의 불일치는 그리드에서 주 대각선까지의 맨하탄 거리(Manhattan distance)에 의해 결정된다. 따라서 주어진 대각선을 따르는 셀은 $x_L - x_R$이 대각선을 따라 일정하기 때문에 관련 깊이에서 전방 평행 객체에 대해 발생할 수 있는 매칭을 나타낸다. 그리드의 아래쪽 삼각형에 있는 회색 셀은 $x_R > x_L$, 즉 음의 깊이를 산출하므로 매칭일 가능성이 없다. 마찬가지로, 계산 효율 면에서 파눔의 융합 영역(Panum's fusional area)과 유사하게 그리드의 상단 삼각형에 있는 회색 셀을 설명하는 최대 허용 불일치(maximum allowable disparity) d_{max}에 한계를 두는 것이 일반적이다.

13.2.2 스테레오 제약

컴퓨터 비전의 대부분의 문제와 마찬가지로, 스테레오 일치를 설정하는 것에 제약이 있는 이유는 인접한 화소 값이 로컬에서 결정을 내리기에 충분하지 않기 때문이다. 결과적으로 문제를 더욱 다루기 쉽도록 여러 가지 제약이 수년에 걸쳐 명료화되었다. 이러한 제약 사항 중 일부는 장면의 기하학적 구조와 영상 처리에서 발생하지만 다른 것들은 본질적으로 더 휴리스틱(heuristic)하다.

그림 13.6은 좀 더 일반적인 제약의 일부를 보여준다. **cheirality 제약**(cheirality constraint)은 카메라 앞의 객체만 볼 수 있기 때문에 위에서 언급한 것처럼 매칭 화소에 대해 $x_L \geq x_R$을 요구한다. **최대 불일치 제약**(maximum

그림 13.6 스테레오 제약. 회색 셀은 단순히 허가되지 않는 매칭(왼쪽 두 그리드) 혹은 녹색 셀이 매칭(오른쪽 두 그리드)했을 때 위법한 매칭을 나타낸다. Cheirality는 $x_L < x_R$의 매칭을 배제한다. x_L은 카메라 뒤의 점을 나타낸다. 최대 불일치는 불일치가 임계 값을 초과하는 매칭을 배제한다. 유일성(uniqueness)은 어느 한 스캔라인의 화소가 둘 이상의 화소와 매칭하는 것을 방지한다. 순서 지정(ordering)을 통해 어느 한 스캔라인을 따라 화소가 통과할 때 매칭의 화소 좌표가 증가한다. 오른쪽 그리드의 회색 셀은 금지 영역이다.

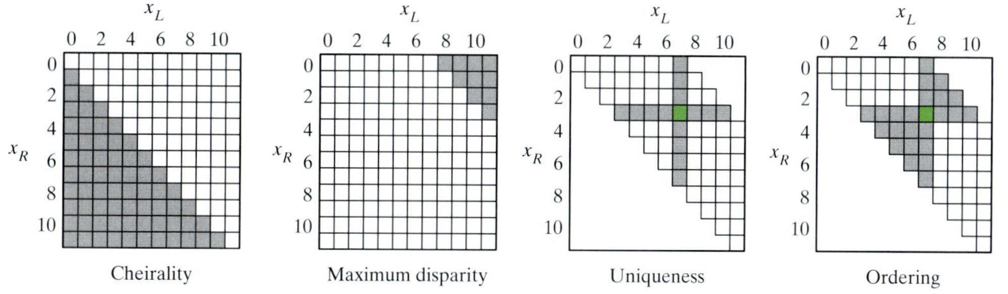

disparity constraint)은 불일치가 일정량을 초과하는 매칭을 금지하여 카메라로부터 표면까지의 최소 거리를 효과적으로 강제한다. 이것은 위에서 언급한 파눔(Panum)의 융합 영역과 관련이 있다. **유일성 제약**(uniqueness constraint)은 $x_L \leftrightarrow x_R$이 매칭이면, 다른 매칭 $x_L \leftrightarrow x(x \neq x_R)$와 다른 매칭 $x \leftrightarrow x_R(x \neq x_L)$이 없음을 나타낸다. 즉, 두 영상 중 하나의 화소는 최대 하나의 다른 화소에만 매칭할 수 있다. 이것은 월드의 표면이 불투명하고, 시점에 대한 일반적인 위치 가정이 위반되지 않는 한(즉, 월드의 표면에 영상 광선(imaging ray)이 정렬되어 있지 않은 한) 사실이다. 더욱이, 그림에 직접적으로 도시되지는 않았지만, (3D와 대조적으로) 2D 그리드 상에서 매칭 프로세스를 그릴 가능성은 위에서 언급한 에피폴라 제약에 기인하며, 이것은 대응하는 화소가 영상이 교정될 때 같은 y 좌표를 공유한다.

또 다른 제약은 그림 13.7에서 볼 수 있듯이 두 카메라가 연속적인 표면 상의 점을 볼 때, 투영 중심과 점을 통과하는 두 선에 의해 정의된 영역 내에 있는 경

그림 13.7 금지 영역(forbidden zone)은 두 투영 중심과 특정한 매칭(특정 월드 점을 의미 함)에 의해 정의된 모래시계 모양의 영역이다. 근처에 월드에서 단 하나의 불투명한 표면이 있는 한, 영역 내에서 다른 매칭은 가능하지 않다. 금지된 영역의 매칭은 순서 제약에서 허용되지 않는 것과 정확히 일치한다.

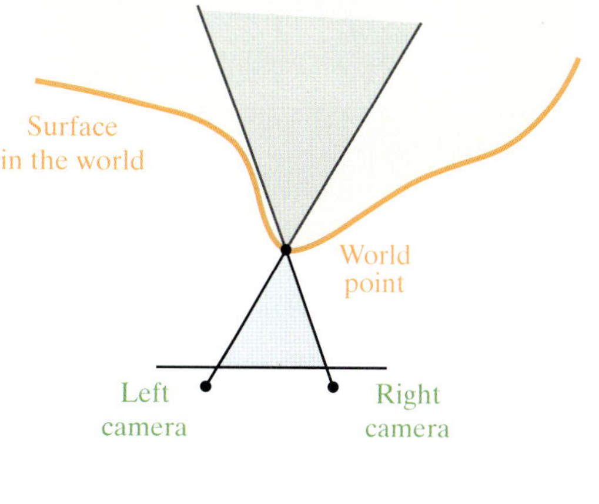

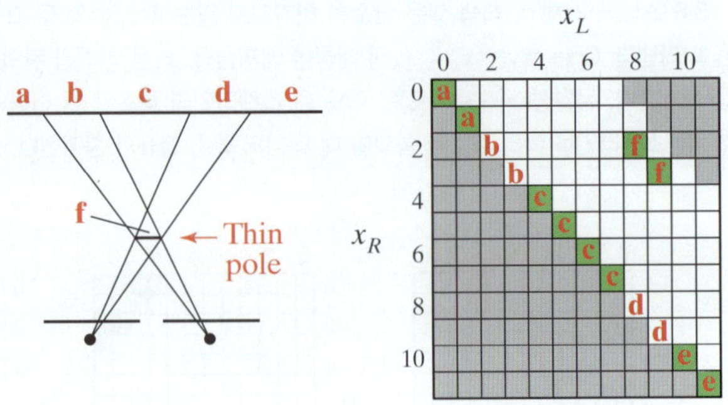

그림 13.8 카메라에 가깝고 얇은 불투명한 객체가 있으면 순서 제약이 위반된다. 왼쪽: 정면 평행 배경 앞에 얇은 막대기가 있는 교정된 카메라 2 대. 카메라에서 극 에지까지의 가시광선이 배경을 a ~ e로 표시된 5 개의 다른 영역으로 나눈다. 오른쪽: 매칭 공간이 녹색으로 표시된다. 셀의 문자는 매칭이 속한 표면을 나타낸다. 영역 b와 d는 f의 폐색(occlusion)으로 인해 매칭하지 않는다.

우 동일한 표면의 다른 점이 두 카메라에서 모두 볼 수 있는 것은 물리적으로 불가능하다. 이 모래 시계 모양의 영역을 **금지 영역**(forbidden zone)이라고 하며, 금지된 영역에서 매칭을 거부하는 것은 **순서 제약**(ordering constraint) 또는 **단조성 제약**(monotonicity constraint)으로 알려져 있다. 수학적으로 제약을 다음과 같이 기술할 수 있다. $x_L \leftrightarrow x_R$가 매칭이면, $x \geq x_L$ 및 $x' \leq x_R$과 같은 다른 매칭 $x \leftrightarrow x'$이 없으며, $x \leq x_L$ 및 $x' \geq x_R$과 같은 다른 매칭 $x \leftrightarrow x'$이 없다. 동등하게, $x_L^{(1)} \leftrightarrow x_R^{(1)}$과 $x_L^{(2)} \leftrightarrow x_R^{(2)}$가 모두 매칭되면, $x_L^{(1)} < x_L^{(2)}$는 $x_R^{(1)} < x_R^{(2)}$를 의미한다. 이 제약에 의해, 한 스캔라인 내의 화소가 특정의 순서로 고려되고 있는 경우, 다른 스캔라인의 대응하는 화소들이 동일한 순서로 마주치게 된다.

순서 제약(ordering constraint)을 더 잘 이해하려면, 얇고 불투명한 객체(예: 극(pole))가 카메라에 가까울 때, 위반이 발생한다. 이 객체와 그 뒤에 있는 배경 사이에 상당한 거리가 있다. 이 상황은 그림 13.8에 설명되어 있으며, f로 표시된 얇은 전방 평행 표면은 각각의 영역(두 카메라의 가시광선으로 정의 됨)이 a ~ e로 표시된 전면 평행 백그라운드 표면 앞에 있다. 왼쪽 영상에서, 왼쪽에서 오른쪽으로 화소를 검사할 경우, 영역 d가 닫히기 때문에 영역 a, b, c, f 및 e의 순서대로 투영을 만난다. 마찬가지로 오른쪽 영상에는 왼쪽에서 오른쪽으로 영역 a, f, c, d 및 e의 투영이 포함된다. 영역 b가 폐색되었기 때문이다. 따라서 두 영상에서 영역의 순서가 다르기 때문에 순서 제약이 위반된다. c는 한 영상에서 f의 왼쪽에 있는 반면, 다른 영상에서는 오른쪽에 있다.

관련 개념은 **불일치 그레디언트 한계**(disparity gradient limit)이며, 이것은 표면이 뷰어(viewer)에서 너무 빨리 후퇴할 수 없다는 것을 말한다. 이 제약은 표면의 그레디언트가 최대 값을 초과할 때 인간 시각 시스템이 융합점을 가질 수 없다는 것을 보여주는 정신 물리학 실험(psychophysical experiments)에 의해 영감을 얻었다. 불일치는 깊이의 역수이기 때문에 이 그레디언트는 그레디언트

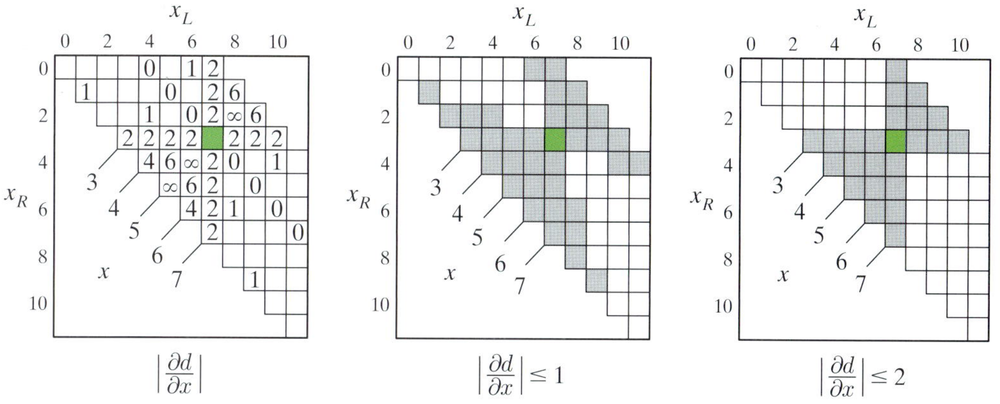

그림 13.9 불일치 그레디언트 제약. 왼쪽: 각 셀의 숫자는 불일치 그레디언트의 크기를 보여준다(정수 값과 무한대만 표시된다. 빈 셀은 비-적분 불일치 그레디언트를 가짐). 중간: 회색 셀이 불일치 그레디언트 제한 $k = 1$을 위반한다. 오른쪽: 회색 셀이 불일치 그레디언트 제한 $k = 2$를 위반한다. 모든 그림에서 주요 대각선을 따라 숫자 3, 4, ..., 7이 사이클로피언 좌표를 나타낸다.

의 불일치와 관련이 있으므로 불일치 그레디언트가 특정 값을 초과하면 인간 시각 시스템은 점을 융합할 수 없다. 불일치 그레디언트를 더 잘 이해하려면, 종이의 모든 점의 불일치가 같아져서 불일치한 그레디언트가 0이 되도록 앞면에 세로로 배치된 종이 조각을 들고 있다고 상상하라. 그러나 수직 축을 기준으로 용지를 회전시키면 용지가 배경으로 후퇴하여 시각적 시스템이 더 이상 영상을 융합할 수 없을 때까지 불일치 그레디언트가 증가한다.

불일치 그레디언트는 **사이클로피언 좌표**(Cyclopean coordinates)로 정의된다. 즉, 불일치 그레디언트는 사이클로피언 좌표와 관련하여 사이클로피언 불일치 함수의 미분 $\partial d/\partial x$에 의해 주어진다. 사이클로피언 불일치 함수 $d(x)$는 두 매칭 화소 사이의 불일치 $d = x_L - x_R$이고, 매칭의 사이클로피언 좌표 x는 $x \equiv \frac{1}{2}(x_L + x_R)$의 두 좌표의 평균이다. 불일치 그레디언트 제한은 불일치 그레디언트의 절대 값이 주어진 값, 즉 $[\partial d/\partial x] \leq \kappa$를 초과하지 않아야하며, 여기서, κ는 한계이다. 두 개의 특별한 숫자에 주목해야 한다. 인간 시각 시스템은 불일치 그레디언트 한계인 $\kappa = 1$을 부과하는 반면, 값 $\kappa = 2$는 순서 제약과 동일하다. 이를 시각화하는 한 가지 방법은 그래픽으로 d^*가 $\arctan(\kappa)$의 각도로 d에서 그림자를 캐스팅(casting)하고 원래 값과 이웃 값으로 생성된 모든 그림자의 최대값을 취함으로써 결정되도록 $d^*(x) \equiv \max_a(d(x + a) - \kappa|a|)$를 정의하는 것이다. 그 다음, d가 κ의 불일치 그레디언트 한계를 만족시키는 모든 x에 대해 $d^*(x) = d(x)$이고, 만일 $\kappa = 2$인 경우, $d^*(x) > d(x)$가 폐색점이 되는 점 x의 집합이다.

또 다른 시각화 보조 장치로서 그림 13.9는 녹색 셀과 관련하여 여러 가능한 매칭에 대한 사이클로피언 좌표와 절대 불일치 그레디언트를 보여준다. 왼쪽 좌표 축 x_L이 수평이고 오른쪽 좌표 축 x_R이 수직인 반면, 사이클로피언 좌표 축 x는 대각선이다. 따라서 주대각선에 평행한 대각선(아래쪽과 오른쪽)에는 일정한 불일치가 있는 셀이 포함되어 있지만, 앞에서 언급했듯이 주대각선에 수직인 대각선(즉 위쪽과 오른쪽)에는 일정한 사이클로피언 좌표가 있는 셀이 들어있다. 결과적으로 매칭 공간에 흑백 바둑판 패턴을 겹치게 하면 한 색상의 모든 셀에 사이클로피언 정수 좌표가 생기고, 다른 색의 모든 셀은 사이클로피언 좌표의 분수(홀수 배수 0.5)를 가진다. 그림을 이전 그림과 비교하면 $\kappa \geq 2$의 그레디언트 한도가 순서 제약을 의미하며, $\kappa = 2$는 순서 제약과 동일하다는 것을 알 수 있다.

예제 13.1 그림 13.9에서 녹색 매칭과 그 바로 아래의 매칭 사이의 불일치 그레디언트를 계산하라.

풀이 표시된 매칭은 $x_L = 7$ 및 $x_R = 3$이므로 불일치는 $7 - 3 = 4$이다. 매칭의 사이클로피언 좌표는 $x = \frac{1}{2}(x_L + x_R) = 5$ 이다. 두 개의 매칭 $x_L^{(1)} \leftrightarrow x_R^{(1)}$과 $x_L^{(2)} \leftrightarrow x_R^{(2)}$ 사이의 불일치 그레디언트에 대한(이산 근사치)의 절대 값은 수식 (13.2)와 같다.

$$\left|\frac{\partial d}{\partial x}\right| = \frac{d_2 - d_1}{\frac{1}{2}\,(x_L^{(2)} + x_R^{(2)}) - \frac{1}{2}\,(x_L^{(1)} + x_R^{(1)})} = \frac{2(x_L^{(2)} - x_R^{(2)} - x_L^{(1)} + x_R^{(1)})}{x_L^{(2)} + x_R^{(2)} - x_L^{(1)} - x_R^{(1)}} \qquad \textbf{(13.2)}$$

여기서, $d_1 = x_L^{(1)} - x_R^{(1)}$ 및 $d_2 = x_L^{(2)} - x_R^{(2)}$는 두 개의 불일치들이다. 녹색 매칭 바로 아래의 매칭은 $x_L = 7$ 및 $x_R = 4$이므로, $x_L^{(1)} = x_L^{(2)} = 7$, $x_R^{(1)} = 3$ 및 $x_R^{(2)} = 4$를 갖는다. 수식 (13.2)에 대입하면, 절대 불일치 그레디언트는 $|\partial d/\partial x| = |2(7-4-7+3)/(7+4-7-3)| = 2$이다.

13.2.3 블록 매칭

한 쌍의 스테레오 영상 간의 조밀한 대응을 계산하는 가장 간단한 알고리즘은 **블록 매칭**(block matching)이다. 블록 매칭은 지역 강도 영역(local intensity regions) 간의 통계적 상관 관계(statistical correlation)에 의존하는 영역 기반 접근 방식(area-based approach)이다. 좌측 영상의 각각의 화소(x, y)에 대해, 가능한 모든 불일치들 $0 \leq d \leq d_{\max}$ 중에서 최상의 매칭이 되도록 우측 영상이 검색된다.

알고리즘 13.1 블록 매칭에 의한 스테레오 매칭

BLOCKMATCH1$(I_L, I_R, d_{\min}, d_{\max})$

Input: left I_L and right I_R images from a stereo pair, with minimum and maximum disparities
Output: left disparity map

1 **for** $(x, y) \in I_L$ **do**
2 $\quad \hat{g} \leftarrow \infty$
3 $\quad$ **for** $d \leftarrow d_{\min}$ **to** $d_{\max}$ **do**
4 $\quad\quad g \leftarrow 0$
5 $\quad\quad$ **for** $(\tilde{x}, \tilde{y}) \in \mathcal{W}$ **do**
6 $\quad\quad\quad g \leftarrow g + dissim(I_L(x + \tilde{x}, y + \tilde{y}), I_R(x + \tilde{x} - d, y + \tilde{y})$
7 $\quad\quad$ **if** $g < \hat{g}$ **then**
8 $\quad\quad\quad \hat{g} \leftarrow g$
9 $\quad\quad\quad \hat{d} \leftarrow d$
10 $\quad d_L(x, y) \leftarrow \hat{d}$
11 **return** d_L

$$d_L(x, y) = \arg \min_{0 \leq d \leq d_{\max}} dissim(I_L(x, y), I_R(x - d, y)) \tag{13.3}$$

여기서, $dissim(I_L(\mathbf{x}_L),\ I_R(\mathbf{x}_R))$는 좌측 영상의 화소 $\mathbf{x}_L = (x_L,\ y_L)$와 우측 영상의 화소 $x_R = (x_R,\ y_R)$ 간의 비유사성(dissimilarity)이고, d_L은 좌측 불일치 맵(즉, 좌측 영상에 대한 불일치 맵)이다. 그리고 $d_{\max}$는 허용되는 최대 불일치이며, 이는 계산 시간을 현저히 향상시킨다. 비유사성에 대한 선택이 잠시 고려될 것이지만 대개 강도의 절대 차이(예: 전처리 필터 적용 후)가 사용된다.

블록 매칭을 수행하는 가장 간단한 방법은 알고리즘 13.1, BLOCKMATCH1에 나와 있다. 왼쪽 영상의 각 화소에 대해 최상의 불일치에 대한 검색이 수행된다. 여기에서 최상의 불일치는 화소 주위의 윈도우(window)에 대해 가장 낮은 차이를 산출하는 것으로 정의된다. $w \times w$ 크기의 윈도우 $\mathcal{W}$는 $(\tilde{x},\ \tilde{y}) \in \mathcal{W}$가 $\tilde{x} = -\tilde{w},\ \ldots,\ \tilde{w}$를 의미하고, $\tilde{y} = -\tilde{w},\ \ldots,\ \tilde{w}$를 의미하도록 정의된다. 여기서, $\tilde{w} \equiv \left\lfloor \frac{w}{2} \right\rfloor$는 반-너비(half-width)이다. 이 알고리즘은 두 개의 스칼라를 사용하는데, $\hat{d}$는 지금까지 본 최상의 불일치를 추적하고, $\hat{g}$는 최상의 불일치의 점수(즉, 비유사성의 합)를 유지한다. 코드에 표시되지 않은 것은 오른쪽 영상의 왼쪽 경계 근처에 있는 라인 6에서 범위를 벗어나는 오류가 발생하지 않도록 하는 추가 논리이다. 절차는 그림 13.10에 나와 있다.

BLOCKMATCH1은 다섯 개의 중첩된 **for** 루프를 포함하기 때문에 시간 소모적인 알고리즘이다(라인 1 및 라인 5의 루프는 각각 이중 루프이다). 따라서 계

그림 13.10 블록 매칭 알고리즘. 왼쪽 영상의 모든 화소에 대해 비용이 가장 낮은 불일치를 찾기 위해 검색이 수행된다. 빨간색 셀은 BlockMatch1의 라인 5–6에 집계된 비유사성을 나타내며, 노란색 셀은 검색 중에 고려되는 매칭을 나타낸다. 화소 $x_L = 8$이고, 윈도우 크기는 $w = 5$이다.

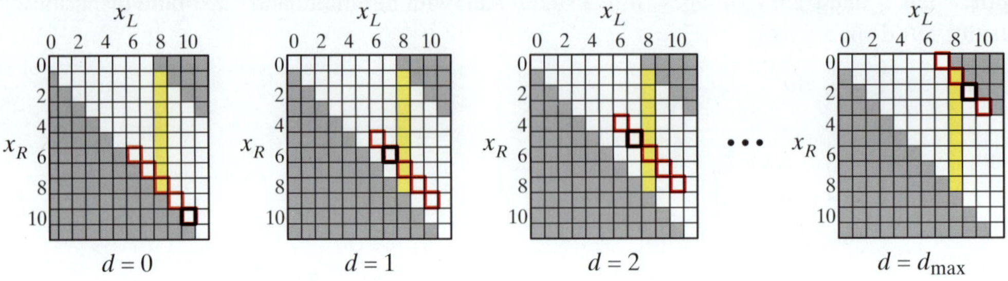

산 시간은 $O(n^2 w^2 d_{\max})$ 이다. 여기서, n은 영상의 너비 또는 높이이다. 이 계산 시간은 이전에 경험한 누적 합계 기법[4]을 사용하여 상당히 줄일 수 있으며 중복 계산을 활용한다. 이로 인해 BlockMatch1과 동일한 결과를 산출하지만 실행 시간은 $O((n^2 + w)\, d_{\max})$인 BlockMatch2가 유도된다. 이 알고리즘은 Δ라는 3차원 배열을 사용하는데, 차원은 영상의 크기를 $d_{\max} + 1$로 하고, ComputeSummedDissimilarities라는 프로시저를 사용하여 배열을 채운다. 여기서 주어진 두 화소 간의 비유사성은 한 번만 계산되며, 윈도우에 대한 누계는 윈

알고리즘 13.2 블록 매칭에 의한 스테레오 일치의 보다 효율적인 버전

BlockMatch2 $(I_L, I_R, d_{\min}, d_{\max})$

Input: left I_L and right I_R images from a stereo pair, with minimum and maximum disparities
Output: left disparity map

```
Δ ← ComputeSummedDissimilarities(I_L, I_R, d_min, d_max)
for (x, y) ∈ I_L do
      d_L(x, y) ← arg min_d Δ(x, y, d)
return d_L
```

ComputeSummedDissimilarities $(I_L, I_R, d_{\min}, d_{\max})$

Input: left I_L and right I_R images from a stereo pair, with minimum and maximum disparities
Output: 3D array Δ containing summed dissimilarities

```
for d ← d_min to d_max do
    for (x, y) ∈ I_L do
          Δ(x, y, d) ← dissim(I_L(x, y), I_R(x − d, y))
    Δ(:, :, d) ← Convolve(Δ(:, :, d), 1_{w×w})
return Δ
```

4 3.3.2절

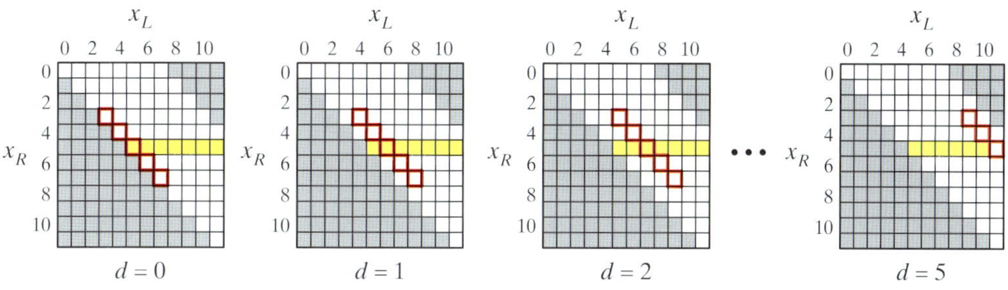

그림 13.11 오른쪽 영상에서 블록 매칭 알고리즘. 오른쪽 영상의 모든 화소에 대해 비용이 가장 낮은 불일치를 찾기 위해 검색이 수행된다. 빨간색 셀은 불일치 비용을 계산할 때 집계된 비유사성을 나타낸다. 화소 $x_R = 5$이며, 윈도우 크기는 5이다. 윈도우가 영상 경계 근처에 있기 때문에 최대 불일치에 도달하지 못한다.

도우에 대한 합이 동일한 크기의 박스 커널과 컨볼루션하는 것과 동일함으로 나중에 수행된다. 표기법은 $1_{w \times w}$를 사용하여 모두 1인 사각형 윈도우을 나타내고, 실제 구현에서 컨볼루션은 박스 커널이 분리 가능하기 때문에 두 개의 1D 컨볼루션으로 나눠진다. 여기서 슬라이스 표기법을 사용하고, $\Delta(x, y, :)$는 요소가 $\Delta(x, y, d)$인 $(d_{\max}+1)$ 차원 벡터를 의미하며, $d = 0, \ldots, d_{\max}$이고, $\Delta(:, :, d)$는 불일치 d에서의 비유사성 슬라이스(영상과 동일한 크기)이다.

참조로 왼쪽 영상의 선택은 임의적이었다. 또는 그림 13.11과 같이 올바른 영상과 관련하여 검색을 쉽게 수행할 수 있다. 완벽한 월드에서, 두 대답은 모두 일치할 것이고, 어떤 영상을 우리가 참조로 사용했는지는 중요하지 않다. 그러나 실제로는 교합, 정반사 및 기타 현상으로 인해 화소가 항상 동의하는 것은 아니다. **왼쪽/오른쪽 불일치 검사**(left-right disparity check)라고 하는 편리한 트릭은 한번 왼쪽 영상을 참조로 사용하고, 한번 오른쪽 영상을 참조로 사용하여 블록 매칭을 두 번 수행하는 것이다. 화소가 그들의 응답에 동의할 때마다, 그

그림 13.12 왼쪽 두 열: 왼쪽 영상의 블록 매칭은 불 일치(녹색)를 찾은 반면, 오른쪽 영상과의 블록 매칭(매칭으로 찾은 화소 사용)은 다른 불일치(녹색)를 찾는다. 두 매칭이 동의하지 않기 때문에 신뢰할 수 없다. 오른쪽 두 열: 왼쪽과 오른쪽 영상 모두 불일치에 동의하여 안정적인 매칭을 유도한다.

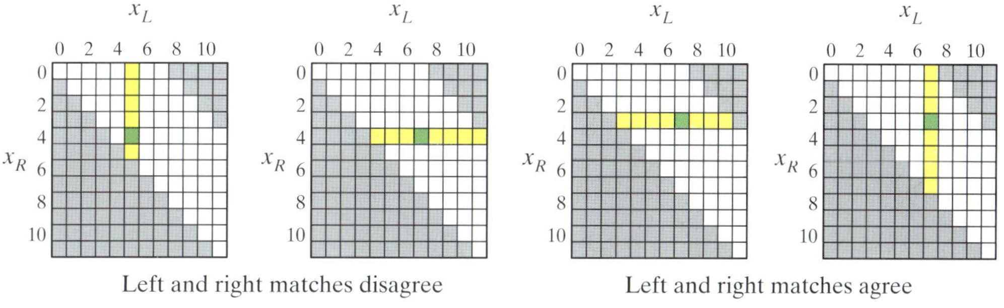

매칭은 신뢰할 만한 것으로 받아들여지지만, 동의하지 않으면 매칭은 신뢰할 수 없는 것으로 버려지므로 그림 13.12에서 보여 주듯이 단순히 대답이 결정되지 않은 많은 화소를 산출하게 된다.

개념적으로, 좌우 일관성 검사를 수행하는 코드는 다음과 같다. 먼저, 왼쪽 영상에 대한 불일치 맵을 계산하기 위해 좌측에서 우측으로 검색이 수행되고, 오른쪽 영상에 대한 불일치 맵을 계산하기 위해 오른쪽에서 왼쪽으로 검색이 수행된다. 이 단계 다음에 두 불일치 맵 간에 일관된 응답만 유지된다. 라인 4에서 왼쪽 불일치 맵의 화소(x, y)는 오른쪽 불일치 맵의 화소 (x, y)와 단순히 비교되지 않는다는 점에 유의하라. 오히려, 좌측 불일치 맵 내의 화소 (x, y)에 대해, 우리는 그 화소에 대해 계산된 불일치에 따라 해당 화소를 고려해야 한다. 즉, $(x - d,\ y)$이고, 여기서, d는 화소 (x, y)에서 계산된 불일치이다.

BlockMatchWithLeftRightCheck1의 코드는 비효율적이다. 알고리즘을 최적화하려면 두 블록 매칭 검색이 동일한 매칭 공간을 사용함에 유의하라. 결과적으로 Δ는 한 번만 계산하면 되고, 중복 계산을 제거하고 BlockMatchWithLeftRightCheck2의 보다 효율적인 알고리즘을 산출함으로써, 그의 점근적 실행 시간(asymptotic running time)은 BlockMatch2의 실행 시간과 동일하다. 첫 번째 Δ가 계산된다. 그런 다음 왼쪽 영상의 모든 화소 (x, y)에 대해 왼쪽 영상을 참조로 사용하는 불일치가 계산된다. 그런 다음 오른쪽 영상을 참조로 사용하여 해당 화소에 대해 계산된 불일치가 동일한지 확인한다. 두 응답이 모두 일치하면 솔루션이 유지된다. 그렇지 않으면 무시가 선언된다. 좌우측 불일치 검사의 유무에 관계없이 블록 매칭을 적용한 결과는 그림 13.13과 같다.

13.2.4 비유사도 측정

어떻게 두 화소 $\mathbf{x}_L = (x_L,\ y_L)$와 $\mathbf{x}_R = (x_R,\ y_R)$을 비교해야 하는가? 가장 간단한 방법은 두 화소 간의 절대 또는 제곱 차이를 계산하는 것이다. 정보가 윈도

그림 13.13 스테레오 영상 쌍에 대한 블록 매칭의 결과. 왼쪽: 영상, 중앙: 왼쪽 불일치 맵, 오른쪽: 좌-우측 일관성 검사 이후의 불일치 맵.

알고리즘 13.3 좌/우 불일치 검사와 블록 매칭에 의한 스테레오 일치

```
BlockMatchWithLeftRightCheck1 (I_L, I_R, d_max)

Input:  left I_L and right I_R images from a stereo pair, with maximum disparity
Output: left disparity map

d_L ← BlockMatch2(I_L, I_R, 0, d_max)
d_R ← BlockMatch2(I_R, I_L, −d_max, 0)
for (x, y) ∈ I_L do
        if d_L(x, y) ≠ −d_R(x − d_L(x, y), y) then
                d_L(x, y) ← NOT-MATCHED
return d_L
```

알고리즘 13.4 좌/우 불일치 검사와 블록 매칭을 통한 스테레오 일치의 보다 효율적인 버전

```
BlockMatchWithLeftRightCheck2(I_L, I_R, d_max)

Input: left I_L and right I_R images from a stereo pair, with maximum disparity
Output: left disparity map

Δ ← ComputeSummedDissimilarities(I_L, I_R, 0, d_max)
for (x, y) ∈ I_L do
        δ_L ← arg min{Δ(x, y, 0), Δ(x, y, 1), . . . , Δ(x, y, d_max)}
        δ_R ← arg min{Δ(x − δ_L, y, 0), Δ(x − δ_L + 1, y, 1), . . . , Δ(x − δ_L + d_max, y, d_max)}
        if δ_L == δ_R then
                d_L(x, y) ← δ_L
        else
                d_L(x, y) ← NOT-MATCHED
return d_L
```

우에 걸쳐 집계될 때, 이 두 선택은 **절대 차이 합**(sum of absolute differences, SAD)과 **제곱 차이 합**(sum of squared differences, SSD)으로 알려져 있다.

$$dissim(I_L(\mathbf{x}_L), I_R(\mathbf{x}_R)) = |I_L(\mathbf{x}_L) - I_R(\mathbf{x}_R)| \quad \text{(SAD)} \tag{13.4}$$

$$dissim(I_L(\mathbf{x}_L), I_R(\mathbf{x}_R)) = (I_L(\mathbf{x}_L) - I_R(\mathbf{x}_R))^2 \quad \text{(SSD)} \tag{13.5}$$

강도 윈도우를 고차원 공간(예를 들어, 7×7 윈도우에 대한 49 차원)의 벡터로서 취급하는 것은, SAD 및 SSD는 두 벡터 사이의 L^1 표준(norm) 및 L^2 표준의 제곱과 각각 동일하다. 일반적으로 SAD는 몇 가지 장점으로 인해 선호되는 방법이다. 계산 속도가 빠르며 이상치에 덜 민감하며 출력은 입력과 동일한 비트 깊이를 가진다. 반면에 SSD의 장점은 그것이 미분가능하다는 것이다. 이것은 우리가 이 장의 뒷부분에서 보게 될 것처럼 옵티컬 플로우를 계산하는데

더 일반적으로 사용된다.

또 다른 옵션은 두 화소 간의 유사도(similarity)를 강도의 곱으로 다음과 같이 계산하는 것이다.

$$dissim(I_L(\mathbf{x}_L), I_R(\mathbf{x}_R)) \quad = \quad -I_L(\mathbf{x}_L)I_R(\mathbf{x}_R) \qquad \text{(cross correlation)}$$

여기서, 음의 부호는 비유사도(dissimilarity)으로 변환하는데 필요하다. 윈도우에 대해 집계할 때 이 옵션은 두 신호 간의 음의 **교차 상관**(cross correlation)이다. SSD와 교차 상관 간의 근본적인 연결이 있으므로 SSD를 최소화하는 것은 교차 상관을 최대화하는 것과 거의 같다.

우리가 방금한 것처럼 원시 강도를 비교하는 것은 다소 단순하다. 이 접근법은 월드의 표면이 램버트(Lambertian)[5]인 것으로 가정 할뿐만 아니라, 카메라들이 유사한 광도 특성을 가진 것으로 가정한다. 그러나 실제로는 두 개의 카메라가 동일한 조도를 수신하더라도 동일한 그레이 레벨을 생성하는 경우는 거의 없다. 아마도 이러한 차이를 설명하는 가장 간단한 측광 모델은 두 카메라가 서로 다른 게인(gain, 곱셈 요소)과 바이어스(bias, 덧셈 요소)을 가지고 있다고 가정하여 해당 화소의 그레이 레벨이 다음과 관련되도록 하는 것이다.

$$I_L(\mathbf{x}_L) = \alpha I_R(\mathbf{x}_R) + \beta \qquad (13.6)$$

여기서, α는 상대 게인이고, β는 두 카메라 간의 상대적 바이어스이다. 이상적으로 $\alpha = 1$ 및 $\beta = 0$이지만 실제 카메라를 사용하면 값이 이상적인 것과 크게 다를 수 있다. 한 가지 방법은 α와 β를 추정하고, I_R의 화소의 그레이 레벨을 적절하게 교정한 다음, SAD, SSD 또는 상호 상관을 사용하여 결과 값을 직접 비교하는 것이다. 게인 및 바이어스의 영향을 제거하는 것은 광도 측정(또는 방사 분석) 보정이라고 알려져 있다. 이 개념을 한 단계 더 발전시킴으로써 영상 전반에 걸쳐 게인 및 바이어스를 교정할 수 있으므로 서로 다른 영상 위치에 대해 서로 다른 게인 및 바이어스가 결정되어 **상호 정규 상관 관계**(normalized cross correlation)가 형성된다. 대안으로, LoG(Laplacian of Gaussian)는 상대 게인을 제거하지는 않지만 카메라 간의 상대적 바이어스를 제거하는 사전 필터로 사용할 수 있다.

또 다른 오류의 원인은 폐색 경계(occluding boundaries) 근처에서 발생하는 화소 값 자체의 손상이다. SAD, SSD 및 상관 관계와 같은 기존의 방법은 부가

5 2.5.4절 (p. 76)

적인 가우시안 잡음과 같은 표준 통계 가정을 기반으로 한다. 이 가정은 단일 통계 집단에서 발생하는 기본 값을 모델링한다. 그러나 윈도우가 폐색 경계를 넘을 때 윈도우에 있는 일부 화소는 가까운 표면에서 강도를 캡처하는 반면 다른 화소는 멀리 있는 표면에서 강도를 캡처한다. 또한, 한 뷰(view)에서 보이는 일부 화소는 다른 뷰에서 가려져 화소 값이 손상된다. 이것은 직접 모델링하기 어렵게 만든다. 결과적으로 윈도우의 강도는 두 개의 분명한 하위 집단, 즉 **파벌 주의**(factionalism)로 알려진 현상에 기인한다.

파벌 주의를 더 잘 허용하기 위해서는 화소 값 자체가 아니라 값의 순서를 보는 비모수적인 로컬 변환을 사용해야 한다. 그러한 변환 중 하나는 윈도우의 중심 화소의 그레이 레벨보다 작은 그레이 레벨의 이웃에 있는 화소의 수를 계산하는 **순위 변환**(rank transform)이다.

$$\tilde{I}(\mathbf{x}) = |\{\mathbf{x}' \in \mathcal{N}(\mathbf{x}) : I(\mathbf{x}') < I(\mathbf{x})\}| \tag{13.7}$$

여기서, $|\cdot|$는 집합의 카디널리티(cardinality)를 나타내며, $\mathcal{N}(\mathbf{x})$는 $\mathbf{x}$의 이웃이다. 이것은 두 영상 모두에 적용될 때 SAD와 같이 위의 비유사도 수식 중 하나에서 사용될 수 있는 새로운 화소 값을 얻는 전처리 단계이다. 또 다른 변환은 각 화소에 대한 비트 문자열을 정의하는 **센서스 변환**(census transform)이다. 여기서, 각 비트는 주변의 화소가 중앙 화소의 화소보다 작은 값을 갖는지 여부에 따라 0 또는 1 이다.

$$\tilde{I}(\mathbf{x}) = [h(I(\mathbf{x}) - I(\mathbf{x}'_1)), \ldots, h(I(\mathbf{x}) - I(\mathbf{x}'_n))]^{\mathsf{T}} \tag{13.8}$$

여기서, h는 앞에서 언급한 헤비사이드 연산자(Heaviside operator)[6]이며, $\mathbf{x}'_i \in \mathcal{N}(\mathbf{x})$이고, $n = |\mathcal{N}(\mathbf{x})|$는 이웃에 있는 화소 수이다. 랭크 변환과 마찬가지로, 이 연산자는 SAD 계산에 사용될 수 있는 각 화소에 대한 새로운 값을 산출한다.

13.2.5 동적 프로그래밍

블록 매칭의 근본적인 한계는 각 윈도우의 불일치가 다른 모든 윈도우와 독립적으로 계산된다는 것이다. 솔루션에 대한 전역 일관성을 유지하기 위해 스테레오 매칭 문제는 에너지 함수의 최소화로 공식화될 수 있다. 에피폴라 제약의 결과로, 매칭 문제는 1D 문제로 볼 수 있는데, 그 목적은 에피폴라 스캔라인을 따라

6 10.2.5절 (p. 587)

모든 화소에 대한 불일치를 계산하는 것이다. 일반적으로 함수는 두 개의 항으로 구성된다. 하나는 데이터에 해당하고, 다른 하나는 평활화(smoothness)에 해당한다.

$$E(d_L) = E_D(d_L) + \lambda E_S(d_L) \tag{13.9}$$

여기서, $d_L(\cdot, \cdot)$은 왼쪽 불일치 맵이고, λ은 두 항의 상대적 중요성을 제어한다. 이 공식은 이전에 보았듯이 베이즈 규칙에 직접 연결될 수 있다. 데이터 항에서는 매칭의 비유사성의 합이 계산된다. 평활화 항에 대하여, 인접한 화소의 각 쌍은 잠재적인 함수 V에 따라 상이한 불일치로 페널티를 받는다.

$$E_D(d_L) = \sum_{x_L \in I_L} dissim(I_L(x_L, y), I_R(x_R + d_L(x_L, y), y)) \tag{13.10}$$

$$E_S(d_L) = \sum_{x_L \in I_L} V(d_L(x_L, y), d_L(x_L + 1, y)) \tag{13.11}$$

여기서, $V(d,\ d) = 0$이고, $V(d_1,\ d_2) = V(d_2,\ d_1)$이므로 V는 적어도 세미메트릭(semimetric)이다.

이 함수는 앞서 살펴본[7] 비테르비(Viterbi) 알고리즘을 사용하여 최소화할 수 있다. 이 접근법을 이해하기 위해, 두 개의 문자열 사이의 **에디트 거리**(edit distance)를 계산하는 문제를 고려해 보겠다. 에디트 거리(**레벤스타인 거리**(Levenshtein distance)라고도 함)는 한 문자열을 다른 문자열로 변경하기 위한 최소 작업 수로 정의된다. 여기서 작업은 단일 문자의 삽입, 삭제 또는 대체이다. 레벤스타인 거리는 해밍 거리의 일반화이다. 우리가 두 개의 문자열 s_1과 s_2를 가지고 있다고 가정하자. 각 문자열은 일련의 문자이고, $d(s_1,\ s_2)$는 그것들 사이의 에디트 거리라고 하자. 동적 프로그래밍은 재귀적 관계에 의존하며, 에디트 거리 문제는 다음과 같다.

$$\begin{aligned}
&d(\emptyset, \emptyset) = 0, \text{ where } \emptyset \text{ is the empty string;} \\
&d(s, \emptyset) = d(\emptyset, s) = \kappa_o|s|, \text{ where } |s| \text{ is the length of the string;} \\
&d(s_1 + c_1, s_2 + c_2) = \min\{d(s_1, s_2) + \gamma(c_1, c_2), d(s_1 + c_1, s_2) \\
&\qquad\qquad + \kappa_o, d(s_1, s_2 + c_2) + \kappa_o\}
\end{aligned}$$

두 번째 관계에서, κ_o는 문자(우리가 볼 수 있듯이, 폐색된 화소와 유사함)와 매칭하지 않는 비용이다. 반면에 $\gamma(c_1,\ c_2)$는 문자 c_1을 c_2와 연관시키는 비용이다(이는 두 화소 사이의 비유사성과 유사하다). 문자열 매칭(string

7 10.2.1절 (p. 567)

알고리즘 13.5 두 문자열 사이의 에디트 거리 계산

```
StringMatching(s1, s2)

Input:  strings s1 and s2
Output: cost of matching the two strings, and the matching function between them

for x1 ← 0 to |s1| − 1 do
    φ(x1, 0) ← x1 * κo
for x2 ← 0 to |s2| − 1 do
    φ(0, x2) ← x2 * κo
for x1 ← 1 to |s1| − 1 do
    for x2 ← 1 to |s2| − 1 do
        φ(x1, x2) ← min{φ(x1 − 1, x2) + κo, φ(x1, x2 − 1) + κo, φ(x1 − 1, x2 − 1) + γ(s1(x1), s2(x2))}
match ← ExtractPath(φ)
return φ(|s1| − 1, |s2| − 1), match

ExtractPath (φ)

Input:  2D array of costs computed between two strings
Output: list of matches between the strings

x1 ← |s1|
x2 ← |s2|
while x1 ≥ 0 AND x2 ≥ 0 do
    if φ(x1, x2) == φ(x1 − 1, x2) + κo then
        x1 ← x1 − 1
    elseif φ(x1, x2) == φ(x1, x2 − 1) + κo then
        x2 ←_ 1
    else
        x1 ←_ 1
        x2 ←_ 1
        match: Push(x1, x2)
return match
```

matching)에서 우리는 일반적으로 $\kappa_o = 1$과 다음을 설정한다.

$$\gamma(c_1, c_2) = \begin{cases} 0 & \text{if } c_1 = c_2 \\ 1 & \text{otherwise} \end{cases} \quad \textbf{(13.12)}$$

알고리즘 13.5에 표시된 에디트 거리를 계산하기 위해, 일반적으로 사용되는 알고리즘은 $(|s_1|+1) \times (|s_2|+1)$ 배열의 사용을 포함하며 이를 φ라고 한다. (i, j) 번째 요소 $\varphi(i, j)$는 s_1의 처음 i 문자와 s_2의 첫 번째 j 문자를 포함하는 하위 문자열 사이의 에디트 거리이다. 이 알고리즘의 중요한 특성은 에디트 거리를 계산할 뿐만 아니라 **문자열 매칭 문제**(string matching problem)도 해결

알고리즘 13.6 동적 프로그래밍에 의한 스테레오 일치

StereoDynamicProgramming $(I_L, I_R, d_{\max})$

Input: left I_L and right I_R images from a stereo pair, with maximum disparity
Output: left disparity map

1 **for** $y \leftarrow 0$ **to** *height* $- 1$ **do**
2   **for** $x_L \leftarrow 1$ **to** *width* $- 1$ **do**
3         $\varphi_{prev} \leftarrow \min\{\varphi(x_L - 1, 0), \ldots, \varphi(x_L - 1, d_{\max})\}$
4   **for** $d \leftarrow 0$ **to** $d_{\max}$ **do**
5             $\varphi(x_L, d) \leftarrow \min\{\varphi_{prev} + \kappa, \varphi(x_L - 1, d)\} + dissim(I_L(x_L, y), I_R(x_L + d, y))$
6     $d_L(:, y) \leftarrow$ ExtractPathStereo(φ)
7 **return** d_L

한다는 것이다. 즉, 일단 φ가 생성되면 두 개의 문자열에 있는 문자를 연관시키는 정보를 포함한다. 따라서 $\varphi(|s_1|-1, |s_2|-1)$로 시작하는 역순으로 배열을 순회하여 문자의 대응 관계를 결정할 수 있으며, 최소 값을 유발한 이전 셀을 추적할 수 있다.

두 개의 스캔라인에 대한 스테레오 일치 문제(stereo correspondence problem)는 문자열 매칭 문제(string matching problem)와 매우 유사하며, 각 화소가 문자인 경우 화소를 변경하는 비용은 두 화소 간의 비유사성이며, 화소를 삽입하거나 삭제하는 비용은 폐색에 대한 벌칙이다. 접근법에 대한 의사 코드는 알고리즘 13.6에 나와 있다. 여기서 ExtractPathStereo는 ExtractPath와 유사하다. 실제 구현의 경우, 경로 추출을 쉽게 하기 위해 라인 3에서 최소 값을 유발한 이전 셀 경로를 추적하는 것이 도움이 된다. 또 다른 개선점은 두 개의 스캔라인을 대칭적으로 처리하여 명시적으로 폐색을 모델링하는 것이다. 그러나 이것은 약간 더 많은 부기(bookkeeping)를 필요로 한다.

13.2.6 2D에서 에너지 최소화

동적 프로그래밍은 주어진 스캔라인을 따라 작용하는 1D 에너지의 전역 최소 값을 찾을 수 있지만, 영상은 본질적으로 2D이다. 따라서 각 스캔라인에 동적 프로그래밍을 독립적으로 적용하면 결과 불일치 맵에 수평 줄무늬가 생긴다. 이러한 제한을 극복하기 위해, **세미-글로벌 매칭**(semi-global matching)으로 알려진 하나의 접근 방식은 반드시 스캔라인이 아닌 영상의 라인을 따라 동적 프로그래밍을 반복적으로 수행한다. 대조적으로, 또 다른 클래스의 접근법은 다음과 같은 2D 에너지 함수를 명시적으로 최소화한다.

$$E(d_L) = \sum_{(x,y)} dissim(I_L(x, y), I_R(x + d_L(x, y), y)) + \lambda \sum_{(x,y)} \sum_{(x', y') \in \mathcal{N}(x, y)} V(d(x, y), d(x', y')) \quad (13.13)$$

여기서, **포츠 모델**(Potts model)은 조각별 평활화를 강화하는 보편적인 방법이다. $d = d'$이면 $V(d, d') = 0$이고, 그렇지 않으면 1이다. 이러한 2D 에너지 함수를 최소화하기 위한 대부분의 알고리즘은 앞서 살펴본[8] 다변 컷(multiway cuts) 또는 **베이지안 신념 전파**(Bayesian belief propagation)를 기반으로 한다. 신념 전파는 노드에서 확률 분포를 유지하고, 노드 간에 메시지를 전달하여 이러한 분포를 업데이트하는 그래프에 대한 추론 기술이다. 그래프에 사이클이 포함되어 있으면(영상의 경우와 마찬가지로) 이 방법을 루핑 신념 전파(loopy belief propagation)라고 한다.

13.2.7 능동 스테레오

지금까지 우리는 수동 스테레오 비전(passive stereo vision) 알고리즘을 논의했다. 이는 사람의 시각 시스템이 깊이를 추정하는 방식을 가장 잘 모방한 방식이다. 깊이 추정에 대한 또 다른 수동 접근법은 동일한 위치에서 같은 카메라로 두 개의 영상을 찍고, 조명 조건이 다르면 표면의 알베도(albedo)를 가볍게 가정한 다음 깊이를 복구할 수 있는 **광도 스테레오**(photometric stereo)이다. 또는 초점 흐림에서의 깊이는 그레이 레벨 신호의 미분의 에너지양으로부터 깊이를 추정하기 위해 **다른 초점 깊이**(depth from defocus)로 촬영한 여러 영상을 사용한다(영상을 흐리게 하면 미분 값이 줄어든다). 이러한 수동 시스템은 실제 응용 분야에 충분한 정확도와 해상도를 갖춘 치밀한 깊이 측정을 구현하기 위해 수년간 노력해 왔다.

결과적으로, 상업적으로 성공한 대부분의 깊이 센서는 빛이 장면에 투영되고, 어떤 방식으로 든 빛이 감지되는 **능동 감지**(active sensing)에 의존한다. 능동 시스템은 수동 스테레오 매칭(즉, 시각적 질감의 부족)에 대해 가장 까다로운 문제를 극복한다. 즉, 장면에 중요한 시각적 질감이 없는 영역이 포함되어 있는 경우, 화소 값의 패치를 간단히 매칭시켜 해당 영역의 불일치를 안정적으로 추정할 수 있는 로컬 정보가 충분하지 않다. 이 문제는 실내 장면에서 특히 심각하다. 실내 장면은 대개 균일한 색상의 큰 영역으로 구성되는 경우가 많다.

하나의 이러한 능동 센서는 단일 점의 깊이를 측정하는 **레이저 범위 측정기**(laser range finder)이다. 레이저 광선이 장면에 비치고 월드의 표면에서 반

8 10.4.4절 (p. 631)

사된 광선은 레이저 근처에 있는 광 검출기(예: 포토 다이오드)에 의해 감지된다. 표면까지의 거리는 이동 시간의 절반에 빛의 속도를 곱한 값으로 측정된다. 방출된 광선의 방향을 변경하기 위해, 하나 이상의 회전 거울과 레이저 범위 측정기를 결합하면 **레이저 스캐너**(laser scanner)라고도하는 **스캐닝 라이더**(scanning lidar, "라이트 레이더(light radar)")가 생성된다. 레이저 스캐너는 단일 회전 거울을 포함할 수 있으며, 이 경우 깊이는 장면의 평면 내에서만 측정된다. 또는 한 쌍의 회전 거울이 있으며, 깊이는 센서에서 보이는 모든 점에서 측정된다.

레이저 스캐너는 높은 비용을 충당할 수 있는 응용 분야에서 널리 사용되지만, 소비자 시장은 보다 저렴한 기술을 기반으로 하는 깊이 센서에 의해 최근에 침투되기 시작했다. TOF(time-of-flight) 카메라로 알려진 그러한 접근법 중 하나는 LED 또는 레이저 다이오드를 통해 빛을 비추고, 빛이 장면의 표면에서 반사되는데 필요한 시간을 측정하는 것이다. 그 결과, 전체 장면이 움직임 없이 동시에 캡처되므로 **비행 시간 카메라**(time-of-flight camera)는 스캐너가 없는 레이저 스캐너로 간주될 수 있다. **구조화 조명**(structured light)이라고 하는 다른 접근법은 특정 패턴의 비-일관성 빛(noncoherent light)을 방출하는 비디오 프로젝터를 사용한다. 이 패턴들은 카메라에 의해 검출되고, 삼각 측량을 통해 스트레오와 유사한 방식으로 깊이를 복구하기 위해 알려진 방출 패턴(emitted patterns)과 매칭된다. 구조화 조명 센서로 캡처된 깊이 영상 예제가 그림 13.14에 나와 있다.

13.3 옵티컬 플로우 계산

한 쌍의 스테레오 영상에서 해당 화소 간의 1D 변위(불일치)를 추정하는 문제를 고려했기에, 이번 절에서는 밀접하게 관련된 문제인 비디오 시퀀스에서 한 쌍의 연속적인 영상 프레임에서 대응하는 화소 사이의 2D 변위(속도)를 추정

그림 13.14 키넥트 능동 스테레오 시스템(Kinect active stereo system)에 의해 캡쳐된 RGB 영상(왼쪽)과 깊이 영상(오른쪽)의 예.

을 다루려고 한다.

13.3.1 모션 필드

비디오 카메라가 물체 및/또는 카메라가 움직이는 장면을 보고 있다고 가정하자. 장면의 각 지점과 연관되어 카메라와 관련된 점의 속도를 캡처하는 3D 속도 벡터가 있다. **모션 필드**(motion field)는 장면의 모든 점에 대한 3D 속도 벡터의 2D 영상 평면에 대한 투영으로 정의된다. 예를 들어 앞으로 나갈 때 직선으로 차를 운전하면 모션 필드의 2D 벡터가 영상의 단일 점에서 나온다. 이는 그림 13.15에서 보이는 것처럼 **확장의 초점**(focus of expansion)으로 알려져 있다. 한편, 당신이 뒤로 보고 있다면 2D 벡터는 모두 **수축의 초점**(focus of contraction)이라고 하는 단일 지점으로 향한다. 마지막으로, 차량의 측면을 보면 모든 벡터가 영상에서 평행하게 되고 교정된 스테레오 영상 쌍과 유사하다.

모션 필드를 정량화하기 위해, $\mathbf{p} = [p_x \quad p_y \quad p_z]^\mathsf{T}$를 카메라 좌표계의 월드 점라고 한다. 광축과 정렬된 z 축을 갖는 핀홀 카메라 모델을 가정하면, 수식 (2.1)-(2.2)로부터 영상 면으로의 점의 투영은 $(x, y) = \left(\frac{fp_x}{p_z}, \frac{fp_y}{p_z}\right)$이다. $\mathbf{p}$와 카메라 사이의 상대적인 움직임이 이동(translation) $\mathbf{t} = [t_x \quad t_y \quad t_z]^\mathsf{T}$와 회전(rotation) $\omega = [\omega_x \ \omega_y \ \omega_z]^\mathsf{T}$ 속도에 의해 주어지면, 3D에서의 점의 속도는 이동에서 회전과 점의 벡터 외적을 뺀 값에 의해 주어진다.

$$\frac{d\mathbf{p}}{dt} = \mathbf{t} - \omega \times \mathbf{p} = \begin{bmatrix} -t_x - \omega_y p_z + \omega_z p_y \\ -t_y - \omega_z p_x + \omega_x p_z \\ -t_z - \omega_x p_y + \omega_y p_x \end{bmatrix} \tag{13.14}$$

시간 t에 대해 투영된 좌표 (x, y)를 미분하면 영상 속도 $\mathbf{u} \equiv [u \quad v]^\mathsf{T}$가 된다.

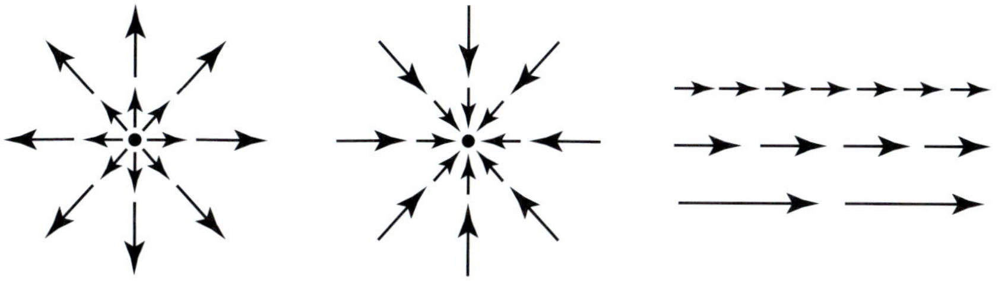

그림 13.15 모션 필드의 예. 왼쪽에서 오른쪽으로: 모션의 방향을 보았을 때, 모든 벡터는 확장의 초점에서 나온다. 모션의 방향과 반대 방향을 볼 때 모든 벡터는 수축의 초점에서 끝난다. 모션의 방향에 평행하게 보았을 때, 모든 벡터는 평행하고 그 크기는 카메라로부터의 거리에 반비례한다.

$$u \equiv \frac{dx}{dt} = \frac{f}{p_z^2}\left(p_z\frac{dp_x}{dt} - p_x\frac{dp_z}{dt}\right) = \frac{xt_z - ft_x}{p_z} - f\omega_y + y\omega_z + \frac{xy\omega_x}{f} - \frac{x^2\omega_y}{f} \quad (13.15)$$

$$v \equiv \frac{dy}{dt} = \frac{f}{p_z^2}\left(p_z\frac{dp_y}{dt} - p_y\frac{dp_z}{dt}\right) = \frac{yt_z - ft_y}{p_z} + f\omega_x - x\omega_z - \frac{xy\omega_y}{f} + \frac{y^2\omega_x}{f} \quad (13.16)$$

두 수식 모두에서 깊이 p_z는 첫 번째 항에만 나타난다. 이 항은 이동을 포함하지만 다른 항은 회전을 포함한다. 즉, 카메라의 초점을 중심으로 카메라를 회전시키면 **시차**(parallax)가 발생하지 않으므로(두 개의 다른 시점에서 보이는 겉보기 변위) 깊이 정보가 없으므로 깊이와 회전이 분리된다.

몇 가지 특별한 경우를 생각해 보자. 모션이 순수한 이동인 경우, $\omega = 0$으로 다음이 된다.

$$u = \frac{xt_z - ft_x}{p_z} = \frac{t_z}{p_z}\left(x - \frac{ft_x}{t_z}\right) \quad (13.17)$$

$$v = \frac{yt_z - ft_y}{p_z} = \frac{t_z}{p_z}\left(y - \frac{ft_y}{t_z}\right) \quad (13.18)$$

이 모션 필드는 방사형이며, 영상 평면과 변환 벡터의 교차점인 지점$\left(\frac{ft_x}{t_z}, \frac{ft_y}{t_z}\right)$에서 발원된다. 이 점은 확장 초점($t_z < 0$)이거나 수축 초점($t_z > 0$인 경우) 중 하나이다. 그것은 **순간적 에피폴**(instantaneous epipole)이라고도 한다.

만약 $\omega = \mathbf{0}$ 이외에 광축을 따라 이동이 없다면, $t_z = 0$이다.

$$u = -\frac{ft_x}{p_z} \quad (13.19)$$

$$v = -\frac{ft_y}{p_z} \quad (13.20)$$

이 경우, 모든 모션 벡터는 평행하고, 에피폴(나중에 더 정확하게 정의한다.)은 무한에 있다. 또한 $t_y = 0$인 경우, 수식은 교정된 스테레오의 수식으로 줄어든다.

$$u = -\frac{ft_x}{p_z} \quad (13.21)$$

$$v = 0 \quad (13.22)$$

여기서, t_x는 장면에 대한 초점의 두 위치 간 베이스 라인 또는 이동이다. 이전에 보았듯이 변위(또는 이 경우는 불일치)는 깊이에 반비례한다. 장면이 정적이고 카메라가 움직이는 경우, 이 절의 모든 수식은 전체 영상에 적용할 수 있고, 하나의 객체가 움직이는 경우에 해당 객체의 화소에만 적용할 수 있다.

13.3.2 옵티컬 플로우

실제 투영된 동작인 모션 필드와 달리, **옵티컬 플로우**(optical flow)은 영상 평면의 밝기 패턴의 외관상의 동작을 나타낸다. 이상적인 월드에서, 이 두 가지는 동일할 것이지만, 두 가지가 매우 다른 몇 가지 명백한 비정상적인 사례가 있다. 예를 들어, 대각선 줄무늬가 영상에서 수직으로 움직이는 것처럼 보이기 때문에 유명한 바버폴(barberpole) 환상이 발생한다. 실제로 그들은 수평으로 움직이고 있다. 유사하게, 텍스처가 없는 회전하는 핑퐁 볼(ping pong ball)은 움직이지 않는 것처럼 보일 것이다. 실제로는 표면 자체가 변하지 않더라도 반짝이는 표면의 경면 반사는 시점(또는 광원) 위치가 변경됨에 따라 움직이는 것처럼 보일 것이다.

모션 필드와 옵티컬 플로우는 장면의 점의 투영된 화소 값이 영상 시퀀스 전체에서 동일하게 유지될 때 동일하다. 이것은 **밝기 불변량 가정**(brightness constancy assumption)으로 알려져 있다. 시각 t에서의 2D 위치 $(x(t), y(t))$에서 영상 면에 투영되는 점을 고려하면 시간에 따른 투영의 궤도는 함수 $x(\cdot)$ 및 $y(\cdot)$이다. 따라서 나중에 작은 시간 Δt에서 점은 $(x(t+\Delta t), y(t(\Delta t))$에 투영된다. 투영된 점의 밝기(또는 더 정확하게는 그레이 레벨)가 일정하다고 가정하면 다음이 된다.

$$I(x(t+\Delta t), y(t+\Delta t), t+\Delta t) = I(x(t), y(t), t) \tag{13.23}$$

여기서, 세 번째 매개 변수 t를 함수 $I(\cdot,\cdot)$에 도입하여 시퀀스의 어떤 영상을 의미하는지 지정한다. 이 수식은 하나의 영상(시간 t에서 캡처된 영상)의 모든 화소가 다른 영상(시간 $t+\Delta t$에서 캡처된 영상)의 대응 화소와 동일한 그레이 레벨을 갖는다고 말한다. 여기서, 대응은 공간상의 점의 실제 움직임의 투영에 의해 결정된다.

연속적으로 미분할 수 있는 1D 함수 $f(x)$는 테일러(Taylor) 급수 확장을 사용하여 점 x_0을 중심으로 근사될 수 있다.

$$f(x) \approx f(x_0) + (x - x_0)\frac{df(x_0)}{dx} + \cdots \tag{13.24}$$

여기서, 단지 선형 항만이 표시된다. 여러 변수의 함수의 경우, 각 변수에 대해 차별화를 수행해야 한다. 따라서 모든 상위 항을 무시하고 점 $(x(t), y(t), t)$을 중심으로 한 수식 (13.23)의 좌변의 테일러 급수 확장은 다음과 같다.

$$\begin{aligned} I(x(t+\Delta t), y(t+\Delta t), t+\Delta t) \approx\ & I(x(t), y(t), t) \\ & + (x(t+\Delta t) - x(t))\frac{\partial I}{\partial x} \\ & + (y(t+\Delta t) - y(t))\frac{\partial I}{\partial y} \\ & + \Delta t \frac{\partial I}{\partial t} \end{aligned} \tag{13.25}$$

수식 (13.23)의 일정 밝기 가정으로 인해 다음이 유도된다.

$$(x(t+\Delta t) - x(t))\frac{\partial I}{\partial x} + (y(t+\Delta t) - y(t))\frac{\partial I}{\partial y} + \Delta t \frac{\partial I}{\partial t} \approx 0 \tag{13.26}$$

양측을 Δt로 나누고, 극한을 $\Delta t \to 0$으로 취하면 다음이 된다.

$$\lim_{\Delta t \to 0} \frac{(x(t+\Delta t) - x(t))}{\Delta t}\frac{\partial I}{\partial x} + \lim_{\Delta t \to 0} \frac{(y(t+\Delta t) - y(t))}{\Delta t}\frac{\partial I}{\partial y} + \frac{\partial I}{\partial t} \approx 0 \tag{13.27}$$

또는 도함수의 정의에 따라 다음이 된다.

$$\frac{dx}{dt}\frac{\partial I}{\partial x} + \frac{dy}{dt}\frac{\partial I}{\partial y} \approx -\frac{\partial I}{\partial t} \tag{13.28}$$

이것이 표준 **옵티컬 플로우 제약 수식**(optical flow constraint equation)이다. 수식이 아니고, 근사치이기 때문에 약간의 잘못된 이름이다. 그럼에도 불구하고 선형화된 테일러 급수를 기반으로 한다는 것을 상기시키기 위해 근사치를 그대로 두고 전통적인 용어를 사용한다. 이 알림의 중요성은 잠시 후에 분명해질 것이다. 그 동안 수식은 두 벡터 사이의 내적으로 더 간소하게 작성할 수 있다.

$$(\nabla I)^{\mathsf{T}}\mathbf{u} \approx -I_t \tag{13.29}$$

여기서, $\nabla I \equiv [I_x \quad I_y]^{\mathsf{T}} \equiv [\partial I/\partial x \quad \partial I/\partial y]^{\mathsf{T}}$는 영상 세기 함수의 그래디언트이고, $\mathbf{u} \equiv [u \quad v]^{\mathsf{T}} = [dx/dt \quad dy/dt]^{\mathsf{T}}$는 알려지지 않은 영상 속도이고, $I_t \equiv \partial I/\partial t$는 시간에 대한 영상의 편미분이다. 실제로 비디오 시퀀스에서 두 개의 연속 영상을 사용하여 $\Delta t = 1$이 되며, 연속 미분 값은 유한 차이로 근사된다.

$$u = \frac{dx}{dt} \approx x(t+1) - x(t) \quad v = \frac{dy}{dt} \approx y(t+1) - y(t) \quad \frac{\partial I(x,y,t)}{\partial t} \approx I(x,y,t+1) - I(x,y,t) \tag{13.30}$$

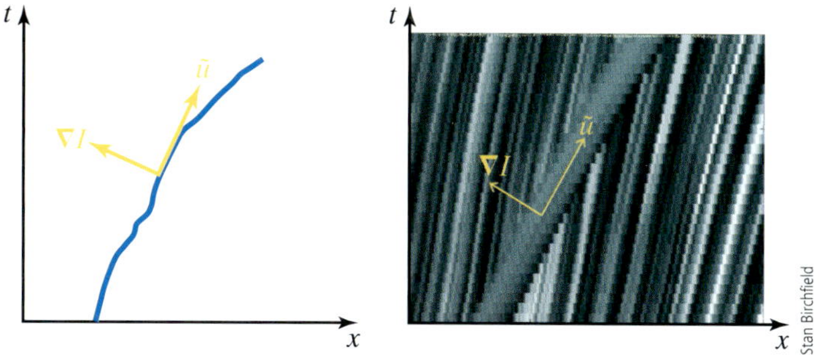

그림 13.16 1D 영상을 이용한 옵티컬 플로우 제약 수식(optical flow constraint equation, OFCE)의 시각화. 점의 증가된 변위 벡터 $\tilde{\mathbf{u}}$가 그 점에서의 그레이 레벨 아이소칸투어와 평행하고, 따라서 증가된 그레디언트 벡터에 수직인 것을 보여준다. 영상 시퀀스의 시공간적 볼륨을 통한 일러스트레이션(왼쪽)과 실제 슬라이스(오른쪽)가 나타나며, 얇은 객체가 나머지 장면보다 빠르게 오른쪽으로 이동한다.

이 경우, 미지의 속도 u와 v는 실제로 연속적인 영상들 사이의 x 축과 y 축을 따르는 변위이다.

수식 (13.28)의 단일 스칼라 수식에는 두 개의 미지수가 있다. 즉, 단일 화소의 움직임을 추정하는 문제는 충분하지 않다. 이것은 **조리개 문제**(aperture problem)로 알려져 있으며, 영상의 작은 부분을 보는 것(작은 구멍을 통과하는 것처럼)은 속도 벡터의 두 구성 요소를 모두 분해할 수 없다는 아이디어에서 그 이름을 받았다. 대신 그레디언트 방향의 모션 구성 요소 또는 그레이 레벨 아이소컨튜어(isocontour)에 수직인 모션 구성 요소만 계산할 수 있다.

$$u_n = \frac{-I_t}{\|\nabla I\|} = \frac{(\nabla I)^\mathsf{T}\mathbf{u}}{\|\nabla I\|} = \left(\frac{\nabla I}{\|\nabla I\|}\right)^\mathsf{T}\mathbf{u} \tag{13.31}$$

옵티컬 플로우 제약 수식을 더 잘 시각화하기 위해, 그림 13.16과 같이 대략 일정한 속도로 영상에서 수평으로 움직이는 물체를 고려하는 것이 도움이 될 수 있다. 1D에서, $\tilde{\mathbf{u}} = (\Delta x,\ \Delta t)$에 의해 주어진 증가된 변위 벡터는 그레이 레벨 아이소칸투어에 접선이며, 그 자체는 $I(x,\ t)$의 그레디언트에 수직이다. 그래서 $\tilde{\mathbf{u}}^\mathsf{T}\nabla \mathrm{I} = [\Delta x \quad \Delta t]\,[I_x \quad I_t]^\mathsf{T} = I_x\Delta x + I_t\Delta t = 0$이다. $\Delta t = 1$(즉, 연속적인 영상 프레임들)이라고 가정하면, 이것은 $I_x\Delta x = -I_t$을 산출한다. 2D로 확장하면 유사한 추론으로 $I_x\Delta x + I_y\Delta y = -I_t$이 되며, 위의 옵티컬 플로우 제약 수식이 된다.

13.3.3 루카스-카나데 알고리즘

구멍 문제(aperture problem)를 극복하는 한 가지 방법은 작은 영역의 모든 화소가 동일한 영상 모션을 공유한다고 가정하는 것이다. 이 가정은 잘 알려진 **루카스-칸나데**(Lucas-Kanade) 방법으로 이어진다. $\mathbf{u} = [u \quad v]^\mathsf{T}$인 위치 $\mathbf{x} = [x \quad y]^\mathsf{T}$에 있는 단일 화소에 대해 옵티컬 플로우 제약은 $I_x(\mathbf{x})\,u + I_y(\mathbf{x})\,v \approx -I_t(\mathbf{x})$임을 상

기하자. 이 근사를 다음 수식으로 재해석 해보자.

$$I_x(\mathbf{x})u_\Delta + I_y(\mathbf{x})v_\Delta = -I_t(\mathbf{x}) \tag{13.32}$$

여기서, $\mathbf{u}_\Delta \equiv [u_\Delta \;\; v_\Delta]^\mathsf{T}$는 현재 추정에 대한 화소의 증분 변위이고, $\mathbf{u}_\Delta$는 궁극적으로 추정하려는 $\mathbf{u}$가 아닌 선형화된 수식에 의해 포착된 변위를 나타내기 때문에 이 근사는 수식이 된다. 즉, 다음과 같다.

$$\mathbf{u} = \mathbf{u}_0 + \mathbf{u}_\Delta^{(1)} + \mathbf{u}_\Delta^{(2)} + \mathbf{u}_\Delta^{(3)} + \cdots \tag{13.33}$$

여기서, $\mathbf{u}_0$는 초기 모션 추정이며, $\mathbf{u}_\Delta^{(i)}$는 i 번째 반복에서 계산된 증분 변위이다.

이제 영역 $\mathcal{R} = \{\mathbf{x}_i\}_{i=1}^n$의 모든 화소 $\mathbf{x}_1, \ldots, \mathbf{x}_n$이 동일한 영상 모션을 공유한다고 가정하면, 우리는 수식을 겹쳐서 과잉 선형 시스템(overdetermined linear system)을 산출할 수 있다.

$$\underbrace{\begin{bmatrix} I_x(\mathbf{x}_1) & I_y(\mathbf{x}_1) \\ I_x(\mathbf{x}_2) & I_y(\mathbf{x}_2) \\ \vdots & \vdots \\ I_x(\mathbf{x}_n) & I_y(\mathbf{x}_n) \end{bmatrix}}_{\mathbf{A}} \begin{bmatrix} u_\Delta \\ v_\Delta \end{bmatrix} = -\underbrace{\begin{bmatrix} I_t(\mathbf{x}_1) \\ I_t(\mathbf{x}_2) \\ \vdots \\ I_t(\mathbf{x}_n) \end{bmatrix}}_{\mathbf{b}} \tag{13.34}$$

여기서, n은 영역 내의 화소 수이고, $\mathbf{A}$는 화소에서의 영상의 공간 도함수(spatial derivative)를 포함하는 $n \times 2$ 행렬이고, $\mathbf{b}$는 시간 도함수(temporal derivative)를 포함하는 $n \times 1$ 벡터이다. 시간 도함수는 일반적으로 단순히 두 영상을 서로 빼서 근사화 된다. $I_t(\mathbf{x}) = J(\mathbf{x}) - I(\mathbf{x})$이고, 여기서, I는 현재 영상이고, J는 비디오 시퀀스의 다음 영상이다. 이러한 유한 차분은 미분에 대한 합리적인 근사 값이며 계산하기 쉽다.

수식의 체계는 $\mathbf{A}^\mathsf{T}$에 의해 양측을 곱함으로써 더 작아 질 수 있다.

$$\underbrace{\begin{bmatrix} I_x(\mathbf{x}_1) & \cdots & I_x(\mathbf{x}_n) \\ I_y(\mathbf{x}_1) & \cdots & I_y(\mathbf{x}_n) \end{bmatrix}}_{\mathbf{A}^\mathsf{T}} \underbrace{\begin{bmatrix} I_x(\mathbf{x}_1) & I_y(\mathbf{x}_1) \\ \vdots & \vdots \\ I_x(\mathbf{x}_n) & I_y(\mathbf{x}_n) \end{bmatrix}}_{\mathbf{A}} \begin{bmatrix} u_\Delta \\ v_\Delta \end{bmatrix} = -\underbrace{\begin{bmatrix} I_x(\mathbf{x}_1) & \cdots & I_x(\mathbf{x}_n) \\ I_y(\mathbf{x}_1) & \cdots & I_y(\mathbf{x}_n) \end{bmatrix}}_{\mathbf{A}^\mathsf{T}} \begin{bmatrix} I_t(\mathbf{x}_1) \\ I_t(\mathbf{x}_2) \\ \vdots \\ I_t(\mathbf{x}_n) \end{bmatrix} \tag{13.35}$$

혹은,

$$\underbrace{\sum_{\mathbf{x}\in\mathcal{R}} \begin{bmatrix} I_x^2(\mathbf{x}) & I_x(\mathbf{x})I_y(\mathbf{x}) \\ I_x(\mathbf{x})I_y(\mathbf{x}) & I_y^2(\mathbf{x}) \end{bmatrix}}_{\mathbf{Z}} \begin{bmatrix} u_\Delta \\ v_\Delta \end{bmatrix} = -\underbrace{\sum_{\mathbf{x}\in\mathcal{R}} \begin{bmatrix} I_x(\mathbf{x})I_t(\mathbf{x}) \\ I_y(\mathbf{x})I_t(\mathbf{x}) \end{bmatrix}}_{\mathbf{e}} \tag{13.36}$$

여기서, $\mathbf{Z} = \mathbf{A}^\mathsf{T}\mathbf{A}$는 수식 (7.29)에서 본 2×2 그레디언트 공분산 행렬이고, $\mathbf{e} = \mathbf{A}^\mathsf{T}\mathbf{b}$는 2×1 벡터이다. 따라서 선형 시스템 $\mathbf{A}\mathbf{u}_\Delta = \mathbf{b}$를 푸는 것은 $\mathbf{A}^\mathsf{T}\mathbf{A}\mathbf{u}_\Delta = \mathbf{A}^\mathsf{T}\mathbf{b}$ 또는 $\mathbf{Z}\mathbf{u}_\Delta = \mathbf{e}$를 주는 것과 같다. 수식 (7.29)에서와 같이 z_x, z_y 및 z_{xy}를 $\mathbf{Z}$의 요소로, e_x 및 e_y을 e의 요소로 놓으면 수식은 다음으로 쉽게 풀린다.

$$\mathbf{u}_\Delta = \begin{bmatrix} u_\Delta \\ v_\Delta \end{bmatrix} = \frac{1}{\det(\mathbf{Z})} \begin{bmatrix} z_y e_x - z_{xy} e_y \\ z_x e_y - z_{xy} e_x \end{bmatrix} \tag{13.37}$$

여기서, $\det(\mathbf{Z}) = z_x z_y - z_{xy}^2$는 $\mathbf{Z}$의 행렬식이다.

이제 $\mathbf{u}$와 $\mathbf{u}_\Delta$의 차이점을 고려해 보겠다. 선행 분석은 영상 세기 함수가 현재 추정치의 이웃에서 선형 근사에 의해 잘 표현된다고 가정한다. 이것은 **작은 모션 가정**(small motion assumption)으로 알려져 있으며, 이로 인해 테일러 급수가 선형 항으로 잘린다. 따라서 최종 결과를 얻으려면 매번 새로운 추정치를 선형화할 때마다 이 기법을 반복 적용해야 한다. 이 접근법은 **가우스-뉴턴 방법**(Gauss–Newton method)으로 알려져 있으며, 여기서와 같이 제곱 오차 함수의 경우, 적용할 수 있는 뉴턴의 방법을 단순화한 것으로 생각할 수 있다. 두 기법 모두 함수의 근원을 찾기 위해 등식이 새로운 추정치에 대해 반복적으로 선형화된다. 하지만 가우스-뉴턴은 문제의 특수한 구조 때문에 2차 미분이 필요 없다.

절차의 반복을 시각화하기 위해, 그림 13.17은 비디오 시퀀스의 다음 영상 J의 프로파일과 함께 영상 I의 1D 강도 프로파일을 보여준다. 밝기 불변량 가정은 두 프로파일의 모양이 동일하기 때문에 분명하고, 유일한 차이점은 두 프로파일 간의 상대적인 이동이다. 직각 삼각형은 현재 추정치 $I(x_0)$의 값에서 다음 영상 $J(x_0)$에서의 값까지 그려진다. 그 점에서, x_0에서 계산된 I의 기울기인 $I_x(x_0)$를 사용하여 대각선이 그려진다. $I(x_0)$의 수평선

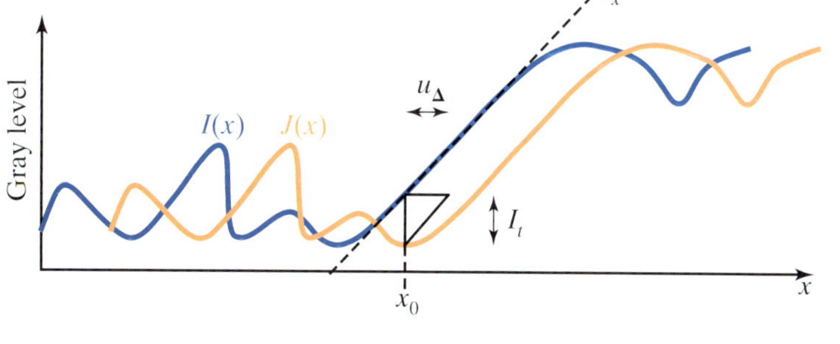

그림 13.17 옵티컬 플로우 제약 수식에 의한 작은 모션 가정의 1D 그림.

은 삼각형을 완성한다. 도면으로부터, 삼각형의 수평 베이스의 길이는 미지의 u_Δ이며, 수직 거리는 단순히 시간 미분 추정치 $J(x_0) - I(x_0) \approx I_t$이고, 기울기는 공간 도함수이다. I_x는 기울기(rise over run)이기 때문에, 우리는 $I_x(x_0) = -I_t(x_0)/u_\Delta$ 또는 다음의 수식을 가진다.

$$u_\Delta = -\frac{I_t(x_0)}{I_x(x_0)} \tag{13.38}$$

이것은 단순히 옵티컬 플로우 제약 수식의 1D 버전이다.

$\mathbf{u}_\Delta$가 계산되면, $\mathbf{u}_\Delta$로 영상이 이동되어 더 가깝게 된다. 그런 다음 수렴될 때까지 프로세스가 반복된다. 개념적으로 쉬프트가 제 1 또는 제 2 영상에 적용되는지 여부는 중요하지 않다. 즉 I가 오른쪽으로 이동했는지(이 예에서는) 또는 J가 왼쪽으로 이동했는지에 관계없이 두 방식 모두 본질적으로 동일한 결과를 생성하기 때문이다. 그러나 계산 효율성을 위해, 공간 도함수가 계산된 영상을 이동하지 않는 것이 좋으며, 그 공간 도함수는 후속 반복에서 재사용될 수 있다. 결과적으로 우리는 I 대신에 J를 움직이는 관례를 채택하는데, 이것은 **역워프**(inverse warp)라고 알려져 있는 프로세스이다.

이제 알고리즘 13.7의 루카스-카나데에 대한 의사 코드를 제공할 준비가 되었다. 이 알고리즘은 화소 집합 $\mathcal{R}$의 단일 집합의 변위를 계산하는 단계를 보여준다. 이는 일반적으로 중심 화소 주위의 정사각형 윈도우이다. 먼저 영상 I의 공간 그레디언트가 계산된 다음, $\mathbf{u}_\Delta$가 반복적으로 효과적으로 풀어져 매번 J가 이동한다. 계산은 임계 값 이하로 떨어지는 $\mathbf{u}_\Delta$의 표준(norm)에 의해 입증된 것처럼 최소화가 수렴할 때 또는 최대 반복 횟수에 도달할 때 종료된다. 일반적으로 좋은 정확도를 위해서는 10회 이상 반복할 필요가 없으며, 때로는 3~5회 정도만 필요하다. 눈치 빠른 독자는 라인 5의 COMPUTE2X2GRADIENTMATRIX 호출이 각 반복을 변경하지 않는 매개 변수에만 의존하므로 계산을 줄이기 위해 루프에서 꺼낼 수 있음을 알 수 있다.

루카스-카나데는 대개 알고리즘 13.8에서처럼 비디오 시퀀스에서 드문드문 수의 특징점을 추적하데 사용된다. 이 특징은 영상의 모든 화소에 대해 $\mathbf{Z}$를 사용하여 해리스(Harris) 또는 토마시-카나데(Tomasi-Kanade) 코너 측정을 계산한 다음, 비최대 억제를 수행하고, 가장 눈에 띄는 특징을 선택함으로써 첫 번째 영상 프레임에서 선택된다. 일반적으로 7×7 화소 이상의 직사각형 윈도우가 각 특징과 연관이 있으며, 루카스-카나데는 각 특징에 대한 영상 프레임의 각 연속 쌍 사이의 변위를 찾는데 사용된다. 명심할 점 중 하나

알고리즘 13.7 단일 영역에 대한 루카스-카나데(Lucas-Kanade) 옵티컬 플로우

LUCASKANADE(I, J, $\mathcal{R}$)

Input: images I and J, and region $\mathcal{R}$
Output: the 2D displacement $\mathbf{u}$ of the pixel represented by $\mathcal{R}$

```
u ← 0
iter ← 0
Gx, Gy ← GRADIENT(I)
repeat
    Z ← COMPUTE2X2GRADIENTMATRIX(Gx, Gy, R)
    e ← COMPUTE2X1ERRORVECTOR(I, J, Gx, Gy, R, u)
    uΔ ← SOLVE2X2LINEARSYSTEM(Z, e)
    u ← u + uΔ
    iter ←+ 1
until ‖uΔ‖ < threshold OR iter ≥ max-iter
return u
```

COMPUTE2X2GRADIENTMATRIX(G_x, G_y, $\mathcal{R}$)

Input: gradient images G_x and G_y, and region $\mathcal{R}$
Output: elements of 2×2 gradient covariance matrix $\mathbf{Z} = \begin{bmatrix} z_x & z_{xy} \\ z_{xy} & z_y \end{bmatrix}$

```
zx ← zxy ← zy ← 0
for (x, y) ∈ R do
    zx  ←+ Gx(x, y) * Gx(x, y)
    zxy ←+ Gx(x, y) * Gy(x, y)
    zy  ←+ Gy(x, y) * Gy(x, y)
return zx, zxy, zy
```

COMPUTE2X1ERRORVECTOR(I, J, G_x, G_y, $\mathcal{R}$, $\mathbf{u}$)

Input: images I and J, gradient images G_x and G_y, region $\mathcal{R}$, and initial displacement $\mathbf{u} = [u \quad v]^{\mathsf{T}}$
Output: elements of 2×1 error vector $\mathbf{e} = [e_x \quad e_y]^{\mathsf{T}}$

```
ex ← ey ← 0
for (x, y) ∈ R do
    ex ←+ Gx(x, y) * (I(x, y) − J(x + u, y + v))    ➤ ∂I/∂t ≈ J − I, so −∂I/∂t ≈ I − J.
    ey ←+ Gy(x, y) * (I(x, y) − J(x + u, y + v))
return ex, ey
```

SOLVE2X2LINEARSYSTEM($\mathbf{Z}$, $\mathbf{e}$)

Input: 2×2 matrix $\mathbf{Z}$ and 2×1 error vector $\mathbf{e} = [e_x \quad e_y]^{\mathsf{T}}$
Output: displacement $[u_\Delta \quad v_\Delta]^{\mathsf{T}}$ that solves the equation

```
det ← zx * zy − zxy * zxy
uΔ ← (1/det) * (zy * ex − zxy * ey)
vΔ ← (1/det) * (zx * ey − zxy * ex)
return uΔ, vΔ
```

알고리즘 13.8 루카스–칸나데의 비디오 시퀀스 전체에서 특징 추적

LucasKanadeSequence($I_{0:m}$, *window-width*)

Input: sequence of 2D images $I_0, I_1, \ldots, I_m$ and width of square feature window
Output: 2D positions of all features in all frames

```
features(:, 0) ← SelectGoodFeatures(I_0)
for i ← 1 to m do
    for j ← 1 features.Size do
        u ← LucasKanade(I_{i−1}, I_i, SquareRegion(features(j, i − 1), window-width))
        features(j, i) ← features(j, i − 1) + u
return features
```

는 첫 번째 반복에서 2 × 2 시스템을 풀면 **u** 값이 더 이상 정수가 아니라는 것이다. 결과적으로 Compute2x1ErrorVector 함수는 일반적으로 양선형 보간법을 사용하여 수행되는 비정수 화소 값에 액세스해야 한다. 유사하게 영상 프레임들의 첫 번째 쌍 후에, 특징 좌표들은 정수가 아니며, I, J, G_x 및 G_y가 Compute2x2GradientMatrix 및 Compute2x1ErrorVector에서 비정수 화소 값에 액세스해야 한다. 비디오 시퀀스의 한 쌍의 프레임에 대한 루카스–카나데 추적 결과는 그림 13.18과 같다.

13.3.4 일반화된 루카스–카나데

루카스–카나데 방식의 장점 중 하나는 자연스럽게 다른 모션 모델로 일반화된다는 것이다. 이것이 어떻게 작동하는지 이해하려면 우리가 고려한 것과 같은 이동 모델(translation model)로 시작하여 테일러 급수 확장을 사용하여 다른 방식으로 $\mathbf{Z}\mathbf{u}_\Delta = \mathbf{e}$ 수식을 유도하자. 그런 다음 이 대체 접근법이 다른 모델로 어떻게 일반화되는지 보여줄 것이다.

영상 I에서 화소 $\mathcal{R}$의 영역을 고려하고, 다른 영상 J에서 영역을 오프

그림 13.18 루카스–카나데 특징이 빨간색 점으로 겹쳐진 비디오 시퀀스 두 프레임

셋하는 변환 **u**를 고려하자. 두 집합의 강도 사이의 SSD(sum-of-squared differences)는 다음에 의해 주어진다.

$$error = \sum_{\mathbf{x} \in \mathcal{R}} (I(\mathbf{x} - \mathbf{u}) - J(\mathbf{x}))^2 \tag{13.39}$$

여기서, **u**는 우리가 찾고자 하는 알려지지 않은 변위이다. $J - I$는 I_t에 대한 근사로 더 앞에서 간주되었지만, 이 대체 수식은 두 영상이 비디오 시퀀스에서 인접한 프레임일 필요는 없음을 분명히 한다. 오히려 현재 영상 및 참조 템플릿과 같은 임의의 2개의 영상 패치일 수 있다.

수식 (7.24)과 같은 여러 변수의 함수를 테일러 급수로 확장한 이전의 경험을 감안할 때, 점 $(\mathbf{x} - \mathbf{u})$에 대한 I의 선형화된 확장이 다음에 의해 주어지는 것을 보는 것은 어렵지 않다.

$$I(\mathbf{x} - \mathbf{u}) \approx I(\mathbf{x}) - u_\Delta \frac{\partial I}{\partial x}(\mathbf{x}) - v_\Delta \frac{\partial I}{\partial y}(\mathbf{x}) \tag{13.40}$$

여기서, 기호(notation)는 **u**를 $\mathbf{u}_\Delta \equiv [u_\Delta \;\; v_\Delta]^\mathsf{T}$로 대체함으로써 약간 오용된다. 수식 (13.39)에 다시 대입하면 다음이 산출된다.

$$error = \sum_{\mathbf{x} \in \mathcal{R}} \left(I(\mathbf{x}) - J(\mathbf{x}) - u_\Delta \frac{\partial I}{\partial x}(\mathbf{x}) - v_\Delta \frac{\partial I}{\partial y}(\mathbf{x}) \right)^2 \tag{13.41}$$

괄호 안의 표현식이 $J - I \approx I_t$이라고 하면, 다름 아닌 옵티컬 플로우 제약 수식의 왼쪽 수식이다. 즉, 일정한 밝기 가정 하에서 옵티컬 플로우 제약 수식의 왼쪽이 0과 같아야 하는 것처럼, 두 개의 강도 패치의 SSD 비유사성의 선형 근사 값은 이 값을 최소화하려고 한다.

모션을 찾으려면 미분하고 결과를 0으로 설정하면 된다.

$$\frac{\partial\, error}{\partial \mathbf{u}_\Delta} = 2 \sum_{\mathbf{x} \in \mathcal{R}} (I(\mathbf{x}) - J(\mathbf{x}) - (\nabla I(\mathbf{x}))^\mathsf{T} \mathbf{u}_\Delta) \nabla I(\mathbf{x}) = 0 \tag{13.42}$$

항을 재정렬한 후에 우리가 전에 유도한 수식과 동일한 수식을 산출한다.

$$\underbrace{\left(\sum_{\mathbf{x} \in \mathcal{R}} \nabla I(\mathbf{x}) (\nabla I(\mathbf{x}))^\mathsf{T} \right)}_{\mathbf{Z}} \mathbf{u}_\Delta = \underbrace{\sum_{\mathbf{x} \in \mathcal{R}} \nabla I(\mathbf{x}) (I(\mathbf{x}) - J(\mathbf{x}))}_{\mathbf{e}} \tag{13.43}$$

우리가 많이 성취한 것처럼 보이지는 않을지라도 이 기법의 힘은 다른 모션 모델로 일반화하고 싶을 때 분명해진다. 예를 들어, 앞에서 설명한[9] 것처럼 원근 투영에 대한 근사치인 어파인 변환(affine transformation)을 사용한 SSD 오류를 생각해 보자.

$$error = \sum_{\mathbf{x} \in \mathcal{R}} (I(\mathbf{D}\mathbf{x} + \mathbf{d}) - J(\mathbf{x}))^2 \tag{13.44}$$

여기서,

$$\mathbf{D} \equiv \begin{bmatrix} 1 + d_1 & d_2 \\ d_3 & 1 + d_4 \end{bmatrix} \tag{13.45}$$

따라서, $d_1 = d_2 = d_3 = d_4 = 0$은 $\mathbf{D}$가 항등 행렬로 감소하게 하고, $d \equiv [d_x \quad d_y]^{\mathsf{T}}$가 되도록 한다. 선형화된 테일러 급수 근사법은 이전과 유사하다.

$$I(\mathbf{D}\mathbf{x} + \mathbf{d}) \approx I(\mathbf{x}) + (d_1 x + d_2 y + d_x)\frac{\partial I}{\partial x}(\mathbf{x}) + (d_3 x + d_4 y + d_y)\frac{\partial I}{\partial y}(\mathbf{x}) \tag{13.46}$$

우리가 미지 수를 단일 벡터 $\mathbf{p} \equiv [d_1 \quad d_2 \quad d_x \quad d_3 \quad d_4 \quad d_y]^{\mathsf{T}}$로 모으고, $\mathbf{g}(\mathbf{x}) \equiv [xI_x \quad yI_x \quad I_x \quad xI_y \quad yI_y \quad I_y]^{\mathsf{T}}$를 정의한다면, 다음과 같이 보여주는 것이 어렵지 않다.

$$\frac{\partial\, error}{\partial \mathbf{p}} = 2\sum_{\mathbf{x} \in \mathcal{R}} (I(\mathbf{D}\mathbf{x} + \mathbf{d}) - J(\mathbf{x}))\, \mathbf{g}(\mathbf{x}) = 0_{\{6 \times 1\}} \tag{13.47}$$

다음의 6 × 6 선형 수식 집합으로 연결된다.

$$\left(\sum_{\mathbf{x} \in \mathcal{R}} \mathbf{g}(\mathbf{x})\mathbf{g}^{\mathsf{T}}(\mathbf{x})\right)\mathbf{p}_\Delta = \sum_{\mathbf{x} \in \mathcal{R}} (I(\mathbf{x}) - J(\mathbf{x}))\, \mathbf{g}(\mathbf{x}) \tag{13.48}$$

수식 (13.43)과 (13.48) 사이의 유사성은 6 × 1 벡터 $\mathbf{g}(\mathbf{x})$가 영상 그레디언트의 역할을 하고, 6 × 1 벡터 $\mathbf{p}_\Delta$가 $\mathbf{u}_\Delta$를 대신한다.

그 결과는 더욱 일반화될 수 있다. 하나의 영상의 화소를 다른 영상의 대응 화소로 매핑 하는 임의 워프 함수(warp function) $\mathbf{x}' = W(\mathbf{x}; \mathbf{p})$의 경우, 여기서, $\mathbf{p}$는 워프 함수의 매개 변수이고, SSD(sum-of-squared differences)가 다음으로 주어진다.

9 3.9.4절 (p. 150)

$$error = \sum_{\mathbf{x} \in \mathcal{R}} (I(W(\mathbf{x}; \hat{\mathbf{p}} + \mathbf{p}_\Delta)) - J(\mathbf{x}))^2 \tag{13.49}$$

여기서, $\hat{\mathbf{p}}$는 매개 변수의 현재 추정치이고, $\mathbf{p}_\Delta$는 현재 반복에서 알고리즘에 의해 발견될 증분 워프를 나타낸다. 우리의 목표는 SSD를 최소화할 수 있도록 두 영상을 정렬하는 최상의 워프를 찾는 것이다. 1D 테일러 급수 근사법을 사용하여 우리는 다음의 수식을 이끌어낸다.

$$I(W(\mathbf{x}; \hat{\mathbf{p}} + \mathbf{p}_\Delta)) \approx I(W(\mathbf{x}; \hat{\mathbf{p}})) + (W(\mathbf{x}; \hat{\mathbf{p}} + \mathbf{p}_\Delta) - W(\mathbf{x}; \hat{\mathbf{p}}))^\mathsf{T} \frac{\partial I}{\partial \mathbf{x}} \tag{13.50}$$

$$\approx I(W(\mathbf{x}; \hat{\mathbf{p}})) + \mathbf{p}_\Delta^\mathsf{T} \underbrace{\left(\frac{\partial W}{\partial \mathbf{p}}\right)^\mathsf{T} \frac{\partial I}{\partial \mathbf{x}}}_{\mathbf{g}(\mathbf{x})} \tag{13.51}$$

여기서, 두 번째 수식은 워프의 테일러 급수 확장에서 나온 것이다.

$$W(\mathbf{x}; \hat{\mathbf{p}} + \mathbf{p}_\Delta) \approx W(\mathbf{x}; \hat{\mathbf{p}}) + \frac{\partial W}{\partial \mathbf{p}} \mathbf{p}_\Delta \tag{13.52}$$

여기서, $I(\cdot)$는 스칼라이고, $\nabla I = \partial I / \partial \mathbf{x}$와 $W(\cdot)$는 2×1이고, $\partial W / \partial \mathbf{p}$는 $2 \times m$ **자코비안**(Jacobian)이며, $\mathbf{p}_\Delta$와 $\mathbf{g}(\mathbf{x})$는 $m \times 1$이고, 여기서, m은 워프의 매개 변수의 수이다. 알려지지 않은 매개 변수에 대해 미분하고, 결과를 0으로 설정하면 다음이 산출된다.

$$\frac{\partial\, error}{\partial \mathbf{p}_\Delta} = \sum_{\mathbf{x} \in \mathcal{R}} 2(I(W(\mathbf{x}; \hat{\mathbf{p}})) - J(\mathbf{x}) + \mathbf{p}_\Delta^\mathsf{T} \mathbf{g}(\mathbf{x}))\mathbf{g}(\mathbf{x}) = \mathbf{0} \tag{13.53}$$

항을 재정렬한 후, 미지의 매개 변수 $\mathbf{p}_\Delta$에서 선형 수식을 다음과 같이 산출한다.

$$\underbrace{\left(\sum_{\mathbf{x} \in \mathcal{R}} \mathbf{g}(\mathbf{x}) \mathbf{g}^\mathsf{T}(\mathbf{x})\right)}_{\mathbf{H}} \mathbf{p}_\Delta = \underbrace{\sum_{\mathbf{x} \in \mathcal{R}} (I(\mathbf{x}) - J(W^{-1}(\mathbf{x}; \hat{\mathbf{p}})))\, \mathbf{g}(\mathbf{x})}_{\mathbf{e}} \tag{13.54}$$

또는 $\mathbf{H}\mathbf{p}_\Delta = \mathbf{e}$인데, 여기서 역워프는 각각의 반복에서 영상 그레디언트를 재계산할 필요가 없도록 I에 대한 순방향 워프보다는 J에 적용된다.

알고리즘 13.9에 제공된 루카스-카나데의 일반화된 버전에 대한 의사 코드는 위에서 고려한 특정 사례와 크게 다르지 않다. 먼저, 영상의 그레디언트가 사전 계산되어 외부 곱 행렬 $\mathbf{H}$와 함께 가장 가파른 하강 영상 $\mathbf{g}(\mathbf{x})$를 생성하는데 사용된다. 각각의 반복에서, 영상 J는 벡터 $\mathbf{e}$를 구성하기 위해(역워프를 사용

알고리즘 13.9 임의의 워프 함수를 사용하여 두 영상 패치의 루카스-카나데 정렬

LucasKanadeGeneral$(I, J, \mathcal{R}, \hat{\mathbf{p}})$

Input: images I and J, region $\mathcal{R}$, and current estimate $\hat{\mathbf{p}}$ of the warp parameters
Output: updated estimate $\hat{\mathbf{p}}$ of the warp parameters

$\mathbf{p}_\Delta \leftarrow 0$
iter $\leftarrow 0$
$\nabla I \leftarrow$ Gradient(I) — Compute gradient of image that is not being warped.
compute $\mathbf{g}(\mathbf{x}) \leftarrow (\frac{\partial W}{\partial \mathbf{p}})^\mathsf{T} \nabla I$ for all $\mathbf{x} \in \mathcal{R}$ — Compute steepest descent images.
$\mathbf{H} \leftarrow \sum_{\mathbf{x} \in \mathcal{R}} \mathbf{g}(\mathbf{x}) \mathbf{g}^\mathsf{T}(\mathbf{x})$ — Compute outer product matrix.
repeat
    $\mathbf{e} \leftarrow \sum_{\mathbf{x} \in \mathcal{R}} (I(\mathbf{x}) - J(W^{-1}(\mathbf{x}; \hat{\mathbf{p}}))) \, \mathbf{g}(\mathbf{x})$ — Compute error vector.
    $\mathbf{p}_\Delta \leftarrow$ Solve$(\mathbf{H}\,\mathbf{p}_\Delta = \mathbf{e})$ — Solve Equation (13.54) for $\mathbf{p}_\Delta$
    $W(\mathbf{x}; \hat{\mathbf{p}}) \leftarrow W(W(\mathbf{x}; \hat{\mathbf{p}}); \mathbf{p}_\Delta)$ — Update the warp by composition.
until $\|\mathbf{p}_\Delta\| <$ *threshold* or *iter* $\geq$ *max-iter*
return $\hat{\mathbf{p}}$

하여) 워프된다. 선형 시스템을 해결하면 증분 워프 $\mathbf{p}_\Delta$가 산출된다. 이는 새로운 워프 추정치를 산출하기 위해 현재의 워프 추정치로 구성된다. 역워프가 사용되고 증분 워프가 추가되기보다는 구성되기 때문에 이 의사 코드는 **역합성 방법**(inverse compositional method)으로 알려진 것을 구현한다. 이 코드에서는, 워프 추정치 $\hat{\mathbf{p}}$가 명시적으로 건네받거나, 갱신되어 주어지는 것에 주의하자. 이전 버전의 경우, 초기 추정 값도 함께 전달될 수 있지만 암시적으로 0으로 가정되었다.

이 일반적인 경우가 이미 고려된 이동과 어파인(affine) 모델 모두를 쉽게 처리할 수 있다. 이동의 경우, $W(\mathbf{x}; \hat{\mathbf{u}} + \mathbf{p}_\Delta) = \mathbf{x} - \mathbf{u}$를 가지므로 매개 변수는 이동 값 $\mathbf{p} = -\mathbf{u}$이며, 부호는 I와 J의 역할을 교환하는 관행에서 발생한다. 매개 변수에 관해서 워프의 편미분은 다음이다.

$$\frac{\partial W}{\partial \mathbf{p}} = \frac{\partial(\mathbf{x} - \mathbf{u})}{\partial(-\mathbf{u})} = \begin{bmatrix} 1 & 0 \\ 0 & 1 \end{bmatrix} \tag{13.55}$$

따라서,

$$\left(\frac{\partial W}{\partial \mathbf{p}}\right)^\mathsf{T} \frac{\partial I}{\partial \mathbf{x}} = \frac{\partial I}{\partial \mathbf{x}} = \nabla I \tag{13.56}$$

이전에 얻은 결과와 똑같은 결과를 가져온다.

$$\sum_{\mathbf{x}\in\mathcal{R}} (\nabla I(\mathbf{x}))(\nabla I(\mathbf{x}))^{\mathsf{T}} \mathbf{p}_{\Delta} = \sum_{\mathbf{x}\in\mathcal{R}} (I(\mathbf{x} - \hat{\mathbf{u}}) - J(\mathbf{x}))\, \nabla I(\mathbf{x}) \tag{13.57}$$

여기서, $W(\mathbf{x};\ \hat{\mathbf{p}}) = \hat{\mathbf{u}}$는 현재 추정치이다. 어파인 변환에 대해 우리는 다음을 가진다.

$$W(\mathbf{x}; \hat{\mathbf{p}}) = \begin{bmatrix} 1 + d_1 & d_2 & d_x \\ d_3 & 1 + d_4 & d_y \end{bmatrix} \begin{bmatrix} x \\ y \\ 1 \end{bmatrix} = \begin{bmatrix} (1 + d_1)x + d_2 y + d_x \\ d_3 x + (1 + d_4)y + d_y \end{bmatrix} \tag{13.58}$$

따라서,

$$\frac{\partial W}{\partial \mathbf{p}} = \begin{bmatrix} x & y & 1 & 0 & 0 & 0 \\ 0 & 0 & 0 & x & y & 1 \end{bmatrix} \tag{13.59}$$

다음으로 이어진다.

$$\mathbf{g}(\mathbf{x}) = \left(\frac{\partial W}{\partial \mathbf{p}}\right)^{\mathsf{T}} \frac{\partial I}{\partial \mathbf{x}} = \begin{bmatrix} xg_x & yg_x & g_x & 0 & 0 & 0 \\ 0 & 0 & 0 & xg_y & yg_y & g_y \end{bmatrix}^{\mathsf{T}} \tag{13.60}$$

여기서, $\nabla I = \partial I / \partial \mathbf{x} = [\, g_x \;\; g_y \,]^{\mathsf{T}}$이고, 따라서 다음과 같다.

$$\sum_{\mathbf{x}\in\mathcal{R}} (\mathbf{g}(\mathbf{x}))(\mathbf{g}(\mathbf{x}))^{\mathsf{T}} \mathbf{p}_{\Delta} = \sum_{\mathbf{x}\in\mathcal{R}} (I(\mathbf{x}) - J(\mathbf{x}))\, \mathbf{g}(\mathbf{x}) \tag{13.61}$$

13.3.5 호른-쉰크 알고리즘

표준 루카스-카나데 알고리즘으로 돌아가서, 화소 변위를 계산하기 위한 또 다른 접근법은 **호른-쉰크**(Horn-Schunck) 알고리즘이다. 이는 동일한 옵티컬 플로우 제약 수식에 기초한다. 특징점 주변의 윈도우에 있는 모든 화소가 루카스-칸나데 에서와 같이 동일한 변위를 갖는 것으로 가정되는 희박한 수의 특징점의 변위를 계산하는 대신, 호른-쉰크는 영상의 주변 화소가 유사한 변위를 갖는다는 가정을 활용하기 위해 정형화를 부과하여 영상 전체에 고밀도 옵티컬 플로우를 계산한다.

호른-쉰크는 모든 화소에 대한 값을 계산하기 때문에, 변위 u와 v는 모든 화소에 대해 정의된 함수 $u(x, y)$와 $v(x, y)$로 대체된다. $E_d(\cdot)$를 옵티컬 플로우 제약 수식의 표준 좌변으로 정의하자.

$$E_d(x, y, u(x, y), v(x, y)) \equiv I_x(x, y)u(x, y) + I_y(x, y)v(x, y) + I_t(x, y) \tag{13.62}$$

$E_s(\cdot)$가 변위 함수의 일차 미분에 대한 평활화 항(smoothness term)이라고 하자.

$$E_s^2(x, y, u(x, y), v(x, y)) \equiv \left(\frac{\partial u(x, y)}{\partial x}\right)^2 + \left(\frac{\partial u(x, y)}{\partial y}\right)^2 + \left(\frac{\partial v(x, y)}{\partial x}\right)^2 + \left(\frac{\partial v(x, y)}{\partial y}\right)^2 \quad \textbf{(13.63)}$$

호른-쉰크 알고리즘은 다음과 같은 최소화 문제를 해결하려고 한다.

$$\min_{u, v} \iint (E_d^2(x, y, u(x, y), v(x, y)) + \lambda E_s^2(x, y, u(x, y), v(x, y)))\, dx\, dy \quad \textbf{(13.64)}$$

여기서, λ은 두 항의 상대적 중요성을 관리하는 가중치이다.

변량법(calculus of variations)을 사용하여 이러한 최소화 문제를 해결하는 것은 간단하다. 두 개의 독립 변수는 x와 y이고, 두 개의 종속 변수는 $u = \partial x/\partial t$와 $v = \partial y/\partial t$이며, 최소화할 함수는 $\int E\, dx\, dy$이며, 여기서, $E = E_d^2 + \lambda E_s^2$이다. 그러므로 오일러-라그랑주(Euler-Lagrange) 수식은 다음이다.

$$\frac{\partial E}{\partial u} - \frac{\partial}{\partial x}\left[\frac{\partial E}{\partial(\frac{\partial u}{\partial x})}\right] - \frac{\partial}{\partial y}\left[\frac{\partial E}{\partial(\frac{\partial u}{\partial y})}\right] = 0 \quad \textbf{(13.65)}$$

$$\frac{\partial E}{\partial v} - \frac{\partial}{\partial x}\left[\frac{\partial E}{\partial(\frac{\partial v}{\partial x})}\right] - \frac{\partial}{\partial y}\left[\frac{\partial E}{\partial(\frac{\partial v}{\partial y})}\right] = 0 \quad \textbf{(13.66)}$$

확장 E는 다음을 산출한다.

$$\begin{aligned}
E &= E_d^2 + \lambda E_s^2 && \textbf{(13.67)}\\
&= (I_x u + I_y v + I_t)^2 + \lambda\left[\left(\frac{\partial u}{\partial x}\right)^2 + \left(\frac{\partial u}{\partial y}\right)^2 + \left(\frac{\partial v}{\partial x}\right)^2 + \left(\frac{\partial v}{\partial y}\right)^2\right] && \textbf{(13.68)}\\
&= I_x^2 u^2 + I_y^2 v^2 + I_t^2 + 2I_x I_y uv + 2I_x I_t u + 2I_y I_t v && \textbf{(13.69)}\\
&\quad + \lambda\left[\left(\frac{\partial u}{\partial x}\right)^2 + \left(\frac{\partial u}{\partial y}\right)^2 + \left(\frac{\partial v}{\partial x}\right)^2 + \left(\frac{\partial v}{\partial y}\right)^2\right] && \textbf{(13.70)}
\end{aligned}$$

다음의 미분을 유도한다.

$$\frac{\partial E}{\partial u} = 2I_x^2 u + 2I_x I_y v + 2I_x I_t \quad \textbf{(13.71)}$$

$$\frac{\partial}{\partial x}\left[\frac{\partial E}{\partial(\frac{\partial u}{\partial x})}\right] = \frac{\partial}{\partial x}\left[2\lambda\left(\frac{\partial u}{\partial x}\right)\right] = 2\lambda\left(\frac{\partial^2 u}{\partial x^2}\right) \quad \textbf{(13.72)}$$

그리고 $\partial E/\partial v$ 및 기타 미분에 대해서도 마찬가지이다. 이 수식을 수식 (13.65)

– (13.66)에 다시 대입하면 다음이 된다.

$$I_x^2 u + I_x I_y v + I_x I_t - \lambda \nabla^2 u = 0 \tag{13.73}$$

$$I_y^2 v + I_x I_y u + I_y I_t - \lambda \nabla^2 v = 0 \tag{13.74}$$

여기서, $\nabla^2 u = \frac{\partial^2 u}{\partial x^2} + \frac{\partial^2 u}{\partial y^2}$와 $\nabla^2 v = \frac{\partial^2 v}{\partial x^2} + \frac{\partial^2 v}{\partial y^2}$는 각각 u와 v의 라플라시안(Laplacian)이다. 행렬 형식으로 다시 정렬하면 다음이 생성된다.

$$\begin{bmatrix} I_x^2 & I_x I_y \\ I_x I_y & I_y^2 \end{bmatrix} \begin{bmatrix} u \\ v \end{bmatrix} = \begin{bmatrix} \lambda \nabla^2 u - I_x I_t \\ \lambda \nabla^2 v - I_y I_t \end{bmatrix} \tag{13.75}$$

$\lambda = 0$인 경우, 이는 단일 화소에 대한 원래의 제한되지 않은 옵티컬 플로우 흐름 제약 수식이다. 이산 공식에서 일부 정규화 상수 h에 대해 $\nabla^2 u \approx h(\bar{u} - u)$이다.

$$\begin{bmatrix} I_x^2 & I_x I_y \\ I_x I_y & I_y^2 \end{bmatrix} \begin{bmatrix} u \\ v \end{bmatrix} = \begin{bmatrix} \lambda h(\bar{u} - u) - I_x I_t \\ \lambda h(\bar{v} - v) - I_y I_t \end{bmatrix} \tag{13.76}$$

정규화 상수를 λ로 재배열하고 흡수한 후 다음을 얻는다.

$$\begin{bmatrix} I_x^2 + \lambda & I_x I_y \\ I_x I_y & I_y^2 + \lambda \end{bmatrix} \begin{bmatrix} u \\ v \end{bmatrix} = \begin{bmatrix} \lambda \bar{u} - I_x I_t \\ \lambda \bar{v} - I_y I_t \end{bmatrix} \tag{13.77}$$

이 2×2 수식 시스템의 풀이는 간단하다.

$$\begin{bmatrix} u \\ v \end{bmatrix} = \frac{1}{(I_x^2 + \lambda)(I_y^2 + \lambda) - I_x^2 I_y^2} \begin{bmatrix} (I_y^2 + \lambda)(\lambda \bar{u} - I_x I_t) - I_x I_y (\lambda \bar{v} - I_y I_t) \\ (I_x^2 + \lambda)(\lambda \bar{v} - I_y I_t) - I_x I_y (\lambda \bar{u} - I_x I_t) \end{bmatrix} \tag{13.78}$$

$$= \frac{1}{\lambda(\lambda + I_x^2 + I_y^2)} \begin{bmatrix} \lambda I_y^2 \bar{u} + \lambda^2 \bar{u} - I_x I_y^2 I_t - \lambda I_x I_t - \lambda I_x I_y \bar{v} + I_x I_y^2 I_t \\ \lambda I_x^2 \bar{v} + \lambda^2 \bar{v} - I_x^2 I_y I_t - \lambda I_y I_t - \lambda I_x I_y \bar{u} + I_x^2 I_y I_t \end{bmatrix} \tag{13.79}$$

$$= \frac{1}{\lambda + I_x^2 + I_y^2} \begin{bmatrix} (\lambda + I_y^2)\bar{u} - I_x I_y \bar{v} - I_x I_t \\ (\lambda + I_x^2)\bar{v} - I_x I_y \bar{u} - I_y I_t \end{bmatrix} \tag{13.80}$$

$$= \frac{1}{\lambda + I_x^2 + I_y^2} \begin{bmatrix} (\lambda + I_x^2 + I_y^2)\bar{u} - I_x^2 \bar{u} - I_x I_y \bar{v} - I_x I_t \\ (\lambda + I_x^2 + I_y^2)\bar{v} - I_y^2 \bar{v} - I_x I_y \bar{u} - I_y I_t \end{bmatrix} \tag{13.81}$$

$$= \begin{bmatrix} \bar{u} \\ \bar{v} \end{bmatrix} + \frac{1}{\lambda + I_x^2 + I_y^2} \begin{bmatrix} -I_x^2 \bar{u} - I_x I_y \bar{v} - I_x I_t \\ -I_y^2 \bar{v} - I_x I_y \bar{u} - I_y I_t \end{bmatrix} \tag{13.82}$$

$$= \begin{bmatrix} \bar{u} \\ \bar{v} \end{bmatrix} - \frac{I_x \bar{u} + I_y \bar{v} + I_t}{\lambda + I_x^2 + I_y^2} \begin{bmatrix} I_x \\ I_y \end{bmatrix} \tag{13.83}$$

알고리즘 13.10 호른-쉰크 고밀도 옵티컬 플로우

HORN-SCHUNCK(I, λ)

Input: grayscale image I, weighting parameter λ
Output: dense optical flow images u and v

$I_x, I_y \leftarrow$ GRADIENT(I)
for $(x, y) \in I$ **do**
  $u(x, y) \leftarrow 0$
  $v(x, y) \leftarrow 0$
repeat
  for $(x, y) \in I$ **do**
    $\bar{u} \leftarrow \frac{1}{4}(u(x-1, y) + u(x+1, y) + u(x, y-1) + u(x, y+1))$
    $\bar{v} \leftarrow \frac{1}{4}(v(x-1, y) + v(x+1, y) + v(x, y-1) + v(x, y+1))$
    $\gamma \leftarrow \frac{I_x(x,y)\bar{u} + I_y(x,y)\bar{v} + I_t(x,y)}{\lambda + I_x(x,y)^2 + I_y(x,y)^2}$
    $u(x, y) \leftarrow \bar{u} - \gamma I_x(x, y)$
    $v(x, y) \leftarrow \bar{v} - \gamma I_y(x, y)$
until convergence

이 최종 수식으로부터 반복적인 호른-쉰크 접근법이 다음 수식을 반복적으로 포함하는 것을 볼 수 있다.

$$u^{(k+1)}(\mathbf{x}) = \bar{u}^{(k)}(\mathbf{x}) - \gamma(\mathbf{x}) I_x(\mathbf{x}) \tag{13.84}$$

$$v^{(k+1)}(\mathbf{x}) = \bar{v}^{(k)}(\mathbf{x}) - \gamma(\mathbf{x}) I_y(\mathbf{x}) \tag{13.85}$$

모든 $\mathbf{x} = (x, y)$에 대해 다음의 수식이다.

$$\gamma(\mathbf{x}) \equiv \frac{I_x \bar{u}^{(k)}(\mathbf{x}) + I_y \bar{v}^{(k)}(\mathbf{x}) + I_t(\mathbf{x})}{\lambda + I_x^2(\mathbf{x}) + I_y^2(\mathbf{x})} \tag{13.86}$$

호른-쉰크의 의사 코드는 알고리즘 13.10에서 제공된다. 알고리즘은 본질적으로 $2n \times 2n$ 선형 시스템을 해결한다. 여기서, n은 여러 변형 중 하나를 사용하여 영상의 화소 수이다. 각 반복에서 다음 반복의 값이 신중하게 다른 메모리 위치에 저장되는 경우, 즉 $u^{(k)}$와 $u^{(k+1)}$가 별개의 배열이고 $v^{(k)}$와 $v^{(k+1)}$가 비슷한 경우, 의사 코드는 **자코비 방법**으로 알려진 것을 구현한다. 다른 한편으로, 우리가 덜 주의하여 새로운 값들이 계산되자마자 이전 값을 덮어쓸 수 있게 한다면, 의사 코드는 **가우스-세이델**(Gauss-Seidel) 방법을 구현한다. 흥미롭게도 가우스-세이델은 "조잡한 자코비"라고 생각할 수 있지만, 보다 빠른 수렴을

그림 13.19 호른-쉰크(Horn-Schunck)의 최신 버전을 사용하여 여러 영상 시퀀스에서 계산된 옵티컬 플로우. 상단 행은 각 시퀀스의 영상을 표시하고, 하단 행은 의사 색(pseudocolors)을 사용하여 표시된 옵티컬 플로우를 보여준다.

유도하기 때문에 실제로 선호된다. 가우스-세이델을 실행한 값의 복사본을 만들고, 이전 반복 $u^{(k)}$와 $v^{(k)}$의 값을 현재 반복 $u_{GS}^{(k+1)}$와 $v_{GS}^{(k+1)}$의 가우스-세이델에서 나온 값과 선형 가중 기법을 사용하여 결합하면 더 빠른 수렴을 얻을 수 있다.

$$u^{(k+1)} = \omega u_{GS}^{(k+1)} + (1 - \omega)u^{(k)} \quad (13.87)$$

$$v^{(k+1)} = \omega v_{GS}^{(k+1)} + (1 - \omega)v^{(k)} \quad (13.88)$$

여기서, 수렴을 보장하기 위해 $0 < \omega < 2$이다. 이 접근 방식은 **연속적인 과온화**(successive over-relaxation, SOR)이라고 알려져 있으며 쉽게 구현할 수 있다. 향상된 호른-쉰크 알고리즘을 확장하여 견고성을 증가시키는 옵티컬 플로우에 대한 현대적인 접근의 결과는 그림 13.19에서 찾아 볼 수 있다.

13.4 투영 기하학

이 절에서는 3D 컴퓨터 비전에 특히 유용한 수학의 한 부분인 투영 기하학을 간략하게 소개한다. 이 자료는 이전에 소개된[10] 유클리드(Euclidean), 유사성, 어파인(affine) 및 투영 변환의 기본 개념에 대한 보다 완전한 이해를 제공한다.

10 3.9절 (p. 146)

본 장의 뒷부분에 소개된 카메라 보정 및 3D 재구성을 수행하기 위한 기반을 제공한다.

13.4.1 동차 좌표

투영 기하학의 중심에는 **동차 좌표**(homogeneous coordinates)의 개념이 있다. 동차 좌표를 이해하려면 두 가지 원칙을 이해해야 한다.

- 점은 동차 좌표로 끝 부분에 1을 더하여 표현된다.
- 동차 좌표가 되면 스케일링은 중요하지 않다(스케일링이 0이 아닌 한).

작업에서 이러한 원칙을 보려면 예를 들어, (x, y)가 2D의 한 점이라고 가정한다. 이 점의 동차 좌표는 1을 더함으로써 $(x,\ y,\ 1)$로 얻어진다. 그런 다음 스케일링은 중요하지 않으므로 $(2x,\ 2y,\ 2)$는 $(x,\ y,\ 1)$과 정확히 같은 점을 나타낸다. 사실, $(19.6x,\ 19.6y,\ 19.6)$과 $(\pi x,\ \pi y,\ \pi)$는 같다. 보다 일반적으로 임의의 $\lambda \neq 0$에 대해 $(x,\ y,\ 1) = (\lambda x,\ \lambda y,\ \lambda)$이다. 이러한 관계는 비례 기호를 사용하여 타나낸다.

$$\begin{bmatrix} x \\ y \\ 1 \end{bmatrix} \propto \begin{bmatrix} 2x \\ 2y \\ 2 \end{bmatrix} \propto \begin{bmatrix} 19.6x \\ 19.6y \\ 19.6 \end{bmatrix} \propto \begin{bmatrix} \pi x \\ \pi y \\ \pi \end{bmatrix} \tag{13.89}$$

동차 좌표에서 일단 **투영 변환**(projective transformation)이 적용될 수 있으며, 이것은 단순히 새로운 동차 좌표를 산출하기 위한 점을 곱한 행렬이다. $u = \lambda x$, $v = \lambda y$, $w = \lambda$인 (u, v, w)가 원래 점 (x, y)의 동차 좌표를 나타내려면, 변환된 점의 동차 좌표는 (u', v', w')이며 다음과 같다.

$$\begin{bmatrix} u' \\ v' \\ w' \end{bmatrix} = \mathbf{H}_{\{3\times 3\}} \begin{bmatrix} u \\ v \\ w \end{bmatrix} \tag{13.90}$$

여기서, $\mathbf{H}$는 **호모그래피**(homography)라고 알려진 3×3 투영 변환 행렬이다. 점 (x, y)가 **유클리드 평면**(Euclidean plane)에 있는 반면, (u, v, w)와 (u', v', w')는 모두 **투영 평면**(projective plane)의 점이다. 그리고 유클리드 평면의 표준 좌표는 $(u/w, v/w) = (x, y)$로 세 번째 좌표로 나누어 투영 평면의 동차 좌표에서 얻을 수 있으므로, 변환된 점(x', y')는 $(u'/w',\ v'/w')$의 제 3 좌표로 나눔으로써 얻어진다. 이 단계는 예제 3.12에서 고려되었으며, 편의를 위하여 여기에 재현하였다.

예제 13.2 점 $(x, y) = (1, 2)$에 다음 투영 변환을 적용한다.

$$\mathbf{H} = \begin{bmatrix} 7 & 3 & 2 \\ 2 & 4 & 8 \\ 1 & 3 & 2 \end{bmatrix} \tag{13.91}$$

풀이 점의 동차 좌표는 (1, 2)에 1을 더함으로써 $[1 \;\; 2 \;\; 1]^T$로 얻어진다. 행렬 **H**에 이 벡터를 곱하면 다음과 같이 된다.

$$\begin{bmatrix} u' \\ v' \\ w' \end{bmatrix} = \begin{bmatrix} 7 & 3 & 2 \\ 2 & 4 & 8 \\ 1 & 3 & 2 \end{bmatrix} \begin{bmatrix} 1 \\ 2 \\ 1 \end{bmatrix} = \begin{bmatrix} 15 \\ 18 \\ 9 \end{bmatrix} \propto \begin{bmatrix} \frac{15}{9} \\ \frac{18}{9} \\ 1 \end{bmatrix} = \begin{bmatrix} \frac{5}{3} \\ 2 \\ 1 \end{bmatrix} \tag{13.92}$$

변환된 점은 $(x', \; y') = \left(\frac{15}{9}, \frac{18}{9}\right) = \left(\frac{5}{3}, 2\right)$이다. 비례 기호(proportionality symbol)는 스케일링이 중요하지 않기 때문에 사용된다.

이 세 단계가 그림 13.20에 나와 있다. 점 $(x, y) = (1,2)$는 $(u, v, w) = (1, 2, 1)$로 표현되고, $(u', v', w') = (15, 18, 9)$로 변환된다. $(x', y') = (15/9, 2)$로 다시 변환된다. 그림에서 알 수 있듯이 2D 점의 동차 좌표는 평면 $w = 1$에 있는 3D 점으로 시각화할 수 있다. 좌표 축은 u, v 및 w이다. 마찬가지로 스케일링은 중요하지 않기 때문에 $u^2 + v^2 + w^2 = 1$이 되도록 좌표를 정규화할 수 있다. 이 경우 동차 좌표는 단위 반구(unit hemisphere)의 표면에 있는 점으로 시각화된다.

왜 우리는 2D 점을 나타내기 위해 세 좌표를 사용하고 싶은가? 복잡한 기하학의 세계를 탐구하기 전에 동차 좌표가 유용한 세 가지 상황을 먼저 고려

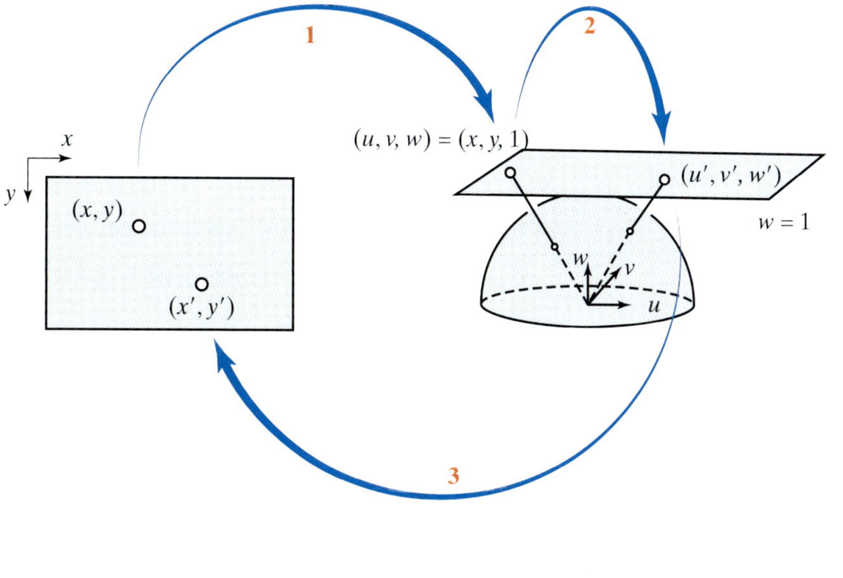

그림 13.20 투영 기하학을 사용하는 것은 3 단계로 이루어진다. 1) 끝점에 1을 더하여 점의 좌표를 보강하는 것, 2) 증대된 점에 의해 행렬을 곱하여 투영 변환을 적용하는 것, 3) 최종 좌표로 나누어 변환된 점을 산출하는 것.

하여 이 접근법에 동기를 부여하자. 첫째, 우리가 이전에 보았듯이[11] 동차 좌표는 유클리드 변환에 대해 좀 더 조밀한 수학 표기법을 용이하게 하며, 이는 변환을 구성하거나 반전할 때 특히 편리하다. 예를 들어, $\mathbf{p} \in \mathbb{R}^2$, $\mathbf{R}_1$과 $\mathbf{R}_2$가 2×2 회전 행렬이고, $\mathbf{t}_1$과 $\mathbf{t}_2$가 2×1 이동 벡터인 경우, 복잡한 수식 $\mathbf{p}' = \mathbf{R}_2(\mathbf{R}_1\mathbf{p} + \mathbf{t}_1) + \mathbf{t}_2$를 쓰는 대신, 우리는 간단히 $\mathbf{x}' = \mathbf{T}_2\mathbf{T}_1\mathbf{x}$라고 쓸 수 있다. 여기서, $\mathbf{x}$와 $\mathbf{x}'$은 $\mathbf{p}$와 $\mathbf{p}'$의 동차 좌표이고, $\mathbf{T}_1$과 $\mathbf{T}_2$는 3×3 선형 변환이다.

$$\mathbf{T}_1 \equiv \begin{bmatrix} \mathbf{R}_1 & \mathbf{t}_1 \\ \mathbf{0}^{\mathsf{T}}_{\{2\times 1\}} & 1 \end{bmatrix} \qquad \mathbf{T}_2 \equiv \begin{bmatrix} \mathbf{R}_2 & \mathbf{t}_2 \\ \mathbf{0}^{\mathsf{T}}_{\{2\times 1\}} & 1 \end{bmatrix} \qquad \mathbf{x} \equiv \begin{bmatrix} \mathbf{p} \\ 1 \end{bmatrix} \qquad \mathbf{x}' \equiv \begin{bmatrix} \mathbf{p}' \\ 1 \end{bmatrix} \tag{13.93}$$

여기서, $\mathbf{0}^{\mathsf{T}}_{\{2\times 1\}}$ 는 하단 행에 있는 두 개의 0의 수평 벡터이다. 맨 아래 줄이 0과 1로 구성되는 한 최종 좌표는 항상 1이기 때문에 크기 교정은 변경되지 않는다. 이러한 변환은 어파인 변환으로 알려져 있으며, 유클리드는 특별한 경우이다.

두 번째로, 동차 좌표는 일반적인 일상 계산을 단순화한다. 예를 들어 그레디언트가 m이고, y-절편이 k인 라인을 고려하면 라인 상의 모든 점 (x, y)은 $y = mx + k$를 만족한다. 이 표현의 문제점은 수직 라인에는 유효하지 않으며, 동차 좌표 $\mathbf{x} = (x, y, 1)$를 사용하여 점을 표현하고, 트리플(triple) $\ell = (a, b, c)$를 사용하여 라인을 매개 변수화하여 쉽게 풀 수 있다. 라인 상의 임의의 점은 $\mathbf{x}^{\mathsf{T}}\ell = \ell^{\mathsf{T}}\mathbf{x} = ax + by + c = 0$을 만족시킨다. 점이나 라인의 크기를 조절해도 결과에 영향을 미치지 않으며, 라인이 수직이 아닌 경우에 $m = -a/b$ 및 $k = -c/b$를 쉽게 알 수 있다. 이 표현은 $a = 0$은 수평 라인, $b = 0$은 수직 라인을 나타내는 모든 직선을 처리하기에 충분하다.

마찬가지로 두 점을 통과하는 라인의 매개 변수는 $\mathbf{x}_1 \times \mathbf{x}_2$로 쉽게 계산된다. 여기서, $\times$는 3D에서 두 벡터 간의 표준 외적이다. 스케일링은 중요하지 않으므로, $\mathbf{x}_2 \times \mathbf{x}_1$은 동일한 결과를 산출하므로 순서는 중요하지 않다. 마찬가지로 두 라인의 교차점에 있는 점의 동차 좌표를 계산하는 것은 $\ell_1 \times \ell_2$(또는 $\ell_2 \times \ell_1$)이다. 언뜻 보기에는 이러한 표현이 분명하지 않을 수도 있지만 쉽게 확인할 수 있다. 게다가 여기에 있는 표현의 유사성은 2D 투영 기하학(3D에서 점과 평면 사이)에서 점과 라인 사이에 **이중성**(duality)이 있음을 보여준다. 따라서 점의 동차 좌표를 나타내는 3×1 벡터의 모든 특성에 대해, 라인의 매개 변수로 해석되는 동일한 벡터에 대한 관련 특성이 있다.

마지막으로 동차 좌표는 투시 투영(perspective projection)의 수학적 표현

11 3.9.2절 (p. 148)

을 단순화한다. 투시 투영의 경우, $x = \frac{fx_w}{z_w}$ 및 $y = \frac{fy_w}{z_w}$이고, 여기서, (x_w, y_w, z_w)는 3D의 월드 점 좌표이며, (x, y)는 영상 평면에 대한 투영의 2D 좌표이다. 이것은 비선형 수식이므로 복잡한 수학적 분석 때문에 불편하다. 3D 및 2D 투영 기하학의 점들을 각각 나타냄으로써 좀 더 간결한 표기법을 얻을 수 있으며, 다음과 같은 선형 변환이 가능하다.

$$\lambda \begin{bmatrix} x \\ y \\ 1 \end{bmatrix} = \begin{bmatrix} f & 0 & 0 & 0 \\ 0 & f & 0 & 0 \\ 0 & 0 & 1 & 0 \end{bmatrix} \begin{bmatrix} x_w \\ y_w \\ z_w \\ 1 \end{bmatrix} \tag{13.94}$$

따라서, $\lambda x = fx_w$, $\lambda y = fy_w$ 및 $\lambda = z_w$가 된다. 투시 투영 문제는 카메라 매개변수를 고려할 때 본 장의 뒷부분에서 다시 살펴보겠다.

13.4.2 무한대 점(이상적인 점)

투영 변환은 임의의 가역 3 × 3 행렬이 될 수 있기 때문에 일부 입력 점들의 경우, 세 번째 좌표에 대해 출력이 0이 된다. 즉 $w' = 0$이다. 예를 들어 수식 (13.92)에 (1, −1)을 대입하면 다음이 산출된다.

$$\begin{bmatrix} u' \\ v' \\ w' \end{bmatrix} = \begin{bmatrix} 7 & 3 & 2 \\ 2 & 4 & 8 \\ 1 & 3 & 2 \end{bmatrix} \begin{bmatrix} 1 \\ -1 \\ 1 \end{bmatrix} = \begin{bmatrix} 6 \\ 6 \\ 0 \end{bmatrix} \tag{13.95}$$

이러한 한 점을 다시 표준 좌표로 변환하려고 하면, $(u'/0,\ v'/0)$와 같이 0으로 나누기 오류가 발생한다. 이것이 말해주는 점은 동차 좌표로 표현되는 일부 점은 표준 좌표로 표현될 수 없다는 것이다. 즉, 투영 평면에는 유클리드 평면에 없는 점이 포함되어 있다. 이러한 점을 **무한대 점**(points at infinity, 또는 이상적인 점)이라고 한다. 그림 13.20을 다시 검토하면, 무한대의 점들은 $w = 0$을 만족하므로 단위 반구의 적도에 놓여 있으며, 이는 그것들과 원점을 통과하는 광선이 $w = 1$ 평면과 결코 교차하지 않는다는 것을 의미한다.

$\mathbf{x}^\mathsf{T}\ell$은 점이 라인 상에 있는지 여부를 나타내기 때문에, 무한대의 모든 점$(x, y, 0)$은 $\ell_\infty = (0, 0, 1)$로 표현되는 **무한대 라인**(line at infinity)이라고 불리는 특별한 라인 위에 놓여 있다는 것을 보여주는 것이 쉽다. 결과적으로 투영 평면은 표준 유클리드 평면이 ℓ_∞을 표현하는 1D 링(ring)으로 보강된 것으로 시각화될 수 있다. 그림 13.21에서 볼 수 있듯이 무한대의 점은 링 내부의 평면이 무한하기 때문에 어떤 의미에서는 "무한대 너머"로 간주될 수 있다. 이 시각화의 한 가

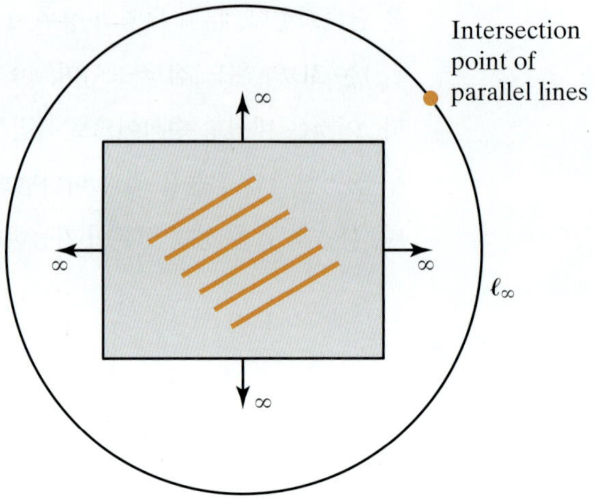

그림 13.21 투영 평면은 유클리드 평면이 ℓ_∞로 무한대로 증가된 것으로 시각화될 수 있다. 두 개의 평행 라인은 라인의 방향과 관련된 무한대 지점(무한대의 라인 상에 있음)에서 교차한다.

지 이점은 무한대의 점들이 평면의 방향을 분명히 나타낸다. 즉 점 $(x, y, 0)$은 원점에서 점 (x, y)을 지나는 방향을 나타내고, 점$(1, m, 0)$은 그레디언트 m을 나타낸다. 이것은 $[0 \;\; b \;\; c]\; [1 \;\; 0 \;\; 0]^{\mathsf{T}} = 0$ 이 되도록 수평 라인이 $(0, b, c)$로 주어지기 때문에 쉽게 알 수 있다. 그리고 수직 라인은 $(a, 0, c)$로 주어지므로 $[a \;\; 0 \;\; c]\; [0 \;\; 1 \;\; 0]^{\mathsf{T}} = 0$이 된다. 마찬가지로 두 개의 평행 라인 $\ell_1 = (a, b, c_1)$과 $\ell_2 = (a, b, c_2)$의 교차점은 $(1, -\frac{a}{b}, 0)$으로 주어지며, 이는 방향과 관련된 무한대 점이다.

13.4.3 원뿔

드로잉 클래스에서 배운 첫 번째 원칙 중 하나는 원의 투시 투영이 타원형이므로 원이 캔버스에 타원으로 그려지는 것이다. 사실 모든 원뿔(원, 타원, 포물선, 쌍곡선)은 투영적으로 등가이기 때문에 투영 변환을 통해 각 원뿔을 얻을 수 있다. 반대로 유클리드 변환은 회전 및 이동만을 수행할 수 있기 때문에 원의 유클리드 변환은 항상 원이다.

원뿔은 수식 (11.55)에서 보았듯이 3 × 3 대칭 행렬 **C**에 의해 매개 변수화된다.

$$[x \;\; y \;\; 1] \underbrace{\begin{bmatrix} 2a & b & d \\ b & 2c & e \\ d & e & 2f \end{bmatrix}}_{\mathbf{C}} \begin{bmatrix} x \\ y \\ 1 \end{bmatrix} = 0 \qquad \textbf{(13.96)}$$

$ax^2 + bxy + cy^2 + dx + ey + f = 0$인 원뿔을 나타낸다. 즉, $\mathbf{x}^{\mathsf{T}}\mathbf{C}\mathbf{x} = 0$ 이고, 여기서, $\mathrm{x} = (\mathrm{x},\ \mathrm{y},\ 1)$은 점 $(\mathrm{x},\ \mathrm{y})$의 동차 좌표이다. 투영 기하학에서 수식

(13.96)에 의해 표현되는 곡선은 간단히 **원뿔**(conic)이라고 불린다.

기하학적으로 원뿔은 우리가 방금한 것처럼 점의 궤적으로 간주될 수 있다. 또는 접선의 엔벨로프(envelope) (즉, 원뿔에 접하는 라인 집합)로 나타낸다. 원뿔 $\mathbf{C}$에서 점 $\mathbf{x}$가 주어지면 $\mathbf{x}$에서 $\mathbf{C}$에 대한 접선은 $\ell = \mathbf{C}\mathbf{x}$로 나타난다. $\mathbf{x} = \mathbf{C}^{-1}\ell$을 $\mathbf{x}^\mathsf{T}\mathbf{C}\mathbf{x} = 0$에 대입하면 행렬이 대칭이기 때문에 **이중 원뿔**(dual conic) $\mathbf{C}^*$: $(\mathbf{C}^{-1}\ell)^\mathsf{T}\mathbf{C}(\mathbf{C}^{-1}\ell) = \ell^\mathsf{T}\mathbf{C}^{-\mathsf{T}}\mathbf{C}\mathbf{C}^{-1}\ell = \ell^\mathsf{T}\mathbf{C}^{-1}\ell = 0$에 대한 표현식을 얻을 수 있다. 따라서 풀-랭크 행렬(full-rank matrix)의 이중 원뿔은 $\mathbf{C}^* = \mathbf{C}^{-1}$로 주어진다. (반면에, $\mathbf{C}$가 특이점이고 원뿔이 약화된다면, $\mathbf{C}^* = \text{adj}(\mathbf{C})$이고, 수반 행렬(adjoint matrix)이다. 행렬이 대칭이고 스케일링이 중요하지 않기 때문에 $\mathbf{C}$가 풀-랭크인 경우, $\text{adj}(\mathbf{C}) = \det(\mathbf{C})\mathbf{C}^{-\mathsf{T}}$가 위해 $\mathbf{C}^{-\mathsf{T}}$와 동일하다는 것이 잘 알려져 있다. 랭크에 관계없이 수반(adjoint)은 항상 $\text{adj}(\mathbf{C})\mathbf{C} = \mathbf{C}\ \text{adj}(\mathbf{C}) = \det(\mathbf{C})\mathbf{I}_{\{3\times3\}}$을 만족한다. 여기서, $\mathbf{I}_{\{3\times3\}}$은 3×3 단위 행렬(identity matrix)이다.)

13.4.4 라인과 원뿔의 변환

행렬 $\mathbf{H}$가 점 $\mathbf{x}$를 $\mathbf{x}' = \mathbf{H}\mathbf{x}$로 변환하면, 같은 행렬이 비슷한 방식으로 라인과 원뿔을 변환한다.

$$\ell' = \mathbf{H}^{-\mathsf{T}}\ell \tag{13.97}$$

$$\mathbf{C}' = \mathbf{H}^{-\mathsf{T}}\mathbf{C}\mathbf{H}^{-1} \tag{13.98}$$

이러한 관계는 쉽게 유도된다. $\mathbf{x}$가 라인 ℓ 상에 놓여 있다면, $\mathbf{x}^\mathsf{T}\ell = 0$이다. $\mathbf{x} = \mathbf{H}^{-1}\mathbf{x}'$을 대입하면 $(\mathbf{H}^{-1}\mathbf{x}')^\mathsf{T}\ell = \mathbf{x}'^\mathsf{T}(\mathbf{H}^{-\mathsf{T}}\ell) = 0$이고, 즉 $\mathbf{x}'$은 $\mathbf{H}^{-\mathsf{T}}\ell$에 주어진 라인 상에 있음을 의미한다. 마찬가지로, $\mathbf{x} = \mathbf{H}^{-1}\mathbf{x}'$을 $\mathbf{x}^\mathsf{T}\mathbf{C}\mathbf{x} = 0$으로 대입하면 $(\mathbf{H}^{-1}\mathbf{x}')^\mathsf{T}\mathbf{C}(\mathbf{H}^{-1}\mathbf{x}') = \mathbf{x}'^\mathsf{T}(\mathbf{H}^{-\mathsf{T}}\mathbf{C}\mathbf{H}^{-1})\mathbf{x}' = 0$이 된다.

13.4.5 변환의 계층 구조

변환의 계층 구조가 존재한다. 우리가 보았듯이 일반적인 역변환 행렬 $\mathbf{H}$는 **투영 변환**(projective transform)이다. $\mathbf{H}$의 맨 아래 행에 모두 0으로 구성되고 그 뒤에 단일 1이 오는 경우, 이는 **어파인 변환**(affine transformation)이며, 이는 투영의 특수한 경우이다. 또한 왼쪽 위 모서리가 전체 크기 교정을 갖는 회전 행렬로 구성되는 경우, 이를 **유사성 변환**(similarity transformation)이라고 하며, 이는 어파인의 특수한 경우이다. 마지막으로 스케일링이 1이면, **유클리드 변환**(Euclidean transformation)이며, 이는 유사성의 특별한 경우이다. 앞에서 살펴

	transformations							invariants					
	rotation	translation	uniform scaling	nonuniform scaling	shear	perspective projection	projective transform	length	angle	length ratio	parallelism	incidence	cross ratio
Euclidean	•	•						•	•	•	•	•	•
similarity	•	•	•						•	•	•	•	•
affine	•	•	•	•	•						•	•	•
projective	•	•	•	•	•	•	•					•	•

표 13.1 변환의 계층 구조로 변환 수가 증가하면 불변량의 수가 감소함을 나타낸다.(발병률은 한 지점에 라인이 있는지 여부를 나타낸다.)

본[12] 이러한 변환은 2D의 경우에 대해서 다음과 같이 요약된다.

$$\underbrace{\begin{bmatrix} h_{11} & h_{12} & h_{13} \\ h_{21} & h_{22} & h_{23} \\ h_{31} & h_{32} & h_{33} \end{bmatrix}}_{\text{projective}} \quad \underbrace{\begin{bmatrix} h_{11} & h_{12} & h_{13} \\ h_{21} & h_{22} & h_{23} \\ 0 & 0 & 1 \end{bmatrix}}_{\text{affine}} \quad \underbrace{\begin{bmatrix} kc_\theta & -ks_\theta & t_x \\ ks_\theta & kc_\theta & t_y \\ 0 & 0 & 1 \end{bmatrix}}_{\text{similarity}} \quad \underbrace{\begin{bmatrix} c_\theta & -s_\theta & t_x \\ s_\theta & c_\theta & t_y \\ 0 & 0 & 1 \end{bmatrix}}_{\text{Euclidean}}$$

여기서, h_{ij}는 임의의 스칼라, $c_\theta = \cos\theta$, $s_\theta = \sin\theta$, t_x 및 t_y는 변환 매개 변수이고, k는 0이 아닌 스케일 인자이다.

허용되는 변환의 수가 증가하면 표 13.1에 요약된 대로 불변량의 수가 감소한다. 예를 들어 유클리드 변환은 객체의 전체 모양뿐만 아니라 크기도 보존하지만, 유사성 변환은 모양을 유지하지만 반드시 크기는 아니며, 어파인 또는 투영 변환은 모양을 보존하지 않는다. 더 구체적으로 유클리드 변환은 각 선분의 길이를 보존하고, 유사 변환은 선분의 길이 사이의 비율을 보존하며, 어파인 및 투영 변환은 길이 비율의 비율인 **교차 비율**(cross ratio)을 보존한다. 결과적으로 사각형의 유클리드 변환은 같은 크기의 또 다른 사각형이며, 유사 변환은 반드시 동일한 크기가 아닌 다른 사각형이며, 어파인 변환은 평행 사변형이며, 투영 변환은 사변형이다.

13.4.6 절대 점

원뿔 곡선의 흥미로운 특성은 모든 원이 **절대 점**(absolute points)으로 알려진 두 개의 고정 점에서 ℓ_∞을 교차한다는 것이다. 수식 (11.42)의 $(x-\mathrm{h})^2 - (y-k)^2 = r^2$ 원의 수식을 생각해 보면, ℓ_∞의 점은 $(x, y, 0)$에 의해 매개 변수화되며 절대 점은 다음을 만족시킨다.

12 3.9절 (p. 146)

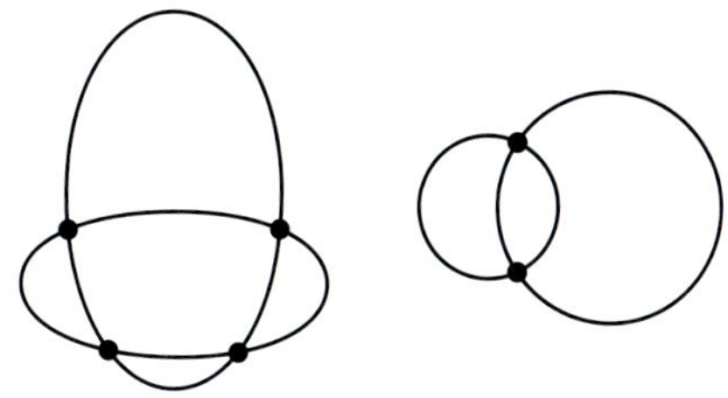

그림 13.22 두 개의 타원은 네 점(최대)에서 교차할 수 있지만, 두 개의 원은 두 점(최대)에서만 교차할 수 있다. 다른 두 개의 교차점은 어디에 있나?

$$[x \quad y \quad 0]\begin{bmatrix} 1 & 0 & -h \\ 0 & 1 & -k \\ -h & -k & h^2+k^2-r^2 \end{bmatrix}\begin{bmatrix} x \\ y \\ 0 \end{bmatrix} = x^2 + y^2 = 0 \quad \textbf{(13.99)}$$

여기서, 절대 점은 $(1, \pm j, 0)$이며, $j \equiv \sqrt{-1}$이다. 절대 점은 그림 13.22에 묘사된 흥미로운 현상을 해결한다. 즉, 겹치는 두 타원이 4점에서 교차하지만, 원이 타원임에도 불구하고 겹쳐지는 두 개의 원은 단지 2점에서만 교차한다. 즉, 다른 2개의 교차점은 어디로 갔나? 대답은 절대 점이 모든 원에 있기 때문에 모든 원 쌍이 절대 점에서 교차한다는 것이다.

절대 점들은 그림 13.23과 같이 복소 평면에 플롯팅(plotting)하여 시각화할 수 있다. 그림 13.23과 같이 서로 직각이며, 서로 동일한 길이임을 즉시 알 수 있다. 결과적으로 직교 단위 축(전체 스케일링이 고정되어 있지 않은 경우는 제외)의 역할을 수행하여 투영에서 유클리드로 변환하는 것이 왜 중요한지(즉, 알 수없는 스케일링 요소가 있기 때문에 유사성으로) 설명한다. 절대 점이 유사성 변환에 불변하다는 것을 보여준다.

$$\begin{bmatrix} kc_\theta & -ks_\theta & t_x \\ ks_\theta & kc_\theta & t_y \\ 0 & 0 & 1 \end{bmatrix}\begin{bmatrix} 1 \\ \pm j \\ 0 \end{bmatrix} = \begin{bmatrix} kc_\theta \mp jks_\theta \\ ks_\theta \pm jkc_\theta \\ 0 \end{bmatrix} \propto \begin{bmatrix} 1 \\ \pm j \\ 0 \end{bmatrix} \quad \textbf{(13.100)}$$

여기서, 비례성은 스케일링이 중요하지 않다는 사실에서 따른다. 따라서 두 번째 좌표를 첫 번째 좌표로 나눌 수 있다.

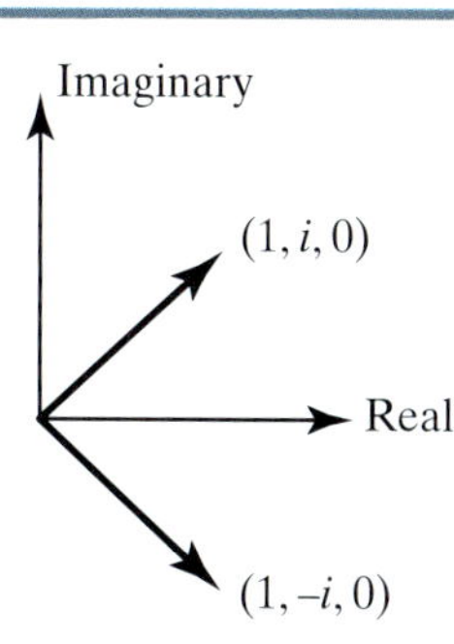

그림 13.23 복소 평면에 그려지는 경우, 절대 점의 기하학적 속성이 나타난다. 그들은 서로 직교하고 동일한 길이를 공유한다. 결과적으로 각도와 상대 길이라는 개념을 포착한다.

$$\frac{ks_\theta \pm jkc_\theta}{kc_\theta \mp jks_\theta} = \frac{(s_\theta \pm jc_\theta)(c_\theta \pm js_\theta)}{(c_\theta \mp js_\theta)(c_\theta \pm js_\theta)} = \frac{s_\theta c_\theta \pm jc_\theta^2 \pm js_\theta^2 - s_\theta c_\theta}{c_\theta^2 + s_\theta^2} = \pm j \quad (13.101)$$

13.4.7 다른 차원의 투영 기하학

프레젠테이션을 쉽게 하기 위해 2D 케이스(투영 평면)에 집중했지만, 투영 기하학은 여러 차원에서 적용할 수 있다. 즉, $\mathbb{R}^d$의 한 점은 $d+1$ 요소를 사용하는 동차 좌표로 표현된다. 그러므로 우리가 방금 보았듯이 2D에서 투영 변환은 3×3 변환 행렬로 표현되고 점과 라인은 이중(dual)인 반면, 3D에서 투영 변환은 4×4 행렬로 표현되고 점과 평면이 이중이다. 다음 절에서 설명하는 대로 3D에서 2D로 투영하는 데는 3×4 행렬이 필요하다.

13.4.8 투시 영상화

회절이 없는 핀홀 카메라(pinhole camera)를 가정하면, 광선은 직선으로 진행하고, 이 경우 3D 월드에서 점(x_w, y_w, z_w)는 점을 투영 중심(초점이라고도 함)과 연결하는 광선을 따라 영상 평면 위의 점(x, y)으로 투영된다. 수식 (13.94)에서 우리는 두 가지 사실을 무시하기 때문에 이 투영에 대한 수식이 지나치게 단순화된 것을 보았다. (1) 월드 점을 측정하기 위한 좌표계는 일반적으로 카메라에 부착되지 않으며, (2) 영상에서의 단위(unit)가 월드의 단위와 다르다.

그림 13.24에서 볼 수 있듯이 3가지 좌표계가 영상화 프로세스에 포함된다. 하나는 월드에 부착되고, 다른 하나는 카메라에 부착되고, 다른 하나는 영상과 관련된다. 월드의 점들은 길이가 미터로 측정되는 월드 좌표계에서 설명된다. 카메라와 월드 좌표계가 유클리드 변환에 의해 연관되어 있기 때문에 카메라 좌표계에서 미터(또는 마이크로미터) 단위로 측정된다. 일반적으로 카메라 좌표계는 초점에 중심이 놓이고, x 및 y 축은 영상 평면의 각각 우측 수평 및 아래쪽 수직 방향과 각각 정렬된다. 양의 z 축은 광축을 따라 월드를 향하고 있다. 영상

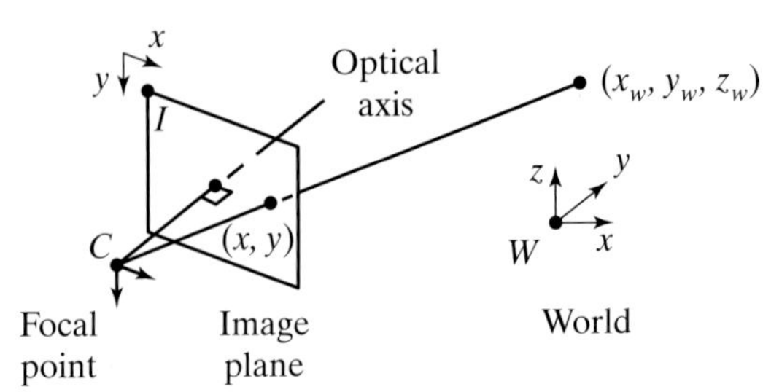

그림 13.24 회절 없는 핀홀 카메라 모델을 가정한 점(x, y)에서의 영상 평면으로의 월드 점(x_w, y_w, z_w)의 투영. 세 좌표계는 월드 좌표계(W), 카메라 좌표계(C) 및 영상 좌표계(I) 이다.

좌표계는 영상의 왼쪽 상단 모서리에 위치하며 양의 x 및 y 축은 영상 감지기의 행과 열을 각각 가리킨다. 영상 좌표계에서 측정 단위는 화소이다.

동차 좌표계를 사용하면 영상화 프로세스가 수학적으로 다음과 같다.

$$\begin{bmatrix} x \\ y \\ 1 \end{bmatrix} \propto \underbrace{\begin{bmatrix} p_{11} & p_{12} & p_{13} & p_{14} \\ p_{21} & p_{22} & p_{23} & p_{24} \\ p_{31} & p_{32} & p_{33} & p_{34} \end{bmatrix}}_{\mathbf{P}_{\{3\times4\}}} \begin{bmatrix} x_w \\ y_w \\ z_w \\ 1 \end{bmatrix} \tag{13.102}$$

여기서, **P**는 그 자체가 두 부분으로 구성된 3 × 4 투영 행렬이다.

$$\mathbf{P}_{\{3\times4\}} = \underbrace{\begin{bmatrix} \alpha & \gamma & u_0 \\ 0 & \beta & v_0 \\ 0 & 0 & 1 \end{bmatrix}}_{\mathbf{K}_{\{3\times3\}}} \left[\mathbf{R}_{\{3\times3\}} \;\; \mathbf{t}_{\{3\times1\}}\right] \tag{13.103}$$

여기서, 회전 행렬 **R** 및 이동 벡터 **t**는 월드 및 카메라 좌표계와 관련되며 카메라의 내부 교정 행렬 **K**는 투시 투영(perspective projection)을 수행 할뿐만 아니라 미터를 화소로 변환한다. 좌표 (u_0, v_0)는 **주 점**(principal point)(광축과 영상 평면의 교차점)를 지정한다. α, β 및 γ는 x 축을 따른 초점 거리 f_x, y 축을 따른 초점 거리 f_y 및 2개의 축 간의 각도인 **스큐**(skew) θ와 관련된다.

$$\begin{aligned} \alpha &= f_x \\ \beta &= f_y/\sin\theta \\ \gamma &= -f_x/\tan\theta \end{aligned}$$

실제의 물리 카메라의 경우, $\theta = \frac{\pi}{2}$로 가정하면 $\beta = f_y$, $\gamma = 0$이 되어 다음과 같이 된다.

$$\mathbf{K} = \begin{bmatrix} f_x & 0 & u_0 \\ 0 & f_y & v_0 \\ 0 & 0 & 1 \end{bmatrix} \tag{13.104}$$

초점 거리 f_x와 f_y는 선택적으로 단일 초점 거리 f 및 종횡비 f_y/f_x로 대체될 수 있다. 대부분의 카메라의 $f_x \approx f_y$는 약 5%의 허용 오차 이내이다. 주요한 점이 영상의 중심에 있다고 생각하는 유혹을 받을 수도 있지만, 카메라 제조 프로세스로 인해 10% 정도 떨어져 있을 수 있다. 종종 영상의 크기에 따라 중심에서 수십(또는 심지어 수백) 개의 화소가 된다. 그럼에도 불구하고 재투영 수식이 주요한 점의 위치에 둔감해지는 경향이 있으므로, 중심점이 중심에 있다는 가정은 많은 피해를 발생시키지 않는다.

13.4.9 렌즈 왜곡

실제 카메라에는 렌즈가 있기 때문에 빛은 직선으로 이동하지 않고 렌즈의 곡률로 인해 휘어진다. 지금까지 일반적인 렌즈의 지배적인 왜곡은 **방사 왜곡**(radial distortion)이며, 영상의 중심으로부터 방사 거리만의 함수이기 때문에 그렇게 명명되었다. (x_u, y_u)는 영상에서 화소의 왜곡되지 않은 좌표이고(즉, 렌즈 왜곡이 없는 경우, 광선이 영상 면을 뚫었을 좌표), (x_d, y_d)가 왜곡된 좌표(즉, 실제 좌표)이다. 화소에 대한 반경 거리로 $r_d \equiv \sqrt{\bar{x}_d^2 + \bar{y}_d^2}$를 정의하자. 여기서, $\bar{x}_d \equiv x_d - u_0$ 및 $\bar{y}_d \equiv y_d - v_0$이다. 그러면 왜곡된 좌표에서 왜곡되지 않은 좌표로의 변환은 다음 근사치로 모델링할 수 있다.

$$x_u = x_d + \bar{x}_d f(r_d) \quad (13.105)$$

$$y_u = y_d + \bar{y}_d f(r_d) \quad (13.106)$$

여기서,

$$f(r_d) = k_1 r_d^2 + k_2 r_d^4 + k_3 r_d^6 + \cdots \quad (13.107)$$

왜곡의 대칭성 때문에 짝수 항만이 유지된다. 일단 계수 k_1, k_2, k_3, ... , 가 결정되면, 영상은 왜곡되지 않은 영상의 각 화소에 대해, 화소 데이터를 획득하기 위한 왜곡된 영상 내의 대응하는 화소를 계산함으로써 비워프(unwarped)될 수 있다.

보다 정확한 모델을 원할 경우, **접선 왜곡**(tangential distortion 또는 편심 왜곡(decentering distortion))을 포함할 수 있다.

$$x_u = x_d + \bar{x}_d f(r_d) + (p_1(r_d^2 + 2\bar{x}_d^2) + 2p_2 \bar{x}_d \bar{y}_d)(1 + p_3 r_d^2 + \cdots) \quad (13.108)$$

$$y_u = y_d + \bar{y}_d f(r_d) + (2p_1 \bar{x}_d \bar{y}_d + p_2(r_d^2 + 2\bar{y}_d^2))(1 + p_3 r_d^2 + \cdots) \quad (13.109)$$

이 경우, 매개 변수는 k_i뿐만 아니라 p_i, i = 1, 2, 3, ...을 포함한다. 그러나 매개 변수의 수가 많을수록 매개 변수를 정확하게 추정하기가 어려워지므로 더 간단한 모델을 사용하면 더 나은 결과를 얻을 수 있다. 사실 많은 렌즈는 k_1과 k_2를 사용하여 잘 모델링될 수 있다.

13.5 카메라 보정

핀홀 카메라를 보정하는 것은 행렬 **P**가 12개의 원소를 포함하고 있지만, 알 수 없는 0이 아닌 스케일링 요소까지 유일하기 때문에 11개의 매개 변수를 추정하는 것을 포함한다. 이 수는 유클리드 회전 및 이동에 대한 6개 값(각각 3개 값)과 내부 교정 행렬 **K**에 대한 5개 값으로 더 세분화할 수 있다. 이것을 각각 **외재적**(extrinsic) **및 내재적 매개 변수**(intrinsic parameters)라고 한다. 실제 카메라의 경우, $\gamma = 0$ 및 $f_x = f_y$이므로 내재적 매개 변수를 3으로 줄일 수 있으며, 이 중 초점 거리가 가장 중요하다. 그럼에도 불구하고, 추가 매개 변수는 완전성을 위해 유용하며 그것들은 투영들의 투영을 연구할 때 중요하다. 외재적 매개 변수가 월드와 관련하여 카메라의 자세에 의존하는 반면에, 렌즈가 가변 초점 거리를 갖지 않는 한, 카메라가 이동함에 따라 내재적 매개 변수는 변하지 않는다.

13.5.1 정규화된 직접 선형 변환 알고리즘

교정 그 자체에 대해 알아보기 전에 먼저 중요하고 관련된 문제를 해결해 보자. 즉, 두 평면상에 대응하는 점들이 주어지면 호모그래피(homography)를 추정한다. 일반적으로 이 평면 중 하나는 영상 평면이고, 다른 하나는 월드에서의 어떤 평면이다. 호모그래피 추정을 위한 가장 직접적이고 널리 사용되는 방법은 점 좌표가 주어질 때 최소자승 해를 해결하는 **직접 선형 변환**(direct linear transformation, DLT)으로 알려져 있다. $(x_i, y_i) \leftrightarrow (x'_i, y'_i)$을 두 평면 사이의 i 번째 해당 점 쌍이라고 하고, **H**를 3 × 3 호모그래피 행렬이라고 하자. 그러면 $\mathbf{x}'_i \propto \mathbf{H}\mathbf{x}_i$이고, 여기서, $\mathbf{x}_i = [x_i \;\; y_i \;\; 1]^\mathsf{T}$와 $\mathbf{x}'_i = [x'_i \;\; y'_i \;\; 1]^\mathsf{T}$ 이다. $\mathbf{h}_j^\mathsf{T}$를 **H**의 j 번째 행으로 정의하자. $j = 1, 2, 3$이다.

$$\mathbf{H} = \begin{bmatrix} \mathbf{h}_1^\mathsf{T} \\ \mathbf{h}_2^\mathsf{T} \\ \mathbf{h}_3^\mathsf{T} \end{bmatrix} = \begin{bmatrix} h_{11} & h_{12} & h_{13} \\ h_{21} & h_{22} & h_{23} \\ h_{31} & h_{32} & h_{33} \end{bmatrix} \tag{13.110}$$

이 정의에 따라 $\mathbf{x}'_i \propto \mathbf{H}\mathbf{x}_i$를 다음으로 다시 쓸 수 있다.

$$\mathbf{x}'_i = \begin{bmatrix} x'_i \\ y'_i \\ 1 \end{bmatrix} \propto \begin{bmatrix} \mathbf{h}_1^\mathsf{T}\mathbf{x}_i \\ \mathbf{h}_2^\mathsf{T}\mathbf{x}_i \\ \mathbf{h}_3^\mathsf{T}\mathbf{x}_i \end{bmatrix} \tag{13.111}$$

이 세 가지 수식 중 동차 좌표의 스케일링이 모호하기 때문에 두 개만 독립되어 있다. $\mathbf{x}'_i$이 실수 점이다. 즉 $\mathbf{h}_3^\mathsf{T}\mathbf{x}_i \neq 0$이라고 가정하면, 이 두 수식은 다음이다.

$$x'_i = \frac{\mathbf{h}_1^\mathsf{T}\mathbf{x}_i}{\mathbf{h}_3^\mathsf{T}\mathbf{x}_i} = \frac{\mathbf{x}_i^\mathsf{T}\mathbf{h}_1}{\mathbf{x}_i^\mathsf{T}\mathbf{h}_3} \tag{13.112}$$

$$y'_i = \frac{\mathbf{h}_2^\mathsf{T}\mathbf{x}_i}{\mathbf{h}_3^\mathsf{T}\mathbf{x}_i} = \frac{\mathbf{x}_i^\mathsf{T}\mathbf{h}_2}{\mathbf{x}_i^\mathsf{T}\mathbf{h}_3} \tag{13.113}$$

우리는 스칼라의 전치가 스칼라를 변화시키지 않는다는 사실을 이용했다. 항을 재배열하면 이 두 수식을 다음과 같이 다시 쓸 수 있다.

$$x'_i\mathbf{x}_i^\mathsf{T}\mathbf{h}_3 - \mathbf{x}_i^\mathsf{T}\mathbf{h}_1 = 0 \tag{13.114}$$

$$y'_i\mathbf{x}_i^\mathsf{T}\mathbf{h}_3 - \mathbf{x}_i^\mathsf{T}\mathbf{h}_2 = 0 \tag{13.115}$$

또는 행렬 형태로,

$$\begin{bmatrix} -\mathbf{x}_i^\mathsf{T} & \mathbf{0}_{\{3\times 1\}}^\mathsf{T} & x'_i\mathbf{x}_i^\mathsf{T} \\ \mathbf{0}_{\{3\times 1\}}^\mathsf{T} & -\mathbf{x}_i^\mathsf{T} & y'_i\mathbf{x}_i^\mathsf{T} \end{bmatrix} \begin{bmatrix} \mathbf{h}_1 \\ \mathbf{h}_2 \\ \mathbf{h}_3 \end{bmatrix} = \mathbf{0}_{\{9\times 1\}} \tag{13.116}$$

여기서, $0_{\{3\times 1\}}^\mathsf{T}$는 3개의 0 벡터에 대한 전치이다. 이 두 수식에는 8가지 미지수가 있다. **H**는 스케일링 인수에 유일하기 때문이다. **H**를 풀기 위해서는 최소한 4개의 대응점이 필요하며, 추가 점은 측정 잡음에 대한 견고성을 증가시킨다. 이 표현식을 행렬의 행으로 쌓아 올리면 다음이 된다.

$$\underbrace{\begin{bmatrix} -\mathbf{x}_1^\mathsf{T} & \mathbf{0}_{\{3\times 1\}}^\mathsf{T} & x'_1\mathbf{x}_1^\mathsf{T} \\ \mathbf{0}_{\{3\times 1\}}^\mathsf{T} & -\mathbf{x}_1^\mathsf{T} & y'_1\mathbf{x}_1^\mathsf{T} \\ & \vdots & \\ -\mathbf{x}_n^\mathsf{T} & \mathbf{0}_{\{3\times 1\}}^\mathsf{T} & x'_n\mathbf{x}_n^\mathsf{T} \\ \mathbf{0}_{\{3\times 1\}}^\mathsf{T} & -\mathbf{x}_n^\mathsf{T} & y'_n\mathbf{x}_n^\mathsf{T} \end{bmatrix}}_{\mathbf{A}_{\{2n\times 9\}}} \begin{bmatrix} \mathbf{h}_1 \\ \mathbf{h}_2 \\ \mathbf{h}_3 \end{bmatrix} = \mathbf{0}_{\{2n\times 1\}} \tag{13.117}$$

여기서, n은 대응 번호이다. 우리가 이미 보았듯이[13], 이 수식은 가장 작은 고유치와 연관된 $\mathbf{A}^\mathsf{T}\mathbf{A}$의 고유 벡터를 선택하고, 행렬 형태로 재배열함으로써 **H** 요소에 대해 풀 수 있다.

방금 설명한 절차는 실제 사용에 적절하지 않다. 왜냐하면 행렬 $\mathbf{A}^\mathsf{T}\mathbf{A}$가 거의 불량조건(ill-conditioned)이기 때문이다. 따라서 앞서 살펴본 바와 같이[14] 정확한 결과를 얻으려면 정규화가 필요하다. 정규화는 원점에서 점의 평균 거리가

13 11.1.3절 (p. 646)

14 11.1.2절 (p. 644)

$\sqrt{2}$가 되도록 각 원 중심을 원점으로 이동하고 정규화하여, 두 점 집합에 유사성 변환을 적용한다. 이 수의 이유는 전형적인 점 $\mathbf{x}_i$ 또는 $\mathbf{x}'_i$이 요소에서 동일한 가중치를 가지기를 원한다는 것인데, $[0\ \ 0\ \ 1]^{\mathsf{T}}$에서 원점으로부터 $\sqrt{2}$인 동차 벡터 $[1\ \ 1\ \ 1]^{\mathsf{T}}$로 달성된다. 그러므로 유사성 변환은 다음에 의해 주어진다.

$$\mathbf{T} = \begin{bmatrix} s & 0 & -sx_0 \\ 0 & s & -sy_0 \\ 0 & 0 & 1 \end{bmatrix} \quad \text{and} \quad \mathbf{T}' = \begin{bmatrix} s' & 0 & -sx'_0 \\ 0 & s' & -sy'_0 \\ 0 & 0 & 1 \end{bmatrix} \tag{13.118}$$

여기서,

$$(x_0, y_0) = \frac{1}{n}\sum_{i=1}^{n}(x_i, y_i) \qquad (x'_0, y'_0) = \frac{1}{n}\sum_{i=1}^{n}(x'_i, y'_i) \tag{13.119}$$

$$s = \sqrt{2}/d_{avg}, \qquad s' = \sqrt{2}/d'_{avg} \tag{13.120}$$

$$d_{avg} = \frac{1}{n}\sum_{i=1}^{n}\sqrt{(x_i - x_0)^2 + (y_i - y_0)^2} \quad d'_{avg} = \frac{1}{n}\sum_{i=1}^{n}\sqrt{(x'_i - x'_0)^2 + (y'_i - y'_0)^2} \tag{13.121}$$

이러한 변환을 적용하면 정규화된 좌표 $\breve{\mathbf{x}} = \mathbf{T}\mathbf{x}$와 $\breve{\mathbf{x}}' = \mathbf{T}'\mathbf{x}'$이 된다. $\mathbf{x}' = \mathbf{H}\mathbf{x}$로 대체하면 다음이 나타난다.

$$\mathbf{x}' = \mathbf{H}\mathbf{x} \tag{13.122}$$

$$\mathbf{T}'^{-1}\breve{\mathbf{x}}' = \mathbf{H}\mathbf{T}^{-1}\breve{\mathbf{x}} \tag{13.123}$$

$$\breve{\mathbf{x}}' = \underbrace{\mathbf{T}'\mathbf{H}\mathbf{T}^{-1}}_{\breve{\mathbf{H}}}\breve{\mathbf{x}} \tag{13.124}$$

이는 정규화된 좌표를 사용하는 호모그래피가 $\breve{\mathbf{H}} = \mathbf{T}'\mathbf{H}\mathbf{T}^{-1}$에 의한 원하는 호모그래피와 관련이 있음을 의미한다. 즉, 변환이 점에 적용되어 정규화된 점을 산출한 후, 정규화된 점의 호모그래피가 최소 제곱 해를 통해 발견된 후, 원하는 호모그래피가 $\mathbf{H} = \mathbf{T}'^{-1}\mathbf{H}\mathbf{T}$로 계산된다. 의사코드는 알고리즘 13.11에서 제공된다. 최소 제곱 접근법은 대수적 오차를 최소화하기 때문에 기하학적 오차를 최소화하기 위해 비선형 최소화로 이 전체 절차를 따르는 것이 좋다.

13.5.2 모자이킹

정규화된 DLT의 한 응용은 장면의 여러 사진을 하나의 큰 영상으로 결합하는 것이다. 결과 영상은 **모자이크**(mosaic)로 알려져 있으며, 프로세스 자체는 돌, 타일 또는 유리의 개별 조각이 더 큰 영상을 만들기 위해 배열된 전통 예술 형식에서 차용한 용어인 **모자이킹**(mosaicking)로 알려져 있다. 정규화된 DLT 알고

알고리즘 13.11 정규화된 DLT 알고리즘으로 호모그래피 추정

NORMALIZEDDIRECTLINEARTRANSFORM $(\{\mathbf{x}_i \leftrightarrow \mathbf{x}'_i\}_{i=1}^{n})$

Input: n corresponding pairs of points $(x_i, y_i) \leftrightarrow (x'_i, y'_i)$ between two planes
Output: The 3×3 homography matrix that best satisfies $\mathbf{x}'_i \propto \mathbf{H}\mathbf{x}_i$ for all i

Compute $\mathbf{T}$ and $\mathbf{T}'$ using Equation (13.118)
Normalize the points: $\breve{\mathbf{x}}_i \leftarrow \mathbf{T}\mathbf{x}_i$, $\breve{\mathbf{x}}'_i \leftarrow \mathbf{T}'\mathbf{x}'_i$, $i = 1, \ldots, n$
Construct the $2n \times 9$ matrix $\breve{\mathbf{A}}$ in Equation (13.117) using the normalized points
Solve the linear system $\breve{\mathbf{A}}\breve{\mathbf{h}} = \mathbf{0}$ for $\breve{\mathbf{h}}$
Rearrange the values in $\breve{\mathbf{h}}$ to create $\breve{\mathbf{H}}$
Unnormalize the result to yield the desired homography: $\mathbf{H} \leftarrow \mathbf{T}'^{-1}\breve{\mathbf{H}}\mathbf{T}$.
return H

리즘을 적용하려면 영상을 거의 동일한 시점(관심 대상까지의 거리에 비례)에서 가져와야하므로 영상 간에 시차가 거의 없다.

예를 들어 건물에서 멀리 떨어진 곳에 서 있는 사람이 찍은 그림 13.25의 그림을 생각해 보자. 모자이크를 만드는 절차는 다음과 같다. 먼저 영상 쌍을 수동으로 클릭하거나 SIFT 특징 점 탐지 및 매칭과 같은 자동화된 프로세스를 사용하여 영상 쌍 사이에서 해당 점들을 찾는다. 이러한 대응은 정규화된 DLT 알고리즘에 공급되어 영상 간의 동질성을 결정하고, 동질화에 따라 워프(warped)되어 같은 좌표계에 있는 영상을 만들어 낸다. 마지막으로, 영상은 영상 경계로부터 거리에 따라 색상에 가중치를 적용하여 겹치는 위치에서 함께 혼합된다. **페더링**(feathering)으로 알려진 이 과정은 영상 사이의 이음새 효과가 줄어든다. 이러한 단계를 사용하여 쉽게 구현되는 반자동 프로세스의 결과는 그림 13.26에 나와 있다. 그러나 견고한 방식으로 완전 자동 모자이킹은 많은 세부사항에 주의를 기울여야 하며, 시야가 넓으면 호모그래피만으로는 충분하지 않을 수도 있다.

그림 13.25 거의 동일한 관점에서 건물 12 개의 영상 모음.

그림 13.26 이전 그림의 영상을 워핑하고 스티칭하여 만든 모자이크.

13.5.3 Zhang의 보정 알고리즘

교정 주제로 돌아가서, 내재된 카메라 매개 변수를 교정하기 위한 가장 보편적인 기술은 **Zhang의 알고리즘**(Zhang's algorithm)이다. 대체 접근법과 비교하여, 이 기법은 그림 13.27과 같이 평면에 알려진 좌표(예: 체스보드 또는 바둑판)가 있는 평면 캘리브레이션 대상만 필요로 한다는 이점이 있다. 여러 영상(일반적으로 6~10이면 충분)이 다른 위치와 방향에서 타겟(target)으로 캡처된다. 영상의 점들의 위치와 타켓 상의 알려진 위치는 이 절에서 설명한 기술을 사용하여 고유 교정 행렬 **K**를 추정하는데 사용된다.(외재적 매개 변수 즉, 각 캡처에 대한 대상에 대한 카메라의 회전 및 이동도 추정되지만 일반적으로 관심 대상이 아니다.)

월드 좌표계는 평면이 $z_w = 0$에 있도록 평면 타겟에 부착되고, 영상 좌표계는 평상시처럼 영상 평면에 부착된다. 그림 13.28에 묘사된 것처럼, 대상 점(x_w, y_w, 0)을 영상 면에 투영하는 것은 (x, y)로 주어진다.

그림 13.27 정면(왼쪽)과 각도(오른쪽)로 캡처한 체스보드 교정 표적.

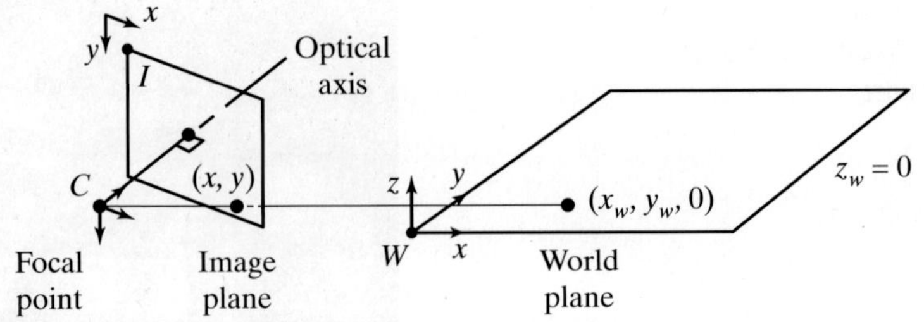

그림 13.28 월드 평면상의 점(x_w, y_w, 0)으로부터 영상 평면상의 점(x, y)으로의 매핑.

$$\begin{bmatrix} x \\ y \\ 1 \end{bmatrix} \propto \underbrace{\begin{bmatrix} \alpha & \gamma & u_0 \\ 0 & \beta & v_0 \\ 0 & 0 & 1 \end{bmatrix}}_{\mathbf{K}_{\{3\times3\}}} \underbrace{[\mathbf{r}_1 \quad \mathbf{r}_2 \quad \mathbf{r}_3 \quad \mathbf{t}]}_{[\mathbf{R}_{\{3\times3\}} \quad \mathbf{t}_{\{3\times1\}}]} \begin{bmatrix} x_w \\ y_w \\ 0 \\ 1 \end{bmatrix} = \underbrace{\mathbf{K}[\mathbf{r}_1 \quad \mathbf{r}_2 \quad \mathbf{t}]}_{\mathbf{H}_{\{3\times3\}}} \begin{bmatrix} x_w \\ y_w \\ 1 \end{bmatrix} \tag{13.125}$$

여기서, $\mathbf{K}$는 내재적 교정 매개 변수를 포함하고, $\mathbf{R}$과 $\mathbf{t}$는 각각 외재적 회전과 이동을 포함하고, $\mathbf{r}_i$는 $\mathbf{R}$의 i 번째 열이다. 따라서 특정 위치와 방향에서 타킷으로부터 영상에 대한 맵핑은 한 평면의 좌표를 다른 평면의 좌표와 관련시키는 3×3 행렬인 호모그래피 $\mathbf{H} \propto \mathbf{K}[\mathbf{r}_1 \quad \mathbf{r}_2 \quad \mathbf{t}]$이다.

이제 특정 위치 및 방향에서 타겟 영상이 캡처된 것으로 가정하고, 호모그래피가 추정되었다(예를 들어 정규화된 DLT를 사용). 동질성은 8 자유도(9개의 요소가 있지만 크기 교정은 중요하지 않음)이지만, 이 중 6개는 유클리드 기하학(3회전, 3이동)으로 인한 것이다. 결과적으로, 그러한 호모그래피는 내재적 매개 변수에 2가지 제약만을 제공한다.

$$\mathbf{r}_1^\mathsf{T}\mathbf{r}_2 = 0 \qquad \text{(orthogonal vectors)} \tag{13.126}$$

$$\mathbf{r}_1^\mathsf{T}\mathbf{r}_1 = \mathbf{r}_2^\mathsf{T}\mathbf{r}_2 \qquad \text{(unit norm vectors)} \tag{13.127}$$

이는 $\mathbf{R}$의 열이 직교 정규화되어야 하기 때문에 발생한다. 즉, 서로 직교하고 단위 표준(unit norm)을 가져야 한다. 수식 (13.127)에서 벡터는 전체 스케일링 모호성으로 인해 단위 표준이 아닌 동일 표준만 보장된다는 점에 유의하자.

$\mathbf{h}_i$를 $\mathbf{H}$의 i 번째 열이라고 하면 $\mathbf{H} = [\mathbf{h}_1 \quad \mathbf{h}_2 \quad \mathbf{h}_3]$, $\mathbf{h}_1 \propto \mathbf{K}\mathbf{r}_2$, $\mathbf{h}_1 \propto \mathbf{K}\mathbf{r}_2$가 된다. 수식 (13.126)–(13.127)에 대입하면 내재적 행렬의 관점에서 2 개의 제약이 산출된다.

$$\mathbf{h}_1^\mathsf{T}\mathbf{K}^{-\mathsf{T}}\mathbf{K}^{-1}\mathbf{h}_2 = 0 \tag{13.128}$$

$$\mathbf{h}_1^\mathsf{T}\mathbf{K}^{-\mathsf{T}}\mathbf{K}^{-1}\mathbf{h}_1 = \mathbf{h}_2^\mathsf{T}\mathbf{K}^{-\mathsf{T}}\mathbf{K}^{-1}\mathbf{h}_2 \tag{13.129}$$

이 수식은 다음과 같이 더 간략하게 작성할 수 있다.

$$\mathbf{h}_1^\top \boldsymbol{\omega}_\infty \mathbf{h}_2 = 0 \quad (13.130)$$

$$\mathbf{h}_1^\top \boldsymbol{\omega}_\infty \mathbf{h}_1 = \mathbf{h}_2^\top \boldsymbol{\omega}_\infty \mathbf{h}_2 \quad (13.131)$$

핀홀 카메라의 내재적 보정 매개 변수에 연결된 기본 양인 **절대 원뿔 영상**(image of the absolute conic, IAC)으로 알려진 다음의 3 × 3 행렬 $\boldsymbol{\omega}_\infty$을 정의한다.

$$\boldsymbol{\omega}_\infty \equiv (\mathbf{K}\mathbf{K}^\top)^{-1} = \mathbf{K}^{-\top}\mathbf{K}^{-1} = \frac{1}{\alpha^2\beta^2}\begin{bmatrix} \beta^2 & -\beta\gamma & \beta\xi \\ -\beta\gamma & \alpha^2+\gamma^2 & -\alpha^2 v_0 - \gamma\xi \\ \beta\xi & -\alpha^2 v_0^2 - \gamma\xi & \alpha^2 v_0^2 + \xi^2 + \alpha^2\beta^2 \end{bmatrix} \quad (13.132)$$

여기서, $\xi \equiv \gamma v_0 - \beta u_0$이다.

$$\mathbf{K}^{-1} = \frac{1}{\alpha\beta}\begin{bmatrix} \beta & -\gamma & \xi \\ 0 & \alpha & -\alpha v_0 \\ 0 & 0 & \alpha\beta \end{bmatrix} \quad (13.133)$$

$\boldsymbol{\omega}_\infty$이 대칭이라는 검사를 통해 행렬의 항목을 다음으로 지정한다.

$$\boldsymbol{\omega}_\infty = \begin{bmatrix} w_{11} & w_{12} & w_{13} \\ w_{12} & w_{22} & w_{23} \\ w_{13} & w_{23} & w_{33} \end{bmatrix} \qquad \mathbf{H} = [\mathbf{h}_1 \quad \mathbf{h}_2 \quad \mathbf{h}_3] = \begin{bmatrix} h_{11} & h_{12} & h_{13} \\ h_{21} & h_{22} & h_{23} \\ h_{31} & h_{32} & h_{33} \end{bmatrix} \quad (13.134)$$

항을 곱하면, 다음과 같이 나타낼 수 있다.

$$\mathbf{h}_i^\top \boldsymbol{\omega}_\infty \mathbf{h}_j = \mathbf{a}_{ij}^\top \mathbf{w}, \quad i, j \in \{1, 2, 3\} \quad (13.135)$$

여기서, $\mathbf{a}_{ij}$는 알려진 벡터이고, $\mathbf{w}$는 미지의 벡터이다.

$$\mathbf{a}_{ij} \equiv [h_{i1}h_{j1} \quad h_{i1}h_{j2} + h_{i2}h_{j1} \quad h_{i1}h_{j3} + h_{i3}h_{j1} \quad h_{i2}h_{j2} \quad h_{i2}h_{j3} + h_{i3}h_{j2} \quad h_{i3}h_{j3}]^\top \quad (13.136)$$

$$\mathbf{w} \equiv [w_{11} \quad w_{12} \quad w_{13} \quad w_{22} \quad w_{23} \quad w_{33}]^\top \quad (13.137)$$

이 재배치를 통해 수식 (13.130)-(13.131)의 두 유클리드 제약이 다음과 같다.

$$\mathbf{a}_{12}^\top \mathbf{w} = 0 \quad (13.138)$$

$$(\mathbf{a}_{11} - \mathbf{a}_{22})^\top \mathbf{w} = 0 \quad (13.139)$$

리콜(recall)은 대상의 단일 영상으로 인해 발생하는 제약 사항이다. 서로 다른 시점에서 여러 영상을 가져온 경우, 여러 개의 호모그래피 데이터가 함께 사용되어 $\boldsymbol{\omega}_\infty$을 결정하는 선형 수식 시스템이 된다. 수식 (13.138)-(13.139)의 수식은 $2n \times 6$ 행렬 $\mathbf{A}$의 행에 쌓여 있으며, 여기서, n은 영상 수이며, $\mathbf{w}$에 대해 풀린 선형 시스템 $\mathbf{A}_{\{2n\times6\}}\mathbf{w}_{\{6\times1\}}=\mathbf{0}_{\{2n\times1\}}$을 산출한다. (시스템이 과다하게 판별되기 위해서는 $n>3$이다.) 그런 다음 $\boldsymbol{\omega}_\infty$은 $\mathbf{w}$ 항목을 단순히 행렬 형식으로 다시 정렬하면 된다.

유일하게 남아있는 문제는 ω_∞에서 5개의 내재적 매개 변수(α, β, γ, u_0 및 v_0)를 추정하는 것이다. 이 작업에는 두 가지 방법이 있다. 한 가지 방법은 콜레스키(Cholesky) 분해를 사용하여 대칭적이고 양의 확정 행렬 $\boldsymbol{\omega}_\infty=\mathbf{L}\mathbf{L}^\mathsf{T}$를 하위 삼각 행렬 $\mathbf{L}=\mathbf{K}^{-\mathsf{T}}$와 상위 삼각 행렬 $\mathbf{L}^\mathsf{T}=\mathbf{K}^{-1}$의 곱으로 분해하는 것이다. 일단 $\mathbf{L}$이 계산되면, 내재적 행렬은 $\mathbf{K}=\mathbf{L}^{-\mathsf{T}}$로 주어지고, 매개 변수 α, β, γ, u_0 및 v_0는 $\mathbf{K}$의 검사에 의해 발견될 수 있다.

또는 $\boldsymbol{\omega}_\infty=\lambda\mathbf{K}^{-\mathsf{T}}\mathbf{K}^{-1}$을 리콜한다. 여기서, $\lambda\neq0$은 미지의 스케일 인자이다. 따라서 수식 (13.132)에서 $\boldsymbol{\omega}_\infty$의 요소는 다음과 같은 매개 변수와 관련된다.

$$w_{11}=\frac{\lambda}{\alpha^2}\qquad w_{12}=-\frac{\lambda\gamma}{\alpha^2\beta}\qquad w_{13}=\frac{\lambda\xi}{\alpha^2\beta}\tag{13.140}$$

$$w_{22}=\lambda\left(\frac{1}{\beta^2}+\frac{\gamma^2}{\alpha^2\beta^2}\right)\quad w_{23}=\lambda\left(\frac{-v_0}{\beta^2}-\frac{\gamma\xi}{\alpha^2\beta^2}\right)\quad w_{33}=\lambda\left(\frac{v_0^2}{\beta^2}+\frac{\xi^2}{\alpha^2\beta^2}+1\right)\tag{13.141}$$

이 수식은 스케일 인자를 계산하는데 사용된다.

$$\begin{aligned}\lambda &= w_{33}-\lambda\left(\frac{v_0^2}{\beta^2}+\frac{\xi^2}{\alpha^2\beta^2}\right)\\ &= w_{33}-\frac{1}{w_{11}}\left(\frac{\lambda^2v_0^2}{\alpha^2\beta^2}+\frac{\lambda^2\xi^2}{\alpha^4\beta^2}\right)\\ &= w_{33}-\frac{1}{w_{11}}\left(\frac{\lambda^2v_0^2}{\alpha^2\beta^2}+w_{13}^2\right)\\ &= w_{33}-\frac{1}{w_{11}}\left((w_{12}w_{13}-w_{11}w_{23})\,v_0+w_{13}^2\right)\end{aligned}\tag{13.142}$$

여기서, v_0는 요소의 비율로 결정된다.

$$\frac{w_{12}w_{13}-w_{11}w_{23}}{w_{11}w_{22}-w_{12}^2}=\frac{\lambda^2\left(-\beta^2\gamma\xi+\alpha^2\beta^2v_0+\beta^2\gamma\xi\right)}{\lambda^2\left(\alpha^2\beta^2+\beta^2\gamma^2-\beta^2\gamma^2\right)}=\frac{\alpha^2\beta^2v_0}{\alpha^2\beta^2}=v_0\tag{13.143}$$

스케일 인자의 경우, 나머지 양은 위의 수식을 풀어서 구할 수 있다.

$$\alpha=\sqrt{\frac{\lambda}{w_{11}}}\tag{13.144}$$

알고리즘 13.12 Zhang의 카메라 보정 루틴

CALIBRATECAMERAZHANG

Input: $n \geq 3$ images of a known planar target at different orientations and directions
Output: intrinsic parameters $\mathbf{K}$, lens distortion parameters ϕ, and extrinsic parameters

for each image **do**
    Detect image features corresponding to known points on target.
    Compute the homography using the normalized DLT algorithm.
Stack the entries from the homographies into matrix $\mathbf{A}$.
Solve $\mathbf{Aw} = \mathbf{0}$ for $\mathbf{w}$, then reshape into ω_∞.
Compute the five intrinsic parameters of $\mathbf{K}$ from ω_∞ using either
    Cholesky decomposition, or
    Equation (13.143) for v_0, then Equation (13.142) for λ, then Equations (13.144)–(13.147).
Compute extrinsic parameters $\mathbf{R}_i$ and $\mathbf{t}_i$ for each image $i = 1, \ldots, n$ using Equations (13.148)–(13.151).
Using these results as a starting point, minimize Equation (13.152) to perform bundle adjustment.

$$\beta = \sqrt{\frac{\lambda w_{11}}{w_{11}w_{22} - w_{12}^2}} \tag{13.145}$$

$$\gamma = \frac{-\alpha^2 \beta w_{12}}{\lambda} \tag{13.146}$$

$$u_0 = \frac{\gamma v_0}{\alpha} - \frac{\alpha^2 w_{13}}{\lambda} \tag{13.147}$$

어느 쪽이든 일단 $\mathbf{K}$가 결정되면 호모그래피 $\mathbf{H} = [\mathbf{h}_1 \ \ \mathbf{h}_2 \ \ \mathbf{h}_3]$을 갖는 임의의 주어진 영상에 대한 외재적 매개 변수(회전 및 이동)가 다음으로 쉽게 발견된다.

$$\mathbf{r}_1 = \lambda \mathbf{K}^{-1}\mathbf{h}_1 \tag{13.148}$$

$$\mathbf{r}_2 = \lambda \mathbf{K}^{-1}\mathbf{h}_2 \tag{13.149}$$

$$\mathbf{r}_3 = \mathbf{r}_1 \times \mathbf{r}_2 \tag{13.150}$$

$$\mathbf{t} = \lambda \mathbf{K}^{-1}\mathbf{h}_3 \tag{13.151}$$

알고리즘 13.12의 접근법을 요약하기 전에 마지막 단계를 설명해야 한다. 지금까지의 절차는 대수적 오차를 최소화하여 내재적(그리고 원한다면 외재적) 매개 변수를 추정했다. 그러나 앞에서 살펴보았듯이[15] 대수적 오류는 수학적으로 편리하지만 실제 문제와 밀접하게 연관되어 있지는 않다. **재투영 오차**(reprojection error)를 최소화하여 보다 정확한 값을 추정할 수 있다.

15 11.2절 (p. 654)

$$\sum_{i=1}^{n}\sum_{j=1}^{m}\|\mathbf{x}_{ij} - g(\mathbf{K}, \mathbf{R}_i, \mathbf{t}_i, \mathbf{x}_w^{(j)}, \phi)\|^2 \tag{13.152}$$

여기서, $\mathbf{x}_w^{(j)} = (x^{(j)},\ y^{(j)},\ 0)$는 j 번째 월드 점이고, $\mathbf{x}_{ij} = (x_{ij},\ x_{ij})$는 i 번째 영상에서의 대응 점이며, g는 렌즈 왜곡 매개 변수들 ϕ을 고려한 영상 투영 함수이다. 위의 과정에서 나온 매개 변수를 사용하여 수식 (13.152)은 뉴턴의 방법의 변형인 레벤베르그–마르쿼트(Levenberg– Marquardt)와 같은 비선형 최소화 루틴을 사용하여 반복적으로 최소화된다. 모든 매개 변수를 교정하는 이 반복 최소화는 **번들 교정**(bundle adjustment)이라고 한다.

13.5.4 절대 원뿔 영상

무한대 ℓ_∞의 라인이 2D 평면을 둘러 싼 것처럼, **무한대 평면**(plane at infinity) $\boldsymbol{\pi}_\infty$의 평면은 3D 공간을 둘러싼다. 이 평면은 우리가 살고 있는 3차원 월드를 둘러싼 보이지 않는 영역으로 시각화된다. ℓ_∞이 평면을 감추고 있는 보이지 않는 고리처럼 시각화되는 것과 유사하다. $\boldsymbol{\pi}_\infty$의 각 점은 ℓ_∞의 각 점이 평면의 방향과 연결되는 것과 같은 방식으로 3D 공간의 방향과 연관된다. 유사 변환(절대 점이라고 함) 하에서 불변인 ℓ_∞에 대한 두 가지 특수 점들이 있는 것처럼, 유사성 변환에서 불변인 $\boldsymbol{\pi}_\infty$ 상의 점의 궤적이 있다. 이 궤적을 **절대 원뿔**(absolute conic)이라고 한다. 절대 점은 $x^2 + y^2 = 0$과 같은 점 $(x,\ y,\ 0)$임을 상기하자. 마찬가지로, 절대 원뿔 곡선은 $x^2 + y^2 + z^2 = 0$을 만족하는 점 $(x,\ y,\ z,\ 0)$의 궤적이다.

수식 (13.103)에서 무한대 점 $(x,\ y,\ z,\ 0)$은 다음에서 영상 평면으로 투영된다.

$$\begin{bmatrix} x \\ y \\ 1 \end{bmatrix} \propto \mathbf{K}\begin{bmatrix}\mathbf{R} & \mathbf{t}\end{bmatrix}\begin{bmatrix} x_w \\ y_w \\ z_w \\ 0 \end{bmatrix} = \underbrace{\mathbf{KR}}_{\mathbf{H}}\begin{bmatrix} x_w \\ y_w \\ z_w \end{bmatrix} \tag{13.153}$$

여기서, $\mathbf{H} = \mathbf{KR}$은 $\boldsymbol{\pi}_\infty$을 영상 평면에 매핑하는 호모그래피이다. $\boldsymbol{\pi}_\infty$에서 절대 원뿔 곡선 상에 있는 모든 점 $(x_w,\ y_w,\ z_w,\ 0)$은 $x_w^2 + y_w^2 + z_w^2 = 0$ 또는 다음을 만족한다.

$$\begin{bmatrix} x_w & y_w & z_w \end{bmatrix}\begin{bmatrix} 1 & 0 & 0 \\ 0 & 1 & 0 \\ 0 & 0 & 1 \end{bmatrix}\begin{bmatrix} x_w \\ y_w \\ z_w \end{bmatrix} = 0 \tag{13.154}$$

즉, $I_{\{3\times3\}}$은 $\boldsymbol{\pi}_\infty$에서 절대 원뿔의 수학적 표현이다. 수식 (13.98)에서, 원뿔이 $\mathbf{C}' = \mathbf{H}^{-\mathsf{T}}\mathbf{C}\mathbf{H}^{-1}$에 따라 변환되기 때문에, 절대 원뿔의 영상 평면으로의 투영은 다음이다.

$$\begin{aligned}\mathbf{H}^{-\mathsf{T}}\mathbf{I}_{\{3\times3\}}\mathbf{H}^{-1} &= (\mathbf{KR})^{-\mathsf{T}}\mathbf{I}_{\{3\times3\}}(\mathbf{KR})^{-1} &(13.155)\\ &= \mathbf{K}^{-\mathsf{T}}\mathbf{R}^{-\mathsf{T}}\mathbf{R}^{-1}\mathbf{K}^{-1} &(13.156)\\ &= \mathbf{K}^{-\mathsf{T}}\mathbf{K}^{-1} &(13.157)\\ &= \omega_\infty &(13.158)\end{aligned}$$

이것은 우리가 예상 한대로 수식 (13.132)의 절대 원뿔 영상(image of the absolute conic, IAC)이다.

주어진 평면의 절대 점들은 평면의 좌표계에서 $(1,\ \pm j,\ 0)$로 주어진다. 그러므로 영상이 평면 보정 타깃으로 캡처될 때, 이들 점은 위치 $\mathbf{H}[1\ \ \pm j\ \ 0]^{\mathsf{T}} = \mathbf{h}_1 \pm j\mathbf{h}_2$에서 영상으로 투영된다. 여기서, $\mathbf{H} = [\mathbf{h}_1\ \ \mathbf{h}_2\ \ \mathbf{h}_3]$는 교정 평면과 그 포즈에서의 영상 평면 사이의 호모그래피이다. 물론 절대 점은 절대 원뿔 곡선에 있어야 하며, 그 투영은 절대 원뿔 곡선의 영상 위에 있어야 한다. 결과적으로 다음을 가진다.

$$(\mathbf{h}_1 \pm j\mathbf{h}_2)^{\mathsf{T}}\,\omega_\infty\,(\mathbf{h}_1 \pm j\mathbf{h}_2) = 0 \qquad (13.159)$$

실수부와 허수부로 분할하면 두 개의 수식이 산출된다.

$$\begin{aligned}\mathbf{h}_1^{\mathsf{T}}\omega_\infty\mathbf{h}_1 &= \mathbf{h}_2^{\mathsf{T}}\omega_\infty\mathbf{h}_2 &(13.160)\\ \mathbf{h}_1^{\mathsf{T}}\omega_\infty\mathbf{h}_2 &= 0 &(13.161)\end{aligned}$$

이는 수식 (13.128) 및 (13.129)에서 유도된 동일한 두 제약이다.

요약하면, 핀홀 카메라로 사진을 찍을 때마다 볼 수 있는 컬러 화소의 관점에서 장면의 시각적 표현을 캡처할 수 있을 뿐만 아니라, 절대 원뿔이라고 하는 이 보이지 않는 점들에 대한 그림을 캡처할 수 있다. 절대 원뿔은 유사성(유클리드) 변환에 영향을 받지 않으므로 절대 원뿔 영상(IAC)도 영향을 받지 않기 때문에 ω_∞는 카메라의 포즈와 상관없이 동일하다. 따라서 IAC는 카메라 내재적 매개 변수에만 의존하기 때문에 카메라 보정은 IAC를 탐색하는 것과 같다. 이것은 Zhang 알고리즘 이면에 있는 기하학적 직감(geometric intuition)이다.

그림 13.29 여러 영상의 점과 일치하고, 카메라 위치와 방향을 결정하고, 장면 점의 3D 좌표를 추정하는 3D 재구성 시스템의 결과.

13.6 다중 뷰 기하학

이 절에서는 정적 장면을 촬영한 여러 영상과 관련된 몇 가지 문제에 투영 기하학을 적용한다. 수학을 더 쉽게 하기 위해 렌즈 왜곡이 중요하지 않거나 이 장의 앞부분에서 설명한[16] 원리를 사용하여 보정된 것으로 가정하여 핀홀 카메라를 사용한다. 이 절의 동기 부여를 돕기 위해 그림 13.29는 최첨단 시스템을 사용하여 몇 장면의 3D 재구성을 보여준다. 시스템의 세부 사항은 여기에서 설명하지 않지만 여러 영상에서 점을 매칭하고 카메라 고유의 매개 변수를 추정하고 상대적인 카메라 포즈를 추정하고, 장면 점의 3D 좌표를 복구하는 기본 절차는 이 절에서 다룬 기본 원칙을 기반으로 한다.

13.6.1 에피폴라 기하학

그림 13.30과 같이 두 대의 카메라가 동일한 장면을 보고 있다고 가정하고, 두 카메라는 동시에 사진을 찍는다. (정적인 장면 하나를 하나의 카메라가 순서대로 두 장의 사진을 찍으면 상황은 수학적으로 동일하다.) $\mathbf{c} \in \mathbb{R}^3$을 한 카메라

그림 13.30 동일한 장면을 보는 두 카메라의 에피폴라 기하학. 에피폴라 라인은 각 영상 평면에 표시되는 반면에 에피폴은 이 예에서는 영상 면의 유한 범위 밖에 있다.

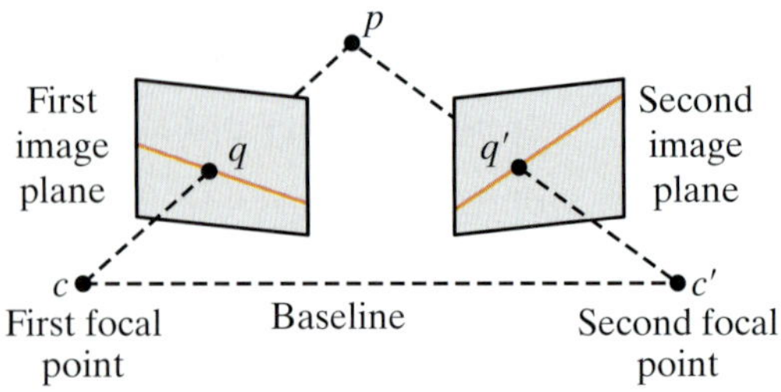

16 13.4.9절 (p. 832)

의 투영(또는 초점) 중심으로 하고, $\mathbf{c}' \in \mathbb{R}^3$을 다른 카메라의 투영 중심으로 놓는다. 이 투영 중심인 $\mathbf{c}' - \mathbf{c}$ 사이 거리를 연결하는 라인 $|\mathbf{c}' - \mathbf{c}|$은 **베이스 라인**(baseline)이다.

이제 카메라는 $\mathbf{q} \in \mathbb{R}^3$의 첫 번째 영상 평면과 $\mathbf{q}' \in \mathbb{R}^3$의 두 번째 영상 평면으로 투영되는 월드에서 $\mathbf{p} \in \mathbb{R}^3$의 점을 볼 수 있다고 가정하자. 빛이 직선으로 움직인다고 가정하면 그림 13.30과 같이 $\mathbf{c}$, $\mathbf{c}'$, $\mathbf{p}$, $\mathbf{q}$ 및 $\mathbf{q}'$이 모두 같은 평면에 놓이는 것을 쉽게 볼 수 있다. 이 평면은 두 극(투영의 중심)에 붙어있기 때문에 **에피폴라 평면**(epipolar plane)으로 알려져 있다. 에피폴라 평면은 두 개의 **에피폴라 라인**(epipolar lines)을 따라 두 개의 영상 평면과 교차한다.

또한 베이스 라인은 **두 개의 에피폴**(two epipoles)에서 두 개의 영상 평면과 교차한다. 즉, 왼쪽 에피폴은 왼쪽 평면 상에 오른쪽 초점의 투영이고, 오른쪽 에피폴에 대해서는 그 반대이다. 이 에피폴은 영상 평면이 베이스 라인과 평행한 경우 무한대이다. 또한 영상 평면이 동일 평면 상에 있고 스캔라인이 베이스 라인과 평행하도록 회전된 경우, 에피폴은 무한대에 있을 뿐만 아니라 x 축을 따라서 있고, 에피폴라 라인이 스캔라인이 된다. 이것은 이전에 고려한 교정된 영상의 경우이다.

13.6.2 기본 행렬

위에서 설명한 카메라의 스테레오 쌍에 대한 월드 점의 투영 영상 좌표(화소)가 각각 (x, y) 및 (x', y')이라고 가정하자. 동차 좌표에서 $\mathbf{x} = [x \quad y \quad 1]^\mathsf{T}$와 $\mathbf{x}' = [x' \quad y' \quad 1]^\mathsf{T}$로 이 점들을 나타낸다. 이 두 점은 동일한 월드 점의 투영이므로, 그것들은 대응하는 점이며 $\mathbf{x} \leftrightarrow \mathbf{x}'$로 나타낸다. ℓ는 첫 번째 영상의 에피폴라 라인을 나타내고, ℓ'는 점과 관련된 두 번째 영상에서의 에피폴라 라인을 나타낸다. $\mathbf{x}$는 첫 번째 에피폴라 라인에 있어야 하고 $\mathbf{x}'$은 두 번째 에피폴라 라인에 있어야하므로, $\mathbf{x}^\mathsf{T}\ell = \mathbf{x}'^\mathsf{T}\ell' = 0$ 임을 알 수 있다.

점 $\mathbf{x}$가 주어지면 다른 영상에서 어떻게 에피폴라 라인 ℓ'을 결정할 수 있나? 영상화 프로세스가 선형 매핑이므로(동차 좌표가 사용되는 경우) 이 질문에 대한 대답은 선형 함수이다. $\ell' = \mathbf{F}\mathbf{x}$이다. 여기서, $\mathbf{F}$는 카메라 간의 상대적인 형상을 포착하는 3×3 기본 행렬이다. $\mathbf{x}'^\mathsf{T}\ell' = 0$ 이므로 다음 수식이 된다.

$$\mathbf{x}'^\mathsf{T}\mathbf{F}\mathbf{x} = 0 \tag{13.162}$$

이것은 스칼라 수식이므로 전치는 반대 방향의 관계를 가져온다.

$$\mathbf{x}^{\mathsf{T}}\mathbf{F}^{\mathsf{T}}\mathbf{x}' = 0 \quad (13.163)$$

이는 $\ell = \mathbf{F}^{\mathsf{T}}\mathbf{x}'$이 첫번째 영상의 에피폴라 라인임을 나타낸다. 아래의 결과는 우리가 지금까지 배운 것을 요약한다.

결과 1. 기본 행렬 $\mathbf{F}$가 주어지면, 첫 번째 영상에서 점 $\mathbf{x}$와 연관된 두 번째 영상의 에피폴라 라인 ℓ'은 $\ell' = \mathbf{F}\mathbf{x}$로 표시된다. 유사하게, 두번째 영상의 점 $\mathbf{x}'$과 연관된 첫번째 영상의 에피폴라 라인은 $\ell = \mathbf{F}^{\mathsf{T}}\mathbf{x}'$에 의해 주어진다.

교정된 카메라의 경우, 두 개의 대응 점의 수직 좌표가 동일함을 상기하자. 즉, $y = y'$이다. 따라서 카메라가 교정될 때 기본 행렬은 다음의 특별한 형태를 취한다.

$$\tilde{\mathbf{F}} = \begin{bmatrix} 0 & 0 & 0 \\ 0 & 0 & -1 \\ 0 & 1 & 0 \end{bmatrix} \quad (13.164)$$

이는 대체하여 쉽게 볼 수 있다.

$$\mathbf{x}'^{\mathsf{T}}\tilde{\mathbf{F}}\mathbf{x} = [x' \quad y' \quad 1]\begin{bmatrix} 0 & 0 & 0 \\ 0 & 0 & -1 \\ 0 & 1 & 0 \end{bmatrix}\begin{bmatrix} x \\ y \\ 1 \end{bmatrix} = [0 \quad 1 \quad -y']\begin{bmatrix} x \\ y \\ 1 \end{bmatrix} = y - y' = 0 \quad (13.165)$$

또는 $y = y'$이다. 모든 동차 양과 마찬가지로 기본 행렬은 0이 아닌 스케일 계수까지만 정의되므로 수식 (13.164)의 음수 부호의 위치는 임의로 선택할 수 있다.

예제 13.3 두 개의 교정되지 않은 카메라가 있고, 기본 행렬이 다음과 같다고 가정하자.

$$\mathbf{F} = \begin{bmatrix} 1 & 2 & 1 \\ -2 & -4 & -2 \\ 3 & 3 & 1 \end{bmatrix} \quad (13.166)$$

$(x, y) = (100, 50)$ 및 $(x', y') = (78, 40)$이 대응하는 점일 수 있나?

풀이 우리는 다음에 주목하여 질문에 답한다.

$$\ell' = \mathbf{F}\mathbf{x} = \begin{bmatrix} 1 & 2 & 1 \\ -2 & -4 & -2 \\ 3 & 3 & 1 \end{bmatrix}\begin{bmatrix} 100 \\ 50 \\ 1 \end{bmatrix} = \begin{bmatrix} 201 \\ -402 \\ 451 \end{bmatrix} \quad (13.167)$$

이는 $\mathbf{x}$와 연관된 두 번째 영상의 에피폴라 라인이 $201x - 402y + 451 = 0$ 임을 의미한다. $\mathbf{x}'$을 대체하면 $201(78) - 402(40) + 451 = 49 \neq 0$이 된다. $\mathbf{x}'$은 $\mathbf{x}$와 연관된 에피폴라 라인 ℓ에 있지 않으므로 해당 점이 아님을 알 수 있다.

그러나 잠깐, 현실 월드에서는 항상 잡음이 있을 것이다. 따라서 우리는 결과가 정확히 0이 될 것이라고 예상해서는 안 된다. 언뜻 보면 49의 잔여물이 크게 보일 수 있지만, 스케일링이 중요하지 않으므로 동차 좌표를 처리할 때 전반적인 값들이 오해를 불러올 소지가 있다. 점에서 라인까지의 유클리드 거리를 구하기 위해 먼저 $\ell' = (a', b', c')$의 라인 매개 변수를 법선 벡터 $[a' \quad b']^\mathsf{T}$가 단위 벡터를 갖도록 정규화해야 한다.

$$\ell' = \frac{[201 \quad -402 \quad 451]^\mathsf{T}}{\sqrt{201^2 + (-402)^2}} = \frac{[201 \quad -402 \quad 451]^\mathsf{T}}{449.45} = [0.447 \quad -0.894 \quad 1.003]^\mathsf{T} \tag{13.168}$$

이 표현식에 $\mathbf{x}'$을 대입하면 $0.447\ (78) - 0.894\ (40) + 1.003 = 0.109$가 되므로 이 점은 라인으로부터 약 1/10 화소 떨어진 지점에 있으며, 이는 실제 잡음의 범위 내에 있다. 따라서 점 (78, 40)이 수학적 의미에서 에피폴라 라인에 정확하게 놓이지는 않지만 실용적인 관점에서 보면 이 점들은 서로 매우 잘 대응할 수 있다.

기본 행렬은 두 카메라 간의 상대적인 기하학을 포착하기 때문에 에피폴을 인코딩한다. 두 번째 영상의 임의의 점 $\mathbf{x}'$에 대해 첫 번째 영상의 에피폴라 라인 ℓ은 첫 번째 에피폴 $\mathbf{e}$를 통과하여 $\ell^\mathsf{T}\mathbf{e} = 0$이 된다. $\ell = \mathbf{F}^\mathsf{T}\mathbf{x}'$이므로 $\mathbf{x}'^\mathsf{T}\mathbf{F}\mathbf{e} = 0$을 의미한다. 이것은 임의의 $\mathbf{x}'$에 대해 참이어야 하므로 $\mathbf{F}\mathbf{e} = 0_{\{3\times1\}}$이다. 결과적으로 첫 번째 영상에서 에피폴 $\mathbf{e}$는 $\mathbf{F}$의 오른쪽 널(null) 벡터이다. 비슷한 추론에 의해 $\mathbf{F}^\mathsf{T}\mathbf{e}' = 0_{\{3\times1\}}$이므로 두 번째 영상의 에피폴 $\mathbf{e}'$는 $\mathbf{F}$의 왼쪽 널 벡터이다. 이들은 SVD를 사용하여 쉽게 계산된다.

결과 2. 기본 행렬 $\mathbf{F}$가 주어지면 첫 번째 영상의 에피폴 $\mathbf{e}$는 맨 오른쪽의 오른쪽 고유 벡터(rightmost right singular vector)이고, 두 번째 영상의 에피폴 $\mathbf{e}'$은 $\mathbf{F}$의 맨 오른쪽의 왼쪽 고유 벡터(rightmost left singular vector)이다. 즉, $\mathbf{e} = \mathbf{v}_3$ 및 $\mathbf{e}' = \mathbf{u}_3$이고, 여기서, $\mathbf{F} = \mathbf{U\Sigma V}^\mathsf{T}$, $\mathbf{U} = [\mathbf{u}_1 \ \ \mathbf{u}_2 \ \ \mathbf{u}_3]$ 및 $\mathbf{V} = [\mathbf{v}_1 \ \ \mathbf{v}_2 \ \ \mathbf{v}_3]$이다.

$\mathbf{F}\mathbf{e} = 0$ 및 $\mathbf{F}^\mathsf{T}\mathbf{e}' = 0$이므로, 기본 행렬은 공백을 갖는다. 결과적으로 그것은 고유 행렬이며, 이는 행렬식이 제로($\det \mathbf{F} = 0$)임을 의미하며, 따라서 그것은 랭크가 부족하다. 사실 카메라 사이의 기하학에 관계없이 카메라의 랭크는 항상

2라는 것을 알 수 있다. 이는 다음과 같은 중요한 결과를 가져와 주어진 행렬이 기본 행렬인지 여부를 테스트할 수 있게 한다.

결과 3. 실제 3×3 행렬 $\mathbf{F}$는 $\text{rank}(\mathbf{F}) = 2$인 경우에만 카메라 기하학의 기본 행렬이다. 즉, 고유 값은 $\sigma_1 \neq 0$, $\sigma_2 \neq 0$ 및 $\sigma_3 = 0$이다.

13.6.3 필수 행렬

이제 카메라가 보정되었다고 가정하고, $\mathbf{K}$와 $\mathbf{K}'$을 두 카메라의 3×3 내재적 교정 행렬이라고 하자. 이러한 행렬들은 미터법 좌표 $\overline{\mathbf{x}}$ 및 $\overline{\mathbf{x}}'$(카메라 좌표계에서 미터 또는 마이크로미터로 제공됨)을 영상 좌표 $\mathbf{x}$ 및 $\mathbf{x}'$(영상 좌표계의 화소로 제공됨)로 변환한다.

$$\mathbf{x} = \mathbf{K}\overline{\mathbf{x}} \tag{13.169}$$
$$\mathbf{x}' = \mathbf{K}'\overline{\mathbf{x}}' \tag{13.170}$$

수식 (13.103)에서 3×1 벡터 $\overline{\mathbf{x}}$와 $\overline{\mathbf{x}}'$은 단지 월드 점의 유클리드 변환이므로 3차원 유클리드 공간에서의 실제 점이다. $\overline{\mathbf{x}} = (\overline{x}, \overline{y}, \overline{z})$ 및 $\overline{\mathbf{x}}' = (\overline{x}', \overline{y}', \overline{z}')$이다. 한편, 3×1 벡터 $\mathbf{x}$와 $\mathbf{x}'$은 2D 영상 평면 상의 점들의 동차 좌표이다. $\mathbf{x} = (u, v, w)$ 및 $\mathbf{x}' = (u', v', w')$이다.

보정된 카메라를 사용하면, 기본 행렬(fundamental matrix)이 카메라의 기하학과 어떻게 관련되는지를 보여줄 수 있다. 에피폴라 제약은 유클리드 월드에서 첫 번째 카메라의 광학 중심에서 첫 번째 영상 점까지의 벡터 $\overline{\mathbf{x}}$, 두 번째 광학 중심에서 두 번째 영상 점까지의 벡터 $\overline{\mathbf{x}}'$ 및 한 광학 중심에서 다른 광학 중심으로의 벡터 $\mathbf{t}$, 모두 동일 평면에 있다. 3개의 벡터가 동일 평면상에 있다면, 그 중 두 개의 벡터의 외적은 세 번째 벡터에 수직이고, 이것은 십진수의 내적이 0인 수학으로 표현된다. 결과적으로 $\mathbf{R}$과 $\mathbf{t}$가 두 카메라의 좌표계 사이의 회전과 이동(따라서 $\mathbf{t}$가 베이스 라인을 따르도록)인 경우, 에피폴라 제한은 간단히 다음으로 표현될 수 있다.

$$\overline{\mathbf{x}}'^{\mathsf{T}}(\mathbf{t} \times \mathbf{R}\overline{\mathbf{x}}) = 0 \tag{13.171}$$

여기서, $\mathbf{R}$에 의한 곱셈은 $\overline{\mathbf{x}}$을 제 2 카메라의 좌표 프레임으로 변환하는데 필요하다. $[\mathbf{t}]_\times$를 외적을 포착하는 $\mathbf{t}$에 대한 대응하는 3×3 스큐-대칭 행렬(skew-symmetric matrix)로 정의한다.

$$[\mathbf{t}]_\times \equiv \begin{bmatrix} 0 & -t_z & t_y \\ t_z & 0 & -t_x \\ -t_y & t_x & 0 \end{bmatrix}, \quad \text{where} \quad \mathbf{t} = \begin{bmatrix} t_x \\ t_y \\ t_z \end{bmatrix} \tag{13.172}$$

임의의 3×1 벡터 $\mathbf{y}$에 대해 $[\mathbf{t}]_\times \mathbf{y} = \mathbf{t} \times \mathbf{y}$이므로, 수식 (13.171)을 선형 수식으로 다시 쓸 수 있다.

$$\bar{\mathbf{x}}'^{\mathsf{T}} \mathbf{E} \bar{\mathbf{x}} = 0 \tag{13.173}$$

여기서, $\mathbf{E} \equiv [\mathbf{t}]_\times \mathrm{R}$은 두 카메라 사이의 **필수 행렬**(essential matrix)라고 불린다.

필수 행렬과 기본 행렬은 사촌들이다. 기본 행렬과 마찬가지로 필수 행렬은 콤팩트 행렬 형태로 카메라들 사이의 기하학적 관계(즉, 에피폴라 제약)를 포착한다. 기본 행렬은 보정되지 않은 카메라와 관련이 있으며(따라서 영상 좌표계의 점을 변환하는 반면), 필수 행렬은 보정된 카메라와 관련이 있다(따라서 카메라 좌표계의 점을 변환한다). 두 행렬 간의 관계는 수식 (13.169)-(13.170)을 수식 (13.173)에 대입하면 쉽게 결정된다.

$$\bar{\mathbf{x}}'^{\mathsf{T}} \mathbf{E} \bar{\mathbf{x}} = 0 \tag{13.174}$$

$$(\mathbf{K}'^{-1}\mathbf{x}')^{\mathsf{T}} \mathbf{E} (\mathbf{K}^{-1}\mathbf{x}) = 0 \tag{13.175}$$

$$\mathbf{x}'^{\mathsf{T}} \underbrace{(\mathbf{K}'^{-\mathsf{T}} \mathbf{E} \mathbf{K}^{-1})}_{\mathbf{F}} \mathbf{x} = 0 \tag{13.176}$$

$\mathbf{F} = \mathbf{K}'^{-\mathsf{T}} \mathbf{E} \mathbf{K}^{-1}$ 또는 $\mathbf{E} = \mathbf{K}'^{\mathsf{T}} \mathbf{F} \mathbf{K}$를 나타낸다.

정의된 바와 같이 필수 행렬은 6개의 매개 변수를 갖는다. 두 카메라 사이의 회전 각도 3개, 이동 벡터 3개이다. 그러나 필수 행렬은 동차 수식인 수식 (13.173)의 문맥에서만 독점적으로 사용된다. 결과적으로 $\mathbf{E}$를 0이 아닌 스칼라로 곱하면 같은 역할을 하는 또 다른 3×3 행렬이 된다. 이것을 관찰하는 또 다른 방법은 수식 (13.171)의 $\mathbf{t}$의 방향만 중요하다는 것을 인식하는 것이다. 즉 0이 아닌 크기로 이동 벡터를 스케일링해도 결과에 영향을 미치지 않는다. 이 모호함은 경험과 일치하며, 실제로 우리는 종종 전체적인 $\mathbf{t}$의 크기를 알지 못하고 단지 방향만을 안다. 따라서 필수 행렬에는 5개의 매개 변수가 포함된다. 회전을 위하여 3개, 이동 방향을 위하여 2개이다.

위의 분석에서 볼 수 있듯이, 모든 필수 행렬에는 특별한 구조가 있다. 이것은 스큐-대칭 행렬과 직교 행렬의 결과이다. 임의의 3×3 행렬은 9개의 매개 변수를 가지고, 필수 행렬은 5개의 매개 변수만 가지므로 주어진 행렬이 필수 행렬이기도 한 조건 하에서 질문하는 것은 당연하다. 그 대답은 3 × 3 행렬은 그것의 고유 값 중 두 개가 같고 세 번째가 0인 경우에만 필수 행렬이다. 이것은 다음 결과에서 제공된다.

결과 4. 실제 3 × 3 행렬 $\boldsymbol{E}$는 3개의 고유 값이 $\sigma_1 = \sigma_2 \neq 0$ 및 $\sigma_3 = 0$인 경우에만 필수 행렬이다. 따라서 $\text{rank}(\boldsymbol{E}) = 2$이다.

카메라 사이에 회전이 없고, $\mathbf{x}$ 방향으로만 이동하는 경우 필수 행렬은 다음이다.

$$\mathbf{E} = [\mathbf{t}]_\times \mathbf{R} = \begin{bmatrix} 0 & 0 & 0 \\ 0 & 0 & -t_x \\ 0 & t_x & 0 \end{bmatrix} \begin{bmatrix} 1 & 0 & 0 \\ 0 & 1 & 0 \\ 0 & 0 & 1 \end{bmatrix} \propto \begin{bmatrix} 0 & 0 & 0 \\ 0 & 0 & -1 \\ 0 & 1 & 0 \end{bmatrix} \quad \textbf{(13.177)}$$

주 점과 초점 길이가 동일하면 교정된 카메라의 기본 행렬과 같다.

수식 (13.103)에서 두 개의 에피폴은 다음으로 주어진다.

$$\mathbf{e} = \mathbf{K}\mathbf{R}^\top\mathbf{t} \quad \textbf{(13.178)}$$

$$\mathbf{e}' = \mathbf{K}'\mathbf{t} \quad \textbf{(13.179)}$$

이는 t와 연관된 무한대 지점의 투영 즉, $[\mathbf{t}^\top \ 0]^\top$를 두 개의 영상 평면으로 투영한 것이다. 즉, $\mathbf{t}$가 두 번째 카메라의 좌표계에서 이미 표현되었기 때문에, 그 회전 및 이동은 제로(0)이므로, 두 번째 영상 평면상으로의 투영은 간단히 $\mathbf{K}'[\mathbf{I} \quad \mathbf{0}] \ [\mathbf{t}^\top \quad 0]^\top = \mathbf{K}'\mathbf{t}$이다. 그러나 첫 번째 영상 좌표계의 경우, $\mathbf{t}$는 먼저 $\mathbf{R}^\top$로 회전해야 하며 $\mathbf{K}[\mathbf{R}^\top \quad -\mathbf{t}]\,[\mathbf{t}^\top \quad 0]^\top = \mathbf{K}\mathbf{R}^\top\mathbf{t}$가 된다. 이러한 에피폴은 $\mathbf{F}\mathbf{e} = 0$ 및 $\mathbf{F}^\top\mathbf{e}' = 0$을 사용하여 쉽게 검증된다. 즉, $\mathbf{F}\mathbf{e} = (\mathbf{K}'^{-\top}\mathbf{E}\mathbf{K}^{-1})\mathbf{e} = \mathbf{K}'^{-\top}[\mathbf{t}]_\times \mathbf{R}\mathbf{K}^{-1}(\mathbf{K}\mathbf{R}^\top\mathbf{t}) = \mathbf{K}'^{-\top}[\mathbf{t}]_\times \mathbf{t} = \mathbf{K}'^{-\top}(\mathbf{t} \times \mathbf{t}) = 0$는 벡터의 외적이 0이라는 특성을 사용했다. 마찬가지로 $\mathbf{F}^\top\mathbf{e}' = (\mathbf{K}'^{-\top}\mathbf{E}\mathbf{K}^{-1})^\top\mathbf{e}' = \mathbf{K}^{-\top}\mathbf{E}^\top\mathbf{K}'^{-1}(\mathbf{K}'\mathbf{t}) = \mathbf{K}^{-\top}\mathbf{E}^\top\mathbf{t} = \mathbf{K}^{-\top}([\mathbf{t}]_\times \mathbf{R})^\top\mathbf{t} = \mathbf{K}^{-\top}\mathbf{R}^\top[\mathbf{t}]_\times^\top\mathbf{t} = 0$이다.

임의의 필수 행렬의 속성 중 하나는 $\mathbf{E}^\top\mathbf{t} = 0_{\{3\times1\}}$이다. 위와 같이 대체하여, 다음과 같이 할 수 있다. $\mathbf{E}^\top\mathbf{t} = ([\mathbf{t}]_\times \mathbf{R})^\top\mathbf{t} = \mathbf{R}^\top[\mathbf{t}]_\times^\top\mathbf{t} = 0$이다. 즉, $\mathbf{t}$가 베이스라인을 따라 가리키고 있기 때문에, $\mathbf{t}$와 관련된 무한대 점은 두 번째 영상의 에피폴이며, 따라서 $\mathbf{t}$는 연관된 에피폴라 라인을 갖지 않는다. 또 다른 속성은 $\mathbf{E}\mathbf{E}^\top$가 다음과 같이 이동에만 의존한다는 것이다. $\mathbf{E}\mathbf{E}^\top = [\mathbf{t}]_\times \mathbf{R}([\mathbf{t}]_\times \mathbf{R})^\top = [\mathbf{t}]_\times \mathbf{R}\mathbf{R}^\top[\mathbf{t}]_\times^\top = [\mathbf{t}]_\times [\mathbf{t}]_\times^\top$이다. 추가적인 속성은 연습문제에서 찾아볼 수 있다.

13.6.4 카메라 투영 행렬과의 관계

이제 기본 행렬과 카메라 투영 행렬의 관계를 살펴보겠다. 월드 점이 (x_w, y_w, z_w)에 주어지면, 첫 번째 영상에 대한 투영의 동차 좌표는 $\mathbf{x} = \mathbf{P}\mathbf{w}$로 주어진다. 여기서, $\mathbf{P}$는 수식 (13.103)에서와 같이 첫 번째 카메라의 3×4 투영 행렬이고, $\mathbf{w} \equiv [x_w \quad y_w \quad z_w \quad 1]^\mathsf{T}$는 월드 점의 동차 좌표이다. 깊이에 대한 추가 정보가 없으면 $\mathbf{x}$에서 점의 월드 좌표를 계산할 수는 없지만 $\mathbf{P}^+\mathbf{x}$는 하나의 가능한 월드 점임을 알고 있다. 여기서, $\mathbf{P}^+$은 $\mathbf{P}$의 의사 역행렬(pseudoinverse)이다. 즉, $\mathbf{P}^+\mathbf{x}$는 첫 번째 카메라 중심과 점 $\mathbf{x}$를 통과하는 광선 상에 놓인다. 이 점의 두 번째 영상에 대한 투영은 $\mathbf{x}' = \mathbf{P}'\mathbf{P}^+\mathbf{x}$이다. 여기서, $\mathbf{P}'$은 두 번째 카메라의 3×4 투영 행렬(projection matrix)이다. 이제 우리는 첫 번째 영상에서 $\mathbf{x}$와 연관된 두 번째 영상의 에피폴라 라인 ℓ'이 $\mathbf{x}'$과 두 번째 에피폴 $\mathbf{e}'$을 연결한다는 것을 알 수 있다. 우리가 이미 보았듯이 두 점을 연결하는 라인은 두 점의 외적이므로, 이것은 $\ell' = \mathbf{e}' \times \mathbf{P}'\mathbf{P}^+\mathbf{x} = [\mathbf{e}']_\times \mathbf{P}'\mathbf{P}^+\mathbf{x}$가 된다. $\mathbf{x}'$은 ℓ'에 있으므로 다음이 된다.

$$\mathbf{x}'^\mathsf{T}\ell' = \mathbf{x}'^\mathsf{T}\underbrace{[\mathbf{e}']_\times \mathbf{P}'\mathbf{P}^+}_{\mathbf{F}}\mathbf{x} = 0 \tag{13.180}$$

또는 $\mathbf{F} = [\mathbf{e}']_\times \mathbf{P}'\mathbf{P}^+$이다. 비슷한 추론에 의해 $\mathbf{F}^\mathsf{T} = [\mathbf{e}]_\times \mathbf{P}\mathbf{P}'^+$이다.

이제 $\mathbf{R}$과 $\mathbf{t}$가 각각 두 카메라 사이의 회전과 이동이라고 가정하면, $\mathbf{P} = \mathbf{K}[\mathbf{I}_{\{3\times3\}} \ \mathbf{0}_{\{3\times1\}}]$ 및 $\mathbf{P}' = \mathbf{K}'[\mathbf{R} \quad \mathbf{t}]$이다. 그런 다음 간단히 대치하면 다음이 된다.

$$\mathbf{F} = [\mathbf{e}']_\times \mathbf{P}'\mathbf{P}^+ = [\mathbf{e}']_\times \mathbf{K}'[\mathbf{R} \quad \mathbf{t}](\mathbf{K}[\mathbf{I} \quad \mathbf{0}])^+ = [\mathbf{e}']_\times \mathbf{K}'[\mathbf{R} \quad \mathbf{t}]\begin{bmatrix}\mathbf{I} \\ \mathbf{0}^\mathsf{T}\end{bmatrix}\mathbf{K}^{-1} = [\mathbf{e}']_\times \mathbf{K}'\mathbf{R}\mathbf{K}^{-1} \tag{13.181}$$

투영 행렬은 $\mathbf{F}$를 고유하게 결정하지만, 주어진 $\mathbf{F}$에 대해 투영 행렬의 패밀리가 있다. $\mathbf{P} = [\mathbf{I}_{\{3\times3\}} \ \mathbf{0}_{\{3\times1\}}]$을 설정하면, 이 패밀리는 $\mathbf{P}' = [[\mathbf{e}']_\times \mathbf{F} + \mathbf{e}'\mathbf{v}^\mathsf{T} \ \lambda\mathbf{e}']$에 의해 주어진다. 여기서, $\mathbf{v}$는 임의의 3×1 벡터이고, λ은 0이 아닌 모든 스칼라이다.

참고로 필수 행렬과 기본 행렬에 대한 수식을 요약한다. 이 수식 중 네 개는 이미 보였지만 하나는 연습문제로 남긴다.

$$\mathbf{E} = [\mathbf{t}]_\times \mathbf{R} = \mathbf{R}[\mathbf{R}^\mathsf{T}\mathbf{t}]_\times \tag{13.182}$$

$$\mathbf{F} = \mathbf{K}'^{-\mathsf{T}}\mathbf{E}\mathbf{K}^{-1} = [\mathbf{e}']_\times \mathbf{K}'\mathbf{R}\mathbf{K}^{-1} = [\mathbf{e}']_\times \mathbf{P}'\mathbf{P}^+ \tag{13.183}$$

13.6.5 필수 행렬과 기본 행렬 추정

필수 행렬과 기본 행렬이 한 쌍의 카메라 사이의 상대 기하학을 포착하는 방법을 이해하기 위한 기초를 마련했으므로, 조정된 카메라 쌍에 의해 취해진 대응 점으로부터 장면의 메트릭 기하학(metric geometry)를 재구성하는 방법을 보여줄 준비가 되었다. 일반적인 절차는 다음과 같다. (1)대응 점들로부터 기본 행렬을 추정하라. (2)내재적인 카메라 보정 매개 변수를 사용하여 필수 행렬을 구성하라. (3)필수 행렬을 회전 및 이동으로 분해하라다(최대 규모까지). (4)월드 점의 3 차원 좌표를 추정하라. 이러한 단계는 본 절과 다음 몇 절에서 다룬다.

행렬 E는 단지 5개의 자유도를 가지고 있기 때문에 이론적으로 5개의 대응 점만으로 해결할 수 있다.($\mathbf{x}'^{\mathsf{T}}\mathbf{E}\mathbf{x} = 0$은 해당 쌍마다 두 개의 선형 독립 수식을 산출하는 호모그래피 매핑(homography mapping)이다. $\mathbf{x}' \propto \mathbf{H}\mathbf{x}$와 달리 스칼라 수식이므로 각 해당 쌍은 단일 수식을 산출한다.) 소위 **5-점 알고리즘**(five-point algorithm)은 이 속성을 활용하지만 수학적으로 상당히 복잡하기 때문에 논의를 하지는 않는다. 일반적으로 잡음의 영향을 극복하기 위해 최대한 많은 대응 점을 가능한 한 많이 사용하려고 한다.

대신 가장 많이 사용되는 방법은 **8-점 알고리즘**(eight-point algorithm)이다. 필수 및 기본 행렬은 9개의 요소로 구성되었지만 알려지지 않은 스케일링 인수가 고유하기 때문에 각각 8개의 고유한 요소가 있다. 각각의 대응하는 쌍이 하나의 수식을 산출하기 때문에, 8 쌍의 대응은 8개의 미지수에 대한 8개의 수식을 산출하여 선형 솔루션으로 이어진다. 알고리즘에 교정을 가하지 않고 추가적인 대응 점이 가능하다면 최소 제곱 솔루션을 계산하기 때문에 8-점 알고리즘의 장점은 간단하다. 8-점 알고리즘은 측정 값이 화소인지 미터인지에 따라 대응 쌍에서 $\mathbf{E}$ 또는 $\mathbf{F}$를 추정하는데 적용할 수 있다. 우리는 $\mathbf{F}$를 계산하기 위한 절차를 설명할 것이지만 끝 부분에 약간의 교정을 덧붙이면 동일한 절차가 $\mathbf{E}$를 계산하는데 사용될 수 있다는 것을 명심하자. 대안으로 $\mathbf{F}$가 계산되면 $\mathbf{E}$는 수식 (13.176)에서와 같이 $\mathbf{F}$를 내재적 보정 행렬로 간단히 곱함으로써 얻을 수 있다.

$\mathbf{x}$와 $\mathbf{x}'$을 두 영상에서 점이라면, 행렬과 벡터의 개별 요소를 명시적으로 다음과 같이 나열하여 기본 행렬 수식을 다시 쓸 수 있다.

$$\mathbf{x}'^{\mathsf{T}}\mathbf{F}\mathbf{x} = [x' \ \ y' \ \ 1] \underbrace{\begin{bmatrix} f_{11} & f_{12} & f_{13} \\ f_{21} & f_{22} & f_{23} \\ f_{31} & f_{32} & f_{33} \end{bmatrix}}_{\mathbf{F}} \begin{bmatrix} x \\ y \\ 1 \end{bmatrix} = 0 \quad (13.184)$$

요소를 곱하면 단일 스칼라 수식이 나타난다.

$$f_{11}xx' + f_{12}x'y + f_{13}x' + f_{21}xy' + f_{22}yy' + f_{23}y' + f_{31}x + f_{32}y + f_{33} = 0 \quad (13.185)$$

이것은 재배열될 때 두 벡터의 내적으로 표현할 수 있다. 하나는 알려진 양을 포함하고, 다른 하나는 알려지지 않은 양을 포함한다.

$$[xx' \quad x'y \quad x' \quad xy' \quad yy' \quad y' \quad x \quad y \quad 1] \begin{bmatrix} f_{11} \\ f_{12} \\ f_{13} \\ f_{21} \\ \vdots \\ f_{33} \end{bmatrix} = 0 \quad (13.186)$$

여기서, 미지의 벡터는 **F**의 원소를 포함하는 행–우선 순위(row–major order)이다. 이것은 미지의 스케일링 인자로 인해 8개의 미지수를 갖는 하나의 수식이다. 추가 대응점을 사용하면 값이 쌓여 왼쪽에 추가 행이 생긴다.

$$\underbrace{\begin{bmatrix} x_1x_1' & x_1'y_1 & x_1' & x_1y_1' & y_1y_1' & y_1' & x_1 & y_1 & 1 \\ x_2x_2' & x_2'y_2 & x_2' & x_2y_2' & y_2y_2' & y_2' & x_2 & y_2 & 1 \\ x_3x_3' & x_3'y_3 & x_3' & x_3y_3' & y_3y_3' & y_3' & x_3 & y_3 & 1 \\ \vdots & & & & & & & & \\ x_nx_n' & x_n'y_n & x_n' & x_ny_n' & y_ny_n' & y_n' & x_n & y_n & 1 \end{bmatrix}}_{\mathbf{A}_{\{n\times 9\}}} \underbrace{\begin{bmatrix} f_{11} \\ f_{12} \\ f_{13} \\ f_{21} \\ \vdots \\ f_{33} \end{bmatrix}}_{\mathbf{f}_{\{9\times 1\}}} = \mathbf{0}_{\{9\times 1\}} \quad (13.187)$$

여기서, $(x_i, y_i) \leftrightarrow (x'_i, y'_i)$은 i 번째 해당 쌍이고, $n \geq 8$은 대응 수이다. 이 수식은 이미 보았듯이, 가장 작은 고유치 또는 이와 동등하게 **A**의 가장 작은 고유 값과 연관된 $\mathbf{A}^{\mathsf{T}}\mathbf{A}$의 고유 벡터를 선택함으로써 해결할 수 있다. 그런 다음, **f**의 원소를 3×3 행렬 **F**를 구성하기 위해 재정렬할 수 있다.

그러나 이 결과는 영상 잡음으로 인해 풀 랭크(full rank)가 되기 때문에 유효한 기본 행렬이 되지는 않는다. 결과 행렬이 랭크 2가 되도록 하려면 SVD, $\mathbf{F} = \mathbf{U}\mathbf{\Sigma}\mathbf{V}^{\mathsf{T}}$를 계산한 다음에 최소 고유 값을 0으로 설정하고 행렬을 다시 합산해야 한다. $\mathbf{U}\ \mathrm{diag}(\sigma_1, \sigma_2, 0)\ \mathbf{V}^{\mathsf{T}}$는 랭크 2를 가지며, 따라서 유효한 기본 행렬

알고리즘 13.13 기본 행렬을 추정하기 위한 8-점 알고리즘

EIGHTPOINTFUNDAMENTAL$(\{\mathbf{x}_i \leftrightarrow \mathbf{x}_i'\}_{i=1}^{n})$

Input: n corresponding pairs of points $(x_i, y_i) \leftrightarrow (x_i', y_i')$ between two images
Output: the 3×3 fundamental matrix that best satisfies $(\mathbf{x}_i')^{\mathsf{T}}\mathbf{F}\mathbf{x}_i = 0$ for all i

Compute $\mathbf{T}$ and $\mathbf{T}'$ using Equation (13.118)
Normalize the points: $\breve{\mathbf{x}}_i \leftarrow \mathbf{T}\mathbf{x}_i$, $\breve{\mathbf{x}}_i' \leftarrow \mathbf{T}'\mathbf{x}_i'$, $i = 1, \ldots, n$
Construct the $n \times 9$ matrix $\breve{\mathbf{A}}$ in Equation (13.187) using the normalized points
Solve the linear system $\breve{\mathbf{A}}\,\breve{\mathbf{f}} = \mathbf{0}$ for $\breve{\mathbf{f}}$
Rearrange the values in $\breve{\mathbf{f}}$ to create $\breve{\mathbf{F}}$
Compute $\breve{\mathbf{U}}, \breve{\Sigma}, \breve{\mathbf{V}}^{\mathsf{T}} \leftarrow$ SVD$(\breve{\mathbf{F}})$
Set the smallest singular value to zero: $\breve{\mathbf{F}} \leftarrow \breve{\mathbf{U}}\,diag(\breve{\sigma}_1, \breve{\sigma}_2, 0)\breve{\mathbf{V}}^{\mathsf{T}}$
Unnormalize the result to yield the desired fundamental matrix: $\mathbf{F} \leftarrow \mathbf{T}'^{\mathsf{T}}\breve{\mathbf{F}}\mathbf{T}$.
return F

인 프로베니우스 놈(Frobenius norm) 의미에서 가장 가까운 행렬을 산출한다. 대신 필수 행렬이 요구된다면, 이 마지막 단계에서 우리는 $\sigma_1 = \sigma_2 = 1$을 설정하여 $\mathbf{U}$ diag$(1, 1, 0)$ $\mathbf{V}^{\mathsf{T}}$를 유도한다는 점을 제외하고는 동일한 절차를 따른다.

DLT에서 했던 것처럼 이전과 같은 방식으로 계산된 행렬 $\mathbf{T}$와 $\mathbf{T}'$을 사용하여 강력한 결과를 얻으려면 먼저 좌표를 정규화해야 한다. $\breve{\mathbf{x}} = \mathbf{T}\mathbf{x}$, $\breve{\mathbf{x}}' = \mathbf{T}'\mathbf{x}'$이라면, $\mathbf{x}'^{\mathsf{T}}\mathbf{F}\mathbf{x} = 0$으로 대체하면 다음이 된다.

$$(\mathbf{T}'^{-1}\breve{\mathbf{x}}')^{\mathsf{T}}\mathbf{F}(\mathbf{T}^{-1}\breve{\mathbf{x}}) = 0 \quad (13.188)$$

$$\breve{\mathbf{x}}'^{\mathsf{T}}\underbrace{\mathbf{T}'^{-\mathsf{T}}\mathbf{F}\mathbf{T}^{-1}}_{\breve{\mathbf{F}}}\breve{\mathbf{x}} = 0 \quad (13.189)$$

이는 $\breve{\mathbf{F}} = \mathbf{T}'^{-\mathsf{T}}\mathbf{F}\mathbf{T}^{-1}$ 또는 $\mathbf{F} = \mathbf{T}'^{\mathsf{T}}\breve{\mathbf{F}}\mathbf{T}$를 의미한다. 의사코드는 알고리즘 13.13에 제공된다. 이전과 마찬가지로 결과가 더 정확한 결과를 원하면 비선형 최소화 루틴의 시작 점으로 간주할 수 있다. 이 방법으로 $\mathbf{F}$를 추정하여 얻은 에피폴라 라인의 예가 그림 13.31에 나와 있다.

13.6.6 필수 행렬 분해

필수 행렬 $\mathbf{E}$가 주어지면 이동 벡터 $\mathbf{t}$와 회전 행렬 $\mathbf{R}$을 추출할 수 있다. $\mathbf{E} = [\mathbf{t}]_{\times}\mathbf{R}$이기 때문에 이것은 행렬을 스큐-대칭(skew-symmetric) 행렬 $[\mathbf{t}]_{\times}$와 직교 행렬 $\mathbf{R}$의 곱으로 분해함으로써 수행될 수 있다. 이를 위해 두 개의 특수 행렬을 정의하겠다.

그림 13.31 에피폴라 라인이 겹쳐지고 교차점이 에피폴을 드러내는 정적 장면의 두 영상. 2개의 영상 상의 대응하는 점은 대응하는 에피폴라 라인 상에 있다.

Stan Birchfield

$$\hat{\mathbf{\Sigma}} \equiv \begin{bmatrix} 1 & 0 & 0 \\ 0 & 1 & 0 \\ 0 & 0 & 0 \end{bmatrix} \quad \mathbf{W} \equiv \begin{bmatrix} 0 & -1 & 0 \\ 1 & 0 & 0 \\ 0 & 0 & 1 \end{bmatrix} \tag{13.190}$$

$\mathbf{E}$는 정의상 두 개의 0이 아닌 동일한 고유 값과 하나의 0 고유 값을 가지기 때문에 전자의 행렬은 단순히 $\mathbf{E}$의 SVD를 계산한 결과인 고유 값 행렬, 즉 일부 $\mathbf{U}$와 $\mathbf{V}$에 대해서는 $\mathbf{E} = \mathbf{U}\hat{\mathbf{\Sigma}}\mathbf{V}^\mathsf{T}$이다. 후자의 행렬은 두 가지 중요한 특성을 모두 충족시키기 때문에 특별하다. 이 두 속성은 모두 검사로 쉽게 확인할 수 있다. (1) $\mathbf{W}\hat{\mathbf{\Sigma}}$는 스큐-대칭 즉, $\mathbf{W}\hat{\mathbf{\Sigma}} = -(\mathbf{W}\hat{\mathbf{\Sigma}})^\mathsf{T}$이다. 그리고 (2) $\mathbf{W}\hat{\mathbf{\Sigma}}\mathbf{W} \propto \hat{\mathbf{\Sigma}}$이다.

$\mathbf{E}$를 분해하는 것은 SVD를 계산하고 이러한 특성을 적용함으로써 간단하게 할 수 있다.

$$\mathbf{E} = \mathbf{U}\hat{\mathbf{\Sigma}}\mathbf{V}^\mathsf{T} \propto \mathbf{U}(\mathbf{W}\hat{\mathbf{\Sigma}}\mathbf{W})\mathbf{V}^\mathsf{T} = \mathbf{U}\mathbf{W}\hat{\Sigma}(\mathbf{U}^\mathsf{T}\mathbf{U})\mathbf{W}\mathbf{V}^\mathsf{T} = \underbrace{(\mathbf{U}\mathbf{W}\hat{\mathbf{\Sigma}}\mathbf{U}^\mathsf{T})}_{\mathbf{S}}\underbrace{(\mathbf{U}\mathbf{W}\mathbf{V}^\mathsf{T})}_{\mathbf{R}} \tag{13.191}$$

여기서, $\mathbf{S} = [\mathbf{t}]_\times$는 스큐-대칭 행렬이고, $\mathbf{R}$은 직교 행렬이다. 따라서 회전 행렬은 $\mathbf{R} = \mathbf{U}\mathbf{W}\mathbf{V}^\mathsf{T}$로 계산된다. 이동 벡터 $\mathbf{t}$를 구하려면 $\mathbf{E}^\mathsf{T}\mathbf{t} = \mathbf{V}\hat{\mathbf{\Sigma}}\mathbf{U}^\mathsf{T}\mathbf{t} = \mathbf{0}_{\{3\times1\}}$를 생각해 보자. 이 때 $\mathbf{t} = \mathbf{U}[0 \;\; 0 \;\; 1]^\mathsf{T} = \mathbf{u}_3$이 나오는데, 이것은 $\mathbf{U} = [\mathbf{u}_1 \;\; \mathbf{u}_2 \;\; \mathbf{u}_3]$의 가장 오른쪽 열이다. 그러나 $\mathbf{W}^\mathsf{T}$가 아닌 $\mathbf{W}$의 선택은 임의적이었으며(규모 불확실성의 경우), 또한 알려지지 않은 스케일 요소에 대해서만 $\mathbf{t}$를 알고 있다. 따라서 실제로 네 가지 가능한 솔루션, 즉 $\mathbf{R} = \mathbf{U}\mathbf{W}\mathbf{V}^\mathsf{T}$ 또는 $\mathbf{R} = \mathbf{U}\mathbf{W}^\mathsf{T}\mathbf{V}^\mathsf{T}$ 및 $\mathbf{t} = \pm\mathbf{u}_3$이 있다. 다른 세 가지 솔루션은 하나 혹은 두 개의 카메라 뒤에 월드 점을 배치하기 때문에 이 네 가지 솔루션 중 하나는 물리적으로 그럴듯하다. 알고리즘 13.14의 의사코드를 유도한다.

알고리즘 13.15에 제시된, 시야가 겹치는 두 카메라의 투영 행렬을 추정하는 절차를 설명할 수 있다. 이 절차를 호출하기 전에 먼저 알고리즘을 알고리즘 13.12를 사용하여 내부적으로 보정해야 한다. 그런 다음 영상 간에 수동 또는

알고리즘 13.14 회전 및 이동을 나타내기 위해 필수 행렬 분해

DecomposeEssentialMatrix(**E**)

Input: essential matrix **E**
Output: the 3 × 3 rotation matrix **R** and 3 × 1 translation vector **t** such that $\mathbf{E} = [\mathbf{t}]_\times \mathbf{R}$

$\mathbf{U}, \hat{\Sigma}, \mathbf{V}^\mathsf{T} \leftarrow \text{Svd}(\mathbf{E})$ ➤ Compute the SVD of **E**, noting that $\sigma_1 = \sigma_2 = 1$ and $\sigma_3 = 0$.
$\mathbf{R}_1 \leftarrow \mathbf{UWV}^\mathsf{T}$ ➤ Construct 2 possible rotation matrices,
$\mathbf{R}_2 \leftarrow \mathbf{UW}^\mathsf{T}\mathbf{V}^\mathsf{T}$ and 2 possible translation vectors, where $\mathbf{U} = [\mathbf{u}_1 \quad \mathbf{u}_2 \quad \mathbf{u}_3]$.
$\mathbf{t}_1 \leftarrow \mathbf{u}_3$ ➤ Then test the four solutions on an arbitrary world point;
$\mathbf{t}_2 \leftarrow \mathbf{u}_3$ the solution which places the point
return either $\mathbf{R}_1, \mathbf{t}_1$ or $\mathbf{R}_1, \mathbf{t}_2$ or $\mathbf{R}_2, \mathbf{t}_1$ or $\mathbf{R}_2, \mathbf{t}_2$ in front of both cameras is the correct one.

자동으로 여러 가지 대응 점이 결정된다. 이 점들은 기본 행렬을 추정하는데 사용되며, 이로부터 필수 행렬을 계산한다. 필수 행렬은 회전 및 이동으로 분해되고, 카메라 투영 행렬이 구성된다. 이 절차에서는 특정 월드 좌표계를 가정한다. 따라서 카메라 간의 상대적인 회전 및 이동이 동일하게 유지되는 한 다른 해들이 가능하다.

13.6.7 3D 점 좌표 계산

카메라 투영 행렬 $\mathbf{P}_{\{3\times4\}}$ 및 $\mathbf{P}'_{\{3\times4\}}$가 주어지면 월드 점의 3D 좌표는 두 영상으로의 투영으로부터 추정될 수 있다. $\mathbf{w}_{\{4\times1\}}$을 월드 점의 동차 좌표로 하고, $\mathbf{x} = \mathbf{Pw}$와 $\mathbf{x}' = \mathbf{P}'\mathbf{w}$를 두 영상 평면에 투영으로 하자. $\mathbf{x} \leftrightarrow \mathbf{x}'$은 두 개의 대응 점이다. $\mathbf{p}_i^\mathsf{T}$를 $\mathbf{P}$의 i 번째 행이라고 하고, $\mathbf{p}_i'^\mathsf{T}$에 대해서도 마찬가지이다.

알고리즘 13.15 내부적으로 보정된 카메라 쌍의 투영 행렬 추정

EstimateCameraProjectionMatrices$(\{\mathbf{x}_i \leftrightarrow \mathbf{x}'_i\}_{i=1}^n, \mathbf{K}, \mathbf{K}')$

Input: n corresponding pairs of points $(x_i, y_i) \leftrightarrow (x'_i, y'_i)$ between two images intrinsic camera parameters **K** and **K′**
Output: the 3 × 4 camera projection matrices **P** and **P′**

$\mathbf{F} \leftarrow \text{EightPointFundamental}(\{\mathbf{x}_i \leftrightarrow \mathbf{x}'_i\}_{i=1}^n)$
$\mathbf{E} \leftarrow \mathbf{K}'^\mathsf{T}\mathbf{FK}$
$\mathbf{R}, \mathbf{t} \leftarrow \text{DecomposeEssentialMatrix}(\mathbf{E})$
$\mathbf{P} \leftarrow \mathbf{K}[\mathbf{I}_{\{3\times3\}} \quad \mathbf{0}_{\{3\times1\}}]$
$\mathbf{P}' \leftarrow \mathbf{K}'[\mathbf{R} \quad \mathbf{t}]$
return $\mathbf{P}, \mathbf{P}'$

$$\mathbf{P} = \begin{bmatrix} \mathbf{p}_1^\mathsf{T} \\ \mathbf{p}_2^\mathsf{T} \\ \mathbf{p}_3^\mathsf{T} \end{bmatrix} \quad \text{and} \quad \mathbf{P}' = \begin{bmatrix} \mathbf{p}_1'^\mathsf{T} \\ \mathbf{p}_2'^\mathsf{T} \\ \mathbf{p}_3'^\mathsf{T} \end{bmatrix} \tag{13.192}$$

영상 점의 좌표(화소 단위)는 다음에 의해 주어진다.

$$(x, y) = \left(\frac{\mathbf{p}_1^\mathsf{T}\mathbf{w}}{\mathbf{p}_3^\mathsf{T}\mathbf{w}}, \frac{\mathbf{p}_2^\mathsf{T}\mathbf{w}}{\mathbf{p}_3^\mathsf{T}\mathbf{w}} \right) \quad \text{and} \quad (x', y') = \left(\frac{\mathbf{p}_1'^\mathsf{T}\mathbf{w}}{\mathbf{p}_3'^\mathsf{T}\mathbf{w}}, \frac{\mathbf{p}_2'^\mathsf{T}\mathbf{w}}{\mathbf{p}_3'^\mathsf{T}\mathbf{w}} \right) \tag{13.193}$$

교차-승산(Cross-multiplying)은 4개의 미지수에 대해 4개의 수식을 산출한다.

$$x\mathbf{p}_3^\mathsf{T}\mathbf{w} - \mathbf{p}_1^\mathsf{T}\mathbf{w} = 0 \quad \text{and} \quad y\mathbf{p}_3^\mathsf{T}\mathbf{w} - \mathbf{p}_2^\mathsf{T}\mathbf{w} = 0 \tag{13.194}$$

$$x'\mathbf{p}_3'^\mathsf{T}\mathbf{w} - \mathbf{p}_1'^\mathsf{T}\mathbf{w} = 0 \quad \text{and} \quad y'\mathbf{p}_3'^\mathsf{T}\mathbf{w} - \mathbf{p}_2'^\mathsf{T}\mathbf{w} = 0 \tag{13.195}$$

이 수식은 알려지지 않은 $\mathbf{w}$에 선형이므로, 우리는 그들을 행렬 형태로 쌓을 수 있다.

$$\underbrace{\begin{bmatrix} x\mathbf{p}_3^\mathsf{T} - \mathbf{p}_1^\mathsf{T} \\ y\mathbf{p}_3^\mathsf{T} - \mathbf{p}_2^\mathsf{T} \\ x'\mathbf{p}_3'^\mathsf{T} - \mathbf{p}_1'^\mathsf{T} \\ y'\mathbf{p}_3'^\mathsf{T} - \mathbf{p}_2'^\mathsf{T} \end{bmatrix}}_{\mathbf{A}_{\{4\times4\}}} \mathbf{w} = \mathbf{0}_{\{4\times1\}} \tag{13.196}$$

가장 작은 고유치와 연관된 $\mathbf{A}^\mathsf{T}\mathbf{A}$의 고유 벡터를 선택함으로써 $\mathbf{w}$에 대해 풀 수 있다. 이 **삼각 측량**(triangulation) 방법은 구현하기 쉽고, 일반적으로 허용되는 결과를 제공하며 두 개 이상의 영상에 대해 일반화된다. 그러나 기하학적 오류가 아니라 대수 오류를 최소화한다는 점에 유의하자.

13.6.8 평면의 두 개의 스테레오 영상으로부터의 호모그래피

이 장에서는 많은 중요 부분을 다루었으며 수학이 상당히 많이 사용되어 있다. 비록 모든 세부 사항을 따르기 쉽지 않더라도 적어도 기본 과정과 근본 원리 중 일부는 파악되기를 희망한다. 스테레오 카메라 쌍이 월드에서 평면을 볼 때 발생하는 특수한 경우를 고려하면서 이 장을 마무리한다. 이전에 보았듯이 $\ell = [a \;\; b \;\; c]^\mathsf{T}$는 평면에서 라인 $ax + by + c = 0$을 나타낸다. 그러므로 $\mathbf{x}^\mathsf{T}\ell = 0$인 경우에만 $\mathbf{x} = [x \;\; y \;\; 1]^\mathsf{T}$ 점이 라인에 놓인다. 마찬가지로, $\boldsymbol{\pi} = [a \;\; b \;\; c \;\; d]^\mathsf{T}$는 3D 공간에서 평면 $ax + by + cz + d = 0$을 나타내므로 점 $\mathbf{x} = [x \;\; y \;\; z \;\; 1]^\mathsf{T}$는 $\mathbf{x}^\mathsf{T}\boldsymbol{\pi} = 0$인 경우에만 평면에 놓인다. 이제 두 평면 사이의 투영 변환이 3×3 호

모그래피(homography)이기 때문에 두 대의 카메라로 월드에서 평면 p를 보면 이 월드 평면과 각 영상 평면 사이의 변환은 호모그래피이다. 따라서 두 영상 평면 사이의 변환 또한 호모그래피(즉, 월드 평면 상의 점의 투영인 모든 영상 점에 대한 것)이다.

두 개의 보정된 카메라 사이의 에피폴라 기하학에 이 호모그래피를 관련시키기 위해, **R**과 **t**를 각각 두 카메라 사이의 회전과 이동이라고 하고, **K**와 **K′**을 카메라의 고유 교정 행렬이라고 하자. 월드 점 (x_w, y_w, z_w)을 첫 번째 영상 평면에 투영하는 동차 좌표는 다음과 같이 주어진다.

$$\mathbf{x} \propto \mathbf{Pw} = \mathbf{K}\,[I_{\{3\times3\}} \quad \mathbf{0}_{\{3\times1\}}]\,\mathbf{w} = \mathbf{K}\begin{bmatrix} x_w \\ y_w \\ z_w \end{bmatrix} \tag{13.197}$$

여기서, $\mathbf{w} \equiv [x_w \ \ y_w \ \ z_w \ \ 1]^{\mathsf{T}}$ 이다. 거꾸로 하면 다음이 된다.

$$\begin{bmatrix} x_w \\ y_w \\ z_w \end{bmatrix} \propto \mathbf{K}^{-1}\mathbf{x}, \quad \text{or} \quad \mathbf{w} = \begin{bmatrix} x_w \\ y_w \\ z_w \\ 1 \end{bmatrix} \propto \begin{bmatrix} \mathbf{K}^{-1}\mathbf{x} \\ \lambda \end{bmatrix} \tag{13.198}$$

여기서, $\lambda \neq 0$은 알려지지 않은 스케일 계수이다.

첫 번째 카메라의 좌표계에서 월드 평면을 $\boldsymbol{\pi}_{\{4\times1\}} = [\mathbf{n}^{\mathsf{T}}_{\{3\times1\}} \ d]^{\mathsf{T}}$로 표현하자. 여기서, n은 평면의 법선이고, d는 평면에서 원점(첫 번째 투영 중심)까지의 거리이다. 월드 점이 월드 평면에 있기 때문에 $\mathbf{w}^{\mathsf{T}}\boldsymbol{\pi} = \boldsymbol{\pi}^{\mathsf{T}}\mathbf{w} = 0$이 된다. 대체하면 다음과 같다.

$$[\mathbf{n}^{\mathsf{T}} \quad d]\,\mathbf{w} \propto [\mathbf{n}^{\mathsf{T}} \quad d]\begin{bmatrix} \mathbf{K}^{-1}\mathbf{x} \\ \lambda \end{bmatrix} = 0 \tag{13.199}$$

이는 $\lambda = -\frac{1}{d}\mathbf{n}^{\mathsf{T}}\mathbf{K}^{-1}\mathbf{x}$를 의미한다. 이 결과를 적용하여 우리는 다른 영상 위에 월드 점을 투영하는 것이 다음에 의해 주어진다는 것을 알 수 있다.

$$\mathbf{x}' \propto \mathbf{P}'\mathbf{w} \propto \mathbf{K}'\,[\mathbf{R} \quad \mathbf{t}]\begin{bmatrix} \mathbf{K}^{-1}\mathbf{x} \\ -\frac{1}{d}\mathbf{n}^{\mathsf{T}}\mathbf{K}^{-1}\mathbf{x} \end{bmatrix} = \mathbf{K}'\left(\mathbf{R}\mathbf{K}^{-1}\mathbf{x} - \frac{1}{d}\mathbf{t}\mathbf{n}^{\mathsf{T}}\mathbf{K}^{-1}\mathbf{x}\right) \tag{13.200}$$

또는 다른 말로하면,

$$\mathbf{x}' \propto \underbrace{\mathbf{K}'\left(\mathbf{R} - \frac{1}{d}\mathbf{t}\mathbf{n}^{\top}\right)\mathbf{K}^{-1}}_{\mathbf{H}_\pi}\mathbf{x} \tag{13.201}$$

여기서, $\mathbf{H}_\pi = \mathbf{K}'(\mathbf{R} - \frac{1}{d}\mathbf{t}\mathbf{n}^{\top})\mathbf{K}^{-1}$은 평면 π에 의해 유도된 영상들 사이의 호모그래피이다.

점의 좌표가 에피폴라 제한 조건을 만족하므로 $\mathbf{x}'^{\top}\mathbf{F}\mathbf{x} = 0$이 된다. 위의 호모그래피를 대체하면 $(\mathbf{H}_\pi\mathbf{x})^{\top}\mathbf{F}\mathbf{x} = \mathbf{x}^{\top}\mathbf{H}_\pi^{\top}\mathbf{F}\mathbf{x} = 0$이 된다. 모든 행렬에 대해 $\mathbf{x}^{\top}\mathbf{A}\mathbf{x} = 0$인 경우에만 A 행렬이 스큐-대칭(skew-symmetric)이다. 즉 $\mathbf{A} = -\mathbf{A}^{\top}$임을 알 수 있다. 따라서 이 결과는 모든 $\mathbf{x}$에 대해 유지되어야하므로 $\mathbf{H}_\pi^{\top}\mathbf{F}$가 스큐-대칭인 경우여야 한다. 주어진 호모그래피 $\mathbf{H}$와 주어진 기본 행렬 F는 $\mathbf{H}^{\top}\mathbf{F} = -\mathbf{F}^{\top}\mathbf{H}$인 경우에만 호환 가능하다.

13.7 추가 읽기

스테레오 인식은 Julesz [1971]의 고전 서적에 포함되어 있으며, 무작위 점 스테레오그램은 Julesz [1960]에 기인하고, 자동 스트레오그램은 Tyler와 Clarke [1990]에 기인하며, 초기 스트레오 매칭 알고리즘은 Marr과 Poggio [1976], Marr et al. [1978], Marr와 Poggio [1979]를 포함한다. Pollard et al. [1985]는 Burt와 Julesz [1980]의 초기 논의를 인용하여 불일치 그레디언트 한도를 처음으로 적용했으며, 금지영역을 소개하는 Little와 Gillett [1990]에 의해 독립적으로 재발견되었다. 공간 매칭이라는 용어는 Geiger et al. [1995]에서 유래되었으며, 이는 Intille와 Bobick [1994]의 불일치 공간 영상과 유사하다. Cyclopean 불일치 함수에서 음영을 드리우는 개념은 Belhumeur [1996]에 의한 것이며, Ohta와 Kanade [1985]의 고전적인 동적 프로그래밍 접근법에 기반한 매칭을 위한 직접적인 동적 프로그래밍 알고리즘을 설명한다. 반자동 매칭이라고 알려진 보다 최근의 동적 프로그래밍 접근법은 Hirschmuller [2008]에 기인한다.

블록 매칭과 관련하여 좌우측 불일치 검사는 Fua [1991]에 기인하며, Kanade와 Okutomi [1994]의 고전적 작업에서 적응형 윈도우 크기가 다루어지며, 두 개 이상의 카메라를 사용하는 이점은 Okutomi와 Kanade [1993]가 보였고, Hirschmuller et al. [2002]는 경계 오차가 감소된 효과적인 블록 매칭 알고리즘을 기술하였다. 파벌주의(factionalism)를 다루기 위한 랭크과 센서스 변환은 Zabih와 Woodfill [1994]에 의한 반면, Birchfield와 Tomasi [1998]의 연구에서 영상 샘플링의 문제를 다루는 유사성 측정이 발견될 수 있다. 영상 정렬에 대한 또 다른 접근법은 Viola와 Wells [1997]에서 설명한 것처럼 상호 정보를 사용하는 것이다. Middlebury 스테레오 웹 사이트와 함께 고밀도 2 프레임 스테레오 알고리즘을 비교하는 유명한 연구는 Scharstein와 Szeliski [2002]의 연구이다.

본 장에서는 깊이 인식에 대한 대체 접근법을 상세하게 다루지 못했다. 그럼에도 불구하고 포토메트릭 스트레오(photometric stereo)에 관심이 있는 사람들은 Woodham [1980]의 고전 작업을 참고해야 한다. 디포커스(defocus)의 깊이에 대한 흥미로운 논의와 이것이 삼각형 기반 스테레오와 어떻게 관련되는지는 Schechner [2000]에서 찾을 수 있다. 구조화된 빛(Structured Light) 기법에 대한 일반적인 조사는 Salvi et al. [2004]에 의한 것이고, 광역 기반의 스테레오 매칭에 대해 잘 알려진 접근법은 Matas et al. [2004]의 방법이다. 모자이킹을 다룰 공간이 없었다. 이에 대한 좋은 개관이 Szeliski [2006]에 의해 제공되었다. 또는 Perspective-n-Point(PnP) 문제와 그에 대한 해가 Haralick et al. [1994], Dementhon와 Davis [1995], Lu et al. [2000], Lepetit et al. [2009]의 연구에서 찾을 수 있다. 공간 부족으로 인한 또 다른 생략은 Tomasi와 Kanade [1992]의 분해 방법이다.

Lucas-Kanade 알고리즘은 원래 Lucas와 Kanade [1981]에 의해 스테레오의 맥락에서 제시되었다. 나중에 Tomasi와 Kanade [1991]에 의해 특징 추적으로 확장되었고, Shi와 Tomasi [1994]에 의해 잃어버린 특징을 결정하기 위한 어파인 워프(affine warp)로 보강되었다. Hager와 Belhumeur [1998]는 다양한 조명 조건에서 볼 수 있는 미리 계산된 템플릿을 사용하여 넓은 지역을 추적하도록 교정되었다. Baker와 Matthews [2004]에서는 알고리즘의 전반적인 개요와 역 구성 워프와 같은 변형을 볼 수 있다. 고밀도 옵티컬 플로우 추정을 위한 고전적인 Horn-Schunck 알고리즘은 Horn과 Schunck [1981]의 고전적 논문에 설명되어 있다. 옵티컬 플로우의 또 다른 중요한 문제는 Black과 Anandan [1996]에서 설명한 것처럼 다중 움직임을 추정하는 것이다. 옵티컬 플로우 추정에 대한 보다 최근의 접근법은 Brox et al. [2004], Brox와 Malik [2011]의 논문에서 찾을 수 있다.

Zhang의 보정 알고리즘은 절대 원뿔의 영상에 대한 설명을 포함하여 Zhang [2000]의 고전적 논문에서 찾을 수 있다. 거의 동일한 알고리즘이 Sturm과 Maybank [1999]에 의해 동시에 발견되었다. 여기에 제시된 렌즈 왜곡 모델은 Brown [1971]의 것과 동일하다. 몇몇 후속 저자들은 왜곡되고 왜곡되지 않은 좌표의 역할을 뒤집었으며, 어떤 사람들은 같은 수식이 양방향으로 작용한다고 주장했다. 이 견해를 뒷받침하기 위해 Villiers et al. [2008]은 계수가 충분하면 수식을 어느 방향으로나 모델링할 수 있음을 보여준다.

컴퓨터 비전과 특히 다중 뷰 형상에 대한 투영 기하학에 대한 권위 있는 자료는 Hartley와 Zisserman [2003]의 저서이다. 여기에는 정규화된 DLT 알고리즘에 대한 유용한 설명과 기본 및 필수 행렬의 속성에 대한 세부 정보가 포함되어 있다. DLT 알고리즘은 원래 Aziz와 Karara [1971]에 기인한다. 8-점 알고리즘은 Longuet-Higgins [1981]에 의한 것이지만, 수년간 연구자들은 결과가 신뢰성이 없다고 불평했다. Hartley [1997]에 의해 옹호된 바와 같이, 정규화의 중요성이 실현되면 이러한 문제는 크게 사라졌다. 필수 행렬은 Faugeras [1993]의 고전 텍스트에서 철저하게 기술되었으며, Luong과 Faugeras [1996]의 기본 행렬에 대한 상세한 분석이 뒤 따랐다. 기본 평면과 월드 평면의 호모그래피 사이의 관계는 Luong과 Faugeras [1993]에서 보여준다.

연습문제

13.1 망막 불일치(retinal disparity)을 정의하라. 당신의 두 눈이 떨어져 있는 작은 물체에 고정되어 있다고 가정 해보자. 대상에 대한 망막 불일치는 무엇인가?

13.2 두 카메라가 두 영상 면과 평행하도록 놓여 있다고 가정하자. 그러나 한 면이 다른 면과 약간 앞쪽에 위치해 있다면, 카메라가 교정 되었는가? 그 이유는 무엇인가?

13.3 2 m 거리의 물체를 베이스 라인이 50 mm인 수정된 스테레오 카메라로 보고, 각 카메라의 렌즈의 초점 거리가 35 mm라고 가정할 때 불일치는 어떻게 되는가?

13.4 영상이 수정되고 최대 불일치가 20이라고 가정하면, 오른쪽 영상의 다음 화소 중 왼쪽 영상의 화소 (52, 3)과 일치할 가능성이 있는 화소는 어느 것인가? (a) (26, 3), (b) (48, 13), (c) (64, 3), (d) (48, 3) 및 (e) (59, 6)

13.5 에피폴라 제약과 수정된 카메라 사이의 관계를 설명하시오.

13.6 순서 제약(ordering constraint)을 고려하자. (a) 그 밖의 제약은 무엇을 의미하는가? (b) 어떤 구역이 금지하는 매칭 집합을 묘사하는가? (c) 제약의 또 다른 이름은 무엇인가? (d) 위반(violated)되었을 때의 예를 보이시오.

13.7 단지 동공사이 거리(interpupillary distance)보다 두꺼운, 얇은 불투명한 폴(pole)을 고려하자. 순서 제약이 위반되기 위해서는 카메라가 폴과 얼마나 가까워야 하는가?

13.8 함수 $d^*(x) \equiv \max_a(d(x+a) - \kappa|a|)$는 1D 구조 요소를 가진 함수 d의 그레이 스케일 팽창과 동일한가?

13.9 상수 k가 주어지면, 함수 f는 다음인 경우에만 Lipschitz 연속이라고 한다.

$$|f(x+h) - f(x)| \le \kappa|h| \tag{13.202}$$

모든 x와 h에 대해, 그러한 작은 k는 함수의 Lipschitz 상수라 불리며, 함수는 Lipschitz 함수라고 한다. Lipschitz 연속성은 일반적인 연속성보다 더 강한 기능의 평활화 조건(smoothness condition)이다. 불일치 기울기 한계가 만족되면, Cyclopean 불일치 함수는 동일한 상수 k를 가지는 Lipschitz 연속이라는 것을 보이시오.

13.10 수정된 영상의 한 쌍으로부터 스캔라인의 왼쪽 불일치 맵이 $x_L = 0$에서 $x_L = 8$까지의 화소에 대해 0, 0, 0, 2, 2, 2, 0, 0, 0에 의해 주어 졌다고 가정하자.

(a) 폐색(occluded)된 화소가 배경의 일부라고 가정하고, $x_R = 0$에서 $x_R = 8$에 대한 오른쪽 불일치 맵을 계산하시오.

(b) 이산 매칭과 관련된 좌표를 통해 Cyclopean 불일치 함수를 계산하시오.

13.11 (a) 아래 그림에서 a 및 b로 표시된 매칭 항목 사이와 (b) c와 d로 표시된 매칭들 사이에서 불일치 기울기를 계산하시오.

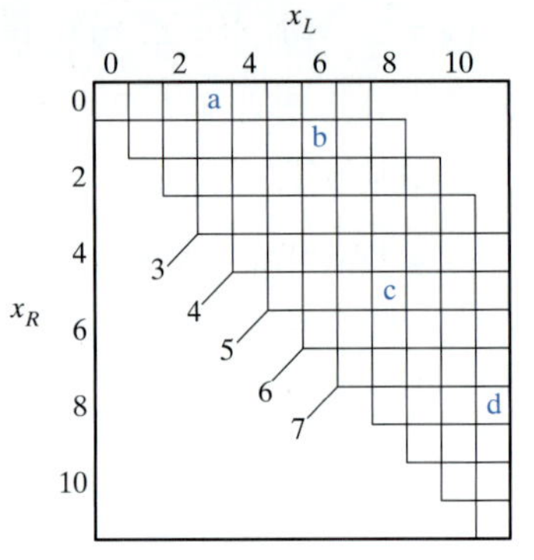

13.12 두 개의 수정된 스테레오 영상을 매칭시키는 기본 알고리즘을 구현하시오.

(a) 알고리즘 13.1의 BlockMatch1 구현하시오.

(b) 알고리즘 13.2의 BlockMatch2를 구현하고, w의 다른 값에 대한 실행 시간을 비교하시오.

(c) 알고리즘 13.4를 사용하여 왼쪽–오른쪽 검사를 추가하고, 결과를 (a) 및 (b)의 결과와 비교하시오. 깨닫게 된 것은 무엇인가?

13.13 SSD를 최소화하는 것은 상호 상관을 극대화하는 것과 거의 같다는 것을 보이라. 그들은 어떤 상황에서 동일한가?

13.14 그레이 스케일 화소 값의 다음 윈도우에 대한 랭크 및 센서스 변환을 계산하시오.

$$\begin{bmatrix} 8 & 5 & 3 \\ 7 & 6 & 9 \\ 1 & 1 & 2 \end{bmatrix}$$

13.15 알고리즘 13.5를 적용하여 문자열 "cart"와 "earth" 사이의 편집 거리(edit distance)와 매칭 함수를 계산하시오.

13.16 세미–그로벌 매칭의 핵심 아이디어를 설명하시오.

13.17 모션 필드와 옵티컬 플로우의 차이점을 설명하시오. 0이 아닌 모션 필드가 0 옵티컬 플로우가되고, 그 반대가 되는 경우의 예를 드시오.

13.18 밝기 불변량 가정(brightness constancy assumption)이 실패하는 몇 가지 상황을 열거하시오.

13.19 (a) 수식 (13.28)의 옵티컬 플로우 제약이 실제로 수식이 아닌 근사 값인 이유를 설명하시오. (b) 부분과 전체 미분이 혼합된 이유와 (c) $\partial I/\partial t$가 일반적으로 어떻게 계산되는지도 설명하시오.

13.20 Lucas–Kanade 방법을 구현하시오.

13.21 Lucas–Kanade가 풀려고 하는 일반화된 문제는 무엇인가?

13.22 Horn–Schunck 알고리즘이 Lucas–Kanade 방법과 어떤 관련이 있는지 설명하시오. 유사점과 차이점은 무엇인가?

13.23 Horn–Schunck 알고리즘에서 $\lambda = 0$으로 설정한다고 가정 해보자. (a) 수식 (13.77)의 왼쪽에 있는 행렬의 랭크는 무엇이며, $[u \quad v]^T$를 풀 때의 결과는 무엇인가? (b) $[u \quad v]^T$가 $[\overline{u} \quad \overline{v}]^T$에 대해 어느 방향으로 움직일 것인가를 기술하고, 이 해답을 수식 (13.31)의 발견과 관련 지어보시오.

13.24 2 차원 유클리드 평면의 점 (5, 2)가 주어지면, (a) 점의 동차 좌표(homogeneous coordinates)를 쓰고, (b) $w = 1$ 평면에 등가 점(equivalent point)의 좌표를 쓰고, (c) 양(positive)의 단위 반구에 있는 등가 점의 좌표를 쓰시오.

13.25 동차 좌표 (27, 18, 3)를 비동차 좌표로 변환하시오.

13.26 다음 동차 변환을 점 (3, 7)에 적용하여 결과를 유클리드 평면으로 다시 변환하시오.

$$\begin{bmatrix} 8 & 2 & 4 \\ 3 & 9 & 1 \\ 6 & 7 & 2 \end{bmatrix}$$

13.27 동차 좌표를 사용하여 다음의 계산을 단순하게 하시오.
(a) 라인 $7x + 3y - 6 = 0$과 $y = -2x + 16$의 교점에 있는 점
(b) 점 (6, 2)과 점 (1, 9)을 연결하는 라인

13.28 동차 좌표를 사용하여 $8x + 2y - 3 = 0$ 및 $y = -4x + 12$ 선의 교차 점을 계산하시오. 결과에 관해서 무엇을 알 수 있는가?

13.29 타원 $4x^2 + 3y^2 = 100$이 주어졌다.
(a) 타원을 그리시오.
(b) 동차 좌표에서 원뿔(conic)을 나타내는 3×3 행렬 $\mathbf{C}$를 구성하시오.
(c) 이중 원뿔 $\mathbf{C}^*$를 계산하시오.
(d) $\mathbf{C}$를 사용하여 원뿔 상의 3개의 다른 점을 계산하고, 이 점을 나타내시오.
(e) $\mathbf{C}^*$를 사용하여 원뿔에 대한 세 개의 접선을 계산하고, 이 선을 나타내시오.

13.30 다음 문장 중 참인 것은?

(a) 유사성 변환(similarity transformation)은 항상 아핀 변환(affine transformation)이다.

(b) 투영 변환(projective transformation)은 항상 유사성 변환이다.

(c) 스케일링이 1인 경우, 유사성 변환은 유클리드 변환(Euclidean transformation)이다.

13.31 다음과 같은 유사성 변환을 절대 점(absolute points)에 적용하시오.

$$\begin{bmatrix} 5.196 & -3.000 & 6.789 \\ 3.000 & 5.196 & -8.312 \\ 0 & 0 & 1 \end{bmatrix}$$

13.32 단일 핀홀 카메라의 영상화 프로세스를 지정하는 매개 변수는 몇 개인가? 이 매개 변수를 나열하고, 그것이 외적(extrinsic) 또는 내적(intrinsic)인지 여부를 각각 나열하시오.

13.33 두 가지 가장 일반적인 종류의 렌즈 왜곡을 나열하시오.

13.34 정규화된 DLT 알고리즘을 다음의 대응하는 점 쌍 집합에 적용하시오.

$\mathbf{x}$	(45,45)	(340,45)	(45,125)	(340,125)	(45,205)	(340,205)
$\mathbf{x}'$	(99,43)	(287,111)	(98,128)	(311,184)	(96,203)	(333,241)

13.35 절대 원뿔 영상(image of the absolute conic, IAC))의 역함수를 나타내는 다음 행렬이 주어졌다고 가정하자. 카메라 고유 매개 변수를 계산하시오.

$$\boldsymbol{\omega}^{-1} = \mathbf{K}\mathbf{K}^{\mathsf{T}} = \begin{bmatrix} 231664.36 & 76045.34 & 335.00 \\ 76045.34 & 168561.41 & 227.00 \\ 335.00 & 227.00 & 1 \end{bmatrix}$$

13.36 Zhang의 알고리즘을 사용하여 실제 카메라를 보정하시오. 즉, 카메라에 대한 액세스 권한을 얻고, 카메라 보정 루틴의 구현을 다운로드하고 (거의 모든 구현이 Zhang의 알고리즘의 변형이다), 체스보드 패턴을 인쇄하고 그것을 단단한 평면 표면에 테이프로 붙이고, 여러 영상을 캡처하여 모서리 좌표를 수동 또는 자동으로 얻은 다음, 코드에 좌표를 제공하여 내적 매개 변수를 계산하시오(외적 매개 변수는 무시하시오).

13.37 다음 용어(에피폴, 에피폴라 선, 에피폴라 평면 및 에피폴라 제약)를 정의하시오.

13.38 기본 행렬(fundamental matrix)과 필수 행렬(essential matrix) 사이의 관계를 설명하시오.

13.39 필수 행렬의 다음과 같은 추가 특성을 입증하시오 .간단히 말하면, “only

if" 부분을 증명하시오. 즉, 이러한 속성이 필수 행렬을 유지한다는 것을 보이시오.

(a) 실제 3×3 행렬 $\mathbf{E}$는 $\det(\mathbf{E}) = 0$ 및 $\frac{1}{2}tr^2(\mathbf{E}\mathbf{E}^\top) = tr((\mathbf{E}\mathbf{E}^\top)^2)$인 경우에만 필수 행렬이다.

(b) 실제 3×3 행렬 $\mathbf{E}$는 $\mathbf{E}\mathbf{E}^\top\mathbf{E} = \frac{1}{2}tr(\mathbf{E}\mathbf{E}^\top)\mathbf{E}$인 경우에만 필수 행렬이다.

13.40 수식 (13.182)에서 기술된 것처럼 필수 행렬이 $\mathbf{E} = \mathbf{R}[\mathbf{R}^\top\mathbf{t}]_\times$에 의해 주어 졌음을 증명하시오.

13.41 (a) 다음의 일치(correspondences) 집합으로부터 기본 행렬을 추정하고, (b) 각 점에 대한 에피폴라 선을 계산하고, (c) 한 쌍의 플롯에 에피폴라 선을 표시하시오.

$\mathbf{x}$	(190,155)	(420,114)	(252,29)	(150,111)	(35,228)	(443,230)	(149,240)	(276,324)
$\mathbf{x}'$	(231,138)	(442,98)	(272,9)	(169,91)	(58,209)	(460,217)	(184,225)	(312,310)

13.42 다음 필수 행렬을 회전 및 변환으로 분해하시오.

$$\begin{bmatrix} -0.8497 & -0.9437 & 9.0579 \\ 0.9437 & -0.8497 & -8.1472 \\ -1.2798 & 12.1155 & 0 \end{bmatrix}$$

13.43 SAD 불일치 측정을 사용하여 한 쌍의 수정된 스테레오 영상의 블록 기반 일치를 구현하시오. 효율성을 높이려면, 코드에서 3D 불일치 배열을 사전 계산하고, 일련의 분리 가능한 컨볼루션(불일치 당 한 쌍의 회선)을 계산한다. 오른쪽 불일치 맵의 해당 지점이 불일치에 동의하는 경우에만 왼쪽 불일치 맵의 값을 유지하면서 왼쪽에서 오른쪽 일관성 검사를 구현한다. 결과 불일치 맵은, 일관성 검사를 통과한 화소에서만 유효해야 한다. 다른 화소에 대해서는 0으로 설정한다. (참고: 간단히 하기 위해, 왼쪽 영상의 왼쪽 테두리를 따라 화소 값을 설정하는 것에 대해 걱정하지 않아도 된다.)

13.44 비디오 시퀀스 전반에 걸쳐 희소 특징(sparse features) 점의 탐지 및 추적을 구현하시오. 첫 번째 프레임에서 좋은 특징을 탐지하려면 7 장에서 설명한 대로 Harris 코너 감지기 또는 Tomasi−Kanade 방법을 사용하라. 그런 다음 연속 프레임의 각 쌍에 대해 모든 특징의 Lucas−Kanade 추적을 수행하여 2D 영상 위치를 업데이트한다. 특징 좌표를 추적하는 과정에서 부동 소수점 값으로 유지하고 표시 목적으로만 반올림한다. 정수가 아닌 값을 처리하려면, 쌍 선형 보간법(bilinear interpolation)을 사용한다. 특징을 잃어 버렸다고 걱정할 필요는 없지만, 폐색으로 인해 월드의 인접한 표면으로 표류하는 경우에도 시퀀스 전체에서 추적을 계속할 수 있다. 그럼에도 불구하고, 영상 경계에 도달하는 특징 때문에 경계 외부 메모리 액세스(out-of-bounds memory access)로 인해 프로그램이 중단되지 않도록 경계 검사를 수행해야 한다.

참고문헌

I. E. Abdou and W. Pratt. Quantitative design and evaluation of enhancement/thresholding edge detectors. *Proceedings of the IEEE*, 67(5): 753–763, May 1979.

D. Adalsteinsson and J. A. Sethian. A fast level set method for propagating interfaces. *Journal of Computational Physics*, 118(2): 269–277, May 1995.

A. Adams, J. Baek, and A. Davis. Fast high-dimensional filtering using the permutohedral lattice. In *Eurographics*, 2010.

R. Adams and L. Bischof. Seeded region growing. *IEEE Trans. on Pattern Analysis and Machine Intelligence*, 16(6): 641–647, June 1994.

E. H. Adelson and J. R. Bergen. The plenoptic function and the elements of early vision. In M. S. Landy and A. J. Movshon, editors, *Computational Models of Visual Processing*, pages 3–20. MIT Press, Cambridge, MA, 1991.

S. Agarwal, N. Snavely, I. Simon, S. M. Seitz, and R. Szeliski. Building Rome in a day. In *Proceedings of the International Conference on Computer Vision (ICCV)*, Sept. 2009.

N. Ahmed. How I came up with the discrete cosine transform. *Digital Signal Processing*, 1(4–5): 4–9, Jan. 1991.

N. Ahmed, T. Natarajan, and K. R. Rao. Discrete cosine transform. *IEEE Trans. on Computers*, 23(1): 90–93, Jan. 1974.

H. Akaike. A new look at the statistical model identification. *IEEE Trans. on Automatic Control*, 19(6): 716–723, Dec. 1974.

A. Al-Sharadqah and N. Chernov. Error analysis for circle fitting algorithms. *Electronic Journal of Statistics*, 3: 886–911, 2009.

A. A. Amini, T. E. Weymouth, and R. C. Jain. Using dynamic programming for solving variational problems in vision. *IEEE Tran. on Pattern Analysis and Machine Intelligence*, 12(9): 855–867, Sept. 1990.

P. Arbeláez. Boundary extraction in natural images using ultrametric contour maps. In *Proceedings 5th IEEE Workshop on Perceptual Organization in Computer Vision*, June 2006.

P. Arbeláez, M. Maire, C. Fowlkes, and J. Malik. Contour detection and hierarchical image segmentation. *IEEE Transactions on Pattern Analysis and Machine Intelligence*, 33(5): 898–916, May 2011.

D. Arthur and S. Vassilvitskii. K-means++: The advantages of careful seeding. In *Proceedings of the ACM-SIAM Symposium on Discrete Algorithms (SODA)*, pages 1027–1035, 2007.

K. S. Arun, T. S. Huang, and S. D. Blostein. Least-squares fitting of two 3-D point sets. *IEEE Transactions on Pattern Analysis and Machine Intelligence*, 9(5): 698–700, Sept. 1987.

C. G. Atkeson, A. W. Moore, and S. Schaal. Locally weighted learning. *Artificial Intelligence Review*, 11(1–5): 11–73, Feb. 1997.

F. Attneave. Some informational aspects of visual perception. *Psychological Review*, 61(3): 183–193, 1954.

V. Aurich and J. Weule. Non-linear Gaussian filters performing edge preserving diffusion. In *Proceedings of the DAGM Symposium*, pages 538–545, 1995.

S. Avidan. Ensemble tracking. In *Proceedings of the IEEE Conference on Computer Vision and Pattern Recognition (CVPR)*, 2005.

A. Y. I. Aziz and H. M. Karara. Direct linear transformation into object space coordinates in close-range photogrammetry. In *Proc. of the Symposium on Close-Range Photogrammetry*, pages 1–18, Jan. 1971.

J. Babaud, A. P. Witkin, M. Baudin, and R. O. Duda. Uniqueness of the Gaussian kernel for scale-space filtering. *IEEE Transactions on Pattern Analysis and Machine Intelligence*, 8(1): 26–33, 1986.

S. Baker and I. Matthews. Lucas-Kanade 20 years on: A unifying framework. *International Journal of Computer Vision*, 56(3): 221–255, 2004.

D. Ballard. Generalizing the Hough transform to detect arbitrary shapes. *Pattern Recognition*, 13(2), Apr. 1981.

D. H. Ballard and C. M. Brown. *Computer Vision*. Englewood Cliffs, New Jersey: Prentice-Hall, 1982.

D. Barash. A fundamental relationship between bilateral filtering, adaptive smoothing, and the nonlinear diffusion equation. *IEEE Transactions on Pattern Analysis and Machine Intelligence*, 24(6): 844–847, June 2002.

D. Barash and D. Comaniciu. A common framework for nonlinear diffusion, adaptive smoothing, bilateral filtering and mean shift. *Journal of Image and Vision Computing*, 22(1): 73–81, 2004.

J. Barraquand and J. C. Latombe. Robot motion planning: A distributed representation approach. *International Journal of Robotics Research*, 10(6): 628–649, 1991.

H. G. Barrow and J. M. Tenenbaum. Recovering intrinsic scene characteristics from images. In A. Hanson and E. Riseman, editors, *Computer Vision Systems*, pages 3–26. New York: Academic Press, 1978.

R. H. Bartels, J. C. Beatty, and B. A. Barsky. *An Introduction to Splines for Use in Computer Graphics and Geometric Modeling*. Los Altos, CA: Morgan Kauffman, 1987.

H. Bay, A. Ess, T. Tuytelaars, and L. V. Gool. SURF: Speeded up robust features. *Computer Vision and Image Understanding*, 110(3): 346–359, June 2008.

P. R. Beaudet. Rotationally invariant image operators. In *Proceedings of the International Joint Conference on Pattern Recognition*, pages 579–583, 1978.

M. J. Behe. *Darwin's Black Box: The Biochemical Challenge to Evolution.* Free Press, 1996.

P. N. Belhumeur. A Bayesian approach to binocular steropsis. *International Journal of Computer Vision*, 19(3): 237–260, 1996.

P. N. Belhumeur, J. P. Hespanha, and D. J. Kriegman. Eigenfaces vs. Fisherfaces: Recognition using class specific linear projection. *IEEE Transactions on Pattern Analysis and Machine Intelligence*, 19(7): 711–720, July 1997.

S. Belongie, J. Malik, and J. Puzicha. Shape matching and object recognition using shape contexts. *IEEE Transactions on Pattern Analysis and Machine Intelligence*, 24(4): 509–522, Apr. 2002.

B. Berlin and P. Kay. *Basic Color Terms: Their Universality and Evolution*. Berkeley: University of California Press, 1969.

P. J. Besl and R. C. Jain. Segmentation through variable-order surface fitting. *IEEE Transactions on Pattern Analysis and Machine Intelligence*, 10(2): 167–192, Mar. 1988.

P. J. Besl and N. D. McKay. A method for registration of 3-D shapes. *IEEE Transactions on Pattern Analysis and Machine Intelligence*, 14(2): 239–256, Feb. 1992.

S. Beucher and C. Lantuéjoul. Use of watersheds in contour detection. In *International Workshop on Image Processing: Real-time Edge and Motion Detection/Estimation*, Sept. 1979.

S. Beucher and F. Meyer. The morphological approach to segmentation: The watershed transformation. In E. R. Dougherty, editor, *Mathematical Morphology in Image Processing*, pages 433–481. CRC Press, 1992.

S. Birchfield and C. Tomasi. Depth discontinuities by pixel-to-pixel stereo. In *Proceedings of the Sixth International Conference on Computer Vision (ICCV)*, pages 1073–1080, Jan. 1998a.

S. Birchfield and C. Tomasi. A pixel dissimilarity measure that is insensitive to image sampling. *IEEE Transactions on Pattern Analysis and Machine Intelligence*, 20(4): 401–406, Apr. 1998b.

S. T. Birchfield and S. Rangarajan. Spatiograms versus histograms for region-based tracking. In *Proceedings of the IEEE Conference on Computer Vision and Pattern Recognition (CVPR)*, pages 1158–1163, June 2005.

C. M. Bishop. *Pattern Recognition and Machine Learning*. Springer, 2006.

M. J. Black and P. Anandan. The robust estimation of multiple motions: Parametric and piecewise-smooth flow fields. *Computer Vision and Image Understanding*, 63(1): 75–104, Jan. 1996.

I. Blayvas, A. Bruckstein, and R. Kimmel. Efficient computation of adaptive threshold surfaces for image binarization. *Pattern Recognition*, 39: 89–101, 2006.

H. Blum. A transformation for extracting new descriptors of shape. In W. Wathen-Dunn, editor, *Models for the Perception of Speech and Visual Forms*, pages 362–380. Cambridge, Mass.: MIT Press, 1967.

O. Boiman, E. Shechtman, and M. Irani. In defense of nearest-neighbor based image classification. In *Proceedings of the IEEE Conference on Computer Vision and Pattern Recognition (CVPR)*, June 2008.

M. V. Boland, M. K. Markey, and R. F. Murphy. Automated recognition of patterns characteristic of subcellular structures in fluorescence microscopy images. *Cytometry*, 33: 366–375, 1998.

H. Bond. Making unsharp masks for black and white negatives. *Photo Techniques*, pages 63–66, Jan/Feb 1996.

H. Bond. Unsharp masking update. *Photo Techniques*, pages 36–39, Sep/Oct 1997.

F. L. Bookstein. Fitting conic sections to scattered data. *Computer Graphics and Image Processing*, 9(1): 56–71, Jan. 1979.

G. Borgefors. Distance transformations in digital images. *Computer Vision, Graphics, and Image Processing*, 34(3): 344–371, 1986.

D. Borland and R. M. Taylor, II. Rainbow color map (still) considered harmful. *IEEE Computer Graphics and Applications*, 27(2): 14–17, March-April 2007.

E. Boros and P. L. Hammer. Pseudo-boolean optimization. *Discrete applied mathematics*, 123(1): 155–225, 2002.

K. W. Bowyer and P. J. Phillips. *Empirical Evaluation Techniques in Computer Vision*. Wiley-IEEE Computer Society Press, 1998.

S. Boyd and L. Vandenberghe. *Convex Optimization*. Cambridge University Press, 2004.

Y. Boykov and G. Funka-Lea. Graph cuts and efficient N-D image segmentation. *International Journal of Computer Vision*, 70(2): 109–131, 2006.

Y. Boykov and M.-P. Jolly. Interactive graph cuts for optimal boundary and region segmentation of objects in N-D images. In *Proceedings of the International Conference on Computer Vision*, pages 105–112, July 2001.

Y. Boykov and V. Kolmogorov. An experimental comparison of min-cut/max-flow algorithms for energy minimization in vision. *IEEE Transactions on Pattern Analysis and Machine Intelligence*, 26(9): 1124–1137, 2004.

Y. Boykov, O. Veksler, and R. Zabih. Fast approximate energy minimization via graph cuts. *IEEE Transactions on Pattern Analysis and Machine Intelligence*, 23(11): 1222–1239, 2001.

D. Bradley and G. Roth. Adaptive thresholding using the integral image. *ACM Journal of Graphics Tools*, 12(2): 13–21, 2007.

J. N. Bradley and C. M. Brislawn. The wavelet/scalar quantization compression standard for digital fingerprint images. In *IEEE International Symposium on Circuits and Systems*, pages 205–208, May 1994.

J. N. Bradley, C. M. Brislawn, and T. Hopper. FBI wavelet/scalar quantization standard for gray-scale fingerprint image compression. In *Proceedings of the SPIE 1961, Visual Information Processing II*, Aug. 1993.

D. H. Brainard and A. Stockman. Colorimetry. In M. Bass, editor, *OSA Handbook of Optics*. New York: McGraw-Hill, third edition, 2009.

L. Breiman. Bagging predictors. *Machine Learning*, 24(2): 123–140, Aug. 1996.

L. Breiman. Random forests. *Machine Learning*, 45(1): 5–32, Oct. 2001.
L. Breiman, J. Friedman, C. J. Stone, and R. A. Olshen. *Classification and Regression Trees*. Belmont, California: Wadsworth International Group, 1984.
H. Breu, J. Gil, D. Kirkpatrick, and M. Werman. Linear-time Euclidean distance transform algorithms. *IEEE Transactions on Pattern Analysis and Machine Intelligence*, 17(5): 529–533, May 1995.
R. Brinkmann. *The Art and Science of Digital Compositing*. Morgan Kaufmann, second edition, 2008.
D. C. Brown. Close-range camera calibration. *Photogrammetric Engineering*, 37(8): 855–866, 1971.
T. Brox and J. Malik. Large displacement optical flow: Descriptor matching in variational motion estimation. *IEEE Transactions on Pattern Analysis and Machine Intelligence*, 33(3): 500–513, Mar. 2011.
T. Brox, A. Bruhn, N. Papenberg, and J. Weickert. High accuracy optical flow estimation based on a theory for warping. In *Proceedings of the European Conference on Computer Vision (ECCV)*, volume 4, pages 25–36, May 2004.
R. Brunelli and T. Poggio. Face recognition: Features versus templates. *IEEE Transactions on Pattern Analysis and Machine Intelligence*, 15(10): 1042–1052, Oct. 1993.
A. Buades, B. Coll, and J.-M. Morel. A non-local algorithm for image denoising. In *Proceedings of the IEEE Conference on Computer Vision and Pattern Recognition (CVPR)*, volume 2, pages 60–65, June 2005.
W. Burger and M. J. Burge. *Digital Image Processing: An Algorithmic Introduction Using Java*. Springer, first edition, 2008.
C. J. C. Burges. A tutorial on support vector machines for pattern recognition. *Data Mining and Knowledge Discovery*, 2: 121–167, 1998.
P. Burt and B. Julesz. A disparity gradient limit for binocular fusion. *Science*, 208(4444): 615–617, May 1980.
P. J. Burt. Fast filter transforms for image processing. *Computer Graphics and Image Processing*, 16(1): 20–51, May 1981.
P. J. Burt and E. H. Adelson. The Laplacian pyramid as a compact image code. *IEEE Transactions on Communications*, 31(4): 532–540, 1983.
J. B. Campbell and R. H. Wynne. *Introduction to Remote Sensing*. New York: The Guilford Press, fifth edition, 2011.
J. F. Canny. A computational approach to edge detection. *IEEE Transactions on Pattern Analysis and Machine Intelligence*, 8(6): 679–698, Nov. 1986.
C. Carson, S. Belongie, H. Greenspan, and J. Malik. Blobworld: Image segmentation using expectation-maximization and its application to image querying. *IEEE Transactions on Pattern Analysis and Machine Intelligence*, 24(8): 1026–1038, Aug. 2002.
V. Caselles, F. Catté, T. Coll, and F. Dibos. A geometric model for active contours in image processing. *Numerische Mathematik*, 66(1): 1–31, 1993.
V. Caselles, R. Kimmel, and G. Sapiro. Geodesic active contours. *International Journal of Computer Vision*, 22(1): 61–79, Feb. 1997.
K. R. Castleman. *Digital Image Processing*. Prentice Hall, second edition, 1995.
R. Cattell. The scree test for the number of factors. *Multivariate Behavioral Research*, 1(2): 245–276, Apr. 1966.
T. F. Chan and L. A. Vese. Active contours without edges. *IEEE Transactions on Image Processing*, 10(2): 266–277, Feb. 2001.
F. Chang, C.-J. Chen, and C.-J. Lu. A linear-time component-labeling algorithm using contour tracing technique. *Computer Vision and Image Understanding*, 93(2): 206–220, Feb. 2004.
K. N. Chaudhury. Constant-time filtering using shiftable kernels. *IEEE Signal Processing Letters*, 18(11): 651–654, Nov. 2011.
K. N. Chaudhury, D. Sage, and M. Unser. Fast O(1) bilateral filtering using trigonometric range kernels. *IEEE Transactions on Image Processing*, 20(12): 3376–3382, Dec. 2011.
Chen et al. [2007] {chen2007siggraph}.
Y. Chen and G. Medioni. Object modelling by registration of multiple range images. *Image and Vision Computing*, 10(3): 145–155, Apr. 1992.
D. K. Cheng. *Field and Wave Electromagnetics*. Addison Wesley, second edition, 1989.
Y. Z. Cheng. Mean shift, mode seeking, and clustering. *IEEE Transactions on Pattern Analysis and Machine Intelligence*, 17(8): 790–799, Aug. 1995.
N. Chernov and C. Lesort. Least squares fitting of circles. *Journal of Mathematical Imaging and Vision*, 23(3): 239–252, Nov. 2005.
P. Chockalingam, N. Pradeep, and S. T. Birchfield. Adaptive fragments-based tracking of non-rigid objects using level sets. In *Proceedings of the International Conference on Computer Vision (ICCV)*, Oct. 2009.
C. K. Chow and T. Kaneko. Automatic boundary detection of the left-ventricle from cineangiograms. *Computers and Biomedical Research*, 5(4): 388–410, Aug. 1972.
O. Chum, J. Matas, and J. Kittler. Locally optimized RANSAC. In *DAGM-Symposium*, pages 236–243, 2003.
M. B. Clowes. On seeing things. *Artificial Intelligence*, 2(1): 79–116, 1971.
A. Cohen, I. Daubechies, and J.-C. Feauveau. Biorthogonal bases of compactly supported wavelets. *Communications on Pure and Applied Mathematics*, 45(5): 485–560, June 1992.
D. Comaniciu and P. Meer. Mean shift: A robust approach toward feature space analysis. *IEEE Transactions on Pattern Analysis and Machine Intelligence*, 24(5): 603–619, May 2002.
D. Comaniciu, V. Ramesh, and P. Meer. Kernel-based object tracking. *IEEE Transactions on Pattern Analysis and Machine Intelligence*, 25(5): 564–577, May 2003.
J. W. Cooley and J. W. Tukey. An algorithm for the machine calculation of complex Fourier series. *Mathematics of Computation*, 19(90): 297–301, Apr. 1965.

T. F. Cootes, C. J. Taylor, D. H. Cooper, and J. Graham. Active shape models – their training and application. *Computer Vision and Image Understanding*, 61(1): 38–59, Jan. 1995.

T. F. Cootes, G. J. Edwards, and C. J. Taylor. Active appearance models. *IEEE Transactions on Pattern Analysis and Machine Intelligence*, 23(6): 681–685, June 2001.

T. H. Cormen, C. E. Leiserson, and R. L. Rivest. *Introduction to Algorithms*. Cambridge, Massachusetts: The MIT Press, 1990.

C. Cortes and V. Vapnik. Support-vector networks. *Machine Learning*, 20(3): 273–297, Sept. 1995.

T. M. Cover and J. A. Thomas. *Elements of Information Theory*. Wiley, second edition, 1991.

I. J. Cox, J. Kilian, F. T. Leighton, and T. Shamoon. Secure spread spectrum watermarking for multimedia. *IEEE Transactions on Image Processing*, 6(12): 1673 – 1687, Dec. 1997.

J. F. Crawford. A non-iterative method for fitting circular arcs to measured points. *Nuclear Instruments and Methods In Physics Research*, 211(1): 223–225, June 1983.

F. C. Crow. Summed-area tables for texture mapping. *Computer Graphics (SIGGRAPH)*, 18(3): 207–212, July 1984.

J. L. Crowley. A representation for visual information. Technical Report CMU-RI-TR-82-07, Robotics Institute, Nov. 1981.

J. L. Crowley, O. Riff, and J. H. Piater. Fast computation of characteristic scale using a half-octave pyramid. In *Proceedings of the International Workshop on Cognitive Computing (CogVis)*, Oct. 2002.

N. Dalal and B. Triggs. Histograms of oriented gradients for human detection. In *Proceedings of the IEEE Conference on Computer Vision and Pattern Recognition (CVPR)*, June 2005.

I. Daubechies. Orthonormal bases of compactly supported wavelets. *Communications on Pure and Applied Mathematics*, 41(7): 909–996, Oct. 1988.

D. L. Davies and D. W. Bouldin. A cluster separation measure. *IEEE Transactions on Pattern Analysis and Machine Intelligence*, 1(2): 224–227, Apr. 1979.

E. R. Davies. *Machine Vision: Theory, Algorithms, Practicalities*. Morgan Kaufmann, third edition, 2005.

J. Davis and M. Goadrich. The relationship between precision-recall and ROC curves. In *Proceedings of the 23rd International Conference on Machine Learning (ICML)*, 2006.

J. de Villiers, F. Leuschner, and R. Geldenhuys. Centi-pixel accurate real-time inverse distortion correction. In *Proceedings of the International Symposium on Optomechatronic Technologies (ISOT)*, Nov. 2008.

P. E. Debevec and J. Malik. Recovering high dynamic range radiance maps from photographs. In *Proceedings of SIGGRAPH*, pages 369–378, 1997.

D. Dementhon and L. S. Davis. Model-based object pose in 25 lines of code. *International Journal of Computer Vision*, 15(1–2): 123–141, June 1995.

A. P. Dempster, N. M. Laird, and D. B. Rubin. Maximum likelihood from incomplete data via the EM algorithm. *Journal of the Royal Statistical Society, Series B (Methodological)*, 39(1): 1–22, 1977.

L. Deng and D. Yu. Deep learning: Methods and applications. *Foundations and Trends in Signal Processing*, 7(3–4): 197–387, 2013.

R. Deriche. Separable recursive filtering for efficient multi-scale edge detection. In *Proceedings of the International Conference on Computer Vision (ICCV)*, pages 18–23, Feb. 1987.

R. Deriche. Fast algorithms for low-level vision. *IEEE Transactions on Pattern Analysis and Machine Intelligence*, 12(1): 78–87, Jan. 1990.

R. Deriche. Recursively implementing the Gaussian and its derivatives. Technical Report 1893, INRIA Sophia-Antipolis, Apr. 1993.

I. S. Dhillon, Y. Guan, and B. Kulis. Weighted graph cuts without eigenvectors: A multilevel approach. *IEEE Transactions on Pattern Analysis and Machine Intelligence*, 29(11): 1944–1957, Nov. 2007.

M. B. Dillencourt, H. Samet, and M. Tamminen. A general approach to connected-component labeling for arbitrary image representations. *Journal of the ACM*, 39(2): 253–280, Apr. 1992.

D. Douglas and T. Peucker. Algorithms for the reduction of the number of points required to represent a digitized line or its caricature. *The Canadian Cartographer*, 10(2): 112–122, 1973.

C. E. Duchon. Lanczos filtering in one and two dimensions. *Journal of Applied Meteorology*, 18(8): 1016–1022, Aug. 1979.

R. O. Duda and P. E. Hart. Use of the Hough transformation to detect lines and curves in pictures. *Communications of the ACM*, 15: 11–15, Jan. 1972.

R. O. Duda, P. E. Hart, and D. G. Stork. *Pattern Classification*. Wiley Interscience, second edition, 2001.

F. Durand and J. Dorsey. Fast bilateral filtering for the display of high-dynamic-range images. *ACM Transactions on Graphics (SIGGRAPH)*, 21(3): 257–266, July 2002.

A. A. Efros and T. Leung. Texture synthesis by non-parametric sampling. In *Proceedings of the International Conference on Computer Vision (ICCV)*, pages 1033–1038, Sept. 1999.

D. Eggert, A. Lorusso, and R. B. Fisher. Estimating 3-D rigid body transformations: A comparison of four major algorithms. *Machine Vision and Applications*, 9(5–6): 272–290, Mar. 1997.

M. Enzweiler and D. M. Gavrila. Monocular pedestrian detection: Survey and experiments. *IEEE Transactions on Pattern Analysis and Machine Intelligence*, 31(12): 2179–2195, Dec. 2009.

M. D. Fairchild. *The Color Curiosity Shop*. Honeoye Falls, New York: MDF Publications, 2011.

A. X. Falcão, J. Stolfi, and R. de Alencar Lotufo. The image foresting transform: Theory, algorithms, and applications. *IEEE Transactions on Pattern Analysis and Machine Intelligence*, 26(1): 19–29, Jan. 2004.

O. Faugeras. *Three-Dimensional Computer Vision*. Cambridge, MA: MIT Press, 1993.

P. Felzenszwalb and D. Huttenlocher. Distance transforms of sampled functions. Technical Report TR2004–1963, Cornell Computing and Information Science, Sept. 2004.

P. Felzenszwalb, R. Girshick, D. McAllester, and D. Ramanan. Object detection with discriminatively trained part based models. *IEEE Transactions on Pattern Analysis and Machine Intelligence*, 32(9): 1627–1645, Sept. 2010.

P. F. Felzenszwalb and D. P. Huttenlocher. Pictorial structures for object recognition. *International Journal of Computer Vision*, 61(1): 55–79, Jan. 2005.

M. Fiedler. Algebraic connectivity of graphs. *Czechoslovak Mathematical Journal*, 23(2): 298–305, 1973.

D. J. Field. Relations between the statistics of natural images and the response properties of cortical cells. *Journal of the Optical Society of America A: Optics, Image Science, and Vision*, 4(12): 2379–2394, Dec. 1987.

G. D. Finlayson and S. Süsstrunk. Spectral sharpening and the Bradford Transform. In *Proceedings of Color Imaging Symposium (CIS)*, pages 236–243, 2000.

M. A. Fischler and R. C. Bolles. Random sample consensus: A paradigm for model fitting with applications to image analysis and automated cartography. *Communications of the ACM*, 24(6): 381–395, 1981.

M. A. Fischler and R. A. Elschlager. The representation and matching of pictorial structures. *IEEE Transactions on Computers*, 22(1): 67–92, Jan. 1973.

R. A. Fisher. The use of multiple measurements in taxonomic problems. *Annals of Eugenics*, 7(2): 179–188, Sept. 1936.

A. Fitzgibbon, M. Pilu, and R. B. Fisher. Direct least square fitting of ellipses. *IEEE Transactions on Pattern Analysis and Machine Intelligence*, 21(5): 476–480, May 1999.

E. W. Forgy. Cluster analysis of multivariate data: Efficiency versus interpretability of classifications. *Biometrics*, 21: 768–769, 1965.

D. Forsyth and J. Ponce. *Computer Vision: A Modern Approach*. Prentice–Hall, second edition, 2012.

H. Freeman. Techniques for the digital computer analysis of chain–encoded arbitrary plane curves. In *Proceedings of the National Electronics Conference*, volume 17, pages 421–432, Oct. 1961.

W. Freeman and E. H. Adelson. The design and use of steerable filters. *IEEE Transactions on Pattern Analysis and Machine Intelligence*, 13(9): 891–906, Sept. 1991.

Y. Freund and R. E. Schapire. A short introduction to boosting. *Journal of Japanese Society for Artificial Intelligence*, 14(5): 771–780, Sept. 1999.

P. Fua. Combining stereo and monocular information to compute dense depth maps that preserve depth discontinuities. In *Proceedings of the 12th International Joint Conference on Artificial Intelligence*, pages 1292–1298, Aug. 1991.

K. Fukunaga and L. Hostetler. The estimation of the gradient of a density function, with applications in pattern recognition. *IEEE Transactions on Information Theory*, 21(1): 32–40, Jan. 1975.

P. Gabbur, H. Hua, and K. Barnard. A fast connected components labeling algorithm and its application to real–time pupil detection. *Machine Vision and Applications*, 21(5): 779–787, Aug. 2010.

D. Gabor. Theory of communication. Part 1: The analysis of information. *Journal of the Institution of Electrical Engineers - Part III: Radio and Communication Engineering*, 93(26): 429–441, Nov. 1946.

S. I. Gallant. Perceptron–based learning algorithms. *IEEE Transactions on Neural Networks*, 1(2): 179–191, June 1990.

W. Gander, G. H. Golub, and R. Strebel. Least–squares fitting of circles and ellipses. *BIT Numerical Mathematics*, 34(4): 558–578, 1994.

D. Geiger, B. Ladendorf, and A. Yuille. Occlusions and binocular stereo. *International Journal of Computer Vision*, 14(3): 211–226, Apr. 1995.

S. Geman and D. Geman. Stochastic relaxation, Gibbs distributions, and the Bayesian restoration of images. *IEEE Transactions on Pattern Analysis and Machine Intelligence*, 6(6): 721–741, 1984.

S. Geman and D. McClure. Statistical methods for tomographic image reconstruction. *Bulletin of the International Statistical Institute*, LII(4–5), 1987.

A. S. Georghiades, P. N. Belhumeur, and D. J. Kriegman. From few to many: Illumination cone models for face recognition under variable lighting and pose. *IEEE Transactions on Pattern Analysis and Machine Intelligence*, 23(6): 643–660, June 2001.

A. Gershun. The light field. *Journal of Mathematics and Physics*, 18: 51–151, 1939. (Translated from the 1936 original by P. Moon and G. Timoshenko). W. E. Gettys, F. J. Keller, and M. J. Skove. *Physics: Classical and Modern*. McGraw–Hill, 1989.

P. J. Giblin and B. B. Kimia. On the local form and transitions of symmetry sets, medial axes, and shocks. *International Journal of Computer Vision*, 54(1–3): 143–157, 2003.

J. J. Gibson. *The senses considered as perceptual systems*. Boston: Houghton–Mifflin Co., 1966.

A. S. Glassner. Frame buffers and color maps. In A. S. Glassner, editor, *Graphics Gems*, pages 215–218. San Diego: Academic Press, 1990.

J. Goldberger, S. Roweis, G. Hinton, and R. Salakhutdinov. Neighbourhood components analysis. In *Advances in Neural Information Processing Systems*, pages 513–520, Dec. 2004.

D. B. Goldman. Vignette and exposure calibration and compensation. *IEEE Transactions on Pattern Analysis and Machine Intelligence*, 32(12): 2276–2288, Dec. 2010.

R. C. Gonzalez and R. E. Woods. *Digital Image Processing*. New Jersey: Prentice Hall, third edition, 2008.

S. J. Gortler, R. Grzeszczuk, R. Szeliski, and M. Cohen. The lumigraph. In *Proceedings of SIGGRAPH*, pages 43–54, 1996.

V. K. Goyal. Theoretical foundations of transform coding. *IEEE Signal Processing Magazine*, 18(5): 9–21, Sept. 2001.

H. Grassman. On the theory of compound colours. *Philosophical Magazine and Journal*, 4(7): 254–264, 1854. (Translated from the original, Zur theorie der farbenmischung, *Poggendorff's Annalen der Physik und Chemie*, 89: 69–84, 1853.).

S. B. Gray. Local properties of binary images in two dimensions. *IEEE Transactions on Computers*, 20(5): 551–561, May 1971.

P. Green. *Understanding Digital Color*. Graphic Arts Technical Foundation, second edition, 1999.

D. M. Greig, B. T. Porteous, and A. H. Seheult. Exact maximum a posteriori estimation for binary images. *Journal of the Royal Statistical Society, Series B (Methodological)*, 51(2): 271–279, 1989.

R. Grosse, M. K. Johnson, E. H. Adelson, and W. T. Freeman. Ground truth dataset and baseline evaluations for intrinsic image algorithms. In *Proceedings of the International Conference on Computer Vision*, pages 2335–2342, Oct. 2009.

J. Guild. The colorimetric properties of the spectrum. *Philosophical Transactions of the Royal Society of London. Series A, Containing Papers of a Mathematical or Physical Character*, 230: 149–187, June 1931.

P. Gurney. Is our 'inverted' retina really 'bad design'? *Journal of Creation*, 13(1): 37–4, Apr. 1999.

A. Haar. Zur theorie der orthogonalen funktionensysteme: Erste mitteilung. *Mathematische Annalen*, 69(3): 331–71, July 1910.

A. Haar. Zur theorie der orthogonalen funktionensysteme: Zweite mitteilung. *Mathematische Annalen*, 71(1): 38–3, July 1911.

Y. HaCohen, R. Fattal, and D. Lischinski. Image upsampling via texture hallucination. In *IEEE International Conference on Computational Photography (ICCP)*, Mar. 2010.

H. Hadwiger. Minkowskische addition und subtraktion beliebiger punktmengen und die theoreme von erhard schmidt. *Mathematische Zeitschrift*, 53(3): 210–18, 1950.

G. D. Hager and P. N. Belhumeur. Efficient region tracking with parametric models of geometry and illumination. *IEEE Transactions on Pattern Analysis and Machine Intelligence*, 20(10): 1025–039, Oct. 1998.

F. R. Hampel, E. M. Ronchetti, P. J. Rousseeuw, and W. A. Stahel. *Robust Statistics: The Approach Based on Influence Functions*. New York: John Wiley and Sons, 1986.

A. Hanbury. Constructing cylindrical coordinate colour spaces. *Pattern Recognition Letters*, 29(4): 494–00, Mar. 2008.

B. M. Haralick, C.-N. Lee, K. Ottenberg, and M. Nolle. Review and analysis of solutions of the three point perspective pose estimation problem. *International Journal of Computer Vision*, 13(3): 331–56, Dec. 1994.

R. M. Haralick, S. R. Sternberg, and X. Zhuang. Image analysis using mathematical morphology. *IEEE Transactions on Pattern Analysis and Machine Intelligence*, 9(4): 532–50, July 1987.

R. W. Harold. An introduction to appearance analysis. *A reprint from GATFWorld, the magazine of the Graphic Arts Technical Foundation*, SS(84), 2001.

C. G. Harris and M. Stephens. A combined corner and edge detector. In *Proceedings of the 4th Alvey Vision Conference*, pages 147–51, Sept. 1988.

P. E. Hart. How the Hough transform was invented. *IEEE Signal Processing Magazine*, 26(6): 18–2, Nov. 2009.

R. Hartley and A. Zisserman. *Multiple View Geometry in Computer Vision*. Cambridge University Press, second edition, 2003.

R. I. Hartley. In defense of the eight-point algorithm. *IEEE Transactions on Pattern Analysis and Machine Intelligence*, 19(6): 580–93, June 1997.

K. He, J. Sun, and X. Tang. Single image haze removal using dark channel prior. *IEEE Transactions on Pattern Analysis and Machine Intelligence*, 33(12): 2341–353, Dec. 2011.

X. He, S. Yan, Y. Hu, P. Niyogi, and H.-J. Zhang. Face recognition using Laplacianfaces. *IEEE Transactions on Pattern Analysis and Machine Intelligence*, 27(3): 328–40, Mar. 2005.

P. S. Heckbert. Filtering by repeated integration. *Computer Graphics (SIGGRAPH)*, 20(4): 315–21, Aug. 1986.

M. Heikkilä and M. Pietikäinen. A texture-based method for modeling the background and detecting moving objects. *IEEE Transactions on Pattern Analysis and Machine Intelligence*, 28(4): 657–62, Apr. 2006.

J. Hershberger and J. Snoeyink. Speeding up the Douglas-Peucker line-simplification algorithm. In *Proceedings of the 5th International Symposium on Spatial Data Handling*, pages 134–43, 1992.

H. Hirschmüller. Stereo processing by semi-global matching and mutual information. *IEEE Transactions on Pattern Analysis and Machine Intelligence*, 30(2): 328–41, Feb. 2008.

H. Hirschmüller, P. R. Innocent, and J. M. Garibaldi. Real-time correlation-based stereo vision with reduced border errors. *International Journal of Computer Vision*, 47(1): 229–46, 2002.

H. Hofer, J. Carroll, J. Neitz, M. Neitz, and D. R. Williams. Organization of the human trichromatic cone mosaic. *The Journal of Neuroscience*, 25(42): 9669–679, Oct. 2005.

B. K. P. Horn. *Robot Vision*. Cambridge, Mass.: MIT Press, 1986.

B. K. P. Horn. Closed-form solution of absolute orientation using unit quaternions. *Journal of the Optical Society of America*, 4: 629–42, Apr. 1987.

B. K. P. Horn and B. G. Schunck. Determining optical flow. *Artificial Intelligence*, 17(185): 185–03, 1981.

S. L. Horowitz and T. Pavlidis. Picture segmentation by a tree traversal algorithm. *Journal of the ACM*, 23(2): 368–88, 1976.

P. V. C. Hough. Machine analysis of bubble chamber pictures. In *International Conference On High-Energy Accelerators (HEACC)*, pages 554–58, Sept. 1959.

M. K. Hu. Visual pattern recognition by moment invariants. *IRE Transactions on Information Theory*, 8(2): 179–87, Feb. 1962.

T. S. Huang, G. J. Yang, and G. Y. Tang. A fast two-dimensional median filtering algorithm. *IEEE Transactions on Acoustics, Speech, and Signal Processing*, 27(1): 13–8, Feb. 1979.

D. H. Hubel. *Eye, Brain, and Vision*. W. H. Freeman and Company, 1988.

D. H. Hubel and T. N. Wiesel. Receptive fields, binocular interaction and functional architecture in the cat's visual cortex. *The Journal of Physiology*, 160(1): 106–54, 1962.

P. J. Huber. Robust estimation of a location parameter. *The Annals of Mathematical Statistics*, 35(1): 73–01, 1964.

P. J. Huber. *Robust Statistics*. New York: John Wiley and Sons, 1981.

D. A. Huffman. A method for the construction of minimum-redundancy codes. *Proceedings of the I. R. E.*, 40(9): 1098–101, Sept. 1952.

D. A. Huffman. Impossible objects as nonsense sentences. *Machine Intelligence*, 6: 295–23, 1971.

J. Imber, J.-Y. Guillemaut, and A. Hilton. Intrinsic textures for relightable free-viewpoint video. In *Proceedings of the European Conference on Computer Vision (ECCV)*, 2014.

S. S. Intille and A. F. Bobick. Disparity-space images and large occlusion stereo. In *Proceedings of the 3rd European Conference on Computer Vision (ECCV)*, pages 179–86, May 1994.

A. K. Jain. *Fundamentals of Digital Image Processing*. Englewood Cliffs, New Jersey: Prentice-Hall, 1989.

A. K. Jain and F. Farrokhnia. Unsupervised texture segmentation using Gabor filters. *Pattern Recognition*, 24(12): 1167–186, 1991.

A. K. Jain, R. P. W. Duin, and J. C. Mao. Statistical pattern recognition: A review. *IEEE Transactions on Pattern Analysis and Machine Intelligence*, 22(1): 4–7, Jan. 2000.

R. Jain and H.-H. Nagel. On the analysis of accumulative difference pictures from image sequences of real world scenes. *IEEE Transactions on Pattern Analysis and Machine Intelligence*, 1(2): 206–14, Apr. 1979.

R. Jain, R. Kasturi, and B. G. Schunck. *Machine Vision*. Boston: McGraw-Hill, 1995.

O. Javed, K. Shafique, and M. Shah. A hierarchical approach to robust background subtraction using color and gradient information. In *Proceedings of the Workshop on Motion and Video Computing*, pages 22–7, Dec. 2002.

S. C. Johnson. Hierarchical clustering schemes. *Psychometrika*, 32(3): 241–54, Sept. 1967.

M. J. Jones and J. M. Rehg. Statistical color models with application to skin detection. *International Journal of Computer Vision*, 46(1): 81–6, Jan. 2002.

M. J. Jones and P. Viola. Fast multi-view face detection. Technical Report TR-20003-96, Mitsubishi Electric Research Lab, July 2003.

D. B. Judd. Report of U.S. Secretariat Committee on Colorimetry and Artificial Daylight. In *Proceedings of the Twelfth Session of the CIE*, volume 1, 1951.

B. Julesz. Binocular depth perception of computer-generated patterns. *Bell System Technical Journal*, 39(5): 1125–162, 1960.

B. Julesz. *Foundations of Cyclopean Perception*. Chicago: The University of Chicago Press, 1971.

B. Julesz. Textons, the elements of texture perception, and their interactions. *Nature*, 290: 91–7, Mar. 1981.

B. Julesz and J. R. Bergen. Textons, the fundamental elements in preattentive vision and perception of textures. *The Bell System Technical Journal*, 62(6): 1619–645, July–August 1983.

W. Kabsch. A solution for the best rotation to relate two sets of vectors. *Acta Crystallographica Section A*, 32(5): 922–23, Sept. 1976.

H. F. Kaiser. The application of electronic computers to factor analysis. *Educational and Psychological Measurement*, 20: 141–51, 1960.

Y. Kameda and M. Minoh. A human motion estimation method using 3-successive video frames. In *International Conference on Virtual Systems and Multimedia (VSMM)*, pages 135–40, Sept. 1996.

T. Kanade and M. Okutomi. A stereo matching algorithm with an adaptive window: Theory and experiment. *IEEE Transactions on Pattern Analysis and Machine Intelligence*, 16(9): 920–32, Sept. 1994.

T. Kanungo, D. M. Mount, N. S. Netanyahu, C. D. Piatko, R. Silverman, and A. Y. Wu. An efficient k-means clustering algorithm: Analysis and implementation. *IEEE Transactions on Pattern Analysis and Machine Intelligence*, 24(7): 881–92, July 2002.

I. Kåsa. A circle fitting procedure and its error analysis. *IEEE Transactions on Instrumentation and Measurement*, 25(1): 8–4, Mar. 1976.

M. Kass, A. Witkin, and D. Terzopoulos. Snakes: Active contour models. *International Journal of Computer Vision*, 1(4): 321–31, 1988.

R. J. Kauth and G. S. Thomas. The tasseled cap –A graphic description of the spectral-temporal development of agricultural crops as seen by LANDSAT. In *Proceedings of the Symposium on Machine Processing of Remotely Sensed Data*, pages 4B–1–B–1, June 1976.

C. S. Kenney, M. Zuliani, and B. S. Manjunath. An axiomatic approach to corner detection. In *Proceedings of the IEEE Conference on Computer Vision and Pattern Recognition (CVPR)*, pages 191–97, 2005.

R. G. Keys. Cubic convolution interpolation for digital image processing. *IEEE Transactions on Acoustics, Speech, and Signal Processing*, 29(6): 1153–160, Dec. 1981.

K. Kimura, S. Kikuchi, and S. Yamasaki. Accurate root length measurement by image analysis. *Plant and Soil*, 216(1): 117–27, 1999.

M. Kirby and L. Sirovich. Application of the Karhunen-Loève procedure for the characterization of human faces. *IEEE Transactions on Pattern Analysis and Machine Intelligence*, 12(1): 103–08, 1990.

L. Kitchen and A. Rosenfeld. Gray-level corner detection. *Pattern Recognition Letters*, 1(2): 95–02, Dec. 1982.

J. Kittler, M. Hatef, R. Duin, and J. Matas. On combining classifiers. *IEEE Transactions on Pattern Analysis and Machine Intelligence*, 20(3): 226–39, 1998.

J. J. Koenderink. The structure of images. *Biological Cybernetics*, 50(5): 363–70, Aug. 1984.

J. J. Koenderink and A. J. van Doorn. Representation of local geometry in the visual system. *Biological Cybernetics*, 55(6): 367–75, Mar. 1987.

R. Kohavi. A study of cross-validation and bootstrap for accuracy estimation and model selection. In *Proceedings of the International Joint Conference on Artificial Intelligence*, pages 1137–143, Aug. 1995.

P. Kohli, L. Ladický, and P. H. S. Torr. Robust higher order potentials for enforcing label consistency. *International Journal of Computer Vision*, 82(3): 302–24, May 2009.

V. Kolmogorov and R. Zabih. What energy functions can be minimized via graph cuts? *IEEE Transactions on Pattern Analysis and Machine Intelligence*, 26(2): 147–59, 2004.

J. Kopf, M. Uyttendaele, O. Deussen, and M. Cohen. Capturing and viewing gigapixel images. *ACM Transactions on Graphics (SIGGRAPH)*, 26(3), July 2007.

A. Krizhevsky, I. Sutskever, and G. E. Hinton. ImageNet classification with deep convolutional neural networks. In *Advances in Neural Information Processing Systems (NIPS)*, pages 1097–105, 2012.

N. Krüger, P. Jannsen, S. Kalkan, M. Lappe, A. Leonardis, J. Piater, A. Rodriguez-Sanchez, and L. Wiskott. Deep hierarchies in the primate visual cortex: What can we learn for computer vision? *IEEE Transactions on Pattern Analysis and Machine Intelligence*, 35(8): 1847–871, 2013.

S. Kumar and M. Hebert. Discriminative random fields. *International Journal of Computer Vision*, 68(2): 179–01, June 2006.

J. D. Lafferty, A. McCallum, and F. C. N. Pereira. Conditional random fields: Probabilistic models for segmenting and labeling sequence data. In *Proceedings of the International Conference on Machine Learning (ICML)*, pages 282–89, June 2001.

K. M. Lam. *Metamerism and Colour Constancy*. PhD thesis, University of Bradford, 1985.

Y. Lamdan and H. J. Wolfson. Geometric hashing: A general and efficient model-based recognition scheme. In *Proceedings of the International Conference on Computer Vision (ICCV)*, Dec. 1988.

K. I. Laws. Rapid texture identification. In *Proceedings of the SPIE 0238: Image Processing for Missile Guidance*, pages 376–81, July 1980.

H.-C. Lee. *Introduction to Color Imaging Science*. Cambridge University Press, 2005.

T. S. Lee. Image representation using 2D Gabor wavelets. *IEEE Transactions on Pattern Analysis and Machine Intelligence*, 18(10): 1–3, Oct. 1996.

V. Lepetit, F. Moreno-Noguer, and P. Fua. EPnP: An accurate O(n) solution to the PnP problem. *International Journal of Computer Vision*, 81(2): 155–66, Feb. 2009.

M. Levoy and P. Hanrahan. Light field rendering. In *Proceedings of SIGGRAPH*, pages 31–2, 1996.

C. Li, C. Xu, C. Gui, and M. D. Fox. Level set evolution without re-initialization: A new variational formulation. In *Proceedings of the IEEE Conference on Computer Vision and Pattern Recognition (CVPR)*, pages 430–36, June 2005.

P.-S. Liao, T.-S. Chen, and P.-C. Chung. A fast algorithm for multilevel thresholding. *Journal of Information Science and Engineering*, 17: 713–27, 2001.

A. Likas, N. Vlassis, and J. J. Verbeek. The global k-means clustering algorithm. *Pattern Recognition*, 36(2): 451–61, 2003.

T. Lillesand, R. W. Kiefer, and J. Chipman. *Remote Sensing and Image Interpretation*. Wiley, sixth edition, 2007.

T. Lindeberg. Scale-space for discrete signals. *IEEE Transactions on Pattern Analysis and Machine Intelligence*, 12(3): 234–54, Mar. 1990.

T. Lindeberg. *Scale-Space Theory in Computer Vision*. Springer, 1993.

T. Lindeberg. Scale-space theory: A basic tool for analysing structures at different scales. *Journal of Applied Statistics*, 21(2): 224–70, 1994.

T. Lindeberg. Feature detection with automatic scale selection. *International Journal of Computer Vision*, 30(2): 79–16, Nov. 1998a.

T. Lindeberg. Edge detection and ridge detection with automatic scale selection. *International Journal of Computer Vision*, 30(2): 117–56, Nov. 1998b.

J. J. Little and W. E. Gillett. Direct evidence for occlusion in stereo and motion. *Image and Vision Computing*, 8(4): 328–40, Nov. 1990.

S. P. Lloyd. Least squares quantization in PCM. *IEEE Transactions on Information Theory*, 28(2): 129–37, Mar. 1982.

H. C. Longuet-Higgins. A computer algorithm for reconstructing a scene from two projections. *Nature*, 293(5828): 133–35, Sept. 1981.

D. G. Lowe. Distinctive image features from scale-invariant keypoints. *International Journal of Computer Vision*, 60(2): 91–10, Nov. 2004.

C.-P. Lu, G. D. Hager, and E. Mjolsness. Fast and globally convergent pose estimation from video images. *IEEE Transactions on Pattern Analysis and Machine Intelligence*, 22(6): 610–22, June 2000.

B. D. Lucas and T. Kanade. An iterative image registration technique with an application to stereo vision. In *Proceedings of the 7th International Joint Conference on Artificial Intelligence*, pages 674–79, Aug. 1981.

M. A. Luengo-Oroz, D. Pastor-Escuredo, C. Castro-Gonzalez, E. Faure, T. Savy, B. Lombardot, J. L. Rubio-Guivernau, L. Duloquin, M. J. Ledesma-Carbayo, P. Bourgine, N. Peyrieras, and A. Santos. 3Dt+ morphological processing: Applications to embryogenesis image analysis. *IEEE Transactions on Image Processing*, 21(8): 3518–530, Aug. 2012.

B. Luo and E. R. Hancock. Structural graph matching using the EM algorithm and singular value decomposition. *IEEE Transactions on Pattern Analysis and Machine Intelligence*, 23(10): 1120–136, Oct. 2001.

Q.-T. Luong and O. D. Faugeras. Determining the fundamental matrix with planes: Instability and new algorithms. In *Proceedings of the IEEE Conference on Computer Vision and Pattern Recognition (CVPR)*, pages 489–94, June 1993.

Q.-T. Luong and O. D. Faugeras. Fundamental matrix: Theory, algorithms, and stability analysis. *International Journal of Computer Vision*, 17(1): 43–5, Jan. 1996.

J. MacQueen. Some methods for classification and analysis of multivariate observations. In *Proceedings of the 5th Berkeley Symposium on Mathematical Statistics and Probability*, pages 281–97, 1967.

R. Malladi, J. A. Sethian, and B. C. Vemuri. Shape modeling with front propagation: A level set approach. *IEEE Transactions on Pattern Analysis and Machine Intelligence*, 17(2): 158–75, Feb. 1995.

S. Mallat and S. Zhong. Characterization of signals from multiscale edges. *IEEE Transactions on Pattern Analysis and Machine Intelligence*, 14(7): 710–32, July 1992.

S. G. Mallat. A theory for multiresolution signal decomposition: The wavelet representation. *IEEE Transactions on Pattern Analysis and Machine Intelligence*, 11(7): 674–93, July 1989.

D. Marr. *Vision*. San Francisco: W. H. Freeman and Company, 1982.

D. Marr and E. Hildreth. Theory of edge detection. *Proceedings of the Royal Society of London, Series B*, 207: 187–17, 1980.

D. Marr and T. Poggio. Cooperative computation of stereo disparity. *Science*, 194: 283–87, Oct. 1976.

D. Marr and T. Poggio. A computational theory of human stereo vision. *Proceedings of the Royal Society of London, Series B*, 204: 301–28, 1979.

D. Marr, G. Palm, and T. Poggio. Analysis of a cooperative stereo algorithm. *Biological Cybernetics*, 28: 223–39, 1978.

D. Martin, C. Fowlkes, D. Tal, and J. Malik. A database of human segmented natural images and its application to evaluating segmentation algorithms and measuring ecological statistics. In *Proceedings of the International Conference on Computer Vision (ICCV)*, volume 2, pages 416–23, July 2001.

D. R. Martin, C. C. Fowlkes, and J. Malik. Learning to detect natural image boundaries using local brightness, color, and texture cues. *IEEE Transactions on Pattern Analysis and Machine Intelligence*, 26(5): 530–49, May 2004.

J. Matas, O. Chum, M. Urban, and T. Pajdla. Robust wide-baseline stereo from maximally stable extremal regions. *Image and Vision Computing*, 22(10): 761–67, Sept. 2004.

C. R. Maurer, Jr., R. Qi, and V. Raghavan. A linear time algorithm for computing exact Euclidean distance transforms of binary images in arbitrary dimensions. *IEEE Transactions on Pattern Analysis and Machine Intelligence*, 25(2): 265–70, Feb. 2003.

J. C. Maxwell. On the theory of compound colours, and the relations of the colours of the spectrum. *Philosophical Transactions of the Royal Society of London*, 150: 57–4, 1860.

C. S. McCamy, H. Marcus, and J. G. Davidson. A color-rendition chart. *Journal of Applied Photographic Engineering*, 2(3): 95–9, Summer 1976.

F. Meyer. *Cytologie Quantitative et Morphologie Mathématique*. PhD thesis, Paris School of Mines, May 1979.

F. Meyer and S. Beucher. Morphological segmentation. *Journal of Visual Communication and Image Representation*, 1(1): 21–6, Sept. 1990.

K. Mikolajczyk and C. Schmid. A performance evaluation of local descriptors. *IEEE Transactions on Pattern Analysis and Machine Intelligence*, 27(10): 1615–630, 2005.

H. Minkowski. Über die begriffe länge, oberfläche und volumen. *Jahresbericht der Deutschen Mathematiker Vereiningung*, 9: 115–21, 1901.

M. Minsky and S. Papert. *Perceptrons: An Introduction to Computational Geometry*. The MIT Press, 1969.

D. P. Mitchell and A. N. Netravali. Reconstruction filters in computer graphics. *Computer Graphics (SIGGRAPH)*, 22(4): 221–28, June 1988.

T. Mitchell. *Machine Learning*. McGraw Hill, 1997.

U. Montanari. A method for obtaining skeletons using a quasi-Euclidean distance. *Journal of the ACM*, 15(4): 600–24, Oct. 1968.

G. A. Moore. Automatic scanning and computer processes for the quantitative analysis of micrographs and equivalent subjects. In G. C. Cheng,

R. S. Ledley, D. K. Pollock, and A. Rosenfeld, editors, *Pictorial Pattern Recognition*, pages 275–26. Thomson, 1968.

H. P. Moravec. Towards automatic visual obstacle avoidance. In *Proceedings of the International Joint Conference on Artificial Intelligence*, page 584, 1977.

E. N. Mortensen and W. A. Barrett. Intelligent scissors for image composition. *Proceedings of SIGGRAPH*, pages 191–98, 1995.

M. E. Mortenson. *Geometric Modeling*. New York: John Wiley and Sons, second edition, 1997.

D. Mumford and J. Shah. Boundary detection by minimizing functionals. In *Proceedings of the IEEE Conference on Computer Vision and Pattern Recognition (CVPR)*, pages 22–6, 1985.

D. Mumford and J. Shah. Optimal approximation by piecewise smooth functions and associated variational problems. *Communications on Pure and Applied Mathematics*, 42: 577–85, 1989.

A. H. Munsell. *A Color Notation: A Measured Color System, Based on the Three Qualities Hue, Value, and Chroma*. Boston: G. H. Ellis Co., 1905.

A. H. Munsell. *Atlas of the Munsell Color System*. Malden, Mass.: Wadsworth-Howland and Company, 1915.

H. Murase and S. K. Nayar. Visual learning and recognition of 3-D objects from appearance. *International Journal of Computer Vision*, 14(1): 5–4, Jan. 1995.

V. Nair and G. Hinton. Rectified linear units improve restricted Boltzmann machines. In *International Conference on Machine Learning (ICML)*, 2010.

V. S. Nalwa. *A Guided Tour of Computer Vision*. Reading, MA: Addison-Wesley, 1993.

I. Newton. *Opticks, or a Treatise of the Reflexions, Refractions, Inflexions, and Colours of Light*. London, 1704.

A. Y. Ng, M. I. Jordan, and Y. Weiss. On spectral clustering: Analysis and an algorithm. In *Advances in Neural Information Processing Systems (NIPS)*, pages 849–56, 2001.

R. Ng. *Digital Light Field Photography*. PhD thesis, Stanford University, July 2006.

W. Niblack. *An Introduction to Digital Image Processing*. Englewood Cliffs, NJ: Prentice Hall, 1986.

H. K. Nishihara. Practical real-time imaging stereo matcher. *Optical Engineering*, 23(5): 536–45, 1984.

F. O'Gorman and M. B. Clowes. Finding picture edges through collinearity of feature points. *IEEE Transactions on Computers*, 25(4): 449–56, 1976.

Y. Ohta and T. Kanade. Stereo by intra- and inter-scanline search using dynamic programming. *IEEE Transactions on Pattern Analysis and Machine Intelligence*, 7(2): 139–54, Mar. 1985.

M. Okutomi and T. Kanade. A multiple-baseline stereo. *IEEE Transactions on Pattern Analysis and Machine Intelligence*, 15(4): 353–63, Apr. 1993.

B. A. Olshausen and D. J. Field. Emergence of simple-cell receptive field properties by learning a sparse code for natural images. *Nature*, 381(6583): 607–09, June 1996.

A. V. Oppenheim and R. W. Schafer. *Discrete-Time Signal Processing*. New Jersey: Prentice Hall, second edition, 1999.

S. J. Osher and J. A. Sethian. Fronts propagating with curvature dependent speed: Algorithms based on Hamilton-Jacobi formulations. *Journal of Computational Physics*, 79(1): 12–9, Nov. 1988.

N. Otsu. A threshold selection method from gray-level histograms. *IEEE Transactions on Systems, Man, and Cybernetics*, 9(1): 62–6, Jan. 1979.

M. Ozuysal, P. Fua, and V. Lepetit. Fast keypoint recognition in ten lines of code. In *Proceedings of the IEEE Conference on Computer Vision and Pattern Recognition (CVPR)*, June 2007.

A. W. Paeth. Image file compression made easy. In J. Arvo, editor, *Graphics Gems II*, pages 93–00. San Diego: Academic Press, 1991.

N. R. Pal and S. K. Pal. Entropic thresholding. *Signal Processing*, 16(2): 97–08, Feb. 1989.

S. E. Palmer. *Vision Science: Photons to Phenomenology*. Cambridge, Mass.: The MIT Press, 1999.

N. Paragios and R. Deriche. Geodesic active contours and level sets for the detection and tracking of moving objects. *IEEE Transactions on Pattern Analysis and Machine Intelligence*, 22(3): 266–80, Mar. 2000.

S. Paris, P. Kornprobst, J. Tumblin, and F. Durand. Bilateral filtering: Theory and applications. *Foundations and Trends in Computer Graphics and Vision*, 4(1): 1–3, 2009.

E. Parzen. On estimation of a probability density function and mode. *Annals of Mathematical Statistics*, 33(3): 1065–076, Sept. 1962.

J. B. Pawley. Points, pixels, and gray levels: Digitizing image data. In J. B. Pawley, editor, *Handbook of Biological Confocal Microscopy.* New York: Springer Science, third edition, 2006.

B. Peasley and S. Birchfield. Real-time obstacle detection and avoidance in the presence of specular surfaces using an active 3D sensor. In *IEEE Workshop on Robot Vision (WoRV)*, Jan. 2013.

P. Perona and J. Malik. Scale-space and edge detection using anisotropic diffusion. *IEEE Transactions on Pattern Analysis and Machine Intelligence*, 12(7): 629–39, July 1990.

S. Perreault and P. Hébert. Median filtering in constant time. *IEEE Transactions on Image Processing*, 16(9): 2389–394, Sept. 2007.

G. Petschnigg, R. Szeliski, M. Agrawala, M. Cohen, H. Hoppe, and K. Toyama. Digital photography with flash and no-flash image pairs. *ACM Transactions on Graphics (SIGGRAPH)*, 23(3): 664–72, Aug. 2004.

P. J. Phillips, H. Moon, S. A. Rizvi, and P. J. Rauss. The FERET evaluation methodology for face-recognition algorithms. *IEEE Transactions on Pattern Analysis and Machine Intelligence*, 22(10): 1090–104, Oct. 2000.

K. K. Pingle. Visual perception by a computer. In A. Grasselli, editor, *Automatic Interpretation and Classification of Images*, pages 277–84. New York: Academic Press, 1969.

J. C. Platt. Fast training of support vector machines using sequential minimal optimization. In *Advances in Kernel Methods - Support Vector Learning*. MIT Press, Jan. 1998.

B. W. Pogue, M. A. Mycek, and D. Harper. Image analysis for discrimination of cervical neoplasia. *Journal of Biomedical Optics*, 5(1): 72–2, Jan. 2000.

S. B. Pollard, J. E. W. Mayhew, and J. P. Frisby. PMF: A stereo correspondence algorithm using a disparity gradient limit. *Perception*, 14: 449–70, 1985.

F. Porikli. Constant time O(1) bilateral filtering. In *Proceedings of the IEEE Conference on Computer Vision and Pattern Recognition (CVPR)*, June 2008.

T. Porter and T. Duff. Compositing digital images. *Computer Graphics (SIGGRAPH)*, 18(3): 253–59, July 1984.

C. Poynton. The rehabilitation of gamma. In B. E. Rogowitz and T. N. Pappas, editors, *Human Vision and Electronic Imaging III, Proceedings of SPIE/IS&T Conference 3299*, pages 26–0, Jan. 1998.

C. Poynton. *Digital Video and HDTV: Algorithms and Interfaces*. Morgan Kaufmann, 2003.

W. K. Pratt. *Digital Image Processing*. Wiley Interscience, second edition, 1991.

J. M. S. Prewitt. Object enhancement and extraction. In B. S. Lipkin and A. Rosenfeld, editors, *Picture Processing and Psychopictorics*, pages 75–49. New York: Academic Press, 1970.

U. Ramer. An iterative procedure for the polygonal approximation of plane curves. *Computer Graphics and Image Processing*, 1(3): 244–56, Nov. 1972.

S. Rao, A. de Medeiros Martins, and J. C. Príncipe. Mean shift: An information theoretic perspective. *Pattern Recognition Letters*, 30(3): 222–30, Feb. 2009.

R. Rau and J. H. McClellan. Efficient approximation of Gaussian filters. *IEEE Transactions on Signal Processing*, 45(2): 468–71, Feb. 1997.

S. S. Reddi, S. F. Rudin, and H. R. Keshavan. An optimal multiple threshold scheme for image segmentation. *IEEE Transactions on Systems, Man, and Cybernetics*, 14(4): 661–65, Jul–Aug 1984.

X. Ren and J. Malik. Learning a classification model for segmentation. In *Proceedings of the International Conference on Computer Vision (ICCV)*, pages 10–7, Oct. 2003.

T. W. Ridler and S. Calvard. Picture thresholding using an iterative selection method. *IEEE Transactions on Systems, Man, and Cybernetics*, 8(8): 630–32, Aug. 1978.

R. Rithe, P. Raina, N. Ickes, S. V. Tenneti, and A. P. Chandrakasan. Reconfigurable processor for energy-scalable computational photography. In *Proceedings of the IEEE International Solid-State Circuits Conference (ISSCC)*, pages 164–66, Feb. 2013.

J.-F. Rivest, P. Soille, and S. Beucher. Morphological gradients. *Journal of Electronic Imaging*, 2(4): 326–36, Oct. 1993.

L. G. Roberts. *Machine Perception of Three-Dimensional Solids*. PhD thesis, Dept. of Electrical Engineering, M.I.T., June 1963.

F. Rodriguez, E. Maire, P. Courjault-Radé, and J. Darrozes. The black top hat function applied to a DEM: A tool to estimate recent incision in a mountainous watershed. *Geophysical Research Letters*, 29(6): 1–, Mar. 2002.

F. Rosenblatt. The perceptron: A probabilistic model for information storage and organization in the brain. *Psychological Review*, 65(6): 386–08, Nov. 1958.

A. Rosenfeld and A. C. Kak. *Digital Picture Processing*. San Diego: Academic Press, second edition, 1982.

A. Rosenfeld and J. L. Pfaltz. Sequential operations in digital picture processing. *Journal of the ACM*, 13(4): 471–94, Oct. 1966.

A. Rosenfeld and J. L. Pfaltz. Distance functions on digital pictures. *Pattern Recognition*, 1(1): 33–1, July 1968.

P. Rosin. Thresholding for change detection. In *Proceedings of the International Conference on Computer Vision (ICCV)*, pages 274–79, Jan. 1998.

P. L. Rosin and E. Ioannidis. Evaluation of global image thresholding for change detection. *Pattern Recognition Letters*, 24(14): 2345–356, 2003.

E. Rosten and T. Drummond. Machine learning for high-speed corner detection. In *Proceedings of the European Conference on Computer Vision (ECCV)*, pages 430–43, May 2006.

C. Rother, V. Kolmogorov, and A. Blake. GrabCut: Interactive foreground extraction using iterated graph cuts. *ACM Transactions on Graphics (SIGGRAPH)*, 23(3): 309–14, Aug. 2004.

C. Rother, V. Kolmogorov, V. Lempitsky, and M. Szummer. Optimizing binary MRFs via extended roof duality. In *Proceedings of the IEEE Conference on Computer Vision and Pattern Recognition (CVPR)*, June 2007.

P. J. Rousseeuw. Least median of squares regression. *Journal of the American Statistical Association*, 79: 871–80, 1984.

P. J. Rousseeuw and A. M. Leroy. *Robust Regression and Outlier Detection*. New York: John Wiley and Sons, 1987.

H. A. Rowley, S. Baluja, and T. Kanade. Neural network-based face detection. *IEEE Transactions on Pattern Analysis and Machine Intelligence*, 20(1): 23–8, Jan. 1998.

S. Roy and I. J. Cox. A maximum-flow formulation of the N-camera stereo correspondence problem. In *Proceedings of the 6th International Conference on Computer Vision (ICCV)*, pages 492–99, Jan. 1998.

Y. Rubner, C. Tomasi, and L. J. Guibas. A metric for distributions with applications to image databases. In *Proceedings of the International Conference on Computer Vision (ICCV)*, Jan. 1998.

D. E. Rumelhart, G. E. Hinton, and R. J. Williams. Learning representations by back-propagating errors. *Nature*, 323: 533–36, Oct. 1986.

S. Rusinkiewicz and M. Levoy. Efficient variants of the ICP algorithm. In *Third International Conference on 3D Digital Imaging and Modeling (3DIM)*, June 2001.

P. K. Sahoo, S. Soltani, A. K. C. Wong, and Y. C. Chen. A survey of thresholding techniques. *Computer Vision, Graphics, and Image Processing*, 41(2): 233–60, Feb. 1988.

P. Saint-Marc, J.-S. Chen, and G. Medioni. Adaptive smoothing: A general tool for early vision. *IEEE Transactions on Pattern Analysis and Machine Intelligence*, 13(6): 514–29, June 1991.

J. Salvi, J. Pagès, and J. Batlle. Pattern codification strategies in structured light systems. *Pattern Recognition*, 37(4): 827–49, Apr. 2004.

J. Sauvola and M. Pietikäinen. Adaptive document image binarization. *Pattern Recognition*, 33(2): 225–36, Feb. 2000.

H. Scharr. *Optimal Operators in Digital Image Processing*. PhD thesis, Rupertus Carola University, May 2000.

D. Scharstein and R. Szeliski. A taxonomy and evaluation of dense two-frame stereo correspondence algorithms. *International Journal of Computer Vision*, 47(1): 7–2, Apr. 2002.

Y. Y. Schechner. Depth from defocus vs. stereo: How different really are they? *International Journal of Computer Vision*, 39(2): 141–62, Sept. 2000.

C. Schmid, R. Mohr, and C. Bauckhage. Evaluation of interest point detectors. *International Journal of Computer Vision*, 37(2): 151–72, June 2000.

H. Schneiderman and T. Kanade. A statistical method for 3D object detection applied to faces and cars. In *Proceedings of the IEEE Conference on Computer Vision and Pattern Recognition (CVPR)*, June 2000.

I. J. Schoenberg. On equidistant cubic spline interpolation. *Bulletin of the American Mathematical Society*, 77(6): 1039–044, Nov. 1971.

P. H. Schönemann. A generalized solution of the orthogonal Procrustes problem. *Psychometrika*, 31(1): 110, Mar. 1966.

E. F. Schumacher. *Small is Beautiful: A Study of Economics as if People Mattered*. Blond and Briggs, 1973.

G. E. Schwarz. Estimating the dimension of a model. *Annals of Statistics*, 6(2): 461–64, 1978.

S. M. Seitz and S. Baker. Filter flow. In *Proceedings of the International Conference on Computer Vision (ICCV)*, pages 143–50, Oct. 2009.

J. Serra. *Image Analysis and Mathematical Morphology*, volume 1. London: Academic Press, 1982.

J. Sethian. *Level Set Methods and Fast Marching Methods*. Cambridge University Press, 1999.

M. Sezgin and B. Sankur. Survey over image thresholding techniques and quantitative performance evaluation. *Journal of Electronic Imaging*, 13(1): 146–65, Jan. 2004.

F. Shafait, D. Keysers, and T. M. Breuel. Efficient implementation of local adaptive thresholding techniques using integral images. In *IS&T/SPIE Electronic Imaging: Document Recognition and Retrieval XV*, volume 6815, 2008.

Q. Shan, Z. Li, J. Jia, and C.-K. Tang. Fast image/video upsampling. *ACM Transactions on Graphics (SIGGRAPH ASIA)*, 27(5): 153:1–5:7, Dec. 2008.

C. E. Shannon. A mathematical theory of communication. *Bell System Technical Journal*, 27(3): 379–23, July / October 1948.

L. G. Shapiro and G. C. Stockman. *Computer Vision*. New Jersey: Prentice-Hall, 2001.

H. R. Sheikh, A. C. Bovik, and G. de Veciana. An information fidelity criterion for image quality assessment using natural scene statistics. *IEEE Transactions on Image Processing*, 14(12): 2117–128, Dec. 2005.

J. Shi and J. Malik. Normalized cuts and image segmentation. *IEEE Transactions on Pattern Analysis and Machine Intelligence*, 22(8): 888–05, Aug. 2000.

J. Shi and C. Tomasi. Good features to track. In *Proceedings of the IEEE Conference on Computer Vision and Pattern Recognition (CVPR)*, pages 593–00, June 1994.

P. Simard, L. Bottou, P. Haffner, and Y. LeCun. Boxlets: A fast convolution algorithm for signal processing and neural networks. In *Advances in Neural Information Processing Systems (NIPS)*, pages 571–77, Dec. 1998.

J. Sklansky, R. L. Chazin, and B. J. Hansen. Minimum-perimeter polygons of digitized silhouettes. *IEEE Transactions on Computers*, 21(3): 260–68, Mar. 1972.

A. R. Smith. Color gamut transform pairs. *Computer Graphics*, 12(3): 12–9, Aug. 1978.

S. M. Smith and J. M. Brady. SUSAN – A new approach to low level image processing. *International Journal of Computer Vision*, 23(1): 45–8, May 1997.

L. Snidaro and G. L. Foresti. Real-time thresholding with Euler numbers. *Pattern Recognition Letters*, 24: 1533–544, 2003.

P. Soille. *Morphological Image Analysis: Principles and Applications*. Berlin: Springer, second edition, 2003.

M. Sonka, V. Hlavac, and R. Boyle. *Image Processing, Analysis, and Machine Vision*. Thomson, third edition, 2008.

N. I. Speranskaya. Determination of spectrum color coordinates for twenty-seven normal observers. *Optics and Spectroscopy*, 7: 424–28, Nov. 1959.

S. N. Srihari. Document image understanding. In *Proceedings of the ACM Fall Joint Computer Conference*, pages 87–6, 1986.

N. Srivastava, G. Hinton, A. Krizhevsky, I. Sutskever, and R. Salakhutdinov. Dropout: A simple way to prevent neural networks from overfitting. *Journal of Machine Learning Research*, 15(1): 1929–958, Jan. 2014.

P. Stathis, E. Kavallieratou, and N. Papamarkos. An evaluation technique for binarization algorithms. *Journal of Universal Computer Science*, 14(18): 3011–030, 2008.

C. Stauffer and E. Grimson. Learning patterns of activity using real-time tracking. *IEEE Transactions on Pattern Analysis and Machine Intelligence*, 22(8): 747–57, Aug. 2000.

W. S. Stiles and J. M. Burch. Interim report to the Commission Internationale de l'Éclairage, Zurich, 1955, on the National Physical Laboratory's investigation of colour-matching. *Optica acta: International Journal of Optics*, 2(4): 168–81, 1955.

W. S. Stiles and J. M. Burch. N.P.L. colour-matching investigation: Final report. *Optica acta: International Journal of Optics*, 6(1): 1–6, 1959.

A. Stockman and L. T. Sharpe. Cone spectral sensitivities and color matching. In K. Gegenfurtner and L. T. Sharpe, editors, *Color Vision: From Genes to Perception*, pages 51–5. Cambridge: Cambridge University Press, 1999.

A. Stockman and L. T. Sharpe. Spectral sensitivities of the middle- and long-wavelength sensitive cones derived from measurements in observers of known genotype. *Vision Research*, 40: 1711–737, 2000.

M. Stokes, M. Anderson, S. Chandrasekar, and R. Motta. A standard default color space for the internet -sRGB. Technical report, Hewlett-Packard and Microsoft, Nov. 1996.

P. F. Sturm and S. J. Maybank. On plane-based camera calibration: A general algorithm, singularities, applications. In *Proceedings of the IEEE Conference on Computer Vision and Pattern Recognition (CVPR)*, pages 432–37, June 1999.

K.-K. Sung and T. Poggio. Example-based learning for view-based human face detection. *IEEE Transactions on Pattern Analysis and Machine Intelligence*, 20(1): 39–1, 1998.

G. Svaetichin. Spectral response curves from single cones. *Acta Physiologica Scandinavica*, 39, Supplement 134, 1956.

M. Swain and D. Ballard. Color indexing. *International Journal of Computer Vision*, 7(1): 11–2, 1991.

R. Szeliski. Image alignment and stitching: A tutorial. *Foundations and Trends in Computer Graphics and Vision*, 2(1): 1–04, 2006.

R. Szeliski. *Computer Vision: Algorithms and Applications*. Springer, 2010.

Y. Taigman, M. Yang, M. Ranzato, and L. Wolf. DeepFace: Closing the gap to human-level performance in face verification. In *Proceedings of the IEEE Conference on Computer Vision and Pattern Recognition (CVPR)*, June 2014.

M. F. Tappen, W. T. Freeman, and E. H. Adelson. Recovering intrinsic images from a single image. *IEEE Transactions on Pattern Analysis and Machine Intelligence*, 27(9): 1459–472, Sept. 2005.

R. E. Tarjan. Efficiency of a good but not linear set union algorithm. *Journal of the ACM*, 22(2): 215–25, Apr. 1975.

G. Taubin. Estimation of planar curves, surfaces, and nonplanar space curves defined by implicit equations with applications to edge and range image segmentation. *IEEE Transactions on Pattern Analysis and Machine Intelligence*, 13(11): 1115–138, Nov. 1991.

M. R. Teague. Image analysis via the general theory of moments. *Journal of the Optical Society of America*, 70(8): 920–30, Aug. 1980.

C.–H. Teh and R. T. Chin. On image analysis by the methods of moments. *IEEE Transactions on Pattern Analysis and Machine Intelligence*, 10(4): 496–13, July 1988.

K. Thompson. Alpha blending. In A. S. Glassner, editor, *Graphics Gems*, pages 210–11. San Diego: Academic Press, 1990.

E. Tola, V. Lepetit, and P. Fua. DAISY: An efficient dense descriptor applied to wide baseline stereo. *IEEE Transactions on Pattern Analysis and Machine Intelligence*, 32(5): 815–30, May 2010.

C. Tomasi and T. Kanade. Detection and tracking of point features. Technical Report CMU–CS–91–132, Carnegie Mellon University, Apr. 1991.

C. Tomasi and R. Manduchi. Bilateral filtering for gray and color images. In *Proceedings of the International Conference on Computer Vision* (ICCV), pages 839–46, Jan. 1998.

C. Tomasi and T. Kanade. Shape and motion from image streams under orthography: A factorization method. *International Journal of Computer Vision*, 9(2):137–54, Nov. 1992.

P. H. S. Torr and A. Zisserman. MLESAC: A new robust estimator with application to estimating image geometry. *Computer Vision and Image Understanding*, 78(1): 138–56, Apr. 2000.

K. Toyama, J. Krumm, B. Brumitt, and B. Meyers. Wallflower: Principles and practice of background maintenance. In *Proceedings of the 7th International Conference on Computer Vision (ICCV)*, pages 255–61, Sept. 1999.

E. Trucco and A. Verri. *Introductory Techniques for 3D Computer Vision*. Upper Saddle River, NJ: Prentice Hall, 1998.

G. V. Trunk. A problem of dimensionality: A simple example. *IEEE Transactions on Pattern Analysis and Machine Intelligence*, 1(3): 306–07, July 1979.

M. Tuceryan and A. K. Jain. Texture analysis. In C. H. Chen, L. F. Pau, and P. S. P. Wang, editors, *Handbook of Pattern Recognition and Computer Vision*, pages 235–76. World Scientific Publishing, New Jersey, 1993.

J. W. Tukey. A survey of sampling from contaminated distributions. In Olkin, editor, *Contributions to Probability and Statistics*. Stanford University Press, 1960.

M. Turk and A. Pentland. Eigenfaces for recognition. *Journal of Cognitive Neuroscience*, 3(1): 71–6, Jan. 1991.

K. Turkowski and S. Gabriel. Filters for common resampling tasks. In A. S. Glassner, editor, *Graphics Gems*, pages 147–65. San Diego: Academic Press, 1990.

C. W. Tyler and M. B. Clarke. The autostereogram. In *Stereoscopic Displays and ApplicationsProceedings of the SPIE*, volume 1256, pages 182–97, Jan. 1990.

S. E. Umbaugh. *Digital Image Processing and Analysis: Human and Computer Vision Applications with CVIPtools*. CRC Press, second edition, 2010.

S. Umeyama. Least–squares estimation of transformation parameters between two point patterns. *IEEE Transactions on Pattern Analysis and Machine Intelligence*, 13(4): 376–80, Apr. 1991.

M. Unser and T. Blu. Mathematical properties of the JPEG2000 wavelet filters. *IEEE Transactions on Image Processing*, 12(9): 1080–090, Sept. 2003.

B. E. Usevitch. A tutorial on modern lossy wavelet image compression: Foundations of JPEG 2000. *IEEE Signal Processing Magazine*, 18(5): 22–5, Sept. 2001.

V. Vapnik. *The Nature of Statistical Learning Theory*. New York: Springer–Verlag, 1995.

V. Vapnik and A. Chervonenkis. On the uniform convergence of relative frequencies of events to their probabilities. *Theory of Probability and its Applications*, 16(2): 264–80, 1971.

L. Vincent and P. Soille. Watersheds in digital spaces: An efficient algorithm based on immersion simulations. *IEEE Transactions on Pattern Analysis and Machine Intelligence*, 13(6): 583–98, June 1991.

P. Viola and M. J. Jones. Robust real–time face detection. *International Journal of Computer Vision*, 57(2): 137–54, 2004.

P. Viola and W. M. Wells, III. Alignment by maximization of mutual information. *International Journal of Computer Vision*, 24(2): 137–54, Sept. 1997.

P. A. Viola, M. J. Jones, and D. Snow. Detecting pedestrians using patterns of motion and appearance. *International Journal of Computer Vision*, 63(2): 153–61, 2005.

M. Visvalingam and J. D. Whyatt. Line generalisation by repeated elimination of the smallest area. Cartographic Information Systems Research Group (CISRG) Discussion Paper 10, University of Hull, July 1992.

J. J. Vos. Colorimetric and photometric properties of a 2 ¡ Æ fundamental observer. *Color Research and Application*, 3(3): 125–28, Autumn 1978.

P. F. Wainwright. Unsharp masks offer benefits beyond sharpness. *Photo Techniques*, 1, Sep/Oct 2004.

D. B. Walther, B. Chai, E. Caddigan, D. M. Beck, and L. Fei–Fei. Simple line drawings suffice for functional MRI decoding of natural scene categories. *Proceedings of the National Academy of Sciences (PNAS)*, 108(23): 9661–666, 2011.

B. A. Wandell. *Foundations of Vision*. Sunderland, Mass.: Sinauer Associates, Inc., 1995.

Z. Wang, A. C. Bovik, H. R. Sheikh, and E. P. Simoncelli. Image quality assessment: From error visibility to structural similarity. *IEEE Transactions on Image Processing*, 13(4): 600–12, Apr. 2004.

J. Weickert. *Anisotropic Diffusion in Image Processing*. Stuttgart: B. G. Teubner, 1998.

M. J. Weinberger, G. Seroussi, and G. Sapiro. The LOCO–I lossless image compression algorithm: Principles and standardization into JPEG–LS. *IEEE Transactions on Image Processing*, 9(8): 1309–324, Aug. 2000.

B. Weiss. Fast median and bilateral filtering. *ACM Transactions on Graphics (SIGGRAPH)*, 25(3): 519–26, July 2006.

Y. Weiss. Segmentation using eigenvectors: A unifying view. In *Proceedings of the International Conference on Computer Vision*

(ICCV), Sept. 1999.

Y. Weiss. Deriving intrinsic images from image sequences. In *Proceedings of the International Conference on Computer Vision (ICCV)*, pages 68–5, July 2001.

T. Welch. A technique for high–performance data compression. *Computer*, 17(6): 8–9, June 1984.

W. M. Wells, III. Efficient synthesis of Gaussian filters by cascaded uniform filters. *IEEE Transactions on Pattern Analysis and Machine Intelligence*, 8(2): 234–39, Mar. 1986.

M. Wertheimer. Laws of organization in perceptual forms. In W. D. Ellis, editor, *A Source Book of Gestalt Psychology*, pages 71–8. New York: Harcourt, Brace and Co., 1938.

L. Wiskott, J.–M. Fellous, N. Krüger, and C. von der Malsburg. Face recognition by elastic bunch graph matching. *IEEE Transactions on Pattern Analysis and Machine Intelligence*, 19(7): 775–79, July 1997.

A. Witkin. Scale space filtering. In *Proceedings of the International Joint Conference on Artificial Intelligence*, Aug. 1983.

R. J. Woodham. Photometric method for determining surface orientation from multiple images. *Optical Engineering*, 19(1): 139–44, Jan/Feb 1980.

W. D. Wright. A re–determination of the trichromatic coefficients of the spectral colours. *Transactions of the Optical Society*, 30(4): 141–64, Mar. 1929.

B. Wu and R. Nevatia. Detection and tracking of multiple, partially occluded humans by Bayesian combination of edgelet based part detectors. *International Journal of Computer Vision*, 75(2): 247–66, Nov. 2007.

B. Wu, H. Ai, C. Huang, and S. Lao. Fast rotation invariant multi–view face detection based on real Adaboost. In *IEEE International Conference on Automatic Face and Gesture Recognition (FGR)*, pages 79–4, May 2004.

Z. Wu and R. Leahy. An optimal graph theoretic approach to data clustering: Theory and its application to image segmentation. *IEEE Transactions on Pattern Analysis and Machine Intelligence*, 15(11): 1101–113, Nov. 1993.

G. Wyszecki and W. S. Stiles. *Color Science: Concepts and Methods, Quantitative Data and Formulae*. New York: Wiley, second edition, 1982.

C. Xu and J. L. Prince. Gradient vector flow: A new external force for snakes. In *Proceedings of the IEEE Conference on Computer Vision and Pattern Recognition (CVPR)*, pages 66–1, June 1997.

C. Xu and J. L. Prince. Snakes, shapes, and gradient vector flow. *IEEE Transactions on Image Processing*, 7(3): 359–69, Mar. 1998.

C. Xu, D. L. Pham, M. E. Rettmann, D. N. Yu, and J. L. Prince. Reconstruction of the human cerebral cortex from magnetic resonance images. *IEEE Transactions on Medical Imaging*, 18(6): 467–80, June 1999.

R. Xu and D. Wunsch, II. Survey of clustering algorithms. *IEEE Transactions on Neural Networks*, 16(3): 645–78, May 2005.

M. H. Yang, D. J. Kriegman, and N. Ahuja. Detecting faces in images: A survey. *IEEE Transactions on Pattern Analysis and Machine Intelligence*, 24(1): 34–8, Jan. 2002.

A. Yilmaz, X. Li, and M. Shah. Contour–based object tracking with occlusion handling in video acquired using mobile cameras. *IEEE Transactions on Pattern Analysis and Machine Intelligence*, 26(11): 1531–536, Nov. 2004.

I. T. Young and L. J. van Vliet. Recursive implementation of the Gaussian filter. *Signal Processing*, 44(2): 139–51, June 1995.

R. Zabih and J. Woodfill. Non–parametric local transforms for computing visual correspondence. In *Proceedings of the 3rd European Conference on Computer Vision (ECCV)*, pages 151–58, May 1994.

T. Y. Zhang and C. Y. Suen. A fast parallel algorithm for thinning digital patterns. *Communications of the ACM*, 27(3): 236–39, Mar. 1984.

Z. Zhang. Iterative point matching for registration of free–form curves and surfaces. *International Journal of Computer Vision*, 13(2): 119–52, Oct. 1994.

Z. Zhang. A flexible new technique for camera calibration. *IEEE Transactions on Pattern Analysis and Machine Intelligence*, 22(11): 1330–334, Nov. 2000.

S. C. Zhu and A. L. Yuille. Region competition: Unifying snakes, region growing, and Bayes/MDL for multiband image segmentation. *IEEE Transactions on Pattern Analysis and Machine Intelligence*, 18(9): 884–00, Sept. 1996.

J. Ziv and A. Lempel. A universal algorithm for sequential data compression. *IEEE Transactions on Information Theory*, 23(3): 337–43, May 1977.

J. Ziv and A. Lempel. Compression of individual sequences via variable–rate coding. *IEEE Transactions on Information Theory*, 24(5): 530–36, Sept. 1978.

Z. Zivkovic and F. van der Heijden. Efficient adaptive density estimation per image pixel for the task of background subtraction. *Pattern Recognition Letters*, 27(7): 773–80, May 2006.

찾아보기

ㅊ

ㅋ

번호

A

B

C

D

E

H

I

J

N

O

P

Q

R

S

T

U

V

W

X

Y

Z